普通高等教育“十四五”规划教材

“大国三农”系列规划教材

植物营养学

张俊伶　主编

张福锁　廖　红　石孝均　主审

中国农业大学出版社

· 北京 ·

内容简介

本书为本科生植物营养学课程教材。全书分为植物营养原理和肥料两个部分。植物营养原理部分系统阐述了土壤中养分的有效性、养分的吸收、养分的运输和分配、植物必需营养元素的吸收特征和生理功能、有益元素的生理功能、养分供应与产量形成、植物营养性状的遗传基础与改良、植物对逆境土壤的适应性等。施肥部分系统介绍了大量元素肥料、中量元素肥料、微量元素肥料、复混肥料、有机肥料、新型肥料、微生物肥料和复合肥料配方设计等。本书特别增加了近年来发展迅速的植物营养分子生物学、新型肥料等方面的知识，扩展阅读也拓宽了相应的知识内容。

图书在版编目(CIP)数据

植物营养学 / 张俊伶主编. —北京：中国农业大学出版社，2021.4(2023.8 重印)
ISBN 978-7-5655-2495-0

Ⅰ.①植… Ⅱ.①张… Ⅲ.①植物营养—高等学校—教材 Ⅳ.①Q945.1

中国版本图书馆 CIP 数据核字(2020)第 271346 号

书　　名 植物营养学
作　　者 张俊伶 主编　　张福锁 廖 红 石孝均 主审

策划编辑 梁爱荣 王笃利　　**责任编辑** 郑万萍 梁爱荣
封面设计 郑 川 李尘工作室
出版发行 中国农业大学出版社
社　　址 北京市海淀区圆明园西路 2 号　　**邮政编码** 100193
电　　话 发行部 010-62733489,1190　　读者服务部 010-62732336
编辑部 010-62732617,2618　　出 版 部 010-62733440
网　　址 http://www.caupress.cn　　**E-mail** cbsszs@cau.edu.cn
经　　销 新华书店
印　　刷 北京鑫丰华彩印有限公司
版　　次 2021 年 4 月第 1 版　2023 年 8 月第 3 次印刷
规　　格 889×1194　16 开本　25.75 印张　720 千字
定　　价 89.00 元

封面图片由宋景春友情提供

编写人员

主　编　张俊伶（中国农业大学）

参　编（以编写章节先后为序）

李学贤（中国农业大学）
袁力行（中国农业大学）
程凌云（中国农业大学）
鲁剑巍（华中农业大学）
陆志峰（华中农业大学）
王　利（中国科学院武汉植物园）
石　磊（华中农业大学）
左元梅（中国农业大学）
米国华（中国农业大学）
陈范骏（中国农业大学）
郭世伟（南京农业大学）
王　敏（南京农业大学）
李晓林（中国农业大学）
黄成东（中国农业大学）
叶优良（河南农业大学）
汪　洋（河南农业大学）
田　汇（西北农林科技大学）
张朝春（中国农业大学）
吴良泉（福建农林大学）
郑朝元（福建农林大学）
马文奇（河北农业大学）
习向银（西南大学）
高　强（吉林农业大学）
王　寅（吉林农业大学）
沈德龙（中国农业科学院）
危常州（石河子大学）
王　娟（石河子大学）

主　审　张福锁（中国农业大学）
廖　红（福建农林大学）
石孝均（西南大学）

编写人员

【原《植物营养学》（上），第2版】

主　编　陆景陵

编　者（以编写章节先后为序）

陆景陵（中国农业大学）
张福锁（中国农业大学）
李春俭（中国农业大学）
邹春琴（中国农业大学）
曹一平（中国农业大学）
李晓林（中国农业大学）
米国华（中国农业大学）

【原《植物营养学》（下），第2版】

主　编　胡霭堂

副主编　周立祥

编　者（以编写章节先后为序）

胡霭堂（南京农业大学）
周权锁（南京农业大学）
娄运生（南京农业大学）
杨超光（南京农业大学）
徐阳春（南京农业大学）
张春兰（南京农业大学）
周立祥（南京农业大学）
占新华（南京农业大学）

编写人员

【原《植物营养学》(上)，第1版】

主　编　陆景陵

编　者（以编写章节先后为序）

陆景陵（中国农业大学）

张福锁（中国农业大学）

曹一平（中国农业大学）

李晓林（中国农业大学）

主　审　史瑞和（南京农业大学）

【原《植物营养学》(下)，第1版】

主　编　胡霭堂

编　者（以编写章节先后为序）

胡霭堂（南京农业大学）

曹翠玉（南京农业大学）

徐光壁（南京农业大学）

戈廼玢（南京农业大学）

主　审　毛达如（中国农业大学）

前　言

《植物营养学》是资源环境科学专业的骨干课程教材,也适用于高等农业院校植物生产类各专业,如农学、园艺、植保以及农业资源与环境保护相关专业的师生学习和参考,同时也可作为高等院校生物专业有关人员的参考书。本书对于从事土壤肥料和植物生产类研究的广大农业科技工作者了解专业知识也具有参考价值。

2022 年 10 月 16 日,习近平总书记在中国共产党第二十次全国代表大会上进一步强调指出,全方位夯实粮食安全根基,全面落实粮食安全党政同责,牢牢守住十八亿亩耕地红线,确保中国人的饭碗牢牢端在自己手中。粮食安全是“国之大者”,肥料是作物的“粮食”,是全方位夯实粮食安全根基的重要物质基础。

近年来植物营养和肥料领域的理论和技术日新月异,急需进一步完善植物营养学的教材内容,以满足新时期高等农业教育、新农科建设科研和生产实践的需求。本书是在陆景陵先生主编的《植物营养学》(上)第 2 版和胡霭堂先生主编的《植物营养学》(下)第 2 版原有框架的基础上,对部分章节顺序进行了调整,更新了植物营养学的新进展和新技术;同时,在各章后面增加了扩展阅读,便于读者充分理解教材内容,掌握最新的科研进展。本次出版将上下两册合并为一册,全面地介绍了植物营养的基本原理和肥料的特性,同时反映了近几年植物营养领域发展的进展,具有一定的深度,覆盖面较广。编写教师来自国内多所农业高校及科研机构,他们长期活跃在教学、科研以及生产一线,具有丰富的经验,这次修订极大地丰富了植物营养学的内容。在编写到定稿期间,参编教师多次进行交流和讨论,充分发挥集体的智慧,体现了良好的合作精神。

本教材全面系统地介绍了植物营养的基本理论和原理,阐述了肥料的特性及科学合理施肥的原则和技术。教材分为两个部分,第一部分是植物营养原理,第二部分是肥料。植物营养原理内容包括:植物营养学科发展概况,土壤养分的生物有效性,根系对养分的吸收以及养分在植物体内的运输和分配,植物必需营养元素(大量元素、中量元素和微量元素)的营养功能,有益元素的营养功能,养分供应与作物产量,植物营养性状的遗传基础与改良,植物对逆境土壤的适应性等。肥料部分重点阐述了肥料的种类、性质、特点,肥料在土壤中的形态、转化与生物有效性,肥料的施用和科学合理施肥的原则与技术等,介绍了新型肥料、微生物肥料,增加了复合肥料配方设计。本教材第一部分编写分工如下:第 1、2、8 章,由张俊伶编写,第 3 章由李学贤编写,第 4 章由张俊伶、袁力行编写,第 5 章由程凌云、鲁剑巍、陆志峰编写,第 6 章由鲁剑巍、陆志峰、王利编写,第 7 章由石磊、左元梅编写,第 9 章由米国华编写,第 10 章由陈范骏编写,第 11 章由郭世伟、陆志峰、王敏编写。肥料部分编写分工如下:第 12 章由李晓林、黄成东编写,第 13 章由叶优良、汪洋编写,第 14 章由田汇编写,第 15 章由张朝春编写,第 16 章由吴良泉、郑朝元编写,第 17 章由石磊、左元梅编写,第 18 章由马文奇编写,第 19 章由习向银编写,第 20 章由高强、王寅编写,第 21 章由沈德龙编写,第 22 章由危常州、王娟编写。最后由张俊伶进行全面统稿和定稿。主审为张福锁、廖红和石孝均。

在教材编写过程中,中国农业大学张福锁院士和李晓林教授对全书的内容提出了指导性的意见,李晓林教授对肥料部分内容进行了整体的把控。在教材编写之际,原《植物营养学》上册的主编,敬爱的陆景陵先生与世长辞,先生临终之际已无法言语,殷切的目光激励和鞭策着编者完成新教材的编写,谨以此书致敬先生!在教材定稿过程中,福建农林大学的廖红教授和西南大学的石孝均教授对植物营养原理和肥料部分分别进行了认真的审阅,并提出了宝贵的修改建议。在教材即将出版之际,对关心、帮助和指导过教材编写的各位同仁表示衷心的感谢。

此外,中国农业大学植物营养系的研究生们参与了全书图形的整理和修饰工作,在此一并表示感谢。近年来植物营养学发展很快,由于编写时间仓促和编者水平所限,书中难免有错漏和不妥之处,希望阅读本教材的同学、教师以及同行们提出宝贵意见。

编　者

2023 年 8 月

前　言

【原《植物营养学》(上),第2版】

《植物营养学》出版至今已有8年了,共印刷4 000多册。正如第1版前言中所说:本教材比较全面地介绍了植物营养的基本内容,所用材料新,它反映了近些年来植物营养学科发展的基本情况,有一定的深度。因此,颇得广大土壤农化和植物营养专业师生的好评。本教材也是植物营养专业研究生入学考试的必读课本。但是,8年中学科有了不少的发展,虽然基本内容没有太大的改变,但某些内容应该更新和修改。此外,由于当时的出版条件较差,在第1版排版、印刷中错漏之处较多,制图质量也不尽人意。既然是一本广大师生喜爱的书,我们就应该把质量做得更好,使读者更加满意,这就是此次再版的目的。参加此次再版编写的都是教学第一线有教学经验的教师,他们了解学生需求,能掌握大学本科教学内容的尺度的深浅。我相信再版后的《植物营养学》将更加符合广大师生的要求。

再版编写者有陆景陵:第一章绪论,第二章大量营养元素;张福锁:第三章中量营养元素,第七章养分的吸收;李春俭:第四章微量营养元素,第十一章植物对逆境土壤的适应性;邹春琴:第五章有益元素;曹一平:第六章土壤养分的生物有效性;李晓林:第八章养分的运输和分配;米国华:第九章矿质营养与植物生长、产量和品质的关系;第十章植物营养性状的遗传学差异。另外,在每一章后面新增加了复习思考题,便于学生有针对性地复习和巩固所学内容。

此外,感谢植物营养系许多同志对再版教材给予的关心和支持;感谢项小菊同志对制图工作的热情帮助。

陆景陵

2002年7月1日

前　　言

【原《植物营养学》(下),第2版】

《植物营养学》原是农业部教育司下达的编写任务。上、下册分别由中国农业大学与南京农业大学教师负责编写,1995年出版至今已有8年,印刷多次,在使用过程中积累了不少教学经验。随着高等农业教育、科研和生产实践的不断发展,需要进一步完善教材内容,以满足相关专业的研究生、本科生教学急需。南京农业大学应中国农业大学出版社的委托,组织成立了《植物营养学》(下册)第2版教材修订小组,负责在原教材的基础上修编第2版。修订版基本保持了原教材的结构框架,但根据当前学科的发展水平,更新了不少内容,特别是加强了对有机废弃物农肥资源技术方面的介绍,另外在各章后面还增加了思考题,供读者学习参考。修订后本教材由原有的十一章改为十章,在修订前与第1版相关章节的编写者进行讨论和商量后,确定了第2版修订组成人员,并对修订的内容进行了多次讨论和分工。其中第一、三、十章(原十一章)由胡霭堂与周权锁修订;第二、七章由娄运生修订;第四、六章由杨超光修订;第五章由徐阳春修订;第八章由张春兰修订;第九章(原九、十章合并)由周立祥与占新华修订。全书最后由周立祥负责统稿。

本教材在修订过程中,得到南京农业大学资源与环境学院领导的大力支持,许多老师和专家提出了宝贵的意见。本教材在修订中还引用了许多文献的研究成果、某些内容和一些图表等,在此,向他们表示衷心的感谢!

由于时间仓促,修订者水平有限,难免有错编和不妥之处,希望广大师生和各方面的读者批评指正。

编　者

2002年6月

目　录

第一部分　植物营养原理

第二部分　肥　料

第一部分

植物营养原理

第一章 绪 论

教学要求：

1. 充分认识植物营养学对农业生产的重要性。
2. 了解植物营养学的发展历史。
3. 了解植物营养学的范畴及其主要的研究方法。

扩展阅读：

植物营养原理的早期探索

自德国著名的化学家李比希(Justus von Liebig，1803—1873)提出了矿质营养学说之后，植物营养学的理论和肥料工业得到了快速发展。肥料作为植物的粮食，是作物增产、优质的重要保证。当前随着人口的快速增加和人们生活水平的不断提高，对食物需求的数量和质量发生重大变化，与此同时，不合理施肥引起的环境问题、土壤退化问题、农产品品质下降等问题日益突出。植物营养学深刻影响农业绿色发展，成为热点学科之一。

第一节 植物营养学与农业绿色发展

植物的显著特点是其根系或者叶片能从周围环境中汲取营养物质，并利用这些物质建造自身的结构或者转化为维持其生命活动所需的能源。植物从外界环境中汲取其生长发育所需的养分，并用以维持其生命活动，即称为营养。植物所需的化学元素即称为营养元素。营养元素转变（合成与分解）为细胞物质或能源物质的过程称为新陈代谢。

植物营养学是研究植物对营养物质的吸收、运输、转化和利用的规律及植物与外界环境之间营养物质和能量交换的科学。或者说，植物营养学的主要任务是阐明植物体与外界环境之间营养物质交换和能量交换的具体过程，以及植物体内营养（养分）物质运输、分配和转化的规律，并在此基础上通过施肥和遗传改良的手段调节植物的代谢和生长发育，提高养分效率，从而达到高产高效、优质和保护环境的目的。

我国是一个人多地少的国家，用不足世界 10% 的耕地养活超过世界 20%的人口，粮食安全在农业绿色发展中占有十分重要的地位。粮食生产不仅为了解决吃饭问题，还需为副食品生产、畜牧业、养殖业以及工业生产（糖、酒）等提供原料。新中国成立后，我国依靠自身力量，实现了由“吃不饱”到“吃得饱”，并且“吃得好”的历史性转变。自 2004 年以来，我国粮食生产实现“十五连丰”，至 2018 年粮食产量近 6.6 亿 t，比 1996 年的 5 亿 t 增产 30%以上，比 1978 年的 3 亿 t 增产 116%，是 1949 年 1.1 亿 t 的 6 倍。粮食人均占有量稳定在世界平均水平以上，且粮食单产显著提高。2018 年我国粮食平均单产达 5 621 kg/hm^2，比 1996 年的 4 483 kg/hm^2 增加了 1 138 kg/hm^2，增长达 25%以上。2017 年稻谷、小麦和玉米的每公顷产量分别为 6 916.9 kg、5 481.2 kg 和 6 110.3 kg，比世界平均水平分别高 50.1%、55.2% 和 6.2%。在这个发展过程中，化肥发挥了至关重要的作用。世界 30%～50%的粮食增产源自化肥施用，其余归功于引进良种和科学的栽培管理措施等。根据联合国粮农组织（Food and Agriculture Organization of the United Nations，FAO）的统计资料，1960—1977 年间在 40 个国家进行的 10 多万个化肥示范和试验的结果表明，最好的施肥处理平均增产 67%，产投比为 4.8，化肥对农作物增产的贡献为 40%～60%。我国粮食产量的一半源自化肥的施用，每千克化肥可增产粮食 5～10 kg。化肥在全世界的使用历史已超过了 150 年，自改革开放以来，我国化肥工业发展突飞猛进，化肥施用量也逐年增加，2019 年全国化肥用量达到 5 400 万 t（折纯），而 1949 年仅为 1.3 万 t，增长了上千倍。目前已经成为全球最大的化肥生产国和消费国，为我国农业和国民经济的持续快速发展提供了坚实基础。化肥不仅提高了土壤肥力，增加农作物产量，还提高地表覆盖度，减少水土流失。但化肥施用过量、养分搭配不合理、施用方式粗放等，会导致土壤退化，土壤肥力下降，还会污染大气和水体生态环境，导致人体健康受到威胁。例如，通过 30 年的沉降监测数据，发现我国陆地生态系统大气氮沉降增加了 60%，其中 2/3 来自化肥、畜牧养殖业等农业源。随着全球环境问题的出现，合理科学施肥，发展环境友好型肥料和生物肥料等，正成为农业绿色发展的一个重要措施。

营养元素和肥料与农产品品质以及人体健康密切相关。肥料施用不当，会降低农作物的抗逆能力，致使减产和产品品质下降，影响人体健康。例如，氮素供应不足，影响蛋白质含量；氮素供应过量影响食品中硝酸盐的累积。过量施用氮肥造成的土壤酸化，引起一些作物必需元素的流失，作物缺 Zn、缺 Ca 和缺 Mg 等已经成为普遍现象，严重影响农作物品质。谷物籽粒中微量元素的含量显著影响其对人体的生物有效性。根据 FAO 统计，全球约有 20 亿人在遭受隐性饥饿，其中，我国有 3 亿人。隐性饥饿是由于营养不平衡或者缺乏某种维生素及人体必需的矿物质，同时在其他营养成分上过度摄入，从而产生隐蔽性营养需求的饥饿症状。常见的隐性饥饿包括缺钙、缺铁、缺锌、缺乏各种维生素等。当前我国农产品生产的特点是数量多，但高品质产品份额不高。因此新时期如何满足人们对美好生活的向往，在保证粮食产量的同时，生产出更多绿色、优质、健康的农产品，是植物营养学的重要任务。

获得作物高产和优质农产品的关键，在很大程度上取决于养分合理供应和对作物吸收养分规律的了解。它必须以植物营养理论为指导,以各类作物的营养特性和其生长发育规律,以及不同土壤养分供应状况为依据,还需结合作物对环境的要求,充分发挥作物生物学潜力,挖掘作物养分遗传性状的潜力。同时,还需了解肥料的特性,掌握其在土壤中的转化规律进行科学施肥,以提高肥料的利用率。只有科学合理施肥才能显著提高作物产量,改善农产品品质,保护环境,并建立良好的生态系统,造福人类;反之,过量和不合理地施肥不仅不能增产,反而浪费资源,造成生态环境的恶化,破坏人类和自然的平衡,给人类带来巨大的损失和危害。

第二节 植物营养学的发展概况

我国农业生产的历史悠久,在施用肥料培肥地力,促进植物生长和提高作物产量方面积累了丰富的经验,但对植物营养学理论的探索,最早是从西欧开始的,之后不断丰富。我国植物营养原理的研究从 20 世纪 90 年代开始也得到快速发展。早期科学家对植物营养的研究主要是围绕着植物生长发育究竟需要什么物质、所需的物质是矿物养分还是有机养分等问题进行的。现代植物营养的研究范围较广,包括营养生理、营养遗传、根际营养、逆境营养等,同时和其他相关学科高度交叉。

一、植物营养的早期探索

尼古拉斯(Nicholas of Cusa,1401—1464)是第一个从事植物营养研究的人,他认为植物从土壤中吸收养分与吸收水分的某些过程有关,但未提供实验数据。之后,伯纳特·贝利希(Bernard Palissy,1510—1589)提出盐分学说,认为植物养分来自土壤中的盐分,不过他提到的盐分区别于现代对盐分的认识,但他的理论并未得到同时代科学家的支持。200 年以后,海尔蒙特(Jan van Helmont,1579—1644)于 1640 年在布鲁塞尔进行了著名的柳条试验。他在一个装有 200 磅土(烘干土,90.72 kg)的陶土盆中,插上一枝 5 磅(2.27 kg)重的柳条,除浇雨水外不添加任何物质,并在盆上盖上带有气孔的马口铁板,以防止其他物质落入。连续生长 5 年后,柳条长成了 169 磅(74.39 kg)重的柳树(未计算秋天落叶的质量),而土壤质量几乎没有显著变化。由于他没有认识到柳树可以从大气中摄取碳素,以及从土壤中获得所必需的营养元素,因此,他得出的结论是柳树增重是由于水,土壤的作用仅仅是水分的储存库和供应库。尽管他的结论并不正确,但其重要功绩在于将科学试验方法引入植物营养研究。之后波义尔(Robert Boyle,1627—1691)用南瓜和黄瓜曾做过类似的试验,同样认为植物营养来自水的转化。之后有人用雨水、河水和下水道的污水培养植物,在含有泥沙的河水中植物生长比在雨水中好,在污水中生长得更好,说明土和盐都有作用。还有人发现硝土也能促进植物的生长。

索秀尔(Nicholas-Théodore de Saussure,1767—1845)采用精确的定量方法,在测定了空气中的 CO_2 含量以及在 CO_2 含量不同的空气中所培养的植物体内的碳素含量以后,证明植物体内的碳素来自大气中的 CO_2 而不是土壤中的腐殖质,是植物同化作用的结果。同时,他充分确定了水分在植物营养中的直接作用,并认为植物的灰分来自土壤。至此,海尔蒙特柳条试验的问题才算是得到澄清。他对植物灰分进行了精细的定量分析,发现植物年龄不同灰分的成分也不同,土壤中不同灰分含量也有差异。他证明了矿质元素不是偶然进入植物体,而是由于植物营养需要,对其进行选择性吸收的结果。

19 世纪初期,欧洲十分流行德国学者泰伊尔(Albrecht von Thaer,1752—1828)的腐殖质理论。他认为,植物碳来自土壤而不是大气;土壤肥力取决于腐殖质的含量,腐殖质是土壤中唯一的植物养分来源,而矿物质只是起间接作用,以加速腐殖质的转化和溶解,使其变成易被植物吸收的物质。这一学说当时在欧洲曾风行一时,但也有不少学者持反对意见。

法国的农业化学家布森高(Jean-Baptiste Boussingault,1802—1887)是采用田间试验方法研究植物营养的创始人。1834 年,他在自己的庄园里创建了世界上第一个农业试验站。他采用索秀尔的定量分析方法,研究碳素同化和氮素营养问题。他运用田间试验的技术,并首先把化学测定方法从实验室运用到田间试验中,提高了人们对氮素营养的认识。他确认豆科作物可以利用空气中的氮素，并能提高土壤的含氮量，指出了豆科植物在轮作中的重要性；谷类作物则不能利用空气中的氮素，只能吸收土壤中的氮素，并使之不断减少。布森高对氮素营养的见解至今仍具有重要意义。一直到50多年后的1888年，德国学者Herman Hellriegel和Hermann Wilfarth才揭示了豆科植物增加土壤氮素的原因是根瘤菌的作用。

不少科学家曾用溶液培养方法研究过植物营养。例如，1699年伍德沃德(John Woodward)用含有不同矿物质的营养液和纯水进行比较，首次证明了矿质养分对植物营养的重要性。西尼比尔(Jean Senebier)发现植物死于不流动的水中，这是一个溶液培养试验的重要实践。后来萨克斯(Julius von Sachs)强调了在溶液培养中根系适当通气的重要性。索秀尔也用溶液培养方法开展了植物营养研究。

二、植物营养学的建立

李比希是德国著名的化学家，国际公认的植物营养科学的奠基人。他于1840年在英国伦敦有机化学年会上发表了题为《化学在农业和生理学上的应用》的著名论文，提出了植物矿质营养学说，否定了当时流行的腐殖质营养学说，自此开创了植物营养的科学新时代。他指出，腐殖质是在地球上有了植物以后才出现的，而不是在植物出现以前，因此植物生长所需要的原始养分只能是矿物质，这就是矿物质营养学说的主要论点。他进一步提出了养分归还学说，他指出：植物以不同的方式从土壤中吸收矿质养分，使土壤养分逐渐减少，连续种植会使土壤贫瘠，为了保持土壤肥力，就必须把植物带走的矿质养分和氮素以施肥的方式归还给土壤，否则由于不断地栽培植物，势必会引起土壤养分的损耗，而使土壤变得十分贫瘠。养分归还学说对恢复和维持土壤肥力有积极意义。李比希提出的矿质营养学说是植物营养学新旧时代的分界线和转折点，它使得植物营养学以崭新的面貌出现在农业科学的领域之中。

1843年李比希在《化学在农业和生理学上的应用》的第3版中提出了"最小养分律"。这一理论也被德国一些科学家认为是Sprengel-Liebig理论。这是因为与李比希同时代的德国科学家Carl Sprengel(1787—1859)也提到过同样的理论。该理论的中心意思是，作物产量受土壤中相对含量最少的养分所控制，作物产量的高低随最小养分补充量的多少而变化。"最小养分律"指出了作物产量与养分供应上的矛盾，表明施肥应有针对性，这一卓越见解，对指导农业生产至今仍具有重要作用。

李比希最初的功绩在于他总结了前人有关矿质元素对植物生长重要性方面的零散报道，并把植物矿质营养确定为一门科学。1843年以后，李比希与他的学生们陆续开展了化肥研制、田间试验等大量工作，为化肥的广泛施用奠定了基础，促进了化肥工业的兴起，为近代化学肥料的生产和应用奠定了理论基础。

值得提及的是，1842年英国洛桑农业试验站创始人鲁茨(John Bennet Lawes，1814—1901)取得制造普通过磷酸钙的专利，第2年采用兽骨加硫酸制成过磷酸钙，成为磷肥工业发展的先锋。鲁茨和吉尔伯特(Joseph Gilbert，1817—1901)都是李比希的学生，他们在英国洛桑农业试验站开创的肥料试验系统研究工作一直延续至今。与此同时，法国发现钾盐矿，开始生产钾盐并用于农业。德国科学家哈伯(Fritz Haber)和博施(Carl Bosch)于1909年合作利用氮气和氢气在高温高压和催化剂条件下直接合成了氨，并于1913年在德国建立了第一个合成氨工厂。至此，由于矿质营养学说的建立，使得维持土壤肥力的手段，从施用有机肥料向施用化学肥料发生转变。李比希的矿质营养学说促进了化肥工业的发展，并推动了由传统农业向现代农业的转变，具有划时代的意义。

李比希是一位伟大的科学家，在许多科学领域产生了深远的影响。他把化学上的成果进行了高度的理论概括，成功地运用到农业、工业、政治、经济、哲学等各个领域，并特别用于解决农业生产实际中的问题。李比希不仅是一位科学家，而且也是一位推行新教学法的教育家。他改变了当时只鼓励学生从书本中去求知的方法，提倡和鼓励学生从实践中去学习。他教会学生使用仪器，并和他们一起进行科学研究。他强调通过实践去观察，从而检验某些观念是否可靠，某些结果是否正确，并且进一步提出新的概念，尔后再做进一步观察，获得新的发现。李比希的许多学生后来都成了著名的研究者和导师。后人从李比希倡导的"通过研究来教育"的独特风格中获得了极大的启发和教益。

李比希提出的"归还学说"和"最小养分律"至今对合理施肥仍有深远的指导意义，只是他尚未认识到养分之间的互相联系和互相制约的关系，把各个养分的作用各自独立起来。此外，李比希过于强调了矿质养分的作用，而忽视了腐殖质的作用，认为腐殖质仅是在分解后放出 CO_2，误认为厩肥的作用只是供给灰分元素。他还错误地指责布森高关于豆科作物使土壤肥沃的正确观点。尽管如此，他仍不愧为植物营养学杰出的奠基人。

三、植物营养学的发展

在李比希之后，植物营养的研究进入一个新阶段，植物矿质营养学说获得了证实和发展，并逐步发展成为当今内涵丰富、独立完整的植物营养学。例如，在培养试验方面，布森高在 1851—1856 年间和霍斯特马(Count Salm Horstmar)曾先后主张用沙粒或其他中性介质来支撑植物。萨克斯(Julius von Sachs，1860)和克诺普(Wilhelm Knop，1861)先后用矿质盐类制成的人工营养液栽培植物并获得成功，奠定了近代水培技术的基础。在营养液中，植物不仅能正常生长，而且能正常成熟，并结出种子，完成其生命周期。早期克诺普的配方仅包括硝酸钠、硝酸钙、磷酸二氢钾、硫酸镁和铁盐，当时这种营养液被认为包括了植物生长所需要的所有矿质养分，后来才意识到实验所用的化学品可能被其他成分污染，也就是微量元素也被包含在这些化学品中。20 世纪初，植物常常出现一些罕见的病症，但又不知是什么病原菌所引起的。后来发现是缺乏某些营养元素所致，之后科学家们开展了大量的营养液实验，在 1922—1939 年陆续发现了一批新的植物必需营养元素，即微量营养元素。到 20 世纪 50 年代为止，人们就已经确认了目前已知的 16 种植物必需元素。至今还有许多人采用美国加州大学教授 Dennis Hoagland (1884—1949)提出的营养液配方，即 Hoagland 溶液。科学家们从未停止对新必需元素的挖掘，随着化学分析方法和测试手段的进步，镍元素在 1987 年被列入植物必需营养元素，至此植物必需营养元素变为 17 种(表 1-1)，它们分别是碳(C)、氢(H)、氧(O)、氮(N)、磷(P)、钾(K)、钙(Ca)、镁(Mg)、硫(S)、铁(Fe)、硼(B)、锰(Mn)、铜(Cu)、锌(Zn)、钼(Mo)、氯(Cl)以及镍(Ni)。

表 1-1 高等植物必需营养元素的发现时间

元素化学式	发现年份	发现人
H 和 O		
C	1800 年	Senebier and De Saussure
N	1804 年	De Saussure
P、K、Mg、S、Ca	1839 年	C. Sprengel et al.
Fe	1860 年	J. Sachs
Mn	1922 年	J. S. McHargue
B	1923 年	K. Warington
Zn	1926 年	A. L. Sommer and C. B. Lipman
Cu	1931 年	C. B. Lipman and G. MacKinney
Mo	1938 年	D. I. Arnon and P. R. Stout
Cl	1954 年	T. C. Broyer et al.
Ni	1987 年	P. H. Brown et al.

由鲁茨于 1843 年创立的洛桑试验站至今已有 170 多年的历史，试验工作仍在继续中。俄国化学家门捷列夫于 1869 年在 4 个省建立试验站，这些试验站是肥料试验网的先驱。到 19 世纪末，生物试验的方法已基本上接近完善，并发展为试验网。不少国家已开展长期田间试验工作，以增加试验的可靠性和系统性。我国也在 20 世纪 80 年代建立了全国肥料试验网，为提高作物产量，合理施肥、培肥地力以及养分资源高效利用的理论和实践提供了宝贵的资料。

我国著名的植物生理学家罗宗洛(1898—1978)早在 20 世纪 30 年代就开展了有关植物营养生理的研究，尤其是在氮素营养方面做了大量工作。他在研究玉米幼苗吸收铵态氮和硝态氮的试验中发现，玉米在以硝酸钠为氮源的营养液中生长良好，而水稻则在以硫酸铵为氮源的营养液中干物质积累较高，从而证明了不同作物对 NO_3^- 和 NH_4^+ 两种氮源有不同的反应。同时，他还证明了玉米幼苗在不同 pH 营养液中，对 NO_3^- 和 NH_4^+ 的吸收量有显著的差异。在 1937—1945 年，他还开展了包括微量元素在内的矿质营养研究工作。20 世纪 90 年代关于矿质营养生理的研究在我国全面展开，取得了显著的成果。

20 世纪初，苏联农业化学家普良尼什尼柯夫(1865—1948)根据生物与环境统一的观点，主张把植物、土壤、肥料三者联系起来，研究它们的相互关系，进而以施肥为手段来调节营养物质在植物体内和土壤中的状况，改善植物生长发育的内在和外在环境条件，最终达到提高产量和改善品质的目的。持有这一观点的植物营养研究者，后来被称为是生理学路线的农业化学派。普良尼什尼柯夫的主要成就包括：确定了氮素的生理作用，研究了 NO_3^- 和 NH_4^+ 的营养作用，并提出了氨是植物体内氮素代谢的起点和终结，含氮化合物的合成由它开始，分解也以它结束。在磷方面，他提出在酸性土壤上应直接施用磷矿粉，在非酸性土壤上磷矿粉应施于吸磷能力强的作物上。他还建立了 3 000 多个试验站，广泛开展了肥料试验，这为当时苏联化肥工业的发展和肥料的分配提供了重要的科学依据。

虽然 1931 年就开始有测定土壤 pH 的研究，但直到 1920 年前后，人们才把因施用石灰引起土壤 pH 的改变与施肥问题联系起来。从此，土壤性质和肥料之间的相互关系开始受到重视，并着手研究土壤中养分的有效性及其含量，从而逐步对肥料在土壤中的转化和养分积累等动态有了认识。这是针对性施肥的开始。

1920 年以后植物营养学科有了较快的发展，尤其是 20 世纪 90 年代以来，分子生物学和现代生物学技术的快速发展，极大地推动了植物营养学科的发展。下面就几个重要的方面略做叙述。

在植物体营养元素的营养功能方面，不仅对各种必需营养元素的营养生理作用有了更深入的了解，而且还明确了有益元素的重要作用。在必需营养元素中，人们在重视大量元素的同时，也不断认识到中量元素在作物产量和品质中的重要性，以及微量元素和人体健康的密切关系。在 20 世纪 50 年代以前，科学家研究营养元素功能常常忽略了营养元素之间相互作用的重要性，之后人们清楚地认识到养分的相互作用。到 20 世纪 50 年代初期，美国加州大学 Emanuel Epstein 教授应用放射性同位素，研究了植物细胞膜对无机离子吸收和转运的机理，提出酶动力学方法和载体概念。之后科学家又提出了离子泵、离子通道、转运蛋白等，并在养分吸收和转运的过程、营养逆境生理与分子机制等研究方向上取得较大的进展。近年来我国科学家在这些领域也取得较大的进展，反映了生物化学、分子生物学等学科的知识在植物营养学中的快速渗透和发展。

虽然早在 1904 年，Lorenz Hiltner 就提出了根际的概念，但大量研究集中在根际微生物特性方面。直到 20 世纪 60 年代，根-土界面及养分动态变化的研究才逐步成为植物营养研究的新领域。到 20 世纪 80 年代，对根际的研究不仅在方法上有了发展，而且在研究内容上有了新的生长点。1984 年，Stanley A. Baber 出版了《土壤养分的生物有效性》一书，明确提出土壤养分生物有效性的新概念，使人们对根际养分动态变化有了进一步的认识。20 世纪 90 年代以来，以德国霍恩海姆大学 Horst Marschner (1929—1996) 教授为代表的学者极大地丰富了植物根际营养的研究，发展了根际研究的许多新方法。我国科学家也参与了根际分泌物和菌根的研究，推动了国内在该领域的研究。在此期间，根构型、根系发育学和作物养分高效根系性状遗传改良得到迅速发展。近年来，随着人们对土壤生物多样性及其功能的关注，根际生物学再次掀起研究热点，尤其是根际微生物作为植物的第二基因组，根际微生物与植物互作的过程与机制、根际微生物与植物生长和健康的关系、微生物与温室气体排放等正成为国际上根际研究的热点和前沿。

1909 年，英国医生 Garrod 出版了《先天代谢病》一书，提出先天性的生化病态——“先天病”，不久后有人提出遗传上存在着“隐性基因”的新概念。医学上遗传的问题，很快在植物营养领域中也有了发现。Beadle 和 Tatum 在研究遗传变异时，逐步发现变种的特性以及它受营养条件影响的事实。1943 年，Weiss 在研究中发现，大豆对铁的利用有“高效”品种和“低效”品种之分，它们的这一性状是由单基因对所控制的 。1958 年，Brown 等的工作为植物营养基因型奠定了基础。随后，许多科学家研究了镁(Popeand Munger，1953；Johnson et al.，

1961)、铁(Bell et al.,1958,1962)、硼(Wall and Andrus,1962)磷(Bernard and Howell,1964)、钾(Shea et al.,1967,1968)营养基因型问题。此后,Wanger 和 Mitchell(1964)发现不少有关生物体中特定的生化现象是由基因控制的例子。例如,不仅无机养分的运输与利用在一定程度上受基因的控制,而且一些植物养分不正常的状况也是由单一基因的变异引起的。这些发现为植物品种改良提供了方向。Emanuel Epstein 在《植物的矿质营养》一书中对植物营养遗传性状已有较为详细的叙述。他报道了矿质养分吸收和运输的基因型差异,首先提出了植物营养特性遗传改良的重要思想。20 世纪 70 年代后西方国家关于养分高效基因型筛选及生理基础的研究逐步增多。我国的养分效率基因型差异及其生理基础的研究始于 20 世纪 90 年代,在养分高效育种、营养元素吸收、转运和代谢的分子机制、营养元素感知的信号传导和调控、营养元素(氮、磷和微量元素)性状遗传等方面都取得了惊人的进展。

随着人们对环境生态重要性认识的不断深化,植物营养生态学已逐步发展为一个重要的学科分支。早在 1969 年 Rorison 组织总结了植物营养生态学的研究成果,并写出了《植物矿质营养的生态问题》(*Ecological Aspects of the Mineral Nutrition of Plants*)一书。该书重点阐述了植物间养分竞争,以及运用植物营养原理解释植物分布规律和作物特性等问题。从 19 世纪就开始了植物-土壤及其环境相互关系的研究,并把这一研究引入土壤学、生态学和植物营养学研究的领域中。当今随着人口的急剧增长、资源以及能源惊人的消耗,人类赖以生存的环境日益恶化以及食品营养问题的不断出现,迫使人们重新认识人与自然界的平衡关系。人们已意识到过量施肥不仅会使成本大幅度提高,还会引起土壤酸化、硝态氮对地下水的污染、N_2O 等气体对臭氧层的破坏、全球性气候变暖等,严重影响农业绿色发展,这些都极大地促进了植物营养生态学发展。

随着植物营养理论的发展,化学肥料也经历了由单一品种到多个品种,从低养分浓度向高浓度的快速发展。我国在早期养分丰缺诊断的基础上,实施养分综合管理、培肥土壤、配方施肥等,极大地推动了肥料新产品的出现。传统有机肥料经历了从粪尿、兽骨、杂草等多种来源和简单堆沤处理技术,已形成了来源丰富、工艺成熟、加工处理技术多样化的现代有机肥料产业。与此同时,随着工业和农业科技的进步,不断涌现出许多新型肥料,包括缓/控释肥料、稳定性肥料、水溶性肥料、微生物肥料等,这些肥料在提高粮食产量的同时,兼顾了高效和环境友好的特点。

综上所述,植物营养学从零散的经验和现象描述到揭示机理,最后建立起完整的学科体系,它经历了植物营养研究的古典时期(19 世纪)、新古典发展时期(20 世纪前半叶)和现代植物营养快速发展时期(20 世纪 50 年代以后)。当前植物营养学科面临农业绿色发展挑战,植物营养学科与其他学科不断相互渗透,并和产业发展紧密结合,已逐渐发展形成一门体系更为完整,内容更加丰富,并具有现代高新科技特点的学科。

第三节 植物营养学的范畴及其主要的研究方法

一、植物营养学的范畴

植物营养学的范畴大体包括以下几个方面:

(一)植物营养生理学

主要研究:

(1)营养生理学　研究养分元素的生理功能与养分的吸收,养分在体内的长距离和短距离运输,养分的分配和再利用等。

(2)产量生理学　研究主要农作物产量的形成,养分的分配和调节过程,源-库关系及其在产量形成过程中的作用;研究利用各种内外源激素或调节剂对产量形成过程的调控和机理。

(3)逆境生理学　研究植物在旱、涝、盐碱、高温、寒冷、病虫害、通气不良、营养缺乏或失调等逆境条件下的生理变化及适应机理,通过营养调节挖掘植物抗逆性的遗传潜力。

(二)植物根际营养

主要研究根-土界面微域中养分、水分以及其他物质的转化规律和生物效应；植物-土壤-微生物及环境因素之间物质循环、能量转化的机理及调控措施。

（三）植物营养遗传学

主要研究不同植物种类或品种的矿质养分效率、耐土壤逆境胁迫性状的基因型差异及其生理与分子机制，阐明养分效率、耐胁迫相关性状的遗传规律，结合常规与分子育种策略，筛选和培育高产、节肥和抗逆作物新品种的科学。

（四）植物营养生态学

主要研究不同生态类型中各种营养元素在土壤圈、水圈、大气圈、生物圈中的迁移、转化和循环规律；各种养分退化生态环境重建过程中的营养机理，污染土壤和环境的生物修复机理等重金属和污染物在食物链中的富集、迁移规律及调控措施。

（五）植物的土壤营养

主要研究：

（1）土壤养分有效性　土壤中各种养分的形态、含量、吸附、固定等转化和迁移的规律；有效养分的形态，其形成过程及影响因素；各种养分的生物有效性以及土壤肥力水平与植物营养的关系。

（2）土壤肥力学　研究在农业耕作条件下，施肥对土壤肥力演变的影响；阐明维持和提高土壤肥力的农业措施与影响条件。

（六）肥料学及养分综合管理

主要研究各类肥料的理化性状和农艺评价、在土壤中的行为、对植物的有效性；新型肥料的研发和创制；废弃物资源化利用；养分综合管理理论和技术，建立智能作物施肥决策与咨询系统，推行配方施肥和遥感诊断等新技术。

（七）矿质营养与人体健康

主要研究营养元素对农产品品质、作物次生代谢物质和环境质量的影响；揭示作物籽粒形成过程中养分的转化和分布特征，建立生物强化方法和技术措施；阐明矿质元素人体生物有效性等。

综上所述，植物营养是农业生物学中的一个重要分支。它是一门与多种学科相互联系、相互交叉和相互渗透的学科。植物营养学的研究目的在于以植物营养特性和营养遗传性状为依据，在土壤供肥的基础上，通过施肥和养分综合管理技术，为植物提供良好的营养环境，在其他农业技术措施的配合下，达到高产、优质、高效的综合效果，并对环境质量、生态安全和土壤培肥做出应有的贡献，实现农业可持续发展。

二、植物营养学的主要研究方法

植物营养学的发展常常要依赖于各种研究方法的应用。植物营养学研究所采用的方法主要有生物田间试验法、生物模拟法、化学分析法、生物数理统计法、核素技术法等，并结合分子生态学和分子生物学等的技术。在很多情况下，还需要把各种试验方法结合起来进行研究，才能获得良好的结果。

（一）生物田间试验法

生物田间试验是植物营养学科最基本的研究方法。该方法最接近于生产条件，能比较客观地反映农业生产实际，因而它所得的结果对生产更有实际和直接的指导意义，田间试验有微宇宙试验、小区试验和大田对比试验等不同的方式。研究者可根据研究的目的进行选择。需要指出的是，一切其他试验的结果在应用于生产以前都应该经过田间试验的检验。但是农业生产受自然气候等因素的影响很大，在田间条件下有许多因素难以控制。因此田间试验法必须与其他方法配合起来，才能收到良好的效果，使田间试验的结果更具有普遍意义。

（二）生物模拟法

生物模拟法是借助盆钵、培养盆（箱）等特殊的装置种植植物进行植物营养的研究，通常称为盆栽试验或培养试验。盆栽试验区别于田间试验，它是在严格的人工控制的条件下，给予特定的营养环境进行植物营养问题的研究。它的优点是便于调控水、肥、气、热和光照等因素，有利于开展单因子的研究。应该注意的是，盆栽试验是在特定条件下进行的，因而盆栽试验的结果多用于阐明理论性的问题，只有通过田间试验的进一步验证，才能应用于生产。

盆栽试验的种类很多，常用的有土培法、沙培法和营养液培养法等。在研究特殊营养问题时，也可采用隔离培养、流动培养和灭菌培养等方法。

(三)化学分析法

化学分析法是研究植物、土壤、肥料体系内营养物质的含量、分布与动态变化的必要手段。化学分析法常常需要和其他的研究方法结合起来进行研究。

(四)生物数理统计法

在植物营养研究中,数理统计已成为指导试验设计、检验试验数据资料不可缺少的手段和方法。数理统计以概率论为基础,研究试验误差出现的规律性,从而确定了误差的估计方法,帮助试验者评定试验结果的可靠性并能客观地认识试验资料,合理地判断试验结果,做出正确的科学结论。

近些年来,计算机技术的快速发展和应用为植物营养研究带来了方便,试验的数学模型模拟等也得到快速发展,大数据计算为利用数理方法解决植物营养问题提供了重要的研究手段。

(五)核素技术法

在植物营养学研究中,利用放射性和稳定性同位素的示踪特性,可深入了解植物营养及其体内代谢的实质,同时也为探索土壤、植物、肥料三者之间的复杂关系提供了新的手段。在田间试验、盆栽试验及化学分析研究中应用核素技术,可缩短试验进程,简化手续,提高工作效率,解决一些其他方法难以深入研究的问题。

(六)酶学诊断法

由于一些营养元素是酶的组分,或是酶的活化剂,或是对酶结构起稳定作用,或有调节作用。因此了解植物体内某种酶的活性变化就可以反映出植物的营养状况。利用这一技术研究植物营养,被称为酶学诊断法。

酶学诊断法的主要优点是反应灵敏,往往在植物尚未出现缺素症状(即潜在缺素阶段)时,就可测出酶活性的变化。但这一方法的不足之处是专一性差。因为,酶活性除受营养状况影响外,还受许多因素的影响。此外,酶活性变化与养分供应状况虽有正相关关系,但很难精确地反映出植物体内某一营养元素的实际水平。

(七)组学技术

近年来,基因组、转录组、代谢组和蛋白组学技术的快速发展为探讨营养元素吸收和转运,植物响应生物和非生物胁迫的分子生理机制,以及揭示植物-微生物的互作过程等方面提供了重要技术手段和研究方法。

(八)无损测试技术

营养元素的无损测试技术最近有了较大的发展,如平面光极法监测根际 pH 的时空变化、土壤酶谱法观测磷酸酶等;一些精密仪器如同步辐射仪、纳米二次粒子质谱技术、高光谱成像和现代光谱技术等,使植物营养研究方法和技术有了明显的提高和改善,这无疑加速了植物营养学学科的迅速发展。

第一章扩展阅读

复习思考题

1. 说明植物营养与合理施肥的关系,以及施肥在农业生产中的地位。
2. 就"植物矿质营养学说""养分归还学说""最小养分律"的意义加以评说。
3. 了解植物营养学的研究内容和研究方法。

参考文献

陆景陵. 2003. 植物营养学(上册). 2 版. 北京:中国农业大学出版社.

中华人民共和国国务院新闻办公室. 中国的粮食安全. (2019-10-14).

扩展阅读文献

van der Ploeg R. R., Bohm W. and Kirkham M. B. 1999. On the origin of the theory of mineral nutrition of plants and the law of the minimum. Soil Sci. Soc. Am. J. 63:1055-1062.

第二章 土壤中养分的有效性

教学要求：

1. 掌握土壤养分生物有效性和根际的概念。
2. 了解养分向根表迁移的途径以及根际的特征。
3. 掌握影响养分生物有效性的因素。

扩展阅读：

根尖的结构；根系边缘细胞；菌根

在必需营养元素中，碳和氧来自空气中的二氧化碳；氢和氧来自水，而其他的必需营养元素几乎全部来自土壤。豆科作物具有固定空气中氮气(N_2)的能力，植物的叶片也能吸收一部分气态养分，如二氧化硫。由此可见，土壤不仅是植物生长的介质，而且也是植物所需矿质养分的主要供给者。土壤中养分的含量，尤其是有效态养分的含量显著影响植物的生长，同时，植物的根际过程也影响营养元素的生物有效性。

第一节　植物必需营养元素

一、植物的组成和必需营养元素的概念

要了解植物正常生长发育需要什么养分，首先要知道植物体的养分组成。新鲜植物体一般含水量为70%～95%，并因植物的年龄、部位、器官不同而有差异。叶片含水量较多，其中又以幼叶为最高，茎秆含水量较低，种子中则更低，有时只含5%。新鲜植物经烘烤后，可获得干物质，在干物质中含有无机和有机两类物质。有机物质一般占干物质的90%～95%，主要有蛋白质、脂肪、淀粉、纤维素和果胶类物质等，有机物在燃烧过程中氧化而挥发。余下的部分就是灰分，是无机态氧化物。用化学方法测定得知，植物灰分中至少有几十种化学元素，甚至地壳岩石中所含的化学元素基本上能从灰分中找到，只是有些元素的数量极少。经生物试验证实，植物体内所含的化学元素并非全部都是植物生长发育所必需的营养元素。人们早就认识到，植物体内某种营养元素的有无和含量高低并不能作为营养元素是否必需的标准。这是因为植物不仅能吸收它所必需的营养元素，同时也会吸收一些它并不必需，甚至可能是有毒的元素。因此，确定某种营养元素是否必需，应该采取特殊的研究方法，即在不供给该元素的条件下进行营养液培养，以观察植物的反应，根据植物的反应来确定该元素是否必需。

1939年阿隆(Arnon D.I.)和斯托德(Stout P.R.)提出了确定必需营养元素(essential nutrient elements)的3个标准：

(1)这种化学元素对所有高等植物的生长发育是不可缺少的。缺少这种元素，植物就不能完成其生命周期。对高等植物来说，生命周期即由种子萌发到再结出种子的过程。

(2)缺乏这种元素后，植物会表现出特有的症状，而且其他任何一种化学元素均不能代替其作用，只有补充这种元素后症状才能减轻或消失。

(3)这种元素必须是直接参与植物的新陈代谢，对植物起直接的营养作用，而不是改善环境的间接作用。

符合这些标准的化学元素才能称为植物必需营养元素，其他的则是非必需营养元素。但在非必需营养元素中有一些元素，对特定植物的生长发育有益，或为某些种类植物所必需。如藜科植物需要钠；豆科作物需要钴；蕨类植物和茶树需要铝；硅藻和水稻都需要硅；紫云英需要硒等。

尽管该标准受到一些科学家的质疑，但仍是目前重要的确定必需营养元素的方法。

要严格分清必需营养元素和非必需营养元素是相当困难的。因为植物的某些生理功能可由相关的两种元素相互代替，当然这种代替是暂时的、部分的，如K^+和Na^+，Ca^{2+}和Sr^{2+}；某些元素只是在一定场合下需要，另一场合就不一定必需，如钼一般只是在NO_3^--N为植物氮源时才需要，而在NH_4^--N为氮源时，则并不一定需要。由于分析技术，尤其是化学药品的纯化技术不断改进，未来有可能使许多植物体内含量极低的一些化学元素进入必需营养元素的行列，也有可能再发现一些新的必需营养元素。

二、必需营养元素的分组和来源

各种必需营养元素在植物体内的含量相差很大(表2-1)，一般可根据植物体内含量的多少划分为大量营养元素和微量营养元素。我国的分类标准为3类：大量营养元素(macronutrients)，平均含量占干物重的0.5%以上，包括氢、碳、氧、氮、磷、钾；中量营养元素，平均含量占干物重的0.1%～0.5%，包括钙、镁和硫，此3种元素在国外也归于大量营养元素；微量营养元素(micronutrients)的平均含量一般在0.1%以下，有的只含0.1 mg/kg，它们是铁、硼、锰、铜、锌、钼、氯和镍。

上述必需营养元素在植物体内的含量常受植物种类、株龄以及环境中其他矿质元素含量等因素的影响。尤其是环境条件的影响，可使植物体内各种营养元素的含量发生很大的变化。在植物组织中常出现某些微量元素含量明显超过其生理需要量。应该指出，植物各器官中营养元素的含量，并不能完全反映植物对这些养分的实际需要量，尤其是一些非必需营养元素常常是被动吸入植物体的。

此外，高等植物与低等植物如藻类对营养元素需求也不相同。

表 2-1　正常生长植株干物质中营养元素的平均含量(干重)

元素	符号	含量		
		μmol/g	mg/kg	%
镍	Ni	～0.001	～0.1	—
钼	Mo	0.001	0.1	—
铜	Cu	0.10	6	—
锌	Zn	0.30	20	—
锰	Mn	1.0	50	—
铁	Fe	2.0	100	—
硼	B	2.0	20	—
氯	Cl	3.0	100	—
硫	S	30	—	0.1
磷	P	60	—	0.2
镁	Mg	80	—	0.2
钙	Ca	125	—	0.5
钾	K	250	—	1.0
氮	N	1 000	—	1.5
氧	O	30 000	—	45
碳	C	40 000	—	45
氢	H	60 000	—	6

引自：Epstein，1965。

从生理学观点来看，上述把植物营养元素按照含量多少进行划分是欠妥的，如按植物营养元素的生物化学作用和生理功能进行分类则更为适合。Mengel 和 Kirkby (2001) 把植物必需营养元素分为 4 组，其主要营养功能如表 2-2。

需要注意的是，营养元素的这种分类是相对的，因为许多元素在生物体内有多重功能。如分组 3 的 Mn 也参与许多重要的电子传递反应。此外，有益元素对某些植物也有其特殊的作用。

有生命的植物体是由有机物、水和矿物质组成的。碳、氢、氧是植物有机体的主要组分，其中碳和氧来自空气中的二氧化碳，氢和氧来自水，而其他的必需营养元素大多来自土壤。决定植物矿物质含量的主要因素是植物的遗传特性，其次就是土壤中养分的有效性。

表 2-2　植物营养元素的功能分组

营养元素	吸收形态	生理生化功能
分组 1		
C、H、O、N、S	以 CO_2，HCO_3^-，H_2O，O_2，NO_3^-，NH_4^+，N_2，SO_4^{2-}，SO_2 等离子或气体形式被吸收，来自土壤溶液或大气	有机物质的主要组成；酶促反应过程原子团的重要元素；在氧化还原反应中被同化形成有机物
分组 2		
P、B、(Si)	以磷酸盐、硼酸或硼酸盐、硅酸存在于土壤溶液中被植物吸收	与植物体内醇类官能团发生酯化作用生成磷酸酯、硼酸酯等；参与磷脂的代谢
分组 3		
K、(Na)、Ca、Mg、Mn、Cl	土壤溶液中以离子形式被植物吸收	构成细胞渗透压；有的元素能活化酶，或成为酶和底物之间的桥梁
分组 4		
Fe、Cu、Zn、Mo	以离子或螯合物存在于土壤溶液中被植物吸收	它们主要以螯合态存在于辅酶中。一些元素可通过原子价的变化传递电子

引自：Mengel and Kirkby，2001。

第二节　土壤养分的化学有效性

一、土壤的化学有效养分

土壤是植物必需矿质营养元素的库，通常养分总量很高，但绝大多数对植物无效，土壤中的养分仅有一部分可以被植物吸收利用，这部分养分被称为有效养分。土壤有效养分的原初定义是指土壤中能为当季作物吸收利用的那部分养分。在土壤农业化学分析基础上建立起来的“有效养分”概念，是指土壤中那些能被植物根系吸收的无机态养分以及在植物生长期内由有机态释放出的无机态养分，其中也包括一些有机小分子养分。植物在生长发育过程中对养分元素的种类和数量有一定的需求，因植物的种类和基因型而异。与此相应，植物对土壤中养分有一定的形态和数量要求。通常，土壤中养分供应和植物生长对养分的需求在时间和空间上并不完全匹配，需要施肥加以调整，因此，定量化土壤中有效养分及其影响因素，对于发展合理施肥与精准施肥技术有重要的意义。

测定土壤中有效养分最直接的方法是在田间进行肥料效应试验，观察植物的生长效应，确定有效养分的含量。然而大田试验周期较长，耗时费工，且受测试土壤条件等的限制。因此通常采用操作相对简单、快速，成本较低的化学分析方法，即向土壤中添加化学浸提剂如稀酸、盐或螯合剂以及水等提取土壤中的有效养分。因此，化学有效养分主要包括可溶性的离子态和分子态养分、易分解态和交换吸附态养分以及某些气体养分。该方法的缺陷表现为：①化学提取剂的强度不同，导致不同方法提取的有效养分含量不同，测定值具有相对性。以磷为例（表 2-3），弱提取剂如水和 $NaHCO_3$ 主要提取土壤溶液中的磷，而强酸性提取剂则表征土壤中不易提取的磷，不同提取剂提取的有效磷含量差别有时相差几倍甚至几十倍。一些新的提取方法，例如阳离子树脂和扩散梯度技术（diffusive gradient technique，DGT），可以模拟根系对磷的吸收过程。②采用化学浸提方法测得的养分与植物生长需求的养分，二者相关性往往不能令人满意。这主要是因为化学方法无法考虑土壤结构、土壤生物活性，以及植物生物学特性等因素对养分有效性的影响。③化学浸提方法无法准确检测养分供应的时空动态过程。应用化学方法所测定的养分为土壤养分浓度的平均值，而植物生长过程中根层养分，尤其是根际养分有效性存在时空变异性。尽管化学分析方法存在一定的缺陷，但由于相对简单，在实际中仍作为指导施肥的重要依据。近年来一些快速和无损测试的方法正在得到逐步发展和完善。

表 2-3　不同提取剂提取 40 份土样所测得有效磷的平均含量

提取剂	pH	有效磷/(mg/kg)
中性 NH_4F	7.0	148
酸性 NH_4F	<2.0	74
$H_2SO_4+(NH_4)_2SO_4$	3.0	36
CH_3COOH	2.6	25
$NaHCO_3$	8.5	24
乳酸钙	3.8	12

引自：Williams and Knight，1963。

二、土壤养分的强度、数量和容量

土壤养分赋存的形态，包括溶液态、吸附态、固定态和矿物态，其中固定态和矿物态的养分难以被植物利用。不同形态养分的有效性不同，养分的供应包括以下 3 个方面：

（一）土壤养分的强度因素（I）

植物主要从土壤溶液中获取其生长发育所需要的养分，土壤溶液中养分浓度被称为养分的强度因子（intensity）。土壤溶液中养分的浓度越高，养分就越易于被根系吸收。土壤养分强度因子是养分吸收的主要影响因子，它受养分特征、植物吸收、肥料施用等因素的影响。

（二）土壤养分的容量因素（Q）

土壤养分的容量因素（quantity）是指土壤中潜在有效养分的数量，即不断补充强度因子的库容量。当土壤中的养分浓度随着根系的吸收而下降时，固相吸附态的养分可以不断进行补充。

在植物生长的过程中，土壤养分的持续供应不仅取决于土壤溶液中养分的浓度，也取决于土壤养分缓冲能力。土壤养分的强度和容量是相互关联的，处于动态平衡。容量对强度因素的补充不仅取决于养分库容量的大小，还受储存养分释放难易程度的影响。土壤理化性状，如 pH、水分、温度、通气等，以及植物根系生长均影响这一动态平衡过程。

（三）土壤养分的缓冲因素

它表示土壤保持一定养分强度的能力，也叫缓冲力或缓冲容量，可以用 $\Delta Q/\Delta I$ 比率表示。ΔQ 和 ΔI 分别为养分容量（Q）和强度（I）在一定时间内的变化值，通过热力学平衡中吸附等温曲线来计算。等温吸附曲线指的是养分吸附量随养分平衡浓度而变化的曲线，可以研究不同土壤的养分供应特征。$\Delta Q/\Delta I$ 比率值越高，土壤的缓冲力就越强。图 2-1 表示土壤 A 和土壤 B 两种土壤的容量和强度之间的动态变化关系。土壤 A 的 $\Delta Q/\Delta I$ 比率显著高于土壤 B，说明当植物从两种土壤吸收等量的钾后，土壤 A 保持土壤溶液中 K^+ 浓度的能力显著高于土壤 B，即土壤 A 的缓冲力高于土壤 B。但是必须指出的是，对缓冲力大的土壤，必须相应地提高肥料的用量，才能有效地提高土壤溶液中养分的浓度。土壤中磷的移动也受土壤缓冲力的制约，缓冲力越大，磷的扩散越不容易。通常黏土中磷的有效性较低，这与黏土中磷的扩散较差有关。缓冲力是表征土壤养分有效性的一个重要参数，可以从养分转化的动态过程考虑养分的有效性。

土壤养分强度和养分容量可以相互转化，其转化过程受多种因素的影响(图 2-2)。由于土壤中养分存在形态与转化过程较为复杂，很多过程难以进行准确的定量测定，因此，目前仅限于借助动力学方法测定土壤溶液和固相吸附态养分的动态关系，但在实际应用中有一定的局限性。

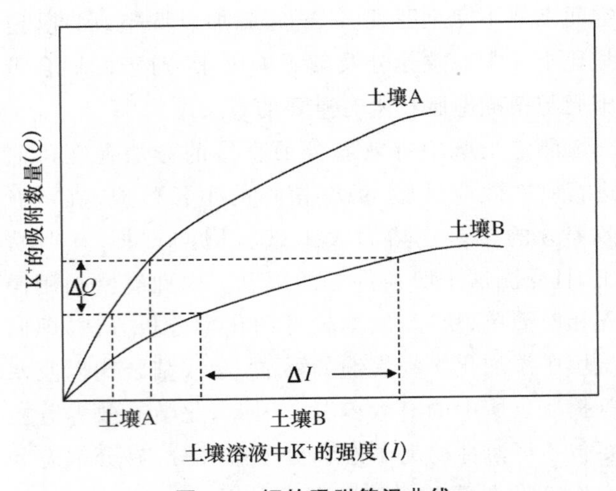

图 2-1 钾的吸附等温曲线

(引自：Mengel and Kirkby，1982)

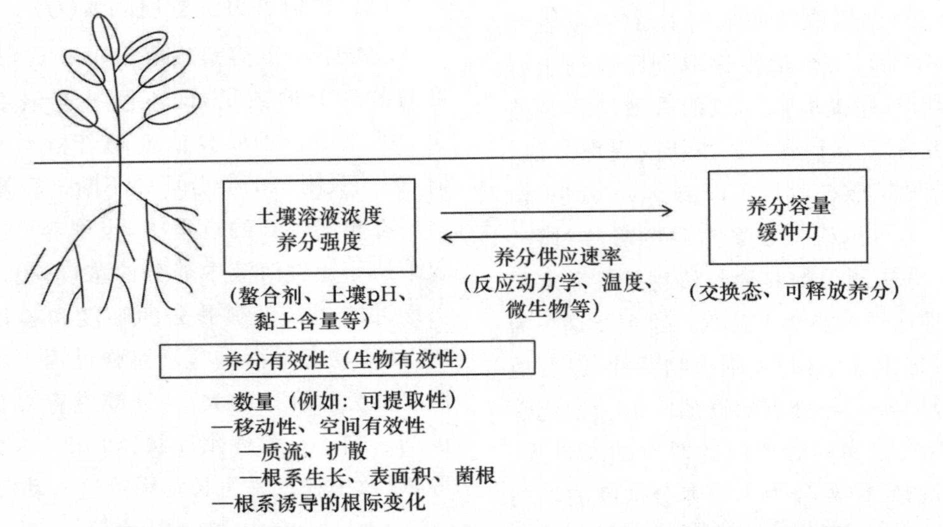

图 2-2 养分容量和养分强度之间的关系及影响养分生物有效性的因素

第三节 养分向根系表面的迁移

一、土壤养分的生物有效性

土壤养分有效性还延伸到养分的生物有效性(nutrient bioavailability)。此概念最早由美国土壤学家 S. A. Barber 教授提出并得到进一步发展。他认为根际范围内的有效养分，因为可以立即为根系吸收，为实际有效养分，而在根际以外的养分潜在无效，说明养分的有效性和空间距离有关。基于此，在磷肥施用上很早就提出靠近根系集中施用。在干旱区和半干旱区强调肥料深施，促进根系下扎，提高植物对底层土中水分和养分的吸收。

生物有效性，系指存在于土壤的养分库中，在植物生长期内能够移动到根际和根表的一些矿质养分和有机养分。其具有两个特点：①在养分形态上，矿质养分以离子态为主，也包括小分子有机养分；②在养分的空间位置上，是处于植物根际或生长期内能迁移到根际被植物根系吸收的养分。土壤中的养分离子可以从远距离向根表迁移。由此可知，土壤介质中养分的迁移，是养分有效性的一个重要因素。

二、养分向根表的迁移

土壤中养分到达根表有3个途径(图2-3):植物根系对土壤养分的主动截获;在植物生长与代谢活动(如蒸腾、吸收等)影响下,土体养分向根表的迁移,包括质流和扩散两种方式。

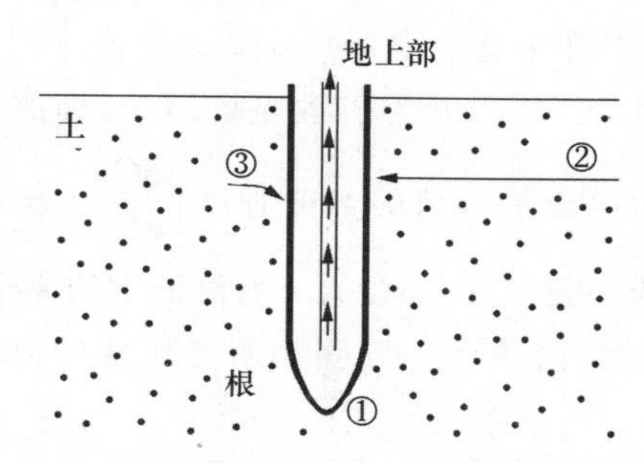

图2-3　养分到达根表的3种方式的示意图

①截获;②质流;③扩散

1. 截获

截获(interception)是指根系直接从所接触的土壤中获取养分。根系依靠截获所获取的土壤中的养分数量取决于根系容积(或根表面积)的大小和土壤中有效养分的浓度。相对于整个土体来说,植物根系的分布仅仅占了极少的土壤空间,根系的体积占耕层土壤体积的1%～3%。如果仅以根系与土壤接触的这部分养分作为植物有效养分,远不能满足植物生长对养分的需求,尤其是植物需求量大的氮、磷和钾等元素。从表2-4可以看出,与扩散和质流途径相比,玉米通过根系截获获得养分的量很低。

表2-4　玉米的养分需求量和截获、质流以及扩散供应矿质养分的估算量

养分	需求量/(kg/hm^2)	供应养分的估算量/(kg/hm^2)		
		根截获	质流	扩散
K	195	4	35	156
N	190	2	150	38
P	40	1	2	37
Mg	45	15	100	0

引自:Barber,1995。

2. 质流

植物蒸腾作用和根系吸水造成根际土壤与原土体之间出现明显的水势差,这种压力差导致土壤溶液中的养分随着水流向根表迁移,称为质流(mass flow)。养分通过质流方式迁移的距离比较长。通常土壤中浓度较高、在土壤中移动性较大的离子,如NO_3^-,Ca^{2+},Mg^{2+}等,主要通过质流迁移至根表。土壤溶液中各种离子的浓度差别很大,通常磷的浓度最低,钙离子浓度最高,其他元素介于中间。由质流运至根表的养分数量,取决于植物的蒸腾速率和土壤溶液中的养分浓度。蒸腾速率为形成单位干物质的蒸腾耗水量,平均范围为每千克地上部干重300～600 L水。从表2-4中可以看出,质流途径对氮的贡献较大,质流供应的镁远超过植物对它的需求量,但对磷和钾的贡献只能满足玉米生长需要的5%和18%。同样,在石灰性土壤上,如果蒸腾作用强烈,根系表面会出现钙的富集而产生碳酸钙淀积。但钙的富集会影响其他养分的溶解度,如磷酸盐的溶解度。在盐碱土上,根际盐浓度可以高出土体10多倍,尤其是植物蒸腾量高时盐分累积更高,高盐分导致土壤水分有效性低,因此,植物对水分的吸收取决于根际盐分的浓度。

由于叶面积和气孔数不同,不同植物蒸腾率有明显差异。同一种植物不同生育期的蒸腾率也有所不同。从表2-5中可以看出,春小麦对Ca和Mg的需求主要来自质流供应;质流可满足甜菜生长对钙的需求,但不能满足其对镁的需求量。相反,土壤溶液中钾离子的浓度比较低,通过质流方式迁移的K^+对植物吸钾的贡献量很低。

表2-5　黏壤土上生长的春小麦和甜菜对K、Mg和Ca的吸收量以及土壤中质流方式供应K、Mg和Ca的估算量

项目	春小麦			甜菜		
	K	Mg	Ca	K	Mg	Ca
植物吸收量/(kg/hm^2)	215	13	35	326	44	104
质流量/(kg/hm^2)	5	17	272	3	10	236
占总吸收量百分比/%	2	131	777	1	23	227

引自:Strebel and Duynisveld,1989。

3. 扩散

随着根系不断吸收养分,根际有效养分的浓度明显降低,并在根表水平方向出现养分浓度的梯度差,从而引起土体养分顺浓度梯度向根表迁移,这种养分的迁移方式为养分的扩散作用(diffusion)。土壤中大部分的磷和钾通过扩散迁移到根表(表 2-4)。养分通过扩散的特点是速度慢、距离短。不同养分离子扩散距离不同,一般在 0.1～1.5 mm 距离范围。离子在根表形成耗竭区,耗竭的范围大小取决于根系对离子的吸收和离子的扩散系数,根毛和菌根也影响养分耗竭的范围。例如,根毛提高了根际磷的耗竭范围,从 1 mm 提高到 2 mm。菌丝可以生长到离根表几厘米的距离,提高了根系土壤中磷的获取范围。

养分的扩散主要取决于扩散系数。养分的扩散系数与离子的特性(包括离子半径大小、电荷数目等)和介质的性质均有关系。在均质介质中,不同离子的扩散系数相似(表 2-6),但在非均质介质如土壤中,离子扩散速率存在显著差异。比较 NO_3^-,K^+ 和 $H_2PO_4^-$ 时,可以看出,土壤中 $H_2PO_4^-$ 扩散系数最低。Nye 和 Tinker (1977)提出养分有效扩散系数(D_e)的概念。

$$D_e = D_1\theta \frac{1}{f}\frac{dC_1}{dC_s}$$

式中:D_e 为离子在土壤中的扩散系数,m^2/s;D_1 为离子在水中的扩散系数,m^2/s;θ 为单位体积土壤的水分含量,m^3/m^3;f 为扩散阻抗因子,即离子及其他溶质通过含水空隙的弯曲程度;$\frac{dC_1}{dC_s}$为土壤离子缓冲力的导数。其中 C_1 为土壤溶液中的离子浓度,C_s 为土壤溶液中和土壤固相所能释放的离子浓度的总和。

表 2-6 离子在水和土壤中的扩散系数与移动距离的估算量

离子	扩散系数/(m^2/s)		土壤平均扩散系数/(m^2/s)	离子在土壤中的移动距离/(mm/d)
	水(D_1)	土壤(D_e)		
NO_3^-	1.9×10^{-9}	$10^{-10}\sim10^{-11}$	5×10^{-11}	3.0
K^+	2.0×10^{-9}	$10^{-11}\sim10^{-12}$	5×10^{-12}	0.9
$H_2PO_4^-$	0.9×10^{-9}	$10^{-12}\sim10^{-15}$	1×10^{-13}	0.13

引自:Jungk, 1991。

养分在土壤中的扩散作用主要受土壤溶液浓度、土壤水分含量以及根系活力的影响。直接测定扩散作用比较困难,通常采用差减法,即植物对养分的总吸收量减去截获和质流提供的养分量后即可获得扩散作用的贡献量。土壤中浓度较低、移动性较小的离子如 $H_2PO_4^-$、K^+、NH_4^+ 等,则以扩散为主。

三、影响养分有效性的土壤因素

土壤理化和生物学特性会对土壤中养分的有效性产生重要影响,本节讨论理化特性对土壤养分的影响。

(一)土壤溶液的离子浓度

施肥可增加土壤溶液中养分的浓度,加大了土体与根表间的养分浓度差,提高了养分的有效扩散系数。尤其是对于土壤中移动性很小的磷和钾等养分,通过施肥可明显增加它们向根表的迁移。图 2-4 表明,施用钾肥提高了土壤中交换性钾和可溶性钾的数量,使钾的有效扩散系数提高了 4 倍多,扩散距离也由约 4 mm 增加至约 5.3 mm,单位根长有效钾的吸收量比未施肥增加了约 8 倍。施用 NaCl 和 $MgCl_2$ 后,Na^+ 和 Mg^{2+} 可置换被土壤胶体吸收的 K^+,同样也提高了 K^+ 的扩散系数。

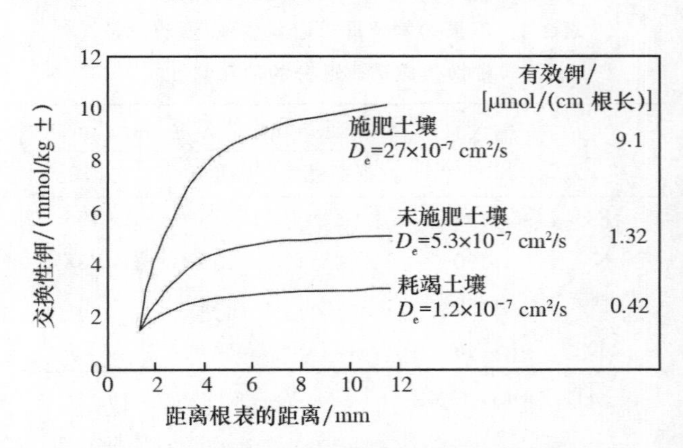

图 2-4 油菜幼苗根际交换性钾的浓度梯度

(D_e 为养分有效扩散系数)

(引自:Kuchenbuch and Jungk ,1984)

土壤黏粒含量直接影响钾的缓冲容量。图 2-5

中，A 土壤的黏粒含量(21%)高于土壤 B(4%)。在根表 K^+ 浓度均为 2～3 μmol/L K^+ 时，B 土壤 K^+ 的耗竭远远高于土壤 A，表明土壤 B 供 K 能力较低。在极端缺 K 的土壤中，植物可获得矿物晶格内的钾。

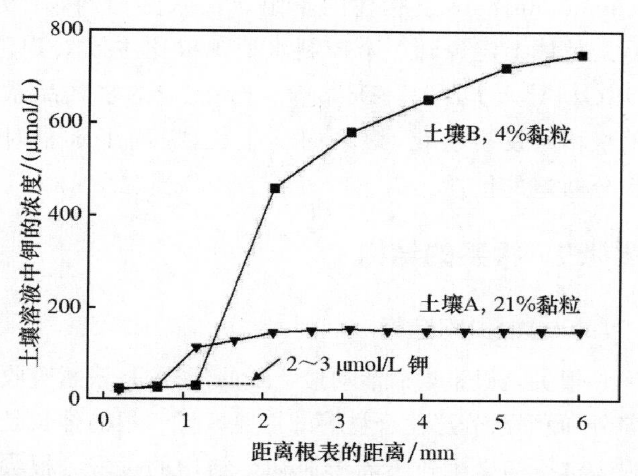

图 2-5　黏粒含量对玉米根际土壤溶液中钾浓度梯度的影响

(引自：Claassen and Jungk，1982)

(二)土壤水分含量

离子的扩散系数受土壤水分含量的影响很大。土壤水分含量高，一方面能增加根表与土粒间的接触吸收；另一方面又可减少养分扩散的曲径，提高养分的扩散速率。

(三)土壤对阴阳离子的吸附

土壤对养分的吸附和固定作用，导致养分的有效性下降。例如，黏土矿物包括风化云母和蛭石对 K^+ 的固定强烈。由于 K^+ 离子水化能较低且比较容易脱水，而且 K^+ 的大小正好镶嵌在 8 个氧原子的中间，故水化钾能强烈被黏土矿物固定，称为专性吸附。土壤胶体一般带负电荷，对阴离子如 NO_3^-、Cl^- 具有排斥力，但由于土壤胶体带有可变电荷，在酸性条件下可进行质子化，能吸附阴离子，称之为非专性吸附。对 $H_2PO_4^-$ 和 MoO_4^{2-} 等阴离子，土壤专性吸附较为强烈。为了减少土壤对养分的吸附和固定，增加养分的移动性和溶解性，可以向土壤中添加有机螯合态肥料，或者施用有机肥料。

(四)土壤 pH

土壤 pH 影响土壤中养分的形态和有效性。以磷为例，在 pH 6.5～7.0 的范围内，土壤对磷的固定最弱，磷的有效性最高；随着 pH 的升高，磷生成难溶性的磷酸钙；pH 降低，磷易被铁铝化合物所固定。除钼外，绝大多数微量元素的有效性随 pH 下降而升高。植物生长适宜的 pH 范围不同，有的植物适应 pH 的能力较强，有的则比较弱。

(五)土壤氧化还原

土壤氧化还原电位影响元素的化学和生物学转化过程，从而影响养分的有效性和植物的生长。水分是影响氧化还原反应的重要因素。土壤中硝态氮和铵态氮的转化，以及变价金属不同形态间的转化等，均与氧化还原过程有关。稻田土壤水分的变化比旱田剧烈，即使是旱田土壤微域也会形成还原条件。土壤微生物也参与养分的转化过程。

第四节　根系生长与养分有效性

植物主要通过根系从土壤或介质中获取养分，因此养分的有效性不仅取决于土壤因素，也取决于植物因素。植物根系的生长和根系构型，首先取决于植物的遗传特征。不同植物种类，甚至是同一植物的不同品种，其根系的形态特征存在很大差异。根系的特性还受环境因素的影响。根系数量、根系形态(根长、总表面积和根毛等)和构型、根系生理特性(代谢活性)都会影响对土壤养分的获取或养分向根表的迁移。

一、植物根系的类型和分布

不同植物种类的根系类型不同，它们从土壤中吸收养分的效率也有差异。根据根系的组成特点，通常将其分为直根系(tap root system)和须根系(fibrous root system)。也有一些特殊根系类型，如念珠根(moniliform root)、支柱根(prop root)、气生根、储藏根等。根据根系发生部位的不同，可将植物根系分为定根和不定根等。根据根系的分枝特点可分为鲱骨型、二叉型和菜豆型等。

大部分双子叶植物(Dicotyledons)，如大豆、油菜、拟南芥的根系属直根系，种子萌发后长出一条主根，主根粗大而长，再由主根上生长出多级侧根，侧根相对较短而粗，形成粗细悬殊较大的结构，在根系长度和总吸收表面积上均比须根系小。此外，由于维管形成层的活动，主根不断变粗，许多植物的主根占根系重量的一半。根系生长往往较深，深扎的主根有利于吸收深层土壤的水分和养分(图 2-6)。单子叶植物(Monocot-cotyledons)的根系属于须根系。大部分单子叶植物如水稻、小麦、葱等的根系为须根系。单子叶植物种子萌发形成主根后，在茎基部长出许多细小且均匀的不定根(或冠根)。不定根是须根系主要的组成部分，无主次之分，根系呈须状，根系和根表面积都比较大。根系分布较浅，密度较大，有利于吸收土壤表层的养分。

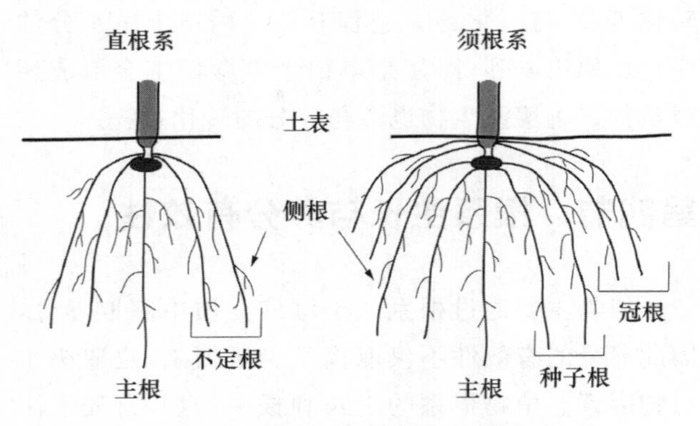

图 2-6 双子叶和单子叶植物根系

(引自：Sparks and Benfey，2017)

根系在土层中的分布是影响植物获取养分的一个重要因素。通常，一年生植物根系大多集中在 0～30 cm 的土层中，多年生植物根系较深，森林和灌木的根系深度平均为(7.0±1.2) m 和(5.1±0.8) m，森林树木可达 20～50 m 或者更深。农作物的根系深度在 50～100 cm。由于磷素主要在土壤表层分布，且移动性差，相对较浅的根系有利于根系对磷的高效获取。在土壤中移动性强的养分如硝态氮，深根利于植物对其的获取，减少硝酸根的淋洗。通常表层土壤的根系密度显著高于底层土壤，随着土层深入增加，根系密度显著下降，而土壤中硝酸盐在深层土壤累积。在高产条件下，增加深层根系量，培育深根型品种，可潜在提高玉米氮素利用率。

通常认为，表层土壤适宜根系的生长，对植物养分吸收的贡献较大，然而底层土壤在养分供应上的作用在近年来也受到人们的重视。研究发现，冬小麦总吸氮量的 30%来自深层土壤，深扎的根系有助于减少养分的淋失。春小麦孕穗期从表层土(0～30 cm)中吸收的磷占 83%，其余 17%来自底层土；开花期从底层土中吸收的磷增加到 40%，灌浆期约为 33%。在农业生产上可通过施肥、耕作和灌溉等措施来调控根系的生长情况。应用遗传改良的手段，以水稻品种 IR64 和菲律宾深根水稻品种 Kinandang Patong 构建的重组自交系为材料，在 9 号染色体上定位到一个控制水稻深根比主效 QTL-*DRO1*，导入 *DRO1* (Deep Rooting 1) 的水稻品系的根构型发生变化，根系向下生长，提高了水稻对水分胁迫的抗性。

二、根系的结构

(一)根尖的结构

根尖是根系生命活动最活跃的部分，是根系吸收养分和水分、分泌化合物等的主要区域。根的伸长是根尖进行初生生长不断形成初生结构的过程。根尖指从根的顶端到根毛着生的区域。沿植物根系的纵切面，依次分为根冠(root cap)、分生区(meristematic zone)、伸长区(elongation zone)和成熟区(maturation zone)四个部分(图 2-7)。其中成熟区因为生长有根毛又被称为根毛区。根毛区以上的根系部分吸收能力较弱，主要执行运输和固定功能。

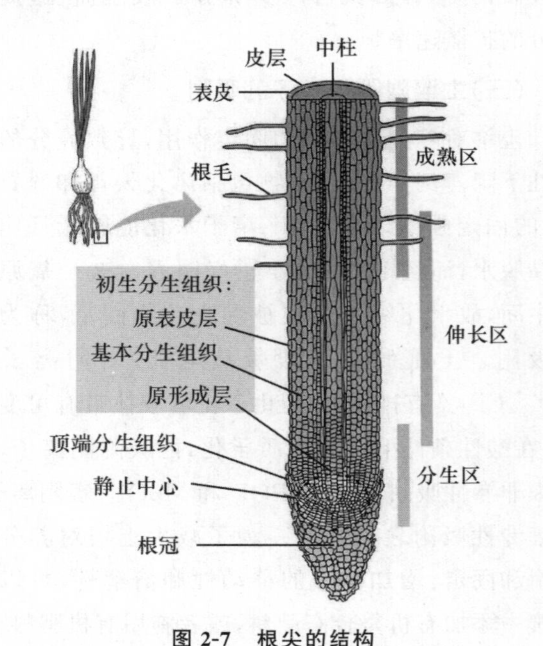

图 2-7 根尖的结构

(引自：Thies and Grossman，2006)

根毛区是根系吸收养分和水分最活跃的部位，其内部细胞已分化为各种成熟组织。根毛长度通常为 0.1～0.5 mm，直径 0.005～0.025 mm。不同植物根毛特征差异很大，根毛的数量也受环境条件的影响。表 2-7 列举了几种植物的根毛特征。莴苣、蓟、番茄的根毛将根系的表面积提高了 1 倍，有的植物甚至可以达到 10 倍以上。洋葱和胡萝卜的根毛极不发达。根毛在养分吸收上有重要作用，尤其是在土壤中移动小的养分如磷和钾。根毛突变体植物对磷的吸收量显著下降。

表 2-7 几种植物的根系和根毛特征

植物	根半径/mm	每厘米根长的根毛数量	根毛长度/mm	根毛半径/mm	根毛表面积/根表面积
小麦	0.108	560	0.29	0.005 7	0.7
莴苣	0.124	1 270	0.30	0.004 8	1.6
蓟	0.056	890	0.60	0.003 9	3.8
番茄	0.107	1 650	0.43	0.004 3	2.5
洋葱	0.225	1 180	0.04	0.011 0	0.2
胡萝卜	0.107	1 810	0.04	0.004 0	0.3

引自：Barber，1984。

(二)根系的生长

根系生长过程中，根尖生长锥的原分生组织细胞不断进行分裂、生长、分化，这种由根尖顶端分生组织活动引起的生长过程称为根系的初生生长，形成根系的初生组织和初生结构。根系的初生结构由根的表皮、皮层和中柱三个部分组成。表皮是根系最外面的一层细胞。细胞近似长方柱形，紧密排列在根的表面。表皮细胞的细胞壁薄，由纤维素和果胶质等组成，还有一层薄的角质层，是保护根内部组织的一道屏障，同时也是与外界进行物质交换的主要通道。皮层位于表皮和中柱之间，包括外皮层、皮层薄壁细胞和内皮层三个部分。皮层是水分和溶质从根表到中柱径向运输的通道。内皮层细胞排列较紧密，环绕中柱组织，其最明显的特征是细胞壁上有一木栓质增厚带，即凯氏带(Caparian strip)。凯氏带环绕细胞的径向和横向壁的内侧，含有较多的木质素和木栓质，成为溶质和水分通过自由空间进入中柱的屏障，阻断了皮层和中柱的质外体联系。中柱位于皮层以内，由中柱鞘、木质部和韧皮部组成。中柱鞘一些细胞可形成侧根原基，逐渐分化增生，穿透内皮层和皮层形成侧根。

裸子植物和双子叶植物还发生根系的次生生长，特别是多年生木本植物的根系。根系的次生生长产生次生分生组织包括维管形成层和木栓形成层，形成次生结构。

(三)根系生长的影响因素

根系具有很强的可塑性，根系的生长是植物基因型、土壤和环境因素综合作用的结果。单位表土面积根系的平均重量，农田为 0.2 kg/m^2，森林、树木和灌丛约为 5 kg/m^2。根长密度是一个重要的参数，尤其是对土壤中移动性较低的养分(如磷)来说，根长密度非常重要。根系密度较高时，不同根系间对养分的竞争导致根际养分耗竭区重叠，根长密度和养分之间表现出非线性关系。

植物地上部碳水化合物供应和植物激素等均会影响根系的生长发育。植物地上部每日产生的光合产物中，平均有 25%～50%运输到根系中，供给根系生长，维持根系生物量和其他生理功能，因此影响光合作用过程、光合产物运输和分配的因素均影响根系的生长。根系生长发育还受植物激素的影响，其中生长素(IAA)和细胞分裂素(CYT)对根系生长影响较大。生长素主要在茎尖和幼叶中合成，并通过极性运输到达根中，促进根系生长；与生长素的作用相反，根系中合成的细胞分裂素则抑制侧根的发生和生长。

影响根系生长的土壤因素包括物理、化学和生物因素。单一作物长期种植引起的连作障碍是生产中典型的生物因素实例。土壤中一些病原微生物通过产生毒素物质，或与植物竞争养分等，抑制根系的生长。反之，有益微生物通过提高植物对养分的吸收，影响激素水平，提高植物抗性等影响根系生长发育。本节主要考虑根系生长的土壤化学和物理因素。

1. 土壤化学因素

(1)土壤养分供应　不同的矿质养分供应对根系数量、形态和根系在土壤中的分布有不同的影响。根系在养分富集区生长,这种现象在实际生产中很普遍。在大麦一条根轴的顶端 4 cm 处,连续 15 天供应高浓度的 NO_3^- (1.00 mmol/L),其余根系供应 0.01 mmol/L NO_3^-,在供肥区侧根迅速增生(图 2-8)。现已证实,根系对硝酸盐供应的响应,受局部和系统信号的影响。硝酸盐自身是信号物质,质膜上硝酸盐转运蛋白 NRT1.1 通过磷酸化修饰调节根系对硝酸盐的吸收。在均匀供氮和局部供应高氮时,植物根系的响应不同。均匀供氮时,高氮抑制根系的生长,而低氮促进侧根生长。然而,在不均匀供氮时,根系的响应相反。氮需求信号和氮素供应信号共同调控植物对不均匀供氮做出响应。磷与氮的情况类似。局部供磷也促进局域侧根生长和根生物量增加(表 2-8),但其余根系生长受抑,表明根系不同部位在生长上存在补偿效应。研究发现,根系生长对磷的响应是局部信号。根尖是缺磷的感知部位,缺磷时 IAA 在根系内重新分配,从而影响根系生长。缺磷的系统信号包括激素和 miRNA 等。需要指出的是,根系的这种可塑性,受养分性质(大小、强度、组成和位置等)和植物属性(敏感性和觅食能力等)的影响。

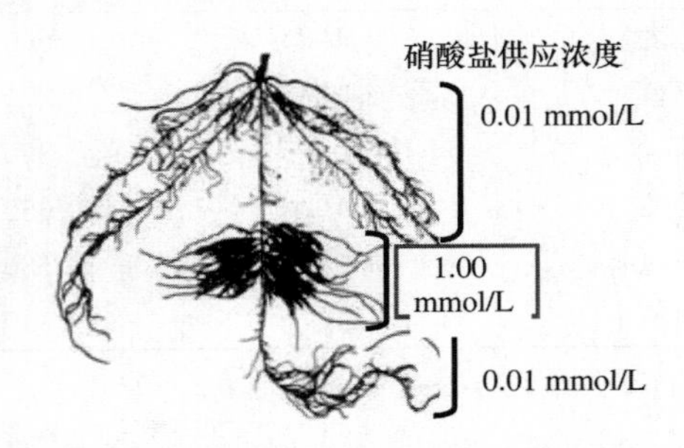

图 2-8　局域养分供应对大麦根系生长的影响

(引自:Drew and Saker, 1975)

表 2-8　均匀供磷和局部供磷大麦的侧根长度和干重

根区	均匀供磷		局部供磷	
	侧根长度/m	干重/mg	侧根长度/m	干重/mg
基部	40	9	14	4
中部,局部供磷区(4 cm 根段)	27	4	332	38
根尖	18	10	11	5

引自:Drew and Saker,1978。

在适宜浓度范围内,增加供氮量可以促进地上部和根系的生长,通常对地上部生长的促进作用大于对根系的影响,导致根冠比随施氮量的增加不断下降。与此同时,根系变细,养分吸收面积增加,可维持养分的库源关系。缺磷时植物根冠比升高,侧根长度增加,根毛的密度加大。高磷供应(>100 μmol/L)降低根毛长度和密度,根系吸收面积下降。在极端低磷时(≤1.0 μmol/L),在长期进化过程中,一些植物形成适应磷胁迫的机制,如山龙眼科植物以及某些豆科植物根系形成大量的排根(cluster roots),一些莎草科植物如 *Schoenus unispiculatus*,则形成侧根密集根毛长的萝卜状根(dauciform roots),极大地扩大了根系吸收表面积(图 2-9)。

并非所有的养分缺乏都会使植物的根冠比增加,缺钾或缺镁会导致根冠比下降。这可能是由于在这 2 种元素缺乏时,光合产物由地上部向根系的运输受到抑制所致。缺钙也影响根系的生长和发育。

(2)土壤 pH 和 Ca^{2+} 摩尔比值　在 pH 5.0~7.5,pH 对植物生长的影响很小。pH<5 时,许多植物的根系生长受到抑制。在酸性土壤中,pH 对植物生长的抑制效应往往与土壤铝(Al)毒有关。铝毒根系短粗,根尖颜色深,生长受抑。Al 的毒害作用与土壤溶液中 Al^{3+} 的浓度、形态与 Ca^{2+} 浓度有关。Ca^{2+} 有利于植物适应低 pH 环境,帮助植物抵抗铝毒。以棉花进行的实验表明,在 pH 为 5.6 和 4.5 时,根系正常生长的 Ca^{2+} 浓度分别为 1 μmol/L 和 50 μmol/L。通常 Ca^{2+} 与其他阳离子总量摩尔比值为 0.15 时,根系生长最好(图 2-10)。在酸性土壤中,施用石灰可以调节土壤 pH 和 Ca^{2+} 的浓度,促进根系的生长。酸性土壤中一些微量元素如 Pb、Ni 和 Cu 有效性较高,也会引起毒害。

图 2-9　极度缺磷时 *Hakea prostrata* 形成的排根(左图)和 *Schoenus unispiculatus* 的萝卜状根(右图)

(引自:Shane et al.，2006)

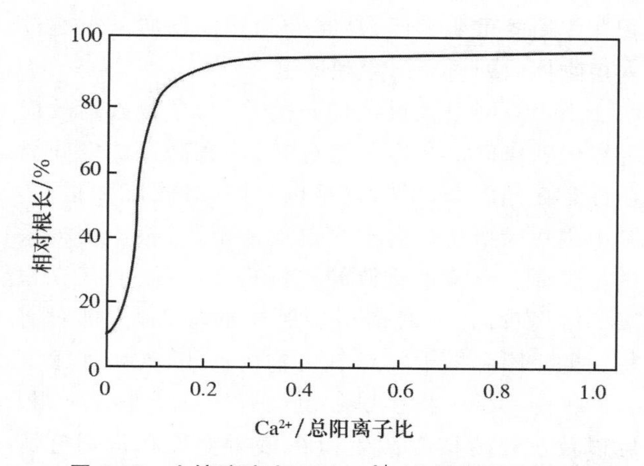

图 2-10　土壤溶液中不同 Ca^{2+}/总阳离子比例对棉花种子根生长的影响(引自:Adams,1966)

(3)有机小分子物质　可溶性有机物以多种方式影响根系的生长。腐植酸可以促进根系和地上部生长。低浓度的富里酸和低分子量的酚类化合物可以促进根系的发生和伸长,较高浓度低分子量的酚类和短链脂肪酸则抑制根系的生长。在通气不良和淹水条件下,秸秆和绿肥等有机物在降解过程中会产生对羟基苯甲烯酸和对羟基苯甲酸等酚类物质,当浓度达到 1～10 mg/L 时就会严重抑制黑麦和小麦等敏感植物根系的生长。对于一些耐性作物,浓度达到 100 mg/L 才会抑制根系的生长。

2. 土壤物理因素

(1)机械阻力　根系在土壤中伸长的推动力来自伸长区根细胞的膨压。根系需要克服土壤阻力和根表的摩擦阻力。通常,因根表的脱落物及根尖边缘细胞的润滑作用,摩擦阻力较小。随土壤机械阻力的升高,根系伸长生长受阻,但促进了根系的径向生长,根构型发生变化,根系分布较浅(图 2-11),无法从深层土壤吸收养分和水分。有研究发现,随土壤紧实度增加,与根系相比,植物叶面积下降幅度更高,这可能与根系产生的激素有关。土壤容重可以在一定程度上反映土壤机械阻力大小。土壤容重增加,土壤较大空隙的比例减少,根系穿插阻力增加。土壤容重高于 1.8 g/cm^3 时,根系伸长生长受阻。

(2)土壤水分　土壤水分对根系生长的效应是综合效应。土壤水分有效性直接影响根系的生长。随着土壤水分含量的增加,土壤养分有效性提高;水分过多时又会导致通气不良,根系呼吸受阻,不利于根系生长。水分供应也影响碳水化合物向根部的转移。水分供应不足时,冠根比下降,同时,根系向水分含量高的区域生长。长期适应干旱环境

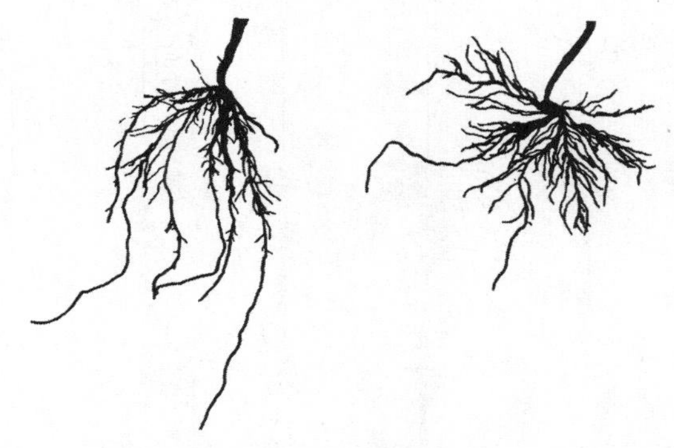

图 2-11　大麦根系生长

(引自:Scott-Russel and Goss, 1974)

土壤容重分别为 1.35 g/cm^3(左图)和 1.50 g/cm^3(右图)

的植物，在降雨后根系在表层大量生长，以获取水分；随表层土壤中水分的散失，根系深扎，以吸收深层土壤的水分。

(3)温度　不同植物种类的最适温度不同，如棉花根系生长的最适温度为30℃，马铃薯为15～20℃，小麦为25℃。植物根系生长的最适温度一般低于地上部生长的最适温度。许多植物在20～30℃根系生长最快(图2-12)，但往往这一温度范围内根/冠值最小。高温对根系生长不利，但研究报道较少。低温影响伸长区细胞的延伸性，导致根系伸长和分枝受抑；低温影响植物体内激素如ABA的含量。例如，从28℃降低到8℃，玉米木质部ABA的浓度提高了2倍。葡萄幼苗根系在12℃时木质部汁液中细胞分裂素(CYT)的浓度比20℃时降低了1.5倍。低温诱导的植物激素信号的改变与植物养分状况有关，尤其是磷。低温时土壤中磷的有效性较低，根系生长速率下降，根系变粗、侧根减少。早春东北玉米需补充磷肥，目的在于促进根系的生长。

(4)通气状况　土壤通气状况不良会抑制根系的生长。根系呼吸对氧气需求很高，氧气供应不足会影响根系的呼吸代谢，降低根系活力。另外，在厌氧条件下，土壤中会产生一些有毒物质，如挥发性脂肪酸、硫化氢等，根中乙烯含量增加，抑制根系的生长。在黏粒含量高但排水不良的土壤上，作物出现萎蔫症状。这是因为植物根系生长受阻，根系少且发育不良，根细胞膜对水的透性下降，对养分的吸收也受抑。

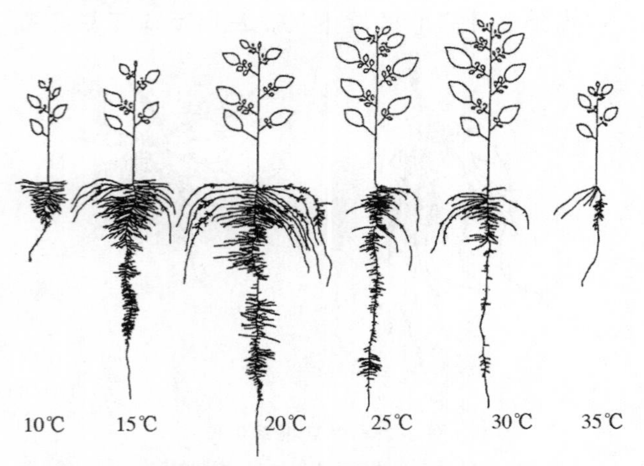

图2-12　根区温度对马铃薯根系和地上部生长的影响

(引自：Sattelmacher et al.，1990)

第五节　根际养分的有效性

1904年德国科学家Lorenz Hiltner最早提出了根际的概念，他发现根际微生物的数量高于土体，并且认识到根际土壤具有抑病性。自此之后，根际研究无论从研究方法和认识上都取得快速发展。根际(rhizosphere)是指受植物根系活动的影响，在物理、化学和生物学上不同于土体(bulk soil)的那部分微域土区。根际养分浓度、pH、氧化还原电位以及微生物的活性等明显区别于土体(图2-13)。根际的范围发生在离根轴数毫米之内，一些挥发性物质可以扩散到较远的位置。根际是植物、土壤和微生物相互作用的重要界面，是养分和其他物质从土壤进入植物体内的重要门户和通道。

由于不同根区根系代谢的差异，导致根际效应在纵向和横向上产生梯度分布，存在高度的空间异质性。在径向上，根际包括内根际、外根际和根面。其中内根际指由根表至内皮层的范围，根面为根系的外表面。以根系释放的有机化合物为例，其在根表的浓度较高，随着离根表距离的加大，土壤对有机物的吸附和微生物对有机物的利用，有机物浓度逐渐下降。微生物在根际也显著区别于土体土，根际以及根表的核心微生物在植物生长和植物健康上具有重要的作用。需要指出，根际是一个动态区域，根际过程具有时空特征，受植物生长发育和环境变化的影响。

由于根系生长在土壤中，不能像地上部那样用肉眼观察，难以实现完全原位检测。常用的收集根际样品的方法为抖土法，即将植物根系从土壤中取

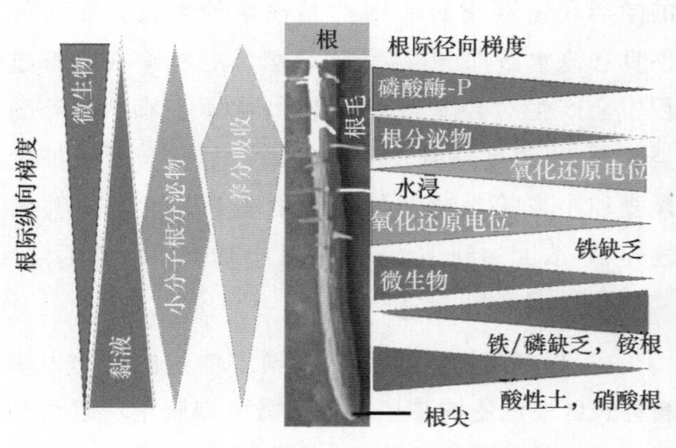

图2-13　根际纵向和径向梯度示意图

(引自：Marschner，2012)

出后，尽力抖动，在此过程中部分土壤会随着抖动而脱落，而与植物根系紧密结合未从根系上完全剥离的土壤即视作根际土，这种采样方法属于破坏性取样。近年来，根际的一些研究方法和技术不断改进，一些原位和高分辨率的方法和技术，如同步辐射技术、CT 技术以及纳米稳定性同位素质谱技术(NanoSIMS)等均深化了人们对于根际的认识。

一、根际养分浓度

植物对养分的吸收特性、养分在土壤中的有效性和土壤缓冲性能等共同影响根际养分的分布。植物根系对养分的吸收会引起根际养分和土体养分的浓度差，导致根际土壤溶液中的养分离子的浓度可高于、等于或低于其在土体中的浓度，从而呈现出养分累积、持平和亏缺 3 种不同的状况。例如，$H_2PO_4^-$ 和 K^+ 的亏缺范围可达几毫米，NO_3^--N 可达数厘米。

1. 养分累积

土壤溶液中养分的供应速率高于植物根系对养分的吸收速率时，根际出现养分累积区。如 Ca^{2+}、NO_3^-、Mg^{2+} 等养分在土壤溶液中含量较高，在根际一般呈现累积现象。在石灰性土壤中，碳酸钙含量很高，当植物蒸腾量大时，质流作用较强，在根际出现碳酸钙的累积与沉淀(图 2-14)。又如在盐渍土中可溶性盐分的浓度高，蒸腾强度大时，质流作用使根际出现相应的盐分累积区。

2. 养分持平

土壤溶液中养分的供应速率与植物根系对养分的吸收速率相当时，根际与土体之间养分浓度均匀，出现持平，但这种情况很少出现。

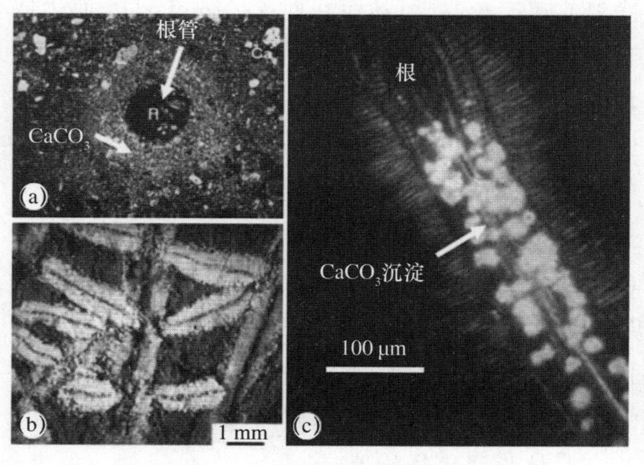

图 2-14　根际 $CaCO_3$ 的累积

(引自：Jaillard et al.，1991)

(a)桃树；(b)油菜；(c)根皮层 $CaCO_3$ 的沉淀

3. 养分亏缺

土壤溶液中养分的供应速率低于植物根系对养分的吸收速率时，根际出现养分亏缺。养分亏缺区的出现，有时可促使根际微域各种形态养分(包括速效态、缓效态以及矿物养分)的释放。$H_2PO_4^-$、NH_4^+、K^+ 等养分在土壤溶液中的浓度低，迁移速率慢，根际则出现亏缺。其中 $H_2PO_4^-$ 的移动性最小，根际亏缺区也最窄(图 2-15)。NO_3^--N 在土壤中移动最大，一般不被土壤胶体吸附，其亏缺区较 $H_2PO_4^-$、K^+ 都大，K^+ 则介于两者之间。研究发现，在低钾土壤上，黑麦草根际钾浓度显著下降，促进了土壤矿物晶格中钾的释放，加速了矿物的风化。

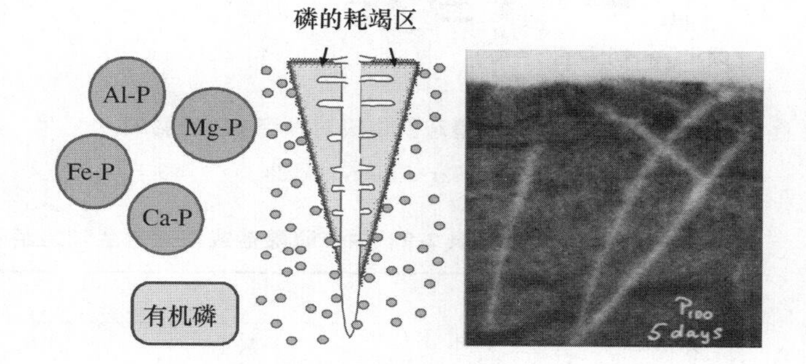

图 2-15　根际磷的耗竭

(引自：Lewis and Quirk，1967)

二、根际 pH

土壤 pH 影响养分的有效性。与土体土壤相比，根际 pH 有时可达 2 个 pH 单位，其差值的大小取决于土壤和植物因素。根际 pH 的变化显著影响根际养分的形态、含量与转化。

(一)根际 pH 变化的原因

引起根际 pH 变化的原因很多，其中最主要的是根系吸收阴阳离子不平衡引起的根系 H^+ 或 OH^- 的释放。当阳离子吸收高于阴离子时，根际 pH 下降，反之则 pH 升高。根系释放的有机酸、根系和根际微生物的呼吸作用释放的 CO_2 等均影响根际 pH。根际 pH 的变化强度与土壤初始 pH 以及 pH 缓冲能力有关。

(二)影响根际 pH 变化的因素

1. 氮素供应形态

氮素是植物必需的一种大量元素。植物吸收

的 NH_4^+ 和 NO_3^- 占植物吸收阴阳离子总吸收量的80%，因此，氮素供应形态对根际 pH 影响很大。施用铵态氮源时，根际 H^+ 净释放速率高于相应 H^+ 的消耗速率，为维持体内电荷平衡和满足植物正常生长对细胞 pH 的要求，根系向外释放 H^+，导致 pH 下降。以硝态氮肥作为氮源时，根际 pH 上升（图 2-16）。硝态氮使根际 pH 上升的幅度通常低于铵态氮使 pH 下降的幅度。

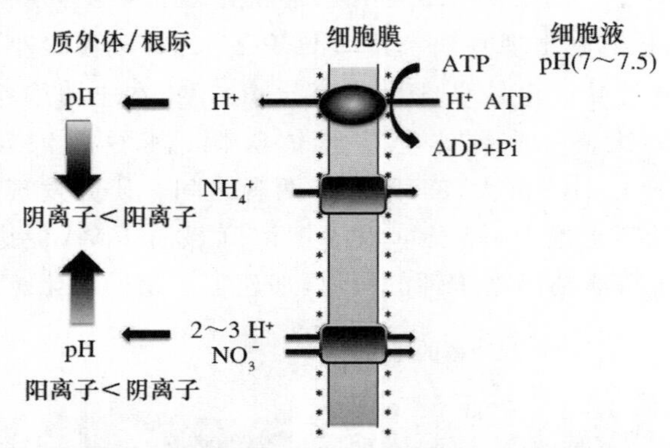

图 2-16　铵态氮和硝态氮供应对根际 pH 的影响

（引自：Marschner，2012）

需要指出的是，即使在相同供氮条件下，不同根系以及同一根系不同根段的根际 pH 变化不同。研究发现，在酸性土壤上生长的挪威冷杉，距根尖不同距离根际 pH 变化强度不同。无论供应铵态氮还是硝态氮，根尖的根际 pH 均有所上升，而伸长区 pH 下降，仅在根基部时，根际 pH 的变化与氮素供应形态的影响趋势一致。

在中性和碱性土壤中，供应铵态氮引起的根际 pH 的下降，增加了难溶性 Ca-P 的活化和一些微量元素（Fe，Mn 和 Zn）的有效性，提高了植物对养分的吸收（表 2-9）。在酸性土壤上，供应硝态氮引起根际 pH 升高，使 HCO_3^- 交换被铁铝氧化物吸附的磷酸根，或刺激微生物对有机磷的矿化，促进植物对磷的吸收；同时 pH 升高提高了土壤中钙和镁的含量，降低了 Al^{3+} 的活性量，能缓解土壤酸性对植物生长的伤害。

表 2-9　供应硝酸盐或铵盐对生长的菜豆根际 pH 和地上部养分含量的影响

氮形态	根际 pH	地上部养分含量				
		K/（mg/g 干重）	P/（mg/g 干重）	Fe/（μg/g 干重）	Mn/（μg/g 干重）	Zn/（μg/g 干重）
NO_3^-	7.3	13.6	1.5	130	60	34
NH_4^+	5.4	14	2.9	200	70	49

淋溶土（pH6.8）

引自：Thomson et al.，1993。

豆科和弗兰克菌感染的植物主要通过共生固氮作用从大气摄取 N_2 来满足其对氮素的需求。在固定 N_2 时，植物对阳离子的摄取量多于阴离子，与施用铵态氮相似，固氮植物根际 pH 下降，但其释放的 H^+ 量低于以铵态氮为氮源时 H^+ 的释放量。长期连续种植豆科植物后，需要注意土壤酸化现象，施用石灰是常见的措施。

2. 养分胁迫

在某些养分缺乏的情况下，有些植物具有调节功能，主动改变根际 pH，以提高养分的有效性。在缺锌和缺磷时，棉花等双子叶植物根际 pH 下降。在缺铁时，双子叶植物和一些耐低铁的非禾本科单子叶植物，即使以硝酸氮作为氮源时，根际 pH 仍然下降。与铵态氮营养不同，缺铁诱发的根际酸化限于根尖区域。例如，缺铁向日葵单位鲜根中的质子净释放速率较高，可达每小时 28 μmol H^+，而供铁充足且以铵态氮为氮源时，向日葵整个根系酸化较均匀，但质子释放速率仅每小时 2～4 μmol H^+。

缺磷时某些植物具有酸化根际的适应性反应。例如，在缺磷的石灰性土壤上，白羽扇豆可形成大量的排根。排根主动向根外分泌大量的有机酸阴离子如柠檬酸阴离子，质膜 H^+-ATPase 活性提高，质子分泌量也增加，一方面使得根际酸化，另一方面柠檬酸阴离子与土壤中的钙、铁、铝等螯合，以减少磷的固定作用，提高土壤磷的有效性。

3. 植物的遗传特性

不同种类植物遗传特征不同，其在阴阳离子吸收和体内酸碱平衡的生理调节等方面均存在差异，根际 pH 变化亦有所不同。蚕豆属于磷活化能力强的作物，缺磷条件下根际酸化较强；玉米和小麦则酸化能力较弱。如图 2-17 所示，磷活化能力强的植物种类通过分泌低分子量有机酸、质子、酸性磷酸酶等对土壤中的难溶性无机磷和有机磷进行活化，在自身吸收磷的同时，有利于磷活化能力弱的相邻植物吸收磷。在农业生产实践中，通常安排豆科植物和禾谷类植物间作或套种，一方面可以提高耕层土壤的氮素含量，另一方面也可显著提高土壤中磷、铁和锌等微量元素的有效性。

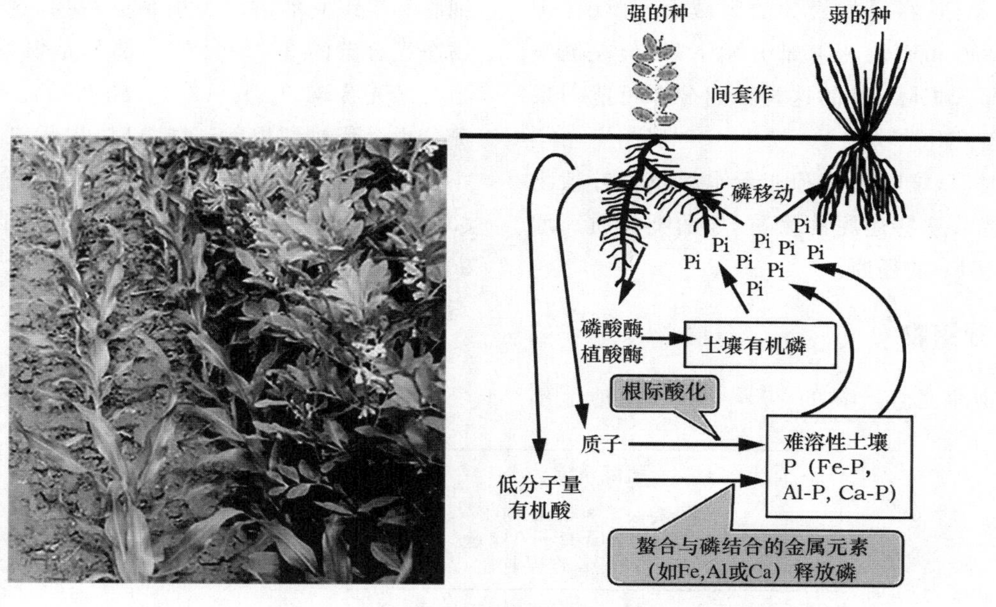

图 2-17　间作体系养分活化种间促进作用机制示意图

（引自：Li et al.，2014）

三、根际氧化还原电位

根际氧化还原电位的改变显著影响变价养分的有效性。由于根系分泌大量的易分解有机物质，为氧化还原反应提供了电子供体；另一方面，根际微生物活动及根系呼吸代谢消耗了根际的氧气，因此，根际微域 Eh 往往低于土体，尤其在通气不良的土壤中更是如此。在通气良好的土壤中，土壤的 Eh 一般在 500～700 mV，但由于土壤的非均质性，存在一些嫌气的微域环境。这种现象在根际比较常见，其对植物吸收铁、锰等变价元素以及氮的转化非常重要。在通气不良或紧实的土壤上，由于根际对氧气的消耗，与空闲地相比，种植植物时氮素的气态损失风险较大。

在淹水条件下，土壤氧化还原电位为负值。一些低分子量的有机酸、Fe^{2+}、Mn^{2+} 以及 H_2S 在土壤中累积，甚至可达植物毒害水平。适应淹水和渍水环境的植物（如水稻），可通过通气组织将地上部的氧气运输到根系中，并释放到根际，使根际保持较高的 Eh（图 2-18）。一方面可降低根际 Fe^{2+}、Mn^{2+}

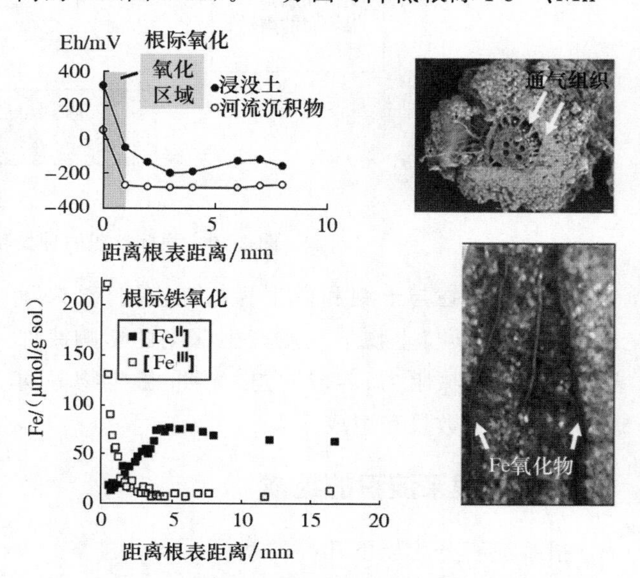

图 2-18　水稻通气组织对根际 Fe^{2+} 的氧化

（引自：Flessa and Fischner，1992；Begg et al.，1994；Watt et al.，2006）

等还原性物质的过量累积；同时，在根际氧化区形成铁、锰的氧化物沉淀，又称铁膜。铁膜可吸附金属元素如Zn、Cd等，促进或者抑制元素的吸收和运输。根际氧化区域的宽窄范围一般为1～4 mm，取决于氧气的供应、氧气消耗以及土壤氧化还原的缓冲力。

沿根轴不同部位的Eh也存在差异。例如，水稻淹水时根际Eh在紧靠根尖的区域由－250 mV迅速上升到100 mV，在根基部开始下降，但在侧根发生区又升高。根际Eh的这种轴向分布可能与根际微生物数量变化有关。

在缺铁时，双子叶植物和非禾本科单子叶植物根系可通过释放一些还原性物质（如酚类物质），增加根际土壤中Fe的还原。

四、根分泌物

高等植物净光合产物的20%～60%由地上部运输到根部，其中相当一部分以有机碳的形式由植物根系释放到根际土壤中。根系释放有机物进入土壤的过程称为根际淀积（rhizodeposition）。根际淀积的数量可观，种类繁多，一年生和多年生植物根际淀积量分别可占运输到根系的光合产物的40%和70%。根际淀积分为两个部分：一部分是根细胞和组织脱落物以及根系分解物，这部分占到植物净光合碳的30%；另外一部分是根系分泌物，占植物净光合碳的5%～20%（图2-19）。植物吸收的养分也会释放到根际。缺氮时，根际氮的淀积量占小麦全生育期吸收氮的18%，适量氮时可达到33%。在溶液培养条件下，分泌到根际的氨基酸90%可以被再度吸收。然而，根际微生物可与根系竞争氨基酸和糖类化合物，降低根系对其的再吸收。

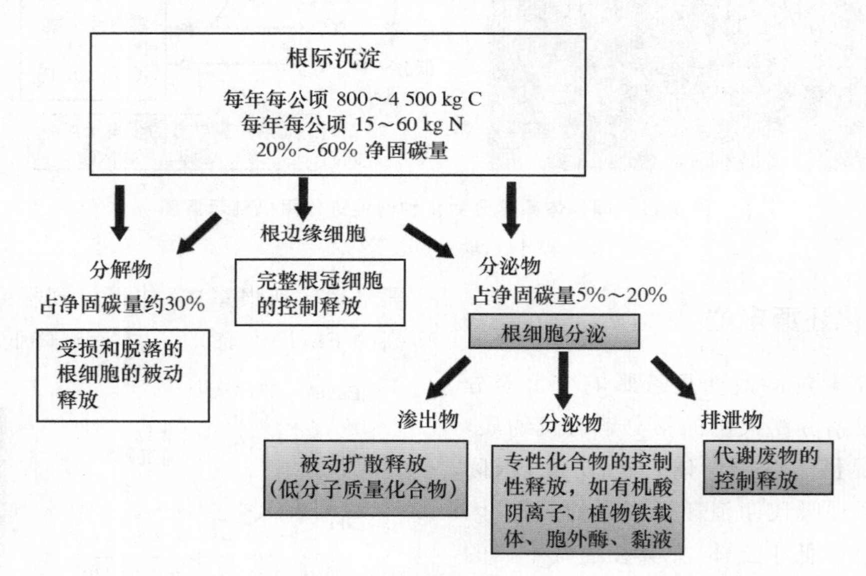

图2-19 根际淀积的种类和数量（引自：Neumann，2010）

根际淀积物与土壤和微生物相互作用，对根际土壤物理、化学与生物学性质产生深刻的影响。许多因素包括机械阻力、养分胁迫、光照、微生物等均影响根际淀积数量和组成。

（一）根系淀积的组成

根系淀积分为以下几种类型：

渗出物：由根细胞被动扩散释放的一类低分子量的有机物。

分泌物：根系代谢过程中细胞主动释放的包括低分子质量和高分子质量的化合物。

分解物：成熟根段表皮细胞自分解的产物。

黏液（mucilage）和黏胶质（mucigel）：包括根冠细胞、未形成次生壁的表皮细胞分泌的黏液，也包括脱落根冠细胞、被细菌分解的表皮细胞壁的多糖组分等。植物的黏液经与微生物作用后，混杂了微生物代谢产物、土壤颗粒和有机物质，包裹在根系表面，这种由胶状物、微生物和土壤颗粒形成的混合物称为黏胶质。通常，人们把植物生长过程中，根系向生长介质中释放的有机物，统称为根系分泌物。

(二)根系分泌物

根据根系分泌的特性和功能，可将根系分泌物分为一般根系分泌物和专性根系分泌物。一般根系分泌物是指植物在正常代谢中，根系主动或被动向生长介质释放的一系列化合物的总称，包括一些无机离子(H^+、OH^-、Cl^-、Na^+、K^+)、低分子量有机酸和可溶性糖等。其特点是细胞原生质膜透性改变后的溢泌现象，该过程具有选择性低、分泌量少的特点。专性根系分泌物是指植物根系在特定环境条件下主动向生长介质释放的一类化合物。例如，缺铁诱导禾本科植物根系分泌麦根酸类植物铁载体，缺磷时白羽扇豆根系分泌大量的柠檬酸。

根据分子质量的大小，可将根系分泌物分为高分子质量化合物和低分子质量化合物(表 2-10)。高分子质量的化合物包括黏液、多糖、糖醛酸、蛋白质等。低分子质量化合物主要包括简单的糖类、氨基酸、有机酸、酚酸类化合物等。据报道，根系分泌的低分子质量化合物中，糖类化合物占可溶性组分的 65%，有机酸和酚酸类占 33%。其他化合物分泌量较少(占 2%)，包括可溶性蛋白、氨基酸、微生物素、植物激素和酶等。

通常，高分子质量化合物通过胞吐作用释放到细胞膜外。在细胞质中低分子质量化合物的浓度远高于根际环境，大多通过扩散方式释放，而专性分泌物的分泌则与质膜上载体的主动运输有关。

表 2-10　根系分泌物的种类

分泌物种类	分泌物
糖和多糖	阿拉伯糖、果糖、半乳糖、葡萄糖、麦芽糖、甘露糖、低聚糖、棉籽糖、鼠李糖、核糖、蔗糖、木糖
氨基酸	α-丙氨酸、β-丙氨酸、γ-氨基丁酸、精氨酸、天冬酰胺、天冬氨酸、瓜氨酸、胱硫醚、半胱氨酸、胱氨酸、脱氧肌氨酸、3-羟基肌氨酸、谷氨酰胺、谷氨酸、甘氨酸、高氨酸、异亮氨酸、亮氨酸、赖氨酸、蛋氨酸、肌氨酸、鸟氨酸、苯丙氨酸、脯氨酸、丝氨酸、苏氨酸、色氨酸、酪氨酸、缬氨酸
有机酸	乙酸、乌头酸、抗坏血酸、苯甲酸、丁酸、咖啡酸、柠檬酸、对香豆酸、阿魏酸、富马酸、戊二醛、乙醇酸、乙醛酸、苹果酸、丙二酸、草酰乙酸、草酸、对羟基苯甲酸、丙酸、琥珀酸、丁香酸、酒石酸、戊酸、香草酸
脂肪酸	亚油酸、亚麻酸、油酸、棕榈酸、硬脂酸
固醇	菜油甾醇、胆固醇、谷甾醇、豆甾醇
生长因子	对氨基苯甲酸、生物素、胆碱、N-甲基烟酸、烟酸、泛酸、维生素 B_1(硫胺)、维生素 B_2(核黄素)和维生素 B_6(吡哆醇)
酶	淀粉酶、转化酶、过氧化物酶、酚酶、磷酸酶、聚半乳糖醛酸酶、蛋白酶
黄酮和核苷酸	腺嘌呤、黄酮类、鸟嘌呤、尿苷/胞苷
其他	生长素、东莨菪碱、氢氰酸、葡萄糖苷、还原化合物、乙醇、苷氨酸甜菜碱、肌醇和肌醇类化合物、多肽、二氢醌、高粱素

有机酸阴离子是根系分泌物中的重要成分，作为三羧酸循环的中间产物，显著影响根际过程。常见的有机酸阴离子有柠檬酸、苹果酸、草酸、酒石酸、琥珀酸、延胡索酸等。酚酸类化合物包括苯甲酸、邻苯二甲酸、肉桂酸、阿魏酸、咖啡酸、香草醛等，其作为化感物质，可对植物产生相斥相克作用。根系分泌物中的类黄酮类和甾醇类物质等，在植物-微生物信号传递中有重要的作用。

(三)影响根系分泌的因素

在植物生长过程中，经常遇到各种各样的胁迫条件，根系分泌物可直接和间接影响环境，从而改善植物生长。根系分泌物受植物营养状况、生长和遗传特性及环境条件的影响。

(1)养分胁迫　植物营养状况直接影响根系分泌物的组成和含量。缺氮影响根系分泌物中氨基酸的含量。缺磷会诱导某些豆科植物大量分泌磷酸酶、柠檬酸、草酸、苹果酸等。微量元素如 Fe、Zn、Mn 等缺乏时，也会诱导根系分泌有机酸和氨基酸等物质。一方面，植物体内某些代谢过程受阻，低分子量有机化合物积累；另一方面，养分缺乏时细胞膜透性增加，有机物向外分泌增强。

(2)机械阻力　植物在生长的过程中，培养基质会对根系分泌产生影响。研究发现，与营养液相比，玉米在玻璃珠外加营养液中生长时，由于机械阻力增加，地上部光合产物向根系分配增加，大量的根系分泌物释放到根际环境中。当土壤容重从1.2 g/cm^3 增加到1.6 g/cm^3 时，玉米根长受到严重抑制，单位根长消耗的光合产物提高了2个数量级。

(3)根际微生物　根系分泌物中的可溶性糖、蛋白质、氨基酸等为根际微生物提供了丰富的能源和碳源物质，刺激了根际微生物的生长，加速有机物矿化过程。许多微生物直接参与养分的转化，如硝化菌、反硝化细菌、解磷菌等。共生固氮菌和菌根真菌促进植物对氮和磷的吸收。一些根际微生物可分泌有机酸、酶、铁载体等直接影响养分有效性。根际微生物还通过影响根系的生长和活性，间接影响根系分泌。

(4)植物种类和生育期　不同植物种类间根系分泌物的组分和数量存在差异。根表尤其是根冠区分泌的黏液和黏胶质的数量受植物种类的影响，一般禾本科植物分泌数量高于豆科植物。豆科植物根系分泌物中，主要是可溶性含氮化合物如氨基酸和酰胺，而禾本科植物则以碳水化合物为主。小麦、大麦和水稻等作物的分泌物中可分离出7～8种不同的有机酸阴离子，而莴苣检测不到有机酸阴离子。通常，作物苗期根系分泌物的数量较低，根系分泌的高峰在生长旺盛期。

(5)土壤特性　土壤水分和通气状况影响养分有效性和根系的生长，进而影响根系分泌物的种类和数量。例如将大豆和小麦进行干旱处理，然后再灌水后，根系释放氨基酸量显著增加。

(四)根系分泌物对土壤养分有效性的影响

根系分泌物可以直接或间接地影响土壤养分的有效性。

1. 对难溶性养分的活化作用

(1)还原作用　土壤中存在很多变价微量元素如铁、锰和铜等。在通气良好的土壤中，这些元素以高价的氧化态存在，溶解度较低，植物难以吸收利用。根系分泌物中，含有还原性物质如酚类物质等，通过还原作用，可提高这些元素的有效性。

(2)螯合作用　植物根分泌物中的低分子量有机物，特别是有机酸、酚类化合物和氨基酸等，可与多种微量元素(铁、锌、锰、铜等)形成螯合物。这不仅可以提高这些微量元素的有效性，还可以活化被氧化物所吸附固持的养分(如磷、钼等)。例如，木豆(*Cajanuscajan*)根系分泌的番石榴酸，作为Fe(Ⅲ)的一种较强的螯合剂，能活化难溶性Fe-P中的磷，但对Ca-P的利用能力不强。在低磷石灰性土壤上，白羽扇豆排根大量分泌柠檬酸阴离子，螯合磷酸钙盐中钙离子，从而活化土壤中的磷。在缺铁条件下，禾本科植物能分泌专一性根分泌物麦根酸，又称为植物铁载体(phytosiderophore)。在石灰性土壤上植物铁载体具有螯溶无定型氢氧化铁和磷酸铁的能力，提高铁的有效性。植物铁载体对土壤中锌、锰和铜等元素也有较强的活化能力。

根系分泌物活化土壤中磷的机制模型见图2-20。除有机酸阴离子的作用外，在土壤溶液中有机磷含量高时，植物根系分泌的酸性磷酸酶可水解土壤中的有机态磷，促进植物对有机态磷的吸收。

2. 增加根系与土壤颗粒的黏结，增加土壤团聚体的稳定性

土壤与根表的接触程度对养分向根表迁移有直接的影响。人们最先在沙生禾本科植物的根系发现沙套，后来发现禾本科植物以及绝大多数被子植物都可以形成沙套，又称为根鞘(rhizosheath)。根鞘是由土壤颗粒与分泌物及根毛间相互胶结、缠绕形成的结构，根系和微生物分泌的黏液和黏胶质是根系穿插土壤的润滑剂。根尖同样可以分泌黏液和黏胶质。黏胶物质包裹根系表面后，加强了与土粒表面的结合，有利于根表面—黏胶质—土壤颗粒之间的水分和离子交换。由于黏胶质的持水能力较强，为根系的生长提供了湿润的环境。在轻度干旱条件下，可以防止根—土界面出现脱水，保证植物对水分和养分的吸收。黏胶质还起着保护根尖的重要作用，其可钝化和阻遏重金属等污染物进入根系。

黏液与土壤的黏结作用可增加土壤团聚体的稳定性。黏液中的多糖可占约95%，多糖与Ca^{2+}以及不同单位的半乳糖醛酸聚合。黏液与黏土矿物之间建立了有机—无机复合体，提高了土壤团聚体的稳定性。根际土壤团聚体的形成取决于多糖的特性和黏土矿物的类型。蒙脱石类型的黏土矿物比高岭石型的黏土矿物更有利于与多糖产生连结，形成团聚体。

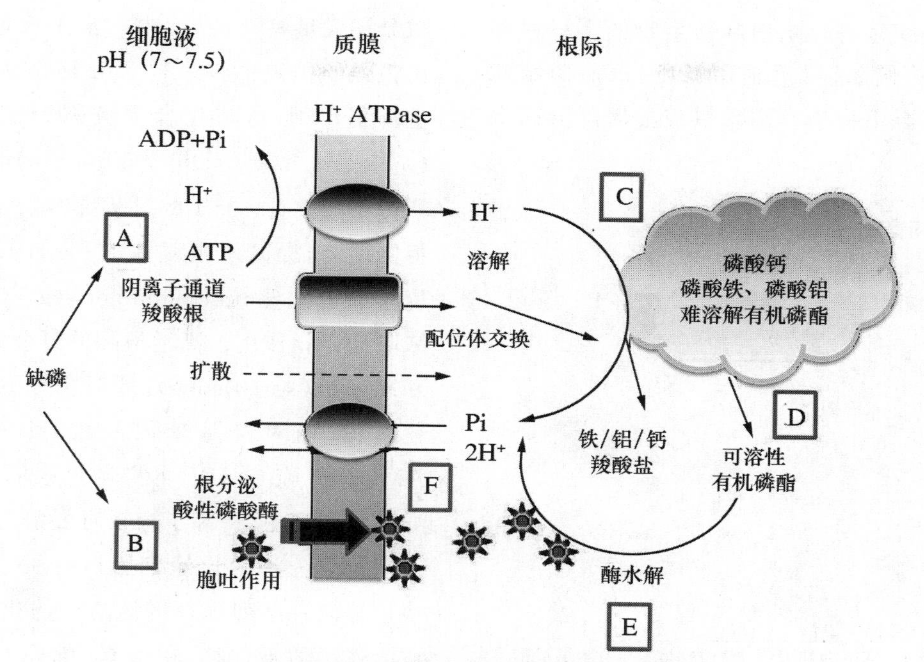

图 2-20　根系分泌物活化土壤中磷的机制模型

A. 缺磷诱导有机酸阴离子的分泌；B. 根系分泌磷酸酶；C. 无机磷的释放和解吸附；D. 有机磷的解吸附；E. 植物、微生物释放的磷酸酶对有机磷的水解；F. 根系对无机磷的吸收。（引自：Neumann and Martinoia，2002；Neumann，2007）

五、根际微生物

德国微生物学家 Lorenz Hiltner 最早报道了根际微生物的重要性。根系向根际土壤中释放大量的分泌物，为微生物生长提供基质和能量，同时，特定的根系分泌物显著影响根际微生物在根表的定殖和功能，因此，根际微生物的数量、群落组成和活性显著区别于土体。

根际微生物作为植物的第二基因组，每克根系中含有大约 10^{11} 个微生物细胞和超过 3 000 种的原核生物，对植物的生长和健康非常重要。近年来，随着微生物研究技术的快速发展，人们对根际微生物的认识逐渐深入。目前已经获得玉米、大麦、葡萄、莴苣、马铃薯、番茄、水稻、甘蔗、豌豆等作物的根际微生物组信息。此外，在实验室条件下，已成功培养拟南芥根系和叶片细菌群落，占比分别为 64% 和 47%。这种规模化微生物培养技术，为开发和利用微生物资源，解决农业生产问题提供了巨大的潜力。

（一）根际微生物的组成

根际微生物包括细菌、真菌、卵菌、古菌和病毒等。其中细菌主要包括变形菌门、放线菌门、拟杆菌门和厚壁菌门，多以 *r*-型富营养型为主。按照微生物对植物健康的影响，可将土壤微生物分为有益、中性和有害微生物。常见的有益微生物包括根瘤菌、菌根真菌和根际促生菌（plant growth-promoting rhizobacteria，PGPR）。PGPR 主要包括假单胞菌属（*Pseudomonas*）、芽孢杆菌属（*Bacillus*）、固氮螺菌（*Azospirillum*）等，也包括一些促生真菌如木霉属（*Trichoderma*）等。病原微生物则是对植物生长有抑制作用的有害微生物。根际微生物对植物生长的作用，取决于土壤、植物和微生物等多种因素。

（二）根际微生物群落的分布特征

根际微生物呈非均匀性分布。植物基因型、植物生育期、土壤类型和环境条件均影响根际微生物的群落结构特征，不同根际区域驱动因子存在差异（图 2-21）。即使是同一根系的不同根段，根际微生物群落结构也不相同。研究发现，从土体、根际、根表和根内，根际细菌和真菌的多样性逐渐下降，微生物群落结构差异显著。通常，土体中的微生物群落结构主要受土壤性质的影响。土壤质地、pH 和有机质是重要的驱动因子，其他因素包括养分供应、水分、土壤容重等也影响微生物群落特征。其中,养分供应强度显著影响根际微生物的多样性和群落结构特征。例如,过量施用氮肥,根瘤菌结瘤数显著下降,甚至不接瘤。高磷供应显著降低菌根真菌的侵染。

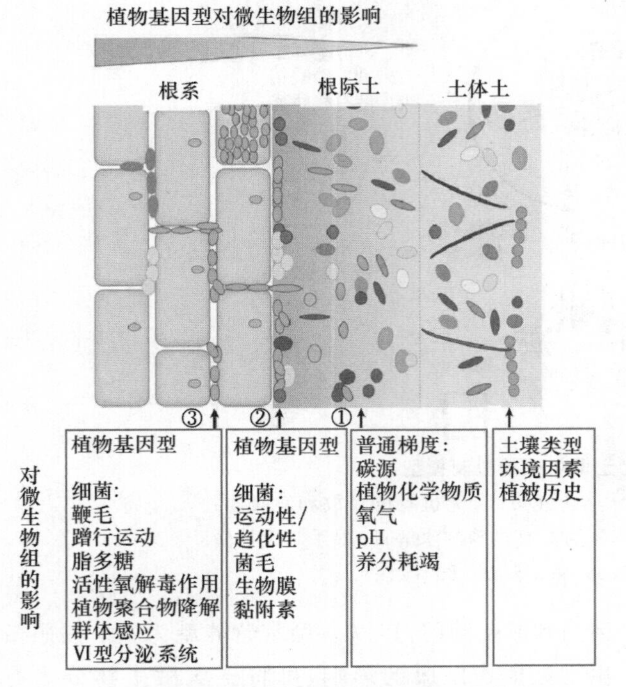

图 2-21 根际微生物群落结构的驱动因子
(引自:Reinhold-Hurek et al.,2015)

根际微生物群落主要受植物特性的影响,其中根系分泌物是一个重要调控因子。一些非专性根系分泌物,包括有机酸、葡萄糖、氨基酸等,影响根际微生物的趋化和在根表的定殖;同时,这些物质在根表形成富营养区,有利于快速生长的 *r* 型微生物的定殖,影响根际有机质的转化。一些次生代谢物包括黄酮类物质、萜烯类化合物和酚类等,作为信号物质调节植物一微生物的互作之间的相互作用。例如,豆科植物根系释放的类黄酮物质,诱导根瘤菌结瘤因子的表达。独脚金内酯(strigolactone)是诱导菌根真菌菌丝分枝的信号分子。缺磷时,植物体内独脚金内酯合成和运输提高,供磷充足时,其生理活性受抑。一些根系分泌的次生代谢物质还是抗菌物质,或受病原菌诱导分泌植保素,影响植物对病原菌的抗性。

根系分泌物影响氮循环相关微生物。墨西哥 Sierra Mixe 的一种当地玉米品种的气生根在缺氮时分泌大量黏液,黏液中富集了大量固氮菌,表现出很强的固氮活性。根系分泌物对硝化细菌也产生抑制作用,这些化合物被称为生物硝化抑制剂(biological nitrification inhibitor,BNI)。在水稻根系分泌的 1,9-癸二醇对灰土中硝化作用有明显的抑制能力,提高水稻对氮的利用,其主要通过抑制氨单加氧酶(ammoniamonooxygenase,AMO)活性来降低硝化作用。高粱根际的野樱素(sakuranetin)和高粱素(sorgoleone),同时抑制羟胺氧化和氨氧化过程,而对羟基苯丙酸(MHPP)主要作用于 AMO。外施 MHPP 可抑制主根的伸长,并显著诱导侧根的发生,提高了根系对氮素的吸收。

根尖分泌的边缘细胞(border cell),能合成并快速分泌一系列具有生物活性的化学物质,如具有抗生作用的蛋白质、植保素、胞外 DNA 等,在根尖形成了胞外网或黏膜,对土壤微生物有一定的选择性,保护根尖分生组织不受病原菌和其他有害生物的伤害。例如,豌豆根系被 *Nectria haematococca* 侵染后,在根尖部位形成菌丝网、黏胶质和边缘细胞以保护根尖。

(三)根际微生物的作用

根际有益微生物可直接或间接影响植物的矿质营养。

1. 影响养分的转化和吸收

根际微生物的代谢活动远远高于非根际土壤中的微生物。根际碳的释放可产生激发效应,从而促进根际有机质的矿化分解。微生物参与氮素循环的很多过程,包括固氮、硝化和反硝化过程等。解磷菌(如 *Pseudomonas*,*Bacillus*,*Rhizobium*)可释放有机酸(柠檬酸、草酸、苹果酸等)和质子,提高土壤中无机磷的有效性。

在养分的高效利用方面,除固氮菌外,菌根真菌是高效活化和利用土壤磷一个最为典型的例子。菌根(Mycorrhiza)是高等植物根系与真菌形成的共生体,在自然界分布很广。菌根真菌在陆生植物的形成和进化中起了重要作用。当植物从水生环境转向陆地生态系统过程中,土壤条件不适于植物生长,菌根真菌和植物的共生帮助植物抵抗逆境生存。绝大多数农作物形成丛枝菌根(arbuscular mycorrhizal fungi，AM)。在菌根共生体结构中，菌根真菌为植物提供养分，同时植物供给菌根真菌碳水化合物，用于菌根真菌的生长和代谢。菌根真菌的根外菌丝很细，分布广泛，可以深入根系难以到达的空隙获取养分，从而增加了植物对土壤中养分的吸收面积，促进了三叶草和玉米对养分，尤其是磷、锌和铜等养分的吸收(图 2-22)。菌根对磷具有高效的吸收系统，包括两条磷吸收途径，一是通过植物根系表皮细胞和根毛直接吸收磷的途径，二是通过菌丝吸收再转运至皮层细胞的菌根途径。AM 真菌侵染下调某些与根表皮细胞磷运输相关的基因表达，而另一些基因表达受丛枝结构形成的专性诱导，如 *MtPT4*、*LePT5*/*StPT5* 等。两种途径互作调节菌根植物对磷的吸收。除植物体内的磷转运蛋白外，目前报道的 AM 真菌的磷转运蛋白基因包括在根外菌丝中表达的 *GvPT* 和在根内菌丝中表达的 *GmosPT*，以及在丛枝结构中表达的 *GiPT*。菌丝吸收的磷以多聚磷酸盐形态在菌丝中转运，再以磷酸盐进入共生体界面被植物吸收。在磷含量低的土壤中，丛枝菌根对植物磷营养的贡献率高达 90%，即使是菌根依赖性低的一些植物(如小麦)，菌根真菌仍能促进其对磷的吸收。与根际类似，菌丝际(hyposphere)形成的微域对养分活化、信号物质传递具有重要意义。菌根菌丝能够分泌有机酸和质子活化无机磷。菌丝可分泌有机酸、糖类化合物等，显著影响菌丝际微生物的活性，菌丝还可促使解磷菌分泌磷酸酶，提高对有机磷的利用。在农业生产中，磷肥的大量施用抑制菌根对植物根系的侵染，因此合理的土壤养分供应对发挥土著菌根真

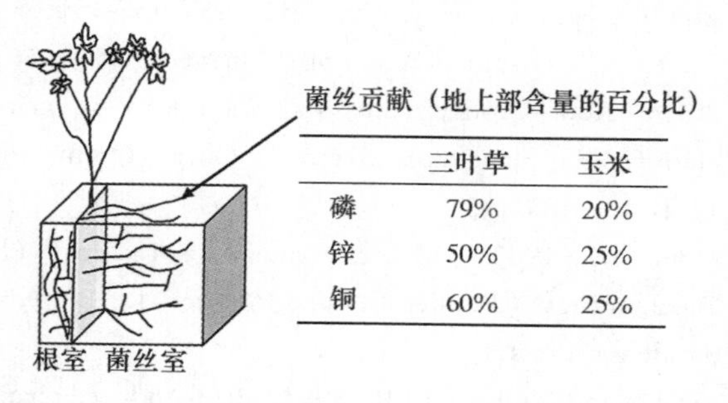

	三叶草	玉米
磷	79%	20%
锌	50%	25%
铜	60%	25%

图 2-22　菌根对三叶草和玉米养分吸收的贡献
(引自：Li et al.，1991)

菌的作用非常重要。菌根还可提高植物对各种生物和非生物胁迫的抗性，包括植物抗旱性、抗盐性、抗病性等。菌根的这些作用与菌根改善植物的营养状况有关，也有间接的作用。例如接种菌根改变了根际和菌丝际环境，影响根际微生物的数量和活性，提高了植物抗病性。

根际微生物还影响微量元素的有效性。微生物释放有机酸和铁载体螯合活化 Fe^{3+}。通常，微生物铁难以被植物利用，但 *Rhizopus arrhizus* 释放的真菌铁载体，在溶液培养的条件下可被植物吸收利用。研究发现，*Bacillus subtilis* GB03 促进了拟南芥对铁的吸收，主要是影响缺铁诱导的转录因子(FIT1)，FIT1 影响亚铁还原酶 *FRO2* 和铁转运蛋白 *IRT1* 的表达。Mn 氧化还原微生物，显著影响土壤中 Mn 的有效性。接种菌根植物地上部锰含量低于不接种植物，可能是菌根降低了锰还原微生物的数量。

2. 影响根系的生长和生理代谢，提高植物对胁迫的抗性

很多根际促生细菌均可直接分泌植物激素，如生长素、细胞分裂素、赤霉素、乙烯等。研究发现，低浓度 IAA 可以促进初生根的伸长生长，较高浓度时促进侧根生长和根毛的形成。例如，接种 *Azospirillum brasilense* 后小麦侧根数量增加，根毛密度和长度都显著增加，其效应相当于外源添加 IAA 的效应(表 2-11)。将玉米根系分泌物供给 *Azotobacter chroococcum* 后，微生物产生的细胞分裂素和生长素的数量增加。固氮螺菌使根系总长度增加一倍，侧根分枝数和根毛密度都有所增加，促进了植物对养分的吸收。外源添加固氮结瘤因子脂质几丁寡糖(lipo-chitooligosaccharides，LCO)，提高了根系长度、根表面积和侧根分枝数。PGPR 还通过调节植物体内激素水平，影响根系构型和生长。

PGPR 还能提高植物对胁迫的抗性。例如，一些细菌和真菌能产生 ACC 脱氨酶(1-aminocyclopropane-1-carboxylic acid，ACC)，将 ACC 降解为丁酮酸和氨，抑制根系乙烯的合成，从而刺激根系伸长，提高对干旱、盐胁迫、重金属污染的抗性。

表 2-11 接种巴西固氮螺菌(*Azospirillum brasilense*)对小麦根系生长的影响

类别	总根长/(m/株)	侧根/(个/株)	根毛		茎质量/(g/株)
			密度/(个/mm)	长度/mm	
未接种	0.25	5	24	1.2	0.8
接种	0.4	21	36	1.8	1.0

引自:Martin et al.,1989。

3. 生防菌抑制病原菌对植物的危害

很多根际有益微生物是病原菌的拮抗菌,其通过释放抗生素、铁载体、挥发性物质或与病原菌竞争在植物上的侵染位点,竞争水分和营养等途径直接抑制病原菌。有益微生物还影响植物防御系统,提高植物对病原菌的系统抗性。例如,拟南芥根系分泌的苹果酸,影响促生菌 *Baccillus subtiliszi* 在根表的定殖,提高植物体内 ABA 和水杨酸的含量,气孔关闭,抑制病原菌的侵染。缺铁时,假单胞菌分泌的铁载体可激发植物体内产生系统抗性。应用较多的生防细菌主要有芽孢杆菌、假单胞杆菌、放射杆菌等,真菌中的木霉菌、放线菌中的链霉菌属的不同种也用于防治植物病害。

第二章扩展阅读

复习思考题

1. 土壤生物有效养分的含义是什么?
2. 土壤养分强度和养分容量因素有何特点?说明与合理施肥有何关系。
3. 说明根际的概念及其范围和特点。
4. 根系分泌物对土壤养分有效性的影响是什么?
5. 根际微生物如何影响养分有效性?

参考文献

李春俭. 2015. 高级植物营养学. 北京:中国农业大学出版社.

陆景陵. 2003. 植物营养学(上册). 2版. 北京:中国农业大学出版社.

严小龙. 2007. 根系生物学:原理与应用. 北京:科学出版社.

史瑞和. 1989. 植物营养学原理. 南京:江苏科学技术出版社.

Adams F. 1966. Calcium deficiency as a causal agent of ammonium phosphate injury to cotton seedlings. Soil Sci. Soc. Am. Proc. 30, 485-488.

Arnon D. I. and Stout P. R. 1939. The essentiality of certain elements in minute quantity for plants with special reference to copper. Plant Physiol. 14, 371-375.

Barber S. A. 1995. Soil Nutrient Bioavailability: A Mechanistic Approach. John Wiley, New York.

Begg C. B. M., Kirk G. J. D., Mackenzie A. F. 1994. Root-induced iron oxidation and pH changes in the lowland rice rhizosphere. New Phytol. 128, 469-477.

Claassen N. and Jungk A. 1982. Kalium dynamic im wurzelnahen Boden in Beziehung zur Kaliumaufnahme von Maispflanzen. Z. Pflanzenernärh. Bodenk. 145, 513-525.

Drew M. C. and Saker L. R. 1975. Nutrient supply and the growth of the seminal root system in barley. II. Localized compensatory increases in lateral root growth and rates of nitrate uptake when nitrate supply is restricted to only part of the root system. J. Exp. Bot. 26, 79-90.

Drew M. C. and Saker L. R. 1978. Nutrient supply and the growth of the seminal root system in barley. III. Compensatory increase in growth of lateral roots, and in rates of phosphate uptake, in response to a localized supply of phosphate. J. Exp. Bot. 29, 435-451.

Driouich A., Driouich A., Follet-Gueye M. L., et al. 2013. Root border cells and secretions as critical elements in plant host defense. Curr. Opin. Plant Biol, 16, 489-495.

Epstein E. 1965. Mineral metabolism. In: Plant Biochemistry (Bonner J. and Varner J. E. eds). Academic Press.

Flessa H. and Fischer W. R. 1992. Plant-induced changes in the redoxpotential of rice rhizospheres. Plant Soil. 143, 55-60.

Hawes M. C., Bengough G., Cassab G. et al. Root caps and rhizosphere. J. Plant Growth Regul, 2002, 21: 352-367.

Jaillard B., Guyon A. and Maurin A. F. 1991. Structure and composition of calcified roots, and their identification in calcareous soils. Geoderma. 50, 197-210.

Jungk A. 1991. Dynamics of nutrient movement at the soil-root interface. In Plant Roots, The Hidden Half (Waisel, J., Eshel A. and Kafkafi, U. eds). Marcel Dekker, New York.

Kuchenbuch R. and Jungk A. 1984. Wirkung der Kaliumdüngung auf die Kaliumverfügbarkeit in der Rhizosphäre von Raps. Z. Pflanzenernähr. Bodenk. 147, 435-448.

Lewis D. G. and Quirk J. P. 1967. Phosphate diffusion in soil and uptake by plants. Plant Soil. 26, 454-468.

Li L., Tilman D., Lambers H. 2014. Plant diversity and overyielding: insights from belowground facilitation of intercropping in agriculture. New Phytol. 203, 63-69.

Li X. L., Marschner H. and George E. 1991. Acquisition of phosphorus and copper by VA-mycorrhizal hyphae and root-to-shoot transport in white clover. Plant Soil. 136, 49-57.

Marschner P. 2012. Marschner's Mineral Nutrition of Higher Plants .3rd edition. Elsevier/Academic Press.

Martin P., Glatzle A., Kolb W. et al. 1989. N_2-fixing bacteria in the rhizosphere: quantification and hormonal effects on root development. J. Plant Nutr. Soil Sci. 152, 237-245.

Mengel K. and Busch R. 1982. The importance of the potassium buffer power on the critical potassium level in soil. Soil Sci. 133, 27-32.

Mengel K. and Kirkby E. A. 2001. Principles of Plant Nutrition .5th edition. Springer Netherlands.

Mengel K. and Kirkby E. A. 1982. Principles of Plant Nutrition. 3rd edition. International Potash Institute, Switzland.

Neumann G. 2010. Root exudates and nutrient cycling. In Soil Biology Vol. 10, Nutrient Cycling in Terrestrial Ecosystems (Marschner, P. and Rengel, Z. eds.). Springer-Verlag Berlin Heidelberg.

Neumann G. and Martinoia E. 2002. Cluster roots - an underground adaptation for survival in extreme environments. Trends Plant Sci. 7, 162-167.

Nye P. H. and Tinker P. B. 1977. Solute Movements in the Root-Soil System. Blackwell, Oxford.

Reinhold-Hurek B., Bünger W., Burbano C. S., et al. 2015. Roots shaping their microbiome: global hotspots for microbial activity. Annu. Rev. Phytopathol. 53, 403-424.

Sattelmacher B., Marschner H. and Kuhne R. 1990 Effects of the temperature of the rooting zone on the growth and development of roots of potato (*Solanum tuberosum*). Annals Bot. 65, 27-36.

Scott-Russell R. and Goss M. J. 1974. Physical aspects of soil fertility - the response of root to mechanical impedance. Neth. J. Agric. Sci. 22, 305-318.

Shane M. W., Cawthray G R., Cramer M. D., et al. 2006. Specialized 'dauciform' roots of Cyperaceae are structurally distinct, but functionally analogous with 'cluster' roots. Plant Cell Environ. 29, 1989-1999.

Sparks E. E. and P. N. Benfey. 2017. The contribution of root systems to plant nutrient acquisition. In: Plant Macronutrient Use Efficiency: Molecular and Genomic Perspectives in Crop Plants (Hossain, M. A., Kamiya, T. Burritt, D. J., et al. eds). Academic Press.

Strebel O. and Duynisveld W. H. M. 1989. Nitrogen supply to cereals and sugar beet by mass flow and diffusion on a silty loam soil. Z. Pflanzenernähr. Bodenk. 152, 135-141.

Sun L., Lu Y. F., Yu F. W., et al. 2016. Biological nitrification inhibition by rice root exudates and its relationship with nitrogen-use efficiency. New Phytol. 212, 646-656.

Thies J. E. and Grossman J. M. 2006. The soil habitat and soil ecology. In Biological Approaches to Sustainable Soil Systems (Ball, A. S., Fernandes, E., Herren, H., et al. eds). Taylor and Francis.

Thomson C. J., Marschner H. and Römheld V. 1993. Effect of nitrogen fertilizer form on pH of the bulk soil and rhizosphere, and on the growth, phosphorus, and micronutrient uptake of bean. J. Plant Nutr. 16, 493-506.

Watt M., Kirkegaard J. A. and Passioura J. B. 2006. Rhizosphere biology and crop productivity - a review. Aust. J. Soil Res. 44,299-317.

Williams E. G. and Knight A. H. 1963. Evaluations of soil phosphate status by pot experiments, conventional extraction methods nd labile phosphate values estimated with the aid of phosphorus 32. J. Sci. Food Agric. 14, 555-563.

扩展阅读文献

Driouich A., Driouich A., Follet-Gueye M. L., et al. 2013. Root border cells and secretions as critical elements in plant host defense. Curr. Opin. Plant Biol. 16, 489-495.

Harley J. L. and Smith S. E. 1983. Mycorhizal Symbiosis. London: Academic Press.

Hawes M. C., Gunawardena U., Miyasaka S., et al. 2000. Therole of root border cells in plant defense. Trends Plant Sci. 5, 128-133.

第三章 养分吸收

教学要求：

1. 掌握离子进入细胞的过程和机制。
2. 分析影响养分吸收的因素。
3. 掌握根外营养的特点。

扩展阅读：

离子通道与诺贝尔奖；养分吸收与转运的复杂分子调控网络

植物经历了从低级到高级、从水生到陆生的漫长进化过程。在进化过程中，低等植物如藻类的生命过程完全依赖于水体环境。苔藓是陆生植物的过渡形态，不具有强大吸收功能的根系，蕨类植物具备发达根系和输导组织。作为陆生高等植物的重要器官，根系具有多种基础生理和生物学功能。根系是植物吸收水分和养分的主要器官，在生长介质中固着和支撑植物；根系可以合成生长素、细胞分裂素和独角金内酯等多种激素，调控植物生长发育过程；在胁迫环境中，根系向生长介质分泌离子、分泌物或次级代谢产物等，参与养分活化、信号感知及植物防御等；同时，根系还可以储藏养分和同化产物等。本章重点讨论根系吸收养分的机理及其影响因素。

第一节 养分进入植物细胞的机理

一、植物对养分吸收的选择性

植物生长对养分的需求量与土壤或营养液中矿质养分的浓度之间存在很大的差异，但植物却能在这些介质中正常生长，其主要原因是植物对养分离子的吸收具有选择性。在植物进化初期，藻类就具备选择性获取养分的能力。例如，在淡水中生活的丽藻(Nitella)，其细胞液中富集 K^+、Cl^-、Na^+ 和 Ca^{2+} 等，对 K^+ 的富集达 1000 倍；而生活在含盐量较高的海水中的法囊藻(Valonia)，细胞液中 Na^+ 和 Ca^{2+} 浓度远低于海水中这两种离子的浓度，细胞液中高度富集 K^+，Cl^- 浓度则内外持平(表 3-1)。

表 3-1 生长介质中离子浓度与法囊藻(*Valonia*)和丽藻(*Nitella*)细胞液中离子浓度的比较

离子	浓度/(mmol/L)					
	丽藻			法囊藻		
	池水(A)	细胞液(B)	B/A	海水(A)	细胞液(B)	B/A
K^+	0.05	54	1 080	12	500	42
Na^+	0.22	10	45	498	90	0.18
Ca^{2+}	0.78	10	13	12	2	0.17
Cl^-	0.93	91	98	580	597	1

高等植物同样能够选择性吸收养分离子。从表 3-2 可以看出，在一定体积的营养液中培养植物时，营养液中的离子浓度在几天内发生显著变化。营养液中 NO_3^-、$H_2PO_4^-$ 和 K^+ 浓度大幅度下降，SO_4^{2-} 浓度变化不大，而 Na^+ 浓度上升。玉米和蚕豆对养分离子的吸收速率不同，特别是 K^+ 和 Ca^{2+} 的吸收差异很大。根汁液中离子浓度一般均高于营养液中离子浓度，对 K^+、$H_2PO_4^-$ 和 NO_3^- 尤为明显。

由上可见，植物对离子的吸收具有 3 个特征：植物对离子具有选择性；离子在细胞汁液中的浓度显著高于介质中的离子浓度，表现出累积性；不同植物种类和基因型影响离子吸收。

表 3-2 营养液及玉米、蚕豆根汁液中离子浓度的不同变化特征

离子	初始浓度	外部浓度/(mmol/L)		根汁液中浓度/(mmol/L)	
		4 天后*		4 天后	
		玉米	蚕豆	玉米	蚕豆
K^+	2.00	0.14	0.67	160	84
Ca^{2+}	1.00	0.94	0.59	3	10
Na^+	0.32	0.51	0.58	0.6	6
$H_2PO_4^-$	0.25	0.06	0.09	6	12
NO_3^-	2.00	0.13	0.07	38	35
SO_4^{2-}	0.67	0.61	0.81	14	6

* 未补充蒸腾损失的水分。

二、根质外体中养分离子的特征

矿质养分可通过沿浓度梯度的扩散作用或蒸腾流引起的质流作用进入质外体空间，经跨膜转运后再进入根细胞中。根系质外体和细胞膜影响根系对养分的选择性吸收。

质外体空间指细胞质膜外由细胞壁以及细胞间隙组成的连续空间。质外体普遍存在于植物的根、茎、叶、花等器官，广义的质外体还包括木质部空腔等。质外体空间中可发生养分累积与利用、物质储藏

与转化、植物与微生物互作及信号传导等过程，并且有助于植物对环境胁迫做出适应性反应等。

矿质养分和一些低分子量的溶质如氨基酸、糖等进入质外体空间的过程是不受代谢控制的被动过程。研究发现，^{86}Rb 离子进入根质外体空间的速度很快，在几分钟内该离子在质外体空间与介质溶液达成平衡。离子在质外体空间的运移特征可以用吸收动力学方法加以描述。如图 3-1 所示，在含有^{42}K 的溶液中培养大麦，试验开始后^{42}K 迅速进入根组织，几分钟的迅速初始累积后，根中^{42}K 积累速度明显放缓，但仍然保持持续累积趋势。在营养液中加入代谢抑制剂（KCN），最初的快速累积过程依然存在，而之后的持续积累过程则消失。因此，快速累积阶段是一个不受代谢控制的被动过程。

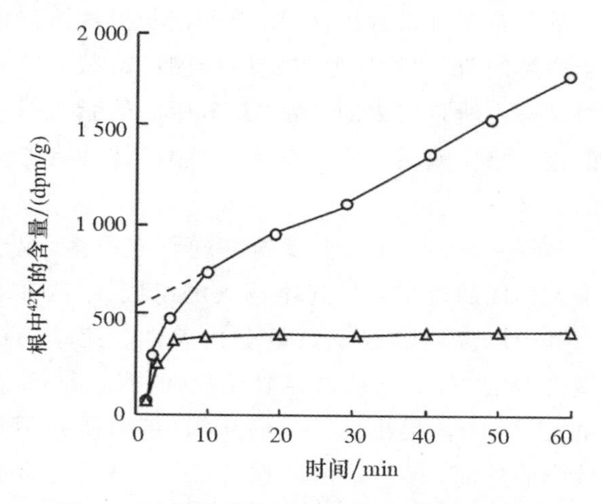

图 3-1　大麦根系吸收营养液^{42}K 的动态曲线

（○：在营养液中加 KCl；△：在营养液中加 KCN）

应用核素技术可以准确了解标记离子在质外体空间中的运移特征。例如，研究^{42}K 放射性元素溢泌规律的试验证明，在根系吸收放射性营养元素几小时之后，再把它移入无放射性的相同元素溶液中，可出现 3 个不同的溢泌阶段。对大麦根来说，这 3 个溢泌阶段分别为 1～2 min、10 min 和 30 h。这 3 个不同时间测得的放射性强度的动力学变化正好表明了大麦根质外体空间、细胞质和液泡中放射性离子的交换动力学特征。

如果把已在放射性^{42}K 溶液中培养过的植物移栽至去离子水中，则会出现^{42}K 的外泌现象，这一过程虽然很短，但外泌量却很明显；如果把这一植物再移栽至含 K_2SO_4 的溶液中，将会出现^{42}K 外泌量继续增加的现象，即根中^{42}K 的含量进一步下降（图 3-2）。

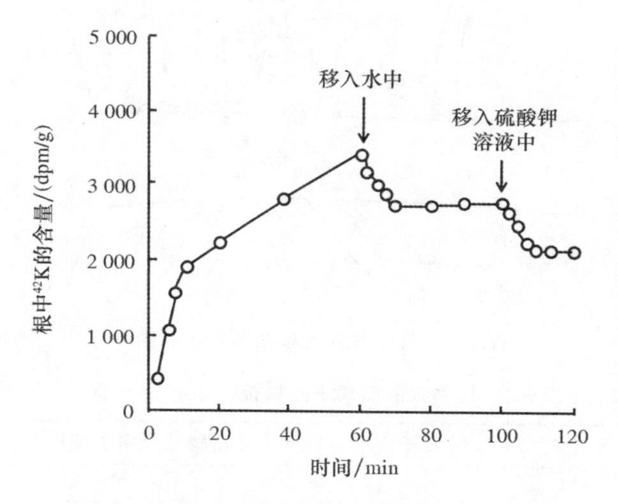

图 3-2　把含^{42}K 的植物移入含 K_2SO_4 的溶液后对质外体空间中^{42}K 释放的影响

由此可见，根质外体空间中离子行为是有差别的。离子存在的方式至少有 2 种：一种是可以自由扩散出入根质外体空间的离子，即在去离子水中可外泌的部分；另一种则是受细胞壁上多种电荷束缚的离子，即随后可被 K_2SO_4 交换出来的部分。这两个部分分别被称为根质外体的水分自由空间（water free space）和杜南自由空间（Donnan free space，DFS）（图 3-3），两者合称为根表观自由空间（apparent free space，AFS），由 Hope 和 Stevens（1952）引入。其中，水分自由空间是指被水分占据并能和介质溶液达到物理化学平衡的那部分质外体区域，主要存在于根细胞壁的大孔隙中，离子可随水分移动而移动。在杜南自由空间中，植物细胞壁中果胶的羧基解离而带有非扩散负电荷，导致阳离子以杜南扩散和交换吸附的方式被固定，不能自由扩散，而阴离子则受到排斥。通常，阳离子价态越高，杜南空间的吸附作用越强。需要指出的是，根质外体空间中阳离子的交换吸附并不是所有离子跨膜运输的先决条件。

根质外体空间中阳离子交换位点的数目决定着各类植物根系阳离子交换量（cation exchange capacity，CEC）的大小。通常，双子叶植物的 CEC 比单子叶植物要高得多（表 3-3）。很多植物的 Ca^{2+}/K^{+} 含量比与其 CEC 呈正相关，说明根系

CEC 影响离子进入根细胞的速率和选择性。

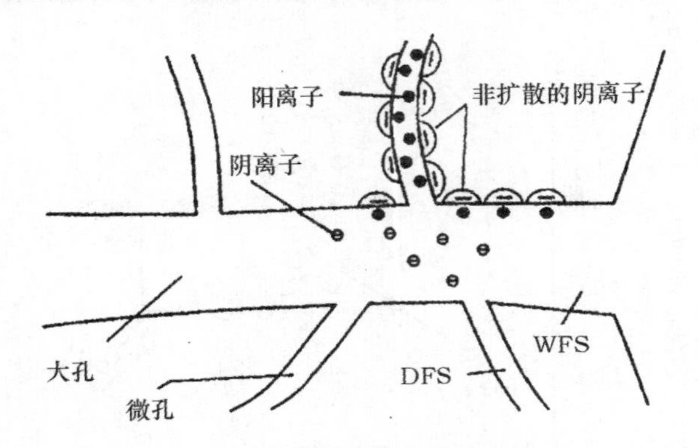

图 3-3　质外体空间微孔体系示意图

表 3-3　作物根的阳离子交换量(cmol/kg 干重)

双子叶植物	阳离子交换量	单子叶植物	阳离子交换量
大豆	65.1	春小麦	22.8
苜蓿	48.0	玉米	17.0
花生	36.5	大麦	12.3
棉花	36.1	冬小麦	9.0
油菜	33.2	水稻	8.4

阳离子在质外体空间中的累积对其吸收和向地上部的转运具有重要意义。与 ZnEDTA 相比,供应 $ZnSO_4$ 的大麦根部和地上部含锌量高出许多倍(表 3-4)。这是因为螯合态锌分子量大,质外体空间限制了它的移动,进而影响其向地上部运输。根自由空间还可以作为养分的临时储存库,在植物缺素时根质外体中的养分可以被活化利用,而在养分过量供应时养分则可被钝化。例如,缺铁时,一些植物根系分泌的铁载体可以活化根质外体空间中的锌和铁,促进植物对这些养分的吸收。石灰性土壤中钙含量较高,在根质外体中可观察到钙的沉淀。

表 3-4　大麦对锌的吸收和运输吸收及运输

锌的供应形态*	Zn 吸收及运输量/[μg/(g 干重·d)]	
	根	地上部
$ZnSO_4$	4 598	305
ZnEDTA	45	35

* 营养液中锌的浓度:1 mg/L。

三、离子的跨膜运输

(一)细胞膜的性质与结构

生物膜是离子进入细胞的主要屏障。真核细胞内存在着各种细胞器,如线粒体、液泡、内质网等,它们都是由膜包围构成的复杂细胞系统。所有这些膜统称为生物膜,其厚度一般为 7～10 nm。生物膜可以调节各种分子态和离子态养分的进入或排出,尤其具有明显的选择透性。

细胞膜的化学成分主要是类脂和蛋白质,两者含量大致相等。其脂类主要是磷脂,约占膜脂的 50%以上,如磷脂酰胆碱、磷脂酰乙醇胺、磷脂甘油以及磷脂酰肌醇等。磷脂大分子有一个极性的头,一般带负电,具有亲水性,有 10～11 个水分子凝固吸附于极性头部;磷脂还有一个非极性的尾,一般不带电,具有疏水性,为长链多聚不饱和脂肪酸。质膜上有代表性的 3 种极性类脂,其组分见图 3-4。

从示意图可以看出,磷脂既有在非极性溶剂中易于溶解的疏水"长尾巴"(脂肪酸侧链或碳氢链),同时又有由磷脂构成的亲水"头",所以磷脂为双亲性的化合物。磷脂是膜的骨架,对膜的透性有着重要的意义。

多年来,人们对生物膜的结构研究很多,提出许多种不同的模型来描述生物膜的组成、结构和功能。其中以流动镶嵌模型最有代表性。流动镶嵌模型是桑格(S. J. Singer)和尼克森(G. Nicolson)在 20 世纪 70 年代提出的。他们认为,蛋白质并不都在磷脂的外面,有些蛋白质在外面,与膜的外表面相连接(即外在蛋白),而有些蛋白质则镶嵌在磷脂之间,甚至可以穿透膜的内外表面(即内在蛋白)。由于膜上分布的蛋白质不均匀,所以膜的结构是不对称的。脂质的双分子层大部分为液晶状,可以自由流动,因此也称为流动镶嵌模型(图 3-5)。细胞膜蛋白具有非常重要的生物学功能,包括接受外界信号分子的受体蛋白、进行物质运输的载体蛋白和通道蛋白,以及催化各种反应的酶蛋白等。细胞膜上的内在蛋白和外在蛋白分离的难易及其与脂分子的结合方式不同。外在蛋白(extrinsic protein)又称为外周蛋白(peripheral protein),其通过非共价键(如离子键和氢键)与膜表面的蛋白质分子或脂分子结合,改变溶液的离子强度甚至提高温度就可以将其从膜上分离,但膜结构并不被破坏。内在蛋白(intrinsic protein)又称为整合蛋白(integral protein)，其嵌合在双层脂中，多数为跨膜蛋白，还有锚定蛋白(archored protein)，与膜结合非常紧密。作为离子通道的蛋白都是整合蛋白，还可作为参与某些信号转导途径的受体。

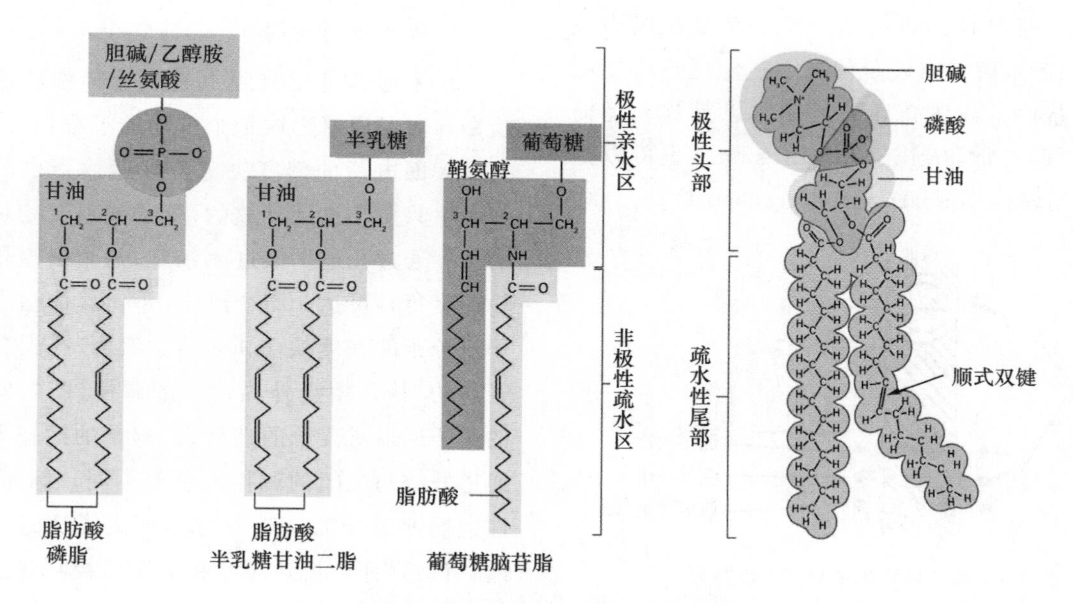

图 3-4 质膜上有代表性的 3 种极性类脂

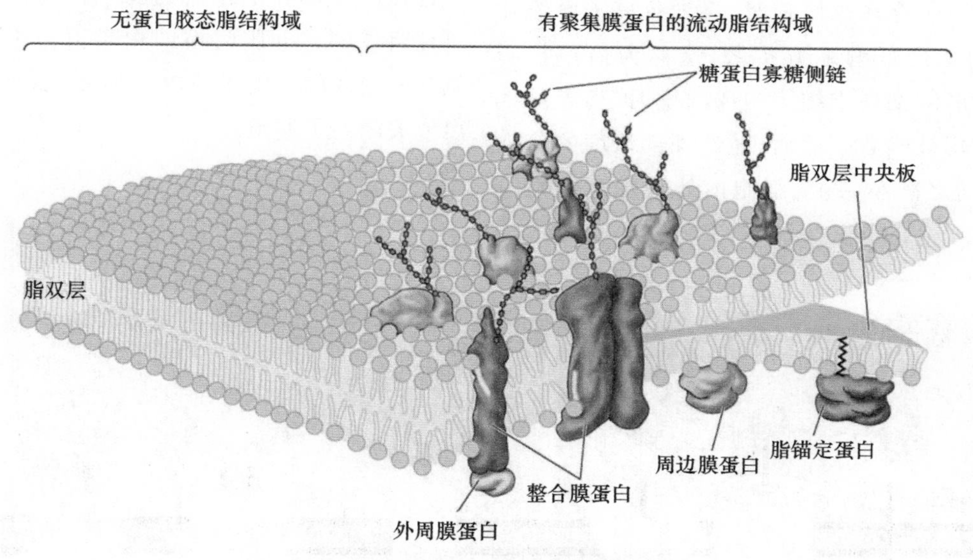

图 3-5 生物膜流动镶嵌模型的示意图

(引自：Taiz and Zeiger，2006)

(二)矿质养分跨膜进入根细胞的机理

离子的跨膜运输包括被动运输与主动运输两种途径(图 3-6)。被动运输是离子顺电化学势梯度进行的扩散运动，这一过程不需要代谢能量；而主动运输是在消耗能量的条件下，离子逆电化学势梯度的转运。被动运输包括简单扩散、离子通道以及协助扩散。主动运输包括初级主动运输(离子泵)和次级主动运输。

矿质养分离子跨膜进入根细胞的方式有 4 种(图 3-7)：简单扩散、离子通道(ion channel)、离子泵

(ion pump)和离子载体蛋白(ion carrier)。一般来说，扩散是由离子浓度差造成的；离子通道是膜上被动运输离子的通道蛋白；载体则是膜上主动或被动携带离子通过膜的蛋白质。离子泵是在细胞膜上通过ATP水解提供能量使离子逆电化学梯度主动运输的蛋白。载体介导的运输可以是被动运输(又称为协助扩散，facilitated diffusion)，也可以是次级主动运输(secondary active transport)。

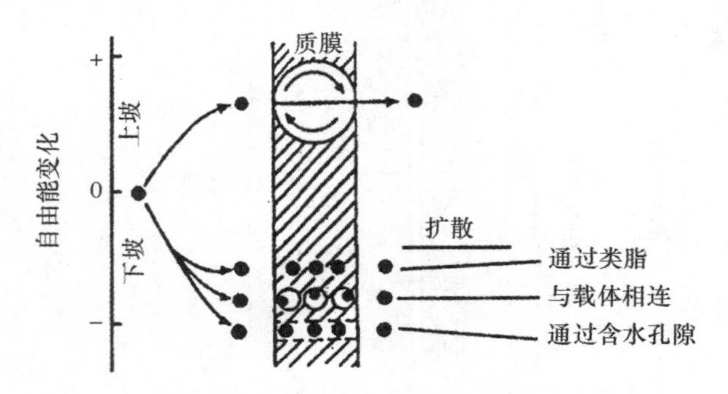

图 3-6　离子跨膜的主动("上坡")和被动("下坡")运输示意图

1. 简单扩散

溶液中的离子存在浓度差时，将导致离子由浓度高的地方向浓度低的地方扩散，这称为简单扩散。当外部溶液浓度高于细胞内部浓度时，离子可以通过扩散作用被吸收。然而，随着外部浓度的降低，吸收速率随之减小，直至细胞内外浓度达到平衡为止。由此可见，浓度差是决定扩散吸收的前提。

简单扩散可使离子通过类脂(如亲脂性物质)，也可通过载体和膜上含水孔隙(如亲水性物质)被吸收。

2. 离子通道运输

离子通道是生物膜上具有选择性功能的孔道蛋白。离子通道运输是个被动的过程，孔道的大小及其表面电荷的密度决定着该运输蛋白的选择性强弱。只要孔道是开放的，分子或离子均可以较快的速度通过孔道扩散进入细胞，每个通道蛋白的运输速度每秒可达 10^8 个离子，要比载体蛋白运输离子或分子的速度快 1 000 倍。然而，孔道并非总是开着的，其开闭受外界信号的调控(图 3-8)。不同的离子通道对离子的选择性、离子的运输方向以及通道开放与关闭的调控机制等不同。例如，可选择性运输钾离子的通道被称为钾离子通道。钾离子通道包括内向型、外向型和电压门控型等。调控通道蛋白的信号有很多，包括膜电位的改变、激素水平、光等。从图 3-8 可以看出，钾离子通道本身是由有选择性滤口和电压门的亚单位主体以及调控亚单位组成的。电压门控结构是由一组带正电荷的氨基酸组成的。由于膜电位的变化，电压门就会开启或关闭离子通道。

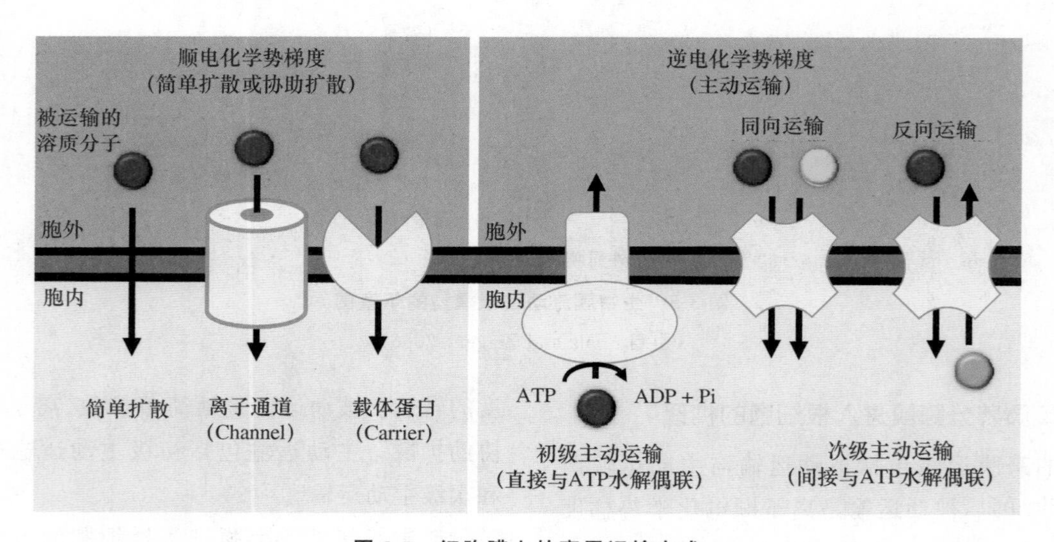

图 3-7　细胞膜上的离子运输方式

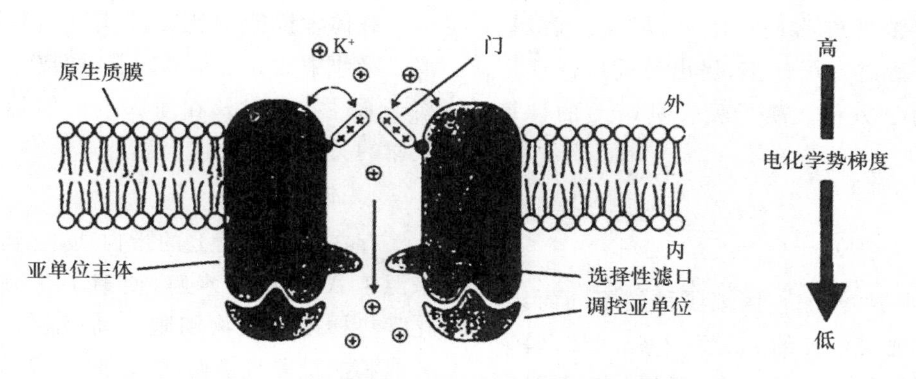

图 3-8　植物体内电压门控钾离子通道模型图

离子通道运输是个被动的过程，由于运输的专一性取决于孔道大小和蛋白表面电荷的密度，而不取决于该蛋白的选择性结合，因此通道蛋白主要是运输离子和水分。

3. 载体运输

与离子通道不同，载体蛋白的跨膜区域不形成明显的孔道结构(图 3-9)。此外，在运输离子时，载体蛋白的构象会发生变化，因此载体运输的速率要低于离子通道。当离子跨膜运输时，载体蛋白首先与被运输的离子相结合，通过载体蛋白的构象变化而将离子从膜的一侧运送至另外一侧。载体蛋白这种与离子的结合和释放过程与酶促反应中底物和酶的结合原理类似。

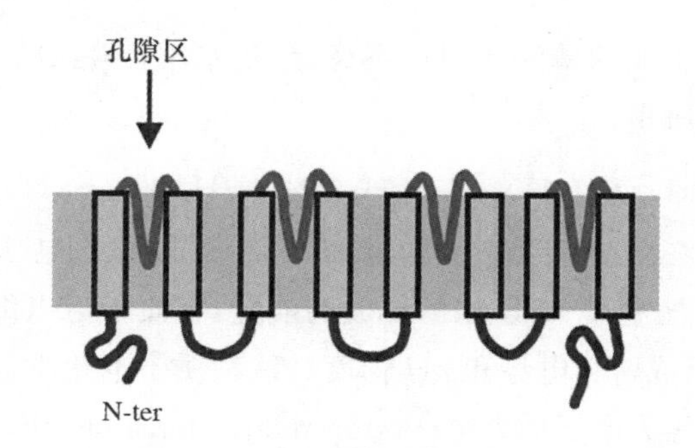

图 3-9　钾转运蛋白 HKT 模式图

根据酶动力学原理，酶与底物的关系为：

$$\underset{\text{底物}}{S} + \underset{\text{酶}}{E} \underset{k_2}{\overset{k_1}{\rightleftharpoons}} \underset{\text{酶-底物}}{ES} \xrightarrow{k_3} \underset{\text{酶}}{E} + \underset{\text{底物}}{P}$$

离子与载体的关系也同样为：

$$\underset{\text{离子(外)}}{S} + \underset{\text{载体}}{E} \underset{k_2}{\overset{k_1}{\rightleftharpoons}} \underset{\text{离子-载体}}{CS} \xrightarrow{k_3} \underset{\text{离子(内)}}{S'} + \underset{\text{载体}}{C}$$

应用 Michaelis-Menten 方程可以求出：

$$V = \frac{V_{max} \cdot c}{K_m + c}$$

式中：V 为吸收速率；V_{max} 为载体饱和时的最大吸收速率；K_m 为离子-载体在膜内的解离常数；$K_m = \frac{k_2 + k_3}{k_1}$，相当于酶促反应的米氏常数($K_m$)；$c$ 为膜外离子浓度。上式中，当 $V = \frac{1}{2} V_{max}$ 时，$K_m = c$。

因此，根据根系吸收离子的培养试验，用图解法可求得 K_m 值(图 3-10)。

由于 K_m 与 k_1 成反比，因此，K_m 值越小，载体对离子的亲和力就越大，吸收离子的速率也越快。K_m 值是载体对离子亲和力的倒数。K_m 值的大小取决于各种载体的特性，而与载体结合位置的总浓度 c 无关。在一定离子浓度范围内，V_{max} 值的大小取决于载体的浓度(全部载体的负载能力)。载体的浓度因作物种类不同而异。

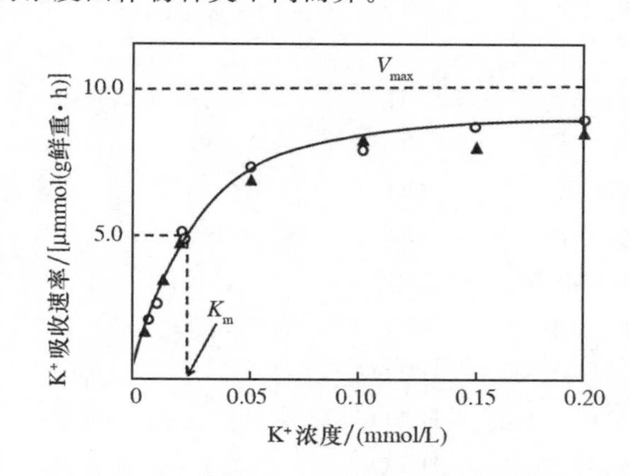

图 3-10　外界 KCl(○)或 K_2SO_4(△)浓度对 K^+ 吸收速率(V)的影响

如果外界离子浓度太低，那么在离子被完全消耗之前，其净吸收就停止了，即流入量和流出量相同。这时的外界浓度称为最小浓度，以 c_{min} 表示。Barber 对上述方程进行了修正，提出目前广泛使用的离子吸收动力学方程。离子吸收量(I_n)的计算公式如下：

$$I_n=\frac{V_{max}(c-c_{min})}{K_m+(c-c_{min})}$$

式中：I_n 为净吸收速率；c_{min} 因离子种类不同而异，Barber (1979)发现玉米钾的 c_{min} 为 2 μmol/L，磷为 0.22 μmol/L。而相应元素的大麦 c_{min} 值分别是 1 μmol/L 和 0.1 μmol/L。c_{min} 是植物从土壤中吸收离子的重要因素，因为它是根从土壤溶液中获取离子的最低浓度，所以它决定着离子在根际的扩散梯度。

许多学者根据酶动力学原理，测定了在不同浓度溶液中许多作物对几种离子吸收的动力学参数(表 3-5)。

从表 3-5 中可以看出，玉米根对 NO_3^- 的亲和力略大于 NH_4^+，当 2 种离子同时存在时，优先选择吸收 NO_3^-；而水稻则相反，对 NH_4^+ 的亲和力远远大于 NO_3^-，因而当 2 种离子同时存在时，优先选择吸收 NH_4^+。在同一株作物上，幼根对 NO_3^- 和 $H_2PO_4^-$ 的选择吸收能力比老根强。V_{max} 值越大，载体运输离子的速度越快。

表 3-5　各种作物对不同离子吸收的动力学参数

作物	离子	V_{max}/[10^{-10} mol/(g·s)]	K_m/(mmol/L)
玉米	NH_4^+	30	0.170
	NO_3^-	25	0.110
水稻*	NH_4^+	2	0.020
	NO_3^-	1.5	0.600
洋葱(6 d)	NO_3^-	20	0.025
洋葱(21 d)	NO_3^-	15	0.053
油菜(6 d)	NO_3^-	94	0.030
油菜(21 d)	NO_3^-	40	0.200
油菜(5～10 d)	$H_2PO_4^-$	7.5	0.030
油菜(10～15 d)	$H_2PO_4^-$	4.8	0.044
洋葱(8～16 d)	$H_2PO_4^-$	2	0.007
洋葱(16～32 d)	$H_2PO_4^-$	1.5	0.010
三叶草	$H_2PO_4^-$	1.2	0.001
羽扇豆	$H_2PO_4^-$	2.6	0.006

* 为离体根，其他为完整的活体根

载体学说能够比较圆满地从理论上解释关于离子吸收中的 3 个基本问题，即离子的选择性吸收、离子通过质膜以及在质膜上的转运及离子吸收与代谢的关系。

4. 离子泵

存在于细胞膜上的蛋白质，它运输离子的能量来源于 ATP 酶的水解，使离子在细胞膜上能逆电化学势梯度被植物细胞主动吸收。由于这种运输方式和能量源直接偶联，因此又成为初级主动运输(primary active transport)。离子泵又分为致电质子泵(electrogenic pump)和电中性质子泵(electronneutral pump)。致电离子泵运输涉及净电荷跨膜移动，而中性离子泵的运输对膜两侧净电荷分布没有影响。高等植物细胞质膜上的 H^+-ATP 酶(P 型 H^+-ATP 酶)是最普遍且重要的致电泵。此外，还有液泡膜上的 V 型 H^+-ATP 酶和 H^+-焦磷酸化酶(H^+-PPase)，以及位于线粒体内膜和叶绿体类囊体膜上的 F 型 H^+-ATP 酶。

在植物原生质膜上的 H^+-ATP 酶不均匀地分布在细胞膜、内质网和线粒体膜系统上。ATP 酶可被 K^+、Rb^+、Na^+、NH_4^+、Cs^+ 等阳离子活化，促进其水解。即：

$$ATP \xrightarrow[ATP酶]{K^+、Na^+} ADP^- + [O=P(OH)_2]^+$$

生成的磷酰基团很不稳定，易水解产生 H^+，如下式所示：

$$[O=P(OH)_2]^+ + H_2O \longrightarrow H_3PO_4 + H^+$$

在植物细胞中，质膜和液泡膜上的致电 H^+-ATP 酶利用 ATP 水解释放的能量，将质子运出细胞质，形成跨膜电势和 pH 梯度。这种质子电化学势梯度被称为质子动力势(proton motive force，PMF)，由 PMF 所驱动的各种离子和小分子代谢产物进行跨膜运输的过程被称为次级主动运输(secondary active transport)。在这一运输过程中，质子泵维持的电化学势梯度为离子跨膜运输提供了驱动力，质膜上的载体则控制着离子运输的速率和选择性。

次级主动运输包括同向运输和反向运输。被运输的离子与质子同向过膜，即为同向运输(symport)，参与该运输的蛋白质为同向运输体(symporter)。反之，质子顺电化学势梯度运动，并驱动离子沿相反方向主动运输，即为反向运输（antiport），参与该运输的蛋白质为反向运输体（antiporter）（图 3-11）。

总之，对溶质的跨膜运输来说，一般的营养物质，尤其是离子，运输的主要驱动力是引起跨膜电位梯度的 H^+-ATP 酶。离子吸收与 ATP 酶活性之间有很好的相关性（图 3-12）。阴离子和阳离子的运输是一种梯度依赖型或偶联式的运输，阴、阳离子的运输速率不仅取决于电位和化学位的梯度，也取决于离子的理化性质及其对质膜上载体的亲和性。

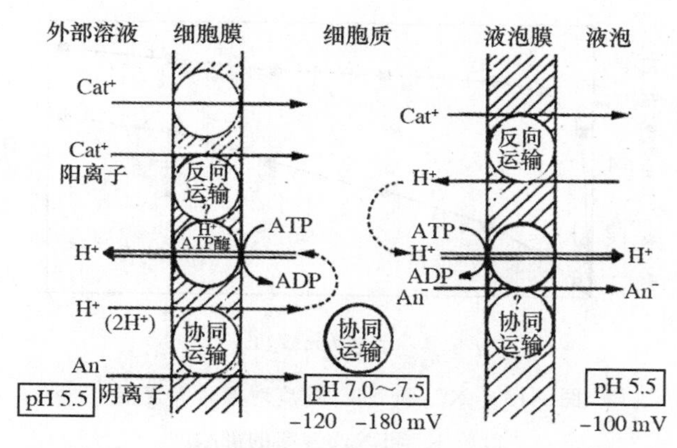

图 3-11　植物细胞内致电质子泵（H^+-ATP 酶）的位置及作用模式

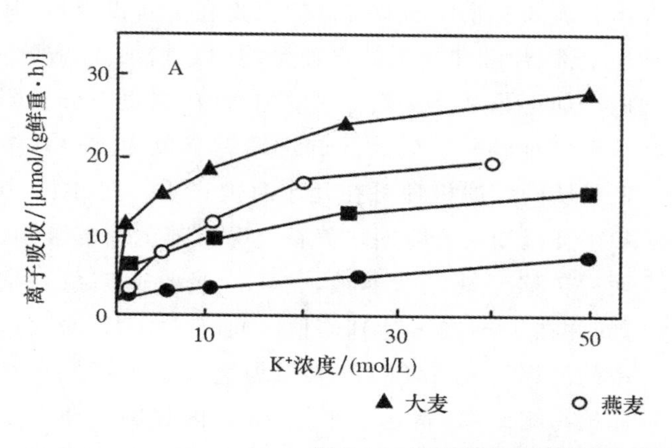

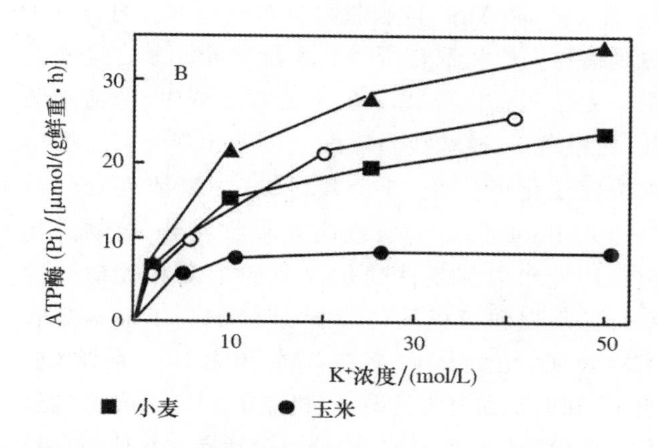

图 3-12　不同植物离体根的 K^+ 吸收量与根中 ATP 酶活性的关系

第二节　影响养分吸收的因素

植物主要通过根系从土壤中吸收矿质养分。因此，除了植物本身的遗传特性外，土壤和其他环境因子对养分的吸收以及向地上部的运移都有显著的影响。例如，土壤 NO_3^--N 的浓度影响植物对氮的同化及代谢：当 NO_3^--N 供应不足时，植物对 NO_3^- 的同化是限制其代谢速率的主要因素；而当 NO_3^--N 供应充足时，根系对 NO_3^- 的吸收速率则成为限制其代谢速率的关键所在。养分吸收速率主要取决于植物生长速率等内在因素和温度、光照等环境因素。

影响养分吸收的因素主要包括介质中的养分浓度、温度、光照强度、土壤水分、通气状况、土壤 pH、养分离子的理化性质、根的代谢活性、苗龄和生育时期植物体内养分状况等。

一、介质中养分的浓度

Van den Honert（1937）首先提出了甘蔗在外界供磷浓度较低时，其吸收速率随外界供磷浓度提高而增加的吸收模型。这一模型适用于描述在介质中养分浓度较低时浓度与吸收率的关系。在以后的研究中，许多学者，特别是 Epstein 及其同事们，利用浓度效应曲线（即吸收等温曲线）研究了养分吸收过程的实质。研究表明，在低浓度范围内，离子的吸收速率随介质中养分浓度的提高而上升，但上升速度较慢，在高浓度范围内（如＞1 mmol/L），离子吸收的选择性较低，对代谢抑制剂不敏感，而陪伴离子及蒸腾速率对离子的吸收速率则影响较大。

各种矿质养分都有其浓度与吸收速率的特定关系。图 3-13 是 KCl 和 NaCl 浓度对大麦根系吸收 K^+ 和 Na^+ 速率的影响结果。根据养分吸收动力学原理，这种差异反映了根细胞原生质膜上结合位点对 K^+ 和 Na^+ 亲和力的差异，即对 K^+ 亲和力大（K_m 值小），

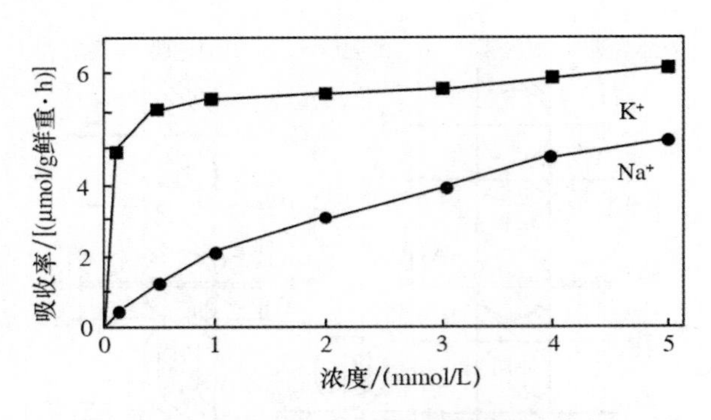

图 3-13　KCl 和 NaCl 浓度对离体大麦根吸收 K^+ 和 Na^+ 速率的影响

而对 Na^+ 的亲和力小(K_m 值大)。磷的吸收与 K^+ 相似,而 Ca^{2+} 和 Mg^{2+} 的吸收则与 Na^+ 相似。氮、磷、硫也是植物生长和发育所需的大量营养元素。这些元素以无机和有机形式存在于土壤溶液中,包括硝酸盐、铵根离子、磷酸盐和硫酸盐。上述养分在土壤中的浓度变化可达 2～3 个数量级(如氮浓度变化是 5～15 mmol/L)。为实现高效吸收养分,植物进化出受环境和内部条件变化调节的主动和被动运输系统。水稻和云杉同位素标记$^{13}NH_4^+$ 生理学吸收实验表明,植物体内存在高亲和力转运系统(机制Ⅰ)和低亲和力转运系统(机制Ⅱ)。高亲和力转运系统是指养分浓度低时,养分通过特异性载体蛋白进行跨膜运输,其对代谢抑制剂灵敏。低亲和力转运系统是指养分浓度高时,养分通过特异性离子通道或通过质膜的简单扩散,其对代谢抑制剂反应不灵敏,且随着养分浓度的增加,这一机制中会出现线性或者多重饱和动力学现象(图 3-14)。通常情况下,农田土壤中养分 NH_4^+ 浓度低于 200 μmol/L,因此植物根系从土壤中吸收铵的过程主要由高亲和力转运系统负责,只有在施肥不久的土壤中,养分浓度较高,养分吸收则主要由低亲和力转运系统负责。

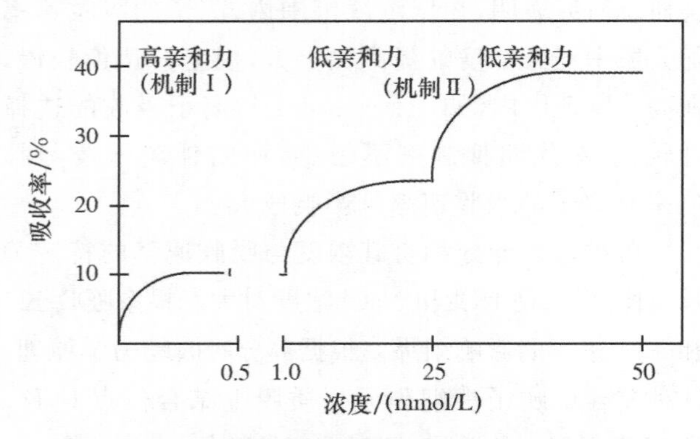

图 3-14　阳离子吸收速率随其浓度变化的示意图

土壤溶液中钾离子(<1 mmol)和磷酸根离子(<0.1 mmol)的浓度往往比较低;而 Ca^{2+} 和 Mg^{2+} 的浓度比较高。为了满足植物对这些养分的不同需要量,植物根细胞原生质膜上有对各种矿质养分亲和力(K_m 值)不同的结合点位。在长期试验中,当养分浓度过高时,会出现奢侈吸收。不过,在田间条件下,前期的奢侈吸收,也可能为后期生长需要或根部供应受阻时准备了内在的库存。

(一)中断养分供应的影响

如果中断某一养分的供应,往往会促进植物对这一养分的吸收,因为植物对养分中断具有反馈能力。表 3-6 所示,缺磷 7 d 的大麦在重新供磷后,其地上部、幼叶和根系的含磷量均明显增加。含磷量的增加正是由于吸磷速率增加所致,这也充分表明了植物对养分供应状况的反馈调节能力。通常控制吸磷的反馈机理可在几小时内产生。图 3-15 中拟南芥植物根系前期培养在充分供氮的营养液中,而后转移至缺氮营养液,$^{15}NH_4^+$ 吸收速率急剧增加,并在 48～72 h 达到峰值。同时,$^{15}NH_4^+$ 吸收速率的增加与 *AtAMT1;1* 转录表达水平相一致;与对照植物相比,其表达水平在 72 h 内提高 5 倍。因此,*AtAMT1;1* 基因增强表达有助于在缺氮条件下提高根系铵态氮的吸收速率。

表 3-6　不同供磷状况对大麦各部位含磷量的影响

植物	含磷量/[μmol/(g 干重)]*		
	8d-P[a]	(7d-P)+(1d+P[b])	(7d-P)+(3d+P[c])
地上部	49(20)	151(61)	412(176)
幼叶	26(5)	684(141)	1 647(483)
根系	43(24)	86(48)	169(94)

* 括号中数字为相对值:对照为 100,即整个试验期持续供给磷 150 μmol/L。a. 不施磷生长 8 d。b. 不施磷生长 7 d 后补施磷(补施磷的浓度为 150 μmol/L)生长 1 d。c. 不施磷生长 7 d 后补施磷生长 3 d。

在植物体内,由于磷能迅速转移到地上部分,根中磷的浓度不会很快提高,使得控制吸磷的反馈调节能力可持续数日。因此,在缺磷一段时期后再供应磷会导致地上部含磷量大大增加,甚至还可能引起磷的过量累积。虽然在土培中供磷状况未必会发生如此快速的变化,但在营养液培养试验中,尤其在更换溶液后,可能发生磷过量累积。

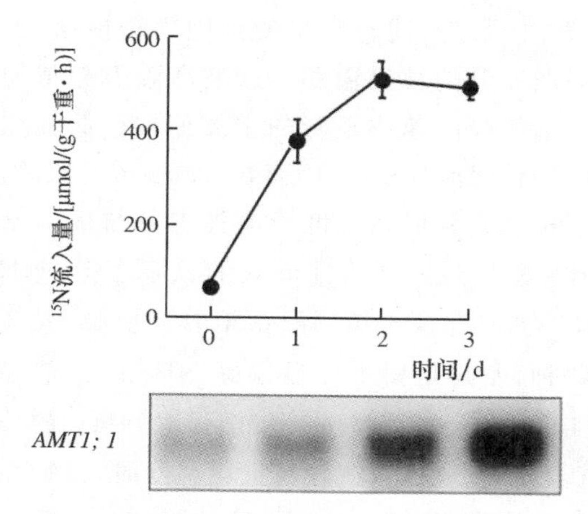

图 3-15 缺氮条件拟南芥根系$^{15}NH_4^+$吸收速率和 *AMT1*；*1* 表达

（引自：Gazzarrini et al.，1999）

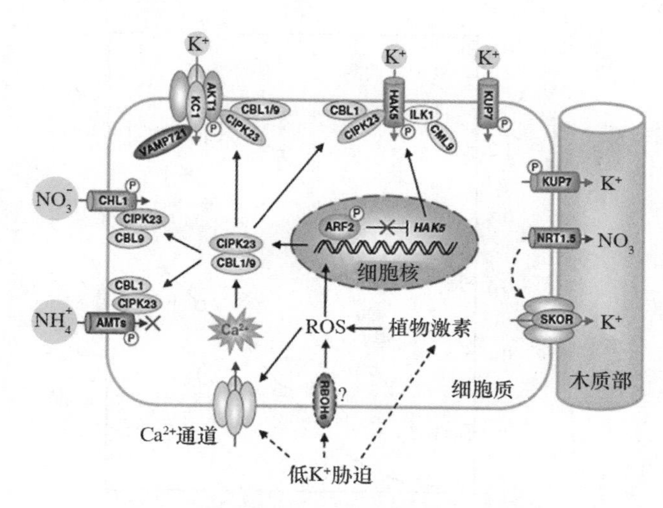

图 3-16 植物根系钾吸收的分子调控网络

（引自：Wang and Wu，2017）

（二）养分吸收速率的调控机理

植物根系对养分的吸收受植物对养分需求量的主动控制。这种反馈调控机理可使植物体内某一离子的含量较高时，降低其吸收速率；反之，养分缺乏或养分含量较低时，能明显提高吸收速率。净吸收速率的降低包括吸收量的降低和溢泌量的增加两个方面，其作用强度受不同组织、离子种类及其浓度范围的影响。例如，在养分浓度低时，植物生长速率较快，K^+、Cl^- 和 $H_2PO_4^-$ 的净吸收率受吸收过程的调控。离子的溢泌量也对吸收率影响较大，若随着组织中养分（如 K^+）浓度的增加，K^+ 吸收量则降低。在稳态时，K^+ 吸收量接近溢泌量，实质上净吸收率是降低的。

养分吸收受复杂分子网络调控。以钾为例（图 3-16），植物根系通过 HAK/KUP/KT 吸收土壤中的 K^+，植物通过钙信号感受器 CBL1 和 CBL9 感知外界环境 K^+ 分布，然后激活 CIPK23 激酶来调控钾通道蛋白 AKT1。另外，ROS 也是一类信号物质，通过与乙烯、细胞分裂素、茉莉酸等植物激素的相互作用调控 *HAK5* 表达。植物体内钾通道蛋白同样受一系列转录和转录后调控。AtARF2 是一类调控钾通道蛋白表达的转录因子：在钾充足条件下，ATARF2 结合到 *AtHAK5* 启动子区域抑制其表达；在钾缺乏条件下，ATARF2 可被迅速磷酸化，从而使其结合 *AtHAK5* 的能力受到抑制，进而促进 *AtHAK5* 表达。

（三）细胞质和液泡中养分的分配

植物细胞的细胞质是进行各种生化反应的主要场所。由于养分在各种生化反应中的重要作用在于保证细胞质组成和状态的稳定以及植物的正常代谢，因此，一般认为，当养分供应不足时，可通过调节跨原生质膜的吸收速率或对储存在液泡中的养分再分配来调节。Lee 和 Ratcliffe（1983）报道，当外界磷浓度改变时，豌豆根细胞质中的 Pi 保持在 18 mmol/L 左右不变；当组织中的全磷量下降时，细胞质中的 Pi 仍能保持稳定。Memon（1985）在研究细胞质和液泡中 K^+ 的动态时也得出相同的结论（表 3-7）。相反，当养分供应过量时，就会有大量的养分储存在液泡中。

表 3-7 介质中 K^+ 浓度对大麦根细胞质和液泡中 K^+ 浓度的影响 mmol/L

介质 K^+	细胞质 K^+	液泡 K^+
0.01	133	21
0.1	140	61

二、温度

由于根系对养分的吸收主要依赖于根系呼吸作用所提供的能量，而呼吸作用过程中一系列的酶促反应对温度非常敏感，所以，温度对养分的吸收也有很大的影响。如图 3-17 所示，在 6～38℃ 养分吸收随温度升高而增加。温度过高（超过 40℃）时，由于高温使体内酶钝化，从而减少了可结合养分离

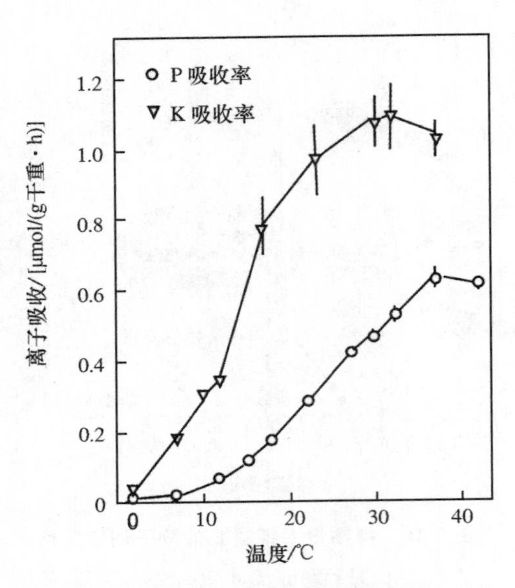

图 3-17　温度对磷、钾吸收的影响
（引自：Bravo-F et al.，1981）

子载体的数量，同时高温使细胞膜透性增大，增加了矿质养分的被动溢泌。这是高温引起植物对矿质元素的吸收速率下降的主要原因。低温往往使植物的代谢活性降低，因而导致减少养分吸收量。

土壤或者根系温度影响铵态氮与硝态氮的吸收比（表 3-8）。当两种形式的氮素养分（NH_4^+ 和 NO_3^-）同时存在于植物根系培养环境中，大多数植物物种，尤其是树木明显偏好 NH_4^+。土壤温度降至 10℃左右时，植物进一步增强对 NH_4^+ 的偏好吸收（表 3-8）。然而，在较高土壤温度时，植物相对偏好 NO_3^-，可能对以 NO_3^- 为主要形式的长期大气氮沉积的生态系统具有重要意义。

不同作物适应生长的温度范围不同，如水稻在 30℃左右，而大麦在 25℃左右。低温显著抑制燕麦和四季萝卜对钙、磷的吸收，而对葱、黄瓜、萝卜的影响较小。

表 3-8　土壤与根系温度对铵、硝吸收的影响

作物	土壤与根系温度	NH_4^+∶NO_3^- 摄入比	参考文献
黑麦草	5	3.20	Clarkson and Warner(1979)
	10	2.50	
	20	1.60	
油菜	5	1.87	MacDuff (1987)
	9	1.20	
	17	0.87	
挪威云杉	10	5.00	Marschner (1991)
	20	4.20	
番茄			Smart and Bloom (1991)
冷敏感	5	1.10	
	20	0.69	
抗寒	5	0.90	
	20	0.76	
长角果			Cruz et al. (1993)
供 N	10	1.90	
	22	1.13	
	30	1.06	
不供 N	10	1.70	
	22	1.30	
	30	1.00	
挪威云杉	10	31.0	Gessler et al. (1998)
	20	17.5	
	25	10.0	
山毛榉	10	9.00	
	20	3.10	
	25	3.80	

三、光照

光照对根系吸收矿质养分一般没有直接的影响，但可通过影响植物叶片的光合强度而对某些酶的活性、气孔的开闭和蒸腾强度等产生间接影响，最终会影响根系对矿质养分的吸收。

光照直接影响光合产物的数量，而植物的光合产物（如糖及碳水化合物）被运送到根部，能为矿质养分的吸收提供必需的能力及受体。有试验表明，在通气条件下，根部的糖分被消耗，K^+ 和 NO_3^- 的吸收量都较低；当外部供给葡萄糖时，吸收能力明显增高。

昼夜节律影响拟南芥根系 NH_4^+ 的吸收（图 3-18）。植物在含 NH_4NO_3 的营养液中生长 6 周，$^{15}NH_4^+$ 吸收速率在开始光照时很低，而在光照期即将结束时 $^{15}NH_4^+$ 吸收量增加 3 倍，在随后的黑暗期急剧下降，铵转运蛋白 *AMT*1;3 转录水平也相应增加 3 倍直至光照期结束。因此，在光周期结束时，$^{15}NH_4^+$ 吸收增加主要是由 *AtAMT*1;3 的转录上调引起的，表明 *AtAMT*1; 3 是氮同化与根系碳供应的联系节点。

高桥于 1954 年研究水稻幼苗光照强度与养分吸收的关系，发现光照不足时，各种养分的吸收减少，特别是铵态氮、磷、钾及锰（表 3-9）。

光与气孔的开闭系统密切，而气孔的开闭与蒸腾强度又紧密相关。在光照条件下，植物的蒸腾强度大，养分随蒸腾流的运输速度快，光照促进了水分和养分的吸收。

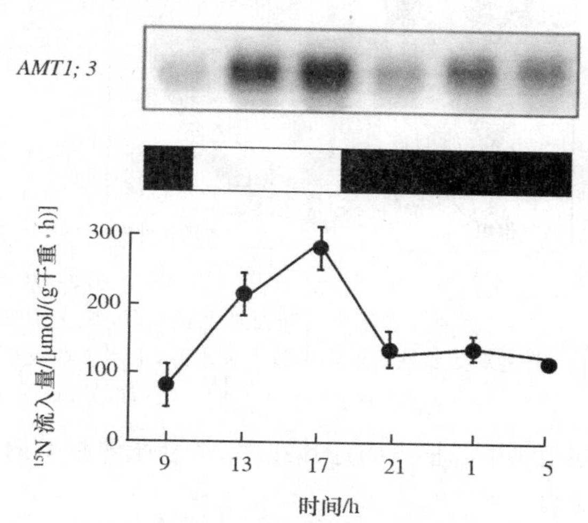

图 3-18 昼夜变化影响拟南芥根系 NH_4^+ 吸收速率和 *AMT1*；3 表达
（引自：Gazzarrini et al.，1999）

表 3-9 光照对水稻吸收养分的影响（高桥，1954）

光照指数	养分含量/%						
	NH_4^+	$H_2PO_4^-$	K^+	Ca^{2+}	Mg^{2+}	Mn^{2+}	SiO_2
100	100	100	100	100	100	100	100
58	58	76	78	107	103	85	95
56	40	33	41	64	68	46	65
5	17	15	13	49	40	22	35

四、水分

水是植物生命活动的重要因素。水分状况对植物的影响是多方面的。水分状况是影响土壤中离子扩散和质流迁移的重要因素，也是化肥溶解和有机肥料矿化的决定条件。水分对无机态离子吸收的影响却十分复杂。

首先，水分对植物生长，特别是根系的生长有很大影响，进而影响养分吸收。水分能够有效促进侧根的生长，通过诱导生长素合成基因 *TAA*1 及其极性运输蛋白 *PINs* 的表达，从而影响生长素的积累，促进侧根发生；缺水则会抑制侧根发生。如图 3-19 所示，在解剖学水平，通气组织和水分屏障（限制水分流失的木质化外皮层）在空气侧根皮层组织形成。拟南芥、水稻、玉米可以在器官或细胞水平感知土壤局部干湿差异所导致的横向水分异质性。根与水或空气局部接触做出响应，侧根仅在主根与水接触一侧形成，并影响硝酸盐和磷酸盐有效性。侧根长、密度低有利于获取硝酸盐，而侧根短、密度高是玉米获取磷酸盐的最佳选择。移动性差的磷酸盐主要分布于上层土壤，因此浅根系有利于磷吸收，而深根系有利于硝酸盐吸收。缺水既会降低养

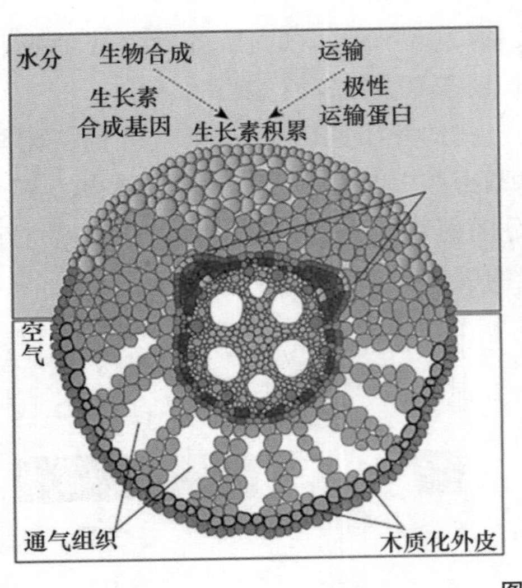

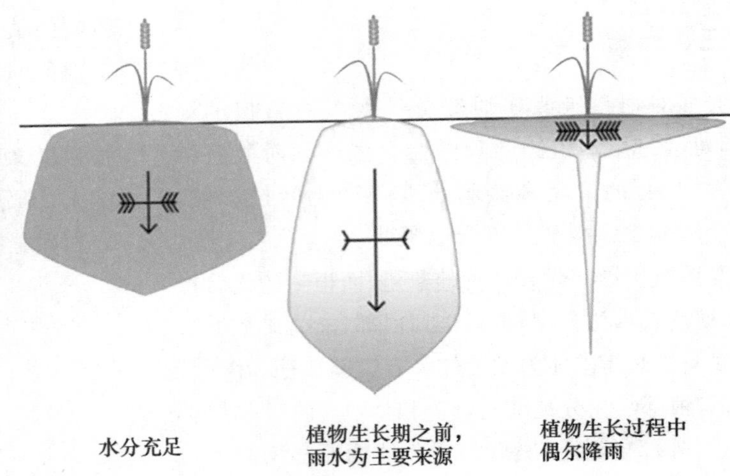

图 3-19　水分状况与根系分布

* 如果生长季之前降雨是主要水源，“垂直且深”的根系确保深层土壤水分吸收，通过利用深水资源提高生长速率。如果偶尔降雨是主要水源，上层土壤吸水率最高，侧根主要发生在上层土壤。灰色表示水源

（引自：Yu et al.，2016；Feng et al.，2016）

分在土壤中向根表的迁移速率，也会减弱根系的吸收能力。

其次，植物的蒸腾作用使根系附近的水分状况发生较大变化，影响土壤中离子的溶解度以及土壤的氧化还原，从而间接影响离子的吸收。

五、通气状况

土壤的通气状况主要从 3 个方面影响植物对养分的吸收：一是根系的呼吸作用；二是有毒物质的产生；三是土壤养分的形态和有效性。

通气良好的环境，能改善根部供氧状况，并能促使根系呼吸所产生的二氧化碳在根际散失。这一过程对根系正常发育、根的有氧代谢以及离子的吸收都有重要的意义。

根部有氧呼吸所需要的氧气主要由根际土壤空气提供。土壤空气中氧气的含量取决于土壤的通气状况，如果土壤通气性良好，根际土壤中氧气的含量就能促进植物的有氧呼吸，并有利于植物对养分的吸收。如图 3-20 所示，氧气分压在 0～3%，磷酸盐的吸收速率随着氧分压的增大而提高。

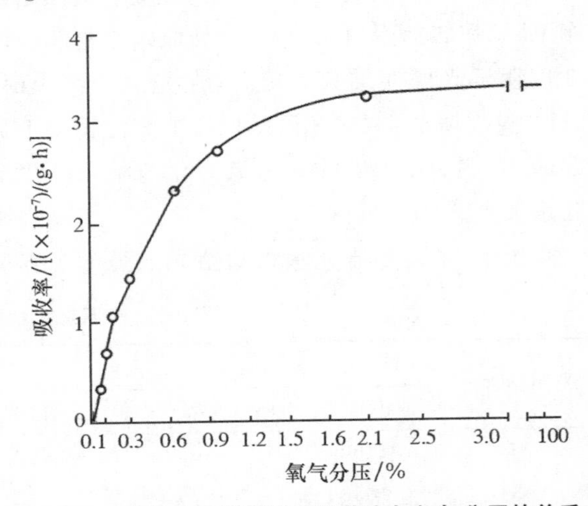

图 3-20　离体大麦根磷酸盐吸收率与氧气分压的关系

水稻本身有从茎叶向根部输送氧气的特殊功能，从而保证根系进行正常的呼吸作用和养分吸收。采用水稻与大豆两种植物的活体根及离体根进行培养试验发现，水稻的活体根在有氧或缺氧的条件下，其呼吸强度大体相同；离体根在有氧条件下，呼吸强度在短时间内急剧减弱，而大豆的活体根和离体根呼吸强度均从缺氧培养开始就显著降低。Hoagland 试验表明，在营养液培养中，有氧处理的大麦根系吸收 K^+ 的数量远远超过通氮气处理。通氮气处理的大麦幼根，细胞汁液中 K^+ 浓度含量明显低于营养液中 K^+ 的浓度。

六、土壤 pH

土壤 pH 影响土壤中养分离子的有效性（图 3-21）。在根表面，pH 与 K^+、Ca^{2+}、Mg^{2+} 等阳离子会发生竞争作用。

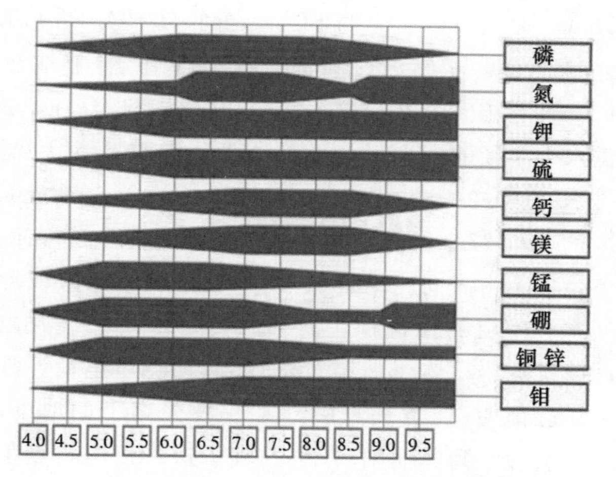

图 3-21 土壤 pH 对土壤养分有效性的影响
养分有效性随绿色图示变窄而下降

pH 会改变介质中 H^+ 和 OH^- 的比例，并对植物的养分吸收有显著影响。表 3-10 说明介质中不同的 pH 会影响番茄吸收 NH_4^+-N 和 NO_3^--N。当外界溶液 pH 较低时，会抑制植物对 NH_4^+-N 的吸收；而介质 pH 较高时，则抑制 NO_3^--N 的吸收，吸收 NH_4^+-N 的数量却有所增加。

表 3-10 不同 pH 条件下对番茄吸收 NH_4^+-N 及 NO_3^--N 的影响

培养液 pH 变化	离子吸收量/[mg/(kg 鲜重 · 6 h)]		
	NH_4^+-N	NO_3^--N	总吸收量
4.0	34	48	82
5.0	42	59	101
6.0	46	41	87
7.6	66	30	96

Jacobson 等在研究介质溶液中 pH 对大麦根吸收钾的影响时发现(图 3-22)，在 pH<4，且没有钙供应时，根系对 K^+ 的吸收表现为净溢泌现象；如果有钙存在，K^+ 的吸收速率随 pH 降低而急剧下降，这种 pH 效应是由于 H^+ 和 K^+ 竞争原生质膜上的结合位点形成的结果。

在酸性土壤上，由于 H^+ 浓度高，抑制了植物对 Ca^{2+}、Mg^{2+} 等阳离子的吸收，从而会表现出典型的生理缺素症。

七、离子理化性状和根的代谢作用

离子的理化性状(离子半径和价数)不仅直接影响离子在根自由空间中的迁移速率，而且决定着离子跨膜运输的速率。

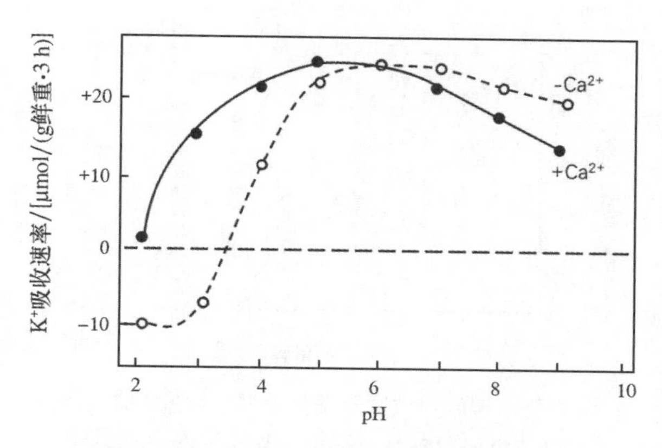

图 3-22 外部溶液的 pH 及 Ca^{2+} 的供应对大麦根 K^+ 净吸收率的影响

(一)离子半径

同价离子的吸收速率与离子半径之间的关系通常呈负相关。表 3-11 中列出了一价阳离子的半径与吸收速率的关系。由表 3-11 可见，吸收速率与离子半径呈负相关关系，但只有在 Li^+、Na^+ 和 K^+ 相比较时出现。虽然 Cs^+ 的直径较小，但它的吸收速率比 K^+ 低得多。这说明除离子半径外，还有其他因素影响离子的吸收，如载体对离子的亲和力等。

表 3-11 碱金属阳离子吸收与离子半径之间的关系*

阳离子	离子半径/nm	吸收速率/[μmol/(g 鲜重 · 3 h)]
Li^+	0.38	2
Na^+	0.36	15
K^+	0.33	26
Cs^+	0.31	12

* 在 pH 为 6.0 时以 0.5 mmol/L 的溴化盐溶液供给各种阳离子。

(二)离子价数

由于细胞膜组分中的磷脂、硫酸酯和蛋白质等都有带电荷的基团，因此，离子都能与这些基团相互作用。其相互作用的强弱按以下顺序：不带电荷的分子<一价的阴、阳离子<二价的阴、阳离子<三价的阴、阳离子。

相反，吸收速率常常依此顺序递减。由图 3-23 可以看出，当 pH 升高时，硼的吸收速率明显下降。其主要原因是随着 pH 的升高，未解离的 H_3BO_3 比例明显下降，细胞膜对解离态硼酸根离子的吸收能力显著低于未解离态硼酸分子。

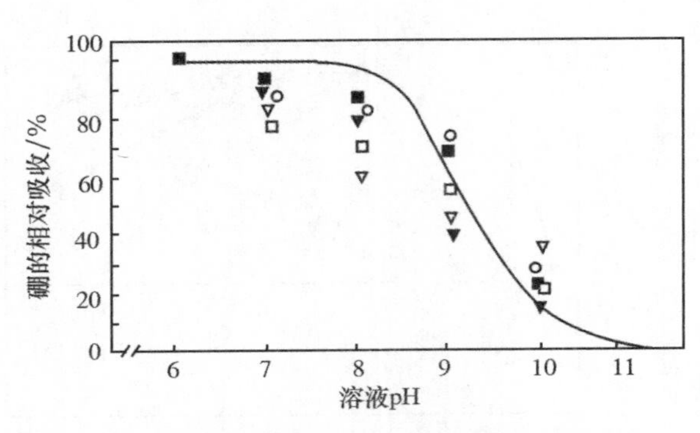

图 3-23　硼的相对吸收率与外部溶液 pH 的关系
以 pH 为 6 时各种供应浓度的吸收量为 100，其中，实线表示未解离 H_3BO_3 的百分数；△ 1.0 mg/kg；□ 2.5 mg/kg；○ 5.0 mg/kg；▲ 7.5 mg/kg；■ 10.0 mg/kg

(三)代谢活性

由于离子和其他溶质在很多情况下是逆电化学势梯度累积，所以需要直接或间接消耗能量。在不进行光合作用的细胞和组织中(包括根)，能量的主要来源是呼吸作用。因此，所有影响呼吸作用的因子也都可能影响离子的累积。例如，去掉水稻茎基部叶片，或采用遮阴的办法减少对根部碳水化合物的供应，都能降低根的呼吸强度，使根系吸收^{32}P的速率明显降低(表 3-12)。

表 3-12　遮阴和去基部叶片对水稻根呼吸作用和^{32}P吸收率的影响

处理	每株干重/g	根呼吸作用/(μL/g 干重)	^{32}P 相对吸收速率/(cpm/g 干重)
对照	2.46	0.174	100
去基部叶片	2.32	0.095	57
遮阴*	1.70	0.062	32

* 遮阴时间：6 d。

八、离子间的相互作用

(一)离子间的拮抗作用

离子间的拮抗作用是指在溶液中某一离子存在能抑制另一离子吸收的现象。离子间的拮抗作用主要表现在对离子的选择性吸收上。一般认为，化学性质近似的离子在质膜上占有同一结合位点(即与载体蛋白的结合位点)。培养试验发现，阳离子中，K^+、Rb^+与Cs^+之间，Ca^{2+}、Sr^{2+}与Ba^{2+}之间存在拮抗作用；阴离子中，Cl^-、Br^-与I^-之间，SO_4^{2-}与SeO_4^{2-}之间，$H_2PO_4^-$与SO_4^{2-}之间，$H_2PO_4^-$与Cl^-之间，NO_3^-与Cl^-之间，都有拮抗作用。上述各组离子具有相同的电荷或近似的化学性质。Jennv 根据水合半径的大小把一价阳离子分为两类：第一类是K^+(0.532 nm)、Rb^+(0.509 nm)、Cs^+(0.505 nm)、NH_4^+(0.537 nm)，它们的离子水合半径近似，在载体蛋白上占有同一结合位点，在被植物吸收时彼此间都有一定的拮抗作用。第二类是阳离子彼此之间除了竞争载体蛋白结合位点外，还竞争电荷。许多试验证明，任意提高膜外某一种阳离子的浓度，必然会影响到其他阳离子的吸收，这种情况与竞争结合位点不同。例如，在向日葵培养试验中，随着镁浓度的增加，向日葵的含镁量也增加，而钠、钙的含量减少；增加镁浓度对钾的吸收基本无影响，阳离子的吸收总量也几乎相等(表 3-13)，这一现象称为非竞争性拮抗作用。

根据载体假说的解释，离子的相互拮抗作用，在低浓度时可能发生在质膜的相同载体位置上。当这些离子处于同一介质中时，根系对一种离子的吸收就减少了对另一离子吸收的机会，因而这种相互间的拮抗作用与离子的电荷及水化半径有关。载体假说还认为：一价阳离子比离子水化半径相类似的二价或多价阳离子更容易与载体结合而能较多地被吸收；离子水化半径小的离子又比水化半径大的离子更易于被吸收。离子间的这种拮抗作用，只适于低浓度情况，当离子浓度增高时，离子进入根内的机理大多属于被动吸收过程。

表 3-13　提高镁浓度对向日葵中各种阳离子含量的影响(干重)

cmol/kg

处理	K^+	Na^+	Ca^{2+}	Mg^{2+}	阳离子总量
Mg_1	49	4	42	49	144
Mg_2	57	3	31	61	152
Mg_3	57	2	23	68	150

此外，Zn 或 Mg 强烈促进小麦生长，且单施效果优于二者配施，间接说明这两种阳离子的吸收相互拮抗。

除阳离子外，在电价数相同的阴离子之间也有拮抗作用。在大麦试验中，当Cl^-的浓度固定不变而改变K^+和NO_3^-的浓度时，随着溶液中NO_3^-浓度的增加，Cl^-在茎和根中含量减少，而K^+在茎秆中的含量则显著增加（表3-14）。

表3-14　NO_3^- 对大麦根和地上部 K^+、Cl^- 累积的影响

离子浓度/(mmol/L)			含量/(μmol/g)			
			Cl^-		K^+	
NO_3^-	Cl^-	K^+	地上部	根	地上部	根
0	1	1.0	6.5	46	15	19
0.1	1	1.1	33	13	33	33
0.5	1	1.5	13	5	39	52
1.0	1	2.0	12	3	63	55
2.0	1	3.0	7	0	80	26
5.0	1	6.0	5	1	90	29

注：在Hoagland营养液中生长7天。

一般认为，NO_3^- 影响 Cl^- 的吸收是由于 NO_3^- 在作物体内能大量被用于合成有机化合物，而 Cl^- 通常以游离形态累积，作物体内一般不累积较多的无机态阴离子，所以影响了 Cl^- 的吸收。SO_4^{2-} 和 Cl^- 与 Br^- 的拮抗，一般认为是由于它们占有同一个结合位点；NO_3^- 和 $H_2PO_4^-$ 也存在拮抗，因此施用硝态氮肥时，应重视增施磷肥。

（二）离子间的协助作用

离子间的协助作用是指在溶液中某一离子的存在有利于根系对另一些离子的吸收。离子间的协助作用主要表现在阳离子与阴离子之间，以及阳离子与阳离子之间。Ca^{2+} 的存在能促进许多离子的吸收，如 NH_4^+、K^+ 和 Rb^+ 等的吸收。在田间试验中，施氮促进高粱、小麦和水稻中硫的积累，提高作物单产；相互协助的两种营养元素配施通常获得高于养分单施的产量。比如在小麦、玉米或者水稻生长季节同时施用氮肥和磷肥有助于提高作物氮利用效率，进而提高作物产量。

阴离子对阳离子的吸收一般都具有协助作用。据研究，在大多数作物体内，每千克新鲜组织含有50～100 mmol的负电荷，这就必须吸收相应摩尔的阳离子来补偿电荷。有些阴离子，如 NO_3^-、SO_4^{2-} 和 $H_2PO_4^-$，在植物体内易通过代谢变为有机物而消失，并在体内产生糖醛酸、草酸和不挥发有机酸等有机阴离子来补偿负电荷，这就促进了植物对阳离子的吸收。

离子间产生协助作用的原因尚不完全清楚。Ca^{2+} 对多种离子有协助作用，一般认为是由于它具有稳定质膜结构的特殊功能，有助于质膜的选择性吸收。Ca^{2+} 的这种协助作用是维茨（F. G. Viets，1944）首先发现的，因此，也称为“维茨效应”。Ca^{2+} 不仅能促进阳离子的吸收，也能促进阴离子的吸收。Ca^{2+} 的这种作用能明显改善盐渍土上植物的生长状况，其主要原因是它能提高 K^+/Na^+ 的吸收比值（表3-15）。此外，酸性肥料导致土壤条件变化也可产生离子协同反应。铵态氮肥有助于土壤中有效锰（Ⅱ）浓度提升，增加缺锰条件下大麦和燕麦产量。与此类似，硫代硫酸盐可以减少土壤Mn（Ⅳ）含量、促进缺锰土壤中植物的Mn吸收。

表3-15　Ca^{2+} 对根系选择性吸收 K^+/Na^+ 的影响

外部溶液 NaCl+KCl （各取10 mmol/L）	吸收速率/[μmol/(g鲜重·4 h)]					
	玉米			甜菜		
	Na^+	K^+	$Na^+ + K^+$	Na^+	K^+	$Na^+ + K^+$
无钙	9.0	11.0	20.0	18.8	8.3	27.1
有钙	5.9	15.0	20.9	15.4	10.7	26.1

* 0.5 mmol/L $CaCl_2$。

植物根细胞对 K^+/Na^+ 的选择性吸收主要依赖于原生质膜 K^+-、Na^+-ATP酶控制的 K^+ 吸收和 Na^+ 流出。在供应 Ca^{2+} 时，K^+ 的吸收量增加，而 Na^+ 的流出量也增加，从而避免 Na^+ 的累积造成毒害；在缺 Ca^{2+} 情况下，K^+ 和 Na^+ 的吸收流出比例失调，作物易受盐害。

九、苗龄和生育阶段

在各生育阶段，植物对营养元素的种类、数量和比例等都有不同的要求。一般生长初期吸收的数量少，吸收强度低。随着时间的推移，对营养物质的吸收逐渐增加，往往在性器官分化期达吸收高峰。到了成熟阶段，对营养元素的吸收又渐趋减

少。但从单位根长来说，每天养分吸收速率总是在幼龄期最高(表 3-16，图 3-24)。番茄离子吸收速率依序如下，$K^+ > SO_4^{2-} > Ca^{2+} > NO_3^- > Mg^{2+} > PO_4^{3-}$。在番茄移植和适应阶段，所有离子的吸收率均低于 3 mg/(L·d)；从第 40 天开始番茄开花和坐果，养分吸收速率大幅增加，这种增加趋势延续到第 100 天；果实收获期养分吸收率急剧下降。PO_4^{3-} 与 Mg^{2+} 吸收速率显著低于其他离子，特别是 PO_4^{3-}，虽然随番茄发育有小幅增加，但长期维持在低吸收速率。

在整个生育时期中，根据反应强弱和敏感性可以把植物对养分的反应分为营养临界期和最大效率期。所谓营养临界期是指植物生长发育的某一个时期，对某种养分要求的绝对数量不多但很迫切，并且当养分供应不足或元素间数量不平衡时将对植物生长发育造成难以弥补的损失，这个时期就叫作植物营养的临界期。各种作物对不同营养元素表现的临界期也不同。大多数作物磷的营养临界期在幼苗期，因种子中的磷消耗后，根系尚小，吸收力弱，若磷供应不足，幼苗生长严重受阻。氮的营养临界期，水稻为三叶期和幼穗分化期；棉花在现蕾初期；小麦、玉米为分蘖期和幼穗分化期。水稻钾的营养临界期在分蘖期和幼穗形成期。

表 3-16　玉米不同苗龄对养分吸收的影响

苗龄/d	吸收速率/[μmol/(m 根长·d)]				
	氮	磷	钾	钙	镁
20	227	11.3	53	144	13.8
30	32	0.90	12.4	5.2	1.6
40	19	0.86	8.0	0.56	0.90
50	11	0.66	4.8	0.37	0.78
60	5.7	0.37	1.6	0.20	0.56
100	4.2	0.23	0.2	0.80	0.29

在植物的生长阶段中所吸收的某种养分能发挥其最大效能的时期，叫作植物营养最大效率期。这一时期，作物生长迅速，吸收养分能力特别强，如能及时满足作物对养分的需要，增产效果将非常显著。据试验表明，玉米的氮素最大效率期在喇叭口期至抽雄期；油菜为花薹期；棉花的氮、磷最大效率期均在花铃期；对于甘薯来说，块茎膨大期是磷、钾肥料的最大效率期。

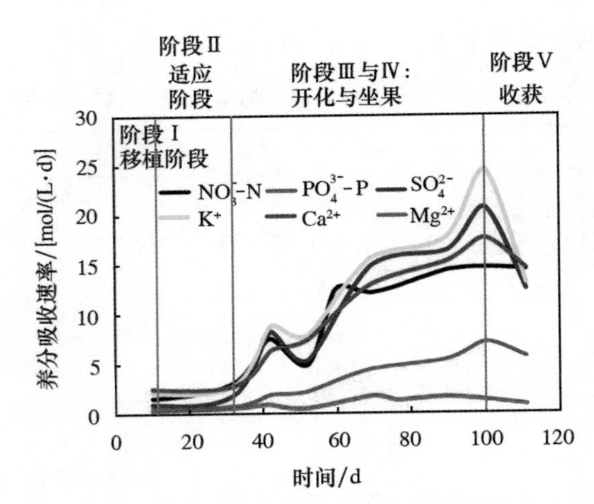

图 3-24　养分吸收速率随番茄生长发育变化

番茄在封闭的水培系统中生长。阶段Ⅰ：移植阶段；阶段Ⅱ：适应阶段；阶段Ⅲ与阶段Ⅳ：开花与坐果；阶段Ⅴ：收获

(引自：Lee et al.，2017)

植物对养分吸收也具有日变化规律，甚至还有从几小时到数秒的脉冲式变化。这种周期性变化是植物内在节律的外在表现。如果环境条件符合上述节律性变化，将极大地促进植物生长。改变外在环境条件，适应这种节律性变化可以促进植物的生长。

第三节　根外营养

植物除可从根部吸收养分外，还能通过叶片(或茎)吸收养分，这种营养方式称为植物的根外营养。

一、植物叶片的结构及组成

植物叶片是进行光合作用的主要场所，它是由表皮组织(主要包括表皮、角质层和表皮毛等)、叶肉组织(主要包括栅栏组织和海绵组织)及输导组织(主要包括维管束)所组成的(图 3-25，图 3-26)。而叶片上的表皮组织含有大量表皮细胞，气孔就是表皮细胞分化出来的组织，并按一定的距离分布于叶表面上。气孔(保卫细胞)结构存在物种间差异性(图 3-27)。气孔的数目也依作物种类而异，高者每平方毫米可达 2 000 个，而一般植物只有 50～300 个。它的主要功能是与外界进行气体交换及蒸腾水分。

气孔具有开闭运动的特性，通过气孔运动与大气进行物质交换。早在 1856 年，von Mohl 就已开始研究气孔运动的机理，从此引起了许多学者的兴趣，提出了许多假说，如淀粉糖变化假说及无机态离子吸收假说等。

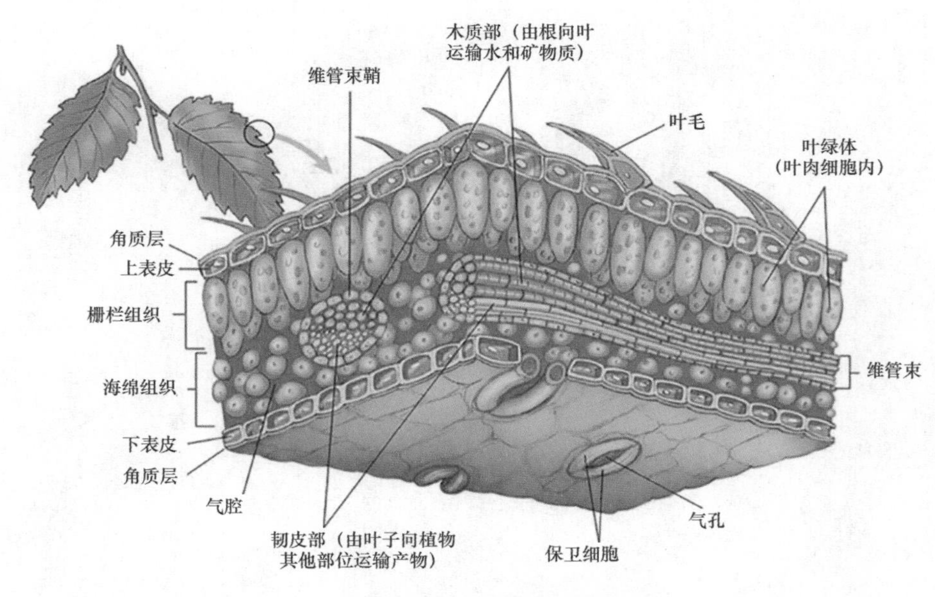

图 3-25　叶片结构示意图

（https://www.carlsonstockart.com/photo/leaf-structure-anatomy-illustration/）

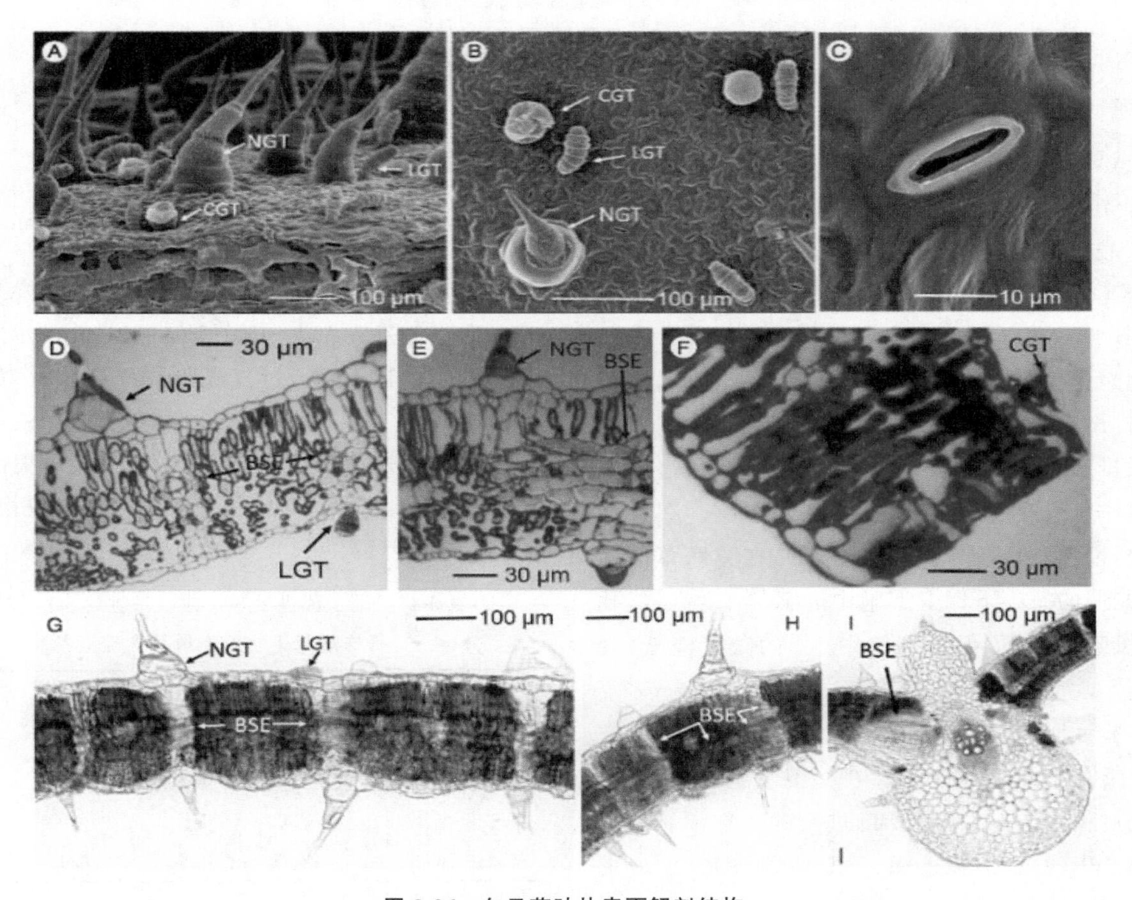

图 3-26　向日葵叶片表面解剖结构

A-C. 向日葵叶片表面扫描电镜图像；D-F. 甲苯胺蓝染色的向日葵叶片横截面光学显微图；G-H. 新鲜向日葵叶片横截面光学显微图。NGT(non-glandular trichomes，非腺毛)，LGT(linear glandular trichomes，线性腺毛)，CGT(capitate glandular trichomes，头状腺毛)，BSE(bundle sheath extensions，束鞘延伸)

(引自：Li et al.，2018)

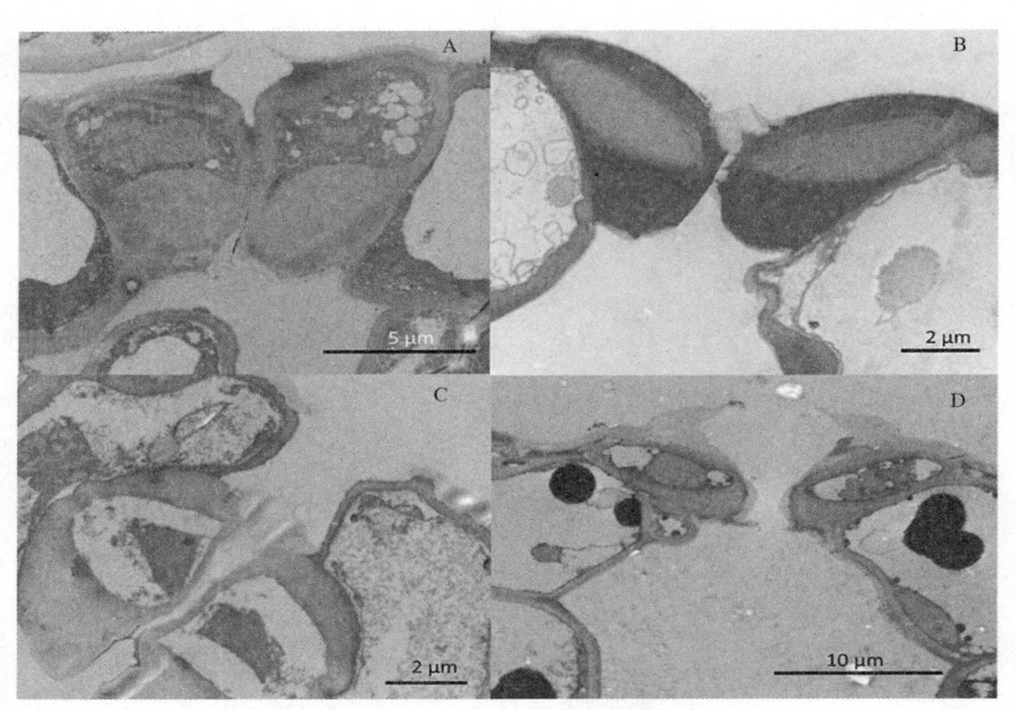

图 3-27 气孔(保卫细胞)结构

A. 圣栎;B. 榆树;C. 杨树;D. 麦哲伦的山毛榉

(引自:Fernández et al., 2017)

淀粉糖变化假说认为,植物在光照下,保卫细胞进行光合作用,导致 CO_2 浓度的下降,pH 升高,淀粉磷酸化酶促使淀粉转化为葡萄糖-1-磷酸,细胞内糖分高,水势下降,吸收水分,气孔开放;在暗环境中,呼吸积累 CO_2 和 H_2CO_3,使 pH 下降,淀粉磷酸化酶促使糖转化为淀粉,细胞里糖分低,水势升高,排出水分,气孔关闭。

无机态离子假说认为,叶片内各种无机态离子的吸收对气孔的开闭会产生一定的影响。在各种离子中,K^+ 是最重要的离子。例如,在鸭跖草试验中,强光照的条件下保卫细胞中的 K^+ 浓度高,气孔张开;黑暗条件下,保卫细胞中 K^+ 的浓度降低,气孔关闭。

试验证明,气孔的开闭与光照条件有关,即有光照时气孔张开,因而使 K^+ 在保卫细胞内累积,这一吸收过程是逆 K^+ 浓度梯度进行的。它依靠代谢过程中产生的 ATP 做能源,不断地调控 K^+ 的流入和排出,从而促进了气孔的开闭运动。其中感光蛋白 PHOT1 和 PHOT2 是保卫细胞中的主要蓝光特异性感光器。此外,气孔开闭与干旱(植物激素脱落酸)和 CO_2 均有关,磷酸化调节参与脱落酸刺激的气孔闭合。

二、叶片对气态养分的吸收

要提高叶片营养的有效性,就必须使营养物质从叶表面能进入表皮细胞(或保卫细胞)的细胞质。

陆生植物还可通过气孔吸收气态养分,如二氧化碳(CO_2)、氧(O_2)以及二氧化硫($^{35}SO_2$)等。Weig 等(1962)证实了地上部供给 SO_2 与根部施用硫酸铵$(NH_4)_2SO_4$ 对植物生长的效果大致相同(表 3-17),甚至叶部供 SO_2 的效果更好。

表 3-17 地上部供给 SO_2 或根系供给 SO_4^{2-} 时每株烟草干物质产量及含硫量

处理	干重/mg		含硫量(S)/mg	
	叶	根	叶	根
不供硫	0.8	0.4	1.5	1.9
叶片供 SO_2	2.0	0.6	11.4	1.9
根部供 SO_4^{2-}	2.0	0.6	7.4	4.9

试验证明,在夜间牧草地上部分(从基部到草冠)大气层 NH_3 的浓度梯度大;而白天则相反,即大气层的 NH_3 浓度梯度降低,特别是草冠内 NH_3 浓度很低,说明大量的气态 NH_3 已通过气孔被吸收。

在光合作用过程中，大气中 CO_2 向叶内的叶绿体扩散，在叶片接受光照以后，使 CO_2 固定。此时，叶绿体内的 CO_2 浓度明显降低，从而形成叶绿体内与大气之间 CO_2 的浓度差，使得 CO_2 又可向叶绿体内扩散。

一般来说，叶片吸收气态养分有利于植物的生长发育，但在高度发展的工业区，由于废气的排出，空气污染相当严重，叶片也会因过量地吸收某些气体（如 SO_2、NO、N_2O 等）而影响植物生长。例如，高浓度的 SO_2 气体能抑制 CO_2 在二磷酸戊酮糖羧化酶的活性中心的结合，使 CO_2 的固定受阻，严重地影响植物的光合作用。

三、叶片对矿质养分的吸收

研究证明，水生植物与陆生植物叶片对矿质元素的吸收能力大不相同。水生植物的叶片是吸收矿质养分的部位，而陆生植物因叶表皮细胞的外壁上覆盖有蜡质及角质层，这种结构会抑制叶片对矿质元素的吸收。角质层结构存在物种差异性（图 3-28）。角质层的主要化学成分为半亲水性的 C18 羟基脂肪酸化合物，并含有果胶角质及一些非脂化的角质多聚化合物，因而可产生一定的电荷。角质层的果胶物质等所产生的负电荷具有阳离子交换作用，并出现从外表面到细胞壁由低到高的电荷梯度，因此，有利于离子沿此梯度穿过角质层。基于叶片角质层由亲脂性成分（如非极性化合物蜡和角质）和亲水性成分（如极性化合物多糖）组成，Fenández 等（2017）提出叶片角质层渗透分为非离子、非极性和亲脂性化合物（如杀虫剂和除草剂）的亲脂性途径，及离子、极性和亲水物质（如矿质营养元素）的亲水途径，并提出了可能与亲水性表皮组分（即多糖）和角质层溶胀相关的水和溶质表皮扩散的机制——“动态水连续体”模型，即角质层具有高度曲折的相对湿度依赖性，吸附和解吸过程与叶表面和内部组织间存在亲水域的水连接。角质层有微细孔道（甘蓝叶片角质层小孔的直径为 6～7 nm），也叫外质连丝，它是叶片吸收养分的通道。另有资料表明，蜡质类化合物的分子间隙可让水分子通过。因此，外部溶液中的溶质可通过这种空隙进入角质层，然后通过表皮细胞的细胞壁到达质膜。有资料表明直径 43 nm 水悬浮亲水颗粒在蚕豆叶片水饱和状态下可通过气孔渗入叶片内部，而 1.1 mm 直径则未检测到渗透。

当溶液经过角质层孔道到达表皮细胞的细胞壁后，还要进一步经过细胞壁中的外质连丝到达表皮细胞的质膜。在电子显微镜下可以看到，外质连丝是表皮细胞细胞壁的通道，它从表皮细胞的内表面延伸到表皮细胞的质膜。

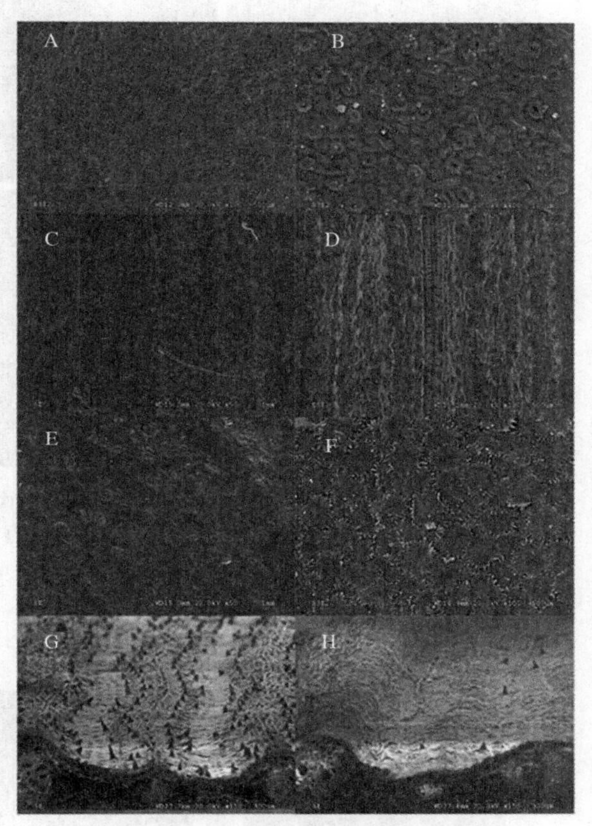

图 3-28　不同植物叶角质层的扫描电镜图
A，C，E，G. 上表皮；B，D，F，H. 下表皮；A，B. 橙子
C，D. 玉米；E，F. 橄榄；G，H. 小麦
（引自：Fernández et al.，2017）

叶面溶质通过扩散渗透进入叶面，主要影响因素是叶片表面溶质浓度梯度及叶面的渗透率。温度、风速和空气的水饱和度决定了叶面溶液与大气达到平衡的持续时间，溶质平衡浓度取决于外部空气相对湿度和溶质类型。叶面渗透率与溶质的极性和极性程度及叶片表面的理化性质、可润湿能力等有关。

目前叶片吸收矿质元素的研究主要集中于微量元素，叶片表面非腺毛对锌的吸收特别重要，

15 min 内锌优先在腺毛内积累(图 3-29,图 3-30),在表皮细胞壁中累积前通过气孔等移动穿过角质层。叶片吸收锌 6 h 后,气孔没有明显积累锌,非腺毛组织累积的总锌比表皮组织高,说明气孔通路对叶面锌的吸收贡献有限。叶片吸收的锌在表皮、维管细胞壁以及叶片两侧的腺毛基部积累。其中,与束鞘相连并延伸到叶片两侧表皮层的束鞘延伸结构,与腺毛相连,促进锌的移动。

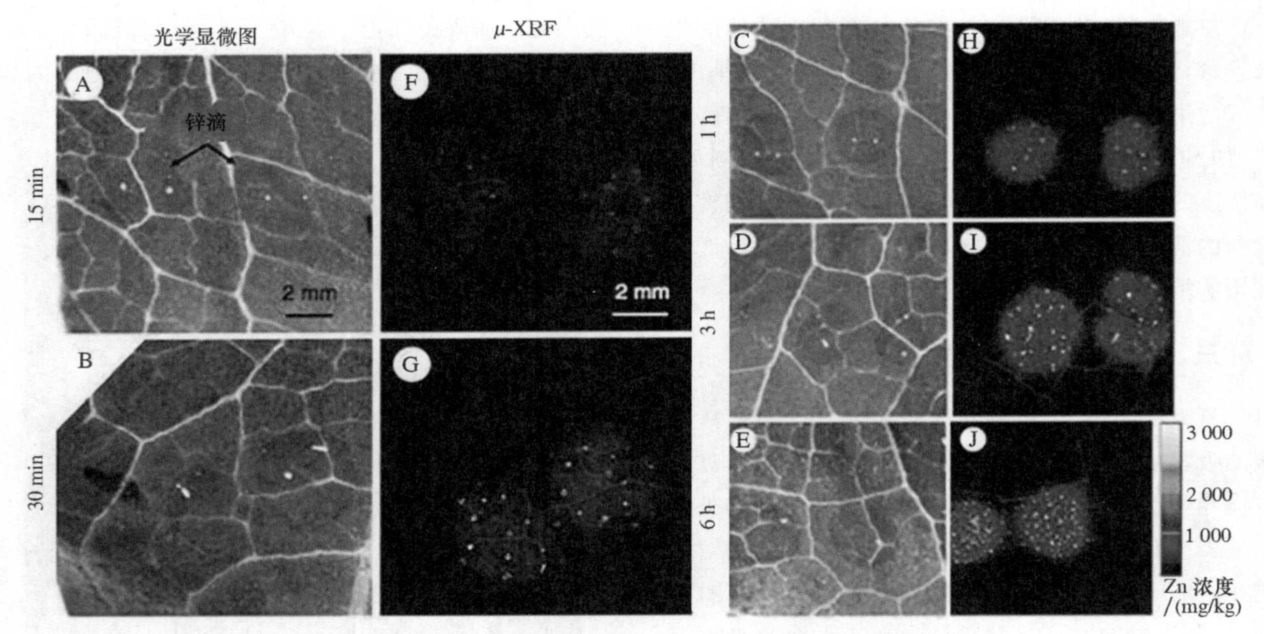

图 3-29　锌液滴在葵花叶表面的动态光学显微图片和 μ-XRF 图像

A-E. 葵花叶表面的含锌液($ZnSO_4$)被去除但未漂洗的光学显微照片;F-J. μ-XRF 图像显示锌液在叶片表面 15 min、30 min、1 h、3 h 和 6 h 时的 Zn 分布。Zn 为相同浓度(mg/kg),较亮的颜色表示有较高的 Zn 浓度。A 比例尺适用于 A-E,F 比例尺适用于 F-J。

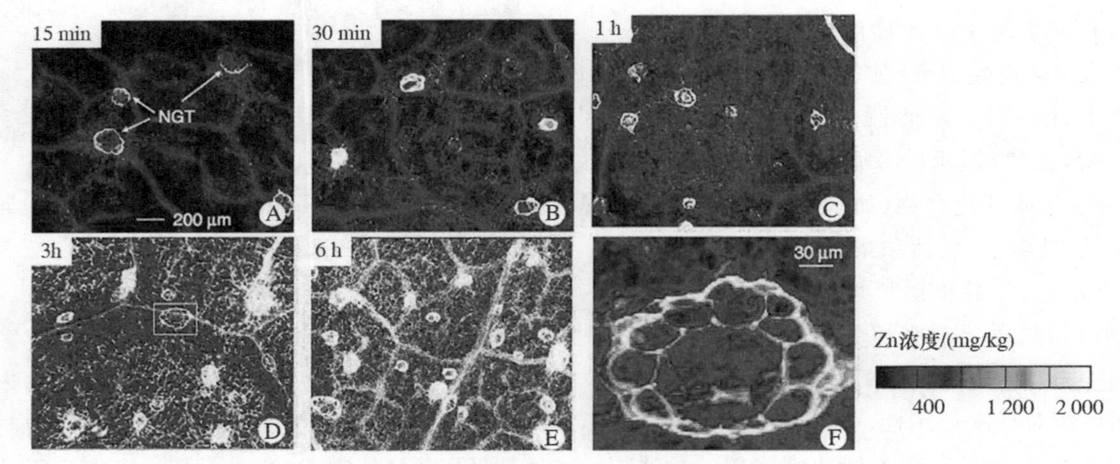

图 3-30　锌液滴在葵花叶表面的动态高倍数 μ-XRF 图像

μ-XRF 显示施加 $ZnSO_4$ 于葵花叶面 15 min(A)、30 min(B)、1 h(C)、3 h(D)和 6 h(E)后 Zn 在叶片的分布。(F)为 D 中白框放大倍数后的图片。Zn 为相同浓度(mg/kg),较亮的颜色表示有较高的 Zn 浓度。

(引自:Li et al.,2019)

四、叶面营养的特点及应用

一般来讲，在植物的营养生长期间或是生殖生长的初期，叶片有吸收养分的能力，并且对某些矿质养分的吸收比根的吸收能力强。因此，在一定条件下，根外追肥是补充营养物质的有效途径，能明显提高作物的产量和改善品质。

与根供应养分相比，通过叶片直接提供营养物质是一种见效快、效率高的施肥方式。这种方式可防止养分在土壤中被固定，特别是锌、铜、铁、锰等微量元素。常见叶面施用微量营养素是B[如硼酸，硼砂($Na_2B_4O_7$)，八硼酸钠($Na_2B_8O_{13}$)，B-多元醇]，Fe[如 $FeSO_4$、Fe(Ⅲ)-螯合物和 Fe-络合物]，Mn[如 $MnSO_4$ 和 Mn(Ⅱ)-螯合物]和 Zn[如 $ZnSO_4$、Zn(Ⅱ)螯合物、ZnO 和 Zn 有机复合物]。中量和大量营养元素也可用作叶面肥，比如 Ca(以 $CaCl_2$、丙酸钙和乙酸钙的形式)，Mg[包括 $MgSO_4$、$MgCl_2$ 和 $Mg(NO_3)_2$]，K(包括 K_2SO_4、KCl、KNO_3、K_2CO_3 和 KH_2PO_4)，N(氨基酸等)，P[以 H_3PO_4、KH_2PO_4、$NH_4H_2PO_4$、$Ca(H_2PO_4)_2$ 和亚磷酸盐的形式]。此外，还有一些生物活性物质如赤霉素等可与肥料同时进行叶面喷施。如作物生长期间缺乏某种元素，可进行叶面喷施，以弥补根系吸收的不足。但叶面肥保留或流失的速率不仅取决于肥料滴与植物表面间的相互作用，而且施用于不同的植物物种、品种或器官时，相同肥料配方可能会有不同的表现。例如，Picchioni 等测量了叶面施用硼酸(1 g/L 加 0.05% Triton X-100)的保留率，观察到苹果叶的保留面积是甜樱桃叶的 4 倍，约是西梅和梨叶保留肥料量的 2 倍。

在干旱与半干旱地区，由于土壤有效水缺乏，不仅使土壤养分有效性降低，而且使施入土壤的肥料养分难以发挥作用，因此常因营养缺乏使作物生长发育受到影响。在这种情况下，叶面施肥能满足作物对营养的需求，达到矫正养分缺乏的目的。表 3-18 是澳大利亚半干旱地区田间小麦土壤施铜和叶面施铜效果的比较。

表 3-18 在缺铜土壤上叶面施铜对小麦生长和产量的影响

处理	穗数/m^2	穗粒数	籽粒重/(g/m^2 干重)
不施铜	37.0	0.14	0.03
土壤施铜 $CuSO_4$/(kg/hm^2)			
2.5%	28.8	2.3	1.0
10.0%	58.5	2.9	2.3
叶面施铜 2% $CuSO_4$/(kg/hm^2)			
拔节期喷施 1 次	63.5	17.1	14.0
拔节及抽穗期各施 1 次	127.4	52.0	79.7

植物的叶面营养虽然有上述特点，但也有其局限性：如叶面施肥的效果虽然快，但往往效果短暂；而且每次喷施的养分总量比较有限；又易从疏水表面流失或被雨水淋洗；此外，有些养分元素(如钙)从叶片的吸收部位向植物的其他部位转移相当困难，喷施的效果不一定很好。这些都说明植物的根外营养不能完全代替根部营养，仅是一种辅助的施肥方式。因此，根外追肥只能用于解决一些特殊的植物营养问题，并且要根据土壤环境条件、植物的生育时期及其根系活力等合理地加以应用。

五、影响根外营养的因素

植物叶片吸收养分的效果，不仅取决于植物本身的代谢活动、叶片类型等内在因素，而且还与环境因素，如温度、矿质养分浓度、离子价数等关系密切。

(一)矿质养分的种类

植物叶片对不同种类矿质养分的吸收速率是不同的。叶片对钾的吸收速率依次为氯化钾＞硝酸钾＞磷酸氢二钾；对氮的吸收速率为尿素＞硝酸盐＞铵盐。此外，在喷施时，适当地加入少量尿素可提高其吸收速率,并有防止叶片黄化的作用。

(二)矿质养分的浓度

一般认为,在一定的浓度范围内,矿质养分进入叶片的速率和数量随浓度的提高而增加。但如果浓度过高,使叶片组织中养分失去平衡,叶片受到损伤,就会出现灼伤症状。特别是高浓度的铵态氮肥对叶片的损伤尤为严重,如能添加少量蔗糖,可以抑制这种损伤作用。

(三)叶片对养分的吸附能力

叶片对养分的吸附量和吸附能力与溶液在叶片上附着的时间长短有关。特别是有些植物的叶片角质层较厚,很难吸附溶液;还有些植物虽然能够吸附溶液,但吸附得很不均匀,也会影响到叶片对养分的吸收效果。

试验证明,溶液在叶片上的保持时间在30～60 min,叶片对养分的吸收数量就多。避免高温蒸发和气孔关闭时期对喷施效果的改善很有好处。因此,一般以下午施肥效果较好。如能加入表面活性物质的湿润剂,以降低表面张力,增大叶面对养分的吸附力,可明显提高肥效。

(四)植物的叶片类型及温度

双子叶植物叶面积大,叶片角质层较薄,溶液中的养分易被吸收;而单子叶植物如水稻、谷子、麦类等植物,叶面积小,角质层厚,溶液中养分不易被吸收。因此,对单子叶植物应适当加大浓度或增加喷施次数,以保证溶液能很好地被吸附在叶面上,提高叶片对养分的吸收效率。

温度对营养元素进入叶片有间接影响。采用^{32}P进行的试验证明,温度在30℃下时,叶片吸收^{32}P的相对速率为100%;而20℃及10℃时叶片吸收^{32}P的相对速率则为53%和26%。温度下降,叶片吸收养分即减慢。由于叶片只能吸收液体,温度较高时,液体易蒸发,这也会影响叶片对矿质养分的吸收。

第三章扩展阅读

复习思考题

1. 什么是养分吸收动力学曲线?其参数的生理意义是什么?
2. 矿质养分跨膜进入根细胞的机理是什么?
3. 哪些因素会影响养分的吸收?举例说明。
4. 哪些离子间易发生拮抗作用?
5. 叶面营养有什么特点?生产上如何应用?

参考文献

陆景陵. 2003. 植物营养学(上册). 2版. 北京:中国农业大学出版社.

Andersen T. G., Naseer S., Ursache R., et al. 2018. Diffusible repression of cytokinin signalling produces endodermal symmetry and passage cells. Nature. 555, 529-533.

Assmann S. M. and Jegla T. 2016. Guard cell sensory systems: recent insights on stomatal responses to light, abscisic acid, and CO_2. Curr. Opin. Plant Biol. 33, 157-167.

Barberon M. 2017. The endodermis as a checkpoint for nutrients. New Phytol. 213, 1604-1610.

Barberon M., Vermeer J., Bellis D., et al. 2016. Adaptation of root function by nutrient-Induced plasticity of endodermal differentiation. Cell. 164, 447-459.

Bassirirad H. 2000. Kinetics of nutrient uptake by roots: responses to global change. New Phytol. 147, 155-169.

Bravof P. and Uribe E. G. 1981. Temperature dependence of the concentration kinetics of absorption of phosphate and potassium in corn roots. Plant Physiol. 67, 815-819.

Chérel I., Lefoulon C., Martin B., et al. 2014. Molecular mechanisms involved in plant adaptation to low K^+ availability. J. Exp. Bot. 65, 833-848.

Chrispeels M. J., Crawford N. M. and Schroeder J. I. 1999. Proteins for transport of water and mineral nutrients across the membranes of plant cells. Plant Cell. 11, 661-675.

Domínguez E., Heredia-Guerrero J. A. And Heredia A. 2017. The plant cuticle: old challenges, new perspectives. J. Exp. Bot. 68, 5251-5255.

Eichert T., Kurtz A., Steiner U., et al. 2008. Size exclusion limits and lateral heterogeneity of the stomatal foliar uptake pathway for aqueous solutes and watersuspended nanoparticles. Physiol. Plant. 134, 151-160.

Feng W., Lindner H., Robbins N. E., et al. 2016. Growing out of stress: The role of cell- and organ-scale growth control in plant water-stress responses. Plant Cell. 28, 1769-1782.

Fernández V. and Brown P. H. 2013. From plant surface to plant metabolism: the uncertain fate of foliar-applied nutrients. Front. Plant Sci. 4, 1-5.

Fernández V., Bahamonde H. A., Peguero-Pina J. J., et al. 2017. Physico-chemical properties of plant cuticles and their functional and ecological significance. J. Exp. Bot. 68, 5293-5306.

Gazzarrini S., Lejay L., Gojon A., et al. 1999. Three functional transporters for constitutive, diurnally regulated, and starvation-induced uptake of ammonium into arabidopsis roots. Plant Cell. 11, 937-947.

Hope A. B. and Stevens, P. G. 1952. Electrical potential differences in bean roots on their relation to salt uptake. Aust J Sci Res Ser. B 5: 335-343.

Hopkins H. T. 1956. Absorption of ionic species of orthophosphate by barley roots: effects of 2,4-dinitrophenol and oxygen tension. Plant Physiol. 31, 155-161.

Lashbrooke J. G., Cohen H., Levy-Samocha D., et al. 2016. MYB107 and MYB9 Homologs Regulate Suberin Deposition in Angiosperms. Plant Cell. 28, 2097-2116.

Li C., Wang P., Ent A., et al. 2019. Absorption of foliar-applied Zn in sun ower (*Helianthus annuus*): importance of the cuticle, stomata and trichomes. Ann. Bot. 123, 57-68.

Ma J. F. and Yamaji N. 2015. A cooperative system of silicon transport in plants. Trends Plant Sci. 20, 435-442.

Niklas K. J., Cobb E. D., Matas A. J. 2017. The evolution of hydrophobic cell wall biopolymers: from algae to angiosperms. J. Exp. Bot. 68, 5261-5269.

Schumacher K. and Krebs M. 2010. The V-ATPase: small cargo, large effects. Curr. Opin. Plant Biol. 13, 724-730.

Tanou G., Ziogas V. and Molassiotis A. 2017. Foliar nutrition, biostimulants and prime-like Dynamics in fruit tree physiology: New insights on an old topic. Front. Plant Sci. 8, 1-9.

Wang Y., Wu W. H. 2017. Regulation of potassium transport and signaling in plants. Curr. Opin. Plant Biol. 39, 123-128.

Yu P., Gutjahr C., Li C., et al. 2016. Genetic control of lateral root formation in cereals. Trends Plant Sci. 21, 951-961.

扩展阅读文献

Ho C. H., Lin S. H., Hu H. C., et al. 2009. CHL1 functions as a nitrate sensor in plants. Cell. 138, 1184-1194.

Liu Y. and von Wirén N. 2017. Ammonium as a signal for physiological and morphological responses in plants. J. Exp. Bot. 68, 2581-2592.

Wang Y. Y., Cheng Y. H., Chen K. E., et al. 2018. Nitrate transport, signaling, and use efficiency. Ann. Rev. Plant Biol. 69, 1-38.

Yuan L., Loque D., Kojima S., et al. 2007. The organization of high-affinity ammonium uptake in Arabidopsis roots depends on the spatial arrangement and biochemical properties of AMT1-Type transporters. Plant Cell. 19, 2636-2652.

第四章 养分的运输和分配

教学要求：

1. 掌握养分短距离运输途径和特点。
2. 了解养分在木质部和韧皮部中运输的动力。
3. 掌握植物体内养分循环的重要性。

扩展阅读：

水稻茎节对养分运输的调节作用；养分在叶片木质部中的卸载

植物根系从介质中吸收的矿质养分，一部分在根细胞中被同化利用，另一部分经根组织进入木质部输导系统向地上部输送，供应地上部生长发育所需养分。同时，植物地上部绿色组织中合成的光合产物及部分矿质养分，可通过韧皮部系统运输到根部或者地上部其他部分，由此构成植物体内的物质循环系统，调节物质在体内的分配。

根外介质中的养分从根表皮细胞进入根内，经皮层组织到达中柱的转运过程，被称为养分的横向运输。由于养分转运距离短，又称为短距离运输。养分从根系经木质部向地上部的运输，以及养分从地上部经韧皮部由源向库的运输过程，称为养分的纵向运输。由于养分转运距离较长，又称为长距离运输。在长距离运输过程中，养分在地上部和地下部之间的转移和分配对调节植物吸收养分具有重要的作用。

第一节　养分的短距离运输

一、运输途径

养分的横向运输包括 3 条途径（图 4-1）：经过细胞壁和细胞间隙的质外体途径（apoplastic route）、经过胞间连丝由细胞到细胞的共质体途径（symplastic route），以及由转运蛋白介导的养分定向（directional）运输的偶联跨细胞途径（coupled transcellular route）。

质外体是由细胞壁、细胞间隙和非活性细胞的内腔（如木质部导管和纤维）所组成的连续体。它与外部介质相通，不跨任何细胞膜，是水分和养分可以自由出入的地方，养分迁移速率较快。在质外体途径中，养分从表皮迁移到达内皮层后，由于凯氏带的阻隔，不能直接进入中柱，而必须首先穿过内皮层细胞质膜转入共质体途径，才能进入中柱。然而，在根尖结构中有两个区域，即根尖和成熟区，水分和离子可以直接通过。根尖区凯氏带发育不完全，附近的内皮层细胞没有栓质化，对离子阻隔作用不大。在成熟区，发生于中柱鞘的侧根向外生长时，需要穿透内皮层，因此，水分和离子可以由穿透处进入中柱。质外体途径对 Ca^{2+}、Mg^{2+} 等离子的吸收与运输是特别重要的。

共质体是由细胞的原生质（不包括液泡）组成的，穿过细胞壁的胞间连丝把细胞与细胞连成一个整体，这些相互联系起来的原生质整体称为共质体。共质体通道是靠胞间连丝把养分从一个细胞运输到相邻细胞中，借助原生质的环流，带动养分的运输，最后向中柱转运。养分共质体运输的机制主要是扩散，且水分的径向流动和原生质环流有利于养分的扩散。根毛、皮层细胞和内皮层细胞参与共质体运输。在共质体运输中，胞间连丝起着沟通相邻细胞间养分运输的桥梁作用。因此，细胞胞间连丝数目的多少和直径的大小对养分的运输都具有重要意义。

偶联跨细胞途径是指养分从细胞的一侧流入，从另一侧流出的途径，然后再进入相邻的下一个细胞，依次进行，在多层细胞间重复从共质体进入质外体的过程。在该途径中养分进出细胞至少需要两次跨膜，甚至可能涉及跨液泡膜的运输。养分的流入和流出分别由流入和流出转运蛋白负责。经过这一途径运输的养分不受质流的影响，养分可进行定向高效运输。目前在硅、硼和锰上发现了成对的转运蛋白，在其他元素上还未有报道。

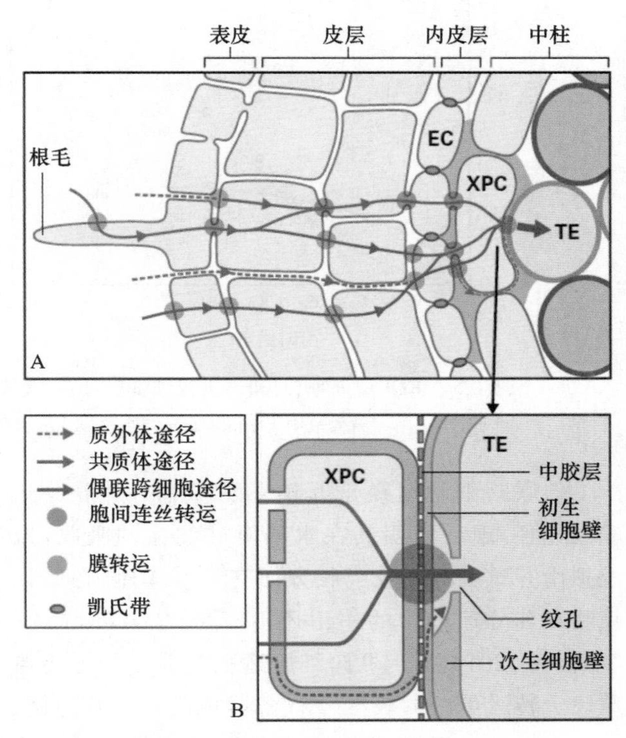

EC：Endodermal cells 内皮层细胞
XPC：Xylem parenchyma cells 木质部薄壁细胞
TE：Tracheary elements 导管分子

图 4-1　根系中养分横向运输的共质体、质外体和偶联跨细胞途径和木质部装载示意图（引自：Buchanan et al.，2015）

养分在横向运输过程中是途经质外体还是共质体，主要取决于养分种类、养分浓度、根毛密度、胞间连丝的数量，以及表皮细胞木栓化程度等多种因素。对某一养分而言，随着介质浓度的升高，质外体运输的比例也趋于增加。根毛对多种养分的吸收有十分重要的作用，植物根毛密度越大，共质体途径的作用也越重要。

通过共质体运输的养分，可在细胞中代谢或者储存在液泡中。液泡积累和共质体运输之间会对离子产生竞争，影响离子的吸收和向地上部的运输。例如，在缺钾条件下培养的大麦，供钾后钾优先在根细胞的液泡中快速积累，导致钾向地上部的运输延迟(图 4-2)。这种由短期缺素引发的根系对养分的“滞留”效应,部分解释了长期缺素时观察到的根系相对生长速率高于地上部的现象。同时,液泡还可以将过量的元素从共质体途径中移除,减少养分和有害元素向地上部的转运。在厌钠植物中,钠离子在液泡中的固持可以减少钠向地上部转运。在根系中,养分的这种交换能力与离子种类有关($K^+ > Na^+ > NO_3^- > SO_4^{2-}$),可以持续至少几天时间。

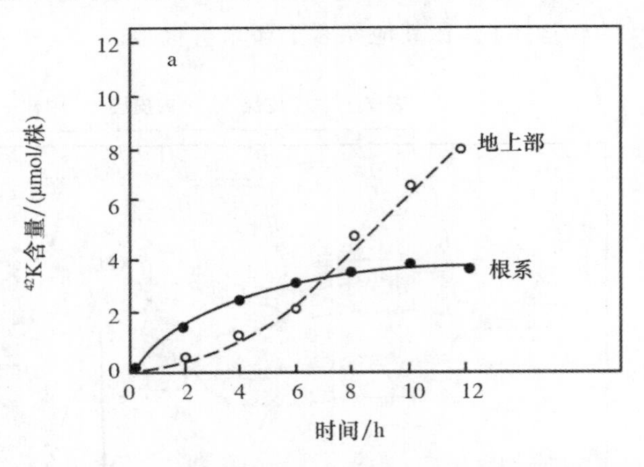

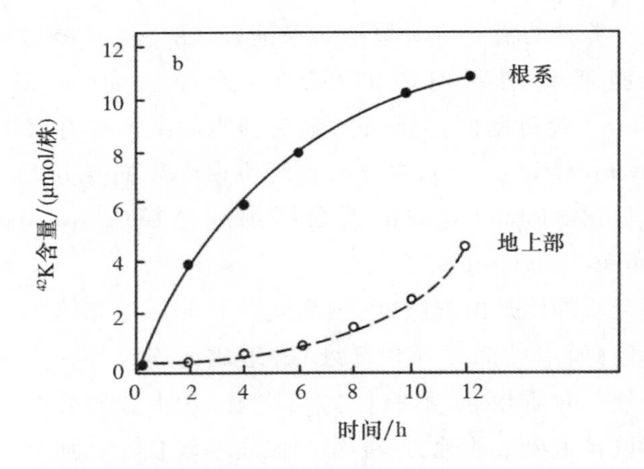

图 4-2　KCl 预处理(a)和未进行预处理(b)的大麦体内 K^+ (^{42}K)的累积和转移(引自:Marschner, 1995)

营养液中 1 mmol/L KCl (+0.5 mmol/L $CaSO_4$)。预处理 KC1 的浓度为 1 mmol/L

偶联跨细胞途径是近年来发现的一个养分运输新途径,现已证明其在水稻对硅和锰的吸收,以及拟南芥对硼的高效吸收方面有重要作用,在其他植物和养分运输中的作用还不清楚(Barberon and Geldner, 2014)。偶联跨细胞途径对养分的运输与质膜上转运蛋白的极性分布密切相关。以硅为例,水稻 Lsi1 是一个硅流入转运蛋白,负责把硅从土壤溶液转运进入根细胞;OsLsi2 是硅流出转运蛋白,负责将硅从根细胞中转运出来。这两种转运蛋白均为极性蛋白,分别位于外皮层和内皮层细胞质膜的远极面(外域)和近极面(内域),两者协同运输硅(Ma et al., 2006 和 2007)。在水稻上,还发现了锰的流入转运蛋白 NRAMP5 和流出转运蛋白 MTP9。在拟南芥上,位于根表皮和内皮层细胞质膜上的硼流入转运蛋白 NIP5;1 和流出转运蛋白 BOR1,协同调节硼的吸收。目前在拟南芥表皮细胞外域还发现了一些呈极性分布的其他转运蛋白,如硝酸盐高亲和力转运蛋白 NRT2.4 和金属转运蛋白 IRT1,但与其配对的流出转运蛋白还不清楚。

一般而言,以主动跨膜运输为主的养分,如 K^+、$H_2PO_4^-$,其横向运输以共质体途径为主,而以被动跨膜运输为主的养分,如 Ca^{2+},则以质外体途径为主。

二、运输部位

根系在不同部位的解剖学和生理学特征不同,因而从根尖至基部各部位吸收养分的能力存在很大差异,表现在横向运输方面也呈现出不同的特点。根尖生理活动旺盛,细胞吸收养分的能力较强,但由于该部位的输导系统尚未形成,不能将养分及时输出。因此,养分的横向运输量很低。伸长区及稍后的区域输导系统初步形成,同时内皮层尚未形成完整的凯氏带,养分可以通过质外体直接进入木质部导管。这个区域是靠质外体运输养分的主要吸收区,如钙,这些养分在该根区的横向运输量最大。在根毛区,内皮层形成了凯氏带,阻止质外体中的养分直接进入中柱木质部,而从共质体途径运输的养分则受影响不大,如磷、钾和氮等,因此,根毛区养分的运输主要是以共质体形式进行的。根毛区以后是根的较老部分,这部分根的外周木栓化程度较高,水分和养分都难以进入,显然养分的横向运输也是极其微弱的。由图 4-3 可以看出,玉米节根不同区域养分吸收和运输存在差异。最近的研究发现,养分胁迫影响 ABA 和乙烯含量,调节内皮层细胞壁的栓质化程度,进而影响养分的横向运输。

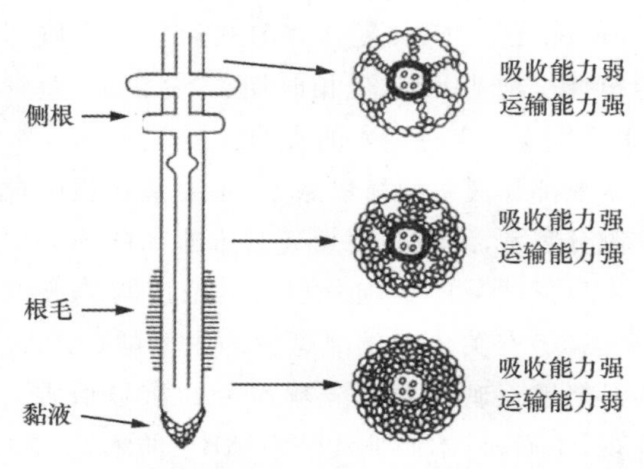

图 4-3　玉米根区养分吸收能力和运输能力示意图

三、养分装载进入木质部

介质中的养分经质外体和共质体运输到达根系内皮层后，需并入共质体途径，或者在内皮层经过一次偶联跨细胞途径直接进入中柱（图 4-1）。绝大部分养分被装载进入木质部。除尚未分化完全的木质部导管含有细胞质外，其余导管都不含细胞质，由死细胞的导管分子组成，形成中空的质外体空间。由于导管分子缺少与周围薄壁细胞的连接，离子必须从共质体跨膜，才能进入导管。木质部装载（xylem loading）即为离子从木质部薄壁细胞共质体进入导管的过程。

在养分进入木质部过程中，木质部薄壁细胞起着重要的作用，它们紧靠木质部导管外围，是养分进入导管的必经之路，这些细胞含有浓厚的细胞质和发达的膜系统，还有大量的线粒体，这些都是细胞具有旺盛代谢能力和离子转运能力的特征；同时，在养分长距离运输过程中，薄壁细胞也可以再吸收养分。

养分由薄壁细胞装载进入木质部是养分跨细胞质膜的流出过程。木质部薄壁细胞质膜上存在质子泵、水分通道、离子通道和各种载体蛋白。质子通过质膜上质子泵进入木质部导管后，形成负的膜电势，同时可维持木质部汁液中的酸化环境（pH＝5.2～6.0）。硼的木质部装载由 BOR1 转运蛋白介导。在细胞共质体中浓度较低的一些阳离子，例如 Ca^{2+} 通过 P2A-Ca^{2+} ATPase 和 P2B-Ca^{2+}-ATPase 家族转运蛋白进入木质部，Zn^{2+} 和 Cu^{2+} 通过 HMA 重金属转运蛋白进入木质部。拟南芥根系中柱鞘和薄壁组织中的 SKOR（Shaker-like 家族）通道蛋白参与调控 K^+ 在木质部的装载。Na^+/H^+ 反向转运蛋白 SOS1 跨膜可将钠离子装载到木质部，降低质外体中钠离子水平。一些阴离子，如 NO_3^- 和 Cl^-，可通过阴离子通道蛋白进入木质部。

需要指出的是，根系对养分的吸收和养分装载进入木质部是两个相互独立的过程，这种分离有利于植物在空间上分别调控养分的吸收和运输，一方面提高了植物对离子吸收的选择性，另一方面可以调控养分长距离运输的速率。例如，加入蛋白合成抑制剂后，钾在木质部中的装载受到抑制，但根系对钾的吸收不受影响。从表 4-1 中可以看出，无机磷积累缺陷型拟南芥 *pho1* 突变体根系吸收磷的速率和野生型相当，但突变体向地上部转运的磷很少，植株严重缺磷，突变体硫酸盐运输尽管也下降，但在正常范围之内。

表 4-1　拟南芥野生型和 *pho1* 突变体的根系吸收磷酸盐和硫酸盐的速率和向地上部转运的百分数

基因型	磷酸根阴离子		硫酸根阴离子	
	根系吸收速率/[nmol/(g·h)]	转运百分数/%	根系吸收速率/[nmol/(g·h)]	转运百分数/%
野生型	1 593	35	291	25
突变体	1 559	0.9	367	12

培养皿中蔗糖浓度为 1%；无机磷的浓度 8 μmol/L；硫酸根浓度 8 μmol/L。

引自：Poirier et al.，1991。

第二节 养分的长距离运输

一、木质部运输

(一)动力和方向

引起根木质部中离子移动的动力是根压和蒸腾作用。植物根细胞膜对水的透性比离子大得多。当离子进入木质部导管后，增加了导管汁液的浓度，使水势下降，引起导管周围的水分在水势差的作用下扩散进入导管，从而产生一种使导管汁液向上移动的压力，即“根压”。由于根压的作用使水分和离子在导管中向地上部移动，可在叶尖或叶缘泌出水珠，即吐水现象。当把幼苗茎基部切断后，可以收集到木质部汁液即伤流液。不同植物种类的伤流程度不同，葫芦科植物伤流液较多，稻、麦类作物等的较少。

蒸腾作用是木质部汁液向上移动的另一个动力。叶片蒸腾时，气孔下腔附近的叶肉细胞因蒸腾失水而水势下降，因而从相邻细胞获取水分；同样，相邻细胞又从旁边细胞获取水分，依次进行后，细胞便从导管获取水分，导致水分不断从根系向地上部运输，相应地溶解在水中的各种离子和溶质也随水向地上部运输。木质部汁液的离子浓度与体积的乘积就是离子进入木质部导管的总量，其数量大小取决于外部环境条件、养分特性以及植物代谢活性等诸多因素。

由于根压和蒸腾作用只能使木质部汁液向上运动，而不可能向相反方向运动，因此，木质部中养分的移动是单向的，即自根部向地上部的运输。通常，在蒸腾作用强的条件下，蒸腾起主导作用；由于根压力势较小，所以作用微弱；而在蒸腾作用微弱的条件下，根压则上升为主导作用。

木质部汁液组分包括养分离子、有机酸、糖、激素等有机和无机化合物。不同养分在木质部运输形态各异。氮、磷和硫主要是无机态形式，氮也有少量的氨基酸和酰胺。阳离子(钙、镁、锰、锌)主要作为阳离子或者阳离子－有机复合物形式进行运输。木质部中的铁主要是以柠檬酸铁盐进行运输。其他金属离子(锌、铜、锰、镍)可能以金属－烟草胺(nicotianamine，NA)复合体形式运输。木质部汁液组分受植物基因型、生长时期、养分供应、蒸腾作用、水分供应等多种因素的影响。

木质部汁液中的植物激素，主要是在根中合成的细胞分裂素，细胞分裂素通过木质部向地上部运输。木质部汁液中细胞分裂素的浓度与养分供应(如硝态氮)有关。木质部运输的脱落酸(ABA)被认为是能够反映根系和土壤水分的信号物质。研究发现，干旱时，木质部汁液中ABA的浓度与气孔导度呈负相关。木质部离子组分和pH升高，ABA优先运输到保卫细胞，提高植物对干旱胁迫的抗性。

(二)蒸腾与木质部运输

蒸腾对木质部养分运输作用的大小取决于植物生育阶段、昼夜变化、养分种类和离子浓度等因素。

1. 植物生育阶段

植物生育阶段不同，叶面积差异很大，蒸腾强度也会相差悬殊，因而对木质部的养分运输有不同影响。在幼苗期，植物叶面积小，蒸腾作用弱，养分运输主要靠根压作用；在植物生长旺盛期，蒸腾强度大，木质部养分的运输主要靠蒸腾拉力。

2. 昼夜变化

叶片总蒸腾量中90%以上是通过气孔进行的。白天气孔张开，气温较高，蒸腾作用旺盛；夜间气孔关闭，温度低，蒸腾减弱，甚至几乎停止。因此，白天木质部运输主要靠蒸腾作用，驱动力较强，且养分运输量大；夜间主要靠根压，驱动力弱，养分运输量小。

3. 养分种类

在其他条件相同的情况下，蒸腾作用对养分运输的影响程度与养分种类有密切关系。一般以质外体运输为主的养分受蒸腾作用影响较大，而以共质体运输为主的养分则受影响较小。研究发现，钙、硅和钠受蒸腾作用影响较大，钾、硝酸根和磷受影响很少。从表4-2可以看出，高蒸腾强度对K^+的木质部运输速率影响不大，但能大幅度提高Na^+的运输速率。可能原因是K^+是以主动方式进入细胞内和转入木质部的，跨膜运输是其限制的主要因素。而Na^+主要是通过被动过程扩散进入木质部的，蒸腾拉力决定的木质部汁液流速是其运输量的限制因子。

表 4-2　蒸腾强度对甜菜木质部运输 K^+ 和 Na^+ 的影响

μmol/(株·4 h)

介质浓度/(mmol/L)	K^+		Na^+	
	低蒸腾	高蒸腾	低蒸腾	高蒸腾
$1K^+ + 1Na^+$	2.9	3.0	2.0	3.9
$10K^+ + 10Na^+$	6.5	7.0	3.4	8.1

引自：Marschner and Schafarczyk，1967。

4. 养分浓度

介质中的养分浓度明显影响进入木质部离子的数量。在一定范围内，当介质中养分浓度升高时，不仅吸收的数量增加，而且木质部运输的数量也相应提高。植物体内的养分浓度和植物的营养状况也能影响蒸腾作用对木质部养分运输的作用程度。体内养分浓度越高，养分被动吸收的比例越大，蒸腾作用的影响也就越强。

5. 植物器官

植物各器官的蒸腾强度不同，在木质部运输的养分数量上也有差异，因而造成某些养分在各器官间的不同分布模式。养分的积累量取决于蒸腾速率和蒸腾持续的时间。因此，蒸腾强度越大和生长时间越长的植物器官，经木质部运入的养分就越多。图 4-4 说明在不同供硼水平下，油菜地上部各器官硼的分布情况。可以看出，施硼量对油菜各器官中硼的含量有明显影响。叶片蒸腾量大，硼的含量就高，而且施硼量对硼含量的影响十分明显；荚果蒸腾量小，硼的含量较低，受施硼量的影响较小；油菜的籽粒几乎没有蒸腾作用，所以含硼量几乎没有变化，也不受施硼量的影响。

当供硼水平较高时，甚至在同一个叶片上也会因蒸腾量的局部差异而造成含硼量的明显变化。通常，叶尖蒸腾量最大，硼的含量最高；叶柄蒸腾量最小，相应地含硼量也最低；叶片中部蒸腾量中等，硼的含量也居于二者之间，所以当介质中硼过高时，植物硼毒害的症状首先出现在叶尖和叶缘（图 4-4）。盐碱土上生长的植物其叶片含氯量也有类似的分布特点。

钙是只能在木质部运输的元素，它在植物各器官间的分布也与蒸腾作用有密切关系。例如，红辣

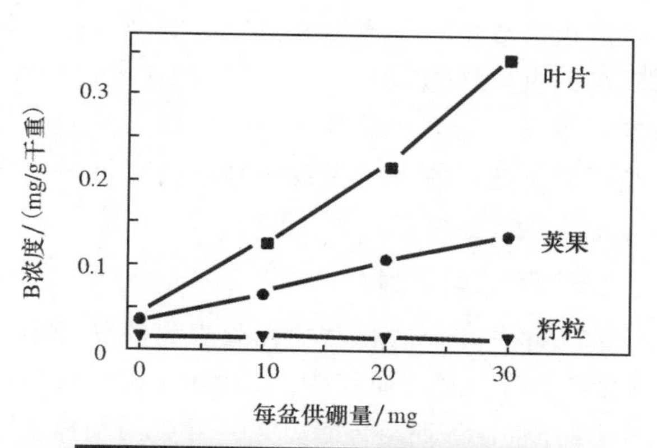

图 4-4　土壤施硼对油菜地上部各器官中硼分配的影响
（引自：Gerath et al.，1975）

椒植株的叶片由于其蒸腾量大，木质部运入的钙也多，叶片含钙量高（3%～5%），而辣椒的果实由于蒸腾量小，因此含钙量低得多（<0.1%）。由此可见，改变某一器官的蒸腾量，即可显著影响钙的运输量，例如将红辣椒果实的相对蒸腾率从 100% 降至 35%，则果实的含钙量减少了近一半（表 4-3）。在生产实践中，茄果类的番茄在结果期若遇较长时间的低温或阴雨天，蒸腾强度低，常会发生果实生理性缺钙，出现脐腐病。设施栽培生产中，由于棚内湿度大，作物蒸腾受到抑制，导致生理性缺钙的现象也相当普遍。北方地区的大白菜干烧心，也是由于菜心蒸腾量小，木质部钙供应不足而引起的生理缺钙现象。与钙不同，钾和镁受蒸腾作用的影响较小，主要的原因是当木质部运输量不足时，其还能通过韧皮部获得补给。

表 4-3　红辣椒结果期地上部蒸腾速率对果实中矿质元素含量的影响

相对蒸腾率/%	矿质元素含量/(mg/g 干重)			果实干重/(g/个)
	钾	镁	钙	
100	91.0	3.0	2.75	0.62
35	88.0	2.4	1.45	0.69

引自：Mix and Marschner，1976。

应该指出的是，虽然蒸腾作用是影响养分吸收和分配的重要因素，但并非是唯一的因素。例如，蒸腾作用很小的果实或种子仍能累积大量的养分恰恰说明了这一点。因为根压和植物自身的主动调节能力也起着相当重要的作用。

(三)养分运输过程

木质部中养分的移动是在死细胞的导管中进行的，移动的方式以质流为主。然而，在运输的过程中，木质部汁液还与导管壁以及导管周围薄壁细胞之间产生互作，表现在阳离子与导管壁的交换吸附(adsorption)、木质部薄壁细胞对离子的再吸收(retrieval)，以及导管周围的活细胞(木质部薄壁细胞和韧皮部)向导管释放无机和/或有机化合物(release or secretion)等。

1. 交换吸附

木质部导管壁上有很多带负电荷的阴离子基团，它们与导管汁液中的阳离子结合，将其吸附在管壁上，所吸附的离子又可被其他阳离子交换下来，继续随汁液向上移动，这种吸附称为交换吸附。交换吸附能降低离子的运输速率，甚至出现滞留作用。导管周围组织带负电荷的细胞壁也参与吸附滞留在导管中的阳离子。导管对离子的这种吸附作用与根系质外体的作用类似。

交换吸附作用的强弱取决于离子种类、浓度、活度、竞争离子、导管电荷密度等因素。

离子种类：由于木质部导管壁上有带负电荷阴离子的基团，因此只有阳离子才具有交换吸附的作用，阳离子中价数越高，静电引力越大，吸附就越牢固。例如，与钾离子相比，导管壁对 Ca^{2+} 的吸附力较高，导致向上运输过程中 Ca^{2+} 移动的阻力比 K^+ 大。以螯合态形态转运的微量元素高于离子态的转运量。

离子浓度和活度：提高离子浓度可以减少被导管壁吸附的离子相对数量，反之则被吸附的离子比例增加，运输到地上部的养分相应减少。离子吸附还受离子活度的影响。离子活度降低，不易被管壁吸附，而移动性增加。很多有机化合物都能螯合或配合金属阳离子，尤其是高价阳离子。在植物导管中这些有机化合物的存在有利于金属阳离子向上运输。

竞争离子：木质部汁液中各种竞争性阳离子会争夺管壁上的负电荷位点，并将吸附的离子交换下来，促进其向上运输。因此，竞争性离子的浓度越高，则离子的吸附阻力就越小，向地上运输的数量就越多。

导管壁电荷密度：木质部组织含有非扩散性负电荷，因而对阳离子有交换吸附作用。其负电荷密度越高，则吸附阳离子的能力越强，离子运输的阻力也就越大。双子叶与单子叶植物之间在木质部导管负电荷密度方面存在显著差异。一般双子叶植物高于单子叶植物，这是由于双子叶植物细胞壁中所含负电荷的成分(例如果胶酸等)高于单子叶植物。基于电荷密度的不同，使离子在双子叶植物木质部中离子的交换吸附量大于单子叶植物，从而向上运输比较困难。

2. 再吸收

在木质部导管运输的过程中，部分离子可被导管周围薄壁细胞吸收，这种现象称为再吸收。研究发现，硫转运蛋白(SULTR2 和 SULTR3 家族)、磷转运蛋白 Pht1 家族、硝酸盐转运蛋白 AtNRT1.8 分别参与硫、磷和硝酸盐的再吸收过程。再吸收的离子可以暂时储存在细胞中，或者在木质部薄壁细胞进行代谢，也可以从木质部向韧皮部转移。

在一些植物中，离子在自下向上的运输路途中，再吸收使得木质部汁液中的离子浓度呈递减趋势。养分的递减梯度取决于植物生物学特性和离子性质等因素。例如，杂交三叶草和梯牧草根系对木质部 Na^+ 运输过程的再吸收作用很强，致使大部分 Na^+ 留在根中，运向地上部的数量很少；反之，黑麦草和白三叶草对 Na^+ 再吸收作用弱，根系吸收的 Na^+ 大部分运往地上部(表 4-4)。由于不同牧草 Na^+ 分布情况不同，而动物需 Na^+ 较多，因此在种植牧草时，应考虑选用根系对 Na^+ 再吸收能力较弱的牧草品种。

表 4-4 供钠和不供钠处理牧草根和茎中钠离子的含量

g/kg 干重

植物种类	不施钠		施钠	
	根系	地上部	根系	地上部
黑麦草	0.3	2.6	0.6	11.6
梯牧草	1.0	0.4	2.8	3.8
白三叶草	2.7	2.2	7.7	19.6
杂交三叶草	4.5	0.3	7.7	2.2

引自：Saalbach and Aigner，1970。

根系和茎对木质部汁液中养分再吸收的作用，对指导微量元素施肥有重要意义。例如，钼在番茄植株不同部位分布较均匀，而在菜豆植株中钼则多集中于根部（表 4-5），因此，要使菜豆生长得更好，应适当多施钼肥，而番茄中的钼较易向上运输，则可酌情少施或暂时不施钼肥。

表 4-5　番茄和菜豆植株中钼的含量

植株部位	含钼量/（mg/kg 干重）	
	番茄	菜豆
叶片	325	85
茎	123	210
根	470	1 030

引自：Hecht-Buchholz，1973。

3. 释放

木质部运输过程中导管周围的薄壁细胞不仅具有再吸收作用，而且还能将养分再释放到导管中。因此，对木质部汁液的成分起到调节作用。例如，当植物根部养分供应充足时，木质部汁液养分浓度高，再吸收作用强，部分养分储存在导管周围的细胞中；当根部养分供应不足时，导管中的养分浓度下降，此时，储存在薄壁细胞中的养分又可释放到导管中，以维持木质部汁液中养分浓度的稳定性，有利于养分向地上部的持续供应。

对于某些养分来说，再吸收与释放作用不仅可调节导管中养分的浓度，而且还能改变某些养分形态（如氮素）。向非豆科植物供给硝态氮时，随着运输途径的加长，木质部汁液中硝酸盐的浓度随之下降，而有机态氮尤其是谷氨酰胺的浓度则相应增加。这表明导管中的氮素一方面以硝酸盐形态不断地被再吸收，另一方面导管周围细胞又可以将氮素以谷氨酰胺等有机形态不断地再释放进入导管。

（四）木质部卸载

木质部中养分到达叶片后，通过质外体途径或者共质体途径被运输到叶的其他部位。叶片的一些蒸腾较强的部位，如叶缘中可以累积高浓度的硼和钠等，为防止这些元素在叶尖中的过度积累产生毒害，植物通过吐水的方式将养分释放。盐生植物则通过盐腺将钠分泌到体外，从而提高植物的耐盐性。在一些裸子植物针叶质外体细胞壁中，观察到大量的草酸钙晶体，可以避免钙离子的过量积累。然而在养分胁迫时，在植物快速生长时，从根系到叶片以及从叶基部到叶尖，木质部汁液中养分浓度急剧下降。例如，大麦叶片木质部汁液中钾的含量从叶基部的 18.0 mmol/L 降低到叶尖的 8.0 mmol/L，镁的含量从 1.1 mmol/L 下降到 0.1 mmol/L。同样，番茄叶尖的吐水中几乎没有无机离子，这主要是由于叶肉细胞从质外体中吸收养分的结果。

在正常生长情况下，叶片质外体通常不会出现溶质的积累，这是因为溶质会被转运到维管束鞘细胞及其他叶细胞中，这一过程又称为木质部养分卸载（xylem unloading）。与木质部装载不同，溶质从木质部进入叶细胞是跨细胞质膜的流入过程，受细胞跨膜质子梯度的驱动。木质部养分卸载类似于根系从生长介质中吸收养分的过程（图 4-5）。在叶片细胞质膜上迄今发现的与养分吸收可能相关的转运蛋白包括：氨基酸转运蛋白、硝酸盐转运蛋白 NTR1 和 NTR2 家族、铵转运蛋白 AMT1 家族。磷（Pht1）和硫（SULTR1、SULTR2）通过质子-阴离子进行共转运。硼通过硼酸通道蛋白（nodulin 26-like intrinsic proteins，NIPs）跨膜运输。内向整流钾通道和非选择性阳离子通道分别参与钾离子和钙离子的转运。镁由 MRS2 家族转运。金属转运蛋白参与微量元素向叶细胞的转运，例如 COPT 家族转运蛋白参与铜的转运，ZIP 家族参与 Zn、Fe、Cu 和 Mn 的转运等。

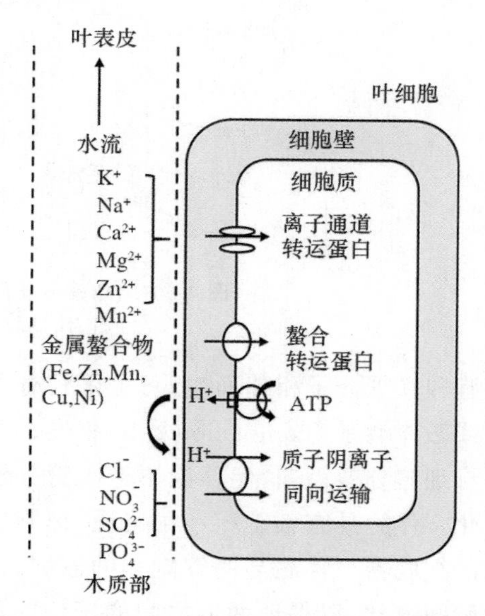

图 4-5　木质部养分卸载到叶细胞的模型图

（引自：Marschner，2012）

二、韧皮部运输

与木质部不同，韧皮部运输的特点是养分在活细胞内进行的，物质的运输是从源到库的运输过程，具有在两个方向上运输的功能。韧皮部中物质的运输是从源到库的运输过程。此外，韧皮部还是信号分子在植物体内长距离运输的通道，这些信号分子能够调整源和库的活性，通过长距离运输调控养分吸收，并调节植物的生长发育。

（一）韧皮部的结构和组成

韧皮部中直接参与物质运输的细胞是筛分子(sieve element)。筛分子指在被子植物中高度分化的筛管分子(sieve tube element)以及裸子植物中相对未特化的筛胞(sieve cell)。除筛分子外，韧皮部还包括伴胞和薄壁细胞(图 4-6)。筛分子是植物活细胞中很特殊的一类，在发育过程中丧失了细胞核和液泡膜，而且成熟后通常也没有高尔基体、核糖体、微丝等，其最重要的特征是端壁上有一些小孔即筛孔，筛孔是溶质的运输通道。具有筛孔的端壁称为筛板，纵向相邻的筛管分子通过筛板连接起来，形成筛管(sieve tube)。成熟的筛管分子中有一薄层细胞质紧贴于细胞膜上。筛管行使运输功能时，筛孔张开，一旦筛管遭受损伤，大量黏胶状的韧皮部蛋白(称为 P 蛋白)沉积在筛板上，堵塞了筛孔，从而阻止韧皮部内溶质流失。在植物受到胁迫时，筛分子合成胼胝质，在筛孔处沉积，有效地封堵受损的筛分子；在筛分子恢复正常后，胼胝质就会从筛孔中消失，这一过程由胼胝质水解酶介导。

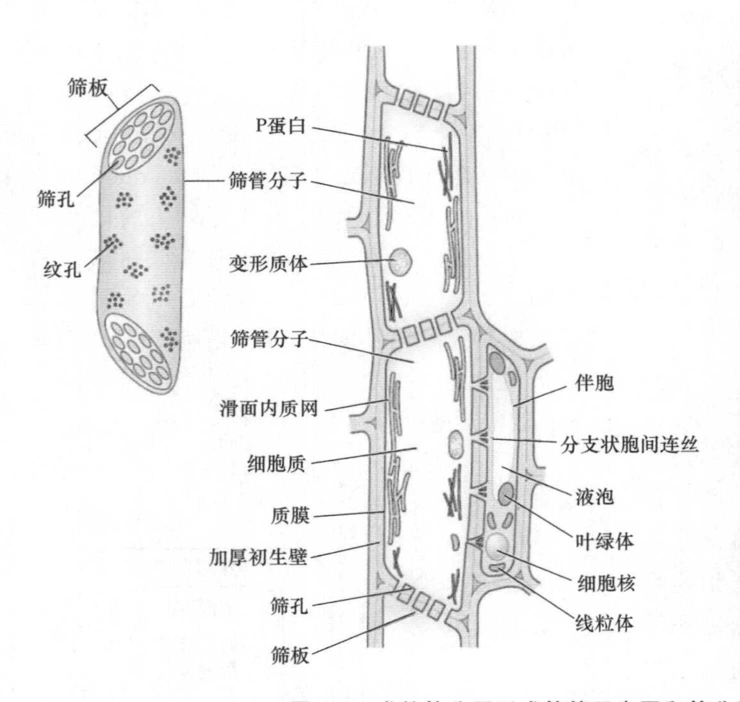

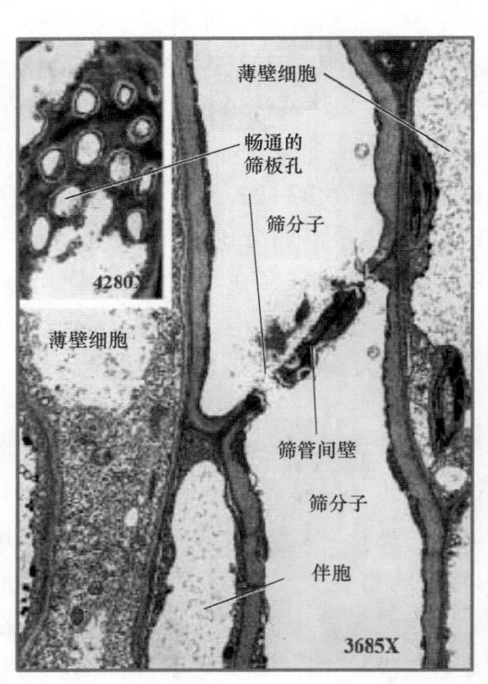

图 4-6　成熟筛分子形成筛管示意图和筛分子的纵切面电镜图

(引自：Taiz and Zeiger，2006；Evert，1982)

伴胞和筛管分子相伴而生，每个筛管分子通常与一个或数个伴胞(companion cell)相连。两者均由同一母细胞分裂而来，但伴胞不像筛管分子那样高度分化。伴胞具有细胞核和细胞质，细胞质中含有丰富的细胞器。伴胞与筛管毗邻的侧壁之间，有大量的胞间连丝，以保证两者之间的密切联系。伴胞在光合产物从成熟叶片叶肉细胞转运到小叶脉筛分子的过程中发挥重要的作用，伴胞还具有其他一些重要的代谢功能，如蛋白质合成、为筛分子提供 ATP 能量等。伴胞至少有 3 种不同类型：普通伴胞(ordinary cell)、转移细胞(transfer cell)和中间细胞(intermediary cell)。普通伴胞中有类囊体发育良好的叶绿体和内表面光滑的细胞壁，把普通伴胞和周围细胞连接起来的胞间连丝数量不定。转移细胞和普通伴胞相似，仅在细胞壁上出现了向内生长的指状细胞壁，尤其是背向筛分子的细胞一侧。这种生长结构特征扩大了质膜的表面积，提高了溶质跨膜转运的能力。转移细胞与周围细胞间的胞间连丝相对较少。木质部薄壁细胞也可以转为转移细胞。中间细胞的显著特点是有大量的胞间连丝与维管束鞘相连，这类细胞中含有大量的小液泡、发育不良的类囊体和缺乏淀粉粒的叶绿体。

在光合产物从叶肉细胞转运到筛分子的过程中，不同类型伴胞的作用不同。在通过质外体途径转运的植物中，转移细胞负责将糖转运到筛分子和伴胞的共质体中。对共质体途径运输的植物，则由中间细胞负责将糖从叶肉细胞运输到筛分子中。普通伴胞在源叶短距离的共质体或质外体途径中行使功能。

韧皮部汁液的组成与木质部差异显著，表现在酸碱性、组成成分、养分浓度等许多方面(表 4-6)。与木质部相比，韧皮部汁液的组成具有以下特点：第一，韧皮部汁液的 pH 高于木质部，前者偏碱性而后者偏酸性。韧皮部偏碱性可能是因其含有 HCO_3^- 和大量 K^+ 等阳离子所引起的。第二，韧皮部汁液中的干物质和有机化合物远高于木质部，而木质部中基本不含同化产物。韧皮部汁液中主要组分是蔗糖，其浓度高达 0.3～0.9 mol/L，也包括有机态氮(氨基酸和酰胺)和有机酸等。韧皮部中还有较低浓度的蛋白质，还有 RNA，包括 mRNA、病原体 RNA 和小分子 RNA 等。此外，在汁液中还检测到几乎所有植物的内源激素。第三，某些矿质元素，如钙和硼在韧皮部汁液中的含量远低于木质部；其他矿质元素的浓度一般都高于木质部，其中钾离子的浓度最高。对于具有不同形态的养分，其在韧皮部和木质部中的形态种类可能不同。例如，在地上部还原 NO_3^- 的植物，其木质部汁液中含有高浓度的 NO_3^--N，而韧皮部中 NO_3^--N 的浓度却很低，氮的形态主要是有机态氮，如酰胺和氨基酸等。此外，由于光合作用形成的含碳化合物是通过韧皮部运输的，因此，韧皮部汁液中的 C/N 值比木质部汁液高。

表 4-6　白烟草韧皮部与木质部汁液组成的比较

物质	韧皮部汁液(茎切) pH 7.8～8.0 /(μg/mL)	木质部汁液(导管) pH 5.6～6.9 /(μg/mL)	韧皮部/木质部浓度比
干物质	170～196	1.1～1.2	155～163
蔗糖	155～168	nd	
氨基化合物	10 808.0	283.0	38.2
硝酸盐	nd	na	
铵	45.3	9.7	4.7
钾	3 673.0	204.3	18.0
磷	434.6	68.1	6.4
氯	486.4	63.8	7.6
硫	138.9	43.3	3.2
钙	83.3	189.2	0.44
镁	104.3	33.8	3.1
钠	116.3	46.2	2.5
铁	9.4	0.60	15.7
锌	15.9	1.47	10.8
锰	0.87	0.23	3.8
铜	1.20	0.11	10.9

引自：Hocking，1980。

注：韧皮部汁液 pH 为 7.8～8.0；木皮部汁液 pH 为 5.6～6.9；nd：未检测到；na：数据未提供。

(二)光合产物和信号物质的运输

1. 光合产物的运输

韧皮部物质运输的压力流学说是由 Ernst Muench 在 1930 年提出的。压力流学说认为筛管的液体流动是靠源端和库端渗透势所引起的膨压差所建立的压力势梯度来推动的(图 4-7)。一方面，在源端韧皮部进行溶质的装载，溶质进入筛管分子后，细胞渗透势下降的同时水势也下降，于是周围木质部的水分沿着水势梯度进入韧皮部的筛管分子，导致筛管分子内的膨压上升。另一方面，在运输系统的库端，由于韧皮部的卸载，筛管分子中的溶质减少，细胞渗透势提高，同时细胞的水势也提高。由于此时韧皮部的水势高于木质部，筛管分子中的水分沿着水势梯度又回到了木质部，引起筛管分子中的膨压降低。由于这些过程导致了源端和库端形成一定的膨压差，从而驱动筛管中的汁液沿着压力梯度从源向库方向的移动。汁液移动本身不需要消耗能量，属于被动运输过程。然而，源端和库端的溶质装载和卸载过程需要能量。

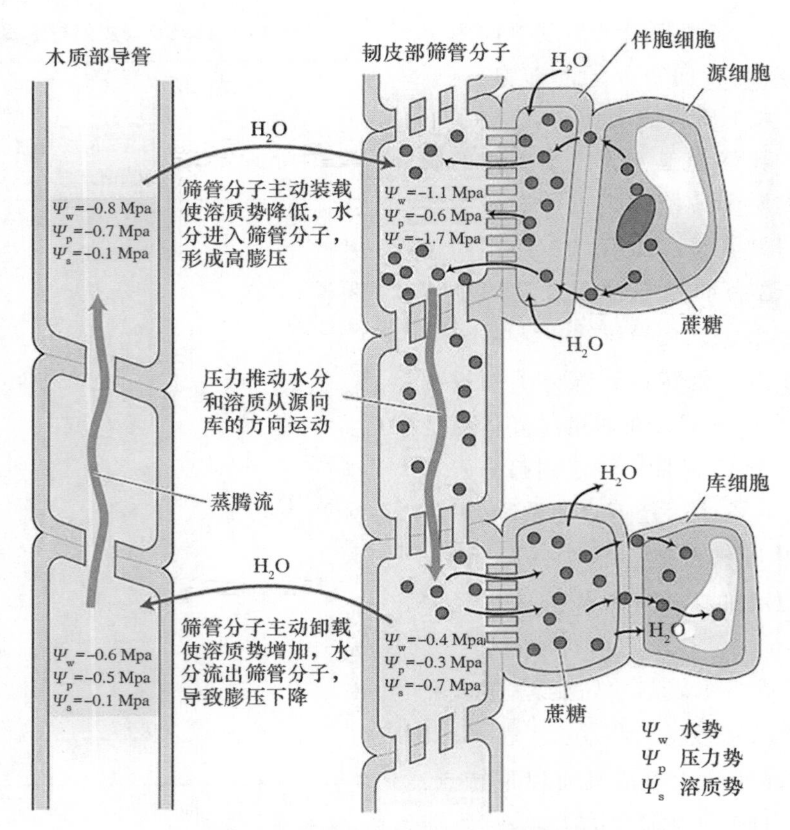

图 4-7 韧皮部转运的压力流动模型

（引自：Taiz and Zeiger，2006）

2. 韧皮部装载和卸载

韧皮部装载(phloem loading)是指光合产物从成熟叶片叶肉细胞的叶绿体运输到韧皮部筛管-伴胞复合体的整体过程。韧皮部的装载一般在叶片上的小叶脉中进行，进入韧皮部的同化物主要是糖类物质（尤其是蔗糖），糖类物质含量可达 80%～90%。韧皮部装载包括质外体和共质体两种，在不同植物种类、不同器官组织间存在差异。

以蔗糖形式进行运输的植物大多数采用质外体途径，即蔗糖先从叶肉细胞进入质外体，然后由伴胞或筛分子细胞膜上蔗糖-H^+转运蛋白逆浓度梯度进入细胞内。这类植物的筛分子-伴胞复合体和周围细胞之间的连接很少。采用共质体途径装载的植物包括西葫芦(*Cucurbita pepo*)、甜瓜(*Cucurnis melo*)、彩叶草(*Coleus blumei*)。这类植物小叶脉通常具有中间细胞，还有大量的胞间连丝通向小叶脉。复合物陷阱模型(polymer-trapping model)被用以解释这种共质体装载途径。该模型认为，叶肉细胞光合作用产生的蔗糖通过胞间连丝从维管束鞘细胞扩散到中间细胞，在中间细胞中再转变成寡糖，包括棉籽糖、水苏糖等。由于合成的多聚体分子相对较大，无法通过扩散经胞间连丝再回到维管束鞘细胞，但可以扩散进入到筛分子中。许多树种的韧皮部则进行被动的共质体装载，这种类型的植物源叶中糖的浓度很高，维持了叶肉细胞和筛分子-伴胞间的浓度差。

在大多数作物和拟南芥叶片中，养分通过质外体进入韧皮部。以氮素为例，氨基酸、酰脲或硝酸根从薄壁细胞或维管束鞘细胞以被动途径进入质外体，再以主动吸收方式装载进入韧皮部。例如，在拟南芥中位于小叶脉的 NRT1.7 负责老叶中硝酸盐在韧皮部的装载，同样 NRT2.5 和 NRT2.4 也影响氮的再利用和装载，NRT1.11/NRT1.12 影响硝酸盐由木质部向韧皮部的转移和装载。氨基酸和小肽通过转运蛋白从质外体装载到韧皮部中。在韧皮部汁液中，钾离子浓度最高，其次是磷、镁和硫，钙离子的浓度很低。钾通过离子通道进入韧皮部中。硫以还原有机态（如谷胱甘肽，蛋氨酸，半胱氨酸)和硫酸盐的形态存在。拟南芥 AtSULTR1;3 转运蛋白可将硫酸盐装载到韧皮部中，而甲硫氨酸和半胱氨酸可通过氨基酸转运蛋白装载到韧皮部中。目前关于韧皮部汁液中微量元素的浓度还缺乏可靠的数据，锌通过 ZIP 家族的转运蛋白，铁、锰、锌和铜可能由 YSL 转运蛋白装载至韧皮部。微量元素可能以金属-烟草胺螯合物或与小分子蛋白结合的形式运输到库中。

韧皮部卸载是韧皮部装载的反向过程。韧皮部卸载(phloem unloading)是指经韧皮部运输的同化物在库端被运出，并被邻近生长或储存组织所吸收的过程。同化物进入库细胞包括 3 个步骤，即韧皮部卸载、短距离运输(同化物进入库端细胞)、存储或代谢。库的范围较广，包括生长旺盛的营养器官如根尖和幼叶、储藏组织如根和茎和生殖器官(果实和种子)等。由于不同库在组织和功能上差别较大，因此韧皮部卸载比装载要复杂，没有单一的卸载形式。与韧皮部装载类似，韧皮部卸载包括质外体途径、共质体途径，或者两者都有，取决于器官的种类和发育时期。在营养器官如根、幼嫩叶片和分生组织中，同化物一般通过共质体卸载；在种子发育过程中，由于母体组织和胚组织中没有共质体连接，因此物质由韧皮部向库的运输完全依赖质外体途径。

3. 韧皮部中信号分子的运输

韧皮部的主要功能是将光合产物从源运输到库。除此之外，在韧皮部汁液中还检测到与调控养分吸收和运输过程相关的信号分子。这些信号分子在感知植物体内的营养状况后，通过在韧皮部的长距离运输，反馈调节根系对养分的吸收。目前发现的与养分相关的信号分子包括：养分及其代谢物、碳水化合物、植物激素、RNA 分子等。

硝酸盐是典型的调节植物氮吸收和代谢的信号分子。当运往根中的硝酸盐含量高于某一临界值时，表明植物的营养状况良好，根系降低氮的吸收速率。反之，缺氮时则提高根系对氮的吸收速率，以满足植物生长对氮素的需求。地上部氮同化产物谷氨酰胺通过韧皮部运输到根系，在提供营养的同时，也可能起到系统信号调控的作用。在铁元素上，发现韧皮部运输的铁螯合物（铁-肽螯合物、铁-烟草胺等）反馈调节根系对铁的吸收。

小分子肽也参与了植物冠根间养分信号的交流。植物缺氮侧根系能够产生小分子肽(根系低氮响应，C-terminally encoded peptide，CEP)，通过木质部向地上部运输，经 CEP 受体响应形成另一类小分子肽 CEPD（CEP DOWNSTREAM 1）。CEPD 经韧皮部运输到根系，在供氮侧根系上调硝酸盐转运蛋白 *NRT2.1* 的表达，提高供氮根区氮的吸收。

在碳水化合物信号方面，已证实了蔗糖对根系磷吸收的调控作用。此外，在拟南芥根系中，硝态氮、铵态氮、硫酸根和钾离子转运蛋白的表达均呈现昼夜变化，且受糖类物质的影响，表明光合产物可能是调节根系吸收养分的共有信号。研究还发现，氧化磷酸戊糖途径的果糖-6-磷酸代谢可产生糖信号，调节 NO_3^-、NH_4^+ 和 SO_4^{2-} 的吸收。然而，不同的养分胁迫是否由特异性的糖信号进行传导还不清楚。

植物激素在冠根间传递植物体内的养分状况。细胞分裂素和生长素等均参与植物对养分胁迫的响应。例如，缺氮时根尖中细胞分裂素合成减少，并减少其向地上部的运输；供氮水平提高后，根中细胞分裂素合成增加，或将储藏形式的细胞分裂素转为活性的细胞分裂素，由根中向地上部运输，调控地上部的生长。生长素也参与植物对缺磷和缺铁的系统响应。

在韧皮部汁液中还存在许多非编码 RNA，包括 microRNAs (miRNAs)、小干扰 RNA(small interfering RNAs，siRNAs)等。*miR399* 是最早发现的调控根系磷吸收的小 RNA。植物缺磷时，地上部 *miR399* 的表达量提高，通过韧皮部运输到根系，抑制编码泛素连接酶 E2 的 *PHO2* 基因表达，提高了根系对磷的吸收和磷在木质部的装载；*miR399* 过量表达株系在高磷时，地上部过量积累 Pi，出现中毒症状。另一个和缺磷相关的 *Mi827*，通过影响 NLA(Nitrogen Limitation Adaptation)泛素连接酶 E3，调节 PHT1 的降解。同样，缺硫时油菜韧皮部汁液中的 *miR395* 表达量上调，影响编码 SULTR2;1 和 APS 酶的基因，从而影响硫的吸收和代谢。缺铁也检测到小 RNA 上调。siRNA 与植物对胁迫的响应有关，但其与养分的关联性还需要进一步的研究。

(三)韧皮部中养分的移动性

不同营养元素在韧皮部中的移动性不同。在不考虑植物基因型影响的情况下,依据营养元素在韧皮部中移动的相对难易程度,将元素分为移动性大的、移动性小的和难移动的3组(表4-7)。在大量元素中,钾、镁、磷、氮、硫的移动性大,微量元素中铁、铜、锌、硼和钼的移动性较小,而钙和锰很难在韧皮部中运输。韧皮部中养分移动性的大小与它们在韧皮部汁液中的浓度大小基本吻合。虽然韧皮部汁液中含有一定数量的钙,但它却很难移动。同位素标记试验证实,当把放射性同位素钙标记在某一叶片上,植物的其他部位并不能检测到同位素钙。钙在韧皮部中难以移动,可能一方面是由于钙向韧皮部筛管装载时受到限制,使钙难以进入韧皮部中;另一方面,即使有少量钙进入了韧皮部,也很快被韧皮部汁液中高浓度的磷酸盐所沉淀而不能移动。之前认为硼是在韧皮部难以移动的营养元素,现有的证据表明,硼在一些植物的韧皮部可以转移。

很多养分在韧皮部的运输在很大程度上取决于养分进入筛管的难易。养分进入筛管是跨膜的主动过程,因此凡是影响能量供应的因素都可能对离子进入筛管产生影响。

表 4-7 韧皮部中矿质元素的移动性

移动性大	移动性较小	难移动
钾	铁	钙
镁	锌	锰
磷	铜	硼
硫	钼	
氮	(硼)	
氯		
(钠)		

(四)木质部与韧皮部之间养分的转移

木质部与韧皮部在养分运输方面有不同的特点,但两者之间相距很近,只隔几个细胞的距离。在两个运输系统间也存在养分的相互交换,这种交换对于协调植物体内各个部位的矿质营养非常重要。在养分的浓度方面,韧皮部高于木质部,因而养分从韧皮部向木质部的转移为顺浓度梯度,可以通过筛管原生质膜的渗漏作用来实现。目前,关于韧皮部向木质部转移的信息还非常少。例如,小麦开花以后,旗叶中的磷、镁和氮经叶片韧皮部进入茎秆的韧皮部,经转移细胞转入木质部,最后进入麦穗中。

相反,养分从木质部向韧皮部的转移是逆浓度梯度、需要能量的主动过程,这种转移主要需由转移细胞完成。木质部首先把养分运送到转移细胞中,然后由转移细胞运转到韧皮部(图4-8)。木质部向韧皮部养分的转移对调节植物体内养分分配,满足各部位的矿质营养起着重要的作用。木质部虽然能把养分输送到植株顶端或蒸腾量最大的部位,但是在植物生长过程中,蒸腾量最大的部位往往不是植物最需要养分的部位。这种养分供需的不一致靠转移细胞来进行调节。茎是养分从木质部向韧皮部转移的主要器官。在大豆茎中,从木质部向韧皮部转移的氨基酸量占21%~33%,在叶片中占到60%~73%。在禾本科植物的茎秆中,茎节是矿质养分(例如钾)从木质部向韧皮部转移最集中的部位。

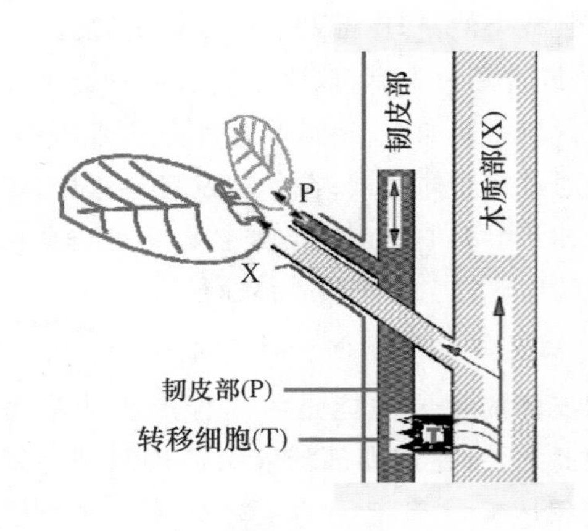

图 4-8 木质部与韧皮部间的养分转移

水稻和其他稻属植物茎节处具有特殊的维管系统结构,在养分向地上部运输,以及在生殖生长期养分向籽粒中的转运过程中具有重要的作用。以水稻为例,硅转运蛋白Lsi6在稻穗下方第一个茎节点中高度表达,其主要分布在位于扩大型维管束外边缘区域木质部转移细胞的近极面,负责将硅从木质部卸载,进入薄壁细胞。在水稻生殖生长期,敲除Lsi6基因后稻穗中硅积累显著下降,但硅在旗叶中的含量增加。硅进入薄壁细胞后,经薄壁细胞桥进行共质体运输,之后由Lsi2和Lsi3两个硅流出转运蛋白将硅运输至木质部发散型维管束中,进一步向稻壳中转移。同样,在水稻第一个茎节处木质部扩大维管束和发散维管束细胞质膜上还发现了磷转运蛋白 SPDT (SULTR-like phosphorus distribution transporter)，该转运蛋白调节磷向新叶和穗中的转运。*spdt* 突变体中籽粒的磷含量下降，茎秆中的磷含量升高；突变体去壳水稻糙米中总磷和植酸磷的含量比野生型下降了 20%～30%，植酸磷的下降提高了籽粒中磷的生物有效性。在水稻茎节上还发现了与锌和锰相关的转运蛋白。

第三节　植物体内养分的循环

在韧皮部中移动性较强的矿质养分，从根的木质部中运输到地上部后，又有一部分通过韧皮部再运回到根中，然后再转入木质部继续向上运输，从而形成养分自根至地上部之间的循环流动。体内养分的循环是植物正常生长所必不可少的一种生命活动。养分循环向根系传递植物地上部生长对养分的需求状况，调节根系对土壤中养分的吸收；此外，由于土壤中养分浓度和分布存在异质性，根系生长常受局部养分供应不足的限制，养分向根系的循环可以在一定程度上缓解局域根系养分供需的矛盾。此外，养分循环可以维持植物内电荷平衡。例如，硝态氮供应时，钾即为养分循环的陪伴离子。据估算，在转移到地上部的养分中，大约 90%钾，80%氮，65%镁，30%磷、硫、氯元素通过韧皮部转移到根系。然而，需要指出的是，在大多数情况下，养分循环受光合产物在植物体内运输的影响。

当植物根吸收的氮源为硝态氮时，运输到地上部的硝态氮经还原后其中大部分又经韧皮部返回到根中。Simpson 等在小麦试验中发现，经木质部运输到茎叶的氮素，其中 79%以还原态的形式再由韧皮部运回根中，其中的 21%被根系所利用，其余部分再由木质部运向地上部。植物体内氮的循环模式如图 4-9 所示。植物从土壤中吸收的硝态氮，一部分在根中还原成氨，进一步形成氨基酸并合成蛋白质；另一部分 NO_3^- 和氨基酸等有机态氮，进入木质部向地上部运输，在地上部尤其是叶片中，NO_3^- 进行还原，进而与酮酸反应形成氨基酸，它可以继续合成蛋白质，也可以通过韧皮部再运回根中。植物体内发生氮素的大规模循环，可能是由于根部硝态氮的还原能力有限，而必须经地上部还原后再运回根系，满足其合成蛋白质等代谢活动的需要。

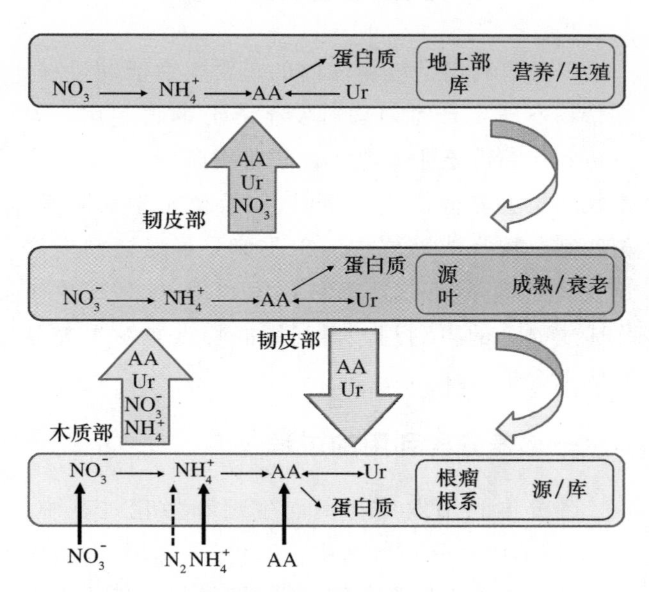

图 4-9　植物体内氮素的循环模式

AA(氨基酸)，Ur(酰脲)；灰色箭头表示源和汇分别对氮吸收和分配的反馈调控

钾是植物体内循环量较大的元素之一。钾的循环对植物体内电性平衡和能量节省起着重要的作用。图 4-10 为植物体内钾的循环模式。根吸收的 K^+ 在木质部中作为 NO_3^- 的陪伴离子向地上部运输，到达地上部后 NO_3^- 还原成铵态氮，为维持电性平衡，地上部必须合成有机酸(主要是苹果酸)，以便与 K^+ 形成有机酸盐，使阴阳离子达到平衡。苹果酸钾可在韧皮部中运往根部，在根中苹果酸可作为碳源构成根的结构物质，或转化成 HCO_3^- 分泌到根外。根中的 K^+ 又可再次陪伴所吸收的 NO_3^- 向上运输。如此循环往复。有研究表明，参加体内往复循环的钾可占到地上部总钾量的 20%以上。

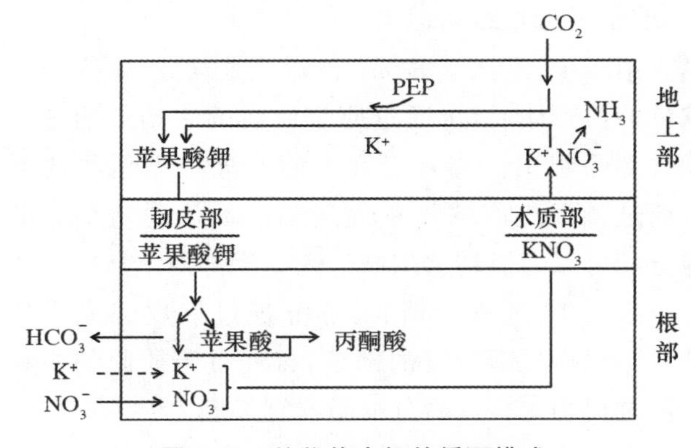

图 4-10　植物体内钾的循环模式

第四节 养分的再利用

养分再利用是植物体内的正常生命活动过程，在植物不同生育时期均可发生养分的再利用。养分再利用的重要性体现在种子萌发阶段、植物营养生长期土壤养分供应不足时，以及生殖生长阶段。植物某一器官或部位中的矿质养分可通过韧皮部运往其他器官或部位，而被再度利用，这种现象叫作矿质养分的再利用。再利用的特点是源中养分净的总含量下降。

一、养分再利用的过程

养分再利用发生在不同生理和生化过程中。例如，液泡中养分的再利用，储存蛋白降解，细胞壁和酶的降解等。长距离的养分再利用，是指从原来所在部位转移到被再度利用的新部位，养分再利用是漫长的过程，需经历共质体（老器官细胞内激活）→质外体（装入韧皮部之前）→共质体（韧皮部）→质外体（卸入新器官之前）→共质体（新器官细胞内）等诸多步骤和途径。一般在韧皮部中移动性大的养分元素，其再利用程度也高。

第一步，养分的激活：养分离子在细胞中被转化为可运输的形态，例如氮在转移前先由不能移动的大分子有机含氮化合物分解为可移动的小分子含氮化合物；磷由有机含磷化合物分解为无机态磷。在这一过程中，生长旺盛对养分需求量大的新器官（或部位）会发出“养分饥饿”信号，该信号被传递到老器官（或部位）后，引起该部位细胞中的某种运输系统激活而启动，将细胞内的养分转移到细胞外，准备进行长距离运输。

第二步，进入韧皮部：被激活的养分转移到细胞外的质外体后，再通过原生质膜的主动运输进入韧皮部筛管中。装入筛管中的养分根据植物的需要而进行韧皮部的长距离运输。运输到茎部后的养分还可以通过转移细胞进入木质部向上运输。

第三步，进入新器官：养分通过韧皮部或木质部先运至靠近新器官的部位，再经过跨质膜的主动运输过程卸入需要养分的新器官细胞内。

在植物生长发育过程中，养分再利用非常重要，主要包括 3 个生长阶段，即种子萌发阶段、营养生长养分供应不足阶段和生殖生长阶段。此外，多年生植物还包括落叶阶段。

二、种子萌发

在种子或者储藏器官（如块茎）的发芽期，储存在子叶或胚乳内的养分首先被再活化，之后通过韧皮部或木质部，或二者同时运输到正在发育的根系或地上部。通常，在外部养分供应缺乏的情况下，幼苗至少可生长数天。研究发现，种子中储存的养分（如钾、镁、钙和磷等）以植酸盐形式存在，这些养分的活化与植酸酶活性有关。研究发现，拟南芥金属内向运输载体家族 AtNRAMP3 和 AtNRAMP4 定位在子叶细胞的液泡膜上，低 Fe 时负责将液泡储存 Fe 转运到细胞质中被利用。

三、养分再利用与缺素部位

在植物的营养生长阶段，生长介质的养分供应常出现持久性或暂时性的不足，造成植物营养不良。为维持植物的生长，使养分从老器官向新生器官的转移是十分必要的。然而植物体内不同养分的再利用程度并不相同。再利用程度大的元素，养分的缺乏症状首先出现在老部位；而不能再利用的养分，在缺乏时由于不能从老部位运向新部位，而使缺素症状首先表现在幼嫩器官。从表 4-8 可以看出，植株缺钾程度越重，老叶中的钾向幼叶转移的比例越高。老叶中含钾量越低，缺钾症状越严重。植株含钾量顺序为：幼叶＞中部叶＞老叶。随着施钾量的增加，幼叶钾营养得到改善，老叶中的钾向幼叶中的转移也随之减弱，表现出叶片 K^+ 浓度顺序为老叶＞中部叶＞幼叶。

表 4-8 钾营养状况对番茄钾分配的影响

部位	施 K 水平/(mmol/L)			
鲜重/(g/叶)	0.1	1.0	10	25
钾含量	12	21	34	47
老叶	8	16	34	47
中部叶	12	20	33	43
幼叶	15	17	22	23

四、养分再利用与生殖生长

在植物生长过程中，营养生长和生殖生长紧密相关。植物生长进入生殖生长阶段后，同化产物主要供应生殖器官发育所需，因此运输到根部同化产物的数量急剧下降，从而根的活力减弱，养分吸收功能衰退。这时植物体内养分总量往往增加不多，各器官中养分含量主要靠体内再分配进行调节。营养器官将养分不断地运往生殖器官，随着时间的延长，养分在营养器官和生殖器官中的比例不断发生变化，即营养器官中的养分所占比例逐渐减少。对于禾谷类作物来说，营养器官中的矿质养分到成熟期时，其总量中的50%可转移到籽粒中(图4-11)。

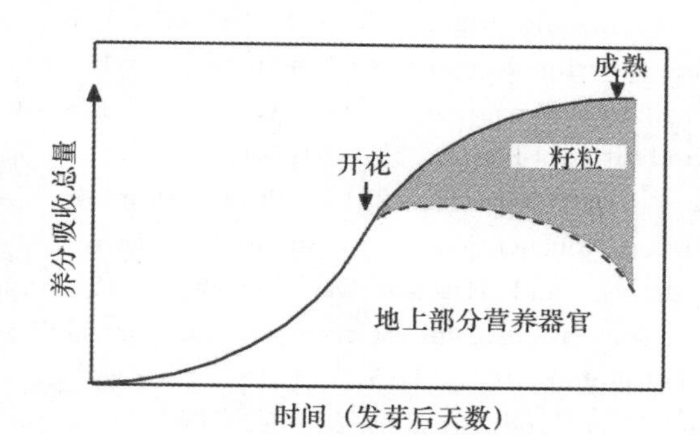

图4-11　禾谷类作物个体发育期间矿质养分分配的图解

在生殖生长阶段，养分再利用的程度受多种因素的影响，包括：①种子和果实对养分的需求；②营养器官中的养分状况；③果实的数量和大小与营养体的比率；④生殖生长过程中根系的养分吸收速率等。以玉米氮吸收为例，籽粒中的氮62%来自吐丝期前吸收氮的再利用，其余38%来自吐丝后根系对氮素的吸收。通常，禾谷类作物籽粒中的氮、磷含量高，钾、镁、钙含量低；而肉质果实或储藏器官的含钾量高，氮和磷含量相对较低。禾谷类植物谷粒中磷总量的90%来自营养体中磷的再利用。在大田种植的不同小麦品种中，氮素再利用的平均值为83%，不同品种间的变幅达51%～91%。

在植物生殖生长阶段，微量元素的再利用程度也增加。研究发现，叶片中微量元素的丰缺状态是影响其再利用程度的一个重要因素，微量元素的这一特征区别于大量和中量元素。在小麦籽粒形成过程中，缺Cu植物叶片中Cu再利用的比例低于20%，而铜充足时Cu再利用的比例达70%。同样，在果树叶片上喷施硼肥后，在随后的几周内肥料硼就从叶片中被转运到其他部位，而叶片中从土壤中吸收的硼含量仍保持恒定，因此保证微量元素的充足供应是提高其再利用的关键。此外，老叶中微量元素通过韧皮部向新叶转移的比例和数量还取决于体内可溶性有机化合物的水平。当能螯合金属元素的有机成分含量增高时，这些元素的移动性随之增大，老叶中微量元素向幼叶的转移量增加。例如，将成熟菜豆叶片进行遮光处理后，加速了蛋白质转化成具有螯合能力的小分子氨基酸，使得铜的再利用率提高了1倍多。

养分在地上部营养器官中的再利用导致养分浓度快速下降，可能引发器官的衰老，植物表现出自破坏性(self-destructing)。例如，小麦旗叶的衰老和磷的再利用有关，大豆缺磷后磷的转化影响叶片光合作用。图4-12中在菜豆生殖生长阶段，叶片中氮素大量地向荚果和种子中转移，导致叶片光合作用下降，影响籽粒产量。

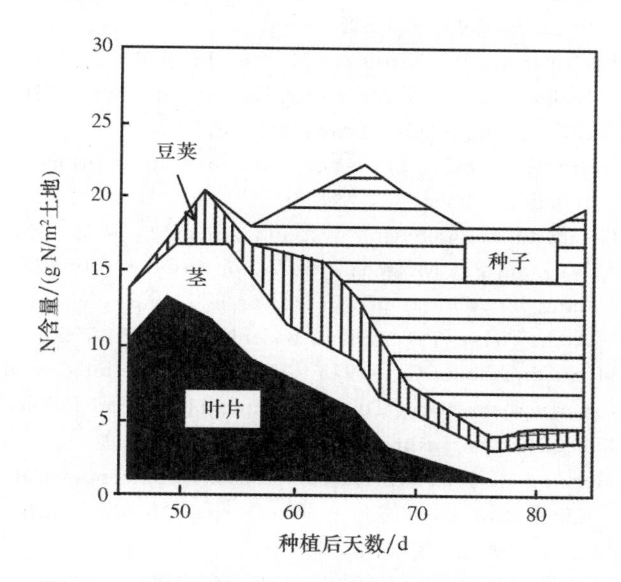

图4-12　不同生长时期菜豆氮素在各器官中的分配

(引自：Lynch and White，1992)

由上可知，随着人们对长距离运输过程中养分转化过程认识的不断深入，通过各种措施提高植物体内养分的再利用效率，就能使有限的养分发挥其更大的增产和提高农产品品质的作用。

第四章扩展阅读

复习思考题

1. 短距离运输的途径有哪些？其特点是什么？
2. 比较蒸腾作用和根压在木质部运输中的作用和特点。
3. 韧皮部中养分的移动性有何特点？如何理解韧皮部养分运输的重要性？
4. 植物体内养分的再利用对植物生长和农业生产有何意义？

参考文献

陆景陵. 2003. 植物营养学(上册). 2 版. 北京：中国农业大学出版社.

Barberon M. 2017. The endodermis as a checkpoint for nutrients. New Phytol. 213，1604-1610.

Barberon M. and Geldner N. 2014. Radial transport of nutrients：the plant root as a polarized epithelium. Plant Physiol. 166，528-537.

Buchanan B. B.，Gruissem W. and Jones R. L. 2015. Biochemistry and Molecular Biology of Plants . 2nd edition. John Wiley & Sons Ltd. UK

Evert R. 1982. Sieve-tube structure in relation to function. BioSci 32，789-795.

Gerath H.，Borchmann W. and Zajonc I. 1975. Zur Wirkung des Mikronährstoffs Bor auf die Ertragsbildung von Winterraps (*Brassica napus* L. ssp. oleifera). Arch. Acker- Pflanzenbau Bodenkd. 19，781-792

Hecht-Buchholz C. 1973. Molybdänverteilung und verträglichkeit bei Tomate，Sonnenblume und Bohne. Z. Pflanzenernähr. Bodenk. 136，110-119.

Hocking P . J. 1980. The composition of phloem exudate and xylem sap from tree tobacco (*Nicotiana glauca* Groh). Ann. Bot. 45，633-643.

Jones L. H. P . and Handreck K. A. 1965. Studies of silica in the oat plant. III. Uptake of silica from soils by the plant. Plant Soil 23，79-96.

Lynch J. and White J. W. 1992. Shoot nitrogen dynamics in tropical common bean. Crop Sci. 32，392-397.

Ma J. F.，Tamai K.，Yamaji N.，et al. 2006. A silicon transporter in rice. Nature 440，688-691.

Ma J. F.，Yamaji N.，Mitani N.，et al. 2007. An efflux transporter of silicon in rice. Nature 448，209-212.

Marschner H. 1995. Mineral Nutrition of Higher Plants (2nd edition). Academic Press London.

Marschner H. and Schafarczyk W. 1967. Vergleich der Nettoaufnahme von Natrium und Kalium bei Mais- und Zuckerrübenpflanzen. Z. Pflanzenernähr. Bodenk. 118，172-187.

Marschner P. 2012. Marschner's Mineral Nutrition of Higher Plants (3rd edition). Elsevier/Academic Press.

Oldroyd G. E. D. and Leyser. O. 2020. A plant's diet，surviving in a variable nutrient environment. Science. DOI：10.1126/science.aba0196.

Poirier Y.，Thoma S.，Somerville C.，et al. 1991. A mutant of Arabidopsis deficient in xylem loading of phosphate. Plant Physiol. 97，1087-1093.

Saalbach E. and Aigner H. 1970. Über die Wirkung einer Natriumdüngung auf Natriumgehalt，Ertrag und Trockensubstanzgehalt einiger Gras- und Kleearten. Landwirtsch. Forsch. 23，264-274.

Taiz L. and Zeiger E. 2010. Plant Physiology . 4th edition. Sinauer Associates，Sunderland，MA.

Tegeder M. and Masclaux-Daubresse C. 2018. Source and sink mechanisms of nitrogen transport and use. New Phytol. 217，35-53.

White P. J. and Broadley M. R. 2003. Calcium in plants. Ann. Bot. 92，487-511.

White P. J. and Broadley M. R. 2009. Biofortification of crops with seven mineral elements often lacking in human diets-iron，zinc，copper，calcium，magnesium，selenium and iodine. New Phytol. 182，49-84.

Yamaji N. and Ma J. F. 2014. The node，a hub for mineral nutrient distribution in graminaceous plants. Trends Plant Sci. 19，556-563.

Yamaji N. and Ma J. F. 2017. Node-controlled allocation of mineral elements in Poaceae. Curr. Opin. Plant Biol. 39，18-24.

扩展阅读文献

Buchanan B. B.，Gruissem W. and Jones R. L. 2015. Biochemistry and Molecular Biology of Plants . 2nd edition. John Wiley & Sons Ltd. UK

Yamaji N. and Ma J. F. 2017. Node-controlled allocation of mineral elements in Poaceae. Curr. Opin. Plant Biol. 39，18-24.

Yamaji N.，Takemato Y.，Miyaji T. et al. 2017. Reducing phosphorus accumulation in rice grains with an impaired transporter in the node. Nature. 541，92-95.

第五章 大量营养元素

教学要求：

1. 掌握氮素吸收和同化的过程。
2. 掌握磷素的吸收、运输和重要生理功能。
3. 植物对钾的需求特性及相应的养分缺乏特征。
4. 钾的吸收运输机制及营养生理功能。
5. 掌握植物缺乏氮、磷、钾的典型症状。

扩展阅读：

氮、磷、钾元素吸收的分子机制

植物中氮素的基本作用是合成氨基酸、酰胺、蛋白质、核酸、辅酶等。因此，氮在细胞、组织、器官建成及产量形成过程中起着重要作用。磷素是遗传物质核酸、能量物质三磷酸腺苷、生物膜磷脂等不可缺少的组成部分。钾素能促进植物的光合作用，制造更多的养料，尤其是对淀粉和糖分的形成有重要的作用。

第一节　氮

一、植物体内氮的含量与分布

在所有必需营养元素中，氮是限制植物生长和产量的首要因素，它对改善产品品质也有明显作用。

一般植物含氮量占作物体干重的 0.3%～5%，含量的多少与作物种类、器官、发育阶段有关。

植物体内氮素主要存在于蛋白质和叶绿素中。因此，幼嫩器官和种子中含氮量较高，而茎秆含量较低，尤其是老熟的茎秆含氮量很低。如小麦籽粒含氮 2.0%～2.5%，而茎秆仅含 0.5%左右；豆科作物籽粒含氮 4.5%～5.0%，而茎秆仅含 1.0%～1.4%。玉米也有相同的趋势：叶片含氮 2.0%，籽粒 1.5%，茎秆 0.7%，苞叶最少，只有 0.4%。

同一作物的不同生育时期，含氮量也不相同。在营养生长阶段，氮素大部分集中在茎叶等幼嫩的器官中。进入生殖生长阶段后，茎叶中的氮素就逐步向籽粒、果实、块根或块茎等储藏器官中转移。成熟时，大约有 70%的氮素已转入种子、果实、块根或块茎等储藏器官中。

作物体内氮素的含量与分布还受施氮水平和施氮时期的影响。随施氮量的增加，作物各器官中氮的含量均有明显提高。通常是营养器官的含量变化大，生殖器官则变动较小；然而，在生长后期施用氮肥，生殖器官中含氮量明显上升。

二、植物对氮的吸收、同化和运输

植物吸收利用的无机氮素主要是铵态氮（NH_4^+-N）和硝态氮（NO_3^--N）。某些可溶性的有机含氮化合物，如氨基酸、酰胺和尿素，也能被植物所吸收。在旱地农田土壤中，硝态氮是作物的主要氮源。由于土壤中的铵态氮经硝化作用可转变为硝态氮，所以作物吸收的 NO_3^--N 常多于 NH_4^+-N。而在水稻田中，作物以吸收 NH_4^+-N 为主。

（一）NO_3^--N 的吸收、运输和同化

1. NO_3^--N 的吸收和运输

植物根部对硝酸盐的吸收是 $2H^+/NO_3^-$ 同向转运的主动吸收过程，NO_3^--N 是逆电化学势梯度的主动吸收，通过表皮和皮层细胞质膜上的硝酸盐载体被根系吸收（图 5-1）。

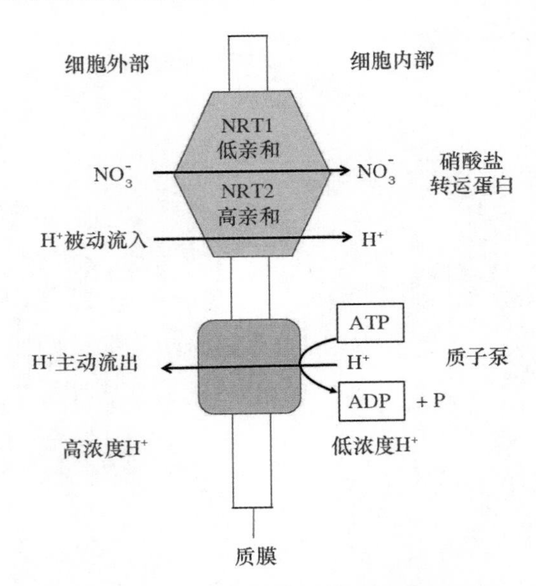

图 5-1　硝酸盐跨质膜的吸收机制示意图

植物体内主要存在两种硝酸盐吸收转运系统：外界硝酸盐浓度较高（高于 0.5 mmol/L）时，低亲和力吸收系统发挥作用；外界硝酸盐浓度较低（低于 0.5 mmol/L）时，高亲和力吸收系统发挥作用。这两种吸收途径可保证植物有效利用土壤中不同浓度范围的硝酸盐，避免植物遭受因硝酸盐过量或缺乏造成的不良生理反应（图 5-2）。负责根系吸收硝酸盐的转运蛋白主要是硝酸盐转运蛋白 1/小肽转运蛋白家族 NPF（NRT1/PTR）和硝酸盐转运蛋白 2 家族（NRT2）。NPF（NRT1/PTR）一般含 12 个跨膜区，除 NRT1.1 外，该家族大部分成员均属于低亲和的转运蛋白。NRT1.1 则表现双亲和性硝酸盐转运功能，其主要通过氨基酸序列中第 101 位苏氨酸是否发生磷酸化修饰而转化。当外部硝酸盐含量低时，NRT1.1 磷酸化，将其转化为高亲和力转运蛋白转运硝酸盐；当硝酸盐浓度高时，NRT1.1 被去磷酸化，转化为低亲和力转运蛋白转运硝酸盐。NRT1.1 不仅参与硝酸盐的吸收，还可作为硝酸盐感受器感知外界硝酸盐浓度。NRT2 是目前确定的高亲和性转运蛋白，在硝酸盐供应量低时，该转运系统被激活并起主导作用（Forde，2000）。需要指出的是，在植物生长的过程中，由于土壤中硝酸盐浓度和植株氮需求不断变化，植物通过对硝酸盐转运蛋白的转录和翻译后修饰的精准调控，调控硝酸盐的吸收利用。

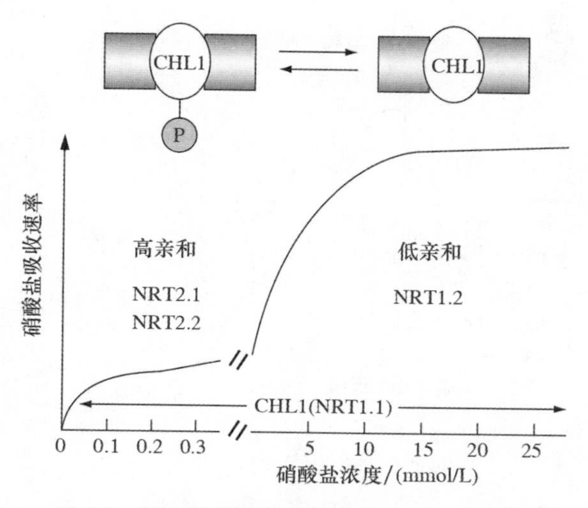

图 5-2 拟南芥根系的硝酸盐吸收系统示意图

(引自:Marschner,2012)

NO_3^--N 进入植物体后,少部分 NO_3^--N 可进入根细胞的液泡中储存起来,绝大部分 NO_3^--N 既可以在根系中同化为氨基酸、蛋白质,也可以 NO_3^--N 的形式直接通过木质部运往地上部进行同化。硝酸盐在植物体内的运输主要包括:根部硝酸盐径向运输、木质部装载、细胞内的硝酸盐转运和向地上部运输硝酸盐。一系列的转运蛋白家族成员参与了硝酸盐的运输和分配过程(图 5-3)。

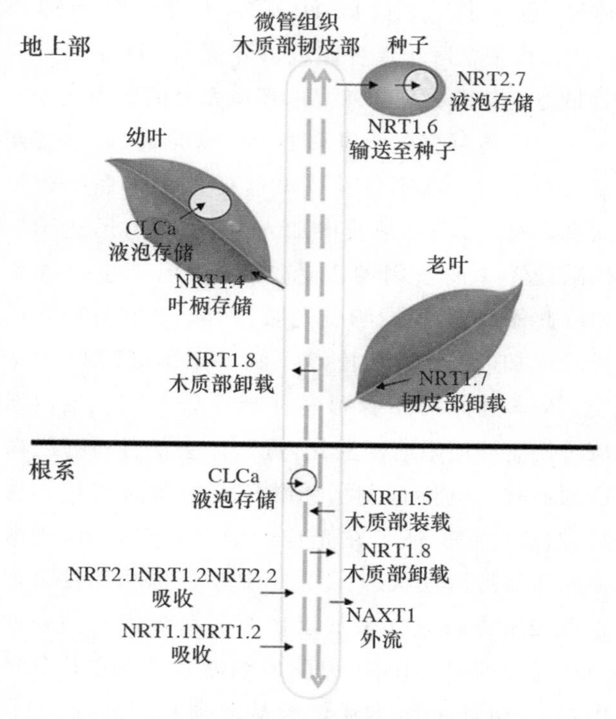

图 5-3 模式植物拟南芥硝酸盐的运输蛋白

(引自:Dechorgnat et al.,2011)

在拟南芥中,硝酸盐转运蛋白基因 *AtNRT1.5* 在靠近原生木质部的中柱鞘细胞中表达,介导硝酸盐从根细胞到木质部的装载。*AtNRT1.8* 在根系木质部薄壁细胞中表达,参与硝酸盐从木质部汁液的回收。因此,*AtNRT1.5* 和 *AtNRT1.8* 为反向的硝酸盐转运蛋白,共同调节硝酸盐向地上部的转移以及根系中硝酸盐的分布。

硝酸盐转运蛋白 NRT1 家族的几个成员在控制硝酸盐在地上部的分布方面发挥了特殊作用。其中 *AtNRT1.8* 可能介导硝酸盐从木质部卸载,*AtNRT1.7* 负责将硝酸盐跨膜运输到老叶的韧皮部,从而实现硝酸盐从老叶(源)到需氮(库)组织的再活化。

硝酸盐可以储存在根液泡、地上部和储藏器官。储存在液泡中的硝酸盐作为氮素的储存库,在氮供应低时被重新利用。然而在大多数情况下,液泡中储存的氮素在植物有机氮总量中的占比非常小。例如,在硝酸盐饥饿处理后的 12～48 h 内,液泡中硝酸盐就被消耗,表明液泡中的硝酸盐可能更多的是硝酸盐缓冲液而不是氮素的储存库。在拟南芥中,硝酸盐在液泡膜的运输由电压依赖的氯离子通道家族的一些成员介导。

2. NO_3^--N 的同化

硝酸盐在木质部的移动性高,也可以储存在根系、地上部和储藏器官的液泡中。硝酸盐必须还原成铵(NH_4^+)后才能进一步被同化。硝态氮既可以在根内被同化,也可以直接运输到地上部。

硝酸盐还原成氨的过程是由两种独立的酶分别进行催化完成的。即硝酸还原酶和亚硝酸还原酶(如图 5-4)。硝酸盐还原的第 1 步在细胞质中进行,硝酸还原酶可使硝酸盐还原成亚硝酸盐;还原的第 2 步在叶片的叶绿体或根系的质体内进行,亚硝酸盐被亚硝酸还原酶还原,并形成氨。由于这两种酶的连续作用,所以植物体内没有明显的亚硝酸盐积累。

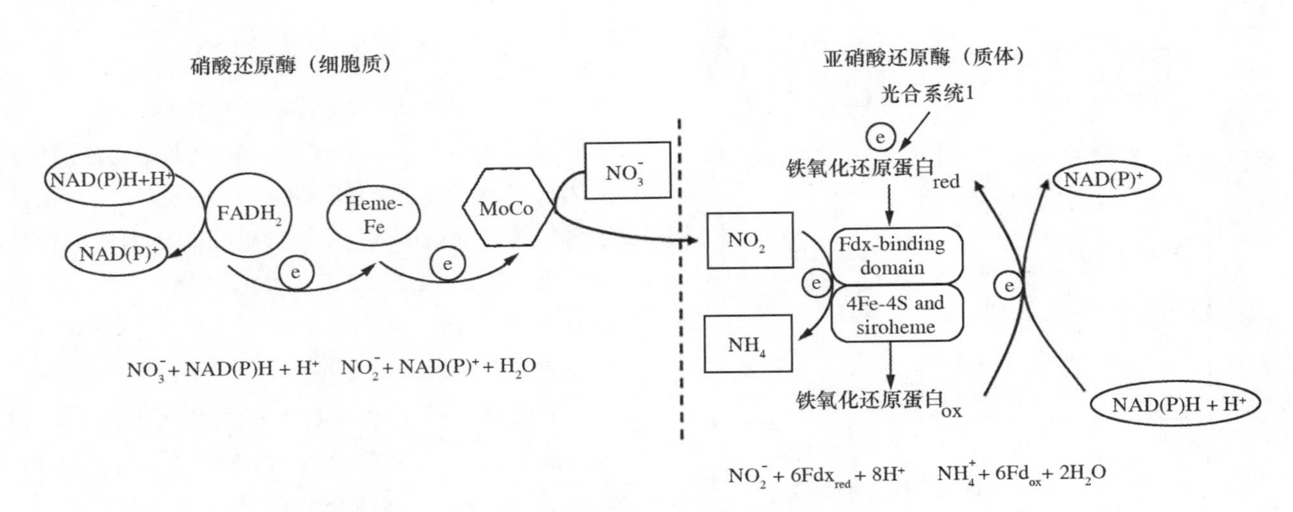

图 5-4 硝酸盐同化步骤示意图

硝酸还原酶(NR)是一种黄素蛋白酶，存在于高等植物细胞的细胞质中，是 NO_3^--N 同化的限速酶。硝酸还原酶包含 2 个相同独立亚基的胞质酶，每个亚基包括 3 个辅基：黄素腺嘌呤二核苷酸(FAD)，细胞色素(结合到类似于细胞色素家族的结构域)和钼辅因子，其与酶的特定结构域共价结合(图 5-4)，参与电子从 NADH/NADPH 转移到硝酸根。大多数植物有 2 个硝酸还原酶基因，它们在地上部和根中均有表达。在 NO_3^--N 还原过程中，NADH(或 NADPH)作为电子供体，FAD 为辅酶，钼是活化剂。在植物体中，电子通过还原态 NADH 或 NADPH 转移到 FAD 上，使 FAD 变为 $FADH_2$，再由 $FADH_2$ 把电子转移到细胞色素，细胞色素进一步把电子传递给钼辅因子中的氧化态钼(Mo^{6+})，使钼转变为 Mo^{5+}，Mo^{5+} 最后把电子转移给硝酸根，使其还原为亚硝酸根。

NO_2^- 是高度活化的有毒离子，植物细胞立即将 NO_2^- 运输到叶片中的叶绿体和根中的质体，被亚硝酸盐还原酶进一步还原成氨。亚硝酸盐还原酶也是黄素蛋白酶，位于叶片叶绿体、根系的质体以及其他非绿色组织中。在绿色叶片中，电子供体为光系统 I 产生的还原型铁氧还蛋白。来自还原型铁氧还蛋白的电子与亚硝酸还原酶的铁氧还蛋白相结合，再由铁硫簇和血红素辅基传递到亚硝酸盐(图 5-4)，NADH 或 NADPH 仍然是电子供体，形成氨。在植物根细胞中，这个过程与叶绿体中硝酸盐的同化相似，但是需要氧化戊糖磷酸途径的铁氧还原蛋白-NADPH 氧化还原酶提供还原当量(NADPH)，最终提供还原型铁氧还蛋白。

亚硝酸还原酶需要铜和铁，因为亚硝酸还原酶是含铁的酶。有人认为铜可以交替进行氧化和还原，把电子传递给亚硝酸盐。亚硝酸还原需要 ATP，硝酸还原过程中需要消耗 H^+，同时伴随有 OH^- 产生。其总反应式如下：

$$NO_3^- \text{-N} + 8H^+ + 8e^- \rightarrow NH_3 + 2H_2O + OH^-$$

所产生的 OH^-，一部分用于代谢，一部分排出体外，以维持细胞内 pH 基本不变。由于排出 OH^-，可使根际土壤变碱或营养液的 pH 上升。这就是施用硝态氮肥会使局部环境变碱的原因之一。

硝酸还原酶在幼根和根尖中含量高，其半衰期仅几个小时。在不供给硝酸盐的植物根系中含量很低，一旦在培养基质中加入硝酸盐后，迅速诱导硝酸盐还原酶基因的表达，数小时内产生活性蛋白。此外，硝酸还原酶受光照、蔗糖、细胞分裂素诱导后增加，而谷氨酰胺则降低了硝酸还原酶的浓度。硝酸还原酶还受到多种翻译后调控。蛋白激酶可使硝酸还原酶磷酸化，进而失去活性；相反，磷酸丙糖和己糖则抑制了硝酸还原酶被磷酸化的失活过程，这就保证了在光合产物供应充足时，硝酸还原酶保持活性状态。另外，硝酸还原酶活性可通过磷酸酶去磷酸化来加以恢复。在短暂光照到黑暗的过渡期间，硝酸还原酶的翻译后抑制在几分钟内发生，由此可防止亚硝酸盐的累积(Lea et al.，2006)。

大多数植物的根和地上部都能进行 NO_3^--N 的

还原作用，根部可以还原5%～95%的硝酸盐，但各部位还原的比例则取决于不同的因素：

（1）硝酸盐供应水平　植物吸收NO_3^--N的数量，显著影响硝酸盐还原的状况。当硝酸盐数量少时，主要在根中还原。随着硝酸盐吸收数量的增加，NO_3^--N运往地上部的数量也不断增加，因此在地上部还原的数量也明显提高。根系中NO_3^--N的还原需要大量的碳水化合物，这些碳水化合物需要从地上部运输进入根部。这是根中不能大量还原NO_3^--N的主要原因。

（2）植物种类　一般来说，温带多年生和一年生豆科植物在环境硝酸盐浓度低时主要在根部同化。相反，热带和亚热带一年和多年生植物主要在地上部同化。在环境硝酸盐浓度高时，地上部往往是速生和慢生禾草类植物同化的主要部位。

（3）陪伴离子　K^+能促进NO_3^--N向地上部转移，所以钾充足时，NO_3^--N在根中还原的比例下降；而Ca^{2+}和Na^+为陪伴离子时则相反，NO_3^--N在根中的还原比例相当高。

（4）光照　在根部还原硝酸盐需要大量的碳水化合物，这无疑是限制根系硝酸还原能力的因素之一。在绿色叶片中，光合强度与NO_3^--N还原之间存在着密切的相关性。试验表明，叶片中NO_3^--N的还原有明显的昼夜性。光照的影响主要反映在碳水化合物的数量上，本质上是能量供应的问题。光照降低时，硝酸还原酶活性下降。当恢复强光照时，酶的活性提高。在低光照的温室中，往往硝酸还原作用很差，植物体内NO_3^--N的浓度比正常条件下的植物往往高出好几倍。种植在温室或塑料大棚中的蔬菜，尤其是菠菜，这一现象十分明显。

在NO_3^--N同化的过程中，随着NO_3^--N转变为氨，体内常常需要通过合成有机酸以补偿电荷达到电中性。有机酸对保持阴、阳离子平衡及渗透调节起重要作用。然而，如果NO_3^--N数量过多，储存在液泡中的渗透溶质过量也会造成危害。此时植物自身也有一定的调节能力。其调节的方式为：

①为保持NO_3^--N还原过程中电荷的平衡，体内合成的草酸与钙结合，形成草酸钙沉淀。

②氨基酸和酰胺等还原态氮与韧皮部移动性强的阳离子，如K^+和Mg^{2+}一起运往其他部位。

③有机酸阴离子（主要是苹果酸根）与K^+一同从植株地上部向根系转移，脱羧后释放出CO_2。

（二）NH_4^+-N的吸收与同化

1. NH_4^+-N的吸收

一般来说，铵态氮在土壤溶液中的浓度通常很低（不超过50 μmol/L），而硝态氮的浓度是铵态氮的十倍甚至千倍。但是，在低温、淹渍条件，或者在酸性土壤中，由于硝化作用被抑制，铵态氮是植物吸收的主要氮源。植物根内存在高亲和力与低亲和力的铵转运系统：当土壤中铵浓度低于0.5 mmol/L时，根系吸收铵依赖于高亲和系统，具有饱和吸收动力学特征；在土壤中铵浓度达到毫摩尔范围时，低亲和系统发挥主要作用，吸收动力表现出线性特征。铵的跨膜转运由铵转运蛋白（AMT）介导。AMT1亚家族成员主要负责根系高亲和力铵的转运。拟南芥AMT基因家族一共有6个成员。AMT1;1和AMT1;3蛋白是NH_4^+高亲和力转运蛋白，在根表皮细胞（包括根毛）的质膜上表达，两者共同负责介导NH_4^+从生长介质向根细胞内的跨膜运输，然后进入共质体。不同的是，AMT1;2蛋白在根皮层细胞和内皮层细胞的质膜上表达，对NH_4^+具有相对较低的亲和力，介导质外体途径中的NH_4^+向细胞内的跨膜运输。铵供应强度不同时，植物可在根内协调不同的AMT成员，有效地从土壤中吸收铵。

植物吸收的铵主要在根中同化。通常认为，铵很少通过木质部向地上部运输。然而，木质部的铵浓度可以在毫摩尔范围内，说明铵可以从根部转移到地上部。目前关于负责铵在根部木质部的装载和地上部卸载的转运蛋白仍不清楚。

在细胞水平上，细胞质中铵的浓度范围为1～30 mmol/L，过量铵可能导致植物组织的坏死。细胞溶质中的铵浓度取决于3个方面：铵流入细胞和铵向质外体流出、铵在液泡的储存、细胞质或质体中铵的同化。在液泡中，铵态氮浓度范围为2～45 mmol/L。细胞质中的NH_3跨液泡膜被动转运进入液泡中，液泡的酸性环境使得NH_3变为NH_4^+。NH_3和水分子的分子质量大小和极性相似，在某些情况下NH_3通过水通道进入液泡。

2. NH_4^+-N 的同化

植物体内铵的来源包括根系吸收的铵、生物固氮产生的铵、硝酸盐还原产生的铵、光呼吸作用产生的铵等。铵同化的关键酶是谷氨酰胺合成酶(GS)和谷氨酸合成酶(GOGAT;谷氨酰胺-酮戊二酸氨基转移酶)。GS-GOGAT 途径是铵同化的主要途径。在该途径中,谷氨酸作为铵的受体,在 GS 作用下,合成谷氨酰胺(图 5-5)。这一反应消耗 1 个 ATP,并需要二价离子 Mg^{2+}、Mn^{2+} 作为辅因子。

该反应的净反应是:

谷氨酸 + 2-酮戊二酸 + NH_4^+ → 2-谷氨酰胺 + H^+

植物体内的 GS,存在于细胞质和质体中。细胞质 GS 主要在萌发的种子、根系和地上部维管束中表达,形成的谷氨酰胺用于细胞内的氮素运输。此外,细胞质 GS 对叶片衰老过程中由各种分解代谢过程产生的铵的循环再利用和同化起关键作用,这种 GS 循环再利用铵的作用在开花后、谷物发育和灌浆时期氮向生殖器官的转移过程中尤为重要。根系质体中的 GS 产生酰胺态氮,用于产生部位的利用。在叶绿体中,一方面 GS 可以同化硝酸盐还原的铵,另一方面可以利用光呼吸产生的铵。GS 对铵的亲和力很高,从而保证叶绿体中铵浓度维持在很低的水平,避免 NH_3 的累积使光合磷酸化解偶联。在叶绿体中,通过从基质中导入 2-酮戊二酸,再从叶绿体基质中将谷氨酸输出到细胞质中,进而协调光诱导的硝酸盐还原,增强铵的同化作用,防止铵的积累。叶绿体 GS 的活性受 pH、Mg^{2+} 和 ATP 的影响,高 pH、高浓度的 Mg^{2+} 和 ATP 能激活 GS 的活性,并且光照会增加这三个因子在叶绿体基质中的量。在细胞质和叶绿体中,GS 也受磷酸化的翻译后调控,并随后与蛋白质相互作用。

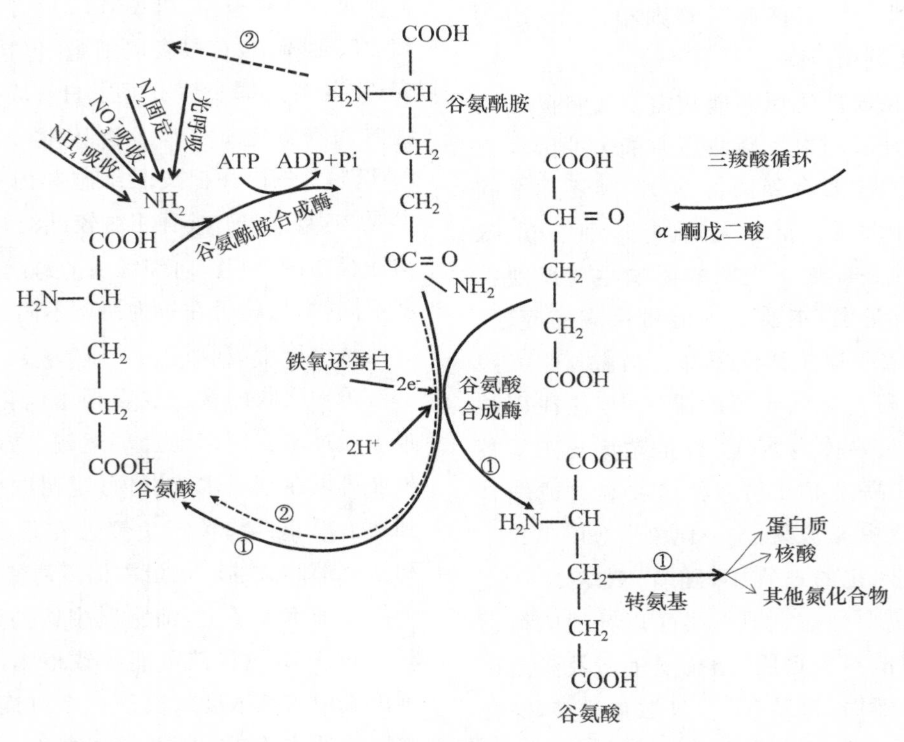

图 5-5 谷氨酰胺合成酶和谷氨酸合成酶(GS-GOGAT)的反应图式

①和②分别代表 NH_4^+ 浓度低和浓度高的氮环境

铵同化作用的另一种酶是谷氨酸合成酶(GOGAT),该酶将谷氨酰胺的酰胺基团(-NH_2)转给 2-酮戊二酸,产生两个分子的谷氨酸,其中一个返回 GS-GOGAT 途径,另一个经过转氨基作用合成其他氨基酸。植物体内含有两种 GOGAT 的异构体,分别接受来自光系统 I 的铁氧化蛋白(Fd)和呼吸作用产生的 NADPH 的电子。Fd 型 GOGAT 位于叶片中，尤其是在叶脉韧皮部伴胞的叶绿体中。而 NADPH 型的 GOGAT 在根系中普遍存在。两种形式的 GOGAT 均含有一个 Fe-S 簇，其在两个谷氨酸分子从一个 2-酮戊二酸和一个谷氨酰胺分子还原合成期间转移电子。当 NH_4^+ 供应浓度高时，2 个谷氨酸分子都可以作为 NH_4^+ 的受体，1 个谷氨酰胺分子离开循环途径。

以往研究发现谷氨酸脱氢酶(GDH)是铵同化的关键酶。然而，更多的证据表明，GDH 主要是在植物衰老过程中，把谷氨酸氧化为 2-酮戊二酸，并释放 NH_4^+，进一步为呼吸和氧化磷酸化提供碳骨架。

氮素被同化形成谷氨酸或谷氨酰胺后，就会通过转氨基反应合成其他的氨基酸，催化这些反应的酶称为氨基转移酶。

铵在根系中的同化需要消耗大量的碳。这些碳来自三羧酸循环，提高 PEP 羧化酶的活性可以补充中间产物的消耗。例如，供应 NH_4^+-N 时，水稻和番茄根中的碳量比供应 NO_3^--N 时高 3 倍，玉米则高 5 倍。为了更有效地利用碳，在根中被同化的氮主要以富氮化合物(N/C>0.4)的形态通过木质部运输。主要包括：谷氨酰胺(2N/5C)、天冬酰胺(2N/4C)、精氨酸(4N/6C)、尿囊素和尿囊酸(4N/4C)。

(三) $CO(NH_2)_2$-N 的吸收和同化

在农业生产上，尿素被用作氮肥，也是土壤中天然存在和容易得到的氮源。土壤微生物产生的脲酶能将土壤中的尿素水解为铵，但植物也可以直接吸收尿素。

尿素分子能被植物的根系和叶部所吸收。植物根系中存在高亲和力与低亲和力的尿素转运蛋白。当土壤中尿素浓度较低时，根系吸收尿素依赖于高亲和系统，具有饱和动力学特征；在土壤中尿素浓度达到 0.2～1.2 mmol/L，低亲和系统起主要作用，尿素吸收表现出线性特征。在拟南芥、水稻、玉米中已克隆到尿素转运蛋白基因，并鉴定出其所编码的膜蛋白具有运载尿素的分子特征。例如，在拟南芥中，尿素转运蛋白包括 AtDUR3 转运蛋白，属于高亲和力的尿素转运蛋白。水通道蛋白的主要内在蛋白家族的一些成员也介导尿素的被动吸收。其中一些在质膜上介导尿素转运，而另一些则在液泡膜或线粒体膜介导尿素的转运。

尿素是否可被植物迅速地利用，取决于植物内外环境中存在的脲酶活性。尿素在植物体内可由脲酶水解产生氨和二氧化碳，氨作为植物可直接同化利用的氨态氮源，供给植物的生长发育。在植物细胞中，已知能分解尿素的酶有两类：脲酶(或尿素酰胺水解酶)和尿素酰胺酶。在细胞质中，这两种酶均将尿素水解为 CO_2 和 NH_3，NH_3/NH_4^+ 随即被谷氨酸合成酶利用，进一步合成含氮大分子(蛋白质及核酸等)。

脲酶的生物催化活性需要镍离子和一些特定的辅助蛋白(如拟南芥中的 UreD、UreF 和 UreG)参与。使用脲酶抑制剂、缺镍处理、脲酶基因突变均会降低脲酶活性，提高组织中尿素含量。尿素酰胺酶，目前仅发现存在于细菌、酵母和藻类中，此酶以脲基甲酸酯为中间产物，利用 ATP 分解产生的能量将尿素分解为 CO_2 和 NH_3。

精氨酸是一种主要的氮储存形式，在源组织或衰老过程中分解代谢供植物体内再利用。精氨酸分解代谢发生在线粒体中，并产生尿素，将尿素转运到细胞质中。在细胞质中，尿素被水解成铵，然后再被同化。

(四)氨基酸的吸收与运输

在农业土壤中，游离氨基酸的浓度在 1～100 μmol/L 范围内，是主要的低分子量的可溶性有机氮。植物能够直接吸收土壤氨基酸，在拟南芥中，已经发现氨基酸转运蛋白包括 AAP1、AAP5、LHT1 和 ProT2。*AtProT2* 主要在根的表皮和皮层细胞表达，负责根系对脯氨酸的吸收。在土壤溶液氨基酸浓度较高时，*AtAAP1* 主要在根尖、根毛、表皮细胞表达，负责中性和酸性氨基酸的吸收；在氨基酸浓度较低时，*AtLHT1* 和 *AtAAP5* 负责中性和酸性氨基酸的吸收(Tegeder，2012)。

氨基酸进入植物体后，除了直接参与代谢，还可以储存在液泡中，或通过木质部和韧皮部在不同器官间运输。氨基酸的运输依赖于质膜上的特异性转运蛋白，转运蛋白的专一性、亲和力、蛋白的亚细胞定位的不同，分别在不同的组织器官发挥重要的功能。已经发现氨基酸转运蛋白 LHT 向叶肉细胞、AAP8 向胚乳、AAP6 向木质部薄壁细胞运入氨基酸；SiAR1负责谷氨酰胺和组氨酸的细胞外排，天冬氨酸和谷氨酸的吸收；DiT2.1负责谷氨酸/苹果酸在叶绿体膜上的交换（Tegeder，2012）。

（五）NO_3^--N和NH_4^+-N营养作用的比较

铵态氮或硝态氮作为植物唯一的供氮来源，是否对其生长和产量有利取决于许多因素。通常，适应于酸性（嫌钙物种）土壤或具有低氧化还原电位（例如湿地）土壤的植物喜铵。相反，适合在石灰性土壤和高pH土壤（钙生物质）上生长的植物优先利用硝酸盐。一般只有当既供应铵也供应硝酸盐时，植物可获得最高的生长速率和产量。

当与硝酸盐等摩尔浓度供应时，许多植物种类优先吸收铵态氮，尤其是低氮供应时，这种作用更显著。相对于硝酸盐，植物对铵的吸收随着温度的下降而显著增加，低于5℃时铵的吸收仍然可以继续，而硝酸盐的吸收则会停止（Macduff and Jackson，1991）。这可能反映出，与铵态氮相比，植物吸收和同化硝酸盐需要更多的代谢能量。另一方面，铵同化反应主要发生在根系，对碳骨架有直接的需求。与铵相比，硝态氮的同化可发生在根系或者地上部，并且可在液泡中储存。

由于铵或硝酸盐包含了植物吸收的阳离子和阴离子总量的80%左右，氮的供应形态对植物吸收其他阴离子和阳离子、细胞内pH和根际pH都有显著的影响。铵在根中的同化，每分子铵产生约一个质子。产生的质子在很大程度上被排出到外部介质中以维持细胞的pH和电中性。在混合氮营养条件下，铵同化产生的质子可用于硝酸盐还原。因此当供应两种形态的氮时，植物更容易调节细胞内pH。

氮供应形态对于植物激素尤其是细胞分裂素的生物合成和功能很重要。如合成细胞分裂素所需的酶受硝酸盐的特异性诱导。在供铵条件下，即使硝酸盐的浓度（100 μmol/L）非常低，也提高了小麦体内天然细胞分裂素如玉米素、反式-玉米素核苷和异戊烯基腺苷的含量（Garnica et al.，2010）。在供应硝酸盐条件下，植物体细胞分裂素与地上部生长素的浓度都升高。这些结果表明，硝酸盐对以铵为主的植物生长的有益作用，是通过对地上部细胞分裂素和生长素水平的协调作用来介导的。相反，在硝酸盐供应的植物中，由于细胞分裂素浓度过高，生殖生长可能会延迟。

（六）生物固氮

生物固氮是土壤氮素重要的氮素来源之一，即大气中的分子态氮在微生物体内固氮酶催化还原为氨的过程。与工业合成氨的高压、高温和高耗能过程不同，生物固氮是在常温、常压条件下进行的，固氮酶作为催化剂，固氮过程不会污染环境。由固氮酶催化的生物固氮过程如图5-6所示。固氮酶是一类大型金属酶蛋白复合物，根据酶分子所含离子的不同，可将固氮酶体系分为4种，分别是钼铁固氮酶、钒铁固氮酶、铁铁固氮酶和依赖超氧化物歧化酶的固氮酶。钼铁固氮酶是研究较多的一类，同时它也是释放氢量最少的、最节能的固氮酶。

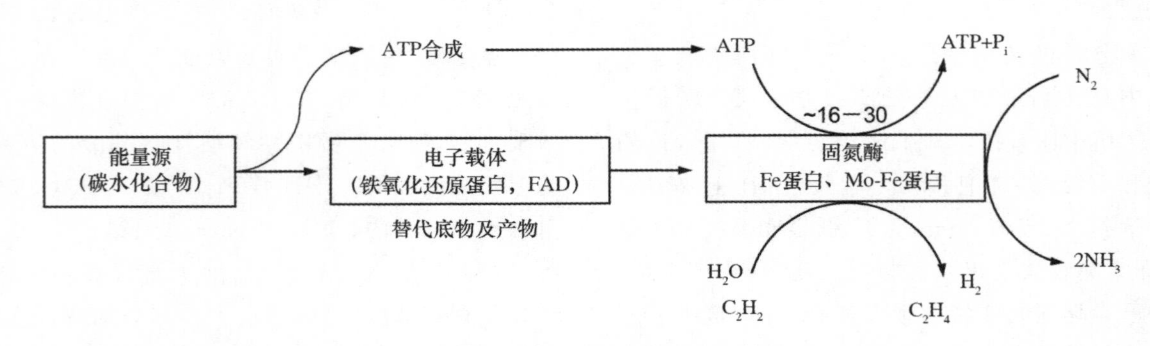

图5-6 固氮酶催化的生物固氮示意图

根据固氮微生物与其互作生物的关系，一般分为共生固氮、自生固氮和联合固氮三种类型。根瘤菌与豆科植物形成的共生固氮是目前已知效率最高，且被研究最为广泛的一种固氮方式。共生固氮中豆科植物形成的根瘤是根瘤菌进行生物固氮的场所，固氮微生物将固定的氮素供给植物作为合成核酸和蛋白质等生物大分子的氮源。根瘤菌通过与宿主植物之间进行信号交流，诱导宿主植物结瘤，这一过程包括：宿主植物释放黄酮类物质，黄酮类物质与根瘤菌的NodD蛋白相互作用诱导其合成和释放结瘤因子，结瘤因子属于脂质几丁质寡糖家族，能够被宿主植物中的相应受体识别，从而引起一系列共生结瘤反应，最终形成具有固氮功能的根瘤。

三、氮的营养功能和氮与品质的关系

(一)氮素的营养功能

氮是作物体内许多重要有机化合物的组分，例如蛋白质、核酸、叶绿素、酶、维生素、生物碱、一些激素等都含有氮素。氮素也是遗传物质的基础。在所有生物体内，蛋白质最为重要，它常处于代谢活动的中心地位。

1. 蛋白质的重要组分

蛋白质是构成原生质的基础物质。蛋白质中平均含氮16%～18%，蛋白质态氮通常可占植株全氮的80%～85%。在作物生长发育过程中，细胞的增长、分裂、新细胞的形成都必须有蛋白质参与。缺氮时，新细胞形成受阻，导致植物生长发育缓慢，甚至出现生长停滞。蛋白质的重要性还在于它是生物体生命存在的形式。一切动物和植物的生命活动都处于蛋白质不断合成和分解的过程之中，正是在这不断合成和分解的动态变化中才有生命存在。如果没有氮素，就没有蛋白质，也就没有了生命。氮素是一切有机体不可缺少的元素，所以它被称为生命元素。

2. 核酸和核蛋白的成分

核酸也是植物生长发育和生命活动的基础物质，核糖核酸(RNA)和脱氧核糖核酸(DNA)中的碱基都是含氮杂环化合物。核酸中含氮15%～16%，核酸态氮约占植株全氮的10%左右。核酸在细胞内通常与蛋白质结合，以核蛋白的形式存在。核酸和核蛋白大量存在于细胞核和植物顶端分生组织中。信息核糖核酸(mRNA)是合成蛋白质的模板，DNA是决定作物生物学特性的遗传物质，DNA和RNA是遗传信息的传递者。核酸和核蛋白在植物生活和遗传变异过程中有特殊作用。

3. 叶绿素的组分元素

绿色植物有赖于叶绿素进行光合作用，而叶绿素a和叶绿素b中都含有氮素。据测定，叶绿体占叶片干重的20%～30%，而叶绿体中含蛋白质45%～60%。叶绿素是植物进行光合作用的场所。叶绿素的含量往往直接影响着光合作用的速率和光合产物的形成。当植物缺氮时，体内叶绿素含量下降，叶片黄化，光合作用强度减弱，光合产物减少，从而使作物产量明显降低。绿色植物生长和发育过程中没有氮素参与是不可想象的。

4. 许多酶的组分

酶本身就是蛋白质，是体内生化作用和代谢过程中的生物催化剂。植物体内许多生物化学反应的方向和速度都是由酶系统控制的。通常，各代谢过程中的生物化学反应都必须有一个或几个相应的酶参加。缺少相应的酶，代谢过程就很难顺利进行。氮素常通过酶间接影响着植物的生长和发育。所以，氮素供应状况关系到作物体内各种物质及能量的转化过程。

(二)氮素与品质的关系

氮素也是品质元素。植物体内与品质有关的含氮化合物有蛋白质、人体必需氨基酸、酰胺和含氮杂环化合物(包括叶绿素A、维生素B和生物碱)、无机氮化合物(NO_3^-、NO_2^-)等。

蛋白质是农产品的一个重要质量指标。禾谷类作物籽粒中的高蛋白质含量是食品营养所必需的，也影响食品加工品种，如面包烘烤质量。籽粒中氮素有两个来源，一个是茎叶中氮素的转移，另一个是开花后氮素的吸收，保持开花-成熟期氮素的供应往往能增加籽粒的氮含量。在农业生产上，后期根外追施尿素或NH_4NO_3，可提高籽粒的蛋白质含量，而且尿素的作用优于NH_4NO_3。在小麦生长后期，叶面追施尿素可促进谷蛋白的合成，提高面包的烘烤质量。

人体必需的氨基酸包括缬氨酸、苏氨酸、苯丙氨酸、亮氨酸、蛋氨酸、色氨酸、异亮氨酸和赖氨酸，其含量也是农产品的主要品质指标。这些氨基酸是人和动物体自身无法合成的，只能由植物产品提供。适当供氮能明显提高产品中必需氨基酸的含量。过量施氮时，会减少必需氨基酸的含量。人和动物如果缺乏必需氨基酸，就会产生一系列代谢障碍，并引发疾病。

此外，氮素还是一些维生素（如维生素 B_1、维生素 B_2、维生素 B_6、维生素 PP 等）的组分。生物碱（如烟碱、茶碱、胆碱等）和植物激素（如细胞分裂素、赤霉素等）也都含有氮。例如维生素 PP，它包括烟酸、烟酸胺，含有杂环氮的吡啶，吡啶是生物体内辅酶Ⅰ和辅酶Ⅱ的组分，而辅酶又是多种脱氢酶所必需的。又如细胞分裂素，它的形成需要氨基酸，是一种含氮的环状化合物，可促进植株侧芽发生和增加禾本科作物的分蘖，并能调节胚乳细胞的形成，有明显增加粒重的作用。

施氮还影响植物的一些营养成分。例如，当供氮量从不足到适量时，植物中胡萝卜素和叶绿素含量随施氮量的增加而提高；供氮稍过量时，谷粒中维生素 B 含量增加，而维生素 C 含量却会减少。

氮肥还会影响植物油的品质。例如，向日葵油一般含有 10% 的饱和脂肪酸（棕榈酸和硬脂酸）、20%的油酸、70%的人体必需的亚油酸。随着氮肥用量的增大，向日葵油中的油酸含量增加，而亚油酸含量减少。在油菜中，施氮不仅能提高籽粒产量和粒重，同时也能提高含油量。

氮素营养状况也影响甜菜品质的影响。在块根生长初期，供应充足的氮是获得高产的保证，而后期供氮多则会导致叶片徒长、块根中氨基化合物和无机盐类含量增高，糖分含量则大幅度下降。

植物产品中的 NO_3^- 和 NO_2^- 含量是重要品质指标之一。NO_3^- 在人体内可还原成 NO_2^-，过量 NO_2^- 能引发人体高铁血红蛋白症，引起血液输氧能力下降。NO_2^- 盐还可与次级胺结合，转化形成一类具有致癌作用的亚硝胺类化合物。1994 年联合国粮农组织和世界卫生组织规定了硝酸盐和亚硝酸盐的每日允许摄入量，分别为 5 mg/kg 体重和 0.2 mg/kg 体重。氮肥施用量过多会造成叶菜类植物体硝酸盐含量大幅度增加，危及人体健康。

四、植物缺氮症状与供氮过多的危害

(一)作物缺氮的外部特征

当作物叶片出现淡绿色或黄色时，即表示作物有可能缺氮（图 5-7）。作物缺氮时，由于蛋白质合成受阻，导致蛋白质和酶的数量下降；又因叶绿体结构遭破坏，叶绿素合成减少而使叶片黄化。这些变化致使植株生长过程延缓。

苗期：由于细胞分裂减慢，苗期植株生长受阻而显得矮小、瘦弱，叶片薄而小。禾本科作物表现为分蘖少，茎秆细长；双子叶作物则表现为分枝少。

后期：若继续缺氮，禾本科作物则表现为穗短小，穗粒数少，籽粒不饱满，并易出现早衰而导致产量下降。许多作物在缺氮时，自身能把衰老叶片中的蛋白质分解，释放出氮素并运往新生叶片中供其利用。氮素是可以再利用的元素，在韧皮部移动性强，因此，作物缺氮的显著特征是植株下部叶片首先褪绿黄化，然后逐渐向上部叶片扩展。

作物缺氮不仅影响产量，而且使产品品质也明显下降。供氮不足致使作物产品中的蛋白质含量减少，维生素和必需氨基酸的含量也相应地减少。

图 5-7　不同作物缺氮症状

A. 玉米缺氮；B. 小麦缺氮；C. 番茄缺氮；D. 大豆缺氮

(二)氮素过多的危害

供应充足的氮素能促使植物叶片和茎加快生长，然而必须有适量的磷、钾和其他必需元素的存在，否则氮素再多也是不可能增产的。

氮素供应不足会改变光合产物在根冠间的分配比例，光合产物向根系分配比例提高，增加植物根冠比；但是供氮过多会抑制根系的发育（图 5-8）。

在植物生长期间，供应适量的氮素能促进植株生长发育，并获得高产。但是如果整个生长季中供应过多的氮素，常导致作物贪青晚熟。在某些无霜期短的地区，作物常因氮素过多造成生育期延长，遭受早霜的严重危害。

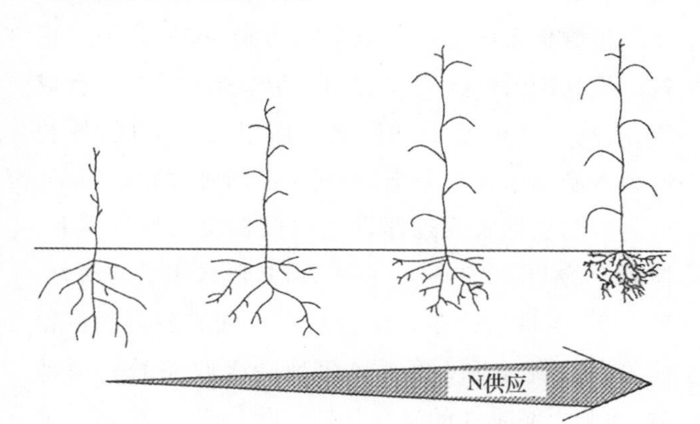

图 5-8 不同供氮水平对植物根和地上部生长的影响
（引自：Marschner，2012）

大量供应氮素常使细胞增长过大，细胞壁薄，细胞多汁，植株柔软，易受机械损伤和病菌侵袭。此外，过多的氮素还要消耗大量碳水化合物，这些都会影响作物的产品品质。过量氮肥能诱发各种真菌类的病害，例如大麦褐锈病（*Puccinia hordei*）、水稻褐斑病（*Helminthossporium oryzae*）、小麦赤霉病（*Fusarium graminearum*）等。这种危害在磷、钾肥用量低时则更为严重。但也有相反的情况，如玉米叶枯病，在提高氮肥用量时，病害却有减轻的趋势。

对叶菜类蔬菜来说，施用适量氮肥可使组织柔软、新鲜脆嫩，外观受欢迎。但对于大白菜和某些水果来说，过量施氮则会降低其储存和运输的品质。

氮素供应过多还会使谷类作物叶片肥大，相互遮阴，碳水化合物消耗过多，茎秆柔弱，容易倒伏而导致减产。棉花常因氮素过多而生长不正常，表现为株型高大，徒长，蕾铃稀少而易脱落。甜菜块根的产糖率也因含氮量过高而下降。

含氮量高的植物具有细胞多汁的特点，这对纤维作物来说是不利的。例如对大麻供氮过多，则表现为生物量虽有增加，但纤维产量减少，细胞壁薄，纤维拉力降低。大量施用氮肥还会提高体内硝酸盐的含量，而硝酸盐过多却对人的健康产生威胁。

第二节 磷

磷是植物生长发育不可缺少的营养元素之一，它既是植物体内许多重要有机化合物的组分，同时又以多种方式参与植物体内各种代谢过程。磷对作物高产及保持品种的优良特性有重要作用。

一、植物体内磷的含量与分布

植物体的含磷量相差很大，一般为干物重的0.2%～1.1%，而大多数作物的含量在0.3%～0.4%。其中大部分是有机态磷，约占全磷量的85%，而无机态磷仅占15%左右。有机态磷主要以核酸、磷脂和植酸盐等形态存在；无机态磷主要以钙、镁、钾的磷酸盐（PO_4^{3-}；Pi）形态存在，它们在植物体内均有重要作用。新叶中有机态磷含量较高，而老叶中则含无机态磷较多。虽然植物体内无机磷所占比例不高，但从它的含量变化能反映出植株磷营养的状况。植物缺磷时，常表现出组织（尤其是营养器官）中无机磷的含量明显下降，而有机态磷含量变化较小。

作物种类不同，含磷量也有差异，且因作物生育期和器官不同而有变动。一般的规律是：油料作物含磷量高于豆科作物，豆科作物高于谷类作物；生育前期的幼苗含磷量高于后期老熟的秸秆；就器官来说，则表现为幼嫩器官中的含磷量高于衰老器官，繁殖器官高于营养器官；种子高于叶片，叶片高于根系，根系高于茎秆。

磷在细胞及植物组织内的分布有明显的区域化现象。植物细胞及组织内复杂的膜系统，将细胞和组织分隔成不同的区域。在不同区域内磷存在的形式不同。通常大部分无机态磷（Pi）存在于液泡中，只有一小部分存在于细胞质和细胞器内。Raven（1974）研究了巨藻吸磷数量与细胞质及液泡中无机磷变化的关系，10%的无机态磷在细胞质内，90%则存在于液泡中，而且液泡中磷的数量随巨藻吸磷时间的延长而不断地增加（图 5-9）。

现已证明，在高等植物具有液泡的细胞中存在两种主要的磷酸盐代谢库。在以细胞质为代表的代谢库中，磷酸酯占优势，而在以液泡为代表的非代谢库中，Pi 是主要组分。Rebeill 等的报道说明，在供磷适宜的植株中，85%～95%的 Pi 存在于液泡中；中断供磷时，液泡中 Pi 的浓度迅速下降，而胞液（代谢区）中 Pi 的浓度却变动不大，仅仅从 6 mmol/L 降到 3 mmol/L 左右。植物缺磷时，其生长状况受液泡释放磷酸盐速率的控制。由于液泡释放无机磷的速率往往很慢，当中断供磷时，植物生长很快就受到抑制。

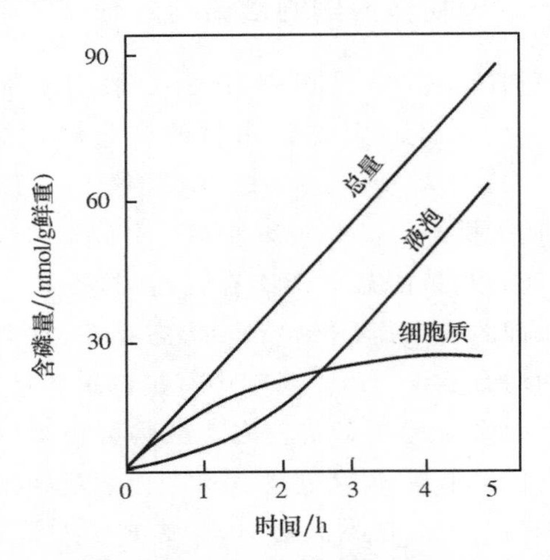

图 5-9 巨藻(Hydrodictyon)细胞和液泡中无机态磷浓度的变化(引自：Raven,1974)

磷在植物体内的分布和运转与植物的代谢和生长中心转移有密切关系。磷多分布在含核蛋白较多的新芽和根尖等生长点中，并常向生长发育旺盛的幼嫩组织中转移，表现出明显的顶端优势，即当作物形成幼嫩的组织时，磷就向新生组织中运转。当作物成熟时，大部分磷酸盐则向种子或果实中运输。在植物体内，磷是转运和分配能力很强的元素。

植物体中磷的分布明显受供磷水平的影响。当植株缺磷时，根系保留其所吸收的大部分磷，地上部发育所需的磷主要靠茎叶中磷的再利用；供磷适宜的植株内，根系仅保留其所吸收磷的一小部分，大部分磷则运往地上部，在生殖器官发育时，茎叶中的大部分磷可再利用；供磷水平高时，根吸收的磷大部分在茎叶中积累，直到植株衰老时，大部分磷仍保留在茎叶中。

二、作物对磷的吸收、运输和利用

(一)吸收

土壤溶液中的磷浓度为 0.5～2 μmol/L，而木质部汁液含磷量为 0.4 mmol/L，是土壤中磷的浓度的 400 倍。同样，根细胞中磷酸盐的浓度显著高于土壤溶液中的磷，说明植物根系能逆浓度梯度主动吸收磷酸盐。植物吸收磷的主要形态是不同的磷酸根（$H_2PO_4^-$、HPO_4^{2-}、PO_4^{3-}），偏好于吸收 $H_2PO_4^-$。

植物根系主要在根毛区吸收磷，这是因为大量根毛提高磷的吸收面积，且根毛区的木质部发育成熟，有利于磷向地上部运输。而根尖分生区、伸长区因木质部未发育完全，不利于磷的吸收和运输。

磷的主动吸收过程发生在根表皮细胞质膜上。质膜上的 H^+-ATPase 水解 ATP 形成质子驱动力，$H_2PO_4^-$ 与磷转运蛋白结合后进入细胞膜内。植物体内存在高亲和、低亲和两种磷吸收系统。缺磷时，质膜上高亲和的磷酸盐转运蛋白转运磷（K_m 值在 μmol/L 范围）；磷充足时，低亲和的磷酸盐转运蛋白转运磷（K_m 值在 mmol/L 范围）。负责根系吸收磷的是 PHT1 磷转运蛋白家族。这类磷转运蛋白一般由 12 个跨膜结构域组成，属于 $H_2PO_4^-/H^+$ 共转运蛋白(图 5-10)。PHT1 家族的磷转运蛋白大多数在根系中表达，受缺磷诱导。目前，在小麦、水稻、玉米、番茄、土豆、大豆等植物中，已鉴定出来编码 PHT1 家族的磷转运蛋白基因。此外，在叶绿体和线粒体等细胞器的被膜上，同样鉴定到磷转运蛋白家族成员，介导磷从细胞质向这些细胞器中的转运。依据功能和亚细胞定位特征，植物中的磷转运蛋白大体划分为 PHT2、PHT3、PHT4 和 PHT5 家族。

(二)运输

根系吸收的磷酸盐进入细胞后迅速参与代谢过程，并通过共质体途径运输到内皮层后装载进入木质部，然后磷向地上部运输，供给植株生长。研究表明，磷酸盐转运蛋白 PHO1 负责无机磷向木质部装载，其主要在中柱鞘和木质部薄壁细胞中表达(Hamburger et al.，2002)。在木质部导管中运输的磷绝大部分是无机态磷酸盐，有机磷含量极少；韧皮部中的磷包括无机磷和有机磷。

植物体内磷的移动性较大，可以通过韧皮部双向运输，在某些情况下，向地上部运输的磷中，约有 50％以上的磷可通过韧皮部再转移至植物体内其他部位，尤其是快速生长的器官。大麦根基部吸收磷酸盐后，其被转移到根尖和植物顶部。同时，新叶中的磷一部分来自根系吸收的磷酸盐，另一部分来自老叶中有机磷释放出的无机态磷。在成熟期，禾谷类作物中60%～85%的磷素转移至籽粒。大豆籽粒开始形成后，由根部吸收供应的磷大约占总磷量的45%，其余磷来源于营养器官的再利用。

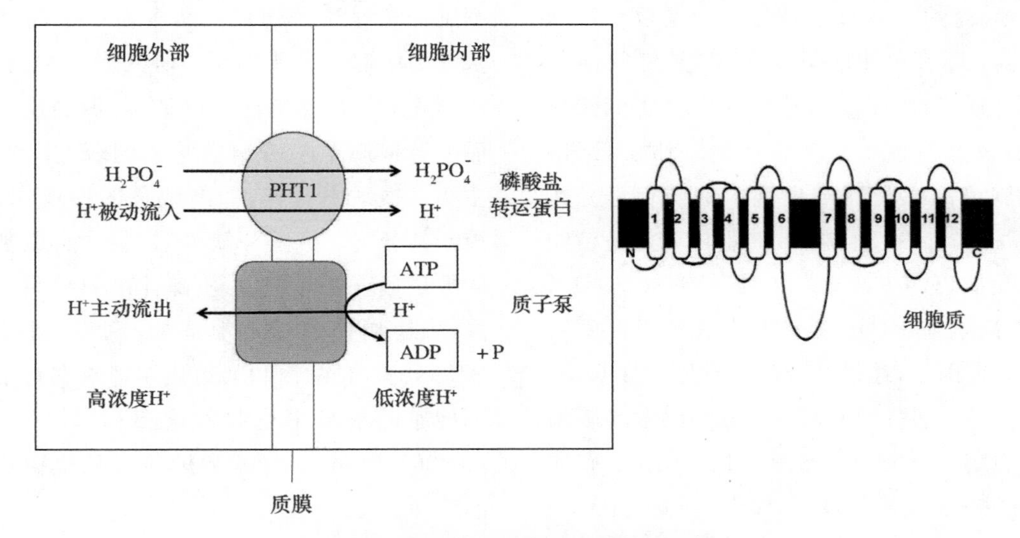

图 5-10　磷酸盐跨质膜的吸收机制示意图

(三)利用

尽管植物细胞中的含磷化合物存在着分隔现象，但植物各部位和不同形态的磷可以相互转化和调节。磷进入细胞以后，一部分用于合成磷脂、DNA和RNA；一部分用于合成能量物质ATP；一部分以无机磷形态存在于液泡中。植物细胞中的无机磷主要储存于液泡当中，液泡中磷素的储存和输出对于维持植物中的磷素平衡和植物的生长发育非常重要。当外界磷素充足时，植物吸收的大部分无机磷会储存在液泡中；当外界磷素缺乏时，液泡储存的无机磷会被释放到胞质中供植物利用。目前已经发现SPX－MFS家族的磷转运蛋白可能参与了液泡无机磷的运输。

成熟叶片所需要的养分，主要靠蒸腾作用将根系吸收的养分经木质部运输到地上部，再通过茎节将养分运输分配到不同的叶片中。由于未展开的新生叶片的蒸腾作用较弱，因此，新叶所需要的养分主要源于老叶中养分的再利用。植物叶片中的磷库大致可分为4个主要组分，即无机磷(Pi)、磷酸酯类磷(phosphorus esters)、脂质磷(phosphorus lipids)和核酸磷(nucleic acids)。各磷库的大小依次为无机磷＞核酸磷＞脂质磷＞磷酸酯类磷(图5-11)。在叶片中，核糖体RNA磷占总磷含量的约30%，核糖核酸酶(RNase)水解衰老叶片中的核糖体RNA，释放出的磷运输到新叶，供给植物生长。与新叶相比，在老叶中磷脂的含量较低，但双半乳糖甘油二酯、硫代异鼠李糖甘油二酯含量较高，释放出的磷供给新叶的生长。

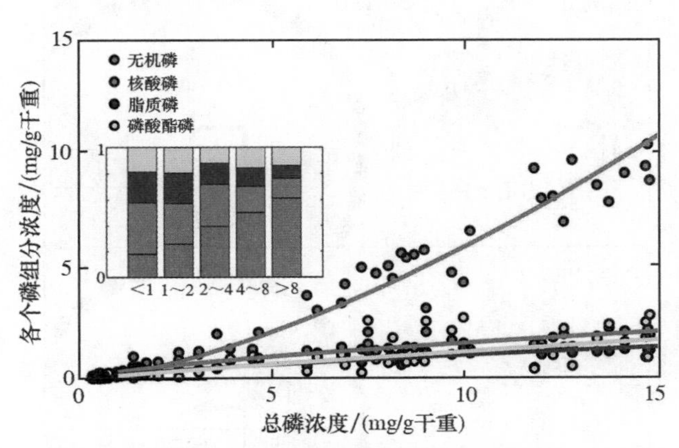

图 5-11　植物叶片不同磷组分浓度变化

(引自：Veneklaas et al.，2012)

(四)植物对磷的信号感知

土壤中的磷易被固定、磷扩散系数低(为10^{-10}～10^{-8} cm^2/s)。为了获取土壤中的磷，植物进化出了一套精密的信号感知系统。首先，根系感受细胞外磷水平的变化，然后通过木质部将信号传递给叶片，叶片感受到根传递的信号后，通过韧皮部再将信号传递到茎的顶端及根系中，调节根系对磷的吸收，以及植株生长发育。

植物根尖是感受缺磷的部位。目前认为，植物通过两条途径感受介质中的磷水平，一是位于根细胞膜的感受器，其感受外部磷水平；二是细胞内的传感器，感受内部磷水平。当植物根尖处于低磷环境时，位于质膜上的感受器就会产生或激发信号，然后根尖细胞内的感受器产生胞内缺磷信号。在水稻和拟南芥中，含 SPX 结构域的蛋白可能是植物体内的磷感受器（Puga et al.，2014；Wang et al.，2014）。磷饥饿响应 PHR 在植物磷信号调控网络中作为中心调控因子，通过结合顺式作用元件 P1BS 调控植物磷信号。肌醇焦磷酸盐（InsP）的含量随细胞内磷水平的变化而变化。如图 5-12 所示，供磷充足时，InsP 直接结合磷的受体 SPX，促进 SPX 和 PHR 的相互作用，以抑制 PHR 对缺磷响应基因的激活；缺磷时，InsP 含量降低，SPX4 不能和 PHR 结合，PHR 结合到 P1BS 位点，激活缺磷响应基因的表达，启动植物对低磷胁迫的应答机制。

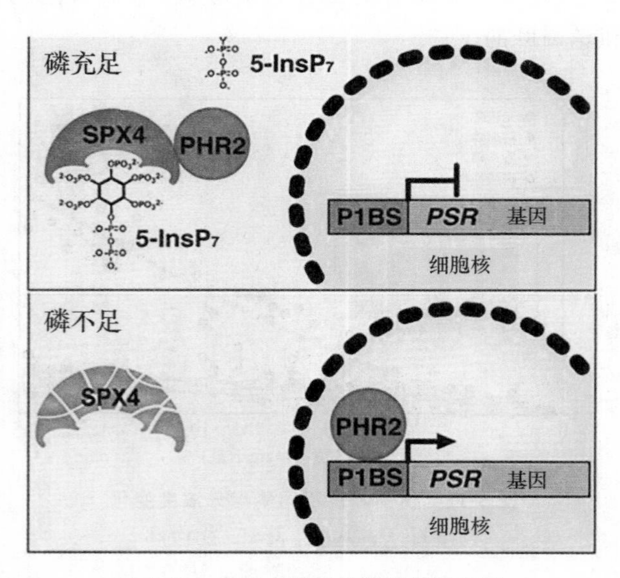

图 5-12　细胞内磷信号的感知示意图

（引自：Ham et al.，2018）

SPX（SYG1/Pho81/XPR）；PHR2（Phosphate Starvation Response 2，磷饥饿响应）；P1BS（PHR1 binding site，PHR1 结合位点），InsP（inositol pyrophosphate，肌醇焦磷酸盐）

植物体内的缺磷信号物质主要包括激素、糖、miRNA 等。植物根尖感知磷信号并传递到叶片，细胞分裂素和独脚金内酯等在根系向叶片的磷信号网络中起着重要作用。研究表明，细胞分裂素抑制植物对缺磷的响应。例如，外源施用细胞分裂素后显著抑制了缺磷响应基因的表达。独脚金内酯主要在根系中合成，抑制腋芽的形成和发育，从而控制其分支。拟南芥缺磷时，根内合成独脚金内酯的数量显著上升，在木质部汁液中检测到独脚金内酯，最终调控植株地上部的分枝。韧皮部转运的 RNAs、蛋白质、糖和其他代谢产物在地上部到地下部传递的信号中也起着重要作用。研究发现，由 miR399 和 miR827 介导磷信号从植物地上到地下的传递。

（五）影响植物吸收磷的主要因素

植物吸收磷受很多因素的影响。其中有植物生物学特性和环境条件两个方面，尤其是植物的吸收能力。

1. 作物特性

不同植物种类，甚至不同的栽培品种，对磷的吸收都有明显的影响。例如，植物根系形态不同，根系改变局域土壤 pH 的能力也不相同。不同植物的根系，其密度、形状、结构等特性都有差异，因此吸收能力明显不同，尤其是土壤溶液中磷浓度很低时，更是如此。根毛对植物吸收磷有明显作用，洋葱因为没有根毛，其吸磷能力就比较弱。油菜的根系并不发达，也不能感染菌根，但它吸磷的能力却较强。究其原因，是油菜在缺磷的情况下，根系能自动调节其阴阳离子吸收的比例，使根际土壤酸化，从而提高土壤溶液中磷的浓度（表 5-1）。

许多植物的根系具有分泌 H^+ 和有机酸的能力。最典型的例子是白羽扇豆，它除了能分泌 H^+ 外，还能分泌大量的有机酸，如柠檬酸，能螯合铁、铝离子，从而提高了根际土壤磷的有效性。白羽扇豆在缺磷时，还能形成排根，通过扩大根系表面积以增加对磷的吸收。

表 5-1　在缺磷土壤上油菜生长及根际 pH 和土壤溶液中磷浓度的变化

油菜株龄/d	干重/(g/盆)	磷浓度/(μmol/L)	根际 pH	吸收阳/阴离子比例
0	—	5.17	6.1	
7	0.16	2.56	6.3	阳离子＜阴离子
14	0.89	0.82	6.5	阳离子＜阴离子
20	1.89	1.40	5.3	阳离子＞阴离子
28	3.69	2.47	4.3	阳离子＞阴离子

* 以 $Ca(NO_3)_2$ 为氮源。(引自:Grinsted et al.,1982)

2. 土壤供磷状况

植物主要是利用土壤中的无机态磷。虽然植物可吸收少量有机态磷,然而,有机磷必须转化为无机态磷后才能被植物吸收。土壤溶液中磷酸根离子的浓度很低,其移动方式主要靠扩散作用。扩散作用则与土壤固相-液相以及液相-液相之间的平衡有关。影响磷酸根离子扩散的因素很多,除磷酸根离子浓度外,其他因素如土壤的温度、水分、质地、孔隙度和黏粒矿物种类等均影响磷的扩散系数。通常温度升高、水分增加、土壤松散均有利于无机磷的扩散作用。

3. 菌根

菌根能增加植物吸磷的能力。菌根根外庞大的菌丝扩大了根系的吸收面积,菌丝对磷酸盐亲和力较高,此外菌根菌丝分泌质子和有机酸阴离子也能促进难溶性磷的溶解,磷酸酶则能矿化土壤中的有机磷。不同植物对菌根依赖性不同,例如,小麦对菌根真菌依赖性较低,玉米为菌根依赖性较高的作物。除宿主植物外,菌根对植物磷吸收的贡献与土壤磷的供应强度密切相关,低磷时菌根促生,反之高磷时抑制植物生长。

4. 环境因素

环境条件中以温度和水分的影响最为明显。土壤温度是影响根系吸收磷的重要因素。在一定范围内(10～40℃),提高土温可增加植物对磷的吸收。土温升高后,不仅土壤溶液中的磷扩散速度加快,而且根和根毛生长速度也相对加快,根的呼吸作用明显加强,这些均有利于促进植物对磷的吸收。增加水分促进了磷在土壤中的扩散,提高磷的生物有效性。

5. 养分的相互关系

磷与氮在植物吸收和利用方面有相互影响。施用氮肥常能促进植物对磷的吸收利用。因为磷参与氮代谢、硝酸盐还原、氨的同化以及蛋白质合成。氮磷配合施用可促进植物生长得更好,反过来又促进植物吸收更多的氮和磷。

三、磷的营养功能和磷与品质的关系

(一)磷的营养生理功能可归纳为以下几个主要方面

1. 构成大分子物质的结构组分

磷酸是许多大分子结构物质的桥键物,它的作用是把各种结构单元连结到更复杂的或大分子的结构上。磷酸与其他基团连接的方式有:

(1)通过羟基酯化,与 C 链相连,形成简单的磷酸酯(C-O-P),例如糖磷酸酯。

(2)通过高能焦磷酸键(P～P)与另一磷酸相连,例如 ATP 的结构就是高能焦磷酸键与另一磷酸相连的形式。

(3)以磷酸双酯的形式(C-P-C)桥接,形成一个桥接基团,有较高的稳定性。这在生物膜的磷脂中很常见。所形成的磷脂一端是亲水性的,一端是亲脂性的。

2. 多种重要化合物的组分

由磷酸桥接所形成的含磷有机化合物,如核酸、磷脂、三磷酸腺苷(ATP)、植酸等,在植物代谢过程中都有重要作用。

(1)核酸　磷作为大分子结构的组分,它的作用在核酸中体现得最突出。核糖核苷单元之间都是以磷酸盐作为桥键物构成大分子物质：

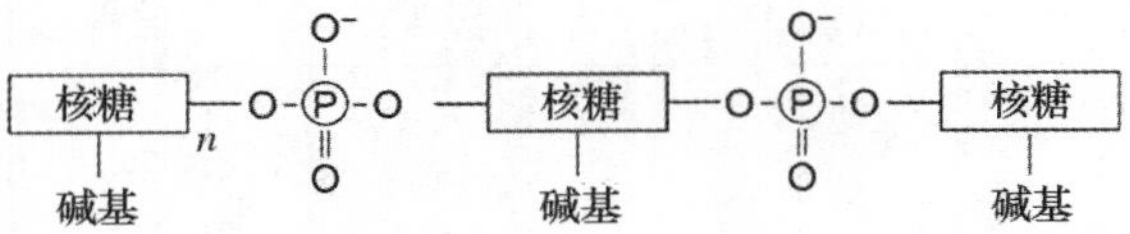

核糖 碱基 核糖 碱基 核糖 碱基

核酸在植物个体生长、发育、繁殖、遗传和变异等生命过程中起着极为重要的作用。所以磷和每一个生物体都有密切关系。RNA 中磷占总磷的比例随组织不同而不同。在伸展叶片中的磷浓度高于成熟叶片和衰老叶片，主要用于蛋白的快速合成。

（2）磷脂　生物膜是由磷脂和糖脂、胆固醇、蛋白质以及糖类构成的。生物膜具有多种选择性功能，它对植物与外界介质进行物质、能量和信息交流有控制和调节的作用。在生物膜中，胺胆碱常常是主要的磷酸二酯的桥联组分，形成磷脂酰胆碱（卵磷脂）：

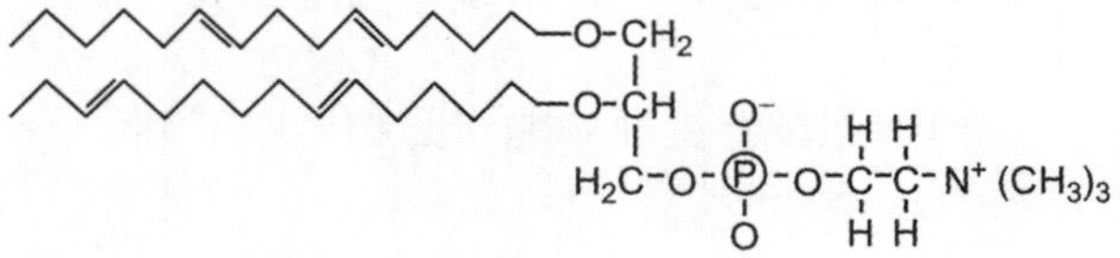

磷脂酰胆碱

磷脂的功能与其分子结构有关。磷脂分子中具有亲脂性区域（由两个长链脂肪酸部分组成）和亲水性区域；在脂质与水界面处，磷脂分子亲水端朝外，从而形成稳定结构。亲水性区域的电荷，在生物膜表面和周围介质中的离子之间的相互作用中起重要作用。带电离子被亲水性区域的电荷吸引或排斥。

（3）植酸盐　植酸盐是植酸的钙、镁盐或钾、镁盐，而植酸是肌醇（环己六醇）通过羟基酯化而生成的六磷酸肌醇。

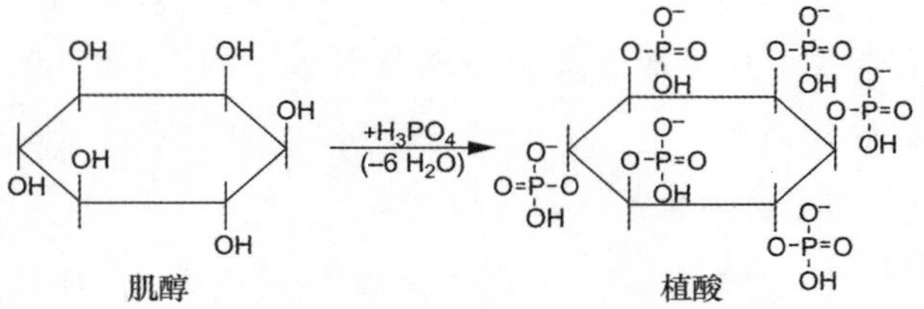

$\xrightarrow[(-6\,H_2O)]{+H_3PO_4}$

肌醇　　植酸

植酸盐在植物种子中含量较高，是植物体内磷的一种储存形式。植酸盐的合成控制着种子中无机磷的浓度，并参与调节籽粒灌浆和块茎生长过程中淀粉的合成。当作物接近成熟时，大量磷酸化的葡萄糖开始逐步转化为淀粉，并把无机磷酸盐释放出来。然而，大量无机磷酸盐的存在将影响淀粉进一步合成，而植酸盐的形成则有利于降低无机磷的浓度，保证淀粉能顺利地继续合成。大多数植酸存在于禾谷类作物籽粒的糊粉层中，而玉米则是存在于胚芽中。从图 5-13 可以看出，水稻籽粒发育过程无机磷和植酸态磷的变化，水稻开花后，籽粒中植酸态磷迅速增加，而无机磷始终保持较低水平。植酸的形成和积累有重要意义，它既有利于淀粉的合成，又可为后代储备必要的磷源。

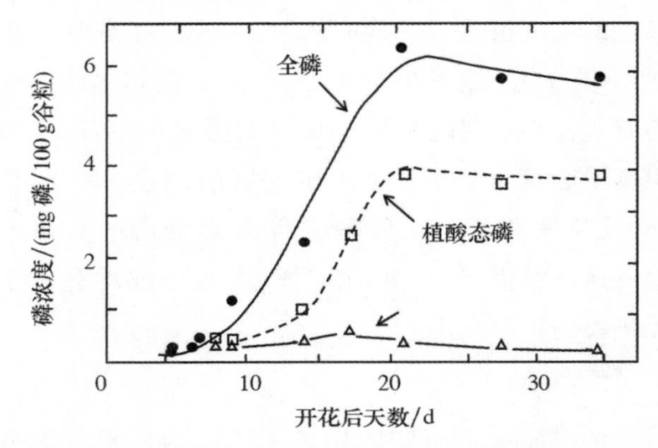

图 5-13　水稻籽粒发育过程中，籽粒中无机磷和植酸态磷含量的变化（引自：Ogawa et al.，1979）

植酸盐在种子发芽过程中的作用是十分明显的。在作物幼苗生长期间，胚需要多种矿质养分，其中磷是合成生物膜和核酸所必需的。从表 5-2 可以看出，在种子萌发的最初 24 h 内，植酸盐中释放的磷主要结合为磷脂，这表明膜的重建。生物膜是细胞内分隔化、以及植物具有选择性的基础，对调节体内代谢作用至关重要，是植物与外界环境物质、能量和信息交流的主要屏障。Pi 和磷脂的提高反映了种子的呼吸作用强烈，磷酸化等作用的开始。随着植酸盐的进一步降解，最后出现了 RNA 和 DNA 磷的增加，这表明细胞分裂与蛋白质合成加强。有资料表明，植酸盐的降解常常受到 Pi 浓度的控制，当 Pi 浓度高时，植酸酶活性下降，植酸盐降解速率降低。

表 5-2　在发芽期间水稻种子中磷组分的变化

发芽时间/h	磷(P)组分/(mg/g 干重)				
	植酸盐	磷脂	无机磷	磷酸酯	RNA+DNA
0	2.67	0.34	0.24	0.078	0.058
24	1.48	1.19	0.64	0.102	0.048
48	1.06	1.54	0.89	0.110	0.077
72	0.80	1.71	0.86	0.124	0.116

引自：Mukherji et al.，1971。

(4)三磷酸腺苷(ATP)　磷通过高能焦磷酸键(P～P)与另一磷酸相连。例如，ATP(腺嘌呤三磷酸)的结构就是高能焦磷酸键与另一磷酸相连的形式：

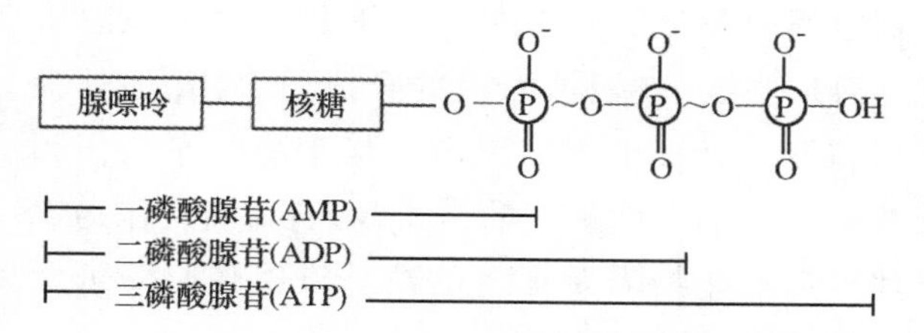

ATP 就是含有高能焦磷酸键的高能磷酸化合物，是细胞中代谢能量的主要形式。这种键水解时，每摩尔 ATP 可释放出约 30 kJ 的能量。ATP 和 ADP 之间的转化伴随有能量的释放和储存，因此 ATP 可视为能量的中转站。在植物体内，ATP 数量虽少，但合成速率快。细胞中能量转化过程，如呼吸作用、光合作用都涉及 ATP。ATP 储存的能量还可以用于生物合成、养分吸收等，例如 ATP 是淀粉合成时所必需的。在有机物合成过程的磷酸化反应中，此能量随着磷酰基转移并活化另外一种化合物，使该化合物活化：

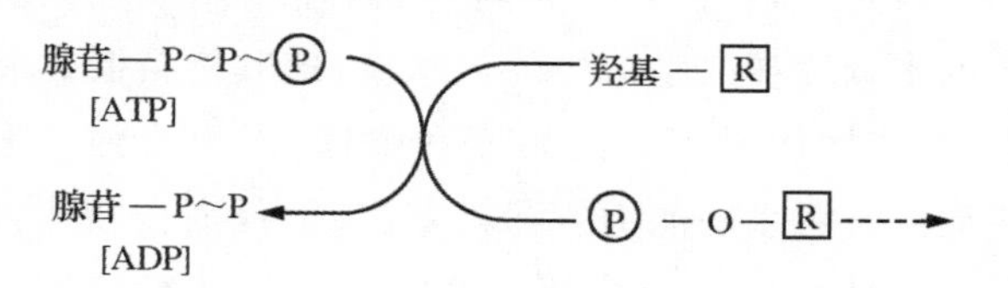

除 ATP 以外，在细胞内还有结构与 ATP 相似的三磷酸尿苷(UTP)、三磷酸鸟苷(GTP)和三磷酸胞苷(CTP)等高能磷酸化合物。三磷酸尿苷是合成蔗糖和胼胝质所需要的，三磷酸鸟苷是合成纤维素所必需的，而三磷酸胞苷是脂类生物合成专一的能量载体。在一些磷酸化反应中，富含能量的无机焦磷酸(PPi)被释放，并且腺苷(或尿苷)部分保持附着于底物：

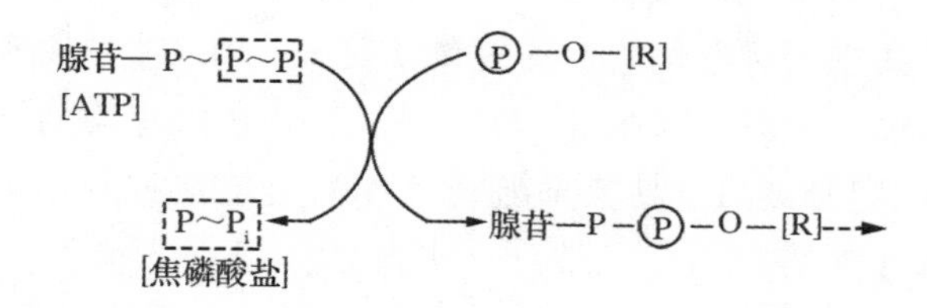

细胞 PPi 的浓度约为每克鲜重 100～200 nmol，相当于 ATP 的浓度。植物体内主要的生物合成途径中都会释放 PPi，在叶绿体中淀粉形成过程中，以及在细胞质中形成蔗糖过程中均会有 PPi 的释放(图 5-14)。植物体代谢过程中许多的酶都可以利用 PPi，例如，UDP-葡萄糖磷酸化酶、液泡膜的质子泵无机焦磷酸酶。在叶片中，细胞质和叶绿体基质中的 PPi 浓度相似，并在光暗周期中保持稳定。

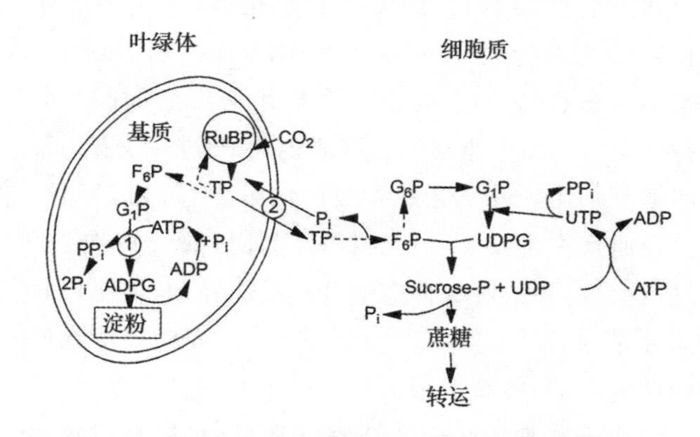

图 5-14　在叶片细胞中，磷在淀粉合成和碳水化合物运输中的参与和调节作用

①ADP-葡萄糖焦磷酸酶：调节淀粉合成速率，被 Pi 抑制，被 PGA 促进。②磷酸盐转运蛋白：调节从叶绿体中释放的光合产物。TP：磷酸丙糖；F_6P：果糖-6-P；G_6P：葡萄糖-6-P(引自：Walker，1980)

蛋白质磷酸化是调节和控制蛋白质活力和功能的最基本和最重要的机制。ATP、GTP 或 ADP 介导的酶蛋白磷酸化是高能磷酸化合物调节酶活性的另一种机制：

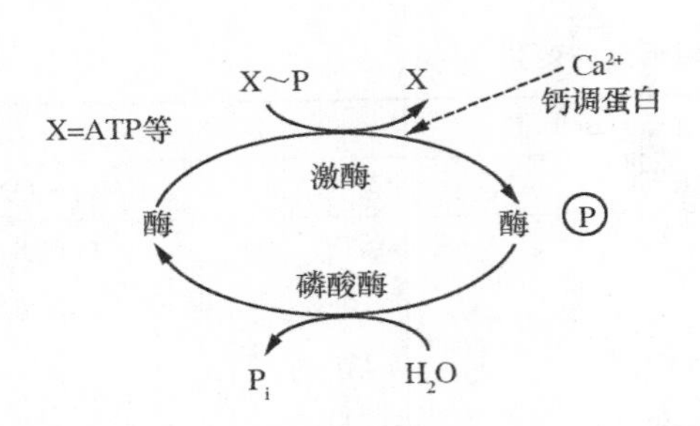

这一过程由蛋白激酶介导，并可导致靶蛋白变构，蛋白质性质的活化、失活。去磷酸化通常是由磷酸酶催化的水解反应。PEP 羧化酶是 C3 和 C4 植物中受磷酸化调节的关键酶之一。在 C4 植物和 CAM 植物中，磷酸化作用增强了 PEP 羧化酶的活性，同时该酶受高苹果酸盐浓度的负反馈控制而敏感性降低。

3. 参与体内的代谢

(1)碳水化合物代谢　在光合作用中，光合磷酸化作用必须有磷参加；光合产物的运输也离不开磷。在碳水化合物代谢中，许多物质都必须首先进行磷酸化作用。Pi 在光合作用和碳水化合物代谢中有很强的操纵能力。Pi 浓度高时，植物固碳总量受到抑制。己糖和蔗糖合成的初始反应需要高能磷酸盐(ATP 和 UTP)。韧皮部负载中的蔗糖-质子协同运输对 ATP 的需要量也很高，叶片中碳水化合物代谢及蔗糖运输也受磷的调控(图 5-14)。当供磷充足时，叶绿体中光合作用所形成的磷酸丙糖(TP)，大部分能与细胞溶质内的 Pi 进行交换，TP 转移到细胞质中，经一系列转化过程可形成蔗糖，并及时运往生长中心；当供磷不足时，缺少 Pi 与 TP 进行交换，导致叶绿体内的 TP 不能外运，进而转化为淀粉，存留在叶绿体内(图 5-14)。淀粉只能在叶绿体内降解，降解后形成的 TP 才可运出叶绿体。

作为细胞壁结构的纤维素和果胶，其合成也需要磷参与。此外，碳水化合物的转化也和磷有密切关系。蔗糖是植物体内普遍存在的一种双糖，它是高等植物体内糖类长距离运输的主要形式。蔗糖的合成也离不开磷酸化和 ATP。此外，蔗糖与淀粉之间也经常相互转化。例如，粮食作物的种子，在成熟过程中，需要把叶片中运输来的蔗糖在种子内转化为淀粉储藏起来；而在种子萌发时，又把淀粉转化为蔗糖，运往生长中心，供幼苗利用。上述过程都与磷有密切关系。

(2)氮素代谢　磷是氮素代谢过程中一些重要酶的组分。例如，磷酸吡哆醛是氨基转移酶的辅酶，通过氨基转移作用可合成各种氨基酸，将有利于蛋白质的形成。硝酸还原酶也含有磷。磷能促进植物更多地利用硝态氮，磷也是生物固氮所必需的。豆科作物缺磷时，根部不能获得足够的光合产物，从而影响根瘤的固氮作用。氮素代谢过程中，无论是能源还是氨的受体都与磷有关。能量来自 ATP，氨的受体来自与磷有关的呼吸作用。因此，缺磷将使氮素代谢明显受阻。

(3)脂肪代谢　脂肪代谢同样与磷有关。脂肪合成过程中需要多种含磷化合物(图 5-15)。此外，糖是合成脂肪的原料，而糖的合成，糖转化为甘油和脂肪酸的过程中都需要磷。与脂肪代谢密切相关的辅酶 A 就是含磷的酶。实践证明，油料作物比其他种类的作物需要更多的磷。施用磷肥既可增加产量，又能提高产油率。

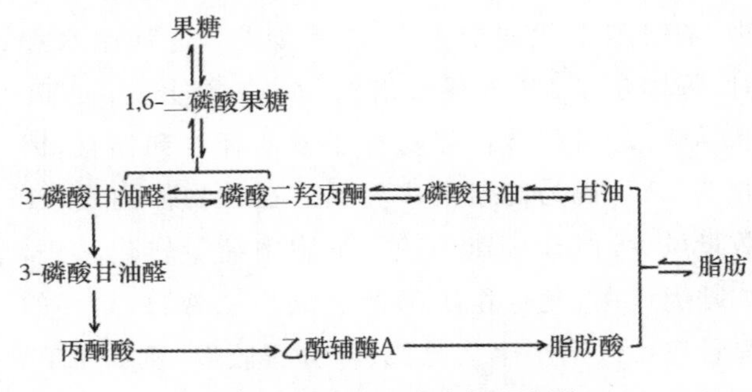

图 5-15　脂肪合成途径示意图

4. 提高作物抗逆性和适应能力

(1)抗旱和抗寒　①抗旱：磷能提高原生质胶体的水合度和细胞结构的充水度，使其维持胶体状态，并能增加原生质的黏度和弹性，因而增强了原生质抵抗脱水的能力。②抗寒：磷能提高作物体内可溶性糖和磷脂的含量。可溶性糖能使细胞原生质的冰点降低，磷脂则能增强细胞对温度变化的适应性，从而增强作物的抗寒能力。越冬作物增施磷肥，可减轻冻害，安全越冬。

(2)缓冲性　施用磷肥能提高植物体内无机态磷酸盐的含量，有时其数量可达到含磷总量的一半。这些磷酸盐主要是以磷酸二氢根($H_2PO_4^-$)和磷酸氢根(HPO_4^{2-})的形式存在。它们常形成缓冲系统，使细胞内原生质具有抗酸碱变化的缓冲性。当外界环境发生酸碱变化时，原生质由于有缓冲作用仍能保持在比较平稳的范围内，这有利于作物的正常生长发育。

磷酸二氢钾遇碱能形成磷酸氢二钾，从而减缓了碱的干扰；而磷酸氢二钾遇酸能形成磷酸二氢钾，减少酸的干扰。其反应如下：

$$KH_2PO_4 + KOH \rightarrow K_2HPO_4 + H_2O$$

$$K_2HPO_4 + HCl \rightarrow KH_2PO_4 + HCl$$

这一缓冲体系在 pH 为 6～8 时缓冲能力最大，因此在盐碱地上施用磷肥可以提高作物抗盐碱的能力。

(二)磷肥与品质的关系

与植物产品品质有关的磷化物有无机磷酸盐、磷酸酯、植酸和核蛋白。适量的磷肥对作物品质有如下作用：

1. 提高农产品中的总磷量

饲料中含磷(P)量达 0.17%～0.25%时才能满足动物的需要，含磷量不足会降低母牛的繁殖力。P/Ca 比对人类健康的重要性远远超过了 P 和 Ca 单独的作用。

2. 增加作物绿色部分的粗蛋白质含量

磷能促进叶片中蛋白质的合成，抑制叶片中含氮化合物向穗中的转运。磷还能促进植物生长，提高产量，从而对氮产生稀释效应。因此，只有氮磷比例恰当时，才可提高籽粒中蛋白质的含量。

3. 促进蔗糖、淀粉、脂肪的合成

磷能提高蛋白质合成速率，其提高蔗糖和淀粉合成速率的作用更大。作物缺磷时，淀粉和蔗糖含量相对降低，但谷类作物后期施磷过量，对淀粉合成不利。脂肪合成过程中甘油和脂肪酸的合成都需要磷，施用磷肥对提高油料作物产量和种子含油量具有明显的促进作用。

4. 改善蔬菜上市表观、果实大小、耐储运、味道特性等

适量施磷可以提高马铃薯块茎质量，磷肥供应不足时，形成的块茎较小；磷肥过多则易造成块茎裂口或块茎畸形。磷肥还能提高果菜类蔬菜的含糖量，改善其酸度，使上市的蔬菜更鲜美、漂亮，提高商品档次。

四、植物对缺磷和过量供磷的反应

(一)缺磷

由于磷是许多重要化合物的组分，并广泛参与各种重要的代谢活动，因此缺磷的症状相当复杂(图 5-16)。缺磷对植物光合作用、呼吸作用及生物合成过程都有影响，对代谢的影响必然会反映在植物生长上。从另一个角度来看，供磷不足时，RNA 合成降低，并影响蛋白质的合成。缺磷使细胞分裂迟缓，新细胞难以形成，同时也影响细胞伸长，这明显影响植物的营养生长。在外形上，植物生长延缓，植株矮小，分枝或分蘖减少。在缺磷初期叶片常呈暗绿色，这是由于缺磷的细胞其伸长受影响的程度超过叶绿素所受的影响，因而缺磷植物的单位叶面积中叶绿素含量较高，但其光合作用的效率很低，表现为结实状况很差。缺磷的果树，花芽分化率低，开花和发育慢而弱，果实质量也差。缺磷果树的叶片常呈褐色，易过早落果。

图 5-16　不同作物缺磷症状

A. 玉米缺磷；B. 番茄缺磷；C. 甜菜缺磷；D. 生菜缺磷

植物缺磷的症状常首先出现在老叶上，因为磷的再利用程度高，缺磷时植物老叶中的磷可运往新生叶片中被再利用。缺磷的植株，由于体内碳水化合物代谢受阻，有糖分积累，从而易形成花青素(糖苷)。许多一年生植物(如玉米)的茎常出现典型的紫红色症状。豆科作物缺磷时，由于光合产物的运

输受到影响，其根部得不到足够的光合产物，而导致根瘤菌的固氮能力降低，影响植株生长。

在缺磷条件下，植物根系形态和生理也会发生变化。主要表现在以下几个方面：

1. 缺磷改变植物根系形态

缺磷对植物根系生长的抑制作用比地上部较小，导致根冠比增加，从而提高根系对磷的吸收。根冠比的增加主要是由于碳水化合物向根系的输出增大，表现为缺磷植株根系中蔗糖含量增加。缺磷还影响根系形态，一般侧根和根毛的长度增加，根半径减小。低磷时，拟南芥主根的伸长减少，侧根长度和密度增加，提高了植物对磷的吸收。缺磷时，很多植物根毛密度增加，增加对磷的吸收面积。

2. 缺磷促进植物根系有机酸分泌

缺磷胁迫可以促进多种植物（如紫花苜蓿、油菜、大麦、白羽扇豆、菜豆等）分泌有机酸阴离子，活化土壤难溶性磷，释放出无机磷酸根离子，增加土壤中磷的有效性。缺磷诱导植物分泌的有机酸阴离子主要包括柠檬酸、苹果酸、草酸和乙酸等，其活化磷的能力依次为柠檬酸阴离子＞草酸阴离子＞苹果酸阴离子＞乙酸阴离子。有机酸阴离子活化土壤中难溶性磷的机制主要包括：①有机酸阴离子通过螯合 Fe、Al、Ca 等，促进难溶性磷酸盐的溶解，释放出磷酸根离子；②有机酸阴离子通过竞争土壤表面吸附位点，降低土壤对磷酸根的吸附。

有机酸阴离子向根际的释放受有机酸合成和有机酸阴离子蛋白的调控（图 5-17）。通常，有机酸阴离子分泌的位点主要在植物根尖，白羽扇豆等排根植物仅在缺磷诱导产生的排根中分泌。缺磷胁迫下根系有机酸阴离子的释放与植物体内有机酸代谢酶的活性有关。例如，缺磷时，磷酸烯醇式丙酮酸羧化酶、苹果酸脱氢酶、柠檬酸合成酶的活性等升高。有机酸阴离子分泌主要靠质膜上的转运蛋白。目前，在植物中已经克隆到了多个控制有机酸阴离子分泌的蛋白，例如，ALMT（aluminum-activated malate transporter）蛋白负责苹果酸阴离子向细胞外的转运，MATE（multidrug and toxic compound extrusion）蛋白负责柠檬酸阴离子的分泌。因此，在缺磷胁迫下，植物可能通过增加有机酸的合成和有机酸阴离子分泌蛋白的活性来提高其分泌量，这是植物适应低磷胁迫的重要途径。

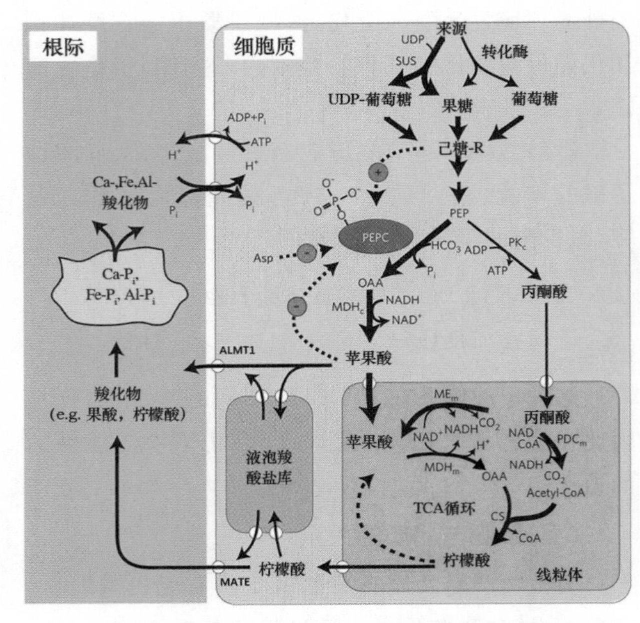

图 5-17　有机酸合成和分泌途径示意图

（引自：Lambers et al.，2015）

3. 缺磷促进根系分泌质子

缺磷可以诱导植物分泌质子来改变根际土壤的 pH。根际 pH 降低可以促进土壤难溶态磷活化，是提高磷素有效性的一个重要因素。在一定范围内，磷的吸收与根际 pH 下降成正相关。豆科植物根系具有较强的分泌质子的能力，与其他植物相比，它们具有较强的利用难溶性磷的能力。

4. 缺磷促进植物根系分泌植酸酶和酸性磷酸酶

有机磷是土壤中重要的磷库，土壤总磷的 30%～70%以有机磷的形式存在，然而大部分有机磷只有被水解成无机磷才能被植物吸收利用。缺磷会诱导植物分泌酸性磷酸酶到根际土壤中，进而将有机磷水解成植物可以直接吸收利用的无机磷。在缺磷条件下，拟南芥、白羽扇豆、水稻等植物根系磷酸酶活性都有所升高，促进了这类植物对有机磷的利用。

5. 缺磷促进菌根共生体系的形成

菌根是土壤中某些真菌与植物根系形成的共生体，扩大了根系吸收面积，增加对根毛吸收范围外的元素特别是磷的吸收能力。缺磷会使植物向根际释放大量的独脚金内酯，随后在根际诱发丛枝菌根的生长，最终促进土壤中的菌根真菌对植物根系的侵染以形成菌根。

6. 缺磷促进植物体内磷库的再利用

在缺磷环境中，细胞器中的磷保持相对稳定，而细胞质中的磷会迅速下降，并引发磷缺乏信号的转导，激发磷缺乏补救的代谢途径和促进液泡中磷的流出。植物除了利用液泡中储存的无机磷，还可以利用有机态磷库。例如，缺磷时植物磷脂含量降低，而非磷脂（如硫脂和半乳糖脂）的含量增加，从而使磷脂中的磷活化再利用；缺磷胁迫下也会诱发核酸降解，释放无机磷，供植物再利用。

（二）供磷过多

施用磷肥过量时，由于植物呼吸作用过强，消耗大量糖分和能量，也会因此产生不良影响。对大部分作物来说，叶片磷浓度超过 10 mg P/g 干重，植物会出现磷毒害的现象。例如，磷过多会使谷类作物的无效分蘖和瘪籽增加；叶片肥厚而密集，叶色浓绿；植株矮小，节间过短；出现生长明显受抑制的症状。繁殖器官常因磷肥过量而加速成熟进程，并由此而导致营养体小，茎叶生长受抑制，降低产量。施磷肥过多还表现为植株地上部分与根系生长比例失调，在地上部生长受抑制的同时，根伸长受到抑制，根变得粗短。此外，还会出现叶用蔬菜的纤维素含量增加、烟草的燃烧性差等品质下降的情况。施用磷肥过多还会诱发锌、锰等元素代谢的紊乱，常常导致植物缺锌症等。

植物面临磷过多的环境会通过一系列过程进行缓解。为避免细胞质磷浓度过高而产生毒害，植物将过多的磷转移到液泡进行储存。有些植物将过多的磷储存到不同的器官，如茎中，避免重要器官受到磷毒害。除了将过多的磷隔离在器官和亚细胞中，植物还可以通过降低磷转运蛋白的活性降低对磷的吸收。

第三节 钾

一、植物体内钾的含量和分布

钾是植物生长发育所必需的矿质元素，其在植物体内的含量随着作物种类、土壤钾供应量、钾肥施用量等的不同而差异巨大，占干物质的 0.3%～5%（K_2O），一般比磷的含量高，有些作物甚至高于氮。植株体内不同部位和器官含钾量变幅较大（图 5-18），以叶片、茎秆和结实器官（非籽粒部分）含量较高，籽粒和根系相对较低；薯类作物块根、块茎中钾的含量较高，幼嫩组织中钾的含量比老化组织高。单子叶作物叶片的钾素在叶肉细胞中的含量相对较高，而双子叶叶片则在维管束鞘和表皮中的含量略高。

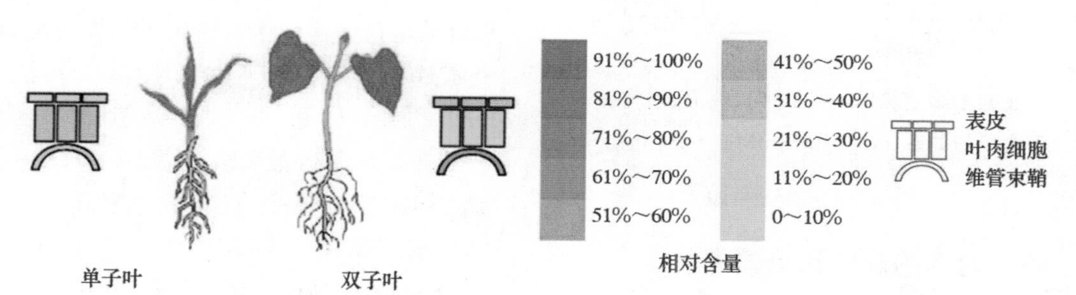

图 5-18 单子叶和双子叶植物体内钾分布图示（改自：Conn and Gilliham，2010）

钾在植物体内流动性很强，易于转移到地上部，并且有随着植物生长中心改变而转移的特点。因此，能够被植物多次反复利用。当植物体内钾不足时，钾优先分配到幼嫩的组织中。例如，低钾处理的杂交水稻，从上层叶到下层叶，其钾含量逐渐降低；而适量施钾的处理，稻株各层叶片之间的钾含量差异较小。在油菜等其他作物上也有类似的趋势。因此，植株从上到下各叶片之间含钾量的差异（叶位差）也可作为钾素营养诊断的一种方法。

K^+是植物细胞内含量最多的一价阳离子，主要分布在液泡和细胞质中。钾在植物体内不形成稳定的化合物，主要以可溶性无机盐形式存在于细胞中，或以钾离子形态吸附在原生质胶体表面。液泡中的 K^+浓度与植物种类及其生长环境关系密切，变幅为 10～500 mmol/L，而细胞质中 K^+浓度（100～150 mmol/L）则十分稳定。植物缺钾时，液

泡内 K^+ 会通过位于液泡膜上的 H^+-K^+ 共转运蛋白(HAK/KUP)以及钾离子通道(TPK)释放进入细胞质,以维持细胞质内 K^+ 浓度的稳定,进而保障细胞内正常的生化代谢过程(图 5-19)。在该过程中,液泡内 K^+ 浓度的降低会导致细胞吸水能力减弱,膨压下降,进而直接影响叶片生长。液泡中 K^+ 的功能在一定程度上能够被其他离子(Na^+,Mg^{2+},Ca^{2+})或者有机化合物(如糖类物质)替代。随着缺钾胁迫程度的进一步增加,当液泡往细胞质转移的 K^+ 无法维持细胞质 K^+ 浓度的稳定时,则会进一步影响细胞内的生化代谢过程,如核酸和蛋白质合成受阻、碳同化代谢酶类活性降低、光合磷酸化过程受限等。K^+ 在细胞质外体的含量通常较低,但在气孔和叶枕等特殊部位细胞质外体中,K^+ 浓度能瞬间增加到 100 mmol/L。

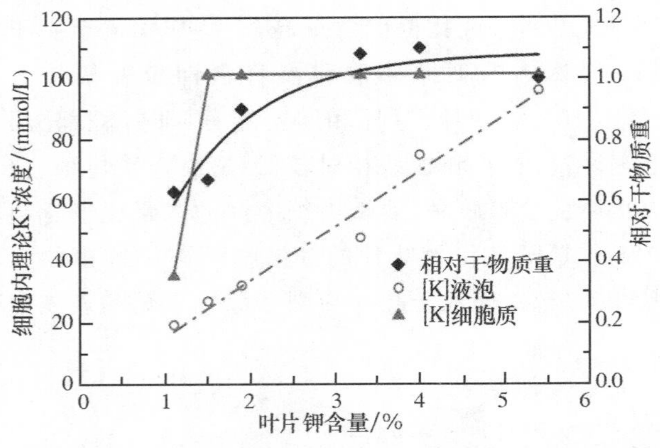

图 5-19　相对干物质量(缺钾:供钾)、液泡、细胞质 K^+ 浓度与叶片钾含量的关系(改自:Jordan-Meille and Pellerin, 2008)

二、植物对钾的吸收和运输

对于整个土壤空间而言,根系分布只占了约 3% 的体积,因此只有很小一部分的土壤与根系直接接触。扩散是 K^+ 在根际迁移的主要方式,受土壤溶液中 K^+ 的浓度梯度以及作物根系 K^+ 吸收能力的影响。一般而言,土壤溶液中 K^+ 浓度在 0.1～10 mmol/L;当细胞外 K^+ 浓度小于 1 mmol/L 时,根系对钾离子的吸收可以用 Michaelis-Menten 方程加以分析,同时还可估算出钾离子的最大吸收速率(V_{max})和半饱和浓度(K_m)(图 5-20)。

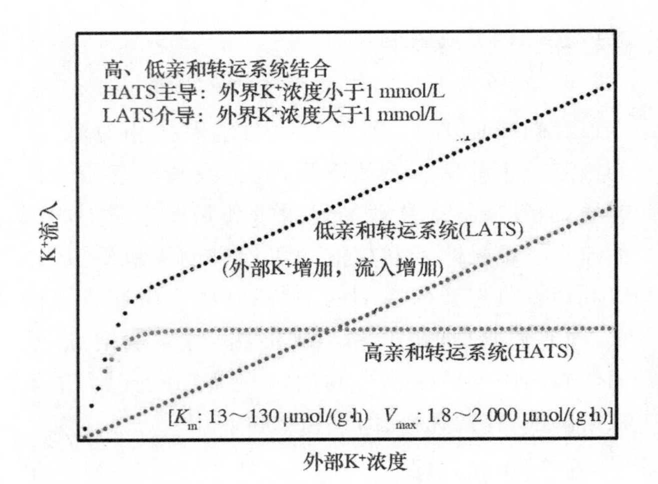

图 5-20　K^+ 吸收动力学特征

(改自:Britto and kronzucker,2008)

根据 V_{max} 和 K_m 的不同,可将根系对 K^+ 的吸收分为两种转运机制:高亲和转运系统(HATS)和低亲和转运系统(LATS)。在细胞外 K^+ 浓度处于微摩尔级浓度时,HATS 通过 H^+-ATPase 水解,消耗能量使细胞外 K^+ 内流进入细胞,K^+ 和 H^+ 按照 1∶1 的比例跨膜通过转运蛋白同向运输,之后细胞内多余的 H^+ 会通过细胞膜上的 ATP 水解转运蛋白输出进入细胞质外体,以维持细胞 pH 和电化学势的平衡(图 5-21)。当细胞外 K^+ 浓度较高时(>1 mmol/L),K^+ 主要通过离子通道进行运输,该过程属于被动吸收,同时细胞质内 H^+ 外流以保证自身的电荷平衡。植物钾高亲和性转运蛋白包括 3 个家族:KT/HAK/KUP(K^+/H^+ 共转运蛋白)、HKT/Trk(H^+ 和 Na^+ 共转运蛋白)和 CHX(阳离子-质子反向转运蛋白家族,如 AtCHX13)。钾低亲和性钾离子通道也包括 3 个家族:Shaker 家族、TPK 家族和 Kir-like 家族(KCO3)。在 KT/HAK/KUP 家族中,AtHAK5 是高亲和性钾吸收的主要蛋白,而在 Shaker 家族中 AKT1 则是低亲和性钾吸收的主要贡献者,两者分别贡献了高、低亲和性钾吸收的 84% 和 78%。

土壤溶液中的 K^+ 被植物根系细胞吸收后,通过共质体运输过程经内皮层细胞到达中柱,随后被输送进入木质部并运输到地上部。木质部汁液中的 K^+ 被运送到薄壁细胞后再次通过共质体运输到达叶肉细胞,最后经韧皮部到达生殖器官和茎。植物体内 K^+ 运输受多种离子通道和转运蛋白的调控，拟南芥 CPA2 阳离子-质子反向转运蛋白家族中 AtCHX17、AtCHX20、AtNHX1、AtNHX5 和 AtKEA1 可参与 K^+ 进入根系细胞液泡；TPK/KCO 和 Kir-like(KCO_3)家族基因的表达能够影响液泡内 K^+ 的释放；拟南芥根系中柱鞘和薄壁组织中的 AtSKOR(Shaker-like 家族)参与调控 K^+ 在木质部的装载功能；叶片中 K^+ 往生殖器官等部位输送需要 Shaker-like 通道家族中 AtAKT2/AKT3 的作用。此外，地上部 K^+ 的运输很大程度上受到植株蒸腾速率和木质部卸载端质外体中 K^+ 浓度的影响。

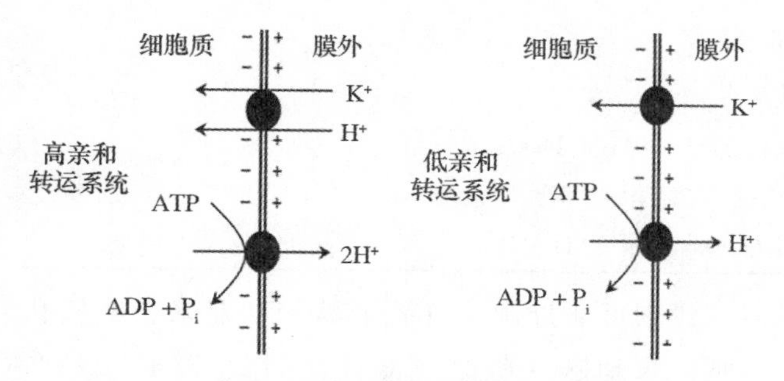

图 5-21　K^+ 进入细胞的两种方式(HATS 和 LATS)

(改自：Britto and Kronzucker，2008)

三、钾的营养功能

K^+ 在细胞内分配位置的不同，其功能也存在明显差异。细胞质中的 K^+ 主要影响细胞生化代谢功能，如酶活性和有机物合成、光合作用和呼吸作用、同化物的运输等；而液泡中的 K^+ 主要影响细胞生物物理功能，如细胞水分状况、叶片细胞生长和运动、电荷平衡等。

(一)保障酶的活性

目前已知有 60 多种酶需要钾离子作为活化剂(表 5-3)。K^+ 通过诱导酶蛋白构象的变化来提高催化反应的最大速率，还可能因此提高酶与底物的亲和力。严重缺钾或者长时间缺钾导致细胞质 K^+ 下降，细胞质内酶类活性的降低除了缺乏激活因子(K^+)外，还和细胞质 pH 的改变有关。钾能活化的酶包括合成酶类、氧化还原酶类和转移酶类，其中对缺钾胁迫最为敏感的是丙酮酸激酶和磷酸果糖激酶。研究表明，缺钾胁迫下丙酮酸激酶活性的降低是导致拟南芥根系代谢紊乱的主要原因。除此之外，一价阳离子能够激活淀粉合成酶，但 K^+ 的活化能力最强(最佳的活化 K^+ 浓度为 50～100 mmol/L)，促进淀粉合成的效果最好(图 5-22)。除此之外，K^+ 的另一个重要作用是激活膜结合质子泵 ATPase，显著促进根系对环境介质中 K^+ 的跨膜吸收。

缺钾植物体内大分子物质(蛋白质、淀粉和纤维素)的合成酶受损，导致植株体内主要代谢过程随之改变，如可溶性碳水化合物(尤其是还原糖)和可溶性有机氮化合物显著增加，而硝酸盐、有机酸、带负电荷氨基酸和丙酮酸等的含量显著降低。

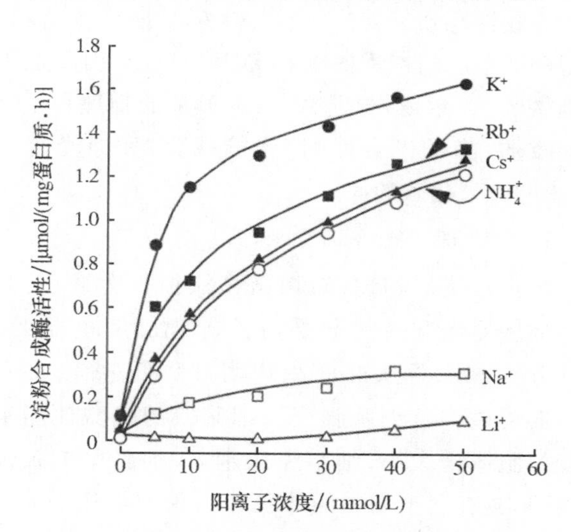

图 5-22　一价阳离子对淀粉合成酶活性的影响

(改自：Nitsos and Evans，1969)

表 5-3　一些需要 K^+ 激活的酶及其催化的主要反应

酶类	催化的主要反应
磷酰基转移酶	
丙酮酸激酶	磷酸烯醇丙酮酸＋ADP＝丙酮酸＋ATP
6-磷酸果糖激酶	果糖-6-磷酸＋ATP＝果糖-1,6-磷酸盐＋ADP
果糖激酶Ⅳ	
谷胱甘肽合成酶	谷胱氨酰半胱氨酸＋甘氨酸＋ATP＝谷胱甘肽＋ADP＋Pi
琥珀酰 CoA 合成酶	琥珀酸盐＋CoA＋ATP＝琥珀酰 CoA＋ATP＋Pi

续表 5-3

酶类	催化的主要反应
谷氨酰半胱氨酸合成酶	谷氨酸盐＋半胱氨酸＋ATP＝谷酰胺半胱氨酸＋ATP＋Pi
NAD^+合成酶	Dcamido-NAD^+＋谷氨酰胺＋H_2O＋ATP＝NAD^+＋PPi＋谷氨酸盐＋AMP
ADP 葡萄糖-淀粉合成酶	ADP-葡萄糖＋(1,4*α*-*D*-葡糖基)$_n$＝(1,4*α*-*D*-葡糖基)$_{n+1}$＋ADP
甲酰四氢叶酸合成酶	甲酸＋四氢叶酸＋ATP＝10-甲酰四氢叶酸＋ADP＋Pi
ADP 葡萄糖焦磷酸化酶	ATP＋*α*-*D*-葡萄糖-1-磷酸＝PPi＋ADP-葡萄糖
UDP 葡萄糖焦磷酸化酶	UTP＋*α*-*D*-葡萄糖-1-磷酸＝PPi＋UDP-葡萄糖
磷酸化酶	(*α*-1,4 葡糖基)$_n$＋Pi＝(*α*-1,4 葡糖基)$_{n+1}$＋*α*-*D*-葡萄糖-1-磷酸
焦磷酸盐磷酸水解酶	H_2O＋PPi＝2Pi
ATP 磷酸水解酶(Mg^{2+})	ATP＋H_2O＝ADP＋Pi
ATP 磷酸水解酶(Ca^{2+})	ATP＋H_2O＝ADP＋Pi
催化排除过程的酶类(裂解酶)	
苏氨酸脱水酶	苏氨酸·H_2O＝2 氧代丁酸＋NH_3＋H_2O
果糖二磷酸醛缩酶	果糖-1,6-磷酸＝磷酸二羟丙酮＋3-磷酸甘油醛
乙醛脱氢酶	乙醛＋NAD(P)$^+$＋H_2O＝酸＋NAD(P)H

(二)改善光合作用

在缺钾环境下，植株体内钾素不足导致器官、细胞和亚细胞间钾素的转移和再分配，从而降低了细胞微区 K^+ 浓度，导致 K^+ 参与调节的物理和生化功能减弱，降低光合面积(光能截获)和净光合速率，影响二氧化碳的固定。

1. 钾素调控光合面积

与正常植株相比，缺钾植株往往较为矮小，其叶片伸展速率和持续期受到影响，导致叶片数目、单叶叶面积和冠层叶面积均明显降低(图 5-23)。钾主要通过调节细胞膨压和细胞壁的机械性能来改变细胞体积大小，细胞膨压越大，细胞壁扩张性能越强，越有利于细胞的伸长和面积的扩充。从植株整体水平来看，光合面积不仅由单个叶片的大小决定，还受到叶片数量和叶片功能持续期的影响。钾素缺乏会降低出叶速度，减少叶片数量；同时，缺钾会降低叶片的生理活性，导致叶片提前衰老。而单叶面积的降低、叶片数目的下降以及叶片的提前衰老均能降低绿色光合面积，减少光能的截获和 CO_2 总同化量，从而影响植物的生长。

2. 促进叶片对 CO_2 的吸收

叶片对 CO_2 的吸收主要受到气孔导度和叶肉导度(即细胞间隙的 CO_2 传输进入叶绿体内羧化位点过程中 CO_2 传输能力的大小)对 CO_2 传输的影响。

钾素可通过调节气孔形状和功能来影响气孔导度。长期缺钾胁迫降低气孔的长、宽和孔径面积，但钾对不同作物气孔分布密度的影响不尽相同，如缺钾胁迫可增加桉树叶片上下表皮气孔密度，但对油菜叶片下表皮气孔密度无显著影响。除气孔形状外，钾对气孔功能的影响是其调节气孔导度的关键。保卫细胞对 K^+ 以及其他有机和无机离子的快速吸收和释放决定着气孔的开放状态，也因此影响着叶片的光合作用和水分蒸腾。气孔开放的前提是保卫细胞细胞膜上 H^+-ATPase 的激活，并由此引起细胞膜超级化，从而促进 K^+ 通过内向整流型钾离子通道(介导 K^+ 从胞外流向胞内)进入保卫细胞。进入保卫细胞的 K^+ 和陪伴阴离子

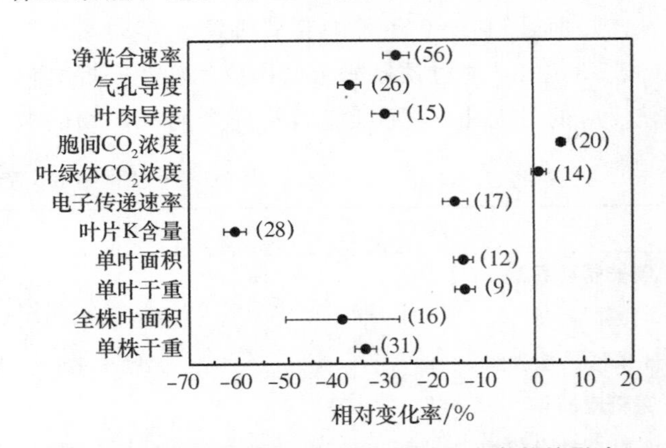

图 5-23 缺钾素对光合面积和关键光合参数的影响

(引自：陆志峰等，2016)

(Cl^-、NO_3^-、SO_4^{2-})以及苹果酸盐和糖类物质的生成提高了保卫细胞的膨压，从而促进气孔的开放。叶片K^+浓度的提高有利于保卫细胞吸水膨胀，促进气孔开放以及叶片对CO_2的吸收。

CO_2在叶肉层的传输主要受叶片结构的影响。钾素充足可增加细胞空隙体积，有助于降低CO_2在叶肉层的传输阻力。缺钾叶片细胞内叶绿体数目降低，结构稳定性较差，容易由梭形变为椭球形，导致单位叶面积叶绿体面向细胞空隙面积的降低，从而影响叶绿体吸收CO_2的有效面积；同时叶绿体结构的改变也增加了CO_2在细胞质内的传输距离。除叶片结构特征外，碳酸酐酶和水通道蛋白特性也会对CO_2在叶肉层的传输产生影响。细胞内的碳酸酐酶影响着CO_2向HCO_3^-的转变，pH越高其活性越大，钾素缺乏显著降低细胞质pH，从而减弱碳酸酐酶活性，降低叶肉导度；另外，缺钾胁迫会降低水通道蛋白活性及相关基因的表达来影响CO_2的跨膜运输过程。

3. 钾素改善叶片对CO_2的同化

钾素对CO_2同化能力的影响主要在于其对Rubisco酶特性以及光合作用还原力(ATP和NADPH)的影响。缺钾胁迫显著降低Rubisco以及Rubisco活化酶的含量，导致CO_2的固定速率下降。在还原力的合成上，缺钾胁迫叶片叶绿体类囊体膜结构和功能受损，降低了叶绿体膜内外H^+/K^+交换，无法维持叶绿体基质较高的pH以及类囊体膜内外的pH梯度，限制了电子传递过程的进行和还原力的生成。同时，缺钾时叶片将更多的电子分配给氧气(即氧化反应)，降低了碳同化速率；并且氧气在得到电子后会形成超氧自由基离子，对细胞膜造成不利影响。

(三)促进光合产物的运输

钾在调节蔗糖的韧皮部装载以及韧皮部筛分子溶质的运输速率上有重要作用。这主要包括两个方面的原因：K^+有利于维持筛管较高的pH，促进蔗糖在韧皮部的装载；K^+参与调解筛分子中源库端溶质势的大小，从而对渗透压力驱动的韧皮部转运产生影响。在蔗糖装载到筛分子-伴胞复合体共质体的共转运模型中，质膜上的ATP酶把质子从细胞泵入质外体，从而在质外体形成高的质子浓度。然后，利用质子梯度的能力驱动蔗糖通过蔗糖-H^+同向转运蛋白进入筛分子-伴胞复合体的共质体(图5-24)。钾离子能活化ATP酶，使ATP酶分解并释放出能量，从而促进氢离子由细胞质泵入质外体，由此而产生pH梯度(pH由8.5降到5.5)，膜外的钾离子则与氢离子交换而进入膜内。为维持蔗糖转运的继续进行，氢离子又再次进入质外体，以保证蔗糖运输的连续进行。

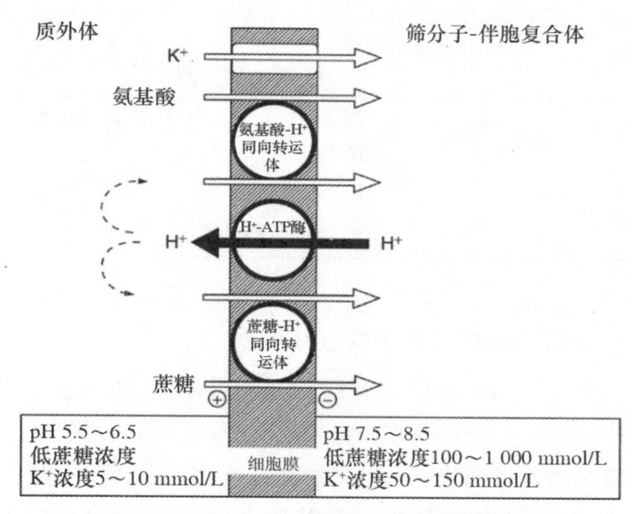

图5-24 质外体途径的韧皮部蔗糖装载模型

(改自：Baker et al.，1980；Giaquinta，1977)

缺钾胁迫对光合产物运输的影响，不仅仅表现在其对韧皮部装载和溶质运输速率上的作用，而且表现在会降低库器官中转化酶的活性和功能，降低库器官对同化物的需求，从而反馈抑制源器官碳水化合物的输出。

(四)促进蛋白质合成

植物细胞质内蛋白质合成所需的最佳K^+浓度在100～200 mmol/L，略高于最大酶类活性所需的浓度。当供钾不足时，细胞质内K^+浓度降低，影响氮代谢和蛋白质合成相关酶类的活性，如钾是氨基酰-tRNA合成酶和多肽合成酶的活化剂，充足钾供应能促进蛋白质和谷胱甘肽的合成。缺钾胁迫植株体内氨基酸聚合作用减弱，蛋白质合成减少，可溶性氨基酸(尤其是高N/C比氨基酸)含量显著增加。不仅如此，有时植物组织中原有的蛋白质也会分解，导致氨中毒，即在局部组织中出现大量异常的含氮化合物，如腐胺、鲱精胺等。这些含氮化合物对植物有毒害作用。鲱精胺是由精氨酸经脱羧作用而产生的，它能再转化为氨甲酰丁二胺，而氨甲酰丁二胺水解后会生成丁二胺(即腐胺)和氨基甲酸。植物体内高 K^+ 显著抑制腐胺的合成，而在缺钾时，细胞内 pH 下降激活腐胺合成相关酶类活性，腐胺合成显著增加。

一般在老叶中胺类物质累积量较多。当鲱精胺和腐胺在细胞内浓度达到 0.15%～0.20%时，细胞即中毒而死亡，并出现斑块状坏死组织。由于植物体内胺类化合物的含量与钾素营养有密切关系，所以有人建议用体内含胺量作为判断土壤供钾能力和确定钾肥用量的参考指标。

钾促进蛋白质的合成还表现在它能促进根瘤菌的固氮作用(表 5-4)。供钾可增加每株的根瘤数、根瘤重，并明显提高固氮酶的活性，从而能促进根瘤菌固氮。但应该指出，根瘤固氮能力的提高与钾促进光合产物的运输有关。增加碳水化合物向根部运输，改善根瘤的能量供应状况，也是增强固氮的重要原因。

表 5-4　供钾对大豆生长、根瘤数和固氮酶活性(减少 C_2H_2)的影响

处理	地上部质量/(g/株)	单株根瘤数/g	单株根瘤重/g	固氮酶活性/[μmol/(g 根瘤·h)]
缺钾	9.05	54.7	3.0	86.9
对照	12.50	60.8	3.9	109.9

引自:Gomes et al.,1986。

(五)参与调节植株水分平衡

钾是植物体内重要的渗透调节物质，对植株整体、器官以及细胞的水分平衡有重要的调节作用。对于植株体而言，钾素供应充足能提高根系水通道蛋白活性，增强根系的吸水能力；也能提高木质部汁液中 K^+ 浓度，促使木质部导管壁纹孔膜的果胶体积变小，减小木质部水分运输阻力；缺钾胁迫还会降低双子叶叶脉密度以及单子叶叶脉维管束大小，从而影响水分在叶片内的运输过程。可见钾在保障植株体水分供需平衡上具有重要意义。

钾在调控植物器官(尤其是豆科植物的叶片)运动上具有重要作用。叶片运动有利于提高植株光能截获或降低高光对叶片的损伤，该过程主要受运动器官(如叶枕)细胞膨压大小的影响。液泡内离子(包含 K^+、Cl^- 和苹果酸根等)的增加或降低导致运动器官对侧细胞膨压的改变，从而诱发了叶片的运动。有研究表明，在菜豆叶片叶倾角(叶片切平面与水平面之间的夹角)增大的过程中，叶枕细胞质外体 K^+ 浓度从 50 mmol/L 下降到 10 mmol/L，pH 则从 6.7 降低至 5.9；而在叶倾角变小时，叶枕细胞质外体 K^+ 和 pH 均有所恢复。

在细胞内部，钾主要以离子状态存在细胞质溶胶和液泡中，它的累积能调节胶体状态，也能调节细胞水势。细胞内 K^+ 浓度较高时，渗透势增加，促进细胞从外界吸收水分，从而又会引起压力势的变化，使细胞充水膨胀。只有当渗透势和压力势达到平衡时，细胞才停止吸收水分。缺钾时，细胞吸水能力差，胶体保持水分的能力也小，细胞失去弹性，植株和叶片易萎蔫。缺钾常表现为幼嫩组织的膨压下降，植物的生长势差，干物质产量降低。幼嫩组织需钾量高的原因就在于钾能维持胶体处于正常状态以及保持有较高的水势梯度。例如，在番茄、苹果、葡萄等一些含水分多的果实，以及马铃薯块茎、甜菜块根等新鲜储存器官中都含有大量的钾。

(六)维持阴阳离子平衡

K^+ 在叶绿体、细胞质和液泡的离子平衡以及木质部和韧皮部中物质的电荷平衡上发挥着主导作用。叶片内有机酸阴离子的累积通常是因为其未能与 K^+ 一起被转运到库器官(如根系)。钾在阴阳离子平衡上的功能也反映在 NO_3^- 的代谢上，因为 K^+ 是 NO_3^- 在木质部长距离运输以及细胞存储时最重要的陪伴离子。当 NO_3^--N 在植物体内被还原成氨以后，带负电荷的 NO_3^- 就消失了。为了维持电荷平衡，植物必须增加有机酸代谢，所形成的苹果酸根代替了 NO_3^-，与钾离子结合成为苹果酸钾，并可重新转移到根部，苹果酸脱羧后以 HCO_3^- 的形式排出体外，又可促进植物对 NO_3^- 的吸收。同时，K^+ 被重新利用以便植株持续吸收 NO_3^-。可见钾明显提高植物对氮的利用，也促进了植物从土壤中吸取氮素。

（七）增强植物的抗逆性

钾有多方面的抗逆功能，它能增强作物抵抗生物和非生物胁迫，从而提高生存能力，对作物稳产、高产有重要意义。

1. 非生物胁迫

（1）抗旱性　在干旱环境中，植株根系生长受限，同时土壤中 K^+ 的质流扩散能力减弱，限制植株根系对 K^+ 的吸收，并进一步降低其对干旱胁迫的抗性。钾素的充足供应可从多方面改善植株的生长，从而提高其抵抗干旱的能力。通过增加细胞中钾离子的浓度来提高细胞的渗透势，防止细胞或植物组织脱水；同时钾还能提高胶体对水的束缚能力，使原生质胶体充水膨胀而保持一定的充水度、分散度和黏滞性。植株在钾充足环境下往往具有较大的光合速率，固定更多的同化物。且 K^+ 有利于同化产物往根系运输，提高根/冠比，还能提升根系水通道蛋白活性，从而增强作物吸水的能力。干旱胁迫会导致植物部分钾离子通道功能下降，如根中内向整流型钾离子通道 AKT1 功能紊乱会导致植株耗水量增加、地上部外向整流型钾离子通道 GORK（介导 K^+ 从胞内流向胞外）活性下降影响气孔关闭等。供钾充足时，气孔的开闭可随植物生理的需要而调节自如，使作物减少水分蒸腾，经济用水。在钾充足的植株体内，木质部导水率和叶片导水率增加，水分的运输能力较强，以便于及时供给叶片所需，缓解植株在水分失衡时的萎蔫症状。在干旱胁迫下，叶片对吸收光能的消耗有限，较多的电子传递至氧气，导致活性氧自由基（ROS）累积，缺钾胁迫进一步增加了植株体内 ROS 含量，破坏细胞膜的稳定性，影响细胞的持水性能。所以钾有助于提高作物抗旱能力。

（2）抗盐害　盐渍抑制种子萌发和植株生长，影响叶片结构和相关的生化代谢过程，包括光合作用、水分平衡、蛋白质和能量合成、脂类物质代谢等。盐害对植株生长的影响包括两个过程：渗透调节阶段，降低植株的水分利用率，抑制幼叶和根系的生长；离子作用阶段，叶片细胞产生盐毒害，加速成熟叶片的衰老。盐害和 K^+ 缺乏通常是并存的，因为：①高浓度 Na^+ 抑制土壤中 K^+ 的活性，使有效钾含量降低；②高浓度 Na^+ 竞争根系吸收 K^+ 的膜结合位点，减少根系 K^+ 的吸收，同时影响根系 K^+ 往地上部转移；③盐渍导致细胞膜去极化，降低其完整性，细胞质 K^+ 通过外向整流型钾离子通道（KOR）排出细胞，造成 K^+ 的流失。细胞膜上高亲和钾离子通道（HKT）在调控 Na^+ 运输或者 Na^+-K^+ 共运输上具有重要作用，其功能的发挥有利于细胞内 Na^+ 和 K^+ 的平衡。钾素供应充足使细胞维持较高的 K^+ 浓度，提高组织 K^+/Na^+ 比以及细胞质酶类活性，从而尽可能地保障氮代谢，促进植株生长。另外，高 K^+/Na^+ 比能有效降低盐害导致的细胞程序性死亡。钾离子供应提高盐渍植株的气孔导度和光合速率，增加叶片对所吸收光能的消耗从而减少 ROS 的产生，降低盐渍对细胞的伤害。在盐胁迫环境下，K^+ 对渗透势的贡献大，能有效缓解盐渍时植株水分吸收障碍。总之，增施钾肥有利于提高作物的抗盐能力。

（3）抗高温　为避免高温胁迫的危害，植物会适应性地增加叶片蒸腾作用以降低植株体温度，但同时加剧了水分消耗；若水分供需失衡，叶片便会出现萎蔫的症状。这在棉花、丝瓜和南瓜等叶面积较大的植物上尤为明显。在炎热的夏天，缺钾植物的叶片经常出现萎蔫，而供钾水平高的植物，在高温条件下水分的供应相对充足，能通过改善气孔运动保持叶片较大的蒸腾速率，通过保证渗透平衡来维持叶肉细胞较高的水势和膨压，降低叶片温度，避免叶片因过多失水而卷曲。短期高温会引起呼吸强度增加，同化物过度消耗以及蛋白质分解，从而形成并积累过多的氨，造成氨中毒。高温条件下，还会引起膜结构受损和电子传递受阻，而使植物生长急剧下降。通过施用钾肥可促进植物的光合作用、加速蛋白质和淀粉合成，也可补偿高温下有机物的过度消耗。

（4）抗寒性　钾对植物抗寒性的改善，与根的形态和植物体内的代谢产物有关。钾不仅能促进植物形成粗壮的根系和粗壮的木质部导管，保障低温环境下植株水分的吸收，而且能提高细胞和组织中淀粉、糖分、可溶性蛋白质以及阳离子的含量。

植物组织中上述物质的增加，既能提高细胞的渗透势，增强抗旱能力，又能使冰点下降，减少霜冻危害，提高抗寒性。除此之外，充足的钾素能提高低温胁迫下细胞膜的稳定性和流动性，增强抗氧化系统酶类的活性，减少低温诱导所生产的ROS，降低细胞膜受伤程度。此外，充足的钾有利于降低呼吸速率和水分损失，保护细胞膜的水化层，从而增强植物对低温的抗性。应该指出的是，钾对抗寒性的改善受其他养分供应状况的影响。一般来讲，施用氮肥会加重冻害，施用磷肥在一定程度上可减轻冻害，而氮、磷肥与钾肥配合施用，则能进一步提高作物的抗寒能力。

(5)抗早衰　有研究表明钾有防止小麦早衰、延长籽粒灌浆时间和增加千粒重的作用。防止作物早衰可推迟其成熟期，这意味着能使作物有更多的时间把光合产物运送到"库"中。究其实质，主要是施用钾肥后小麦籽粒中脱落酸的含量降低，且使其含量高峰期时间后移。这是延长冬小麦灌浆天数、增加千粒重的重要原因(表5-5)。在冬小麦灌浆期间，充足的钾还能延缓叶绿素的破坏，延长功能叶的功能期。这也是抗早衰的一个原因。

表5-5　钾对冬小麦产量构成因子的影响

项目	施钾量/(mg/kg)		
	0	60	120
从开花到成熟的天数/d	46	68	75
每盆穗数/穗	58.8	65.2	61.3
每盆粒数/粒	36.3	37.6	42.6
千粒重/g	17.4	33.0	34.4
每盆产量/g	37.2	81.0	89.9

(6)抗倒伏　钾能促进作物茎秆维管束的发育，使茎壁增厚，髓腔变小，机械组织内细胞排列整齐，提高茎秆木质素和纤维素含量，从而增强细胞壁的机械支撑力，提升作物抗倒伏的能力。

不仅如此，钾还能抗Fe^{2+}、Mn^{2+}以及H_2S等还原物质的危害。缺钾时，体内低分子化合物不能转化为高分子化合物，大量低分子化合物就有可能通过根系排出体外。低分子化合物在根际的出现，为微生物提供了大量营养物质，使微生物大量繁殖，造成缺氧环境，从而使根际各种还原性物质数量增加，危害作物根系，尤其是水稻，常出现苗发红、根系发黑、土壤呈灰蓝色等中毒现象。如果供钾充足，则可在根系周围形成氧化圈，从而消除上述还原物质的危害。

植物在遭受干旱、盐渍等非生物胁迫时，往往具有一个共同的特点，即ATP供应不足、H^+-ATP酶活性降低使细胞膜去极化，并导致细胞质K^+外流，影响细胞内代谢过程，植物细胞则将更多的能量用于防御代谢。长期胁迫下的植株较容易出现叶片部分或全部坏死，严重时会导致植株体死亡，细胞质较高的钾离子浓度会抑制半胱氨酸蛋白酶和核酸内切酶的活性，降低细胞程序性死亡和植株死亡的风险。

2. 生物胁迫

施钾可以降低70%左右的细菌和真菌性病害，而对大多数线虫的侵染具有促进作用。钾营养主要通过两条途径提升植株的抗病性，一是通过调节植株的生育期，例如促进禾本科作物提前开花成熟，避开特定时期病害的侵染；二是钾通过调节植株生理代谢和形态学特征以增强植株的抗病性。例如，充足的钾营养利于植株形成坚韧的角质层和坚固的细胞壁，促进木质化和硅质化作用，增强植株对病原菌侵染的物理性抗性。同时，充足的钾营养促进了蛋白质、果胶、木质素等的合成。而缺钾易导致低分子量的碳水化合物以及可溶性氮的积累，从而增加了植株对病原菌的敏感性。

钾可以通过影响苯丙氨酸解氨酶(PAL)、多酚氧化酶(PPO)和过氧化物酶(POD)等酚类代谢过程中的关键酶活性，从而调节苯丙烷代谢途径，促进木质素、黄酮等终产物的合成，抑制病原菌的定殖过程。同时，钾能够促进光合作用合成的糖以蔗糖的形式运往籽实器官，从而减少植株体内可溶性氨基酸和小分子糖的积累，提高抗病性。植株遭受缺钾胁迫时，丙二醛(MDA)在体内积累易造成膜脂过氧化，从而改变膜的通透性，加速电解质从膜内渗透到膜外，易促进病菌的进一步侵染。

四、钾与作物品质

钾在改善作物品质方面起着重要作用，尤其是对经济植物更为明显和重要。因此钾常被公认为

"品质元素"。

充足的钾素供应能促进作物吸收 NO_3^- 及其在植株体内的转运，增加氨基酸类物质的转移和分配，从而提高禾谷类作物籽粒中蛋白质和氨基酸含量(表 5-6)。如平衡施钾能提高玉米籽粒蛋白质含量，增幅大于 10%；能改善强筋小麦的籽粒蛋白、湿面筋含量以及沉降值。对于油菜、大豆等油料作物而言，充足的钾肥有利于提高籽粒含油量、亚麻酸含量和异黄酮类，降低籽粒蛋白质含量。钾能促进薯类作物碳水化合物尤其是淀粉的生物合成，提高甘薯和马铃薯块根、块茎中淀粉的含量，提升淀粉溶胀能力，增强耐热和抗剪切性，降低糊化温度，减少单糖和氨基酸的含量使薯片的颜色变浅。对水果而言，钾素在一定程度上能够增加果实纵横径、果个、着色度，使果实富有光泽，增加硬度，提高耐储藏性，同时提高果实含糖量和糖酸比，增加可溶性固形物、维生素 C 和其他营养元素的含量，降低含酸量，特别是在因其他营养元素过剩而导致果实品质不良时，钾素可以起到特殊的修复作用。钾能提高蔬菜中总糖、维生素 C、粗蛋白等的含量，促进非蛋白氮往蛋白氮的转化、减少硝酸盐的含量，降低多酚氧化酶含量、减少有机物消耗、延长储藏期。纤维作物品质主要以纤维长度、纤维强度、纤维粗细、色泽及干净程度等来衡量。有研究表明，棉花施钾后衣分率提高 1.7%，纤维长度增加 1.6 mm，籽脂提高 0.55 g；苎麻纤维支数降低，纤维强度明显增强。

表 5-6　施钾对大麦品质的影响　%

处理	胱氨酸	蛋氨酸	酪氨酸	色氨酸	淀粉	可溶性糖
N+P	0.18	0.14	0.36	0.121	44.9	9.36
N+P+K	0.20	0.20	0.42	0.135	46.5	10.40

另外，增施钾肥可显著提高烟叶中的钾离子含量、上部叶中性致香物质含量及烤烟产量、产值，降低烟叶烟碱含量。钾肥追施比例增加也可显著提高中上部烟叶中钾离子含量，且有利于在中低钾水平上提高烟叶的产值量及高钾水平上的中上等烟比例，对中性致香物质含量及其他常规化学成分和矿质元素含量有一定的影响。缺钾明显降低菊花头状花序中黄酮的含量，降幅达 31.4%；缺钾可以降低菊花功能叶片中的蛋白质含量，缺钾也会影响菊花侧枝及侧蕾的发育，从而降低菊花的产量；全生育期缺钾明显降低菊花中的黄酮和绿原酸含量。

同时也应该指出，施用过量钾肥也会由于破坏了养分平衡而造成作物品质下降。如苹果的果肉变绵不脆，耐储性下降；由于细胞含水量偏高，使枝条不充实，耐寒性下降等。有资料报道，湖北省枣阳市某果园，因施钾过多，苹果叶片变小，叶色变黄，果肉纤维化而不能食用。广东某柑橘园也因施钾过多，柑橘果皮变厚、粗糙，糖分和果汁减少，纤维素含量增加，着色晚，品质明显下降，几乎不能食用。钾肥用量过多还会造成作物奢侈吸收，超过作物实际需钾量，而且这些养分对提高产量没有帮助。

五、植物需钾特性与缺钾症状

1. 植物需钾特性

不同植物对钾需求差异非常大，喜钾的植物比如烟草、马铃薯、甜菜、甘蔗、西瓜等碳水化合物高的作物中钾的含量往往比水稻、小麦、玉米等禾谷类作物高。在同一作物中，不同品种对钾的需求也不同，如在水稻品种中，需钾量总体表现为：矮秆>高秆，粳稻>籼稻，杂交稻>常规稻。植物的钾素需求具有明显的阶段特征，以冬油菜华双 5 号为例(图 5-25)，钾累积量在 185 d(花期)达最大值 263.7 kg/hm²，其中累积比例最大的时期是苗期(占总累积量的 53%)，其次是蕾薹期和花期，成熟期的累积量最小。并且植株不同部位钾素需求的阶段特性有所差别，根、茎、叶中的钾积累量分别在 150 d(蕾薹期)、185 d(花期)、135 d(苗后期)达到最高值，之后逐渐往生殖器官中转移，转移效率以叶片最高，茎秆次之，根系最小。生殖器官中的钾则大部分积累在角壳中，最终分配到籽粒中的仅为 19.5%。另外，植株绿叶中 63.0% 的钾随落叶归还土壤，占植株总积累量的 18.4%。

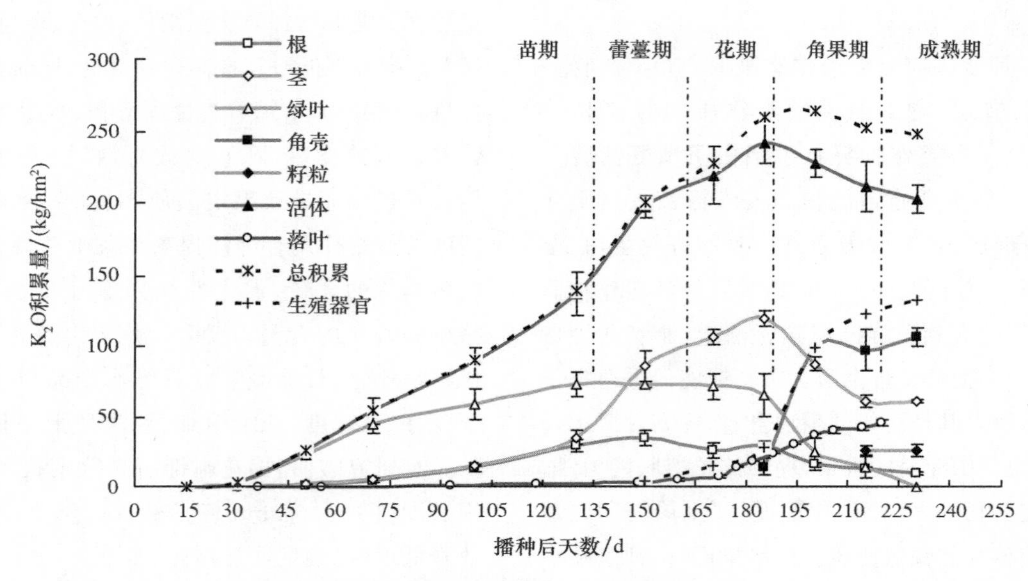

图 5-25 油菜钾积累量动态(改自:刘晓伟等,2011)

2. 缺钾症状

植物缺钾时会表现出明显的缺素症状。钾在植物体内有高度的移动性,能从成熟叶和茎中向幼嫩组织进行再利用,因此植物生长早期,不易观察到缺钾症状,即处于潜在性缺钾阶段。此时往往是植株生活力和细胞膨压明显降低。表现出植株生长缓慢、矮化、群体绿叶面积降低。缺钾症状通常在植株生长发育的中、后期才表现出,且一般从老叶开始,逐渐向幼嫩的叶片扩展,表现为老叶叶尖和叶缘变黄,进而变褐,渐次枯萎。叶片上出现褐色的斑点或斑块,但叶的中部、叶脉仍然保持绿色,随着缺钾程度的加剧,整个叶片变成红棕色或干枯状,脱落坏死(图 5-26)。在植株处于快速生长阶段时,下部叶片钾的再利用无法弥补中上部叶片所需,缺钾症状也可能先在中上部叶片中出现。双子叶植物叶脉间先失绿,沿叶缘开始出现黄化或有褐色的斑点或条纹,并逐渐向叶脉间蔓延,最后发展为坏死组织。单子叶植物叶尖先黄化,随后逐渐坏死。植物出现褐色坏死组织可能与缺钾、体内有腐胺积累有关,也可能与叶片光氧化损伤过程有关。果树缺钾,果实小,着色不良,酸味、甜味都不足。烟草缺钾影响烟叶的燃烧性。棉花对钾素缺乏较敏感,在其他作物未表现出症状的土壤上,棉花往往表现出缺素症状。

植株缺钾时,根系生长明显停滞,细根和根毛生长很差,易出现根腐病。缺钾植株的维管束木质化程度低,厚壁组织不发达,常表现出组织柔软而易倒伏。缺钾的植株叶片气孔不能开闭自如,因此在水分胁迫的条件下,尤其是高温、干旱的季节,植株失水多而出现萎蔫。在供氮过量而钾不足时,双子叶植物叶片上常会出现叶脉紧缩而脉间凹凸不平的现象。这是由于氮素充足使细胞内原生质汁液丰富,钾不足使纤维素合成受阻所致。

复习思考题

1. 植物根系可吸收的氮素形态有哪些?硝态氮和铵态氮的吸收机理是什么?
2. 简述氮在植物体内的同化过程。
3. 简述磷在植物体内的重要营养功能。
4. 植物对缺磷的响应过程有哪些?
5. 植物缺钾的典型症状是什么?
6. 钾在植物体内的生理功能有哪些?
7. 说明植物吸收和运输钾的机制。

参考文献

廖红,严小龙. 2003. 高级植物营养学. 北京:科学出版社.

刘晓伟,鲁剑巍,李小坤,等. 2011. 直播冬油菜干物质积累及氮、磷、钾养分的吸收利用. 44:4823-4832.

陆景陵. 2003. 植物营养学(上册). 2 版. 北京:中国农业大学出版社.

图 5-26 不同作物缺钾症状

A、B、C、D 表示油菜缺钾症状，其中 A 和 B 图从左往右表示钾肥用量逐渐增加，C 和 D 图左边和右边分别对应施钾和缺钾处理；F、G、H 表示棉花缺钾症状，其中 F 图左边和右边分别对应缺钾和施钾处理，G 图左边和右边分别对应施钾和缺钾处理；I、J 表示小麦缺钾照片，其中 I 图左边和右边分别对应施钾和缺钾处理；K、L 表示水稻缺钾症状；E、M、N、O、P、Q、R、S、T 分别表示烟草、马铃薯、大豆、花生、莲藕、玉米、芝麻、柑橘和红薯的缺钾症状

第五章扩展阅读

陆志峰，鲁剑巍，潘勇辉，等. 2016. 钾素调控植物光合作用的生理机制. 52，1773-1784.

Aung K., Lin S. I., Wu C. C., et al. 2006. *pho2*, a phosphate overaccumulator, is caused by a nonsense mutation in a microRNA399 target gene. Plant Physiol. 141, 1000-1011.

Baker D. A., Malek F. and Dehvar F. D. 1980. Phloem loading of amino acids from the petioles of ricinus leaves. Ber. Dtsch. Bot. Ges. 93, 203-209.

Britto D. T. and Kronzucker H. J. 2008. Cellular mechanisms of potassium transport in plants. Physiol. Planta. 133, 637-650

Budde R. J. A. and Chollet R. 1988. Regulation of enzyme activity in plants by reversible phosphorylation. Physiol. Plant. 72, 435-439.

Chiou T. J. and Lin S. I. 2011. Signaling network in sensing phosphate availability in plants. Annu. Rev. Plant. Biol. 62, 185-206.

Conn S. and Gilliham M. 2010. Comparative physiology of elemental distributions in plants. Ann. Bot. 105, 1081-1102.

Dechorgnat J., Nguyen C. T., Armengaud P., et al. 2011. From the soil to the seeds: the long journey of nitrate in plants. J. Exp. Bot. 62, 1349-1359.

De Angeli A., Monachello D., Ephritikhine G., et al. 2006. The nitrate/proton antiporter atclca mediates nitrate accumulation in plant vacuoles. Nature, 442, 939-942.

Forde B. G. 2000. Nitrate transporters in plants, structure, function and regulation. Biochim. Biophys. Acta 1465, 219-235.

Garnica M., Houdusse F., Zamarreno A. M. et al. 2010. The signal effect of nitrate supply enhances active forms of cytokinins and indole acetic content and reduces abscisic acid in wheat plants grown with ammonium. J. Plant Physiol. 167, 1264-1272.

Giaquinta R. T. 1977. Phloem loading of sucrose. Plant Physiol. 59, 750-755.

Grinsted M. J., Hedley M. J., White R. E. et al. 1982. Plant induced changes in the rhizosphere of rape

(*Brassica napus* var. Emerald) seedlings. I. pH change in the increase in P concentration in the soil solution. New Phytol. 91，19-29.

Ham B. K.，Chen J.，Yan Y.，et al. 2018. Insights into plant phosphate sensing and signaling. Curr. Opin. Biotechnol. 49，1-9.

Hamburger D.，Rezzonico E.，MacDonald-Comber Petetot J.，et al. 2002. Identification and characterization of the Arabidopsis PHO1 gene involved in phosphate loading to the xylem. Plant Cell. 14，889-902.

Hirner A.，Ladwig F.，Stransky H.，et al. 2006. Arabidopsis LHT1 is a high-affinity transporter for cellular amino acid uptake in both root epidermis and leaf mesophyll. Plant Cell. 18，1931-1946.

Huang T. K.，Han C. L.，Lin S. I.，et al. 2013. Identification of downstream components of ubiquitin-conjugating enzyme PHOSPHATE2 by quantitative membrane proteomics in Arabidopsis roots. Plant Cell. 25：4044-4060.

Humble G. D. and Raschke K. 1971. Stomatal opening quantitatively related to potassium transport. Plant Physiol. 48，447-453.

Jordan-Meille L. and Pellerin S. 2008. Shoot and root growth of hydroponic maize（*Zea mays* L.）as influenced by K deficiency. Plant Soil. 304，157-168.

Karley A. J. and White P. J. 2009. Moving cationic minerals to edible tissues：potassium，magnesium，calcium. Curr. Opin. Plant Biol. 12，291-298.

Kojima S.，Bohner A.，Gassert B.，et al. 2007. AtDUR3 represents the major transporter for high-affinity urea transport across the plasma membrane of nitrogen-deficient *Arabidopsis* roots. Plant J. 52，30-40.

Krapp A.，Fraisier V.，Scheible W. R. et al. 1998. Expression studies of Nrt2：1Np，a putative high-affinity nitrate transporter：evidence for its role in nitrate uptake. Plant J. 14，723-731.

Lambers H.，Finnegan P. M.，Jost R.，et al. 2015. Phosphorus nutrition in proteaceae and beyond. Nat. Plants. 1，15109.

Lanquar V.，Loque D.，Hormann F. et al. 2009. Feedback inhibition of ammonium uptake by a phospho-dependent allosteric mechanism in Arabidopsis. Plant Cell. 21，3610-3622.

Lea U. S.，Leydecker M. T.，Quillere I.，et al. 2006. Posttranslational regulation of nitrate reductase strongly affects the levels of free amino acids and nitrate，whereas transcriptional regulation has only minor influence. Plant Physiol. 140，1085-1094.

Lima L.，Seabra A.，Melo P. et al. 2006. Phosphorylation and subsequent interaction with 14-3-3 proteins regulate plastid glutamine synthetase in *Medicago truncatula*. Planta 223，558-567.

Macduff J. H. and Jackson S. B. 1991. Growth and preference for ammonium or nitrate uptake by barley in relation to root temperature. J. Exp. Bot. 42，521-530.

Marschner P. 2012. Marschner's Mineral Nutrition of Higher Plants .3rd edition. Elsevier/Academic Press.

Mukherji S.，Dey B.，Paul A. K.，et al. 1971. Changes in phosphorus fractions and phytase activity of rice seeds during germination. Physiol. Plant. 25，94-97.

Nitsos R. E.，Evans H. J. 1969. Effects of univalent cations on the activity of particulate starch synthetase. Plant Physiol. 44，1260-1266.

Ogawa M.，Tanaka K. and Kasai Z. 1979. Energy-dispersive X-ray analysis of phytin globoids in aleurone particles of developing rice grains. Soil Sci. Plant Nutr. 25，437-448.

Patterson K.，Cakmak T.，Cooper A. et al. 2010. Distinct signalling pathways and transcriptome response signatures differentiate ammonium- and nitrate-supplied plants. Plant，Cell Environ. 33，1486-1501.

Prabhu A. S.，Fageria N. K. and Huber D. M. 2007. Potassium Nutrition and Plant Diseases. In Mineral Nutrition and Plant Disease（Datnoff，L. E.，Elmer，W.H.，Huber，D.M.，Eds）. American Phytopathological Society：Saint Paul，MN，USA.

Puga M. L.，Mateos I.，Charukesi R.，et al. 2014. SPX1 is a phosphate-dependent inhibitor of PHOSPHATE STARVATION RESPONSE 1 in *Arabidopsis*. Proc. Natl. Acad. Sci. 111，14947-14952.

Raven J. A. 1974. Time course of chloride fluxes in hydrodictyon africanum during alternating light and darkness. In：Membrane Transport in Plants（Zimmermann U.，Dainty J. eds）. Springer，Berlin，Heidelberg.

Rebeille，F.，Bligny，R.，Martin，J. B.，et al. 1983. Relationship between the cytoplasm and the vacuole phosphate pool in Acer pseudoplatanus cells. Arch.

Biochem. Biophys. 225, 143-148.

Shabala S., Babourina O., Rengel Z. et al. 2010. Non-invasive microelectrode potassium flux measurements as a potential tool for early recognition of virus-host compatibility in plants. Planta. 232, 807-815.

Shabala S., Bose J., Fuglsang A. T., et al. 2016. On a quest for stress tolerance genes: membrane transporters in sensing and adapting to hostile soils. J. Exp. Bot. 67, 1015-1031.

Shi X., Long Y., He F., et al. 2018. The fungal pathogen *Magnaporthe oryzae* suppresses innate immunity by modulating a host potassium channel. PLoS Pathog. 14, e1006878.

Svistoonoff S., Creff A., Reymond M., et al. 2007. Root tip contact with low phosphate media reprogram plant root architecture. Nat. Genet. 39, 792-796.

Tegeder M. 2012. Transporters for amino acids in plant cells: some functions and many unknowns. Curr. Opin. Plant Biol. 15, 315-321.

Veneklaas E. J., Lambers H., Bragg J., et al. 2012. Opportunities for improving phosphorus-use efficiency in crop plants. New Phytol. 195, 306-320.

Walker D. A. 1980. Regulation of starch synthesis in leaves - the role of orthophosphate. Proc. 15th Colloq. Int. Potash Inst. Bern.

Wang Z. Y., Ruan W. Y., Shi J., et al. 2014. Rice SPX1 and SPX2 inhibit phosphate starvation responses through interacting with PHR2 in a phosphate-dependent manner. Proc. Natl. Acad. Sci. 111, 14953-14958.

Witte C. P. 2011. Urea metabolism in plants. Plant Sci. 180, 431-438.

扩展阅读文献

Amtmann A., Troufflard S., Armengaud P. 2008. The effect of potassium nutrition on pest and disease resistance in plants. Physiol. Planta. 133, 682-691.

Aung K., Lin S. I., Wu C. C., et al. 2006. *pho2*, a phosphate overaccumulator, is caused by a nonsense mutation in a microRNA399 target gene. Plant Physiol. 141, 1000-1011.

Dreyer I., Gomez-Porras J. L. And Riedelsberger J. 2017. The potassium battery: a mobile energy source for transport processes in plant vascular tissues. New Phytol. 216, 1049-1053

Fujii H., Chiou T. J., Lin S. I., et al. 2005. A miRNA involved in phosphate-starvation response in Arabidopsis. Curr. Biol. 15, 2038-2043.

Huang T. K., Han C. L., Lin S. I., et al. 2013. Identification of downstream components of ubiquitin-conjugating enzyme PHOSPHATE2 by quantitative membrane proteomics in Arabidopsis roots. Plant Cell. 25, 4044-4060.

Lanquar V., Loque D., Hormann F., et al. 2009. Feedback inhibition of ammonium uptake by a phospho-dependent allosteric mechanism in Arabidopsis. Plant Cell. 21, 3610-3622

Liu. T. Y., Huang T. K., Yang S. Y., et al. 2016. Identification of plant vacuolar transporters mediating phosphate storage. Nat. Commun. 7: 11095

Loque D., Lalonde S., Looger L. L., et al. 2007. A cytosolic transactivation domain essential for ammonium uptake. Nature 446, 195-198

Luan M. D., Lan W. Z. 2019. Escape routes for vacuolar phosphate. Nat. Plants. 5, 9-10.

Shabala S., Bose J., Fuglsang A. T., et al. 2016. On a quest for stress tolerance genes: membrane transporters in sensing and adapting to hostile soils. J. Exp. Bot. 67: 1015-1031.

Shi X., Long Y., He F., et al. 2018. The fungal pathogen *Magnaporthe oryzae* suppresses innate immunity by modulating a host potassium channel. PLoS Pathog. 14, e1006878.

Wang D., Lv S., Jiang P., et al. 2017. Roles, regulation, and agricultural application of plant phosphate transporters. Front. Plant Sci. 8,1-14

Xu L., Zhao H. Y., Wan R. J., et al. 2019. Identification of vacuolar phosphate efflux transporters in land plants. Nat. Plants 5, 84-94.

第六章 中量营养元素

教学要求：

1. 了解植物必需中量营养元素的营养作用。
2. 掌握中量营养元素吸收利用的生理机制。
3. 掌握植物必需中量营养元素缺乏的症状。

扩展阅读：

钙、镁、硫三种元素吸收及功能对比

钙(Ca)、镁(Mg)、硫(S)是植物所必需的中量营养元素，对植物生长发育和品质形成有重要作用，随着氮、磷和钾肥的大量施用和作物产量的不断提高，中量元素缺乏逐渐成为限制作物产量和品质提升的重要影响因素。植物获取这3种元素最直接的方式是利用根系从土壤溶液中吸收相应的离子，并供给植株生长。钙、镁、硫在作物体内的吸收和运输差异明显，在不同组织、器官、细胞和亚细胞水平上的分配也各有特点，也因此具有不同的生理生化功能。不同植物对钙、镁、硫的需求各异，在养分缺乏时均会出现不同程度的功能障碍，并显现出相应的典型缺素症状。

第一节　钙

钙是植物生长所必需的中量元素，能改变细胞壁和细胞膜的结构稳定性，可作为陪伴离子维持细胞阴阳离子和渗透压平衡；游离态钙参与第二信使传递，快速调节植物应对各种生物和非生物胁迫与刺激。缺钙对细胞壁和细胞膜稳定性、离子交换、细胞生长等过程产生不利影响，并最终导致植株生长停滞、组织坏死。

一、植物体内钙的含量和分布

植物体内钙的含量为0.1%～5%。不同植物种类、部位和器官的含钙量变幅很大。通常，双子叶植物含钙量较高，而单子叶植物含钙量较低，且单子叶植物叶片钙集中分布在表皮，而双子叶植物叶片钙主要分布在叶肉细胞内；根部含钙量较少，而地上部较多；茎叶（特别是老叶）含钙量较多，果实、籽粒含钙量较少（图6-1）。

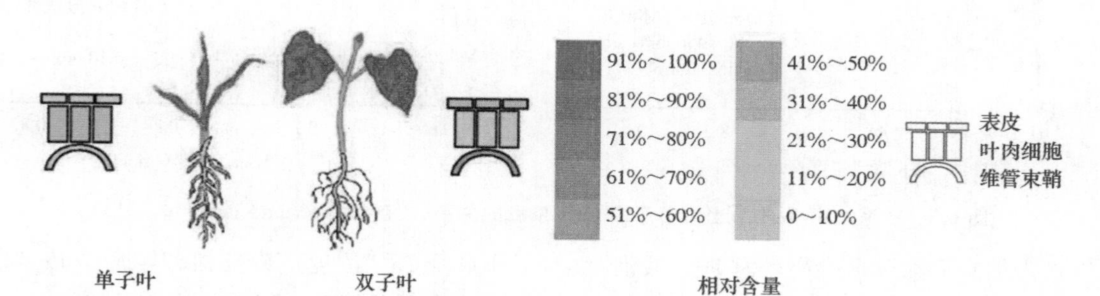

图6-1　单子叶和双子叶植物体内Ca分布图示（改编自：Conn and Gilliham，2010）

在植物细胞中，钙大部分以易交换态结合在细胞壁中胶层，以水溶态存在于液泡，以水溶态和螯合态分布在内质网中（图6-2）。与上述3个部位相比，细胞质中总Ca浓度低很多（0.1～1.0 mmol/L），游离态Ca^{2+}浓度则更低（100～200 nmol/L）。低的细胞质Ca^{2+}浓度有利于减少无机磷的沉淀，提高关键代谢酶的活性（表6-1）。如在低钙环境下生长的菠菜叶片具有较高的果糖-1，6-二磷酸酶活性，且随着环境介质中Mg^{2+}浓度的增加，酶的活性增加。同时，低细胞质Ca^{2+}浓度也是Ca^{2+}参与第二信使传递的先决条件。

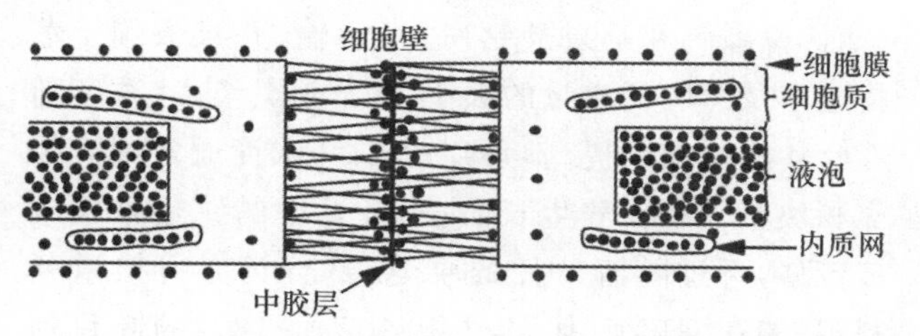

图6-2　两个相邻细胞间和细胞内Ca^{2+}（·）分布图示
（改自：Marschner，2012）

表6-1　不同Ca^{2+}浓度下菠菜叶片细胞质果糖-1，6-二磷酸酶活性

nmol/（mg蛋白/min）

Ca^{2+}浓度/（μmol/L）	Mg^{2+}浓度/（mmol/L）	
	1.0	4.0
0	300	760
0.1	250	760
1.0	80	710
10	20	620
100	—	250

引自：Brauer et al.，1990。

二、植物对钙的吸收和运输

（一）钙的吸收

在土壤中，钙的浓度通常在毫摩尔级别，主要通过质流的方式到达根系表面后被植物吸收利用。钙从根际进入根系质外体后，大部分以易交换态形式与果胶上的羰基相连并存留在细胞壁间隙。根皮层质外体中Ca^{2+}浓度主要由质流强度，土壤溶液中Ca^{2+}浓度，根系和细胞壁离子交换能力、离子组成和Ca^{2+}所占比例，根系质外体溶液pH和根细胞

Ca^{2+} 吸收能力决定，通常也处于毫摩尔级别。根际或质外体溶液中的 Ca^{2+} 经过钙渗透型阳离子通道（包括超极化激活的 Ca^{2+} 通道、去极化激活的 Ca^{2+} 通道和非电压门控阳离子通道）进入根系表皮细胞、皮层细胞和中柱细胞。当根际土壤溶液中 Ca^{2+} 浓度较低时（≤0.3 mmol/L），根系对 Ca^{2+} 的吸收符合米氏方程（米氏常数 K_m 在 0.05～0.2 mmol/L），但当外界浓度较高时，根系对 Ca^{2+} 的吸收与外界 Ca^{2+} 浓度成正比（图 6-3）。

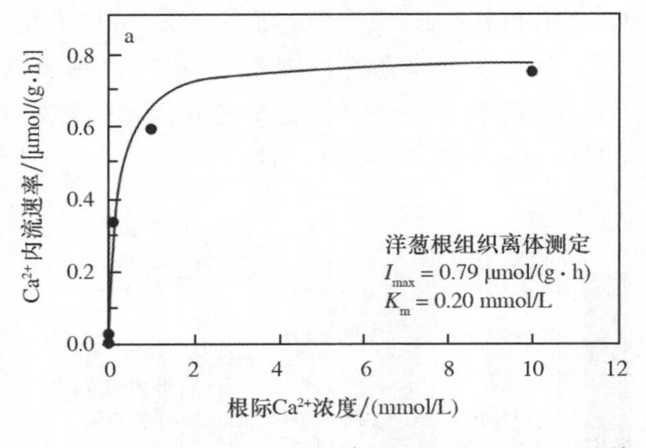

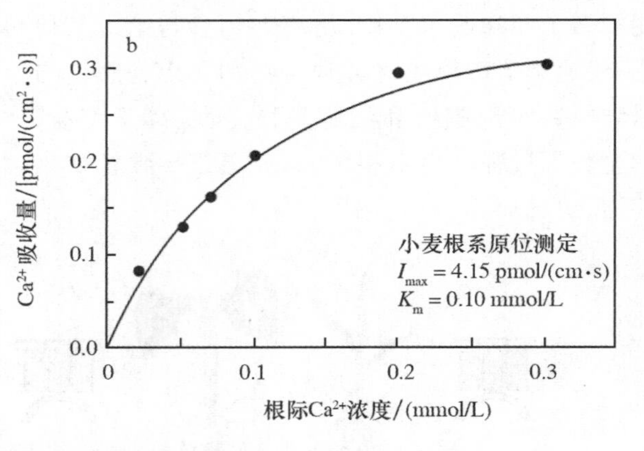

图 6-3　根系 Ca^{2+} 吸收与土壤溶液中 Ca^{2+} 浓度的关系（改自：Barker and Pilbeam，2015）

Ca^{2+} 进入细胞后大部分会被转移进入液泡，细胞质中游离 Ca^{2+} 浓度仅维持在 100～200 nmol/L，而且相对比较稳定，该过程受到膜上的 Ca^{2+}-ATP 酶和 Ca^{2+}/H^+ 逆向转运蛋白的调控。在细胞质中，Ca^{2+} 与多种蛋白质螯合形成钙调蛋白（CaM）、钙调蛋白类似蛋白（CMLs）、钙调蛋白磷酸酶 B 类似蛋白（CBL）、钙依赖蛋白激酶（CDPKs）和膜联蛋白等，参与细胞内各种代谢过程。细胞质内的钙结合蛋白可以达到较高的浓度，加上游离态 Ca^{2+} 浓度，总 Ca 浓度维持在 0.1～15 mmol/L。当细胞质 Ca^{2+} 浓度下降时，液泡内 Ca^{2+} 会通过液泡膜上的渗透性阳离子通道释放到细胞质中，该过程需要超极化激活的 Ca^{2+} 通道、去极化激活的 Ca^{2+} 通道或配体-门控离子通道的参与。根系 Ca^{2+} 随质外体穿过不完整凯氏带直接进入木质部，或通过根尖尚未木栓化的内皮层细胞以共质体运输的方式到达木质部，随后向上运输供地上部利用。相比较而言，经共质体运输的 Ca^{2+} 仅占很小的一部分，但它在调控质外体运输钙浓度、避免地上部吸收过多 Ca^{2+} 上有重要作用。

根际土壤 Ca^{2+} 浓度不仅会影响植物对 Ca^{2+} 的吸收，也会对植物吸收其他离子产生影响。一般而言，土壤溶液中 Ca^{2+} 会抑制根系对一价和二价阳离子的吸收，该过程涉及 Ca^{2+} 直接竞争膜转运蛋白或竞争根际和质外体离子结合位点，还可能通过影响细胞质 Ca^{2+} 浓度进而反馈调控离子转运过程。根际 Ca^{2+} 的浓度还会影响其他离子的相对吸收比例，如细胞外的 Ca^{2+} 可抑制 Na^+ 进入细胞而对 K^+ 的吸收无影响，导致 K^+/Na^+ 增加。尽管目前认为植物通过不同的膜蛋白吸收和转运 Ca^{2+} 与 Mg^{2+}，但增加 Ca^{2+} 浓度显著降低植株体 Mg^{2+} 的积累，且在施用较多钙肥的情况下，植株也易于表现出缺镁症状。此外，根际环境中 Ca^{2+} 增加也会抑制镉、锰和锌的吸收。

（二）钙的运输

钙在植株体内的运输主要依赖于木质部，在韧皮部中的运输则非常困难。根据土壤溶液中 Ca^{2+} 浓度和植物蒸腾速率的不同，植物木质部中 Ca^{2+} 浓度存在明显的种间异质性（0.3～16.5 mmol/L）。在木质部汁液中，钙通常以离子形态或者有机酸螯合态（如柠檬酸钙和苹果酸钙）进行运输，并且依赖于蒸腾速率及蒸腾耗水量的大小，因此叶片 Ca^{2+} 浓度随着叶龄的增加而提高，且叶片 Ca^{2+} 浓度通常高于果实和块茎。在营养生长阶段，叶片中的钙通常较难被转移，不过随着叶片的衰老，部分钙亦可被重新利用，如在羽扇豆中，至少有 13%～18%的叶片钙被转移到果实中重新利用。在叶片中，钙随着质外体途径被聚集到叶肉细胞、毛状体、靠近气孔的表皮细胞，并通过与细胞壁结合、形成钙沉积或被分隔到特定的细胞区间（如液泡）的方式来维持细胞

质 Ca^{2+} 浓度稳定（100～200 nmol/L），从而保障细胞正常的生理代谢功能。

三、钙的营养功能

（一）稳固细胞壁

植物中绝大部分钙以果胶质的结构存在于细胞壁中。在细胞壁阳离子交换量较高的双子叶植物中，当供 Ca^{2+} 水平较低时，大约占全钙量 50%的 Ca^{2+} 与果胶酸盐结合。在苹果果实的储藏组织中，结合在细胞壁上的钙可高达总钙量的 90%。由于细胞壁中有丰富的 Ca^{2+} 结合位点，Ca^{2+} 的跨质膜运输受到限制，大都依赖于质外体运输，因此在发育健全的植物细胞中，Ca^{2+} 主要分布在中胶层和原生质膜的外侧，这一方面可增强细胞壁结构和细胞间的黏结作用（图 6-4）；另一方面则对细胞壁的透性和有关的生理生化过程起着调节作用，如在含钙量较多的细胞壁上，果胶的孔隙较小，会影响小分子物质的穿梭。细胞壁中 Ca^{2+} 的含量不仅决定了细胞壁的机械强度，还能抑制聚半乳糖醛酸酶的活性，减少果胶酸酯的降解。这也是缺钙植物容易出现细胞壁解体、组织坏死的主要原因。应用光学和电子显微镜进行植物组织观察发现，缺钙使苹果的细胞壁解体，细胞壁和中胶层变软，随后出现粉斑症，细胞破裂出现水心病和腐心病；缺钙降低了细胞壁的硬度，降低了细胞对真菌如 *Gloeosporium rot* 侵染的抵抗力，导致裂果。

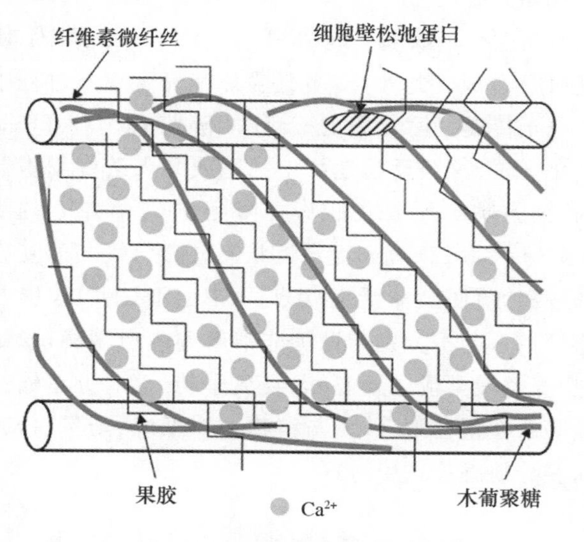

图 6-4 钙黏结果胶质分子示意图

在细胞生长过程中，细胞壁上的结合 Ca^{2+} 能被 H^+ 替代，从而使果胶和木葡聚糖分离，加速细胞的生长（图 6-4 右上角）；不过在含钙量过多的物质中，细胞壁的可塑性降低，伸长受到限制，也不利于植株生长。在果实生长后期，质外体 pH 降低的过程会促进钙的释放，加快果实成熟。

（二）稳定细胞膜

钙能稳定生物膜结构，保持细胞膜的完整性。其作用机理主要是依靠钙把生物膜表面的磷酸盐、磷脂盐与蛋白质的羧基桥接起来。其他阳离子虽然能从这一结合位点上取代钙，但却不能代替钙在稳定细胞膜结构方面的作用（图 6-5）。

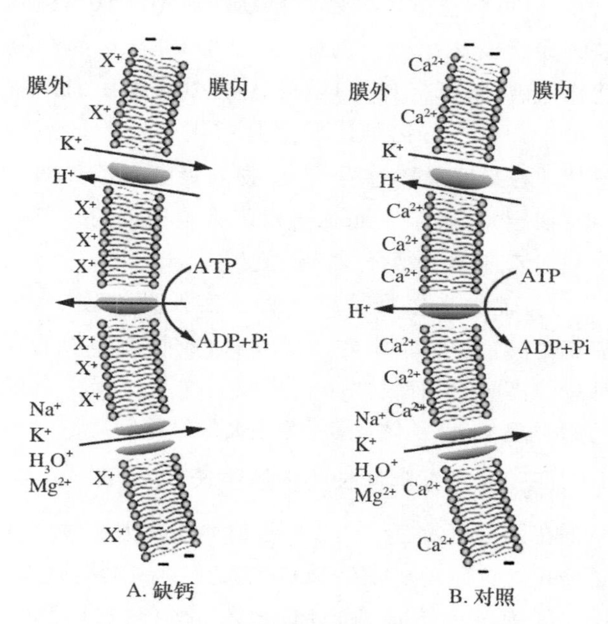

图 6-5 钙对细胞膜稳定性的影响

由图 6-5 可以看出，钙与细胞膜表面磷脂和蛋白质的负电荷相结合，提高了细胞膜的稳定性和疏水性，并能增加细胞膜对 K^+、Na^+ 和 Mg^{2+} 等离子吸收的选择性。缺钙时膜的选择性吸收能力下降，同时会加剧低分子量物质（糖类、K^+ 等）的流失。

钙对生物膜结构的稳定作用在植物对离子的选择性吸收、生长、衰老、信息传递以及植物的抗逆性等方面有着重要的作用。概括起来有以下 4 个方面：

（1）有助于生物膜有选择性地吸收离子　缺钙时，植物根细胞原生质膜的稳定性降低，透性增加，致使低分子量有机化合物和无机离子外渗增多。

严重缺钙时，原生质膜结构彻底解体，丧失对离子吸收的选择性。用 EDTA 处理细胞膜，膜上的 Ca^{2+} 与 EDTA 形成螯合物，使细胞膜透性明显增加，导致细胞质中的溶质大量外渗，主动吸收能力明显下降。

(2)能增强植物对环境胁迫的抵抗能力　如果原生质膜上的 Ca^{2+} 被重金属离子和质子所取代，就会发生细胞质外渗、选择性吸收能力下降的现象。增加介质的 Ca^{2+} 浓度可提高离子吸收的选择性，并减少溶质外渗。因此，施钙可以减轻重金属或酸性对植物造成的毒害作用。施钙还可增强植物对盐害、寒害、干旱、热害和病虫害等的抗性。

(3)可防止植物早衰　早衰的典型症状与植物缺钙症状极其相似。例如，玉米早衰时，细胞分隔化作用破坏，呼吸作用增强，液泡中的物质向细胞质中渗漏等。施钙可以明显延缓玉米叶片的衰老过程。在果实成熟过程中，植物的衰老与乙烯的产生密切相关，而 Ca^{2+} 可通过对细胞膜透性的调节作用减弱乙烯的生物合成，延缓衰老。

(4)能提高作物品质　在果实发育过程中，供应充足的钙有利于干物质的积累；成熟果实中的含钙量较高时，可有效地防止采收后储藏过程中出现的腐烂现象，延长储存期，增加水果保藏品质。

(三)促进细胞伸长和根系生长

在无 Ca^{2+} 的介质中，根系的伸长在数小时内就会停止。这是由于缺钙破坏了细胞壁的黏结联系，抑制细胞壁的形成，而且使已有的细胞壁解体所致。另外，由于 Ca^{2+} 影响细胞分裂素的功能，在细胞核分裂后，分隔两个子细胞的细胞核就是中胶层的初期形式，它是由果胶酸钙组成的。在缺钙条件下，不能形成细胞板，子细胞也无法分隔，于是就会出现双核细胞的现象。例如，洋葱根尖分生组织在缺钙时就出现双核细胞，因细胞不能分裂，最终导致生长点死亡。此外，钙也是花粉管发育所必需的。在花粉管上存在明显的 Ca^{2+} 浓度梯度，尖端细胞质 Ca^{2+} 浓度最高，基部较低。钙对花粉管细胞伸长的促进作用可能和钙调蛋白以及相关蛋白激酶的作用有关。细胞质内 Ca^{2+} 的改变会影响胞间连丝的功能，影响物质在韧皮部的卸载，也会对组织生长造成不利影响。

(四)参与第二信号传递

细胞质中 Ca^{2+} 浓度的扰动变化对第二信使信号传递过程有重要作用。环境变化和作物生长的刺激会对细胞质中 Ca^{2+} 浓度造成影响，并因此产生相应的调控信号，经过复杂的网络调控促使植物发生改变(图 6-6)。当某种刺激到达细胞时，质膜对 Ca^{2+} 的通透性增加，胞外 Ca^{2+} 以及液泡、内质网等细胞器内 Ca^{2+} 进入细胞质，使细胞质 Ca^{2+} 浓度增加到一定阈值(通常为 1 μmol/L)，并与钙离子感受器结合，参与第二信号的传递。与 Ca^{2+} 结合的钙离子感受器主要包括：钙调蛋白(CaM)、钙调蛋白类似蛋白(CMLs)、钙调蛋白磷酸酶 B 类似蛋白(CBL)、钙依赖蛋白激酶(CDPKs)和膜联蛋白。CaM 和 CMLs 是主要的钙离子感受器，通过与蛋白质结合来改变它们的活性，并最终参与植物对环境变化以及应对环境胁迫的响应。例如，在拟南芥中，CaM 和 CMLs 能与 300 多种蛋白质结合(包括磷脂酶、NAD 激酶和 Ca^{2+}-ATP 酶等)，从而改变它们的活性。当无活性的 CaM 与 Ca^{2+} 结合形成 Ca-CaM 复合体后，CaM 因变构而活化，活化的 CaM 与细胞分裂、细胞运动、植物细胞中信息的传递，以及植物光合作用及生长发育等都有密切关系。

在有丝分裂中，将染色体分开的纺锤体是由微管构成的，而 Ca-CaM 复合体能影响微管的解聚，因此缺钙就会妨碍纺锤体的增长，从而抑制细胞的分裂。在光合作用中，光照通过膜上的光敏色素可使叶绿体内游离 Ca^{2+} 的浓度提高到 10 μmol/L 以上，从而活化了依赖 Ca-CaM 的 NAD 激酶，促使 NADP 合成。此外，CaM 还会影响光合放氧过程中的电子传递。活化态的 CaM 能够使 Ca^{2+}-ATP 酶活化，Ca^{2+} 又被反馈地泵出细胞或泵入某些细胞器内，细胞质 Ca^{2+} 浓度也因此降到与 CaM 结合的阈值以下，CaM 恢复到无活性状态，随之，钙与酶复合体解离，酶回到非活性状态。CBL 和 CDPKs 能在 Ca^{2+} 的参与下分别与蔗糖非酵解型蛋白激酶(丝氨酸/苏氨酸类蛋白激酶)以及离子转运、水分运输通道等活性蛋白结合，参与植物应对低温、干旱、盐害和养分缺乏等环境胁迫。

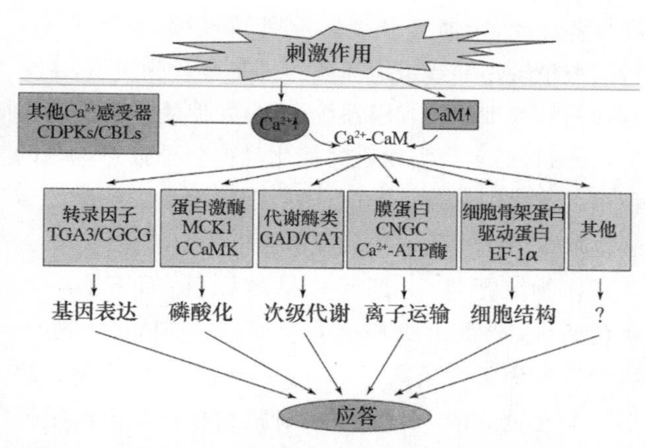

图 6-6 环境变化和生长调节刺激下细胞质内 Ca^{2+} 信号调控网络(改自:Yang and Poovaiah,2003)

(五)维持阴阳离子和渗透调节平衡

在有液泡的叶细胞内,大部分 Ca^{2+} 存在于液泡中,可作为无机和有机阴离子的伴随离子,对液泡内阴阳离子的平衡有重要贡献。在随硝酸还原而优先合成草酸盐的植物种类中,液泡中草酸钙的形成使液泡以及叶绿体中游离 Ca^{2+} 的浓度处于较低水平。草酸钙的溶解度很低,它的形成对细胞的渗透调节也很重要。例如,在成熟的甜菜和许多盐生植物的叶片中,草酸钙的含量都很高。

(六)调节酶类活性

与 K^+ 和 Mg^{2+} 不同,Ca^{2+} 在细胞质中的含量很低,因此它对细胞质中酶活性的调节非常有限。细胞质中较低的 Ca^{2+} 浓度不会对 Mg^{2+} 浓度造成影响,也就在一定程度上维持了细胞质中 Mg^{2+} 参与调控酶类的活性。例如,细胞质钙浓度的稳定有利于维持磷酸烯醇式丙酮酸羧化酶的活性。虽然细胞质中 Ca^{2+} 浓度的增加会直接抑制细胞质中一些酶类的活性,但如果和钙调蛋白(CaM)结合,却能对一些酶的活性有促进作用,如 CaM 被报道与 Ca^{2+}-ATP 酶、蛋白激酶、磷酸二酯酶等活性的发挥关系密切。

(七)与植物激素的双向调节作用

最初把钙与植物激素联系在一起是因为钙在调节细胞生长和组织衰老等方面具有相似的作用。如在去除营养液中的 Ca^{2+} 后,根系生长在几小时内停止。在细胞生长过程中,纤维素微纤丝的松弛及钙的释放过程需要生长素的参与。在去除根介质中的 Ca^{2+} 后,细胞伸长的停滞可能和生长素功能的降低有关。实验证明,Ca^{2+} 在低浓度时(0.3~1 mmol/L)对细胞壁的酸化和细胞的伸长起促进作用,在高浓度时(2~20 mmol/L)则起抑制作用。另外,生长素的存在也有利于植株体内 Ca^{2+} 的运输,可见 Ca^{2+} 和生长素间存在双向调节作用。在干旱胁迫下,叶片脱落酸浓度的增加促使保卫细胞细胞质 Ca^{2+} 浓度升高。在玉米成熟期,喷施赤霉素或 Ca^{2+} 均能延缓叶片衰老。

四、植物对钙的需求与缺钙症状

(一)植物对钙的需求

植物对钙的需要量因作物种类和遗传特性的不同而有很大的差异。双子叶植物对钙的需求量远远大于单子叶植物,在单子叶植物中,鸭拓草类物种(如鸭拓草目和姜目)所需钙量最小,占干重的0~1.0%,非鸭拓草类植物对钙的需求稍高(占干重1.0%~1.5%)(图 6-7)。即使在相同生长环境下,黑麦草最佳生长时期所需介质中 Ca^{2+} 浓度为2.5 μmol/L,而番茄则为100 μmol/L,二者相差40倍。黑麦草最佳生长时期植株的含钙量为0.07%,而番茄为1.29%,相差18.4倍。不同物种细胞壁构建所需钙量的不同是导致上述差异的主要原因。具体而言,组织钙含量往往与中胶层半乳糖醛酸上的自由羧基量成正比。通常适应石灰质土壤生长的植物(喜钙植物)所需钙量要大于嫌钙植物,嫌钙植物需在较低土壤 Ca^{2+} 浓度的环境中才能生存,且在酸性土壤中比喜钙植物具有更强的生长能力。

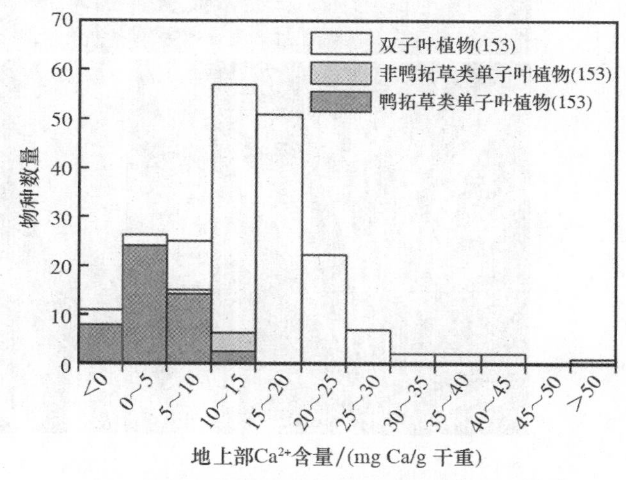

图 6-7 不同物种植物地上部钙浓度分布

(引自:Broadley et al.,2003)

植物达到最大生长速率所需土壤介质中的 Ca^{2+} 浓度主要由以下几个因素决定：①植物钙需求量；②土壤中 Ca^{2+} 往根际的运输能力；③根际土壤溶液中其他竞争性离子的浓度大小；④植株对 Ca^{2+} 的吸收和运输速率。在营养液连续供应的环境下，不同植物达到最大生长速率所需培养液中 Ca^{2+} 浓度仅为 2.5～100 μmol/L；不过当介质中其他离子浓度增加或者 pH 下降时，所需钙量会相应增加。

关于不同作物生长所需的临界钙浓度有一定的报道，如正常生长辣椒中部 Ca^{2+} 含量为 0.15%～0.18%，顶部为 0.10%～0.13%，当 Ca^{2+} 含量小于 0.06%，辣椒出现顶腐病。不过在黄瓜中，该临界浓度要比辣椒的高 3～7 倍。

(二)缺钙症状

作物缺钙会导致细胞内生理代谢过程的紊乱，减缓植株生长速率，导致作物减产。缺钙症状的发生是钙在维持细胞壁和膜系统完整性以及在协调环境胁迫信号上功能的综合体现。表现在新叶或者新生组织黄化并逐渐坏死，茎秆变弱、萎蔫，组织畸形，果实和块茎坏死，花器官开裂影响受精过程等(图 6-8)。目前关于缺钙导致组织坏死的机制有一些报道，主要是缺钙导致细胞壁和膜系统崩塌，并促使多酚类物质进入细胞，而多酚类物质的氧化过程会导致黑色素的积累以及组织坏死。除此之外，细胞壁和细胞膜的破裂也加重了微生物侵染的概率。

作物缺钙时，上部叶片呈黄绿色，而下部叶片颜色暗绿，严重时组织腐烂坏死。一般认为，在土壤交换性钙的含量高于 10 μmol/kg 时，作物不会缺钙。但在过去的 40 多年中，对植物缺钙现象的报道持续不断。Shear 详细总结了 35 种不同类型植物的缺钙症状后指出，缺钙时植物生长受阻，节间较短，因而一般较正常生长的植株矮小，而且组织柔软。缺钙植株的顶芽、侧芽、根尖等分生组织首先出现缺素症状，易腐烂死亡，幼叶卷曲畸形，叶缘开始变黄并逐渐坏死，例如缺钙使甘蔗、白菜和莴苣等出现叶焦病；番茄、辣椒、西瓜等出现脐腐病；苹果出现苦痘病和水心病。

图 6-8 不同植物缺钙症状

A. 初花期油菜缺钙“断脖”症状；B. 青菜缺钙时幼叶卷曲畸形；C. 番茄缺钙时的脐腐病；D. 葡萄缺钙时的脐腐病；E-F. 小麦缺钙幼叶卷曲畸形、叶片中间断裂；G. 小麦缺钙时根尖生长受限；H. 苹果缺钙时表现出苦痘病；I. 荔枝缺钙时的裂果症状

在北方富含钙的石灰性土壤上，植物由于生理性缺钙也会造成上述病症。由于钙在木质部的运输能力常常依赖于蒸腾强度的大小，因此老叶中常有钙的富集，而植株顶芽、侧芽、根尖等分生组织的蒸腾作用很弱，依靠蒸腾作用供应的钙就很少。同时，钙在韧皮部的运输能力很弱，老叶中富集的钙也难以运输到幼叶、根尖或新生长点中去，致使这些部位首先缺钙。肉质果实的蒸腾量一般都比较小，极易发生缺钙现象，但蒸腾作用不是决定 Ca^{2+} 长距离运输的唯一因子。在甘蓝类包叶蔬菜中，白天老叶的蒸腾量大，钙多向外层叶片输送，夜晚外层叶片蒸腾作用基本停止，但在根压的作用下水分向地上部运输，由于夜晚新叶的吸水作用，大部分钙进入新叶，从而使水分和钙的运输呈现明显的昼夜节律性变化。在土壤 pH 为 6～8 时钙的有效性较高，而酸性土壤往往风化比较彻底，黏土矿物又以 1∶1 型高岭石为主，因而阳离子交换量低，对 Ca^{2+} 的吸附能力弱，加之南方降雨较多，钙淋溶量大，导致土壤中钙含量不足。大棚生产的瓜果蔬菜类作物对钙需求量大，但在栽种过程中人们往往注重氮、磷、钾肥的施用，而忽视了钙肥的补充，农作物长期从耕层土壤中吸收了大量的钙元素，造成土壤缺钙。除植株明显的 Ca^{2+} 不足外，作物细胞质 Ca^{2+} 浓度失调也可导致缺钙症状的发生，不过在这些植株中并没有明显的钙缺乏。例如 *sAtCAX*1 超表达的烟草植株体 Ca^{2+} 含量显著高于野生型，但是更容易产生顶腐病。

第二节　镁

Mg^{2+} 是植物细胞质中含量最丰富的二价金属离子，与植物体内很多生理生化过程联系紧密。镁能激活植物体内 300 多种酶的活性，保障蛋白质和核酸等物质的合成；镁结合在叶绿体卟啉环中心，稳定叶绿体结构，改善光合速率；镁可通过优化同化物运输，提高物质生产效率等。缺镁叶片失绿黄化，CO_2 同化效率下降，物质的合成与运输受限；严重缺镁叶片过氧化物积累过多导致叶绿体降解，叶片完全失绿坏死，并最终导致植株生长停滞甚至死亡。

一、植物体内镁的含量和分布

植物体内镁的含量为 0.05%～0.7%。不同植物的含镁量各异，豆科植物地上部镁含量是禾本科植物的 2～3 倍。镁在植物器官和组织中的含量不仅受植物种类和品种的影响，而且受植物生育时期和许多生态条件的影响。一般来说，种子含镁较多，茎、叶次之，而根系较少；作物生长初期，镁大多存在于叶片中，到了结实期，则转移到种子中，以植酸盐的形态储存。玉米籽粒中的镁含量约占体内镁全量的 34%，玉米芯占 6%，叶片占 32%，茎占 21%，而根中只有 7%。植物不同器官中镁的含量受镁肥施用量的影响较大。甜玉米施用 134 kg/hm^2 的镁肥不仅可增产 33%，而且籽粒和叶片中的镁含量分别增加了 33%和 161%。相同处理的菜豆虽未增产，但豆荚和叶片的镁含量也分别增加了 31%和 141%。Grimme 发现，当镁的供应量较少时，它首先累积在籽粒中，而且生殖器官能优先得到镁的供应。当镁供应充分时，镁首先累积在营养体中，此时，营养体成为镁的储存库。例如，缺镁小麦籽粒中镁的累积量占总吸收量的 50%左右，而在镁充足时仅仅只有 25%。由于镁在韧皮部中的移动性强，存储在营养体或其他器官中的镁可以被重新分配和再利用。

在正常生长的植株成熟叶片中，大约有 10%的镁结合在叶绿素 a 和叶绿素 b 中，75%的镁结合在核糖体中，其余的 15%呈游离态或结合态在各种镁可活化的酶或细胞的阳离子结合部位（如蛋白质的各种配位基团、有机酸、氨基酸和细胞质外体空间的阳离子交换部位）上。植物叶片中的镁含量低于 0.2%时则可能出现缺镁。在细胞内，细胞质和叶绿体中总镁含量在 2～10 mmol/L，但游离态 Mg^{2+} 含量仅为 0.4 mmol/L。

二、植物对镁的吸收和运输

（一）镁的吸收

土壤溶液中镁的含量在 0.125～8.5 mmol/L，只要维持在 0.3～0.4 mmol/L 即可基本保障作物关键生育时期对镁的需求，使植株体镁浓度维持在 0.1%～0.3%。土壤中的 Mg^{2+} 主要以质流的方式到达根系表面，该过程主要取决于土壤溶液的质流

速度以及 Mg^{2+} 浓度。质流速度与作物的蒸腾能力和根压强度密切相关，且在不同生育期内差异较大，短时间内水分亏缺容易导致作物 Mg^{2+} 供应不足，也即在干旱的土壤环境中更容易出现缺镁症状。一般情况下，通过质流方式到达根系的 Mg^{2+} 能够满足植物对镁的需求，但在植株生长旺盛时期，对镁的需求量增加，完全依赖于质流到达根系表面的 Mg^{2+}，不足以满足地上部冠层对镁的需求，此时，通过扩散作用到达根系的 Mg^{2+} 可作为有效的补充，其贡献率可达 30%～43%。

植物根系对 Mg^{2+} 的吸收主要包括两个过程：Mg^{2+} 进入根系细胞质外体和 Mg^{2+} 跨膜运输进入细胞内。质外体空间内存留的 Mg^{2+} 不仅可在作物需镁量增加时被有效利用，而且能够解决因短期土壤供镁不足导致的植物缺镁的问题。植物细胞质中的 Mg^{2+} 浓度在 0.4 mmol/L 左右，根细胞对 Mg^{2+} 的吸收需要 Mg^{2+} 渗透性阳离子通道和转运蛋白的作用。MRS2 家族转运蛋白（MGT1，MGT10）在 Mg^{2+} 跨细胞膜运输中发挥着主要作用。吸收进入植物体的 Mg^{2+} 主要以结合态的形式（如 Mg-ATP）存在于细胞中，游离态仅占总镁吸收量的 10%。

作物对镁的吸收过程也受到土壤中其他离子的影响，如 H^{+}、NH_4^{+}、Ca^{2+}、K^{+}、Al^{3+} 和 Na^{+} 等会与 Mg^{2+} 的吸收产生拮抗作用，且竞争作用 $K^{+}>NH_4^{+}>Ca^{2+}>Na^{+}$。这些离子能够竞争土壤胶体表面的结合位点，从而增加 Mg^{2+} 的淋洗风险，减少植物对 Mg^{2+} 的吸收。在植物体内，这些阳离子与 Mg^{2+} 同样存在拮抗作用，它们能够竞争 Mg^{2+} 在脂类、蛋白质、螯合物表面的结合位点，影响 Mg^{2+} 的吸收和转运过程。此外，NO_3^{-} 和 PO_4^{3-} 等可作为伴随离子参与植物 Mg^{2+} 的吸收。

（二）镁的运输

木质部运输是 Mg^{2+} 长距离运输的主要方式。根内皮层软组织细胞中的 Mg^{2+} 经装载进入木质部，以游离态或有机酸结合态的形成存在于木质部汁液中，总浓度在 0.5～1.0 mmol/L。镁的地上部运输主要依赖于蒸腾拉力和地上部质外体空间的 Mg^{2+} 浓度（近似于木质部汁液中 Mg^{2+} 浓度）。到达地上部的镁经木质部卸载后供给叶片、块茎等库器官使用，MRS2 家族转运蛋白在该过程中也发挥着重要作用。液泡作为叶片存储镁库，其浓度可达 20～120 mmol/L，这部分镁的再分配对于维持细胞质 Mg^{2+} 浓度恒定有重要作用，MHX Mg^{2+}/H^{+} 逆向转运蛋白是 Mg^{2+} 进入液泡膜运输的主要通道，而 Mg^{2+} 从液泡到细胞质的转运主要受 Mg^{2+}-渗透性阳离子通道的作用。此外，叶绿体内镁对于保障叶绿体结构的稳定以及光合碳同化过程的顺利进行必不可少，MRS2-11 转运蛋白在调控 Mg^{2+} 进入叶绿体上发挥着重要作用。

三、镁的营养功能

（一）叶绿素合成及光合作用

叶绿素具有一个大而扁平的卟啉环“头部”和一条长长的叶醇基“尾部”，镁的主要功能是作为叶绿素 a 和叶绿素 b 卟啉环的中心原子（图 6-9），在叶绿素合成和光合作用中起着重要作用。

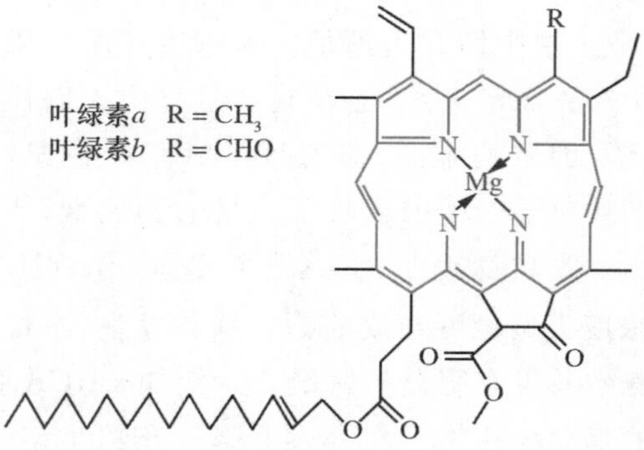

叶绿素a R = CH_3
叶绿素b R = CHO

图 6-9 叶绿素的结构

当镁原子同叶绿素分子结合后，才具备吸收光量子的必要结构，才能有效地吸收光量子进行光合碳同化反应。与叶绿素分子吸收光有关的镁元素形态不是 Mg^{2+}，而是 Mg^{0} 和 Mg^{+}。

缺镁显著降低叶片的光合速率和气孔导度，但光合速率的降低主要受非气孔限制（包括光反应阶段的电子传递能力、暗反应阶段 CO_2 的同化速率等）的影响。镁不足可导致基粒片层排列紊乱，光反应阶段光化学量子效率和电子传递速率降低，影响光合速率。在磷酸化作用（ADP＋Pi→ATP）过程中，Mg^{2+} 参与了 ADP 和酶的桥接，在离体叶绿体的实验中，增加外源 Mg^{2+} 的浓度可显著增加 ATP 的合成。

镁也参与叶绿体中 CO_2 的同化反应，对叶绿体中的光合磷酸化过程和羧化反应都有影响。例如，镁参与叶绿体基质中 1,5-二磷酸核酮糖羧化酶（RuBP 羧化酶）的催化反应，该酶的活性很大程度上取决于 pH 和镁的浓度。当镁和该酶结合后，它对 CO_2 的亲和力增加，K_m 值降低，转化速率也提高，如图 6-10 所示。在光照条件下，Mg^{2+} 从叶绿体的类囊体进入基质，而 H^+ 从基质进入类囊体，互相交换，使基质 pH 提高（8.0 左右），从而为羧化反应提供相对适宜条件。在黑暗条件下，Mg^{2+} 和 H^+ 则向有光照时相反的方向进行交换。这样，Mg^{2+} 通过不断地活化二磷酸核酮糖羧化酶，促进 CO_2 的同化，从而有利于糖和淀粉的合成。

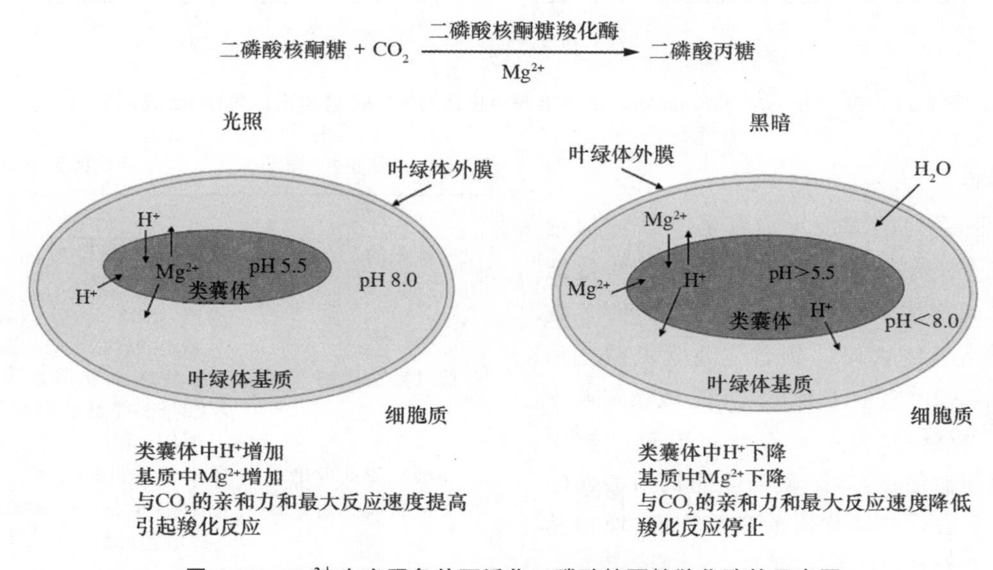

图 6-10　Mg^{2+} 在光照条件下活化二磷酸核酮糖羧化酶的示意图

在 C_4 植物中，磷酸烯醇式丙酮酸是 CO_2 的最初受体。它是在丙酮酸磷酸双激酶作用下由丙酮酸转化而成的。这种酶也是由 Mg^{2+} 活化的。

$$\text{丙酮酸} + \text{ATP} + \text{Pi} \xrightarrow[\text{Mg}^{2+}]{\text{丙酮酸磷酸双激酶}} \text{磷酸烯醇式丙酮酸} + \text{AMP} + \text{PPi}$$

缺镁导致叶片内碳水化合物的积累也会反馈抑制叶片的光合速率。

（二）蛋白质合成

镁的另一个重要生理功能是作为核糖体亚单位联结的桥接元素，能保证核糖体稳定的结构，为蛋白质的合成提供场所。叶片细胞中有大约 75% 的镁是通过上述作用直接或间接参与蛋白质合成的。镁是稳定核糖体颗粒，特别是多核糖体所必需的，又是功能 RNA 蛋白颗粒进行氨基酸与其他代谢组分按顺序合成蛋白质所必需的，能够稳定核酸聚合酶和核酸酶的活性。当镁的浓度低于 10 mmol/L 时，核糖体亚单位便失去稳定性，如果不能得到充足的镁供应，核糖体则分解成小分子失活颗粒。蛋白质合成中需镁的过程还包括氨基酸的活化、多肽链的启动和多肽链的延长反应。另外，活化 RNA 聚合酶也需要镁，因此，镁参与细胞核中 RNA 的合成。RNA 分子与镁的结合部位是磷酰基团。如图 6-11 所示，缺镁时 RNA 的合成过程立即停止，加镁后，其合成过程又迅速恢复（图 6-11A）。与之不同的是，蛋白质的合成速率在缺镁 5 h 内并没有受到影响，但 5 h 后则迅速降低，重新供镁后又迅速恢复（图 6-11B）。此外，在蛋白质合成过程中镁可能结合在核糖体上，对胺酰 tRNA 转移到多肽链上起作用。在缺镁时，叶片对氨基酸的利用存在障碍，天冬酰胺、精氨酸、组氨酸等大量积累。

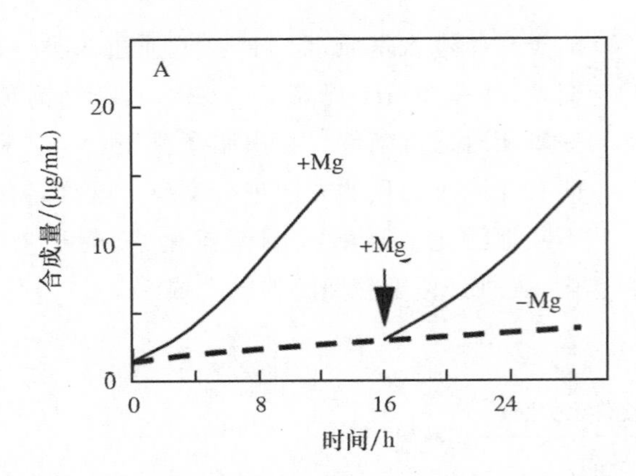

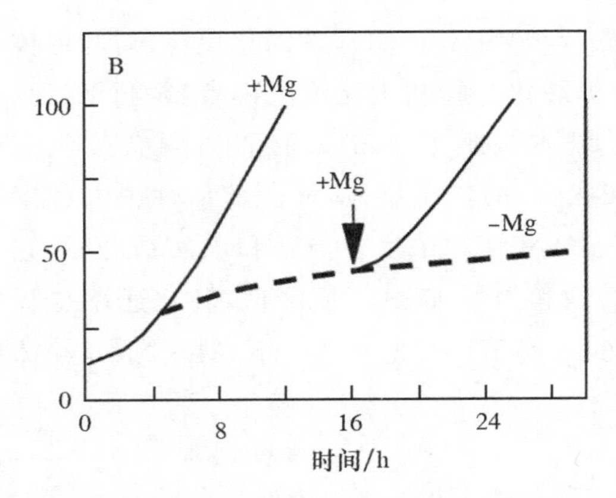

图 6-11 在 *Chlorella pyrenoidosa* 悬液培养中供镁对 RNA(A)和蛋白质(B)合成的影响

(三)酶的活化

植物体中一系列的酶促反应都需要镁或依赖于镁进行调节。镁在 ATP 或 ADP 的焦磷酸盐结构和酶分子之间形成一个桥梁(图 6-12)。大多数 ATP 酶的底物是 Mg-ATP。镁首先与含氮碱基和磷酰基结合，而 ATP 在 pH 为 6 以上形成稳定性较高的 Mg-ATP 复合物，其中大部分负电荷已被中和，靠 ATP 酶的活化点，这个复合体能把高能磷酰基转移到肽链上去。在活化磷酸激酶方面，镁比其他离子(如锰)更为有效。

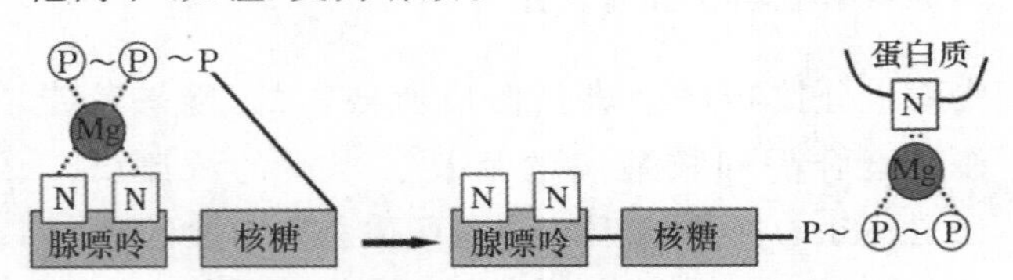

图 6-12 镁联结蛋白酶和 ATP 的示意图

果糖-1,6-二磷酸酶也是一个需镁较多，而且也需要较高 pH 的酶类。它在叶绿体内主要调节同化产物在淀粉合成和磷酸丙糖输出之间的分配。镁对储藏组织中积累蔗糖有重要意义。试验证明，加镁可使蔗糖进入红甜菜液泡的速度提高近 8 倍，这主要是因为镁直接影响 Mg-ATP 酶的活性，而该酶不仅对原生质膜上离子的运输，而且对蔗糖运输到储存细胞液泡中的过程起主要作用。

镁也能激活谷氨酰胺合成酶，因此，对植物体氮代谢也有重要的作用。

表 6-2 总结了植物体内镁激活的若干种重要酶及其功能。

表 6-2 植物体内镁能激活的酶及其功能

酶类	参与的反应
醋酸硫激酶	醋酸盐＋ATP→乙酰-AMP＋PPi (Mg^{2+}) 乙酰-APM＋CoA(K^+)→CoA＋AMP
谷胱甘肽合成酶	γ-谷酰胺半胱氨酸＋甘氨酸＋ATP→γ-谷氨酰半胱氨酸甘氨酸＋ADP＋Pi
二磷酸核酮糖羧化酶	$Ru(PO_4)_2$＋CO_2→3-磷酸甘油酸
二磷酸核酮糖加氧酶	$Ru(PO_4)_2$＋O_2→3-磷酸甘油酸＋2-磷酸乙醇酸
丙酮酸磷酸双激酶	丙酮酸＋ATP＋Pi→磷酸丙酮酸＋AMP＋PPi
苹果酸酶	苹果酸盐＋NADP＋H^+→丙酮酸＋CO_2＋NADPH
烯醇酶	磷酸烯醇式丙酮酸＋H_2O→2-磷酸甘油酸
葡萄糖酸激酶	葡萄糖酸＋ATP→6-磷酸葡萄糖＋ADP
磷酸果糖激酶	果糖-6-磷酸＋ATP→果糖-1,6-二磷酸盐＋ADP
半乳糖激酶	半乳糖＋ATP→半乳糖-磷酸盐＋ATP
葡萄糖激酶	核糖＋ATP→6-磷酸葡萄糖＋ADP
腺苷激酶	腺苷＋ATP→5′-AMP＋ADP
苹果酸合成酶	二羟醋酸＋乙酰辅酶 A＋H_2O→苹果酸＋HS-(OA)
异柠檬酸酶	谷氨酸＋NH_4＋ATP→谷氨酰胺＋ADP
谷氨酰胺合成酶	丙酮酸＋ATP→磷酸烯醇式丙酮酸＋ADP
丙酮酸激酶	异柠檬酸＋NADP＋H^+→草酰琥珀酸＋NADPH
DNA 聚合酶	(DATP……)DNA 聚合酶→DNA

(四)物质运输与分配

绝大部分绿色植物光合作用的产物是淀粉和蔗糖，镁和钾类似，均会对光合产物的运输和分配产生影响。非结构性碳水化合物的积累是缺镁叶片的典型特征，并且能在叶片出现缺镁症状前被检测到，可作为生理性缺镁早期诊断的重要指标。缺镁导致叶片同化物运输障碍主要有3种原因，即韧皮部装载障碍、韧皮部组织受损和库器官代谢活性降低。

糖类在韧皮部的装载依赖于H^+/蔗糖共转运蛋白(BvSUT1)，是一个耗能的过程，而能量主要来源于H^+-ATP酶催化ATP水解释放的能量，该过程的顺利进行需要Mg^{2+}的参与(Mg-ATP)，因此缺镁会抑制光合产物的韧皮部装载过程。图6-13列举了缺镁对甜菜上下部成熟叶片糖类物质装载(经H^+/蔗糖共转运蛋白)和运输的影响。利用^{14}C标记蔗糖的方法对叶片糖分运输进行观察，结果显示上部成熟叶片中的蔗糖优先供给新叶的生长，下部成熟叶片中的蔗糖则优先供应给根系。上部叶片蔗糖经维管束运输至细胞质外体后，通过伴胞细胞膜上BvSUT1运输进入伴胞后供给新叶和根系。缺镁时，上部叶片的Mg^{2+}浓度相对较低，BvSUT1活性受到抑制，影响伴胞对质外体蔗糖的吸收，并最终在上部成熟叶片中以淀粉形式进行累积。而下部叶片的Mg^{2+}浓度相对较高，蔗糖的运输并未受到抑制，不过随着缺镁程度的增加，下部叶片

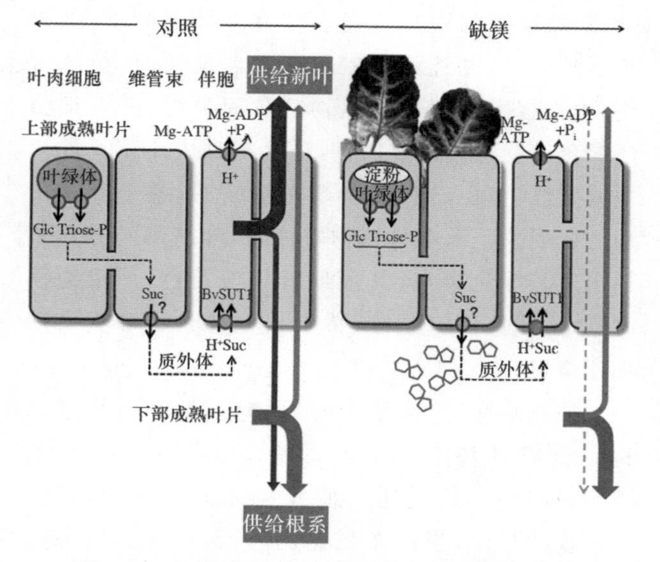

图6-13　缺镁对甜菜叶片碳水化合物分配的影响

(改自：Verbruggen and Hermas，2013)

Mg^{2+}显著降低，也会对叶片糖类物质的运输产生影响，并最终阻碍根系和地上部的生长。

缺镁还有可能对韧皮部的运输组织造成影响，使筛管萎缩崩塌并最终堵塞(图6-14)，影响经韧皮部运输物质(如糖类物质)的转移和再分配，也会阻碍Mg^{2+}等养分的转移和再利用。当及时供应Mg^{2+}后，堵塞的筛管逐渐恢复通畅状态，减弱韧皮部物质运输的障碍。

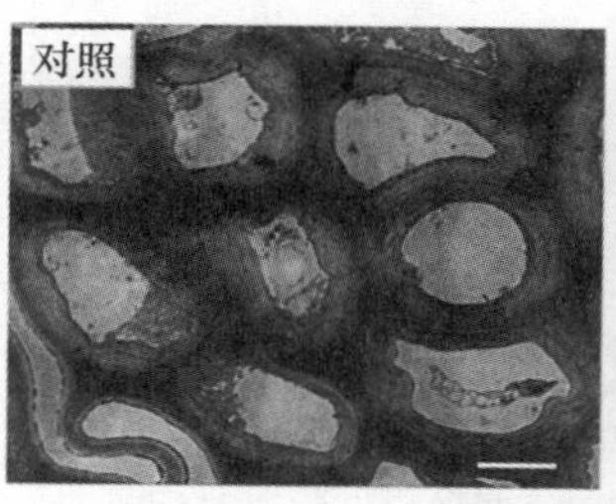

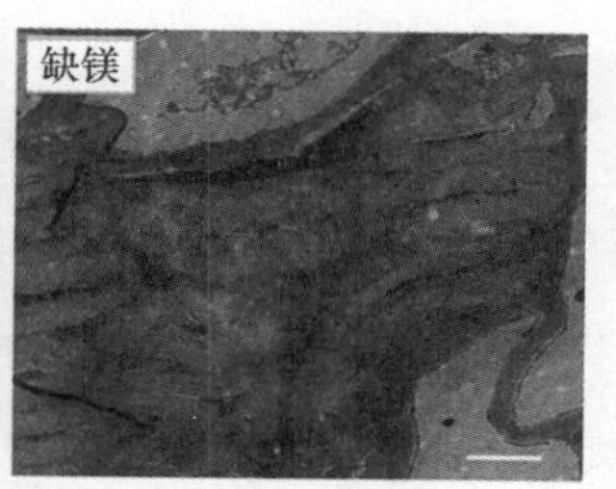

图6-14　缺镁对韧皮部筛管细胞的影响

(引自：Boxler-Badoma et al.，2006)

镁不足时，库器官活性的降低也会对叶片糖类物质往库器官运输的能力产生影响。Fischer等(1998)通过对不同镁浓度下菠菜叶片库器官进行遮阴处理，发现遮阴和正常光照缺镁植株源叶片中均有淀粉和氨基酸的积累，而在库叶片中也都存在蔗糖、己糖、淀粉和氨基酸的累积，且累积量基本相当。在韧皮部汁液中物质运输不变情况下，遮阴时库器官自身的糖类等物质合成受到限制，而缺镁叶片物质的累积情况并未改变，说明这部分累积的物质主要来自源叶，而库器官对这部分物质的消耗则成了源叶片碳水化合物累积的关键。

(五)抗氧化防御系统

缺镁植株叶片吸收CO_2能力下调，光系统活性下降，同化CO_2的能力减弱，天线色素捕获的能量经电子传递分配到碳同化的份额显著减少，而更多的电子和O_2结合形成超氧自由基，因此，缺镁叶片对光的敏感性增强，在较高光照环境下更易出现坏死斑块(图6-15)。叶绿体内活性氧(ROS)的积累会破坏光合组分，抑制碳同化相关酶类(如Rubisco酶)活性，损害细胞，最终导致叶片黄化坏死。在这种情况下，植物会采取某些适应性机制，如通过减少光系统Ⅰ和Ⅱ来尽可能地降低光能的捕获以及总电子传递速率，减轻活性氧累积的伤害。除此之外，植物体内抗氧化防御系统活性增强，包括上调

抗氧化代谢物抗坏血酸、谷胱甘肽、类胡萝卜素含量，增加清除 H_2O_2 的能力；同时提升抗氧化系统酶类(超氧化物歧化酶、过氧化氢酶、抗坏血酸过氧化物酶、谷胱甘肽还原酶)活性，增强清除 $O_2^-\cdot$、H_2O_2 等的能力。镁供应充足一方面有利于减少电子往氧气的分配，遏制 ROS 的来源，同时有利于保持抗氧化系统较高的活性，减轻 ROS 对细胞的伤害，对保障光系统Ⅰ、Ⅱ以及膜系统的功能有重要作用。

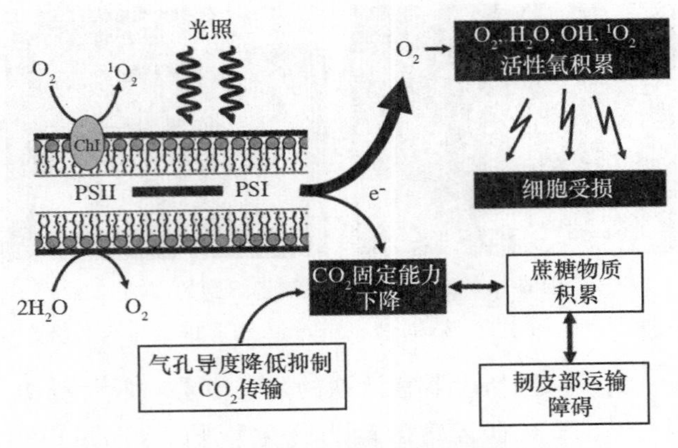

图 6-15 缺镁导致叶绿体活性氧的积累

(改自:Cakmak and Kirby,2008)

四、植物对镁的需求与缺镁症状

(一)植物对镁的需求

农作物对镁的吸收量平均为 10～25 kg/hm^2。块根作物的吸收量通常是禾本科谷类作物的 2 倍，甜菜、马铃薯、水果和设施栽培的作物特别容易缺镁，饲料作物(如紫云英等)的镁吸收量高于其他作物。在不同发育阶段，作物对镁的吸收差异很大，棉花在花期时镁的吸收速率最大；油菜在花期至角果期时镁的吸收速率最大；黑麦草和番茄的镁累积速率随着种植时间的增加逐渐降低；一品红从花芽分化到初花期镁的吸收速率最大。同样，相同作物不同品种也会对镁的需求量产生影响，如不同油菜、小麦和大麦品种全生育期对镁的吸收量差异较大。

植物体内镁的浓度因植物种类、品种、器官和发育时期不同而有很大差异。例如，黄瓜地上部镁含量(70 μmol/g 鲜重)比地下部高 7 倍。不同植物在不同生育阶段最适生长的叶片镁浓度差异很大，棉花、水稻、黄瓜、大豆最适生长的叶片镁浓度分别在 0.13%～0.18%、0.15%～0.30%、0.35%～0.8%、0.25%～1.00%。不同植物生长的叶片临界镁浓度也差别很大，单子叶植物镁临界值比双子叶植物低，一般来说，当叶片镁含量大于 0.4%时，表明土壤供镁供应充足。

(二)缺镁症状

失绿症是叶片缺镁最典型的症状之一，但在缺镁的早期，叶片颜色并未发生变化。此时虽然很难用肉眼辨别缺镁症状，但叶片发生了一系列生理特征的变化，其中最典型的特征即碳水化合物积累以及物质分配的改变。在早期适应阶段，植物生长主要依靠根系从环境介质中吸收 Mg^{2+}，因此会将较多的叶片碳水化合物输送到根部，促使根的生长和吸收面积的增加，促进水分和 Mg^{2+} 的吸收。有研究报道，在缺镁后的 15 天，水稻根部 95%的镁可转移至地上部。在该适应阶段，地上部生长较为缓慢，地下部生长速率增加，根冠比增大。随着缺镁程度的加重，根系吸收的 Mg^{2+} 无法满足植物生长的需求，因此根内皮层和木质部软组织细胞中的 Mg^{2+} 首先释放以供给植物生长。当根系和木质部组织中存留的 Mg^{2+} 仍无法满足植株生长需求时，老叶中液泡和细胞质内的 Mg^{2+} 依次转移供新生组织利用，随即老叶出现缺镁症状。

植株缺镁时，其突出表现是叶绿素含量下降，并出现失绿症(图 6-16)。由于镁在韧皮部的移动性强，缺镁症状通常首先表现在下部老叶上，如果得不到补充，则逐渐发展到新叶。缺镁时，植株矮小，生长缓慢。双子叶植物叶脉间失绿，并逐渐由淡绿色转变为黄色或白色，还会出现大小不一的褐色或紫红色斑点或条纹；严重缺镁时，整个叶片出现坏死现象。禾本科植物缺镁时，叶基部叶绿素积累出现暗绿色斑点，其余部分呈淡黄色；严重缺镁时，叶片褪色而有条纹，特别典型的是在叶尖出现坏死斑点。

植物缺镁时，细胞中叶绿体数目减少，片层结构变形；质体基粒数减少，形状变得很不规则，分隔减少或消失。缺镁还可使线粒体的脊发育不良。在缺镁叶片中，蛋白态氮比例降低，而非蛋白态氮比例升高。缺镁香蕉体内谷氨酸和天门冬氨酸等含量增加，而赖氨酸含量下降。

图 6-16　不同植物缺镁症状

A. 西红柿；B. 油菜；C. 小麦；D. 玉米缺镁和对照处理叶片对比；E. 葡萄；F. 黄瓜；G. 花生；H. 柑橘；I. 棉花；J. 辣椒；K. 大豆；L. 烟草

缺镁导致叶绿体内有较多淀粉粒累积，从而使叶片干物质含量较高。这表明缺镁对叶绿体中淀粉的降解、糖的运输和韧皮部蔗糖的卸载有较大影响。许多代谢过程需要高能磷酸盐，因此镁对能量的转移影响极大。缺镁降低光合产物从“源”（如叶）到“库”（如根、果实或储藏块茎）的运输速率。

缺镁时，储藏组织（如马铃薯块茎）的淀粉含量和谷物的单穗粒重均下降。这些影响主要是由于碳水化合物减少，淀粉合成受阻以及同化产物的分配紊乱所致。缺镁造成豆科植物根瘤中碳水化合物供应量降低，从而降低固氮效率。

在沙质土壤、酸性土壤、K^+ 和 NH_4^+ 含量较高的土壤上容易出现缺镁现象。沙土不仅镁本身含量不高，而且淋洗比较严重；而酸性土壤除了淋失以外，H^+、Al^{3+} 等离子的拮抗作用也是造成缺镁的原因之一。高浓度的 K^+ 和 NH_4^+ 对 Mg^{2+} 的吸收有很强的拮抗作用。因此增施镁肥、改良土壤、平衡施肥是矫正缺镁现象所必需的重要施肥。

由于镁在植物体内的移动性较好，镁肥既可作底肥，也可作根外追肥。在大多数情况下，提高镁的含量能改善植物的营养品质。例如施镁肥能防治饲用牧草镁含量不足引起的牲畜痉挛病等，因此种植牧草需要注意补充镁肥。在集约化农业生产中，作物镁含量呈下降趋势；与缺镁有关的失调症，如葡萄茎腐病时有发生；由于酸雨的淋溶作用，使森林缺镁现象日趋严重，将造成严重的生态问题。饮食中 Mg^{2+} 摄取量的不足，造成大约 13% 的人缺镁，导致缺镁综合病症。

第三节　硫

一、植物体内硫的含量与分布

硫是植物生长所需的第四大元素，植物体内含硫量一般为 0.1%～0.5%，其含量的多少受植物种类、品种、器官和生育时期的影响。十字花科植物需硫量最多，豆科、百合科植物次之，禾本科植物需硫量最少。通常硫在开花前集中分布于叶片中，成熟时叶片中的硫逐渐减少并向其他器官转移。一般茎叶含硫量比籽粒高，也比根系高。

植物体内的硫有无机硫酸盐（SO_4^{2-}）和有机硫化合物两种形态。无机硫酸盐主要储藏在液泡中，而有机硫化合物主要以 3 种含硫氨基酸，即胱氨酸、半胱氨酸、蛋氨酸和其他的含硫化合物如谷胱甘肽、硫胺素、生物素、辅酶 A、芥子油、亚砜等存在于植物体的各器官中。这 3 种含硫的氨基酸都是组成蛋白质不可缺少的成分。植物硫素营养正常时，植物体内含硫氨基酸中的硫占硫全量 90%左右。对于正常生长的植物而言，不同植物种类的蛋白质组成是一定的，因此蛋白质中硫和氮的含量基本恒定。缺硫时则植物 N/S 比发生变化，因此可以用 N/S 比来诊断植物的硫营养状况。植物吸收的硫首先用于满足同化的需要，多余时才以 SO_4^{2-} 形态储藏，故供硫不足时，植物体内 SO_4^{2-} 含量极低，当供硫充足时，多余的硫一般以 SO_4^{2-} 形态储藏于液泡中。

二、植物对硫的吸收、运输和同化

（一）植物对硫的吸收和运输

1. 根系对土壤硫的吸收和运输

自然界中硫以多种形态存在，植物主要通过根部吸收土壤中的 SO_4^{2-}。根系对 SO_4^{2-} 的吸收是一个逆胞内负电荷梯度的主动跨膜运输过程，需要 H^+/SO_4^{2-} 共运输系统来完成。土壤溶液中的 SO_4^{2-} 主要在根毛、根表皮等根外层结构细胞膜上高亲和转运子（如 SULTR1;1 和 SULTR1;2）的作用下与 H^+ 共同进入根细胞。相对而言，SULTR1;2 在根中的表达量较高，且在吸收 SO_4^{2-} 的过程中发挥着主导作用，不过在严重缺硫的情况下，SULTR1;1 大量表达并发挥着重要作用。除了转运 SO_4^{2-} 外，SULTR1;1 和 SULTR1;2 还能有效降低表皮和皮层细胞 SO_4^{2-} 的外渗。

土壤溶液中的 SO_4^{2-} 被吸收进入根表皮和皮层细胞后，经共质体运输途径到达维管组织，并在蒸腾拉力的作用下通过木质部向地上部运输。由根往地上部运输的 SO_4^{2-} 总量取决于中柱鞘和木质部薄壁组织细胞中的低亲和转运蛋白（如 SULTR2;1 和 SULTR3;5）的活性。到达地上部的 SO_4^{2-} 经木质部卸载后被运送至叶片的维管组织，之后在低亲和转运蛋白的作用下（如 SULTR2;2）进入叶肉细胞，并在转运蛋白的作用下运输进入叶绿体中被同化或存储于液泡内（图 6-17）。叶片等源器官中的 SO_4^{2-} 或硫的同化物（如谷胱甘肽和 S-甲基蛋氨酸）经韧皮部长距离运输进入籽粒等库器官，韧皮部伴胞和薄壁细胞中的转运蛋白（如 SULTR2;1 和 SULTR1;3）功能在同化物的源库运输过程中发挥着关键作用。

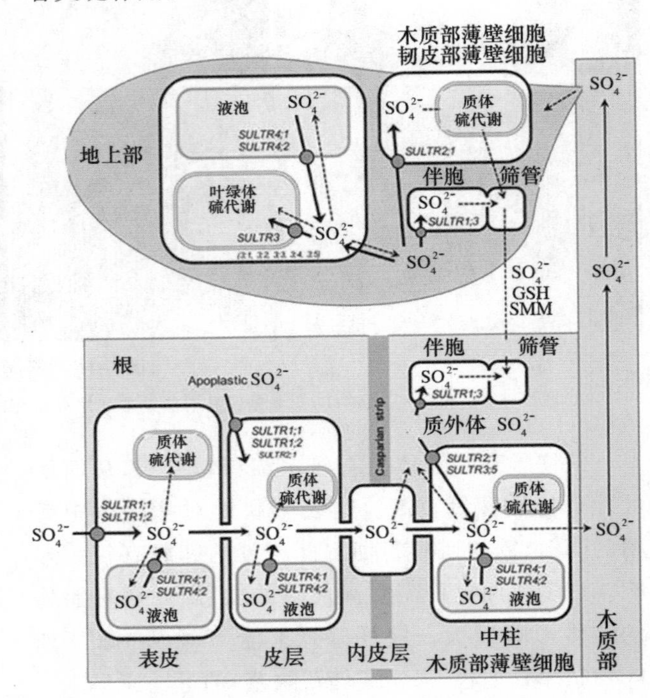

图 6-17　拟南芥吸收和转运 SO_4^{2-} 的关键步骤

（引自：Takahashi，2019）

植物对硫的吸收特性会显著影响植株体离子稳态，如硫缺乏时，植物生长受限，氮、镁和钾的吸收量降低，同时硫也会影响氮等元素在植物体内的同化过程；不过植物在缺硫时，SO_4^{2-} 转运蛋白的表达增加，一方面是促进 SO_4^{2-} 的吸收，但同时也会增加 SeO_4^{2-} 和 MoO_4^{2-} 的吸收，提高植株 Se 和 Mo 吸收量。而在细胞水平上，硫缺乏时液泡内的 SO_4^{2-} 往细胞质转移并被重新利用，此时，液泡内 NO_3^-、Cl^- 和 PO_4^{3-} 的浓度增加。

2. 植物对气态硫的吸收

叶部通过气孔吸收 SO_2，其吸收数量决定于空气中 SO_2 的浓度和根部吸收硫的数量。当土壤中硫素营养供应充足时，棉花从叶部吸收的 SO_2 只占植株全硫量的 30%；土壤供硫不足时则可上升到 50%。大气中的 SO_2 平均浓度约为 38 μg/m³，但工业区浓度会高出几十倍甚至过百倍。当空气中的浓度在 0.3～0.5 mg/m³ 或以上时，多数作物便会受害，出现白色或黄色的烟斑，但毒害浓度随作物种类、品种和生育期不同而异。紫花苜蓿、大麦、棉花、莴苣等比较敏感，而玉米、苹果、柑橘等则抗性较高。一般作物在开花期对 SO_2 较为敏感。另外植物叶片也可以吸收大气中的 H_2S。研究表明，在缺少土壤 SO_4^{2-} 供应时，植物可依赖 H_2S 作为唯一的硫源供给生长。植物叶片对 H_2S 的吸收可产生负反馈于根部，减少对 SO_4^{2-} 的吸收和同化。

(二)植物体内硫的同化过程

1. 植物对硫的同化过程

植物吸收 SO_4^{2-} 后，同 NO_3^- 一样，要先经过几步还原过程才能同化形成含硫氨基酸。植物对 SO_4^{2-} 的还原反应大部分在叶绿体内进行，即

$$SO_4^{2-}+8e^-+8H^+ \longrightarrow S^{2-}+4H_2O$$

植物对 SO_4^{2-} 的还原反应主要包括 3 个步骤，即活化 SO_4^{2-}、将 SO_4^{2-} 还原为 S^{2-} 及将 S^{2-} 合成半胱氨酸(图 6-18)。

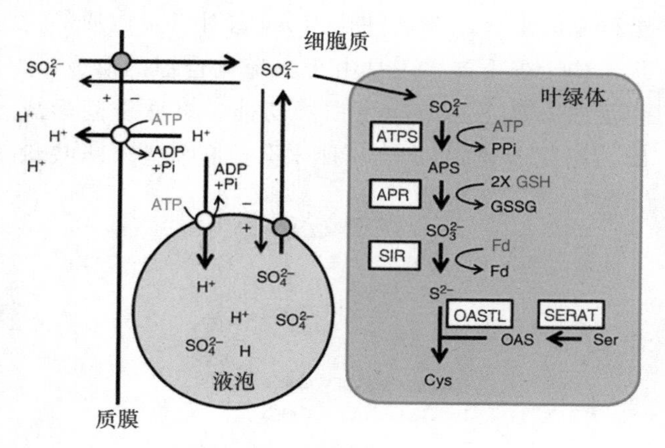

图 6-18 硫的转运和同化

(引自：Takahashi，2019)

ATPS：ATP 硫酸化酶；APS：磷硫酸腺苷；APR：APS 还原酶；GSSG：谷胱甘肽(氧化型)；GSH：谷胱甘肽(还原型)；SiR：亚硫酸盐还原酶；SERAT：丝氨酸乙酰转移酶；OASTL：乙酰丝氨酸硫酸化酶

(1)SO_4^{2-} 活化过程 SO_4^{2-} 在还原之前，必须经过活化，即在 ATP 硫酸化酶的催化下 SO_4^{2-} 结合 ATP，形成磷硫腺苷(APS)，再形成磷酸化磷硫腺苷(PAPS)。

$$SO_4^{2-}+ATP \xrightarrow{\text{ATP 硫酸化酶}} APS+MgPPi$$

$$APS+ATP \longrightarrow PAPS+ADP$$

目前已知的 ATP 硫酸化酶有两个同工酶，其中一个主要的同工酶位于叶绿体上，占总 ATP 硫酸化酶量的 85%～90%；另一个则位于原生质体的质粒上，说明叶绿体是 SO_4^{2-} 活化的主要部位，质粒也可能进行部分 SO_4^{2-} 的活化反应。此外，与 SO_4^{2-} 活化直接有关的酶还有 APS 激酶、APS 还原酶(用于 APS 的代谢)和焦磷酸酶(用于水解 PPi)。

(2)SO_4^{2-} 还原为 S^{2-} 的过程 植物体内 SO_4^{2-} 还原为 S^{2-} 是一种通过载体进行催化的过程。利用 APS 为底物，通过 APS 硫基转移酶将硫基从 APS 转移到还原态含硫化合物中形成硫代磺酸盐，再将硫代磺酸盐中的硫通过硫代磺酸盐还原酶，在铁氧还蛋白(Fd)的参与下，将其还原为硫代硫化物，即

$$APS+\text{还原态含硫化物} \xrightarrow{\text{APS 硫基转移酶}} \text{硫代磺酸盐}+5'\text{-AMP}$$

$$\text{硫代磺酸盐}+6Fd_{red} \xrightarrow{\text{硫代硫酸盐转移酶}} \text{硫代硫化物}+6F_{red}$$

植物体质粒内还存在另一种提供 SO_3^{2-} 的补充途径，即由 APS 还原酶催化，利用 APS 为底物，通过还原态的谷胱甘肽(Glu_{red})提供电子，形成 SO_3^{2-}，即

$$APS+2Glu_{red} \xrightarrow{\text{APS 还原酶}} SO_3^{2-}+2Glu_{red}+AMP+2H^+$$

(3)S^{2-} 合成半胱氨酸的过程 S^{2-} 与乙酰丝氨酸(OAS)反应合成半胱氨酸的过程是植物体内 SO_4^{2-} 同化过程的最后一步。此过程分为两步：首先丝氨酸(Ser)在丝氨酸乙酰转移酶的催化下，与乙酰辅酶 A(acetyl-CoA)反应形成 OAS 和辅酶 A(CoA)；OAS 再在乙酰丝氨酸硫酸化酶催化下，与 S^{2-} 反应形成半胱氨酸(Cys)和乙酸(Ac)。反应式为

$$Ser+\text{乙酰辅酶 A} \xrightarrow{\text{丝氨酸乙酰转移酶}} OAS+CoA$$

$$OAS+S^{2-} \xrightarrow{\text{乙酰丝氨酸硫酸化酶}} Cys+Ac$$

丝氨酸转乙酰酶和乙酰丝氨酸硫酸化酶主要存在于原生质体、叶绿体和线粒体中。这两种酶在不同细胞器中的比例有所不同。例如，豌豆叶绿体中乙酰丝氨酸硫酸化酶和丝氨酸转乙酰酶的比例为 300∶1，而其线粒体中的比例则为 3∶1。一般而言，丝氨酸转乙酰酶在原生质体的活性非常低。因此，丝氨酸转乙酰酶的活性是 S^{2-} 合成半胱氨酸的限速步骤。

目前已克隆到了位于叶绿体、线粒体和原生质体上的乙酰丝氨酸硫酸化酶和丝氨酸转乙酰酶的 cDNA。所有编码乙酰丝氨酸硫酸化酶和丝氨酸转乙酰酶的 mRNA 在植物叶和根部均有表达，并且这些 mRNA 的表达不受硫饥饿的影响。

两分子半胱氨酸脱氢氧化产生一分子胱氨酸；而一分子胱氨酸还原又可分解为两分子半胱氨酸，它们之间的相互转化在植物代谢氧化还原过程中起着重要作用。

当磷酸化磷硫腺苷（PAPS）和高丝氨酸反应时产生高半胱氨酸，同时半胱氨酸和高丝氨酸作用也可以产生高半胱氨酸。高半胱氨酸进一步获得一个甲基（$—CH_3$）就可以形成蛋氨酸。

2. 植物对硫同化过程的调控机制

植物从以下几个方面对硫同化过程进行调控。

（1）光　虽然在叶绿体中进行的 SO_4^{2-} 还原反应需要光合作用中光反应所产生的还原态铁氧还蛋白，但由于 SO_4^{2-} 还原反应还可以在质粒中进行，因此光并不是硫同化过程的主要限制因素。另外，与 NO_3^- 和碳同化过程不同的是，参与 SO_4^{2-} 同化的各种酶的活性不呈现昼夜变化的规律。有趣的是，在黑暗中生长的植物中与 SO_4^{2-} 同化有关的酶的活性在重新照明后能够增加数倍。

（2）生长期　由于活跃生长部位（如新叶、根尖等新生器官）对丝氨酸和蛋氨酸等的需求较多，因而大部分 SO_4^{2-} 同化作用主要在这些部位进行，并且所有与 SO_4^{2-} 同化有关的酶的活性在新叶、根尖等新生器官较高，而在老组织中的活性较低。

（3）硫的有效性　硫饥饿能对 SO_4^{2-} 同化过程中的几个步骤进行上位调节。在硫饥饿条件下，SO_4^{2-} 的吸收和由 APS 还原酶催化的 APS 还原过程能够大幅度提高。利用 DNA 探针技术发现，编码催化这两个步骤的酶的 mRNA 与其活性在硫饥饿下同步增加，说明硫的有效性是在转录或转录后水平上对这两个步骤相关酶的编码基因进行调控。此外，硫的有效性对根部的 SO_4^{2-} 通透酶和 APS 还原酶及其 mRNA 调控能力较大，而对叶部的 SO_4^{2-} 通透酶和 APS 还原酶及其 mRNA 调控能力较小。

（4）氮的同化作用　植物体内还原态硫和还原态氮的比例严格保持在 20∶1，说明硫同化和氮同化与植物生长速率保持一定的比例。此外，APS 还原酶的活性随着氮含量的降低而下降；OAS 作为硫同化的调节分子，其含量同丝氨酸和半胱氨酸等含氮物质的代谢有关。

三、硫的营养功能

（一）蛋白质和酶的合成

植物体内的硫有 90% 用于合成含硫氨基酸和其他有机硫化合物。含硫氨基酸是构成蛋白质不可缺少的成分（一般蛋白质含硫 0.3%～2.2%）。例如，在成熟烟草植株的 60 000 多个不同的结构基因中，绝大多数对应的多肽都含有半胱氨酸或蛋氨酸或二者兼而有之。在多肽链中，两种含巯基（—SH）的氨基酸可形成二硫化合键（—S—S—，也简称为二硫键或双硫键），其反应式如下：

$$R_1—SH+SH—R_2 \underset{+2H}{\overset{-2H}{\rightleftharpoons}} R_1—S—S—R_2$$

其中 R_1 和 R_2 代表两个半胱氨酸或两个以上半胱氨酸的残体。在多肽链中，两个毗连的半胱氨酸残基间形成二硫键（图 6-19），它对于蛋白质的三级结构十分重要。正是由于二硫化合键的形成，才使蛋白质真正具有酶蛋白的功能。多肽链间形成的二硫化合键既可是一种永久性的交联（即共价

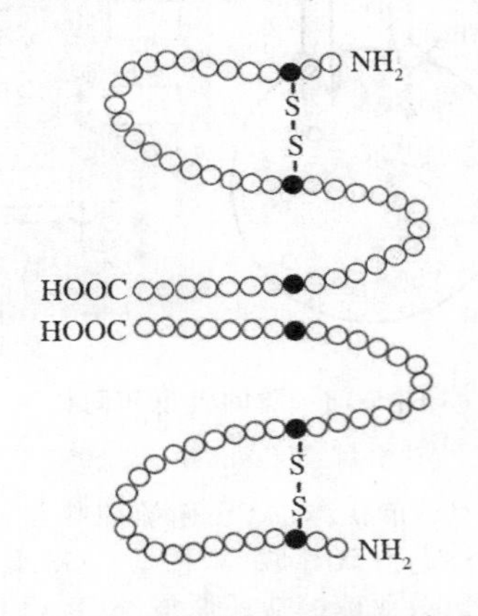

图 6-19　多肽链的二硫键示意图

键)，也可是一种可逆的二肽桥。在蛋白质脱水过程中，其分子中的硫氢基数量减少，而二硫化合键数量增加，这一变化与蛋白质的凝聚和变性密切相关。研究蛋白质分子中二硫化合键的形成机理及其影响因素，对寻求防止细胞脱水的途径，提高作物对干旱、热害和霜害等的抵御能力有重要意义。

硫是许多酶的成分。例如，植物体内的丙酮酸脱氢酶、磷酸甘油醛脱氢酶、苹果酸脱氢酶、α-酮戊二酸脱氢酶、脂肪酶、羧化酶、氨基转移酶、脲酶、磷酸化酶等都含有—SH基。这些酶不仅参与植物呼吸作用，而且与碳水化合物、脂肪和氮代谢等都有密切关系。

(二)合成多种生物活性物质，促进植物新陈代谢

硫存在于多种生物活性物质中，如硫胺素(维生素 B_1)、生物素(维生素H)、硫胺素焦磷酸(TPP)、硫辛酸、辅酶A、乙酰辅酶A、硫氧还蛋白、铁氧还蛋白和谷胱甘肽等。

适宜浓度的硫胺素能促进根系生长。硫胺素和生物素参与植物受精过程，促进花粉发芽和花粉管伸长。生物素还参与脂肪的合成过程。

辅酶A的分子末端有—SH基，它广泛参与植物糖类、脂肪和多种物质的转化过程，其中最重要的作用是形成乙酰辅酶A。丙酮酸在进入三羧酸循环之前，在丙酮酸脱氢酶的催化下，硫胺素焦磷酸、硫辛酸和辅酶等的参与下，丙酮酸便转化为乙酰辅酶A。其反应如下：

$$CH_3COCOOH \xrightarrow[\text{TPP、硫辛酸、CoA-SH}]{\text{丙酮酸脱氢酶}} CO_2 + CH_3CO\text{-}SCoA + R{-}C\begin{cases}\text{S-糖基}\\ NO{-}\overset{\overset{\displaystyle O}{\|}}{\underset{\underset{\displaystyle O}{\|}}{S}}{-}O^- \ X^+\end{cases}$$

乙酰辅酶A除参与三羧酸循环、促进有氧呼吸和能量代谢外，还参与脂肪、糖类和蛋白质的合成过程。

(三)参与氧化还原作用

硫氧还蛋白能够还原肽链间和肽链中的二硫键，使许多酶和叶绿体耦联因子活化(图6-20)。硫氧还蛋白有两个紧密结合在肽链中的还原态半胱氨酸—SH基。—SH基是蛋白质二硫键还原的氢供体。硫氧还蛋白在光合作用电子传递和叶绿体中酶的激活方面也有重要作用。

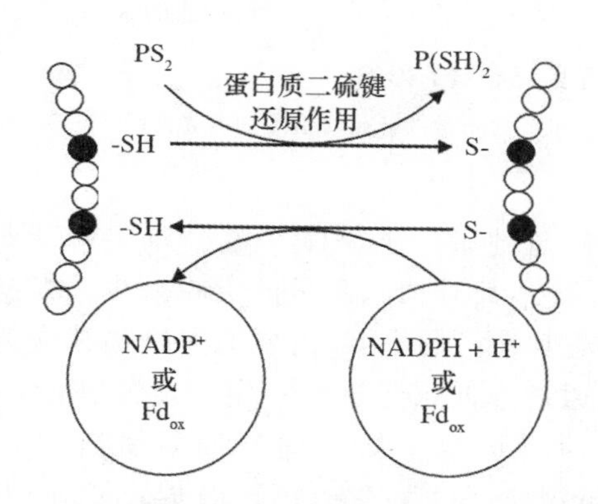

图6-20 硫氧还蛋白的还原与蛋白质二硫键的氧化示意图

铁氧还蛋白是一种重要的含硫化合物，其结合形式及在许多代谢中的功能如图6-21所示；其特点是氧化还原热低，负电位高并在生物化合物中还原性最强。它的氧化形式因接受叶绿素光合作用中释放的电子而被还原，还原态的铁氧还蛋白既能在光合作用的暗反应中参加 CO_2 的还原，也能在硫酸盐还原、N_2 还原和谷氨酸的合成过程中起重要作用。

e^- → -S Fe S- Fe S- → e^- → NAPD+(光合作用)、亚硝酸还原酶、硫酸还原酶、N_2还原

图6-21 铁氧还蛋白的结合形式及在代谢中的功能

在氧化条件下，两个半胱氨酸氧化形成胱氨酸；而在还原条件下，胱氨酸可还原为半胱氨酸。胱氨酸-半胱氨酸氧化还原体系和谷胱甘肽氧化还原体系一样，是植物体内重要的氧化还原系统。谷胱甘肽是包含谷酰基(谷氨酸的残基)、半胱氨酰基(半胱氨酸的残基)和甘氨酰基(甘氨酸残基)的三肽链，它在氧化状态时为二硫基谷胱甘肽，在2个肽链谷胱甘肽的半胱氨酸残基上形成1个二硫键。而还原态的谷胱甘肽可保持蛋白质分子中的半胱氨酸残基处于还原状态。

(四)参与光合作用过程

硫在作物光合作用中的作用，主要表现在以下几方面：以硫脂方式组成叶绿体基粒片层；硫氧还蛋白半胱氨酸—SH在光合作用中传递电子；形成

铁氧还蛋白的铁硫中心，参与暗反应 CO_2 的还原过程；硫作为铁氧还蛋白的重要组分在光合作用及氧化物如亚硝酸根的还原中起电子转移作用。

缺硫叶片叶绿素含量降低，气孔开度减小，RuBP 羧化酶活性下降，硝酸盐积累，影响了光合性能。叶片中有机硫主要集中在叶肉细胞的叶绿体蛋白上，硫的供应对叶绿体的形成和功能的发挥有重要影响，缺硫会增加叶绿体结构中基粒的垛叠，使叶绿体结构发育不良，光合作用受到明显影响。Lunde 等(2008)研究表明，水稻幼苗在缺硫条件下(10.4 μmol/L SO_4^{2-})培养两周后，叶片叶绿素含量降低 49%，光系统 Ⅰ 的 $NADP^+$ 光还原能力降低 61%，光系统Ⅱ效率降低 31%(表 6-3 和图 6-22)。

表 6-3　水稻缺硫条件下叶绿素含量、叶绿素 a/b 值和光系统 Ⅰ 活力的改变

处理	叶绿素含量/(μg/mg)	叶绿素 a/b 值	NADPH/[μg/(mg 叶绿素·h)]
正常(0.5 mmol/L SO_4^{2-})	11.3±1.4	3.02±0.09	77±6
低硫胁迫(10.4 μmol/L SO_4^{2-})	5.8*±1.3	3.11±0.10	30*±6

* 表示两处理差异显著 ($P<0.05$)。

图 6-22　缺硫对水稻生长状况及光系统Ⅱ荧光参数的影响

A 和 B 分别为水稻在正常和低硫胁迫下培养 2 周和 6 周时的生长状况；C、D、E 和 F 为正常及低硫胁迫 2 周时光系统Ⅱ的荧光参数，其中实线为正常条件，虚线为低硫胁迫，星号表示显著差异($P<0.02$)

(五)参与固氮作用

构成固氮酶的两个组分：钼铁蛋白和铁蛋白，这两个组分都含有硫。充足的硫营养有利于豆科植物形成根瘤、增加固氮量，并提高种子产量和质量。

(六)在细胞渗透调节中的作用

在需硫量高的作物如油菜中，硫主要以 SO_4^{2-} 的形式储藏在叶片液泡中。近年来研究发现，与其他阴离子如 Cl^- 不同，液泡中 SO_4^{2-} 在细胞的渗透调节中发挥重要作用。

在缺硫的条件下，SO_4^{2-} 被诱导运输以支持作物生长，导致其对细胞渗透的贡献减少。根据作物维持渗透势平衡的机制，需要通过增加其他离子的累积或通过降低水势进行一定程度的补偿。Sorin 等(2015)将正常生长 4 周的油菜幼苗转入缺硫(8.7 μmol/L SO_4^{2-})条件下培养，同对照处理(508.7 μmol/L SO_4^{2-})相比，胁迫处理后长出的新叶在培养 7 天后细胞渗透势显著降低，细胞水势在培养 21 天后显著降低。胁迫前存在的叶片，则在培养 21 天后出现渗透势和水势的显著降低(图 6-23)。

硫胁迫培养下，油菜叶片 SO_4^{2-} 含量降低的同时，细胞 PO_4^{3-}、NO_3^- 和 Cl^- 离子浓度升高。根据叶片 $[c(Cl^-)+c(NO_3^-)+c(PO_4^{3-})]:c(SO_4^{2-})$ 比值可进行油菜硫营养状况的早期诊断(图 6-24)。

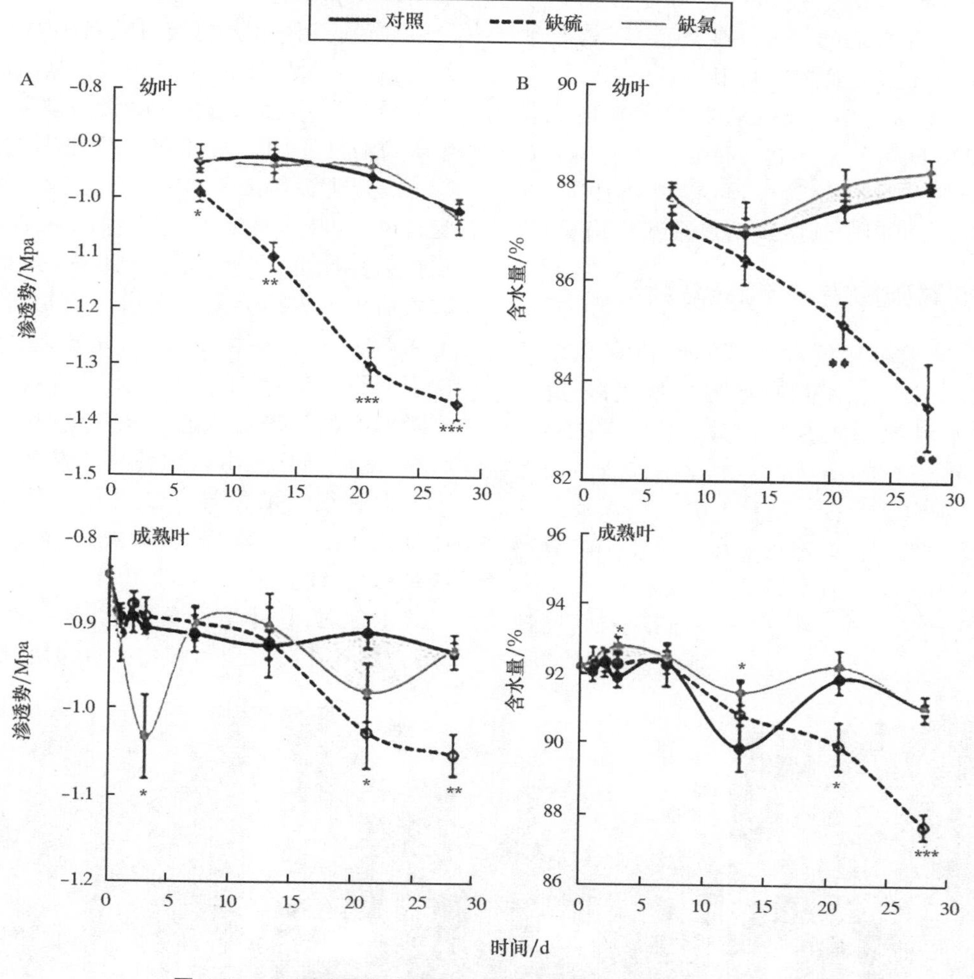

图 6-23　不同处理条件下油菜叶片渗透势(A)和含水量(B)

(引自：Sorin et al.，2015)

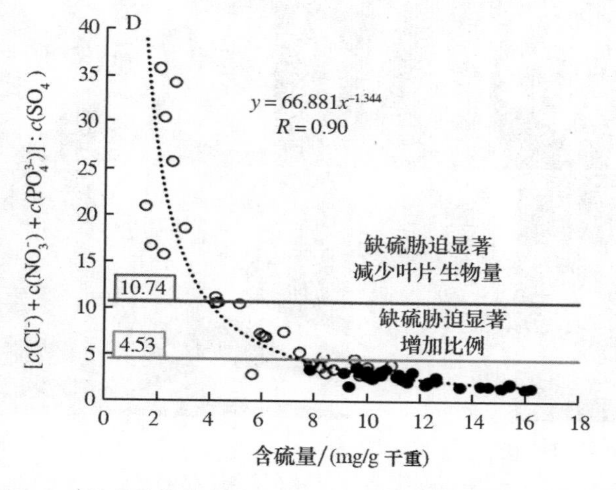

图 6-24　油菜叶片 $[c(Cl^-)+c(NO_3^-)+c(PO_4^{3-})]:c(SO_4^{2-})$ 比值和含硫量(Stot)的关系(引自：Sorin et al.，2015)

在缺硫条件下，当油菜叶片 $[c(Cl^-)+c(NO_3^-)+c(PO_4^{3-})]:c(SO_4^{2-})$ 比值大于 4.53 时，则与对照(正常供硫)差异显著；当此比值大于 10.74 时，缺硫胁迫显著减少叶片生物量。

(七)植物体内挥发性硫化合物的成分

十字花科植物油菜、萝卜、甘蓝等的种子含有芥子油苷。油菜籽含硫量可高达 0.89%，就是因为它富含芥子油苷。施用硫肥时，油菜、向日葵等油料作物种子中的芥子油苷含量便会提高。芥子油苷的降解产物异硫代氰酸盐具有抗癌活性，在十字花科

S- 糖基
R—C
NO—$\overset{\overset{\text{O}}{\|}}{\underset{\underset{\text{O}}{\|}}{\text{S}}}$—O⁻ X⁺

(X^+ 是阳离子，通常为 K^+)

类作物营养品质构成上具有重要作用。芥子油苷及其水解产物能增强植物抵抗害虫取食、细菌真菌侵染等。芥子油苷等次生代谢产物可以占到十字花科类植物体内有机硫的 20%，有报道显示，在缺硫的情况下这部分硫可以被再利用。

百合科葱、蒜中含有蒜油，其主要成分是硫化丙烯[$(CH_2CHCH_2)_2S$]，还含有催泪性的亚砜，它们主要存在于茎叶的乳汁管中，可以增强食欲，同时又是抗菌物质，可用于预防或治疗某些疾病。

四、植物对硫的需求与缺硫症状

植物需硫量因植物的种类、品种、器官和生育期而有所不同。十字花科植物的需硫量较多，豆科植物次之，禾本科植物很少。油菜、甘蓝等作物每公顷吸收硫 30～50 kg，豆科作物 15～20 kg，而禾谷类作物只有 10 kg 左右。这种差异也可以反映在籽粒含硫量上，如十字花科为 1.1%～1.7%，豆科为 0.25%～0.30%，而禾本科为 0.18%～0.19%，这主要是由于十字花科作物种子富含芥子油，而硫是芥子油的组分。

一般认为，当植物的硫含量（干重）为 0.2%时，植物会出现缺硫症状。硫是蛋白质的基本成分，但不同组织和细胞中蛋白质组分的含硫量差异很大。一般来说，豆科植物的蛋白质含硫量比禾本科植物的少，N/S 分别为 40∶1和 30∶1。缺硫时蛋白质合成受阻导致失绿症，其外观症状与缺氮很相似，但发生部位有所不同。缺硫症状往往先出现于幼叶（图 6-25），而缺氮症状则先出现于老叶。缺硫时幼芽先变黄色，心叶失绿黄化，茎细弱，根细长而不分枝，开花结实推迟，果实减少。此外，氮素供应也影响缺硫植物中硫的分配。在供氮充足时，缺硫症状发生在新叶；而在供氮不足时，缺硫症状发生在老叶。这表明硫从老叶向新叶再转移的数量取决于叶片衰老的程度。缺氮加速了老叶的衰老，使硫得以再转移，造成老叶先出现缺硫症。缺硫的特征因作物不同而有很大的差异。豆科作物特别是苜蓿需硫比其他作物多，因此对缺硫敏感，苜蓿缺硫时，叶呈淡黄绿色，小叶比正常叶更直立，茎变红，分枝少。大豆缺硫时，新叶呈淡黄绿色，缺硫严重时，整株黄化，植株矮小。在豆科植物缺硫初期，根瘤中固氮酶

图 6-25　不同植物缺硫症状

A. 玉米（左：正常；右：缺硫）；B. 大豆和玉米（左：缺硫；右：正常）；C. 小麦（左：正常；右：缺硫）；D. 大豆（左：正常；右：缺硫）；E. 花生（左：正常；右：缺硫）；F. 烟草（左：正常；右：缺硫）；G. 水稻（左：正常；右：缺硫）；H. 棉花（左：正常；右：缺硫）；I. 油菜缺硫症状；J. 甘蔗缺硫症状

活性大幅度降低。因此豆科植物中后期的缺硫症状与缺氮症状很难区分。十字花科作物对缺硫也十分敏感,如四季萝卜常作为鉴定土壤硫营养状况的指示植物。油菜缺硫时,叶片出现紫红色块,叶片向上卷曲,叶背面、叶脉和茎等变红色或紫色,植株矮小,花而不实。禾谷类作物需硫量少于其他大田作物。小麦缺硫时,新叶脉间黄化,但老叶仍保持绿色。玉米早期缺硫时,新叶和上部叶片脉间黄化;后期缺硫时,叶缘变红,然后扩展到整个叶面,茎基部也变红。水稻在秧田期缺硫时根系明显伸长,拔秧后容易凋萎,移栽后返青慢。如果继续缺硫,叶尖干枯,叶片上出现褐色斑点,分蘖减少,抽穗不整齐,生育期推迟,空壳率增加,千粒重下降。

缺硫使植物体内蛋白质含量降低,其中含蛋氨酸和半胱氨酸等含硫的蛋白质比例下降较多,而含其他氨基酸(如精氨酸和天冬氨酸)比例较高的蛋白质变化较小,有时甚至在体内出现累积现象。缺硫不仅造成植物体其他部位蛋白质含量的下降,而且使籽粒中蛋白质含量明显降低。此外,缺硫使禾谷类植物籽粒中半胱氨酸的含量下降,并因此降低面粉的烘烤质量。

第六章扩展阅读

复习思考题

1. 植物缺钙的典型症状是什么?
2. 钙作为第二信使起作用的机制是什么?
3. 缺镁导致同化物运输障碍的原因是什么?
4. 缺镁、缺硫和缺氮均会造成叶片黄化,三者有何区别?
5. 缺镁和缺硫是如何影响电子传递的?
6. 植物体内硫的同化过程是什么?

参考文献

陆景陵. 2003. 植物营养学(上册). 2 版. 北京:中国农业大学出版社.

Barker A. V. and Pilbeam D. J. 2015. Handbook of plant nutrition .2nd edition. CRC Press.

Boxler-Baldoma C., Lütz C., Heumann H-G., et al. 2006. Structural changes in the vascular bundles of light-exposed and shaded spruce needles suffering from Mg deficiency and ozone pollution. J. Plant Physiol. 163, 195-205.

Broadley M. R., Bowen H. C., Cotterill H. L. et al. 2003. Variation in the shoot calcium content of angiosperms. J. Exp. Bot. 54, 1431-1446.

Cakmak I. and Kirkby E. A. 2008. Role of magnesium in carbon partitioning and alleviating photooxidative damage. Physiol. Planta. 133, 692-704.

Conn S. and Gilliham M. 2010. Comparative physiology of elemental distributions in plants. Ann. Bot. 105, 1081-1102.

Courbet G., Gallardo K., Vigani G. et al. 2019. Disentangling the complexity and diversity of crosstalk between sulfur and other mineral nutrients in cultivated plants. J. Exp. Bot. 70, 4183-4196.

Fischer E. S., Lohaus G., Heineke D et al. 1998. Magnesium deficiency results in accumulation of carbohydrates and amino acids in source and sink leaves of spinach. Physiol Planta. 102:16-20.

Marschner P. 2012. Marschner's Mineral Nutrition of Higher Plants. 3rd edition. Elsevier/Academic Press.

Sorin E., Etienne P., Maillard A. et al. 2015. Effect of sulphur deprivation on osmotic potential components and nitrogen metabolism in oilseed rape leaves. J Exp Bot. 66: 6175-6189.

Takahashi H. 2019. Sulfate transport systems in plants: functional diversity and molecular mechanisms underlying regulatory coordination. J. Exp. Bot. 70, 4075-4087.

Verbruggen N. and Hermans C. 2013. Physiological and molecular response to magnesium nutritional imbalance in plants. Plant Soil. 368, 87-99.

White P. J. 2001. The pathways of calcium movement to the xylem. J. Exp. Bot. 52, 891-899.

White P. J. and Broadley M. R. 2003. Calcium in plants. Ann. Bot. 92, 487-511.

Yang T. B., Poovaiah B. W. 2003. Calcium/calmodulin-mediated signal network in plants. Trends Plant Sci. 8, 505-512.

扩展阅读文献

Karley A. J. and White P. J. 2009. Moving cationic minerals to edible tissues: potassium, magnesium, calcium. Curr. Opin. Plant Biol. 12, 291-298.

Maathuis F. J. M. 2009. Physiological functions of mineral macronutrients. Curr. Opin. Plant Biol. 12, 250-258.

第七章 微量营养元素

教学要求：

1. 了解植物必需微量营养元素的营养作用。
2. 掌握植物必需微量营养元素缺乏的形态鉴定。

扩展阅读：

微量元素与人类健康

除了大量和中量营养元素之外，植物还需要硼、锌、钼、铁、锰、铜、镍和氯等微量营养元素(microelement，trace element)。植物必需的微量营养元素，有时也称微量养分(micronutrient)。这些微量养分对维持植物正常生长发育必不可少，缺少其中任何一种，植物的生长发育就会受到抑制，甚至死亡。

高等植物必需微量营养元素的发现主要集中在20世纪中叶，与分析化学的发展，尤其是化合物的纯化和分析技术的提高密切相关。本章主要学习和讨论植物必需的8种微量营养元素的主要功能。其中，植物光合和呼吸电子传递链需要铁，铜蛋白也与细胞内电子传递有关，铁和铜既可以是电子受体，也可以是电子供体。锌在蛋白质和植物激素(特别是生长素)的合成中发挥作用，锰是植物放氧反应的中心，铜与木质素的合成有关，锌、锰和铜均是多种酶的活化剂，能清除超氧自由基。钼是固氮酶和硝酸还原酶的金属成分，在氮的代谢中很重要。镍作为脲酶的金属成分也与植物氮的代谢密切相关。硼是细胞壁的主要组成成分，与植物的生殖生长密切相关。而氯在植物渗透调节和气孔运动中发挥作用。本章对上述高等植物必需微量营养元素的吸收运输特性、养分缺乏和毒害的形态鉴定也进行了说明。

第一节　硼

一、硼在植物体内的含量和分布

植物体内各器官硼含量差异很大，一般在2～100 mg/kg。双子叶植物比单子叶植物的硼含量高，具有乳液系统的双子叶植物（如蒲公英、罂粟等）的硼含量更高（表7-1）。植物体内硼含量一般繁殖器官高于营养器官；叶片高于茎秆，茎秆高于根系。硼比较集中地分布在子房、柱头等花器官中，因为它对繁殖器官的形成起重要作用（表7-2）。

表7-1　主要作物的硼含量

mg/kg 干重

作物种类	硼含量	作物种类	硼含量	作物种类	硼含量
大麦	2.3	番茄	15.6	大豆	37.2
水稻	2.7	棉花	19.6	菜豆	43.0
小麦	3.3	豌豆	21.7	芜菁	49.2
玉米	5.0	油菜	24.9	萝卜	64.5
菠菜	10.4	胡萝卜	25.0	甜菜	75.6
芹菜	11.9	烟草	25.0	向日葵	80.0
马铃薯	13.9	紫苜蓿	25.0	蒲公英	80.0
蚕豆	15.4	甘蓝	37.1	罂粟	94.0

表7-2　棉花不同器官硼含量

mg/kg 干重

植物器官	硼含量	植物器官	硼含量
根	8.6	果枝叶	26.9
茎	9.1	蕾	27.8
主茎功能叶	20.9	花	49.5
主茎其他叶	23.1	幼铃	31.4

植物细胞内存在两个溶解性和生理功能都不同的硼库。其中，可溶性硼库主要指细胞质和质外体汁液中含有的硼，不溶性硼库主要指细胞壁中形成B-RGII复合物的硼。两种硼库中硼的浓度随外界硼供应状况而变化。例如，Pfeffer等（2001）发现向日葵根系在高硼处理下，两种硼库的硼浓度都有增加，特别是自由空间内可溶性硼库的硼浓度增加较快，并且硼在自由空间的流量也显著增加（表7-3）。

表7-3　硼在向日葵根细胞不同部位的浓度及流量变化

硼供应量/(μmol/L)	部位	硼浓度（以鲜重计）/(nmol/g)	硼流量（以鲜重计）/[nmol/(min·g)]
100	细胞壁	52.6	0.02
	液泡	7.5	1.03
	原生质体	27.1	4.56
	自由空间	48.0	275
1	细胞壁	43.4	0.01
	液泡	2.8	0.29
	原生质体	17.9	2.83
	自由空间	ND	ND

ND表示检测不出。数据来源：Pfeffer et al.，2001。

需硼较多的作物有油菜、甜菜、萝卜、芜菁、甘蓝、芹菜、花椰菜、部分豆类及豆科绿肥作物、向日葵、苹果、柠檬、葡萄、油橄榄等；需硼中等的作物有棉花、烟草、甘薯、花生、莴苣、番茄、胡萝卜、桃、梨等；需硼较少的作物有大麦、小麦、水稻、玉米、大豆、豌豆、亚麻、马铃薯、柑橘等。同一作物不同品种对硼的需要也有不同，例如甘蓝型油菜需硼量大于白菜型油菜。同一品种不同发育时期对硼的需要也不同，其中开花期对硼的需求量最大。

二、植物对硼的吸收与运输

1. 植物对硼的吸收

植物主要吸收H_3BO_3，也可以吸收极少量的$B(OH)_4^-$。因硼酸是一元酸，pH>7.0时$B(OH)_4^-$离解才逐渐增多[$pKa=9.24$，反应式(7.1)]。因此，在pH>7.0时，作物对硼的吸收量也会减少。当土壤水溶性硼过多致使作物中毒时，可施用石灰降低硼的有效性，减轻硼的毒害。

$$B(OH)_3 + H_2O \rightleftharpoons B(OH)_4^- + H^+ \quad (7.1)$$

植物从外界吸收硼存在两种机制：当外界硼含量充足时，主要通过被动吸收，pH和外界硼浓度对硼的吸收影响较大；当外界硼含量较低时，主要依赖硼酸通道和硼转运蛋白的主动运输（图7-1）。拟南芥NIP5；1和BOR1在细胞膜上呈极性分布（NIP5；1向外侧，BOR1向中柱侧），这种极性定位的转运蛋白提高了硼从外界进入植物体内的径向运输

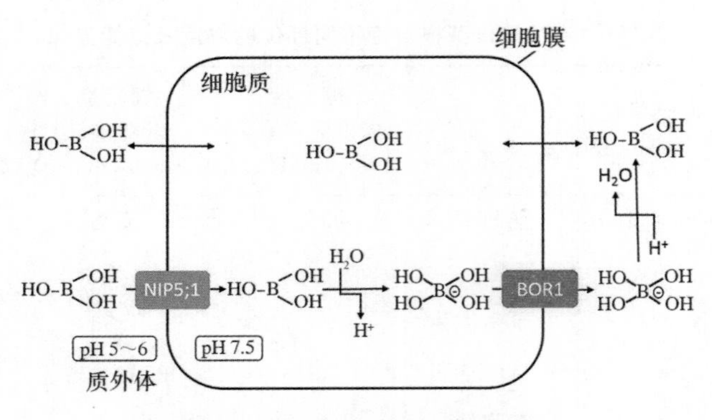

图 7-1 植物硼吸收转运模式图

效率。目前，已克隆和鉴定了水稻、油菜、大麦和小麦等作物中一些硼吸收转运相关的功能基因(表 7-4)。

在硼过量时，大麦 HvBOR2（Bot1）或者小麦 TaBOR2 等外向型的硼转运蛋白能将根细胞中的硼直接泵到根外，或将根细胞中硼转运到叶细胞质外体，通过吐水的方式排出体外。

2. 硼在植物体内的运输和分配

硼主要是通过木质部向地上部运输，蒸腾作用对硼的运输和硼在植物体内的分布起决定作用，这也是硼在叶尖和叶缘积累的原因。拟南芥 *AtNIP6*；*1* 和水稻 *OsNIP3*；*1* 在地上部节间表达，能够调控硼向幼叶、穗和花等新生组织分配(表 7-4)。

表 7-4 部分植物硼转运蛋白基因及其功能

	基因	植物种类	转运功能	表达部位
通道蛋白	*AtNIP5*；*1*	拟南芥	将硼从质外体泵入细胞	根
	AtNIP6；*1*	拟南芥	地上部硼的分配(优先分配到幼叶和花等新生组织)	地上部节
	AtNIP7；*1*	拟南芥	硼的内向转运(微弱)	花药
	AtTIP5；*1*	拟南芥	液泡膜上表达，区室化作用(缓解硼毒)	花药和下胚轴
	HvNIP2；*1*（*HvLsi1*）	大麦	硼的内向转运，调控地上部硼累积	根
	HvPIP1；*3*，*HvPIP1*；*4*	大麦	硼的内向型通道	根
	OsNIP3；*1*	水稻	调节叶中硼的分配，优先分配到叶鞘和穗	根、地上部叶鞘和节
	OsNIP2；*1*	水稻	硼的内向转运，调控地上部叶片硼的累积	根
	OsPIP2；*4*，*OsPIP2*；*7*	水稻	在根中向外转运硼，缓解硼毒	根和地上部
	ZmNIP3；*1*（*TLS1*）	玉米	内向转运硼(缺陷株系表现根和地上部分生组织生长受限)	根和雌蕊
转运蛋白	*AtBOR1*	拟南芥	将硼从内皮层薄壁细胞泵入木质部	根
	AtBOR2	拟南芥	根细胞壁 RG-Ⅱ二聚体形成过程中外向转运硼到质外体	根
	AtBOR4	拟南芥	根中硼的外向转运，缓解硼毒	根
	BnaC4. BOR1；*1c*	甘蓝型油菜	硼的转运与分配	根、地上部节点和花
	HvBOR2（*HvBOT1*）	大麦	外向转运，缓解硼毒胁迫	根和旗叶
	TaBOR1. 1	小麦	外向转运，高硼诱导	根和地上部
	TaBOR1. 2	小麦	外向转运，高硼诱导	根和地上部
	TaBOR1. 3	小麦	外向转运，高硼抑制	根
	TaBOR2	小麦	外向转运，缓解硼毒胁迫	根
	OsBOR1	水稻	在根中吸收硼和木质部硼的装载	根和少量地上部
	OsBOR4	水稻	外向转运硼，维持花粉的正常萌发和花粉管伸长	花粉
	VvBOR1	葡萄	根中硼的装载和地上部硼的分配	根和花
	CmBOR1	柑橘	木质部硼的装载	根、叶和花

硼在韧皮部的移动比较复杂，不同植物之间的区别较大。根据硼在韧皮部中的移动性将植物分为硼低移动性植物和硼高移动性植物。硼高移动性植物不多，目前能够确定的有梨（*Pyrus*）、苹果（*Malus*）和李（*Prunus*）等属的植物。硼在新老叶间、果实与叶片之间、木质部和韧皮部汁液间的分配比例，甚至硼在同一叶片不同的分布趋势均能反映植物韧皮部内硼的移动性。硼在苹果的叶片中的分配比较均匀，而在核桃的叶片各部位的分配差异较大（图 7-2）。核桃叶尖含硼量是叶脉附近细胞含硼量的 7 倍，维管细胞的 38 倍。

由于 H_3BO_3 具有较高的膜渗透力，因此硼在韧皮部中不大可能以 H_3BO_3 的形式运输，否则，H_3BO_3 将从韧皮部重新渗漏回木质部。B-多糖复合物是硼在韧皮部移动的一种形式，不同植物产生的 B-多糖复合物也不同（表 7-5）。硼在芹菜（*Apium graveolens*）韧皮部是以甘露糖醇-B-甘露糖醇复合物移动，而在桃树韧皮部则是以山梨糖醇-B-山梨糖醇、果糖-B-果糖和山梨糖醇-B-果糖等复合物的形式运输的。

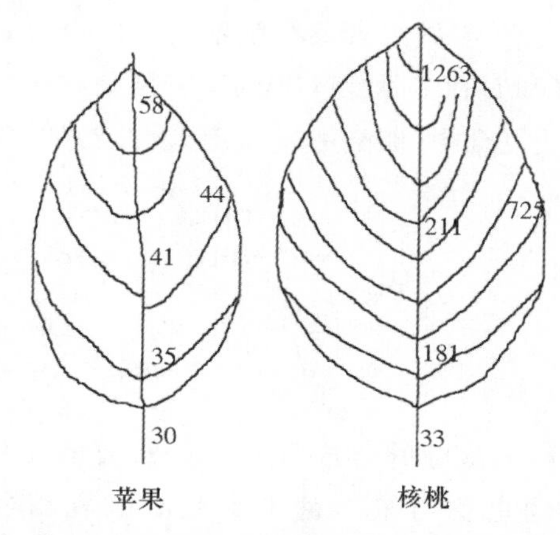

图 7-2　苹果和核桃叶片含硼量（mg/kg 干重）分布示意图

（引自：Brown and Shelp，1997）

表 7-5　产生多糖醇的重要作物种类

多糖醇	属/种
半乳糖醇	阿拉伯茶（*Catha*）、卫矛（*Euonymus*）、美登木（*Maytenus*）、南蛇藤（*Celastrus* ）
甘露糖醇	洋葱（*Allium*）、咖啡（*Coffea arabica*）、橄榄（*OLea europaea*）、芹菜（*Apium graveoleus*）、胡萝卜（*Daucus carota*）、菜豆（*Phaseolus vulgaris*）、芦笋（*Asparagus*）、茴香（*Foeniculum vulgare*）、豌豆（*Pisum*）、芸薹科（*Brassica*）、白蜡树（*Fraxinus* ）、石榴（*Punica granatum*）
山梨糖醇	山楂（*Craaegus monogyna*）、杏树（*Prunus amygdalus* ）、李树（*Prunus salisina*）、枇杷（*Eriobotrya japonica*）、樱桃（*Prunus avium* ）、梨树（*Pyrus communis*）、圣诞果（*Heteromyles arbutifolia*）、桃树（*Prunus persica*）、黑樱桃（*Prunus serotina*）、苹果（*Malus domestica* ）、西梅（*Prunus domestica* ）

与硼在韧皮部中的移动性一样，硼在植物体内再利用能力也因植物的不同而不同。韧皮部硼移动性强的植物硼的再利用能力也较高。如表 7-6 所示，硼再利用能力高的苹果，其新老叶之间硼浓度的差异较小；而硼再利用能力低的核桃，其新老叶之间硼浓度差异较大，老叶中积累的硼难以被植物再利用。研究发现，用苹果山梨糖醇合成酶基因 S6PDH 转化烟草后，转基因植株山梨糖醇的合成增加，促进了硼在韧皮部的运输，成熟组织中的硼能够被再利用，提高了烟草抗低硼胁迫的能力。

表 7-6　苹果和核桃叶片硼浓度

叶片	苹果/（μg/g）	核桃/（μg/g）
老叶	50±2	304±11
成熟叶	57±4	225±24
新成熟叶	56±6	127±4
伸展叶	73±9	62±1
分生叶	70±12	48±8

细胞质（pH 7.5）＞98％的硼以自由态 H_3BO_3 形态存在，＜2％的硼以 $B(OH)_4^-$ 的形式存在。质外体（pH 5.5）＞99.95％的硼以自由态 H_3BO_3 形态存在，＜0.05％的硼以 $B(OH)_4^-$ 的形式存在。硼酸和硼酸盐很容易与很多生物分子反应，在正常生物学条件下，与生物分子结合的有效硼的浓度远高于自由态硼。硼酸与一元醇、二元醇和多元醇形成复合物（硼酸酯）。通常细胞液中仅存在很低浓度（＜25 mmol/L）的单聚的 H_3BO_3 和 $B(OH)_4^-$。因此，除非硼毒害，植物体中不大可能存在多聚硼的形态。

三、硼的营养功能

硼不是酶的组分，也没有证据表明它影响了酶的活性。Parr 和 Loughman（1983）推测植物硼的主要功能有：（a）糖的运输；（b）细胞壁的合成；（c）木质化；(d)细胞壁结构；(e)碳水化合物代谢；(f)RNA代谢；(g)呼吸作用；(h)生长素代谢；(i)酚的代谢和(j)膜的功能。根据目前已有的证据，硼的营养功能可以归纳为以下几个方面。

(1)参与半纤维素及细胞壁物质的合成　硼与二元醇(diol)和多元醇(polyol)，特别是顺式二元醇结合形成复合物(硼酸酯)[反应式(7.2)和(7.3)]。许多糖及其衍生物如糖醇、糖醛酸，以及甘露醇、甘露聚糖和多聚甘露糖醛酸等均属于这类化合物，它们可作为细胞壁半纤维素的组分。而葡萄糖，果糖和半乳糖及其衍生物(如蔗糖)不具有这种顺式二元醇的构型。此外，硼还能与核糖(RNA组成中主要的糖)和烟酰胺腺嘌呤二核苷酸(NAD^+)以及其他有机分子形成易交换的复合物。

$$\begin{matrix}=C-OH\\ |\\ =C-OH\end{matrix} + \begin{matrix}HO\\ \\ HO\end{matrix}\!>\!B-OH \rightleftharpoons \left[\begin{matrix}=C-O\\ |\\ =C-O\end{matrix}\!>\!B\!<\!\begin{matrix}OH\\ \\ OH\end{matrix}\right]^- + H_3O^+ \qquad (7.2)$$

$$\left[\begin{matrix}=C-O\\ |\\ =C-O\end{matrix}\!>\!B\!<\!\begin{matrix}OH\\ \\ OH\end{matrix}\right]^- + \begin{matrix}OH-C=\\ |\\ OH-C=\end{matrix} \rightleftharpoons \left[\begin{matrix}=C-O\\ |\\ =C-O\end{matrix}\!>\!B\!<\!\begin{matrix}O-C=\\ |\\ O-C=\end{matrix}\right]^- + 2H_2O \qquad (7.3)$$

硼对细胞壁的合成具有十分重要的作用。细胞壁中硼主要与鼠李糖半乳糖醛酸乳糖(rhamnogalacturonan Ⅱ)形成B-RG-Ⅱ复合物(图7-3)。植物对硼的需要与不同植物基因型、细胞壁果胶和RG-Ⅱ的含量密切相关。苔藓植物配子体细胞壁与维管植物细胞壁比较，含有少得多的B-RG-Ⅱ复合物，这表明维管植物从类似苔藓植物的祖先的进化过程中RG-Ⅱ显著增加。一般而言，禾本科植物细胞壁硼浓度远低于双子叶植物。例如，小麦(禾本科植物)根细胞壁硼浓度(以干重计)为3～5 μg/g，而向日葵(双子叶植物)(以干重计)则为30 μg/g。在缺硼条件下，植物细胞壁增厚，细胞壁占植物总干重的比例增加。拟南芥根中细胞壁B-RG-Ⅱ二聚体形成受硼转运蛋白AtBOR2的调节(表7-4)。

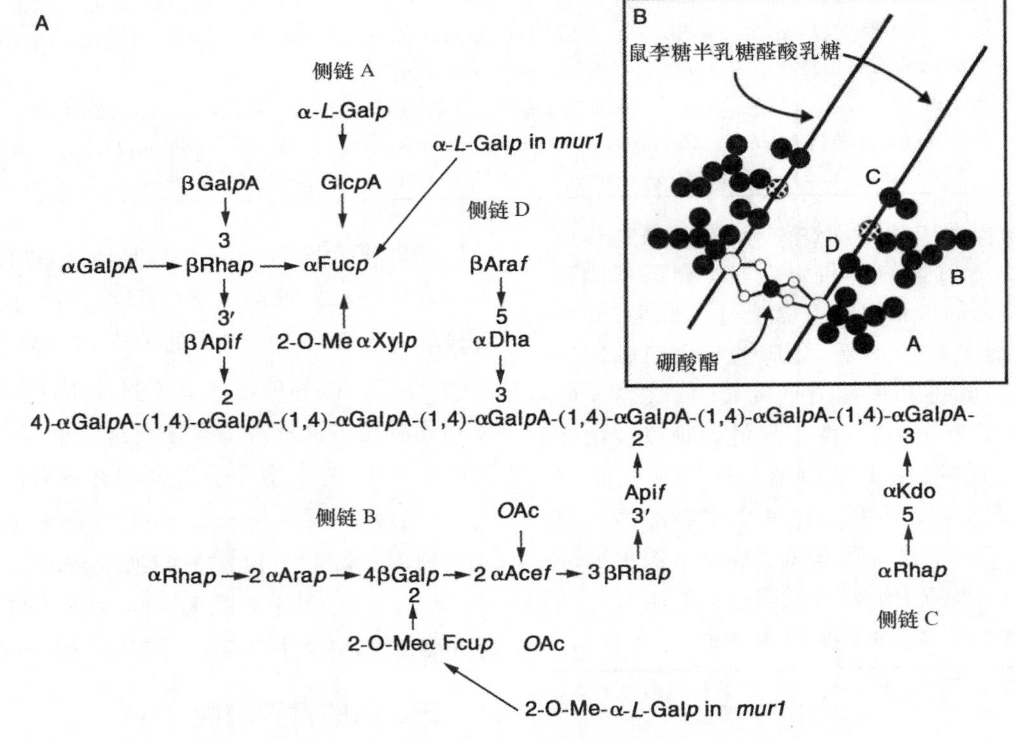

图7-3　RG-Ⅱ的结构(引自：O'Neill et al.，2001)

A. RG-Ⅱ的骨架由1'4-连接的α-D-吡喃半乳糖醛酸构成，且有4个寡聚糖基侧链与其骨架相连(从A到D)；B. 硼与两分子RG-Ⅱ侧链A中的芹菜糖残基通过硼酸酯键共价结合

硼可能并不直接参与植物细胞壁的合成，但细胞缺硼不能形成具有合适孔径的果胶网络可能会影响一些重要的生理过程，包括将多聚物整合到细胞壁、将细胞壁修饰酶或蛋白质运输到基质，以及将聚合物从原生质体运输到细胞壁。此外，硼对细胞与细胞壁黏附和细胞结构完整性可能是必需的。

(2)膜的完整性及其功能　硼对细胞膜的完整性和功能发挥起着重要作用。由红外光或重力引起的植物膜电位的形成和维持需要硼。硼还会影响含羞草叶片受膨压调节的闭合活动，并促进鸭跖草^{86}Rb的内流和气孔张开。缺硼时大豆和玉米根尖磷吸收速率显著降低，但如果提前用硼处理根尖1 h，可显著提高正常硼和缺硼根系对磷的吸收，恢复缺硼根系对磷的吸收速率。此外，缺硼玉米根系膜结合的ATP酶活性较低，但在重新供硼后1 h能恢复到与供硼充足玉米根系相同的水平。硼对这些离子吸收的影响是通过硼对细胞膜结构的直接或间接的影响来实现的，因而影响了包括与质膜结合的H^+-ATPase在内的各种膜转运功能。虽然硼可能对质膜结合的H^+-ATPase有直接影响，但这些影响更可能是间接的，例如，通过在细胞壁-细胞膜界面上硼络合的质膜组分，如糖蛋白或糖脂，作为保持质膜完整性和膜功能所需的稳定和结构因子。向日葵离体展开叶片缺硼处理K^+的外排显著高于硼充足处理，并且缺硼处理叶片K^+的外排随着去离子水中外源硼的增加而减少。与上述K^+外排类似，缺硼叶片中糖、氨基酸和酚类物质的外排量也高于硼充足处理叶片，外源硼可降低缺硼叶片中糖、氨基酸和酚类物质的外排量。缺硼对质膜的其他影响包括：(a)脂质体的膨胀；(b)微粒体的流动性增加；(c)膜转运过程的破坏。

(3)促进碳水化合物的合成和运输　硼在葡萄糖代谢中具有调控作用。当供硼充足时，葡萄糖主要进入糖酵解途径进行代谢；当供硼不足时，葡萄糖则容易进入磷酸戊糖途径进行代谢，形成酚类物质。

硼参与植物体内糖的运输。其可能原因：①合成含氮碱基的尿嘧啶需要硼，而尿嘧啶二磷酸葡萄糖(UDPG)是蔗糖合成的前体，所以硼有利于蔗糖合成和糖的外运；同时，尿嘧啶是合成RNA的一种碱基。植物缺硼首先发生RNA含量减少，随后植物停止生长。这可能是缺硼时根茎生长点停止生长和坏死的直接原因。②硼直接作用于细胞膜，从而影响蔗糖的韧皮部装载。③缺硼容易生成胼胝质，堵塞筛板上的筛孔，影响糖的运输。

供硼充足时，糖在体内运输就顺利；供硼不足时，叶绿体退化，光合作用及光合产物的合成和运输受阻，叶片中淀粉大量积累，使叶片变厚、变脆，甚至畸形。糖运输受阻时，还会造成分生组织中糖分明显不足，致使新生组织难以形成，往往表现为植株顶部生长停滞，甚至生长点死亡。缺硼影响糖向繁殖器官的运输，从而导致落蕾、落花、落果。

(4)调节酚的代谢和木质化作用　缺硼时植物积累酚是一个典型的特征。硼酸盐与某些特定的酚形成复合物可能涉及自由态酚浓度和木质素合成前体酚醇合成速率的调节。缺硼植株多酚氧化酶活性增加，酚积累显著增加，但细胞硼浓度和含硼复合物浓度不足以影响酚的代谢。硼对细胞膜完整性的影响也与酚醇复合物和多酚氧化酶活性降低无关。缺硼时，表皮细胞细胞壁中酚及相应酶活性增加破坏了细胞壁，进而扰乱了酚的代谢。酚氧化成醌后，在体内积累，对植物产生毒害，导致组织坏死。醌的积累，在长期缺硼，尤其是田间长期缺硼情况下容易发生，如甜菜的"腐心病"、萝卜的"褐腐病"、花椰菜的"褐心病"等都是醌类聚合物积累所引起的。

(5)促进细胞伸长和细胞分裂　缺硼时根的伸长或茎分生组织生长很快受到抑制或停止。缺硼时主根和侧根的根长受抑制，甚至停止生长，使根系呈短粗丛枝状。在IAA(吲哚乙酸)氧化酶活性提高前3 h，伸长生长已受抑制(图7-4)，因此，IAA氧化酶活性的提高是缺硼的次生反应。缺硼时，一些植物茎分生组织生长受到抑制，出现"多头症"，另一些植物分生组织死亡。一些植物缺硼黄化和组织死亡可能是由于缺硼时不能合成新的细胞壁和破坏了细胞膜的完整性。

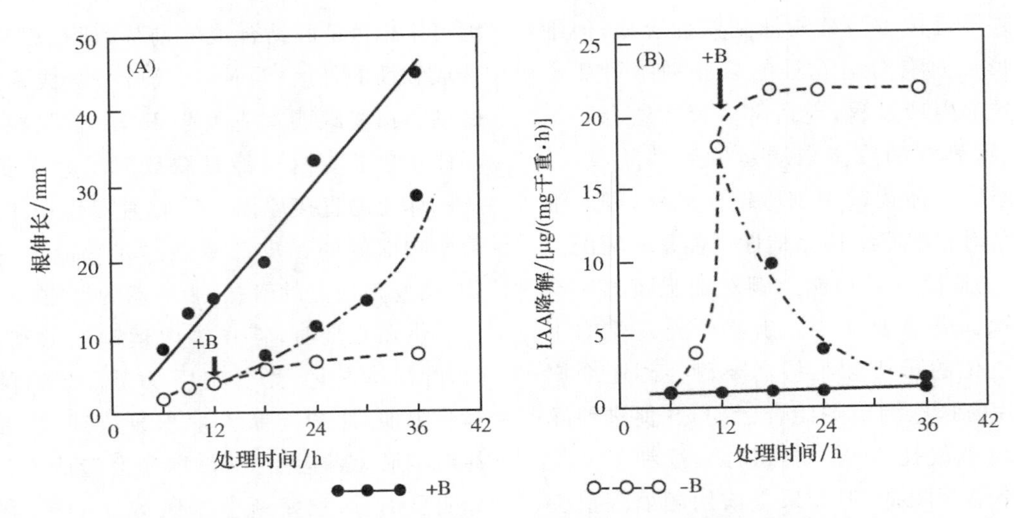

图 7-4　缺硼对南瓜根尖 5 mm 根段伸长(A)和 IAA 氧化酶活性(B)的影响

箭头表示缺硼 12 h 后恢复供硼(引自:Bohnsack and Albert, 1977)

(6)促进生殖器官的建成和发育　植物的生殖器官,尤其是花的柱头和子房中硼的含量很高。严重缺硼时棉花繁殖器官发育不正常,蕾易脱落;只有少数开花,花冠显著萎缩,花冠顶端向中心包裹,花口不张开,整个花冠被苞叶包着,花粉粒变小,以致畸形。用联苯胺-甲萘酚对花粉进行染色反应,发现在正常供硼的情况下,呈紫色反应有活力的花粉数量较多,而呈黄色反应无生活力的花粉数量较少,花粉粒较大、花冠较长;随着缺硼程度的增加,无生活力的花粉增多,花粉粒逐渐变小、花冠缩短;严重缺硼时,全部花粉都呈黄色反应,花粉粒小且畸形、花冠短(表 7-7)。缺硼抑制了植物细胞壁的形成,细胞伸长不规则,花粉母细胞不能进行四分体分化,从而导致花粉粒发育不正常。有硼时花粉萌发快,使花粉管迅速进入子房,减少花粉中糖的外渗(图 7-5),有利于受精和种子的形成。相反,缺硼时花药和花丝萎缩,妨碍受精,从而影响种子和果实的形成和发育。

表 7-7　硼对棉花花冠和花粉生活力的影响

硼素营养状况	花粉状况		联苯胺-甲萘酚染色反应	
	花冠伸展长度/cm	花粉大小	紫色* /%	黄色** /%
正常硼营养	5.8	大	94	6
中度缺硼	5.4	大	55	45
严重缺硼	3.1	小,有畸形	0	100

* 紫色反应表示花粉有生活力;** 黄色反应表示花粉无生活力。

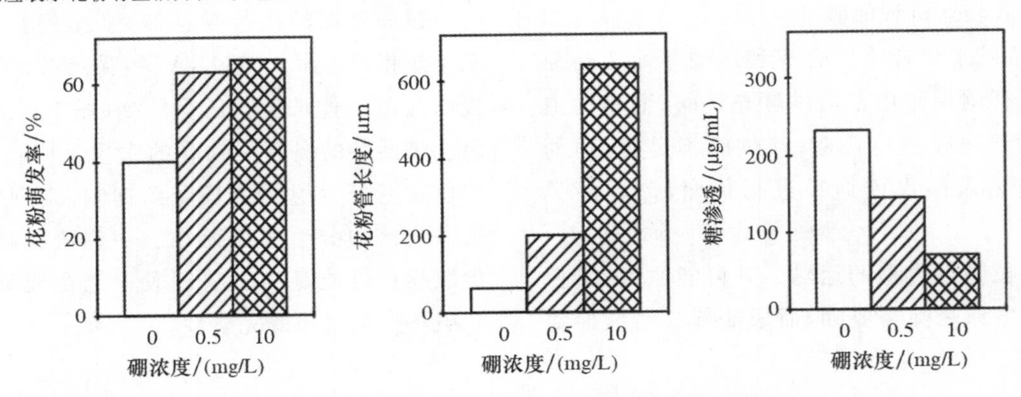

图 7-5　硼浓度对百合花粉萌发、花粉管伸长以及糖向介质中渗透的影响(引自:Dickinson, 1978)

花粉管的生长和发育充分体现了硼在细胞壁结构和细胞膜完整性中发挥的作用。生殖器官生长快，细胞壁富含果胶，需硼多。负责果胶中RG-Ⅱ和硼交联的果胶糖醛酸转移酶1基因NpGUT1在花药绒毡层、花粉、花粉管尖端和雌蕊组织中均有特异性表达，表明该基因对植物生殖器官的发育和受精是必需的。

在营养器官没有出现缺硼症状，甚至生长没有受阻时就可观察到硼对生殖生长的影响，这表明生殖器官对硼的需求大于营养器官对硼的需求，或者硼向生殖器官的运输是有限的。因此，在植物生殖器官发育过程中喷施硼肥能促进生殖生长，提高结实率。

(7)提高豆科作物根瘤的固氮能力　豆科作物与根瘤菌互作也需要硼。硼可以提高豆科作物根瘤的固氮能力并增加固氮量。硼能保持根瘤细胞壁和细胞膜的结构，为根瘤菌侵染、根瘤细胞的侵入、共生体发育以及类杆菌的成熟创造条件。豆科作物缺硼时，其根部维管束的形成和分化受到影响，碳水化合物的运输也受到阻碍，根瘤菌得不到充分的碳源和能源，固氮作用也受到抑制，根瘤不发达。缺硼严重时甚至丧失固氮能力。硼充足时能改善碳水化合物的运输，为根瘤提供更多的能源物质。

(8)增强作物的抗逆性　硼还能增强作物的抗逆性如抗寒、抗旱等，这可能是由于硼能够促进碳水化合物的合成和运输，提高原生质的黏滞性，降低原生质的透性，增加胶体结合水的含量。硼还能增强植物对一些病虫害的抗性。

四、植物缺硼和硼毒害的症状

(1)植物缺硼的症状　植物缺硼时茎尖生长点生长受抑制，严重时枯萎，直至死亡；老叶叶片变厚、变脆、畸形，枝条节间短，出现木栓化现象；根的生长发育明显受影响，根短粗兼有褐色；生殖器官的发育受阻，结实率低，果实小，畸形，缺硼导致种子和果实减产，严重时有可能绝收。此外，植物缺硼不仅影响作物产量，还影响品质(图7-6)。

一些作物缺硼会出现特有的症状，如油菜“花而不实”(甘蓝型油菜)，棉花“蕾而不花”，花生“有壳无仁”，小麦“穗而不实(不稔症)”(春小麦)，大豆“花而不荚”。玉米缺硼抑制花粉发育，正常雄蕊不能产生花粉。在果树上缺硼影响花芽分化，致使结果率低，果肉组织坏死，果实畸形(缩果病)。

(2)植物硼毒害的表现　植物硼中毒的症状多表现在成熟叶片的尖端和边缘，先失绿黄化，后焦枯坏死，这是由于硼在植物体内的运输明显受蒸腾作用的影响。当植物幼苗含硼过多时，可通过吐水方式向体外排出部分硼。

图7-6　不同作物缺硼症状

A. 油菜缺硼“花而不实”；B. 棉花缺硼“蕾而不花”；C. 柑橘缺硼新叶黄化、木栓化；D. 缺硼根系短粗丛枝状(左)，右为正常；E. 甜菜缺硼腐心病；F. 油菜硼过量老叶边缘发黄焦枯(盆栽)

第二节 锌

一、植物体内锌的浓度与分布

植物锌含量(以干重计)一般为 20～100 mg/kg。锌超积累植物,如东南景天(*Sedum alfredii* H),地上部锌含量高达 4 134～5 000 mg/kg。如果锌含量低于 15～20 mg/kg 时,植物就可能缺锌(表 7-8)。

锌在植株体内的分布一般为新生器官含量较高,营养器官大于繁殖器官,特别是在根系积累较多。水稻分蘖期含锌量根系＞茎叶;成熟期根系＞茎叶＞谷壳＞糠＞米,分别为 72.3 mg/kg、35.3 mg/kg、23.0 mg/kg、22.4 mg/kg 和 19.5 mg/kg(以干重计)。营养液培养试验中缺锌和正常锌处理水稻锌含量以根部最多,而过量锌处理的锌较多积累在茎叶中。

表 7-8 各种作物锌含量(以干重计) mg/kg

植物种类	缺乏	低量	足量	过高
苹果(叶)	0～15	16～20	21～50	＞51
柑橘(叶)	0～15	16～25	26～80	81～200
苜蓿(地上部)	0～15	16～20	21～70	＞71
玉米(叶)	0～10	11～20	21～70	71～150
大豆(地上部)	0～10	11～20	21～70	71～150
番茄(叶)	0～10	11～20	21～120	＞120

引自:Boehle et al. 1969。

二、植物对锌的吸收与运输

(一)植物对锌的吸收

锌主要通过扩散作用到达植物根系的表面。植物对锌的吸收是主动过程。目前,已经发现多个与锌吸收、转运和积累相关的基因家族,如 IRT(iron-regulated transporter,调节铁的转运蛋白)、ZIP(ZRT-IRT-like protein,调节锌和铁的转运蛋白)、HMA(heavy metal ATPase,重金属 ATP 酶)和 MTP(metal tolerance protein,金属忍耐蛋白)等(表 7-9)。其中,植物锌吸收转运蛋白基因主要有 *AtIRT1*、*AtIRT2*、*AtZIP1*、*AtZIP2*、*OsZIP1*、*OsZIP3* 等(表 7-9;图 7-7)。

表 7-9 部分植物锌转运蛋白及其功能

基因	植物种类	功能	备注
AtIRT1	拟南芥(*Arabidopsis thaliana*)	根中锌的吸收	表达部位:根表皮细胞细胞膜
AtIRT2	拟南芥(*Arabidopsis thaliana*)	根中锌的吸收	表达部位:根表皮细胞膜间隙,间接作用
AtIRT3	拟南芥(*Arabidopsis thaliana*)	木质部卸载和/或韧皮部装载	
AtZIP1	拟南芥(*Arabidopsis thaliana*)	锌从根向地上部的运输	可能参与根中锌的吸收
AtZIP2	拟南芥(*Arabidopsis thaliana*)	锌从根向地上部的运输	可能参与根中锌的吸收
AtPCR2	拟南芥(*Arabidopsis thaliana*)	锌从根向地上部的运输	PCR-plant cadimium resistance family(植物镉忍耐家族基因)
AtMTP1	拟南芥(*Arabidopsis thaliana*)	锌向液泡内转运	
AtMTP3	拟南芥(*Arabidopsis thaliana*)	锌向液泡内转运和转出	
AtHMA2	拟南芥(*Arabidopsis thaliana*)	根木质部锌的装载	
AtHMA4	拟南芥(*Arabidopsis thaliana*)	木质部锌的装载	
AtHMA1	拟南芥(*Arabidopsis thaliana*)	叶绿体中锌的运出	
AtYSL1 *AtYSL3*	拟南芥(*Arabidopsis thaliana*)	锌向发育的种子中进行分配	YSL-yellow stripe-like (YSL) family

续表 7-9

基因	植物种类	功能	备注
OsZIP1	水稻(Rice)	根中锌的吸收	
OsZIP3	水稻(Rice)	根中锌的吸收;将锌优先向发育中的组织进行运输	在水稻节中扩大维管束木质部装载锌
OsZIP4 *OsZIP5* *OsZIP8*	水稻(Rice)	锌从根向地上部的运输	
OsZIP4	水稻(Rice)	木质部卸载和/或韧皮部装载	
OsHMA2	水稻(Rice)	锌从根向地上部的运输;将锌优先向发育中的组织进行运输	营养生长时期在根成熟区的中柱表达,生殖生长时期在水稻节中扩大维管束和发散维管束韧皮部表达
OsHMA3	水稻(Rice)	根据环境中锌的浓度将锌扣押在液泡中保持植物根中锌的平衡	液泡膜
HvZIP7	大麦(Barley)	锌从根向地上部的运输	表达部位:根维管组织
HvHMA1	大麦(Barley)	叶绿体中锌的运出	
HvHMA2	大麦(Barley)	叶绿体中锌的运出	

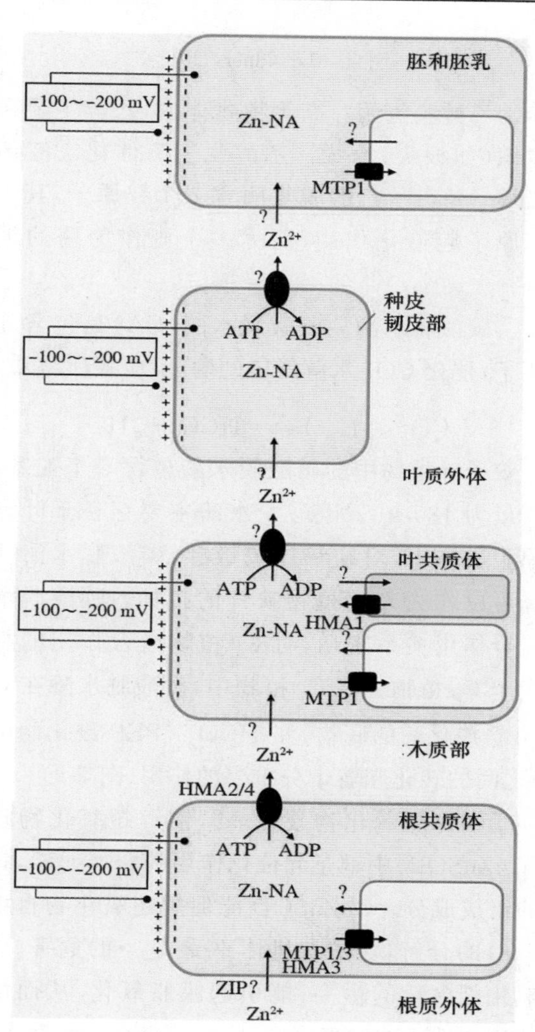

图 7-7　作物锌的吸收、运输和种子中的装载
(引自:Olsen and Palmgren, 2014)

低温时植物对锌的吸收量明显减少,所以早春季节较易发生缺锌。低温诱发缺锌还可能与根系生长不良、Zn^{2+} 扩散较慢、微生物活动较弱致使土壤有效锌释放较慢等因素有关。介质 pH 也会影响植物吸收锌,当土壤 pH 由 5 增至 7 时,植物对锌的吸收量减少一半。此外,HCO_3^-、有机酸、Ca^{2+}、Mg^{2+}、K^+、Fe^{2+}、Mn^{2+} 等都会影响锌的吸收。增施磷肥往往会诱发植物缺锌,可能是由于磷影响了锌在土壤中的生物有效性,并且干扰了锌向地上部运输,因此植物体内的代谢过程与磷/锌的比值有密切关系。

(二)锌在植物体内的运输和分配

图 7-7 展示了锌转运蛋白在锌从土壤经过母体植物到达发育中的种子中所发挥的功能。在这个过程中,锌从共质体到共质体需要经过多个质外体空间。每一个过程,除 ZIP 家族基因外,MTP(金属忍耐蛋白)和 HMA(重金属 ATP 酶)等家族基因也发挥着重要的作用。由于锌在中性和碱性条件下移动性比较差,因此烟草胺(nicotianamine, NA)不仅对细胞间锌的运输很重要,还在提高韧皮部锌的移动性,促进锌向发育中的种子进行运输的过程中也是必需的。烟草胺是一种过渡金属的螯合剂,在高等植物体内金属离子(锌、铁和铜等)的运输中发挥了重要的作用,植物体内烟草胺合成酶催化 S-腺苷蛋氨酸的三聚反应合成烟草胺。

锌在营养器官木质部中有两种形态，即与有机酸结合形成有机态锌（Zn-NA）或以 Zn^{2+} 形式存在的锌。韧皮部中锌的浓度相对较高，主要是以含锌的有机小分子的形态存在。微量元素中锌是在韧皮部移动性较强的元素。小麦老叶中的锌能够通过韧皮部再运输至幼叶和根部，并且锌在韧皮部的这种再运输能力还与植物的锌营养状况有关。低锌处理植物再运输的锌量显著高于高锌处理。例如，在低锌条件下，从小麦老叶中再转移的锌量为26%～35%，而在高锌条件下仅为14%～18%。水稻锌在体内的再运转能力存在基因型差异，并且与植物的锌效率有关。

在种子或谷粒等繁殖器官中，锌同其他矿质元素一样，以独立的颗粒状或球状晶体的蛋白质体形式存在，该蛋白质体主要由植素组成。植素包括以锌、锰和铁为主的多种植酸盐（表 7-10）。锌还可以在种子内形成难溶性的蛋白质-锌-植酸复合物。

表 7-10　玉米颗粒胚和蛋白质体中矿质元素的浓度

类别	Zn	Fe	Mn	Cu	Ca	K	Mg	总磷	植酸磷
	/(μg/g 干重)				/(mg/g 干重)				
胚	163	186	30	12	449	27	10	30	23
蛋白质体	565	490	170	11	1 645	68	44	89	88

引自：Marschner，2012。

(引自：Marschner，2012)

三、锌的营养功能

1. 锌在植物代谢中的功能

在植物和其他生物系统，锌仅以 Zn^{2+} 形式存在，不参与氧化还原反应。锌的代谢功能主要是因为其非常容易与含氮、氧，尤其硫的配体形成四面体配合物。这些四面体配合物使得锌在酶促反应中发挥催化作用或具有结构功能。

（1）含锌酶类　锌在含锌酶类中主要起催化、辅因子和组分等 3 方面的功能。在锌起催化作用的酶中，锌具有 4 个配位基。其中 3 个是与氨基酸结合，最常见的氨基酸为组氨酸（His），其次为谷氨酸（Glu）和天冬氨酸（Asp）（图 7-8，模型Ⅰ）。而在锌为组分的酶中，锌主要与 4 个半胱氨酸的含硫组分结合形成稳定性较高的三级结构（图 7-8，模型Ⅱ）。除乙醇脱氢酶外，所有含锌的酶均为每分子蛋白含 1 个锌原子。

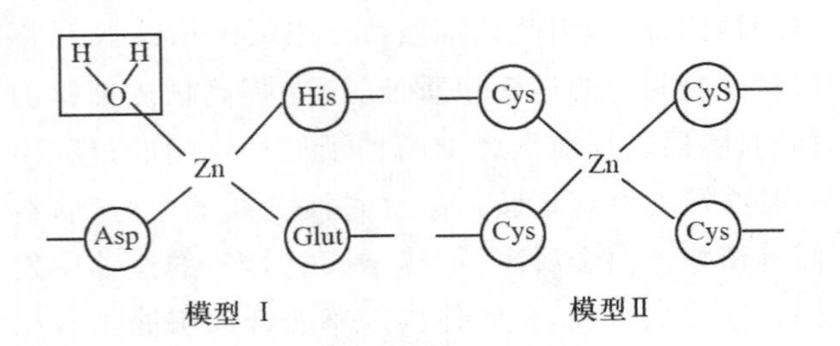

图 7-8　含锌酶结构示意图

①乙醇脱氢酶。高等植物体内，乙醇主要在分生组织（如根尖）合成。乙醇脱氢酶催化乙醛还原为乙醇。每分子乙醇脱氢酶含 2 个锌原子，其中一个锌原子起催化作用，而另一个则作为酶的组成成分。

②碳酸脱水酶。碳酸脱水酶（CA）是包含 6 个锌原子，催化 CO_2 水解反应的酶[反应式（7.4）]。

$$CO_2 + H_2O \rightleftharpoons HCO_3 + H^+ \qquad (7.4)$$

双子叶植物中的碳酸脱水酶包含 6 个亚基，分子质量为 180 ku。碳酸脱水酶主要存在于叶绿体和原生质体中，对缺锌比较敏感，碳酸脱水酶活性下降可以作为判定植物缺锌的指标。碳酸脱水酶与光合作用关系密切，对 C_4 植物光合作用的影响远大于 C_3 植物。在 C_4 植物中，碳酸脱水酶在 CO_2（RuBP 羧化酶的底物）和 HCO_3^-（PEP 羧化酶的底物）之间的转化起着十分重要的作用（图 7-9）。

③铜锌超氧化物歧化酶。铜锌超氧化物歧化酶（CuZnSOD）中铜是起催化作用的金属元素，锌为酶的组成成分。CuZnSOD 能促进超氧化物自由基（O_2^-·）的分解，保护有机体不受 O_2^-·的危害。O_2^-·和氧化剂含量的提高，能引起膜脂氧化，从而增加膜的通透性。在缺锌条件下，CuZnSOD 活性降低，同时伴随 O_2^-·的含量提高（表 7-11）。

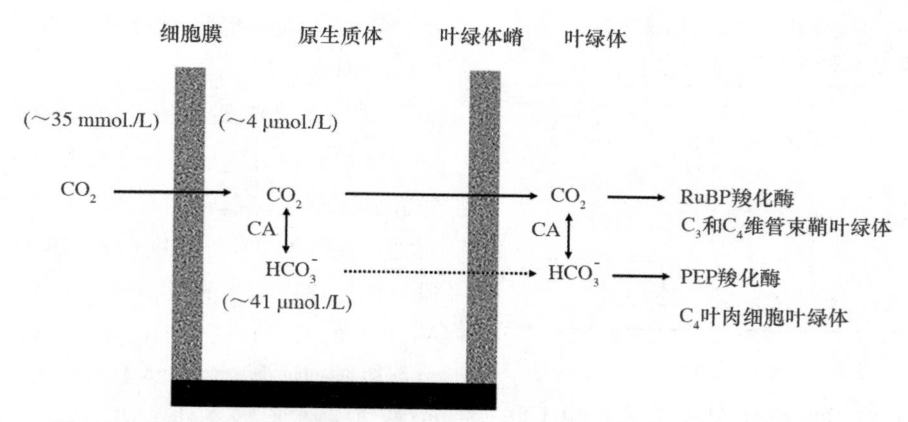

图 7-9　碳酸脱水酶在 C3 和 C4 植物叶片细胞中的功能(引自:Marschner, 2012)

CA—碳酸脱水酶

表 7-11　缺锌对棉花地上部和根干重、根中 O_2^-·产生和 SOD 活性的影响

供锌状况	干重/(g/4 株)		活性(以 mg 蛋白计)	
	地上部	根部	O_2^-·产生/(nmol/min)	SOD* /EU
+Zn	3.1	0.8	1.3	75
−Zn	1.8	0.5	3.7	35

* SOD 超氧化物歧化酶。

引自:Cakmak and Marschner,1988。

④其他含锌酶类。其他含锌酶包括碱性磷酸酶、磷酸酯酶、羧肽酶和 RNA 聚合酶。其中碱性磷酸酶、磷酸酯酶和羧肽酶每分子蛋白都含有 3 个锌原子,并且至少一个锌原子具有催化功能。羧肽酶每分子蛋白都含有 1 个具有催化功能的锌原子;RNA 聚合酶每分子蛋白含有 2 个锌原子,移去这些锌原子能造成该酶失活。

(2)被锌活化的酶　植物体内许多酶都需要锌来活化。例如,液泡膜质子泵的重要组成成分——焦磷酸酶(PPi 酶)包含由 Mg^{2+} 和 Zn^{2+} 活化的两个同工酶。水稻叶片中 Mg^{2+}-PPi 酶和 Zn^{2+}-PPi 酶的活性比例为 3∶1。

2. 锌对 DNA 和 RNA 合成的影响

锌对 DNA 复制、RNA 转录和基因的表达调控都具有十分重要的作用。锌是一些转录调节蛋白的重要结构基元(structural motif),简称蛋白元,如锌指结构(Zn finger,图 7-10)、锌簇(Zn cluster)和环指结构(ring finger)的组成成分。对转录而言,锌是形成这些蛋白元的必需元素。锌还是蛋白质合成中多种酶的组分,如 RNA 聚合酶、谷氨酸脱氢酶等。缺锌植物中,由于 RNA 转录和运输受阻,并且 RNA 酶活性提高,造成氨基酸含量较高而蛋白质含量较低(表 7-12)。在微量元素中,锌是影响蛋白质合成最突出的元素(表 7-13)。

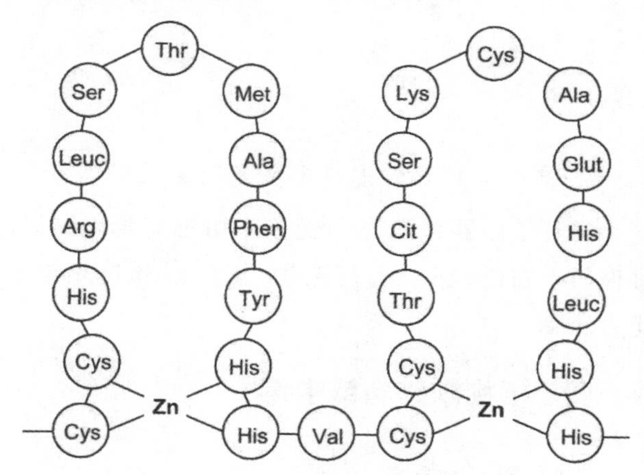

图 7-10　锌指结构示意图

表 7-12　锌营养对大豆鲜重、RNA 酶活性和蛋白态氮含量的影响

锌浓度 (mg/L)	鲜重/ (g/株)	RNA 酶活性* /%	蛋白态氮含量 (以鲜重计)/%
0.005	4.0	74	1.82
0.01	5.1	58	2.25
0.05	6.6	48	2.78
0.10	10.0	40	3.65

* RNA 底物水解的百分率。引自:Johnson and Simons,1979。

表 7-13 缺锌、缺锰和缺铜对番茄植株干重、游离氨基酸和酰胺浓度的影响

处理	干物重/(mg/株)	氨基酸/(μg/mg 干重)	酰胺/(μg/mg)
对照	213.6	16.0	4.2
缺锌	66.0	31.6	42.9
缺锰	69.4	18.3	3.0
缺铜	75.8	21.5	1.9

3. 锌对碳水化合物代谢的影响

碳酸脱水酶可催化植物光合作用过程中 CO_2 的水合作用(图 7-9),而锌是碳酸脱水酶的组分离子。锌也是醛缩酶的激活剂,而醛缩酶则是光合作用碳代谢过程中的关键酶之一。由于许多参与碳水化合物代谢的酶都需要锌的存在才能正常催化相应的反应,因此,锌对碳水化合物的代谢十分重要。在缺锌的植物叶片,由于 1,6-二磷酸果糖磷酸酶活性下降较大,造成糖和淀粉等碳水化合物的累积。缺锌造成碳水化合物累积的程度还随着光强度的增加而提高。

4. 锌参与色氨酸和吲哚乙酸的合成

番茄缺锌时茎的伸长受阻与生长素(IAA)浓度降低显著相关,重新供锌时 IAA 浓度增加,茎伸长恢复。缺锌对 IAA 浓度影响快,对茎的伸长影响慢。锌能促进吲哚和丝氨酸合成色氨酸,而色氨酸是 IAA 的前身。缺锌 IAA 浓度低可能是因为 IAA 的合成受到抑制,或者 IAA 的降解加快。缺锌植物叶片,由于蛋白质合成受阻,色氨酸和其他氨基酸浓度增加。因此,缺锌植物叶片 IAA 浓度较低表明锌可能影响色氨酸合成 IAA,但更可能是缺锌使 IAA 氧化酶的活性提高所致。此外,充足的锌能提高体内赤霉素(GA)的浓度。缺锌时,玉米和水稻矮缩病(节间缩短)、果树小叶病和簇叶病可能与 IAA 和 GA 的降低有关。

丝氨酸
CH₂—CH—COOH
NH₂
CH₂—COOH
N
H
吲哚
色氨酸
吲哚乙酸
(IAA)

5. 促进生殖器官发育和提高抗逆性

锌对生殖器官发育和受精作用都有影响;锌还可提高植物的抗旱性、抗热性、抗低温和抗霜冻的能力。

四、植物缺锌与锌中毒

1. 植物缺锌症状

植物缺锌时植株矮小、节间缩短、叶片扩展和伸长受抑制,出现小叶,叶缘常呈扭曲和褶皱状。中脉附近首先失绿,并出现褐斑,组织坏死。一般症状先在新生组织出现,新叶失绿呈灰绿或黄白色。生长发育推迟,果实小,根系生长差。水稻缺锌出现"矮缩病",玉米出现"白苗病""白芽病"或结实不饱满,小麦缺锌出现"死穗病",大豆和果树出现"小叶病"或"簇叶病"。

不同作物对缺锌敏感程度有所不同。敏感的作物有:水稻、玉米、高粱、大豆、棉花、番茄、蓖麻、柑橘、柠檬、葡萄、桃、苹果、油桐、桑等;中等敏感的作物有马铃薯、洋葱、甜菜、三叶草等;不敏感的作物有:大麦、胡萝卜、苜蓿、豌豆、小麦等。禾本科作物中玉米和水稻对锌最为敏感,通常可作为判断土壤有效锌丰缺的指示植物。

2. 植物锌毒害症状

一般认为植物锌含量>400 μg/g 时,就会出现锌的毒害。锌中毒时新叶失绿发黄,甚至呈灰白色,发皱卷曲,继而产生褐斑(图 7-11)。

图 7-11 不同作物缺锌和锌中毒症状

A. 小麦缺锌中脉失绿，出现褐斑；B. 玉米缺锌"白苗病"；C. 苹果缺锌"簇叶病"；D. 柑橘缺锌脉间失绿黄花"小叶病"；E. 水稻缺锌脉间失绿；F. 大豆锌中毒叶脉出现赤褐色，叶片向外侧卷缩

第三节 钼

一、植物体内钼的含量与分布

植物需钼量因不同植物而异，一般需钼量较低，但变幅很大。正常植物钼含量为 0.2～20 mg/kg。豆科植物和十字花科植物钼含量较高，禾本科作物钼含量较低。钼在同一植物不同器官的分布也不相同。表 7-14 表明，菜豆中的钼优先积累在根和茎中，使钼的浓度从根到茎到叶逐渐减少，而番茄中的钼则可迅速从根转移到叶，使叶片的钼含量高于茎。因此，当环境中钼含量过高时，番茄更容易发生钼中毒。此外，植物体内含钼量随着外界钼供应的增加而增加（表 7-15）。

表 7-14 菜豆和番茄植株各部位钼的含量

mg/g 干重

植株部位	菜豆	番茄
叶	85	325
茎	210	123
根	1 030	470

注：营养液含钼 4 mg/L

表 7-15 幼年赤杨树各部位钼含量

mg/kg 干重

处理	叶片	茎	根系	根瘤
不施钼	0.01	0.14	0.24	2.00
施钼	0.27	0.89	2.62	17.30

引自：Becking，1961。

二、钼的形态、吸收与转运

土壤中钼主要以钼酸盐（MoO_4^{2-}）的形式存在。早期研究表明，植物通过根系从介质中主动吸收施用的钼酸盐，吸收后从根向地上部运输。施肥后 6 h，地上部钼酸盐的水平即达到最大值，表明钼的吸收和细胞内钼的水平受到植物内部严格的调控，且叶面施用的钼酸盐也能向茎和根中运输，即植物不同组织中钼酸盐具有较强的移动性。

SO_4^{2-} 由于能与 MoO_4^{2-} 竞争而减少钼的吸收；相反，土壤中 SO_4^{2-} 含量低时也能促进钼的吸收。由于 MoO_4^{2-} 和 SO_4^{2-} 二者结构、大小相似，化合价相同，因此 SO_4^{2-} 转运蛋白可能促进钼的运输和分配。已经分离克隆的钼酸盐转运蛋白 MOT1（SULTR5；2）和 MOT2（SULTR5；1）属于硫转运蛋白家族，但缺少硫转运蛋白活性必需的代表性的硫酸盐转运蛋白和抗 σ 因子拮抗剂（sulphate transporter and antiSigma factor antagonist，STAS）结构域。MOT1 可能定位在内膜系统（内质网），MOT2 定位在液泡膜。MOT2 的功能是将液泡中的钼转运到细胞质，然后运输到发育中的种子。MFS-MOT 是主要易化子超家族（major facilitator superfamily，MFS）主要成员，与 SO_4^{2-} 转运蛋白结构完全不同，与根土界面（细胞膜）钼的吸收有关（图 7-12）。

根吸收过程中 SO_4^{2-} 和 MoO_4^{2-} 是一对竞争性较强的阴离子。因此，所有 SO_4^{2-} 的肥料如石膏和过磷酸钙均能抑制根系对钼的吸收（表 7-16）。而重过磷酸钙由于不含 SO_4^{2-}，因此在施重过磷酸钙的处理中，花生的吸钼量和吸氮量远高于施过磷酸钙的处理。此外，Mn^{2+}、Cu^{2+}、Zn^{2+} 等金属离子都对钼有拮抗作用。

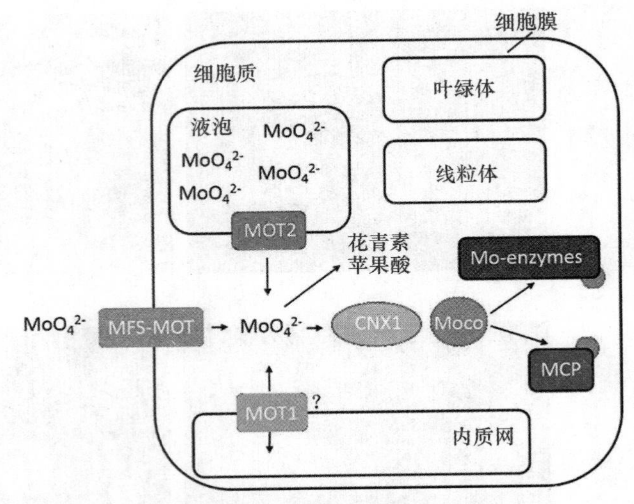

图 7-12　植物细胞中钼的平衡

CNX1：硝酸还原酶和黄嘌呤脱氢酶辅因子 1；Moco：钼辅因子；Mo-enzymes：钼酶；MCP：钼辅因子载体蛋白

表 7-16　不同磷肥对酸性低钼沙壤中花生的生长和吸氮、吸钼量的影响

磷肥	干重/(kg/hm²)	氮吸收量/(kg/hm²)	钼含量（以干重计）/(μg/g)		
			地上部	根瘤	种子
－P	2 000	52	0.22	4.0	1.0
＋SSP*	2 550	62	0.09	1.5	0.1
＋TSP**	3 150	81	0.31	8.2	3.1

* SSP 为过磷酸钙；** TSP 为重过磷酸钙。

引自：Rebafka，1993。

钼在木质部和韧皮部长距离运输中均有较好的移动性，但其运输形态还不清楚，很有可能是以 MoO_4^{2-} 形态进行运输的。由于钼在韧皮部中有较好的移动性，因此叶面喷施钼肥是矫正缺钼的较好方法。与土施钼肥相比，叶面喷施钼肥不仅能提高花生的产量，而且还能提高花生对氮的吸收及地上部和种子中钼的含量（表 7-17）。豆科作物由于根瘤形成及固氮过程对钼的需求较大，在种植时采用拌种的方式施入钼肥较好。

表 7-17　在酸性低钼沙壤中土施和叶面喷施钼肥对花生生长、氮吸收和钼含量的影响

施钼量/(g/hm²)	干重/(kg/hm²)	氮吸收量/(kg/hm²)	钼含量（以干重计）/(μg/g)		
			地上部	根瘤	种子
0	2 685	70	0.02	0.4	0.02
200（土施）	3 413	90	0.02	1.5	0.20
200（喷施）	3 737	101	0.05	3.7	0.53

引自：Rebafka，1993。

三、钼的营养功能

钼在植物体内主要的生理功能是固氮酶、硝酸还原酶和黄嘌呤氧化酶（黄嘌呤脱氢酶）的催化和组成成分。一般钼的氧化态为 Mo^{6+}，它可以还原为 Mo^{5+} 和 Mo^{4+}。在催化过程中，钼主要通过其自身化合价改变来进行。此外，钼还可能参与磺酸还原酶的催化作用。在大部分细胞中，钼的功能主要是通过钼辅因子（Moco）发挥作用。钼只有和蛋白质或者蝶呤结合形成钼辅因子才能产生生物活性。

植物中存在 2 种钼辅因子，以铁硫簇为基础的铁钼辅因子（FeMoco）和以钼蝶呤为基础的钼辅因子（MPT/Moco）（图 7-12）。

1. 固氮酶的组分

固氮酶是由钼铁蛋白和铁蛋白 2 个组分构成的，其中钼铁蛋白包含 2 个独立的金属中心，P 簇（P cluster，8Fe7S）和铁钼辅因子（FeMoco，Mo-7Fe-9S-X-homocitrate cluster，这里 X 可以是 C、O 或 N）（图 7-13）。缺钼时固氮酶不能合成，根瘤形成减少，植株体内氮含量降低，影响结瘤固氮（图 7-14；图 7-15）。在根瘤中含钼量最高，例如豌豆根瘤中钼的含量为叶的 10 倍。因此，一般豆科植物需钼量较多。

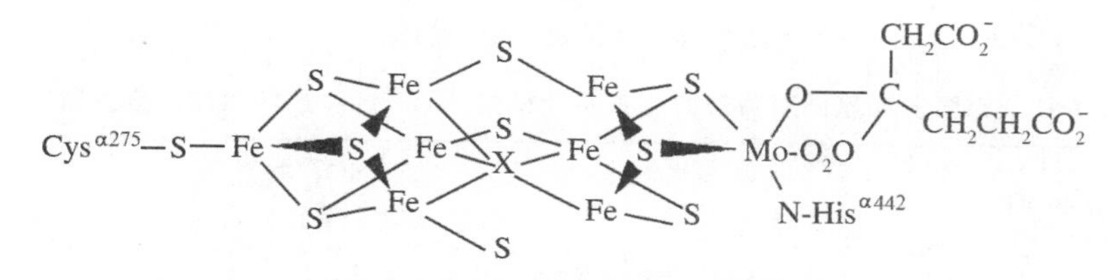

图 7-13 固氮酶中钼铁蛋白和铁蛋白

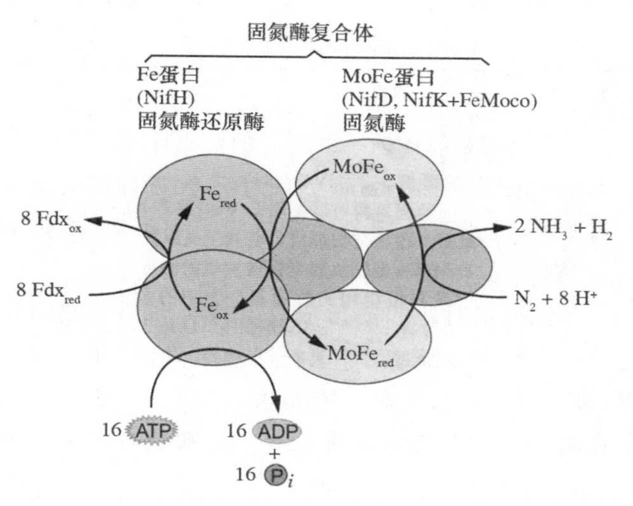

图 7-14 固氮酶反应过程中还原能和底物的流向

由 nifh 编码的铁蛋白从载体（如铁氧还蛋白、黄素氧还蛋白，或具有氧还活性的类似物）接受电子。载体的特性因生物系统的不同而不同。铁蛋白将低势能的电子传递给钼铁蛋白，同时伴随着 ATP 的水解。MoFe 蛋白，是由 nifD 和 nifK 编码的亚基构成的异源四聚体（$\alpha_2\beta_2$）。它接受电子，分步同 H^+、N_2 结合，最后产生 H_2 和氨。

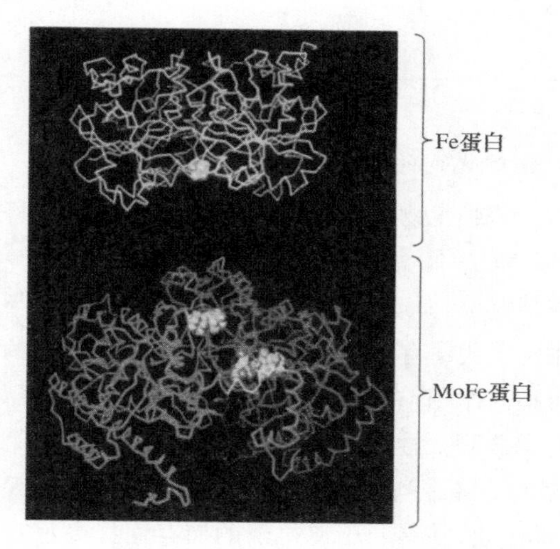

图 7-15 固氮酶 Fe 蛋白二聚体（黄色）与固氮酶 MoFe 蛋白的一半对接（红色：nifD；紫色：nifH）

一个 4Fe:4S 簇与 Fe 蛋白相连。P 簇靠近于 nifD/nifH 的接触面。FeMoCo（绿色）主要与 nifD 结合。

2. 硝酸还原酶的组分

钼是硝酸还原酶的金属成分（图 7-16）。硝酸还原酶是一种同源二聚体酶，每个亚单元包括 3 个电子转移辅基：黄素腺嘌呤二核苷酸（FAD）、血红素（heme）和以钼蝶呤为基础的钼辅因子（MPT/Moco）。Moco 由 Mo 与三环分子蝶呤中的 2 个 S 原子共价结合而成。与 Moco 中钼结合的第三个 S 配体，要么是半胱氨酸残基（图 7-16，左），要么是含 S 末端（图 7-16，右）。第一类 Moco 存在于硝酸还原酶和亚硫酸盐氧化酶。第二类 Moco 存在于黄嘌呤脱氢酶和醛氧化酶中。

植物生长对钼的需求量主要取决于外界氮肥供应的种类（表 7-18）。以 NO_3^--N 为氮源的植物，在不提供钼的条件下生长较差，体内叶绿素和抗坏血酸含量较低，而 NO_3^--N 含量较高，其叶片出现明显的缺钼症状（鞭尾叶）。反之，以 NH_4^+-N 为氮源的植物，在不提供钼的条件下其生长受影响较小。生产实践证明，植株缺钼时 NO_3^--N 就由于难以同化而积累起来。

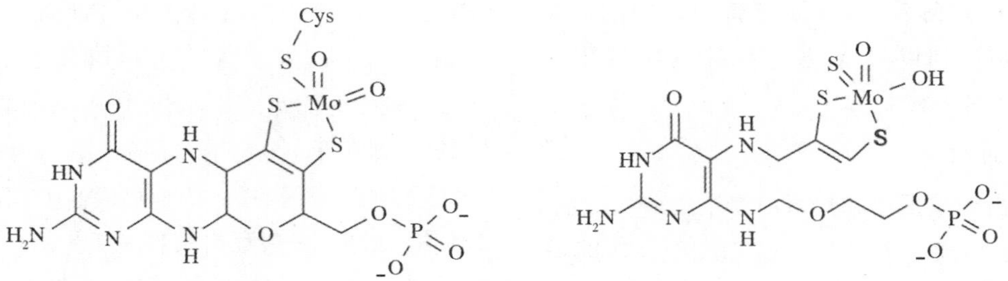

图 7-16 硝酸还原酶中的钼

表 7-18 钼营养和氮源对番茄的生长及叶绿素、NO_3^--N 和抗坏血酸浓度的影响

氮源	干重/(g/株)		叶绿素浓度（以鲜重计）/(mg/100 g)		NO_3^--N 浓度（以干重计）/(mg/g)		抗坏血酸浓度（以鲜重计）/(mg/100 g)	
	－Mo	＋Mo	－Mo	＋Mo	－Mo	＋Mo	－Mo	＋Mo
NO_3^--N	9.6	25.0	8.9	15.8	72.9	8.7	99	195
NH_4^+-N	15.9	19.4	21.6	17.4	10.4	8.7	126	184

引自：Hewitt and McCready，1956。

3. 钼对代谢的影响

对于依赖生物固氮来提供氮源的植物（如豆科作物）和以 NO_3^--N 为氮源的植物来说，缺钼能够导致植物体缺氮，从而造成代谢失调（表 7-18）。钼还与植物体中的磷代谢有密切关系，钼对能水解磷酸酯的磷酸酶有抑制作用，有利于体内无机磷向有机磷转化。缺钼时磷酸酶活性提高，致使磷脂、RNA、DNA 等水解而含量下降。利用 ^{32}P 试验发现钼可以促进大豆对 ^{32}P 的吸收，并有利于有机磷的储存而提高籽粒产量。钼还与植物体内维生素 C 的合成有关，缺钼时抗坏血酸浓度显著降低（表 7-18）。钼与叶绿素含量也有关系，缺钼时花椰菜叶绿体膜受到破坏，严重解体，影响光合作用（表 7-18）。

此外钼对花粉的形成具有重要作用。缺钼条件下玉米花粉粒变小，花粉活性下降，开花数减少（表 7-19）。此外，种子有足够的钼，可以保证生长在缺钼土壤上的幼苗能正常生长和具有较高的产量（表 7-20）。

表 7-19 钼对玉米花粉生长及其活力的影响

供钼量/(mg/kg)	花粉粒中钼的浓度/（以干重计，μg/g）	花粉数目/粒	花粉直径/μm	花粉活力（萌发率）/%
20	92	2 437	94	86
0.1	61	1 937	85	51
0.001	17	1 300	68	27

引自：Agarwala et al.，1979。

表 7-20 缺钼土壤上大豆籽粒钼浓度与籽粒产量的关系

籽粒钼浓度/(mg/kg)	籽粒产量/(kg/hm^2)
0.05	1 505
19.0	2 332
48.4	2 755

四、植物缺钼与钼中毒

不同植物对钼的需求不同。一般作物含钼量（以干重计）低于 0.1 mg/kg，而豆科作物低于 0.4 mg/kg 时就可能缺钼。对钼最敏感的有豆科作物（包括豆科绿肥作物）及十字花科作物（如甘蓝、油菜、花椰菜等），此外番茄、莴苣、菠菜、棉花、甜菜、烟草、柑橘、南瓜、甜瓜也比较敏感。

植物缺钼时通常植株矮小，生长不良，幼叶失绿或叶片扭曲；严重缺钼时叶缘萎蔫，有时叶片扭曲呈杯状；老叶变厚、焦枯，以致死亡。其中，豆科作物缺钼时叶色褪淡，症状与缺氮相似，但严重缺钼的叶片，叶缘出现坏死组织，变厚发皱，向上卷曲呈“杯状”，且症状最先出现在老叶或茎中部的叶片，逐渐向新叶扩展，根瘤发育不良。缺钼时花椰菜等十字花科植物新叶中端叶柄基部的叶肉组织退化，前端局部保持正常生长，整个叶片扭曲形成鞭尾状叶(即鞭尾病)，叶缘发褐焦枯，生长点枯死。柑橘缺钼时叶片叶脉间失绿变黄或出现大小不一的黄色和橙黄色斑点(黄斑病)，叶缘卷曲，萎蔫而枯死，症状由老叶向嫩叶扩展，严重时植物死亡。

常见的植物缺钼病状如花椰菜、苤蓝“鞭尾病”，甘蓝、菠菜“杯状叶”，柑橘“黄斑病”，小麦“黄化死苗”(图 7-17)。

图 7-17 不同作物缺钼症状

A. 花椰菜缺钼“鞭尾病”；B. 苤蓝缺钼“鞭尾病”；C. 柑橘缺钼“鞭尾病”；D. 抱子甘蓝缺钼“杯状叶”；E. 柑橘缺钼“黄斑病”；F. 小麦缺钼“黄化死苗”

钼肥施用有效的 4 个条件为土壤有效钼低、土壤 pH 低、N 肥施用量高、越冬期低温。pH＞5.5 时钼的生物有效性较高；低 pH 时，由于土壤氧化物对钼的吸附，钼的生物有效性低。低 pH 时，钼的吸收减少，钼酶活性降低，出现缺钼症状，植物生长受抑制，产量降低。这时可以通过施用含钼肥料或施用石灰提高土壤 pH 矫正缺钼症状。在施钼和不施钼的情况下，大豆地上部含钼量均随着土壤 pH 上升而增加(表 7-21)。因此，在酸性土壤上施石灰，对豆科作物生长有利。但如果将施钼肥和施石灰同时进行，容易导致钼中毒。

一般大田作物钼中毒的现象较少，大豆含钼 300 mg/kg 时还看不出毒害症状，但马铃薯、番茄等茄科作物对钼毒较为敏感。钼的毒害往往表现为叶片黄化或花青素含量增加、地上部生长受到抑制。对于牧草，要注意钼过多对家畜的危害，如牛等反刍动物吃了大于 15 mg/kg 的牧草便会中毒。

表 7-21 土壤 pH、钼营养对大豆生长和钼含量的影响

考察指标	钼营养/(mg/盆)	土壤 pH		
		5.0	6.0	7.0
干重/(g/盆)	0	14.9	18.9	22.5
	5	19.6	19.5	20.4
地上部钼含量/(以干重计，μg/g)	0	0.09	0.82	0.90
	5	1.96	6.29	18.5

引自：Mortvedt，1981。

第四节 铁

一、植物体内铁的浓度和分布

大多数植物铁含量为 100～300 mg/kg(干重)，并且随植物种类和植株部位的不同而有差异。某些蔬菜作物铁含量较高，如菠菜、莴苣、绿叶甘蓝等，一般均在 100 mg/kg（干重）以上，最高可达 800 mg/kg（干重）；而水稻和玉米铁含量相对较低，为 60～180 mg/kg（干重）。一般情况下，豆科植物的铁含量高于禾本科植物。植物不同部位铁含量也不相同，如禾本科作物秸秆铁含量高于籽粒；谷粒和块茎中的铁含量比较低。在同一植株中，铁的分布也不均匀，例如玉米茎节中常有大量铁的沉淀，而叶片中铁含量却很低，甚至会出现缺铁症状。表 7-22 列举了一些主要农作物的铁含量范围与判断指标。应该注意的是，采用植物总铁含量作为缺铁诊断指标往往并不可靠，必须了解总量中有效铁含量所占的比例。有人提出应采用植物体中“活性铁”（1 mol/L HCl 提取的 Fe^{2+}）的浓度来表征，并以活性铁的浓度作为植物缺铁的诊断指标。

二、植物对铁的吸收和运输

（一）植物对铁的吸收

虽然土壤中的铁含量很多，但事实上全球约 1/3 以上的土壤都缺铁。植物为了适应这种铁胁迫环境，进化出了两种不同的铁吸收生理分子机制，分别是机理Ⅰ和机理Ⅱ（图 7-18）。机理Ⅰ和机理Ⅱ中部分植物铁转运蛋白及其功能见表 7-23。

表 7-22　主要作物铁含量

作物（生育期，部位）	铁含量及评价（以干重计）/（mg/kg）		
	缺乏	适宜	过剩
水稻（叶片）	<63	>90	—
燕麦、冬小麦（开始拔节，地上部）	—	50～200	—
燕麦、冬小麦（开始抽穗，地上部）	—	4～200	—
玉米（成熟期，叶片）	24～56	57～178	—
大豆（出苗 34 d，地上部）	20～38	44～60	—
苜蓿（始花期，地上部）	—	40～200	—
苜蓿（花前至花初，上部 1/3）	<20	31～250	251～400
油菜（始发育前）	—	>50	—
马铃薯（始花，老叶）	—	>60	—
烟草（近成熟，叶片）	63～70	68～140	—

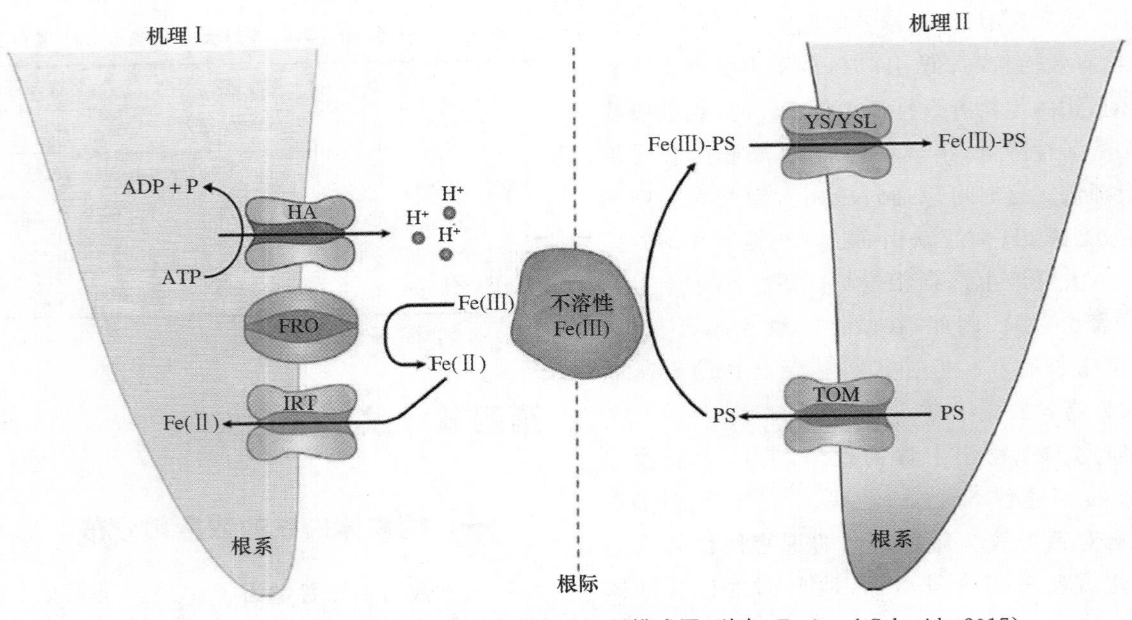

图 7-18　铁吸收机理 I 和机理 II 的生理分子机制模式图（引自：Tsai and Schmidt，2017）

1. 机理Ⅰ植物

铁吸收机理Ⅰ包括双子叶和非禾本科单子叶植物，是一种还原机制，其吸收过程可以分成三步。

第一步：植物根系向外分泌质子酸化根际土壤。在根系表面，存在大量的 H^+-ATPase（HA），它能将细胞内的 ATP 分解成 ADP 和 P，依靠 ATP 分解产生的能量向细胞外分泌 H^+。质子的分泌有助于溶解土壤中的难溶态 Fe(Ⅲ)，增加其移动性，更容易接触根系表面。

第二步：Fe(Ⅲ)被还原为 Fe(Ⅱ)。根系分泌的 H^+ 能显著提高根表的三价铁还原酶（FRO）的活性，同时由 NADPH 提供能量，将土壤中的 Fe(Ⅲ)还原为 Fe(Ⅱ)，植物进行吸收。

第三步：吸收土壤 Fe(Ⅱ)。经过跨膜运输，铁吸收蛋白（IRT）将还原的 Fe(Ⅱ)从细胞外运输到细胞内，最终被植物利用。

2. 机理Ⅱ植物

铁吸收机理Ⅱ包括禾本科植物，是一种螯合机制，通过螯合态的形式吸收。首先，植物感受到缺铁时，刺激根表的铁载体分泌蛋白（transporter of mugineic acid，TOM）向外分泌植物铁载体（phytosiderophore，PS），例如麦根酸，与土壤中的 Fe(Ⅲ)螯合形成稳定的复合物。植物分泌铁载体受缺铁诱导，当恢复供铁后，铁载体的分泌快速降低[图 7-19(A)]。铁载体的分泌也是有规律的，例如天亮后的几个小时内大麦根系分泌的铁载体达到最大值，随后逐渐降低[图 7-19(B)]。然后，Fe(Ⅲ)螯合物通过根细胞表面的铁复合物吸收蛋白（YS/YSL），跨膜运输直接吸收进入根系。

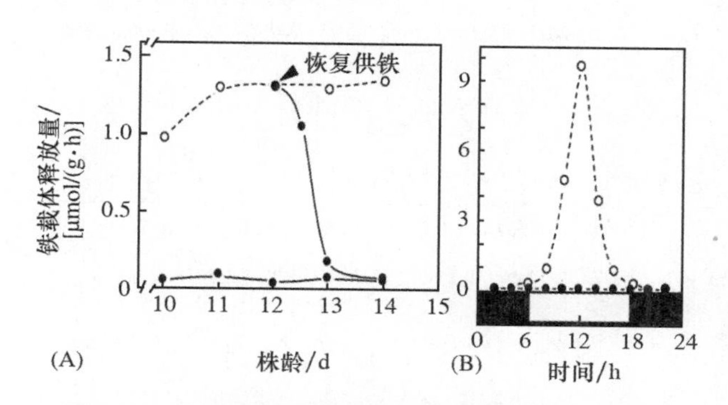

图 7-19 大麦根系铁载体释放与恢复供铁的关系(A)及铁载体释放的昼夜变化(B)

表 7-23 部分植物铁转运蛋白基因及其功能

机理	基因	植物种类	铁形态	功能	备注
Ⅰ	*AtIRT1*	拟南芥(*Arabidopsis thaliana*)	Fe^{2+}	根系铁吸收	涉及多个金属离子的转运和感知
	AtIRT2	拟南芥(*Arabidopsis thaliana*)	Fe^{2+}	根系铁吸收	表达部位：根表皮细胞细胞膜
	AtNRAMP1	拟南芥(*Arabidopsis thaliana*)	Fe^{2+}	根系铁吸收	表达部位：根表皮细胞细胞膜
	AhNRAMP1	花生(*Arachis hypogaea*)	Fe^{2+}	根系铁吸收	根表皮
	AtOPT3	拟南芥(*Arabidopsis thaliana*)	Fe^{2+}	铁长距离运输以及缺铁信号传递	韧皮部
	AtFRD3	拟南芥(*Arabidopsis thaliana*)	Fe^{3+}-citrate	铁长距离运输	
	AtELS1	拟南芥(*Arabidopsis thaliana*)		铁平衡	和 *AtFRD3* 同属 MATE 家族，影响叶片衰老
	AhYSL1	花生(*Arachis hypogaea*)	Fe^{2+}-NA，Fe^{3+}-DMA	根系铁吸收和植物体内铁稳态	
	AtYSL1，*AtYSL3*	拟南芥(*Arabidopsis thaliana*)	Fe^{2+}-NA	种子铁运载	对种子发育和微量元素起着重要作用
	AtYSL4，*AtYSL6*	拟南芥(*Arabidopsis thaliana*)		叶绿体外膜铁向外转运	
	AtMfl1	拟南芥(*Arabidopsis thaliana*)	Fe^{2+}	线粒体内膜铁向内转运	

续表 7-23

机理	基因	植物种类	铁形态	功能	备注
	CsMTP6	黄瓜(*Cucumis sativus*)	Fe^{2+}	线粒体铁向外转运	
	AtPIC1	拟南芥(*Arabidopsis thaliana*)	Fe^{2+}	叶绿体内膜铁向内转运	
	AtNRAMP3, *AtNRAMP4*	拟南芥(*Arabidopsis thaliana*)	Fe^{2+}	液泡膜铁转运	为种子萌发提供最初的铁源
	AtVIT1	拟南芥(*Arabidopsis thaliana*)	Fe^{2+}	液泡膜铁转运	
	AtVTL1	拟南芥(*Arabidopsis thaliana*)	Fe^{2+}	液泡膜铁转运	
	AtMTP8	拟南芥(*Arabidopsis thaliana*)	Fe^{2+}	液泡膜铁转运	
	MtVTL4, *MtVTL8*	苜蓿(*Medicago truncatula*)	Fe^{2+}	液泡膜铁转运	外泌铁至根瘤,促进根瘤发育
	AtNRAMP6	拟南芥(*Arabidopsis thaliana*)	Fe^{2+}	在高尔基体上表达维持细胞内铁平衡和稳态	主要在侧根中柱和根冠以及新叶腺毛中表达
Ⅱ	*OsIRT1*	水稻(*Oryza sativa*)	Fe^{2+}	根系铁吸收	
	OsYSL15	水稻(*Oryza sativa*)	Fe^{3+}-DMA	根系铁吸收和植物铁内铁稳态	根表皮和韧皮部,花和发育中的种子
	ZmYS1	玉米(*Zea mays*)	Fe^{3+}-DMA	根系铁吸收和植物铁内铁稳态	
	HvYS1	大麦(*Hordeum vulgare*)	Fe^{3+}- DMA	根系铁吸收和植物铁内铁稳态	
	HvYS2	大麦(*Hordeum vulgare*)	Fe^{3+}-DMA	根系铁吸收和植物铁内铁稳态	根表皮
	OsYSL2	水稻(*Oryza sativa*)	Fe^{2+}-NA	铁长距离运输	
	OsFRDL1	水稻(*Oryza sativa*)	Fe^{3+}-citrate	铁长距离运输	中柱细胞
	OsYSL13	水稻(*Oryza sativa*)		铁分配	主要在叶片中表达,在根和地上部均会受缺铁诱导
	OsYSL16	水稻(*Oryza sativa*)	Fe^{3+}-DMA	铁分配	主要在维管束表达
	ZmZIP5	玉米(*Zea mays*)	Fe^{2+}	铁分配	萌发的种子,新叶鞘和茎部
	OsYSL9	水稻(*Oryza sativa*)	Fe^{2+}-NA, Fe^{3+}-DMA	植株体内铁分配,尤其是种子发育中铁从胚乳到胚的转移	缺铁主要在维管组织表达
	OsYSL18	水稻(*Oryza sativa*)	Fe^{3+}-DMA	发育器官的铁供应	生殖器官包括花粉以及节部"韧皮部节"
	OsVIT1, *OsVIT2*	水稻(*Oryza sativa*)	Fe^{2+}	液泡膜铁转运	主要在旗叶和叶鞘表达,平衡旗叶和种子之间的铁稳态
	OsVMT	水稻(*Oryza sativa*)	Fe^{3+}-DMA	液泡膜铁向外转运	在地上部基部、节和根系均有表达,但是只在根系受缺铁诱导
	TaVIT2	小麦(*Triticum aestivum*)	Fe^{2+}	液泡膜铁转运	
	OsMIT	水稻(*Oryza sativa*)	Fe^{2+}	线粒体铁转运	
	OsATM3	水稻(*Oryza sativa*)	Fe^{2+}	线粒体铁向外运输	侧根原基、根尖和茎尖分生组织

3. 水稻具有机理Ⅰ和机理Ⅱ的吸收功能

近年来的研究发现，水稻虽然属于禾本科，但是拥有其独特的铁吸收方式，它可以同时具备铁吸收的机理Ⅰ和机理Ⅱ机制。

作为典型的禾本科作物，水稻根系也能向根际分泌植物铁载体，螯合土壤中难溶性的Fe(Ⅲ)，而水稻分泌的铁载体主要是脱氧麦根酸(DMA)，由根表皮细胞细胞膜上的铁载体分泌蛋白(TOM1)调控运输。缺铁条件下，TOM1的表达增强有助于提高水稻对缺铁胁迫的耐受能力。螯合后的麦根酸铁[Fe(Ⅲ)-DMA]再经过水稻的铁螯合物转移蛋白(YS1)运输进入细胞。然而，最近的研究发现，在水稻根系中同时还存在Fe(Ⅱ)吸收蛋白(OsIRT1)，同时受缺铁诱导表达。提供^{52}Fe标记的Fe(Ⅲ)-DMA和Fe(Ⅱ)离子时，在电子示踪成像系统中能明显看到两种形态的铁都能被水稻根系吸收(图7-20)，说明水稻也拥有机理Ⅰ的铁吸收方式。

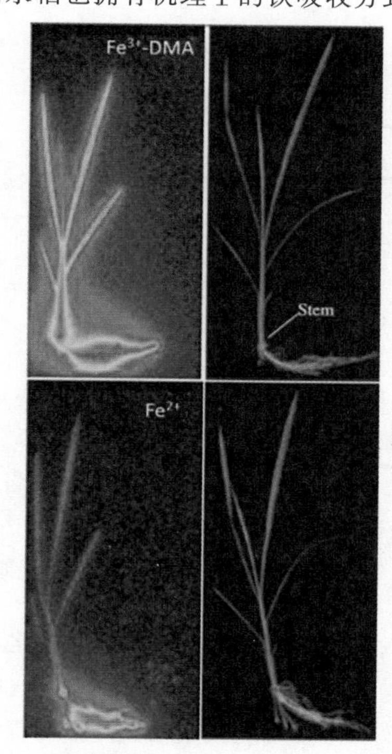

图7-20　电子示踪成像系统检测水稻吸收Fe^{3+}-DMA和Fe^{2+}

(引自：Ishimaru，2006)

黄淮海平原广泛实行的玉米/花生间作能明显减轻花生的缺铁黄化现象，并能提高花生各器官铁含量和产量(图7-21)。石灰性土壤中，玉米合成和分泌麦根酸(植物铁载体，PS)的生理特性不仅能够满足其自身对铁的需求，更为重要的是能够明显地促进铁低效的机理Ⅰ植物花生根系对铁的吸收和体内运输。花生根系表皮细胞中存在能够吸收麦根酸铁复合物[Fe(Ⅲ)-DMA]的*AhYSL*基因，该基因能够专一性地调控吸收转运麦根酸铁，间作根际机理Ⅱ植物玉米所产生的麦根酸铁复合物可能被机理Ⅰ植物花生直接吸收利用。

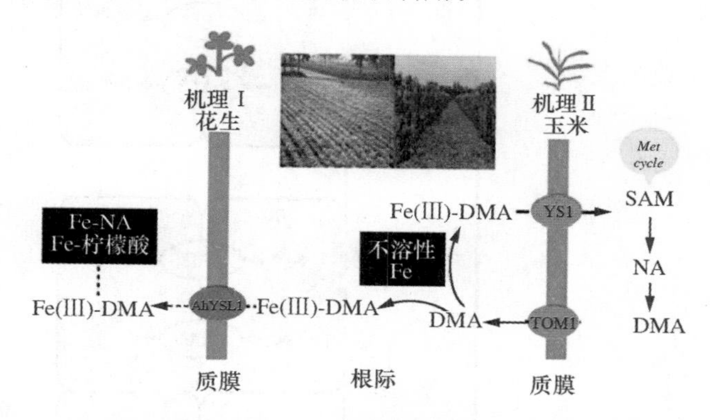

图7-21　玉米/花生间作促进花生铁营养的生理及分子机制

DMA，脱氧麦根酸；SAM，S-腺苷甲硫氨酸；NA，烟草胺

(引自：Xiong and Zuo，2013)

(二)植物对铁的运输

铁作为一种难溶性的、具有极强活性的微量元素，它在植物体中转移必须以适当氧化还原状态与不同的螯合剂形成复合物。铁在植物体中的转移包括许多过程，包括根系中的横向运输，木质部装载、转移和卸载，韧皮部装载、转移和卸载，向库的共质体运输，以及源或衰老组织的再转移。例如，植物根系从土壤中吸收铁之后，通过各个细胞间的胞间连丝进行横向运输，穿过凯氏带进入中柱，再经过长距离运输进入地上部(图7-22)。

1. 铁从根系向地上部运输

长距离运输是指物质通过植物的维管系统在根部与地上部之间进行运移的过程，铁也是通过这个途径从根系运输到地上部。由于自由铁离子对植物有毒害作用，因此铁在木质部以螯合物的形态向地上部运输。在木质部汁液中存在许多化合物都能螯合铁，例如柠檬酸、烟草胺、麦根酸类和酚类物质等，其中柠檬酸是螯合并运输铁的主要物质。有研究指出，柠檬酸盐在弱酸性的条件下与金属离子结合的稳定性更强，而质外体木质部空腔的pH为5.5左右，正好偏弱酸性，因此木质部中的铁主要以柠檬酸铁盐的形态存在。最近在番茄的木质部汁液中,鉴定出柠檬酸铁主要存在两种形态,分别为Fe_3Cit_3和Fe_2Cit_2。而决定柠檬酸铁在这两种形态之间转换的因素是木质部铁与柠檬酸的比例,比例大于1∶10,木质部柠檬酸铁的形态更倾向于Fe_3Cit_3;比例小于1∶75,则Fe_2Cit_2的形态居多。当番茄木质部Fe∶Cit大约为1∶1时,柠檬酸铁仅以Fe_3Cit_3形态存在。

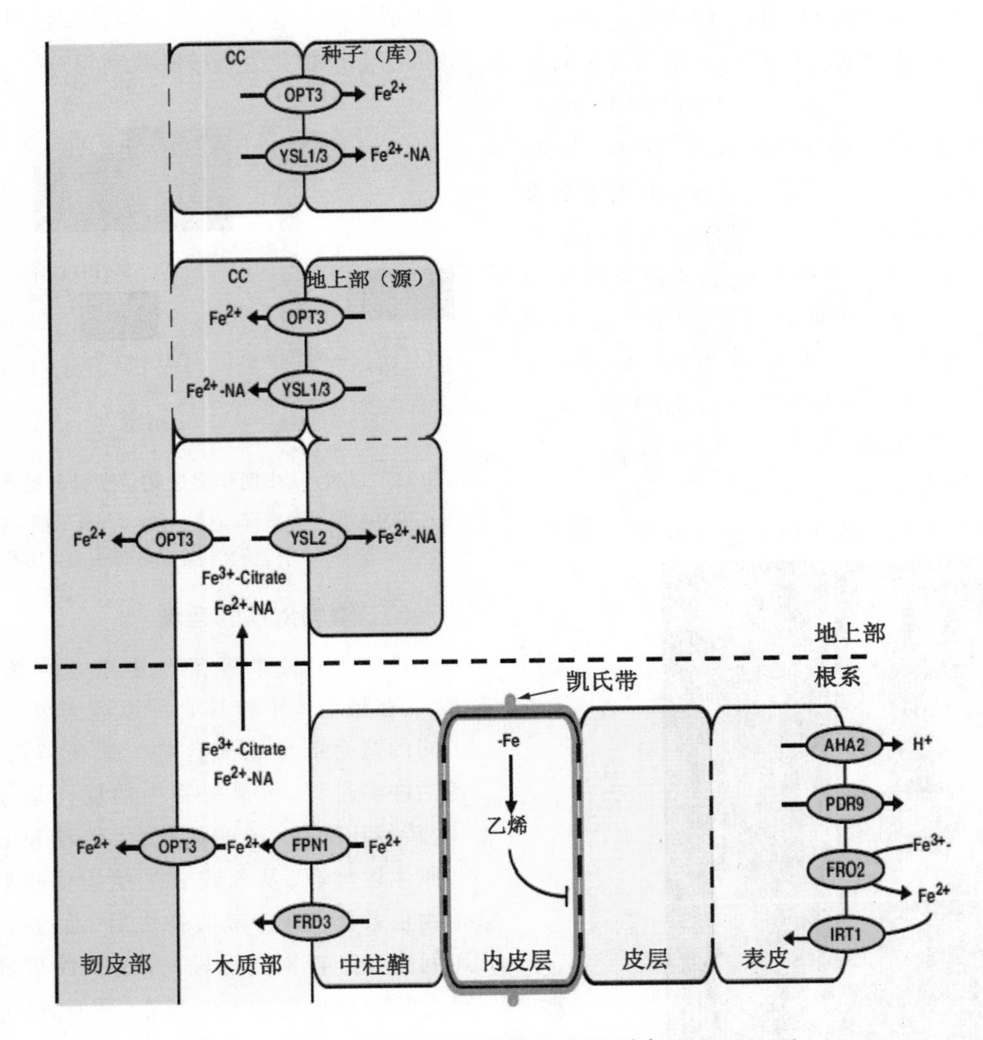

图 7-22 铁由根系向地上部的转移过程(引自:Jeong,2017)

2. 铁向籽粒运输

铁被运输到地上部之后,需要从木质部卸载,才能进入籽粒。在这个过程中,韧皮部运输是重要的组成部分。与木质部空腔不同,韧皮部主要由筛管和伴胞、筛分子韧皮纤维和韧皮薄壁细胞等组成,属于活的细胞,因此韧皮部中铁的螯合剂也会发生改变。烟草胺(NA)作为一种铁螯合剂,主要存在于细胞质中,负责在韧皮部装载运输铁。当环境pH为6.5时NA与金属离子(如Fe^{2+})的螯合态最稳定,这正好符合细胞质中pH。因此,铁能利用螯合剂NA通过韧皮部运输,转移到叶肉细胞和籽粒。

3. 铁在叶绿体和线粒体的运输

铁进入植物细胞后,会在各细胞器之间进行分配运输并发挥不同的作用,例如细胞核、叶绿体和线粒体。液泡作为细胞的储存室,能够调节细胞内金属离子的平衡。在液泡膜上存在许多的离子运输载体,参与调节细胞内稳态(图7-23)。

在叶绿体中,铁是光合作用必不可少的一种元素。叶绿体含有大量铁储存蛋白(ferritin),是铁在细胞中的储存中心。位于叶绿体膜上的Fe(Ⅲ)还原酶(FRO7)能将Fe(Ⅲ)还原为Fe(Ⅱ),而透性酶(PIC1)则可以将铁转移到叶绿体当中。在细胞衰老过程中，叶绿体膜上的烟酰胺铁转运载体（YSL4和YSL6）向外运输Fe-NA，释放铁到细胞质中从而被再利用。

铁在线粒体细胞中发挥许多功能，例如合成亚铁血红素、硫辛酸辅酶因子和富集Fe-S簇等。Fe-S簇对于其他细胞器具有重要的作用，参与细胞质和细胞核Fe/S蛋白的合成。线粒体膜上同样存在着Fe(Ⅲ)还原酶（FRO3和FRO8），能够在线粒体表面产生还原态Fe(Ⅱ)，再被膜上的铁转移蛋白（MIT）吸收进入线粒体。

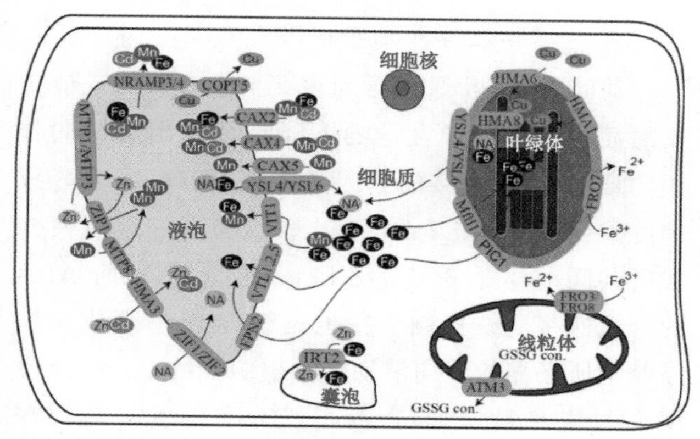

图 7-23 铁在细胞器中的转移过程

（引自：Bashir et al.，2016）

三、铁的营养功能

1. 植物体内氧化还原系统的组成成分

血红素蛋白：血红素蛋白是含有以血红素铁卟啉复合体为辅基的细胞色素。血红素蛋白是叶绿体和线粒体内氧化还原系统的组分，也是硝酸还原酶中氧化还原链的组成成分。其他类型的血红素蛋白酶有过氧化氢酶和过氧化物酶。在缺铁条件下，这两种酶活性降低，叶片中过氧化氢酶的活性降低尤为显著。结合在细胞壁上的过氧化物酶催化酚类聚合成木质素。在表皮和根皮层细胞壁中有大量的过氧化物酶，它是木质素和木栓质生物合成所必需的，这两种物质合成过程都需要酚类化合物和H_2O_2作为底物。H_2O_2的形成是由质膜/细胞壁界面上的NADH氧化所催化的。反应原理如图7-24所示。

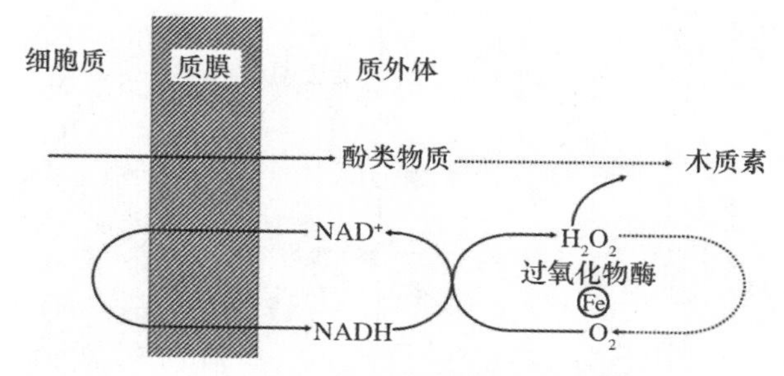

图 7-24 铁在木质素合成中的作用

在缺铁植物根系中，过氧化物酶的活性显著下降，会造成酚类物质在植物根表皮细胞中累积。与供铁植物的根系相比，缺铁植物根系向外分泌酚类物质的速率较高，有些酚类化合物如咖啡酸，在螯合和还原无机Fe^{3+}方面非常有效，这是机理Ⅰ植物活化并吸收铁的一个方面。在缺铁条件下，根表皮细胞的细胞壁组成的改变与过氧化物酶活性的下降有关。

铁硫蛋白：在非血红素蛋白质中，铁和半胱氨酸的硫醇基或无机硫或两者相结合，形成铁硫蛋白。铁氧还蛋白是一种重要的铁硫蛋白，是许多基本代谢过程中的电子传递体（图7-25）。在缺铁叶片中，铁氧还蛋白的下降幅度与叶绿素的下降幅度相近，且与硝酸还原酶活性降低有关。超氧化物歧化酶（SOD）中有一些同功酶也是铁硫蛋白，这些同功酶中所含有的铁作为辅基中的金属离子（Fe-SOD）。乌头酸酶是三羧酸循环中催化柠檬酸转换为异柠檬酸的一个铁硫蛋白。铁作为辅基金属组分，在保持该酶的稳定性和活性上是必需的，也负责底物（柠檬酸与异柠檬酸）的空间定位，这一反应并不涉及化合价的变化。在缺铁植物体内，乌头酸酶的活性很低，三羧酸循环的正常进行受到影响，有机酸特别是柠檬酸和苹果酸的合成增加。缺铁的番茄植株根部有机酸含量的增加与CO_2暗固定的增加、H^+的净分泌（如根际的酸化作用）等密切相关。

蛋氨酸是乙烯生物合成的主要前体，在氨基环丙烷羧酸（ACC）转变为乙烯的生物合成过程中，Fe^{2+}催化一个单一电子的氧化反应。因此，在缺铁细胞中乙烯的合成很少，在恢复供铁后，乙烯的合成立刻恢复正常。

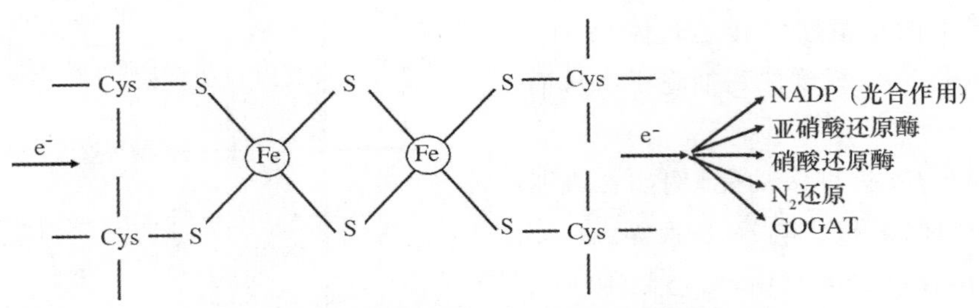

图 7-25　铁氧还蛋白传递电子的示意图

每分子脂肪氧合酶含 1 个铁原子，它催化亚油酸、亚麻酸等具长链不饱和脂肪酸的过氧化反应。脂肪氧合酶的活性高是快速生长的组织和器官的特点，是膜稳定性的关键。脂肪氧合酶调节的类脂过氧化与细胞、组织的衰老有关，也与抗病性有关。在缺铁植株叶片中，脂肪氧合酶的活性与叶绿素含量呈高度正相关，表明了酶紧密结合在类囊体膜上的可能性。

2. 参与植物的呼吸作用

铁参与植物细胞的呼吸作用，因为它是一些与呼吸作用有关的酶的成分，如细胞色素氧化酶、过氧化氢酶、过氧化物酶等都含有铁。铁常处于酶结构的活性部位上。当植物缺铁时，这些酶的活性都会受到影响，并进一步使植物体内的一系列氧化还原作用减弱，电子不能正常传递，呼吸作用受阻，ATP 合成减弱。因此，植物生长发育及产量受到明显影响。铁也是磷酸蔗糖合成酶最好的活化剂。植物缺铁会导致体内蔗糖合成减少。

3. 叶绿体发育和光合作用所必需

幼叶黄化(叶绿素含量降低)是植物缺铁最常见的症状。叶绿素含量的下降是多种因素共同作用的结果，但最直接的原因是由于铁在叶绿素合成中的重要作用(图 7-26)。叶绿素和血红素蛋白合成的共同前体是 δ-氨基乙酰丙酸(ALA)，而 ALA 的合成速率受铁控制。铁也是镁-原卟啉合成亚铁原卟啉所必需的。向缺铁叶片组织供给 ALA，能使镁-原卟啉含量增加，但与供铁充足的叶片组织相比，亚铁原卟啉和叶绿素的含量仍维持较低水平。类卟啉原氧化酶也是一种铁蛋白。

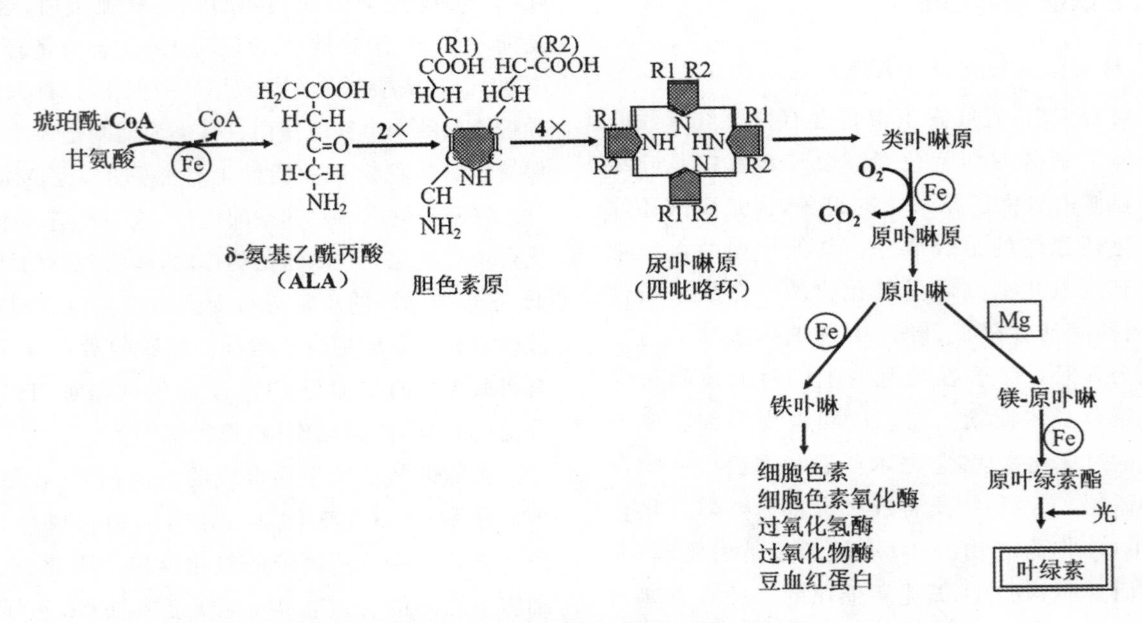

图 7-26　铁在血红素辅酶和叶绿素生物合成中的作用(引自：Marschner，2012)

通常来说，缺铁时叶绿体超微结构发生明显变化，主要表现为：叶绿体类囊体数量减少，基粒片层和淀粉粒的数量降低，叶绿体面积减小等。缺铁对叶绿体发育的影响要比对叶片生长、单位叶面积细胞数、单位细胞叶绿体数的影响大得多。铁是蛋白质合成所必需的，缺铁时叶细胞中蛋白质合成的场所——核糖体的数量减少。然而在缺铁条件下，叶绿体中蛋白质合成比细胞质中的蛋白质合成受到的抑制更强。例如，在缺铁的玉米叶片中，蛋白质总含量只下降了25%，而叶绿体中的蛋白质含量却下降了82%。这可能是由于叶绿体中mRNA和rRNA需要更多的铁。

在叶绿体类囊体膜上，每单位PSⅡ和PSⅠ有大约20个铁原子直接参与了电子传递链。类囊体膜维持结构和功能的完整性对铁的需求高，铁氧还蛋白及叶绿素的生物合成增加了对铁的需求，因此叶绿体特别是类囊体对缺铁高度敏感。无论铁的营养状况如何，快速生长的叶片中约有80%的铁都位于叶绿体中。缺铁时，在叶绿体中出现了铁分布的变化，即降低基质中铁的含量而提高片层中铁的含量。

4. 豆科生物固氮作用

铁是豆科作物根瘤固氮反应的多种含铁蛋白的重要金属组分。固氮酶的铁蛋白和钼铁蛋白中Fe-S原子簇成分中含有30多个铁原子，固氮酶占根瘤细胞全蛋白质的10%～12%，铁氧还蛋白是固氮酶主要的电子供体。铁也是豆血红蛋白合成的必需元素，豆血红蛋白占侵染植物可溶性蛋白的25%～30%，因此，合成上述蛋白需铁量很大。共生固氮体系对铁的相对需求程度高于豆科植物自身生长发育的需铁量。铁也与根瘤固氮功能密切相关，固氮酶合成有关基因受细胞原生质中铁浓度的调控，因此，铁对固氮酶活性影响很大。

四、植物缺铁与铁毒害

缺铁会导致叶绿素的合成受阻，典型的可见症状是幼叶脉间失绿，而叶脉仍保持绿色，严重缺乏时叶片变黄变白，如不及时纠正会导致叶片黄化死亡。只有在极端情况下，缺铁才能抑制叶片发育，使其变卷、变小、簇生，甚至死亡(图7-27)。

植物铁中毒一般只发生在通气不良的土壤上，土壤氧化还原电位较低时，高价铁离子被还原成易吸收的低价铁离子，土壤中铁离子浓度大大增加，容易发生吸铁过多，产生铁中毒症状，其中毒症状因植物种类而异(图7-27)。亚麻铁中毒表现为叶片呈暗绿色，地上部及根系生长受阻，根变粗并且组织中大量积累无机磷酸盐；烟草铁中毒表现为叶片脆弱，呈暗褐色至紫色，品质差；水稻铁中毒表现为下部老叶叶尖、叶缘脉间出现褐斑，叶色深暗，称之为“青铜病”。

图7-27 不同作物缺铁和铁中毒症状

A. 桃树缺铁；B. 苹果缺铁；C. 柑橘缺铁；D. 花生缺铁；E. 水稻铁中毒；F. 金盏花铁中毒

第五节　锰

一、植物体内锰的含量与分布

植物体内锰的含量高，变化幅度大，从痕量到1 000 mg/kg。一般植物锰含量为20～100 mg/kg（以干重计）。其中，高度敏感作物Mn含量为50～260 mg/kg，主要有豌豆、大豆、荞麦、小麦、高粱、苏丹草、马铃薯、食用甜菜、菠菜、莴苣、芜菁、洋葱、柑橘、桃树、燕麦、烟草等；中度敏感作物Mn含量为30～128 mg/kg，主要有苜蓿、三叶草、大麦、玉米、糖用甜菜、胡萝卜、卷心菜、芹菜、黄瓜、花椰菜、萝卜、番茄等；不敏感作物Mn含量为30～60 mg/kg，主要有棉花和黑麦等。

植物不同生育期和组织部位锰含量不同，如小麦不同生育期锰含量：分蘖期为55～57 mg/kg，拔节期为41～44 mg/kg，抽穗期为23～27 mg/kg，收获期为20～25 mg/kg；不同器官锰含量：叶片为71～81 mg/kg，茎秆为36～42 mg/kg，穗为23～25 mg/kg。小麦功能叶片锰含量＜20 mg/kg时为缺乏，20～500 mg/kg时为充足，＞500 mg/kg时锰中毒；而大豆叶片锰含量＜20 mg/kg就会出现缺锰症状，＞40 mg/kg时植株正常生长。

二、锰的吸收与运输

锰是土壤中比较丰富的元素，主要以Mn^{2+}、Mn^{3+}、Mn^{4+}和矿物态锰的形式存在。植物根系主要吸收Mn^{2+}，也有可能吸收含Mn^{2+}的络合物，如Mn-EDTA。植物根系吸收自由态Mn^{2+}的速率远远快于含Mn^{2+}络合物的速率。

目前，已经发现多个与锰吸收、转运和积累相关的基因家族，主要有自然抗性相关巨噬细胞蛋白(natural resistance-associated macrophage protein，NRAMP)家族基因、调节锌和铁的转运蛋白(ZRT-IRT-like protein，ZIP)家族基因、YSL家族(YSL-yellow stripe-like family)成员转运基因(表7-24)。拟南芥中AtNRAMP1是一个高亲和锰转运蛋白(K_m值为28 nmol/L)，主要定位于根细胞的质膜，负责植株根部对外界锰离子的吸收。AtNRAMP3和AtNRAMP4定位于细胞液泡膜，当外界供锰不足时，AtNRAMP3和AtNRAMP4就将液泡中的锰转出以供应叶肉细胞的光合作用。水稻中负责锰吸收的主要转运蛋白为OsNRAMP5，也是高亲和转运蛋白(K_m值为1.08 μmol/L)。水稻节点是连接叶片、茎秆和穗的纽带，OsNRAMP3在水稻节间组成性表达。OsNRAMP3是植物响应环境锰变化的一个开关，在生长介质锰浓度较低时，OsNRAMP3优先将锰运输到新叶和穗。在生长介质锰浓度高时，OsNRAMP3蛋白在几个小时内快速降解，锰主要向老叶中分配(图7-28)。拟南芥的AtIRT1来自ZIP家族，是拟南芥中最重要的铁转运蛋白，该蛋白还具有Mn^{2+}、Cd^{2+}和Zn^{2+}的转运活性。*HvIRT1*是大麦中克隆的第一个具有锰转运活性的转运蛋白基因，在低锰情况下对锰的吸收具有重要贡献。水稻中OsYSL2主要作用于Mn和Fe的远距离运输，尤其是籽粒中Mn和Fe的积累。尽管*OsYSL6*也具有Mn^{2+}转运活性并同时需要烟草胺(NA)的参与，但其与*OsYSL2*的亲缘关系并不近，功能机制也完全不同。*OsYSL6*主要负责水稻老叶的解毒，其功能突变能导致水稻对高Mn的耐受性显著下降。

表7-24　部分植物锰转运蛋白基因及其功能

基因	植物种类	转运功能	位置
AtNRAMP1	拟南芥(*Arabidopsis thaliana*)	Mn^{2+}的吸收	根
AtNRAMP3	拟南芥(*Arabidopsis thaliana*)	Mn^{2+}的转运	地上部
AtNRAMP4	拟南芥(*Arabidopsis thaliana*)	Mn^{2+}的转运	地上部
OsNRAMP5	水稻(*Oryza Sativa*)	Mn^{2+}的吸收	根
OsNRAMP3	水稻(*Oryza Sativa*)	Mn^{2+}的转运	地上部
TcNRAMP3	遏蓝菜(*Thlaspi caerulescens*)	Mn^{2+}的吸收	不清楚
TcNRAMP4	遏蓝菜(*Thlaspi caerulescens*)	Mn^{2+}的吸收	不清楚

续表 7-24

基因	植物种类	转运功能	位置
LeNRAMP1	番茄(*Lycopersicon esculentum*)	Mn^{2+}的转运	不清楚
LeNRAMP3	番茄(*Lycopersicon esculentum*)	Mn^{2+}的吸收	不清楚
MbNRAMP1	山荆子(*Malus baccata*)	Mn^{2+}的吸收	不清楚
HvIRT1	大麦(*Hordeum vulgare* L)	Mn^{2+}的转运	不清楚
AtIRT1	拟南芥(*Arabidopsis thaliana*)	$Mn^{2+}/Zn^{2+}/Cd^{2+}$的转运	不清楚
AtZIP1, *AtZIP2*, *AtZIP3*, *AtZIP5*, *AtZIP6*, *AtZIP9*	拟南芥(*Arabidopsis thaliana*)	Mn^{2+}的转运	不清楚
OsYSL2, *OsYSL6*	水稻(*Oryza Sativa*)	Mn^{2+}的转运	地上部

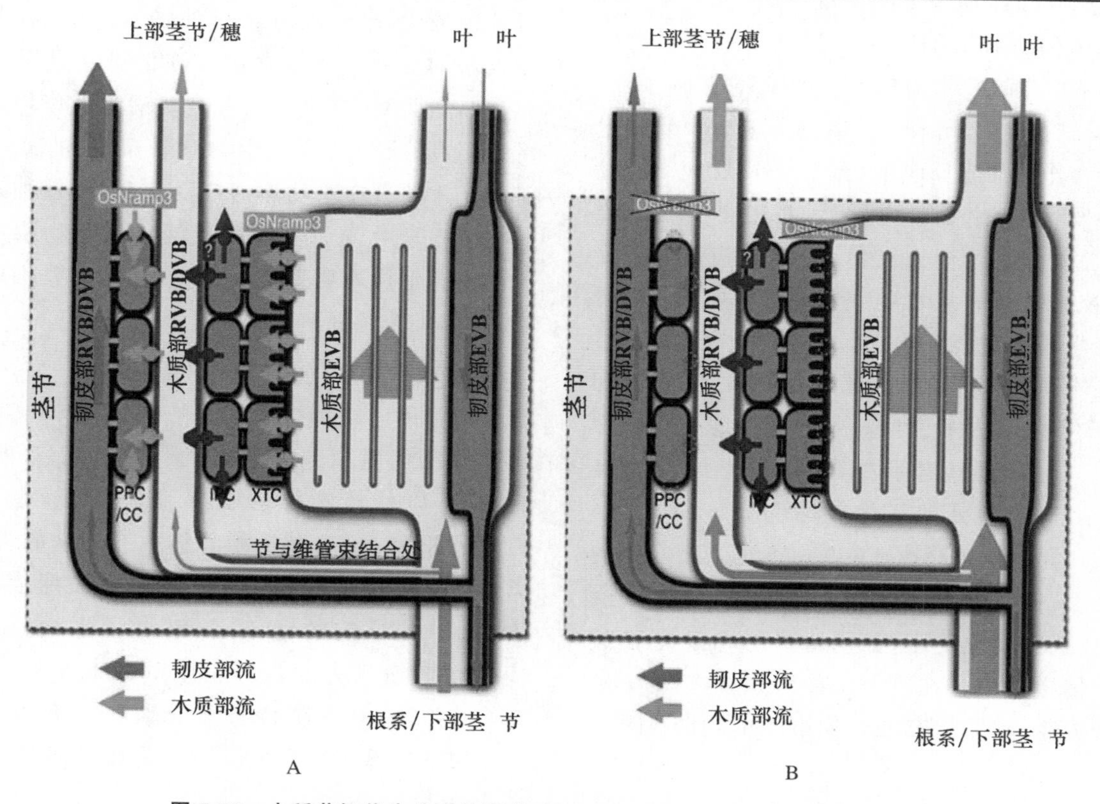

图 7-28 水稻节锰优先分配的开关 *OsNRAMP3*(引自:Yamaji et al., 2013)

A. Mn 不足;B. Mn 过量;EVB,扩大维管束;RVB/DVB,发散(正常)维管束;PPC,韧皮部薄壁细胞;CC,伴胞

在植物体内锰以游离的锰离子和结合锰(如具有生理活性的锰蛋白)的形式存在。锰能以六种氧化态的形式存在,包括:Mn、Mn^{+}、Mn^{2+}、Mn^{3+}、Mn^{4+}和Mn^{5+}。在生物系统中,锰的氧化态之间可以互相转化,如从Mn^{3+}和Mn^{4+}还原为Mn^{2+}及从Mn^{2+}氧化为Mn^{3+}和Mn^{4+}。因此,锰主要是在氧化还原系统中起作用。

三、锰的营养作用

1. 锰作为酶的组分和催化成分

锰是许多酶的组分和催化成分。目前了解得比较清楚的含锰酶类为光系统Ⅱ(PSⅡ)中的锰蛋白和含锰的超氧化物歧化酶(MnSOD)。光系统Ⅱ(PS Ⅱ)中的锰蛋白是 33 KDa 的多肽蛋白,与裂解水分子有关。MnSOD 能够稳定叶绿素及保护光合系统免遭活性氧毒害。MnSOD 主要存在于厌氧组织中，能清除氧自由基（$O_2^- \cdot$）。在清除氧自由基的整个反应中，还需要过氧化物酶或过氧化氢酶将 H_2O_2 转化为 H_2O 和 O_2（图 7-29）。

$$O_2 + e^- \longrightarrow O_2^-\text{（超氧化物）}$$

$$O_2^- + O_2^- + 2H^+ \xrightarrow[\text{歧化酶(SOD)}]{\text{超氧化物—}} H_2O_2\text{（过氧化氢）} + O_2$$

$$2H_2O_2 \longrightarrow 2H_2O + O_2$$

图 7-29　超氧化物歧化酶清除氧自由基的过程

2. 参与光合作用

缺锰的叶绿体基粒不能形成片层，说明锰是维持叶绿体结构所必需的。通过测定菠菜类囊体中铁、铜、锰的含量发现，每摩尔叶绿体中有 48～480 mmol 铁、6～17 mmol 铜和 24～67 mmol 锰。

在光合作用的光反应中，光系统 II 反应中心叶绿素被激发，发射出 2 个电子后，将电子转移给质醌；叶绿素本身同时变为氧化型，需要获得电子来补充，但叶绿素不能从水中获得电子，需要含锰蛋白把水氧化分解成质子和氧，释放出电子，并通过电子传递体将电子传给叶绿素。电子传递体 y1 和 y2 将电子传给反应中心叶绿素后，分别变为氧化型 $y1^+$ 和 $y2^+$，进而再从锰蛋白夺取电子。要把水氧化分解需要一个较强的氧化势，而 Mn^{2+}、Mn^{3+} 系统的氧化还原电位可高达 1 500 mV，因而有较强的氧化能力。在光合作用中，缺锰时光还原过程不受影响，但放氧则明显受阻，证明锰参与光系统 II 放氧和电子传递反应。在这个水裂解系统中，4 个锰离子组合成簇，起着储存和传递电子的功能（图 7-30）。

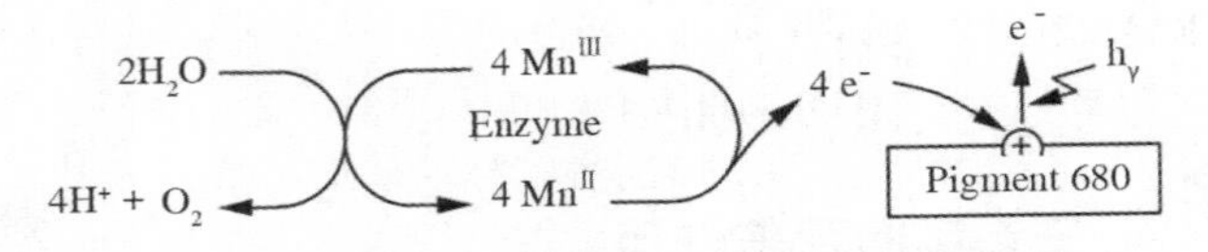

图 7-30　锰参与光系统Ⅱ放氧和电子传递反应

3. 锰是多种酶的活化剂

锰活化磷酸激酶和磷酸化酶的作用与 Mg^{2+} 类似，能作为酶与 ATP 的桥梁，如锰活化己糖激酶等。在三羧酸循环中，Mn^{2+} 可以活化许多脱氢酶，如柠檬酸脱氢酶、草酰乙酸脱氢酶、α-酮戊二酸脱氢酶、苹果酸脱氢酶和柠檬酸合成酶（缩合酶）。锰作为羟胺还原酶的组分，参与硝态氮的还原过程。锰是 RNA 聚合酶、DNA 聚合酶、二肽酶、精氨酸酶等的活化剂。锰还能在吲哚乙酸（IAA）氧化反应中提高吲哚乙酸氧化酶的活性。

4. 锰参与蛋白质、脂类和木质素的合成

虽然锰能激活 RNA 聚合酶，但缺锰植株蛋白质的合成并没有明显降低。缺锰植株根系受到抑制可能主要是因为碳水化合物浓度显著降低造成的。锰能影响种子中脂类物质的组成和浓度。在缺锰大豆植株中（叶片 Mn＜20 mg Mn/kg 干重），叶片锰浓度、种子产量和含油量显著正相关。随着叶片锰浓度降低，大豆种子油酸浓度降低，亚油酸浓度增加。种子缺锰含油量降低可能是因为锰直接参与脂肪酸的合成，或者是缺锰光合作用速率降低，导致脂肪酸的合成生物碳骨架减少，或者两者都是。木质素在植物体内广泛存在，是植物抗真菌感染的重要物质。锰通过激活过氧化物酶参与肉桂醇聚合形成木质素。缺锰植物，尤其是根中木质素显著降低，对真菌的抗性显著降低。

5. 调节植物体内的氧化还原电位

植物体内锰的变价（Mn^{2+}、Mn^{3+}、Mn^{4+}）对植物体内氧化还原起着重要的作用。当锰呈 Mn^{4+} 时，它可以使植物体内 Fe^{2+} 氧化为 Fe^{3+} 或抑制 Fe^{3+} 还原为 Fe^{2+}，减少植物体内有效铁的含量，所以植物如吸锰过多就容易引起缺铁失绿症。作物体内要求有一定的锰/铁浓度，小麦和大豆适宜的锰/铁浓度分别为 1/2.5 和 1/3.5～1/1.5。

此外，锰对细胞伸长和分裂还具有直接的影响。缺锰时番茄离体主根伸长受到抑制，侧根生长完全停止。

四、植物缺锰与锰毒害

虽然土壤中锰的浓度较高，但植物有效性较低。锰的有效性依赖于土壤 pH 和氧化还原电位。生长在锰浓度低的土壤、淋失程度较高的热带土壤，或者在含大量碳酸钙、pH 较高并且有机质含量也较高的土壤上的植物容易缺锰。如果完全展开叶锰浓度（以干重计）低于 10 mg/kg，就会表现出缺锰症状。

作物缺锰时幼嫩叶片首先失绿发黄，但叶脉仍保持绿色；严重缺锰时，叶面出现杂色斑点，并逐步扩大增多散布于整个叶片。缺锰的植株瘦小，花发育不良，根系细弱(图 7-31)。缺锰植株往往有硝酸盐累积。

禾本科植物燕麦对缺锰最敏感，缺锰时出现灰斑病(gray speck)。豌豆缺锰会出现“杂斑病”。豇豆和大豆对高锰敏感。向日葵忍耐高锰的机制在于它能够通过叶毛固持锰，而白羽扇豆主要通过液泡固持锰。植物锰中毒的临界范围较广，并随植物种类和环境条件的变化而变化(表 7-25)。植物锰浓度超过 600 mg/kg 时，就可能发生毒害作用。

图 7-31 不同作物缺锰和锰中毒症状

A. 大麦新叶缺锰；B. 大麦老叶缺锰；C. 油菜缺锰；D. 菜豆锰毒害；
E. 菜豆缺锰；F. 左：水稻缺锰；右：水稻锰正常；G. 小麦缺锰(从右至左，逐渐加剧)；H. 羽衣甘蓝锰毒害

植物锰毒害症状主要表现为老叶边缘和叶尖出现许多棕褐色焦枯的小斑，并逐渐扩大（图 7-31）。虽然这些褐斑内含有氧化态的锰，但其褐色是来自于氧化态的多酚类化合物而不是氧化态的锰。锰中毒会诱发棉花和菜豆发生缺钙（皱叶病，crink）。锰过多也易出现缺铁症状。

表 7-25 不同植物锰中毒的地上部锰浓度临界值

植物种类	锰浓度（以干重计）/（mg/kg）
玉米	200
木豆	300
大豆	600
棉花	750
红薯	1 380
向日葵	5 300

引自：Edwards and Asher，1982。

第六节 铜

一、植物体内铜的含量与分布

一般植物铜含量（以干重计）为 5～30 mg/kg。生育前期铜主要集中在叶片中，生育后期大部分铜转移到繁殖器官或储藏器官中。例如小麦成熟时叶中的铜有 60%转移到籽粒。甘蔗收获时叶中的铜大部分转移到茎中。在禾谷类作物的种子中，铜主要分布于种皮和胚中。棉花成熟时，植物各部位铜的分配分别是，茎占全株总铜量 17.8%，叶占 31.5%，种子占 32.4%，铃壳占 17.9%，纤维占 0.4%。

二、植物对铜的吸收与运输

植物对铜（Cu^{2+}）的吸收是主动吸收，只有当土壤溶液中的铜离子浓度超过毒害临界浓度时才进行被动吸收。吸收进入植物体内的铜往往在木质部与含氮的有机物，如烟草胺（NA）、组氨酸（His）、脯氨酸（Pro）等形成络合物后，再向地上部运输。缺铜时根外喷施，铜被吸收后，经韧皮部向体内各部位输送，也是与含氮的有机物形成络合物而运输的。植物铜的转运系统主要有：①细胞质膜上铜转运的 COPT 家族；②叶绿体和类囊体腔上的 PAA1 和 PAA2（HMA6）；③高尔基体膜上的 RAN1；④与铜转运相关的 HMA1 和 HMA5；⑤铜稳态的分子伴侣（CCH）（图 7-32）。

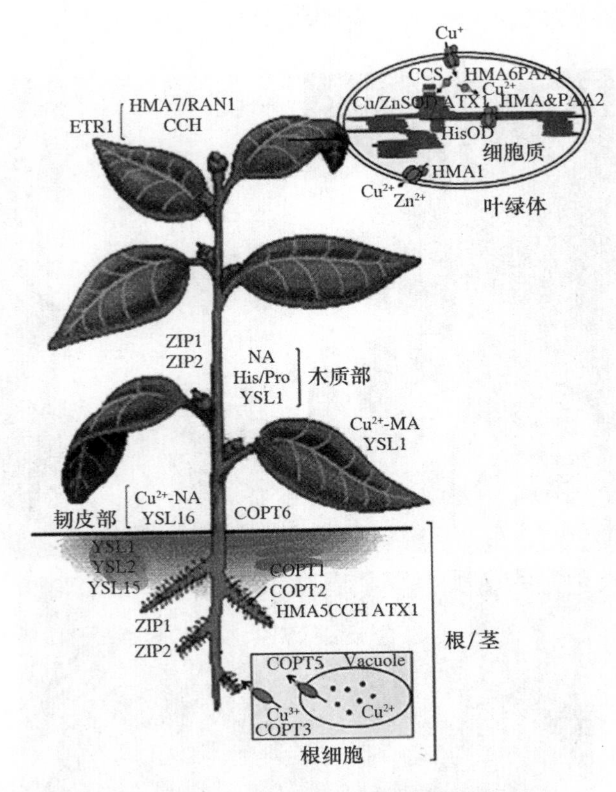

图 7-32 植物中铜的吸收和运输

箭头表示铜的运输方向；CCH，铜分子伴侣；ATX1（antioxidant 1），抗氧化剂 1；CCS，Cu/Zn SOD 铜伴侣；COPT，铜转运子；ERT1（endoplasmic reticulum），内质网；HMA（heavy metal P-type ATPase），重金属 P 型 ATP 酶；MA，麦根酸；NA（nicotianamine），烟草胺；PAA，拟南芥 P 型 ATP 酶；RAN1（antagonist 1），对拮抗剂的反应；SOD（superoxide dismutase），超氧化物歧化酶；YSL（yellow stripe-like protein），黄色条纹蛋白；ZIP（ZRT/IRT-like protein），ZRT/IRT 类蛋白

植物体内铜的移动性决定了铜的营养水平。如铜供应充足，小麦植株的铜就容易由叶片输送到籽粒，但缺铜时它是较难移动的。

三、铜在植物体内的营养功能

1. 促进氧化还原反应

与铁、锰一样，铜在生物体内存在不同的化合价态（Cu^{2+} 和 Cu^{+}），并在不同化合价态之间转化。因此，铜的主要功能之一就是参与氧化还原反应。

植物体中含有很多含铜的蛋白或酶（表 7-26）。

缺铜时这些含铜酶类的活性迅速降低，在多数（并非所有）情况下这些铜酶活性的降低与明显的代谢变化或植物生长的抑制之间有直接关系（表 7-27）。

表 7-26 几种重要的含铜蛋白

含铜蛋白	功能
质体蓝素	光合系统Ⅰ中电子传递
细胞色素氧化酶	与铁一起，在线粒体电子传递链的最后一步将 O_2 还原成 H_2O
超氧化物歧化酶（CuZnSOD）	参与解除由光合作用产生的分子 $O_2^-\cdot$ 的毒害作用。超氧自由基 $O_2^-\cdot$ 脱毒形成 H_2O_2，后者被过氧化氢酶还原成 H_2O 和 O_2。位于线粒体、乙醛酸循环体和叶绿体内
抗坏血酸氧化酶	抗坏血酸氧化。存在于细胞壁和原生质中，对植物体内铜的养分状况特别敏感，可作为缺铜的指标
多酚氧化酶	在线粒体和类囊体膜上氧化酚类，具体为①羟化单酚为双酚；②氧化双酚为 *o*-苯醌
二胺氧化酶	腐胺和尸胺的氧化脱氨基作用。主要存在于表皮细胞的质外体和成熟组织的木质部中，作为过氧化物酶在木质化和木栓化过程中 H_2O_2 的传递系统

引自：Epstein and Bloom，2005。

表 7-27 铜对豌豆叶绿体内各组分和含铜酶活性的影响

Cu 浓度（以干重计）/（μg/g）	叶绿素浓度（以干重计）/（μmol/g）	质体蓝素浓度（以叶绿素计）/（nmol/μmol）	光合电子的传递（PSI 相对值）/%	酶活性（以蛋白质计）		
				二胺氧化酶/[μmol/(g·h)]	抗坏血酸氧化酶/[μmol/(g·h)]	CuZuSOD/(EU mg)*
6.9	4.9	2.4	100	0.86	730	22.9
3.8	3.9	1.1	54	0.43	470	13.5
2.2	4.4	0.3	19	0.24	220	3.6

* EU 为酶单位。

引自：Ayala and Sandmann，1988。

2. 参与光合作用

在叶细胞的叶绿体和线粒体中都含有铜，约有 50% 的铜结合在叶绿体中。铜在叶绿体中和蛋白质结合起到稳定叶绿素的作用。此外，铜构成铜蛋白参与光合作用。现已知含铜蛋白质有 3 种：质体蓝素、非蓝色蛋白质、多铜蛋白质。在光系统Ⅰ中，质体蓝素可通过铜化合价的变化传递电子；光合系统 II 中质体醌的生成也需要铜。

3. 参与氮素代谢、影响固氮作用

铜和植物体内氮素代谢有关。铜是亚硝酸还原酶的活化剂，促进硝酸盐的同化作用。铜对植株内氨基酸的组成有一定影响。番茄缺铜时，植株体内天门冬氨酸、谷氨酸、天门冬酰胺、丙氨酸、脯氨酸较多，而组氨酸、赖氨酸、苯丙氨酸较少，因而影响蛋白质的合成。铜参与豆血红蛋白的合成，影响固氮作用。

4. 影响细胞壁组分和木质化过程

铜是细胞壁的必需组分之一，在细胞壁中 Cu^{2+} 主要与富含精氨酸的糖蛋白和多糖[如木葡聚糖（xylogucan）和果胶（pectin）]形成复合物。细胞壁上的 Cu^{2+} 可通过其还原态（Cu^+）参与芬顿反应，产生·OH^- 自由基，·OH^- 自由基能够直接引起细胞壁多聚体分裂，从而导致细胞壁松弛。

缺铜时细胞壁干重比例下降、α-纤维素含量增加而木质素含量降低（表 7-28）。细胞壁木质化受阻是高等植物缺铜最典型的解剖学变化（图 7-33）。缺铜时，苯丙氨酸解氨酶、吲哚乙酸氧化酶、多酚氧化酶等含铜酶的活性降低，使木质素的合成受阻。细胞壁木质化受阻会导致幼叶畸形和茎弯曲。

表 7-28　铜营养状况对小麦最新完全展开叶细胞壁组分的影响

处理	Cu 浓度（以干重计）(μg/g)	细胞壁干重所占比例/%	占细胞壁干重的比例/%			占细胞壁干重的比例/%	
			纤维素	半纤维素	木质素	总酚	阿魏酸
+ Cu	7.1	46.2	46.8	46.7	6.5	0.73	0.50
− Cu	1.0	42.9	55.3	41.4	3.3	0.82	0.69

引自：Robson et al.，1981。

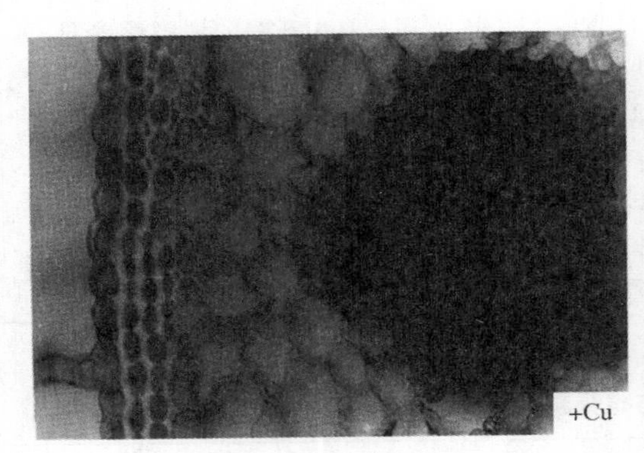

图 7-33　供铜充足（左，含 Cu 50 μg/L）和不供铜（右，Cu 0 μg/L）向日葵茎的横切面

5. 铜对花粉的形成和受精作用的影响

缺铜明显影响禾本科作物的生殖生长（表 7-29）。缺铜时麦类作物的分蘖数增加，秸秆产量高，但却不能结实。小麦孕穗期对缺铜敏感，表现为花药形成受阻而且花药和花粉发育不良，生活力差。施铜肥后，籽粒产量有明显增高。

每盆供应铜 0.5 μg 的红辣椒地上部和根生物量最高，但开花受抑制，没有果实形成；供应铜 1.0 μg/盆和 5.0 μg/盆的红辣椒，果实增加但地上部和根部生物量降低；而供应铜 10 μg/盆的红辣椒则表现出毒害症状（表 7-30）。

表 7-29　缺铜对小麦花药和花粉发育的影响

供铜水平/(mg/L)	花药长度/mm	花粉粒数/(个/花药)	花粉直径/μm	花粉萌发率/%
0.065	3.5	2 017	52.4	53.0
0.013	2.1	2 076	45.9	7.1

表 7-30　供铜对红辣椒生长的影响

铜供应/(μg/盆)	干重/(g/株)			
	根	叶和茎	芽和花	果实
0.0	0.8	1.7	0.16	0
0.5	1.6	3.3	0.28	0
1.0	1.5	3.2	0.38	0.87
5.0	1.4	3.0	0.36	1.81
10.0	1.2	2.0	0.28	1.99

引自：Rahimi，1970。

6. 铜有抗真菌病害的作用

铜制剂农药对常见的真菌性和细菌性病害具有良好的防治作用，主要有氢氧化铜、氧化亚铜、硫酸铜以及一些含铜的有机物等。水稻组织铜含量高，能增强植株对白叶枯病等的抗性；油菜组织铜含量高，能增强植株对菌核病的抗性。

四、植物缺铜与铜中毒

1. 植物缺铜症状

不同作物对缺铜的敏感性不同，作物对缺铜的敏感性还受植物器官、发育期和氮素供应状况的影响。缺铜时植物生长僵化、新叶畸形、顶尖分生组织坏死、幼叶褪色(图 7-34)。禾本科作物缺铜时，植株丛生，顶端逐渐发白，通常从叶尖开始，严重时不抽穗，或穗萎缩变形，结实率降低，或籽粒不饱满，甚至不结实。果树缺铜，顶梢上的叶片呈叶簇状，叶和果实均褪色，严重时顶梢枯死，并逐渐向下扩展，一些作物的花会褪色。对缺铜反应较敏感的作物有燕麦、大麦、小麦、苜蓿、洋葱、莴苣、菠菜、番茄等。燕麦和小麦是判断土壤是否缺铜的理想指示作物。

2. 植物铜过量症状

对大部分作物而言，叶片铜浓度(以干重计)超过 20～30 μg/g 则表现为铜中毒。铜过多可能导致缺铁，表现出新叶失绿，老叶坏死，叶柄和叶的背面出现紫红色；主根的伸长受阻，侧根变短、根毛较少等症状。玉米、菜豆和苜蓿等较易受到铜过量的毒害。

图 7-34 不同作物缺铜和铜中毒症状

A. 小麦缺铜；B. 小麦缺铜；C. 小麦(左，缺铜；右，正常)；D. 番茄缺铜；E. 柑橘缺铜；F. 马铃薯缺铜；G. 苹果缺铜(叶尖凋萎)；H. 不同铜浓度对美人蕉生长的影响(从左至右依次为：0.02，1.0，5.0，10.0 mg/L)

第七节　镍

一、植物体内镍的含量和分布

植物体内镍的含量很低，营养器官镍含量（以干重计）一般为 0.01～10 mg/g。不同植物对镍的需求也有所不同。豆科作物正常生长需要的镍一般较非豆科作物多。镍在木质部和韧皮部中均具有较好的移动性，因此某些植物，特别是豆科作物种子含镍量较高（表 7-31）。

表 7-31　木豆和黑麦各部分中镍和其他微量元素的浓度

品种	部位	浓度（以干重计）/（μg/g）					
		Ni	Mo	Cu	Zn	Mn	Fe
木豆	地上部	0.81	0.08	3.6	28	298	178
	种子	5.53	3.29	6.0	41	49	47
黑麦	地上部	0.62	0.17	1.6	7	16	78
	种子	0.28	0.33	4.4	25	27	26

引自：Horak，1985。

二、植物对镍的吸收和运输

自然界中，镍主要以 Ni^{2+} 形态存在。土壤溶液中，水合镍离子[$Ni(H_2O)_6^{2+}$]最为常见。植物根系主要吸收离子态 Ni^{2+}，吸收形式有被动扩散和主动运输两种（图 7-35），两者比例与植物种类、土壤中镍的形态和浓度有关。植物吸收镍的总量与土壤 Ni^{2+} 浓度、植物代谢、土壤 pH，其他金属离子、有机物的组成有关。

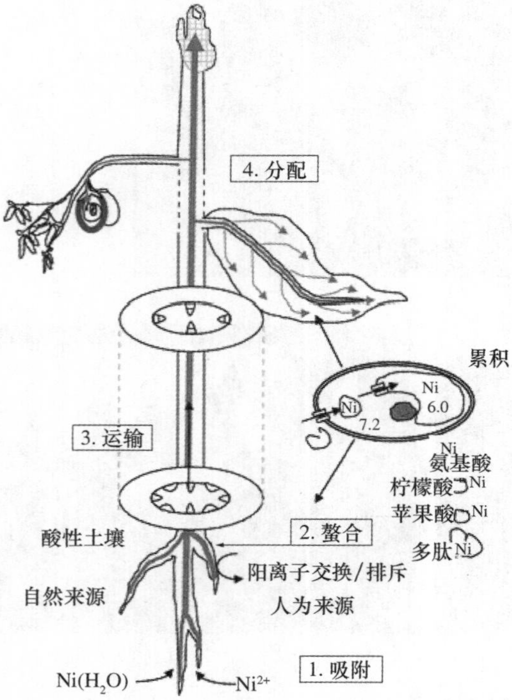

图 7-35　植物镍的吸收、转运和分配
（引自：Yusuf.，2011）

镍在植物木质部和韧皮部中均具有较好的移动性。在木质部中镍可与有机酸或多种肽形成螯合物。

镍在植物体内主要以 Ni^{2+} 的形式存在，部分镍是以 Ni^{+} 和 Ni^{3+} 的形式存在的。镍还能与半胱氨酸和柠檬酸等形成稳定的复合物。

三、镍的营养功能

镍是最后发现的植物必需营养元素。对许多细菌而言，镍是必需的痕量元素。Dixon 等（1975）首先发现镍是脲酶的组成成分，随后不断有报道镍对植物生长的重要性，特别是对豆科作物生长是必需的。1987 年 Brown 等报道证实镍是非豆科作物（大麦）生长必需的营养元素，正式确定镍是高等植物必需营养元素之一。

目前已知镍是脲酶和某些脱氢酶的金属组分，与氮代谢具有密切的关系。

1. 镍是一些酶的重要成分

镍是许多酶保持活性的辅因子。在这些酶中，镍与氧或氮（如脲酶）及硫（如脱氢酶）以共价键的形式存在。在高等植物中了解得比较清楚的酶是从菜豆分离出来的脲酶。此脲酶的分子质量为 590 ku，由 6 个亚基组成，每个亚基含 2 个镍原子。在水解反应中，其中一个 Ni-O 键可由水分子代替（图 7-36）。

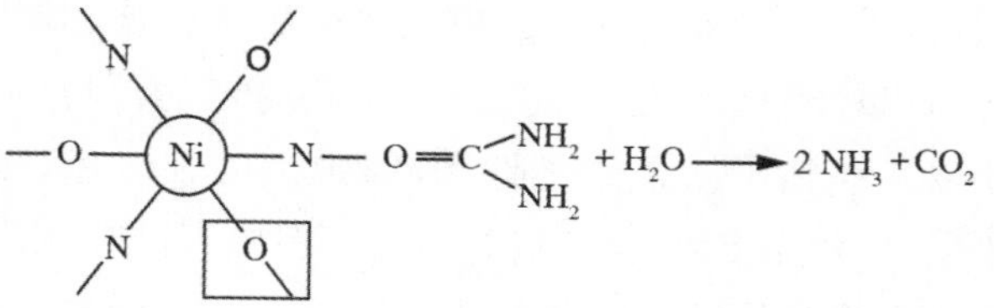

$$O{=}C(NH_2)_2 + H_2O \longrightarrow 2\,NH_3 + CO_2$$

图 7-36 脲酶中镍及尿素的水解反应

2. 镍在氮代谢中的作用

由于镍是脲酶的组成成分，因此镍在高等植物，特别是豆科结瘤植物的氮代谢过程中起着十分重要的作用。在仅以尿素为氮源的情况下，不供镍的植物不仅对尿素的利用能力降低，而且会导致尿素中毒。叶面喷施尿素，如果浓度控制不好，也容易造成尿素中毒。以大豆叶面喷施尿素为例，植物尿素中毒的程度与镍营养有关(表 7-32)。不供镍的大豆叶片脲酶活性低、尿素累积并导致叶尖严重坏死；而供镍处理下，脲酶活性增加、尿素含量降低，尿素中毒症状减轻。

表 7-32 营养液中镍的供应状况对大豆叶面喷施尿素效果的影响

镍供应量/(μg/L)	叶面喷施量(以尿素计)/(mg/叶)	叶尖坏死的百分数(以干重计)/%	尿素浓度(以干重计)/(μg/g)	脲酶活性(NH_3/干重)/[μmol/(h·g))]
0	0	<0.1	64	2.2
	3	5.2	1 038	2.7
	6	13.6	6 099	2.4
100	0	0	0	11.8
	3	2.0	299	11.3
	6	3.5	1 583	9.6

引自：Krogmeier et al.，1991。

3. 镍对种子萌发和产量的影响

供镍不够时，种子萌发率显著降低，植株镍的浓度显著降低，种子产量下降(表 7-33)。

表 7-33 营养液中镍对大麦种子萌发和产量的影响

营养液中镍的浓度/(mmol/L)	种子萌发率/%	植物镍的浓度(以干重计)/(μg/g)	种子质量(干重)/(g/株)
0.0	11.6	7.0	7.3
0.6	56.6	63.8	7.5
1.0	94.0	129.2	8.4

引自：Brown et al.，1987。

四、植物缺镍和镍中毒症状

根据植物对镍的累积程度不同，可分为两类：第一类为镍超累积型，主要是野生植物，镍含量超过 1 000 mg/kg；第二类为镍积累型，其中包括野生的和栽培的植物，紫草科、十字花科、豆科和石竹科。

由于植物正常生长需要的镍很少。迄今为止，仅在美国东南部阳离子交换量低、灌溉差的沙土上生长的美洲山核桃树[*Carya illinoiensis* (Wangh.) K. Koch]发现镍缺乏症状，表现为叶片如老鼠耳朵(鼠耳叶)。叶面喷施镍能显著矫正该症状(图 7-37)。

图 7-37 叶面喷施镍对山核桃树缺镍症状的影响

左：叶面喷施 3.35 g Ni/L 的 $NiSO_4 \cdot 6H_2O$；右：没有喷施镍

(引自：Wood *et al.*，2004)

油菜、番茄、大豆、南瓜生长的营养液如果以尿素做氮源，不添加镍，植株生长受阻，老叶变黄，表现为缺氮症状。豇豆幼苗营养液培养不添加无机氮源，缺镍处理时叶尖黄化、坏死，也表现为缺氮症状(图 7-38)。在石灰性土壤进行的盆栽试验表明,在以尿素为氮源的情况下,镍能够明显地促进植物生长,并且地上部镍浓度(以干重计)可以上升至 15～22 μg/g。

目前,作物镍中毒的研究较多。不同作物对镍中毒的范围也有所不同。对镍敏感的作物,其临界值(以干重计)为＞10 μg/g;中等敏感的作物,其临界值(以干重计)为＞50 μg/g;某些耐镍的作物(如小麦),在施用尿素的条件下,镍中毒的临界值(以干重计)可上升至 63～112 μg/g。镍中毒的症状主要表现为根部生长严重受阻。

施用含镍量较高的污泥容易造成镍中毒。

图 7-38　不同作物缺镍和镍中毒症状

A. 美洲山核桃树缺镍"鼠耳叶";B. 美洲山核桃树(左,缺镍;右,镍正常);C. 固氮植物缺镍叶尖坏死;D. 美洲山核桃树(左,镍正常;右,缺镍);E. 固氮豇豆(左,正常镍;右,缺镍);F. 水稻(从右至左,镍的浓度逐渐增加)

第八节　氯

一、植物体内氯的含量与分布

植物体内氯的含量为 2～20 g/kg，相当于大量元素的浓度范围。但是，大部分植物正常生长发育氯需要量仅为 0.2～0.4 g/kg。植物奢侈吸收的氯离子主要在植物体内离子平衡中起着重要作用，当氯离子浓度降低时，其他阴离子，如硝酸根离子和苹果酸根离子能够完全替代其在离子平衡中的功能。不同植物对氯营养要求差异很大，同一种作物不同品种之间对氯的需求也有较大的差异。一些棕榈科、藜科、百合科等是喜氯植物，而大多数树木、柑橘、蔬菜、豆类和观赏植物(特别是苗期)对氯比较敏感。优质烟草氯浓度应少于 1%，1%～2%燃烧性尚好，2%～3%燃烧性较差，>3%时燃烧性极差。

植物体内氯主要分布在营养器官中，而籽粒中浓度很低。

二、植物对氯的吸收和运输

植物对氯吸收形态是 Cl^-，并且是通过氯酸盐转运子以被动吸收形式进入植物体内。植物中氯酸盐转运子包括氯通道蛋白(chloride channel，ClC)家族[Cl^- 通道和(Cl^-/NO_3^-)/H^+ 反向转运子]和阳离子-氯离子共转运蛋白(cation chloride transporters，CCC)(Na^+：K^+：Cl^-)。在拟南芥中已经分离鉴定了 7 个 *ClC* 基因家族成员，其中 AtClC-b 在根中，AtClC-c 在保卫细胞表达，AtClC-e 位于类囊体膜上，AtClC-f 位于高尔基体小囊泡上，并且所有 AtClC 家族成员均在根和地上部的液泡组织表达，与植物体内 Cl^- 的短距离和长距离运输有关。植物对 Cl^- 的吸收均有奢侈吸收的特性，即体内 Cl^- 的浓度随外界浓度的增加而增加。植物吸收的多余 Cl^- 主要储存在液泡内。氯在植物体内的运输以共质体途径为主，Cl^- 的移动与蒸腾作用有关。

植物除从根部吸收 Cl^- 以外，叶子吸收氯的能力也很强。氯在植物体内也主要以 Cl^- 的形态存在。此外，高等植物还含有 130 多种有机氯化合物。

三、氯的营养功能

1. 参与光合作用

氯作为锰的辅助因子参与水的光解反应，氯的作用位点在光系统Ⅱ。在这个系统中，氯可作为锰和钙离子连接物，调节 Mn4OxCa 簇氧化还原电位，维持氢键网络、活化基质中的水。植物保持光系统Ⅱ水的光解功能实际需要的氯的含量是不知道的，但缺氯似乎也没有首先导致光系统Ⅱ功能的破坏。

$$H_2O \xrightarrow[\text{叶绿体},Mn^{2+},Cl^-]{\text{光}} 2H^+ + 2e^- + 1/2O_2$$

2. 激活 H^+-泵Ⅴ型 ATP 酶

原生质膜上的质子泵是受一价阳离子，尤其是 K^+ 激活的。与原生质膜上的质子泵不同的是，内膜上的质子泵是受阴离子激活的。氯离子对液泡膜上质子泵的激活作用最大，溴离子次之，硝酸根离子只有轻微的激活作用，而硫酸根离子则对液泡膜上的质子泵有抑制作用(表 7-34)。AtClC-d 与Ⅴ型 ATP 酶功能具有密切的联系。AtClC-d 突变体根的生长和细胞伸长受到抑制，该表型与 H^+-ATP 酶功能 RNAi 干涉植株表型一致。缺氯植株根的伸长受到严重抑制可能与氯激发的Ⅴ型 ATP 酶介导的区隔酸化和生长有关。

表 7-34　不同一价盐离子对液泡膜上的质子泵的激活作用

盐离子/(10 mmol/L)	ATPase 的激活作用(相对于对照)/%
无机一价盐离子	10
KCl (对照)	100
NaCl	102
NaBr	87
KNO_3	21
K_2SO_4	3

引自：Mettler et al.，1982。

3. 调节气孔运动

氯在气孔开闭过程中起着非常重要的作用。气孔的开闭是由 K^+ 流启动的，而苹果酸根离子和 Cl^- 作为伴随离子同时进出保卫细胞(图 7-39)。在某些保卫细胞缺乏合成苹果酸功能的植物中(如洋葱)，氯离子对其保卫细胞的调控具有十分重要的作用。棕榈科植物，如椰子(椰子属)和油棕(油棕属)，其叶绿体保卫细胞含有淀粉，也需要氯来维持气孔功能。在椰子气孔张开过程中，流入保卫细胞的钾离子和氯离子具有显著的相关性，反之亦然；缺氯植物气孔张开推迟了约 3 h。缺氯时棕榈树生长受到抑制，叶片出现萎蔫主要是因为缺氯时气孔调节受到影响。氯作为植物吸收的主要阴离子之一，它与阳离子保持电荷平衡，维持细胞内的渗透压，从而调节气孔的开闭，并使叶子直立，延长功能时间。叶子缺氯时便失去膨压而萎蔫。

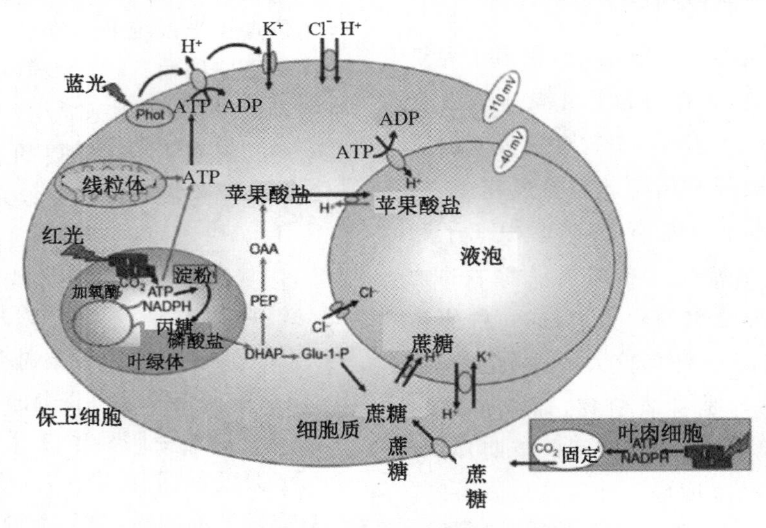

图 7-39 保卫细胞张开可能的渗透调控途径

此外，氯能降低小麦根腐病、颖枯病等的发病率，抑制硝化作用。氯还能激活利用谷氨酰胺为底物的天门冬酰胺合成酶，促进天门冬酰胺和谷氨酸合成。

四、植物缺氯与氯毒害

1. 植物缺氯症状

植物缺氯时根系和地上部生长受到抑制，新叶失绿、早熟型凋萎；根系可能出现鱼骨形态，叶片出现叶斑病，有时呈杯状(图 7-40)。

喜氯作物需氯特别多，在缺氯时较容易出现症状。椰子和油棕等缺氯时，树干增粗明显受阻，叶部出现黄褐色斑点，产量显著下降。甜菜缺氯时叶脉间失绿，透光看时可见到斑点呈镶嵌状，根的发育也受到抑制。番茄缺氯时叶尖萎蔫，接着叶肉失绿，继而发展为青铜色，以后便坏死；坐果率低，果实变小；根细短，侧根少。

植物是否缺氯主要是根据地上部含氯量来判断的。据报道，油棕叶中氯的临界浓度为 0.5%，椰子叶为 0.5%～0.6%。植物对氯营养具有较大的适应范围。例如猕猴桃在外界供氯 350～1 400 μmol/L 的范围内均能正常生长(表 7-35)。

表 7-35 供氯对猕猴桃的生长和幼叶中氯含量的影响

供氯量/(μmol/L)	幼叶中氯浓度(以干重计)/(mg/g)	总干重/(g/株)	叶面积/(m^2/叶)
0	0.7	8	0.17
350	1.5	32	0.41
700	2.1	37	0.50
1 400	4.0	34	0.43

引自：Smith et al.，1987。

2. 植物氯中毒的症状

大田中一般很少发现作物缺氯症状，氯过多倒是生产上的一个问题。

在外界氯浓度过高时，一些对氯敏感的植物会发生氯中毒现象，如马铃薯氯中毒时叶子变厚、卷曲，块茎中水分多而淀粉少、不耐储藏。云杉属也对氯的毒害特别敏感，针叶中氯浓度大于0.3%就产生毒害，其症状是在针叶的尖端出现斑点和变褐。植物氯中毒时叶片还会出现早熟性发黄、脱落，叶缘似烧伤等症状（图7-40）。

从烟草的质量来说，含氯太高造成烟草吸湿性强，有机酸含量降低，燃烧性差；蛋白质的含量增加，吸烟时会产生令人不愉快的气味。烟草又需要少量的Cl^-，如果Cl^-含量低于70 mg/kg，则烟草变脆，易碎，品质亦不佳。

图7-40　不同作物缺氯和氯中毒症状

A. 小麦缺氯；B. 作物缺氯；C. 番茄缺氯；D. 甜菜缺氯；E. 核果类果树（左：氯毒害；右：正常）；F. 梨树氯过量

第七章扩展阅读

复习思考题

1. 简述植物必需微量营养元素的浓度范围、存在形态与器官分布。
2. 微量营养元素主要的生理功能有哪些？
3. 下列症状是由哪种微量元素缺乏导致的？

水稻“矮缩苗”、玉米“白苗病”、油菜“花而不实”、棉花“蕾而不花”、大豆“杯状叶”、花椰菜“鞭尾症”、甜菜“腐心病”、燕麦“灰斑病”、蚕豆“湿斑病”、柑橘“石头果”、柑橘“黄斑叶”、桃树“黄叶病”、梨树“顶枯病”、苹果“梢枯”、果树“小叶病”“簇叶病”等

参考文献

李春俭．2008．高级植物营养学．北京：中国农业大学出版社．

廖红，严小龙．2003．高级植物营养学．北京：科学出版社．

陆景陵．2003．植物营养学（上册）．2版．中国农业大学出版社．

Agarwala，S. C.，Chatterjee，C.，Sharma，P. N.，Sharma，C. P. and Nautiyal，N. 1979. Pollen development in maize plants subjected to molybdenum deficiency. Can. J. Bot. 57，1946-1950.

Ayala，M. B. and Sandmann，G. 1988. The role of Cu in respiration of pea plants and hererotrophically growing *Scenedesmus* cells. Z. Naturforsch. 43c. 438-442.

Barker，A. V. and Pilbeam，D. J. 2015. Handbook of Plant Nutrition（Second edition）：CRC press，

305-564.

Bashir, K., Rasheed, S., Kobayashi, T., Seki ,M., and Nishizawa, N. K. 2016. Regulating subcellular metal homeostasis: The key to crop improvement. Front. Plant Sci. 7, 1192.

Boehle, J. 1969. Micronutrienrs. The Fertilizer Shoe-Nails. Pt. 6. In: The Limelight-Zinc. Fertilizer Solutions 13, 6-12.

Bohnsack, C. W. and Albert, L. S. 1977. Early effects of boron deficiency on indoleacetic acid oxidase levels of squash root tips. Plant Physiol. 59, 1047-1050.

Brown, P. H. and Shelp, B. J. 1997. Boron mobility in plants. Plant Soil , 193, 85-101.

Brown, P. H., Welch, R. M., Cary, E. E. 1987. Nickel: A micronutrient essential for higher plants. Plant Physiol. 85, 801-803.

Cakmak, I., and Marschner H. 1988. Zinc-dependent changes in esr signals, nadph oxidase and plasma membrane permeability in cotton roots. Physiol. Plantarum 73, 182-186.

Dickinson, D. B. 1978. Influence of borate and pentaerythriol concentrations on germination and tube growth of Lilium longiflorum pollen. J. Am. Soc. Hortic. Sci. 103, 413-416.

Dixon, N. E., Gazzola, C., Blakeley, R. L. and Zerner, B. 1975. Jack bean urease (EC 3.5. 1.5). Metalloenzyme. Simple biological role for nickel. J. Am. Chem. Soc. 97, 4131-4133.

Edwards, D. G. and Asher, C. J. 1982. Tolerance of crop and pasture species to manganese toxicity. In Proceedings of the Ninth Plant Nutrition Colloquium, Warwick, England (A. Scaife, ed.), pp. 145-150. Commonw. Agric. Bur., Farnham Royal, Bucks.

Epstein, E. and Bloom, A. 2005. Mineral Nutrition of Plants: Principles and Perspectives, 2nd edition Sinauer Associates Inc. Publishers pp 400.

Havlin, J. L. and Tisdale S. L. 2014. Soil fertility and fertilizers-An introduction to nutrient management (Eight edition): Pearson, 2014.

Hewitt, E. J. and McCready, C. C. 1956. Molybdenum as a plant nutrient. VII. The effects of different molybdenum and nitrogen supplies on yields and composition of tomato plants grown in sand culture. J. Hortic. Sci. 31, 284-290.

Horak, O. 1985. Zur Bedeutung des Nickels fur Fabaceae. I. Vergleichende Untersuchungen uber den Gehalt vegetativer Teile und Samen an Nickel und anderen Elementen. Phyton-Ann. Rei Bota. 25, 135-146

Ishimaru. Y., Suzuki M., Tsukamoto T., Suzuki K., Nakazono M., Kobayashi T., Wada Y., Watanabe S., Matsuhashi S., Takahashi M., Nakanishi H., Mori S. and Nishizawa N. K. 2006. Rice plants take up iron as an Fe^{3+} phytosiderophore and as Fe^{2+}. Plant J. 54, 335-346.

Jeong J., Merkovich A., Clyne M., Connolly E. L. 2017. Directing iron transport in dicots: regulation of iron acquisition and translocation. Curr Opin Plant Biol 39: 106-113.

Johnson, A. D. and Simons, J. G. 1979. Diagnostic indices of zinc deficiency in tropical legumes. J. Plant Nutr. 1, 123-149.

Krogmeier, M. J., McCarty, G. W., Shogren, D. R. and Bremner, J. M. 1991. Effect of nickel deficiency in soybeans on the phytotoxicity of foliar-applied urea. Plant Soil 135, 283-286.

Lawson, T. 2009. Guard cell photosynthesis and stomatal function. New Phytol. 181, 13-34.

Marschner P. 2012. Marschner′s mineral nutrition of higher plants (Third Edition): Elsevier.

Mettler, I. J., Mandala, S. and Taiz, L. 1982. Characterization of in vitro proton pumping by microsomal vesicles isolated from corn coleoptiles. Plant physiol. 70, 1738-1742.

Mortvedt, J. J. 1981. Nitrogen and molybdenum uptake and dry matter relationship in soybeans and forage legumes in response to applied molybdenum on acid soil. J. Plant Nutr. 3, 245-256.

O'Neill, M., Eberhard, S., Albersheim, P. and Darvill, A. 2001. Requirement of borate cross-linking of cell wall rhamnogalacturonan Ⅱ for Arabidopsis growth. Science 294, 846-849.

Olsen, L. I. and Palmgren, M. G. 2014. Many rivers to cross: The journey of zinc from soil to seed. Front. Plant Sci. 5, 30.

Parr, A. J. and Loughman, B. C. 1983. Boron and membrane functions in plants. In Metals and Micronutrients: Uptake and Utilization by Plants (Ann. Proc. Phytochem. Soc. Eur. No. 21; D. A. Robb and W. S. Pierpoint, eds.), pp. 87-107. Academic Press, London.

Pfeffer, H., Dannel, F. and Römheld, Volker. 2001. Boron compartmentation in roots of sunflower plants of different boron status: A study using the stable isotopes 10B and 11B adopting two independent approaches. Physiol. Plantarum 113, 346-351.

Rahimi, A. 1970. Copper deficiency in higher plants. Sonderheft Landwirtschaftliche Forschung.

Rebafka, F. P., Ndunguru, B. J. and Marschner, H. 1993. Single superphosphate depresses molybdenum uptake and limits yield response to phosphorus in groundnut (*Arachis hypogaea* L.) grown on an acid sandy soil in Niger, West Africa. Fertil. Res. 34, 233-242.

Rebafka, F.-P. 1993. Deficiency of phosphorus and molybdenum as major growth limiting factors of pearl millet and groundnut on an acid sandy soil in Niger, West Africa. Ph. D. Thesis University Hohenheim. ISSN 0942-0754.

Robson, A. D., Hartley, R. D. and Jarvis, S. C. 1981. Effect of copper deficiency on phenolic and other constituents of wheat cell walls. New Phytol. 89, 361-373.

Roelfsema, M. R. G., Hedrich, R. 2005. In the light of stomatal opening: new insights into 'the Watergate'. New Phytol. 167, 665-691.

Smith, G. S., Clark, C. J. and Holland, P. T. 1987. Chlorine requirement of kiwifruit (*Actinidia deliciosa*). New Phytol. 106, 71-80.

Takano, J., Miwa, K., Yuan, L. X., von Wiren, N. and Fujiwara, T. 2005. Endocytosis and degradation of BOR1, a boron transporter of *Arabidopsis thaliana*, regulated by boron availability. Proc. Natl. Acad. Sci. U. S. A.. 102, 12276-12281.

Takano, J., Noguchi, K., Yasumori, M., Kobayashi, M., Gajdos, Z., Miwa, K., Hayashi, H., Yoneyama, T. and Fujiwara, T. 2002. Arabidopsis boron transporter for xylem loading. Nature 420, 337-340.

Takano, J., Wada, M., Ludewig, U., Schaaf, G., Wirén, N. and Fujiwara, T. 2006. The Arabidopsis major intrinsic protein NIP5;1 is essential for efficient boron uptake and plant development under boron limitation. Plant Cell 18, 1498-1509

Tsai, H. H. and Schmidt, W. 2017. Mobilization of iron by plant-borne coumarins. Trends Plant Sci. 22, 538-548.

Wood, B. W., Reilly, C. C., Nyczepir, A. P. 2004. Mouse-ear of pecan: A nickel deficiency. HortScience 39, 1238-1242.

Xiong, H. C., Kobayashi, T., Kakei, Y., et al. 2013. Molecular evidence for phytosiderophore-induced improvement of iron nutrition of peanut intercropped with maize in calcareous soil. Plant Cell and Environ. 36, 1888-1902.

Yamaji, N., Sasaki, A., Xia, J. X., Yokosho, K. and Ma, J. F. 2013. A node-based switch for preferential distribution of manganese in rice. Nat. Commun., 4, 2442.

Yusuf, M., Fariduddin, Q., Hayat, S. and Ahmad, A. 2011. Nickel: an overview of uptake, essentiality and toxicity in plants. B. Envion. Contam. Tox. 86, 1-17.

CHAPTER 8

第八章 有益元素

教学要求：

1. 掌握硅元素的营养生理。
2. 了解硅、钠和硒的吸收机制。

扩展阅读：

硅吸收和转运的分子机制；提高植物耐硒性的分子机制

有益元素（beneficial element）是指对某些植物的生长发育具有良好的刺激作用，或者为某些植物种类、在某些特定条件下所必需的元素。但这些并不是所有植物所必需的元素。研究较多的主要包括硅、钠、硒、钴和铝等。根据有益元素和植物生长发育的关系将其分为两种类型：第一种类型是该元素为某些植物种类特定生物反应所必需的，例如钴元素是根瘤菌固氮所必需的。第二种类型是某些植物生长在该元素过剩的特定环境中，经过长期进化而逐渐变成必需的元素，例如，钠、硅分别为甜菜、水稻生长发育所必需。此外，硒、钴等虽然不是植物生长发育所必需的营养元素，但它们是动物所必需的微量元素，因此，在植物体内保持一定的含量对动物营养很重要。

需要指出的是，一些有益元素在植物体内的适宜含量范围较窄，过少了植物无法正常生长，过多则有毒，以至于恶化生态环境，影响人体健康。例如，硒是一种重要的有益元素，其含量超过适宜范围后，会抑制植物生长，对人畜健康有毒，因此适宜的含量是这类元素发挥有益作用的关键。

第一节 硅

一、植物体内硅的含量、分布和形态

(一)含量

土壤中的 Si 含量丰富,Si 元素约占地壳总质量的 28%,仅次于氧。硅在土壤中以不溶性晶体铝硅酸盐形态存在,植物可利用性很低。当土壤溶液 pH 低于 9.0 时,Si 以不带电荷的单硅酸 $Si(OH)_4$ 形态存在,在水中溶解性为～2 mmol/L(图 8-1)。在土壤溶液中,植物可以吸收利用的单硅酸浓度范围为 0.1～0.6 mmol/L,在高 pH(＞7)条件下,土壤中大量的次生氧化物和阴离子的吸附作用导致硅浓度下降。农业生产中施硅是一项常见的管理措施,然而,到目前研究为止,Si 的植物必需性尚未得到证实。其中一个主要的原因是很难将硅从营养液中彻底排除,即使是高纯度水,也可能含有 20 nmol/ L 的硅。

$$nSiO_2 + nH_2O \underset{>2\ \text{mmol/L}}{\overset{<2\ \text{mmol/L}}{\rightleftharpoons}} nSi(OH)_4 \underset{<\text{pH }9}{\overset{>\text{pH }9}{\rightleftharpoons}} n(OH)_3SiO^- + nH^+$$

图 8-1 不同浓度和 pH 时硅的形态

硅酸 $Si(OH)_4$ 和硼酸 $B(OH)_3$ 有类似之处,都是溶于水的弱酸,主要分布在细胞壁上,并且能与细胞壁上的果胶和多酚类化合物结合。与硼不同,硅仅为少数高等植物必需,但对多数植物生长有益。

不同种类植物之间含硅量差异很大,地上部硅浓度变幅范围为 1～100 mg/g Si。在同一生长条件下,水稻地上部硅含量为 3.9%,而鹰嘴豆仅为 0.3%。在高等植物中,根据植物体的含硅量,一般可将栽培植物分为三类(图 8-2):含硅量很高的植物,主要是莎草科、禾本科和凤仙花科,其含硅量高于 4%;含硅量中等(2%～4%)的植物,主要是葫芦科、荨麻目和鸭跖草科;含硅量很低的植物,主要包括豆科植物和其他大部分双子叶植物。研究发现,植物积累硅存在基因型差异,但没有种间差异明显。

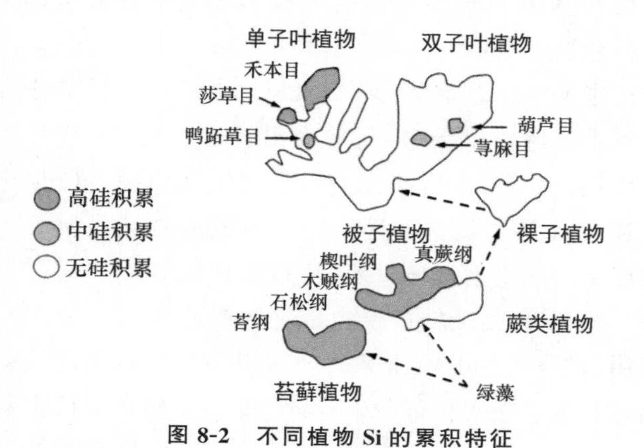

图 8-2 不同植物 Si 的累积特征

(引自:Epstein, 1999)

(二)分布

硅在植物体内呈不均匀分布。按栽培植物体内硅的分布特点,可归纳为 3 种类型。第一类的特点是总含量高,主要分布于地上部,根中累积很少。例如,燕麦根部的硅只占植株总硅量的 2%,地上部的穗、叶和茎硅含量高,可达 95%以上。水稻体内的硅大多分布于地上部。第二类的特点是植株各部分的含硅量都低,根部与地上部的分布大致相等。例如番茄、大葱、萝卜和白菜等。第三类的特点是根中的含硅量明显高于地上部,如绛车轴草,其根中硅含量是地上部的 8 倍。几种常见禾本科植物的含硅量见表 8-1。

从组织水平上看,无定型 SiO_2 的沉积主要发生在细胞壁、细胞间隙或导管内。硅多累积于木栓细胞外的表皮细胞壁中,它不仅进入细胞壁,也进入中胶层。在水稻叶片中,硅集中在表皮、纤维束、维管束鞘与厚壁组织中。在叶片中,硅不仅存在于表皮细胞内,同时还沉积于细胞外,其上覆盖很薄的角质层,形成角质-硅双层结构。草本植物叶片上下表面表皮中有一定数量的硅细胞或者泡状细胞。在茎与叶鞘中,硅主要存在于外表皮、维管束及厚壁组织的细胞壁中;根部的硅则存在于表皮细胞中。在器官与组织间硅分布不均匀的因素主要与器官年龄长短和器官的蒸腾总量有关,年龄越长,蒸腾量越多,硅累积量就多。

传统观点认为,硅在细胞壁的沉积是纯物理的过程,其作用只是保持组织的稳固性(刚性),同时也是病原菌的机械障碍。但也有研究发现,硅在植物体的沉积严格受代谢和发育时间的调控。例如,禾本科植物叶表皮刺毛的细胞壁在从初生壁到次生壁的发育过程中，细胞壁代谢物与硅酸发生作用，硅沉积物的结构由片状变为球状，导致硅酸在成熟细胞壁中大量沉积。这种结构上的变化受细胞壁代谢物和硅酸的交互作用所支配，并导致了大量硅酸在成熟细胞壁中的沉积。

表 8-1 几种植物不同部位硅的含量

植物种类	植株部位	SiO_2 浓度/%(干重)	植物种类	植株部位	SiO_2 浓度/%(干重)
燕麦	根	2.43～3.74	黑麦	根	1.23
	茎秆	4.96		茎秆	1.06～1.76
	籽粒	0.99		籽粒	0.04～0.46
小麦	根	3.11	大麦	芒	4.70
	茎秆	0.60～2.24		茎秆	1.54
	籽粒	0.11～0.16		籽粒	0.42
玉米	根	078	水稻	根	2.74
	叶	2.05		谷壳	8.40
	穗茎	1.83		叶	6.02
	果穗	0.32		茎秆	3.70～5.60
	籽粒	0.04			

(三)形态

植物体内硅的主要沉积形态是无定型硅胶($SiO_2 \cdot nH_2O$，又称蛋白石)和多聚硅酸，其次是胶状硅酸和游离单硅酸[$Si(OH)_4$]。木质部汁液中的硅主要是单硅酸。在高等植物中，硅和糖、蛋白质、纤维素等牢固地结合在一起。植物不同部位硅的形态有差异，根中离子态硅所占比例较高，水稻可达 3.8%～8.0%；叶片中大部分是难溶性硅胶，高达 99%以上。

二、植物对硅的吸收与运输

高等植物主要吸收分子态的单硅酸。不同植物种类吸收硅的能力有显著差异，这与硅的吸收模式相关。植物对硅吸收有三种不同的模式：即主动吸收、被动吸收以及排斥吸收。在绝大多数植物种类中，扩散和通过离子通道的硅的被动吸收占主导作用。在硅高积累和中间型植物的根系中，Si 的主动吸收和被动吸收同时存在，其相对贡献率取决于植物种类和外部硅浓度。据报道，大部分单子叶植物是主动吸收型，如水稻、小麦以及一些莎草科植物。相反，大多数双子叶植物是被动吸收型，而有一些双子叶植物如黄瓜是主动吸收型，一些双子叶植物如番茄和蚕豆会将硅从它们的根部排出。

水稻根细胞包括硅流入转运蛋白和流出转运蛋白，两种硅转运蛋白的特性和极性分布不同，两者在硅吸收过程中相互协调，定向高效吸收和运输硅。Lsi1 是一个硅流入转运蛋白，负责根系从土壤溶液中吸收硅进入根细胞内(图 8-3)。水稻 OsLsi1 是高等植物中第一个被鉴定出来的硅流入转运蛋白。Lsi1 属于类似 *Nod*-26 的主要内在蛋白(NIP)Ⅲ，其属于植物水通道蛋白的一个亚类。*OsLsi1* 在根中组成型表达，且增加硅的供应时其表达量下调 25%。最近研究者提出依据植物是否具有硅透性特征的 NIP-Ⅲ通道作为硅积累和非积累型植物划分的标准。水稻 OsLsi2 是在高等植物中第一个鉴定出来的硅流出转运蛋白。Lsi2 属于一个假定的阴离子通道转运蛋白，与砷流出转运蛋白 ArsB 有一定相似性。Lsi2 的表达模式、在细胞质膜上的位点和 Lsi1 转运蛋白相同。Lsi2 对硅的转运是质子梯度驱动的主动排出过程，可以逆浓度梯度转运硅酸。Lsi1 和 Lsi2 转运蛋白都在硅吸收中有重要的作用，敲掉两者中的任何一个基因都会显著降低硅的吸收量。在水稻根系中，Lsi1 和 Lsi2 转运蛋白在成熟区(>10 mm)的表达要高于根尖，Lsi1 呈极性分布在细胞质膜外域(远极面，distal side)，Lsi2 在细胞质膜的内域(近极面，proximal side)。在水稻中，硅由远极面的 OsLsi1 从外部溶液中吸收后，由外皮层细胞近极面的 OsLsi2 将其释放至通气组织的质外体中；然后由内皮层细胞的 OsLsi1 和 OsLsi2 偶联将硅转运至中柱。从上可以看出，水稻 Si 的短距离运输是偶联跨细胞途径，需要通过外皮层和内皮层的两组 Lsi1～Lsi2，共同参与经过通气组织的硅的高效吸收和转运。

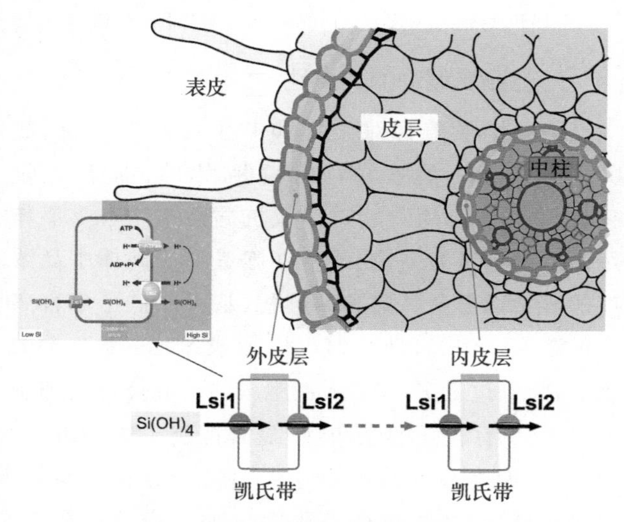

图 8-3　硅在水稻根系中的横向运输途径

（引自：Ma and Yamaji，2015）

在其他作物中也鉴定到了与水稻 Lsi1 和 Lsi2 高度同源的基因，例如大麦（*HvLsi1*/*ZmLsi2*）、玉米（*ZmLsi1*/*ZmLsi2*）等。与水稻不同，大麦和玉米的硅转运蛋白分布在不同的细胞中。HvLsi1/ZmLsi1 极性分布在表皮细胞、皮下细胞以及皮层细胞，并且它们的表达水平不受硅供应的影响，且 HvLsi2/ZmLsi2 在内皮层细胞表达，未显出极性分布。在大麦和玉米中，分布于表皮细胞和皮层细胞远极面的 HvLsi1/ZmLsi1 将硅从外部溶液中吸收，然后经共质体运送至内皮层，并在内皮层由主动流出转运蛋白（HvLsi2 /ZmLsi2）释放至中柱。

硅进入中柱后，通过木质部蒸腾流向地上部运输。根部吸收的硅超过 90％转运到地上部。在水稻中，木质部汁液中的硅含量可高达 20 mmol/L，并且以单硅酸的形态存在。但是这种极高的浓度仅持续片刻，未发生聚合就很快发生转化。这是因为在离体条件下，当硅酸的含量超过 2 mmol/L 时，单硅酸会聚合成二氧化硅胶体 $SiO_2 \cdot H_2O$，聚合硅对细胞产生毒害。相当一部分硅会沉积在木质部导管的细胞壁中，能阻止高蒸腾速率对导管的挤压。

在水稻中，硅转运蛋白 Lsi6 将 Si 从木质部运输到木质部薄壁细胞中，即木质部硅卸载，再进一步转移和运输。Lsi6 是一个硅流入转运蛋白，水稻 *OsLsi6* 与 *Lsi1* 同系。Lsi6 也在叶鞘和叶片上表达。敲除 *Lsi6* 后不影响根系对硅的吸收，但是提高了硅在叶鞘和叶片上的沉积量，并在吐水过程中增加了硅的外排。水稻茎节处有高度发达的维管组织。在水稻生殖生长期，Lsi6 在稻穗下方的第一个节点中高度表达，在硅向穗和叶片的分配中起着重要作用，其主要分布在木质部转移细胞的近极面，朝向扩大型维管束。敲除 *Lsi6* 基因后，硅在稻穗中的积累减少，但在旗叶的积累增加。在大麦和玉米中也鉴别出 *Lsi6*，但其作用机制还不清楚。

由于硅从根系中运输到地上部需要经过木质部，因此硅在地上部以及地上部器官中的分布取决于器官的蒸腾速率。硅转运至地上部后，蒸腾失水后以无定形二氧化硅的形态积累在叶、茎、外壳细胞壁中。叶表皮细胞壁中蛋白石可以形成二氧化硅-角质层的双层，并且沉积在特定的硅化细胞中。当浓度超过 2 mmol/L 时，在不需要能量情况下，硅酸可以聚合形成植硅体。植硅体的比例和位置随植物种类以及植物的年龄而变化。在水稻叶片中观察到硅化细胞和植硅体两种细胞。硅还以硅质体形态存在于泡状细胞、纺锤状细胞、植物表皮刺毛中。

硅在叶片、空心杆、花絮苞片上的细毛、谷类籽粒的沉积会潜在影响人体健康。如虉草属草类和谷子的花序苞片含有锋利而细长的硅质纤维。在我国北方，食道癌发病率与食用谷子有关。在中东地区，癌症发生率与人们食用被虉草污染的小麦有关。

三、硅的营养功能

到目前为止，已证实 Si 是单细胞生物如硅藻中的必需元素。在高等植物中，Si 对喜硅植物可能也是必需元素。大量研究表明，硅能提高植物对各种非生物胁迫和生物胁迫的抗性，且硅对植物生长的促进作用在胁迫条件下更为显著（图 8-4）。

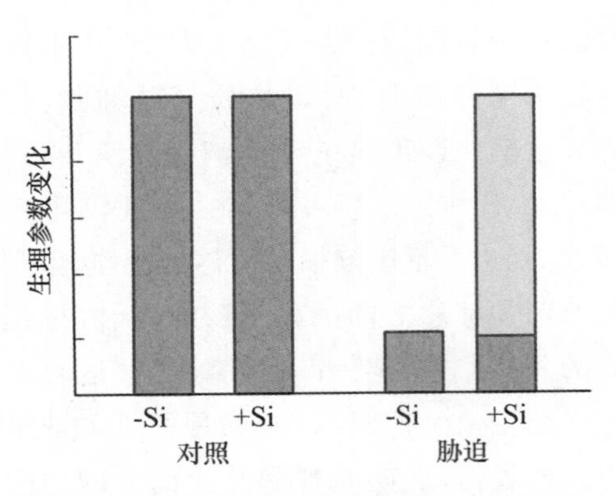

图 8-4 硅对植物生理生化参数影响的示意图

（引自：Coskun et al.，2019）

(一)参与细胞壁的组成

硅在参与组成结构物质时所需要的能量仅仅是合成木质素所需能量的 1/20。硅与植物体内果胶酸、多糖醛酸、糖脂等物质有较高的亲和力，形成稳定性强、溶解度低的单硅酸、双硅酸、多硅酸复合物，并沉积在木质化细胞壁中，增强组织的机械强度与稳固性，抵御病虫害的入侵。例如，硅提高谷类作物对粉霉病、小麦对麦蝇、水稻对茎螟虫的抵抗能力。在高氮条件下，施硅可以增强植株的刚性，减少倒伏性，提高植物对病虫的抗性。

在细胞伸长时，硅还能增加细胞壁的弹性。这是因为硅在初生壁中与果胶质、多酚等细胞壁成分结合形成网状交联结构，提高细胞壁的弹性。例如，在棉花纤维伸长生长的早期阶段，硅含量较高(5 mg Si/g 干物重)。随着纤维素的沉积和次生壁的加厚，硅含量下降。硅对初生壁的作用与硼的功能类似。

(二)影响植物光合作用与蒸腾作用

植物叶片的硅化细胞对于散射光的透过量为绿色细胞的 10 倍。硅化细胞增加了叶片对能量的吸收效率，促进光合作用。在田间条件下，水稻供硅充足时，叶片直立、植株的受光姿态好(表 8-2)，从而间接增加水稻群体的光合作用，并可消除高产栽培中由于大量供氮造成的叶片展开度大而相互遮阴的问题。

硅化物沉淀在细胞壁和角质层之间，能抑制植物的蒸腾，避免强光下过多失水造成萎蔫症状。硅减少蒸腾的作用可促进植物对水分的有效利用。

表 8-2 不同硅、氮肥的用量对水稻花期叶片展开度* 的影响

氮肥/(mg/L)	硅肥(SiO_2)** /(mg/L)		
	0	40	200
5	23°	16°	11°
20	53°	40°	19°
200	77°	69°	22°

* 展开度指叶尖和茎秆之间的夹角；** 硅肥为硅酸钠

(三)提高植物的抗逆性

施硅增强植物对生物和非生物胁迫的抗性。大量研究发现，硅在植物耐锰毒、铝毒、镉毒、过量锌、盐胁迫等非生物胁迫以及抗病性中均有重要作用。以重金属为例，在植物细胞壁和质外体中高浓度的硅可以与金属离子共沉积，从而降低了毒害离子的浓度。例如，硅和锌可以形成 Si-Zn 复合物的沉淀，阻止过量 Zn^{2+} 进入细胞膜内。硅修饰的细胞壁对 Cd^{2+} 有较强的亲和性，显著抑制了镉的毒害。缺硅时，大麦和豆科植物叶片中锰的分布不均匀，以斑状聚集，并在棕色斑周围出现失绿与坏死症。供硅充足时，这些作物对锰的吸收总量不变，但叶片中锰的分布均匀，不出现上述锰毒症状，有利于植物生长(图 8-5)。施硅提高了植物体内抗氧化防御系统，减少活性氧自由基对细胞膜的损害。此外，硅增强了水稻茎和根系通气组织的刚性与体积，有利于氧气的输入，提高了根际的氧化力，减低了根际过量铁和锰的有效性。

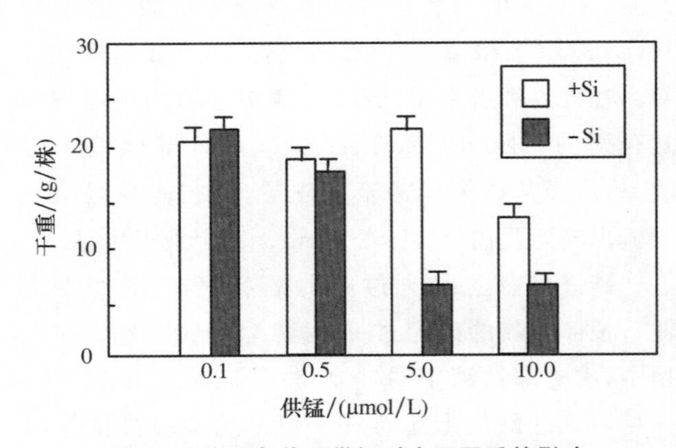

图 8-5 施硅条件下供锰对大豆干重的影响

硅能提高植物抗盐性。施硅抑制了植物根系对钠离子的吸收，同时减少了钠向地上部的转运。高盐时施硅提高了植物对水分吸收利用，增强了植物的光合作用，并激发了植物体内抗氧化防御机

制。在细胞水平上，硅通过影响细胞质膜上的 H^+-ATPase 和液泡膜 H^+-PPase 的活性，改变了细胞质中 K^+/Na^+ 的离子平衡。

施硅能提高大多数作物对病原菌的抗性。在缺硅土壤中，施用硅肥和杀菌剂均能有效地控制水稻稻瘟病（图 8-6）。硅的作用具有广谱性。例如，大麦和小麦白粉病、水稻纹枯病、甘蔗环斑病、豇豆锈病、黑麦草灰斑病等，施硅都有很好的抑病效果。硅提高植物抗病性的作用机制包括物理障碍、生物化学代谢（防御抗性），或两种机制的共同作用。以水稻稻瘟病为例，一方面，硅能加强植物组织的机械强度，作为物理屏障，硅聚合物均匀沉积在角质层下方，形成硅-角质层双层结构，阻止病原菌的侵染；另一方面，在硅聚合物沉积量减少但可溶性硅含量较高时，病原菌的侵染激活了植物系统防御，植物产生酚类化合物和植物毒素物质、提高了过氧化物酶、多酚氧化酶和几丁质酶等的活性，进而抑制病原菌的侵染。研究还发现，施硅提高了与植物防御相关基因的表达，包括与信号传导通路（JA、SA 和乙烯）相关的基因，但其作用机制还不清楚。

最近研究者提出了硅提高植物抗逆性的质外体阻碍假说（apoplastic obstruction hypothesis），该假说认为质外体中无定型硅的沉积干扰了系列的生物过程，从而提高了植物的抗性。

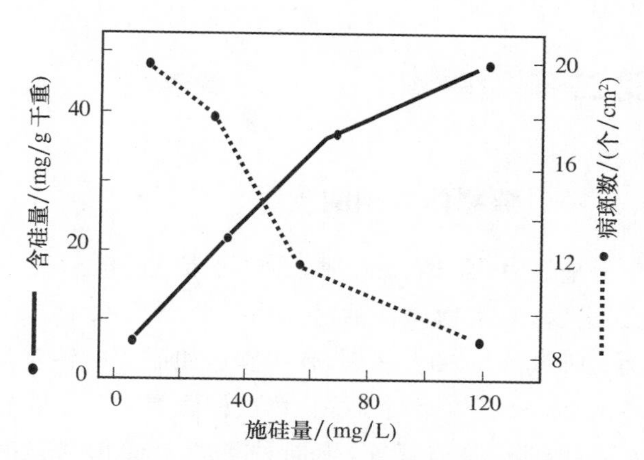

图 8-6　水稻叶片含硅量及其对稻瘟病感染性的影响

四、植物对硅的需求和缺硅的反应

水稻是典型的硅累积植物，缺硅后，水稻营养生长与籽粒产量都明显下降。如果体内硅不足，而铁、锰稍高时，叶片出现褐斑点，与缺钾、缺锌的“赤枯病”斑类似。缺硅对水稻生殖生长的影响更为明显（表 8-3）。由表中可以看出，生殖生长阶段供硅可以增加籽粒产量。在此阶段，如果供硅不足或者不供应 Si，尽管营养生长阶段供硅，水稻的籽粒产量也显著降低。这些结果，表明硅是水稻生长所必需的，但至今仍未证明硅是水稻完成生命周期所必需的。

表 8-3　在不同生育阶段供硅对水稻生长与产量的影响

营养生长阶段	－Si	＋Si*	－Si	＋Si
生殖生长阶段**	＋Si	－Si	＋Si	＋Si
SiO_2 浓度/%（地上部干重）	0.05	2.2	6.9	10.4
干重/(g/盆)				
根	4.0	4.3	4.2	4.7
茎	23.5	26.5	31.0	33.6
籽粒	5.3	6.6	10.3	10.3

* ＋Si：100 mg/L SiO_2；** 抽穗开始

甘蔗也是一种硅累积型的植物，对硅的需求较大。在田间条件下，达到最佳产量时，叶片中的 SiO_2 至少应占干物重的 1%～2.1%。当叶片中硅下降到 0.25%时，产量下降近一半，同时表现出典型的缺素症状——叶雀斑（leaf freckling）。硅的供应水平影响黄瓜、番茄、大豆、草莓生长发育，停止供硅不仅使产量急剧下降，而且会引起新生叶畸形、萎蔫、早衰、叶片黄化、花粉活力受到破坏、花药退化，出现花而不孕等症状。

第二节 钠

一、植物体内钠的含量

地壳中含钠量(约 2.8%)接近于含钾量(2.6%),但植物体含钠量约为干物重的 0.1%,仅为含钾量的 1/10。然而,有些作物如甜菜的钠含量可达 3%~4%,相当于植物体内钾含量。牧草含钠量直接影响动物营养,不同种类牧草的钠含量在 20~2 000 mg/kg。不同植物种类和不同基因型植物在钠的吸收和钠向地上部的转运上存在很大的差异。据此将植物分为喜钠(Natrophilic)植物和厌钠(Natrophobic)两种类型。典型的喜钠植物有甜菜、澳洲囊状盐蓬(*Atriplex vesicaria*)、三色苋(*Amaranthus tricolor*)和滨藜等,这些植物在缺钠时出现典型的缺素症状。然而,许多栽培作物在钠多时会出现毒害现象。喜钠植物主要包括藜科、白花丹科、菊科和瞿麦科植物,这些植物体内含钠量显著高于含钾量。例如,生长在滨海沙土上的海蓬子,NaCl 的含量可达 30%。

在温带地区土壤溶液中,钠离子的浓度平均为 0.1~1 mmol/L,约等于或高于 K^+ 的浓度。在干旱和半干旱地区,尤其在灌溉条件下,土壤溶液中 Na^+ 浓度可达到 50~100 mmol/L,对大多数作物生长有害。在全球范围内,大约 30%的灌溉作物和 7%的旱地作物遭受盐胁迫。

二、植物对钠的吸收和转运

Na^+ 的水合半径为 0.358 nm,与 K^+(水合半径 0.331 nm)接近。绝大多数高等植物对 K^+ 和 Na^+ 进行选择性吸收,尤其是在钠向地上部的转运上。与钾离子相比,细胞质中高浓度的钠离子会干扰细胞进行正常的生理代谢。因此,质膜对钠离子具有较高的选择性,需要严格控制钠离子的流入量以及流出量,维持一定的 K^+/Na^+ 比。目前报道的植物体内负责 Na^+ 吸收的转运蛋白,在大多数情况下同时介导 K^+ 和 Na^+ 的吸收过程。这些转运蛋白包括 CNGCs 型、KUP/HAK/KT 型、HKT 型、NHX 型和 SOS1 型转运蛋白等。

环核苷酸门控离子通道(Cyclic nucleotidegated channels,CNGCs)为非选择性阳离子通道,负责钠离子的流入。KUP/HAK/KT 家族属于高亲和 K^+ 转运蛋白。在盐胁迫下,植物因过量积累 Na^+ 而导致 K^+ 吸收不足,降低了 K^+/Na^+ 比值,植物通过调节 K^+ 的转运来提高植物的耐盐性。HKT 家族中一些 HKT1 型转运蛋白属于 Na^+ 特异性的低亲和转运蛋白,介导 Na^+ 在根系木质部的卸载和 Na^+ 在叶片的外排。如 AtHKT1 在拟南芥根系木质部薄壁细胞中表达,将 Na^+ 从木质部汁液中移出,从而降低了叶片中钠的含量。目前仅在禾本科植物发现 HKT2 型转运蛋白,其为 K^+-Na^+ 的共转运或者 K^+/Na^+ 的单一转运蛋白,可通过提高细胞对钾的吸收缓解钠的毒害作用。

NHX 型(Na^+/H^+)属于阳离子反向转运蛋白(Cation:Proton antiporter-1,CPA1)的亚家族,位于细胞内膜上,利用 Na^+/H^+ 反向共运输将 Na^+ 区隔化到液泡中,从而降低了细胞质中钠离子浓度,具有调节细胞内 pH 和维持细胞内离子稳态等多种功能,在提高植物的抗盐性中有重要作用。*AtNHX1* 基因是植物中最早克隆的编码液泡膜 Na^+/H^+ 反向转运蛋白的基因。

在筛选对盐超敏感的突变体时,在细胞质膜上发现 Na^+/H^+ 反向转运蛋白,又称盐超敏感运输体(Salt overly sensitive,SOS1)。SOS1 负责将细胞质中的钠离子排出到膜外,以维持膜内的低钠离子浓度。目前已在拟南芥、小麦、水稻和番茄等植物上发现了该转运蛋白。此外,SOS1 还负责钠的长距离运输。中等盐胁迫时,SOS1 将 Na^+ 排入蒸腾流中,之后将钠运输到叶细胞的液泡内进行储存,调节细胞渗透压,有利于植物生长。该途径可以降低根系中钠离子的浓度,起到稀释作用。

三、钠的营养功能

(一)刺激植物生长

在 1965 年,P. F. Brownell 提出了钠是盐土植物澳洲囊状盐蓬的必需矿质元素。在营养液中供应本底钠水平时(<0.1 μmol/L Na^+),植物无法正

常生长，表现出失绿或坏死症状（表 8-4）。尽管植株体内钾含量很高，但钾不能替代钠的作用。随着供钠水平的提高，植株叶片含钠量升高，在最高 Na^+ 供应浓度时，植株含钠量具有大量营养元素的特征，可能与钾的一些功能如渗透调节有关。进一步的研究发现，钠是具有 C4 光合途径和 CAM 途径植物的必需元素。缺钠时，C4 植物生长不良，叶片失绿和坏死，甚至不能成花。然而，现已证实，钠并非所有 C4 植物所必需的。例如，厌钠植物玉米和甘蔗的生长速率在供钠和不供钠时差异不显著。对某些 C4 植物如苋科、藜科、莎草科来说，钠是必需的矿质元素，植物需求量相当于微量元素含量范围。对于所有 C3 植物，钠不是必需元素。

基质中高盐浓度（10～100 mmol/L）促进了盐生植物的生长，此时钠是作为一种渗透调节物质调节植物渗透压，以适应高盐环境，钠在这方面的作用比钾更为明显。

表 8-4　不同钠供应浓度对澳洲囊状盐蓬植株干重和叶片中钠和钾含量的影响

钠供应浓度/(mmol/L)	干重/(mg/4 株)	叶片养分含量/(mmol/kg 干重)	
		Na	K
0	86	10	2 834
0.02	398	48	4 450
0.04	581	78	2 504
0.20	771	296	2 225
1.20	1 101	1 129	1 688

营养液中钾离子浓度为 6 mmol/L；引自：Brownell，1965。

C4 植物光合途径的一个特点是光合代谢产物在叶肉细胞和维管束鞘细胞之间的梯度扩散驱动 C4 循环的运转（图 8-7）。当环境中 CO_2 浓度低时，供钠提高了 C4 植物三色苋维管束鞘细胞中 CO_2 的浓度，促进了植物生长，而缺钠时植物生长受抑，叶片失绿（图 8-6）。在 CO_2 浓度升高后，钠的作用逐渐减弱或消失。研究发现，缺钠时三色苋叶肉细胞叶绿体中丙酮酸向磷酸烯醇式丙酮酸（PEP）的转化受到抑制，导致 C3 代谢产物丙氨酸和丙酮酸的累积，而 C4 代谢产物 PEP、苹果酸及天冬氨酸含量下降（表 8-5），进而导致维管束鞘细胞中 CO_2 浓度下降，影响光合作用的进行。与此相反，C3 植物如番茄则不受 CO_2 浓度和钠供应的影响，代谢物的含量也不发生变化。研究还发现，缺钠时 C4 植物叶肉细胞叶绿体结构发生改变，PSII 的活性下降，而维管束鞘细胞则不受影响。缺钠的这些反应在重新供钠 3 天后得到恢复。关于钠影响 C4 植物叶肉细胞叶绿体结构和代谢过程的具体机制仍需进一步深入研究。

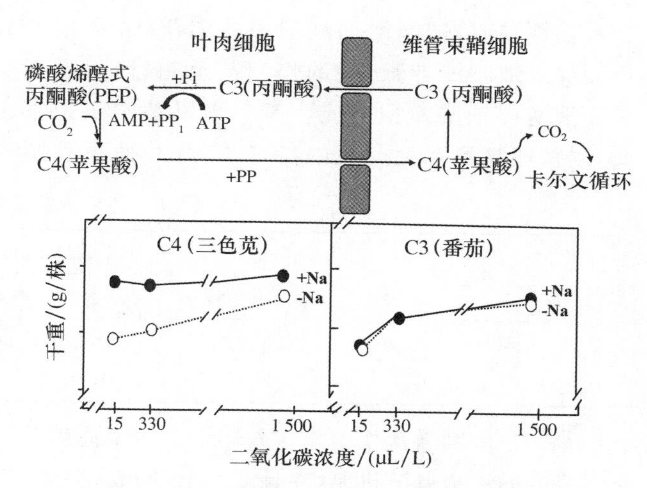

图 8-7　不同二氧化碳浓度下供钠和不供钠对三色苋和番茄生长的影响

（引自：Johnston et al.，1984）

研究发现，钠对 C4 植物叶肉细胞叶绿体的影响与植物种类有关。利用稷（*Panicum miliaceum*）的离体叶绿体试验发现，在受光刺激的钠外流泵的驱动下，Na^+ 以钠/丙酮酸共运输方式跨类囊体膜进入叶绿体基质。然而，在玉米和高粱等 NADP-ME（苹果酸-NADP-苹果酸酶）型的 C4 植物中，以 H^+/丙酮酸形式进行，表明钠对 C4 植物代谢的影响因植物种类而异。

由于 C4 植物叶肉细胞是捕获二氧化碳和同化硝酸盐的共同场所，钠的供应水平会影响其对硝酸盐的吸收。缺钠时三色苋叶片中硝酸还原酶活性很低，导致植物缺氮而影响光合作用，供钠后其活性迅速恢复。

表 8-5　供钠(0.1 mmol/L)与不供钠条件下三色苋和番茄地上部光合代谢产物的浓度

代谢物浓度/(μmol/g 鲜重)	三色苋		番茄	
	−Na	+Na	−Na	+Na
丙氨酸	13.1	6.0	2.5	2.6
丙酮酸	1.7	0.9	0.1	0.1
磷酸烯醇式丙酮酸	0.9	2.3	0.2	0.2
苹果酸	2.7	4.8	11.3	11.3
天冬氨酸	1.6	3.7	1.9	1.9

引自：Johnston et al.，1988。

(二)调节渗透压和水分平衡

与钾类似，钠能增加液泡中的溶质势，产生膨压而促进细胞的伸长，钠的作用甚至超过钾，主要是在液泡中钠的累积优先于钾。当以钠累积为主时，耐盐植物形态上变化的特征是：叶片面积和厚度、单位叶面积储水量和肉质性都有所增加，呈现多汁性（表 8-6）。例如，高钠低钾对甜菜生长的促进作用主要与叶面积增大有关。同时，钠的供应还能增加单位叶面积的气孔数。

表 8-6　钾和钠供应对甜菜叶片性状的影响

处理/mmol	叶片干重	养分含量/(mmol/g 干重)		面积/cm^2	叶厚度/μm	肉质性(H_2O)/(g/dm^2)
		K^+	Na^+			
$5K^+$	7.9	2.67	0.03	233	274	3.07
$0.25\ K^+ + 4.75\ Na^+$	9.7	0.43	2.45	302	319	3.71

高钠供应刺激盐生植物生长的一个主要原因是通过良好的渗透调节机制，并且在水分胁迫条件下，这种变化可以减缓植物叶片水势的进一步降低，有利于缓解干旱胁迫。在水分供应有限或者介质中水的有效性突然降低时，供钠甜菜植株比供钾的植物气孔关闭快，而当水分胁迫解除后，供钠植物的气孔开放的晚(图 8-8)。由于钠对气孔的这种调节作用，维持了叶片水势，改善了植物的水分平衡。即使在干旱或在盐土条件下，供钠植株叶片的相对含水量也仍然保持在较高的水平上，具有明显的抗旱功能。

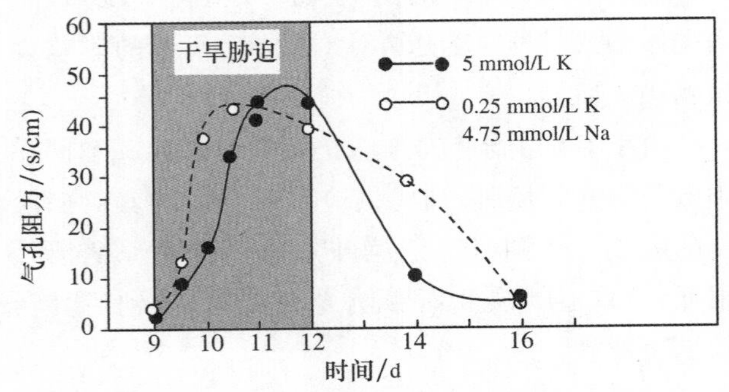

图 8-8　短时间干旱胁迫对甜菜叶片气孔阻力的影响

(水分胁迫：添加甘露糖醇，水势降至 −0.75 MPa；引自：Hampe and Marschner，1982)

(三)钠替代钾行驶营养功能的作用

某些植物在供钾不足时，钠可以在一定程度上替代钾的功能。无论是喜钠植物还是厌钠植物，保持一定的 K^+/Na^+ 有利于维持细胞质中酶的活性，保证细胞的正常代谢。钠取代钾的程度因植物种类而异。根据不同植物种类对钠的反应不同、以及钠和钾之间的互换关系，可将植物大致分为以下 4 类(图 8-9)。

Ⅰ：钠可替代植物体内大部分钾，且对植物的生长有明显刺激作用，且钠的这种作用是钾所不能替代的。属于这一类的植物有糖用甜菜、食用甜菜、萝卜、芜菁和许多 C4 草本植物。

Ⅱ：钠可替代植物体内少量钾，对植物生长有一定的刺激作用。例如甘蓝、棉花、萝卜、豌豆、菠菜、亚麻、小麦。

Ⅲ：钠可替代植物体内极少量钾，钠对植物生长无明显的刺激作用。例如狗尾草属、水稻、大麦、燕麦、番茄、马铃薯、黑麦草等。

Ⅳ：钠完全不能替代植物体内钾。例如玉米、黑麦、大豆、莱豆、莴苣等。

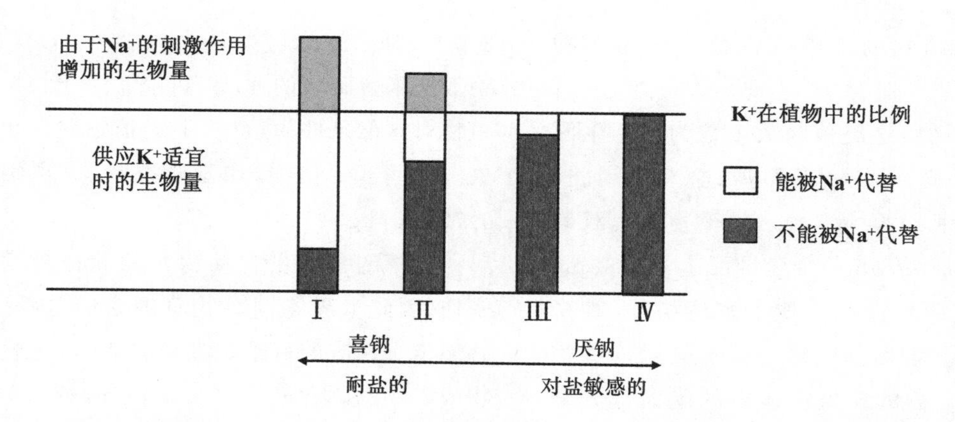

图 8-9 不同作物种类中 Na^+ 对 K^+ 的替代程度以及 Na^+ 刺激植物生长所增加生物量的示意图

Ⅰ类植物多为喜钠植物。钠对这些植物生长的效益与植物体对钠的吸收和钠向地上部运输有关。在甜菜中，钠从根系运输到地上部后，能替代绝大多数钾的作用。高钠时，喜钠植物将钠储存在叶片细胞的液泡中，起渗透调节作用。需要注意的是，即使是喜钠植物，钠对钾的替代也主要发生在液泡中，在细胞质中钠替代钾的程度有限。绝大多数农作物均为厌钠植物（Ⅲ和Ⅳ类），耐盐性较低。

在细胞水平上，钠对钾的替代会影响酶的活性，尤其是对钾敏感的酶的活性。以淀粉酶为例，该酶参与催化 ADP-葡萄糖转化为淀粉，钾对淀粉合成酶的激活作用是钠的 4 倍。因此，在钾被钠替代后，植株叶片中的淀粉含量降低，而可溶性碳水化合物，尤其是蔗糖和麦芽糖的含量较高，有利于叶组织细胞的伸展。此外，钠还能刺激糖用甜菜储藏根细胞液泡膜上 ATP 酶的活性，促进蔗糖在储藏根中的积累。

四、钠肥的施用

通常在以下三种情况下施用钠肥可能得到很好的效果：①喜钠植物；②当土壤有效性钾或钠水平低，或二者有效性都低的土壤；③降雨无规律或生长季节中有暂时干旱的地区，或二者都存在的地区。

当向喜钠植物施肥时可以考虑用钠肥取代钾肥的潜力。在叶片钠含量较高时，意大利黑麦草最适宜生长所需的钾含量，由叶片干重的 35 g/kg 下降到 8 g/kg，罗得草由 27 g/kg 下降至 5 g/kg；莴苣由 43 g/kg 降至 10 g/kg。

饲料和牧草中钠是动物钠营养的一个重要来源。产乳母牛要求牧草含钠量约在 2 g/kg，该含量超过了喜钠植物钠含量的平均值。同时，牧草中钾的含量较高，甚至超过了动物营养对钾的需求，因此对牧草施用钠肥是一项重要的管理措施。钠肥通常施用在喜钠植物占比高的牧场或草地上。在牧草植物中，黑麦草和鸭茅草是喜钠植物，猫尾草和狼尾草则是厌钠植物。施用钠肥能促进黑麦草生长，提高其营养品质。

第三节 硒

一、植物体内硒的含量、分布和形态

（一）含量

硒的化学性质和硫相似，环境中硒以多种价态形式存在，包括－2 价（硒化物 Se^{2-}）、0 价（元素硒）、＋4 价（亚硒酸盐 SeO_3^{2-}）、＋6 价（硒酸盐 SeO_4^{2-}）的硒。土壤中硒的含量很低（0.01～2 mg/kg），高硒土壤（硒土）中的 Se 含量高于＞10 mg/kg。土壤 pH 和电化学势影响硒在土壤中的形态。在碱性和强氧化性土壤（pe＋pH＞15）中硒的形态主要为硒酸盐，在排水良好的酸性和中性土壤中（7.5＜pe＋pH＜15），硒的形态主要为亚硒酸盐。

不同植物种类的含硒量存在很大差异，变化范围由每千克几千微克到每千克几千毫克。不同国家地区同一作物含硒量也差别很大，同样，同种植物不同基因型之间含硒量变异很大。Trelease 和

Beath(1949)根据植物的含硒量将植物分为3种类型：

硒高累积型植物：这类植物大多数为多年生深根植物，主要包括黄芪属、剑莎草属、金鸡菊属、长药芥属中的某些种，含硒量>0.1%干物重。双钩黄芪(*Astragalus bisulcatus*)硒含量可达15 000 mg Se/kg。生长在富硒地区的土壤上富硒植物，牲畜食用后易发生眩晕症或急性硒中毒。硒对这些植物的生长似乎是必需的。植物体内的绝大部分硒以甲基硒代半胱氨酸(Methyl-SeCys)和甲基硒代蛋氨酸(SeMet)形态存在。Methyl-SeCys不形成蛋白质，这可能是其耐硒的一个原因。累积型植物可以作为硒毒区的指示植物。

硒亚累积型植物：主要包括紫菀属、滨藜属、扁萼花属和黏胶葡属中的一些植物种，植物体内含硒量为0.01%～0.1%。大部分以无机硒存在，少部分为有机硒。

硒非累积型植物：主要包括大多数食用植物、一部分杂草和禾本科植物。植物体内含硒量低于<0.01%，在植物体内硒主要与蛋白质结合，以有机态形式存在。

绝大多数粮食作物和其他食用植物的含硒量一般都比较低。在食用植物中，含硒量变化的大致趋势是油料作物>豆类>粮食>蔬菜>水果，其中，蘑菇含硒量高，其含量有时可以达到一般高等植物的1 000倍。

(二)分布

植物体的含硒量常因器官、部位、生育时期的不同而有变化。以硒高累积型植物为例，在营养生长阶段，硒主要积累在新叶中，而在生殖生长阶段，叶片中硒的含量急剧下降，硒主要累积在籽粒中。在硒非累积植物体内，谷物成熟时籽粒和根系中硒含量相当，而茎叶中硒的含量很低。

就土壤条件而言，我国东南部的红黄壤、西北部的草原与荒漠土上，主要粮食作物的平均含硒量>0.02 mg/kg；中部的棕褐土上，粮食作物平均含硒<0.02 mg/kg；富硒地区土壤上生长的作物，其含硒量可以超出正常范围，如湖北省的恩施和陕西省的紫阳是两个富硒地区，马铃薯含硒量高达2.0 mg/kg；玉米含硒量为0.24～37.5 mg/kg，是一般玉米含硒量的45～50倍。由于长期以来某些植物对富硒条件的适应，上述植物并未出现中毒现象。一些富硒植物，如富硒茶叶，其含硒量可达到0.70 mg/kg。

牧草的含硒量与动物营养和畜群健康的关系密切，因此世界各国对牧草的含硒量都十分重视，并制定了相应的标准。在美国，不少地区的饲用植物或谷物的硒含量常常<0.05 mg/kg，为了预防反刍动物因缺硒而发生“白肌病”(white muscle disease)，有关部门要求饲料的含硒量必须达到0.05～0.10 mg/kg的范围。

(三)形态

植物体内的硒以3种形态存在，即无机态、有机态和挥发态。

无机硒：在自然生长条件下，植物体内所有无机态硒几乎完全是SeO_4^{2-}，只有少量的SeO_3^{2-}和元素硒。植物体内无机硒大约占全硒量的10%～15%。

有机态硒：植物体内硒主要以有机态存在，约占总量的80%以上，绝大部分以含硒氨基酸存在。目前在生物体内(包括植物、动物和微生物)发现了许多重要的有机硒化合物，如硒代蛋氨酸、硒代半胱氨酸、硒代高胱氨酸、硒-甲基硒代半胱氨酸等。在硒高累积型植物中，含硒氨基酸进一步转化为非蛋白质氨基酸，而在硒非累积型植物中则参与蛋白质的合成。除硒蛋白外，植物中少量有机硒还能以RNA、多糖果胶、多酚等结合态存在。

挥发态硒：植物体内挥发性气态硒化合物所占的比例很小，约占植物全硒量的0.3%～7%，其中硒累积型植物中挥发态硒所占的比例较大，非硒累积型植物中较小。目前发现的挥发性硒化合物，主要包括二甲基二硒化物、二甲基一硒化物、二甲基硒(代)砜和二乙基硒等。一般在午后，气态硒化合物的释放达到高峰。在农产品的储存过程中，也有少量的挥发性气态硒释放造成硒的损失。据报道，大麦、玉米储存3～5年后，硒损失量达4%～73%。食物在烘干和煮食过程中，也有少量硒损失。由于植物体内气态硒本身的量很少，以气态硒挥发损失的数量占比极低。

不同植物组织中硒的形态与植物种类和硒的供应有关。例如，在供应硒酸盐时，印度芥菜中的硒主要是硒酸盐，而在供应亚硒酸时，主要是硒代蛋氨酸和硒代甲硫氧化硒。在硒富集蔬菜如葱、蒜、洋葱和花叶菜中，硒-甲基硒代半胱氨酸是主要形式，占总硒量约50%。在绝大多数谷物（如小麦、大麦、燕麦等）体内，硒的形态主要为硒代蛋氨酸，占总硒量的60%～80%。

二、植物对硒的吸收和运输

植物可以通过根系从土壤中吸收无机态的硒，也可以通过叶片吸收大气中的硒。根系吸收的硒主要是硒酸盐（SeO_4^{2-}）和亚硒酸盐（SeO_3^{2-}），但对两种形态硒的吸收过程存在差异。根系对SeO_4^{2-}的吸收易于SeO_3^{2-}，且SeO_4^{2-}在植物体内能快速由根系向地上部转运。

在营养培养条件下，White等（2007）比较了39种植物对硒酸盐和硫酸盐的吸收量，发现在37种硒非累积型植物中，叶片硫浓度和硒浓度显著正相关（图8-10），表明硒酸盐和硫酸盐的吸收密切相关。然而，在两种硒累积十字花科植物叶片中硒浓度高于硫浓度，表明其对硒酸盐的吸收可能存在选择性。同样，硒高累积型植物对硒的选择性更高。SeO_4^{2-}与SO_4^{2-}有相似的化学性质，两者竞争根细胞膜上的结合位点，硫酸盐供应显著抑制硒酸盐的吸收。在土壤溶液中，由于硒酸盐浓度远低于硫酸盐，因此其对硫酸盐吸收的抑制程度低于其在营养液条件下的作用。研究发现，根系高亲和性的硫酸盐转运蛋白参与硒酸盐的吸收过程。在拟南芥上发现AtSultr1;2主要负责硒酸盐的吸收，*AtSultr1;2*突变体的耐硒性高于野生型和*AtSultr1;1*突变体，且双突变体的耐硒性最高。*Sultr1;2*位于根尖、皮层和侧根上，缺硫上调其表达量，可促进硒酸盐的吸收。

亚硒酸盐的生物有效性远低于硒酸盐，这是由于土壤中氧化铁/氢氧化铁对亚硒酸盐强烈吸附造成的。亚硒酸盐可能以被动扩散或者以主动吸收的方式进入根细胞。研究发现，供磷量增加10倍后，黑麦草和草莓三叶草（*Trifolium fragiferrum* L.）对亚硒酸的吸收量下降幅度达50%，表明高磷抑制了植物对亚硒酸盐的吸收。分子证据进一步表明，磷酸盐转运蛋白参与根系对亚硒酸盐吸收。缺磷时，水稻磷酸盐转运蛋白OsPT2表达量上调，植株体内亚硒酸盐的吸收量和籽粒中的硒含量升高。在酸性条件下（pH<4），硒主要以亚硒酸（H_2SeO_3）形态通过水通道蛋白OsNIP2;1被水稻吸收。

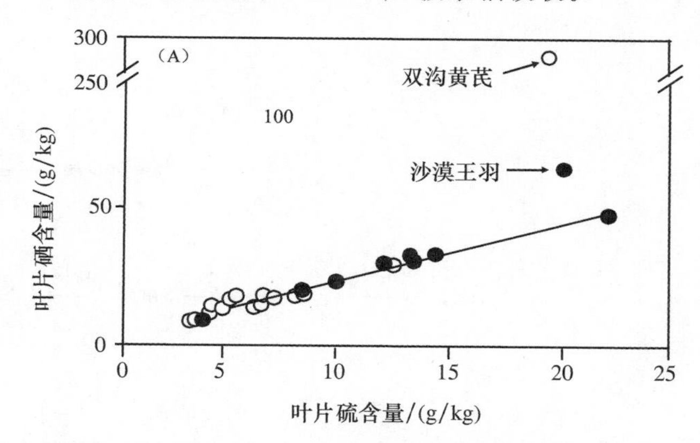

图8-10 营养液供应0.91 mmol/L硫酸盐和0.63 μmol/L硒酸盐时39种植物叶片硫和硒的浓度相关性图形中线条上的黑色实圈为十字花科植物（引自：White et al.，2007）

硒由根系向地上部的运输与硒的形态有关。SeO_4^{2-}比SeO_3^{2-}更易向地上部运输，到达叶绿体中进行硒酸盐的进一步同化；而亚硒酸在植物根部很快就被同化成含硒的氨基酸，主要以硒代氨基酸的形式向地上部运输。在木质部汁液中硒主要以硒酸盐形态为主。

硒在植物体内的同化途径与硫有相似之处，即需要先经过还原作用，再同化为硒代半胱氨酸和硒代蛋氨酸（图8-11）。在此途径中，硒酸盐先被ATP硫酸化酶（ATP sulfurylase，APS）活化成5′-磷硒酸腺苷（Adenosine 5′-phosphoselenate，APSe），然后被磷硫酸腺苷（APS）还原酶还原成亚硒酸盐。硒酸盐活化是硒酸盐还原的限速步骤。亚硫酸还原酶或还原性谷胱甘肽通过非酶促反应将亚硒酸盐进一步还原为硒化物（Selenide，Se^{2-}），在半胱氨酸合成酶复合体催化作用下，硒化物被同化成硒代半胱氨酸，然后通过蛋氨酸生物合成途径进一步被同化为硒代蛋氨酸。为降低硒对含硫蛋白质的负效应，富硒植物将硒代半胱氨酸通过甲基化后进一步转化为硒-甲基半胱氨酸和谷氨酰-硒代-甲基硒代半胱氨酸（γ-glutamyl-Se-methylselenocysteine）等非蛋白氨基酸，这可能是硒高累积型植物富集硒的一种机制。在非累积型植物中，硒主要以氨基酸形式合成蛋白质充当酶蛋白。

与植物硫的代谢相似，植物地上部可以释放挥发性硒代谢产物，主要包括二甲基硒(DMSe)和二甲基二硒醚(DMDSe)。DMSe 的前体是甲基硒代蛋氨酸，DMDSe 的前体是甲基硫代半胱氨酸。研究发现，在供应 20 μmol/L 硒酸盐时，水稻、花椰菜、卷心菜硒的挥发量为 200～350 μg/(m²·d)，而甜菜、生菜和洋葱低于 15μg/(m²·d)。硫的供应影响挥发性硒的释放，高硫抑制了硒的挥发。

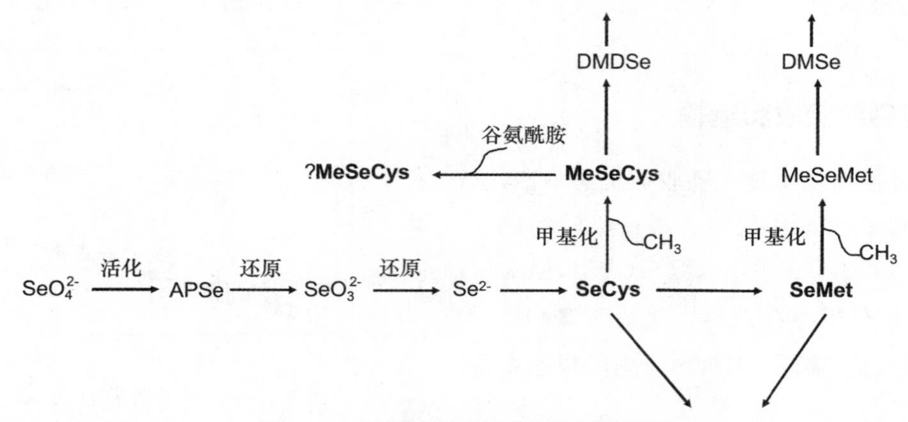

图 8-11　植物体内硒同化和代谢概略图

粗体化合物代表植物体中常见有机硒。缩写：APSe，腺苷 5′-磷酸硒酸酯；SeCys，硒代半胱氨酸；SeMet，硒代甲硫氨酸；MeSeCys，硒-甲基硒代半胱氨酸；γ-MeSeCys，γ-谷氨酰胺-硒-甲基硒代半胱氨酸；MeSeMet，甲基硒代甲硫氨酸；DMDSe，二甲基二硒醚；DMSe，二甲基硒。引自：Terry et al.，2000。

三、硒的营养功能

(一)刺激植物生长

低浓度的硒(0.001～0.05 mg/kg)可不同程度地促进百合科、十字花科、豆科、禾本科等一些植物的种子萌发和幼苗生长，主要原因是硒促进植物的光合作用，提高叶片中叶绿素的含量和可溶性蛋白质的含量。研究表明，喷施适当浓度的亚硒酸钠时，小麦、玉米、大豆均能增产，其中小麦、玉米可增产 13%～25%。富硒玉米籽粒中的硒以有机结合态硒为主，占总硒比例接近 90%，且蛋白质硒含量较高。

(二)增强植物体的抗氧化作用

植物受到环境胁迫时，体内氧自由基等活性氧物质增多。硒影响植物体内抗氧化物质的形成。通常，生物体内存在两种清除有害活性氧的系统，即酶促系统与非酶促的抗氧化系统。其中谷胱甘肽过氧化物酶(GSH-Px)即是高等植物体内的抗氧化剂，可以清除脂质过氧化作用的自由基，保护细胞膜的结构和功能的完整性。薛泰麟等(1993)用大豆、油菜等作物研究发现，施硒可以强化 GSH-Px 系统，在一定范围内，植物体内 GSH-Px 的合成和活性均依赖于硒的供应(表 8-7)。

(三)缓解重金属胁迫

硒对多种重金属元素有拮抗作用。硒缓解重金属胁迫的作用效应受重金属和硒供应强度的影响。硒缓解重金属的作用机制包括：硒增加谷胱甘肽过氧化物酶的合成，减轻了重金属胁迫导致的活性氧积累对细胞膜的损伤；根系分泌物改变根际 pH 值，影响重金属的有效性。在实际生产中，在施用硒肥的同时要保证微量元素的充分供应，否则植物容易出现微量元素的缺乏症状。

表 8-7 培养液中硒浓度对油菜生长及其体内 GSH-Px 活性的影响

供硒(Se)浓度/(mg/L)	地上部干重/(g/盆)	植株含硒(Se)量/(mg/kg 干重)	GSH-Px 活性(GSH)/[μmol/(g 鲜重·min)]	叶绿素含量(mg/g 鲜重)
0.00	4.55	0.004 0	0	0.210
0.01	5.05	0.834 5	61.54	0.232
0.05	5.86	2.130 5	66.20	0.359
0.10	7.48	9.450	71.78	0.304
0.50	7.34	32.39	106.2	0.250
1.00	5.73	77.57	133.8	0.231
5.00	1.83	314.2	242.3	0.143
10.00	1.04	601.2	132.4	0.145

四、植物对硒的需求

硒对于动物和人体来说是必需微量元素，人体与缺 Se 相关的疾病多达 40 余种，缺硒可引发地方性疾病，如克山病、大骨节病和癌症等。世界粮农组织建议的成年人硒的日摄取量为 50～55 μg。据估算，世界上 5 亿～10 亿的人口存在摄硒不足的问题。食物补硒被认为是比较有效的补硒途径。通过某些累积型植物富集硒，或在缺硒土壤上合理施用硒肥来提高植物含硒量，可以满足人们对硒的需求，增强免疫功能和防癌作用。这种利用植物吸收环境中的硒，作为食物来源缓解人群和动物硒摄入匮乏的方式，被称为硒的生物强化。

植物对硒的需求量一般很低，适量范围也较窄，因此实际生产中要注意硒肥的施用量。只有在硒浓度很低时，硒对植物生长有益。在自然生长条件下，目前还未发现植物缺硒的报道。在动物发生缺硒的地区，给植物正常施硒，表现出明显的促进作用。在缺硒的高硫地区，施用适量的硒肥对植物的生长也有一定的促进作用，此外，硒累积型植物要获得高产也需要适量施用硒肥。早在 19 世纪 80 年代中期，芬兰就开始将硒酸钠加入多元肥料中(每千克肥料含硒 6～16 mg)，从而提高了谷子、蔬菜和动物产品的硒含量和人体摄硒量。叶面喷施、根部施肥和种子包衣是当前对农作物进行硒营养强化的主要措施。此外，新品种的选育和遗传改良也是一项具有潜力的措施。

过量硒对植物的生长发育有毒害作用，主要表现为植物生长受阻，植株矮小，叶片失绿，叶脉为粉红色等症状，严重时会导致产量下降。硒对植物的毒害是由于过量硒干扰了植物体内硫的正常代谢。例如，硒替代含硫蛋白后，导致蛋白质结构的改变，含硫蛋白酶失活，从而干扰蛋白质、核酸、碳水化合物等物质的合成。

第四节 钴

一、植物体内钴的含量与分布

植物含钴量因土壤类型、环境条件、植物种类和品系不同而变化。植物含钴量的平均范围为 0.02～0.5 mg/kg，但在蛇纹岩上生长的植物含钴量超过一般含量，可达 100 mg/kg。不同种类植物之间钴的含量差异很大，豆科植物需要并积累较多的钴，平均为 0.24～0.52 mg/kg，禾本科为 0.08～0.26 mg/kg，粗饲料和牧草中含钴量通常在 0.1～0.5 mg/kg。通常，禾本科植物的含钴量变异范围较小，豆科植物变异较大，而且在野生型与栽培种之间差异更大。世界上广泛存在由于饲料植物含钴量不足而导致反刍动物患病的现象，为了防止其缺钴，反刍动物长期食用的饲料植物的含钴量不能低于 0.08～0.1 mg/kg。然而，过量摄钴对反刍动物产生毒害作用。在缺钴土壤上施钴，不仅能促进豆科植物固氮，也能提高饲料植物的营养品质的一种措施。

二、钴的营养功能

固氮植物通过共生固氮获取植物生长需要的

氮素时，钴是必需的营养元素。根瘤菌及其他固氮微生物绝对需要钴。钴是钴胺素辅酶（维生素 B_{12} 及其衍生物）的金属组分。钴在钴胺素中类似于铁血红素中的铁，位于卟啉结构中心与四个氮原子螯合。钴胺素具有复杂的生物化学过程，在根瘤菌中发现了依赖于钴胺素的三种专性酶系统，这些酶分别是：①甲硫氨酸合成酶：缺钴时甲硫氨酸合成受阻，导致蛋白质合成速率下降，类菌体变小；②甲基丙二酰辅酶 A 变位酶：这种酶参与类菌体中血红素的合成，协同宿主的根瘤细胞参与豆血红素的合成；③核糖核苷酸还原酶：将核糖核苷酸脱氧还原，在 DNA 合成中起作用。在缺钴的条件下，上述 3 种酶的活性下降，致使蛋白质的合成下降，固氮速率明显下降。

在基质中将钴污染控制到最低水平下时，固氮紫花苜蓿生长很差，施钴后极大地改善了植物的生长状况，供应硝态氮时植物生长则不受钴供应的影响。在缺钴土壤上，对六周龄的白羽扇豆施钴后，根瘤的重量、单位重量的鲜根瘤中类菌体的数量、钴胺素含量和豆血红蛋白的数量都有所提高（表 8-8）。在缺钴土壤上，豆科植物根系根瘤菌侵染较低，固氮作用被延迟，固氮酶的活性下降，因此缺钴表现出缺氮症状。

表 8-8 钴对宽叶羽扇豆根瘤的生长与组分的影响

处理	根瘤鲜重/(g/株)	钴含量/(ng/g 瘤干重)	类菌体数/($\times 10^9$ 瘤鲜重)	钴胺素含量/(ng/g 瘤鲜重)	豆血红蛋白含量/(mg/g 瘤鲜重)
$-Co^{2+}$	0.1	45	15	5.9	0.71
$+Co^{2+}$	0.6	105	27	28.3	1.91

引自：Dilworth et al.，1979；每盆以硫酸盐形式施用 0.19 mg 钴，6 周后收获。

缺钴土壤上生长的羽扇豆氮素吸收量很低，表现出缺氮症状；缺钴条件下接种根瘤菌后在 80 天时显著提高了氮素吸收量，但仅有施钴处理植株吸氮量的一半；施钴处理在 40 天时植物吸氮量显著升高（图 8-12）。

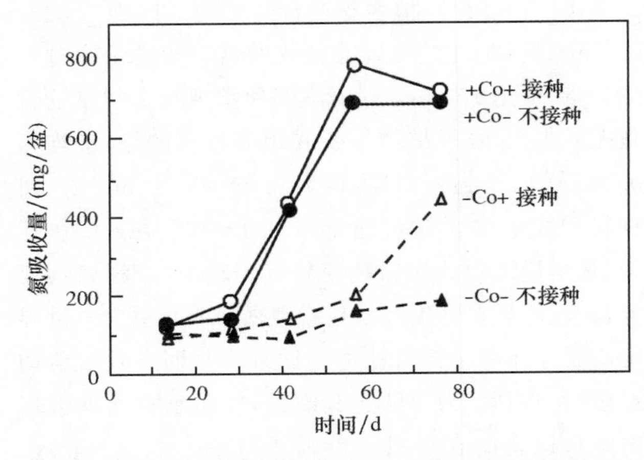

图 8-12 施钴和接种根瘤菌对缺钴土壤上的窄叶羽扇豆中氮吸收的影响（引自：Dilworth et al.，1979）

豆科植物不同种类间对缺钴的敏感性差异很大，如羽扇豆比三叶草敏感得多，而非固氮高等植物对钴的反应通常是不敏感的。试验发现，对于某些低等光合植物，如股薄肌裸藻，钴是必需营养元素。然而，过量钴对植物也会产生毒害作用。植物不同基因型对过量钴的忍耐力有明显的差异。

用钴处理种子是缺钴土壤上保持豆科植物正常生长的有效措施。此外，钴在植物体内长距离运输中有一定的移动性，因此叶面喷施也有效果。在田间条件下，施钴对结瘤豆科植物的效应不显著，但在贫瘠硅质砂土上，叶面喷施和拌种能提高花生根瘤数量、植株含氮量和荚果产量（表 8-9）。

表 8-9 钴对花生含氮量和荚果产量的影响

钴处理	根瘤数/(个/株)	成熟时含氮量/%干重	荚果产量/(kg/hm^2)
对照(-Co)	91	2.38	1 232
种子处理	150	2.62	1 687
叶面喷施	123	3.14	1 752
种子处理+叶面喷施	166	3.38	1 844

第五节 铝

一、植物体内铝的含量与分布

地壳中铝的含量很丰富（8%）。土壤 pH 高于

5.5时，土壤溶液中铝离子浓度一般低于1 mg/L（约37 mmol/L），随着pH下降，铝离子浓度急剧增加。植物体的含铝量通常为20～200 mg/kg，不同植物种间有明显的差异。日木吉井等（1937）将含铝量超过0.1%的植物称为铝累积型植物，低于200 mg/kg含量的植物为非累积型植物。高桥英一（1976）对生长在同一种土壤上的175种栽培植物的测定表明，有60种是铝累积型植物，占34%，它们的平均含铝量为0.25%。有115种为非铝累积型植物，占66%，它们的平均含铝量为0.05%。全部苔藓植物和72%的蕨类植物都是铝累积型植物，而在被子植物和裸子植物中铝累积型植物只占30%左右。

植物体的含铝量还因土壤条件的不同而有差异。在酸性土壤上生长的植物，体内含铝量较高，而当土壤pH上升后，由于土壤溶液中铝的浓度下降，植物体的含铝量也有所下降（表8-10）。

表8-10 在不同的pH和供铝水平下水稻体内含铝量的差异

溶液供铝浓度/(mg/kg)	溶液中实际铝浓度/(mg/kg)	铝浓度/(mg/kg)			
		pH 4.0		pH 5.0	
		地上部	根	地上部	根
0	0.5	40	768	75	248
100	23.0	268	1 238	70	735
300	59.0	318	6 800	82	1 139

植物体内铝的分布因植物种类不同而有所不同，如水稻和黄瓜根系吸收的铝很少向地上部运输，而萝卜、荞麦根系吸收的铝向地上部运输较多。由于Al^{3+}在长距离运输中移动性差，所以，一般植物根系的含铝量比叶片高几倍甚至几十倍（表8-11）。植株中铝的分布特点是老叶含铝量高于幼叶。茶树是典型的铝累积型植物，其地上部不同部位的含铝量显著不同（表8-11）。

表8-11 茶树植株不同部位的铝含量

茶树种	铝含量/(mg/kg)				
	茎	新叶	一芽二叶	成叶	落叶
中国品种	188	155	466	4 000	10 000
阿萨姆种	112	331	512	2 820	4 450

二、铝的营养功能

铝对植物生长的有益作用往往属于次级反应。

（一）刺激植物生长

低浓度的铝能刺激多种植物的生长。例如，浓度为0.2～0.5 mg/kg铝对非铝累积性植物，如水稻、玉米、棉花、甜菜、燕麦、豌豆、小麦等都有促进生长的作用。对一些铝累积型植物，即使再高一些的含铝量，也有刺激生长的作用。茶树是最耐铝的植物，当铝浓度高达27 mg/L时，仍有促进生长的作用。

低浓度铝刺激植物生长可能通过以下几种机制：铝可防止过量铜、锰或磷的毒害；铝减轻了氢离子的毒性；铝增加了茶树和培养细胞的超氧化物歧化酶，过氧化氢酶和抗坏血酸盐过氧化物酶的活性。铝诱导的这些抗氧化酶活性的增加可能会增加膜完整性，延迟木质化和老化，进而刺激生长。

（二）影响植物的颜色

对于铝累积型植物茶树与绣球而言，铝可以改变它们的颜色，例如使茶叶的绿色加深、绣球的花色由粉红色（花内铝浓度＜150 mg/kg）变成蓝色（花内铝浓度＞250 mg/kg）。

（三）激活酶的作用

铝是抗坏血酸氧化酶的专性激活剂。也是某些酶的非专性激活剂。此外，适量的铝可以提高植物对干旱、霜冻与盐碱的抗性，但其机理尚不清楚。

第八章扩展阅读

复习思考题

1. 什么是有益元素？目前公认的有益元素包括哪几种？
2. 简述植物对硅的吸收过程，硅有哪些营养功能？
3. 简述硒在植物体内的存在形态和分布，以及硒的同化过程。
3. 植物如何吸收钠？钠有哪些营养功能？
4. 如何正确评价有益元素在植物营养中的地位。

参考文献

陆景陵. 2003. 植物营养学(上册). 2版. 北京：中国农业大学出版社.

薛泰麟，侯少范，谭见安，等. 1993. 硒在高等植物体内的抗氧化作用Ⅰ. 硒对过氧化作用的抑制效应及酶促机制的探讨. 科学通报. 3，274-277.

Brownell P. F. 1965. Sodium as an essential micronutrient element for a higher plant (*Atriplex vesicaria*). Plant Physiol. 40，460-468.

Coskun D.，Deshmukh R.，Sonah H.，et al. 2019. The controversies of silicon′s role in plant biology. New Phytologist，221，67-85.

Debona D.，Rodrigues F. A. and Datnoff L. E. 2017. Silicon's role in abiotic and biotic plant stresses. Annu. Rev. Phytopathol. 55，85-107.

Dilworth M. J.，Robson A. D. and Chatel D. L. 1979. Cobalt and nitrogen fixation in *Lupinus angustifolius* L. II. Nodule formation and functions. New Phytol. 83，63-79.

Epstein E. 1999. Silicon. Annu. Rev. Plant Physiol. Plant Mol. Biol. 50，641-664.

Hampe T. and Marschner H. 1982. Effect of sodium on morphology，water relations and net photosynthesis in sugar beet leaves. *Z. Pflanzenphysiol*. 108，151-162.

Johnston M.，Grof C. P. L. and Brownell P. F. 1984. Responses to ambient CO_2 concentration by sodium-deficient C_4 plants. Aust. J. Plant Physiol. 11，137-141.

Johnston M.，Grof C. P. L. and Brownell P. F. 1988. The effect of sodium nutrition on the pool sizes of intermediates of the C_4 photosynthetic pathway. Aust. J. Plant Physiol. 15，749-760.

Ma J. F. and Yamaji N. 2006. Silicon uptake and accumulation in higher plants. Trends Plant Sci. 11，342-397.

Ma J. F. and Yamaji N. 2008. Functions and transport of silicon in plants. A review. Cell Mol. Life Sci. 65，3049-3057.

Ma J. F. and Yamaji N. 2015. A cooperative system of silicon transport in plants. Trends Plant Sci. 20，435-442.

Ma J. F.，Tamai K.，Yamaji N.，et al. 2006. A silicon transporter in rice. Nature. 440，688-691.

Ma J. F.，Yamaji N.，Mitani N.，et al. 2007. An efflux transporter of silicon in rice. Nature. 448，209-212.

Marschner P. 2012. Marschner's Mineral Nutrition of Higher Plants .3rd edition. Elsevier/Academic Press.

Perry C. C.，Williams R. J. and Fry S. C. 1987. Cell wall biosynthesis during silicification of grass hairs. J. Plant Physiol. 126，437-448.

Raven J. A. 2003. Cycling silicon—the role of accumulation in plants. New Phytol. 158，419-421.

Sors T. G.，Ellis D. R. and Salt D. E. 2005. Selenium uptake，translocation，assimilation and metabolic fate in plants. Photosynt. Res. 86，373-389.

Takahashi E.，Ma J. F. and Miyake Y. 1990. The possibility of silicon as an essential element for higher plants. Comm. Agri. Food Chem. 2，99-122.

Terry N.，Zayed A. M.，De Souza，et al. 2000. Selenium in higher plants. Annu. Rev. Plant Biol. 51，401-432.

Trelease S. F. and Beath O. A. 1949. Selenium：Its geological occurence and its biological effects in relation to botany，chemistry，agriculture，nutrition，and medicine. New York：Trelease & Beath.

White P. J.，Bowen H. C.，Marshall B.，et al. 2007. Extraordinarily high leaf selenium to sulfur ratios define ‘Se-accumulator’ plants. Ann. Bot. 100，111-118.

Yamaji N. and Ma J. F. 2009. A transporter at the node responsible for intervascular transfer of silicon in rice. Plant Cell. 21，2878-2883.

Zhu Y. G.，Pilon-Smits E. A.，Zhao F. J.，et al. 2009. Selenium in higher plants：understanding mechanisms for biofortification and phytoremediation.

Trends Plant Sci. 14，436-442.

扩展阅读文献

Ma J. F. and Yamaji N. 2006. Silicon uptake and accumulation in higher plants. Trends Plant Sci. 11，342-397.

Ma J. F. and Yamaji N. 2008. Functions and transport of silicon in plants. A review. Cell Mol. Life Sci. 65，3049-3057.

Ma J. F. and Yamaji N. 2015. A cooperative system of silicon transport in plants. Trends Plant Sci. 20，435-442.

Ma J. F.，Tamai K.，Yamaji N.，et al. 2006. A silicon transporter in rice. Nature. 440，688-691.

Ma J. F.，Yamaji N.，Mitani N.，et al. 2007. An efflux transporter of silicon in rice. Nature. 448，209-212.

Guignardi Z. and Schiavon M. 2017. Biochemistry of plant selenium uptake and metabolism. In：Selenium in Plants：Molecular，Physiological，Ecological and Evolutionary Aspects（Pilon-Smits，E. A.，Winkel，L. H. and Lin，Z. Q. Eds）. Springer，Cham.

第九章 养分供应与产量形成

教学要求：

1. 养分效应曲线、报酬递减律与最小养分律。
2. 养分供应与植物生长发育。
3. 养分供应对光合产物生产（源）、运输（流）及储存（库）的影响。

扩展阅读：

作物生长规律与氮素调控

作物生产的目标是为了获取产量。不同作物的经济器官不同，可以是籽粒（如谷类作物）、果实（如果树）、茎（如甘蔗）、块茎（如马铃薯）、叶（如叶菜类）、块根（如甘薯）等等。养分供应量、供应时间、养分形态、不同养分的配比，既能影响整体植株的生物量，也会显著影响植株内不同器官的相对生长量，进而决定最终收获器官的产量。深入理解其中的植物营养生理学机制，对于合理高效利用肥料提高作物产量，具有重要意义。

第一节　矿质养分供应与产量的关系

一、养分效应曲线

矿质养分供应强度与作物产量的关系可以用养分效应曲线来描述(图 9-1)。在第一区段内,养分供应不足,植物生长量随养分供应的增加而上升。在第二区段内,养分供应充足,生长量最大,再增加养分供应对植物生长量并无影响。在第三区段内,养分供应过剩,造成一定的副作用,生长量随养分供应量的增加而明显下降。

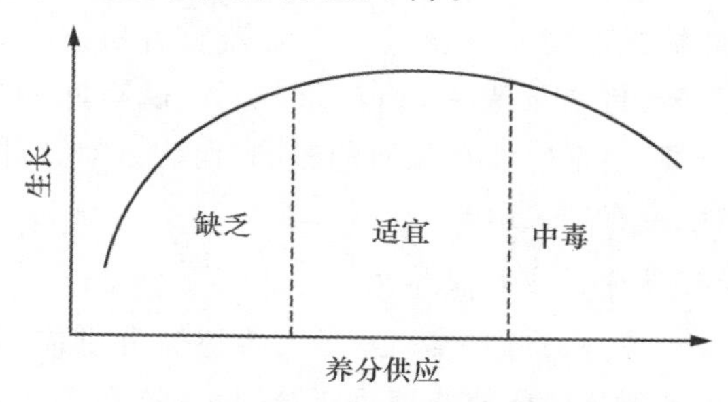

图 9-1　养分供应与植物生长的关系

植物对不同元素的需求量不同,表现在不同养分的效应曲线上有显著差异。对于植物生长需求量较大的元素(如氮、磷、钾)而言,一般超量施肥对生长毒害作用较小(图 9-2)。但是对于植物生长需求较少的微量元素而言,过量施肥很可能造成毒害作用,导致产量下降。比如在南方水稻土上,淹水状况显著提高土壤中铁、锰元素的有效性,有可能造成水稻铁毒和锰毒,进而降低水稻产量。

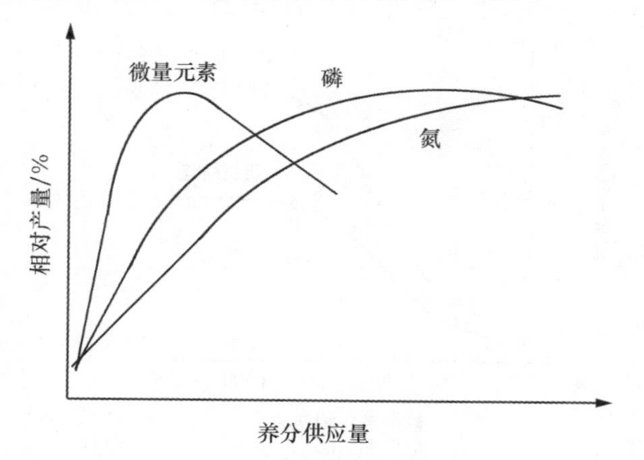

图 9-2　氮、磷和微量元素的产量效应曲线

二、报酬递减律

德国化学家 E. A. Mitscherlich 最早提出养分投入的报酬递减律,在作物达到最高产量之前,随着矿质养分供应量的增加,单位养分的增产量变小。根据养分效应函数曲线,可以计算出产量最高或者经济效益最高时的养分投入量(图 9-3),在生产中可以利用这一曲线进行施肥量推荐。

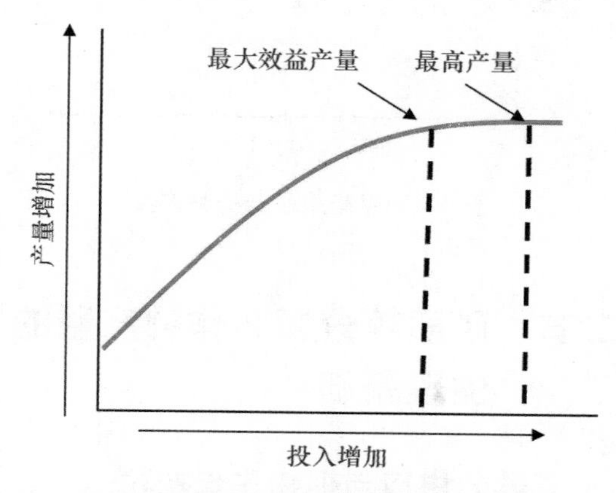

图 9-3　最高产量及最大经济效益施肥量
(引自:Samuel et al., 1985)

值得注意的是,养分投入的产量效应与土壤地力有很大关系。在土壤肥力较低的条件下,较少的养分投入即可以获得较高的增产效果。在土壤肥力极高的情况下,单位养分投入的增产效果显著降低,甚至没有增产效应。因此,应用养分效应函数曲线进行施肥量推荐时,要采用多年定位试验,充分考虑土壤基础肥力的影响,才能获得可靠的结果。

三、最小养分律

植物生长对不同养分元素的需求量不同,在相同的土壤类型、水分管理及其他栽培措施条件下,不同养分的平衡状况显著影响养分的增产效应,产量常常受供应不足的那种养分元素所制约。当一种养分供应过量时,另外一些元素就会相对短缺,就不能达到增产效应。另外,由于养分之间常存在某种互作关系(比如磷-锌互作),过量施入某种养分还可能导致另一种元素更加缺乏,甚至导致减产。只有当养分供应比例最佳时,产量才能达到最高。例如,单纯大量施用氮肥的增产效果较小,配合施用磷、钾肥则显著提高增产效果(图 9-4)。因此,在养分缺乏的土壤上,要想提高作物产量,不能只考虑一种养分的供应情况,而应考虑各种养分的平衡供应,即平衡施肥。

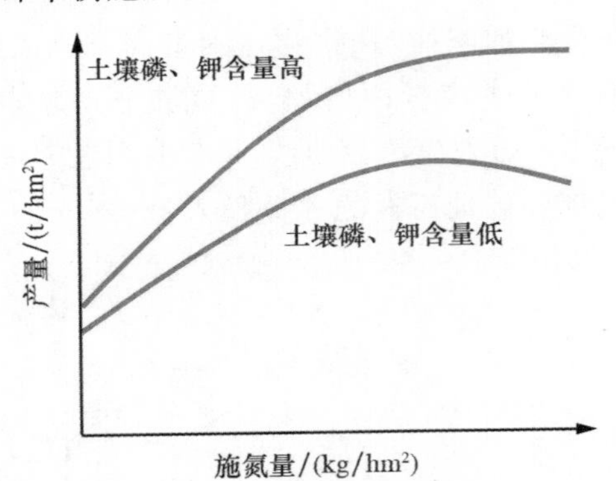

图 9-4 平衡施肥与作物产量

(引自:Samuel et al.,1985)

第二节 矿质养分调节作物产量的生理基础

一、养分供应与植物生长发育

根系是植物养分、水分吸收的主要器官,同时支撑植株地上部生长。茎是养分、水分运输的主要器官,也对地上部起支撑作用。叶是光合作用的主要器官,其光合产物供应给植株各个器官,满足其生长所需。分枝(分蘖)是植物扩大生长的重要方式。根、茎、叶、分枝的协调生长,形成一个良好的株型,可以为生殖器官的发育打下良好的基础。在田间条件下,作物以群体的方式生长,单个植株的生长会受到群体内部环境的强烈影响,而群体的生长质量,决定最终作物产量表现。良好的植株株型加上合理的群体大小,形成一个良好的群体结构,使群体光合作用达到最优,是实现作物高产的前提。

养分不但是器官生长所必需的"砖"(各种生化物质的组成成分),通过含量多少影响器官大小,养分(尤其是氮素),还可能作为生长发育的调节因子,通过调节植物体内一系列信号反应系统(如激素信号系统),调节器官的分化、生长与衰亡。这其中,不同养分对于各器官的生长作用既有共性(因为都是细胞正常功能的必需元素),缺乏后对各器官生长均有显著影响;又表现出一定的器官特异性,即缺乏不同元素影响的主要器官有所差异,比如氮、磷、钾三要素中,相对而言,氮、磷对叶片、株高、分蘖、根系生长有强烈的影响,而钾素对茎叶的机械强度有较大影响。

1. 养分供应与营养生长

(1)养分与叶的生长 氮、磷等养分供应不足时,可导致蛋白质合成速度下降、细胞膨压不足,减少细胞分裂及细胞伸长速率,进而限制叶片的生长速度,导致叶片变小。在玉米中,缺氮减少赤霉素的含量,减少叶片分生组织中产生的细胞数量,也降低伸长区细胞的伸长速率,最终减小叶片长度(图 9-5)。缺磷导致叶片小而颜色暗绿,是细胞扩展不足而单位叶面积细胞数目增多的表现。缺锌可能通过影响生长素的合成,减少叶片面积。

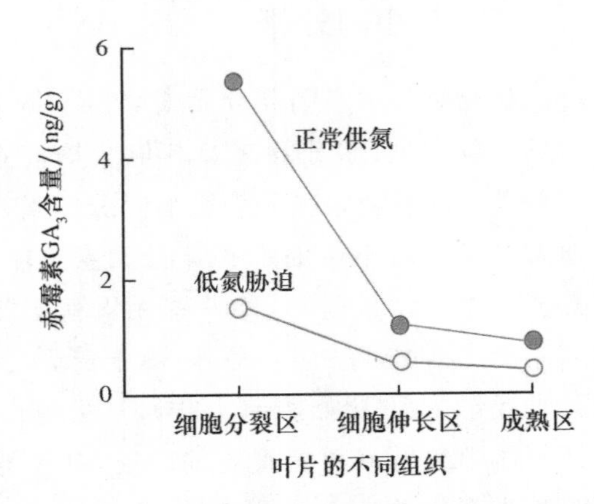

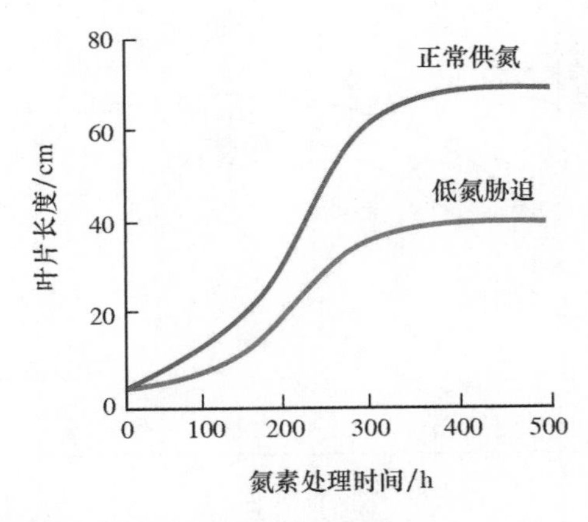

图 9-5 氮素供应对玉米叶片赤霉素含量(左)和叶片长度(右)的影响

(引自:Mu et al.,2018)

铵态氮和硝态氮是植物吸收的两种主要氮素形态。氮素供应形态能强烈影响叶片的生长。在烟草中，相对于硝态氮，供应铵态氮时叶片面积显著减小，原因是铵态氮减少细胞分裂素从根向地上部运输(图 9-6)。在生理学层面上，与硝态氮相比，铵的吸收与同化所需要的能量更少，因此更有利于提高光合产物利用效率。但是对于那些适应于通气性好的土壤的植物而言，单一供应铵态氮通常会导致“铵毒”问题，包括根际 pH 过度酸化、根系生长受抑制、阳离子吸收减少、地上部黄化等，植物生长反而不好。相反，对于喜铵植物而言，单纯供应硝态氮也不利于植物生长，比如给喜铵植物蓝莓供应硝态氮，则很容易造成植物缺铁黄化，无法正常生长。总体而言，对于大多数植物，以一定的比例混合供应硝态氮和铵态氮，可以使植株的生长最大化。

图 9-6　硝态氮和铵态氮供应对烟草叶片生长的影响

(引自：Walch-liu et al.，2000)

养分供应也影响叶片的衰老，从而决定叶片功能期。其中，氮素供应在很大程度上决定叶片衰老速度。叶片有一个正常的生命周期，但是氮素供应不足会加速成熟叶片中蛋白质、酶、叶绿素的分解，缩短叶片功能期，降解出来的养分被转移到正在生长中的器官，维持这些器官的生长。

(2)养分与茎的生长　养分供应调节茎的伸长及其机械强度。在节间伸长过程中，增加氮素供应可以促进节间伸长速度，使节间变长。因此，在作物拔节初期(基部节间开始伸长的时候)，通常不宜大量施用氮肥，避免基部节间过长，增加倒伏的风险。氮素可以调节赤霉素合成酶基因 *SD1* 及赤霉素信号转导途径的关键调控元件 DELLA 蛋白(绿色革命矮秆基因 *Rht* 编码的蛋白)，从而调节节间伸长。小麦、水稻“绿色革命”育种的一个重要特点是降低了赤霉素途径对节间伸长的促进作用，同时也降低了节间伸长对氮肥的敏感度。保持充足的钾素供应，有利于节间内组织的充实，从而增加茎的强度。植物吸收的硅元素可以在茎中沉积，有利于增加茎的机械强度。

(3)养分供应与根系建成　养分供应强度对根的生长、形态及构型有显著的调节作用。比如，氮、磷养分缺乏相对增加根的生长，使根冠比增加。适度减少氮、磷供应会诱导根的伸长，缺磷刺激侧根、根毛的生长发育，缺铁刺激根毛的生长。植物的这些形态学变化都有利于扩展根的吸收面积，提高养分吸收效率。养分对根系形态的调节作用通常是通过影响植物体内的激素信号网络实现的。值得注意的是，并不是所有养分缺乏都相对增加根的生长。当钾、铁、钙、硼等元素供应不足时，根系通常不会增大，而是变小。在养分过度缺乏时，植物根系无法再做出积极的适应性反应，只能维持生存，这种情况下，所有养分缺乏都使根变小。

在养分不足的情况下，当植物根系遇到介质中局部富集的养分时，通常会在局部增加侧根的长度和/或数量，以促进该区域养分的高效吸收。这一现象称为根的“向肥性”(图 9-7)。在局部供应硝酸盐、铵盐、磷酸盐、铁元素时，都观察到了这种现象。在根构型方面，缺磷通常会使根系变得更浅，这有利于增加表层土壤中分布较多的磷养分的吸收。

图 9-7　玉米侧根生长的向肥性

只给右侧根系局部供应硝酸盐，促进这一侧的侧根生长

(4)养分供应与块茎、块根形成　甜菜、马铃薯、甘薯等作物的收获器官是块根或块茎。养分供应状

况对诱发块根或块茎形成及其膨大有很大的影响。在马铃薯块茎开始生长后的一段时间，营养茎与块茎均是同化物的库，二者之间存在着明显的竞争。超量施氮有利于营养茎生长，却延缓块茎形成和膨大（表9-1）。在块茎生长过程中增施氮肥会使块茎生长中止，并在块茎顶端形成匍匐茎，氮的间歇供应能产生链状块茎（图 9-8）。氮素的这种效应可能与细胞分裂素、脱落酸及赤霉素等激素的平衡有关，施用赤霉素的拮抗剂矮壮素 CCC 或摘去茎的顶端（赤霉素合成的主要场所），也能诱发块茎的形成。

表 9-1　供氮强度对马铃薯块茎生长率的影响

硝酸盐浓度 /(mmol/L)	硝酸盐吸收量 /[mmol/(d·株)]	块茎生长率 /[cm^3/(d·株)]
1.5	1.18	3.24
3.5	2.10	4.08
7.0	6.04	0.4
停止供氮 6 天	—	3.89

图 9-8　向马铃薯根系交替供应高、低氮量导致的块茎次生生长和畸形

（5）养分供应与分枝　氮、磷养分供应强度对于植物分枝（分蘖）的发育有显著影响。比如缺磷严重影响小麦分蘖的发生，当植株的磷（P）浓度小于 4.2 g/kg 时，群体内单株小麦分蘖数开始出现显著变异。当植株的磷浓度小于 1.7 g/kg 时，分蘖发生即停止。在水稻中发现，氮肥通过促进 *NGR5* 基因（nitrogen-mediated tiller growth response 5，赤霉素信号传导途径的一个关键基因）表达，进而增加分蘖数（图 9-9）。

2. 养分供应与生殖器官发育

除了块根、块茎外，生殖器官（果实、种子）通常是形成粮食和经济作物产量的主要器官。禾谷类作物的产量组成因素包括以下几个部分：单位面积穗数、每穗粒数和单粒重。其中单位面积穗数决定于播种密度和成穗率，对于有分蘖作物（如小麦、水稻）而言，最终成穗数还与单株分蘖数和分蘖成穗率密切相关；小花发育形成籽粒，每穗籽粒数量决定于每个穗上小花的总分化数与结实率，单粒重则决定于籽粒中胚乳细胞分化数量、胚乳细胞大小和灌浆程度等（图 9-10）。各种养分供应的强度、供应的时间对这些性状有程度不同的影响（参阅“扩展阅读”）。

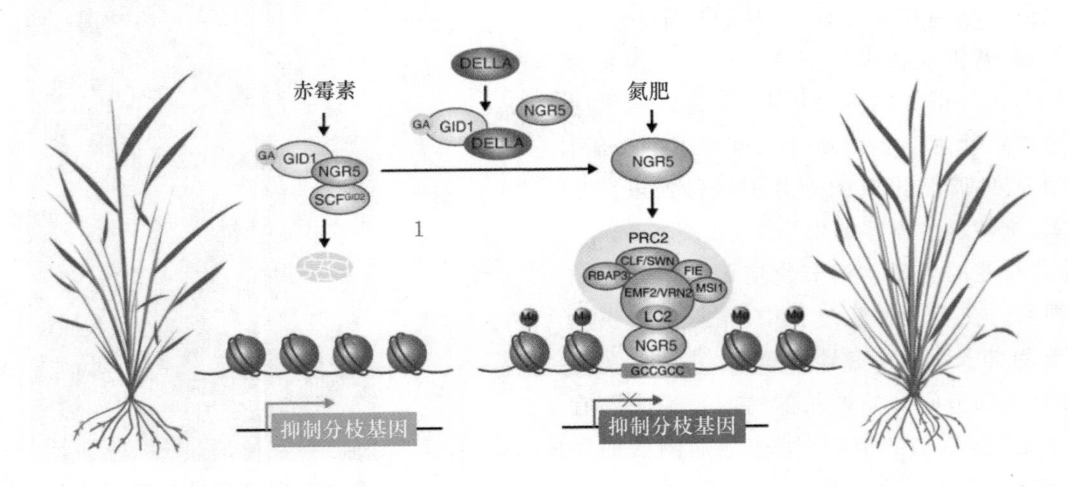

图 9-9　氮素通过促进 NGR5 基因表达促进水稻分蘖（引自：Wu et al.，2020）

NGR5：受氮调控的促进分蘖生长的蛋白。Gibberelin：赤霉素，它促进 NGR5 蛋白降解；DELLA：由“绿色革命”矮秆基因 *Rht* 编码的一种抑制植物生长的蛋白，是赤霉素信号途径的负调控因子。赤霉素可以分解该蛋白，从而解除其抑制作用。

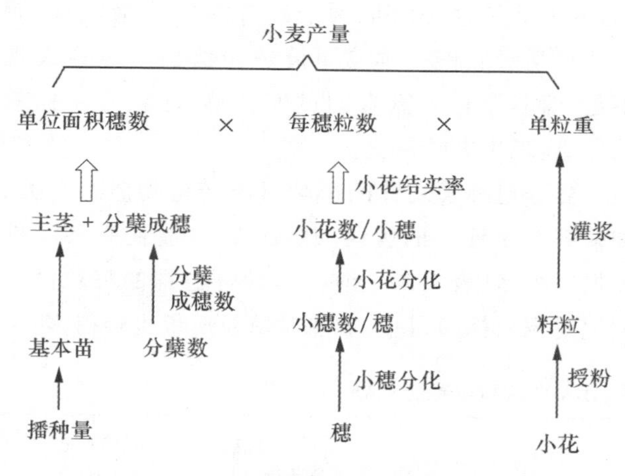

图 9-10　小麦产量及其组成因素的形成过程

(1)养分供应与穗、花的分化与发育　氮、磷、硼、钼等养分对穗、花的分化与结实影响最明显。缺氮抑制玉米穗的发育,导致穗变小,顶端小花不结实,甚至整个雌穗不结实,其原因可能与穗部氨基酸代谢失调有关。在苹果花芽分化期,叶片喷施含有尿素的溶液能增加第二年苹果开花数量,这是调节苹果树“大小年”的一个有效方法。与硝态氮相比,供应铵态氮可以更高效地诱导花的形成,原因是增加了由根系运输到枝条的细胞分裂素(表 9-2)。在春季,冬小麦起身期是小花分化时期,此时保证氮素供应对于增加小花分化数量至关重要。

表 9-2　施用不同形态氮素对苹果树砧木木质部汁液中玉米素浓度和枝条生长的影响

处理	供氮一天后玉米素浓度/(μg/mL)	4 个月后苗木生长量	
		新梢数(<5 cm)	新梢总长度(>5 cm)/cm
对照(不供氮)	0.05	12	16
铵态氮	1.95	17	34
硝态氮	0.82	13	48

硼、钼、铜等微量元素的供应能直接影响生殖器官的发育,进而影响种子或果实数量。硼是花粉管伸长生长所必需的。在缺硼条件下,水稻、大麦、玉米等作物的受精不良、籽粒数下降(图 9-11)。在玉米中,花粉的形成和活性受钼营养状况的影响很大,供钼不足时,每个花药中花粉的粒数都不足,花粉粒小,活性低。在小麦中,缺铜导致花药形成受阻,每个花药产生的花粉粒数很少,而且花粉粒活力很低。

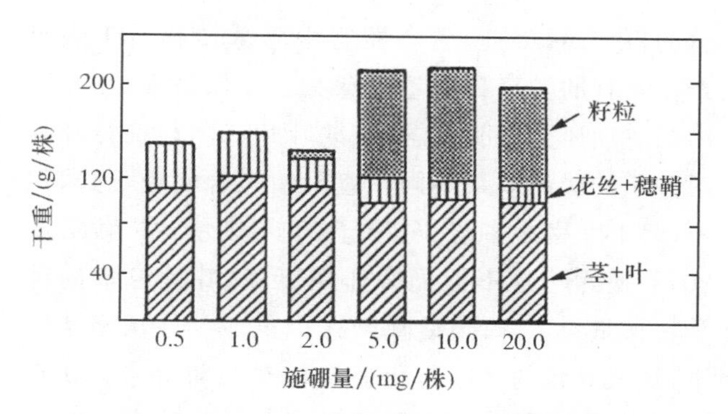

图 9-11　施硼对玉米干物质生产和分配的影响

小麦、玉米等作物中,每个穗上小花的发育有先后顺序,通常顶端小花发育最迟。在养分供应不足时,这些顶端小花的发育受影响最大,结实率低。因此,氮、磷等养分供应不足时,玉米常表现为顶端籽粒缺失,俗称“秃尖”(图 9-12)。

图 9-12　缺氮导致玉米顶端籽粒败育(秃尖)

另一方面,对于玉米这样雌雄异花的作物,养分缺乏对雌花发育速率的影响一般大于对雄花发育速率的影响,结果造成花期不育,即当雄花开始散粉时,很多雌花发育尚未完成,导致授粉率下降。

(2)养分供应与种子发育　受精后的小花发育为种子。收获期种子是氮、磷养分的主要储存器官,其氮、磷养分含量占整体植株比例可高达 60%～70%,因而种子发育需要充足的氮、磷供应。在小麦、玉米、水稻等作物中,受精后的前 2～3 周是胚乳细胞发育的关键时期,此时氮素供应不足,可能减少胚乳细胞数目及大小,进而降低同化产物储存能力。

植物不同生长阶段的养分吸收量存在很大差异。通常营养生长期的矿质养分吸收比例高达 60%以上,某些元素甚至达到 100%。在开花授粉后,植物对矿质养分的吸收能力下降,产量器官发育所需的养分有很大一部分是来自营养器官中养分的再利用，因此，营养器官中养分转移对于满足产量器官的发育具有重要意义。比如氮素，在芥菜中的一项研究表明，在开花期叶片遮阴与摘掉叶片对种子的减产效果不同。遮阴使光合作用下降，但不影响叶片中氮素向种子的转移量，芥菜减产20%；摘除叶片不但光合作用下降，叶片氮素向种子转移量也下降，最终减产高达50%。在田间条件下，缺氮导致的老叶黄化通常在开花期后才会观察到，原因就是这个时期种子发育需要大量氮素，而后期根系吸收能力通常下降或土壤供应氮素表现不足，营养器官中氮素的过度转移，导致叶片提前衰老，表现出老叶黄化。

养分对种子发育的影响可能与植物激素有关。如缺钾小麦籽粒的脱落酸（ABA）含量比高钾条件下要高得多（表9-3），相应地，缺钾植株的籽粒灌浆期比对照植株短得多，成熟时单粒质量也轻得多。

表9-3　钾肥施用量对小麦籽粒的ABA含量和粒重的影响

施钾水平	开花后不同时间的ABA含量/(ng/粒)				开花到成熟天数/d	单粒重/mg
	28 d	35 d	38 d	44 d		
低钾	7.7	13.4	16.5	2.2	46	16.0
高钾	3.7	4.4	ND*	9.4	75	34.4

* ND表示未测定

引自：蒋强等，2016。

3. 养分供应与营养生长及生殖生长的协调

在营养生长与生殖生长同步进行的生长阶段，氮素供应强弱会影响营养生长与生殖生长的平衡。如在马铃薯中，一方面供氮可以促进地上部茎叶的生长，增加光合产物供应；另一方面它却可能推迟块茎形成和块茎直性生长期的开始。如果降低氮素供应，块茎形成可以提前，但这种优势可能被叶面积减小和叶片早衰对块茎生长的负面效应所抵消。同样地，在木薯中过量施氮导致营养生长过旺，块根分化受抑制，源库关系失衡，产量反而下降（表9-4）。在棉花中也有类似表现，氮素施用时间及用量可以调控棉铃的发育与营养生长的相互关系，最终影响棉铃数量及大小。在生产中，需要掌握作物不同器官的生长发育规律，尤其是茎叶生长与穗分化（块茎、块根生长）的相互关系，根据植株生长情况，精准调控施肥时间与施用量，才能协调营养生长与生殖生长。

表9-4　施氮水平对木薯块根、生物量及收获指数的影响

施氮水平/(kg/hm^2)	块根产量/(g/株)	生物量/(g/株)	收获指数/%
0	275	349	79
18	485	634	77
36	578	763	76
72	680	876	78
108	576	794	73
144	302	588	51

二、养分供应与源库关系

1. 作物的源库关系

作物产量的形成可通过“源库关系”理论来分析。植物体内进行光合作用或能合成有机物质为其他器官提供营养的部位称之为源（如种子胚乳、成熟的绿色叶片等），而消耗或储存光合产物的部位称为库（图9-13）。在营养生长期及生殖生长初期，库主要是指正在生长的芽、幼叶、茎、根、穗、花等。在产量形成期，库器官主要是指籽粒（种子）、果实、块根、块茎等储存器官。茎可以作为光合产物的缓冲库（buffer sink），当光合物质生产超过库的需求时，暂时储存多余的光合产物。当叶片光合作用不足以满足库的需求时，茎中储存的光合产物向库输出。

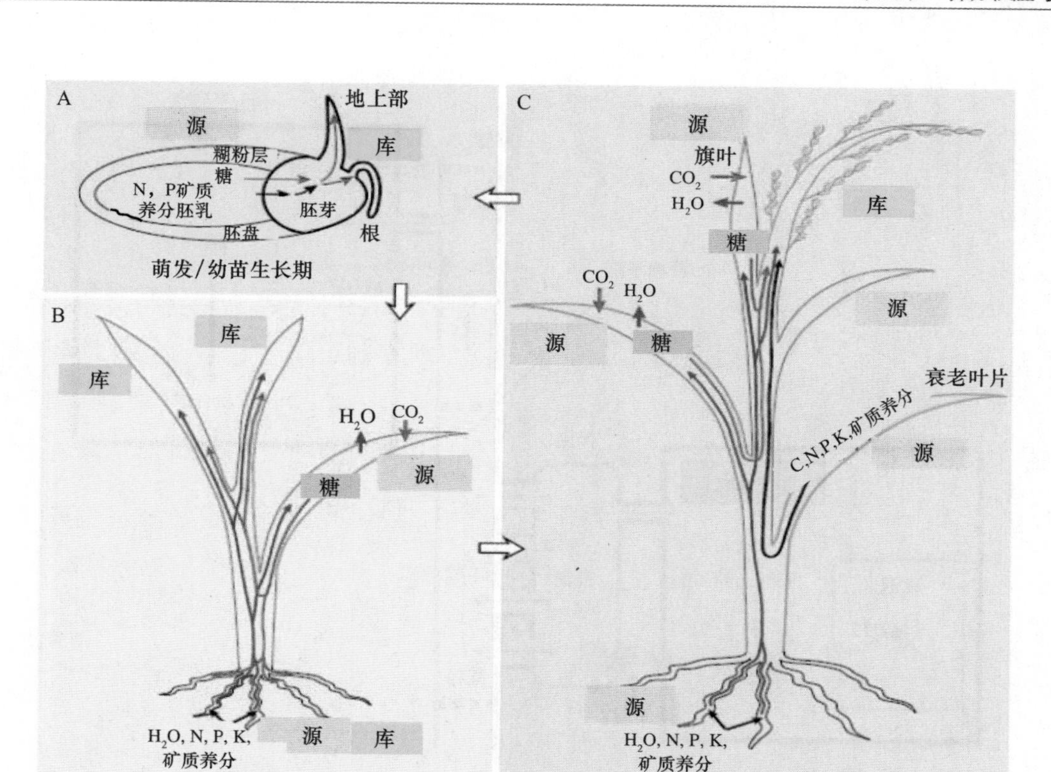

图 9-13　谷类作物中光合产物及养分元素的源库关系（Yu et al.，2015）

A. 种子萌发；B. 营养生长期；C. 籽粒灌浆期

源的大小决定于光合面积大小（叶片数量与面积）、光合时间（叶片功能期长短）和叶片光合效率等。库的大小决定于同化物利用速率（如叶片生长速率）或同化物储存速率（如谷类作物的灌浆速率）、储存器官数量（如穗粒数、块茎数、果实数等）及储存器官中细胞大小与数量（如谷类作物的胚乳细胞数量与大小）等。在田间群体条件下，禾谷类作物库的大小通常用单位面积的总粒数来表示。

不同条件下，源和库都可能是限制作物产量的因素，在低产、低养分供应水平下，营养生长（尤其是叶片生长）受限制，作物产量通常受同化产物供应（源）不足所限制。而在高产、高投入水平下，通常营养生长繁茂，作物产量通常受储存器官的同化物容纳能力（库大小）所限制。

光合产物主要以蔗糖的形态从源到库运输，主要分为 3 个步骤。首先，叶肉细胞中的蔗糖装载进入韧皮部，其次是蔗糖在韧皮部中的长距离运输，最后是蔗糖在库器官的卸载。这些过程受一系列糖转运蛋白所介导（图 9-14）。

矿质养分对源库关系的调节作用，一方面表现在对源器官生长和库器官发育的影响，前面已经论述；另一方面表现在对源的活性（光合作用）、库的强度（干物质积累速率）及光合产物运输的影响，下面对此加以论述。

2. 养分供应与光合作用（源）

多种矿质养分以不同方式影响光合作用过程（表 9-5）。如氮素调节叶绿素、光合作用相关蛋白质及酶的合成与分解。在绿叶细胞中，75％的有机态氮以酶蛋白的形式存在于叶绿体中。磷作为 ATPase 的主要成分，通过控制叶绿体中淀粉的合成和蔗糖跨叶绿体膜进入细胞质的运输。钾的运输可以通过调节气孔开闭影响 CO_2 运输，进而调节光合作用，尤其是在干旱条件下。中、微量元素中，铁、镁是叶绿素合成的关键元素，含铁量的 70％也存在于叶绿体中。铁和铜参与电子传递链和光合磷酸化作用。锰参与光合作用过程中水的分解。因此，任何一种矿质养分的缺乏都会导致光合能力下降。

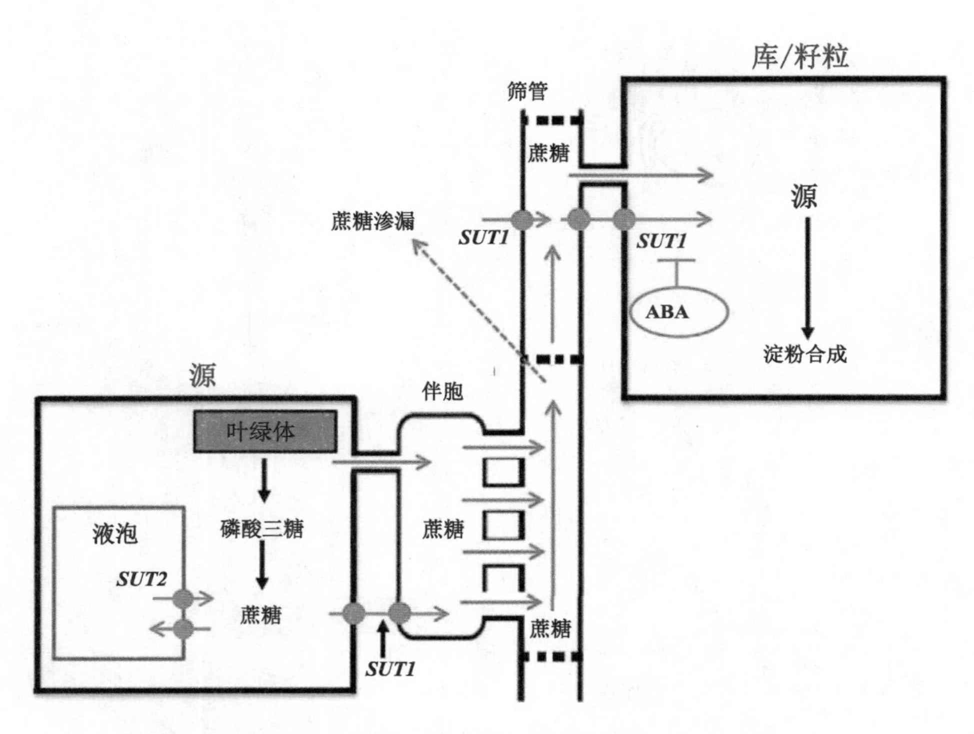

图 9-14　小麦源库之间糖的长距离运输(引自:Kumar et al. ,2018)

在装载过程中,叶肉细胞中的蔗糖可以通过胞间连丝扩散进入伴胞,也可以由糖转运蛋白 SUT 主动装载进入伴胞。进入伴胞的蔗糖通过胞间连丝进入韧皮部筛管,随韧皮部汁液流动,在此过程中,可以根据需要通过 SUT 蛋白卸载或重新运输回到韧皮部。到达籽粒(库)后,蔗糖通过胞间连丝或 SUT 卸载,用于合成淀粉。

表 9-5　光合作用中起直接和间接作用的矿质养分

光合作用过程	矿质养分的作用	
	有机结构的成分	酶、渗透调节
叶绿体建成		
蛋白质合成	N、S	Mg、Zn、Fe、K(Mn)
叶绿素合成	N、Mg	Fe
电子传递链		
PSⅡ+Ⅰ,光合磷酸化	Mg、Fe、Cu、S、P	Mg、Mn(K)
CO_2 同化	—	Mg(K、Zn)
气孔运动	—	K(Cl)
淀粉合成,糖运输	P	Mg、P(K)

注:括号内矿质养分系间接影响

植物因光合作用途径不同,分为碳三(C_3)植物和碳四(C_4)植物等。在同样的叶片含氮量条件下,C_4 植物(如玉米)的光合效率要高于 C_3 植物(如水稻、大豆)(图 9-15),原因是 C_4 植物光合作用过程中 CO_2 首先是被 PEPase 固定为有机酸,使 CO_2 得到富集。这些被固定的 CO_2 释放到维管束鞘细胞中,在那里被 Rubisco 进一步同化,这时较高的 CO_2 含量提高 Rubisco CO_2 同化效率。另一方面,PEPase 对 CO_2 的亲和力显著高于 Rubisco,有利于 CO_2 的富集。光合效率与叶片含氮量的比值称为光合氮利用效率,由于上述光合效率的差异,C_4 植物的光合氮利用效率普遍高于 C_3 植物。在田间表现为,在相同的植株含氮量条件下,玉米的产量要高于小麦、水稻等 C_3 作物。

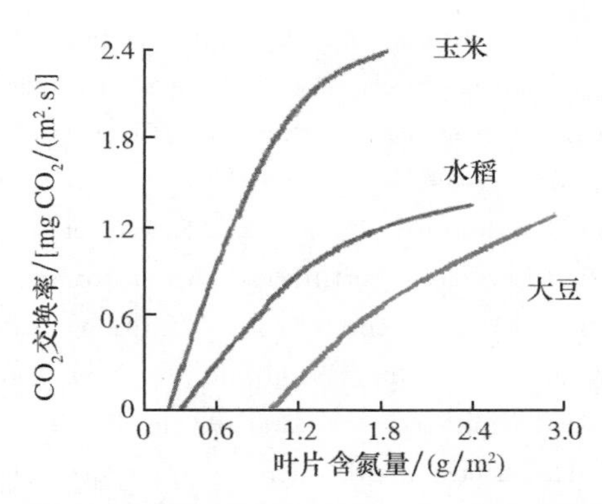

图 9-15 不同作物叶片含氮量与 CO_2 交换速率的关系

(改自:Sinclair and Horie, 1989)

3. 养分供应与光合产物运输(流)

在叶肉细胞中合成的光合产物,最终要转化为蔗糖,以蔗糖形态装载进入韧皮部筛管运输,最终在光合产物库端(如籽粒及正常生长的器官或同化物储存器官)卸载。在筛管细胞膜上存在 H^+-蔗糖共转运蛋白(H^+- sucrose symporter)。在蔗糖装载过程中,筛管细胞膜上的 H^+-ATP 酶水解 ATP 产生能量,将 H^+ 泵出筛管细胞,从而引起跨质膜电化学势梯度加大,沿着这一梯度,蔗糖与 H^+ 一起从质外体进入筛管细胞(图 9-16)。钾是韧皮部汁液里含量最高的阳离子,由钾转运蛋白(K^+ transporter)介导的钾的跨膜运输可以平衡韧皮部细胞膜两侧中的电位,进而调节 H^+-蔗糖的共运输。在质流过程中,钾在建立和维持筛管中渗透压中也起到关键作用。因此,钾素的充分供应对于同化物运输有重要作用。在缺钾条件下,光合产物输出速率降低,糖在叶片中积累,减少籽粒、块根、块茎及根等器官的生长。

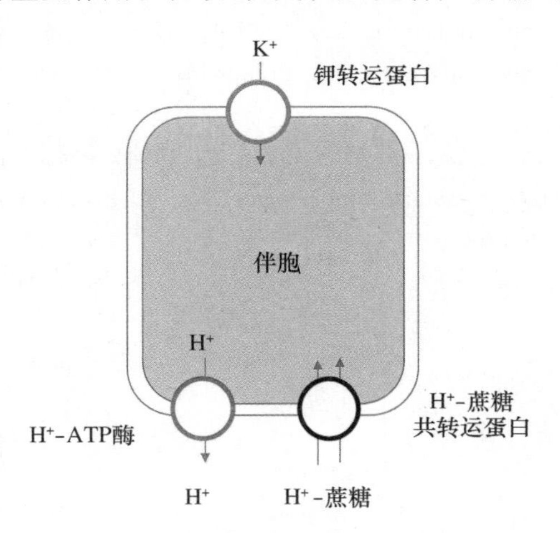

图 9-16 蔗糖向韧皮部伴胞装载过程

4. 养分供应与光合产物储存(库)

在田间条件下,土壤养分供应状况主要影响库器官的数量,比如单株穗数、穗粒数,从而决定了总体光合产物储存库容的大小。比如在小麦中,养分供应可通过逐步影响单株分蘖数、分蘖成穗率、每穗小穗数、每小穗的小花数、小花结实率,最终决定单位面积总粒数(库容)的大小。植物自身具有一定的自我调节作用,尽可能保持籽粒重量的稳定。因此,在中度养分供应不足时,通常首先表现在单位面积穗数和/或单穗粒数下降(库容减少),而单粒重(库的充实)相对变化较小。但是,在一次性施肥及土壤氮素淋失严重情况下,作物后期氮素供应可能严重不足,这样叶片会出现早衰,光合产物供应不足,进而缩短籽粒灌浆时间,籽粒灌浆过早停止,籽粒灌浆不饱满、籽粒重量显著下降(表 9-6)。

表 9-6 施氮量对玉米穗数、穗粒数及粒重的影响

施氮量/(kg/hm^2)	玉米产量/(kg/ hm^2)	收获穗数/(穗/hm^2)	穗粒数/(个/穗)	百粒重/(g/100 粒)
0	5 508	50 700	427	22.4
120	9 279	52 700	641	27.8
240	9 430	52 500	640	28.3

引自:Chen et al., 2013。

基于上述原理,高效施肥要注重对库容(穗数和穗粒数)的调节。主要措施就是保持穗分化期间的养分供应,避免前期一次施肥,将部分肥料(尤其是氮肥)在穗分化(小花分化)时期施肥,也就是通常所说的"氮肥后延"。这有利于提高肥料利用率,实现节肥高产。

收获器官储存的光合产物主要是淀粉、蛋白质及脂类等,养分供应对于这些物质的合成有重要影响。蛋白质中含氮量较高,氮素供应不足时,作物籽粒中的蛋白质含量会显著下降(图 9-17)。

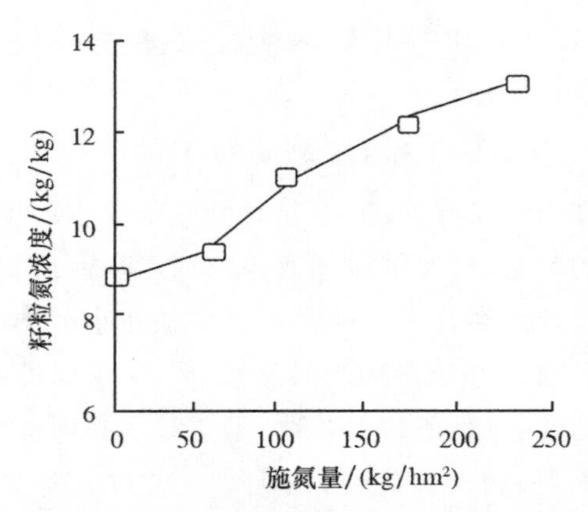

图 9-17　氮肥对玉米籽粒产量和籽粒氮浓度的影响

（引自：Chen et al.，2015）

第九章扩展阅读

复习思考题

1. 在生产实践中，确定化肥用量与种类需要注意哪些原则？
2. 举例说明不同养分主要影响哪些器官的生长发育。
3. 生产中为什么要提倡分次施肥？
4. 为什么有时候植物生长很茂盛，但果实、籽粒产量却不高？

参考文献

陆景陵. 2003. 植物营养学(上册). 2 版. 北京：中国农业大学出版社.

Chen X.，Chen F.，Chen Y.，et al. 2013. Modern maize hybrids in Northeast China tolerate exhibit increased yield potential and resource use efficiency despite the adverse climate change. Global Change Biol. 19，923-936.

Chen Y.，Xiao C.，Wu D.，et al. 2015. Effects of nitrogen application rate on grain yield and grain nitrogen concentration in two maize hybrids with contrasting nitrogen remobilization efficiency. Eur. J. Agron. 62，79-89.

Havlin J. L.，Beaton J. D.，Tisdale S. L.，et al. 2005. Soil Fertility and Fertilizers: An Introduction to Nutrient Management . 7th Edition. Pearson Educational，Inc. Upper Saddle River，New Jersey.

Kumar R.，Mukherjee S. and Ayele B. T. 2018. Molecular aspects of sucrose transport and its metabolism to starch during seed development in wheat: A comprehensive review. Biotechnol. Adv. 36，954-967.

Lalonde S. L.，Wipf D. and Frommer W. B. 2004. Transport mechanisms for organic forms of carbon and nitrogen between source and sink. Ann. Rev. Plant Biol. 55，341-72.

Mu X.，Chen Q.，Wu X.，et al. 2018. Gibberellins synthesis is involved in the reduction of cell flux and elemental growth rate in maize leaf under low nitrogen supply. Environ. Exp. Bot. 150，198-208.

Sinclar T. R. and Horie T. 1989. Leaf nitrogen，photosynthesis，and crop radiation use efficiency: A review. Crop Sci. 29，90-98.

Walch－liu P.，Neumann G.，Bangerth F.，Engels C. 2000. Rapid effects of nitrogen form on leaf morphogenesis in tobacco. J Exp Bot. 51：227-237.

Wu K.，Wang W.，Song W.，et al. 2020. Enhanced sustainable green revolution yield via nitrogen-responsive chromatin modulation in rice. Science，367，eaaz2046

Yu S. M.，Lo S. F. and Ho T. H. D. 2015. Source-sink communication: regulated by hormone，nutrient，and stress cross-signaling. Trends in Plant Sci. 20，844-857

Zörb C.，Senbayram M.，Peiter E. 2014. Potassium in agriculture - Status and perspectives. J. Plant Physiol. 171，656-669

第十章 植物营养性状的遗传基础及改良

教学要求：

1. 掌握植物营养性状的遗传基础。
2. 理解植物养分效率的基本理论。
3. 了解养分高效遗传改良实践。

扩展阅读：

遗传多样性；种质资源；全基因组关联分析；分子设计育种

植物营养性状的遗传多样性普遍存在，挖掘控制植物营养性状的优良基因，通过遗传改良提高作物养分利用效率，是实现高产优质、养分高效和保护环境多重目标的重要途径之一。

第一节 植物性状及其遗传

一、性状、基因型与表现型

遗传学中把生物个体所表现的形态特征和生理生化特性称为性状。生物体的总体表现可以区分为各个单位作为研究对象,这样区分开来的性状叫"单位性状"。任何植物都呈现出多种性状。有的是形态特征(如豌豆种子的颜色,形状),有的是生理特征(植物的抗病性、耐寒性),与植物营养性状有关的单位性状有氮效率、磷效率、铁效率以及抗盐性、抗酸性、抗重金属性等。根据研究的需要,单位性状还可以进一步分解成更具体的"子性状"。例如,植物抗盐性可以区分为渗透调节、离子分隔作用和排斥作用等子性状。植物铁效率可以区分为高铁还原酶活性、铁载体活性等子性状。这些子性状可作为生理、遗传改良研究的间接指标。

遗传多样性的表现是多层次的,在植物外部形态、生理代谢或者在 DNA、RNA 等分子遗传物质上均有反映。不同生物个体内的基因组成不同,所有基因的组合称为基因型(genotype),它是生物体的内在遗传基础。在实际工作中通常以生物体的某种性状为研究目标,一般将控制生物体某一性状的遗传基础总和称为基因型。在一定的环境条件下,特定基因表达使生物表现出某种性状,称为表现型(phenotype)。

在自然进化及人工选择过程中,由于基因分离、重组和突变等原因,某一生物群体的不同个体间在基因组成上会产生差异。群体中个体间因基因组成差异而导致的表现型差异通常被称为"基因型差异"。由于表现型受环境影响很大,不同的基因型既可表现为不同的表现型,也可表现为相同的表现型(图 10-1)。所以严格来讲,判断不同个体之间是否存在基因型差异时,不能仅限于其表现型的比较,还必须通过遗传学手段确定每一个个体的基因型。

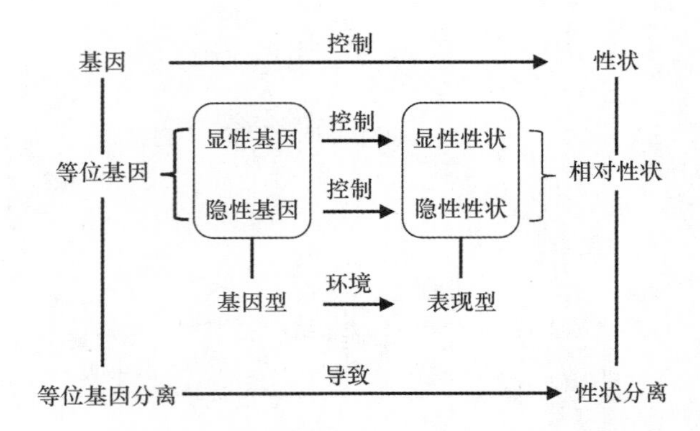

图 10-1 植物基因型与表现型的关系

二、质量性状与数量性状

性状可由单基因或多基因控制。单基因控制的性状称为质量性状,而多基因控制的性状则为数量性状,如农艺性状,包括很多植物营养性状(如耐低氮、耐低磷等)。

质量性状(qualitative character)是指同一种性状的不同表现型之间不存在连续性的数量变化,而呈现质的、中断性变化的那些性状。它是由少数起决定作用的遗传基因所支配的,如豌豆花色、子叶颜色、籽粒饱满程度、水稻的粳与糯等都属于质量性状,这类性状在表面上都显示质的差别。

数量性状(quantitative character)表现为连续变异的性状,如植株生育期、果实大小、种子产量等。数量性状在自然群体或杂种后代群体内,很难对不同个体的性状进行明确的分组,求出不同级之间的比例,所以不能采用质量性状的分析方法,通过对表现型变异的分析推断群体的遗传变异。借助于数理统计的分析方法,可以有效地分析数量性状的遗传规律。

三、从性状到基因:正向遗传学

传统的遗传学手段大致可以分为"正向遗传学"(forward genetics)和"反向遗传学"(reverse genetics)两类。正向遗传学主要研究生物突变性状的遗传行为,如控制突变性状的基因数目及其在染色体上的位置,以及突变性状在后代中的传递规律等。经典遗传学(正向遗传学)的系统研究是从孟德尔的豌豆花实验开始的,主要针对质量性状,即通过生物的表型性状来推测其遗传物质组成、分布与传递规律等，从而研究生命过程的发生与发展规律。质量性状的差别可以比较容易地由分离定律和连锁定律来进行分析。

而对于数量性状，经典的数量遗传分析方法只能分析控制某一性状表现的众多基因的总和遗传效应，无法鉴别基因的数目、单个基因在基因组的位置和遗传效应。随着现代分子生物学的发展和分子标记技术的成熟，已经可以构建各种作物的分子标记连锁图谱。基于作物的分子标记连锁图谱，采用近年来发展的数量性状基因位点(QTL)的定位分析方法，可以估算数量性状的基因位点数目、位置和遗传效应。

数量性状基因座(quantitative trait loci, QTLs)，是染色体上控制数量性状变异的一个片段，通常包括多个基因，其中也含有控制目标性状的基因。因此，发现控制某一性状的QTL，相当于对控制这个性状的基因进行了定位。QTL定位又称QTL作图(QTL mapping)，是研究数量性状基因的重要手段。一个数量性状往往受多个QTLs控制。利用特定的遗传标记(genetic marker)信息，可推断影响某一性状的QTLs在染色体上的数目和位置，即QTL定位。以个体间遗传物质内核苷酸序列变异为基础的遗传标记叫分子标记，它能够直接反映个体(或种群间)基因组DNA的差异。利用这些定位的QTL，一方面可以发展某一性状的分子标记，实现分子标记辅助选择育种；另一方面为进一步分离目的基因打下了基础。QTL还可以用于杂种优势机理探讨、种质资源遗传多样性研究等。

四、从基因到性状：反向遗传学

与正向(经典)遗传学的研究思路相反，反向遗传学是直接从生物的遗传物质入手，利用现代生物理论与技术，通过核苷酸序列的突变、缺失、插入等手段创造突变体并研究突变所造成的表型效应，进而阐述决定生物表型的遗传本质和生理基础。与反向遗传学相关的各种技术统称为反向遗传学技术(reverse genetic manipulation)，主要包括RNA干扰(RNA interference，RNAi)技术、基因沉默技术、基因体外转录技术等，是DNA重组技术应用范围的扩展与延伸。

一般自然界的基因型叫野生型，发生突变的个体叫作突变体。突变体往往具有与野生型不同的表型，这样就为缺失组分的功能提供了有益的信息。同样，含有某一组分过量表达的个体也称为突变体。例如，1929年Beadle报道了第一个营养缺失突变体——玉米黄条突变体(yellow stripe，ys)，其主要特点是维管束间呈条状或斑状失绿。主要原因是缺铁造成的，突变体不具备植物铁载体合成、分泌和吸收系统。

五、基因×环境互作及遗传力

基因的正常表达受环境条件的干扰，造成表现型发生变异。这种变异是不遗传的，但往往与可以遗传的变异相混淆。从定量的角度上看，某性状的表现型可用一个数值来衡量，这一数值称为表现型值，以P表示；同理，由基因型所决定的数值，称为基因型值，以G表示；由环境所决定的数值，称为环境值，以E表示。三者的数量关系可用下式表示：

$$P=G+E$$

假如以方差(variance)来表示上式各个值的变异程度，则有：

$$V_P=V_G+V_E$$

其中V_P、V_G和V_E分别称为表现型方差、基因型方差和环境方差。

在生产实践中通常采用遗传率(或称遗传力)来估测遗传因素和环境影响在某一性状表达中所占的比重。遗传力是指遗传变异程度(以基因型方差来衡量)在总变异程度(包括了基因型方差和环境方差)中所占的比重。这样所得的遗传力为广义遗传力。用公式可表示为：

$$广义遗传力=\frac{基因型方差}{(基因型方差+环境方差)}\times 100\%$$

$$h_B^2=\frac{V_G}{(V_G+V_E)}\times 100\%$$

如果考虑到基因间的互作作用，基因型方差还可以进一步分成基因加性方差(V_A)、显性方差(V_D)和上位性方差(V_I)。即：

$$V_G=V_A+V_D+V_I$$

上述组分中，实际上只有基因加性方差是固定的遗传变异量，可以由亲代遗传到子代中。而显性方差和上位方差是基因间临时作用的结果，是不固定的遗传变异量。所以，严格来说，遗传力只取决于基因加性方差。以基因加性方差为基础计算的遗传力，称为狭义遗传力。用公式可表示为：

$$狭义遗传力=\frac{基因加性方差}{(基因型方差+环境方差)}\times 100\%$$

$$h_N^2=\frac{V_A}{[(V_A+V_D+V_I)+V_E]}\times 100\%$$

一般而言，遗传力较高，则群体变异由遗传作用引起的影响较大，环境对其影响较小，在后代群体中出现相应性状的概率较大，因而具有较高的遗传潜力。相反，如果遗传力较低，则说明性状的变异主要受环境因素的影响，在后代群体中出现相应性状的概率较低，因而遗传力较低。因此，遗传力是衡量某一性状遗传潜力的重要参数。

第二节　植物营养性状及其遗传

一、植物营养性状及遗传控制

植物营养性状是与土壤-植物营养问题相关的性状的总称，主要包括了养分效率（氮效率、磷效率、钾效率、铁效率等）和对矿质元素毒害的抗性（如抗盐性、抗铝性、抗锰性和抗镉性等）。植物营养性状既有其他农学、生理性状的共性，也有不同的特点。

植物营养性状是指与植物营养元素的吸收、运输及利用相关的性状。如耐低氮、耐低磷等，一般涉及植物体内的多个生理过程，受多基因控制，因而多数表现为数量性状。对于某一具体的生物学过程而言，如根细胞膜上的某种特定运输蛋白，则可由单基因或少数几个基因控制。

很多植物营养性状（如氮效率、磷效率、抗盐性、抗酸性等）都受许多比较复杂的因素综合影响，其中环境的影响较大，其他因素如气候、栽培条件、土壤肥力以及营养丰缺状况本身都会影响性状的正常表达。这类性状的遗传力一般都比较低，但是，如果把这些性状区分为一些与其密切相关的子性状，这些子性状的遗传力可能会相对高些。例如，水稻抗盐性遗传力不高，其子性状——地上部排盐能力却有相对较高的遗传力，可作为水稻抗盐性选择的间接指标。

二、植物对养分供应反应的基因型差异

（一）中微量元素

植物在微量元素效率方面普遍存在着显著的基因型差异。其中较为经典的1个例子是大豆铁效率的遗传。早在20世纪40年代，美国的Weiss就发现大豆的不同品系在利用铁营养方面有明显的差异。在缺铁环境中（例如石灰性土壤），一些发生突变的大豆品系（突变体）表现出明显的缺铁症状（幼叶黄化），而本地的一些标准纯系（野生型）在同样条件下则生长正常。他把前者称作对铁利用的“低效率”品种（inefficient variety），而把后者相应地称作“高效率”品种（efficient variety）。用两者进行杂交后进行遗传分析，发现对铁利用的“高效率”和“低效率”分别由一对等位基因控制，“高效率”基因（FeFe）为显性，“低效率”基因（fefe）为隐性。结果如图10-2所示。

P_1P_2　FeFe × fefe
（绿叶）（黄化叶）
↓
F_1　Fefe
（绿叶）
↓⊗自交
F_2　FeFe，Fefe，feFe，fefe

F_2表现型分离　绿叶　黄化叶
F_2表现型比例　3　:　1

图10-2　大豆对铁利用的“高效率”基因型与“低效率”基因型杂交后代的分离情况

Fe对于fe为显性，纯合显性（FeFe）和杂合显性（Fefe）基因型表现为铁高效率（绿叶），纯合隐性（fefe）基因型表现为铁低效率。F_2代表现型的分离服从简单的孟德尔分离规律（引自：Weiss，1943）

后来，Brown等（1967）进一步研究了上述问题，他们用一个“高效率”大豆品种（HA）和一个“低效率”大豆品种（PI）进行嫁接试验。将两个品种的地上部枝条分别嫁接于这两个品种的根茎上，形成不同嫁接组合，发现只有根茎为“高效率”品种（HA）的组合才是对铁利用“高效率”的（图10-3）。这表明，控制对铁利用效率的一对等位基因位于根部，尽管缺铁的症状是表达在地上部叶子上的。更

进一步的研究认为这对等位基因控制着根部对 Fe^{3+} 还原成 Fe^{2+} 的能力，因而决定了 Fe 的吸收利用效率（植物只吸收 Fe^{2+}）。后来还发现，除了显性的主效基因外，一些具有数量遗传性质的微效修饰基因也可能影响铁效率的遗传。

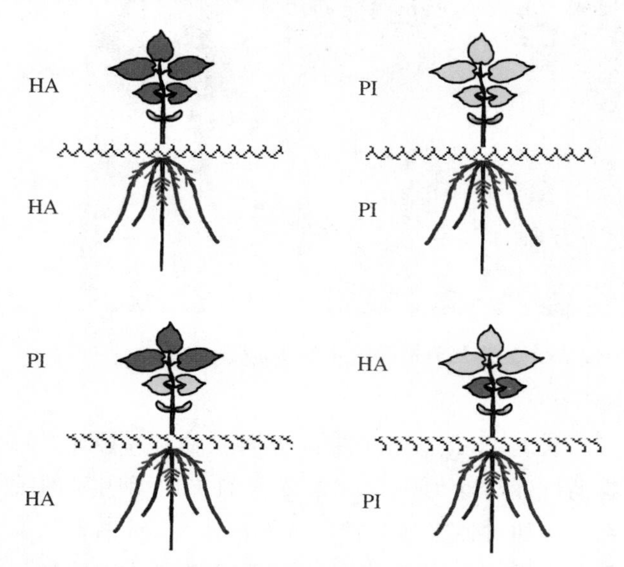

图 10-3　石灰性缺铁土壤中，大豆铁"高效率"基因型与"低效率"基因型嫁接结果示意图（引自：Brown et al.，1958）

HA 为铁高效品种，PI 为铁低效品种。注意只有根系来自"高效率"品种（HA）的嫁接组合，地上部新叶才不会失绿

目前已发现，很多农作物在利用微量元素方面普遍存在着基因型差异。这种基因型差异是作物遗传改良的基础，因为如果能通过某种遗传学的途径把"高效率"品种的相关基因转移到"低效率"的品种上来，后者的营养状况就可以得到改善。例如，禾谷类作物中的小麦和黑麦是两种不同的基因型，它们在铜利用能力方面有很大差异。用它们杂交得到的基因型叫小黑麦，其利用铜的效率介于父母本之间。

植物在中量元素方面同样存在基因型差异。Johnson 等（1961）发现一些芹菜品种经常出现叶片脉间失绿，但另一些芹菜品种完全正常。后来的分析证实，出现症状是由于缺镁所致。他们将这两个品种杂交，发现后代分离服从孟德尔分离规律，控制正常镁营养的基因（*Mg*）为显性，引起缺镁症的基因（*mg*）为隐性。

（二）大量元素

关于大量元素养分效率基因型差异，Hoener（1938）等最早报道了伊利诺斯高蛋白玉米品系和低蛋白玉米品系间吸收和利用硝酸盐的遗传差异。在低氮水平下，低蛋白品种产量较高，而在高氮水平下，高蛋白品种产量较高。

Shea 等（1967）发现在低钾（0.13 mmol/L）供应条件下，菜豆"钾高效"品系生长基本正常，而"钾低效"品系出现典型的缺钾症状，生长严重受阻。当钾供应充足时，两类品系都生长正常，而且产量接近。利用二者杂交，发现后代性状分离也服从孟德尔分离规律，"钾低效"基因为显性，"钾高效"基因为隐性。Epstein 等（1978）通过化学诱变的方法获得了番茄钾效率的单基因突变体，说明在一些作物中钾效率性状也可能由单基因或主效基因控制。

在以后的很多研究中发现，植物对大量元素利用效率的遗传基础比较复杂，往往是受多基因控制的数量性状。这是因为，大量元素（特别是氮和磷）几乎与植物的全部生理生化过程有关，不止受到一个或几个仅有的基因控制。所以研究这些营养性状的遗传控制往往比较困难，需要借助于一定的方法，如分子遗传标记辅助的基因定位等。这方面的工作近年来已取得了较大的进展。

三、植物对元素毒害反应的基因型差异

植物的营养性状基因型差异不仅表现在对养分缺乏的反应不同，而且还表现在对各种毒害元素的忍耐性的差异，如在酸性土壤中的铝、锰毒，在矿区及受污泥、污水污染的土壤中的锌、铜、硼、镉、镍等元素毒害，在盐碱地中的钠毒等。利用对重金属忍耐性强的植物，一方面可以恢复受污染土壤的植被，另一方面，还可能通过植物对重金属的富集，逐步地降低其在土壤中的浓度，最终达到土壤修复的目的，这称为"植物修复"（phytoremediation）。如遏蓝菜的一个种 *T. caeruLescens* 即是一种重金属超累积植物，它可以在 4 000 mg/kg 含锌介质中生长，并在体内累积 高达 40 000 μg/g（干重）的锌，而与之同属的另一个种 *T. arvense* 在含锌 500 mg/kg 的介质中就不能生长。在酸性土壤上，植物很容易受铝毒的影响，不同的大麦品种，其抗铝性也存在很大差异（图 10-4），说明作物对铝毒的抗性也是受遗传控制的，可以通过遗传改良提高作物耐铝性。

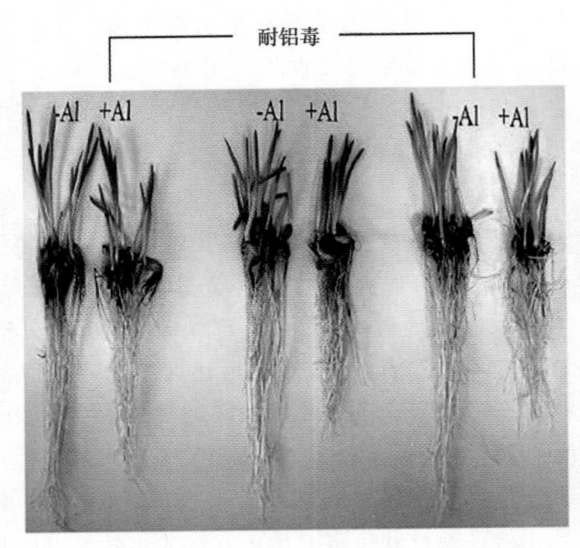

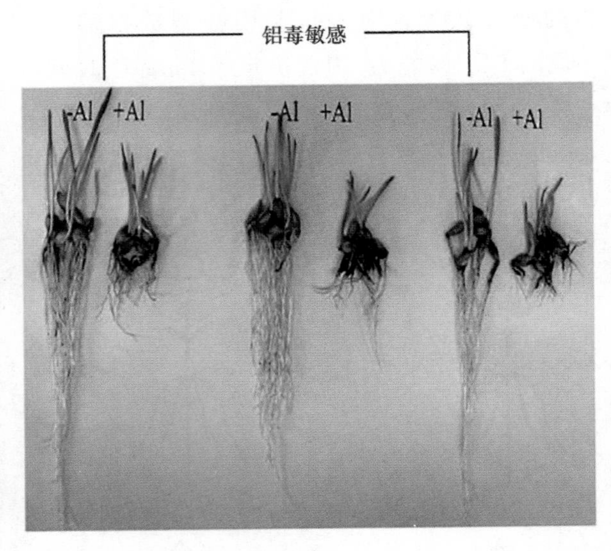

图 10-4　不同大麦耐铝基因型(左侧为耐铝毒基因型,右侧为铝毒敏感基因型)

(引自:Ma et al.,2014)

不同遗传背景和生态背景的植物在抗元素毒害能力方面具有很大的差异。表 10-1 总结了部分试验结果,说明植物耐铝、耐锰、耐重金属的能力无论在不同种类之间还是在种内都有不同程度的差异。

从表 10-1 还可以看出,某种植物对一种元素毒害的抗性与对另一种元素毒害的抗性无明显的关系。例如对铝害具有较强抗性的水稻,对钠害就变得非常敏感,这说明了植物对元素毒害的抗性是相对独立的遗传性状。

表 10-1　不同植物种类在抗元素毒害性状上的相对差异

	较强抗性	中等抗性	较弱抗性
铝毒	茶树、水稻、燕麦、玉米、黑麦、荞麦	大豆、菜豆、豌豆、白菜、茄子	小麦、番茄、大麦、油菜、甜菜、胡萝卜
锰毒	茶树、水稻、燕麦、玉米	甜菜、番茄、蚕豆、大麦	大豆、甘蓝、柑橘、菊花
盐(Na)害	甜菜、白菜、大麦、棉花	小麦、玉米、萝卜、大豆	水稻、菜豆、甜橙、草莓
镉害	旱稻、黑麦、玉米、小麦	番茄、胡萝卜、豌豆、菜豆	黄瓜、大豆、菊花、向日葵

四、植物营养性状遗传的特点

(一)植物营养性状通常是数量性状

植物营养性状多是以生长反应(生物量)为衡量基础的,而生物量本身往往是一种表现为连续的性状,即数量性状;大部分植物营养问题都与土壤的矿质元素含量相关。无论是养分胁迫还是元素毒害,植物的表现都与所处的根际微生态系统有密切的联系。不同植物种类甚至同一植物的不同品种在活化和吸收养分方面都有显著的差异,这些差异反映了植物不同个体的基因潜力,能在根际动态变化的特征上表现出来。同时,根际中的其他因素也制约着植物根系的反应。因此,根际微生态系统使植物营养性状显得较为复杂。

(二)植物营养子性状通常由多基因控制

植物营养性状通常是多个子性状综合表现的结果,因而存在着多种因素的互作而具有数量性状的特征。植物矿质元素吸收、运输、同化和代谢过程具有复杂性。以磷为例,植物对磷的吸收决定于根系形态、磷吸收转运蛋白、根系分泌物种类和数量、植物与菌根的共生关系等因素,多个步骤的生理生化基础决定了磷效率是一个多基因控制的综合性状,表现出其遗传上的复杂性,也显示了植物营养性状区分为子性状进行研究的必要性。

第三节　养分效率与养分高效品种

一、养分效率

在表述不同植物利用养分能力的差异时常用养分效率(nutrient efficiency)这一概念。根据Moll等(1982)的提法，养分效率定义为单位养分投入量条件下的作物产量，相当于肥料的偏生产力(partial factor productivity, PFP)。

二、养分吸收效率与养分利用效率

以氮素为例，养分效率可以进一步划分为氮素吸收效率(nitrogen uptake efficiency, NUpE)和植株体内的氮素利用效率(nitrogen utilization efficiency, NUtE)。前者指植物吸收养分占养分总供应量的比率，后者则指植物体内单位养分所生产的生物量或产量。需要注意的是，植物体内养分的利用效率是一个复杂的动态的过程，涉及养分在植物体内的运输、分配、利用及再利用等多个生理过程，在植物生长发育过程中，各个过程会相互协调。因此，常常需要从全生育期的角度去正确理解养分利用效率这个值，尤其是对于以收获繁殖器官为目标的植物。

养分吸收效率既取决于根际养分供应能力及养分的有效性，同时也取决于植物根细胞对养分的选择性吸收和向地上部的运输能力。对大部分植物来说，根系是吸收养分的主要器官，因此根系对养分的吸收能力是高养分效率的前提。实验观察到，高养分效率的植物根系一般具有如下的一些特性：①具有合理的根形态和根构型，有利于扩大吸收面积；②具有较强的分泌能力和还原能力，能提高根际养分有效性；③根细胞膜对某一养分离子具有较高的亲和能力(低 K_m 和 c_{min} 值)，有利于土壤低浓度养分的专一性吸收。

养分利用效率高的植物通常体内养分的浓度较低，反之，其体内养分的浓度则较高。养分利用效率涉及体内养分的分配、运输、再利用、储存和转化等过程。例如，有些磷高效基因型能很好地利用体内储存的磷酸盐，而另一些则能有效地利用某一组织中的磷，或有效地在地上部器官间转移和利用磷。

三、养分高效品种

养分高效品种(nutrient-efficient cultivar)是在特定的养分供应条件下产量较高的品种(图10-5)。有些品种的产量只在很高施肥量下才能超过对照品种，这些品种可以称为高养分投入下的养分高效(high nutrient efficient)品种。另外一些品种只有在低养分投入条件下才能超过对照品种，可以特指其为耐低养分(low-nutrient tolerant)品种，比如耐低氮(low-N tolerant)品种、耐低磷(low-P tolerant)品种等。在低、高养分投入条件下，某一品种的产量均比对照品种高，则称之为双高效品种(double efficient cultivar)。因此，一个品种是否属于养分高效品种，与对照品种有很大关系，养分高效品种是一个相对的概念。

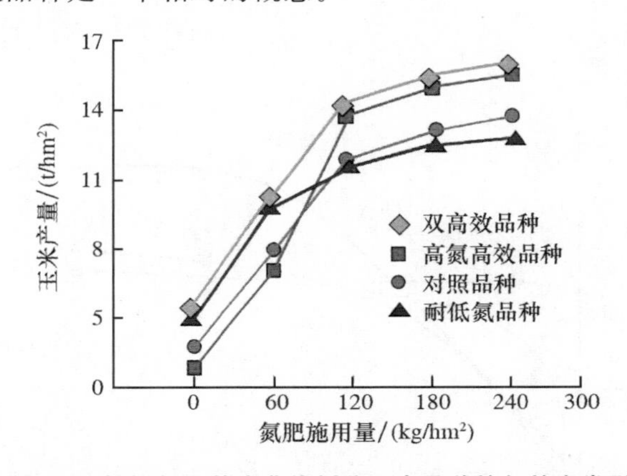

图10-5　根据氮肥效应曲线划分玉米品种的氮效率类型

相对于早期育成的玉米品种，现代玉米杂交种通常在高、低氮肥投入条件下都有较高的产量，即新品种较老品种的养分效率更高。但是现代育成的杂交种之间也存在养分效率差异，例如，在不施氮条件下，玉米品种郑单958常常比先玉335能获得更高的产量，二者相比，郑单958是耐低氮品种。

四、养分效率的评价与计算方法

评价作物品种的养分效率，必须在一定的高或低养分胁迫条件下进行。养分高效品种筛选至少需要在2个养分水平下进行，一个为正常养分水平，另一个为缺素胁迫水平。最理想的评价体系是设置多养分供应水平(肥料梯度试验),可以准确评估作物对养分响应的基因型差异。

在田间氮效率评价中,如果设置两个氮供应水平,根据国际玉米小麦改良中心(CIMMYT)的经验,低氮小区的产量应该是正常供氮的25%~35%。在这种情况下可以选择到真正的耐低氮品种。在玉米苗期水培体系中,低氮一般设为 0.04 mmol/L、正常供氮为 4 mmol/L。

养分效率、吸收效率、利用效率用公式可分别表示为:

$$养分效率=\frac{生物量或产量}{介质中养分量}=吸收效率\times利用效率$$

$$吸收效率=\frac{植株养分吸收量}{介质中养分量}$$

$$利用效率=\frac{生物量或产量}{植物体内养分量}$$

有人用敏感度(sensitivity)或响应度(responsiveness)作为评价养分效率的重要次级指标,这两个词的含义容易混淆。实质上,敏感度这个术语更关注一个品种产量对养分投入下降的反应程度(图10-6),其含义是:以常规养分投入量为标准,随着养分投入的降低,一个品种产量的下降幅度。计算公式为:

$$敏感度=\frac{(正常养分投入下的产量-低养分投入下的产量)}{养分投入减少量}$$

响应度更关注养分投入增加条件下一个品种的增产能力(图10-6),其含义为:以常规养分投入量为标准,随着养分投入量的增加,一个品种产量的增加幅度。计算公式为:

$$响应度=\frac{(高养分投入量下的产量-正常养分投入量下的产量)}{养分投入增加量}$$

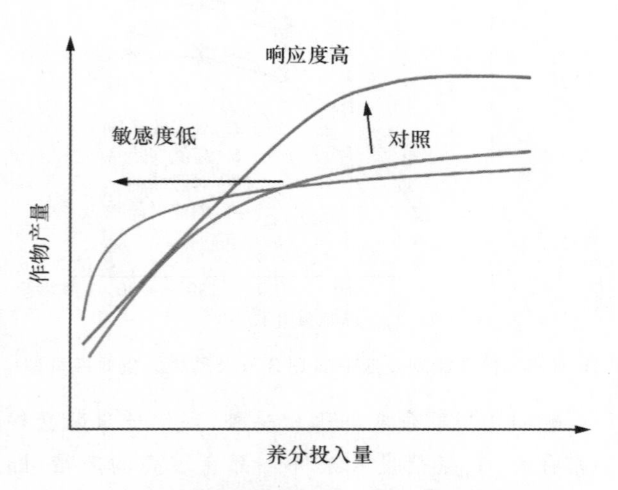

图 10-6 作物品种对养分投入的响应度与敏感度

由此可以看出,两个指标的基点都是正常养分投入量,但目标却正好相反。响应度对应于集约化生产地区进一步发挥肥料效应,目标是在高产的基础上,通过增施肥料实现再高产,响应度高的品种一般是高养分投入下的养分高效品种。而敏感度这个指标对于一些施肥不足地区(如非洲)获得较高产量有意义,其目标在于在降低肥料投入条件下,使作物减产幅度小,相当于耐低养分品种。

还有人用相对产量(relative yield)作为养分效率的一个指标,其计算方法为:

$$相对产量=\frac{低养分投入下的产量}{正常养分投入下的产量}\times100\%$$

研究者认为这种计算方法可以消除植株生长量本身的影响,真正反映"专一性"的养分效率。这个指标与敏感度基本反映了相同的生理学反应,也就是一个品种对养分缺乏时的反应程度。虽然响应度、敏感度、相对产量等指标在一定程度上有助于人们从多个角度理解养分效率,但在实际遗传改良过程中,这些指标都应该与正常养分供应条件下的产量配合使用,才具有实际价值。如果单纯考虑响应度、敏感度或者相对产量,而不考虑正常施肥量条件下的作物产量,很有可能会选择到那些生长缓慢、地上部对养分需求少的基因型。

第四节 养分效率相关性状的遗传控制

近几十年来,人们对作物矿质营养的遗传特性开展了大量的研究,但主要是通过数量遗传学的方法进行的。一般认为,大量营养元素的遗传控制比较复杂,大多是由多基因控制的数量性状,其中每个基因对表现型具有小的效应，但很大程度上受环境因素影响。相反，微量元素则相对比较简单，主要是由单基因或主效基因控制的质量性状，其中每个基因对表现型具有相对大的效应，但对环境影响相对不敏感。

迄今已经鉴定出很多与养分高效吸收相关的基因或数量遗传控制位点（QTL），其中一些已经在养分高效育种中显示出良好的应用前景。

一、根系性状的遗传基础

根系大小、形态与构型是决定作物养分吸收效率的关键性状。在拟南芥中已鉴定出很多与养分相关，控制根系发育的基因，如 *ANR*1 是已被鉴定的可通过硝酸盐信号途径调控侧根发育的关键功能基因。在农作物中进展较为缓慢，根系生长相关基因的克隆主要集中于水稻。不过，在不同作物中已经鉴定出大量控制根系的 QTL，需要进一步从中寻找控制根系性状的关键基因及其优良等位基因。

深根是水稻抵御干旱胁迫的重要策略之一。以水稻品种 IR64 和菲律宾深根水稻品种 Kinandang Patong（KP）构建的重组自交系为材料，Uga 等在 9 号染色体上定位到一个控制水稻深根比主效 QTL-*DRO*1，可解释 66.6％的表型变异。利用带有 KP 品种深根等位基因的 8 个 BC_2F_3 回交导入系开展了进一步的精细定位，最终将 *DRO*1 基因定位在标记 RM24393 和 RM7424 之间的 608.4 kb 区间内（Uga et al.，2011）。对其生理功能研究表明，*DRO*1 在水稻的生长素信号传导途径的下游发挥作用，并控制水稻根部对重力的响应。

在菜豆、大豆耐低磷核心种质评价方面目前已有非常系统的工作，获得了一批磷效率差异显著的材料，鉴定了与磷效率密切相关的根系构型和酸性磷酸酶等生理生化指标。利用根构型与结瘤固氮具有明显差异的大豆亲本 JD12 与 NF58 构建 175 个 $F_{9:11}$ 重组自交系，在大豆 10 号染色体上，发现多个控制根构型、磷效率和生物固氮相关的调控基因，为大豆磷高效遗传改良奠定了基础。

玉米根系性状存在丰富的遗传变异。Li 等（2015）利用大根系氮磷高效型自交系掖 478 和小根系氮磷低效型自交系武 312，构建了重组自交系群体。在田间正常施氮磷、缺氮、缺磷条件下，共定位到 281 个 QTL，分别控制不同生育阶段玉米根系性状（轴根数、轴根长、总根长、总根表面积、根重）、吐丝后期根拔拉力，进行 Meta-QTL 分析表明，其 QTL 主要分布于 10 条染色体的 56 个区域内，产量与根系相关性状存在部分遗传连锁关系。

二、氮高效遗传基础

植物对氮素的利用主要分为几个阶段，包括吸收、转运、同化和再转移利用等，源与库的关系在协调整个氮素利用的过程中起着决定性作用。在营养生长期，主要表现为生物量的增加，正在生长的根、茎叶是利用氮素的主要库，氮素高效决定于氮素的吸收、储藏及同化的效率。进入生殖生长阶段，主要表现为产量的增加和籽粒蛋白质含量的增加。此时，植物对氮的吸收开始降低，果实和种子的生长成为主要的库，营养器官（茎叶）开始衰老，成为氮素的源，将存储的氮活化再转移成为主要供给方式。植物氮效率的遗传，可以分解为氮素吸收效率和氮素利用效率两个重要的过程。

（一）氮吸收遗传基础

植物根系通过特异性转运蛋白从土壤中吸收无机氮和有机氮，主要包括硝态氮（NO_3^-）、铵态氮（NH_4^+）、氨基酸等。作物品种间存在显著的吸收效率差异。林振武等在 1986 年就发现，籼稻的硝酸盐吸收能力高于粳稻品种，且对氮肥更为敏感。直到 2015 年取得了突破性进展，Hu 等（2015）利用籼粳稻遗传分离群体，图位克隆了一个控制籼稻中硝酸盐吸收的主效 QTL-*NRT* 1.1 *B*（*OsNPF*6.5），它与硝酸盐高效吸收和转运密切相关。随后发现在田间籼粳稻招募不同的根系微生物组，籼稻比粳稻有更高的微生物多样性，其中包括更多氮代谢相关的属。进一步分析 *nrt*1.1*b* 基因突变体和近等基因系，发现水稻的氮转运和受体 *NRT*1.1*B* 基因与大部分籼稻富集菌有关。

（二）氮素同化利用的遗传基础

硝酸还原酶（NR）是负责将硝酸盐还原为铵盐的重要限速酶，很久以来，人们一直想通过对 NR 的遗传改良来提高氮效率。20 世纪 80 年代研究发现，籼稻的NR活性高于粳稻，并且NR活性与水稻的耐肥性呈负相关，低NR活性的粳稻相比高NR活性的籼稻更耐高肥。之后，研究者进一步利用籼稻9311和粳稻日本晴构建的重组自交系群体(RIL)，定位到两个ClO_3^-抗性QTL，分别命名为*qCR2*和*qCR10*。通过精细定位和图位克隆，发现*qCR2*编码NAD(P)H依赖型硝酸还原酶*OsNR2*，并且籼型*OsNR2*比粳型*OsNR2*具有更高的NR活性，主要是由于来源于NAD(P)H结合域的精氨酸(籼型)和色氨酸(粳型)的差别。将籼型和粳型*OsNR2*等位基因分别转入粳稻日本晴，发现携带籼型*OsNR2*的转基因植株NR活性更高，$^{15}NO_3^-$吸收量高，地上部和穗部含氮量也更高(Gao et al.，2019)。

(三)氮素转运遗传基础

植物进入生殖生长后，营养器官(茎叶)开始衰老，籽粒成为氮素利用的主要库，其茎叶所储存的氮素向籽粒再转移，其中叶片是向籽粒进行氮素转移的主要源。法国科学家利用玉米重组自交系群体，发现许多生理性状及田间的农艺性状与植物体内多个氮和碳代谢酶的基因有很好的连锁关系，在第5染色体gln4位点附近，有多个性状紧密连锁(包括产量和生理性状)。而且这个位点与玉米开花后期氮素转移相关的多个QTL连锁，是氮效率的一个候选遗传片段。谷氨酰胺合成酶(GS)是植物将铵同化为氨基酸的关键酶，其同工酶GS1主要在叶片衰老过程中的氮形态转化中发挥作用。超表达GS1可以显著提高玉米谷氨酰胺合成酶的活性，在低氮投入条件下增加籽粒产量10%～30%。

(四)作物对氮素响应的遗传基础

"绿色革命"是近代育种的一个重要成果，其通过株高的降低提高了植株的抗倒伏性，从而更能发挥化肥的增产作用。实际上提高了品种对氮肥的响应度，即高氮投入条件下的增产能力和氮效率。1996年杨守仁先生明确提出"短挺叶、大穗、直立穗"超级稻的理性株型，育成的沈农265具有高产、对氮肥响应强、矮秆、不易倒伏的特点。研究者利用沈农265与非直立穗品种构建了多个分离群体，图位克隆了控制直立穗的主效QTL-*DEP1*(Huang et al.，2009)，发现*DEP1*基因可调控水稻生长对氮肥的响应能力，携带显性*DEP1-1*等位基因的植株可以在中、低氮供应水平下，吸收更多的氮素，通过提高收获指数，提高籽粒产量，而其株高不随施氮量增加而变化，该基因在减少氮肥投入和提高水稻产量方面具有重要应用前景。

研究人员从携带"绿色革命"基因*sd1*的水稻高产品种9311中，筛选到一个产量性状(分蘖能力)对氮素响应不敏感的突变体，通过图位克隆获得了控制水稻氮肥利用效率的关键基因*NGR5*，这是水稻生长发育(株高、分蘖和每穗粒数等农艺性状)响应氮素的正调控因子，即此基因表达水平和蛋白积累量随施肥量的增加而增加。在当前主栽品种中，提高*NGR5*表达量不仅可以提高水稻氮肥利用效率，同时还可保持其优良的半矮化和高产特性，可以使其在适当减少施氮肥条件下获得更高的产量。这为水稻和其他农作物"少投入、多产出、保护环境"的绿色可持续农业发展提供了一种新的育种策略。

三、磷效率遗传基础

磷效率基因型差异不仅表现在植物吸收磷，而且表现在体内磷的利用方面。磷效率QTLs的定位工作在水稻中开展较多。我国科研人员利用重组自交群体研究与水稻耐低磷特性有关的QTLs，确定了水稻耐低磷胁迫的一个位于第12染色体上的主效QTL和几个位于1、6、9号染色体上的微效QTLs(Ni et al.，1998)。国际水稻所发现野生水稻品种*Indica*(Kasalath)虽然收获指数很低，但是在磷胁迫下能够较好地生长，而栽培水稻品种*Japonica*(Nipponbare)在正常磷水平下可以获得高产，但是在缺磷土壤上长势远不如野生种。Wissuwa等(1998)用98个来自Nipponbare×Kasalath的回交群体系研究了水稻耐缺磷胁迫的QTLs，磷低效品种Nipponbare作为轮回亲本，鉴定出一个主效QTL，连锁在12号染色体C443标记上，可解释磷效率差异的50%。随后，Wissuwa等经过10多年的图位克隆，获得了磷高效基因*PSTOL1*，这是个特异性蛋白激酶基因，通过促进水稻早期根系的生长，从而提高水稻对低磷的耐性(Gamuyao et al.，2012)。

第五节　养分效率的遗传改良

一、常规育种

常规育种是指人类在同种植物内利用育种手段获得优良性状的特定植物品种的过程。主要包括引种、选择育种、杂交育种（又称组合育种或重组育种）、物理及化学诱变育种、离体组织培养育种（包括花药及花粉单倍体育种、原生质体融合或体细胞杂交等）、多倍体育种。

（一）植物引种

植物引种是指从外地直接引入适合本地栽培条件的植物品种或品系。引种的目的不一定是为专门引入某一具体性状，而可能是用外来种质作为改良该性状有用的遗传资源。通过引种来改良植物营养性状已有了一些成功的例子。例如，国际热带农业中心（CIAT）成功地从中美洲的墨西哥等地引入适合在哥伦比亚等南美洲国家一些地方生长的菜豆品种，这些引入的品种不仅适应了当地的气候条件，还表现出较好的耐低磷特性。我国科研人员引进了一批巴西耐低磷大豆种质，与当地品种杂交，培育出了7个适应南方气候、耐低磷、高产优质的大豆品种。

（二）杂交与系谱选择

杂交与系谱选择（通常称为系谱育种）是指选择适当的两个亲本进行杂交，然后从杂交后代的分离群体中选出具有亲本优良性状的个体，并将所有的亲子关系记录在案。这种方法主要用于自花授粉作物。系谱育种的成功率和速度取决于目标性状的遗传复杂程度以及该性状与其他重要性状交互作用的大小。

巴西相关研究单位用一个磷高效的野生蚕豆P1206002，与栽培蚕豆品种Sanilac杂交并回交获得一系列回交系。在缺磷土壤和营养液中鉴定它们的磷高效特性，在低磷土壤中，育出品系的生物量比Sanilac高出30%～50%，经济产量也较高，说明野生种的磷高效基因已重组到栽培种基因组中。

我国在小麦氮磷高效育种方面开展了多年系统工作，对2000多份小麦种质的磷效率进行了鉴定，证明不同小麦基因型的磷效率具有显著的差异，高效基因型在不施磷肥的缺磷土壤上仍可获得较高产量。在小麦高效利用磷相关生理和遗传基础上，通过对具有偃麦草外源基因的小偃4号进行系谱选择，相继选育出了小偃54、小偃81等氮磷高效小麦品种。

杂种优势利用，可以显著提高作物养分效率。在鉴定种质资源氮磷效率遗传多样性的基础上，通过有针对性的杂交组合选配，并在低氮胁迫下进行选育，可以组配出氮高效品种。如育成的氮高效玉米品种中农99（NE1），具有高产、稳产，根系发达、吸肥水能力强，光合效率高、氮转移效率高的特点，无论在低氮或高氮条件下，单产高出对照（农大108）10%～15%，表现出较强的耐低氮能力和较高的氮肥利用率。

二、分子育种

（一）分子标记辅助育种

利用分子标记进行分子标记辅助选择（MAS）育种，可以实现对目标性状基因型的直接选择，从而显著提高育种效率。分子标记已广泛用于作物遗传图谱构建、重要农艺性状和养分性状的基因定位、种质资源的遗传多样性分析和品种指纹图谱、纯度鉴定及分子标记辅助选择等方面。如前所述，已鉴定出大量的控制植物养分效率的QTL，这些QTL可以进一步用于分子标记辅助育种。例如，利用分子标记辅助选择根系与产量紧密连锁的QTL位点，构建478为供体，武312为轮回亲本得高代回交导入系。发现带有这些位点的导入系及其测交种，相对轮回亲本（武u312）及测交种，其产量能够在正常供氮条件下显著提高10%，缺氮条件下显著提高15%～20%。

（二）转基因育种

作物转基因育种是指利用现代植物基因工程技术，将某些与作物高产、优质和抗逆性状相关的基因导入受体作物中，以培育出具有特定优良性状的新品种。作物转基因育种过程涉及育种目标的制定、目的基因的分离克隆、植物表达载体的构建、遗传转化、转基因植株的获得和鉴定、安全性评价以及品种的选育等内容。近年来，随着植物生物技术的迅猛发展，作物转基因育种已成为常规育种技术的有效补充。与常规育种技术相比，转基因育种具有以下发展优势：①扩大作物育种的基因库；②提高作物育种效率；③拓宽作物生产的范畴。

通过转基因育种技术可以有针对性地培育作物高产、优质与抗性作物品种。比如，转基因抗虫棉花的大面积种植和推广，不仅可以减少化学杀虫剂对棉农及天敌的伤害，而且可以大幅度降低用于购买农药和虫害防治的费用。

利用转基因技术在改良水稻籽粒营养方面首先取得了较大进展，研究人员将两个合成β-胡萝卜素所需的外源基因转入普通大米，即玉米来源的八氢番茄红素合酶和细菌来源的胡萝卜素脱氢酶2个基因，使原本不能合成β-胡萝卜素的水稻胚乳可以合成β-胡萝卜素，其含量大幅提高，达到20多倍以上，因转基因大米胚乳的外表为金黄色，被称为“黄金大米”(Golden Rice)，可以有效改善人体营养。

水稻中已经克隆到多个与控制氮磷效率有关的重要基因，在小规模实验中，这些基因已经表现出良好的增产增效应用潜力。如 *NRT1.1B* 转入粳稻，可以显著提高粳稻的氮素吸收效率，促进了分蘖数，单株产量增加了10%，而小区产量和氮效率提高了30%。超表达 *OsNRT2.3b* 能增强对pH的缓冲能力，提高氮、铁、磷的吸收，可使谷物产量和氮利用效率(NUE)提高40%。超表达 *OsPHF1*，使吸磷量增加了40%～60%，产量提高30%～50%，这些都显示出通过转基因育种提高作物养分效率的巨大潜力。

三、基因编辑

CRISPR/Cas9 (Clustered regulatory interspaced short palindromic repeats/CRISPR-associated protein 9)是最近发现的一种新型的基因组定点编辑技术。CRISPR即成簇的、有规律的、间隔短回文重复序列，是人们在研究大肠杆菌编码的碱性磷酸酶基因时发现的，它原本是存在于细菌和古细菌基因组中含有多个短重复序列的基因位点，能够为自身提供一种特异性免疫保护机制，抵御外来病毒、质粒等遗传元件的入侵。CRISPR系统主要依赖crRNA(CRISPRRNA)和tracrRNA(Trans-activating chimeric RNA)结合并导向Cas(CRISPR-associated system)蛋白来对外源DNA进行序列特异性降解。目前已经发现了3种类型的CRISPR/Cas系统：Ⅰ型、Ⅱ型和Ⅲ型。其中Ⅱ型系统组分较为简单，主要依赖的是Cas9核心蛋白，在RNA的介导下，Cas9蛋白能够识别靶序列进行切割造成DNA的双链断裂(Double-strand breaks，DSB)。在此基础上，人们可以对基因组的特定位点进行基因打靶、基因定点插入、基因修复等各种遗传操作。目前，利用该技术已在多个物种的细胞和个体水平上实现了遗传操作。例如，研究人员通过对控制水稻氮效率重要的硝酸盐转运蛋白基因 *NRT1.1B* 进行单碱基C→T或C→G的单碱基编辑，单碱基替换的效率为1.4%～11.5%，致使突变体表型明显矮化。随后通过进一步改进，成功地将此系统运用到三大重要农作物小麦、水稻和玉米的性状改良上，为作物品种改良带来了新的途径。

第十章扩展阅读

复习思考题

1. 什么是基因型？它与物种、品种是什么关系？
2. 植物养分效率的含义是什么？
3. 为什么要研究植物对养分吸收利用的基因型差异？
4. 作物营养性状可以通过哪些手段加以改良？

参考文献

陈范骏，米国华，张福锁. 2009. 氮高效玉米新品种中农99的选育. 作物杂志. 6，103-104.

李继云，李振声. 1995. 有效利用土壤营养元素的作物育种新技术研究. 中国科学：B辑. 25(1)，41-48.

李欣欣，杨永庆，钟永嘉，等. 2019. 豆科作物适应酸性土壤的养分高效根系遗传改良. 华南农业大学学报. 40(5)，186-194.

马克平，钱迎倩，王晨. 1994. 生物多样性研究的现状与发展趋势. 见：中国科学院生物多样性委员会编，生物多样性研究的原理与方法. 中国科学技术出版社，1-12.

米国华. 2017. 论作物养分效率及其遗传改良，植物营养与肥料学报. 23(6)，1525-1535.

孙其信. 2011. 作物育种学. 北京：高等教育出版社.
万建民. 2006. 作物分子设计育种. 作物学报. 32(3), 455-462.
严小龙，张福锁. 1997. 植物营养遗传学. 北京：中国农业出版社.
Brown J. C., Weber C. R., Caldwell B. E. 1967. Efficient and inefficient use of iron by two soybean genotypes and their isolines. Agron J. 59: 459-462.
Cui Z., Zhang F., Mi G., et al. 2009. Interaction between genotypic difference and nitrogen management strategy in determining nitrogen use efficiency of summer maize. Plant Soil 317, 267-276.
Fan X., Tang Z., Tan Y., et al. 2016. Overexpression of a pH-sensitive nitrate transporter in rice increases crop yields. PNAS. 113, 7118-7123.
Gamuyao R., Chin J. H., Pariasca-Tanaka J., et al. 2012. The protein kinase Pstol1 from traditional rice confers tolerance of phosphorus deficiency. Nature 488, 535-539.
Gao Z., Wang Y., Chen G., et al. 2019. The indica nitrate reductase gene OsNR2 allele enhances rice yield potential and nitrogen use efficiency. Nature Commun. 10, 1-10.
Gu R., Chen F., Long L., et al. 2016. Enhancing phosphorus uptake efficiency through QTL-based selection for root system architecture in maize. J. Genet. Genomics 43, 663-672.
Hu B., Wang W., Ou S., et al. 2015. Variation in NRT1. 1B contributes to nitrate-use divergence between rice subspecies. Nature Genet. 47, 834-840.
Huang X., Qian Q., Liu Z., et al. 2009. Natural variation at the DEP1 locus enhances grain yield in rice. Nature Genet. 41, 494-497.
Li P., Chen F., Cai H., et al. 2015. A genetic relationship between nitrogen use efficiency and seedling root traits in maize as revealed by QTL analysis. J. Exp. Bot. 66, 3175-3188.
Lu Y. and Zhu J. 2017. Precise editing of a target base in the rice genome using a modified CRISPR/Cas9 system. Mol. Plant. 10, 523-525.
Ma J., Chen Z. and Shen R. 2014. Molecular mechanisms of Al tolerance in gramineous plants. Plant Soil. 381, 1-12.
Martin A., Lee J., Kichey T., et al. 2006. Two cytosolic glutamine synthetase isoforms of maize are specifically involved in the control of kernel production. Plant Cell. 18, 3252-3274.
Moll R. H., Kamprath E. J., Jackson W. A. 1982. Analysis and Interpretation of factors which contribute to efficiency of nitrogen utilization. Agron. J. 74, 562-564.
Mu X., Chen F., Wu Q., et al. 2015. Genetic improvement of root growth increases maize yield via enhanced post-silking nitrogen uptake. Eur. J. Agron. 63, 55-61.
Ni J., Wu P., Senadhira D., et al. 1998. Mapping QTLs for phosphorus deficiency tolerance in rice (*Oryza sativa* L.). Theor. Appl. Genet. 97, 1361-1369.
Paine J. A., Shipton C. A., Chaggar S., et al. 2005. Improving the nutritional value of Golden Rice through increased pro-vitamin A content. Nature Biotechnol. 23, 482-487.
Uga Y., Sugimoto K., Ogawa S., et al. 2013. Control of root system architecture by DEEPER ROOTING 1 increases rice yield under drought conditions. Nature Genet. 45, 1097-1102.
Weiss M. G. 1943. Inheritance and physiology of efficiency in iron utilization in soybeans. Genetics, 28: 253-268.
Wissuwa M., Yano M. and Ae N. 1998. Mapping of QTLs for phosphorus-deficiency tolerance in rice (*Oryza sativa* L.). Theor. Appl. Genet. 97, 777-783.
Wu K., Wang S., Song W., et al. 2020. Enhanced sustainable green revolution yield via nitrogen-responsive chromatin modulation in rice. Science 367, 6478.
Wu P., Shou H., Xu G., et al. 2013. Improvement of phosphorus efficiency in rice on the basis of understanding phosphate signaling and homeostasis. Curr. Opin. Plant Biol. 16, 205-212.
Zhang H., Si X., Ji X., et al. 2018. Genome editing of upstream open reading frames enables translational control in plants. Nature Biotechnol. 36, 894-898.
Zhang J., Liu Y., Zhang N., et al. 2019. NRT1. 1B is associated with root microbiota composition and nitrogen use in field-grown rice. Nature Biotechnol. 37, 676-684.

扩展阅读文献

穆平. 2017. 作物育种学. 北京：中国农业大学出版社.

第十一章 植物对逆境土壤的适应性

教学要求：

1. 理解酸性土壤的主要障碍因子及植物耐铝毒和锰毒的机制。
2. 理解盐渍土壤对植物的伤害及植物耐盐机理。
3. 掌握石灰性土壤的主要障碍因子及植物的适应机理。
4. 掌握渍水和淹水土壤的典型特征及植物对渍水和淹水危害的应答机制。

扩展阅读：

酸性土壤中植物耐铝毒的分子机制；植物对渍水的忍耐和避逆特性；植物耐淹分子机制

植物赖以生长的土壤往往存在各种障碍因子，如酸性土壤中高浓度的 H^+、Al^{3+}、Mn^{2+}和 Fe^{2+} 等离子的积累；石灰性土壤中有效磷、铁和锌等养分的缺乏；盐碱土中高浓度盐分的沉积；淹水土壤中过量还原性物质和 Fe^{2+} 毒害等。这些能够限制植物生长的土壤统称为逆境土壤。随着土地的不合理开发利用，逆境土壤分布面积日趋扩大，且改良难度大，成为限制农业生产的主要障碍因素。

植物在长期进化过程中，通过自身遗传改良与生理生化的调节作用，对各种逆境产生了一定的适应能力，某些植物在一定程度上能够忍耐土壤逆境环境。了解植物对土壤环境的生理反应和抗逆机理，对农业生产十分重要。

第一节 酸性土壤

酸性土壤在世界范围内分布广泛。酸性土壤是pH小于5.5的土壤的总称，包括红壤、黄壤、砖红壤、赤红壤和灰化土等。酸性土壤中各种物理、化学因素及其相互作用抑制植物生长，并降低作物产量。一般来说，酸性土壤地区降水充沛，土壤的风化和成土作用均甚强烈，生物物质的循环十分迅速，淋溶作用强烈，盐基高度不饱和，酸度较高。

一、酸性土壤的主要障碍因子

酸性土壤的主要障碍因子是H^+浓度增加(H^+毒)、铝浓度增加(铝毒)、锰浓度增加(锰毒)、养分有效性降低(磷、钾、钙、镁、钼、硼缺乏)。这些障碍因子的相对重要性与作物种类和基因型、土壤类型和剖面特征、母质、土壤pH、铝的浓度和组分、土壤结构和通透性以及气候有关。各种障碍因子在不同生态条件下其危害程度不同，有时只是某一因素起主导作用，而有时则是多种因素的综合作用。就某一植物种类而言，其根系在土壤剖面中的位置和分布是决定土壤酸化对植物生长抑制方式的重要因素。在有机质含量高的表层土壤中，可能以H^+毒害为主，而在下层土壤，根系生长可能主要受铝毒抑制。我国南方酸性土壤经常发生铝和锰对多种植物的毒害作用，以及普遍的植物严重缺磷现象。土壤酸化限制植物生长的方式不同，因此适应酸性土壤的植物，具有多种机制适应环境胁迫。

(一)氢离子毒害

H^+毒害对植物的影响主要是抑制根系的生长，如根数量减少，根系形态变化，严重时造成根系死亡。植物地上部的反应在初期并不明显，但后期根系严重受损，植物生长受到抑制，叶片枯萎死亡。植物种类不同，引起H^+毒害的pH也有所差异。H^+毒害对植物影响的生理及分子机制尚不明确，目前主要有3种机制：①破坏生物膜完整性；②干扰细胞质pH平衡；③抑制阳离子吸收。根系质外体高浓度H^+通过离子竞争作用将稳定原生质膜结构的钙离子交换下来，从而使质膜的酯化键桥解体，导致膜透性增加。当质外体H^+浓度过高时，细胞质膜上的H^+-ATPase不能维持细胞质pH的平衡。较高的H^+-ATPase活性能增强植物对高浓度H^+的耐受能力。通过对H^+敏感的拟南芥的研究表明，锌指蛋白STOP1与调节细胞质pH的代谢过程相关。高浓度H^+可引起细胞质膜的去极化，从而抑制阳离子的吸收；同时减少多价阳离子(如Mg^{2+}、Ca^{2+}、Zn^{2+}和Mn^{2+})向根表皮细胞质外体的装载，降低其吸收。因此，在H^+过多的环境中，植物要获得与在正常土壤上生长相同的生物量，就要求生长介质中有更多的有效养分。根瘤菌的固氮作用对豆科植物的氮素营养有重要作用，而高浓度H^+抑制根瘤菌的侵染，并降低其固氮效率，从而造成植物缺氮。土壤过酸还会降低土壤有机质的矿化速率，当土壤pH过低时，多种微生物的活性都会受到严重的影响，导致矿化速率下降，使有机物中的矿质养分释放受阻，其中氮和磷的释放受影响最大。因此，在低pH条件下，上述养分的有效性都比较低。土壤中矿质养分不同形态之间的转化也受高浓度H^+的影响。其中对土壤氮素转化的影响最为突出。研究表明，当土壤$pH<4.5$时，硝化细菌的活动受到严重抑制，硝化作用基本不能进行，而氨化细菌受抑制程度比较轻，从而使土壤中积累大量铵态氮。然而，植物吸收铵态氮后根系又会向根际分泌H^+，进一步增加根际土壤的酸性，加重危害。

在自然土壤中，pH一般都不会低于4，因而H^+直接产生毒害的可能性不大。更重要的是土壤低pH所产生的间接影响，即铝毒和锰毒直接抑制植物的生长。

(二)铝的毒害

无论是水田还是旱地，酸性土壤的铝毒现象都较为普遍。根系是铝毒危害最敏感的部位。土壤溶液中的铝可以多种形态存在，各种形态铝的含量及其比例取决于溶液的pH。在酸性条件下，从土壤矿物释放到溶液中的铝，以及在$pH\leqslant4$营养液中铝的形态主要是$[Al(H_2O)_6]^{3+}$(简写为Al^{3+})(图11-1)。随着pH升高，溶液中铝离子的浓度降低，但会形成单核的水解产物，如$[Al(OH)]^{2+}$和$[Al(OH)_2]^+$，这是形成固相$[Al(OH)_3]^0$沉淀过程的亚稳定中间形态。当$pH>7$时，由于铝酸根离子$[Al(OH)_4]^-$的形成，溶液中的铝浓度再次增加。当溶液中OH^-/

Al 比值增高时，就会形成多核氢氧化铝如 $[AlO_4Al_{12}(OH)_{24}(H_2O)_{12}]^{7+}$（简写为 Al_{13}）。其中 Al^{3+} 被认为是对植物伤害最大的形态，其次是 Al_{13}，而在碱性条件下的铝酸盐等对植物的毒性很小。当土壤溶液中可溶性铝离子浓度超过一定限度时，植物根就会表现出典型的中毒症状：根系生长明显受阻，根短小，出现畸形卷曲，脆弱易断。在植株地上部往往表现出缺钙和缺铁的症状。

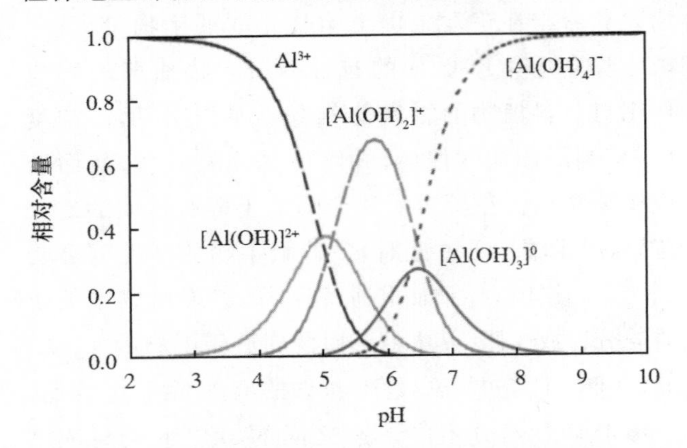

图 11-1　pH 对土壤溶液中不同形态铝含量的影响

有研究表明，造成植物铝毒害的机理有以下几种可能：

1. 抑制根分生组织细胞分裂，干扰 DNA 的复制

铝的毒害作用主要与根有关，由于主轴和侧根的伸长受到抑制，根系变得短粗（图 11-2）。根生长受到抑制的严重程度可作为指标，研究植物耐铝毒的基因型差异（遗传变异）。铝过多可能干扰和破坏 DNA 的构象；当 pH $<$ 6 时，铝主要以 $[Al(OH)]^{2+}$ 的形态存在，它和 DNA 核苷酸上的氧结合，并将两个 DNA 单链联结在一起，导致 DNA 变性、钝化。也有研究表明，Al^{3+} 或 $[Al(OH)]^{2+}$ 直接与核苷酸上的酯态磷结合，也会使 DNA 活性下降。由于铝的这种“凝结作用”，使得 DNA 的复制功能遭到破坏，细胞分裂停止。植物对铝毒的快速响应是根尖分生组织的细胞分裂受到抑制。在豇豆营养液培养试验中，不论是对铝敏感的品种还是不敏感的品种，在加铝处理仅几个小时后，根尖细胞分裂就会受到严重抑制；虽然 10 h 后植物开始逐渐适应高铝环境，细胞分裂逐渐恢复，但仍不能达到正常水平。不同基因型品种对铝的敏感程度不同，敏感品种恢复速率慢，而且恢复程度差。铝过多时，根向地上部供应细胞分裂素不足也会抑制地上部的生长。研究表明，给生长在酸性土壤或供铝的溶液中的大豆地上部施用细胞分裂素，可促进植株生长。

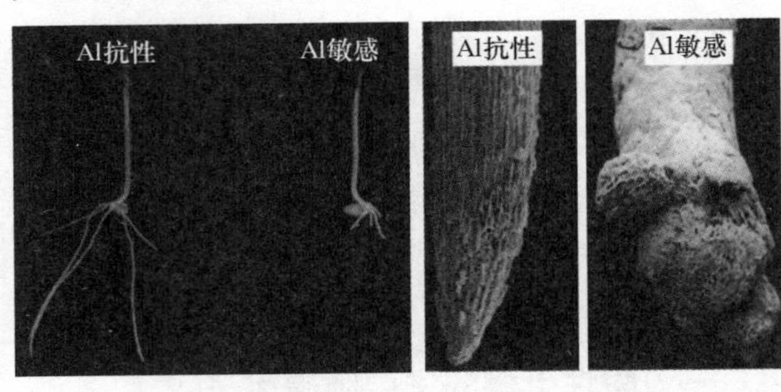

图 11-2　小麦铝抗性品种和敏感品种对铝毒的响应

2. 破坏细胞膜结构和降低 ATP 酶活性

植物细胞膜主要由磷脂和膜蛋白组成，正常的细胞膜具有良好的延展性。过多的 Al^{3+} 可以与膜上的磷脂或蛋白质结合，破坏膜的延展性，并影响膜的功能。例如，用 20 μmol/L 的 Al^{3+} 的溶液处理南瓜根系 12 h 后，根系 H^+-ATPase 活性显著降低（图 11-3）。然而，在小麦根上，虽然铝能明显抑制根系伸长，但根细胞能保持其 H^+ 的外泌能力，说明质膜是完整的。事实上质膜特性在 Al^{3+} 作用下确实可能发生了某些变化，表现在 K^+ 外泌下降，胼胝质合成增加，或经长时间铝处理后膜脂的过氧化作用加强。

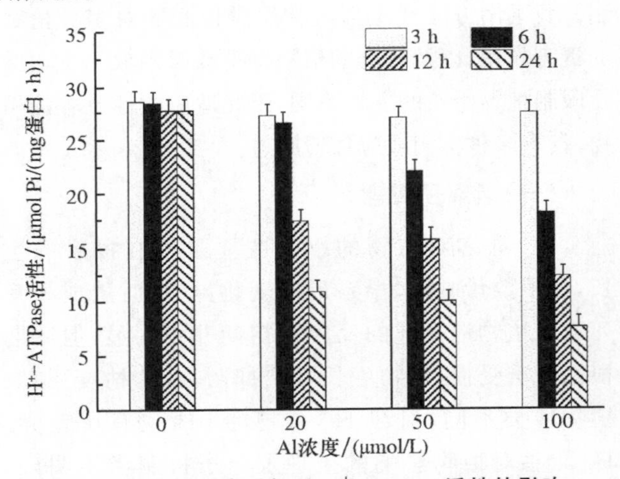

图 11-3　铝毒对南瓜根系 H^+-ATPase 活性的影响

3. 抑制矿质养分的吸收并诱导缺素

过量铝会抑制根对磷、钙、镁、铁等元素的吸收。铝对磷的影响主要是形成难溶性的 $AlPO_4$ 沉淀，使磷积在根表或根自由空间之中，直接影响植

物对磷的吸收。但对于一些耐铝植物如茶树，当介质中铝浓度不很高时，铝的存在却能促进磷的吸收。因为铝和磷酸盐形成电荷密度低的大分子络合物或聚合物，减小磷向根表移动的阻力。

过量铝也会抑制钙和镁的吸收，增施 $Al_2(SO_4)_3$ 后，显著抑制豇豆对钙、镁的吸收，使植株中钙和镁的浓度大幅度下降(表 11-1)。铝抑制钙镁吸收的主要原因是铝与钙镁离子竞争质膜上载体结合位点。铝能通过阻塞 Ca^{2+} 通道而降低 Ca^{2+} 吸收量，通过封闭转运蛋白上的结合位点而抑制 Mg^{2+} 吸收。铝的这种抑制作用会导致多种作物(如大豆、豇豆、玉米)顶端分生组织缺钙，造成严重减产。

表 11-1 施用 $Al_2(SO_4)_3$ 对豇豆地上部 Ca 和 Mg 含量的影响

施用量/(cmol/kg)	地上部鲜重相对值/%	养分含量/(mg/g 干重)	
		Ca	Mg
2.00	100	6.7	4.6
2.22	60	3.8	3.8

过量铝还影响植物铁营养状况。铝对铁的影响主要是干扰 Fe^{3+} 还原成 Fe^{2+} 的过程，阻碍植物根系对铁的吸收。

4. 抑制豆科植物根瘤固氮

酸性土壤对豆科植物本身的伤害导致结瘤延迟，特别是根瘤数量下降，从而抑制了豆科植物的生长。H^+ 浓度高加上钙浓度低对结瘤的抑制作用非常显著，高浓度 Al^{3+} 的毒害更加明显。大豆生长的临界铝浓度(使生长下降 10%)是 5～9 μmol/L，而结瘤的临界铝浓度只有 0.4 μmol/L。土壤中可溶性铝含量过高时，根系伸长和侧根形成受到严重抑制，根毛数量大量减少。由于根瘤菌通过根毛进行侵染，因此铝毒严重减少了根瘤菌的侵染率，造成结瘤量下降。此外，由于铝毒抑制钙镁等矿质养分的吸收，矿质营养不良也会使得根瘤菌的固氮酶活性降低，造成植物缺氮。例如，随着土壤铝饱和度的增加，大豆结瘤量明显下降，从而导致植物含氮量降低(表 11-2)。

表 11-2 土壤铝饱和度对大豆生长及结瘤的影响

土壤 pH	铝饱和度/%	干重/(g/株)		结瘤		地上部含氮量/mg
		地上部	根	个/株	干重/(mg/根瘤)	
4.55	81	2.4	1.07	21	79	65
5.20	28	3.2	1.08	65	95	86
5.90	4	3.6	1.08	77	99	93

(三)锰的毒害

锰毒多发生在淹水的酸性土壤上。Mn^{2+} 是致毒的形态，且只有在较低的 pH 和 Eh 条件下才会出现。与铝不同，锰易向地上部运输，因此，锰中毒的症状一般首先出现在地上部，表现为叶片失绿，嫩叶变黄，严重时出现坏死斑点。锰中毒的老叶常出现黑色斑点，通过切片观察和成分分析，证明这是二氧化锰的沉淀物。不同作物锰毒害的临界浓度不同(表 11-3)。

过量锰致毒的机理有以下两个方面：

1. 影响酶的活性

过多的锰会降低如水解酶、抗坏血酸氧化酶、细胞色素氧化酶、硝酸还原酶以及谷胱甘肽氧化酶等酶的活性，但也能提高过氧化物酶和吲哚乙酸氧化酶的活性。植物酶系统的正常生理功能因此而受到干扰，植物代谢出现紊乱，光合作用不能顺利进行，从而导致植物不能正常生长发育。

表 11-3 不同作物锰中毒的临界浓度(干物质产量降低 10%)

作物种类	玉米	木豆	大豆	棉花	甘薯	向日葵
毒害浓度(mg Mn/kg 干重)	200	300	600	750	1 380	5 300

2. 影响矿质养分的吸收、运输和生理功能

对生长在酸性矿质土壤上的植物来说，高浓度锰显著抑制植物对钙、镁的吸收。幼嫩叶片皱褶、老叶片失绿斑点，是双子叶植物在酸性土壤上表现出来的这些锰毒害症状，可能也是诱发性缺钙和缺镁的表现。供锰过量时，严重抑制了植株对钙的吸收，使全株平均含钙量远低于正常供锰处理。同时，过量锰还影响植物体内钙的分布，与正常供锰植株相比较，供锰过量时，植株根中的含钙量较高，而叶片中的含钙量则较低，表明过量的锰阻碍了钙从根向叶的长距离运输(表 11-4)。锰过量造成的植物缺钙是酸性土壤上常见的现象。锰过量时，植物体内吲哚乙酸氧化酶的活性大大提高，使生长素分解加速，体内生长素含量下降，致使生长点的质子泵向自由空间分泌质子的数量减少，细胞壁伸展受阻，负电荷点位减少，从而导致钙向顶端幼嫩组织运输量降低，出现顶芽死亡等典型的生理缺钙现象。此外，锰毒还能诱导植株缺镁。锰通过封闭 Mg^{2+} 在根系上的结合位点而抑制其吸收，因此当根周围介质中锰含量很高时，可能出现因诱导性缺镁而引起的根和地上部生长受阻。在锰毒土壤上施用镁肥可以解除锰对植物生长的抑制效应。

表 11-4 供锰水平对菜豆体内钙分布的影响

锰水平/(mmol/L)	钙分布量/(mg/kg)				
	幼叶	老叶	茎	根	全株
10^{-4}(正常)	681	1 105	297	164	10.9
10^{-2}(过量)	477	885	381	234	3.7

过量锰还能抑制根系对铁的吸收，并干扰体内铁的正常生理功能。这是因为 Fe^{2+} 和 Mn^{2+} 的离子半径相近，化学性质相似，Mn^{2+} 和 Fe^{2+} 在根原生质膜上会竞争同一载体位置。因此，介质中过量的 Mn^{2+} 会抑制根系对 Fe^{2+} 的吸收，使植株含铁总量下降。已经进入植物体内的铁能否正常发挥其营养作用，还受植物体内锰含量的影响。一方面，过量的锰会加速体内铁的氧化过程，使具有生理活性的 Fe^{2+} 转化成无生理活性的 Fe^{3+}，从而使体内铁的总量不变的情况下，降低活性铁的数量；另一方面，由于 Mn^{2+} 与 Fe^{2+} 的化学性质相似，植物体内高浓度 Mn^{2+} 占据 Fe^{2+} 的生理生化作用部位，有时会造成植物缺铁。

豆科作物的锰毒害还取决于氮素营养的方式，如果给菜豆供应大量锰，依赖于固氮的植株地上部含氮量降低的程度比施用氮肥植株的大得多。在酸性矿质土壤上，根瘤的形成对豆科植物非常关键，高浓度铝、锰以及与低浓度钙相伴都对结瘤不利。

(四)养分有效性下降

酸性土壤上一个严重的问题是养分有效性低，而且所涉及的养分种类也比较多。例如酸性土壤普遍缺氮、磷和钾，很多土壤缺钙、镁和硼，有些土壤缺钼。这些养分的缺乏主要是由酸性土壤组成的特性及气候特点所决定的。酸性土壤中铁、铝活性高，与磷形成难溶性的铁磷和铝磷，甚至有效性更低的闭蓄态磷，使土壤磷和施入土壤中的肥料磷绝大部分转化为固定态磷，致使绝大多数的酸性土壤都严重缺磷。

由于酸性土壤风化比较彻底，黏土矿物又以 1∶1 型的高岭石为主，因而阳离子交换量低，对阳离子的吸附能力弱。在湿润条件下，使土壤发生强烈淋溶作用，造成 K^{+}、Ca^{2+}、Mg^{2+} 等矿质养分的大量淋失，其中 K^{+} 尤为严重。这是我国南方酸性土壤地区严重缺钾的主要原因。由于强烈的淋溶作用，酸性土壤的钙、镁含量普遍较低，其结果是，一方面可使作物因缺乏钙、镁而限制其生长；另一方面又会因盐基离子的淋失而增加土壤的酸度，提高铝的溶解度，从而造成铝毒等次生不良影响。酸性土壤上很多作物常出现缺镁现象，森林死亡是世界上最引人注目的一大生态危机。据研究，植物缺镁是造成森林植物死亡的重要原因之一。

酸性土壤上的许多作物易出现缺钼。因为在低 pH 土壤条件下，对植物有效的水溶性钼易转化为溶解度很低的氧化态钼，使得钼的有效性大大降低。因而，酸性土壤上施钼常能获得较好的增产效果。

我国南方酸性土壤，如红壤、砖红壤和黄壤等，缺硼现象明显，尤以花岗岩及其他酸性火成岩发育的土壤，有效硼含量低。硼在酸性土壤中主要以硼酸的形态存在，常年较大的降雨量导致农田土壤中的硼易被淋洗而损失，密集的作物种植以及氮、磷、钾肥的过量施用导致作物硼带走量巨大，因此土壤有效硼含量普遍偏低。

二、植物对酸性土壤的适应机理

尽管酸性土壤存在上述种种障碍因子，但仍有许多种植物能正常生长。这是因为它们在长期的进化过程中，对酸性土壤条件产生了不同程度的适应能力。其适应能力的强弱在不同植物种类以及同一种植物的不同品种之间有显著差异。例如，在一年生块茎类作物中，与甘薯、芋类和山药相比，木薯在酸性土壤上表现出高忍耐性(图 11-4)。其他耐酸性土壤的作物还有豇豆、花生和马铃薯，而玉米、大豆和小麦则属于非耐酸植物。适应酸性矿质土壤的植物，通过多种机制适应土壤化学逆境，其中一些机理(如耐铝和耐锰的机理)独立起作用，也有一些机理(如耐铝以及磷效率的机理)则互相联系。

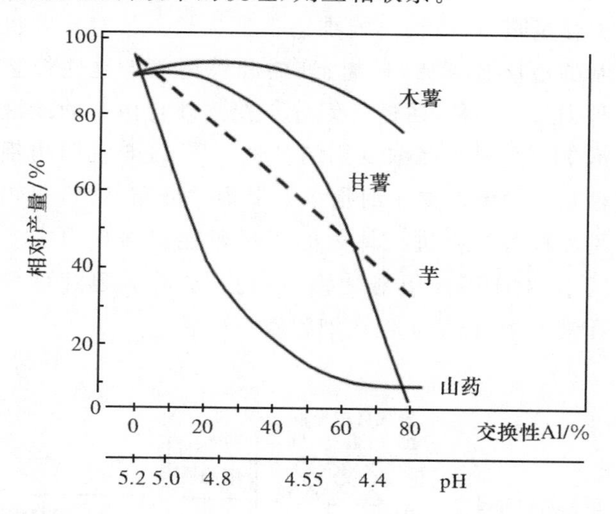

图 11-4 交换性铝、土壤 pH 和 4 种热带作物产量之间的关系

(一)耐铝机理

铝毒是酸性土壤中限制作物生产最主要的因素。耐铝性植物种类及其品种通过以下一种或几种机制能够有效地抵抗铝的毒害作用，以保证植物正常生长。

1. 排斥

植物根系将铝离子拒之于根表以外，降低铝毒的危害。

(1)提高根际 pH　当根系吸收的阴离子数量大于阳离子时，在代谢过程中根系常分泌出 OH^- 或 HCO_3^-，使根际 pH 升高，铝的溶解性随之下降，进入根系内铝的数量也随之减少。不同植物种类及其不同品种提高根际 pH 的能力有所不同。例如，小麦耐铝品种(和敏感品种相比)吸收阴离子的比例大，其中吸收的阴离子主要是 NO_3^-，从而使根际 pH 上升较大，抗铝能力也就相应较强。与铝敏感的品种 Monon 相比，耐铝小麦品种 Atlas 在加铝条件下，溶液的 pH 显著升高，根中铝的含量下降，从而保证了根系的正常生长(表 11-5)。就植物对酸性土壤的适应性而言，根系诱导根际的 pH 变化影响铝的活性和组分。随着 pH 的上升，可减轻 H^+ 毒害，增加钙和镁在根质外体的结合量；同时，提高 pH 还可以加强钙在根伸长区细胞壁物质分泌方面的功能。

(2)根分泌黏胶物质　铝对根系生长的主要毒害作用是抑制顶端分生组织的细胞分裂，而根尖细胞具有分泌大分子黏胶物质的能力，这些黏胶物质能配合阳离子，其中对铝离子的配(螯)合能力最强，因此使铝阻滞在黏胶层中，防止过多的铝进入根细胞，黏胶层起着阻止铝与分生组织接触的屏障机能。如果除去根尖的黏胶物质，根系伸长就会立即受到抑制。不同植物种类或品种，其黏胶物质分泌量往往存在差异，并反映在耐铝能力上。一般耐铝能力强的植物其黏胶物质分泌较多，对铝的阻滞能力较强；铝敏感植物其黏胶物质分泌较少，不足以将全部铝阻挡于根细胞之外，一部分铝进入根系分生组织，并抑制根系的伸长。例如，不供铝时，耐铝小麦品种分泌的黏液比敏感品种多 3 倍，当铝浓度达到 20 μmol/L 时，敏感品种就停止分泌黏液，而耐铝品种当铝浓度达 400 μmol/L 时才停止分泌。

(3)根分泌小分子有机物　根系除了在根尖部位分泌大分子黏胶物质外，在根的其他部位还能分泌多种小分子可溶性有机物质，如多酚化合物和有机酸等。这些物质能和铝形成稳定的配(螯)合物，铝和这些有机物形成稳定的复合体后，分子量剧增，

表 11-5　不同小麦品种营养液 pH 变化与抗铝毒能力的关系

品种	溶液 pH		根的含 Al 量/(cmol/kg)	根干重/g
	初始	结束		
Atlas	4.8	6.7	30.6	2.0
Monon	4.8	5.3	47.4	0.9

体积增大，使其不能够进入自由空间。因此，根分泌的小分子有机物与铝螯合减少了铝到达根细胞质膜的数量，减少了根系对铝的吸收，保证植物正常生长(图 11-5)。分泌大量有机酸是植物适应高度酸性矿质土壤的一个典型特征，在这方面，柠檬酸的作用较强。在铝毒情况下，植物分泌的有机酸还有苹果酸、草酸等。耐铝能力不同的植物品种分泌小分子有机物的数量往往也有差异。最新的研究结果表明，小麦的抗铝能力与其根系分泌有机酸的数量呈正相关。在耐铝性不同的小麦品种中，耐铝性强的品种不仅释放的有机酸多 3 倍，而且根际联合固氮作用也强得多，所以不仅它的耐铝力高，养分效率也高。缺磷时有机酸分泌增加是很多双子叶植物的典型特征，这也可能是植物适应酸性土壤的重要机制，因为有机酸分泌增加既提高了矿质养分的吸收速率，又避免了铝毒。

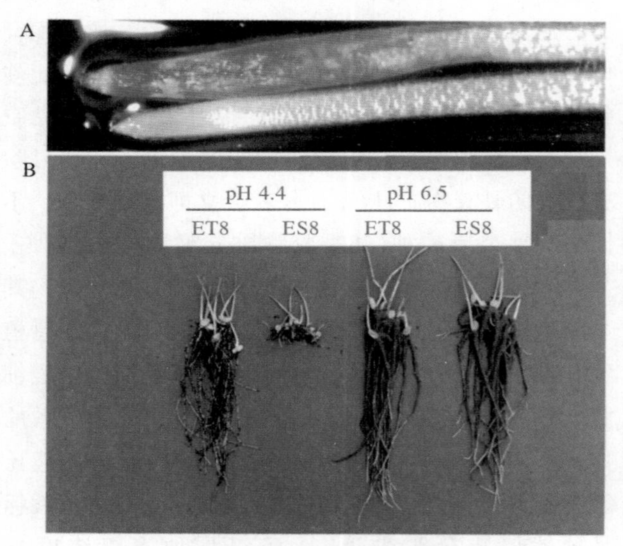

图 11-5　有机酸提高根系对铝毒的耐受能力

(引自：Ma et al.，2001)

A. 铝敏感型小麦(Scott 66)的根系浸泡在含 20 μmol/L 氯化铝(上)和 20 μmol/L 柠檬酸铝(下)的氯化钙溶液(0.5 mmol/L)中 20 h 后根尖铝累积情况(粉红色表示铝积累)，可见柠檬酸能有效螯合溶液中的 Al^{3+}，减少根尖的吸收；B. 耐铝毒小麦(ET8)和铝敏感小麦(ES8)在 pH 4.4 和 pH 6.5 的土壤上生长 6 d 的表型差异，ET8 小麦根系能分泌更多的苹果酸提高根系对铝毒的耐受能力

2. 根中钝化

有些植物虽不具备完善的斥铝机制，使得在高铝环境中有相当数量的铝进入根组织内部，但这些植物能使其中绝大部分铝滞留在根部的非生理活性部位中，如根自由空间或液泡中，阻止过多的铝运输到地上部分，从而避免了对植物生长发育的危害。一些耐铝植物如黑麦和黄羽扇豆，在根伸长被抑制之前，根冠区累积的 Al 可达 3～4 mg/g 干重。斥铝类型植物的耐铝机制基本上是将铝排斥在根的敏感部位以外，或通过根诱导根际变化而阻止铝的吸收。具有这种机制的植物有水稻、小黑麦、黑麦草、小麦、大麦和马铃薯等。

3. 地上部积聚

有些植物吸收铝并在地上部大量积累，为了避免中毒，本身组织具有较强的耐铝能力，即使体内铝含量很高，植物仍能维持正常生长。具有这种机制的植物有茶树、松树、红树和桦树等。这些植物种类及其品种，通过将铝分布在膜外自由空间或液泡中而实现对高浓度铝的抗性。图 11-6 说明耐铝植物和敏感植物在细胞水平上铝的分布特点，耐铝型品种首先将进入体内的铝尽可能阻滞在自由空间中，对于不能阻滞的铝，植物又会将其迅速储藏在液泡中，以防止铝在细胞质中积累。

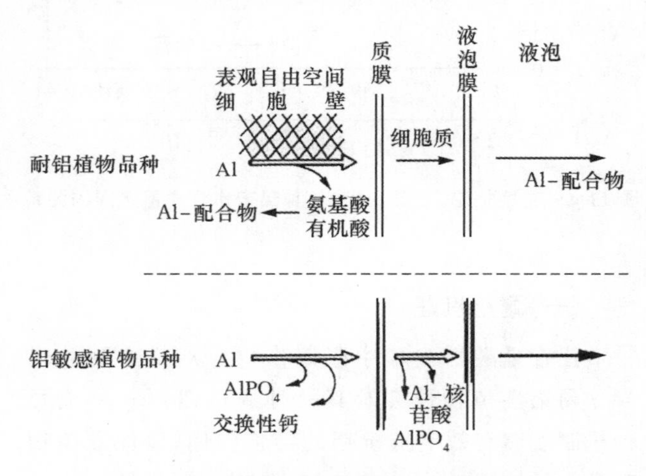

图 11-6　不同耐铝品种细胞内对铝的螯合

上述几种耐铝机理在不同植物中所起的作用不同，有些植物以其中一种机理为主，而另一些植物则是几种机理同时发挥作用。大多数植物都同时兼有几种不同的机理。一般来说，以拒吸机理为主的植物，其耐铝能力较弱，而以地上部积聚机理为主的植物其耐铝能力较强。

（二）耐锰机理

与植物耐铝机理相比，对植物耐锰机理的研究较少。耐锰机理表现在地上部，例如，以耐锰和不耐锰基因型的砧木-接穗相互嫁接的试验证明，接穗的基因型决定着植物对介质或叶组织内部高浓度锰的忍耐性。对多数植物来讲，它们能否耐锰，关键不是植物能忍耐体内锰浓度的高低，而是组织内锰的分布是否均匀。不同种类植物和品种之间，如大豆与豇豆之间，叶组织中锰毒害的临界浓度相差很大。供锰量高时，耐锰品种的老叶中锰分布均匀，而含锰量相同的非耐锰品种叶片中则有局部斑状的锰积累，斑点处组织黄化、坏死。锰分布的特点在一定程度上是由植物的遗传特性所决定的。但其他因素对体内锰的分布也有一定影响，从而影响植物的耐锰能力。在这方面，硅的作用最为突出（表 11-6）。这是由于介质中硅能减少植物对锰的吸收，而更主要的是由于植物体内的硅有利于锰向叶肉组织运输，使锰在整个组织（如叶片）中分布得更均匀，防止了局部累积。另一种解释是钙向顶端和幼叶的转移未受损伤。很可能耐锰的多年生植物形成高度稳定的锰复合物的机理，如形成锰与草酸或多酚的配合物，对耐锰能力基因型差异也具有重要意义，这种机制也是松柏类植物（如挪威冷衫）针叶耐锰力高的重要原因。

表 11-6　供硅对水稻干重、锰含量及蒸腾速率的影响

供 Mn 量/(mg/L)	地上部干重/(g/株)		Mn 含量/(mg/g 干重) 根		Mn 含量/(mg/g 干重) 地上部		蒸腾速率/[mg H_2O/(g 干重·d)]	
	−Si	+Si	−Si	+Si	−Si	+Si	−Si	+Si
0.32	4.4	4.5	0.03	0.13	0.25	0.21	11.8	10.9
1.0	4.3	4.7	0.12	0.50	0.66	0.53	11.6	10.7
3.2	4.2	5.0	0.72	1.60	1.94	1.20	11.7	10.8
10.0	4.1	5.0	2.12	2.89	4.36	1.97	11.7	10.7

（三）耐养分缺乏

在酸性土壤中，除铝和锰毒害外，磷、钾、钙、镁、钼等养分缺乏也是植物必须消除的障碍因素。适应酸性土壤的植物，应能高效吸收和利用养分，尤其是磷、钙和镁。很多适应酸性矿质土壤的植物种类，常常有丰富的菌根菌侵染。在热带根类作物，如木薯，以及一些小麦、旱稻和大豆的品种中，耐铝性与磷高效率同时存在。对于养分缺乏，植物适应机理包括：增加根系对养分的吸收，增强养分的短距离运输和长距离运输，以及提高体内有限养分的生理功效等。对于不同的养分元素，植物的适应机理也不尽相同。

1. 磷

酸性土壤上植物缺磷的直接原因是土壤中磷的生物有效性低。酸性土壤中铁、铝活性高，与磷形成难溶性的铁磷和铝磷，甚至有效性更低的闭蓄态磷，降低磷的扩散速率，并使土壤磷和施入土壤中的肥料磷绝大部分转化为固定态磷，致使绝大多数的酸性土壤严重缺磷。因此，植物适应低磷环境能力的核心，在于植物根系吸收土壤磷的能力。吸磷能力强的植物，适应酸性土壤的能力就强。植物可通过以下途径增强根系的吸磷能力。

（1）根系吸收动力学特征变化　植物提高吸收速率是适应酸性缺磷土壤的关键因素。适应性强的植物种类或品种，其根吸收磷的最低浓度 c_{min} 和米氏常数 K_m 值都比适应性弱的植物低。因而，前者能在磷更为贫乏的土壤环境中生存。

（2）根系形态特征变化　土壤中的磷易被固定，属于移动性差的养分元素，因此扩大根系吸收的表面积是植物适应低磷土壤的重要机理之一。通常，根系越长，根毛越密，植物吸磷的能力就越强，其适应低磷土壤的能力也就越大。例如，洋葱和油菜在根系形态上具有显著的差异，前者根系小、侧根少而且无根毛，而后者根系发达、侧根细而长、根毛密集，是两种具有典型代表性的根系，在适应低磷土壤的能力方面，前者远小于后者。此外，白羽扇豆在缺磷条件下能刺激排根的形成，进而促进根系对磷的吸收。

(3)菌根真菌侵染　酸性缺磷土壤上绝大多数植物都能与菌根真菌形成共生体系。菌根菌丝向根外广泛分枝伸展，穿过根际磷亏缺区，在根系吸收区以外更广泛的区域吸收土壤磷，通过菌丝快速运输给宿主植物根系，改善其磷素营养状况。对于根系不发达、根毛少的植物，菌根的作用尤为重要。例如，适应于强酸性缺磷土壤的木薯，对土壤磷的吸收完全依赖于菌根，因此被称为绝对依赖菌根的植物。

(4)根分泌物。根系分泌一些可溶性有机化合物如柠檬酸、酒石酸等，能配合 Fe-P 或 Al-P 化合物中的某些金属离子，从而使磷释放出来，供植物吸收利用。

2. 钙

植物对酸性土壤低钙的适应机理与磷不同。植物主要是通过降低对钙的需要，或提高体内钙的生理功效来保证在低钙条件下能正常生长。耐酸植物体内只需低浓度的钙，就能维持各种正常的生理活动；而在相同条件下，敏感植物则由于缺钙而使生长受到抑制。如表 11-7 中，供钙量少时，低效品种 Solojo 无法生长，但高效品种 TVu354 的干物质量几乎不受影响。

表 11-7　不同浓度钙对两个豇豆品种干重及含钙量的影响

供钙量/(μmol/L Ca^{2+})	品种	干重/(g/株)	含钙量/(μmol/g 干重)		
			根	茎	叶
10	Solojo	0.75	34	40	35
	TVu354	1.75	25	46	34
50	Solojo	2.10	37	58	62
	TVu354	1.80	32	70	57

3. 钾

酸性土壤普遍缺钾，植物对低钾土壤的适应性主要有 2 条途径：一是依靠庞大的根系，以较大的吸收表面积吸收足够的钾；二是依靠有利的根吸收动力学特征，具有较低的 c_{min} 值和 K_m 值，使根系在低钾土壤中仍能保持较高的吸收速率。如在酸性土壤中，钾高效品种往往能够吸收更多的钾素来弥补土壤钾流失对植株生长的不利影响。

4. 钼

在低 pH 条件下，土壤中大部分钼将转化为对植物无效性的氧化物形态，而使多种植物缺钼。对缺钼土壤适应性强的植物，大多数根系具有较强的吸钼的能力。

第二节　盐渍土

盐渍土是盐土、碱土，以及各种盐化、碱化土壤的总称，这些土壤中都含有过量的盐分。一般来说，钠盐是造成土壤盐分过高的主要盐类。世界上盐渍土面积很大，约有 4 亿 hm^2，占灌溉农田的 1/3。我国盐碱土总面积达到 2 000 万 hm^2，约占总耕地面积的 10%。土壤中盐分过多会影响作物生长，并导致产量下降。我国每年因土壤盐渍化导致的经济损失多达 25 亿元。因此，充分开发及利用盐渍土，对增加粮食产量具有重大意义。

一、盐分的危害

盐渍土上植物生长的障碍主要是由于盐分浓度过高引起的，例如高浓度的 Na^+，Mg^{2+}，SO_4^{2-}，Cl^-，HCO_3^- 等。由于土壤中盐分含量过高对植物生长发育产生的危害被称为盐害或盐胁迫。一般将植物盐害分为原初盐害和次生盐害。原初盐害是指盐胁迫对质膜的直接影响；次生盐害是指由于土壤盐分含量过高导致土壤水势下降对植物产生的渗透胁迫，以及由于离子竞争所导致的营养元素的缺乏。

(一)渗透胁迫

当土壤溶液中盐分含量增加时，渗透压也随之增加，而水分的有效性即水势却相应降低，使植物根系吸水困难。因此，即使土壤含水量并未减少，也可能因盐分过高而造成植物缺水，出现生理干旱现象。这种影响的程度取决于盐分含量和土壤质地。在土壤含水量相同的条件下，盐分含量越高，土壤越黏重，则土壤水的有效性越低。

当植物体内盐分含量过多时，会导致细胞汁液渗透压的增加，提高细胞质的黏滞性。细胞渗透压的增加会导致细胞扩张受抑制。因此，在盐渍土壤上生长的植株叶片都比较小(图 11-7)，生长缓慢。

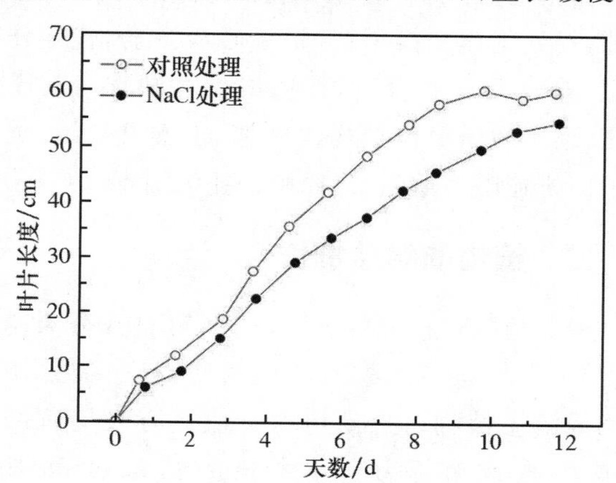

图 11-7 NaCl 处理对玉米叶片生长的影响

(二)质膜伤害

高浓度的 Na^+ 可置换细胞膜上结合的 Ca^{2+}，进而导致膜结构被破坏，细胞内的离子及有机溶质外渗。受盐害的植物体内电解质外渗液的主要成分是 K^+，因此会导致植物体内钾含量显著降低(表 11-8)。不过植物体内 Na^+ 浓度与供应的氮源密切相关，铵态氮的供应有利于降低根系、茎秆和叶柄中 Na^+ 浓度。此外，在盐胁迫下，细胞内活性氧增加，启动膜脂过氧化或膜脂脱脂作用，导致膜的完整性降低，选择透性丧失。

(三)代谢紊乱

1. 光合抑制

盐胁迫对植株最显著的影响就是气孔导度下降。表 11-9 的结果说明，随着 NaCl 含量的增加，耐性品种及敏感品种的叶片气孔导度均显著降低。盐分胁迫初期，气孔导度的降低首先是由于水分关系被扰乱所导致的，后期则主要是由 ABA 的原位合成所导致的。

盐胁迫抑制植物的光合作用。不管是耐盐性品种还是敏感品种，叶片光合速率均随盐浓度的提高显著降低(表 11-9)。盐离子在叶片及叶绿体中的积累会导致光合作用过程中的相关酶(包括 PEP 羧化酶、RuBP 羧化酶)及参与糖代谢的相关酶的活性降低，并且会对光合系统造成伤害，导致受胁迫植物的光合速率明显下降。例如，盐胁迫导致叶绿体形态结构及其超微结构发生变化，类囊体膜糖脂及不饱和脂肪酸的含量下降，进而破坏膜的光合特性，导致光合能力的下降。

表 11-8 不同形态氮素营养及盐胁迫对油菜组织 Na^+ 和 K^+ 含量的影响

处理	Na^+ 含量/(mg/g 干重)				K^+ 含量/(mg/g 干重)			
	根	茎	叶	叶柄	根	茎	叶	叶柄
硝态氮	—	—	—	—	14.80	8.97	26.92	18.39
硝态氮+NaCl	43.35	23.24	74.96	118.20	8.48	7.77	24.59	16.29
铵态氮	—	—	—	—	17.17	7.28	16.76	14.77
铵态氮+NaCl	39.66	18.46	83.56	61.08	13.38	6.80	10.14	4.23

表 11-9 NaCl 对耐盐性不同的两个油菜品种气孔导度和光合速率的影响

NaCl 含量/(g/kg)	气孔导度/[mol H_2O/(m^2·s)]		光合速率/[μmol CO_2/(m^2·s)]	
	耐性品种	敏感品种	耐性品种	敏感品种
0	0.35	0.47	25.4	28.0
3	0.35	0.33	25.3	23.5
6	0.13	0.16	14.6	15.2
9	0.07	0.06	8.4	6.1

2.有毒物质累积

过量的 Na^+、Cl^- 和 Ca^{2+} 渗入植物细胞内，会破坏胞内离子平衡并瓦解细胞膜电势，加快蛋白质水解，使植物体内大量积累氮代谢中间产物氨和某些游离氨基酸(图 11-8)，这些累积的氨基酸在细胞中会转化为丁二胺、戊二胺以及游离胺，进而对植物细胞造成伤害。

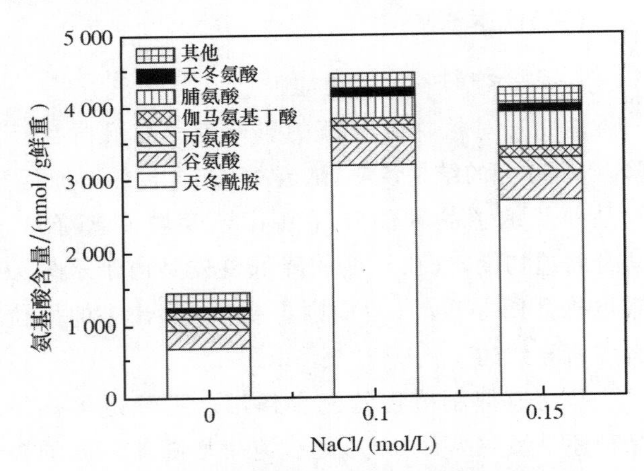

图 11-8　NaCl 处理对紫花苜蓿细胞质氨基酸含量的影响

3.蛋白质合成受阻

随着培养时间的延长，不同盐分处理叶片蛋白质^{15}N/非蛋白质^{15}N 比例显著增加。与不加 NaCl 处理相比，盐分增加显著抑制蛋白质的合成，促进蛋白质的降解(表 11-10)。

表 11-10　NaCl 对菜豆叶片中蛋白质^{15}N/非蛋白质^{15}N 比例的影响

处理	培养时间/h			
	6	12	24	48
−NaCl	1.4	2.8	2.7	3.8
+NaCl	0.2	0.4	0.9	1.0

(四)离子失衡

植物体内 Na^+ 和 Cl^- 含量增加的同时，伴随着 NO_3^-、$H_2PO_4^-$、K^+、Ca^{2+}、Mg^{2+} 等必需营养元素的降低(表 11-11)，从而造成营养亏缺，这在橄榄和蚕豆上均有相似的规律。这一方面是由于外界高浓度 Na^+ 降低了 Ca^{2+}、K^+、Mg^{2+} 等离子的活度，另一方面是由于具有高度活性的 Na^+ 和 Cl^- 与 K^+、Ca^{2+}、Mg^{2+}、$H_2PO_4^-$ 等竞争质膜上的转运位点。

表 11-11　NaCl 对离子平衡的影响

植株	浓度/(mS/cm)	Ca/Na	Mg/Na	K/Na
橄榄	0	9.92	3.26	13.95
	4	6.17	2.05	8.35
	8	4.00	1.44	5.36
	12	3.12	1.10	3.50
蚕豆	0	1.17	2.31	4.30
	1.5	0.79	1.59	2.70
	3	0.40	0.76	1.40
	4.5	0.21	0.38	0.55

(五)破坏土壤结构，阻碍根系生长

高钠的盐土，其土粒的分散度高，易堵塞土壤孔隙，导致气体交换不畅，根系呼吸微弱，代谢作用受阻，养分吸收能力下降，造成营养缺乏。在干旱地区，因土壤团聚体结构遭破坏，土壤易板结，根系生长的机械阻力增强，造成植物扎根困难。

二、植物的耐盐机理

根据植物对盐分的反应不同，可将其分为两大类型：一类是盐生植物或盐土植物；另一类是淡生植物或淡土植物。盐土植物一般具有较完善的抗盐或耐盐调节系统，可生长的盐浓度范围为 1.5%～2.0%；而淡生植物则没有上述调节系统，可生长的盐度范围为 0.2%～0.8%，因而易受盐害。应该指出的是，很多植物并不易划分其类型，实际上是属于这两类植物之间的过渡类型。植物的耐盐机理大体有 7 种，现分别介绍如下。

(一)拒盐作用

植物对离子吸收的选择性，或是根部的皮层结构及凯氏带对养分的阻拦以阻止过量的盐分运输至体内，这一机理属于植物的拒盐作用，在植物中普遍存在。在小麦、大麦、水稻等许多植物开展的试验表明，耐盐品种对介质中的高浓度盐分具有拒吸收机理，表现为与不耐盐的品种相比，其体内钠浓度比较低，并能吸收足够的钾，维持正常的钾营养水平。对于盐敏感的品种，钠可大量进入体内，致使植物发生盐害，并出现缺钾症状。

(二)排盐作用

某些植物本身并不能阻止对盐分的吸收，为了避免过量盐分在体内积累，长期适应的结果形成了

特殊的分泌结构——排盐系统，以达到减少体内盐分累积的目的。排盐系统主要有3种类型：盐腺、气孔、表皮毛和腺毛。这一机理可以防止许多淡土植物遭受盐碱的危害，大部分豆科植物的耐盐品种均属于这一机理。

有些高度适应于盐土的盐生植物，其排盐机制主要是靠盐腺。盐腺是在叶表皮形成的一种特殊结构，它一直深入叶肉细胞内部，细胞质浓厚且具有保持代谢活性的离子泵，这些离子泵依靠代谢能量将盐分逆电化学势梯度排出体外。由于盐腺细胞的共质体系统与叶肉细胞相连，所以能有效地降低叶肉细胞中盐分的浓度。

除此之外，植物体内不同基因的功能也会参与Na^+的吸收和外排过程(表11-12)。不同基因通过调控根系传感与信号、地上部生长、光合作用、Na^+及有机溶质的积累等生理过程，以增强组织渗透耐受性及调控Na^+的吸收、排出，从而提高植物的耐盐性。

表11-12 植物耐盐相关基因及其调控机制

参与过程	相关基因	渗透胁迫	离子胁迫	
		渗透耐受性	Na^+排出	组织耐受性
根系传感与信号	*SOS3*，*S_nRKs*	改变长距离信号	控制离子向地上部净运输	控制液泡装载
地上部生长	未知	减少细胞扩展和侧芽发育的抑制	不适用	延缓老叶(碳源)早衰
光合作用	*ERA1*，*PP2C*，*AAPK*，*PKS3*	降低气孔关闭	避免叶绿体离子毒害	延缓叶绿体中Na^+中毒
地上部Na^+积累	*HKT*，*SOS1*	增加渗透调节	减少Na^+长距离运输	减少Na^+排出过程的能量消耗
液泡中Na^+积累	*NHX*，*AVP*	增加渗透调节	增加Na^+在根系液泡区隔化	增加Na^+在叶片液泡区隔化
有机溶质积累	*P5CS*，*OTS*，*MT1D*，*M6PR*，*S6PDH*，*IMT1*	增加渗透调节	改变运输过程减少Na^+积累	细胞质高浓度相容物质积累

(三)稀释作用

有些植物既不能阻止盐分过量吸收，也不具备有效的排盐系统，而是借助于旺盛生长以吸收大量水分或增加茎叶的肉质化程度使组织含水量提高，从而稀释体内盐分浓度。这种通过大量吸收水分以达到稀释作用的现象，也存在于一些中等耐盐的非盐生植物中。例如，大麦在籽粒形成期，由于生长迅速引起的生物稀释作用，可以使植物含盐量维持在较低范围内。

(四)分隔作用

离子分隔作用是指某些植物将过量盐分阻隔于对生命活动影响最小的部位中的现象。分隔作用可以发生在器官水平、组织水平及细胞水平上：①器官水平。在一些耐盐水稻品种中，钠的含量分布为老叶＞茎＞幼叶＞穗，使得新生器官及生殖器官得到保护；②组织水平。用X射线微量分析技术对水稻根的研究表明，维管束外层细胞的含钠量最高，而维管束内则比较低。这种分布限制了钠向地上部的运输，从而使得地上部免遭盐害；此外，钠离子在质外体及共质体的分布也是影响耐盐性的重要因素。目前对于钠离子在共质体及质外体分布对耐盐性的影响尚未形成定论，部分研究认为钠离子在质外体中分配的增加保证了共质体免受钠离子伤害，从而提高了耐盐性；但也有部分研究证明，钠离子在质外体中分配的增加导致细胞膨压降低，细胞失水严重从而导致耐盐性降低；③细胞水平。在细胞水平的钠离子的区隔化主要发生于液泡中，液泡区隔化是由液泡膜上的Na^+/H^+反向转运蛋白实现的。该过程能有效将盐分集中于液泡中，这样既能保护细胞质免受高浓度Na^+的毒害，又降低了细胞的渗透势，维持细胞正常新陈代谢所需的胞内环境。但是对于大多数盐敏感植物，Na^+区隔化在液泡中的能力很弱。

（五）渗透调节

渗透调节是指植物在盐分胁迫条件下，在细胞内合成并积累有机和无机溶质，以平衡外部介质或液泡内渗透压的机能。渗透物质包括有机物和无机离子两大类，其中有机物通常有蔗糖、脯氨酸、甜菜碱（氨基乙酸）等。在盐生植物中，脯氨酸或甜菜碱的浓度很高，对渗透势的贡献超过 0.1 MPa（图 11-9）。淡生植物中渗透物质的积累浓度并不是很高，对渗透势的贡献较小。一些无机离子虽然也可以作为渗透物质，但它们的积累量不能太多，否则会产生毒害作用。因此，植物体内离子毒性和渗透调节需控制平衡。

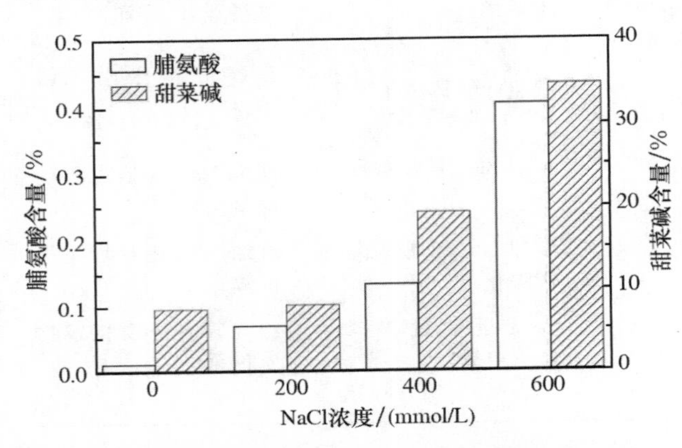

图 11-9　NaCl 对盐穗木脯氨酸及甜菜碱含量的影响

（六）避盐作用

有些植物由于它们特定的生物学特性，可以避开盐分积聚阶段，以达到在高盐环境中顺利完成其生长发育。例如，缩短生命周期、提早或延迟发育或成熟等。一些盐生植物，它们在种子萌发阶段不耐盐或耐盐能力弱。当种子成熟后，一直休眠到雨季到来时，表土盐分被淋溶到下层土壤，种子这时萌发，从而避开了土壤高盐阶段，使幼苗顺利成活。正常生长的红树是典型的避盐植物。

另外，有些植物通过增加扎根深度，在剖面层次上避开高浓度盐分的上层土壤，下扎到盐分含量低的深层土壤中吸收水分。例如，莲蓬和滨藜的根系可下扎 5 m，牧豆树和骆驼刺的根系入土深度可达 20 m 以上，从而有效地躲避盐分的危害。

（七）耐盐作用

有些植物本身不具备上述避盐机理，而原生质内含有高浓度盐分时，也不能对其构成伤害。这是因为它们具有较强的耐盐能力。例如盐角草和碱蓬等盐生植物，在其细胞内都含有高浓度的盐分。它们或是依赖盐分生存，或是在高盐环境下其生长发育得以改善，或是能够忍耐高浓度盐分。耐盐的特性使得其生长发育不受影响。

第三节　石灰性土壤

石灰性土壤，又称为碱性土壤，是土壤中含有游离碳酸钙（$CaCO_3$）等石灰性物质的土壤的总称。石灰性土壤在干旱和半干旱气候区分布相当广泛。其游离碳酸钙的含量变幅很宽，从不足百分之一到百分之几十。$CaCO_3$ 的缓冲作用使土壤 pH 维持在 7.5～8.5，但较高的土壤 pH 普遍降低了土壤中养分离子的有效性。

一、石灰性土壤的主要障碍因子

（一）缺铁

在 $CaCO_3$ 含量较高的土壤上，作物最主要的营养失调症是缺铁失绿。因对铁敏感而受害较严重的植物有苹果、柑橘、葡萄、花生、大豆、高粱和旱稻等。缺铁也是美国等一些国家高粱和大豆生产中出现的主要问题。在我国北方广大地区，生理性缺铁严重影响了一些水果的产量和品质。

土壤溶液中高浓度的重碳酸盐会影响土壤中有效铁的含量及植物对铁的吸收、运输和利用，是造成石灰性土壤植物缺铁的根本原因。①降低土壤中水溶性铁浓度。土壤中无机态铁的溶解度受 pH 控制，pH 每升高 1 个单位，铁的溶解度将降低 1 000 倍。石灰性土壤中一般含有较高浓度的重碳酸盐，导致土壤 pH 处在 8 以上的较高范围内，水溶性铁浓度降低，直接导致植物缺铁。②降低植物根系铁还原酶活性。植物在缺铁胁迫时，会做出主动的适应性反应。双子叶植物和非禾本科单子叶植物向根际分泌质子以酸化根际土壤，使得 Fe^{3+} 还原酶活性增加，将 Fe^{3+} 还原成 Fe^{2+}，以利于根系吸收。

而石灰性土壤中的高浓度重碳酸盐具有较强的缓冲能力，能将根系分泌的质子迅速中和，使质膜表面和根际微环境仍处于高 pH 条件下。高 pH 抑制质膜上还原酶的运转，造成植物根吸收铁量下降，而发生缺铁症（表 11-13）。③阻碍铁向地上部运输。高浓度重碳酸盐能促进植物根内有机酸的合成，其中一些有机酸直接参与液泡内铁的螯合，使铁在根中滞留，难以向地上部运输。此外，高浓度重碳酸盐还会使木质部汁液的 pH 上升，降低导管中铁的溶解度，使已进入木质部的铁不能向地上部运输。④促进 Fe^{2+} 转化为 Fe^{3+} 从而失去活性。当介质中重碳酸盐浓度高时，植物体自由空间的碱性增强，使已运输到地上部的铁以高价形态沉淀于自由空间之中，因而降低了 Fe^{2+} 的数量，引起植物生理性缺铁。⑤抑制根系生长，减少根尖数量。高浓度的重碳酸盐会抑制植物根系发育，导致根尖数的减少。由于植物吸收铁的部位在根尖，根尖数的减少会导致植物铁吸收总量下降。

表 11-13　HCO_3^- 对花生 Fe^{3+} 还原及铁吸收的影响

nmol/(g 干重·h)

处理	还原量	吸收量
对照	4 208	658
10 mmol/L HCO_3^-	1 592	95

(二)缺磷

缺磷是石灰性土壤上多种植物生长的限制因子。石灰性土壤缺磷主要是由于：①石灰性土壤高 pH 显著降低了磷的有效性：当土壤 pH 大于 7.5 时，土壤中大部分磷被 $CaCO_3$ 沉淀；当土壤 pH 大于 8.5 时，将形成极不溶解的盐基性磷酸盐。②磷的移动性与土壤含水量有密切关系。石灰性土壤处于降水较少的干旱及半干旱区，磷向根表的扩散和根系的生长都因土壤含水量偏低而削弱。因此，干旱也是植物缺磷的原因之一。③石灰性土壤上离子的缺乏导致植物根系生长受到抑制，从而显著影响了磷的吸收。

(三)缺锌

石灰性土壤高 pH 是造成植物缺锌的重要原因（表 11-14）。一般土壤 pH 升高 1 个单位，锌的溶解度下降 100 倍。其次，土壤溶液中高浓度 HCO_3^- 也会抑制根系生长，使植物获取锌的总量下降。此外，高浓度的 HCO_3^- 还影响植物体内锌向地上部的运输。我国石灰性土壤上玉米、水稻及果树等缺锌现象十分普遍。

表 11-14　不同沙土 pH 对花生叶片 Zn 和 Mn 含量的影响

土壤 pH	浓度/(mg/kg)	
	Zn	Mn
5.2	200	310
6	54	66
6.8	20	19

(四)缺锰

旱地石灰性土壤上常发现某些植物缺锰。通气良好和高 pH 都会促进 Mn^{2+} 被氧化，尤其是干旱条件下水分不足，进一步限制了活性锰向根表的迁移及其在体内的运输，从而使植物缺锰。然而通常缺锰并不像缺铁和缺锌那样普遍。

(五)缺钾

石灰性土壤中钾的储量比较多，交换钾含量也很丰富，植物缺钾的范围和程度远小于酸性土壤。但由于钾也是土壤中移动性较弱的养分元素，土壤水分含量对其移动性有重要影响。因此，在干旱地区或干旱季节，很多作物也会出现缺钾现象。供钾水平低的沙性土和喜钾作物缺钾现象更加普遍。近年来，我国北方大面积石灰性土壤上，随着生产水平提高和有机肥投入减少，植物缺钾问题日趋普遍和严重。施用钾肥逐渐成为多种作物提高产量和改善品质的必要技术措施。

二、植物对石灰性土壤的适应机理

(一)钙生植物及避钙植物

在石灰性土壤上优先生长的植物具有应对营养限制的适应机制，该类植物被称为钙生植物，如疏齿栎、山毛榉属及堇菜属的某些种。较避钙植物（如泥炭藓）而言，钙生植物通过丛枝菌根在根系的定殖以及分泌有机酸等方式增强磷酸根、铁、锌等离子的有效性。钙生植物对高浓度的钙离子的适应机制包括避性及耐受性两个方面。例如，十字花科植物(钙生植物)通常在液泡中积累大量钙离子,从而起到渗透调节的作用(耐受性)。此外,在一些钙生植物中根系原生质膜对钙离子的亲和力较低,使得钙离子的吸收能力显著低于避钙植物(即避性)。

(二)缺铁胁迫适应机理

不同植物种类及同种植物的不同品种,对石灰性土壤缺铁的反应不同。有些植物在缺铁时其生长受到严重抑制,通常被称为铁低效植物,如高粱、葡萄等;而有些植物对土壤缺铁具有较强的抵抗能力,生长几乎不受影响,通常称之为铁高效植物,如大麦。

石灰性土壤上植物活化 Fe 的机理包括特异性活化及非特异性活化两种方式。非特异性活化主要包括:①根系对某些离子的特异性吸收(如硫酸铵)导致根际 pH 降低;②缺磷条件下诱导的有机酸的生成;③光合产物在根系的释放促进了微生物的定殖,进而影响根际 pH、氧化还原态以及螯合物浓度。

就特异性活化而言,植物存在不同的活化机制:缺铁条件下,机理Ⅰ植物根表 Fe^{3+} 的还原能力显著提高,机理Ⅰ植物根细胞原生质膜质子泵受缺铁诱导,向外泵出的质子数量显著增加,导致根际 pH 下降(表 11-15)。根际酸化一方面增加了根际土壤和自由空间中铁的溶解度,提高其有效性,另一方面能维持根原生质膜上铁还原系统高效运转所需要的酸性环境。但是,在石灰性土壤上,由于高浓度重碳酸盐具有很强的缓冲能力,能将根系分泌的质子迅速中和,使得机理Ⅰ植物的上述两种反应不能有效地发挥作用。此外,机理Ⅰ植物在缺铁胁迫条件下能分泌大量有机酸及具有螯合能力的有机螯合物,将根际的高价铁还原为 Fe^{2+}(表 11-15)。虽然这些化合物对根际铁的活化和吸收方面的作用机理尚不完全清楚,但在土壤溶液中含铁量很低的情况下,这一作用可能对增加根细胞质膜上氧化还原系统的有效性有一定的作用。

表 11-15 机理Ⅰ植物铁营养状况对根铁还原能力、铁吸收量、营养液 pH 及植株叶片/根系有机酸分泌的影响

植株	指标	+Fe	−Fe
花生	根系 Fe^{3+} 还原能力/[nmol Fe^{2+}/(g 鲜重·h)]	40	2 570
	根系铁吸收量/[nmol/(g 干重·h)]	22	1 042
	地上部铁吸收量/[nmol/(g 干重·h)]	0.4	181.0
黄瓜	Fe^{3+} 还原量/[nmol/(g 鲜重·h)]	65	780
	营养液 pH	7.1	4.4
	根系苹果酸/(μg/g 鲜重)	14.0	11.6
	根系柠檬酸/(μg/g 鲜重)	0.8	5.8
甜菜	叶片草酸/($mmol/m^2$)	0.9	3.7
	叶片柠檬酸/($mmol/m^2$)	0.4	1.2
	叶片苹果酸/($mmol/m^2$)	0.015	0.109
	叶片琥珀酸/($mmol/m^2$)	598	1 608
	叶片延胡索酸/($mmol/m^2$)	85	408

在缺铁胁迫条件下,机理Ⅱ植物(禾本科植物)根系细胞向根际主动分泌一类非蛋白质氨基酸,通常被称为植物铁载体,它与根际土壤中的高价铁发生强烈螯合作用,迁移到质膜,在质膜上专一性运载蛋白的作用下,Fe^{3+} 和植物铁载体的复合物进入细胞体内。这种机制不受 pH 的影响,因此,与机理Ⅰ植物相比,在高 pH 的石灰性土壤上,禾本科植物一般不易出现缺铁现象。

水稻兼具机理Ⅰ和机理Ⅱ。在富铁环境下生长的水稻以机理Ⅰ方式吸收铁,该过程伴随着剧烈的氧化还原反应;而在低有效态种植环境中(如喀斯特地区碱性土壤),铁在水稻中的吸收转运以机理Ⅱ为主,并且铁在植物体内始终以螯合物的形式转运,该过程无氧化还原反应参与。

(三)缺磷胁迫适应机理

不同植物对石灰性土壤缺磷的适应能力不同，适应机理也有所差异(图 11-10)。概括起来有以下几种：

图 11-10　植物对缺磷的适应机理

1. 较高的吸收速率

在土壤溶液中磷浓度很低的条件下，植物必须具有较强的吸收能力，才能获得足够的磷。根系吸收动力学参数中 K_m 和 c_{min} 对植物的适应性具有重要意义。一般而言，适应能力强的植物种类或品种，其 K_m 和 c_{min} 值都较低，即在低磷环境中，由于其对磷的亲合力高和吸收起始浓度低，而能以较高的速率从缺磷土壤中吸收磷。表 11-16 表明，两个玉米基因型品种中，品种 Pa32 的 K_m 和 c_{min} 值都较低，它适应低磷土壤的能力较强。

表 11-16　不同玉米品种磷吸收动力学参数比较

μmol/L

参数	品种	
	Hgg	Pa32
K_m	9.28	4.00
c_{min}	0.69	0.21

2. 良好的根系形态特征

在土壤溶液磷的浓度很低的条件下，质流的作用很有限。因此，根系吸收的大部分磷主要是靠扩散作用提供的。然而磷的扩散距离只限于几毫米之内，因此植物吸磷总量在很大程度上取决于植物根系吸收表面积的大小。根系密度、根毛密度及根毛长度和根/冠比都是植物耐低磷能力的重要因素。一般吸磷能力强的植物都具有根系庞大、总根长、根毛多而长、根/冠比大的特点。缺磷条件下，一些植物的根系构型也会发生变化。如缺磷时，磷高效的菜豆品种的基部根系趋向土壤表层分布，以获取更多的磷。

3. 菌根真菌侵染

菌根菌的侵染能显著增加植物对养分的吸收表面积，并通过根外菌丝的分泌作用溶解土壤中的难溶性磷，菌丝吸收的磷通过菌丝迅速运输给宿主植物，改善其磷素营养状况，促进植物生长。据研究，适应于缺磷石灰性土壤上的绝大多数植物都有菌根真菌的侵染。在自然生态条件下，菌根起着不可忽视的作用，在缺磷条件下，菌根的作用尤为突出。在石灰性土壤上施用难溶性磷矿粉时，磷的有效性低，而菌根的效果显著(表 11-17)。

表 11-17　菌根真菌对玉米磷营养状况的影响

处理	干重/(g/盆)	含磷量/%
磷矿粉	8.7	0.68
磷矿粉＋菌根真菌	20.8	0.94

4. 酸化根际土壤

石灰性土壤上，磷的溶解度随 pH 降低而升高。适应性强的植物能通过增加质子的分泌，提高土壤的酸度，增加土壤的溶解度。豆科植物和禾本科植物相比较，通常前者吸磷的能力较强。其原因之一，是豆科植物根瘤固氮过程中向根际释放较多的质子，同时豆科植物吸收利用钙、镁的数量较多，其结果也能促进与之相结合的磷的释放，并能提高植物吸收阳离子的比例，使根分泌的质子增多，进一步提高磷的溶解度，增加磷的吸收，以满足植物生长的需要。

5. 根系分泌物的活化作用

在缺磷条件下，植物能分泌多种有机物质，如有机酸、氨基酸、酚类化合物和碳水化合物等。其中有机酸对活化土壤磷有重要意义。一些有机酸分别对固定磷的铁、铝和钙具有较强的配合或螯合能力，从而将磷释放到土壤溶液中，或者有机酸与磷和金属元素形成可溶性的多元复合体，易向根表迁移，这也能增加植物对磷的吸收。不同植物在缺磷条件下所分泌的有机酸种类不同，例如，苜蓿能分泌柠檬酸，油菜能分泌柠檬酸，苹果酸和草酸，玉米能分泌酒石酸，木豆能分泌番石榴酸，羽扇豆能分泌柠檬酸和苹果酸。

6. 提高根际磷酸酶活性

土壤中的磷有一半以上是以有机态磷存在的，而有机态磷只有被磷酸酶水解后才能被植物所吸收利用。因此，根际土壤有机磷的有效性往往取决于根际磷酸酶活性的高低。植物对缺磷的反应之一，是向根际增加释放磷酸酶的数量，促进有机磷的水解，缓解植物磷饥饿状况。磷营养效率不同的基因型植物所分泌的磷酸酶数量不同，因而活性大小也不相同。

7. 较高的磷利用效率

植物体内磷的利用效率是指植物体内的单位磷所能产生的地上部干物质的重量。通常，磷利用效率高的植株正常生长要求的磷浓度相对较低，因而在缺磷的土壤能维持正常生长。磷利用效率的差异不仅存在于不同植物种类之间，而且也存在于同一植物不同品种之间。

(四)缺锌胁迫适应机理

由于石灰性土壤的 pH 和重碳酸根含量都高，因而锌的有效性偏低。大量研究结果表明，不同植物种类以及同一植物的不同品种，其适应低锌土壤的能力都有明显的差异。这种差异主要是由植物吸锌的能力大小决定的。表 11-18 的结果说明，在缺锌条件下，适应性强的绿豆品种 Saginaw 的吸锌能力比敏感品种 Sassilac 高，因而能维持体内较高的锌营养水平，籽粒产量也比敏感性品种高出近一半。

表 11-18　缺锌土壤上适应性不同的两种绿豆品种的含锌量及籽粒产量

$ZnSO_4$ 用量/(mg/kg)	含锌量/(mg/kg)		籽粒产量/(kg/hm^2)	
	Sassilac	Saginaw	Sassilac	Saginaw
0	19.6	21.4	511	1 257
8	36	38.4	2 513	2 184

适应性强的植物具有较强的吸收能力，可能主要基于两方面的机理：一方面是通过分泌酸性物质（如质子或有机酸）酸化根际土壤，提高土壤锌的溶解度，或分泌对锌具有较强螯合能力的有机物质，活化根际土壤中的锌，增加其移动和有效性。土壤缺锌条件下，麦根酸类物质的分泌决定了植物的缺锌程度，随着麦根酸类物质分泌的增加，植物叶片缺锌程度显著降低(图 11-11a)。另一方面是通过改变植物根系的形态特征（如增加根系长度、根尖数等）增大吸收表面积，或降低锌吸收动力学参数 K_m 和 c_{min} 值，保证根系在锌浓度很低时仍能具有较高吸收速率。在不同锌缺乏耐受型水稻品种中，耐受型水稻根长、根尖数、根体积及表面积显著高于锌敏感型水稻品种(图 11-11b)。

石灰性土壤上植物根吸收表面积不足是造成吸锌量低的关键因素，菌根真菌的侵染可增加植物对锌的吸收。根系被菌根真菌侵染后，庞大的根外菌丝网大大增加了植物吸收锌的表面积，从而增加植物的吸锌量。一般来讲，根系的菌根真菌侵染率越高，根外菌丝越长，密度越大，则植物锌的营养状

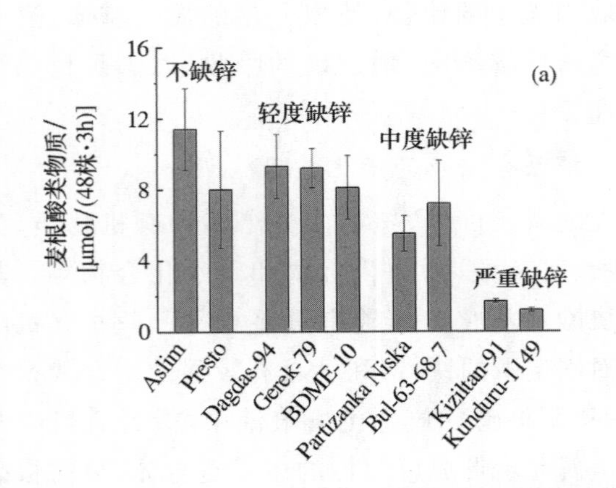

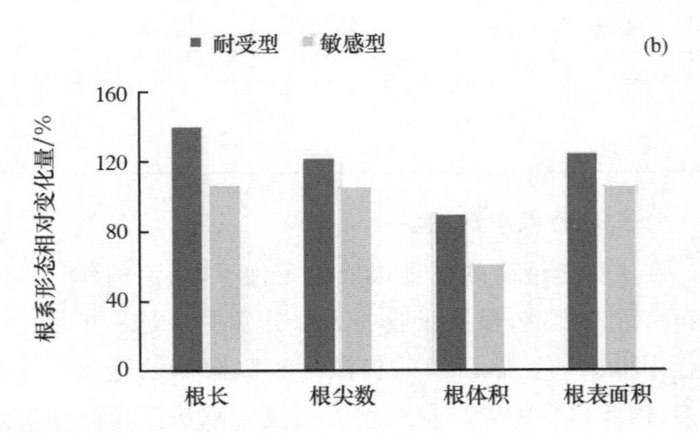

图 11-11　缺锌对麦根酸物质的分泌及根系形态的影响

况也越好。表11-19的结果说明，在相同磷水平下，接种VA菌根真菌能显著提高植株含锌量，但是如果施磷肥过量就会抑制菌根真菌的侵染，减少植物对锌的吸收，表现出随施磷量的增加，植株含锌量却显著下降的趋势。

表11-19　不同施磷水平下菌根真菌对大豆植株磷和锌含量的影响

接种处理	施磷水平	植株含磷量/%	植株含锌量/(mg/kg)
－VAM	0	0.07	16.4
	25	0.08	15.8
	75	0.12	14.2
＋VAM	0	0.14	56.5
	25	0.18	35.7
	75	0.27	28.5

第四节　渍水和淹水土壤

维持土壤水分平衡对于保障植株正常生长具有重要意义。在季节性或长期淹水以及旱地土壤受降水影响造成暂时性渍水或淹水条件下，土壤氧分压下降，氧化还原电位降低，对植物的生长会产生各种不利的影响，包括能量合成障碍、根系生长受限、养分和水分吸收运输能力下调等。有些植物因此而严重受害，而另一些植物则具有较强抵抗能力，甚至有些植物，尤其是水生植物，只有在淹水环境中才能正常生长。

一、淹水对植物根际环境的影响

淹水土壤与大气间气体交换的速率是旱地土壤的1/10 000，加之植物根系和微生物对土壤中氧气的消耗，淹水土壤氧气含量急剧下降，并导致氧化还原电位和pH的改变。其不良后果主要表现在以下几个方面：

(一)矿化作用减弱

在渍水或淹水后，土壤环境氧分压下降，导致微生物组成和活性的改变，并影响有机物的矿化过程，显著降低氮(NO_3^-)、磷(PO_4^{3-})、硫(SO_4^{2-})等养分的释放，严重时引起植物养分缺乏。

(二)反硝化作用加强

土壤淹水后反硝化细菌活动旺盛，氮素损失剧增，尤其在易分解有机质含量丰富的土壤中，反硝化微生物活动旺盛，土壤氮的损失更为严重。当土壤含水量从34%升到48%时，反硝化损失的氮增加了14倍，在补给有机物质后，氮素损失量进一步上升。

(三)有毒物质生成

土壤淹水后处于高还原态环境，还原性有害物质显著增加，其中包括高浓度的无机离子，尤其是Mn^{2+}、Fe^{2+}、NH_4^+，以及低分子有机化合物如乙醇、乙酸、丙酸、丁酸、金属羰基化合物等，这些游离酸对根系物质代谢和生长都有强烈的抑制作用。淹水后，土壤中的硫酸盐被还原为H_2S，除直接毒害植物外，它还会与锌等微量元素形成沉淀，降低锌的有效性，严重时植物会发生相应的缺素症。

二、植物对淹水条件的反应

旱生植物对土壤水分过多反应敏感，表现为植物生长势减弱，叶片形态改变，如禾本科植物在淹水后叶片偏上生长，植株机械强度降低，叶片疲软，过早衰老，地上部出现营养缺乏症状，其中缺氮黄化症状最为明显。根系生长受抑制程度比地上部更为严重，根系难以下扎，因而根系主要分布于表层，并常形成气生根，植株固着能力减弱，易倒伏，根吸收能力下降。水分过多引起植物上述表现与以下机理有关。

(一)抑制能量代谢

植物在淹水后，根际氧分压急剧下降，导致根系所处环境逐渐从有氧转变为低氧甚至无氧状态，也因此根细胞的有氧呼吸逐渐减弱，降低呼吸链的电子传递，阻碍ATP的合成。为了适应自身能量的需求，根细胞适应性地提高无氧呼吸有关的20多种酶类活性，转变代谢方式，从有氧呼吸变为无氧发酵，但即使这样，发酵所产生的ATP数量也仅仅是线粒体有氧呼吸产生能量的1/18，且寿命缩短。例如，供氧充足时，玉米根尖ATP的寿命为8 s，而缺氧时只有2 s。ATP的严重不足，导致蛋白质合成受阻和养分吸收受到抑制，同时也严重抑制体内的各种生理代谢反应，包括蛋白质和核酸的合成等过程。

(二)根系养分吸收受到影响

淹水环境改变根系生长和根表细胞内外的环

境，影响根系对养分的吸收。根表面从土壤中吸收养分有 3 种途径：截获、质流和扩散。根据 Silberbush 和 Barber 的养分吸收模型，可确定影响上述 3 种途径的根系及根际生理生化特征主要有根系生长速率、最大养分吸收速率、土壤养分初始浓度、扩散系数和蒸腾速率等。

1. 根系生长及最大养分吸收速率

淹水植株因无法给根系供应足够的能量或者因为低氧环境导致细胞质 pH 的降低，根系生长停滞。在淹水条件下，用于离子吸收的能量显著降低，限制细胞膜上 ATPase 质子泵的活性，并降低膜电位差以及膜内外质子浓度梯度，从而减弱养分离子的跨膜运输，降低养分的最大吸收速率。早期的研究表明，在低氧环境下，细胞内糖酵解、乳酸或者 CO_2 积累导致细胞质 pH 从 7.4 下降到 6.9～7.1，细胞膜去极化，并影响养分的运输。不过，目前关于低氧环境下细胞内上述变化过程的诱发机制仍存争议。低氧根系细胞内低分子量挥发性物质、一元羧酸（醋酸、丙酸、己酸）和硫化物的积累会进一步降低细胞质的 pH，抑制根系生长，严重时可导致根系死亡。无论是能量供应匮乏还是细胞质 pH 调控失衡导致的根系生长受限，最终对根际获取土体养分均会产生重要影响，因此，根系尤其是新生根的生长被认为是影响植物对养分吸收最关键的因子之一。

2. 土壤养分有效性

在低氧环境下，根际部分养分（尤其是氮）的有效性显著降低，强还原条件导致硝态氮的反硝化作用显著增强，大量的氮素以 N_2，N_2O 和 NO 的形式损失。相对而言，淹水土体中铵态氮的比例会增加，而植株吸收并同化铵态氮仅需要 2 分子 ATP（吸收和同化硝态氮则需要消耗 13 分子 ATP），因此能够显著降低植株体能量平衡失调所带来的压力，此外，铵态氮比例的增加有利于根系的生长，对根系吸收养分有促进作用。除了氮元素外，一些微量元素（如铁、锰和锌）的有效性增加，磷的有效性也因铁、磷的释放而增强。不过养分有效性的改变并不能完全决定根系所能获得的养分，这还和根系对养分的吸收过程有关。主要可分为 3 种情况，第一类：在淹水环境中，根系对氮、磷和钾等养分的吸收受到抑制，这些养分进入细胞膜内是需要能量的主动吸收过程。土壤淹水后，能量供应不足，离子的主动吸收过程受到抑制。例如小麦和大麦幼苗在淹水 15 d 后，地上部中微量元素的含量显著低于对照处理（表 11-20）。很多植物淹水后不久就表现出叶片黄化现象，这就是因为氮素吸收不足引起的缺氮症状，如果向土壤中增施氮肥或根外喷施氮肥都可以减轻叶片黄化症状或使其消除。第二类：养分吸收受暂时性淹水的影响不大，吸收速率与植株生长速率同步，因而体内含量变化较小，如钙（表 11-20）。根系对它们的吸收为不需消耗能量的被动过程，植株在吸收水分的同时也摄入这些离子。因此，淹水后虽然能量供应不足，但并不影响对它们的吸收速率。第三类：在淹水后会增加离子吸收速率，提高体内的含量。钠就是典型的例子，在淹水条件下，根细胞膜会遭受到破坏，从而降低了植物对离子吸收的选择性。此外，由于 ATP 供应不足，排钠泵作用受阻，结果导致过多的钠进入植物体内，组织内含钠量上升，严重时造成盐害。

表 11-20　渍水对小麦和大麦地上部养分含量的影响

养分/(mg/g 干重)	小麦		大麦	
	对照	淹水	对照	淹水
N	47.1	38.1	49.9	34.8
P	6.2	4.9	5.1	3.9
K	57.4	48.6	63.2	45.1
Ca	6.3	5.8	8.3	6.9
Mg	1.9	1.4	2.3	1.9
Mn	41.8	27.5	37.9	21.9
Cu	12.2	10	10.5	7.2
Fe	92.8	89.7	89.9	69.1
Zn	39.6	28.5	38.4	26.5

（三）水分吸收和二氧化碳固定能力下调

在淹水初期，植物水分吸收能力减弱，具体表现在根系渗透性能降低，导水率下降，如淹水 0.5 h 后拟南芥根系导水率可降低一半以上。长时间淹水还可导致根细胞死亡、木质部栓塞以及细胞壁木质化等，进一步降低根系的导水性能。植株导水性能的降低与低氧条件下细胞质 pH 下调（由乳酸形成、核苷酸水解、质外体 H^+ 泵入以及有机酸合成共同导致）导致水通道蛋白基因（PIPs）表达和活性降低密切相关(图 11-12)。为尽可能地缓解水分供应不足的缺陷,叶片气孔导度会随之下降(下降幅度可达 60%以上),该过程势必会减少 CO_2 的吸收,影响光合速率。植物在淹水后的其他表现,如 Rubisco 酶活性、叶片水势、叶绿素含量和叶面积的降低,以及叶片提前衰老等均会影响叶片的光合能力。随着淹水时间的延长,叶肉细胞的代谢能力下调,光合同化物运输受阻,较多的糖类化合物滞留在地上部,导致地下部根系生长受限。

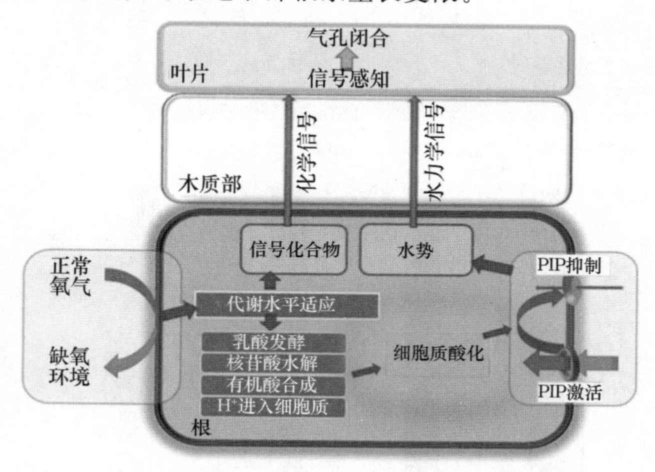

图 11-12　淹水条件下植物根系导水率下降的调控网络
(改自:Kreuzwieser and Rennenberg, 2014)

(四)改变激素水平

淹水环境常使多种植物激素的水平发生变化,最显著的是乙烯含量大幅度升高。例如,玉米和大麦淹水后其根中乙烯含量可增加 6 倍,这是由于低氧条件下,乙烯前体氨基环丙烷羧酸(ACC)的生物合成加快和体内产生的乙烯难以向周围介质扩散所造成的。乙烯作为信号传导物质,在调控根系适应淹水环境上有重要作用,如通气组织以及不定根的形成等,但体内乙烯含量过高则会抑制根系生长,引起叶片衰老和脱落。此外,淹水还往往使体内脱落酸含量上升,生长素和细胞分裂素含量下降,从而影响植物的生长。

(五)产生有毒代谢物质

根细胞厌氧呼吸的最终产物是乙醇。淹水条件下,乙醇的形成量迅速增加,而植物体内乙醇浓度超过一定限度就会对植物造成毒害。例如,番茄植株淹水 24 h 后,木质部汁液中乙醇的浓度就上升了 5～7 mmol/L,该浓度已超过毒害临界值。另外,在低氧环境下,细胞产生的次生代谢物质,如酚醛和挥发性脂肪酸无法被有效利用,均以游离状态累积在细胞内,加之细胞质 HCO_3^- 和一元羧酸(醋酸、丙酸、己酸)浓度显著增加,导致细胞质 pH 下降,并对细胞产生毒害。

三、植物对缺氧环境的适应性

不同物种对淹水胁迫的耐受能力差异很大,水田植物如水稻的适应能力较强,而旱田植物的适应能力相对较弱。植物在淹水应答中涉及一系列不同水平的适应,包括从宏观形态学到微观分子生物学水平上的改变。

(一)形态解剖学适应

1. 形成肥大皮孔

植物尤其是树木在淹水后茎节基部细胞在生长素和乙烯的作用下形成肥大的皮孔,以便于 O_2 向根系运输。同时,肥大皮孔可作为厌氧代谢废弃物(乙醇、甲烷、CO_2 等)排出的潜在通道(图 11-13)。另外,肥大皮孔能部分替代坏死根系,吸收水分,从而缓解淹水植株对水分的需求。因此,肥大皮孔的数量往往和植物耐涝特性紧密联系。

2. 形成输氧的通气组织

水田和旱田植物在淹水条件下,都能从地上部通过茎内组织向根部输送氧气,并将其中一部分释放到根际土壤中,形成根围相对的氧化微环境。植物对淹水的适应性强弱与植物体内输氧组织的发育程度有密切关系。根系组织孔隙度是衡量通气能力的重要指标。根系组织孔隙度是指根内充气细胞间隙和通气组织总体积占根体积的比例。根系孔隙度越大,输氧能力就越强,相应抗淹水危害的能力也越大。水稻植株处于淹水环境时,根系基部通气组织伸长至根尖,同时在通气组织周围形成氧气传输屏障,尽可能地减少氧气在运输过程中的径向损失,保障根尖生长(图 11-14)。不同作物相比,水稻、玉米和大麦根组织孔隙度的相对值分别为 1.0、0.25 和 0.10,因此水稻是典型的适应淹水很强的农作物,对淹水比较敏感的旱作而言,淹水后也能诱导形成程度不同的输氧通气组织,以适应缺氧的不利条件(表 11-21)。

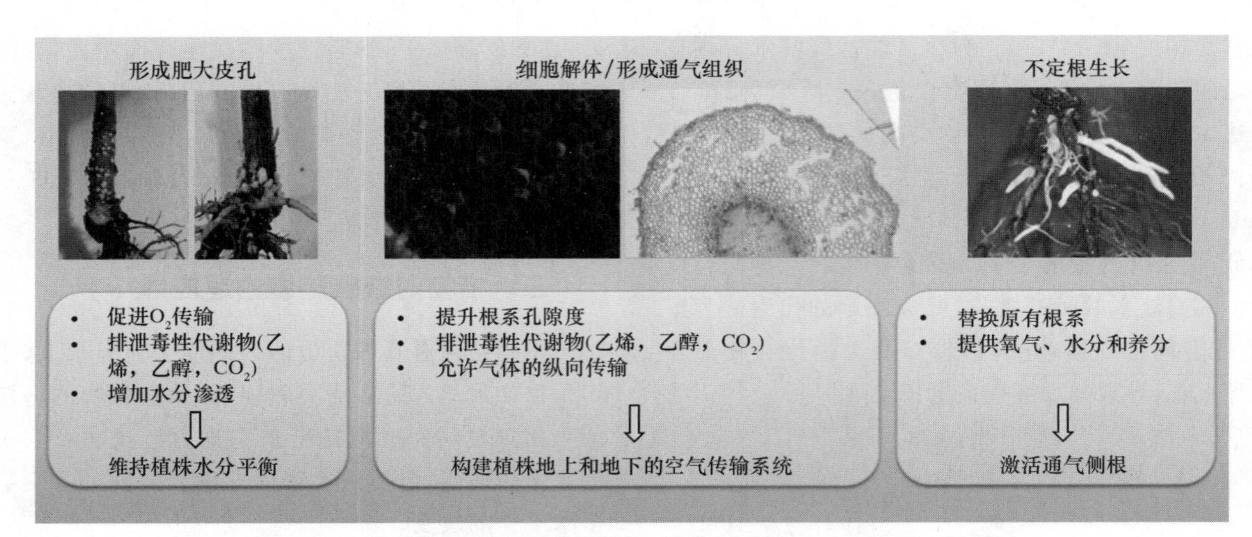

图 11-13 植物对淹水环境的形态解剖学适应(改自:Parent et al.,2008)

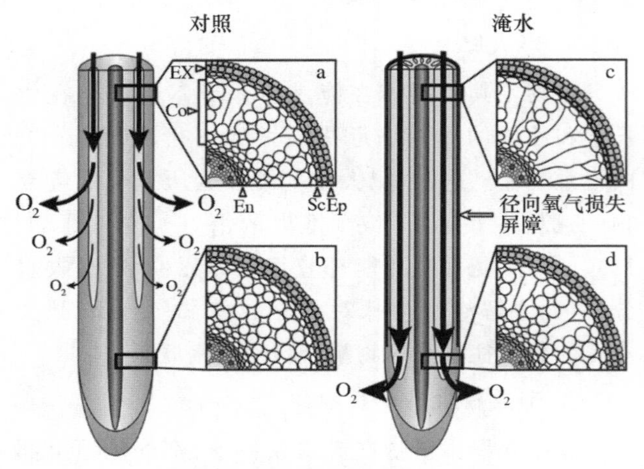

图 11-14 淹水水稻形成通气组织

(改自:Nishiuchi et al.,2012)

Ep,上表皮;Ex,外表皮;Sc,通气组织;Co,皮层;En,内皮层

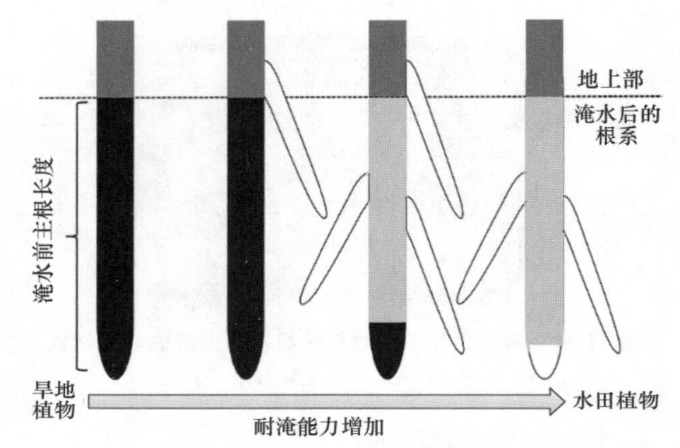

图 11-15 水田和旱地植物根系对淹水的反应

黑色代表死组织,浅灰色代表生存下来的组织,白色代表再生根,深灰色代表地上部

表 11-21 淹水和非淹水条件下不同植物的根组织孔隙度和扎根深度

植物种类	根孔隙度/%		扎根深度/cm	
	非淹水	淹水	非淹水	淹水
玉米	6.5	15.5	47	17
向日葵	5	11	33	15
小麦	5.5	14.5	10	5
大麦	3.5	2	32	15

3. 形成具有输氧通气功能的根

不同植物种类以及同种植物的不同品种,在淹水后形成通气根的数量有显著差异。如图 11-15 所示,耐淹水能力低的旱生植物在淹水后,根尖部会很快由于缺氧而死亡,而且不能形成通气侧根。随着植物耐淹能力的增强,具有吸收能力的新侧根形成量逐渐增多,对于水稻等水田植物,不仅侧根增多,而且其根尖组织仍能保持活力。

(二)生理学适应

1. 代谢适应

淹水条件导致根系周围氧气浓度持续下降,植株的代谢功能也因此发生转变。在正常氧气下,植物进行有氧呼吸,通过氧化磷酸化过程产生 ATP;随着氧气浓度下降,有氧呼吸受到抑制,根系通过无氧呼吸来尽可能地弥补 ATP 的匮缺(图 11-16)。但是无氧呼吸的过程会产生有害的乙醇和乳酸,过多时会对根系产生毒害。耐淹能力强的植物及其品种,则能控制糖酵解的速率,并将呼吸代谢产物以苹果酸的形式运输到植物地上部,从而降低了根中乙醇的浓度。

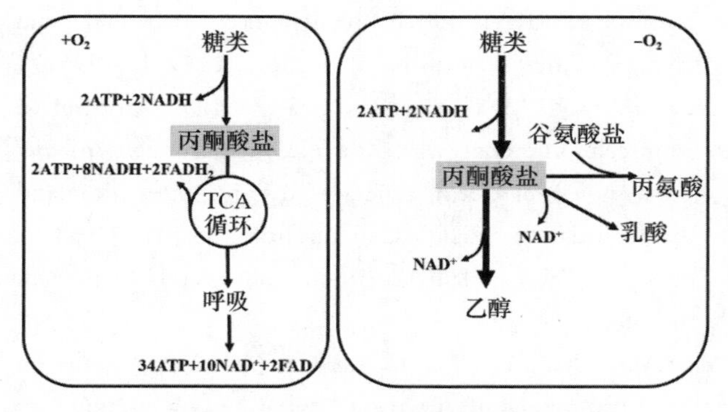

图 11-16 正常氧和缺氧环境下植物代谢通路

2. 对高浓度锰和铁的忍耐力

耐淹水能力不同的植物种类及品种对介质中高浓度锰和铁的忍耐能力不同。耐淹能力强的植物(如水稻)对锰和铁的忍耐能力很高。其机理主要包括两个方面:一是离子被分隔于无生理活性的部位(如液泡);二是通过螯合作用使原生质中的有毒离子钝化。此外,抗氧化酶类活性的增强有利于清除因 Fe^{2+} 的还原作用所产生的氧自由基,对提高植物应对淹水时高锰、铁毒害起到了间接作用。

(三)分子水平适应

在基因表达水平上,植物对缺氧逆境的适应性应答可分为三个阶段:第一阶段(0～4 h)为信号传导因子的快速诱导和激活;第二阶段(4～24 h)为代谢适应阶段,在信号传导因子被快速诱导后,包括糖酵解、发酵途径、乙烯合成途径以及氮代谢途径中重要酶基因的表达被诱导;第三阶段(24～28 h)为与通气组织相关厌氧多肽(ANPs)形成阶段,木糖转糖基酶被诱导,这是植物能继续在低氧环境中生存的关键阶段。同时基因表达的响应在转录、转录后及翻译水平上均受到了严谨的调控。以乙醇脱氢酶(ADH)为例,根系在低氧环境下,Adh1 的转录被诱导,相对于其他需氧蛋白的 mRNA 来说,Adh1 的 mRNA 稳定性较好,在翻译过程中较易与核糖体结合,进而得到高效率的翻译,最终使根系 ADH 的活性上升了 10 倍。

第十一章扩展阅读

复习思考题

1. 论述酸性土壤对植物生长的主要障碍因子以及植物的可能适应性反应。
2. 盐渍土壤如何影响植物生长,植物有哪些典型的耐盐机制?
3. 生长在石灰性土壤上的植物可能会表现出哪些养分缺乏症状,为什么?
4. 简述植物适应渍水和淹水土壤的生理生化机制。

参考文献

陆景陵. 2003. 植物营养学(上册). 2 版. 北京:中国农业大学出版社.

Blumwald E. 2000. Sodium transport and salt tolerance in plants. Curr. Opin Cell Biol. 12, 431-434.

Cakmak I. and Horie T. 2017. Genomics, physiology, and molecular breeding approaches for improving salt tolerance. Ann. Rev. Plant Biol. 68, 405-434.

Cakmak I., Torun B., Erenoğlu B., et al. 1998. Morphological and physiological differences in the response of cereals to zinc deficiency. Euphytica. 100, 349-357.

Chen W., He Z., Yang X., et al. 2009. Zinc efficiency is correlated with root morphology, ultrastructure, and antioxidative enzymes in rice. J. Plant Nutri. 32, 287-305.

Dennis E. S., Dolferus R., Ellis M., et al. 2000. Molecular strategies for improving waterlogging tolerance in plants. J. Exp. Bot. 51, 89-97.

Hacisalihoglu G. and Kochian L. 2003. How do some plants tolerate low levels of soil zinc? Mechanisms of zinc efficiency in crop plants. New Phytol. 159, 341-350.

Herzog M., Striker G. G., Colmer T. D., et al. 2016. Mechanisms of waterlogging tolerance in wheat—a review of root and shoot physiology. Plant Cell Environ. 39, 1068-1086.

Kreuzwieser J. and Rennenberg H. 2014. Molecular and physiological responses of trees to waterlogging stress. Plant Cell Environ. 37, 2245-2259.

Li X., George E. and Marschner H. 1991. Extension of the phosphorus depletion zone in VA-mycorrhizal white clover in a calcareous soil. Plant Soil. 136, 41-48.

Ma J. F., Chen Z. C. and Shen R. F. 2014. Molecular mechanisms of Al tolerance in gramineous plants. Plant

Soil. 381, 1-12.

Ma J. F., Ryan P. R. and Delhaize E. 2001. Aluminium tolerance in plants and the complexing role of organic acids. Trends Plant Sci. 6, 273-278.

Mancuso S. and Shabala S. 2010. Waterlogging signalling and tolerance in plants. Springer-Verlag Berlin Heidelberg.

Marschner P. 2012. Marschner's Mineral Nutrition of Higher Plants . 3rd edition. Elsevier/Academic Press.

Mengel K., Breininger M. and Bübl W. 1984. Bicarbonate, the most important factor inducing iron chlorosis in vine grapes on calcareous soil. Plant Soil. 81, 333-344.

Nishiuchi S., Yamauchi T., Takahashi H., et al. 2011. Mechanisms for coping with submergence and waterlogging in rice. Rice, 5, 2.

Parent C., Capelli N., Berger A., Crèvecoeur M., et al. 2008. An overview of plant responses to soil waterlogging. Plant Stress, 2, 20 - 27.

Treeby. M., Marschner H. and Römheld V. 1989. Mobilization of iron and other micronutrient cations from a calcareous soil by plant-borne, microbial, and synthetic metal chelators. Plant Soil. 114, 217-226.

Yuan F., Lyu M., Leng B., et al. 2015. Comparative transcriptome analysis of developmental stages of *the Limonium bicolor* leaf generates insights into salt gland differentiation. Plant, Cell Environ. 38, 1637-1657.

Zhu J. K. 2001. Plant salt tolerance. Trends Plant Sci. 6, 66-71.

Zuo Y., Zhang F., Li, X. and Cao Y. 2000. Studies on the improvement in iron nutrition of peanut by intercropping with maize on a calcareous soil. Plant Soil 220, 13-25.

扩展阅读文献

Marschner P. 2012. Marschner's Mineral Nutrition of Higher Plants . 3rd edition. Elsevier/Academic Press.

Yokosho K. and Ma J. F. 2015. Transcriptional regulation of Al tolerance in plants. In: Aluminum Stress Adaptation in Plants (Panda, S. K. and Baluska, F. eds), Springer.

第二部分　肥　料

HAPTER 12

第十二章 肥料概述

教学要求：

1. 掌握肥料的概念。
2. 掌握肥料的分类与基本特性。
3. 了解肥料的发展概况。
4. 理解肥料的重要性。

扩展阅读：

肥料常用名词解释；我国古代施肥历史；农田养分资源综合管理

肥料是作物的"粮食"。施用肥料是作物生产实现稳产、高产和优质农产品的关键，作物生长依赖于营养物质、水分和光热等资源的获取，只有当这些资源达到最佳条件时，才能发挥出作物生产的最大优势。

肥料与植物生产、动物生产和人类生存紧密相连。没有充足的肥料，作物产量难以提高，动物就没有足够的饲料，也就没有大量的畜禽水产品，人类也不会获得充足的优质食物。农谚道"有收无收在于水，收多收少在于肥"，充分说明了肥料在农业生产中的重要性。

当前，我国面临农业绿色发展的挑战与机遇，对肥料及其施用技术提出了更高的要求。农业绿色发展要求同步实现作物稳产增产与优质生产、肥料资源高效利用和生态环境友好。据联合国粮农组织预测，到 2050 年时，全球人口将超过 90 亿，人口的增长必须依赖于粮食的有效供给，肥料将在世界未来农业发展中起到非常关键的作用。

第一节 肥料的概念与特点

一、肥料的概念

肥料(fertilizer)是指含有一种或多种植物所必需的营养元素的自然来源或者人工合成的物质,能够给植物正常生长发育提供所需的养分,并且能够增加土壤肥力,促进作物生长,提高作物产量和改善作物品质。

肥料是农业生产中最常见的物质之一,有"植物的粮食"之称。"肥料"一词起源于近代,在此之前我国一般将肥料称为"粪",施肥则称为"粪田"。肥料能够用于调节植物生长与土壤供应间的养分供需矛盾,为植物生长直接或间接提供养分。

二、肥料的分类及特点

通常按照肥料的来源与组分的主要性质,可以将肥料分为有机肥料(organic fertilizer)、化学肥料(chemical fertilizer,简称化肥又称为无机肥料或矿质肥料,inorganic fertilizer/mineral fertilizer)和微生物肥料(microbial fertilizer;又称为生物肥料,biofertilizer)三大类。

不同肥料具有不同的特点,可从肥料中的物质来源、处理方式、养分成分与形态、物质特性等方面加以区分(图 12-1)。

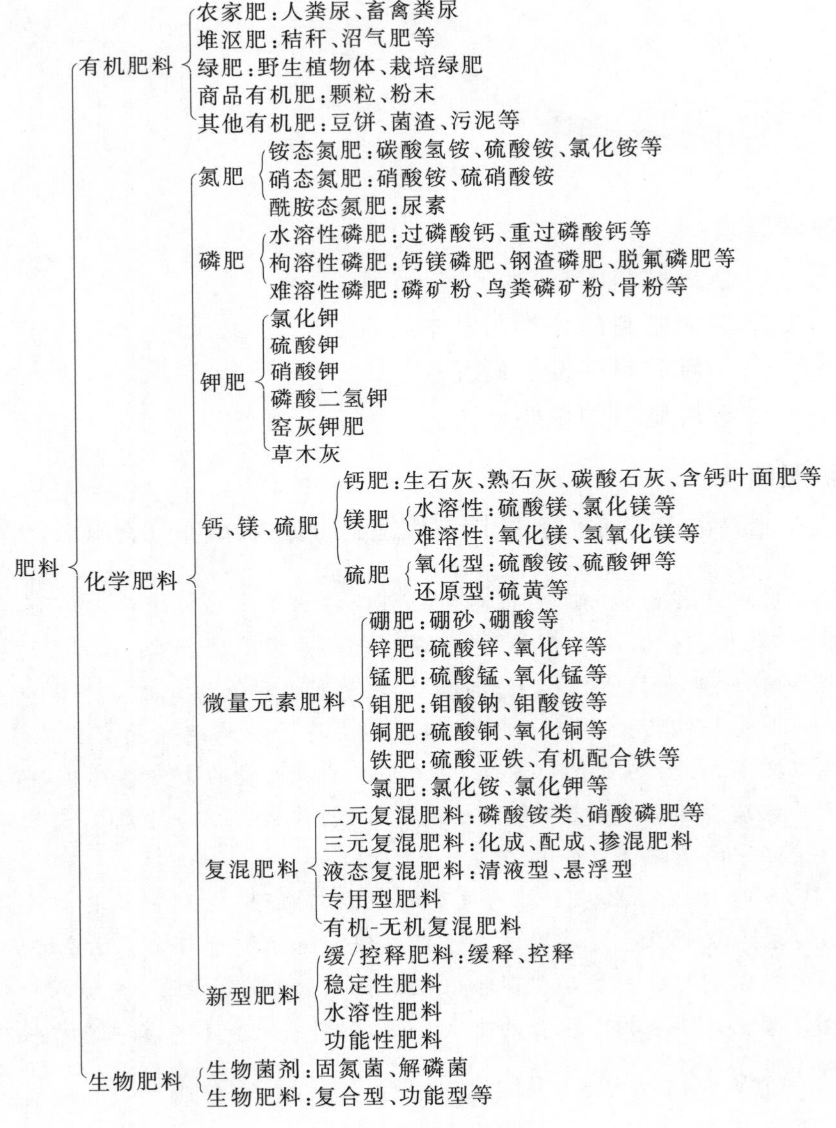

图 12-1 肥料的分类

1.有机肥料

有机肥料是指含有大量的有机物质，既能给植物提供多种必需的无机养分和有机养分，又能培肥改良土壤的一类肥料。一般根据有机肥料来源、特性和积制方法，分为农家肥(如畜禽粪尿、人粪尿等)、堆沤肥(如秸秆、沼气肥等)、绿肥(野生植物体和栽培绿肥)、商品有机肥和其他有机肥(如豆饼、菌渣等)。

有机肥料的特点是含有大量的有机物质、具有显著的培肥改土作用，营养元素种类齐全、养分含量较低、体积较大，养分释放较慢、肥效稳定持久，来源广泛、种类繁多。

2.化学肥料

利用化学和(或)物理方法制成的含有一种或多种植物生长所必需的营养元素的肥料，养分一般呈无机盐形态。通常，根据营养元素成分将化学肥料分为氮肥、磷肥、钾肥、中量元素肥料、微量元素肥料、复混肥料和新型肥料7大类。其中新型肥料是在传统化学肥料的基础上，利用新的原材料和新的技术生产的具备新功能的一类化学肥料。

化学肥料的特点是化学成分较单纯、养分含量相对较高，多数是水溶性或弱酸溶性化合物、养分释放较快，具有一定的培肥改土作用(如提高土壤养分、调节pH等)。

3.微生物肥料

微生物肥料指含有特定功能微生物的菌剂，或其与经过无害化处理、腐熟的有机物料复合而成的肥料。微生物肥料的主要作用在于促进所接种的微生物的繁殖，调整作物、土壤与微生物相互间的关系，利用微生物的活动或代谢产物，改善作物营养状况或抑制病害。一般将微生物肥料产品分为菌剂类和菌肥类两大类，前者是具有特定功能的微生物菌剂，后者则是在菌剂基础上添加了有机物(如有机肥料等)、无机物(如化学肥料等)等形成的复合物质。此外，按其功能和肥效，将微生物肥料划分为根瘤菌肥料、固氮菌肥料、解磷菌肥料、菌根真菌肥料等。

总体而言，结合肥料对植物生长的作用与肥料自身的特点，可以看出，有机肥料、化学肥料与微生物肥料是相辅相成的(表12-1)。有机肥料突出了培肥与营养元素较全面的特点；化学肥料侧重于高浓度、快速供应给植物养分；微生物肥料最大的特点是具有生物活性，能够直接提供养分或促进土壤养分转化，进而促进植物生长。在实际施用过程中，需要注重三种类型肥料的搭配使用，特别强调有机肥料与化学肥料的结合，能够保证养分的快速和长期供应，并且在培肥土壤的同时实现养分的高效利用，促进土壤资源长期可持续利用。

表12-1 不同肥料的主要特点

肥料	成分	养分含量	肥效	养分作用方式	体积	生物活性
有机肥料	有机物质 无机养分物质	低	缓慢持久	直接、间接	中、大	低
化学肥料	无机养分物质	高	快速较短	直接	中	无
微生物肥料	生物活性物质 有机物质	低	缓慢持久	直接、间接	小、中	高

第二节 肥料的发展与施用

一、肥料发展历史

(一)有机肥料

肥料的最早施用可能起源于新石器时代，当时人们利用粪尿和草木灰来肥田。在过去的几千年，有机肥料经历了最早的粪尿、杂草等直接还田施用的方式，再到兽骨、蚕矢、粪尿、杂草等多种来源和简单堆沤处理技术的出现，到现在已经形成了来源丰富、工艺成熟、加工处理技术多样化的现代有机肥料产业，成为肥料产业不可缺少的重要一环(图12-2)。

在《诗经·周颂·良耜》中记载了西周时期用肥养地的方法，“以薅荼蓼，荼蓼朽止，黍稷茂止”，就是利用杂草还田腐烂促进黍稷生长。大约在200年后的公元前900—前700年间，希腊诗人荷马(Homer)在《奥德赛》史诗中提到了利用污泥、垃圾、草木灰作粪肥。在历史长河中，我国很长时期处于古老农业大国的地位，劳动人民在长期的生产实践中积累了大量的用地与养地相结合的耕种传统。在农书《氾胜之书》《齐民要术》《王祯农书》《沈氏农书》《农政全书》等中，对当时的肥料发展做了很多描述，较为详细地记载了有机肥料的原料、积制、施用方法等。公元前1世纪，《氾胜之书》中记载了"骨汁使稼耐旱"，这是目前已知的最早记载的兽骨肥料。到了明清时代，产生了多种骨肥，如生骨粉、骨灰等，而且开始有饼肥和绿肥的文字记载，这一时期共出现了100余种肥料。这种施用有机肥料的培肥土壤技术，为几千年来文明古国的生存提供了基本的农业生产保障，至今在国内外仍有很大的影响力。

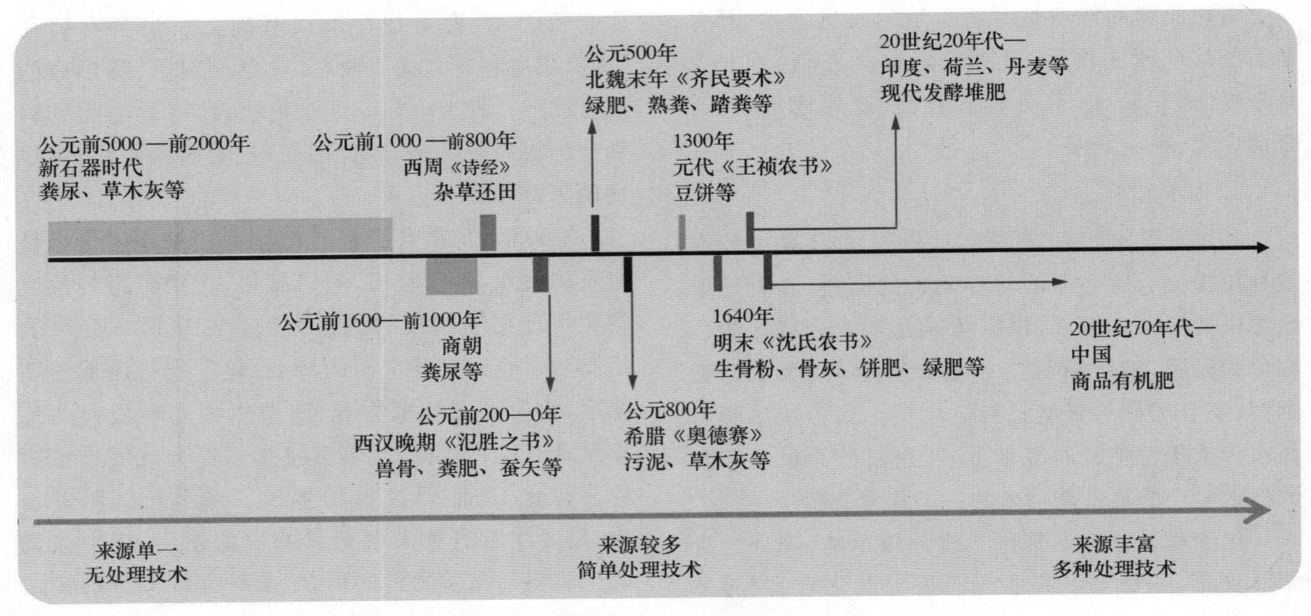

图12-2 有机肥料大致发展历程

现代的堆积制肥实际上是几千年来劳动人民创造的堆沤肥的发展，在我国的《氾胜之书》和《齐民要术》等古代著作中，都有关于积肥制肥的详细阐述。在20世纪初，国外开始利用垃圾、人粪尿、污水、污泥、树叶、秸秆等混合物料，在地下深沟搅拌发酵堆肥，此后荷兰、丹麦等国家开始大力发展堆肥技术，形成了现代的发酵堆肥技术，有力地推动了现代堆肥的发展。进入20世纪80年代后，垃圾环境污染问题加剧，有机废弃物堆肥化利用又迎来了新的发展阶段，商品化有机肥料产品不断涌现，成为肥料产业关注的焦点。我国商品化有机肥料工业化生产开始于20世纪70年代，20世纪末进入了快速发展阶段。目前，有机肥料已经成为全球农业生产的重要资源，是培肥土壤不可缺少的肥料，坚持有机肥料和化学肥料混合施用，成为我国和全球农业绿色发展的重要技术措施。

(二)化学肥料

世界化学肥料产品的发展顺序为磷肥、钾肥、氮肥和复混肥料，是由生产技术来驱动的肥料产品发展。在过去150多年间，化学肥料经历了从无到有，由单一品种到多个品种，从低养分浓度向高浓度的快速发展。在我国，氮、磷、钾肥料的发展顺序是由不同时期土壤养分关键缺乏限制因子决定的，在20世纪30年代到20世纪50年代，土壤普遍缺氮，施用氮肥增产效果显著，开始大力发展氮肥工业，促进氮肥应用；在20世纪60年代到20世纪80年代，发现施用磷肥增产效果显著，开始发展磷肥工业；到20世纪70年代开始广泛研究钾肥和微量元素肥料，促进了其生产与应用；到20世纪80年代我国开始生产复混肥料，之后我国肥料工业进入了快速发展阶段，逐步实现了从产品进口到自主生产和部分出口、从单一品种到多样化品种、从低浓度到高浓度肥料的转变，极大地满足了农业生产中对化学肥料消费的需求。

我国在宋元时代就开始施用石灰、石膏、硫黄等，国外于19世纪末在农业生产中广泛地使用智利硝石（硝酸钠）和海鸟粪。现代化学肥料工业的开始则是1840年德国化学家李比希（Justus von Liebig）提出的矿质营养学说和养分归还学说，这为近代化学肥料的生产和应用奠定了理论基础。

1842年，英国企业家和农业科学家鲁茨（John Bennet Lawes）制成了普通过磷酸钙，并获得了相应的肥料制造专利，标志着化学肥料工业的真正开始。1867年，在美国和世界其他地方均发现了磷矿石。1907年，重过磷酸钙实现了商业化生产，揭开了高浓度磷肥发展的历史。1928年挪威实现了硝酸磷肥的工业化生产，1930年英国帝国化学工业公司以磷酸铵为基础生产出了世界上第一个颗粒化学肥料产品，同一时期美国开始生产磷酸一铵，随后于1954年首次工业化生产磷酸二铵。我国的磷肥工业始于1942年，在昆明建立了小型过磷酸钙肥料生产厂，新中国成立后我国磷肥生产得到了大力发展。20世纪60年代，我国开始生产钙镁磷肥和磷酸二铵，20世纪70年代开始生产重过磷酸钙，开始了我国自主生产高浓度磷肥的历史，1983年自主开发了料浆浓缩法生产磷酸一铵工艺。磷酸一铵和磷酸二铵的出现，为氮、磷、钾复混肥料发展奠定了基础，到目前为止，氮、磷、钾复混肥料成为市场上最主要的肥料产品之一。在20世纪80年代，我国开始建成氮、磷、钾复混肥料厂，到20世纪90年代，复混肥料得到了快速发展，目前我国已成为世界上最大的复混肥料生产国（图12-3）。

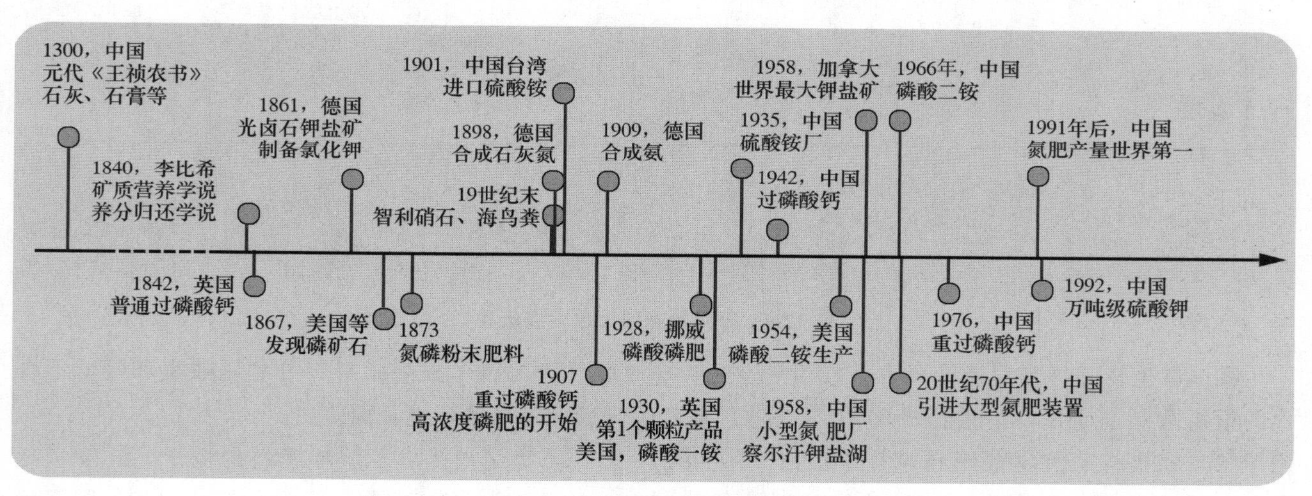

图12-3 化学肥料大致发展历程

钾肥的发展稍晚于磷肥。1861年，在德国施塔斯富特（Stassfurt）地区开采出光卤石钾盐矿，从盐水中提取出了氯化钾，建立了钾肥工业。1958年加拿大萨斯克彻温省（Saskatchewan）钾盐矿得到成功开发，建立了全球最大钾肥生产基地，被称为世界钾矿之都。100年后，我国于1958年在察尔汗盐滩上利用原生光卤石生产出新中国第一批钾肥。我国硫酸钾起步生产较氯化钾晚了30多年，1992年云南磷肥厂引进国外的曼海姆技术和设备，建成万吨级的生产装置。目前全球和我国主要的钾肥产品均是氯化钾和硫酸钾。

氮肥的发展要远落后于磷肥和钾肥。在氮肥发展史上，最具标志性的是合成氨的发明，是由德国科学家哈伯（Fritz Haber）和博施（Carl Bosch）于1909年合作完成的，他们利用氮气和氢气在高温高压和催化剂条件下直接合成了氨，1913年在德国建立了第一个合成氨工厂。合成氨至今仍然是肥料工业中的重要生产工艺，主要氮肥产品如尿素、硫酸铵、氯化铵、硝酸铵等都是在合成氨的基础上发展而来。

我国于20世纪30年代在大连和南京建成了小型硫酸铵厂；新中国成立之初，从苏联引进成套氮肥装置，建立了中型氮肥厂；在20世纪60年代建立了大量具有自主技术创新的小型氮肥厂；在20世纪70年代，从国外引进大型氮肥生产装置，使得我国氮肥产量在20世纪80年代跃居世界第二位，到1991年后，我国的氮肥产量跃居世界第一位，目前主要的氮肥产品是尿素。

(三)微生物肥料

在微生物肥料发展过程中，先出现的是以根瘤菌为主的营养型微生物菌剂，接着是提高磷、钾等养分利用效率的微生物菌剂兴起，再到后来是具备多菌种、多功能(如促进营养吸收和抑制病虫害等)的生物菌剂的快速发展。

1838年法国农业化学家布森高(Jean Baptiste Boussingault)发现了豆科植物能固定氮。50年后，荷兰学者贝叶林克(Martinus Willem Beijerinck)第一次分离了根瘤菌，这是微生物肥料发展的突破。1896年，诺比(Friedrich Nobbe)和希尔纳(Lorenz Hiltner)在美国获得了根瘤菌剂“Nitragin”专利产品；1905年，开展了根瘤菌生物肥料在农业生产上的应用，取得了很好的效果，开创了微生物肥料的应用先河。1937年，苏联微生物学家克拉西尼科夫和密苏斯金研制了固氮菌剂。20世纪80年代，可高效溶解无机磷的青霉菌在加拿大发现，并于1988年生产出了专门的微生物肥料产品，在加拿大西部草原地区实现了增产6%～9%；同在20世纪80年代，日本研制出了EM(effective microorganisms，复合微生物)菌剂。进入21世纪，美国科学家萨兰塔科斯(George Sarantakos)研制出了E-2001土壤改良剂，是多菌种、多功能的生物活性产品，在全球多个国家广泛使用，并在我国获得正式登记使用(图12-4)。

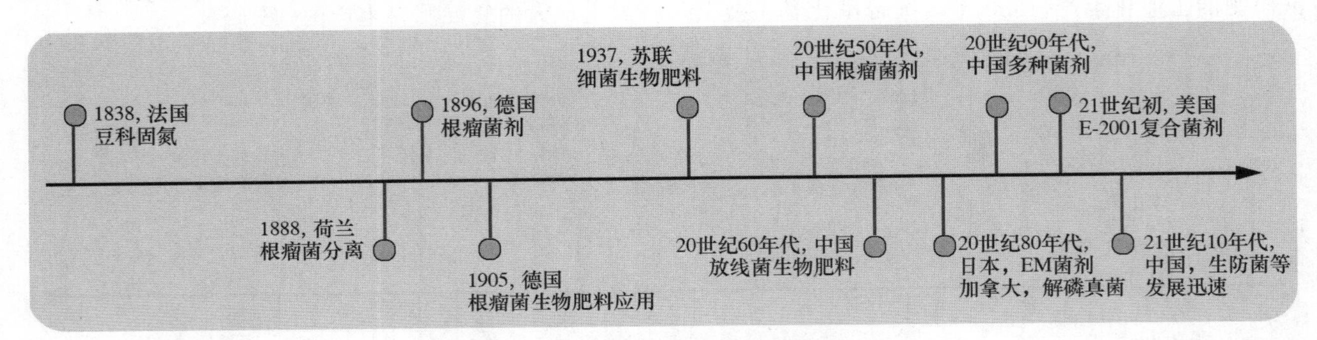

图12-4　微生物肥料大致发展历程

我国微生物肥料研发最早开始于20世纪50年代的根瘤菌制剂研发，20世纪60年代主要推广应用了“5406”放线菌抗生菌肥料，20世纪70—80年代中期开始研究菌根真菌，但这些研究一直没有得到很好的应用。到20世纪90年代，相继推出了联合固氮菌肥、硅酸盐菌剂、植物根际促生细菌(PGPR)制剂等，并得到了很好的应用。目前，微生物肥料在我国发展迅速，主要应用于蔬菜、果树、中草药等经济作物上，尤其是在防治病害方面有大量的微生物肥料产品出现在市场上，如含有芽孢杆菌、霉菌等生物菌剂的产品。全球有100多个国家研究、生产和应用微生物肥料，主要是美国、巴西、欧盟、澳大利亚等国家或地区。

(四)新型肥料

随着工业和农业科技的进步，对肥料发展提出了新的要求，不断涌现出许多新型肥料，其中具有代表性的有缓/控释肥料、稳定性肥料、水溶性肥料等，主要是为了提高肥料养分利用效率和降低不合理施肥带来的环境负面效应。

20世纪初提出了缓释肥料的概念，到20世纪30—40年代，合成缓释氮素产品在欧洲和美国开始试验研究。1955年美国开始商业化生产脲甲醛肥料，1961年美国研制出了硫包衣尿素，带动了肥料包膜技术的兴起，在此期间，高分子材料得到快速发展，使得高分子聚合物包膜材料成为缓/控释肥料的研究热点。至此，形成了目前在缓/控释肥料上的3大类：脲醛肥料、硫包衣尿素和聚合物包膜肥料，其中应用较多的是硫包衣尿素。我国缓/控释肥料的研究与应用要远晚于世界，聚合物包膜在2000年以后开始发展，大多处于研究阶段，在生产上应用较少(图12-5)。

稳定性肥料是在肥料中通过一定工艺加入硝化抑制剂和(或)脲酶抑制剂，减少氮素在施用后的损失，其核心技术是抑制剂。20世纪50年代中期，

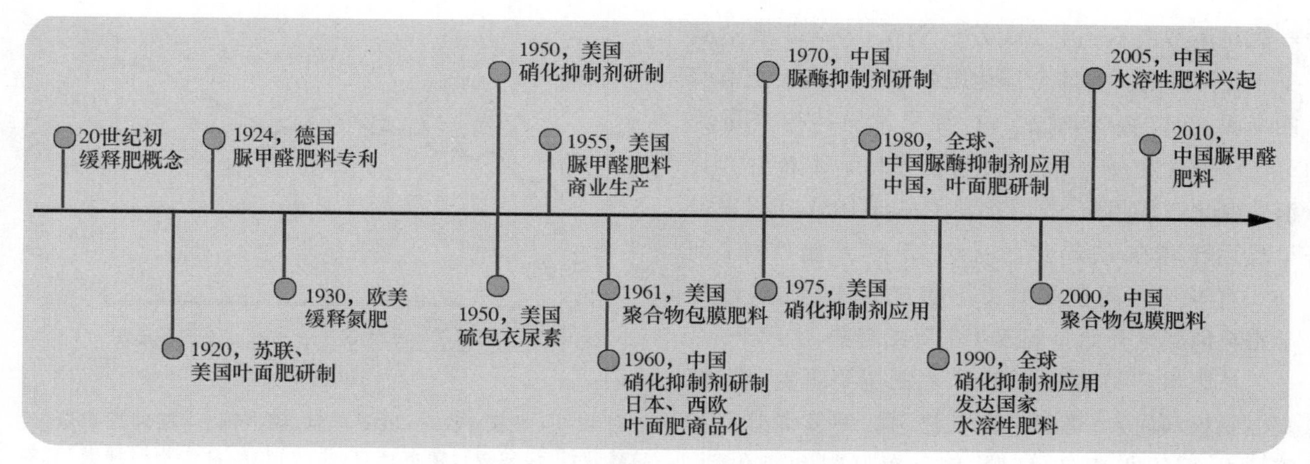

图 12-5　新型肥料大致发展历程

美国开始硝化抑制剂的制备研究，到 20 世纪 90 年代进入了快速发展阶段。脲酶抑制剂的研究起源于 20 世纪 60 年代，到 80 年代后有 70 余种可应用的脲酶抑制剂。在稳定性肥料上，我国于 20 世纪 60 年代起开始研究硝化抑制剂，70 年代中期开始研究脲酶抑制剂，到 80 年代初期生产出的含有脲酶抑制剂的缓释尿素产品应用到大田作物上，90 年代时研制了涂层尿素，并开始向长效碳酸氢铵产业化发展，到 21 世纪初，复合型抑制剂肥料产品开始商业化生产。

水溶性肥料的发展起源于 20 世纪 20 年代，主要是叶面肥料的开发，利用溶解性高的无机盐来生产。到 20 世纪 60 年代后，开始出现了中、微量元素肥料，以螯合态微量元素为主，再到 80 年代，水溶性肥料走向多元化发展，市场上出现了含有多种营养元素、生物活性物质等的产品。我国水溶性肥料的发展与世界基本同步，但发展较晚。在 20 世纪 50 年代开始叶面肥料的研发；到 20 世纪 80 年代，形成了养分与助剂的复合体系，但仍以大量元素为主，并在生产中得到了很好的应用；到 20 世纪 90 年代后，随着灌溉技术的发展，市场对水溶性肥料的需求激增，多营养与多功能水溶性肥料不断推向市场；到 2005 年开始，实施水溶性肥料登记管理，水溶性肥料在市场上兴起。

除此之外，近 20 年来，市场上出现了许多新型肥料产品，如海藻酸肥料、腐植酸类肥料、纳米肥料等，以期通过肥料产品来提高作物对农业生产、气候条件等的适应性，如干旱胁迫、低温冷害等。

二、化学肥料的施用

施用肥料已经有着悠久的历史，但是关于古代和近代全球肥料施用量的统计和记载并没有完备的资料。目前可查证的主要数据是 1961 年以来的全球各国氮、磷、钾化学肥料生产量和消费量（即施用量）。

自 1961 年以来，全球化学肥料消费量均呈现出逐年增长的态势（图 12-6），1961 年全球氮、磷、钾化

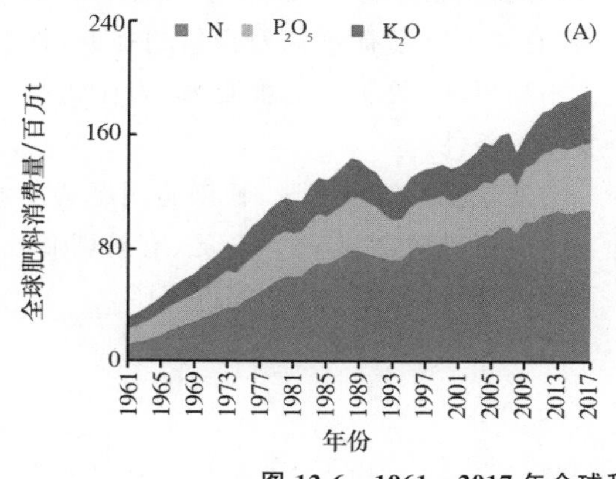

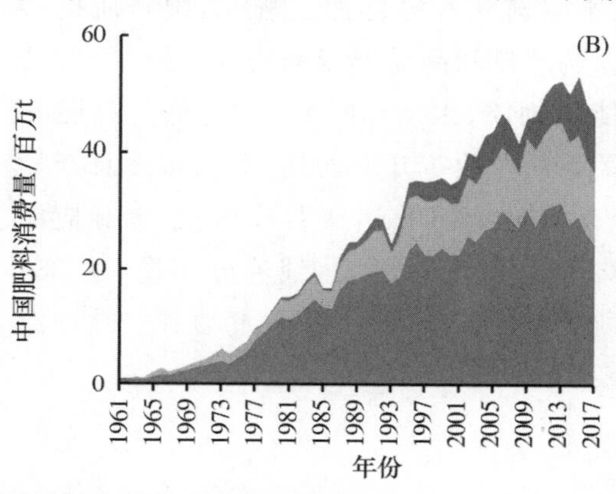

图 12-6　1961—2017 年全球和中国氮、磷、钾化学肥料消费量

［引自：国际肥料工业协会（IFA）］

学肥料消费量不到 3 200 万 t，到了 1977 年则达到了 1 亿 t 以上。目前全球化肥处于生产略大于消费的局面，2017 年全球氮、磷、钾化学肥料生产量为 2 亿 t，消费量为 1.9 亿 t。与全球化学肥料生产与消费变化态势相似，我国化学肥料自 1961 年以来也呈现逐年增加的趋势。自 2015 年开始实施《到 2020 年化肥使用量零增长行动方案》以来，我国化学肥料消费量开始呈现逐年下降的趋势。

从肥料产品结构上来看，氮肥主要是氮、磷、钾复混肥料和尿素；磷肥主要是氮、磷、钾复混肥料和磷铵类；钾肥主要是氮、磷、钾复混肥料和氯化钾。氮、磷、钾化学肥料中，复混肥料产品占据着主导地位，其中，我国复混肥料中的氮、磷、钾分别占到了全球复混肥料的 73%、53%和 60%。

全球的化学肥料生产主要集中在少数国家和地区，氮肥主要是中国、俄罗斯、中东和中南美洲；磷肥则是中国、美国、摩洛哥、突尼斯等，钾肥是加拿大、俄罗斯、以色列和约旦。

第三节　肥料的作用

几千年的农业生产实践证明，合理施用肥料是促进作物增产，推动农业快速发展的一条重要措施。除此之外，施用肥料还能够提高土壤肥力，改善农产品品质和美化农业生态环境。

一、提高产量，保障粮食安全

肥料是农业增产和粮食安全的基本物质保障，施肥是提高作物产量的最重要手段。作物生产是一个物质、能量转化和循环的过程，而肥料所提供的养分是作物产量和品质形成的原料，是作物的结构物质和能源物质，因此，作物产量高低与施肥有着密切的关系。在改革开放初期，我国粮食总产量仅为 3.04 亿 t，至 2016 年达到了 6.16 亿 t。相应地我国氮、磷、钾化学肥料用量（纯养分用量）从 884 万 t 增加到了 5984 万 t，在此期间，粮食作物播种面积基本稳定不变（图 11-7）。

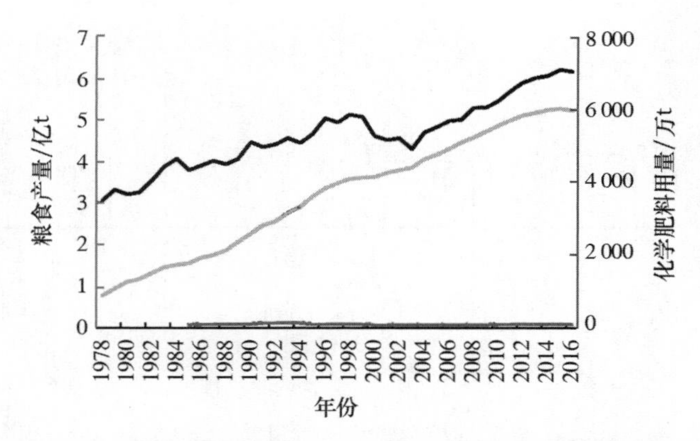

图 12-7　我国 1978—2016 年氮、磷、钾化学肥料施用量（纯养分量，浅灰线）、粮食产量（黑线）和粮食作物播种面积（深灰线）变化情况（引自：中国国家统计局）

自 20 世纪 30 年代以来，我国开展了 3 次有组织的、全国范围的化学肥料肥效试验，均表明了施用肥料具有显著的增产效果。近些年来也有不少长期定位试验表明，施用有机肥料和化学肥料均能够提高作物产量，且有机肥料与化学肥料配施能够进一步提高作物产量。需要注意的是，肥料的增产效果与土壤基础肥力、气候、种植作物、栽培管理措施等密切相关。

二、培肥土壤，提高土壤肥力

土壤肥力是土壤的基本属性和本质特征，是土壤能经常适时供给并协调植物生长所需的水分、养分、空气、温度、支撑条件和无毒害物质的能力，是土壤物理、化学和生物学性质的综合反应，是衡量土壤能够提供作物生长所需的各种养分的能力。作物收获后，有相当一部分养分残留于土壤或植物残体中，这些养分中的大部分可以供给作物持续吸收利用，这就是肥料的后效。连续多年合理施用肥料，有利于土壤有效养分含量的提升，促进作物单产不断提高，增加了土壤肥力，为作物高产创造了良好的条件。

定位试验结果发现，长期施用肥料能够显著增加土壤有机质含量、土壤全氮、有效磷和速效钾，提高土壤肥力，有利于作物实现高产。

表 12-2　施肥对土壤有机质、全氮、有效磷和速效钾的影响

监测指标	双季稻			水旱两熟			旱作两熟			旱作一熟		
	N	NPK	NPK+M	N	NPK	NPK+M	N	NPK	NPK+M	N	NPK	NPK+M
有机质/%	2.34	2.63	3.11	2.23	2.33	2.43	1.41	1.49	1.46	1.84	1.99	2.13
全氮/%	0.135	0.165	0.183	0.150	0.157	0.171	0.083	0.087	0.094	0.102	0.133	0.124
有效磷/%	4.0	22.4	46.0	2.9	11.6	28.6	5.0	21.0	38.0	5.4	15.9	28.3
速效钾/%	39	59	85	69	91	95	110	132	157	129	162	214

引自：林葆等，1996. M 表示有机肥。

化学肥料可分为生理酸性、中性和碱性肥料，根据土壤性质和作物需求，合理施用化肥，能够创造适宜的 pH 范围，有利于作物生长和微生物活动，对土壤养分有效性产生显著影响（表 12-2）。例如，土壤过酸时施用石灰、钙镁磷肥等碱性肥料，可使土壤 pH 调整到有利于作物生长的适宜范围。

三、科学施肥，改善作物品质

施肥与作物品质密切相关，养分是作物品质形成的重要物质基础，优质肥料与科学施肥技术结合能够高效供应作物所需要的养分，进而产出优质的农作物产品。作物品质包括了营养、感官、安全、加工和储藏 5 个方面，均与肥料和施肥有着直接关系。养分的均衡供应与吸收对作物品质有着极为重要的作用，养分供应过多、不足或不平衡，会明显降低作物品质。如合理施用氮肥，能够提高谷物籽粒蛋白质含量；而过量施用氮肥，则可能造成蔬菜和水果硝酸盐累积。再比如钙能够稳固细胞壁，降低果实裂果，改善果实外观品质，并且有利于储藏。

“果（水果）不甜瓜不香”就是由于肥料不合理施用造成的。盲目追求高产，造成了大量氮肥的投入，忽视了其他营养元素，导致果实个大水多，但糖分累积跟不上作物需求，降低了果实原有的风味。不同作物的品质特点可能有所不同，所需要的养分供应类型和供应量也是不同的。养分缺乏时，作物生长不良，其品质也会受到不利的影响。例如，在缺硼的土壤上，油菜“花而不实”、苹果“缩果病”、棉花“蕾而不花”、甜菜“腐心病”等现象，引起作物减产或者绝收，降低作物品质。科学施肥则能很好地调控作物品质，达到最佳水平。在实际生产中，需要根据作物生长与关键品质的形成特点，制定相应的配套施肥方案（图 12-8）。

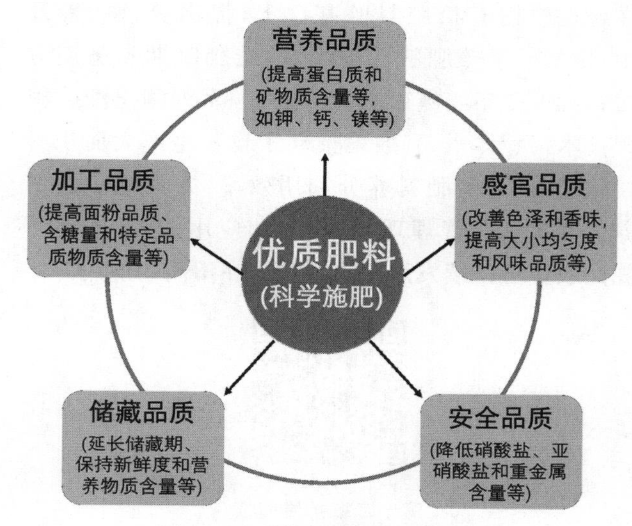

图 12-8　肥料与作物品质的关系

四、美化环境，提高植被覆盖度

肥料的施用能够很好地保持或增加植被的生物量，提高地面植被覆盖度，美化环境。施肥的直接作用是增加作物产量或生长量，有效地提高地表植被覆盖度。由于施肥所增加的森林生物产量可以达到每年每公顷 30 t 以上，需要从空气中多吸收 60 t 二氧化碳，同时释放 45 t 氧气，同时还可以吸收硫化氢、氟等有害气体，因此，通过施用肥料增加森林产量能够很大程度上净化空气，同时美化环境。绿色植物在净化空气成分的同时，也有空气物理净化的作用。空气中二氧化碳含量约为 0.03%，植物每吸收 1 t 二氧化碳，需要 3 300 t 空气从植物体间通过，空气体积达 2.55 万 m^3 以上。

在农业生产实践中，肥料用量和施用方法不当而不可避免地造成土壤、空气和水体污染，进而通过食物、饮水危害人体健康。如过量施用氮肥可能引起氨挥发和硝酸盐淋洗，进而可能造成大气氮沉降加重和农产品与水体硝酸盐累积；过量施用磷肥

则有可能随地表径流进入水体导致富营养化；微量元素过量施用则可能导致作物中毒，甚至绝产等。所以，施用肥料能够为人类生产和生活带来巨大的正面效应，在实践中需要加强对肥料的合理施用，最大程度降低不合理施用肥料造成的负面效应。

进入21世纪以来，国家启动了测土配方施肥工程，其核心就是以土壤测试和肥料田间试验为基础，根据作物需肥规律、土壤供肥性能和肥料效应，在合理施用有机肥料的基础上，提出氮、磷、钾及中、微量元素等肥料的施用量、施肥时期和施用方法；自2005年实施以来，形成了一系列测土配方施肥技术指标体系，有效地推动了作物生产大面积科学施肥，提高了肥料养分利用效率，并建立了农田养分资源综合管理理论、技术和应用体系，推动了我国农业可持续发展理论与技术在田间的应用。

第十二章扩展阅读

复习思考题

1. 什么是肥料？
2. 简述化学肥料、有机肥料和微生物肥料的定义与特点。
3. 肥料具有哪些重要作用？

参考文献

曹隆恭. 1981. 肥料史话. 北京：农业出版社.

胡霭堂. 2003. 植物营养学(下册). 北京：中国农业大学出版社.

黄云. 2014. 植物营养学. 北京：中国农业出版社.

梁利宝. 2012. 微生物肥料与农药在现代农业生产中的应用. 北京：中国农业科学出版社.

奚振邦，黄培钊，段继贤. 2013. 现代化学肥料学(增订版). 北京：中国农业出版社.

张福锁，张卫峰，马文奇，等. 2007. 中国化肥产业技术与展望. 北京：化学工业出版社.

张宏彦，刘全清，张福锁. 2009. 养分管理与农作物品质. 北京：中国农业大学出版社.

张卫峰，张福锁. 2013. 中国肥料发展研究报告2012. 北京：中国农业大学出版社.

赵秉强，等. 2013. 新型肥料. 北京：科学出版社.

郑怀国，串丽敏，孙素芬. 2016. 生物肥料行业发展态势分析. 北京：中国农业科学技术出版社.

中国国家统计局. http://www.stats.gov.cn/tjsj/ndsj/

中国农业百科全书编辑部. 1996. 中国农业百科全书(农业化学卷). 北京：农业出版社.

中国农业科学院土壤肥料研究所. 1994. 中国肥料. 上海：上海科学技术出版社.

IFA Data http://ifadata.fertilizer.org/ucSearch.aspx.

扩展阅读文献

曹隆恭. 1981. 肥料史话. 北京：农业出版社.

张福锁，马文奇，陈新平，等. 2006. 养分资源综合管理理论与技术概论. 北京：中国农业大学出版社.

赵方杰. 2012. 洛桑试验站的长期定位试验：简介及体会. 南京农业大学学报，35(5)，147-153.

中国农业百科全书编辑部. 1996. 中国农业百科全书(农业化学卷). 北京：农业出版社.

HAPTER 13

第十三章 氮肥

教学要求：

1. 掌握氮肥种类和性质。
2. 了解氮肥在土壤中的转化特点。
3. 掌握氮肥科学施用技术。
4. 了解我国氮肥产业发展状况。

扩展阅读：

氮肥发展状况；氮肥在土壤中的转化；氮肥利用率

氮素是生命繁衍、成长和活动的重要元素，也是作物生长需求最多的必需营养元素，对农业生产影响巨大，我国是氮肥生产和施用最多的国家。氮素在自然界广泛存在，地圈中的氮素占地球全部氮素的98%，大气圈中的氮占1.9%，但由于地圈中的氮素很难被植物利用，通过化学合成把空气中的氮分子变成作物能够利用的氮素化合物产品，是农业生产中的主要氮肥来源。

在19世纪初期，欧洲由于人口的增长迫切需要大量氮肥，曾尝试利用多种矿物源氮素作为肥料。例如，人们将回收工业炼焦过程中的焦炉气(含 NH_3 0.7%～1.5%)用以制取硫酸铵(21% N)，将自然界硝酸钠(1%～5% N)提纯干燥形成“智利硝石”(15%～16% N)，使用南美岛屿上的天然鸟粪(14% N)等，但这些有限的资源难以满足作物生产需要。1985年欧洲科学家开始从大气中直接获取氮素，例如用电石法生产氰氨化钙(22% N)，以及用电弧法生产硝酸，但这些方法都存在能耗高、规模难以扩大的问题，20世纪初期全球氮肥供应尚不足100万t氮。直到Fritz Haber和Carl Bosch发明合成氨工艺，并于1913年正式投产，全球氮肥生产才得以快速发展。

第二次世界大战以后，随着全球人口的迅速增长，Fritz Haber合成氨工业得到快速推广应用，氮肥施用也从少数发达国家逐步普及到大多数国家。进入21世纪，氮肥已经超过生物固氮和闪电等自然合成的氮素，成为人类所需要氮素的主要来源。

第一节 氮肥的种类和性质

一、氮肥生产原理

N_2 是制造氮肥最主要的原料，它通过一系列工艺过程，制造成不同的氮肥产品(图 13-1)。通过固定空气中的氮素生产氮肥有 3 种基本途径：合成氨法、氰氨法、氮素直接氧化法。在这 3 种途径中，合成氨法应用最广。合成氨工艺由德国科学家哈伯(Fritz Haber)于 1909 年在实验室试验成功合成。将氢气和氮气按 3∶1的比例混合，在高温、高压及催化剂作用下合成为氨，其反应式为：

$$3H_2 + N_2 \underset{\text{高温高压}}{\overset{\text{催化剂}}{\rightleftharpoons}} 2NH_3$$

合成氨所需的氮气来自空气，氢气主要来自煤、石油、天然气和生物质等原料。目前，天然气是用于生产合成氨的最经济、最合理的原料。合成氨是氮肥生产的关键，氨合成之后，不同形态的含氨氮肥(通常称铵态氮肥)就可以生产了：氨加压液化，就可形成液氨；通氨于水就可形成氨水；通氨于硫酸或盐酸就可形成硫酸铵或氯化铵。合成的氨可以进一步氧化而生成硝酸(HNO_3)，它也是氮肥工业的原料。其反应式为：

$$4NH_3 + 5O_2 \rightarrow 4NO + 6H_2O$$

$$2NO + O_2 \rightarrow 2NO_2$$

$$3NO_2 + H_2O \rightarrow 2HNO_3 + NO$$

硝酸生成之后就可以进一步生产各种含硝酸根的氮肥(通常称为硝态氮肥)：通氨气于硝酸，可形成硝酸铵；使碳酸钠与硝酸作用可形成硝酸钠；使硝酸与磷矿粉作用还可生成含有磷酸二铵的硝酸铵钙的混合物。

尿素(酰胺态氮肥)的生产则是由氨与二氧化碳在高压下通过适当的催化剂反应而成的。化学反应分两步：

生成氨基甲酸铵

$$2NH_3 + CO_2 \longrightarrow NH_2COONH_4$$

氨基甲酸铵脱水

$$NH_2COONH_4 \longrightarrow NH_2CONH_2 + H_2O$$

尿素生产工艺多种多样，差别主要在于回收、分离未反应的氨，以及二氧化碳再循环所采用的方法。尿素各种合成方法的最终产物都是 75%的尿素水溶液。后者可以进一步加工成固体尿素，或制成尿素-硝酸铵液体氮肥，或加工成颗粒复合肥料。

氨加工成氮肥的途径，主要包括：①直接加工成液体氮肥(氨水等)；②用不同酸根固定氮，生成固体铵态氮肥(氯化铵、硫酸铵等)；③氨的水溶液以 CO_2 碳化、脱水或再合成(碳酸氢铵、尿素)；④将氨氧化成硝酸后再与氨结合(硝酸铵)；⑤硝酸和盐基(阳离子)的结合，生成硝态氮肥(硝酸钠、硝酸钙等)。

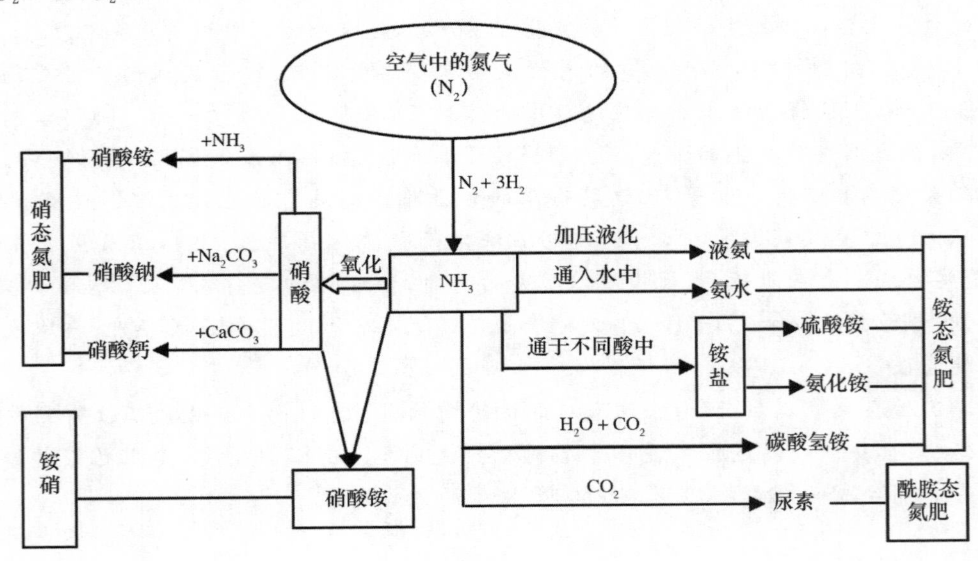

图 13-1 氮肥的生产过程

二、我国氮肥主要品种产量变化

我国的氮肥发展起步较晚，1961 年氮肥生产量只有 48 万 t(纯 N)，占世界生产量的 3.5%。1991 年我国氮肥产量达到 1 510 万 t，跃居世界第一位，占世界的 21.3%；2009 年达到 3 608 万 t，占全球的 34%，施用量达到 3 360 万 t，占全球的 33%。从 1980 年到 2018 年，我国氮肥用量从 934 万 t 增加到 2 965 万 t。现在已成为世界上最大的氮肥生产和消费国。

随着我国氮肥工业的发展，氮肥种类也发生了很大变化。氮肥产品结构从最初的大量使用碳酸氢铵(51.4%)逐渐演变成以尿素(71.7%)为主(图 13-2)。

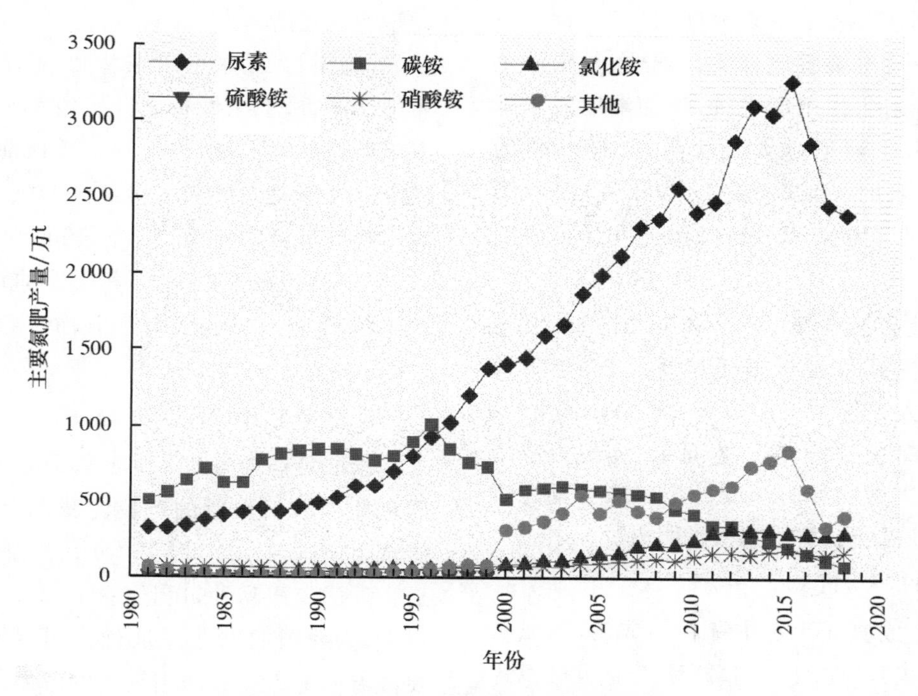

图 13-2　1981—2018 年我国主要氮肥产量

三、氮肥的种类和性质

化学氮肥有多种分类方法：①按含氮基团分类，可分为铵态氮肥、硝态氮肥、酰胺态氮肥和硝铵态氮肥 4 类，这种方法较为常用；②根据肥料中氮素的释放速率，可分为速效氮肥和缓/控释氮肥；③根据氮肥形态，可分为液体氮肥、固体氮肥；④根据氮肥施用后对土壤酸碱性的影响，可分为生理酸性、生理碱性和生理中性肥料。

(一)铵态氮肥

凡是肥料中的氮素以铵离子(NH_4^+)或氨(NH_3)形式存在的，称为铵态氮肥，包括液氨、氨水、碳酸氢铵、硫酸铵、氯化铵等。它们的共同特点如下：①易溶于水，作物能直接吸收利用，能迅速发挥肥效，为速效性氮肥；②施入土壤后，肥料中 NH_4^+ 能与土壤胶体上吸附的阳离子进行交换，而被吸收在土壤胶体上，成为交换态养分，在土壤中的移动性变小，不易流失。供肥时间较长，肥效较平稳；③在碱性环境中释放出氨，易挥发损失，若与碱性物质接触会加剧氨的挥发损失；④在通气良好的土壤中，铵态氮可进行硝化作用，转化为硝态氮，而增加了氮在土壤中的移动性，便于作物吸收，但也容易造成氮素的损失。

1. 液氨(NH_3)

液氨是由合成氨直接加压经冷却、分离而成的一种高浓度液体氮肥。与等氮量的其他氮肥相比，它具有成本低、节约能源、便于管道运输等优点。

[性质]　液氨含氮 82.3%，是目前含氮量最高的氮肥品种，呈碱性反应，比重为 0.617g/cm³，临界蒸气压为 11 298 kPa，沸点为 −33.3℃，冰点为

−77.8℃。液氮在常压下呈气态，加压至 1 723～2 027 kPa 时才呈液态，因此，液氮的储存和施用均需要耐高压的容器和特制的施肥机具。

[**转化**] 液氨在降压时自动气化为氮，施入土壤后穿透力强。根据田间测定，其扩散半径约 25 cm，施肥点附近氨的浓度大，其浓度与扩散半径呈负相关，NH_3 在土壤溶液中经质子化形成 NH_4^+，在施肥点周围土壤形成一个高浓度的铵区，称为铵核。铵核的大小与土壤质地有关，其分布范围沙土大于壤土。随着硝化作用的进行，铵的浓度逐步降低直至消失。由于液氨施入土壤后，立即气化为 NH_3，当其溶于水时，大部分是以 NH_3 形式溶于水，只有少部分质子化形成 NH_4^+，因此在质地轻的土壤中易挥发。

[**施用**] 液氨宜于秋、冬季做基肥，采取专用机具深施入土，施用深度根据土壤质地、含水量及施氮量而定，施入土层 15 cm 以下，即可明显减少，甚至避免氨的挥发。在土壤含水量低、质地轻或施肥量大时，应适当增加施肥深度。施用液氨要注意安全，防止与皮肤接触，并严禁接近明火。

2. 氨水（$NH_3 \cdot nH_2O$）

氨水是由合成氨导入水中稀释而成的，除氮肥厂生产外，炼焦工厂、煤炭干馏、石油工业也可以生产浓度不等的氨水作为副产品。

[**性质**] 农用氨水一般含氨 15%～20%，含氮 12.4%～16.5%，无色或黄色透明液体，比重为 0.924～0.942 g/cm^3，蒸汽压为 101～1010 kPa。由于氨在水中呈不稳定的结合状态，其中主要为氨分子的水合物，少量氨与水化合形成氢氧化铵，因此氨水的化学性质很不稳定，极易挥发，并有刺鼻的氨味。氨水浓度越大，温度越高，存放时间越长，容器密闭度越差，氨挥发量越大。为了减少氨的挥发损失，在氨水中通入一定量的 CO_2，制成碳化氨水，氨水的碳化度越高，氨的挥发损失就越少。

$$4NH_3 \cdot 3H_2O + 2CO_2 \rightarrow NH_4OH + (NH_4)_2CO_3 + NH_4HCO_3$$

氨水呈碱性反应，pH >10，有很强的腐蚀性，对铜的腐蚀性最强，其次是铝、铁，但对水泥、陶器、松木、橡胶、塑料制品等腐蚀性极小。因此选用适合的容器进行氨水的储存、运输非常重要，要避免高温与烈日暴晒，尽量减少氨挥发，并注意人、畜安全。

[**转化**] 氨水施入土壤后，部分氨被土壤胶体吸附，大部分氨溶于土壤溶液中形成氢氧化铵，与土壤胶体上的氨发生交换作用。在酸性土壤施用氨水能降低土壤酸度，在石灰性土壤施用，能使局部土壤的碱性暂时提高，但由于作物的吸收，随着氢氧化钙转化为碳酸钙以及铵的硝化，对土壤反应的影响也逐渐消失。

[**施用**] 氨水可以做基肥、追肥，但因碱性强、腐蚀性严重，不能做种肥。旱地和水浇地做基肥可深施后耕翻覆土，水稻田则在插秧前深施结合旋耕入土。做追肥先将氨水稀释至 50～150 倍，在清晨或傍晚气温低时浇灌，防止烧苗，也可随灌溉水施入，但要保持施肥均匀。有条件的地区，可结合氨水施肥机械，在密封条件下，将氨水溶液注射入 10 cm 左右深的土层。

3. 碳酸氢铵（NH_4HCO_3）

碳酸氢铵简称碳铵，是将 CO_2 通入浓氨水，经碳化并离心干燥后的产物。我国是世界上唯一的碳铵生产国，在 20 世纪 90 年代以前，碳铵都是我国最主要的氮肥品种，用量占到我国氮肥用量的一半以上，为我国的农业发展做出过巨大的贡献，现在我国有些地方还有施用碳铵的习惯。

[**性质**] 含氮为 16.5%～17.5%，为无色或白色细粒结晶，易吸湿结块，易挥发，有强烈的氨臭，易溶于水。在 20℃时，碳铵溶解度为 21%，40℃时为 35%，水溶液呈碱性。碳铵的化学性质不稳定，即使在常温下（20℃），也易分解为氨、二氧化碳和水，因此造成氮素的挥发损失。其反应式如下：

$$NH_4HCO_3 \rightarrow NH_3 + CO_2 + H_2O$$

[**转化**] 碳铵施入土壤后，很快溶于土壤溶液中，并发生下列反应，所以在施用初期，会使施肥点附近的土壤碱性增强；但随着 NH_4^+、HCO_3^- 被作物吸收，CO_2 的逸失，以及 NH_4^+ 被氧化成 NO_3^-，这种碱性随即消失。

$$NH_4HCO_3 \longrightarrow NH_4OH + H_2CO_3$$

$$NH_4OH \rightleftharpoons NH_4^+ + OH^- \qquad H_2CO_3 \rightleftharpoons H^+ + HCO_3^-$$

为了解决 NH_4HCO_3 易挥发、易结块的缺点，在碳铵生产过程中常添加阴离子表面活性剂使晶粒增加，表面活性降低，含水量降低，以减少氨的挥发。也可通过机械压粒、化学改性等方法增加产品粒度、形成磷酸铵镁等降低含水量，减少挥发损失。

[施用]　碳铵可做基肥和追肥，但不能做种肥，因为碳铵分解时所产生的 NH_3 影响种子萌发。如需做种肥时，必须严格遵守肥料与种子隔开的原则，而且每公顷用量不能超过 75 kg；做追肥时还应注意氨和 pH 过高可能熏伤作物茎叶和影响出苗。

碳铵的合理施用原则是深施并立即覆土。无论是在旱田或水田，用作基肥时均可结合耕翻施用，边撒边翻，耕翻必须及时。水田耕翻后应及时灌水泡田。在垄作地上，可结合作垄把肥料施入犁沟内立即覆土。用作追肥时旱地可在作物根旁 6～10 cm 处沟施、穴施，施用后立即覆土。如土壤墒情不足，应立即灌溉以免氨气熏伤茎叶。碳铵施用前制成粒肥或球肥，在追施时间上可适当提前，一般稻田提前 4～5 天，旱作提前 6～10 天为宜。

4. 硫酸铵[$(NH_4)_2SO_4$]

硫酸铵简称硫铵，俗称肥田粉，它是我国生产和使用最早的氮肥品种。硫铵含氮理论值为 21.2%，含硫 24.1%，因其含有少量杂质，一般含氮 20%。我国长期将硫铵作为标准氮肥品种，商业上所谓的“标氮”，即以硫铵的含氮量 20%作为统计氮肥商品数量的单位。

[性质]　硫酸铵纯品为白色结晶，含少量杂质时呈微黄色，硫铵易溶于水，在常温下（20℃）每 100 mL 水可溶解 75 g，水溶液呈酸性反应，吸湿性小，物理性状良好，化学性质稳定，常温下存放无挥发，不分解。

[转化]　硫铵施入土壤后，很快溶解于土壤水中，在土壤溶液中解离为 NH_4^+ 和 SO_4^{2-}。由于植物根系吸收 NH_4^+ 的速率或数量快于或大于 SO_4^{2-}，土壤中残留的 SO_4^{2-} 会与土壤中的或来自根表面 NH_4^+ 交换出的 H^+ 结合，引起土壤酸化，因此硫酸铵属于“生理酸性肥料”。生理酸性肥料是指化学肥料中阴离子和阳离子经植物吸收利用后，其残留部分导致介质酸度提高的肥料。如果长期地单一施用大量硫铵肥料，会造成土壤酸化。因此，在酸性土壤上施用硫铵，应配合施用石灰，以中和土壤酸性，注意石灰和硫铵要分开施用。在石灰性土壤上，SO_4^{2-} 则与 Ca^{2+} 结合生成硫酸钙，因其溶解度小，容易形成细粒状沉淀，堵塞土壤空隙而引起土壤结构破坏、板结，因此应重视有机肥的施用，保持土壤疏松；再则石灰性土壤碳酸钙含量高，呈碱性反应，易造成氨的挥发损失，所以必须深施覆土。在旱地，硫铵中的 NH_4^+ 经硝化作用转化为 NO_3^-，易随水淋失。硫铵施入水稻田，在淹水条件下，易产生硫化氢的毒害作用，使稻根发黑甚至腐烂，如有发生应及时排水通气。

[施用]　硫酸铵可作基肥、种肥和追肥施用，适用于各种作物，也可以作为硫肥施用到缺硫土壤上，尤其适用于葱、蒜和十字花科等“喜硫植物”。硫铵作种肥对种子萌发和幼苗生长的影响较其他氮肥小，是各类氮肥中最适于做种肥的氮肥品种，但其用量也不宜过大，一般用作种肥时的施用量为 45～75 kg/hm^2。

此外，硫铵还适于在盐碱土上施用。其主要原因：一是 SO_4^{2-} 同 Na^+ 结合，形成可溶性硫酸钠而极易被冲洗掉，降低了土壤中钠含量；二是硫铵的酸性降低了土壤的 pH，植物生长发育的土壤环境得以改善，相应也提高了磷、铁等营养元素的有效性。

5. 氯化铵（NH_4Cl）

氯化铵简称氯铵，其主要来源是联合制碱工业的副产品。联合制碱法是 1942 年我国著名化学家侯德榜发明的，它将合成氨与氨碱法两种工艺联合起来，可同时生产碳酸钠（俗名纯碱、苏打）和氯化铵，随着我国联碱工业的发展，氯铵的产量也不断增加。

[性质]　氯铵为白色结晶，含杂质时呈黄色，含氮量为 24%～25%；物理性质较好，吸湿性比硫铵稍大，不易结块。易溶于水，但溶解度比硫铵低，20℃时每 100 mL 水中可溶解 37 g，水溶液呈碱性。其临界相对湿度，随大气温度升高而减小，20℃和 40℃的临界湿度分别为 79.7%和 73.7%。常温下不易分解，化学性质较稳定。

[转化]　氯铵施入土壤后的转化特点与硫铵基本相似，在土壤溶液中解离为 NH_4^+ 和 Cl^-，作物选择吸收后残留于土壤中的是氯离子，所以也属于

生理酸性肥料。在酸性土壤上，施用氯铵使土壤酸化的程度大于硫铵，如连续大量施用氯铵，必须配合适量石灰或有机肥料施用，以进行调节。在中性或石灰性土壤中，铵离子与土壤胶体上的钙离子进行交换，生成易溶性的氯化钙。在排水良好的土壤中，氯化钙可被雨水或灌溉水淋洗流失，可能造成土壤胶体品质下降。而在干旱或排水不良的盐渍土上，氯化钙在土壤中积累，使土壤溶液盐浓度增大，也不利于作物生长。

[**施用**]　氯铵中含有66%的氯，尽管氯是作物必需的一种营养元素，但不同作物耐氯能力存在较大差异，耐氯力弱的作物慎用，若过量会对作物产生不良影响。根据耐氯临界值划分：强耐氯作物，即耐氯临界值＞600 mg/kg 的作物，有甜菜、菠菜、谷子、红麻、萝卜、菊花、水稻、高粱、棉花、油菜、黄瓜、大麦等；中等耐氯作物，耐氯临界值为 300～600 mg/kg 的作物；中等偏上耐氯作物，即耐氯临界值为 450～600 mg/kg 的作物，有小麦、玉米、番茄、茄子、大豆、蚕豆、豌豆、甘蓝等；中等偏下耐氯作物，即耐氯临界值为 300～450 mg/kg 的作物，有亚麻、甘蔗、花椰菜、花生、芹菜、辣椒、大白菜、草莓等；弱耐氯作物，耐氯临界值为 150～300 mg/kg 的作物，有马铃薯、甘薯、苋菜、莴苣、烟草等。氯铵对“氯敏感作物”不宜施用，否则对其品质有不良影响。氯铵若施于块根、块茎作物会降低淀粉含量；若施于甜菜、葡萄、柑橘等植物会降低其含糖量；若施于烟草则影响其燃烧性与香气。如必须使用时，可在播种前提早施入土壤中，利用雨水或灌溉水，将肥料中过量的氯离子淋洗至土壤深层，以减少对作物的危害。多数大田作物，如水稻、棉花、麦类对氯都有较好的忍受力，一般施用量下不致产生影响。

氯化铵可做基肥和追肥，但不能做种肥，以免影响种子发芽及幼苗生长。做基肥时，应于播种(或插秧)前 7～10 天施用，做追肥应避开幼苗对氯的敏感期。氯铵应优先施于耐氯作物、水稻土或缺氯土壤，在盐渍土、干旱或半干旱地区土壤上应避免施用或尽量少用。而且，氯铵的生理酸性比硫铵强，宜与有机肥料、石灰、钙镁磷肥、磷矿粉或不含氯的钾肥配合施用。

(二)硝态氮肥

硝态氮肥是指肥料中的氮素以硝酸根(NO_3^-)形态存在的氮肥，如硝酸钙、硝酸钠等。这类肥料的共同特点是：①易溶于水、溶解度大，为速效性氮肥；②吸湿性强，易结块，空气相对湿度较大时，吸水后呈液态，造成施用上的困难；③受热易分解，放出氧气，使体积骤增，易燃易爆，储、运中应注意安全；④ NO_3^- 不能被土壤胶体吸附易随水流失，所以水田一般不宜施用，多雨地区雨季也要适当浅施，以利作物根系吸收；⑤硝酸根可通过反硝化作用还原为多种气体(NO、NO_2 和 N_2 等)，引起氮素气态损失。

1. 硝酸钠

[**性质**]　硝酸钠含氮 15%～16%，白色结晶，易溶于水，是速效性氮肥，吸湿性很强，在雨季很容易潮解，应注意防潮。

[**施用**]　$NaNO_3$ 是生理碱性肥料。生理碱性肥料是指化学肥料中阴离子和阳离子经植物吸收利用后，其残留部分导致介质碱度提高的肥料。作物吸收 NO_3^- 后，Na^+ 就残留在土壤中，可与土壤胶体上的各种阳离子进行交换，成为代换性 Na^+，增加土壤碱性，因此盐碱地不宜施用。$NaNO_3$ 适用于中性和酸性土壤，在酸性土壤上的效果比生理酸性肥料$(NH_4)_2SO_4$ 肥效更好。为了减少 Na^+ 对土壤性质的不良影响，应注意配合施用钙镁质肥料和有机肥料。$NaNO_3$ 适合于旱地土壤追肥，应掌握少量多次的原则。

2. 硝酸钙

一般用氢氧化钙或碳酸钙中和硝酸制成。生产硝酸磷肥的过程中，也可获得 $Ca(NO_3)_2$ 副产物。

[**性质**]　硝酸钙含氮 13%～15%，吸湿性很强，易结块，施入土壤后，在土壤中移动性强。$Ca(NO_3)_2$ 虽是生理碱性肥料，但由于它含的是 Ca^{2+}，有改善土壤物理性质的作用，适用于各种土壤，尤其是在酸性土壤或盐碱土上均有良好的肥效。

[**施用**]　$Ca(NO_3)_2$ 和其他硝态氮肥一样，适用于各类土壤，特别是在缺钙的酸性土壤上施用，适宜做追肥，不能做种肥。由于它易随水淋失，也不宜施于水稻田中。

(三)硝铵态氮肥

硝铵态氮肥既含有硝态氮又含有铵态氮的一类肥料，兼有硝态氮和铵态氮的特点。包括硝酸铵、硝酸铵钙、硫硝酸铵等。

1. 硝酸铵

[性质] 硝酸铵简称硝铵，是硝酸中和合成氨而成的，含氮量35%，农用硝酸铵中加有少量填料，实际含氮量不足35%，其中NH_4^+和NO_3^-各占50%。我国农业用结晶状和颗粒状硝酸铵为白色结晶，含有杂质时呈淡黄色，比重为1.73，熔点为169.6℃。易溶于水，溶解度大，20℃时每100 mL水中可溶解188 g，水溶液呈酸性。

[转化] NH_4NO_3施入土壤后，能很快解离为NO_3^-和NH_4^+。由于NO_3^-和NH_4^+均能被作物吸收，所以又称之为生理中性肥料。生理中性肥料是指化学肥料中阴离子和阳离子经植物吸收利用后，其残留部分对介质酸碱度没有影响的肥料。NO_3^-不能被土壤胶体吸附，易随水流失。如施入稻田，当NO_3^-渗透到还原层时，还会发生反硝化脱氮作用，所以水田施用NH_4NO_3的肥效会下降。硝酸铵还具有铵态氮的特点，表施在石灰性土壤上，也会导致氨的挥发。当NH_4^+硝化后，会暂时增加土壤酸性，但其酸性比施$(NH_4)_2SO_4$和NH_4Cl小。

[施用] NH_4NO_3宜作追肥，一般不作基肥和种肥。在湿润地区和水稻田不宜作基肥，作追肥时应少量多次并深施至10 cm左右为宜。大豆苗期施用高浓度的NH_4NO_3会强烈抑制根瘤的着生与发育，对共生固氮不利，且经济效益低。NH_4NO_3适宜施在旱地，不宜施在水田。在旱季及干旱地区应深施，否则NO_3^-随毛管水蒸发而积累到地表，在雨季或多雨地区应浅施，以免NO_3^-淋失到根系活动层以下，不利于作物吸收利用。NH_4NO_3适用于各类作物，但最好施在烟草等经济作物上。

2. 硝酸铵钙[$Ca(NO_3)_2 \cdot NH_4NO_3$]

[性质] 含氮20%～21%，灰白色或淡黄色颗粒。由硝酸铵与一定量的白云石粉末熔融制成，为NH_4NO_3和$CaCO_3$，$MgCO_3$的混合物。硝酸铵钙吸湿性小，不易结块。硝酸铵钙含有大量碳酸钙，为生理中性肥料，对酸性土壤有改良作用。

[施用] 硝酸铵钙可用于所有作物，适宜作旱地追肥，作追肥时可开沟施入，及时覆土，也可以结合滴灌、喷灌设备进行水肥一体化施用。由于水田施用硝酸铵钙，硝态氮容易流失和发生反硝化作用，因此肥效不如硫铵。

3. 硫硝酸铵[$NH_4NO_3 \cdot (NH_4)_2SO_4$]

[性质] 含氮25%～27%，由硫酸铵与硝酸铵按一定比例混合后熔融制成，为两者的混合物淡黄色颗粒。吸湿性比硝铵小，性质介乎硫铵和硝铵之间。硫硝酸铵含有64%硫铵和36%硝铵，其中约1/4为硝态氮，3/4为铵态氮，肥效比硫铵快。

[施用] 硫硝酸铵适合于各类土壤和作物，可以做基肥和追肥。施用方法同硫铵，最好作追肥。

(四)酰胺态氮肥

凡是肥料中的氮素以酰胺基($—CONH_2$)形态存在的氮肥叫酰胺态氮肥。常用的主要是尿素和石灰氮。它们所含的酰胺态氮，一般需经过土壤微生物的作用，转为铵态氮之后，才能被作物吸收。

1. 尿素[$CO(NH_2)_2$]

[性质] 尿素含氮一般在46%左右，是固体氮肥中含氮最高的，也是生产上应用最普遍的氮肥。一般把颗粒直径在0.85～2.80 mm称为小颗粒尿素(普通尿素)，颗粒直径在2.80～4.75 mm称为大颗粒尿素。纯品为白色或略带黄色的结晶体颗粒，小颗粒尿素吸湿性强，易溶于水；大颗粒尿素溶解慢一些，颗粒强度高，有缓释作用。商品尿素表面一般包有疏水物质，吸湿性会大大降低，储藏性能良好。

商品尿素表面一般包有疏水物质，如石蜡等，吸湿性会大大降低。在20℃时，100 mL水能溶解100 g氮。粒状尿素吸湿性较低，储藏性能良好。

尿素中常含有对植物有毒害的缩二脲，一般要求粒状尿素中缩二脲含量不超过1%。缩二脲生成主要集中在高压合成工序和蒸发造粒工序，其反应机理是由于尿素的异构化作用。由酮式尿素生成烯醇式尿素，进一步由烯醇式尿素脱氨生成氰酸，再由氰酸与尿素反应生成缩二脲，总反应方程式为：

$$2CO(NH_2)_2 \longrightarrow NH_2CONHCONH_2 + NH_3$$

缩二脲过高会影响种子发芽，抑制根系、幼苗发育,作物生长受阻。如小麦幼苗受缩二脲毒害,大量出现白苗,分蘖减少;玉米受毒害后,叶尖卷曲,呈焦枯状,植株矮小,生长停滞。西瓜缩二脲中毒后藤蔓细而短,叶片大小仅是正常西瓜的一半。柑橘会产生叶尖发黄变脆和花叶现象,降低光合作用效率,造成叶片早衰脱落;荷藕中毒后茎秆矮小,色淡,叶片小且失绿发黄,基本停止生长。胡桑中毒后叶片畸形,表面严重凹凸不平,叶片边缘有淡黄色圈,叶片向内卷缩成瓢状或漏斗状,蚕吃了病态桑叶会中毒发病。

[**转化**] 尿素施入土壤后,在土壤微生物分泌的脲酶作用下,水解成碳酸铵,碳酸铵再分解为氨,才能被作物吸收利用。这一过程在10℃时7～10天就可完成,20℃时只要4～5天,而在30℃时2～3天就能就能全部转化。整个过程可用下式表示:

$$CO(NH_2)_2 + 2H_2O \xrightarrow{脲酶} (NH_4)_2CO_3 \rightarrow 2NH_3 + CO_2 + H_2O$$

尿素在土壤中转化生成碳酸铵,碳酸铵的性质不稳定,容易分解出氨而造成挥发损失。因此,尿素如施在表层会引起氨的挥发损失,在石灰性土壤上更为严重,一般需要结合深施覆土。

[**施用**] 尿素在土壤中不残留有害物质,对土壤酸碱度没有明显的影响,适合所有的土壤和作物。大颗粒尿素缩二脲含量低、性质稳定,适合于做基肥和机械化施肥,在水田中施用可沉入较深的土层,减少挥发损失。小颗粒尿素可以作基肥、追肥施用,因氮素含量高,并含有少量缩二脲,不适合于做种肥,但特别适于作根外追肥,因为尿素是有机化合物,中性,电离度小,不易烧伤茎叶;分子体积小,容易透过细胞膜进入细胞;具有一定的吸湿性,容易被叶片吸收,并很少引起叶片的质壁分离现象。各种作物喷施尿素的适宜浓度为0.5%～2.0%,一般要喷2～3次。作根外追肥的尿素,缩二脲含量要低于0.5%,以免毒害植物。由于尿素在土壤中的转化过程需要3～5天,所以尿素追肥应适当提前几天进行。尿素易随水流失,不宜在秧田上大量施用,水田施用尿素时应注意不要灌水过多,并应结合耕田以使尿素充分与土壤混合,减少尿素流失。

2. 石灰氮($CaCN_2$)

石灰氮是由氰氨化钙、氧化钙和其他不溶性杂质构成的混合物。是一种碱性肥料,还有除草、杀虫、杀菌等作用。

[**性质**] 含氮16%～20%,氧化钙含量为20%～28%,呈深灰色或黑灰色粉末或颗粒,有特殊臭味。石灰氮不溶于水,有吸湿性,不宜久存。

[**转化**] 石灰氮施入土壤后,通过土壤胶体的作用而转化为尿素,在土壤微生物作用下进一步转化成氨。由于土壤中的硝化作用,一部分铵态氮转化为硝态氮为作物吸收,而另一部分硝态氮则因为流失或脱氮而损失。另外,石灰氮在土壤中水解为氰胺化钙,再进一步水解为游离的氰胺,氰胺在土壤中因条件不同又可以转化为尿素和双氰胺,双氰胺能抑制土壤中的硝化作用,从而减少了硝态氮的损失。

[**施用**] 石灰氮所含的氮素需要多次水解,才能变成植物可以吸收的氮素营养,是一种缓效氮肥,适合于做基肥施用。因为石灰氮是一种碱性肥,宜用于酸性土壤或作为土壤酸化改良剂使用。

(五)缓/控释氮肥

缓/控释氮肥指通过一定的物理、化学作用或生物因素影响,使肥料氮素缓慢释放或控制释放,使氮素释放与作物氮素需求同步的新型氮肥。根据释放原理不同,缓/控释氮肥可以分为物理型、化学型和物理化学型;根据缓释材料不同分为:脲醛类、硫包衣类、磷肥包衣类、抑制剂类、树脂包衣类等。目前生产和应用较广的缓/控释氮肥有脲甲醛、异丁叉二脲、丁烯叉二脲、硫黄包膜尿素,以及聚合物包膜尿素等。

1. 脲甲醛(urea formaldehyde,UF)

脲甲醛是由尿素和甲醛缩合而成的,主要成分为直键甲基脲的聚合物,含脲分子2～6个,是开发最早、实际应用较多的氮肥品种。

[**性质**] 脲甲醛为白色粉末或颗粒,含氮36%～38%,其中冷水不溶性氮占28%,氮素活度指数(AI)约55。脲甲醛的活度决定于该混合物中不同聚合物的比例。分子链较短的,氮素较易为作物利用。脲甲醛的作物有效性常以氮素活度指数

(AI)表示。采用以下公式计算:

$$AI = \frac{冷水不溶性氮-热水溶性氮}{冷水不溶性氮} \times 100\%$$

[**转化**] 脲甲醛施入土壤后,主要在微生物作用下水解为甲醛和尿素,后者进一步转化为氨、二氧化碳等供作物吸收利用。脲甲醛在土壤中转化为矿质态氮的速率随环境条件如土壤温度、水分、养分、通气性和pH而变化。

[**施用**] 脲甲醛一般做基肥施用,花卉、果树等经济作物用得多一些。作基肥施用时,必须配合施用部分速效氮肥,以避免生长前期氮素供应不足。也可用作复合肥混合的原料,生产不同氮、磷、钾配比的复混肥料。

2.异丁叉二脲(IBDU)

异丁叉二脲由2个分子尿素和1个分子异丁醛缩合而成,反应如下:

$$\underset{尿素}{2NH_2CONH_2} + \underset{异丁醛}{(CH_3)_2CHCHO} \xrightarrow[-H_2O]{H^+} \underset{异丁叉二脲}{(CH_3)_2CHCH(NHCONH_2)_2}$$

[**性质**] 异丁叉二脲为白色粉体或颗粒,含氮31%,不吸湿。在水中溶解度很低,室温下100 mL水溶解0.01~0.1 g氮,约为尿素的1/1000。溶解后,水解为尿素和异丁醛。其冷水不溶性氮24.9%,热水不溶性氮0.9%,AI值为96。异丁叉二脲在土壤中的矿化以化学水解为主,几乎完全通过在水中缓慢溶解而逐步水解成尿素,受微生物种类和活性的影响很少。矿化速率与颗粒大小、土壤水分、温度和土壤酸度等因素有关。

[**施用**] 一般作基肥施用。在牧草、草坪和观赏植物施用时,不必掺入其他速效氮肥,但用于水稻、小麦和蔬菜时,要掺用一定量的速效氮肥,以避免生长前期氮素供应不足。也可用作复合肥混合的原料,生产不同氮、磷、钾配比的复混肥料。

3.丁烯叉二脲(CDU)

丁烯叉二脲由丁烯醛和尿素缩合而成。

[**性质**] 为白色粉体或黄色颗粒,含氮31%,不吸湿,不结块,在水中的溶解度很小。在酸性溶液中,随温度升高溶解度迅速增加。

施入土壤后,经化学水解和微生物降解两个过程,分解为氨和硝酸。矿化速率与土壤水分、温度、pH、土壤熟化度和肥料颗粒大小等因素有关。

[**施用**] 一般作基肥施用。在牧草、草坪和观赏植物施用时,不必掺入其他速效氮肥,但用于水稻、小麦和蔬菜时,要掺用一定量的速效氮肥,以避免生长前期氮素供应不足。也可用作复合肥混合的原料,生产不同氮、磷、钾配比的复混肥料。

4.硫黄包膜尿素(SCU)

硫黄包膜尿素简称硫包尿素,由硫黄粉包裹尿素颗粒制成。其中尿素76%,硫黄19%,石蜡3%,煤焦油0.25%,高岭土(调理剂)1.5%。

[**性质**] 含氮量34%左右。氮素释放速率可通过调节硫膜厚度改变:厚膜硫包尿素,氮素释放较慢。微生物活动和温度影响释放速率,只有在微生物作用下,即由硫细菌将硫黄氧化形成硫酸,包膜才能逐渐分解而释放出尿素。

$$2S + 3O_2 + 2H_2O \longrightarrow 2H_2SO_4$$

高温可促使硫包尿素中的尿素释放,因此温暖气候下尿素释放较快。硫包尿素是盐渍化土壤适宜的氮肥来源,对防止土壤盐渍度的增加有一定作用。

[**施用**] 一般作基肥施用。在生长季降雨多,淋失严重的地区,或越冬作物秋季施用,且冬季降雨多的地区,硫包尿素的效果较好。

(六)稳定性氮肥

稳定性氮肥是通过一定工艺在尿素造粒过程中加入了一定剂量的脲酶抑制剂、硝化抑制剂或者脲酶抑制剂和硝化抑制剂组合,而形成的新型尿素品种,可以减缓尿素水解,控制NO_3^-的形成,使氮养分在土壤中保持更长时间,提高有效性。

脲酶抑制剂是对土壤脲酶活性有抑制作用的化合物或元素的总称,它通过对脲酶催化过程中的巯基发生作用,从而延缓土壤中尿素的水解速度,减少氨向大气中挥发的损失。目前用于农业生产的脲酶抑制剂主要是有NBPT(苯醌类)和HQ(氢醌)。

硝化抑制剂是指一类能够抑制铵态氮转化为硝态氮(NCT)的生物转化过程的化学物质。它施入土壤后由于能够抑制土壤中的亚硝化、硝化和反硝化作用,从而阻止NH_4^+-N向NO_3^--N的转化,使氮肥更长时间是以NH_4^+-N的形式保存在土壤中,供作物吸收利用。目前用于农业生产的硝化抑制剂主要有 2-氯-6-(三氯甲基)吡啶、双氰胺(DCD)、3,4-Dimethylpyrazol phosphate (DMPP)。

稳定性尿素适合于各种土壤和作物,一般做基肥、追肥施用,氮肥利用率高,可以节省氮肥投入。但在使用中要注意肥料与种苗之间的距离,防止烧种烧苗。

(七)其他氮肥

1. *尿素硝铵溶液*

简称 UAN,国外又称为氮溶液,是尿素生产过程中,产生的尾气中的氨与硝酸中和形成的硝酸铵溶液,再与尿素溶液和水按一定比例配比而成的;或以尿素生产过程中产生的未浓缩的脲液和硝酸铵生产过程中产生的未浓缩的硝酸铵溶液为原料混配而成的无色、无味、稳定、黏稠的液体氮肥。其加工工艺中减少了生产尿素颗粒、硝酸铵颗粒的蒸发、浓缩和造粒的工序,能够节省一定的能源,并降低生产成本。尿素硝酸铵溶液较其他液体氮肥的安全性好,储存、运输、使用方便。

[**性质**] 常见的尿素硝酸铵溶液分为 3 个氮肥等级,含氮量分别为 28%、30%和 32%。其中硝态氮含量为 6.5%~8.2%,铵态氮含量为 6.5%~8.2%,酰胺态氮含量为 13.9%~16.7%,其 pH 为 6.5~7.5,游离氨≤0.05%,缩二脲≤0.36%。尿素硝酸铵溶液中含有硝态氮、铵态氮、酰胺态氮三种不同氮源,具有速效肥和缓效肥的功效。

[**施用**] 尿素硝酸铵溶液兼容性好,稳定性好,能与其他化学农药及肥料混合。适合于不同土壤和作物,可以做基肥和追肥施用,尤其适合在滴灌、喷灌等水肥一体化中应用,在现代化农业发达的美国、法国、以色列等国家应用普遍。

2. *增效尿素*

在尿素生产过程中加入多肽、腐植酸、氨基酸、海藻酸等物质,以提高尿素的应用效果。

(1)多肽尿素　多肽尿素又名聚天冬氨酸尿素,是以仿生多肽为核心的增效尿素产品,其外观为淡黄色、粒状结晶体。多肽尿素的生产方法是在尿素生产中加入聚天冬氨酸。由于多肽聚天冬氨酸含有肽键和羧基等活性基团,对土壤中的氮、磷、钾等养分具有极强的螯合功能和催化作用,能促进作物对尿素的吸收,对土壤中氮、磷、钾及中微量元素也具有活化作用。

(2)腐植酸尿素　在尿素生产过程中,经过一定工艺,在尿素中添加改性腐植酸溶液,使尿素含有一定量腐植酸,以降低尿素氨挥发损失,促进根系吸收利用的效果。

(3)海藻酸尿素　在尿素的造粒过程中,将浓缩海藻提取液与熔融尿素均匀混合,然后在造粒塔造粒,制成海藻酸尿素,具有降低尿素氨挥发损失,促进根系吸收利用的效果。

(4)氨基酸尿素　在尿素生产过程中添加一定量的氨基酸溶液,通过尿素造粒工艺技术制成的一类尿素产品。

增效尿素与普通尿素的施用方法相同,可以做基肥、追肥,不宜作种肥,适合于各类土壤和作物。

第二节　氮肥在土壤中的转化

不同的化学氮肥施入土壤后溶解于水,氮素以 NH_4^+、NO_3^- 或—$CONH_2$ 存在于土壤溶液中,并直接参与土壤-植物-大气体系中的循环,最终有 3 个去向:①直接被植物和微生物吸收利用;②(NH_4^+ 或尿素)被土壤吸附,而保存在土壤中;③经过一系列变化,以气态(NH_3,N_2O,N_2 等)方式回到大气中或以 NO_3^- 形态随水淋失、流失。三者之间相互联系、相互制约(图 13-3)。

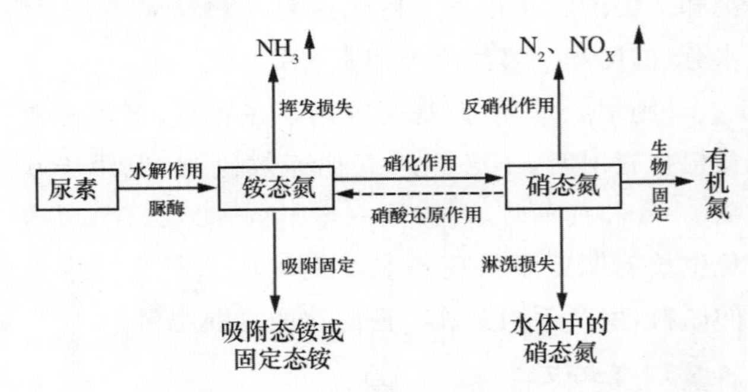

图 13-3　氮肥在土壤中的转化

不同形态的氮肥施入土壤后,其中的氮素除被作物根系直接吸收外,酰胺态氮在脲酶作用下,分解释放的铵与铵态氮肥的铵可为土壤吸附,也可在微生物作用下氧化为硝态氮。硝态氮在嫌气条件下，又进一步被还原。在碱性条件下，铵易转化为气态氨分子。

一、铵的吸附与固定

来自土壤有机氮矿化所产生的以及施入土壤中的铵态氮会很快在土壤溶液中溶解，并解离成铵离子和酸根离子，增大土壤溶液中的铵浓度。这些铵离子除被作物吸收外，还会与土壤胶体上吸附的其他阳离子进行交换，使其吸持（吸附）在土壤胶体上。这部分被土壤吸持的铵称为交换性铵，同样可以被其他阳离子所代换。通常所说的土壤中的铵态氮实际上是交换性铵和液相中铵的总和。在水田土壤中无机氮几乎全部以铵态氮存在，是植物的有效态氮。这种交换吸附对防止铵的淋失和挥发有明显作用。

铵离子与土壤阳离子交换的情况取决于土壤类型。在酸性土壤中，铵离子与土壤胶体上的氢离子交换，使潜在酸变为活性酸，增强土壤酸性：

$$\boxed{土壤胶体}\begin{matrix}H^+\\H^+\end{matrix} + (NH_4)_2SO_4 \longrightarrow \boxed{土壤胶体}\begin{matrix}NH_4^+\\NH_4^+\end{matrix} + H_2SO_4$$

在中性、微碱性或石灰性土壤上，铵离子与盐基离子交换，生成不同盐类，如硫酸钙：

$$\boxed{土壤胶体}Ca^{++} + (NH_4)_2SO_4 \longrightarrow \boxed{土壤胶体}\begin{matrix}NH_4^+\\NH_4^+\end{matrix} + CaSO_4$$

土壤溶液中的铵离子也可以进入2∶1型黏土矿物晶层中而被固定，通常称为铵的晶格固定。土壤对铵的固定能力取决于土壤黏土矿物类型、土壤水分、土壤含钾量、有机质含量等。土壤由湿变干时，铵的固定增强；交换钾含量高时，专型吸附位被钾饱和，铵吸附减少；土壤有机质含量高时，由于有机物吸附在黏粒表面，铵的吸附量也减少。

二、氨的挥发

氨的挥发通常指气态氨由旱地土壤或水田表面向大气逸散的现象。氨的来源有多种途径：有机质矿化产生的NH_4^+、施入土壤的铵态氮肥及尿素水解以后形成的碳酸铵，都会在一定条件下脱质子而形成氨气，这些氨气处在旱地或水田表面时就会向大气逸散而引起氨的挥发损失。

氨挥发的化学平衡反应如下：

$$NH_4^+(代换性) \rightleftharpoons NH_4^+(液相) \rightleftharpoons NH_3(液相)$$
$$NH_3(气相) \rightleftharpoons NH_3(大气)$$

液相中NH_4^+与NH_3的平衡，取决于土壤pH。土壤中H^+浓度高时，所有的NH_3都被质子化；H^+浓度低时，一部分会以NH_3形态存在，造成挥发。

$$NH_4^+(液相) \rightleftharpoons NH_3(液相) + H^+$$

土壤质地、pH、温度、风速和化肥种类、施肥量、施用部位等都影响氨的挥发。在各种影响因素中，以pH影响最重要。在pH 7～9之间，每增加1单位，NH_3的挥发约增加10倍，因此石灰性土壤比非石灰性土壤中氨的损失严重。

三、铵的硝化作用

铵的硝化作用是土壤中的铵态氮肥或尿素转化形成的铵，在硝化细菌的作用下氧化为硝酸盐的现象。氧化过程分两步进行：首先是铵在亚硝化细菌的作用下，氧化为亚硝酸，这一作用称为亚硝化作用；随后亚硝酸再被硝化细菌氧化为硝酸，这一作用称硝化作用。

参加硝化作用的微生物属于自氧微生物，从这些微生物体内，可以分离出细胞色素。由于CN、叠氮化合物、氯酸盐、螯合物和重金属等可以抑制细胞色素的电子传递，因而可以作为硝化抑制剂，用于抑制硝化作用。

硝化作用所产生的NO_3^-是作物吸收的主要氮源之一，但它不能为土壤胶体吸附，过多的硝态氮易随降水或灌溉水流失。在南方多雨地区，硝酸盐的淋失是土壤氮素损失的重要途径，在北方的大水漫灌，也可以造成旱作土壤氮素淋失。

四、硝态氮的反硝化

反硝化作用是硝态氮还原的一种途径，即NO_3^-在嫌气条件下，经生物、化学反硝化还原为气态氮（N_2或N_2O）的过程，也称脱氮作用。包括生物反硝化和化学反硝化。生物反硝化作用分两步进行，先将硝酸盐还原成亚硝酸盐，然后将亚硝酸盐还原成气态氮。将硝酸盐还原成亚硝酸盐的微生物是一类兼性厌氧硝酸盐还原细菌。将亚硝酸盐还原成气态氮的微生物称反硝化细菌，反硝化细菌有双重功能，在好气条件下，催化硝化作用；在嫌气条件下，催化硝酸还原反应。土壤中反硝化作用的强弱，主要取决于土壤通气状况、pH、温度和有机质含量，尤其以通气性的影响最为明显。

$$2HNO_3 \xrightarrow[-2H_2O]{+4H^+} 2HNO_2 \xrightarrow[-2H_2O]{+4H^+} H_2N_2O_2 \xrightarrow[-2H_2O]{2H^+} N_2$$

$$H_2N_2O_2 \longrightarrow N_2O \xrightarrow[-2H_2O]{2H^+} N_2$$

$$N_2O \xrightarrow[-4H^+]{+2H_2O} 2NO$$

化学反硝化作用指土壤中的亚硝态氮经过一系列纯化学反应，形成气态氮（N_2、N_2O 和 NO）的过程。反硝化及其他过程产生的 N_2O 是一种重要的温室效应气体。大量施用 NH_3 或 NH_4^+ 态氮肥（如液态氨、碳铵和尿素等）、土壤呈强碱性时，土壤就会累积大量的 NO_2^- 离子。NO_2^- 的积累会对植物产生毒害，也能通过化学反硝化导致氮素的气体损失。

第三节　氮肥的施用

一、氮肥利用率

氮肥利用率是反映作物氮素吸收利用的重要指标，国内以氮肥利用率应用最多，而氮肥偏生产力、氮肥农学效率、氮肥生理效率等在国外普遍应用。

（1）氮肥利用率（NUE）　指当季作物从所施氮肥中吸收的氮素占施氮量的百分数，也叫氮素表观回收率。计算公式如下：

$$NUE=\frac{\left(\text{施氮区作物总吸氮量}-\text{不施氮区作物总吸氮量}\right)}{\text{施氮总量}}\times100\%$$

（2）氮肥偏生产力（PFP）　指单位投入的肥料氮所能生产的作物籽粒产量。

$$PFP=\frac{\text{施氮区作物产量}}{\text{施氮总量}}$$

（3）氮肥农学效率（AE）　指单位施氮量的产量增加量。

$$AE=\frac{(\text{施氮区作物产量}-\text{不施氮区作物产量})}{\text{施氮总量}}$$

（4）氮肥生理效率（PE）　指吸收入作物体内的单位肥料氮所产生的经济产量。

$$PE=\frac{(\text{施氮区作物产量}-\text{不施氮区作物产量})}{(\text{施氮区作物总吸氮量}-\text{不施氮区作物总吸氮量})}$$

二、氮肥的合理施用

氮肥施入土壤后，有作物吸收、土壤残留、损失3个去向，提高氮肥利用率的关键就是提高作物氮素吸收，减少氮素损失和土壤残留，因此氮肥的合理施用就非常重要。

（一）合适的氮肥产品

合适的氮肥产品就是作物需求与土壤、肥料氮素供应匹配。因此要：

（1）根据土壤条件选择氮肥产品　一般碱性土壤可以选用酸性或生理酸性肥料，如硫铵、氯铵等铵态氮肥，既能调节土壤反应，同时在碱性条件下，铵态氮也比较容易被作物吸收；而在酸性土壤上，应选用碱性肥料，如硝酸钠、硝酸钙等，可以降低土壤酸性，同时在酸性条件下，作物也易于吸收硝态氮。

（2）根据作物氮素营养特性选择氮肥产品　各种作物对氮素的需求量、需求时间、氮肥形态的选择不同，同一作物，因品种不同，各个生育期的施氮效果也不一样。因而，有必要依据不同作物的营养特性合理分配和施用氮肥。水稻宜施用铵态氮肥，尤以 NH_4Cl 和氨水效果较好。马铃薯对 $(NH_4)_2SO_4$ 反应较好，甜菜上施用 $NaNO_3$ 效果最佳。番茄在幼苗期以铵态氮较好，到结果期则以硝态氮效果最佳。

（3）根据氮肥特性选择氮肥产品　不同氮肥的酸碱性、挥发性、移动性、对作物的有效性和土壤中存留的时间都不一致，因此，必须根据各种氮肥的特性合理分配和施用。铵态氮肥表施时易挥发，宜作基肥深施覆土。硝态氮肥移动性强，不宜作基肥和用于水田。碱性及生理碱性氮肥宜施在红、黄壤等酸性土壤上，因这类氮肥可降低土壤酸度。酸性或生理酸性氮肥，宜施在石灰性及碱性土壤上，可以改善土壤性质。尿素适用于所有作物，最适宜作根外追肥。长效氮肥抗淋失能力强，在土壤中的保留时间及后效较长，肥效发挥较缓慢，因而可作基肥早施，宜施在多年生作物上，对一年生作物则必须配合使用速效氮肥作种肥或追肥，以满足作物生育早期对氮的需要。

（4）根据施肥方式方法选择氮肥产品　滴灌、喷灌等水肥一体化，要选用溶解性好的全水溶肥料或液体肥料，种肥同播等机械化施肥需要选用颗粒大小合适、机械强度好的固体肥料。

(二)合理的氮肥用量

氮素投入不足，作物难以高产；投入过量，作物无法完全利用。理想的氮肥用量是既能保证作物高产需求，又能最大限度减少环境损失和土壤残留。只有这样，才能提高肥料利用效率，减少环境污染危害。推荐氮肥用量的常用方法有：养分平衡法、肥料效应函数法、养分丰缺指标法、氮素营养诊断法。

(1)根据土壤供氮能力确定氮肥用量　土壤供氮包括播前起始矿质氮和可矿化氮。近年来，用一定深度土壤无机氮(N_{min})来反映土壤供氮能力也在国外广泛应用，而用一定深度硝态氮含量来反映旱地土壤供氮能力也越来越被大家认可。土壤氮是作物氮素吸收的主要来源，肥料氮素的吸收利用与土壤供氮关系也非常密切。一般供氮能力高的土壤，可以适当减少氮肥用量，而供氮能力低的土壤，可以适当增加氮肥用量。

(2)根据作物产量和品质确定氮肥用量　作物氮素需要量可以根据作物目标产量和百千克产量氮素养分吸收量来确定。随着作物产量不同，百千克产量氮素养分吸收量也发生变化，最终的作物氮素需要量也不一样。作物对品质要求不同，氮肥需求也不一样。

(3)根据土壤植物营养诊断确定氮肥用量　为了确定氮肥准确用量，研究者提出根据土壤和植物营养诊断来确定不同阶段作物氮素需要量，如根据土壤无机氮(N_{min})、植株硝酸盐含量、叶绿素含量、临界氮浓度、氮营养指数等进行氮肥推荐。

(4)区域氮肥总量　为了简化推荐施氮量方法，可根据一定区域作物氮肥推荐用量的平均值作为区域氮肥总量。

(三)正确的施肥时间

不同作物的氮素需求规律不一样，同一作物在不同生育期对氮素的需求也不一样，因此在确定作物氮肥产品和用量后，正确的施肥时间就非常重要。

氮素施用时间要根据植物营养临界期来确定，要根据作物氮素需求特点，实行基肥和追肥结合、速效氮肥和缓效氮肥结合、有机氮肥和无机氮肥结合，保持作物前期、中期、后期氮素供应平衡。

(四)正确的施肥方式

氮肥施用包括撒施、条施、穴施、水冲施、环施和放射状施等传统施肥方式，以及滴灌、喷灌等水肥一体化施肥方式，种肥同播、侧深施肥、飞机撒肥等机械化施肥方式。要根据氮肥产品和作物氮素需求，结合施肥配套设施，选择合适的施肥方式。撒施是基肥的一种普遍方式，肥料撒于田面后，需结合耕耙作业使其进入土壤当中。对大田密植作物生育期追施氮肥时也常采用撒施方式，小麦、水稻和蔬菜等封垄后，追肥常采用随撒施随灌水的方法。对于挥发性氮肥来说，在土壤水分不足、田面干燥，或作物种植密度稀，又无其他措施使肥料与土壤充分混合时，不提倡氮肥撒施。在肥料用量较少和施用易挥发性肥料时，氮肥条施、穴施的增产效果要明显好于撒施。作物浇水时，把水溶性好的氮肥撒在水沟中，随浇水渗入土壤中被作物吸收，虽避免了开沟施肥的烦琐工序和对根系的损伤，但水冲施会造成较多的肥料浪费，而结合滴灌、喷灌等施肥实行水肥一体化，则可提高水肥利用效率。此外，果树上宜采用氮肥环施或放射状施用。除土壤施氮外，叶面喷施尿素也是一种行之有效的快速补氮方式，生长中、后期低浓度的尿素用于叶面喷施效果远好于大量的氮肥施用于土壤。随着无人机、农业机械的发展，种肥同播、侧深施肥、飞机撒肥等机械施肥方式也日益增多。

(五)氮与其他养分的平衡

氮肥是作物需求最多的必需营养元素，对作物的产量和品质有重要影响，但连续多年的化肥施用，尤其是氮肥的施用，已经使农田土壤肥力发生了很多变化。在一些氮肥用量较大的区域，已经出现了氮素与其他营养元素的不平衡，即使不断增加氮肥投入，作物产量和品质亦难以提高。因此，为了保持作物矿质营养供应平衡，消除最小因子限制律的影响，在施用氮肥的同时，要注意氮肥与磷、钾肥的配合，氮肥与中微量元素的配合，化学氮肥与有机氮肥的配合，实现氮素与其他养分在数量、时间、空间上平衡。

第十三章扩展阅读

复习思考题

1. 氮肥主要包括哪些品种？其主要特性是什么？
2. 铵、硝态氮肥的特性和施用有何不同？
3. 尿素为什么适于作根外追肥？
4. 氮肥进入土壤后转化途径有哪些？
5. 什么是氮肥利用率？提高氮肥利用率的意义是什么？
6. 提高氮肥利用效率的主要途径有哪些？

参考文献

胡霭堂. 2003. 植物营养学(下册). 北京：中国农业大学出版社.

巨晓棠. 2014. 氮肥有效率的概念及意义——兼论对传统氮肥利用率的理解误区. 土壤学报. 5，921-933

李生秀. 2002. 提高旱地土壤氮肥利用效率的途径和对策. 土壤学报. 39(S)，56-76.

鲁剑巍，曹卫东. 2010. 肥料使用技术手册. 北京：金盾出版社.

孙羲. 1996. 中国农业百科全书，农业化学卷. 北京：农业出版社.

奚振邦. 2003. 现代化学肥料学. 北京：中国农业大学出版社.

张福锁. 2012. 高产高效养分管理技术. 北京：中国农业大学出版社.

张福锁，等. 2008. 协调作物高产与环境保护的养分资源综合管理技术研究与应用. 北京：中国农业大学出版社.

张卫峰，马林，黄高强，等. 2013. 中国氮肥发展、贡献和挑战. 中国农业科学，46(15)，3161-3171.

张卫峰，易俊杰，张福锁，等. 2017. 中国肥料发展研究报告 2016. 北京：中国农业大学出版社.

赵秉强，等. 2013. 新型肥料. 北京：科学出版社.

朱兆良. 1998. 中国土壤的氮素肥力与农业中的氮素管理//沈善敏. 中国土壤肥力. 北京：中国农业出版社.

Li, S. X. 1999. Management of soil nutrients on drylands in China for sustainable agriculture. Soil Environ. 2: 293～316.

扩展阅读文献

张福锁，等. 2008. 协调作物高产与环境保护的养分资源综合管理技术研究与应用. 北京：中国农业大学出版社.

赵秉强，等. 2013. 新型肥料. 北京：科学出版社.

奚振邦. 2003. 现代化学肥料学. 北京：中国农业大学出版社.

张福锁. 2011. 测土配方施肥技术. 北京：中国农业大学出版社，2011

张卫峰，易俊杰，张福锁，等. 2017. 中国肥料发展研究报告 2016. 北京：中国农业大学出版社.

朱兆良，张福锁，等. 2010. 主要农田生态系统氮素行为与氮肥高效利用的基础研究. 北京：科学出版社.

HAPTER 14

第十四章 磷肥

教学要求：

1. 掌握磷肥的种类和性质。
2. 掌握磷肥在土壤中的转化过程。
3. 掌握合理施用磷肥的基本原则。

扩展阅读：

主要磷肥品种的生产工艺流程

磷素是植物必需的大量营养元素之一，磷肥是农业生产中普遍施用的肥料，地位仅次于氮肥。早在17世纪初，世界上就出现了以酸化动物骨骼制成的含磷肥料。1942年，英国建立第一个过磷酸钙生产工厂，磷肥工业开始兴起，但直到1950年以前世界磷肥工业的生产规模还非常小，产量不到100万t(P_2O_5)。随着二战后世界农业的快速发展，磷肥生产规模逐年扩大，到2017年世界磷肥产量逼近6 000万t(P_2O_5)。我国磷肥工业从新中国成立以来经历了从无到有，从小到大，从低浓度单一养分到高浓度磷复合肥的发展历程。1957年，我国在南京建立了年产40万t的过磷酸钙工厂，20世纪60年代初，开始发展钙镁磷肥，20世纪80年代在云南、山西、河南等地陆续建立了磷肥生产工厂。2002年我国磷肥总产量达到805万t(P_2O_5)，仅次于美国；到2005年，我国磷肥总产量达到1 125万t(P_2O_5)，超过美国，居世界第一位；2014年，中国磷肥总产量已经超过1 700万t。磷肥品种也由原来的磷矿粉、普通过磷酸钙等低浓度磷肥为主发展为重过磷酸钙、氮磷复合肥以及聚磷酸肥料为主的高浓度磷肥。

第一节 磷矿资源和磷肥产业现状

一、磷矿资源

磷矿是制造磷肥的初始原料，磷矿的主要成分可用化学式 $Ca_5F(PO_4)_3$ 表示。磷素主要以磷酸盐的形式存在于地壳中，含 P_2O_5 超过1%的矿物有数百种，有工业利用价值的才称为磷矿。磷矿按其 P_2O_5 含量的多少可分为低品位磷矿、中品位磷矿和高品位磷矿，其中低品位磷矿是指 P_2O_5 含量介于12%～25%的磷矿，又称贫矿；中品位磷矿是指 P_2O_5 含量高于25%但低于30%的磷矿；而高品位磷矿是 P_2O_5 含量高于30%的磷矿，又称富磷矿。磷矿按组成主要分为两类，一类为磷灰石族；另一类为磷酸铝族。目前工业开采的磷矿主要是磷灰石族。

地球上磷矿资源分布广泛。根据美国地质调查局2015年公布的数据，全球磷矿储量约670亿t。磷矿资源主要集中在少数国家或地区。磷矿储量较大的国家主要包括美国、俄罗斯、摩洛哥以及中国等，四国储量约占全球磷矿总储量的近80%，此外，突尼斯、约旦、以色列、南非等国家储量也较高(表14-1)。世界上90%的磷矿用于生产各种磷肥，3.3%的磷矿用于生产磷酸盐饲料，4%用于生产洗涤剂，2.7%的磷矿用于生产其他产品。

表14-1 全球磷矿储量 亿t

国家或地区	储量
摩洛哥和西撒哈拉	500
中国	37
阿尔及利亚	22
叙利亚	18
南非	15
约旦	13
俄罗斯	13
美国	11
澳大利亚	10
秘鲁	8.2
埃及	7.2
伊拉克	4.3
巴西	2.7
哈萨克斯坦	2.6
沙特阿拉伯	2.1
以色列	1.3
突尼斯	1.0

引自：美国地质调查局，2015。

中国是磷矿资源丰富的国家，已探明的资源量仅次于摩洛哥，居世界第二位。全国共有矿产产地447处，其中大型产地72处，中型产地137处，分布在全国27个省(自治区、直辖市)。我国磷矿资源虽多，但可利用的基础储量仅占资源总储量的24%，难以利用的资源占76%。除西藏外我国各地区均发现磷矿，但集中分布在云南、贵州、四川、湖北和湖南5省(表14-2)，这5省保有的磷矿资源储量占全国的75%，且 P_2O_5 大于30%的富矿大多集中于此。我国磷矿资源具有以下特点：资源储量大，分布集中；中低品位磷矿多，富矿少；胶磷矿多，采选难度大；矿床类型以沉积磷块岩为主。

表14-2 2017年我国磷矿石产量分布

地区	产量/万t	占比/%
全国	12 313	
贵州	4 817	39.1
湖北	3 444	28.0
云南	2 620	21.3
四川	1 131	9.2
河南	128	1.0
安徽	72	0.58
河北	55	0.45
湖南	23	0.19
辽宁	11	0.09

中商产业研究院，《2018—2023年中国磷矿石行业市场前景及投资机会研究报告》。

自2010年以来，我国磷矿石产量一直保持增长态势，但增长率逐年递减。目前，我国磷矿资源开发利用存在的主要问题有：①磷矿企业整体规模小，回采率低；②磷矿企业装备简陋，管理落后，资源破坏和浪费严重；③不少矿区交通条件差，运输费用高；④中低品位矿多，杂质含量偏高，可选性差，选矿费用高；⑤磷矿加工不合理，存在优矿劣用，高质低用的浪费情况。

二、我国磷肥产业现状

1. 产量及产品结构

随着国家投资建设的大型磷复肥装置投产，我国磷肥产量逐年上升，由1994年的497万t增加到2014年的1 708.8万t(P_2O_5)，中国磷肥产量占世界总磷肥产量的25%左右，国内市场自给率达到128%。2014年以后国内磷肥产量呈现递减趋势，2017年磷肥产量为1 505万t。我国磷肥消费量占世界磷肥总消费量的27%左右，位于世界第一位。1994年低浓度磷肥如过磷酸钙、钙镁磷肥产量占总磷肥产量的86.4%，高浓度磷复合肥如磷酸二铵、磷酸一铵等只占13.6%。到2012年，高浓度磷复合肥在全国磷肥产量中的比例增加到80%以上(表14-3)。

表14-3 2012年我国主要磷肥品种产量结构(P_2O_5)

磷肥种类	产量/万t	比例/%
磷酸二铵	671	36.5
磷酸一铵	677	36.8
过磷酸钙	210	11.4
复合肥	210	11.4
重过磷酸钙	48.8	2.65
钙镁磷肥	15.9	0.86
硝酸磷肥	6.10	0.33

2. 产业布局

我国磷肥产业主要分布在中部及西南部地区，集中度较高。2014年，湖北、云南、贵州、四川4个省的磷肥总量达到1 252.8万t，占全国总产量的73.3%(表14-4)。

表14-4 2014年磷肥产量前5名省份

名次	省份	产量/万t	占比/%
1	湖北	470.8	27.6
2	云南	434.5	25.4
3	贵州	231.6	13.6
4	四川	115.9	6.8
5	安徽	84.5	4.9

引自：薄瀛等，2016。

2014年，我国规模以上磷肥生产企业365家，产量前10名企业产量合计941.5万t/年，占全国总产量的55.1%。磷酸二铵生产企业31家，其中产量前10名企业产量占总产量的83%；磷酸一铵生产企业61家，其中产量前10名企业产量占总产量的48.2%；磷复合肥生产企业52家，产量前10名企业产量占总产量的49.1%。

3. 消费情况

磷肥在农业方面的消费量一直呈上升趋势，在20世纪90年代达到高峰，全球消费量近4 000万t/年。然而，人们逐渐认识到磷肥的过度使用会带来许多副作用，如土壤重金属(如镉等)含量增加、水体富营养化等，开始减少用量。2014年全球磷肥消费量4 200万t，主要消费地区是亚洲、美洲和东欧地区，其中，中国28%、美国11%、巴西10%、印度17%、俄罗斯6%。发达国家磷肥消费量呈逐年下降的趋势，发展中国家如印度、越南、巴西等磷肥用量逐步增长。我国磷肥年消费量自2006年以来基本稳定在1 100～1 200万t，为世界第一大磷肥消费国。我国磷肥在2009年前基本上全部用于农林渔牧业，之后用于其他领域的磷肥消费量逐年增加。2014年我国磷肥表观消费量为 1 374万t，其中农业消费量1 176万t，占85%。

4. 出口情况

目前全球磷肥贸易量约1 300万t/年，主要出口国为中国、美国、摩洛哥，约占全球磷肥出口量的73%。2007年，我国结束了磷肥净进口国的历史，成为世界上主要磷肥出口国之一，磷酸二铵(DAP)和磷酸一铵(MAP)出口量位居全球第二。海关统计数据显示，2014年我国磷肥净出口量为375.4万t，以NPK复合肥为主，少量DAP。关税调整之后，磷肥出口量大幅度增长：主要为DAP，达488.2万t，占全球贸易量的37%；MAP出口量232.5万t，占全球贸易量的18%；过磷酸钙及重钙出口量 163万t。我国DAP出口市场主要是印度，其次是东南亚、巴基斯坦、日本、新西兰等地区；MAP出口市场主要是巴西、澳大利亚、印度、阿根廷和泰国，巴西占比最大，澳大利亚增幅最明显。云南、湖北和贵州是我国磷肥出口的主要货源地，出口量分别占全国总出口量的46%、23%和21%。

第二节 磷肥的种类和性质

磷肥根据其溶解度可分为水溶性磷肥、枸溶性磷肥和难溶性磷肥三类。

一、水溶性磷肥

水溶性磷肥是指肥料中的磷酸盐易溶于水的磷肥。此类磷肥能够被植物根系直接吸收，为速效磷肥，磷素有效成分主要以一水磷酸一钙[$Ca(H_2PO_4)_2 \cdot H_2O$]形态存在。在农业生产中大规模使用的水溶性磷肥主要是普通过磷酸钙（普钙）、重过磷酸钙（重钙）以及磷酸铵类磷肥。水溶性磷肥的生产途径见图 14-1。

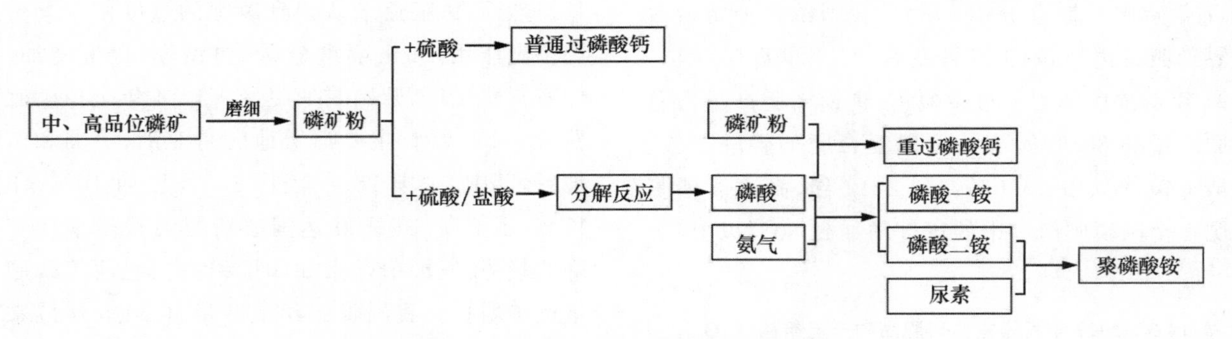

图 14-1 水溶性磷肥的生产途径示意图

1. 普通过磷酸钙（普钙）

普通过磷酸钙简称普钙，为灰白色粉末或颗粒，主要磷形态为一水磷酸二氢钙（俗称一水磷酸一钙），有效磷含量（P_2O_5）为 12%～20%，还含有 40%～50%的硫酸钙，以及约 5.5%的游离硫酸和磷酸。此外，普钙中还含有少量从磷矿中带入的 Na^+、K^+、Mg^{2+}、Fe^{3+}、Al^{3+} 等阳离子以及 F^-、SiF_6^{2-}、AlF_6^{3-} 等阴离子，还含有镉、铬等重金属元素。普钙呈酸性（pH 3.0 左右），具有腐蚀性，易吸湿结块。吸湿后，普钙中的磷酸一钙易与肥料中的杂质反应，转化成难溶性的磷酸铁和磷酸铝，导致磷的有效性降低，被称为普钙的退化作用。化学反应如下：

$$Fe_2(SO_4)_3 + Ca(H_2PO_4)_2 \cdot H_2O + 5H_2O \rightarrow 2FePO_4 \cdot 4H_2O + CaSO_4 \cdot 2H_2O + 2H_2SO_4$$

因此，普钙在储藏和运输过程中应注意防潮。

普钙被加热到 120℃以上时，其中的一水磷酸一钙会失去结晶水而成为磷酸二氢钙；若继续加热到 150℃，磷酸二氢钙会转化为焦磷酸氢钙（$CaH_2P_2O_7$），同时失去肥效；若继续升温至 270℃以上，焦磷酸氢钙将转变为不溶于水的偏磷酸钙[$Ca(PO_3)_2$]。

普钙的生产是用硫酸分解磷矿，使磷矿中难溶性 P_2O_5 转化成为容易被植物吸收的水溶性 P_2O_5 和少量枸溶性 P_2O_5。主要化学反应为：

$$2Ca_5F(PO_4)_3 + 7H_2SO_4 + 3H_2O \rightarrow 3\ Ca(H_2PO_4)_2 \cdot 3H_2O + 7\ CaSO_4 + 2HF$$

普钙的简要生产过程是：在混合机内，将分别计量过的硫酸和磷矿粉（或磷矿浆）连续地进行混合反应，反应生成的料浆流入化成室并逐渐固化。然后经过切削和撒扬，即得到新鲜过磷酸钙（俗称鲜钙），视为半成品。鲜钙堆置于仓库中熟化，并定期翻堆，以利于物料继续后期的反应，至取样分析结果符合过磷酸钙产品的质量标准，才可作为成品出厂。

2. 重过磷酸钙（重钙）

重过磷酸钙是一种深灰色颗粒或粉末，有效磷（P_2O_5）含量为 36%～54%，约为普钙的 3 倍，主要成分为一水磷酸一钙，仅含极少量硫酸钙，含有 4%～8%的游离磷酸。重过磷酸钙呈酸性，具有腐蚀性，吸湿性强，易结块。但由于重过磷酸钙不含铁、铝、锰等杂质，故吸湿后不发生退化作用。

重过磷酸钙中不含硫酸钙，对喜硫作物（如油菜）、豆科作物其肥效不如等磷量的普通过磷酸钙。在缺硫土壤上其效果也不如普通过磷酸钙。

重过磷酸钙生产的原理是用磷酸去分解磷矿中的氟磷酸钙，打破原有分子结构，使其重新组合成磷酸二氢钙分子。在氟磷酸钙分子中 $CaO:P_2O_5$ 比例为 5:1.5，而磷酸二氢钙中应为 1:1，故以磷矿为基准生成磷酸二氢钙时必须补充 P_2O_5，即补充磷酸。

重过磷酸钙生产中，最主要的化学反应就是磷酸分解氟磷酸钙生成一水合磷酸二氢钙和氟化氢。

$$Ca_5(PO_4)_3F + 7H_3PO_4 + 5H_2O \longrightarrow 5Ca(H_2PO_4)_2 \cdot 5H_2O + HF$$

上述反应实际上包含了氟磷酸钙溶解和一水合磷酸二氢钙的结晶两个过程。在反应的初始阶段，磷酸溶液尚未被磷酸二氢钙所饱和，氟磷酸钙的分解进行得相当快。但是，当溶液被磷酸二氢钙饱和之后，分解速度就大大减缓。当氟磷酸钙继续被分解，形成过饱和溶液后，磷酸二氢钙便开始结晶析出。反应体系由黏稠的浆体逐渐变成固体。此时，氟磷酸钙的分解仍在继续。整个反应进行得相当缓慢。若要得到较高的分解率，通常需要 2～4 周。

3. 磷酸铵类肥料

磷铵类肥料主要包括磷酸一铵（MAP）、磷酸二铵（DAP）、偏磷酸铵（AMP）和聚磷酸铵（APP）。

生产磷铵的主要原料是磷酸和氨气。磷酸的三个氢离子可依次被氨中和生成磷酸一铵、磷酸二铵和磷酸三铵。化学反应如下：

$$H_3PO_4 + NH_3 \longrightarrow NH_4H_2PO_4$$

$$H_3PO_4 + 2NH_3 \longrightarrow (NH_4)_2HPO_4$$

$$H_3PO_4 + 3NH_3 \longrightarrow (NH_4)_3PO_4$$

磷酸一铵、磷酸二铵生产主要采用料浆浓缩法。此法是直接用液体磷酸为原料，在中和槽或快速氨化蒸发器中进行氨化，再将中和料浆蒸发浓缩，使含水量从 55%～65% 降到 25%～35%，经喷浆造粒干燥制粒状磷铵，或喷雾干燥、流化造粒干燥制粉状磷铵。

磷铵类肥料同时含有磷素和氮素，严格意义上应该属于复混肥料的一种，但由于其磷素含量一般远远高于氮素，故常被认为是磷肥的代表。各个品种的主要组分和养分含量见表 14-5。

表 14-5 磷酸铵类肥料的主要品种及其主要组分和养分含量

名称	代号	主要组分	养分含量（$N-P_2O_5$）
磷酸一铵	MAP	$NH_4H_2PO_4$	10-50，12-52
磷酸二铵	DAP	$(NH_4)_2HPO_4$，$NH_4H_2PO_4$	18-46，16-48
聚磷酸铵	APP	$(NH_4)_{n+2}P_nO_{3n+1}$，$(NH_4)_2HPO_4$，$NH_4H_2PO_4$	15-62，12-58（固体） 10-34，11-37（液体）
偏磷酸铵	AMP	NH_4PO_3	12-60

引自：张允湘，2008。

磷酸一铵（$NH_4H_2PO_4$）是白色粉状或颗粒状物，在水、酸中具有较好的溶解性，水溶液 pH 为 4.0～4.4，一般呈酸性；其化学性质比较稳定，氨不易挥发，粉状产品有一定吸湿性；其氮磷养分含量一般为 10-50 或 12-52。磷酸一铵是一种水溶性速效复合肥，是高浓度磷复肥的主要品种之一，也是生产三元配成复合肥料的重要原料。

磷酸二铵是棕色、棕褐色细小颗粒状物，具有较高颗粒抗压强度，在水、酸中具有较好的溶解性，水溶液 pH 为 7.8～8.0；其氮磷养分含量一般为 18-46 或 16-48。磷酸二铵性质不是非常稳定，在湿热条件下氨易挥发。磷酸二铵是水溶性速效复合肥，也是高浓度磷复肥主要的品种之一，也常常作为掺混肥料的原料。

磷酸一铵和磷酸二铵相比较，磷酸一铵具有较大的密度，对储存、包装和运输较为有利；磷酸一铵的稳定性和临界相对湿度较高，可散装储运；作为复混肥或掺混肥的磷原料，磷酸一铵的适用性更广，如果生产悬浮液肥时，磷酸一铵只需加入氨即可达到最大溶解度的氮磷比。然而，磷酸二铵则需补加磷酸，工艺比较麻烦；磷酸一铵在土壤中溶解后呈酸性，有利于磷被作物吸收，而磷酸二铵溶解后呈碱性，在碱性土壤中会释放氨，易造成种子伤害或烧苗，用磷酸一铵和尿素混合作基肥时，由于其带酸性，可以减少尿素的氨挥发损失。

聚磷酸铵（APP）又称多磷酸铵，聚磷酸铵的通式可表示为：$(NH_4)_{n+2}P_nO_{3n+1}$，属直链型聚合物。当 $n<20$ 时，它为水溶性，称为短链聚磷酸铵或水溶性聚磷酸铵，而作为肥料用的聚磷酸铵聚合度通常为 2～10。聚磷酸铵成分和养分含量与聚合度有关，常见的是二聚磷酸铵、三聚磷酸铵和四聚磷酸铵。聚磷酸铵易吸湿。固体聚磷酸铵产品一般由正磷酸盐（PO_4^{3-}）、焦磷酸盐（$P_2O_7^{4-}$）、三聚磷酸盐（$P_3O_{10}^{5-}$）、四聚及四聚以上的多聚磷酸盐组成，不同厂家生产的产品存在聚合度比例的差异。液体聚磷酸铵产品一般比颗粒产品含更高的三聚磷酸盐与正磷酸盐，国外常用液体聚磷酸肥料配比（$N-P_2O_5-K_2O$）有：8-24-0、10-34-0、11-37-0、11-44-0、8-28-0 等，固体为 12-57-0。

生产聚磷酸铵有多种方法，常见的有磷酸尿素缩合法、磷酸铵盐尿素缩合法以及磷酸铵五氧化二磷聚合法。以磷酸铵盐与尿素缩合法为例，其反应方程式如下：

$$CO(NH_2)_2+2NH_4H_2PO_4 \longrightarrow CO_2+(NH_4)_4P_2O_7$$

$$CO(NH_2)_2+(NH_4)_4P_2O_7 \longrightarrow 4NH_3+CO_2+2/n(NH_4PO_3)_n$$

反应流程为：磷酸二氢铵和尿素按适当摩尔比进行混合，放入箱式聚合炉内在 220 ℃左右的高温下缩合反应 1 h，通常在聚合过程中加入一定量的溶剂，如液体石蜡。在合成过程中通入流动的氨气，磷酸铵盐和尿素在湿氨条件下进行聚合，反应较为完全，经过冷却，粉碎即得到聚磷酸铵产品。

聚磷酸铵的优点有：①养分含量高、复配性好、易溶于水；聚磷酸铵理化性质稳定，可与广泛的肥料原料复配，为各复混肥料提供重要的磷素原料和高养分配方空间；②不易被土壤固定而失效；聚磷酸铵施入土壤后，不会立即被土壤中的钙、铁、铝离子固定，而是一个缓慢释放的过程；此外，因其对金属离子有螯合作用，也减少了其在土壤中发生有效磷退化；③既可作微量元素肥料的载体，也是液体肥料的优良原料。农用聚磷酸铵在美国等发达国家主要用作液体肥料，最常用的聚磷酸铵养分比例为 11-37-0 与 10-34-0。

聚磷酸根只有水解为正磷酸根后才能被植物吸收利用，水解反应控制着植物对磷的吸收。聚磷酸铵的水解主要受以下因素影响：

（1）土壤酶　聚磷酸的水解是由酶促反应控制的，土壤中的磷酸酶是一个关键酶。磷酸酶能高效催化聚磷酸铵的水解，水解速率比无酶催化时快 10 万倍以上。

（2）土壤温度　温度越高，聚磷酸盐水解得越快。有研究表明，在相同 pH 条件下，三聚磷酸盐在高温下水解速率比常温下快 27 倍。

（3）土壤 pH　土壤 pH 越低，聚磷酸盐水解得越快。研究发现，在相同温度下，三聚磷酸盐在酸性环境中完全水解所需要的时间要少于在中性环境中水解所需要的时间。在低 pH 环境下，P—O—P 链与$(H_3O)^+$反应，水解加快；pH 升高，反应减缓，水解变慢。此外，pH 能影响酶的活性，在一定条件下，酶促反应的速率与 pH 呈相关性，影响聚磷酸盐的水解。

（4）金属离子　金属离子可催化聚磷酸铵水解，水解速率随金属离子的活性强度降低而减小，金属离子活性强度依次为：$K^+<Na^+<Ca^{2+}<Mg^{2+}<Al^{3+}$。金属离子能活化聚磷酸盐中的磷原子，增加反应的活化分子数。在溶液中，一定量的 Ni^{2+}、Mg^{2+}、Zn^{2+}、Co^{2+} 可抑制聚磷酸铵的水解。金属离子影响聚磷酸盐在溶液中的水解主要有以下几个原因：①金属离子影响了聚磷酸盐的结构，从而改变聚磷酸盐的水解动力，改变水解反应速率；②金属离子能催化聚磷酸盐的水解；③有金属离子存在的溶液中，电解质影响氢离子的催化活性，或金属离子与氢离子竞争形成络合物，对聚磷酸盐的水解产生影响。

聚磷酸铵在国外的应用自 20 世纪初开始，2015—2016 年聚磷酸铵肥料在美国农业的用量已经超过 200 万 t。我国对聚磷酸铵的研究开始于 20 世纪 80 年代。美国聚磷酸铵年产量达到 200 万 t，占全球产量的 90%。目前我国专业生产聚磷酸铵肥料的企业尚少，其性状、组成及生产方法尚在研发阶段，产量在 3 万 t 左右。作为新型磷肥，聚磷酸铵在我国有着广阔的发展空间。

二、枸溶性磷肥

枸溶性磷肥又被称为弱酸溶性磷肥，是指肥料中的含磷成分不溶于水但能够溶于弱酸(2%柠檬酸、中性柠檬酸铵或微碱性柠檬酸铵)的磷肥。这类磷肥主要包括钙镁磷肥、钢渣磷肥和脱氟磷肥等。枸溶性磷肥的生产途径见图 14-2。

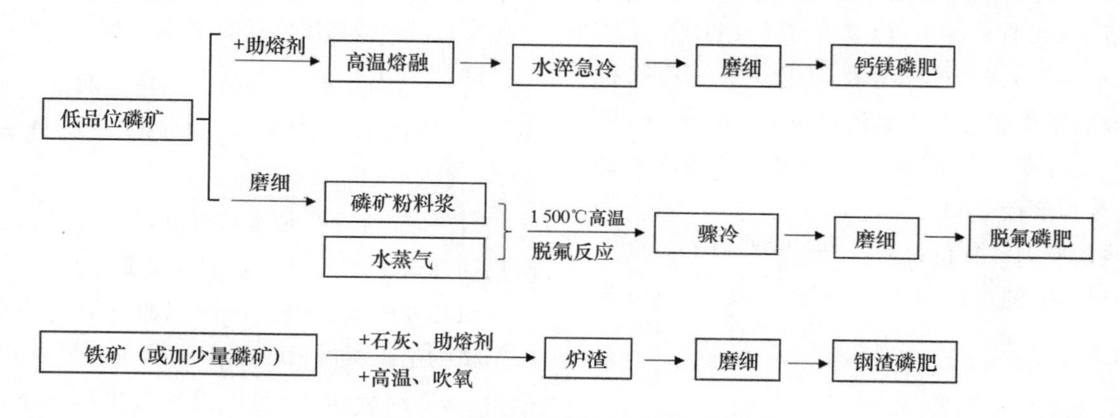

图 14-2　枸溶性磷肥生产途径示意图

1. 钙镁磷肥

钙镁磷肥是由磷矿与助熔剂在高温下(大于1 400℃)熔融，熔融体经水淬急冷而形成的一种玻璃态物质。钙镁磷肥主要成分为 α-$Ca_3(PO_4)_2$，还含有 $CaSiO_3$，$MgSiO_3$ 等。钙镁磷肥含磷(P_2O_5)12%～18%，含镁(MgO)10%～25%，含硅(SiO_2)40%，含钙(CaO)25%～30%。粉碎后的钙镁磷肥呈灰绿色或棕褐色，呈碱性，不溶于水，能溶于 2%柠檬酸溶液，无腐蚀性，不易吸湿结块，性质稳定，肥效长。

钙镁磷肥的生产是将磷矿、SiO_2 和助熔剂在高温下熔融而成。主要的助熔剂包括：硅酸镁矿物如蛇纹石、橄榄石、滑石或含镁、含硅矿石的混合物。熔料从炉中流出后，若缓慢冷却(徐冷)将析出氟磷灰石结晶与镁橄榄石($2MgO \cdot SiO_2$)结晶。从一定意义上说，又返回至原料起始状态，即磷仍呈难溶性状态。若熔体以水急剧冷却(水淬)，由于熔料中含有足够数量的硅酸盐，当熔料降至凝固点附近，硅酸盐以硅氧四面体$[SiO_4]^{4-}$的形式联结成网状或链状结构，而使熔体黏度急剧增加。由于 Ca^{2+}、F^-、PO_4^{3-} 质点的动能已经很小，不可能排列成规则的晶体结构，而被冻结在玻璃体网络之中，熔体凝结成为玻璃体；由此可见，熔融炉料的急剧冷却是防止熔融钙镁磷肥析晶而形成玻璃体的重要手段。

2. 钢渣磷肥

1879 年英国人托马斯(Sidney Gilchrist Thomas)首创底吹碱性转炉吹炼高磷生铁，可以将生铁中含磷量从 1.8%～2.2%降至 0.05%左右，并在造渣过程中把磷素转化为对农作物显示肥效的磷酸盐。习惯上将此炉渣称为托马斯炉渣。因为此种炉渣是在转炉内衬碱性材料而制得的，故又称为碱性炉渣。中国习惯上称为钢渣磷肥。

当铁水、石灰和助熔剂一起加到炼钢转炉内，吹入空气、富氧或纯氧时，铁水中硅、锰、碳、磷等杂质按着它们的化学位顺序进行氧化。因为这些反应都是在渣和铁水界面上进行的，而且都是放热反应，所以很快就把铁水温度从 1 300℃升至大约1 800℃。此时，无论是硅或者磷一旦被氧化进入钢渣后，即与 CaO 结合生成硅磷酸钙。如果钢水中磷的含量达到了预定指标，浮在钢水上面的炉渣中含磷量也达到了相应的指标。这种钢渣就是钢渣磷肥。

钢渣磷肥一般为黑色或深褐色粉末，不溶于水而溶于弱酸，呈强碱性。钢渣磷肥主要成分为磷酸四钙($Ca_4P_2O_9$)、磷酸钙$[Ca_3(PO_4)_2]$和硅酸钙(Ca_4SiO_3)，此外还含有铁、硅、镁、锰、锌、铜等多种营养元素。钢渣磷肥含磷(P_2O_5)量一般为 8%～14%。

3. 脱氟磷肥

在高温下(1400℃以上)磷矿中主要成分氟磷

灰石与水蒸气作用，F^- 和 OH^- 进行同晶取代生成羟基磷灰石，羟基磷灰石又在高温下分解为 $Ca_3(PO_4)_2$ 和 $Ca_4P_2O_4$，形成脱氟磷肥。$Ca_3(PO_4)_2$ 有 α 和 β 两种晶形。α 是高温型（1 100℃以上），可溶于2%柠檬酸中，能被植物吸收利用。β 是低温型，不溶于2%柠檬酸溶液，不能为植物吸收利用。工业脱氟磷肥生产中对产品进行水淬骤冷，使 α 型来不及转变为 β 型，而以不稳定状态保持高温晶型，成为枸溶性 P_2O_5。

脱氟磷肥为深灰色粉末，一般含磷（P_2O_5）量为14%～18%，高的可达30%，物理性状良好，也不含游离酸，储运方便。

三、难溶性磷肥

难溶性磷肥是指所含磷成分只能溶于强酸的磷肥。这类肥料主要包括磷矿粉、鸟粪磷矿粉和骨粉等。

1. 磷矿粉

磷矿粉是将磷矿机械磨碎成粉，直接作为肥料施用的磷肥。一般只有低品位磷矿才用来生产磷矿粉，直接作为肥料。磷矿粉为灰褐色或黑褐色粉末，主要成分为磷灰石，全磷（P_2O_5）含量一般为10%～25%。一般枸溶性磷占全磷量10%以上的磷矿粉才可直接作为磷肥施用，否则应用于加工其他磷肥。磷矿粉的供磷特点是容量大、肥效慢、后效长。

根据成矿原因不同，磷灰石可分为氟磷灰石[$Ca_{10}(PO_4)_6F_2$]、羟基磷灰石[$Ca_{10}(PO_4)_6(OH)_2$]和高碳磷灰石[$Ca_{10}(PO_4)_6(CO_3)_2$]，其中氟磷灰石为原生矿物，羟基磷灰石为次生矿物，而高碳磷灰石为磷灰石的同晶置换物，矿石中的 PO_4^{3-} 被 CO_3^{2-} 置换得越多，磷的有效性越高。

磷矿石的结晶状况关系到其枸溶性磷含量，明显影响磷矿粉的肥效。如氟磷灰石结晶明显，晶粒大，结构致密，有效磷低，占全磷量一般不足5%，属低效磷矿粉，不宜直接在作物上施用；高碳磷灰石结晶不明显，呈胶状，结构疏松，有效磷含量占全磷量高（>50%），属于高效磷矿粉，而羟基磷矿粉肥效则介于两者之间。

用加酸量相当于生产重过磷酸钙用酸量的20%～60%的酸分解磷矿粉，使其中部分难溶性磷转化为水溶性成品，称为部分酸化磷矿粉（PAPR），又称节酸磷肥，是在20世纪30年代由芬兰最早研制生产的，同时标明酸化的程度，便于生产使用。例如，40%的酸化磷矿粉，即表示制造过程中，加酸量相当于生产重过磷酸钙用酸量的40%。其反应式为：

$$2Ca_{10}(PO_4)_6F_2+7yH_2SO_4+3yH_2O \longrightarrow 3yCa(H_2PO_4)_2\cdot 3H_2O+7yCaSO_4+2yHF+(1-y)Ca_{10}(PO_4)_6F_2$$

可见，节酸磷肥是水溶性和酸溶性磷酸盐与硫酸钙的混合物。式中 y 表示酸化度，$y<1$。

酸化度的选择是按研制成的PAPR中磷的释放与植物生长所需相匹配，PAPR有以下优点：①耗酸量少，节约硫酸；②建厂投资与生产成本，运、施费用都较低；③与普钙相比，总含磷量高，含有多种溶解性磷成分；相当于控释磷肥。在酸性土壤上肥效可与普钙相当，尤其对缓冲性差的土壤有改良效果，即使在石灰性土壤上肥效也很好，因此，越来越受到国内外肥料界重视。

2. 鸟粪磷矿粉

我国南海诸岛屿上储有丰富的鸟粪磷矿。它是岛上大量的海鸟粪，在高温、多雨气候条件下，分解释放的磷酸盐淋溶至土壤中，与钙作用形成的矿石。鸟粪磷矿粉就是将鸟粪磷矿直接机械磨细而成的磷肥。

鸟粪磷矿粉为黄灰色粉末，不溶于水。鸟粪磷矿全磷含量为15%～19%，其中，柠檬酸铵提取的磷占50%以上，有效性高，直接施用的肥效接近钙镁磷肥。此外，肥料中还含有一定量的有机质、氮0.33%～1.0%、氧化钾0.1%～0.18%、氧化钙约40%、氟0.2%、氯0.5%，是一种高效、优质的磷肥。

3. 骨粉

骨粉是指以畜禽骨为原料制成的粉状肥料。骨粉的制作方法主要有两种，即煮骨法和蒸骨法。煮骨法是将畜禽骨骼收集起来晒干储存，制作时先分成小块，再放在锅内加水煮沸，杀死病菌，隔夜后捞去浮在水面的油脂，然后取出骨头晒干后磨成骨粉。蒸骨法是将干燥骨骼分成块，再放入高压锅内加水使之淹没，然后盖紧加热。当温度达到120℃

时，蒸煮 24 h 即可熄火，次日开锅后除去上层脂肪，捞出骨头后晒干、粉碎。

骨粉一般是灰白色粉末，不溶于水，主要成分是磷酸三钙，约占骨粉的 58%～62%，此外，还含有磷酸镁（1%～2%）、碳酸钙（6%～7%）、氟化钙（2%）、氮（4%～5%）和有机物（26%～30%）。不同骨粉成分见表 14-6。骨粉中所含磷素较难被植物利用，但在酸性土壤中利用较快，可将其混入堆肥或厩肥中发酵后作基肥施用。

表 14-6　不同骨粉的养分含量

名称	氮/%	磷（P_2O_5）/%	脱脂程度
生骨粉	3.7	22	未脱脂
蒸制骨粉	1.8	29	大部分脱脂
脱胶骨粉	0.8	33	脱脂脱胶

引自：胡霭堂，2003。

第三节　磷肥在土壤中的转化

磷肥施入土壤后容易被土壤固定，这种固定作用主要有吸附固定、化学反应固定和生物固定三种方式。

一、磷在土壤中的吸附固定

土壤对磷的吸附可分为离子交换吸附和配位吸附两类。离子交换吸附是磷酸根在土壤矿物或黏粒表面通过取代其他吸附态阴离子而被吸附，与配位吸附相比，其吸附性较弱，被吸附的磷酸根较容易被其他阴离子解吸。配位吸附是指磷酸根与土壤胶体表面上的—OH 发生交换形成离子键或共价键。在配位吸附初始阶段，磷（$H_2PO_4^-$）与土壤胶体表面上的—OH 进行配位交换，释放出 OH^-，形成单键吸附。随着时间的推移，被吸附的磷酸根会与相邻的—OH 发生第二次配位交换，进一步释放 OH^-，形成双键吸附（图 14-3）。当由单键吸附逐渐过渡到双键吸附生成稳定的环状化合物时，土壤中磷的有效性会大幅度降低。

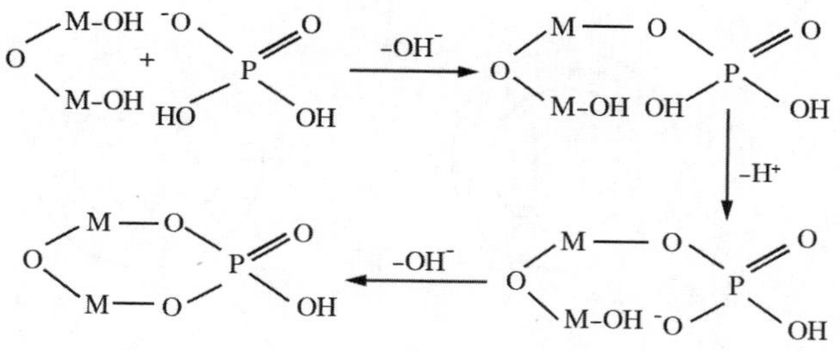

图 14-3　磷在土壤中的配位吸附固定

磷的吸附主体是土壤中的碳酸钙、无定形氧化铁和氧化铝、土壤黏粒。在高能吸附位点中，以碳酸钙吸附为主；在低能吸附位点中，以游离氧化铁吸附为主。土壤对磷的吸附量与土壤中无定形氧化铁和氧化铝含量正相关。

二、磷肥在土壤中的化学反应固定

水溶性磷肥施入土壤后，会发生异成分溶解，以过磷酸钙为例，水分从四周向施肥点汇集，使磷酸一钙溶解和水解，形成既含有磷酸一钙、磷酸，又含有磷酸二钙的饱和溶液。其反应为：

$$Ca(H_2PO_4)_2 \cdot H_2O + H_2O \longrightarrow CaHPO_4 \cdot 2H_2O + H_3PO_4$$

此时磷酸离子的浓度可高达 10～20 mg/kg，比原来土壤溶液中磷酸离子高出数百倍，与周围土壤溶液构成浓度梯度，因此磷酸离子可向土壤施肥点四周扩散。与此同时，会引起施肥点附近局部土壤溶液急剧变酸（pH 可降至 1.5 左右）。强酸性土壤溶液的溶解作用可使土壤固相中的铁、铝、钙、镁等成分溶解出来，并与磷酸发生化学固定作用，而形成不同溶解度的磷酸盐沉淀（图 14-4）。

在石灰性土壤中，当磷吸附在碳酸钙矿物表面时，会与这些矿物质反应，形成化学沉淀。磷与土壤中碳酸钙发生的化学反应固定过程为：①磷被碳酸钙吸附；②被吸附的磷与碳酸钙反应生成磷酸二钙（$CaHPO_4 \cdot 2H_2O$）（简称 Ca_2-P）；③磷酸二钙缓慢地向溶解度更小的磷酸八钙[$Ca_8H_2(PO_4)_6 \cdot 5H_2O$]（简称 Ca_8-P）转变，并缓慢地转化为稳定的磷酸十钙[即羟基磷灰石，$Ca_{10}(PO_4)_6(OH)_2$]（简称 Ca_{10}-P），这一过程已得到 X 射线衍射检测数据的证实。这个转化过程在初期进行得很快，磷酸二钙转变为磷酸八钙的过程较为缓慢，磷酸八钙转变为羟基磷灰石，则需要很长时间（图 14-5）。

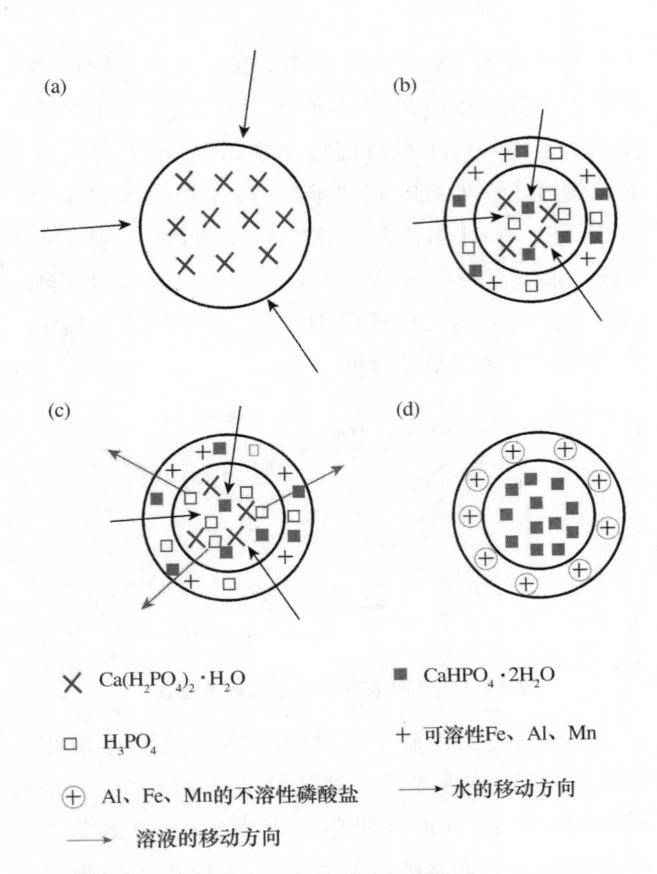

图 14-4 过磷酸钙在土壤中的转化过程示意图

(a)颗粒刚入土，开始从土中吸水；(b)在湿的肥料颗粒中形成 H_3PO_4 和 $CaHPO_4 \cdot 2H_2O$；(c)富含 H_3PO_4 的溶液移向土壤，溶解 Fe、Al 和 Mn，在颗粒内部留下 $CaHPO_4 \cdot 2H_2O$；(d) Fe、Al 和 Mn 离子与磷酸盐反应形成的不溶性化合物与留下的 $CaHPO_4 \cdot 2H_2O$ 是反应的主要产物。

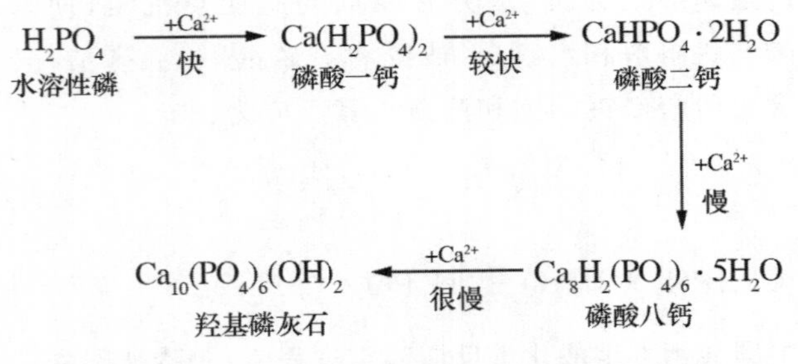

$$\underset{\text{水溶性磷}}{H_2PO_4} \xrightarrow[\text{快}]{+Ca^{2+}} \underset{\text{磷酸一钙}}{Ca(H_2PO_4)_2} \xrightarrow[\text{较快}]{+Ca^{2+}} \underset{\text{磷酸二钙}}{CaHPO_4 \cdot 2H_2O}$$

$$\xrightarrow[\text{慢}]{+Ca^{2+}} \underset{\text{磷酸八钙}}{Ca_8H_2(PO_4)_6 \cdot 5H_2O} \xrightarrow[\text{很慢}]{+Ca^{2+}} \underset{\text{羟基磷灰石}}{Ca_{10}(PO_4)_6(OH)_2}$$

图 14-5 土壤中碳酸钙对磷的化学固定作用

随着这一转化过程的进行，生成物的溶解度变小，在土壤中趋于稳定，磷的有效性降低。据研究，土壤中施用磷酸二铵 1 个月后，施入土壤中的磷有 24.6%转化成了磷酸二钙，26.2%转化成了磷酸八钙。施用磷酸一钙后土壤中的有效磷含量与磷酸二钙含量呈线性正相关，而与磷酸十钙含量相关不显著，表明磷酸二钙是有效磷源。长期施肥试验证明，土壤中积累的磷酸钙类物质中磷酸八钙和磷酸十钙占 90%以上，表明施入的磷肥绝大部分转变为作物难以利用的形态。

磷与酸性土壤中的铁铝矿物也会发生化学反应固定。酸性的磷酸根溶解土壤中的铁铝矿物，并与铁离子和铝离子反应生成无定形的磷酸铁（$FePO_4 \cdot nH_2O$）和磷酸铝（$AlPO_4 \cdot nH_2O$）。无定形的磷酸铁和磷酸铝会进一步水解，形成结晶性好的磷酸铁［$Fe(OH)_2H_2PO_4$］和磷酸铝［$Al(OH)_2H_2PO_4$］，其中最为稳定的是粉红磷铁矿（$FePO_4 \cdot 2H_2O$）和磷铝石（$AlPO_4 \cdot 2H_2O$），其有效性显著降低。与此同时，由于土壤中的磷酸铁盐在风化过程中的水解作用，无定形磷酸铁、磷酸铝表面会形成 Fe_2O_3 膜包裹，形成闭蓄态磷（O-P），很难被作物吸收（图 14-6）。在我国南方水稻土中，闭蓄态磷约占土壤中无机磷总量的 40%～70%。在旱作条件下，这种磷难以被作物利用，但在淹水还原条件下，胶膜消失，其中的磷可释放出来供作物吸收。

在中性和石灰性土壤中，由于土壤中含有大量的碳酸钙，所以当磷肥施入土壤后，以碳酸钙对磷的固定为主。在酸性土壤中，磷主要被土壤中所含有的大量无定形氧化铁和氧化铝所固定。因此，土壤 pH 对土壤中水溶性磷酸盐的转化具有重要影响，在不同的 pH 条件下，会形成不同形态的磷酸盐，其相互关系大致可概括为如图 14-7 所示。从图中可以看出，pH 小于 5.5 或高于 7.5 的土壤，磷肥的有效磷含量都比较低；只有土壤在微酸性至中性（pH 6～7）范围内，施入水溶性磷肥，土壤的固定作用最弱，相比之下其有效性也最高，施用磷肥的效果较好。

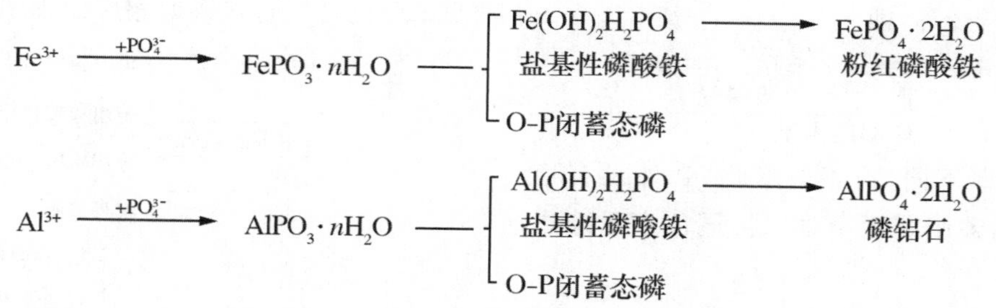

Fe^{3+}
$+PO_4^{3-}$
$FePO_3 \cdot nH_2O$
$Fe(OH)_2H_2PO_4$
盐基性磷酸铁
$FePO_4 \cdot 2H_2O$
粉红磷酸铁
O-P闭蓄态磷
Al^{3+}
$+PO_4^{3-}$
$AlPO_3 \cdot nH_2O$
$Al(OH)_2H_2PO_4$
盐基性磷酸铁
$AlPO_4 \cdot 2H_2O$
磷铝石
O-P闭蓄态磷

图 14-6　土壤中铁铝矿物对磷的化学固定作用

第1峰
极高度固定
第2峰
高度固定
第3峰
中等程度固定
第1谷
第2谷
铁对磷的固定
铝对磷的固定
钙对磷的固定
土壤对磷的固定程度
极高
高
中
低
4.0
5.0
6.0
7.0
8.0
9.0
土壤 pH

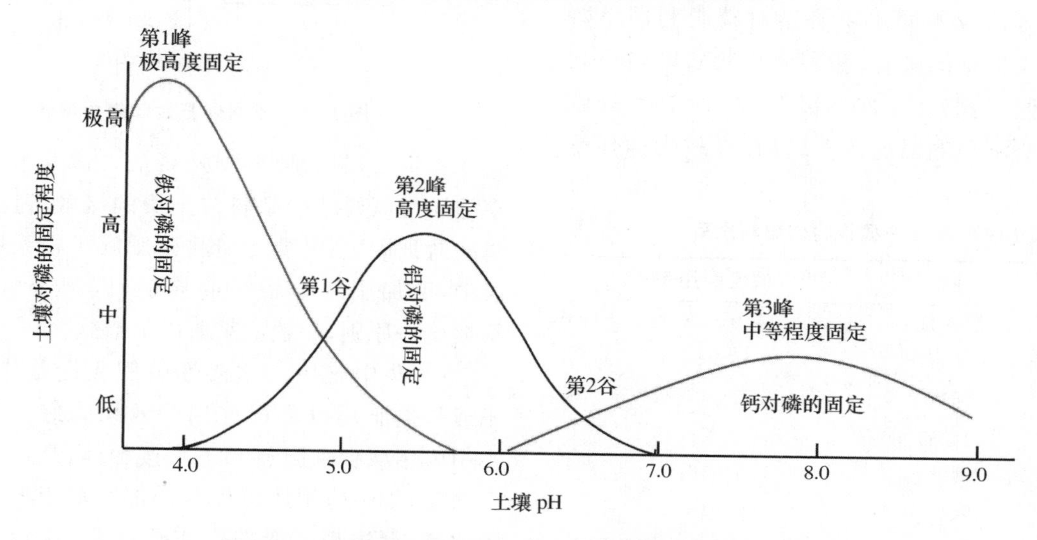

图 14-7　在不同土壤 pH 条件下无机磷酸盐被固定的示意图

三、磷肥在土壤中的生物固定

磷肥的生物固定是指磷肥施入土壤后，其中的磷素被植物根系或被土壤中的微生物吸收利用，从而暂时转变为无效态的过程。磷肥被生物固定后，其中的磷素主要转变为有机态磷，这些磷只有经矿化为无机磷后才能转变为有效磷。已鉴定的土壤有机态磷包括磷脂、核酸、肌醇磷酸盐、多聚有机磷酸盐、磷酸糖等。采用不同提取剂可将土壤中有机磷按活性大小分成 4 组：①活性有机磷，指溶于 0.5 mol/L $NaHCO_3$，易矿化为作物吸收的磷；②中度活性有机磷，指溶于 1 mol/L H_2SO_4，较易矿化并为作物吸收的磷；③中稳性有机磷，指能溶于 0.5 mol/L NaOH，较难矿化，不易被作物吸收的磷；④高稳性有机磷，指能溶于 0.5 mol/L NaOH，不易矿化，难为作物吸收的磷。

在土壤磷素转化中，微生物一方面吸收土壤无机磷并同化为有机磷，进行磷的生物固定，另一方面也进行着有机磷化合物的生物分解。有时微生物对磷的需要量相当于甚至大于高等植物。土壤中的细菌、放线菌、真菌及原生动物都能水解有机磷化合物。土壤中所有微生物的含磷量称为土壤微生物量磷，它可用微生物的生物量乘以含磷量来计算。

土壤中肥料磷的生物化学转化是在磷酸酶的作用下进行的。土壤中的磷酸酶是植物根系或土壤微生物的分泌物，它包括核酸酶类、甘油磷酸酶类和植素磷酸酶类，其活性与土壤 pH 有密切关系。根据对 pH 的适应性不同，磷酸酶可分为酸性磷酸酶、中性磷酸酶和碱性磷酸酶。酸性土壤中以酸性磷酸酶为主，碱性石灰性土壤中以碱性和中性磷酸酶为主。土壤中黏土矿物类型与含量、温度、水分和通气状况均可能会影响磷酸酶的活性。

第四节　磷肥的合理施用

一、磷肥利用率

1. 磷肥利用率的定义及测定方法

与氮肥利用率相似，作物的当季磷肥利用率也可以用差值法进行计算，即：

$$\text{磷肥利用率}=\frac{\text{施磷区作物总吸磷量}-\text{不施磷区作物总吸磷量}}{\text{磷肥施用量}}\times100\%$$

与氮肥利用率不同，由于磷素除^{31}P外没有稳定的其他同位素，磷肥利用率难以用同位素示踪法进行精确计算。

2. 主要作物磷肥利用率现状

不同地区以及不同土壤类型对磷肥利用率数值的影响较大。总体来看，我国农作物磷肥当季利用率普遍较低，大部分在30%以下（表14-7）。这就意味着大量资源和能源的浪费，且存在较大的环境风险。

表14-7 我国主要作物磷肥利用率

作物种类	地区	当季磷肥利用率/%
大豆	黑龙江	14.8～28.3
大豆	辽宁	0.59～8.21
冬小麦	河南	0.27～20.9
春小麦	内蒙古	3.61～24.25
冬小麦	河北	7.6～13.6
冬小麦	陕西	7.0～18.4
春玉米	山西	10～40
玉米	辽宁	6.19～28.52
玉米	吉林	19.9～38.7
棉花	山西	4.3～16.0
棉花	新疆	16.23～26.33
烟草	广东	13.67～30.9
水稻	河北	7.3～12.7

引自：程明芳等，2010。

二、磷肥的合理施用

磷肥施入土壤后既不挥发，也很少淋失，但极易被土壤固定，变成无效态磷，因此，磷肥的利用效率普遍不高，这就意味着绝大部分的磷被土壤固定而储存在土壤中。为了提高磷肥肥效，应该根据磷肥肥料类别、土壤条件、作物种类以及轮作方式的不同而采取不同的调控措施。

（一）不同种类磷肥的合理施用

一般传统水溶性磷肥的当季磷肥回收率低于30%，枸溶性和难溶性磷肥的当季回收率更低，而聚磷酸铵的磷利用率可达到50%～60%。为了使各种类磷肥最大程度地发挥肥效，应该根据不同种类磷肥的性质特点采取相应的施肥措施（图14-8）。

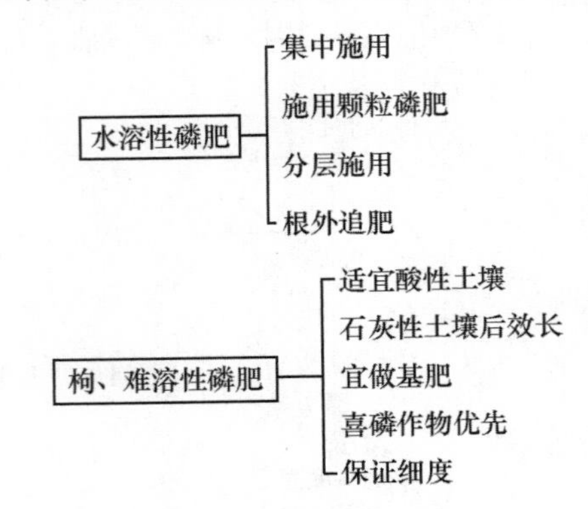

图14-8 不同磷肥合理施用措施

普钙、重钙、磷酸一铵、磷酸二铵等水溶性磷肥在施用时既要减少肥料与土壤的接触，避免水溶性磷酸盐被固定；又要尽量将磷肥施于根系密集的土层中，增加肥料与根系的接触，以利于植物吸收。根据这一原则，一般应采取以下措施：

（1）集中施用　水溶性磷肥无论是作基肥、种肥或是追肥均以集中施用的效果为好。其原因是集中施用减少了肥料和土壤接触面，从而避免和减少固定；集中施用还可提高局部微域土壤中磷酸盐的浓度，促进根系吸收。实践证明，过磷酸钙作基肥的效果比追肥明显，因为它在土壤中移动性小，作追肥时不容易使肥料处于最适宜的深度，只有作基肥才能达到深施的目的。对中耕作物可采用条施或穴施。过磷酸钙在土壤中的移动性小，因此一般不强调施入土中作追肥。但是，对于一些缺磷严重的土壤，确实需要追肥时应及早施用，并注意施肥深度和位置，以利于根系吸收。在沙质缺磷土壤上，早期追施过磷酸钙能有较好的效果。

（2）制成颗粒磷肥　制成颗粒磷肥也能减少磷肥与土壤的接触面，与集中施用有相同的意义。颗粒磷肥的粒径不宜过大，一般以3～5 mm为宜。颗粒过大会使颗粒分布点减少，就会减少肥料与根系的接触。这就失去了颗粒磷肥提高肥效的意义。颗粒磷肥的肥效常取决于土壤固磷能力的大小。土壤固磷能力强的，颗粒磷肥的效果明显。制成颗粒还便于机械化施肥。

（3）分层施用　为了协调磷在土壤中移动性小和作物不同生育期根系发育及其分布状况的矛盾，在集中施用和适当深施的原则下，可采取分层施用的办法。最好将磷肥施用量的2/3在耕翻时犁入根系密集的深层中，以满足作物中、后期对磷的大量需要；其余1/3在播种时作种肥施于浅层土中，以供应作物苗期需要。分层施用可避免种肥用量过大而出现烧种、烧苗的危险，尤其是含游离酸较多的过磷酸钙，而且又能较好地解决后期施用磷肥的困难。

(4)根外追肥　根外追肥是经济有效施用磷肥的方法之一。它可以完全避免土壤对水溶性磷酸一钙的固定，有利于作物迅速吸收，并能节省肥料用量。喷施过磷酸钙时应先加少量水配制成母液，放置澄清，取上层清液稀释到所需浓度后喷施。喷施浓度应根据作物种类确定。一般双子叶作物适宜的浓度为0.5%～1%，单子叶作物为1%～2%。母液底层的沉淀主要是硫酸钙，同时也含有少量水溶性磷酸盐，可作基肥。

枸溶性磷肥(以钙镁磷肥为例)在酸性土壤上逐步溶解，释放出磷，其转化过程如下：

$$Ca_3(PO_4)_2 \xrightarrow{H^+} 2CaHPO_4 \xrightarrow{H^+} Ca(H_3PO_4)_2$$

在酸性土壤中施用枸溶性磷肥一般能获得较好的肥效，当季肥效大多与过磷酸钙相当，有时还能略高于过磷酸钙。

石灰性土壤上施用时，尽管在根系分泌的碳酸等作用下，枸溶性磷肥(以钙镁磷肥为例)也会逐步溶解，缓慢地释放出磷。其反应式如下：

$$Ca_3(PO_4)_2 + 2CO_2 + 2H_2O \longrightarrow 2CaHCO_3 + Ca(HPO_4)_2$$

$$2CaHPO_4 + 2CO_2 + 2H_2O \longrightarrow Ca(H_2PO_4)_2 + Ca(HCO_3)_2$$

但施肥效果不太稳定，如果在pH大于6.5的土壤上施用，枸溶性磷肥的肥效较低，但后效较长。

枸溶性磷肥不溶于水，只溶于弱酸。为了增加其肥效。一般要求有80%～90%的肥料颗粒能通过80目筛(即粒径为0.177 mm)。枸溶性磷肥应作为基肥并及早施用，使它在土壤中有较长的转化时间，一般不作追肥施用。在南方酸性土壤上，可用钙镁磷肥拌稻种或蘸秧根，有一定的肥效。施用钙镁磷肥也应注意施用深度，且用量应高于水溶性磷肥。

难溶性磷肥直接作肥料时，因其主要成分是难溶性的，通常肥效较差。实践证明，提高磷矿粉肥效的关键在于提高其溶解度，加速磷的释放。这在很大程度上需要有酸(即H^+)的存在。因此，难溶性磷肥适宜施于酸性土壤上。在石灰性土壤上磷矿粉的效果很差。难溶性磷肥颗粒的大小也是影响肥效的重要因素。粒径越小，颗粒愈细，比表面就越大，磷矿粉与土壤以及作物根系的接触机会就越多，这有利于提高其肥效。从节省能源和经济效益的角度来考虑，磷矿粉的细度以90%的颗粒通过100号筛孔(即粒径为0.149 mm)为宜。难溶性磷肥具有溶解缓慢而后效较长的特点，因此每次用量不宜过少，过少不易表现出肥效。磷矿粉的肥效通常与用量成正比。中国科学院南京土壤研究所多年的研究结果表明，磷矿粉的后效和用量有一定的关系。在一定范围内，用量大的后效就明显。难溶性磷肥连续施用几年后，土壤中残存数量会逐年有所积累，因此可以考虑在连续施用4～5年后，暂停施用，待2～3年后再施用，也可以在一个轮作周期中有计划地重点施用。难溶性磷肥宜结合翻地撒施作基肥，并应深翻入土。

(二)土壤条件与磷肥肥效

土壤供磷状况、有机质含量、土壤类型、温度和含水量等因素均影响磷肥肥效(图14-9)。

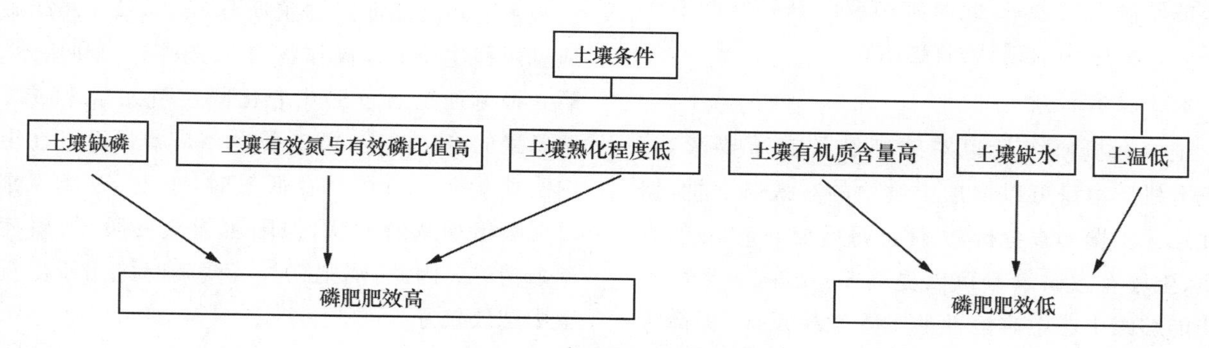

图14-9　土壤条件与磷肥肥效

1. 土壤供磷状况

土壤中的磷按其对作物的有效性可分为全磷、缓效磷和速效磷。全磷能够反映土壤中磷的储量，全磷含量过低，必然会影响到土壤有效磷水平；土壤缓效磷是土壤有效磷库的主体，作物吸收的磷大部分来自土壤缓效磷；土壤速效磷是指土壤有效磷库中对作物最为速效的部分，能够被作物直接吸收利用，是评价土壤供磷能力的重要指标。磷肥肥效与土壤速效磷含量呈显著的负相关关系，即在缺磷的土壤上施用磷肥，磷肥的肥效才能明显的表现出来。土壤供磷水平指标与磷肥肥效关系如表 14-8 所示。

表 14-8 土壤有效磷含量与施磷反应的分级

速效磷含量级别	有效磷含量/(mg/kg)		作物对磷肥的反应
	Olsen 法[a]	Bray-1 法[b]	
低	＜11	＜34	缺磷，施磷肥效果明显
中	12-22	35-67	不缺磷，对需磷迫切的豆科植物施磷有效
高	＞23	＞68	土壤供磷充足，一般施磷无效

[a] 0.5 mol/L $NaHCO_3$(pH 8.5)浸提；[b] 0.03 mol/L NH_4F + 0.025 mol/L HCl 浸提

过量施肥是磷肥利用率低下的主要原因之一，因此，确定合理的磷肥用量是提高磷肥利用率的重要途径。磷肥恒量监控技术是根据土壤有效磷含量水平，以土壤磷养分不成为实现目标产量的限制因子为前提，通过土壤测试和养分平衡监控，使土壤有效磷含量保持在一定范围内。具体过程是：根据土壤有效磷测试结果和养分丰缺指标对土壤有效磷水平进行分级，当有效磷水平处在中等偏上时，可以将目标产量磷素需求量的 100%～110%作为当季磷肥用量；随着土壤有效磷含量的增加，需要减少磷肥用量，直至不施；在缺磷的土壤上，可以施到磷肥需求量的 150%～200%。在 2～3 年后再次测土时，根据土壤有效磷和产量的变化再对磷肥用量进行调整。

除土壤供磷状况外，土壤供氮状况也会影响磷肥肥效。据报道，当土壤有效氮与有效磷的比值大于 4 时，土壤处于氮多磷少的状态，磷成为影响植物生长的限制因素之一，此时施用磷肥有较好的增产效果。比值越大，磷肥肥效越明显。

2. 土壤有机质

土壤有机质含量也对磷肥肥效有重要影响。土壤有机质本身可以增加土壤中的有效磷含量，据华北地区土壤调查分析，大体上每增加 5 g/kg 的有机质，土壤有效磷含量可以提高 5 mg/kg。土壤有机质能够跟土壤中难溶性的磷素发生反应，提高土壤中被固定磷素的溶解度，改善土壤供磷环境。土壤有机质是土壤中所有生物化学过程发生的“温床”，这些过程为土壤微生物的生命活动提供了必需的能量和养分，某些微生物具有活化土壤磷的作用。因此，在有机质含量低的土壤上，施用磷肥往往肥效明显。

3. 土壤类型、pH、温度及湿度

不同土壤矿物类型对磷的固定能力不同，一般黏土矿物＞原生矿物，高岭石＞蒙脱石，土壤中黏粒对磷的固定能力高于沙粒，熟化程度越高的土壤，磷含量也越高，因此，磷肥应优先施用于黏重的旱地、新垦荒地以及风化差的土壤中。

土壤温度可以从两个方面影响作物对土壤磷素的吸收能力，一方面是影响根系对磷素养分的吸收能力；另一方面是提高土壤磷素养分的有效性。在合适的温度范围内，温度的增加能促进作物根系呼吸作用，作物根系对磷素的吸收能力也会随之加强。土壤温度影响土壤微生物的活性，而高活性的土壤微生物又能促进腐殖质分解出胡敏酸，胡敏酸通过两种途径来提高作物对土壤磷素的利用效率。第一种途径是通过活化老化固定磷元素来减缓土壤磷素的老化固定；第二种途径是增强磷素在土壤中的移动性。而在早春低温时，小麦、玉米等作物可能会出现缺磷症状，但随着天气变暖，缺磷症状逐渐消失。因此，磷肥在天气变暖时施用于湿润土壤中肥效较好。

土壤 pH 直接影响土壤无机磷的迁移转化、生物有效性、存在状态以及溶解性。土壤 pH 在 6.5 附近时磷酸盐才能发挥最大有效性。因此，pH 过高和过低的土壤中有效磷含量均可能较低，应注意补充磷肥。

作物吸收的水分通过参与植物体内酶代谢，调节作物的光合作用和呼吸作用等生理生态环节来影响作物整体的生长发育进程。水分是土壤中最活跃的因子，也是影响作物生长的最关键的因素之一，是养分能否有效的重要前提。在水旱轮作种植制度下，应将磷肥重点施在旱田作物上。这是由于土壤淹水后会造成土壤强烈的还原作用，氧化还原电位的降低使磷酸高铁变为磷酸亚铁，溶解度提高，而淹水还能使闭蓄态磷的铁膜消失，转变成有效态磷，从而使淹水土壤中有效态磷含量得到提高。

(三)作物需磷特性与磷肥合理施用

不同种类作物在需磷特性以及对磷的吸收利用能力方面具有较大差异。豆科作物(包括豆科绿肥)、十字花科作物(油菜等)、块根和块茎类作物(甘薯、马铃薯等)、棉花、糖用作物(甘蔗、甜菜)以及瓜类、果类、桑树和茶树等均属于需磷较多的作物，施用磷肥肥效较好。禾谷类作物对施磷的反应较差，但玉米、小麦和大麦对磷的反应比谷子、水稻等作物好。不同作物对磷矿粉的相对肥效见表 14-9。因此，磷肥宜优先施用在喜磷作物上，而对磷肥反应不敏感的作物，可以少施或不施磷肥。此外，玉米、小麦不同品种间磷肥利用效率也不同，差异可达 1 倍以上。这种差异的原因可能包括不同品种根系构型具有明显差异。一般磷高效基因型玉米侧根长度和密度较高，能够扩大磷素吸收面积；磷高效作物品种根系分泌物中具有溶磷作用的低分子有机酸和磷酸酶分泌量较大，从而能够活化土壤中的磷素，增加对磷素的吸收。

表 14-9　不同作物对磷矿粉的相对肥效　　%

肥效极显著		肥效显著				肥效中等		肥效不显著	
油菜	80	红薯	70～80	花生	60～70	玉米	50～60	谷子	20～30
萝卜	80	豌豆	70～80	猪屎豆	60～70	马铃薯	50	小麦	15～30
荞麦	80	大豆	70	田青	60～70	甘薯	50	黑麦	15～30
		饭豆	70	胡枝子	50～70	芝麻	40	燕麦	15～30
		紫云英	70					水稻	20～25

磷矿粉的相对肥效＝[(施磷矿粉产量－不施磷矿粉产量)/施磷量]/[(施普钙产量－不施普钙产量)/施磷量]×100%

引自：胡霭堂，2003。

在稻、麦轮作中，水稻施磷肥的增产效果往往不如小麦明显，因此在水旱轮作中，磷肥的分配应遵循“旱重水轻”的原则，将磷肥重点施在旱作中，而水稻主要利用其残效。在旱作是豆科作物时，这种分配方式还能起到“以磷增氮”的效果。“以磷增氮”是指对豆科作物，特别是豆科绿肥施用磷肥，促进作物根瘤的形成和根瘤菌固定空气中的氮素，以增加作物的氮素营养和土壤含氮量。在旱地轮作中，磷肥应优先分配于需磷较多、吸磷能力强的作物上，如豆科作物与禾谷类作物轮作，磷肥应重点分配于豆科作物。若旱地轮作作物对磷肥的反应敏感度相似时，磷肥应重点分配到越冬作物上，如冬小麦-夏玉米轮作中，磷肥应重点分配于冬小麦，而玉米则利用其后效。

(四)磷肥与其他肥料配合施用

将磷肥与氮肥等其他元素肥料配合施用是提高磷肥肥效的重要措施。研究表明，磷素与氮、锌、镁、铁等均有较明显的交互效应。试验发现，在单独施用氮肥或单独施用磷肥处理时，玉米产量和含磷量均显著低于氮磷肥配施处理(表 14-10)，表明氮素可以促进植物对磷的吸收。可能的机制包括：①充足的氮素供应显著提高植物地上部生物量，促使植物吸收更多的磷素以维持正常代谢活动；②适量氮素供应能够保持植物根系的正常生长，提高根系对磷素的吸收能力。此外，植物吸收铵态氮时还会使根际土壤 pH 降低，提高土壤磷的有效性。我国农田缺磷的土壤往往也可能缺氮，当土壤中氮素成为限制作物产量的因素时，单独施用磷肥也不可能表现出较好的增产效果。

表 14-10　氮磷交互作用对玉米产量、叶片氮磷含量的影响

土壤有效磷含量/(mg/L)	玉米产量/(t/hm²)				叶片磷含量/%				叶片氮含量/%			
	氮肥施用量/(kg/hm²)				氮肥施用量/(kg/hm²)				氮肥施用量/(kg/hm²)			
	0	60	120	180	0	60	120	180	0	60	120	180
3	2.31	2.22	3.11	3.41	0.13	0.12	0.15	0.15	2.17	2.35	2.70	2.89
16	4.74	6.68	7.91	7.84	0.19	0.24	0.25	0.26	2.19	2.73	2.90	3.21
27	4.06	7.14	9.12	9.74	0.20	0.26	0.32	0.32	2.09	2.64	3.17	3.24
46	4.54	8.17	9.42	9.96	0.24	0.32	0.34	0.35	2.06	2.88	3.08	3.27

引自：Sumner and Farina，1986。

在施用磷肥时，还需要注意一些微量元素的平衡施用。研究发现，玉米体内的磷/锌比需要维持在一个合理的数值(P/Zn≈100)才能保持一个较高的产量，磷/锌过低时，玉米表现出缺磷症状；而磷/锌过高时，玉米表现出缺锌症状(图 14-10)。因此，大量施磷可能会诱发作物缺锌，施磷应配合施用锌肥。此外，稻田硅磷配施能够产生正交互作用，对提高磷肥肥效具有良好效果。

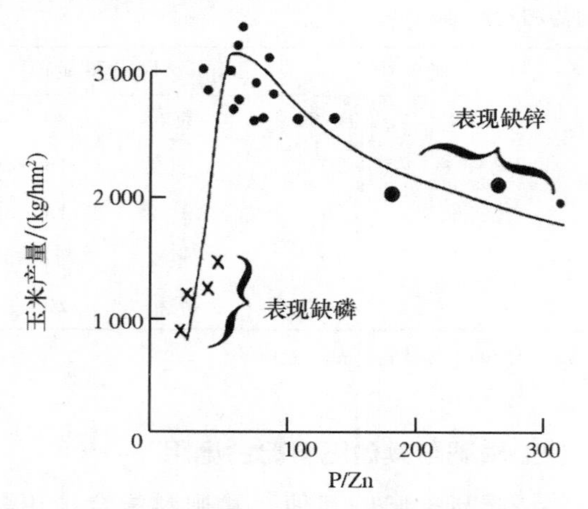

图 14-10　不同玉米产量下叶片内磷/锌和缺素症状表现
(引自：Takkar et al.，1976)

将磷肥与有机肥混合施用也是提高磷肥肥效的重要措施，特别是枸溶性磷肥和难溶性磷肥。混合施用可以减少肥料与土壤的接触，因此也减少水溶性磷酸盐被固定。有机肥中的有机阴离子与磷酸根竞争固相表面专性吸附点位，减少了土壤对磷的吸附；另外，腐殖质可在铁、铝氧化物等胶体表面形成保护膜，减少对磷酸根的吸附。有机质还能为土壤微生物提供能源，微生物的大量繁殖既能把无机态磷转变为有机态磷暂时保护起来，又可释放出大量二氧化碳以促进难溶性磷酸盐的逐步转化。试验表明，在石灰性土壤上施用厩肥后，土壤溶液中有效磷的浓度明显提高。在有机肥料分解过程中，能形成多种有机酸，如柠檬酸、苹果酸、草酸、酒石酸、乳酸等，这些酸的活性基团(—COOH)具有络合铁、铝、钙等金属离子的作用，使之成为稳定的络合物，从而减少对水溶性磷的固定。

(五)选择合理的磷肥的施用方式

磷肥的施用方式包括撒施、开沟施肥、水肥一体化、根外追肥等多种施用方式。撒施等直接将磷肥施入土壤的方式易造成磷肥在土壤中的固定，而水肥一体化和根外追肥等施肥方式对提高磷肥利用率具有明显效果。

(六)合理利用磷肥残效

尽管大部分磷肥在施入土壤后容易被土壤固定而不能被当季作物利用，但被土壤固定的磷素中的一部分仍然可以释放出来供后季作物吸收，即为磷肥的残效。磷肥的残效因磷肥施用量、作物类型和产量高低以及土壤性质的不同而有明显差异，但磷肥的残效一般可以维持数年的时间，在有些情况下甚至可持续 10 年以上(图 14-11)。

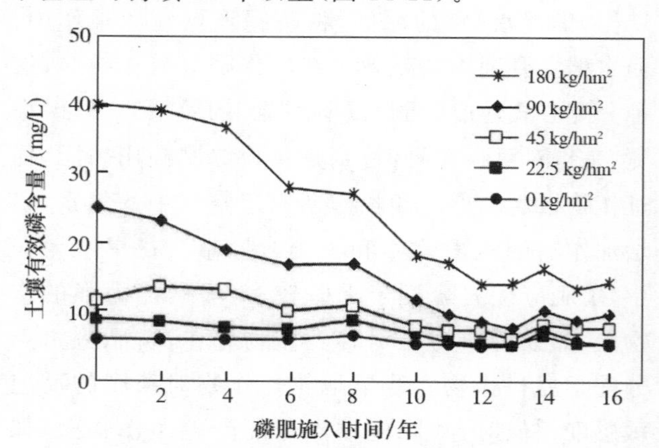

图 14-11　不同施磷量对磷肥残效的影响
(引自：Havlin et al.，2006)

第十四章扩展阅读

复习思考题

1. 比较过磷酸钙和钙镁磷肥在理化性质和施肥方式上有何异同。
2. 酸性土壤和石灰性土壤对磷肥的固定作用有何异同？
3. 如何减少土壤对磷肥的固定，提高磷肥的利用率？

参考文献

安迪，杨令，王冠达，等. 2013. 磷在土壤中的固定机制和磷肥的高效利用. 化工进展. 32(8)，1967-1973.

薄瀛，袁铭，刘安强. 2016. 我国磷肥产业现状、问题及发展建议. 磷肥与复肥，31(4)，16-19.

程明芳，何萍，金继运. 2010. 我国主要作物磷肥利用率的研究进展. 作物杂志，1，12-14.

段刚强，杨恒山，张玉芹，等. 2015. 提高玉米磷肥利用率的研究进展. 中国农学通报. 31(21)，24-29.

关连珠. 2001. 土壤肥料学. 北京：中国农业大学出版社.

郭建芳，王日鑫. 2015. 腐植酸磷肥生产与应用. 北京：化学工业出版社.

胡霭堂. 2003. 植物营养学（下册）. 2 版. 北京：中国农业大学出版社.

黄建国. 2004. 植物营养学. 北京：中国林业出版社.

黄云. 2014. 植物营养学. 北京：中国农业出版社.

江善襄. 1999. 磷酸、磷肥和复混肥料. 北京：化学工业出版社.

金亮，周健民，王火焰，等. 2008. 石灰性土壤肥际磷酸二铵的转化与肥料磷的迁移. 磷肥与复肥. 23 (5)，14-18.

陆景陵. 2003. 植物营养学(上册). 2 版 . 北京：中国农业大学出版社.

陆欣，谢英荷. 2002. 土壤肥料学. 北京：中国农业大学出版社.

农业部农民科技教育培训中心，测土配方施肥技术. 2008. 北京：中国农业科学技术出版社.

吴礼树. 2004. 土壤肥料学. 北京：中国农业出版社.

奚振邦. 2003. 现代化学肥料学. 北京：中国农业大学出版社.

于淑芳，杨力. 2001. 石灰性土壤 Ca-P 分布及转化特征的研究. 土壤学报. 3，373-378.

张允湘. 2008. 磷肥及复合肥料. 北京：化学工业出版社.

周健民. 2013. 土壤学大词典. 北京：科学出版社.

Sumner M. E., Farina M. P. 1986. Phosphorus interactions with other nutrients and lime in field cropping systems. In: Advances in Soil Science (Stewart, B. A., eds). Springer, New York.

Takkar P. N., Mann M. S., Bansal R. L., et al. 1976. Yield and uptake response of corn to zinc as influenced by phosphorus fertilization. Agron. J. 68, 942-946.

扩展阅读文献

江善襄. 1999. 磷酸、磷肥和复混肥料. 北京：化学工业出版社

张允湘. 2008. 磷肥及复合肥料. 北京：化学工业出版社

HAPTER 15

第十五章 钾肥

教学要求：

1. 钾肥的资源特征。
2. 钾肥的种类和特征。
3. 钾肥在土壤中的转化。
4. 钾肥的综合管理技术。

扩展阅读：

钾肥生产的基本原理及工艺流程

钾是植物正常生长发育所必需的矿质营养元素之一，植物含钾(K)量占干物质重的0.25%～4.1%。在植物生长发育过程中，钾主要参与了光合作用及光合产物的运输、碳水化合物的代谢和蛋白质的合成等过程，同时还能增强作物的抗病虫害、抗倒伏、抗旱和抗寒等抗逆能力，提高作物的产量和品质。因此，它是肥料三要素之一。我国土壤含钾量总体表现为“南低、北高，东低、西高”的特点，南方农民重视土壤缺钾状况而增施钾肥，而北方农民则普遍少施甚至不施钾肥。然而，进入20世纪80年代以后，随着氮肥、磷肥的大量施用、作物复种指数和单位面积作物产量的大幅提高以及有机肥料用量的明显减少等，农田钾素收支出现明显的不平衡，即使在土壤速效钾含量较高的北方地区，施钾的增产效果也日渐明显。然而，我国钾矿资源缺乏，目前50%左右的钾肥依靠进口，因此，合理高效利用钾肥资源是实现农业绿色发展的必要条件之一。

第一节　钾盐的资源特征

一、全球钾资源丰富，但分布极度集中

生产钾肥的主要原料是含钾矿物，特别是可溶性的钾盐矿，其组成和含量见表 15-1。钾盐是含钾矿物的总称，按其可溶性可分为可溶的钾盐矿物和不可溶的含钾铝硅酸盐矿物，目前，世界范围内开发利用的主要对象是可溶性钾盐资源。全球钾盐资源丰富，绝大部分为固体钾盐矿，少部分为含钾卤水。钾盐矿的形成主要有两种情况：①古代海湾经地壳变迁后与海洋隔绝，在经过长期的水分蒸发以后，海水中的盐类结晶沉淀成为钾盐矿床；②干旱地区内陆盐湖中常含有钾盐，湖水蒸发后析出结晶而成为钾盐矿的盐层。此外，沿海盐场晒盐时可获得大量副产品——盐卤，盐卤中含有钾，也可作为制造钾肥的原料。据美国地质调查局数据显示，全球钾资源储量为 95 亿 t(K_2O 折纯量)，储量丰富，但由于受成矿地质条件的影响，全球钾资源主要集中分布在欧洲、北美两个地区，主要分布在加拿大、俄罗斯、白俄罗斯，这三个国家的钾资源储量占世界的 88.9%。加拿大萨斯喀彻温省的钾资源储量占全球第一，目前产能和产量也均为世界第一，有“世界钾都”的美称。此外，德国、非洲、老挝、泰国、巴西、美国等国家和地区也有一定钾资源储量，但开发程度不高。我国钾资源储量为 2.1 亿 t(K_2O 折纯量)，仅占世界储量的 2.2%，主要分布在我国西北内陆地区，其中青海省氯化钾储量占我国的 93%。因此，我国的钾资源极度缺乏，钾肥在很大程度上依赖进口。

表 15-1　钾盐矿的名称、组成和含量

矿物	成分	K_2O/%	K/(g/kg)
氯化物			
钾盐	KCl	63.1	524
光卤石	$KCl \cdot MgCl_2 \cdot 6H_2O$	17.0	141
钾盐镁矾	$4KCl \cdot 4MgSO_4 \cdot 11H_2O$	19.3	160
硝酸芒硝	$4KCl \cdot 9Na_2SO_4 \cdot 2Na_2CO_3$	3.0	25
硫酸盐			
杂卤石	$K_2Ca_2Mg(SO_4)_4 \cdot 2H_2O$	15.6	130
无水钾镁矾	$K_2SO_4 \cdot 2MgSO_4$	22.7	188
钾镁矾	$K_2SO_4 \cdot MgSO_4 \cdot 4H_2O$	25.7	213
软钾镁矾	$K_2SO_4 \cdot MgSO_4 \cdot 6H_2O$	23.4	194
石膏钾镁矾	$K_2SO_4 \cdot MgSO_4 \cdot 4CaSO_4 \cdot 2H_2O$	10.7	89
钾芒硝	$3K_2SO_4 \cdot Na_2SO_4$	42.5	353
钾石膏	$K_2SO_4 \cdot CaSO_4 \cdot H_2O$	28.7	238
钾明矾	$K_2SO_4 \cdot Al_2(SO_4)_3 \cdot 2H_2O$	9.9	82
钾矾石	$K_2Al_6(OH)_{12} \cdot (SO_4)_4$	11.4	95
硝酸盐			
硝石	KNO_3	46.5	386

引自：胡霭堂，2003。

二、全球钾肥生产和消费情况

据国际肥料协会(IFA)数据，2015 年全球钾肥总产量 3 980 万 t K_2O，钾资源大国加拿大、俄罗斯、白俄罗斯是钾肥生产中心。2015 年加拿大钾盐产量 684 万 t(K_2O 折纯量，氯化钾是 1 140 万 t)，位居世界第一，约占世界钾盐总产量的 17%。世界前六大钾盐生产国分别是加拿大、俄罗斯、白俄罗斯、中国、德国和以色列，产量合计占全球产量的 86%以上，呈现出高度的行业垄断性。从世界钾肥产品来看(图 15-1)，90%是氯化钾形式的，余下的 10%是硫酸钾、硫酸钾镁和杂卤石。氯化钾产量较大的几

个公司分别是 PCS(加拿大钾肥公司、美国美盛和美国嘉阳公司),俄罗斯钾肥公司和白俄罗斯钾肥公司,其产能分别占全球产量的 29%,18%和 15%。硫酸钾产量最大的是我国新疆国投罗布泊钾肥公司,其年产能达到 150 万 t,其次是德国 K+S 集团,年产约 60 万 t。随着中国硫酸钾需求量的增加,近几年用氯化钾与硫酸反应生产硫酸钾的产能急剧增加,达产能 420 万 t,产量超过 200 万 t。

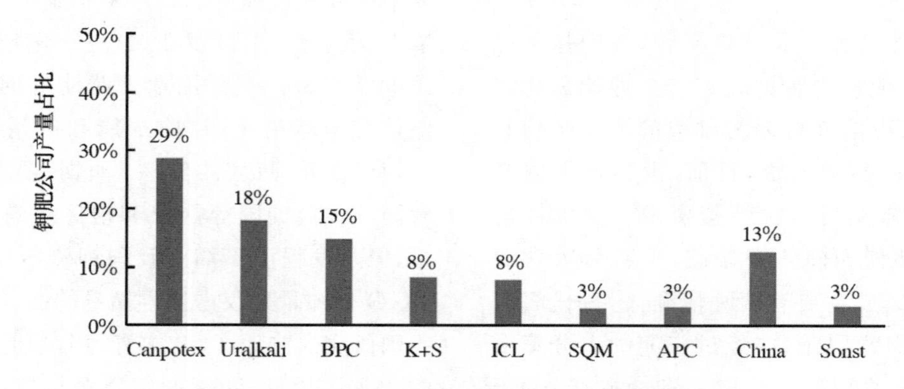

图 15-1　2015 年主要钾肥公司占全球产量的比例

注:Canpotex 为加拿大钾肥公司(Potash Corp)、美国美盛公司(Mosaic)和美国嘉阳公司(Potash Agrium)合并的销售公司,代表了加拿大钾肥产量;Uralkali 是俄罗斯钾肥公司;BPC 是白俄罗斯钾肥公司;K+S 是德国钾盐公司;ICL 是以色列化工集团;SQM 是智利钾肥公司;APC 是约旦钾肥公司;China 包括多家公司,主要是青海盐湖钾肥,新疆国投罗布泊钾肥公司等;Sonst 是其他国家一些小公司的合计。数据来源:IFA Database。

我国钾肥总产量自十二五以来持续增长(图 15-2),2015 年的产量比 2011 年增长了 45.2%,达到 571 万 t(中国无机盐工业协会钾盐行业分会数据),排名全球第 4 位,其中硫酸钾的产量增长明显快于其他产品。在整个钾肥产品结构中,氯化钾占比从 2011 年的 62%降低到 2015 年的 60%,而硫酸钾的占比从 29%增长到 33%。同期,中国钾肥总产能累计增长了近 365 万 t K_2O,其中,资源型 263 万 t、加工型 102 万 t;资源型钾肥中氯化钾产能增长显著,达到 135.6 万 t,硫酸钾和硫酸钾镁产能增幅较小,分别增长了 44.1 万 t 和 35 万 t;枸溶性钾肥产能实现了从无到有,2015 年达到 2.24 万 t;加工型钾肥中硫酸钾、硝酸钾和磷酸二氢钾等分别增加了 112.5 万 t、32.0 万 t 和 9.8 万 t。

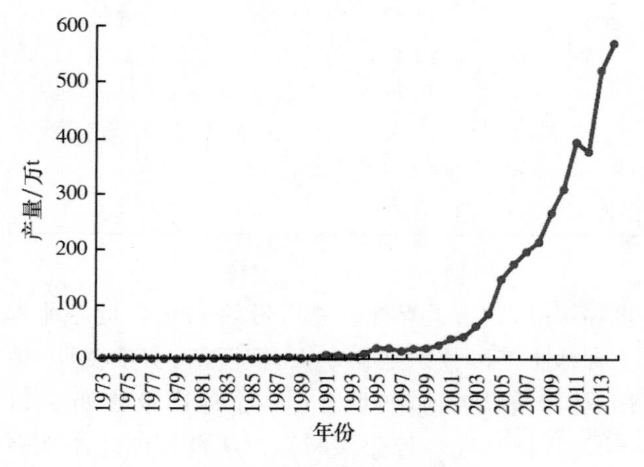

图 15-2　中国钾肥产量的变化

(引自:国际肥料工业协会数据)

在钾肥的消费方面,据国际肥料协会(IFA)数据,2000—2018 年间全球钾肥消费量由 2 209.5 万 t 增加到 3710.5 万 t,主要的消费地区集中在东亚、拉丁美洲和北美。中国、巴西、美国与印度是全球主要的钾肥消费国,约占全球钾肥总消费量的 70%,但这些国家的钾资源相对匮乏,需要大量进口钾肥,例如巴西的钾肥进口依存度高达 94%,而印度、印度尼西亚则大多靠进口。相反,钾资源丰富的国家,如加拿大、俄罗斯对钾肥的需求量很少,生产的钾肥主要用于出口,出口量占总产量均达到 95%(2013 年数据)。近 20 年中国钾肥消费量增长显著,从九五时期的平均 323 万 t K_2O 增长至十二五时期的平均 912 万 t K_2O;从农业用量来看,至 2015 年,在过去 20 年间增加了约 507 万 t,尤其是进入 2010 年之后,钾肥价格稳定以及经济作物钾肥用量的增加,使得十二五期间农业钾肥用量明显高于其他时期。然而,由于钾资源的严重匮乏,中国仍是世界第二大钾肥进口国，2015 年钾肥进口量达到 591 万 t，略高于 571 万 t 的国产资源型钾肥，钾肥自给率仅为 50%左右，进口产品主要为氯化钾和少量硫酸钾。

三、我国非矿物源钾肥的利用现状

为解决我国矿质钾肥的不足，除科学利用钾肥外，必须加强非矿物源钾的利用。我国各地农作物秸秆非常丰富，秸秆含钾量很高，因此这部分钾资源量巨大，从提高钾资源利用效率、降低进口依赖的角度来看，应大力提倡秸秆还田和增施有机肥料。充分利用非矿物源钾资源，不仅能改善土壤物理结构、减少化肥的用量，而且可以减少秸秆焚烧造成的环境污染。此外，可以充分利用钾富集能力强的作物，以发挥土壤钾素的潜在肥力和加速钾素循环，同时重视生物性钾肥的研制和推广，开展合理种植与轮作等的综合性研究，以维持土壤钾素的平衡。

四、钾肥生产的主要方法

钾矿的开采目前有 3 种方法：①常规竖井法开采地下矿体；②溶液法开采地下矿体；③结晶法开采天然形成的地表盐卤水。开采出来的钾矿通过加工后方能作为农业和工业用钾，一般采用溶解结晶法、浮选法或重力选法等进行精练和提纯，具体过程如图 15-3 所示。在精炼和提纯工艺中，生产中应用较多的主要是浮选法和溶解结晶法，工艺均较成熟，尤以浮选法应用最为广泛。

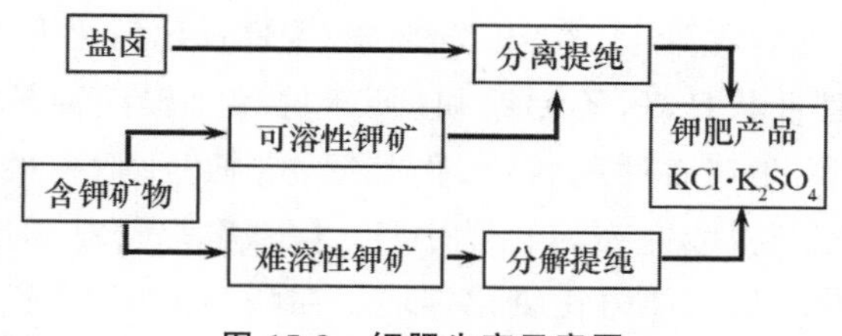

图 15-3 钾肥生产示意图

浮选法是根据组成矿物表面的物理化学性质不同进行分选，优点是投资少、能耗低、腐蚀轻，缺点是对原矿的水不溶物含量有要求。当水不溶物含量较高时，需先脱泥，否则将影响到产品的回收率。另外，浮选法也难以获得工业级质量的氯化钾产品，且浮选过程需使用药剂，不利于环保。浮选法一般与常规固体采矿法联合使用。溶解结晶法是根据不同温度下氯化钾和氯化钠在水中的溶解度不同而进行分选，优点是产品质量高，可以生产工业用氯化钾，加工过程不需要药剂，对环保更有利；缺点是腐蚀严重，对设备材质要求高、能耗高，投资高、加工成本高。溶解结晶法一般与溶解采矿联合使用，或者用于不太适合采用浮选法的场合。

利用浮选法生产氯化钾工艺，根据选出矿物是否为目的矿，又分为正浮选工艺及反浮选工艺。正浮选工艺是以氯化钾为浮选目的矿的工艺，选出矿物直接为氯化钾。正浮选工艺在国内钾肥生产行业仍占重要地位。反浮选-冷结晶工艺是以氯化钠为浮选目的矿，尾矿形式得到低钠光卤石矿，低钠光卤石矿冷分解结晶氯化钾的工艺。

第二节 钾肥的种类和性质

1861 年，德国首先建立了世界上第一座钾碱厂生产氯化钾。在此之前，世界各国主要靠淋滤草木灰等制成各种钾化合物，或从洞穴堆积、建筑废墟中淋取 KNO_3 以供制造黑火药之用。在我国，新中国成立前的农业用钾肥主要来源于动物粪尿肥和草木灰，而现在用的主要是由钾矿生产的产品。目前常用的钾肥产品主要是氯化钾和硫酸钾，还有部分的硫酸钾镁盐、磷酸二氢钾和硝酸钾等。

一、氯化钾（KCl）

制造氯化钾的主要原料是光卤石（含有 KCl，$MgCl_2 \cdot H_2O$），钾石盐（KCl，NaCl）和盐卤（含有 KCl，NaCl，$MgSO_4$ 和 $MgCl_2$ 四种主要盐类）。盐卤是在晒盐过程中产生的副产品。从钾盐矿石中提炼氯化钾采用矿石浮选法或氯化钾溶解法，然后重结晶。浮选法是泡沫浮游选矿法的简称，是利用矿石中各组分被水润湿程度的差异而进行选矿的方法。可溶性盐的浮选介质是饱和盐溶液。把要选的矿物悬浮在水或饱和溶液中，当鼓入空气泡时，不易被水润湿的矿物颗粒即附着于气泡表面被带到液面，而易被水润湿的矿物沉到器底。但 KCl 和 NaCl 均易被润湿，必须人为地加入某种药剂，使各种矿物具有不同的润湿性以达到分离目的。浮选法生产的氯化钾显红色，吸湿性不大，通常不会结块，物理性质良好，便于施用。从盐湖卤水提取钾采用的是部分结晶法，利用氯化钾、氯化钠在不同温度条件下溶解度的差异，将氯化钾分离出来，成为肥料。过去加拿大生产的氯化钾呈浅砖红色，人们习惯称之为"红钾"，红色是因为其中含有约0.05%的铁及其他金属氧化物的原因。

纯氯化钾呈白色或淡黄色或粉红色结晶，含K_2O 50%～60%，易溶于水，20℃时溶解度为34.7%，100℃时为55.7%。氯化钾是化学中性、生理酸性的速效性肥料，可供植物直接吸收利用。氯化钾可作基肥和追肥。氯化钾中含有氯，若施用过量，带入土壤的氯随之增加，会影响氯敏感作物的品质，故氯敏感作物一般不宜施用氯化钾。若必须施用时，应控制用量或提早施用，使氯随雨水或灌溉水流失。大量、单一和长期施用氯化钾会引起土壤酸化，其影响程度与土壤类型有关，酸性土壤应适当配合施用石灰、钙镁磷肥等碱性肥料和有机肥，以便中和酸性。

二、硫酸钾（K_2SO_4）

硫酸钾是我国无氯钾肥的主要原料，并且还可以提供植物所需的硫元素。国内外生产硫酸钾的方法主要包括3种：①转化法，即用含硫酸根物料与氯化钾转化制取硫酸钾，包括曼海姆法、复分解法等，其产量约占75%；②硫酸钾水盐体系法，即从硫酸盐型海湖盐卤水和地下卤水中提取，其产量占10%～15%；③用天然硫酸盐矿石或复杂组分的固态钾矿石制取，如：无水钾镁矾和明矾石等，其产量约占10%。转化法生产硫酸钾的方法中，曼海姆法是最为常见的一种生产工艺，并且也是比较成熟的一种工艺，此种方法是我国生产硫酸钾的主要方法。主要过程如下：首先将工业硫酸和氯化钾放置到曼海姆炉中，经过高温的转化阶段，生产硫酸钾和盐酸，将产生的盐酸进行回收。氯化钾与工业硫酸的反应如下：第一步反应为H_2SO_4（浓）$+ KCl \rightarrow HCl + KHSO_4$；第二步反应为$KCl + KHSO_4 \rightarrow HCl + K_2SO_4$，在反应过程中只能通过曼海姆炉的高温过程才可进行以上两个反应。此种方法的产品质量较高并且生产流程较为简单，但也具有明显的缺陷，即设备使用寿命短、一次性投资大、产生大量的副产品盐酸具有腐蚀性。

转化法中复分解法包括芒硝法、硫铵法、硫酸镁法和硫酸氢钾法。芒硝法是将芒硝（$Na_2SO_4 \cdot 10H_2O$）与氯化钾反应生成钾芒硝，然后将分离出来的钾芒硝进一步与氯化钾反应生成硫酸钾、氯化钠，经分离、洗涤、干燥过程制得硫酸钾的工艺过程。反应式如下：

$$6KCl + 4Na_2SO_4 \rightarrow 3K_2SO_4 + 6NaCl$$

$$2KCl + 3K_2SO_4 \cdot NaSO_4 \rightarrow 4K_2SO_4 + 2NaCl$$

含硫酸镁的复盐和氯化钾复分解法，可以用无水钾镁矾和氯化钾进行复分解反应，然后把溶液进行蒸发结晶出硫酸钾。其反应如下：

$$K_2SO_4 \cdot 2MgSO_4 + 4KCl + H_2O \rightarrow 3K_2SO_4 + 2MgCl_2 + H_2O$$

硫酸钾的生产也可以通过在还原条件下高温焙烧明矾石。将明矾石粉[$K_2SO_4 \cdot Al_2(SO_4)_3 \cdot 4Al(OH)_3$]与氯化物（用食盐或盐卤均可）混合，经高温煅烧，在有水蒸气时发生复分解反应而制成硫酸钾。其主要反应如下：

$$K_2SO_4 \cdot Al_2(SO_4)_3 \cdot 4Al(OH)_3 + 6NaCl \xrightarrow{600\sim700℃} K_2SO_4 + 3Na_2SO_4 + 3Al_2O_3 + 6HCl + 3H_2O$$

除了上述生产方法以外，还有硫酸铵生产法、石膏生产法等，但是这些生产方法由于技术和设备的限制不能被工业化生产使用。

较纯净的硫酸钾是白色或淡黄色、菱形或六角形结晶，含K_2O 50%～54%，吸湿性远比氯化钾小，物理性状良好，不易结块，便于施用。硫酸钾易溶于水，是速效性肥料，可作基肥、追肥、种肥和根外追肥。硫酸钾亦属化学中性、生理酸性肥料，但其酸化土壤的能力比氯化钾弱。在酸性土壤上，宜与碱性肥料和有机肥料配合施用。硫酸钾的价格比氯化钾昂贵，因此一般的情况下，应尽量选用氯化钾，以减少施肥的成本，增加经济效益，但对于氯敏感作物则应选用硫酸钾。硫酸钾含硫17.6%，施用在缺硫土壤和需硫较多的作物上，其效果优于氯化钾，但在强还原条件下，所含SO_4^{2-}易还原成H_2S，累积到一定浓度会危害作物生长。

三、硝酸钾(KNO_3)

硝酸钾的生产方法主要包括复分解法、离子交换法、吸收法、萃取法等,现在世界上制造硝酸钾主要是用氯化钾和硝酸铵复分解生产的。硝酸铵和氯化钾的复分解反应如下:

$$NH_4NO_3 + KCl \rightarrow KNO_3 + NH_4Cl$$

纯的硝酸钾呈无色透明棱柱状或白色颗粒或结晶性粉末,肥料用硝酸钾俗称火硝或土硝,含46.6% K_2O。在空气中吸湿微小,不易结块,易溶于水,能迅速被作物吸收,可作基肥、追肥、种肥和根外追肥。硝酸钾是强氧化剂,容易爆炸,在储存和运输过程中需注意远离火种、热源,切忌与还原剂、有机物、酸类、易(可)燃物、金属粉末共储混运。

四、磷酸二氢钾(KH_2PO_4)

磷酸二氢钾的生产方法很多,大致概括为中和法、萃取法、离子交换法、复分解法、直接法、结晶法和电解法等。作为肥料的磷酸二氢钾通常采用复分解法进行生产,是通过氯化钾与磷酸二氢钠或铵盐中发生复分解反应生成磷酸二氢钾的生产工艺。

作为肥料的磷酸二氢钾含 P_2O_5 52%左右,含 K_2O 34%左右,是一种易溶于水的生理酸性肥料,广泛适用于经济作物、粮食作物等全部类型的作物。由于价格较高,一般作为水溶肥或叶面肥,应用于滴灌、喷灌等水肥一体化系统中。

五、硫酸钾镁、硫酸钾钙镁

硫酸钾镁是含有硫酸钾和硫酸镁的复盐,是一种多元素钾肥,除含钾、硫、镁外,还含有钙、硅、硼、铁、锌等元素,呈弱碱性,适合酸性土壤施用,一般作基肥,也可作追肥。硫酸钾镁的氯含量极低,其含量因制造方法和进口国家而异。美国 IMC 公司产品 K_2O 含量>22%,MgO 含量为 8%~12%,S 含量为 22%,Cl 含量<2.5%。德国产品 K_2O 含量为 26%~30%,MgO 含量为 8%~12%,S 含量为 16%~22%,Cl 含量<2.5%。俄罗斯产品 K_2O 含量为 28%,MgO 含量为 9%,Cl 含量为 5%。硫酸钾镁易溶于水,呈白色结晶,吸湿性较强,易潮解,在包装和长途运输时应注意防潮。硫酸钾镁可作为无氯钾肥施用,特别适合于钾、镁和硫含量低的土壤和需钾、镁和硫较多的作物,作基肥和早期追肥的效果较好。

硫酸钾钙镁[$K_2Ca_2Mg(SO_4)_4 \cdot 2(H_2O)$],学名杂卤石,是一种包含硫、钾、镁和钙四种养分的矿质肥料(48% SO_3,14% K_2O,6% MgO 和 17% CaO),主要分布于英国北海海底,目前由以色列化工集团进行实质性的商业开采和市场开发。硫酸钾钙镁作为一款单晶体矿质肥料,性质稳定,不易吸湿潮解,养分综合。硫酸钾钙镁适合氯敏感作物施用,特别适合于需钙、镁和硫较多的作物,以及酸化土壤和盐渍化土壤的改良,一般作为基肥和早期追肥施用或作为土壤调理剂施用。

六、草木灰

植物残体燃烧后所剩余的灰分统称为草木灰,其中以钙和钾含量较多,磷次之,它是农村的一项重要钾肥源。草木灰的成分因植物种类、年龄、器官和生长的土壤类型和施肥状况而差异很大(表 15-2)。例如,在盐碱土和滨海盐土上生长的植物中含氯化钠较多,含钾量不高,烧成的草木灰不宜作肥料施用。

表 15-2　常见草木灰钾、磷、钙含量　　%

草木灰类别	K_2O	P_2O_5	CaO
一般针叶树灰	6.00	2.90	35.00
一般阔叶树灰	10.00	3.50	30.00
小灌木灰	5.92	3.14	25.09
稻草灰	8.09	0.59	5.90
小麦秆灰	13.80	0.40	5.90
棉籽壳灰	5.80	1.20	5.90
糠壳灰	0.67	0.62	0.89
花生壳灰	6.45	1.23	—
向日葵秆灰	35.40	2.55	18.50

引自:胡霭堂,2003。

草木灰中钾的形态主要是碳酸钾,其次是硫酸钾,氯化钾较少,其中 90%的钾能溶于水,水溶液呈碱性,是一种速效的生理碱性肥料,在储存施用时应防止雨淋,避免与铵态氮肥、腐熟的有机肥和水溶性磷肥混用。草木灰适用于多种作物和土壤,可作基肥、种肥和追肥,追施草木灰宜采用穴施或沟施的集中施肥方法，酸性土上施用草木灰，可补充土壤的钙、镁、硅等营养元素。草木灰应优先施在氯敏感且喜钾的作物（如烟草、马铃薯、甘薯）上。

现在的钾肥产品中有一部分颗粒钾肥。与粉状肥料相比，颗粒肥料物理性能好，装卸时污染小，长期存放不结块，易于施用。颗粒钾肥占美国钾肥总产量的40%～45%，而在我国的比重较小。目前，颗粒钾肥的生产均采用粉状钾肥为原料，通过圆盘造粒、重结晶法和挤压造粒法生产。

第三节　钾肥在土壤中的转化

土壤钾按化学组成可分为以下4类（图15-4）：①矿物钾，土壤中含钾原生矿物和次生矿物的总称；②非交换性钾，又称缓效钾，是指存在于膨胀性层状硅酸盐矿物层间和颗粒边缘上的一部分钾；③交换性钾，指吸附在带负电荷胶体表面的钾离子；④水溶性钾，以离子形态存在于土壤溶液中的钾。

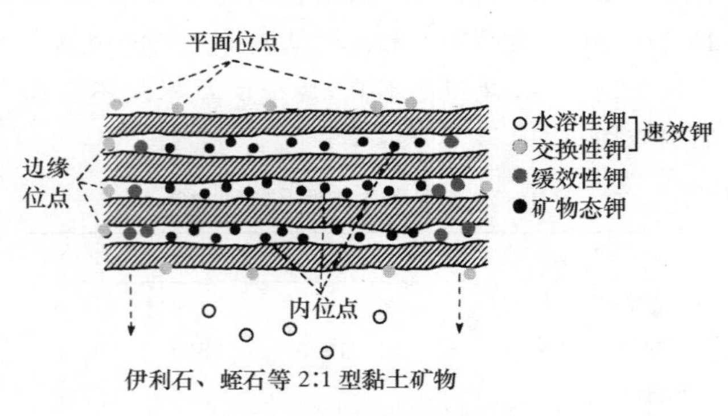

图15-4　土壤钾的四种形态

由于大部分化学钾肥易溶于水，施入土壤后，迅速溶解并以K^+形式进入土壤溶液，除供作物直接吸收外，同时还发生以下转化过程（如图15-5）。

一、转化为交换性钾

K^+进入土壤溶液后，提高溶液的K^+浓度，促进与土壤胶粒上被吸附的阳离子进行交换吸附，形成交换性钾。随着作物吸收土壤溶液中的钾，吸附的交换性钾可重新释放进入土壤溶液，二者呈动态平衡关系，且反应迅速。该动态平衡受钾肥品种与土壤类型的影响。

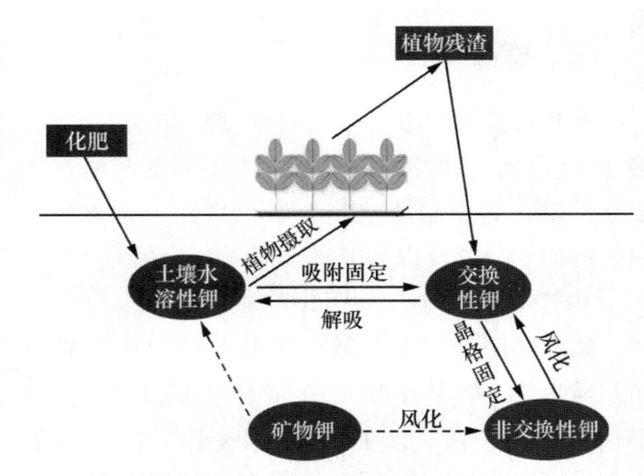

图15-5　土壤钾形态转化示意图

在酸性土壤上施用氯化钾后，导致铁、铝活性的提高，加剧土壤酸化（反应式如下），因此，应配合施用石灰或其他含钙质肥料和有机肥料加以预防。

$$\text{土壤胶体}\begin{matrix}Al^{3+}\\H^+\end{matrix} + 4KCl \longleftrightarrow \begin{matrix}K^+\\K^+\end{matrix}\text{土壤胶体}\begin{matrix}K^+\\K^+\end{matrix} + AlCl_3 + HCl$$

$$AlCl_3 + 3H_2O \longrightarrow Al(OH)_3 + 3H_2SO_4$$

$$\text{土壤胶体}\begin{matrix}Al^{3+}\\Al^{3+}\end{matrix} + 3K_2SO_4 \longleftrightarrow \begin{matrix}K^+\\K^+\\K^+\end{matrix}\text{土壤胶体}\begin{matrix}K^+\\K^+\\K^+\end{matrix} + Al_2(SO_4)_3$$

$$Al_2(SO_4)_3 + 6H_2O \longrightarrow 2Al(OH)_3 + 3H_2O$$

在中性及石灰性土壤上施用氯化钾，形成的氯化钙易随水流失（反应式如下），造成钙离子淋失，使土壤逐步酸化，并导致土壤板结。

$$\text{土壤胶体}\,Ca^{2+} + 2KCl \longleftrightarrow \text{土壤胶体}\begin{matrix}K^+\\K^+\end{matrix} + CaCl_2$$

$$\text{土壤胶体}\,Ca^{2+} + K_2SO_4 \longleftrightarrow \text{土壤胶体}\begin{matrix}K^+\\K^+\end{matrix} + CaSO_4$$

硫酸钾施入土壤后，也会造成与施用氯化钾类似的结果（反应式如下），但对土壤酸化的程度相对较弱，而硫酸根在渍水的土壤里可还原为硫化氢，累积到一定浓度后会危害水稻的生长，造成根系发黑，影响养分吸收。因此，硫酸钾不宜用于水田。

$$\text{土壤胶体}\,Ca^{2+} + K_2SO_4 \longleftrightarrow \text{土壤胶体}\begin{matrix}K^+\\K^+\end{matrix} + CaSO_4$$

$$\text{土壤胶体}\begin{matrix}H^+\\H^+\end{matrix} + 3K_2SO_4 \longleftrightarrow \text{土壤胶体}\begin{matrix}K^+\\K^+\end{matrix} + H_2SO_4$$

二、转化为非交换性钾

土壤钾的固定作用主要是交换性钾转变为非

交换性钾的过程，它包括：①钾离子进入2∶1型黏土矿物（如：伊利石）的晶层之间，由于2∶1型黏土矿物的六角形蜂窝网眼直径与脱水钾离子直径相似，当晶层因失水收缩时，钾离子被固定在晶层之间；②Si^{4+} 对 Al^{3+} 发生同晶置换作用，产生的负电荷能强烈束缚钾离子；③风化造成缺钾矿物形成“开放性钾位”，能固定 K^+。

影响土壤钾固定的因素主要有：①黏土矿物类型。2∶1型黏土矿物能固定钾，固钾能力由大到小依次为蛭石＞拜来石＞伊利石＞蒙脱石，而1∶1型的黏土矿物（如高岭石），几乎不具有固钾能力。②土壤水分条件。随土壤含水量下降而固钾作用加强，频繁的干湿交替有利于增强速效钾含量高的土壤钾的固定作用，但速效钾含量低的土壤钾不仅不会固定，还可能发生钾的释放现象。③土壤温度。非交换性钾的释放随温度的升高而增加。④土壤质地。一般来讲，质地越黏重，土壤的固钾能力越强。因为土壤中2∶1型固钾矿物的含量随土壤颗粒变细而增加。⑤土壤酸碱度。一般认为，土壤对钾的固定随土壤pH的提高而增加。⑥铵离子。NH_4^+ 和 K^+ 的半径相近，与钾离子竞争结合位点，还可以交换出已被固定的钾。被固定的钾可转化为有效态钾，也可被利用层间钾能力强的作物直接利用。因此，土壤对肥料钾的固定，虽然会暂时降低其有效性，但可减少钾的流失，起到缓冲作用。

三、土壤钾的释放与流失

土壤钾的释放是指土壤中非交换性钾转变为交换性钾和水溶性钾的过程，它关系到土壤速效钾的供应和补给。释放过程主要是非交换性钾转变为交换性钾的过程，其释放量随交换性钾含量的下降而增加，干燥、灼烧和冰冻等对土壤钾的释放有显著影响。

土壤胶体吸附 K^+ 的能力受土壤阳离子交换量的影响，在阳离子交换量小的土壤上，一次大量施用钾肥，必然会引起钾的流失。钾的流失量还与土壤质地、气候条件、栽培制度有关。对于1∶1型黏土矿物为主的沙性土壤，如在降雨多、气温高及水旱轮作条件下，施用的肥料钾更容易流失。为此，在施用上就应掌握适量、分次的原则，以提高钾肥的利用率。

第四节　钾肥的合理施用

在土壤含钾较低的南方，农民都有施钾的习惯，但在土壤含钾较高的北方，钾肥的施用一直不受重视。随着作物单产和复种指数的不断提高，北方土壤上施钾的增产效果也逐渐明显。在钾矿资源极度匮乏的基本国情下，综合考虑土壤性质、作物种类与品种、施肥技术、气候条件等因素的影响，遵循土壤供钾和作物吸收相匹配，合理施用钾肥，显得尤为重要。

一、合理施用钾肥应考虑的因素

1. 土壤供钾能力

土壤供钾水平常以土壤速效钾含量和非交换性钾释放速率和数量作为评价指标。全国土壤普查办公室根据土壤速效钾含量将土壤供钾水平的等级定为六级（表15-3）。

表15-3　全国土壤供钾水平

速效钾*含量/(mg/kg)	土壤供钾水平
＜30	很低
30～50	低
50～100	中
101～150	高
151～200	很高
＞200	极高

* 1 mol/L中性醋酸铵浸提。

但对于有些作物速效钾含量并不能很好反映土壤供钾能力，例如水稻，因此宜用速效性和缓效钾来评价，具体指标见表15-4。

2. 作物种类

总体来说，块根和块茎类作物、糖料作物、纤维作物、烟草和牧草都是属于喜钾作物；油籽、大豆和玉米，属于中等需钾作物；而小麦和水稻的需钾量相对较少（表15-5）。

表 15-4 洞庭湖区土壤供钾水平分级标准*

等级	速效钾/(mg/kg)	缓效钾/(mg/kg)*	供钾能力	钾肥施用效果
1	<50	<350	低	增产效果明显
	50~100	<200		
2	>100	<200	较低	有增产效果
	50~100	200~350		
3	>100	200~350	中	一般无效,在沙性稻田有时有效果
	50~100	>350		
4	>100	>350	高	无增产效果

*1 mol/L 热硝酸提取;

引自:胡霭堂,2003。

表 15-5 主要作物每 100 kg 产量吸钾量(K_2O) kg

作物	吸钾量	作物	吸钾量
水稻	1.8~3.8	花生	3.0~3.2
小麦	2.0~4.0	甜菜	0.62~0.7
棉花(皮棉)	12~15	甘蔗	0.28~0.30
玉米	2.3~5.5	麻(皮)	4.0
油菜	8.5~12.3	黄麻(皮)	4.6
马铃薯(鲜薯)	0.8~1.02	茶叶	0.45~0.75
甘薯(鲜薯)	1.05~1.15	烟草	4~6
芝麻	6.5~7.0	桑叶	1.0~1.1
向日葵	6.3~13.9	紫云英	0.8~1.0
大豆	2.0~4.0	柑橘	0.2
苹果	1.36	菠萝	1.44
桃	0.3~0.7	香蕉	3.7
葡萄	1.66	梨树	0.4~0.6
草莓	0.4~0.83	荔枝	0.7
白菜(鲜重)	0.2~0.35	莴苣	0.2~0.33
甘蓝(鲜重)	0.49~0.68	辣椒	0.55~0.72
茄子	0.3~0.56	西瓜	0.28~0.37
番茄	0.28~0.42	黄瓜	0.3~0.46

引自:胡霭堂,2003;鲁剑巍等,2017。

3.根据目标产量确定施钾量

在我国测土配方施肥技术的推广中,常通过多年作物产量确定目标产量,根据每生产 100 kg 籽粒或者果实所需的吸钾量,并结合土壤速效钾含量合理确定施肥量,比如水稻产量不同,土壤速效钾供应不同,钾肥推荐用量存在差异(表 15-6)。

表 15-6 不同目标产量的水稻钾肥推荐用量

kg K_2O/hm^2

土壤速效钾/(mg/kg)	产量水平/(kg/hm^2)		
	<6 000	7 500	>9 000
<50	75.0	90.0	150.0
50~100	45.0	75.0	120.0
100~130	30.0	60.0	75.0
130~160	0	30.0	45.0
>160	0	0	30.0

引自:鲁剑巍等,2017。

二、钾肥合理施用技术

1. 用于喜钾作物

有限的钾肥应优先施于喜钾作物和增产明显的缺钾土壤上。钾肥对喜钾但吸收能力弱的作物不仅能明显提高产量，而且还能改善产品品质。不同作物对钾的需求量不同，对供钾的敏感性也不同。豆科作物对钾最敏感，施钾肥增产作用显著。含碳水化合物多的薯类作物和含糖较多的甜菜、甘蔗以及经济作物中的棉花、麻类和烟草等也是需钾较多的作物。

2. 用于缺钾土壤

钾肥应优先分配给缺钾严重的土壤，使有限的钾肥发挥其最大增产效果。土壤质地粗的沙性土大多是缺钾土壤，施钾肥后效果十分明显。因此，有限的钾肥应优先施用于质地轻的土壤上，以争取较高的经济效益。沙性土施钾时应控制用量，采取少量多次的办法，以免钾的流失。但在酸性土壤上施用氯化钾和硫酸钾，宜结合施用石灰，既可降低土壤可溶性铝的含量，又可增加钾素的固持，减少钾素的浸出和损失。

3. 施于高产田

一般来讲，低产田产量水平不高，需钾不迫切。当作物产量逐年提高后，作物每次收获都要带走大量的养分（也包括钾）。通常大多数农民施氮、磷肥的意识很强，却很少注意补充钾肥，因此许多高产田上出现供钾不足的现象。这在一定程度上成为作物高产的限制因素。因此钾肥应重点施于高产田，以充分发挥其增产作用。常年大量施用有机肥料或秸秆还田数量较多的高产田，钾肥可酌情减少或者隔年施用。

4. 根据钾肥的特性合理施用

钾肥在土壤中移动性小，宜作为基肥施于根系密集的土层中。对沙质土壤，可一半作基肥，一半作追肥。作追肥应在作物生长前期及早施用，后期追施的效果较差。研究发现，钾肥的肥效在气候条件不好的年份比正常年景效果好。如遇作物生长条件恶劣、病虫害严重时，及时补施钾肥可以增强作物的抗逆性，能争取获得较好的收成。钾肥有一定的后效，在连年施用钾肥或前茬施钾较多的条件下，钾肥的肥效常有下降的趋势。因此，合理施钾肥也应注意到这一点。

5. 钾肥结合氮、磷平衡施肥

作物生育过程中需要多种养分，只有平衡施肥方能满足作物的要求。钾在土壤中移动性小，作基肥宜施于根系密集的土层中，作追肥应在作物生长前期及早施用，后期追施的效果较差。如果基肥和追肥相结合，需因作物种类而异：棉花提倡基追肥相结合，追肥可在现蕾后开花前施用；油菜宜作基肥施用；甘蔗宜分次施用。钾肥宜深施，施入水分状况较好的湿土层中，既有利于钾的扩散和减少土壤对钾的固定，又有利于作物的吸收。固钾能力强和有效钾水平低的土壤上，宜施在根系周围。对沙质土壤，可基肥和追肥相结合，各占一半，以减少钾的流失。

三、非矿质资源钾肥的利用

1. 提倡秸秆还田，加强钾在农业体系中的自身循环

秸秆是成熟农作物茎叶的总称，是作物收获后籽实（或经济器官）的剩余部分，一般占生物量 50%以上，含有丰富的氮、磷、钾、钙、镁、有机质等，是一种可直接利用的再生有机资源。谷类的钾 80%以上储存在茎叶中，籽粒收获带走的部分很少。我国的秸秆资源丰富，据测算，我国作物秸秆和有机肥中蕴含的钾资源量分别超过 1 300 万 t 和 1 190 万 t。秸秆还田一方面可有效利用秸秆资源，明显改善土壤理化性质，提高土壤蓄水保水能力，增加土壤养分和有机质含量，同时增加微生物的数量；另一方面，秸秆还田可有效减少由于秸秆焚烧带来的环境污染，对保护农村生态环境也有重要意义。所以秸秆还田可有效提高土壤含钾水平，替代一部分化学钾肥的施用。然而，秸秆还田如若使用不当也可造成后茬作物出苗不好，或因低温造成腐解困难而导致耕作困难，因此，合理的还田技术亟需解决。如能以正确的秸秆还田方式归田，对维持和改善土壤钾的状况以及加强钾在农业体系中的自身再循环有明显的作用，这对钾肥严重依赖进口的我国农业尤为重要。

2. 重视有机肥料和灰肥的施用,积极寻求生物性钾肥资源

施用有机肥料和灰肥是我国传统农业耕作措施。但在化肥迅速发展以后,其在肥料中所占的比重明显下降。许多人把施用有机肥料和灰肥看成是农业生产落后的标志,逐渐忽视积攒和施用有机肥料和灰肥。新中国成立前,我国作物需钾量的90%以上是靠有机肥料提供的,而在现代农业生产中,有机肥料和灰肥对解决钾肥资源不足仍将发挥重要作用。

土壤中钾的含量是比较丰富的,但 90%~98% 是一般作物难以吸收的形态。采用种植绿肥或某些吸钾能力强的作物,使难溶性钾转变为有效钾是十分有意义的。据国内资料报道,许多野生植物的吸钾能力很强,可称得上富钾植物。如苦草含钾(K_2O)占干物重 6.2%~8.1%,金鱼藻为 6.0%~6.7%,空心莲子草为 5.9%~11.7%,向日葵秆的含钾量也在 3%以上。这些植物可以作为生物性钾资源加以利用,以增加土壤中有效钾含量。

3. 合理轮作换茬,缓和土壤供钾不足的矛盾

各种作物需钾量不同,吸钾能力也有差异,因此可以利用轮作换茬的方式调节土壤的供钾状况。例如,豆科作物需钾量大,而吸钾能力不如禾本科的小麦,如能轮换种植这两种作物,并将小麦秸秆还田,就能起到缓解土壤供钾不足的矛盾。

第十五章扩展阅读

复习思考题

1. 简述我国和世界钾资源状况和特征。
2. 硫酸钾和氯化钾的生产方法、基本性质和施用原则是什么?
3. 合理施用钾肥的原则是什么?缓解我国钾肥资源不足的途径有哪些?

参考文献

胡霭堂. 2003. 植物营养学(下册). 2 版. 北京:中国农业大学出版社.

《中国化肥手册》编写组. 1992. 中国化肥手册[M]. 化学工业部科学技术情报研究所,南京化学工业公司联合出版.

黄昌勇,徐建明. 2010. 土壤学.3 版. 北京:中国农业大学出版社.

鲁剑巍,王正银,张洋洋,等. 2017. 主要作物缺钾症状与施钾技术.北京:中国农业出版社.

彭春艳,罗怀良,孔静.2014. 中国作物秸秆资源量估算与利用状况研究进展. 中国农业资源与区划. 35(03), 14-20.

权小红.2014. 曼海姆法硫酸钾产品颜色变化的分析. 中氮肥. 04, 31-33.

孙小虹,唐尧,陈春琳,等. 2015. 世界钾盐产业现状. 现代化工. 35(12), 1-3.

汪家铭.2010. 磷酸二氢钾生产现状与市场分析.化工管理. 11, 31-37.

王石军. 2019. 全球钾肥产业发展现状与展望.磷肥与复肥. 34(10), 9-13.

王正银. 2015. 肥料研究与加工.2 版. 北京:中国农业大学出版社.

奚振邦. 2003. 现代化学肥料学. 北京:中国农业大学出版社.

张发莲,王晓波,刘万平,等.2013. 我国难溶性钾资源制肥工艺研究进展.化工矿物与加工. 42(09), 51-53.

张福锁,陈新平,陈清,等. 2009. 中国主要作物施肥指南.北京:中国农业大学出版社

张卫峰,易俊杰,张福锁,等. 2017.中国肥料发展研究报告 2016. 北京:中国农业大学出版社

郑绵平,张震,张永生,等.2012. 我国钾盐找矿规律新认识和进展.地球学报. 33(03), 280-294.

Bark A. V. and Pilbeam D. J. 2015. Handbook of Plant Nutrition .2nd edition. CRC Press.

Mengel K. K., Kirkby E. A. 2001. Principles of Plant Nutrition .5th edition. Springer.

Munson R. D. 1985. Potassium in Agriculture. American Society of Agronomy, Crop Science Soceity of America and Soil Science Society of America.

扩展阅读文献

陈坤,时爽,徐保明,等. 2016. 氯化钾-硝酸铵复分解法

制备硝酸钾工艺进展.化肥工业．43(06)，71-74.
方勤升，王庆生，钱晓杨，等．2001．反浮选-冷结晶生产氯化钾工艺过程的优化.无机盐工业．05，32-33.
贺春宝，张喜荣．2000．氯化钾及芒硝复分解制取硫酸钾的研究．海胡盐与化工，29()6：30-33.
胡小云．2000．硫酸钾生产状况及展望．硫酸工业，5：16-22.
华宗伟，钟宏，王帅，等．2015．硫酸钾的生产工艺研究进展.无机盐工业．47(04)，1-5.
李树民，贾国安，吴亚洲，等.2016．硝酸钾生产工艺及研究进展概述.山东化工．45(15)，70-72.
彭可明．1980．农业化学总论．北京：农业出版社.
钱晓杨，马国华，党国民.1999．反浮选-冷结晶法生产氯化钾的几个工艺问题.化肥设计．05，3-5.
王正银．2015．肥料研究与加工.2 版．北京：中国农业大学出版社.
奚振邦．2003．现代化学肥料学．北京：中国农业大学出版社.
颜利明．1998．硫酸钾生产工具与我国硫酸钾工业展望．化学工业与工程技术，19(1)：28-37.
杨荣华，张恭孝.2008.硫酸钾的生产方法研究进展及方向.无机盐工业．09，8-10.
叶仲屏，孙华，吴红梅，等.2000．明矾石的综合利用.化肥工业．01，34-36.
张罡.2009．硝酸钠转化法制取硝酸钾新工艺.化工设计．19(05)，11-13.
赵晓霞，贺春宝.2001．芒硝法生产硫酸钾过程中水平衡的研究.无机盐工业．03，33-34.
《中国化肥手册》编写组．1992．中国化肥手册．化工部科学技术情报研究所，南京化学工业公司联合出版.

第十六章 钙、镁、硫肥

教学要求：

1. 掌握钙、镁、硫肥的种类和特性。
2. 掌握钙、镁、硫肥在土壤中的转化过程。
3. 掌握钙、镁、硫肥的合理使用原则。

扩展阅读：

主要作物钙营养诊断；含钙肥料的间接作用；石膏改良碱土用量计算方法

钙、镁、硫肥是农业生产中需求量仅次于氮、磷、钾肥的肥料品种，对提高作物产量，改善农产品品质、提高肥料利用效率具有重要的作用。进入21世纪以来，随着农业生产集约化程度的提高，氮、磷、钾肥的施用量急剧增加，而随作物带走的中量元素养分却常常被忽视，因而被称为“被遗忘”的元素。据统计，在我国，中量元素钙、镁、硫含量低于临界值的土壤面积分别为64%、54%和44%。中量元素大多是植物体内促进光合作用、呼吸作用及其相关酶类的组成部分，参与植物体内的物质和能量的运输与代谢，在植物体内非常活跃。相较于氮、磷、钾肥，中量元素肥虽然用量不大，但合理适量使用却能明显提高作物产量、改善作物品质、减轻作物病虫害、减少环境污染、提高氮磷肥的利用率和经济效益，起到“以小博大、四两拨千斤”的作用。了解钙、镁、硫肥的种类、性质及其施入土壤后的转化过程，从而采用合理的施用技术，对于提质增产增效具有重要的现实意义。

第一节 钙 肥

钙是植物生长发育所必需的中量营养元素之一，大多数土壤溶液中钙的含量约为0.1 mmol/L，正常条件下能够满足大部分作物的需要。一般大田作物缺钙的现象并不多见，但在含钙较少的酸性沙质土壤上，种植需钙多的蔬菜、花生、果树等作物时应重视钙肥的施用。蔬菜吸钙量较大，属喜钙作物，因其具有生长周期较短、产量高、复种指数高等特点，生产上常发生缺钙性生理病害，如番茄的脐腐病、大白菜和甘蓝的心腐病或干烧心，以及苹果的苦痘病和鸭梨的黑心病等，从而降低果蔬的商品价值。近些年，随着中微量元素化肥工业不断向高浓缩、高浓度、液体化的方向发展，种植果蔬及有关经济作物的增多，钙肥的施用将日益受到重视。

一、含钙肥料的种类和性质

生产上常用的含钙肥料以石灰为主，包括生石灰、熟石灰、碳酸石灰及含钙的工业废渣等。近年来，含钙叶面肥在生产上也得到广泛的应用，尤其是在果树和果类蔬菜上，常见的含钙叶面肥包括硝酸钙、氯化钙以及螯合态钙肥，如柠檬酸钙、氨基酸钙、腐植酸钙和糖醇螯合钙等。

(一)生石灰

生石灰又称烧石灰，是含钙或钙镁的碳酸盐、氧化物和氢氧化物的总称，以石灰石、白云石及含碳酸钙丰富的贝壳等为原料，经过煅烧而成。由于所用原料不同，CaO 的含量也不一样，用石灰石烧制的生石灰含 CaO 为 90%～96%；用白云石烧制的除含 CaO 为 55%～85%，还含 MgO 10%～40%，因而称为镁石灰；以贝壳为原料的石灰，其品位因种类而异：以螺壳为原料的螺壳灰，含 CaO 为 85%～95%，以蚌壳为原料的蚌壳灰，含 CaO 约为 47.0%。此外，生石灰还有杀虫、灭草和土壤消毒的作用，但用量不能过多，否则会引起局部土壤碱性过强，影响植物对锰、铁、锌、硼等微量元素的吸收利用。生石灰吸水后即转化为熟石灰，长期暴露在空气中，最后转化为碳酸石灰（碳酸钙），故长期储存的生石灰，通常是几种石灰质成分的混合物。

(二)熟石灰

熟石灰又称消石灰，由生石灰加水或堆放时吸水而成，主要成分为 $Ca(OH)_2$，含 CaO 为 70%左右，呈碱性，中和酸度的能力比生石灰弱。熟石灰在储存过程中，极易吸湿和吸收 CO_2，而变成碳酸钙形态。

(三)碳酸石灰

碳酸石灰由石灰石、白云石或贝壳类直接磨细过筛而成，主要成分是碳酸钙（$CaCO_3$），含 CaO 为 44.8%～56.0%。其溶解度较小，中和土壤酸度的能力较缓，但作用效果持久，中和酸度的能力随其细度增加而增强。

(四)含石灰质的工业废渣

工业废渣主要是指钢铁工业的废渣，如炼铁高炉的炉渣，主要成分为硅酸钙（$CaSiO_3$），一般含 CaO 为 38%～40%，MgO 为 3%～11%，SiO_2 为 32%～42%；又如生铁炼钢的碱性炉渣，主要成分为硅酸钙（$CaSiO_3$）和磷酸四钙（$Ca_4P_2O_9$），一般含 CaO 为 40%～50%，MgO 为 2%～4%，SiO_2 为 6%～12%，这类废渣的中和值为 60%～70%。施入土壤后，经水解产生 $Ca(OH)_2$ 和 H_2SiO_3，能缓慢中和土壤酸度，并兼有钙肥、硅肥和镁肥的效果。此外，还有糖厂滤泥等，含 CaO 为 42%左右，还含有少量氮、磷、钾养分等。

以上几种石灰肥料，对土壤酸度中和能力有所不同，这种差异可用中和值说明。如以纯碳酸钙为基准，100 kg $CaCO_3$ 相当于 56 kg CaO，或 100 kg CaO 中和酸度的能力相当于 179 kg $CaCO_3$，其余也可按此推算（表 16-1）。但是农用石灰质量差异很大，要了解准确的中和值，应通过化学分析确定。

表 16-1 各种含钙肥料的酸度中和值*

钙肥物质	生石灰	熟石灰	白云石	石灰石	硅酸钙
化学式	CaO	$Ca(OH)_2$	$CaMg(CO_3)_2$	$CaCO_3$	$CaSiO_3$
中和值/%	179	136	109	100	86

* 中和值以纯 $CaCO_3$ 为 100 计算

(五)含钙叶面肥

除上述石灰肥料外,硝酸钙、氯化钙可溶于水,多用作根外追肥施用,它们和硫酸钙(石膏)、磷酸氢钙等还常用作营养液的钙源(表16-2)。硝酸钙,溶于水,中性,吸湿性强,可同时给作物补充所需的氮和钙,常用作基肥、追肥;氯化钙,易溶于水,中性,极强的吸湿性,但施用过多易造成土壤的盐渍化,易流失;糖醇钙、柠檬酸钙、氨基酸钙和腐植酸钙等利用螯合剂络合钙养分,避免钙被叶片角质层固定,促进钙吸收利用。另外,生产上常用的波尔多液就是氢氧化钙和硫酸铜的混合液。在番茄初果期喷施波尔多液,不仅提供钙营养,而且还能防治病虫害。

(六)其他含钙的化学肥料

钙是很多常用化肥的副成分(表16-2)。施用这类肥料的同时也补充了钙素,如石灰氮又名氰胺化钙,含38%以上的钙,一般为黑灰色粉末,现已制成颗粒剂,能满足植物生长对钙的需求,特别是对喜钙植物有显著的作用,有果蔬钙片之称,兼有农药、肥料和改良土壤的多重作用;另外,石灰氮是众多氮素肥料中一种不溶于水的肥料,其所含的氮素需要多次水解才能变成植物可以吸收利用的氮素营养,因此它是一种缓效氮肥,其氮肥肥效可持续长达3~4个月。窑灰钾肥中和土壤酸度的能力较强,与熟石灰的中和能力相似。磷矿粉施于酸性土壤上有逐步降低土壤酸度的效果。石膏在补充植物钙素的同时还能补充硫素,并可改良盐渍土等。此外,多种磷肥(如过磷酸钙、磷矿粉、钙镁磷肥和钢渣磷肥等)以及窑灰钾肥也可以作钙肥施用。

表16-2 几种含钙肥料成分

名称	Ca含量/%	钙的形态
硝酸钙	19.4	$Ca(NO_3)_2$
氯化钙	53	$CaCl_2$
硝酸铵钙	8.6	$NH_4NO_3 \cdot CaCO_3$
硫酸钾钙镁	12.1	$K_2Ca_2Mg(SO_4)_4 \cdot 2H_2O$
石灰氮	38.5	$CaCN_2$、CaO
石膏	22.3	$CaSO_4$
普通过磷酸钙	18~21	$Ca(H_2PO_4)_2 \cdot 3H_2O$、$CaSO_4$
重过磷酸钙	12~14	$Ca(H_2PO_4)_2 \cdot H_2O$
沉淀磷酸钙	22	$CaHPO_4$
钙镁磷肥	21~24	α-$Ca_3(PO_4)_2$、$CaSiO_3$
钢渣磷肥	25~35	$Ca_4P_2O_9 \cdot CaSiO_3$
磷矿粉	20~35	$Ca_{10}(PO_4)_6F_2$、$Ca_{10}(PO_4)_6(OH)_2$、$Ca_{10}(PO_4)_6(CO_3)_2$
窑灰钾肥	25~28	CaO

引自:黄云,2014。

二、土壤中的钙

(一)钙在土壤中的含量与形态

在地壳中,钙的丰度居第5位,其平均含量(Ca)为3.64%,故大多数土壤的含钙量较高。在土壤中,钙的含量变化很大,可以从痕量至4%以上,表土平均含钙量可达1.37%,其主要受成土母质和成土条件的限制。沉积岩含钙量高,发育而成的土壤通常含钙量也高;酸性岩含钙量少,发育而成的土壤含钙量低。在湿润地区,淋溶强烈,土壤含钙量多在1%以下;而在干旱和半干旱地区,淋溶较弱,土壤含钙量多在1%以上。

在土壤中,钙可以分为矿物态、交换态和土壤溶液中的钙3种形态(图16-1)。矿物态钙是指存在于矿物晶格中的钙,占土壤全钙量的40%~90%,主要有白云石、方解石、磷矿石、钙长石等。土壤中的含钙矿物分解后,钙的去向有:①在排水中流失;②被生物所吸收;③吸附在黏土颗粒表面;④再次沉淀为次生的钙化合物(干旱区更为明显)。交换态钙是指被土壤胶体所吸附的Ca^{2+},能被一般交换剂交换出来。交换态 Ca^{2+} 占全钙量的比例变化在5%～60%，一般土壤中为20%～30%，交换态 Ca^{2+} 是大多数土壤的主要交换性离子，占交换性盐基总量的40%～90%。在土壤溶液中，Ca^{2+} 的数量较多，是溶液中 Mg^{2+} 的2～8倍，是 K^{+} 的10倍左右。此外，在土壤溶液中，除了 Ca^{2+} 之外，还有无机络合态及有机络合态形式的钙存在。

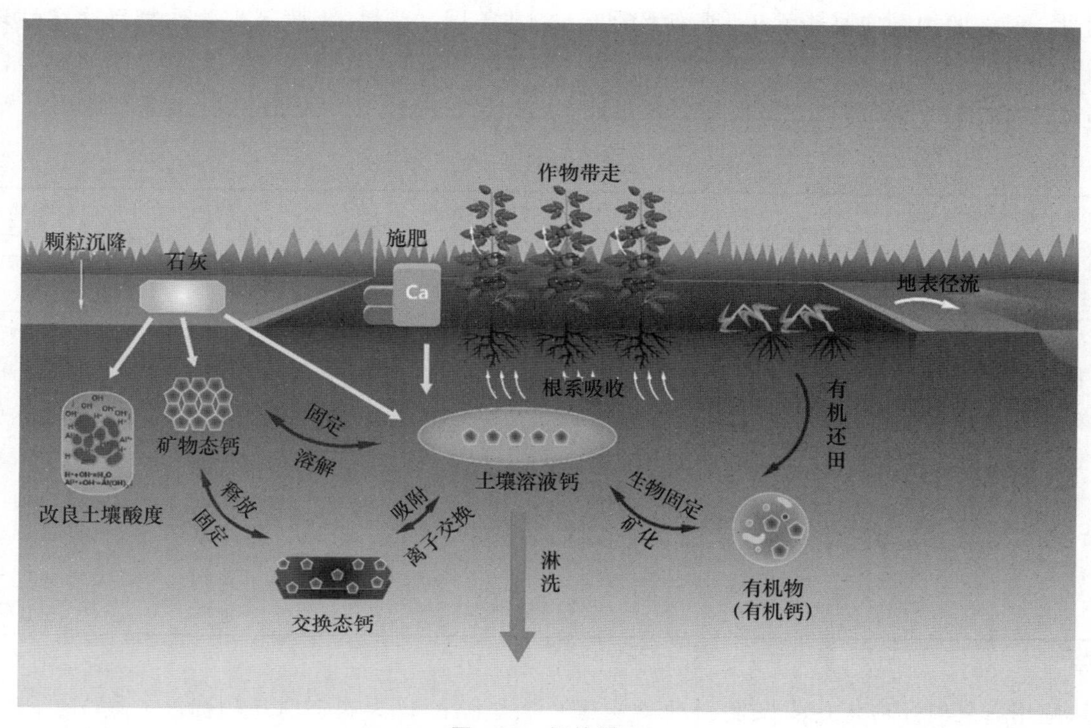

图 16-1　钙的循环

(二)土壤钙的有效性及其影响因素

土壤溶液中的钙和交换态钙是作物可以吸收利用钙的主要形态，两者合称有效钙，其含量常用1 mol/L 的中性盐(如 NH_4OAc 或 KCl)提取测定。与溶液中其他阳离子一样，交换态和溶液中的钙总是处于吸附与解析的动态平衡过程中。影响土壤钙有效性的主要因素有：

(1)土壤全钙含量　土壤全钙含量是补给有效钙库的基础。钙在土壤中以矿物态为主，通过风化作用而成为有效钙。因此，全钙含量高的土壤，有效钙含量一般也高。

(2)土壤质地和阳离子交换量(CEC)　交换态钙是土壤有效钙的主体。CEC高的土壤能保持更多的交换态钙，有效钙的供应容量大。在酸性沙质土壤中，CEC低，有效钙的含量也较低，植物容易缺钙。

(3)土壤酸度和盐基饱和度　一般而言，盐基饱和度高的土壤，有效钙含量也高。在酸性环境下，交换性钙的解离度随 pH 升高和盐基饱和度的增加而提高，含钙化合物的溶解度则随 pH 降低而增加。在中性至碱性土壤中，由于全钙含量较高，pH 对钙溶解度的影响较小。

(4)土壤胶体种类　交换态钙的释放与土壤胶体的种类有密切联系。高岭石吸附的钙容易被植物吸收利用，而蒙脱石类黏土矿物吸附的钙则较难释放，进而影响植物对钙的吸收利用。

(5)其他离子的影响　在土壤中，H^{+} 和 Al^{3+} 可促进交换性钙释放，当 pH 低、交换性 Al^{3+} 高时，植物对钙的需要量增加。当土壤中大量存在着一价代换性盐基离子(如 K^{+}、Na^{+} 等)时，显著抑制交换性钙的有效性。因此，生产上，大量施用含一价盐基离子的肥料(如氯化钾)时，应注意补充含钙肥料。

三、含钙肥料的施用

(一)肥料用量的确定

合理的含钙肥料用量主要依土壤性质、作物种类、含钙肥料的种类、气候条件、施用目的及施用技术等而定。

首先,根据土壤的性质确定施用量。土壤酸性强,活性铝、铁、锰的浓度高,质地黏重,耕作层厚时可选用中和土壤酸度最强的生石灰含钙肥料,并适当加大用量。旱地的用量应高于水田,坡度大的上坡地要适当高于下坡地。一般认为可以依据土壤总酸量而定,因为中和土壤的活性酸所需石灰量非常少,而要中和潜在的总酸量需要的石灰量较多。另外,盐碱地缺钙时可施用石膏。

其次,根据作物的种类确定施用量。各种作物对土壤酸碱度的适应性(表 16-3)和钙质营养的要求不同。茶树、菠萝等少数作物喜欢酸性环境,不需施用石灰;水稻、甘薯、烟草等耐酸中等,要施用适量石灰;大麦等耐酸较差,要重视施用石灰。

表 16-3 主要作物最适宜的土壤 pH

对酸性敏感的作物 pH 6～8		适应中等酸性反应的作物 pH 6～6.7		适应酸性反应的作物 pH 5～6	
作物	pH	作物	pH	作物	pH
棉花	6.0～8.0	甘蔗	6.2～7.0	茶树	5.2～5.6
小麦	6.7～7.6	蚕豆	6.2～7.0	马铃薯	5.0～6.0
大麦	6.8～7.5	油菜	5.8～6.7	荞麦	5.0
大豆	7.0～8.0	甜菜	6.0～7.0	西瓜	5.0～6.0
玉米	6.0～8.0	豌豆	6.0～7.0	花生	5.6～6.0
紫苜蓿	7.0～8.0			烟草	5.0～5.6
				水稻	5.5～6.5
				亚麻	5.0～6.0

引自:黄云,2014。

最后,施用石灰时还应考虑石灰肥料种类及其他条件。中和能力强的石灰或同时施用其他碱性肥料时可少施,降雨量多的地区用量应多些,撒施、中和全耕层或结合绿肥压青或稻草还田的用量应大些。

具体确定石灰用量的方法有多种。主要包括:①根据土壤交换性酸计算法;②根据土壤中阳离子交换量与盐基饱和度计算法;③根据田间试验结果确定石灰用量,此方法最为实用,因为影响石灰用量的因素很多,采用田间试验的实际结果能为某一地区提出较为合理的用量。

在实际应用中,为了快速便捷地估算石灰用量,常根据土壤交换性酸度进行估算,即采用一定浓度的 $CaCl_2$ 溶液浸提土壤样品,然后用标准 $Ca(OH)_2$ 溶液滴定后计算,具体计算公式为:

石灰需要量 CaO(kg/hm^2) $= cV/m \times 0.028 \times 2\,250\,000 \times$ 经验系数

式中:c,V 为滴定消耗的标准 $Ca(OH)_2$ 溶液的浓度(mol/L)和体积(mL);m 为风干土重(g);0.028 为 CaO 的摩尔质量的 1/2 (kg/mol);2 250 000 为每公顷 0～20 cm 耕层土壤的质量(kg/hm^2),以土壤容重 1.15 g/cm^3 计算。

在实际施用中,由于石灰的溶解度和与土壤不可能完全混合均匀等问题,应用时还需乘以经验系数,如为避免局部施用过量,生石灰需要减半施用,即经验系数为 0.5;石灰石粉因颗粒状及与土壤的接触特性,应加大用量,其经验系数为 1.3。

由于石灰需要量的确定是一个复杂的问题,必须综合考虑。中国科学院南京土壤研究所甘家山红壤试验场根据土壤 pH、质地及施用年限等,提出了酸性红壤第一年施用石灰的用量指标(表 16-4),并建议对强酸性黏土每 5 年轮施 1 次,第二、第三年用量逐年减半,第四、第五年停用,第六年再重新施用。

表 16-4 酸性红壤第一年的石灰施用量 kg/hm²

土壤反应	黏土	壤土	沙土
强酸性(pH 4.5～5.0)	2 250	1 500	750～1 050
酸性(pH 5.0～6.0)	1 125～1 875	750～1 125	625～750
微酸性(pH 6.0)	750	625～750	625

引自:谢德体,2004。

(二)施用方法

为了充分发挥石灰的效果,应尽量使石灰与土壤充分接触。在施用石灰时,一般以作基肥和追肥撒施较好,不能做种肥。撒施力求均匀,防止局部土壤过碱或未施到位。如果用量较少或条播作物可少量条施,番茄、甘蓝和烟草等可在定植时少量穴施。花生、玉米等在生长中期时施用石灰,可结合中耕撒施。

施用石灰有一定的后效,持续时间与石灰种类、用量和土壤性质等因素有关,一般不必每年施用,也不宜连续大量施用石灰,否则会引起土壤有机质分解过速、腐殖质不易积累,致使土壤结构变坏,还可能在表土层下形成碳酸钙和氢氧化钙胶结物的沉淀层。过量施用石灰会导致铁、锰、硼、锌、铜等养分有效性下降,甚至诱发营养元素缺乏症,还会减少作物对钾的吸收,反而不利于作物生长。石灰不能和铵态氮肥、腐熟的有机肥和水溶性磷肥混合施用,以免引起氮的损失和磷的退化导致肥效降低。

另外,在植物生长的关键期进行叶面喷施的含钙肥料,如硝酸钙、氯化钙、糖醇螯合钙等也是快速补充钙素的有效方法。目前,叶面钙肥主要用于果树或果类蔬菜上,一般硝酸钙的喷施浓度为0.5%～1%、氯化钙为0.3%～0.5%、氨基酸钙为900～2 000倍液、腐植酸钙为600～1 200倍液、糖醇螯合钙为1 000～2 000倍液,于果实坐果至果实着色期间进行叶面钙肥喷施2～5次,每次喷施至叶面滴水为宜,若能均匀喷施于果面效果更好,可以有效补充钙营养。

第二节 镁 肥

镁是植物必需的营养元素之一,对动物和人类健康都有重要意义,已引起动物、植物营养学家与农学家的关注。20世纪60年代初,在我国南方酸性红壤上施用镁肥使水稻、大豆明显增产。20世纪70年代,海南岛的橡胶出现大面积缺镁黄叶症状,花生、油菜、马铃薯、甜菜、玉米等作物也相继出现镁肥的良好反应。20世纪80年代以后,随着复种指数提高、作物产量增加,高浓度复合肥的大量施用,以及农家肥使用量的降低,镁肥显效的作物种类和土壤普遍扩大,缺镁现象日益加重,施用镁肥的增产效果越来越明显。随着农业集约化程度加强,作物镁营养缺乏的问题日益突出,对镁的要求日趋明显,尤其是在降水量多的酸性土壤地区。

一、镁肥的种类和性质

表16-5列出了含镁肥料的种类、含量和性质。按其溶解度可分为水溶性和难溶性两类,$MgCl_2$、$Mg(NO_3)_2$和$MgSO_4$等为水溶性镁肥,施用后见效快,对于缓解作物缺镁有较高的有效性,也可用于叶面喷施。含镁矿物、轻烧氧化镁及氢氧化镁为难溶性镁肥,在土壤中释放速度较慢,但能够缓慢释放,具有较长的肥效。此外,各类有机肥料也含有镁,含镁量按干重计,厩肥为0.1%～0.6%,豆科绿肥为0.2%～1.2%,水稻植株为0.16%～0.35%等。

表 16-5　含镁肥料的形态、含量与性质

名称	分子式	镁含量(MgO)/%	主要性质
泻利盐	$MgSO_4 \cdot 7H_2O$	13～16	酸性,溶于水
硫镁矾	$MgSO_4 \cdot H_2O$	27.1	酸性,溶于水
无水硫酸镁	$MgSO_4$	33.3	酸性,溶于水
硝酸镁	$Mg(NO_3)_2 \cdot 6H_2O$	15.7	酸性,溶于水
氯化镁	$MgCl_2$	25	酸性,溶于水
无水硫酸钾镁肥	$2MgSO_4 \cdot K_2SO_4$	8	碱性,溶于水
氯化钾镁肥	$KCl \cdot MgSO_4$	19.92	酸性,溶于水
镁螯合物	$Mg \cdot EDTA$	2.5～4	酸性,溶于水
硫代硫酸镁	MgS_2O_3	6.7	中性,溶于水
硫酸钾钙镁(杂卤石)	$K_2Ca_2Mg(SO_4)_4 \cdot 2H_2O$	6	中性,微溶于水
白云石	$CaCO_3 \cdot MgCO_3$	21.7	碱性,微溶于水
菱镁矿	$MgCO_3$	44.82	弱碱性,微溶于水
蛇纹石	$H_4Mg_3Si_2O_9$	43.3	中性,微溶于水
氧化镁	MgO	90～97	碱性,微溶于水
氢氧化镁	$Mg(OH)_2$	58～75	碱性,微溶于水
磷酸镁	$Mg_3(PO_4)_2$	40.6	碱性,微溶于水
磷酸镁铵	$MgNH_4PO_4 \cdot xH_2O$	21(16.43～25.95)	碱性,微溶于水
光卤石	$KCl,MgCl_2 \cdot H_2O$	14.4	中性,微溶于水
钙镁磷肥	$Mg_3(PO_4)_2$	5～12	碱性,微溶于水
钢渣磷肥	$MgSiO_3$	3.8(2.1～10)	碱性,微溶于水
粉煤灰	MgO	1.9(1.7～2.0)	碱性,微溶于水

二、土壤中的镁及镁肥的土壤过程

土壤中的含镁量主要受母质、气候、风化程度和淋溶作用等因素的制约。我国土壤有效镁含量呈北高南低的趋势,其中,有54%的土壤镁含量偏低,需要施用镁肥,主要分布在长江以南地区。在多雨湿润地区的土壤,镁遭受强烈淋失,全镁(Mg)含量多在1%以下;在干旱或半干旱地区,石灰性土壤的含镁量可达2%以上。质地偏沙的土壤含镁量低,随黏粒含量的提高,土壤含镁量增加。不同母质中,以岩浆岩含镁量最高,平均含Mg 2.09%,但其中的花岗岩等酸性岩的含Mg量可低于0.6%。沉积岩平均含Mg 1.51%,其中镁含量的高低顺序为:石灰岩>页岩>砂岩。不同土壤类型土壤供镁能力和水平有明显差异,几种典型土壤中供镁能力排序为:水稻土>棕色石灰土>暗泥质砖红壤>泥质红壤>麻砂质红壤>硅质红壤>红泥质红壤。

在土壤中,镁来源于含镁矿物,例如黑云母、白云母、绿泥石、蛇纹石和橄榄石等岩石。在这些矿物分解时,镁释放进入土壤溶液,其去向是:①作物吸收;②随排水淋失;③土壤胶体吸附;④再次沉淀为次生矿物。土壤中的镁主要以矿物态、交换态、水溶态和有机态等形态存在(图16-2)。

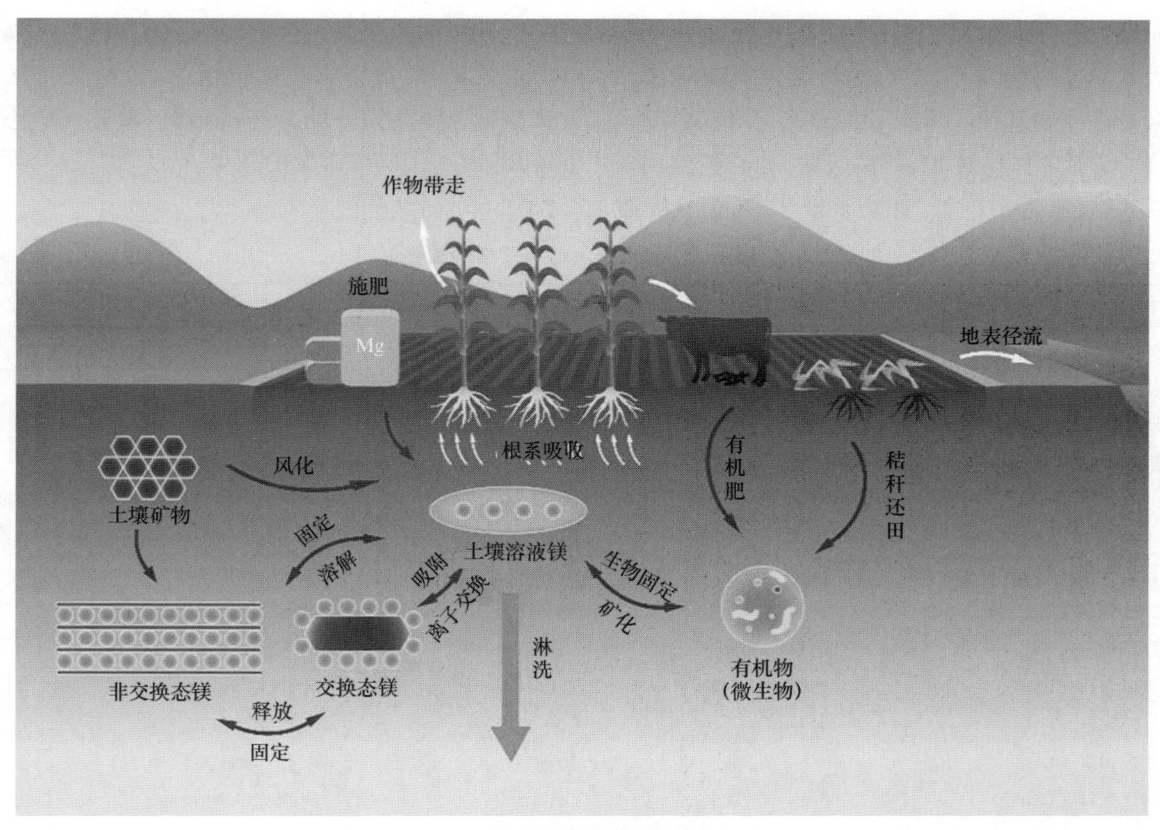

图 16-2　镁的循环

镁肥施入土壤后，一部分被作物直接吸收，一部分被土壤固持，还有一部分则通过淋洗以及地表径流损失。从化学特性而言，与钾、钙和铵离子相比，镁的离子半径小但水合半径大，这导致土壤对镁的结合能力相对较弱，在土壤中的移动性更强。镁肥在土壤中的转化取决于肥料的化学特性、颗粒大小和土壤物理化学特性。通常，水溶性镁肥（例如一水硫酸镁和七水硫酸镁）可以在较短的时间内快速释放，因而对于缓解作物缺镁具有较高的有效性；另一方面，水溶性镁肥淋洗风险很高，尤其是在沙性土壤或高度风化的阳离子交换量低的土壤上。难溶性镁肥缓慢释放，可以减少淋洗的风险，但其土壤有效性较低，并与颗粒的细度有关，颗粒越粗有效性越低。镁肥的应用受到土壤 pH 的影响，在低 pH 的土壤上可以提高难溶性镁肥的有效性。镁肥在土壤中迁移和淋洗也受到土壤质地的影响，黏粒含量较高的土壤具有较高的吸附量，而在通透性较好的土壤，镁离子容易随灌溉水向下运动，淋洗量增大。难溶性镁肥在酸性红壤上的效果很好，但在接近中性的土壤上，最好施用速效性镁肥，以保证作物苗期的镁素供应。

三、镁肥的有效施用

镁肥对作物的效应受到多种因素制约，包括土壤交换性镁水平，交换性阳离子比率（K/Mg，Ca/Mg）、作物特性、镁肥种类等。

镁肥应首先施用在缺镁的土壤和需镁较多的作物上。由于不同研究所用的土壤和作物对象不同，测定方法不统一，目前提出的临界指标差异较大（表 16-6）。一般认为，以 1.0 mol/L NH_4OAc（pH 7.0）提取的交换性镁作为土壤有效镁的诊断指标。对许多植物来说，50 mg/kg 为缺镁临界值。土壤交换性镁饱和度（%）也是衡量土壤供镁能力的指标，当交换性镁的饱和度低于 10%时，就有可能缺镁。其数值依作物对镁的需求而异：需镁较多的一些牧草，可能要求 12%～15%；对于大多数作物为 6%～10%；豆科作物不小于 6%；一般作物不能低于 4%。土壤供镁状况还受其他阳离子的影响，一般要求土壤 Ca/Mg 比值在 12～17，当交换性 Ca/Mg 比值大于 20 时，易发生缺镁现象。交换性

K/Mg 比值，一般要求在 0.4～0.5，当土壤 K/Mg 比值大于 1.0 时为缺乏。因此，钾肥与石灰施用量过高会诱发作物缺镁。NH_4^+ 对 Mg^{2+} 有拮抗作用，而 NO_3^- 能促进作物对 Mg^{2+} 的吸收，如胶树施用硫酸铵后，其镁素含量降低，并加重缺镁症，但镁肥也降低胶树的氮含量。因此，施用的氮肥形态影响镁肥的效果，不良影响程度依次为：硫酸铵>尿素>硝酸铵>硝酸钙。配合有机肥料、磷肥或硝态氮肥施用，有利于发挥镁肥的效果。

表 16-6　不同作物土壤有效镁的临界值

浸提剂	作物	适宜范围/(mg/kg)	资料来源
Mehlich 1	柑橘	15～30	Obreza et al.,2008
Mehlich 3	柑橘	25～33	Obreza et al.,2008
NH_4OAc (pH 4.8)	柑橘	14～26	Obreza et al.,2008
NH_4OAc (pH 7.0)	柑橘	50	Obreza et al.,2008
1 mol/L NH_4NO_3	甜菜	20	Draycott and Durrant,1971
0.02 mol/L HCl	甘蔗	12.2	McClung et al.,1959
1 mol/L NH_4OAc	牧草	17	McNaught and Dorofaeff,1965
1 mol/L NH_4Cl	玉米	25.6	Hailes et al. 1997
1 mol/L NH_4Cl	烟草	53.7	Armour et al. 1983
1 mol/L NH_4OAc	茶园	40	阮建云等，2003
1 mol/L NH_4OAc	大豆	50～80	于群英，2002
1 mol/L NH_4OAc	—	50～70	李伏生，1994
1 mol/L NH_4OAc	—	60	胡霭堂，2003
1 mol/L KCl	—	60～120	白由路，2004

一般而言，作物茎叶中镁的浓度在 0.15%～0.35%(干重)为作物生长的最佳浓度(表 16-7)。依据供试牧草缺镁症状，提出将地上部干物质含镁 0.15% 作为缺镁参考临界值。牲畜食用含镁量低于 0.2%的牧草，易发生牧草痉挛病。

表 16-7　部分植物镁营养的诊断指标　　%

作物品种	采样时期	取样部位	缺乏	适宜	过量
玉米	抽穗期		<0.12	0.16～0.6	0.61～0.85
小麦	生长中后期	最新成熟叶	<0.11	0.13～0.3	
马铃薯	开花前期	最新成熟叶		0.3～0.5	
红薯	移栽后 28 天	最新成熟叶		0.15～0.35	
大豆	花期	最新成熟叶		0.25～0.8	1～1.2
甜菜	播种后 50～80 天	叶片	0.05～0.24	0.25～1	>1
甘蔗	4 个月	中部叶		0.2～0.3	
茶叶	生长旺期	成熟叶		0.18～0.25	
烟草	开花期	最新成熟叶		0.2～0.65	
油菜	营养期	成熟叶片		0.25～0.60	
棉花	营养生长期到开花期	最新成熟叶		0.3～0.9	1.0～1.2
柑橘	生长 5～7 个月龄的春梢	营养性春梢中部的健康成熟叶	<0.16	0.26～0.6	0.7～1.2
卷心菜	收获期	最新成熟芯叶		0.2～0.25	
胡萝卜	生长中期	最新成熟叶		0.3～0.55	
黄瓜	结果到收获期	倒 5 叶	0.25～0.29	0.3～1.2	>1.2
生菜	收获期	最新成熟芯叶		0.32～0.6	
豇豆	开花前	最新成熟叶		0.35～1.0	1.3

各种作物对于镁的要求不同。通常，果树、豆科作物、块根和块茎作物、烟草、甜菜等需镁多于禾谷类作物；果菜类和根菜类作物高于叶菜类作物。镁对多年生牧草、蔬菜、葡萄、烟草、柑橘、油棕、甜菜、橡胶，油橄榄、可可及禾谷类作物中的黑麦、小麦等有良好的反应。

各种镁肥的酸碱性不同，对土壤酸度的影响不一，故在红壤上表现的效果不一致，肥效顺序为：碳酸镁>硝酸镁>氯化镁>硫酸镁。因此，施用不同种类镁肥时，要考虑土壤性质。如果土壤是强酸性的，施用氧化镁、氢氧化镁、白云石灰、蛇纹石粉、钙镁磷肥等缓效性镁肥做基肥效果好，既能增加镁肥溶解度，提高镁的有效性，又能中和土壤酸性，消除 H^+，Al^{3+}，Mn^{2+} 毒害。弱酸性和中性土壤，施用硫酸镁和硫镁矾效果好。作物施用镁肥的效应大小也与施用量有关。例如，橡胶施用过多镁肥时，会导致叶片和胶乳的含镁量过高，引起胶乳早凝，排胶障碍增大，不利于产胶。同时，胶乳的机械稳定性差，影响浓缩胶乳质量。因此，镁肥用量必须要适量。据报道，粮食作物的镁肥施用量（MgO）为 25～45 kg/hm^2；大田经济作物的镁肥施用量（MgO）为 40～60 kg/hm^2；果树和蔬菜的镁肥施用量（MgO）为 50～90 kg/hm^2。

镁肥可做基肥、追肥和根外追肥。水溶性镁肥宜做追肥，微水溶性镁肥则宜做基肥。由于镁素营养临界期在生长前期，在作物生育早期追施效果好。采用 2%～5%的 $MgSO_4 \cdot 7H_2O$ 溶液叶面喷施矫正缺镁症状见效快，但应连续喷施多次。有研究表明温室条件下在叶片上涂抹或喷施 4%的 $MgSO_4 \cdot 7H_2O$ 溶液，与根施镁肥的效果相当；纳米叶面镁肥则比硫酸镁的效果更佳。叶面喷施镁肥见效快，也能避免镁与土壤阳离子的拮抗作用，减少镁淋洗造成的损失，提高镁肥利用效率。

第三节　硫　肥

硫是作物生长发育不可或缺的必需营养元素之一，在植物体内的含量一般为 0.1%～0.5%。硫在提高作物产量，改善作物品质等方面具有重要作用。硫元素对作物的营养功能与氮素相似，其需求量与磷相当。油料作物、豆科作物、牧草和部分蔬菜的需硫量甚至超过磷。但随着肥料用量的增加，农业生产集约化的加剧，高产基因型品种的广泛推广，灌溉条件大幅的改善，使得作物从土壤中带走的硫越来越多。同时，高浓度、无硫的肥料投入比例增加，传统有机肥、含硫肥料和农药的投入减少，又导致了生产中向土壤中补充的硫越来越少；为了更好地实现环境保护，工矿企业向大气中排放的二氧化硫逐年下降，降低了大气 SO_2 的沉降，使得工业区周边农田硫的投入减少。这些农业生产养分管理方式的改变，加剧了全球农田土壤硫的缺乏，也使硫成为限制作物增产和提高肥料利用效率的重要因子。

亚太地区是全球硫需求增长最快的区域，而中国、印度、印度尼西亚对硫的需求量占了亚洲硫总需求量的 80%，这与该区域石油、天然气、化肥、橡胶等产业的飞速发展相关联。2013 年，我国硫资源产量为 2 200 万 t，其中化肥利用占比约 60%，为 1 321.32 万 t。

一、硫肥的种类和性质

常用的硫肥和有机肥含硫量列于表 16-8 和表 16-9。现有硫肥可分为两类：一类为氧化型（硫酸盐型），如硫酸铵、硫酸钾、硫酸钙等；另一类为还原型（硫黄型），如硫黄、硫包尿素等。

表 16-8　常见含硫肥料的成分及含量

肥料名称	含 S 量/%	主要成分
生石膏	18.6	$CaSO_4 \cdot 2H_2O$
硫代硫酸铵	26	$(NH_4)_2S_2O_3$
硫代硫酸钾	17	$K_2S_2O_3$
硫代硫酸钙	10	CaS_2O_3
硫代硫酸镁	10	MgS_2O_3
硫酸钾钙镁	19.2	$K_2Ca_2Mg(SO4)_4 \cdot 2H_2O$
硫黄	80～100	S
黄铁矿	53.4	FeS
硫酸铵	24.2	$(NH_4)_2SO_4$
硫酸钾	17.6	K_2SO_4
硫衣尿素	10	$(NH_2)_2CO\text{-}S$
硫酸铜	12.8	$CuSO_4 \cdot 5H_2O$
硫酸锰	11.6	$MnSO_4 \cdot 7H_2O$
硫酸铁（青矾）	11.5	$FeSO_4 \cdot 7H_2O$

续表 16-8

肥料名称	含S量/%	主要成分
泻盐	13	$MgSO_4 \cdot 7H_2O$
硫酸镁	20	$MgSO_4$
硫硝酸铵	12.1	$(NH_4)_2SO_4 \cdot 2NH_4NO_3$
普通过磷酸钙	13.9	$Ca(H_2PO_4)_2 \cdot H_2O$, $CaSO_4$
硫酸锌	17.8	$ZnSO_4$

表 16-9 常见有机肥含硫量

肥料名称	含S量/%
猪粪	0.122
牛粪	0.020
羊粪	0.082
家禽粪	0.145
谷物秸秆	0.11～0.19
豆科秸秆	0.32～0.33
棉秆	0.04
十字花科秸秆	0.35～0.92
紫云英	0.27
红萍	0.28～0.84

(一)农用石膏

农用石膏是农业土壤硫肥来源之一。目前,农业生产中常用的石膏品类分可为生石膏、熟石膏、磷石膏3种。

1. 生石膏

即普通石膏,俗称白石膏。它由石膏矿直接粉碎而成,呈粉末状,主要成分为$CaSO_4 \cdot 2H_2O$,含硫(S)18.6%,含钙(CaO) 23%。生石膏微溶于水,粒细有利于溶解,供硫能力较强,改土效果较好,农用生石膏粒径需过60目筛。还有一种天然的青石膏矿石,俗称青石膏,粉碎过90目筛后可用,含$CaSO_4 \cdot 2H_2O \geq 55\%$,CaO为20.7%～21.9%,还含有铁、镁、钾、铜、锰、钼等营养元素。

2. 熟石膏

俗称雪花石膏,由生石膏加热脱水而成。其主要成分为$CaSO_4 \cdot 1/2H_2O$,含硫(S)20.7%。熟石膏为白色粉末,易磨细,吸湿性强,吸水后又变为生石膏,物理性质变差,施用不便,宜储存在干燥处。

3. 磷石膏

磷石膏是硫酸分解磷矿石制取磷酸后的残渣,是生产磷铵的副产品,是一种可再生的石膏资源,主要用在建筑业、工业和农业。我国磷石膏年均堆存量可达5000万t,截至2018年,累积堆存量已超5亿t,给环境带来了较大的压力。近年来,我国磷石膏利用量和利用率逐年提高,但综合利用率不足40%;2018年,我国磷石膏产量约为7800万t,利用量仅为3 100万t,利用率为39.7%。

磷石膏主要成分为$CaSO_4 \cdot 2H_2O$,其他成分因产地而异,一般含硫(S)11.9%,含磷(P_2O_5)0.7%～3.7%,呈酸性,易吸潮,适用于缺钙、硫、磷的土壤上,可代替石膏使用。

在底土层酸化的地区,石膏作为相对易溶解的钙源被用来减轻铝毒。此外,在巴西咖啡生产带,冬季的长时间干旱严重威胁着咖啡根系的生长和养分吸收,持续施用石膏可有效帮助咖啡应对干旱胁迫,石膏施用因此被称作是“白色灌溉”。这主要是因为石膏具有良好的吸水保湿性,可随水增加其在土壤中的移动,进而提高土壤的透气性,维持根系水分需求,促进咖啡根系向下生长,增加吸收根含量,帮助咖啡应对干旱胁迫,同时还可为植株提供足够的钙、硫营养。

(二)硫酸钾

硫酸钾(K_2SO_4)也是主要的硫肥,硫(S)含量17.6%,纯品为无色结晶体,农用硫酸钾外观多为淡黄色。硫酸钾的吸湿性小,不易结块,水溶性好,施用方便,主要应用在蔬菜和果树上,分别占主要作物总消费量的54%和42%。2017年,我国硫酸钾产能达到301万t,进口6.41万t,出口1.4万t。

(三)硫代硫酸盐

硫代硫酸盐($S_2O_3^{2-}$)肥料是一种透明液体,可在各种条件下施用,给作物提供硫营养,其还含有其他养分,如以铵盐形态存在的氮、钾盐、钙盐或镁盐。

硫代硫酸铵是一种常用的含硫液体肥。它是通过二氧化硫、硫黄和氨水反应形成的。其他常见的硫代硫酸盐也是同样方式生产而成的。硫代硫酸盐在水中的溶解度很高,并和其他许多液体肥料相容。硫代硫酸盐可经过地表和空中灌溉系统进行施用,也可用于叶面喷施,为植物快速提供养分。

(四)硫黄

硫黄也是一种农业生产中常用的土壤硫肥。2019年,我国硫黄产量约为705.31万t,硫黄产能逐年提升。硫黄难溶于水,不易淋洗,后效长,一般农用硫黄含硫95%~99%。

二、土壤中的硫及硫肥的土壤过程

我国土壤全硫含量在100~500 mg/kg,南方湿热地区土壤硫以有机硫为主,占全硫量的85%~94%,无机硫占6%~15%;北方干旱地区无机硫含量较高,石灰性土壤无机硫占全硫的39%~62%。黏性母质发育的土壤硫含量高于沙性母质。硫是土壤中易于移动的元素之一,容易受到淋洗影响,导致土壤含硫量降低。土壤有效硫临界值(以S计)为10~12 mg/kg,土壤中有效硫在临界值以下时,植物体内硫浓度随着硫肥的施用增加而增大。2008—2011年,农业部(现农业农村部)在陕西、内蒙古、吉林、云南、河南、广东、安徽、北京、甘肃、江西、山东、湖南、山西、河北、天津、广西、上海、四川等18个省(自治区、直辖市)的2 450万hm^2耕作土壤上,开展了土壤硫状况调研工作。该项工作共取样测试土壤样品130万份,结果显示,约44%的耕作土壤(约1 060万hm^2)缺硫。其中,陕西、内蒙古、吉林、云南、河南、广东和安徽7个省份耕作土壤严重缺硫。

硫肥施入土壤后,硫素形态往往会发生转化(图16-3)。在淹水稻田土壤中,硫的转化过程主要是硫酸盐的还原和硫化氢的挥发,但在水层与土表交界处以及水稻根际圈,则主要发生硫化物的氧化作用。此外,无机态硫肥常被微生物同化固定为有机态硫。上述这些形态的转化,不仅关系到硫肥本身的有效性,还会影响到其他养分的有效性。一般认为,水稻的根系只能吸收氧化态的SO_4^{2-},土壤中的有机硫或还原态硫化物需经矿化或氧化为SO_4^{2-}才能被水稻吸收利用。还原态的H_2S在土壤中积累过多,则对水稻根系产生毒害作用。另外,H_2S还可与Fe^{2+}、Zn^{2+}和Cu^{2+}等起反应,降低这些养分的有效性。

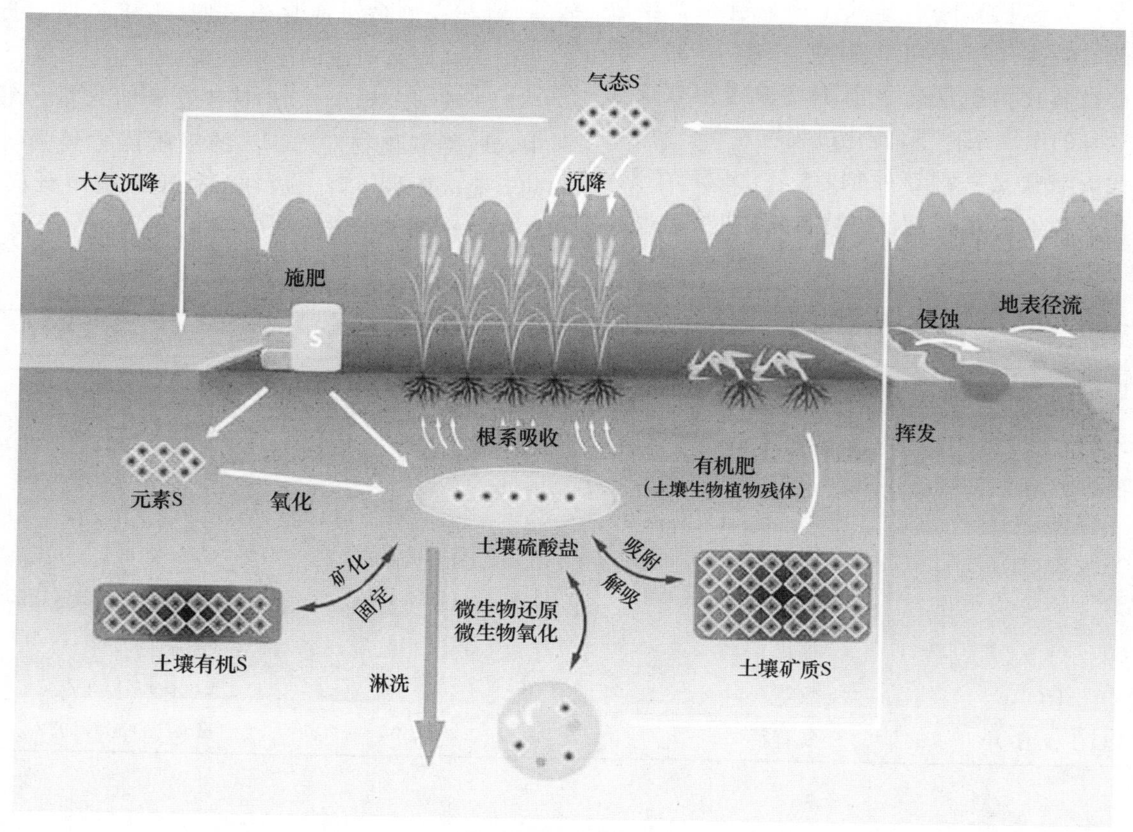

图16-3 硫的循环

硫肥可为作物直接供应硫素营养，也能为作物提供钙、镁、磷和铁等营养。硫黄和液态二氧化硫施入土壤以后，硫氧化细菌将其氧化形成硫酸，硫以硫酸根离子形态被作物吸收利用。这种氧化反应能提高一些微量元素的植物有效性，如锌、铁等。以硫酸根形态存在的硫肥，一部分直接被植物吸收利用，一部分易于淋洗流失。土壤好气和淹水条件下，硫化物都会被相关的土壤微生物转化生成挥发性硫化物，如硫化氢、二氧化硫等，这些产物可部分抑制豆科根腐病，但过量亦会损伤根系，降低根系活性。

石膏是常见的农用硫肥，也是碱土的化学改良剂。碱土是指土壤胶体中含有较多的交换性钠，呈现强碱性反应。碱土土粒分散，通透性差，干时板结，湿时泥泞，严重影响作物的生长发育。施用适量石膏，可改善碱土中土壤胶体与土壤溶液的组分，反应形成的 Na_2SO_4 易溶于水，可随水排出土体，使碱土得到改良。钙胶体的形成，可有效克服土壤分散，加强土壤团聚性，改善土壤理化性质。

绝大多数硫代硫酸盐施入土壤后会很快反应形成连四硫酸盐，随后转化为硫酸盐（图 16-3）。硫代硫酸盐在转化为硫酸盐之前不易被作物直接吸收。在适宜的温度条件下，转化过程可在 1～2 周完成。硫代硫酸盐是一种还原剂，硫氧化后产生酸，对土壤化学和生物方面有着独特作用，如可以提高一些微量元素的有效性。此外，硫代硫酸盐可降低尿素的水解和硝化作用。

三、硫肥的有效施用

（一）影响硫肥施用的因素

土壤条件、作物种类、硫肥品种和用量、施肥方法和时间、灌溉条件等都会影响硫肥的有效施用和硫肥的肥效。

1. 土壤条件

作物施硫是否有效取决于土壤中有效硫的含量（氯化钙浸提-硫酸钡比浊法）。通常认为，土壤有效硫含量低于 10～12 mg/kg 时，作物可能缺硫。土壤缺硫临界值与测定方法和作物种类有关（表 16-10）。我国有效硫缺乏的土壤主要有 3 种：①全硫和有效硫含量皆低，如质地较粗的花岗岩、砂岩和河流冲积物等母质发育的质地较轻的土壤；②全硫含量并不低，但由于低温和长期淹水的环境，影响土壤硫的有效性，导致土壤有效硫含量较低的丘陵、山区的冷浸田；③山区和边远地区，因交通不便，施用化肥较少或只施氮肥，由于长期或近期未施用含硫肥料引起的土壤缺硫。

土壤 pH 影响土壤中有效硫的含量。酸性土中，铁、铝氧化物对 SO_4^{2-} 的吸附能力较强，随 pH 的升高吸附性下降。故在酸性土上施用石灰，有效硫含量增加。

表 16-10　不同作物土壤有效硫的临界值

浸提剂	作物	临界值/(mg/kg)	资料来源
$Ca(H_2PO_4)_2$	玉米	8	Fox et al.,1964
	紫苜蓿	10	Fox et al.,1964
	玉米、小粒谷类作物	7	Grava,1971
	紫苜蓿，三叶草	12	
KH_2PO_4 或 $Ca(H_2PO_4)_2$	水稻	8～10	Grava,1971
NH_4OAc	谷子	6～7	McClung et al.,1959
$NaHCO_3$	棉花	10	Kilmer et al.,1960
Na_2HPO_4＋HOAc	牧草	10	Cooper,1969
$Ca(H_2PO_4)_2$＋HOAc	紫苜蓿	9	Hoeft et al.,1972

土壤通气性也影响到土壤硫的有效性。土壤通气良好，硫以 SO_4^{2-} 形式存在；排水不良的沤水田中，SO_4^{2-} 被还原为 H_2S，对作物产生危害。H_2S 的毒害可通过产生 FeS 而消除。

土壤及肥料中硫的有效性受到 Eh 的影响。在强还原条件下，SO_4^{2-} 转化为硫化物（S^{2-}），不易为作物利用。当采用烤田或水旱轮作等措施时，排除田面淹水，氧气进入耕层，使作物不能吸收利用的硫化物转变为作物易吸收利用的硫酸盐，可有效改善土壤硫的供应状况。

2. 作物种类

不同作物对硫的需求量相差较大。结球甘蓝、花椰菜、饲用芜菁、四季萝卜、大葱等需要大量的硫。豆科作物、棉花、烟草等需硫量中等。油菜、甘蔗、花生、大豆和菜豆等对缺硫比较敏感，施用硫肥有较好的反应。

有人建议用植物体内的硫浓度作为硫素营养状况的指标，低于临界值（表 16-11）时，必须施用硫肥。作物体内氮和硫均按一定比例存在于蛋白质中，而且各种作物的 N/S 不同，故也有人建议用 N/S（如禾本科作物以 14∶1，豆科作物以 17∶1）作为诊断的临界值。

针对不同作物，我国现有的硫肥推荐用量为：谷物作物硫肥推荐用量为 30～45 kg S/hm^2；油料作物推荐用量为 30～60 kg S/hm^2。

表 16-11　不同植物植株中含硫量的临界值

植物	全硫/%		硫酸盐硫/%	
	临界值	分析部位	临界值	分析部位
地中海三叶草			0.017	地上部位
白三叶草	0.26	全株		
紫苜蓿（温室）			0.015	第一片完全叶
紫苜蓿	0.22	全株	0.05～0.07	全株
禾本科牧草			0.020	
混合牧草	0.26	全株	0.032	全株（多年生黑麦草）
多年生毒麦			0.032	
油菜			0.020	地上部
糖甜菜			0.025	叶片
苹果、梨、桃			0.01	叶片
椰子	0.16	全株	0.015	9～14 叶片
咖啡		叶与叶柄	0.020	叶片
棉花（初蕾期）	0.15	全株		
棉花（盛蕾期）	0.20	叶与叶柄		
水稻	0.16	叶片		

3. 降水和灌溉水中的硫

降水和灌溉水中的硫可补充土壤有效硫的不足。工矿企业和生活燃料排放出的废气含有数量不等的二氧化硫，可随降水进入土壤。通常，每年随降雨带至土壤的硫（S）大于 10 kg/hm^2 时，一般作物不易缺硫。但由于 SO_2 比空气重 1.2 倍，其扩散范围不大，故近工业中心附近的大气含硫量高于农村。有报道显示，工业区附近每年由雨水带入土壤中的硫为 11.25 kg/hm^2，农村仅为 1.13 kg/hm^2，故在工业区附近有可能造成环境污染。我国的浙江、江西、云南、福建等省降雨中的硫，每年分别为 13.1～29.9、22.5、14.6～23.2 和 28.4 kg/hm^2。世界河水中平均含硫 3.74 mg/kg。我国南方 6 省（自治区）河水含硫 1.67 mg/kg（n=650），当灌溉水含硫 6.0 mg/kg 时，即可满足水稻生长的需要。因此，在水田和有灌溉条件的地区，若灌溉水中含硫较多，可适当减少硫肥的用量。

沿海地区大气中含有来自海水浪花中的硫酸

盐，随雨水带入土壤的硫较多。例如，在爱尔兰沿海地区，每年随雨水带入土壤的硫为 18 kg/hm^2，内陆地区只有 9～10 kg/hm^2。一般认为，每年从雨水带入土壤中的硫达 9.75 kg/hm^2，一般作物则不会缺硫。

4. 硫肥的品种及施用时间

不同硫肥品种的肥效很难进行严格比较。一般含 SO_4^{2-} 的不同硫肥品种的肥效基本相当。元素硫（硫黄）在碱性、钙质土壤中是一种很有效的硫肥，在这类土壤中的效果优于含 SO_4^{2-} 的肥料。主要原因是由于土壤高 pH 对元素硫的氧化作用，元素硫的氧化可改善磷和微量元素的有效性，并可减轻作物的失绿症状，增加硫的供给。施用黄铁矿（二硫化铁）与单质硫肥的施用效果相类似。

不同的硫肥品种对土壤酸化的影响差异显著。从现有的硫肥品种来看，石膏无酸化作用，而硫铵有很强的潜在酸化作用。元素硫通过硫杆菌被氧化成硫酸，有 H^+ 生成，具有一定的酸化作用。长期施用各种硫肥对土壤 pH 的影响为：硫铵＞元素硫＞石膏。

和磷肥一样，硫肥宜做基肥早施。表施硫肥（尤其是元素硫）的肥效高于深施。在水稻上施用硫肥的最佳时间是插秧后的 15 天左右。

（二）石膏的施用技术

石膏可做基肥、追肥和种肥。旱地做基肥的用量一般为 225～375 kg/hm^2，可将石膏粉碎后撒于地面，结合耕作施入土中。花生是需钙和硫均较多的作物，可在果针入土后 15～30 天施用石膏，通常用量为 225～375 kg/hm^2。稻田施用石膏，可结合耕地施用，也可于栽秧后撒施或塞秧根，用量一般为 75～150 kg/hm^2，若用量较少，可用作蘸秧根。

施用石膏必须与灌排工程相结合。重碱地施用石膏应采取全层施用法，在雨前或灌水前将石膏均匀施于地面，并耕翻入土，充分混匀，与土壤中的交换性钠起交换作用，形成 Na_2SO_4，通过雨水或灌溉水，冲洗排碱。若为花碱地，其碱斑面积在 15% 以下，可将石膏直接施于碱斑上。洼碱地宜在春、秋季节平整地，然后耕地，再将石膏均匀施在犁垡上，通过耙地，使之与土混匀，再进行播种。

第十六章扩展阅读

复习思考题

1. 钙、镁、硫肥各有哪些种类，各具有什么特性和优缺点？
2. 钙、镁、硫肥在土壤中的转化过程是什么？
3. 钙、镁、硫肥有效施用有哪些原则与技术？

参考文献

白由路，金继运，杨俐苹. 2004. 我国土壤有效镁含量及分布状况与含镁肥料的应用前景研究. 土壤肥料. 2，3-5.

蔡良. 2013. 钙肥肥效的理论探讨. 磷肥与复肥. 28(1)，8.

胡霭堂. 2003. 植物营养学(下册). 2 版. 北京：中国农业大学出版社.

黄云. 2014. 植物营养学. 北京：中国农业出版社.

黄鸿翔，陈福兴，徐明岗，等. 2000. 红壤地区土壤镁素状况及镁肥施用技术的研究. 土壤肥料. 5，19-23.

李春俭. 2008. 高级植物营养学. 北京：中国农业大学出版社.

刘崇群. 1995. 中国南方土壤硫的状况和对硫肥的需求. 磷肥与复肥. 10(3)，14-18.

阮建云，吴洵. 2003. 钾、镁营养供应对茶叶品质和产量的影响. 茶叶科学. S1，21-26.

沈浦，李冬初，徐明岗，等. 2011. 长期施用含硫化肥对稻田土壤养分含量及剖面分布的影响. 植物营养与肥料学报. 17(1)，95-102.

温明霞，石孝均. 2013. 重庆柑橘园钙素营养研究. 植物营养与肥料学报. 19(5)，1218-1223.

吴礼树. 2011. 土壤肥料学. 北京：中国农业出版社.

王利，高祥照，马文奇，等. 2008. 中国农业中硫的消费现状、问题与发展趋势. 植物营养与肥料学报. 14(6)，1219-1226.

吴淑岱. 1994. 中华人民共和国土壤环境背景值图集. 北京：中国环境科学出版社.

谢德体. 2004. 土壤学南方本. 北京：中国农业出版社.

曾宪坤. 2003. 中国硫肥发展前景展望. 磷肥与复肥. 18(4)，5-7.

张艳松，张艳，于汶加，等. 2014. 中国硫资源供需形势分析及对策建议. 中国矿业. 23(8), 11-14.

张卫峰,张福锁. 2012. 中国肥料发展研究报告 2012. 北京:中国农业大学出版社.

Fan M. X., Messick D. L., de Brey C. 2005. 世界硫需求及硫肥状况. 汤建伟,审,穆荣哲,译. 磷肥与复肥. 20(6), 5-9.

Fan M. X. 2008. 中国硫肥需求与研究. 董燕,译. 中国农技推广. 24(9), 33-35.

Fan M. X., Messsick D. L. 2008. 全球土壤缺硫与硫肥应用情况. 马常宝,高祥照,译. 中国农技推广. 24(8), 31-33.

Cakmak, I., Yazici, A. M. 2010. Magnesium: a forgotten element in crop production. Better Crops. 94, 23-25.

Canfield E. D., Farquhar, J. 2012. The Global Sulfur Cycle. In: Fundamentals of Geobiology (Knoll, A. H., Canfield, E. E. and Konhauser, K. O. eds). Blackwell Publishing Ltd.

Durrant M. J. and Draycott A. P. 1971. Uptake of magnesium and other fertilizer elements by sugar beet grown on sandy soils. J. Agri. Sci. 77(1), 61-68.

Hailes K. J., Aitken R. L. and Menzies N. W. 1997. Magnesium in tropical and subtropical soils from north-eastern Australia. II. Response by glasshouse-grown maize to applied magnesium. Soil Res. 35 (3), 629-642.

Härdter R., Rex M. and Orlovius K. 2004. Effects of different Mg fertilizer sources on the magnesium availability in soils. Nutrient Cycl. Agroecosys. 70 (3), 249-259.

Huang Y., Kang R., Ma X., et al. 2014. Effects of calcite and magnesite application to declining Masson pine forest on strongly acidified soil in Southwestern China. Sci. Total Environ. 481, 469-478.

Marschner P. 2012. Marschner's Mineral Nutrition of Higher Plants .3rd Edition. Academic Press.

McNaught K. J. and Dorofaeff F. D. 1965. Magnesium deficiency in pastures. New Zeal. J. Agri. Res. 8(3), 555-572.

Obreza T. A., Morgan K. T. 2008. Nutrition of Florida Citrus Tress .2nd Edition. University Florida.

Römheld V., Kirkby E. A. 2010. Research on potassium in agriculture: needs and prospects. Plant Soil. 335, 155-180.

Wang Z., Hassan M. U., Nadeem F., et al. 2020. Magnesium fertilization improves crop yield in most production systems: Meta-analysis. Front. Plant Sci. doi:10.3389/FPLS.2019.01727.

扩展阅读文献

胡霭堂. 2003. 植物营养学(下册). 2 版. 北京:中国农业大学出版社.

黄云. 2014. 植物营养学. 北京:中国农业出版社.

鲁剑巍,陈防,陈行春,等. 1994. 钾,硫肥配施对作物产量与品质的影响. 土壤通报. 5, 216-218.

张宏彦,刘全清,张福锁. 2009. 养分管理与农作物品质. 北京:中国农业大学出版社.

Fan M. S., Zhao F. J., Fairweather-Tait S. J., et al. 2008. Evidence of decreasing mineral density in wheat grain over the last 160 years. J. Trace Elem. Med. Biol. 22, 315-324.

FAO. Soil salinization and alkalinization. http://www.fao.org/.

Gerendás J., Führs H. 2013. The significance of magnesium for crop quality. Plant Soil, 368, 101-128.

Rosanoff A. 2013. Changing crop magnesium concentrations: impact on human health. Plant Soil. 368, 139-153.

第十七章 微量元素肥料

教学要求：

掌握植物必需微量元素肥料及其施肥技术。

扩展阅读：

中国中微量元素及肥料产学研创新联盟

当今，在农业生物学、地学、环境学等学科中微量元素的研究已成为热点之一，不论在深度与广度上都达到前所未有的程度。加之随着作物产量的不断提高，有机肥料在肥料总构成中的比例逐年下降，以及商品性肥料中大量营养元素的浓度与纯度不断加大，微量元素的肥效也越来越明显，如增施微量元素肥料可明显增产、增收与改善产品品质。随着科学技术的发展，农产品中微量元素贫乏或过多对人类和动物的健康、生态环境的影响已逐步为人们所认识和重视。据报道，全球发展中国家有35亿人缺铁，几亿人缺锌和钙。微量元素肥料的施用已不仅仅是农作物生产所必需，还与畜牧业的发展、人类健康和生态环境保护密切相关。

第一节　硼肥及其施用

在20世纪50年代，我国老一辈科学家在黑龙江发现大豆白叶，经研究确定缺钼，这是我国微量元素应用研究的起步。20世纪70年代，云南土地平整，施钙镁磷肥后发现玉米白苗。此后，在安徽、湖北、北京等地陆续发现水稻稻缩苗，经研究发现是由缺锌所致。张乃凤先生在山东省进行了土壤有效锌普查，研究了土壤有效锌含量和玉米施锌效应，揭开了我国土壤锌研究和锌肥施用的新纪元。与此同时，在湖北浠水发现甘蓝型油菜开花不结实，在湖北新洲发现棉花现蕾不开花。油菜"花而不实"和棉花"蕾而不花"均由缺硼引起。那么，为什么20世纪60～70年代我国出现此类问题？一是土地平整后新开垦的土地贫瘠，微量元素缺乏。二是推广的新品种产量高，对微量元素养分需要量高。三是复种指数提高，改进栽培技术后，化肥用量增加，作物产量增加，作物从土壤中带走的微量元素多。因此，当时的化工部化肥司在全国组织微肥施用技术培训班，推广微量元素肥料的施用，取得了显著的经济效益。从世界范围内看，高产和集约化作物种植制度加大了作物对中微量元素的需求，硫、锌、硼、钼、镁等逐渐成为作物增产的限制因子(图17-1)。但如果微量元素供应过多，又容易造成作物受毒害和环境污染。

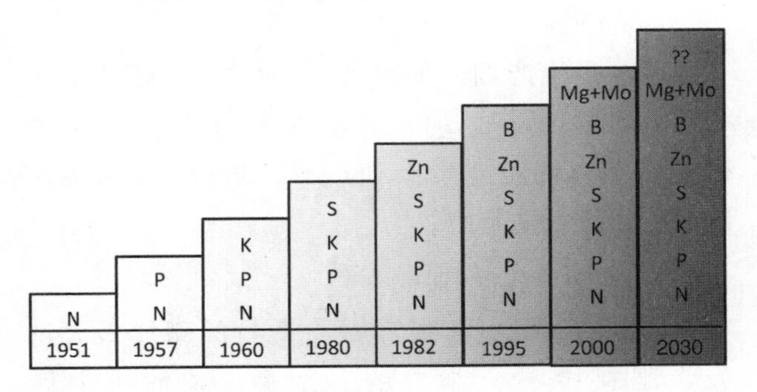

图17-1　高产和集约化作物种植制度加大作物对中微量元素需求
(引自：Rijpma and lslam，2003；Srinivasarao et al.，2007)

一、土壤中硼的有效性及其影响因素

1. 土壤中硼的来源

土壤中硼主要来源于成土母质，植物残体和火山活动也是土壤硼的重要来源。土壤有机态硼包括植物残体中的硼和被有机物吸附的硼。无机态硼包括含硼矿物、铁铝氢氧化物吸附的硼、黏土矿物吸附的硼、氢氧化镁吸附的硼和土壤溶液中的硼等(图17-2)。其中，土壤溶液中的硼主要是水溶性硼，一般只占土壤全硼量的0.1%～5%，水溶态硼与土壤吸附态硼保持着平衡关系。水溶态硼主要通过扩散和质流的形式向根表迁移，被植物吸收利用。当土壤溶液中硼浓度达到0.1 mg/L时，对大多数作物而言是足够的。干旱地区由于矿物风化较少，总硼含量较高，但缺硼比例较大，主要是因为土壤pH增加降低了硼矿的溶解度。

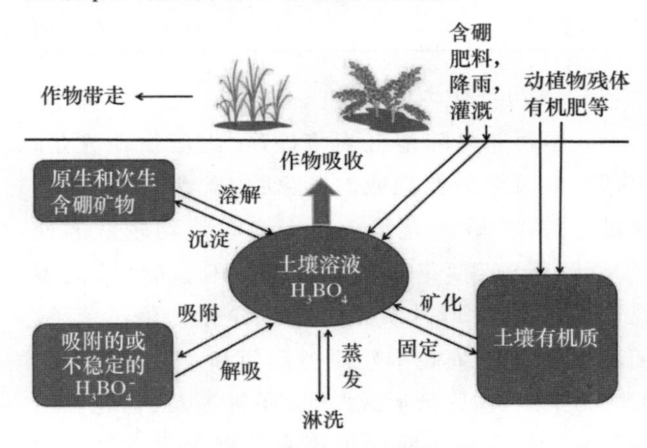

图17-2　农田土壤中硼的循环
(改自：Havlin et al.，2013)

2. 土壤有效硼

土壤有效硼是指土壤中能供当季作物吸收利用的硼。我国不同区域土壤，甚至同一类型土壤，土壤有效硼含量不同。目前采取热水浸提法提取土壤有效硼。当土壤有效硼含量低于0.25 mg/kg时，硼营养水平极低，大多数作物硼不足，需硼中等和需硼较多的作物出现严重缺硼症状。当土壤有效硼含量为0.26～0.50 mg/kg时，硼营养水平低，需硼较少的作物硼能够满足生长，需硼中等和需硼较多的作物可能有缺硼症状。当土壤有效硼含量为0.51～1.00 mg/kg时，硼营养水平适宜，能够满足多数作物生长。当土壤有效硼含量为1.01～2.00 mg/kg时，硼营养水平丰富，能够满足大多数作物生长，不耐高硼的作物施硼肥可能出现硼毒害。当土壤有效硼含量高于2.01 mg/kg时，作物硼营养水平过量(表17-1)。

表 17-1 土壤有效硼(热水溶性硼)含量与施用硼肥的必要性及其技术要点

土壤热水溶性硼含量/(B mg/kg)	作物硼营养水平	施用硼肥的必要性和技术要点
<0.25	极低	大多数作物硼不足,需硼中等和需硼较多的作物出现严重缺硼症状;基施硼肥为主,酌情喷施硼肥,效果极显著
0.25～0.50	低	需硼较少的作物硼能够满足生长,需硼中等和需硼较多的作物(或品种)可能有缺硼症状;酌减基施硼肥的用量,或在作物生育旺盛期喷施硼肥 2～3 次,效果显著
0.51～1.00	适宜	多数作物硼能够满足生长;需硼中等和需硼较多的作物(或品种)在生育旺盛期硼不足,应喷施硼肥 2～3 次,或结合滴灌施硼肥,效果显著
1.00～2.00	丰富	大多数作物硼能够满足生长;需硼中等和需硼较多的作物(或品种)在生育旺盛期硼不足,喷施硼肥 2～3 次,或结合滴灌施硼肥有效;不耐高硼的作物施硼肥可能出现硼毒害
>2.00	过量	一般不需要施用硼肥。个别地区、个别作物在试验有效基础上,酌情喷硼或结合滴灌施硼肥有效,防止盲目施硼肥对作物产生毒害

3. 我国缺硼土壤分布

我国西部内陆地区为富硼区,土壤供硼充足;南部或东南部为低硼或缺硼区;中部为过渡区,硼含量中等,供硼较充足。在土壤有效硼较低的地区,油菜不施硼“花而不实”;棉花不施硼“蕾而不花”;柑橘缺硼“叶片黄化”和“木栓化”,落花落果。随着相关高校、农技推广服务部门和企业等对硼肥的大力推广,农民已形成“无硼不种油菜、棉花和柑橘”等意识,近些年我国土壤有效硼含量有显著增加的趋势。

4. 土壤硼有效性影响因素

土壤硼有效性影响因素主要有:土壤 pH、土壤有机质、土壤质地、土壤对硼的吸附和解吸、气候条件以及硼与其他元素的相互作用等。容易出现缺硼的土壤有以下几种情况:①含硼量低的土壤,例如酸性火成岩和淡水沉积物发育的各种土壤;②pH>7 的石灰性土壤或过量施用石灰的酸性土;③淋溶强烈的酸性土壤;④质地较轻的土壤;⑤有机质含量低的土壤。

二、硼肥品种及其施用

1. 硼砂

硼砂($Na_2B_4O_7 \cdot 10H_2O$)含 B 10.8%,是目前应用最广泛的一种硼肥,可作基肥、种肥和叶面喷施。

2. 硼酸

硼酸(H_3BO_3)含 B 16.8%,是常用硼肥之一,价格较昂贵,一般只用作根外追肥。

3. 含硼玻璃肥料

含硼玻璃肥料含 B 10%～17%溶解度小,在土壤中缓慢释放出硼,不易被土壤吸附,也不易流失,施用一次可长期有效。

4. 硼矿石

硼矿石是自然界的含硼矿物,有硬硼钙石、白硼钙石和钠硼解石。硼矿石不溶于水,经粉碎后呈白色粉末,只适于做基肥,肥效稳长。由于其溶解度低,不容易淋失,常用在沙质土壤上。

5. 硼泥

硼泥是生产硼砂的矿渣,每生产 1 t 硼砂可得 4～5 t 硼泥。硼泥 B_2O_3 含量为 2%～3%,可溶性硼 0.25%。硼泥呈碱性,pH 8～9,适用于南方酸性缺镁的土壤上作基肥。

6. 含硼的大量元素肥料

含硼的大量元素肥料是将适量的硼加入大量元素肥料中混合制成的。含硼过磷酸钙含硼 0.6%,含磷 8%。有些国家出售含 B 0.2%、B 0.3%或 B 0.4%的大量元素肥料,即在大批的 NPK 肥中按重量计含有 0.2%、0.3% 或 0.4%的硼。我们国家含硼的大量元素肥料主要有含硼的复混肥,油菜、柑橘等作物专用肥等。

土耳其硼矿储量最高,占世界 71.3%。我国硼矿储量与智利相当，仅占世界的3.8%。因此，我国是一个硼矿储量相对较少的国家。近20年，美国、土耳其、意大利等一批硼肥产品，如速乐硼(Solubor，含B 20.9%)、持力硼(Granubor，含B 15%)、车马硼(Fertibor，含B 15%)、富利硼等进入我国，占领了我国大量市场，取得了显著的经济效益。其中速乐硼硼含量高，溶解性好，尤其适用于叶面喷施。

第二节　锌肥及其施用

一、土壤中锌的有效性及其影响因素

1. 土壤中锌的来源

土壤中锌的有效性主要决定于含锌矿物的溶解性、土壤有机质以及黏粒和有机质表面对锌的吸附(图17-3)。成土母质是土壤中锌的主要来源。主要的含锌矿物有闪锌矿(ZnS)、红锌矿(ZnO)、菱锌矿($ZnCO_3$)、硅锌矿(Zn_2SiO_4)和异极矿[$Zn_4Si_2O_7(OH)_2 \cdot H_2O$]。主要含锌成岩矿物有磁铁矿、橄榄石、石榴石、十字石、辉石、闪石和黑云母。主要含锌黏土矿物有白云母、伊利石、绿泥石、蒙脱石和高岭石等。黏粒成分较多的，含锌量较高；沙性母质含锌量较低。土壤中锌的形态包括水溶态锌、交换态锌、碳酸盐结合态锌、有机结合态锌、氧化锰结合态锌、氧化铁结合态锌和矿物中的锌。

2. 土壤有效锌

不同形态的锌对植物的有效性不同。水溶态锌和交换态锌对植物有效，有机结合态锌则需经有机质分解后才能被植物利用，次生矿物和原生矿物中的锌一般对植物是无效的(图17-3)。原生和次生矿物分解产生的溶解在土壤溶液中的锌，首先被阳离子交换吸附，或者被微生物固定，或者与溶液中有机物络合。其中，络合态锌有利于土壤锌向根表面的运输和植物吸收。测定土壤有效态锌，酸性土壤和中性土壤用0.1 mol/L HCl提取，石灰性土壤用DTPA溶液(pH 7.3)提取。酸性和中性土壤有效锌临界值为1.5 mg/kg，石灰性土壤有效锌临界值为0.5 mg/kg(表17-2)。

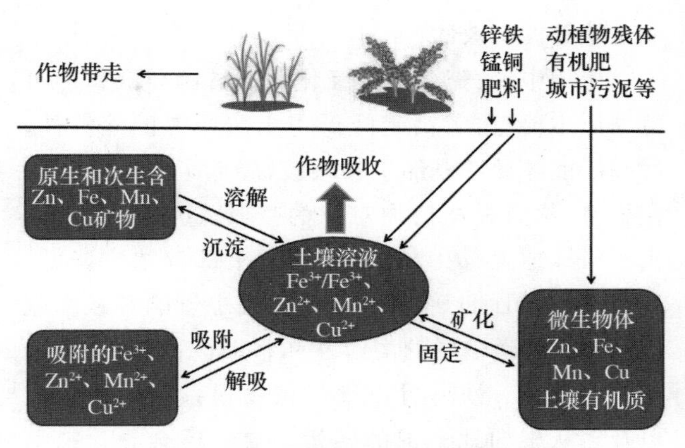

图17-3　农田土壤中锌、铁、锰和铜的循环
(引自：Havlin，et al.，2013)

表17-2　土壤有效锌含量与作物锌营养水平

作物锌营养水平	0.1 mol/L HCl提取 Zn/(mg/kg)	DTPA提取 Zn/(mg/kg)
很低	<1.0	<0.5
低	1.0～1.5	0.5～1.0
中等	1.6～3.0	1.1～2.0
高	3.1～5.0	2.1～5.0
很高	>5.0	>5.0
临界值	1.5	0.5

3. 我国缺锌土壤分布

我国南方的酸性土壤有效锌含量较高，北方的石灰性土壤有效锌含量较低，缺锌土壤主要分布在北方。在土壤有效锌较低的地区，玉米出现“白苗病”或“白芽病”，水稻出现“矮缩病”，果树出现“小叶病”或“簇叶病”。

4. 土壤中锌有效性的影响因素

酸性土壤锌的有效性高，碱性土壤锌的有效性低。一般作物缺锌发生在pH>6.5的土壤上。石灰性土壤作物经常缺锌，是因为pH高，锌有效性低；此外，碳酸钙对锌有较强的吸附固定。酸性土壤施用石灰，容易诱发缺锌；锌污染农田施用石灰能减轻锌的毒害。有机质能与锌紧密结合，减少锌的淋溶损失，故有机质积累较多的土壤表层，常含有较多的锌。施入土壤中的锌有90%～97%被土壤吸附，肥效降低。土壤对锌的吸附作用是影响土壤有效锌的重要因素。石灰性黏质土对锌有强烈的固定作用，吸附能力强；沙质土吸附能力弱。此外，土壤淹水、土壤干湿交替和土壤性质也会影响

到土壤锌的有效性。

土壤中磷、锌存在交互作用。磷诱导缺锌的可能原因主要有：①高磷降低了土壤中锌的溶解性；②高磷能够导致根部生长减缓，降低了丛枝菌根的侵染率，从而影响植物对锌的吸收；③高磷大大提高了植株地上部生长，从而使地上部锌浓度降低，造成缺锌；④地上部磷浓度的升高也影响锌在细胞间和长距离运输中的溶解性和移动性；⑤缺锌施磷导致磷中毒。缺锌可以增强植物根系对磷的吸收以及磷从根向地上部的转运。缺锌还会导致根细胞膜透性增加，从而增加对 PO_4^{3-}、Cl^-、$H_2BO_3^-$ 等阴离子的吸收。

二、锌肥品种及其施用

1. 氧化锌

氧化锌（ZnO）含 Zn 78%，不溶于水，溶于酸、碱、氯化铵和氨水，在空气中能缓慢吸收 CO_2 和水而生成碳酸锌。宜作基肥、种肥，不宜作追肥。

2. 硫酸锌

硫酸锌（$ZnSO_4 \cdot 7H_2O$）含 Zn 22.3%，$ZnSO_4 \cdot H_2O$ 含 Zn 35%，二者均溶于水，可作基肥、种肥和追肥，是最常用的锌肥，肥效快，不可与碱性肥料和磷肥混施。

3. 氯化锌

氯化锌（$ZnCl_2$）含 Zn 45%，易溶于水，有腐蚀性，可作基肥、种肥和追肥，不可与磷肥或草木灰等混施。

4. 硝酸锌

硝酸锌 $Zn(NO_3)_2 \cdot 6H_2O$ 含 Zn 21.5%，易溶于水，可作基肥、种肥和追肥，不可与有机物、还原剂、酸类共储混运；应远离火种和热源。

5. 其他含锌肥料

其他含锌肥料有：硫酸氧化锌（$ZnO \cdot ZnSO_4$），含 Zn 20%～50%；Zn-EDTA，含 Zn 9%或 12%；锌强化尿素（富锌尿素），含 Zn 2%，含 N 43%；铵化硫酸锌，含 Zn 10%；聚黄腐酸锌，含 Zn 5%～10%。由于无机锌肥在土壤中有非常好的溶解性，因此，虽然螯合锌肥的用量逐年增加，硫酸锌仍然是常用的锌肥。

作物缺锌症状多在苗期出现，中后期逐渐缓和，甚至消失。因此，锌肥要早施。

锌肥用量因作物、肥料种类、施用方法和土壤缺锌程度而异。一般情况下，播种或移栽时可按 15 kg/hm² $ZnSO_4 \cdot 7H_2O$ 或者 3 kg/hm² ZnO 进行基施。由于锌在土壤中的移动性较小，锌肥撒施能够增大锌与土壤和植物的接触面积，但条施可能效果更好，尤其在细粒土和低锌土壤上。条施时锌肥与酸性氮肥和硫肥配合能提高肥效。此外，锌要配合磷肥施用。锌肥有后效，可隔年施 1 次。

叶面喷施是矫正苗期缺锌的快速方法。$ZnSO_4 \cdot 7H_2O$ 喷施时浓度为 0.2%。螯合锌喷施浓度根据锌含量和溶解度参照 $ZnSO_4 \cdot 7H_2O$ 喷施量确定用量。

第三节　钼肥及其施用

一、土壤中钼的有效性及其影响因素

1. 土壤钼的来源

土壤中钼的含量和分布与土壤形成过程的各个环节有关，影响最大的是生物积累、成土母质及淋失等（图 17-4）。钼为亲硫元素，又是亲石元素。亲石元素（lithophile element）是指自然界中与氧亲和力强，主要以硅酸盐或其他含氧盐和氧化物集中于岩石圈中的元素。岩石圈中火成岩含钼约 2 mg/kg，沉积岩含钼 2 mg/kg，页岩含钼 5～90 mg/kg，碳酸盐岩含钼 0.2～0.4 mg/kg。含钼矿物主要有硅酸

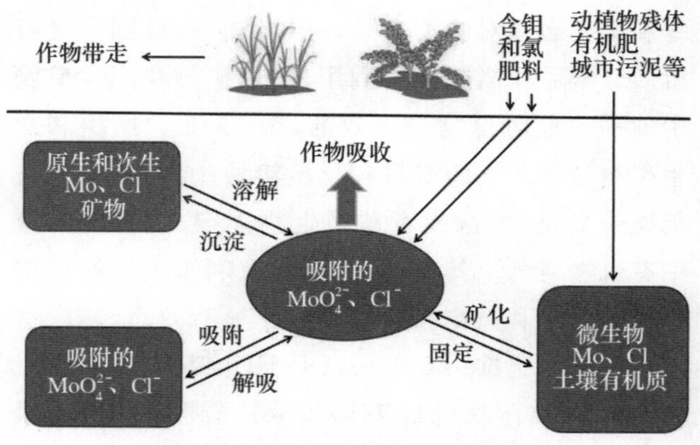

图 17-4　农田土壤中钼和氯的循环

（引自：Havlin et al. 2013）

盐矿物，如黑云母；硫化物，如辉钼矿；氧化物，如蓝钼矿；钼酸盐，如钼铅矿、钼钙矿、铁钼矿等。钼有多种原子价，以 Mo^{6+}、Mo^{4+} 最为重要。土壤中钼的形态包括水溶态钼、交换态钼、有机态钼和矿物态钼(图 17-4)。虽然土壤溶液中钼是以阴离子形式存在的，但上述各个钼的形态之间的关系与其他金属阳离子相似。

2. 土壤有效钼

水溶态钼是一种有效钼，但其含量极低。交换态钼一般是有效的，但能被其他阴离子代换出的 MoO_4^{2-} 或 $HMoO_4^-$ 远较被吸附的钼少。目前采取草酸-草酸铵提取土壤有效钼，结合作物生长情况，可将土壤有效钼含量分为 5 级(表 17-3)。土壤有效钼含量很低，对钼敏感的作物缺钼，可能有缺钼症状；土壤有效钼含量低，对钼敏感的作物缺钼，但无缺钼症状；土壤有效钼含量中等，对钼敏感的作物不缺钼，生长正常。

表 17-3 土壤有效钼含量与作物钼营养水平

作物钼营养水平	土壤有效钼含量 /(mg Mo/kg)
很低	<0.10
低	0.10～0.15
中等	0.16～0.20
高	0.21～0.30
很高	>0.30

3. 我国缺钼土壤分布

我国缺钼土壤分布范围较广泛，南北均有大量缺钼土壤。对缺钼敏感的作物有十字花科作物、豆科作物和豆科绿肥作物；其次是柑橘，蔬菜作物中的叶菜类和黄瓜、番茄等。在土壤有效钼较低的地区，小麦缺钼“黄化死苗”；甜瓜缺钼叶缘和脉间失绿焦枯；柑橘缺钼叶片出现“鞭尾病”和“黄斑病”。

4. 土壤钼有效性影响因素

酸性土壤钼有效性低，碱性土壤钼有效性高。土壤 pH 上升 1 个单位，MoO_4^{2-} 浓度增加 100 倍。土壤中钼的有效性随有机质含量增多而增大。渍水土壤处于还原环境，氧化铁减少，包蔽的钼释放出来，MoO_4^{2-} 增多。此外，pH 下降，钼的吸附增多；有机质多，腐殖质含量多，钼的吸附增多；黏粒矿物吸附钼也与 pH 有关，其中，埃洛石>蒙脱石>高岭石；土壤中的铁、铝、锰、钛的氧化物吸附钼也与 pH 有关；磷酸盐浓度增大，钼的吸附减少。

因此，在酸性土壤上施用石灰，或施用大量磷肥，或存在大量有机质矿化等，土壤溶液中 OH^-、PO_4^{3-}、CO_3^{2-} 等阴离子浓度增加，钼的有效性增加。相反，土壤酸化，施用酸性肥料，土壤溶液中 H^+ 离子浓度增加；有大量铁锰氧化物存在，或者钼与含三价金属离子氧化物(R_2O_3)的酸性腐殖质结合，会降低钼的有效性。小麦缺钼与有效施钼条件为：①pH 低；②低温<5℃；③施氮肥多；④土壤有效钼低。

二、钼肥品种及其施用

1. 钼酸铵

钼酸铵是无色或黄绿色结晶，易溶于水，其中正钼酸铵含 Mo 49%，仲钼酸铵含 Mo 54%。

2. 钼酸钠

钼酸钠含 Mo 39%，是白色粉末，溶于水。

3. 三氧化钼

三氧化钼含 Mo 66.6%，是白色粉末，不溶于水。

钼肥可进行拌种或喷施。拌种时可按种子用量进行拌种，一般每千克种子 2 g，按钼酸铵计算，每公顷不超过 300 g。喷施时一般用 0.01%～0.05% 浓度的溶液，宜早喷。

第四节 铁肥及其施用

一、土壤中铁的有效性及其影响因素

1. 土壤铁的来源

铁是地壳中的主要元素之一，仅次于氧、硅和铝，居第四位，其含量可高达 5.0%。土壤中含铁量受许多因素影响，其中以成土母质影响最为显著。基性岩含量较高，如玄武岩含 Fe_2O_3 10%左右；酸性岩含量较低，如花岗岩含 Fe_2O_3 1%～3%。玄武岩发育的红壤含 Fe_2O_3 20%，花岗岩发育的红壤含 Fe_2O_3 低于 0.5%。此外，成土过程也显著影响土壤中铁的含量。以酸性和淋溶为主的灰化过程使大量的铁溶解，洗出层 Fe_2O_3 含量很低（<1%），沉积层有较多 Fe_2O_3 存在。淹水的水稻土有铁的还原和漂移现象，在表层 Fe_2O_3 明显降低，沉积层有铁的累积。铁是土壤剖面层次划分的一个重要依据，但是含铁总量与土壤有效铁的供应关系并不十分明显。

2. 土壤有效铁

土壤中铁的含量虽然很高，但可被植物吸收利用的有效铁很少。土壤有效铁主要由土壤矿物和有机物决定（图 17-3）。土壤中铁的形态主要包括有机态铁和无机态铁。其中，有机态铁<1%。一般植物残体含铁 30～250 mg/kg，土壤腐殖质中含铁 0.05%～0.5%。土壤中的铁绝大多数为无机态铁，主要有矿物态铁、代换态铁和土壤溶液中的铁。与被土壤吸附的 Ca^{2+}、Mg^{2+}、K^{+} 和 Na^{+}（盐碱土）或 Al^{3+}（酸性土）相比，土壤代换态铁非常少，因此吸附态铁对土壤有效铁的贡献很小。土壤溶液中的铁能够被微生物固定或被土壤溶液中有机物螯合。

植物缺铁往往是由于土壤中铁的有效性低所致。在好气条件下铁主要以有效性较低的 Fe^{3+} 形式存在，淹水条件 Fe^{3+} 还原为 Fe^{2+}，有效性增加；酸性条件会产生铁、铝、锰等毒害。由于土壤铁的氧化还原变化很快，有效铁很难测定，因此，缺铁常通过叶片进行诊断。

3. 我国缺铁土壤分布

我国北方的石灰性土壤缺铁较为普遍，南方多年生林木也缺铁。有些土壤，如“白土层”，全铁和有效铁含量低，容易缺铁。缺铁会导致叶绿素的合成受阻，典型的可见症状是幼叶叶脉绿色、叶脉间失绿，严重缺乏时叶片变黄变白，如不及时纠正会导致叶片黄化死亡。

4. 土壤铁有效性影响因素

土壤 pH 低，Fe^{2+} 多；pH 高，铁多沉淀。当土壤 pH ＝5 时，可溶性铁约为 20 mg/kg；pH＝6.5 时，可溶性铁<2 mg/kg。植物缺铁症多出现在碱性土壤上。土壤氧化还原电位（Eh）低时，Fe^{2+} 含量高；$CaCO_3$ 影响 pH，$CaCO_3$ 和 Fe 结合更难溶。重碳酸盐导致植物缺铁黄化。重碳酸盐除了提高土壤 pH 外，可能还阻碍铁在植物体的运输。酸性土有机质含量低，容易引发植物缺铁；石灰性土壤即使施用有机质也容易缺铁。长期渍水水田水溶态铁浓度可达 300～700 mg/kg，容易造成植物铁毒害。

二、铁肥品种及其施用

铁肥主要分为无机铁肥和有机铁肥，近年来由于工艺的改进，出现了有机复合铁肥、缓释铁肥等。无机铁肥包括：可溶解的铁盐（如七水硫酸亚铁、硫酸亚铁铵、尿素铁）、不可溶解的铁化合物以及一些铁矿石和含铁的工业副产品。这类铁肥价格低廉，在国内较为常用。可溶解的无机铁肥可以作为叶面喷施肥料使用，能够减少土壤对铁的固定，增加植物对铁的吸收效率。

有机铁肥能够适用于不同类型的土壤，且肥效高，可混合性强。有机铁肥主要包括：

（1）二胺盐络合物　主要有 Fe-EDTA（乙二胺四乙酸铁），Fe-DTPA（二乙酰三胺五醋酸铁），Fe-HEDTA（羟乙基乙二胺三乙酸铁），Fe-EDDHA（乙二胺二邻苯基乙酸铁）等。其中 Fe-EDTA 是我国目前常用的一种有机铁肥，但其稳定性不高，常做叶面喷施铁肥用。并且在田间条件下，EDTA 会转化成为持久性有机污染物在环境中积累。

（2）羟基羧酸盐铁肥　包括柠檬酸铁、葡萄糖酸铁等。柠檬酸铁多用于土施，能够促进土壤对铁的溶解和植物对铁吸收，并提高土壤钙、磷、铁、锰、锌的释放，使铁的有效性提高。且柠檬酸铁成本较低，对作物较为安全。

（3）有机复合铁肥　天然有机物通过与铁复合而形成的铁肥，是近年来农业上开始使用的新型铁肥，包括木质素磺酸铁、葡萄糖酸铁、腐植酸铁、氨基酸铁等。这类铁肥成本不高，容易降解，原料可以通过工业废料提纯得到。但缺点是，它们在土壤中不如其他有机铁肥稳定，容易在土壤中被吸附，降低肥效。因此，有机复合铁肥常被用于叶面喷施。

缓释铁肥不溶于水，是通过直链磷酸盐聚合而成的，磷酸盐链可以作为铁离子交换的骨架。这些磷酸盐可以被柠檬酸、DTPA 等对铁有高亲和力的有机物所溶解。并且缓释铁肥可以被根系分泌的羧化物溶解，从而提高了铁的生物有效性。多项试验结果表明，缓释铁肥是一种高效的、有应用前景的肥料。

作物缺铁失绿是田间最难矫正的微量元素缺乏症。铁肥在施入土壤后往往会被土壤颗粒吸附固定，导致肥效的降低。尤其在施用硫酸亚铁时，亚铁离子会很快在土壤中转化为不溶性的三价铁离子使铁的有效性降低，因此用于叶面喷施比土壤施用有效性更高。有机铁肥相对无机铁肥来说，其螯合效果更好，用量较少，缺点是价格较高，一般不用于根际施用。

土壤施用铁肥以无机铁肥为主。土施又可分为干施和液施。干施包括撒施法、条施法、沟施法、穴施法、拌种法、蘸根法、盖施法等。液施是指将肥料用水稀释后进行施用，适用于较易溶解的肥料，配好后即溶即用。叶面喷施是指采用均匀喷雾的方法将含铁营养液喷施于叶面上。以 $FeSO_4$ 为例，喷施浓度一般为 0.2%～1.0%，需多次喷施。硫酸亚铁溶液需要现用现配，以免因发生氧化沉淀而降低铁肥有效性。这种施用方法用量小，铁利用率高，效果较好，可明显改善作物缺铁症状。树干涂抹法是指 0.3%～1.0% 的有机铁肥环状涂抹于 1～3 年生的幼树树干上。大树可将老皮剥去露出韧皮部后涂抹。输液法是将输液瓶、橡胶管和注射针头连接起来，然后将输液瓶倒挂在树干上，通过注射针头将 0.3%～1.0% $FeSO_4$ 缓缓注入树内。钻孔置药法是指在茎秆较粗的树干上钻小孔将 1～2 g 固体 $FeSO_4$ 直接埋藏于树干中。强力注射法是用专门机械将 4% $FeSO_4$ 溶液注入树干中，这种方法见效快且不会留下较大疤痕。浸根法是沿树干外围挖穴，深度以能见到树根为准，每棵树挖 8～10 个穴，每穴施入 4% $FeSO_4$ 溶液 7～8 mL，待溶液自然渗入后覆盖土壤。对于易缺铁的作物或是在缺铁土壤上播种，用铁肥浸种可矫正缺铁症状。浓度控制在 0.01%～0.1%，浸种时间在 12 h 左右。

研究表明，我国花生、菜豆、柑橘、梨、桃树等，施用铁肥均具有较好的增产效果（表 17-4）。此外，通过发展间作套种，利用禾本科作物分泌的麦根酸可以缓解双子叶作物缺铁。

表 17-4 我国铁肥施用增产情况

作物/果树	试验个数	增产率/%
花生	9	13.9～44.7
大豆	10	2.7～34.8
苹果	3	3.3～7.6
柑橘	2	49.2～52.2
梨	3	12.5～42.5
桃	2	22.4～71.0

第五节 锰肥及其施用

一、土壤中锰的有效性及其影响因素

1. 土壤锰的来源

锰是岩石圈中最丰富的元素之一，几乎所有的岩石中都含有锰。含锰矿物主要有硅酸盐矿物、火成岩矿物和沉积岩矿物。在这些矿物中，锰以多种原子价存在，其中硅酸盐矿物和火成岩矿物为 Mn^{2+}，沉积岩矿物为 Mn^{3+} 和 Mn^{4+}。土壤锰含量受气候、母质、有机质含量和成土过程等的影响。土壤中锰的形态复杂，主要包括有机态锰、矿物态锰及含锰无机盐、交换态锰和水溶态锰（图 17-3）。各种形态的锰在土壤中保持动态平衡，如氧化锰的水化和脱水作用；pH 和 Eh 值控制着各种形态氧化锰的转化。

2. 土壤有效锰

土壤中水溶态锰、交换态锰、有机态锰和矿物态锰决定着锰对植物的有效性。土壤活性锰是水溶态锰、交换态锰和易还原态锰的总和。水溶态锰、交换态锰和易还原态锰的提取剂分别为水、1 mol/L 醋酸铵以及 1 mol/L 醋酸铵＋0.2%的对苯二酚。由于 pH 对土壤有效锰的影响很大，因此，需要同时考虑活性锰含量和 pH 两项参数来评价土壤锰的供应状况。土壤有效锰含量显著影响作物锰营养水平（表 17-5）。

表 17-5 土壤有效锰含量与作物锰营养水平

作物锰营养水平	土壤活性锰含量/(mg/kg)
很低	＜50
低	50～100
中等	101～200
高	201～300
很高	＞300

我国土壤含锰量总趋势是由南向北逐渐降低。虽然土壤中锰的含量较高，但植物有效性较低。

3. 土壤锰有效性影响因素

影响土壤锰有效性的因素主要有土壤 pH、氧化还原电位、锰与有机物的络合反应、石灰性反应和土壤质地等。富含碳酸盐、pH 大于 6.5 的石灰性土壤，特别是质地较轻的石灰性土壤，成土母质富含钙的冲积土和沼泽土容易发生缺锰；质地轻、有机质少的易淋溶土壤；或富含有机质、排水不良的高 pH 土壤容易发生缺锰；酸性土壤施用石灰，pH>6.5，会诱发缺锰，尤其是缓冲能力较弱的沙质土；水旱轮作时，由于氧化还原电位的反复波动，淹水时锰溶解度增加，可溶性 Mn^{2+} 因渗漏而损失；旱作时土壤变干，锰又迅速氧化，容易造成缺锰。低温、弱光照和干燥的季节，容易缺锰，尤其是多年生的果树往往出现缺锰症状。富含铁、铜、锌的土壤由于拮抗作用也容易缺锰。

二、锰肥品种及其施用

1. 含锰硫酸盐

含锰硫酸盐主要有 $MnSO_4 \cdot H_2O$、$MnSO_4 \cdot 2H_2O$、$MnSO_4 \cdot 3H_2O$ 和 $MnSO_4 \cdot 4H_2O$，Mn 含量分别为 31%、28%、26% 和 24%。它们是白色或淡红色结晶，易溶于水。其中，$MnSO_4 \cdot 4H_2O$ 是最常用的锰肥，可土施，也可喷施。

2. 含锰氯化盐

含锰氯化盐主要有 $MnCl_2 \cdot 4H_2O$ 和农用 $MnCl_2$，锰含量分别为 27% 和 17%。$MnCl_2$ 为玫瑰红色小晶体，粒状或板状，易溶于水。

3. 含锰螯合物

$Na_2MnEDTA$ 含锰 5%～12%，单宁酸锰(manganese polyflavonoid)含锰 5%～7%，木质素磺酸锰(manganese ligninsulfonate)含锰 5%。

4. 含锰废渣

含锰炉渣、锰矿泥和含锰废水也可作锰肥。含锰废渣为迟效肥料，宜作基肥，但是必须注意防止重金属对土壤的污染。

无机锰肥和含锰螯合物一般不建议撒施。条施种肥一般为每公顷施硫酸锰 15～30 kg。浸种采用 0.1% 硫酸锰溶液，一般浸种 12～24 h。拌种时 100 kg 种子添加 200 g 硫酸锰。喷施时采用 0.1%～0.5% 的硫酸锰溶液。

第六节 铜肥及其施用

一、土壤中铜的有效性及其影响因素

1. 土壤铜的来源

铜是亲硫元素，含硫矿物往往含有铜。在普通矿物中，铁镁矿物和长石类矿物含铜较多，橄榄石、角闪石、辉石、黑云母和斜长石等均含有一定的铜。土壤的含铜量主要受成土母质影响。母质不同，土壤含铜量不同。沙粒含铜量少，粉沙较高，黏粒最高。淋溶过程使铜洗出；沉积过程有黏粒 Fe 和 Al 化合物等沉积，常有铜富集。

原生和次生矿物分解产生的溶解在土壤溶液中的铜，被矿物和有机质表面吸附，或者被微生物固定，或者与溶液中的有机物络合。土壤中的有机质存在着大量的配位基团，它们的结构中有相当多的含氧官能团，这些官能团与铜形成稳定的络合物。土壤中铜的形态可分为有机态和无机态。土壤无机铜包括矿物态铜、代换态铜、土壤溶液中的铜以及有机和无机络合物溶解的铜(图 17-3)。土壤溶液中铜的含量一般很低。土壤溶液中的铜和土壤有效铜主要由土壤 pH、黏粒和有机质表面吸附的铜决定。

2. 土壤有效铜

土壤中有效铜含量多少是衡量土壤供铜是否丰富的重要指标。土壤中有效铜仅占全铜的极少部分。当用 0.1 mol/L HCl 或 DTPA 提取土壤有效铜时，分级标准如表 17-6 所示。

3. 我国土壤有效铜的分布

我国大部分土壤的有效铜较丰富，红色石灰土、黑色石灰土、碳酸盐紫色土、黄土发育的土壤、花岗岩发育的赤红壤，有效铜较低。小麦缺铜，植株丛生，顶端逐渐发白，籽粒不饱满；番茄缺铜，叶片卷曲，呈簇状；苹果缺铜，顶梢上的叶片也呈簇状，果实开裂。

表 17-6　土壤有效铜含量与作物铜营养水平

mg Cu/kg

作物铜营养水平	0.1 mol/L HCl 提取（适用于酸性土壤）	DTPA 提取（适用于石灰性和中性土壤）
很低	<1.0	<0.1
低	1.0～2.0	0.1～0.2
中等	2.1～4.0	0.3～1.0
高	4.1～6.0	1.1～1.8
很高	>6.0	>1.8

4. 土壤铜有效性影响因素

土壤有机质多，易缺铜；含铜量低，有效铜少；石英砂粒多，有效铜少；黏粒多，有效铜多；土壤铜有效性随 pH 上升而降低；N、P、Mo 和 Zn 多，易引起缺铜。铜多则引起缺铁。

二、铜肥品种及其施用

常用铜肥有五水硫酸铜（$CuSO_4 \cdot 5H_2O$）和一水硫酸铜（$CuSO_4 \cdot H_2O$），含 Cu 量分别为 24%～25% 和 35%，均为蓝色结晶或粉末。螯合态铜肥（NaCuEDTA），含 Cu 13%。五水硫酸铜和螯合态铜肥都是水溶性铜肥。磷酸铵铜[$Cu(NH_4)PO_4 \cdot H_2O$]含铜 32%，溶解度较小，但是能够被悬浮用于土施或叶面喷施。氧化铜（CuO）含 Cu 75%，为黑色粉末；Cu_2O 含 Cu 84%，为棕红色粉末，它们均属难溶性铜肥。此外，还有含铜矿渣，又称硫铁矿渣，是炼铜工业废渣，含 Cu 约 1%，也是难溶性铜肥。厩肥也含有一定量的铜。

植物正常含铜量常大于 10 mg/kg，大多数土壤均可满足作物对铜的需要。因此，一般情况下，作物不会缺铜。缺铜易发生在有机质丰富的土壤中。在腐殖质含量高的沼泽土和泥炭土上常常发生缺铜。对于大多数缺铜作物来讲，无论是无机铜肥，还是有机铜肥，也不管是土施、种子处理或是喷施，均有明显效果。铜肥土施较为常见，一般 $CuSO_4 \cdot 5H_2O$ 基肥用量为 20～30 kg/hm^2，有 2～3 年后效；拌种时每 500 g 种子 $CuSO_4$ 用量为 150 mg；喷施铜肥仅在出现明显缺铜症状时进行，一般 $CuSO_4 \cdot 5H_2O$ 浓度为 0.01%～0.02%。如用浓度 0.1%的 $CuSO_4 \cdot 5H_2O$ 溶液，则需加熟石灰，避免药害。

第七节　含氯肥料及其施用

一、土壤中氯的含量及其影响因素

1. 土壤中氯的来源

土壤中几乎所有的氯离子都存在于土壤溶液中，矿物态的、吸附态的和有机态的氯很少（图 17-4）。由于氯离子具有很高的溶解性和移动性，下雨和灌溉时，相当可观的氯离子被淋洗掉，远超过土壤水分蒸发和蒸腾氯的损失。

2. 我国土壤中氯的分布

我国土壤中氯的分布北方高于南方，沿海高于内地，盐渍化土壤高于非盐渍化土壤。各类土壤变化范围都较大。

3. 土壤中氯含量的影响因素

成土母质、气候条件、海潮以及人类活动等均对土壤含氯量有明显影响。由于土壤中的氯离子易随水流动，往往是地势高的酸性淋溶土含氯量低，地势低洼处含氯量较高；干旱，尤其是盐渍土含氯量很高，甚至可累积到毒害水平；近海地区含氯量高，内陆由于雨水淋洗和植物吸收可能导致氯不足；施用含氯化肥和人粪肥可增加土壤氯的含量。

二、含氯化肥及其施用

一般认为土壤、灌溉水和空气中都含有足量的氯化物，能满足植物的需要。因此，人们关心的常是含氯化肥对农产品品质的不利影响，而忽视对氯的补充与氯肥的增产作用。

含氯化肥主要有 NH_4Cl（含氯 66%）、$CaCl_2$（含氯 65%）、$MgCl_2$（含氯 74%）、KCl（含氯 47%）和 NaCl（含氯 60%）。此外，动物和社区废弃物含有有机氯，但含氯低。合理施用含氯化肥，一要考虑作物种类和品种对氯的敏感性。耐氯作物优先，忌氯作物不施氯或控制用量。二要考虑年降雨量的多少。年降雨量大和淋溶作用强的土壤、多雨地区或季节优先施用。容易积聚、盐渍化的土壤少用或不用。三要优先考虑缺氯的土壤。在肥力较低，缓冲力小的沙质土壤上，每次施用 NH_4Cl 的数量应酌情减少。四要重视施肥技术，NH_4Cl 和 KCl 可作基肥，也可作追肥。作基肥时至少在播种或移苗前 1 周施用，作追肥时应避开作物幼苗的氯敏感期。此外，含氯化肥施用量还要根据施用目的决定，如矫正作物缺氯症状，抑制作物病害，改善作物水分状况等。

第八节　含中微量元素的水溶性肥料标准

根据《大量元素水溶肥料》(NY 1107—2010)，大量元素水溶肥料中可添加适量中量元素或微量元素。其中，微量元素型微量元素含量，粉剂 0.2%～3.0%，水剂 2～30 g/L。中量元素型中量元素含量，粉剂大于等于 1.0%，水剂大于等于 10 g/L。2020 年修订了该标准，在新的标准(NY/T 1107—2020)中，删除了中量元素含量指标和微量元素含量指标，增加氯离子质量分数的技术指标要求，要求生产企业对产品标注的中微量元素进行检验，保证所有产品符合标准要求。

根据《中量元素水溶肥料》(NY 2266—2012)，以钙、镁为主要成分的固体或液体水溶肥料，中量元素含量，粉剂大于等于 10.0%，水剂大于等于 100 g/L。硫含量不计入中量元素含量。

根据《微量元素水溶肥料》(NY 1428—2010)，微量元素含量，粉剂大于等于 10.0%，水剂大于等于 100 g/L。该标准不适用于已有强制性国家或行业标准的肥料，如硫酸铜、硫酸锌和螯合态肥料(如 EDDHA-Fe)。

根据《含氨基酸水溶肥料》(NY 1429—2010)，氨基酸水溶性肥料可按适合植物生长所需比例，添加适量钙、镁中量元素或铜、铁、锰、锌、硼、钼等微量元素。其中，微量元素型微量元素含量，粉剂大于等于 2.0%，水剂大于等于 20 g/L。中量元素型中量元素含量，粉剂大于等于 3.0%，水剂大于等于 30 g/L。

根据《含腐植酸水溶肥料》(NY 1106—2010)，含腐植酸水溶肥料可添加适量氮、磷、钾大量元素或铜、铁、锰、锌、硼、钼等微量元素。其中，大量元素型大量元素含量，粉剂大于等于 20.0%，水剂大于等于 200 g/L。微量元素型微量元素含量，粉剂大于等于 6.0%，其中钼元素含量不高于 0.5%。

中微量元素肥料已经成为我国农业生产的限制因子，合理施用中微量元素肥料是作物增产和农民增收的重要保证之一。

第十七章扩展阅读

复习思考题

1. 简述微量元素肥料常用的种类、施肥原则及其施肥方法的个性与共性。
2. 如何通过农艺措施增加或调控食物链中微量元素的流动，增进人体健康？

参考文献

胡霭堂. 2003. 植物营养学(下册). 2 版. 北京：中国农业大学出版社.

刘武定. 1993. 微量元素营养与微肥施用. 北京：中国农业出版社.

Barker, A. V., Pilbeam D. J. 2015. Handbook of Plant Nutrition. 2nd edition. CRC Press.

Bell R. W., Dell B. 2008. Micronutrients for sustainable food, feed, fibre and bioenergy production. International Fertillizer Industry Association.

Havlin J. L., Samuel L., Nelson W. L. 2016. Soil Fertility and Fertilizers—An introduction to nutrient management. 8th edition. Pearson.

第十八章 复混肥料

教学要求：

1. 掌握复混肥料的概念和特点。
2. 了解复混肥料的分类和发展动态。
3. 掌握主要复混肥料的特性及高效施用方法。
4. 掌握复混肥料的合理施用原则。

扩展阅读：

复混肥料标准和养分标识；"大配方、小调整"区域配肥技术；掺混肥料与智能配肥；灌溉施肥与液体复混肥料

随着化肥工业的快速发展，高浓度和复合化成为世界化肥生产和消费的主流。目前，复混肥已经成为许多国家作物养分的主要来源，这不仅是现代农业发展的需要，也是反映肥料产业科学技术进步的标志。近几十年来，复混肥生产已经由工艺主导转向农业主导，满足作物养分需求、匹配区域土壤和气候条件、提高养分利用效率成为复混肥发展的动力，养分配方专用高效、氮磷钾中微量元素配比合理、养分形态配伍适宜、产品剂型便于施用则是复混肥产品优化升级的方向。推动复混肥产业发展，科学合理施用复混肥产品，是实现作物高产、优质、高效和环保的重要途径。

第一节　复混肥料的概念与特点

一、复混肥料的概念

按照国际惯例和国家标准，复混肥料是指氮、磷、钾三种养分中，至少有两种养分标明量是由化学方法和(或)掺混方法制成的肥料。标明量是在肥料标签或质量证明书上标明的元素(或氧化物)含量。也就是说，复混肥料在氮、磷、钾养分数量上至少含有两种及两种以上；氮、磷、钾养分含量达到标识要求，并且在肥料包装、标签和质量保证书上标明；其制造方法可以是化学合成，也可以是物理掺混。

二、复混肥料的养分标注

各个国家对复混肥料的养分标注都有明确的标准进行规定。我国相关标准中也规定了复混肥料养分标识的原则和具体要求。肥料标识是用于识别肥料产品及其质量、数量、特征、特性和使用方法所做的各种标识的统称。标识可用文字、符号、图案以及其他说明物等表示，原则上要求具有科学性、真实性和准确性。

复混肥料应标明氮、磷、钾养分含量和总养分含量，其中氮、磷、钾养分含量采用配合式的方式进行标注，配合式是按 N-P_2O_5-K_2O(总氮-有效五氧化二磷-氧化钾)顺序，用阿拉伯数字分别表示其在复混肥料中所占百分比含量的一种方式。如氮(N)含量 15%、磷(P_2O_5)含量 15%和钾(K_2O)含量 15%的复混肥料，其配合式为 15-15-15。对于二元复混肥料，应在不含单养分的位置标以“0”，如含氮 15%和含钾 10%的复混肥料，配合式应为 15-0-10。

总养分是 N、P_2O_5和 K_2O 百分含量之和，其标明值应不低于单养分标明值之和，不得将其他元素或化合物计入总养分。也就是说，复混肥料首先要标明 N、P_2O_5和 K_2O 三种养分之和的含量，并且这个值与氮、磷、钾配合式的标注要匹配，即总养分标明值应不低于配合式中单养分标明值之和；同时特别强调，不得把其他元素(如中微量元素、有益元素和稀土元素)和化合物(如腐殖质、有机质等)计入总养分。

除此之外，相关标准还对中微量元素、氮磷养分形态、氯离子含量等的标注做了规定，具体见扩展阅读部分。

三、复混肥料的分类

复混肥料有多种分类方法，可以按照养分数量、总养分含量、生产工艺、养分形态、用途、养分配比等进行分类。需要注意的是，有些分类不是完全按照科学内涵，而是按照市场习惯进行的。

(一)按照养分数量分类

复混肥料常常按照所含养分数量进行分类，一般分作两类：一类是二元复混肥料，其主要特征是氮、磷、钾三种养分中只含有两种，例如磷酸二铵、磷酸二氢钾、硝酸钾等。另一类是三元复混肥料，其主要特征是同时含有氮、磷、钾三种养分，这也是目前生产中常见的复混肥料，如均衡型 15-15-15 复混肥料。

(二)按照养分浓度进行分类

在我国《复混肥料(复合肥料)》(GB 15063—2009)中，按照总养分浓度把复混肥料分成了三类，包括低浓度、中浓度和高浓度复混肥料，其中总养分($N+P_2O_5+K_2O$)的质量分数≥40%为高浓度复混肥料，<40%且≥30%为中浓度复混肥料，<30%且≥25%为低浓度复混肥料。

(三)按照生产工艺分类

复混肥料按照生产工艺分为三类，包括化成复混肥料、配成复混肥料和掺混肥料。

化成复混肥料指通过化学方法合成的复混肥料，习惯上称作复合肥料。包括两类：一类为二元复合肥料，通过纯化学反应合成，如磷酸一铵、磷酸二铵和硝酸磷肥等；另一类是三元复合肥料，在生产过程中既有化学反应，也有混合工艺，一般以磷酸作为主要原料，加氨进行反应，然后加入钾肥进行混合，经浓缩后成为三元复合肥料。其中磷酸与氨反应是化学过程，加钾是物理混合过程。这种复混肥料的优点是养分均匀、物理性状好，肥料质量容易达标；但是养分配比相对固定、不易调节。

配成复混肥料是按照一定的氮、磷、钾等养分比例要求，由几种单元肥料(又称单质肥料)或单元肥料与化合复混肥料经过粉碎、机械混合、造粒等过程，二次加工而制成。配制过程中可产生部分化学反应，其养分的含量和比例由生产过程中配入的单元肥料或二元复合肥料成分而决定，因而其养分配比易于调节。

掺混肥料，通常以几种颗粒单元肥料或化合复混肥料，经混拌而成。国际上最常见的是散装粒状掺混肥料，所以又称 BB(bulk blending)肥。这种复混肥料一般由肥料销售系统或农户按土壤、作物需求的养分配方进行掺混，随混随用，不宜长期存放，其与配成复混肥料的区别是这种掺混过程不一定在生产厂家进行，也不需要二次加工造粒。

(四)按照氮、钾养分形态分类

按照氮和钾原料养分形态将复混肥料分为四类，包括尿基复混肥、硝基复混肥、硫基复混肥和氯基复混肥。尿基复混肥的主要特点是以尿素溶液喷浆造粒而成。硝基复混肥是在生产硝酸磷肥基础上，加钾而制成的。其主要特点是氮源中含有硝态氮，适合于旱地特别是北方低温区使用，尤其适合在蔬菜、果树上使用。硫基复混肥指复混肥中的钾源为硫酸钾，适宜于所有作物，尤其适宜于对氯敏感的作物。氯基复混肥是指在生产中加入了含氯原料的复混肥料，其中或以氯化钾为钾源，或以氯化铵为氮源，或两者兼有(也称之为双氯化肥)，对氯敏感的作物需慎用这类肥料。

(五)按照用途分类

复混肥料按照用途通常分成两类，包括通用型复混肥料和专用型复混肥料。在我国常常把氮、磷、钾养分含量相对固定、适应面广、可以在很多作物和土壤上应用的复混肥料称之为通用型肥料，如均衡型 15-15-15 复混肥料属于此类。专用型复混肥料则是主要依据作物营养特点和土壤养分状况确定氮、磷、钾养分配方。

(六)按照肥料剂型分类

复混肥料按照肥料剂型可以分成两类，一类是固体复混肥料，通常以颗粒或粉状形态存在；另一类是液体复混肥料，通常以水溶液或悬浮液形态存在。

(七)按照养分配比分类

在我国肥料市场上，为了给使用者提供选择依据，也常常按照养分配比进行分类，包括高氮型复混肥料、高磷型复混肥料、高钾型复混肥料、氮钾型复混肥料、氮磷型复混肥料和均衡型复混肥料六类，各类具体特征见表 18-1。

表 18-1 按照养分配比分类的复混肥料特征

各类名称	主要特征	举例
高氮型复混肥料	氮养分含量一般大于或等于 20%，主要用于一次性施肥和作物追肥	28-9-11、26-10-12、5-13-10
高磷型复混肥料	磷养分含量一般大于或等于 20%，适于土壤速效磷含量较低的地区和部分盐碱化土壤和部分磷需求比较高的作物	15-27-8、13-20-12
高钾型复混肥料	钾养分含量一般大于或等于 20%，适于果树、大蒜、烟草、蔬菜等追肥	18-6-24、12-12-27
氮钾型复混肥料	氮和钾养分含量较高，磷含量较低或不含磷，适用于果树、蔬菜追肥	16-0-40、20-10-20、18-9-18、20-5-30
氮磷型复混肥料	氮和磷养分含量较高，钾含量较低或不含钾	16-16-8、18-18-8
均衡型复混肥料	均衡型复混肥料对于生产工艺要求不高，而且产品性能稳定，适用面积广	15-15-15、16-16-16

改自：张福锁，张卫峰，马文奇，等，2008。

四、复混肥料的特点

(一)复混肥料的优点

复混肥料在生产、运输、销售和施用上具有比较明显的优点，具体表现为：

(1)复混肥料是根据土壤和作物养分需求，按照一定的比例将两种或两种以上的植物必需养分合成的肥料产品，能同时满足作物多种养分的需求，并充分发挥营养元素之间的相互促进作用，提高施肥的效果。复混肥料将科学施肥知识和技术融入了肥料产品，实现了技术的物化和施肥的“傻瓜”化，有利于科学施肥技术的应用。

(2)在提供同样的养分条件下，与单元肥料相比，复混肥料同时含有多种养分，简化了农民肥料交易、运输和储存等环节。同时，复混肥料一般经过造粒，物理性状好，颗粒一般比较坚实、无尘，粒度大小均匀，吸湿性小，便于储存和施用，既适合于机械化施肥，也便于人工施用，节省了劳力和时间。

(3)与一些单元肥料相比，复混肥料具有养分全面、含量高、副成分少的特点。有的单元肥料含有大量副成分，如硫酸铵只含 20% 的氮素，其中含有大量硫酸根副成分。而复混肥料所含养分则几乎全部或大部分是作物所需要的。施用复混肥料既可免除某些物质资源的浪费，又可避免某些副成分对土壤性质的不利影响。

(4)与一些单元氮、磷肥相比，降低了生产成本，节约了开支。如生产 1 t 20-20-0 的硝酸磷肥比生产同样成分的硝酸铵和过磷酸钙可降低成本 10%左右。1 kg 磷酸铵相当于 0.9 kg 硫酸铵和 2.5 kg 过磷酸钙中所含的氮、磷养分，而体积上却缩小了 3/4。这样可节省运输费用和包装材料等。

(5)复混肥料生产中可以方便地加入中微量元素、生物活性物质等，更容易满足植物的特殊营养需求。

(二)复混肥料的缺点

复混肥料具有以下缺点：

(1)一些化成复混肥料养分比例比较固定，而许多作物在各生育阶段对养分的要求有不同的特点，各地区土壤肥力和养分供应也有很大差异，因此，难以同时满足各类土壤和各种作物的要求。

(2)氮、磷、钾在土壤中转化和迁移规律各不相同，因此，复混肥料在养分所处位置和释放速度等方面有时不能满足作物对养分的特殊需求。

五、复混肥料的发展

(一)国际发展概况

国际复混肥料发展具有典型的国家和区域特点。农业发达国家复混肥料发展较早，20 世纪 50 年代就兴起了化肥的复合化，到 20 世纪 80 年代初，发达国家消费的化肥中，复混肥料平均占 70%以上；同期，全世界消费化肥中复混肥料约占 50%，而发展中国家复混肥的比例则一般较低。但非洲和东南亚一些发展中国家，由于化肥主要依靠进口，因此复混肥的比例较高。

不同养分类型，复混肥料的比例也不相同，其中氮和钾复合化比例较低，而磷复合化比例较高。如美国、印度、法国、德国等国家的化肥消费结构中，2000 年之后复混肥料提供的氮素(N)一般不到 20%，提供的钾素(K_2O)多数不超过 50%，而提供的磷素(P_2O_5) 大多超过 80%(表 18-2)。

表 18-2　一些国家复合肥料比例

国家	肥料	复合肥提供养分比例/%				
		1961 年	1981 年	2001 年	2011 年	2016 年
美国	氮肥	37.7	21.9	20.8	13.9	18.5
	磷肥	78.6	90.5	94.6	97.1	86.5
	钾肥	86.7	46.2	32.0	23.3	21.8
印度	氮肥	0.8	14.7	17.4	20.5	18.1
	磷肥	10.3	80.8	90.1	89.8	90.9
	钾肥	0.0	47.9	27.8	28.8	31.4
法国	氮肥	22.4	27.6	16.3	11.0	6.8
	磷肥	9.5	76.4	80.9	79.8	67.6
	钾肥	41.9	74.8	56.5	52.9	31.5
德国	氮肥	22.5	19.0	10.5	8.7	7.8
	磷肥	21.3	65.6	83.8	92.4	89.7
	钾肥	31.2	42.8	45.1	26.2	22.8

用 IFASTAT 网站数据(IFA，2019)计算

发达国家复混肥料产品发展经历了由工艺主导向农艺主导的转变，养分配方也由通用型向作物专用型发展。在复混肥料种类上，欧洲采用了区域化大配方的模式，根据区域作物、土壤、气候特点，开发不同类型的专用型复混肥料，以土壤测试和作物肥效为基础，制定农化服务手册，指导种植户科学选择专用复混肥料，实现了养分与作物的精准匹配。而美国一直采用配方灵活的掺混肥料模式，肥料经销商根据种植户土壤测试结果及作物养分需求规律，设计和生产适宜的作物专用掺混肥料，提高了肥料配方与田块土壤和作物需求的匹配性，实现了地块上养分与作物的精准匹配。另外，以色列和美国等率先将施肥与灌溉结合起来，发展了灌溉施肥技术，单元肥料和复混肥料按照作物生育期需

求通过灌溉水输送到作物根区，实现了养分供应和作物养分需求的时空精准匹配。

(二)国内发展概况

我国复混肥料的生产起步较晚，但发展相对较快，也具有一定的特色。

首先是数量上已经成为世界复混肥料生产、消费和出口大国。2003年之前，我国还是世界复混肥料进口大国。如2004年我国进口磷酸二铵为261万t，经过10多年高速发展，2016年我国磷复肥净出口量448万t。我国自1980年以来，化肥消费量增长很快，2015年化肥消费量以纯养分计达到6 023万t，也是世界第一，目前已经占到世界30%以上。同时，我国氮、磷、钾和复混肥料消费结构也发生了很大变化，1980—1995年，氮、磷、钾单质肥料都得到快速发展，而1996年之后，主要是复混肥料增长快速，目前其消费量已经接近单元氮肥，2015年达到2 176万t(图18-1)。

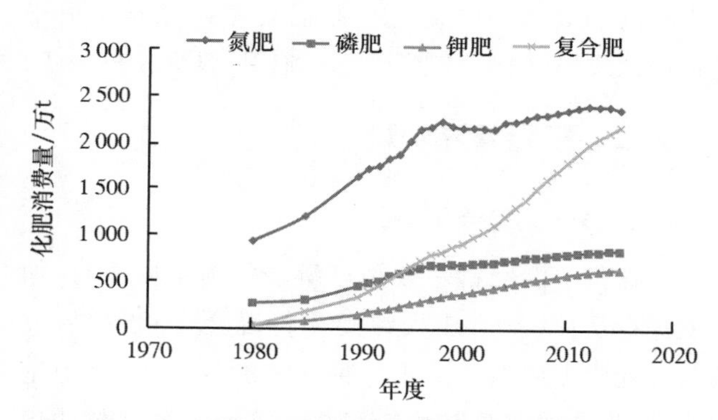

图18-1　中国1980年以来化肥消费量的变化

(引自：中国统计资料)

其次是产品类型多样化发展，一方面是传统化成和配成复混肥料快速发展；另一方面，掺混肥料、水溶性复混肥料、专用型复混肥料等也得到快速发展。

再次是复混肥料生产由工业和工艺主导逐渐转向农业需求主导。长期以来，我国复混肥料的生产一直由工业部门根据生产工艺来决定，很少考虑农业的需求，严重影响了复混肥料的施用效果。随着复混肥料数量的快速增长，市场竞争越来越激烈，生产企业逐渐认识到复混肥料产品必须与作物、土壤和气候等相匹配，很多企业开始根据作物营养特点和土壤肥力水平来开发和推广一些专一性比较强的复混肥料产品，也促生了以小型智能配肥站、液体加肥站等为基础的掺混肥料。

虽然近几年我国复混肥产业取得了令世人瞩目的成绩，但同时也存在着许多亟待解决的问题。首先是复混肥料与作物和土壤的匹配度还不高，针对性还需要提高；其次是复混肥料产品还局限于氮、磷、钾养分数量的配比，还需要考虑养分形态、中微量元素、生物活性物质等增效物质的添加和配合；再次是农化服务水平和推荐施肥水平与发达国家相比还有相当大的差距。

第二节　复混肥料的性质和施用条件

一、二元复合肥料

二元复合肥料主要包含磷酸铵类、硝酸磷肥、硝酸钾、磷酸二氢钾等，这类肥料主要通过纯化学反应合成，养分含量比较高，杂质少。除了可以直接施用外，也可以做复混肥料、掺混肥料的原料。根据其养分特点，习惯上也将部分肥料归为单元肥料，如硝酸钾归为硝态氮肥，磷酸一铵、磷酸二铵、磷酸二氢钾等也归为磷肥。下面重点介绍两类二元复合肥料。

(一)磷酸铵类

1.磷酸铵的种类及其化学性质

磷铵类肥料主要包括磷酸一铵(MAP)、磷酸二铵(DAP)和聚磷酸铵(APP)，也包括尿磷铵、硫磷铵和硝磷铵，分别是磷铵与尿素、硫铵或硝铵构成的复合肥料。磷酸铵类肥料因为含磷量高，也经常用作水溶性肥料，其制造方法和性质参考第十四章磷肥中相关内容。DAP和MAP的组合和含量见表14-5，其他品种的主要组分和养分含量见表18-3。

聚磷酸铵又称多磷酸铵，由聚磷酸或浓磷酸在较高温度和气压下氨化脱水制成。其成分和养分含量与聚合度有关，常见的是二聚磷酸铵、三聚磷酸铵和四聚磷酸铵。聚磷酸铵养分有效性高，易溶于水，因其对金属离子有螯合作用，在土壤中不易发生有效磷退化，故既可作微量元素肥料的载体，也是液体肥料的优良原料。

尿磷酸铵是由磷酸一铵和尿素为主制得的高浓度氮磷复混肥料，所含酰胺态氮和铵态氮各具独特的农化性质。硫磷酸铵物理性质好，不吸潮，含有植物需要的硫养分，对缺硫土壤特别适用。

表 18-3 磷酸铵类肥料的主要品种及其主要组分和养分含量

名称	代号	主要组分	养分含量($N-P_2O_5$)
硫磷酸铵	APS	$NH_4H_2PO_4$,$(NH_4)_2SO_4$,$(NH_4)_2HPO_4$	16-20
硝磷酸铵	APN	$NH_4H_2PO_4$,$(NH_4)_2HPO_4$,NH_4NO_3	23-23
氯磷酸铵		$NH_4H_2PO_4$,$(NH_4)_2HPO_4$,NH_4Cl	18-22,20-20
尿磷酸铵	UAP	$NH_4H_2PO_4$,$(NH_4)_2SO_4$,$(NH_4)_2CO_3$	28-28,20-20
聚磷酸铵	APP	$(NH_4)_{n+2}P_nO_{3n+1}$,$(NH_4)_2HPO_4$,$NH_4H_2PO_4$	15-62,12-58(固体) 10-34,11-37(液体)
偏磷酸铵	AMP	NH_4PO_3	12-60

引自:张允湘,2008。

2. 养分供应特点和施用条件

磷酸一铵和磷酸二铵产品可作基肥和追肥,也可用作生产三元复混肥料、BB 肥的原料,广泛适用于粮食和经济作物,以及各种土质,尤其适宜我国西北、华北、东北等干旱少雨地区施用。聚磷酸铵适用于各种土壤和作物,尤其适用于喜磷作物和缺磷土壤。在大多数土壤中,聚磷酸铵能够很快水解为作物可以吸收的正磷酸盐形态,因此,其养分有效性很高。聚磷酸铵成本较高,多作为水溶性肥料用于灌溉施肥。

(二)硝酸磷肥

1. 化学性质

硝酸磷肥(NP)是用硝酸分解磷矿制得的氮磷复合肥料,产品是含多种化合物的混合体,主要成分有磷酸二钙、硝酸铵、磷酸一铵等,次要成分包含硝酸钙、磷酸二铵和石膏等。氮组分包含铵态氮(NH_4^+)和硝态氮(NO_3^-),两者大约各占 50%;磷组分包含水溶性和枸溶性磷酸盐,其含量与生产工艺有关。冷冻法生产的硝酸磷肥含氮 20%、磷(P_2O_5)20%,其中水溶性磷占 75%,枸溶性磷占 25%;碳化生产的硝酸磷肥含氮 18%~19%、磷(P_2O_5)12%~13%,其中 100%为枸溶性磷;混酸法生产的硝酸磷肥含氮 12%~14%、磷(P_2O_5)12%~14%,其中水溶性磷占 30%~50%,其余为枸溶性磷。硝酸磷肥易吸湿结块,储运和施用过程中注意防潮;同时,由于其含有一定量的硝酸铵,要注意安全,防止高温并远离火源。

硝酸磷肥可以生产二元或三元复混肥,可以调整产品中 P_2O_5 的水溶率,是一个好的肥料品种。

2. 养分供应特点和施用条件

硝酸磷肥较适用于旱地作物,特别是烟草、柑橘等;在粮食作物小麦、玉米、水稻和经济作物油菜、茶叶、棉花上施用肥效显著,尤其适用中、低肥力土壤。硝酸磷肥除增产作用外,还可提高经济作物品质。它作为基肥,效果更佳。硝酸磷肥的养分形态和养分比例优于其他复混肥,因此,其增产作用略高于等养分的复(混)肥而且肥效稳定。由于物理性质好,便于储存、运输和施用,很受农户欢迎。

二、三元复混肥料

(一)化成复混肥料

这类复混肥料一般是以磷酸作为主要原料,加氨进行反应,然后加入钾肥进行混合,经浓缩后成为三元复混肥料。采用这种工艺的一般为大、中型企业,生产的都是高浓度肥料。该种复混肥料的优点主要有:①养分均匀,每个颗粒之间养分一致,很少有误差,所以,单个养分含量和总养分含量均易达标。②物理性状好,颗粒大小均匀,抗压强度大,表面光滑,在储运过程中不易破碎,不易结块,肥料质量能够得到保证。缺点是养分比例相对固定,难以满足不同土壤和作物的需求。

这类肥料适宜机械施肥,在选择适用作物和土壤时,要考虑产品养分配比、养分形态等特点。施肥方式上一般用作大田作物的基肥,在果树等多年生作物上可作基肥和追肥,但在作种肥时要具体分析其是否会烧苗。

(二)配成复混肥料

配成复混肥料国内多采用干粉混合,然后造粒而成，具体工艺流程包括固体物料破碎、过筛、称量、混合造粒、干燥、冷却、筛分等，用于造粒的机械有转鼓造粒机、圆盘造粒机和挤压造粒机。用于生产这种粒状复混肥料的基础肥种类很多，氮肥可以用尿素、氯化铵等，磷肥可以用高浓度的硝酸磷肥、磷酸铵、重过磷酸钙，也可用低浓度的过磷酸钙、钙镁磷肥，钾肥主要是氯化钾和硫酸钾。其中磷肥品种决定了复混肥料的养分含量的高低，生产高浓度复混肥料需要用高浓度磷肥做原料。这种配成复混肥料的优点是肥料颗粒中养分分布均匀，物理性状好，使用方便，养分比例灵活，可以满足各种土壤和作物需求。缺点是同一配方需要生产的数量较大，不能满足个性化服务的需求。

（三）掺混肥料

掺混肥料于20世纪50年代在美国兴起，是用两种或两种以上粒度相对一致的单元肥料或复合肥料为原料，机械掺混而成的肥料。目前固体掺混肥原料全部是颗粒状，并且颗粒大小基本一致，所用原料主要是尿素、氯化铵、硝酸铵、硫酸铵、磷酸一铵和磷酸二铵以及氯化钾等。颗粒掺混肥料通常的生产方法是将原料经过前期处理后，进入分隔的储斗，然后通过称量装置分别称量后流入混合机，机械混合均匀后散装或装袋配送给农田施用。掺混肥料由于没有加温、加湿、干燥等过程，所以生产流程简单，环境污染少。原料利用率高，加工过程简单，容易操作，养分配比灵活，可以满足各种批量生产需要。其优点是养分比例灵活，适应性强，能满足个性化服务的需求，适合各种规模生产，特别适合于小区域内的测土配方施肥。但要求掺混的基础肥料颗粒大小、比重基本相当，否则会产生分离，导致养分不均匀，影响肥效。

三、液态复混肥料

液态复混肥料是含有氮、磷、钾中两种或三种营养元素的液体产品，包括两种类型，一种是清液型，即肥料中营养元素全部溶于水，不含有分散的固体颗粒；另一种是悬浮型，即液相中分散有不溶性固体肥料颗粒或含惰性物质颗粒。

清液型复混肥料因为所有肥料成分都要溶于水，呈溶液状，养分含量较低。其主要原料包括氨、尿素、氮溶液、氯化钾、湿法正磷酸、过磷酸和一些基础液肥如8-24-0、10-34-0、11-37-0等。常见工艺是以聚磷酸铵作为原料，再加入高浓度氮肥（如尿素、硝酸铵）和钾肥（如氯化钾），配制成各种规格和养分配比的液体复混肥料。其中聚磷酸铵具有较强的螯合能力，可以在液体肥中添加较多的锌、铁、铜等微量元素。清液复混肥料配制一般有“冷混”和“热混”两种流程。冷混法混合时不产生热量或热量不大，多以基础溶液（10-34-0、11-37-0）和尿素、硝酸铵以及钾肥、微量元素为原料，通常在使用地安装混合装置，就地生产，就地施用。热混法采用的原料（如磷酸和氨）在混合时会产生大量反应热，通常以磷酸提供一半的P_2O_5，其余由10-34-0的基础肥液提供，生产设备主要有混合槽、再循环泵、搅拌器和冷却器。

悬浮型复混肥料是含有固体成分的液体混合物，其中固体成分可以是这些饱和溶液的可溶性盐类，也可以是一些不溶物质，为了延长悬浮颗粒的稳定时间，阻止悬浮固体物的沉降，往往加入一些助悬浮剂。由于悬浮肥料受原料溶解度限制不大，故可相应提高养分浓度，生产出高钾或高氮液体复混肥料，所选原料也可以是一些不完全溶解的基础肥料。

液体复混肥料在二次加工中不需要蒸发和干燥，不产生粉尘和烟雾，也不存在产品结块和吸湿等问题，具有工艺流程和设备简单、投资省、施肥均匀、养分配比灵活、便于添加中微量元素和农药等优点，可以叶面喷施、滴灌或结合灌溉施用，也可作为营养液进行无土栽培。目前，液体复混肥料不但广泛应用于果树、蔬菜、棉花等高价值作物上，也在大田作物如马铃薯、玉米上得到了快速发展。

四、专用型复混肥料

专用型复混肥料是针对特定区域的某种作物来生产的，主要依据作物营养特点和土壤养分供应状况来确定肥料配方，更有针对性。专用型复混肥料改变了过去化肥生产工艺主导的局面，而是以农业需求为导向，根据土壤作物营养特点和科学施肥知识来确定配方，再与先进的化肥生产技术结合，生产出与区域土壤作物匹配的肥料产品，供农民应用，提高了肥料的针对性，促进了施肥的科学化和高效化，因此，专用型复混肥料首先在农业和经济发达国家出现，并且优先在经济作物上实现。近年来，我国专用型复混肥料的生产和施用发展迅速，特别是2005年国家测土配方施肥项目开展以来，许多化肥企业、科研单位和高等院校等都借助项目成果进行了很多作物的专用型复混肥料的研制与生产销售，已经成为一些作物的主流复混肥料产品。养分配方是专用型复混肥料的核心，确定配方时不但要考虑作物养分需求特点，还要考虑土壤供肥性能、施肥时期和方法、栽培和气候等因素；不但要考虑氮、磷、钾三要素，还要考虑中微量元素；不但要考虑养分数量，还要考虑养分形态。

专用型复混肥料在生产和施用时，需要注意以下几点：①因为专用肥的配方考虑到作物和土壤特点，具有更强的针对性，所以，同样是45%养分，专用肥的肥效普遍好于通用型肥料。②专用型复混肥料品种一旦形成，并不是一成不变和永久的，经过生产和使用一段时间后，要视其肥效和农业生产条件做必要的修正。③专用型复混肥料配方是针对特定区域大部分土壤养分状况来设计的，在一些特定的地块或已经知道土壤养分供应状况的条件下，还需要进行施肥的调整。④一个专用型复混肥料品种往往不能满足作物整个生育期的养分需求，还要与其他肥料搭配施用，如可以采用基追结合方式，专用型复混肥料作基肥，氮肥作追肥；也可以做成施肥套餐，即根据作物需肥特点，将施肥分成几个时期，再根据各个生育期特点选用特定的专用型复混肥料或单元肥料，形成整个生育期的作物施肥方案。

五、有机-无机复混肥料

有机-无机复混肥料是含有一定量有机肥料的复混肥料，一般以畜禽粪便、动植物残体、腐植酸类、草炭、油页岩等有机物为原料，经发酵腐熟处理，添加无机肥料而制成。按照我国肥料标准，商品有机-无机复混肥料在外观上应是颗粒状或条状，无机械杂质。在含量上氮、磷、钾三种养分总标明量不能低于15%，有机质含量要大于等于15%，同时还有水分、虫卵、微生物、氯离子、重金属等含量的规定。

有机-无机复混肥料可以把有机养分资源经处理后还田，在一定程度上可以缓解动物粪尿、作物残体等带来的环境问题。同时，增加了其中氮、磷、钾养分含量，解决了有机肥养分含量低的问题，可以在满足作物营养需求的同时，增加土壤有机质还田数量，起到改土培肥的作用。

第三节　复混肥料的合理施用

复混肥料的合理施用有4个基本原则，一是要选择适宜的复混肥料品种；二是要明确适宜的施用时期；三是要确定合理的复混肥料用量；四是要针对复混肥料品种的特点，采取相应的施肥方法。

一、适宜的复混肥料品种

（一）考虑作物种类

作物营养特征是选择复混肥料的重要依据。一般选择复混肥料品种时要考虑作物的氮、磷、钾养分需求比例、阶段需求特征、中微量元素的敏感性等作物营养特征，同时考虑作物轮作和种植特点。目前市场上很多作物专用型复混肥料就是依据作物主要营养特征来设计和生产的。如冬小麦基肥一般选用高磷型复混肥料，豆科作物宜选用磷钾含量较高的肥料，果树盛果期选用高钾型复混肥料，叶菜类选用高氮型复混肥料。

（二）考虑土壤条件

土壤条件也是影响复混肥料肥效发挥的重要因素，所以选择复混肥料品种时要考虑土壤的物理、化学和生物学特征。如易淋溶的沙土地和坡地要考虑硝态氮损失问题，石灰性土壤宜选用水溶性磷含量高的复混肥料；酸性土壤可选用枸溶性磷含量高的复混肥料；水稻田选用铵氮型复混肥料；盐碱地和对氯敏感作物不能选用含氯的复混肥料。

（三）考虑土壤供肥水平

复混肥料的养分配比要与土壤氮、磷、钾供应水平相匹配，如土壤有机质含量低、缺氮严重的土壤应选用高氮型复混肥料；严重缺磷的土壤应选用高磷型复混肥料；严重缺钾的土壤应选用高钾型复混肥料。

(四)考虑肥料特点

选用复混肥料品种时要考虑其自身特征，如肥料养分含量、养分比例、养分形态和肥料形态等；同时也要考虑肥料的商品特征，如价格、耐储性、便捷性等。

(五)考虑技术条件

选择复混肥料品种还要考虑如灌溉、机械、劳动力等技术条件，如具有滴灌、喷灌、微灌等水肥一体化条件的可以考虑选择水溶性复混肥料，能够进行机械化施肥的考虑选择颗粒均匀、适宜机械化操作的复混肥料，劳动力成本比较高的可以选用适宜一次性施肥的缓控释复混肥料。

二、适宜的施用时期

复混肥料的效果与施肥时期有密切关系，因此，复混肥料的施用时期要适宜。选择复混肥料的施用时期要同时考虑作物、土壤、气候、种植制度和技术条件等因素。如一年生的粮食作物和大田经济作物，一般复混肥料做基肥，单质氮肥或氮钾复混肥料做追肥；多年生果树，复混肥料可以同时做基肥和追肥，一般复混肥料不做种肥，用作种肥时要注意其是否会烧苗。

三、合理的复混肥料用量

确定合理施用量是复混肥料科学施用的重要原则，应在明确复混肥料品种和施肥时期基础上进行。因为复混肥料同时供应氮、磷、钾等多种养分，其施用量要同时考虑几种养分的供应数量，一般原则是先考虑磷的用量，再考虑钾，最后考虑氮，如果不能同时满足需要，可以用追肥来补充氮和钾的要求。

四、合适的施肥方法

施肥方法也影响复混肥料效果的发挥，确定施肥方法时要考虑复混肥料的特点，以增效、减损、方便为主要原则。如含 NH_4^+-N 的肥料深施覆土、含 NO_3^--N 的肥料防止淋失、磷钾养分要防止固定。

第十八章扩展阅读

复习思考题

1. 何为复混肥料、BB 肥料、专用型复混肥料？
2. 复混肥料有哪些类型，各具有哪些特征？
3. 复混肥料的优缺点有哪些？
4. 复混肥料合理施用的原则与技术是什么？
5. 国内外复混肥料的发展特点有哪些？

参考文献

车升国. 2015. 区域作物专用复合(混)肥料配方制定方法与应用. 博士论文. 北京：中国农业大学.

胡霭堂. 2003. 植物营养学(下册). 2 版. 北京：中国农业大学出版社.

黄云. 2014. 植物营养学. 北京：中国农业出版社.

曲均峰. 2010. BB 肥的应用与发展. 磷肥与复肥. 25，42-44.

夏敬源，张福锁. 2007. 国内外灌溉施肥技术研究与进展. 北京：中国农业出版社.

张福锁，张朝春，等. 2017. 高产高效养分管理技术创新与应用. 北京：中国农业大学出版社.

张福锁，张卫峰，马文奇，等. 2007. 中国化肥产业技术与展望. 北京：化学工业出版社.

张福锁. 2011. 测土配方施肥技术. 北京：中国农业大学出版社.

张允湘. 2007. 磷肥及复合肥料工艺学. 北京：化学工业出版社.

中华人民共和国国家标准，《掺混肥料(BB 肥)GB/T 21633—2008》

中华人民共和国国家标准，《肥料标识内容和要求 GB 18382—2001》

中华人民共和国国家标准，《复混肥料(复合肥料)GB 15063—2009》

中华人民共和国国家标准，《有机-无机复混肥料 GB 18877—2009》

IFA (The International Fertilizer Association). 2019. https://www.ifastat.org/

Janse Van Vuuren，J. A.，Groenewald，C. A. 2013.

Use of scanning near-infrared spectroscopy as a quality control indicator for bulk blended inorganic fertilizers. Comm. Soil Sci. Plant Anal. 44，120-135.

McGuffog，D. 2007. Fertilizers：Types and Formulations. In：Encyclopedia of Soil Science（2rd edition）. Taylor and Francis：New York.

Tissot，S.，Miserque，O.，Quenon，G. 1999. Chemical distribution patterns for blended fertilizers in the field. J. Agri. Eng. Res. 74，339-346.

Wells，K. L.，Terry，D. L.，Grove，J. H.，et al.（1992）. Spreading uniformity of granular bulk-blended fertilizer. Comm. Soil Sci. Plant Anal. 23，1731-1751.

扩展阅读文献

夏敬源，张福锁. 2007. 国内外灌溉施肥技术研究与进展. 北京：中国农业出版社.

张福锁，张朝春，等. 2017. 高产高效养分管理技术创新与应用. 北京：中国农业大学出版社.

张福锁，张卫峰，马文奇，等. 2007. 中国化肥产业技术与展望. 北京：化学工业出版社.

第十九章 有机肥料

教学要求：

1. 掌握有机肥料的概念和基本作用。
2. 了解有机肥料分类和在农业生产中的作用。
3. 掌握常见有机肥种类的性质及施用。
4. 了解商品有机肥的种类、质量标准、生产工艺和发展方向。

扩展阅读：

我国有机肥料发展概况；家禽粪的养分特点；腐植酸肥厩肥腐熟的阶段特征；堆肥原理

有机肥料是我国农业生产中的重要养分资源。作为传统农业的物质基础，从人类开始农业生产之时，有机肥料便成为地球上物质循环的纽带，将人、畜、作物和土壤紧密地联系在一起。根据联合国粮农组织(FAO)的统计，在农作物增产的诸多因素中，化肥作用占比为40%～60%。但是，由于化肥使用不当，化肥利用率呈现降低趋势，也造成了农业生产成本增加，农产品品质变劣，硝酸盐含量超标，土壤理化性质恶化，甚至给地下水及大气环境带来了严重的污染。重视有机肥料的生产和施用，如作物秸秆还田、人畜粪尿利用等，将会逐步改善因化肥使用不当导致的土壤肥力衰退，防止水体和大气环境污染，逐步恢复生态平衡。总之，合理利用有机肥料资源，对农业绿色发展和环境保护具有十分重要意义。

第一节　有机肥料概述

狭义的有机肥料指农家肥，是农村中就地取材、就地积制用作肥料的有机物料。主要包括人畜粪尿、作物秸秆、各种堆沤肥等。随着科学技术的进步，有机肥料已超出农家肥的范畴。广义的有机肥料，泛指能用作肥料的各种有机物质或以有机物质为主要成分的肥料。有机肥料主要来自农村和城市的废弃物，包括种植业中的植物残体（秸秆、绿肥、饼肥等）、养殖业中的畜禽粪尿、生活垃圾等。

我国有机肥料资源丰富，以植物残体和动物排泄物为主体。据估算，全国有机肥料总量为 57 亿 t（实物），其中，人畜禽粪尿占 8 亿 t（鲜），秸秆年产约 10 亿 t（风干），绿肥 1.0 亿 t（鲜），饼肥约 0.2 亿 t（风干）。全国有机肥资源每年可提供氮、磷、钾（$N+P_2O_5+K_2O$）总养分约 7 300 万 t，其中 N 约 3 000 万 t、P_2O_5 约 1 300 万 t、K_2O 约 3 000 万 t。其中，人畜粪尿占 80.7%，秸秆占 17.5%，饼肥占 0.4%，绿肥占 1.8%。有机资源养分量约为当年化肥消费量的 1.4 倍。特别是农业中的钾素供应约有 70%依靠有机钾源。可见，我国有机资源相当丰富，但是实际生产中有机肥投入量远低于资源总量，且地区之间不均衡。2008 年，在农业生产中的氮、磷、钾（$N+P_2O_5+K_2O$）总养分投入量中，有机肥贡献为 3 037 万 t，其中 N 1 195 万 t、P_2O_5 607 万 t、K_2O　1 235 万 t（图 19-1）。大力推广应用有机肥，既可保证农业自身物质与能量的再循环，又是维持和提高土壤生产力的首要措施，同时，对保护生态环境具有重要意义。因此，长期坚持有机肥和化肥配施，有利于农业的绿色优质高效和可持续发展。

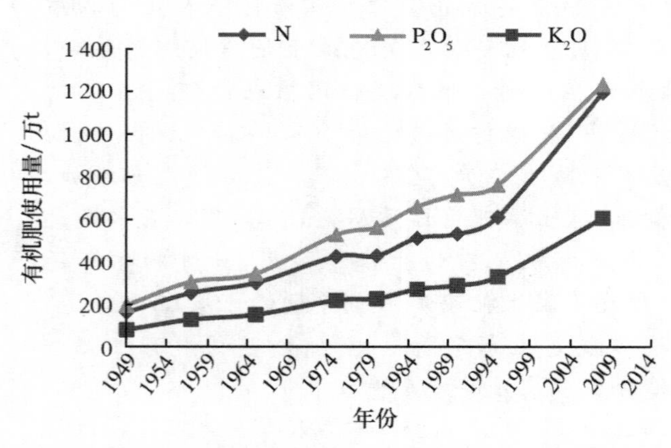

图 19-1　我国有机肥使用量（万 t，按各种有机肥使用量折算后的养分总和）

资料来源：1949—1995 年数据来自林葆等（1998），2008 年数据来自朱兆良和金继运（2013）。

一、我国有机肥料发展概况

（一）我国古代施用有机肥料简况

我国施用有机肥料历史悠久。早在春秋战国时期就有“百亩之粪”“多粪肥田”，前汉《氾胜之书》有用蚕矢拌种、用兽骨汁和豆萁作肥料等记载，至今已有 2 000 多年的历史。西晋时我国开始栽培绿肥作物，北魏时贾思勰《齐民要术・耕田篇》、宋朝《陈旉农书・粪田之宜篇》、明代《宝坻劝农书》、清代杨屾《知本提纲》均有有机肥施用的记载。以上充分说明我国施用有机肥料的历史源远流长，土壤培肥意识早已萌芽，并在古代农业生产中体现。

（二）我国近现代有机肥料发展概况

新中国成立后，党和政府对肥料工作十分重视，号召广辟肥源，大力积造有机肥料，发展化肥生产，并贯彻科学施用肥料。1949—1980 年有机肥占据主导地位，农民大量积造有机肥。1949 年，全国有机养分投入量占总养分投入量的 99.73%以上，此后逐年下降，至 20 世纪 70 年代末下降至 60%左右。1980—1995 年随着化肥工业迅速发展，有机肥的主导地位逐步被削弱，有机、无机养分贡献相当，有机养分投入比例为 40%～50%，这段时间内出现了一些规模化处理有机肥料资源的方式。1996—2008 年化肥工业迅猛发展，有机肥料处于配角地位，有机养分的投入仅占 30%左右。2009 年至今，有机肥料再度被重视，并逐步恢复施用，有机养分的投入比例基本稳定在 30%以上。

综上，我国有机肥料工作取得了较大成就。表现在几个方面：有机肥料积、制、保、施技术，堆沤方法和粪便无害化处理，城市垃圾、污水、污泥的利用、秸秆还田（技术），草炭（利用），腐植酸类物质（肥料）应用，有机肥和无机肥结合，绿肥引种，新品种选育和种植方式，翻压绿肥增产与培肥改土作用，绿肥高产栽培技术等领域取得了可喜的研究成果，并在农业生产中获得了较好的社会效益和经济效益。另一方面，有机肥料资源数量不断增加，目前全国有机肥料总量为57亿t(实物)。

目前，农村有机肥料积制和施用仍以人工劳动为主，技术比较落后，劳动强度大，相对费时费工，并且脏、臭，不如化肥省工省事；有机肥料养分浓度低，体积大，肥效慢，效益低，这些都影响到农民积制和施用有机肥料的积极性。随着畜牧业规模化发展，以及对环境保护和食品安全的重视，近年来有机肥料的开发利用开始向商业化、专业化和产业化发展。

二、有机肥料的分类及特性

(一)有机肥料的分类

目前全国仍没有一个统一的有机肥料分类标准。1990年农业部(现农业农村部)组织专家在吸取前人的成果和实践经验的基础上，按照有机肥料资源、特性及积制方法，将有机肥分为粪尿类、堆沤肥类、秸秆肥类、绿肥类、土杂肥类、饼肥类、海肥类、腐植酸类、农用城镇废弃物和沼气肥，共10大类，每一类又分为若干个品种。从有机肥的来源、性质、积制(制造)方式、未来的发展等方面综合考虑，将其划分为农家肥、秸秆、绿肥、商品有机肥等几大类。多数资料通常根据有机肥料来源、特性和积制方法，分为粪尿肥(包括人粪尿、畜粪尿及厩肥、禽粪以及海鸟粪等)、堆沤肥(包括秸秆还田、堆肥、沤肥、沼气肥等)、绿肥(包括栽培绿肥和野生绿肥)和杂肥(包括城市垃圾、泥炭及腐植酸类肥料、油粕类肥料、污水污泥等)4大类。以上4大类有机肥料在有机肥资源总量中的排列次序为：粪尿肥＞堆沤肥≈杂肥＞绿肥。本章结合已有的研究，并结合有机肥商品化、产业化、环保化等发展趋势，将重点从传统有机肥种类，包括粪尿肥、堆沤肥、绿肥和其他有机肥，以及商品有机肥等方面进行介绍(表19-1)。

表19-1　我国有机肥料品种表

有机肥料种类	有机肥料品种
粪尿肥(包括人畜粪尿及厩肥)	人粪尿、猪粪尿、马粪尿、牛粪尿、骡粪尿、驴粪尿、羊粪尿、兔粪、鸡粪、鸭粪、鹅粪、鸽粪、蚕沙、狗粪、貂粪等；海鸟粪；猪圈粪、马厩粪、牛栏粪、骡圈肥、驴圈粪、羊圈粪、兔窝粪、鸡窝粪、鹅棚粪、鸭棚粪
堆沤肥(包括秸秆还田、堆肥、沤肥、沼气肥等)	稻秸秆、小麦秸秆、玉米秸秆、大豆秸秆、油菜秸秆、花生秆、高粱秸、谷子秸秆、棉花秆、马铃薯秸秆、烟草秆、辣椒秆、番茄秆、向日葵秆、西瓜藤、麻秆、冬瓜藤、绿豆秆、香蕉茎叶、甘蔗茎叶、黄瓜藤、芝麻秆等；堆肥、沤肥、草塘泥、凼肥、土粪等；沼液、沼渣
绿肥(包括栽培绿肥和野生绿肥)	紫云英、苕子、金花菜、紫花苜蓿、草木樨、豌豆、蚕豆、萝卜菜、油菜、田菁、柽麻、猪屎豆、绿豆、豇豆、泥豆、紫穗槐、三叶草、沙打旺、满江红、水花生、水浮莲、水葫芦、蒿草、金尖菊、山杜鹃、黄荆、马桑、含羞草、菜豆、飞机草等
其他有机肥	豆饼、菜籽饼、花生饼、芝麻饼、茶籽饼、桐籽饼、棉籽饼、柏籽饼、葵花籽饼、蓖麻籽饼、胡麻饼、烟杆饼、兰花籽饼、线麻秆饼等；炉灰渣、烟囱灰、焦泥灰、草木灰、泥肥、肥土；酒渣、酱油渣、粉渣、豆腐渣、醋渣、味精渣、食用菌渣、药渣、茹渣等；泥炭、褐煤、风化煤、腐植酸钠、腐植酸钾、腐混肥、腐植酸、草甸土等；城市垃圾、生活污水、生活污泥；屠宰场废弃物、熟食废弃物、蔬菜废弃物、粉煤灰、工厂污泥、工业废渣、肌醇渣、糠醛渣等
商品有机肥	精制有机肥；有机无机复混肥；生物有机肥

引自：全国农业技术推广中心，1999。

(二)有机肥料的特性

有机肥料含有氮、磷、钾、硫、钙、镁及微量元素等各种矿质养分，还含有纤维素、半纤维素、脂肪、蛋白质、氨基酸、激素、腐植酸等有机物质。与化学肥料相比较，具有以下特性。

1.养分全面

有机肥料不仅含有作物生长发育所必需的大量和微量营养元素，而且含有可供作物直接吸收利用的有机养分和生长刺激素等，是一种养分全面的肥料。

2.肥效稳定持久

有机肥料所含养分多呈有机态，需在土壤中经矿化作用释放后才能被植物吸收利用。有机肥料作为基肥可不断发生分解、释放养分，其肥效稳定持久。

3.富含有机质，能改土培肥

有机肥料含有大量有机胶体和活性物质，有利于改善土壤理化特性和生物学特性。长期施用有机肥可显著提高土壤肥力,对农产品品质有良好的作用。

4.资源丰富,种类繁多

有机肥料种类多,来源广,数量大,可就地或就近积制和施用,也可进行工厂化生产生成商品有机肥。植物性有机肥料具有可再生性,是一种可再生资源。

5.养分浓度低,肥效慢

有机肥料养分总量和有效性均低,养分供给的数量和比例与作物阶段营养需求不尽一致,需要与化肥配合才能满足作物不同生育阶段的养分需求,实现高产优质。

三、有机肥料在农业生产中的作用

(一)供给作物营养物质,促进作物生长

主要体现在3个方面:①提供大、中量元素和微量元素。有机肥料含有作物生长发育所必需的多种营养元素,经矿化作用后可释放氮、磷、钾、钙、镁、硫以及铜、锌、铁、锰、硼等微量元素,供作物吸收利用。经常施用有机肥料的土壤,一般不易发生微量元素缺乏症。②提供CO_2。除矿质养分外,有机质分解产生的CO_2,可提高作物冠层CO_2浓度,增强光合效率;CO_2也可被作物根系直接吸收,有利于作物生长发育。③提供有机营养物质和活性物质。有机肥在施入土壤后,在矿化过程中产生的中间产物,如葡萄糖、氨基酸、磷脂、核酸等,是作物可以吸收的碳、氮、磷、硫的有机化合物,腐植酸、维生素、酶、生长素等还可促进作物新陈代谢,刺激作物生长,从而提高作物产量和品质。

(二)改善农产品品质

单一施用化肥或养分配比不当,会降低产品质量,造成“米不香,果不甜,菜不鲜”等品质下降的问题。实践证明,有机肥与化肥配合使用能提高农产品品质。小麦和水稻增施有机肥,籽粒中蛋白质和必需氨基酸含量增加,直链淀粉比重增加。施用有机肥的蔬菜,硝酸盐含量大大降低,且维生素C含量增加,抗病力增强,保鲜性能提高。增施有机肥,可改善烟叶外观品质,增加中上等烟比例,使烟叶中糖碱比更为协调。

(三)改良土壤理化性状,提高土壤肥力

有机肥料是耕地土壤有机质的主要来源,施用有机肥料可有效提高土壤有机质含量。有机肥料施入土壤后,在微生物作用下形成腐殖质,促进土壤水稳性团粒结构的形成,较好地协调土壤水、肥、气、热的矛盾。有机肥料可为土壤微生物提供能量和营养物质,促进微生物的繁殖,从而提高土壤养分周转和供应能力。

(四)提高难溶性磷酸盐及微量元素的养分有效性

有机肥在分解时形成一些有机酸(如草酸、乳酸和酒石酸等)和碳酸,这些酸性物质可促使土壤中难溶性磷酸盐和微量元素(铁、硼、锌等)的转化,提高有效性,使其易于被作物吸收利用。

(五)缓解资源矛盾,保护生态环境

一方面,我国化肥资源和能源紧张,充分开发利用有机废弃物资源(如人畜粪尿肥、秸秆、绿肥等),大力生产和施用有机肥料可减少化肥生产和施用量,降低能源消耗。另一方面,随着工农业的发展和人类生活水平的提高,有机废弃物的数量越来越多,如不合理利用势必造成有机资源浪费和环境污染。例如,养殖业畜禽粪尿中含有大量病菌虫卵,会传播病菌,危害人畜健康。有机废弃物中的养分被水淋失至湖泊和地下水中,将会导致水体富营养化和水质恶化。另外,已有研究表明,有机肥料还能吸附和螯合有毒的金属离子(如镉、铅),增加砷的固定,减轻对土壤环境的直接污染。可见,有机肥料可有效缓解资源危机,保护生态环境,为人类带来巨大的社会效益、生态效益、环境效益和经济效益。

第二节 有机肥种类、性质和施用

一、粪尿肥

(一)人粪尿

1.人粪尿的成分和性质

人粪尿是一种养分含量高、肥效快的有机肥料,常被称为精肥或细肥。

人粪含70%~80%的水分、20%左右的有机物

和5%左右的无机物。有机物主要是纤维素、半纤维素、脂肪、蛋白质、氨基酸和各种酶、粪胆汁等，还有少量的粪臭质、吲哚、硫化氢、丁酸等臭味物质。无机物主要是钙、镁、钾、钠的硅酸盐、磷酸盐和氯化物等盐类。人粪尿的pH一般呈中性。

人尿是人新陈代谢后所产生的废物和水。水约占95%，其余5%左右是水溶性有机物和无机盐类，其中含尿素1%～2%，无机盐1%左右，以及少量的尿酸、马尿酸、肌酸酐、氨基酸、磷酸盐、铵盐、微量的生长素(如IAA)和微量元素。

从养分含量来看，不论人粪还是人尿都是含氮较多，含磷、钾较少，C/N低(约5:1)，因此人们常把人粪尿当作速效氮肥施用。人粪中的养分呈复杂的有机态，需进一步转化才能为作物吸收利用。人尿中的速效养分含量高，磷、钾均为水溶性；氮以尿素、铵态氮为主，占90%左右(表19-2)。人尿总量比人粪高很多，所以应重视人尿的收集和利用。

表19-2 人粪尿的养分含量及成年人粪尿中养分排泄量

种类	水分/%	主要养分含量/(以鲜物计,%)				成年人每年排泄量/kg			
		有机质	N	P_2O_5	K_2O	鲜物	N	P_2O_5	K_2O
人粪	>70	约20	1.00	0.50	0.37	90	0.90	0.45	0.34
人尿	>90	约3	0.50	0.13	0.19	700	3.50	0.91	1.34
人粪尿	>80	5～10	0.5～0.8	0.2～0.4	0.2～0.3	790	4.40	1.36	1.68

引自：黄建国，2004。

2.人粪尿的腐熟与储存

(1)人粪尿的腐熟变化　人粪尿须经储存腐熟后才能施用。在储存腐熟过程中，人粪尿经微生物作用，将复杂的有机物逐步分解为简单的化合物。腐熟后的人粪尿为均质流体或半流体，稀释后施用。人类尿的腐熟快慢与季节有关，通常夏季需6～7天，其他季节需10～20天。

(2)人粪尿的储存　首先，应注意保蓄养分，减少氨挥发损失；其次，要防止蚊蝇滋生繁殖，保持环境卫生；最后，应注意杀灭各种病原菌，达到无害化要求。人粪尿储存方式主要有下述两种类型：①发酵处理。这种类型有加盖粪缸、三格化粪池和沼气发酵池3种。②堆肥处理。见后文堆肥部分。

3.人粪尿的施用

经腐熟无害化处理的人粪尿是优质的有机肥料，适合大多数土壤(盐碱土除外)，可作基肥和追肥，还可浸种。因其养分浓度较高，肥效快，更适用于追肥。人粪尿适用于大多数作物，对粮食、纤维、油料及蔬菜等作物都有明显的增产作用，尤其对叶类蔬菜、桑、麻等作物有良好肥效。因人粪尿中含有0.6%～1.0%氯化钠，施用时应避免施于氯敏感作物(如瓜果类、薯类、烟草和茶叶等)。一般大田作物用量为7 500～15 000 kg/hm²，对需氮较多的叶菜类或生育期较长的作物可用15 000～22 500 kg/hm²。

(二)家畜粪尿

1.家畜粪尿的成分与性质

猪、牛、羊、马等饲养动物的排泄物，含有丰富的有机质和多种营养元素，是良好的有机肥料。家畜粪的成分主要是纤维素、半纤维素、木质素、蛋白质及其分解产物，如脂肪酸、有机酸以及某些无机盐类。家畜尿成分主要是水和水溶性物质，含有尿素、尿酸、马尿酸及钾、钠、钙和镁的无机盐。家畜粪尿的排泄量、成分和理化性质依家畜种类、牲畜的年龄、饲料及饲养方式不同而有很大差异(表19-3和表19-4)。就家畜养分总含水量来说，猪粪、牛粪含量较多，羊粪次之，马粪最少。就养分种类而言，畜粪中含有机质和氮素较多，磷和钾较少，畜尿中含氮、钾较多，而含磷很少。各种家畜每年的排泄量相差甚大，牛的排泄量最大，羊最少，马、猪介于其间。

表 19-3　家畜粪尿和家禽粪的养分含量　%

类别		水分	有机质	N	P_2O_5	K_2O	CaO
猪	粪	82	15.0	0.65	0.40	0.44	0.09
	尿	96	2.5	0.30	0.12	0.95	1.00
牛	粪	83	14.5	0.32	0.25	0.15	0.34
	尿	94	3.0	0.50	0.03	0.65	0.01
羊	粪	76	20.0	0.55	0.30	0.24	0.15
	尿	90	6.5	1.20	0.10	1.50	0.45
马	粪	65	28.0	0.65	0.50	0.25	0.46
	尿	87	7.2	1.40	0.30	2.10	0.16
鸡粪	粪	50.5	25.5	1.63	1.54	0.85	/
鸭粪	粪	56.6	26.2	1.10	1.40	0.62	/
鹅粪	粪	77.0	23.0	0.55	0.50	0.95	/

表 19-4　家畜尿中各种形态氮的含量　%

家畜尿	尿素	马尿酸	尿酸	肌酸酐态氮	氨态氮	其他形态氮
猪尿	26.6	9.60	3.20	0.68	3.78	56.13
牛尿	29.77	22.46	1.02	6.27	-	40.48
马尿	74.47	3.02	0.65	—	—	21.86
羊尿	53.39	38.70	4.01	0.60	2.24	1.04

引自：胡蔼堂，2003。

2. 常见家畜粪尿及家禽粪的特点

(1)猪粪　猪为杂食性动物，饲料较细，粪中纤维素较少，含蜡质较多，C/N 小。猪粪质地较细，纤维分解菌少，分解较慢，产生的热量较少；含腐殖质的量较高，阳离子代换量大，吸附能力较强。

(2)牛粪　牛是反刍类动物，饲料可反复消化，粪质细密，C/N 约 21∶1，含水量大，通透性差，分解缓慢，发酵温度低，故称为冷性肥料。为加速分解腐熟，常混入一定量的马粪。

(3)羊粪　羊也是反刍类动物，对纤维粗饲料反复咀嚼，粪质细密而干燥，C/N 约为 12∶1，肥分浓，肥料三要素含量在家畜粪中最高。羊粪腐解时发热量介于马粪与牛粪之间，发酵也较快，故也称为热性肥料。

(4)马粪　马以高纤维粗饲料为主，咀嚼不细，排泄物中含纤维素高，粪质粗松，C/N 约为 13∶1，含较多的高温性纤维分解细菌，纤维分解较快，腐熟过程中放出大量热，为热性肥料。

(5)家禽粪　家禽粪是指鸡、鸭、鹅等家禽的排泄物。家禽以各种精料食为主，粪便排泄量少，所含纤维素量少于家畜粪，粪质好，养分含量高于家畜粪，属于细肥，经腐熟后多用于追肥。

3. 家畜粪尿的储存与施用

(1)储存　家畜粪尿常用垫圈法和冲圈法储存。

①垫圈法。畜舍内垫上大量秸秆、杂草、泥炭、干细土等，既可吸收尿液，保存肥分，又减少畜栏臭气，保持干燥清洁的环境，有利于家畜的健康。垫料要选择吸收力强、取材方便的材料，南方多用草、秸秆，北方多用土，东北一些地区采用泥炭。研究表明，吸水量以泥炭效果最好，秸秆次之，干有机质土最差。吸氨能力强弱顺序为：泥炭>干有机质土>秸秆。

②冲圈法。较大畜牧场常采用冲圈法，畜舍底面用水泥砌成，并向一侧倾斜，以利于尿液流入舍外所设的粪池。畜舍内每天用水将粪便冲到舍外粪池里，在厌氧条件下，沤成水粪。冲圈法有利于畜舍卫生和家禽健康，不用垫圈材料，节省劳力，可减少氮素损失。此外，还可结合沼气发酵，充分利用生物能源。

(2)施用　家畜粪尿肥一般适合于各类土壤和各种作物，可作基肥和追肥。作基肥时一般采用撒施的方法，均匀撒施后耕翻。免耕施肥或播种时条施(穴施)的必须施用充分腐熟的粪尿肥，以免影响种子发芽和幼苗生长。腐熟较好的猪、羊粪可作追肥用。牛粪养分含量不高，腐熟分解慢，一般作基肥施用，最好与热性肥料掺混施用。马粪为腐熟分解快的热性肥料，一般不单独施用。利用家畜粪尿积制的厩肥多作基肥施用，用量为 30 000～45 000 kg/hm^2，撒铺均匀后耕翻，亦可条施或穴施。

鸡、鸭、鹅、等家禽的排泄物和海鸟粪统称禽粪。禽的粪便排泄量少，但粪中养分含量高。此外，其他动物粪如兔粪和蚕沙，养分含量也高，一般用于果蔬和花卉上，两种均属于热性肥料。禽粪和其他动物粪肥的有关储存和施用方法可参考家畜粪尿。

(三)厩肥

厩肥是指以家畜粪尿和垫料混合积制而成的肥料。在北方多用泥土垫圈，称之土粪。在南方多用秸秆垫圈，称之为厩肥。

1.厩肥的营养成分与性质

厩肥是营养成分较齐全的完全肥料，其养分含量依家畜种类、饲料、垫料种类和用量等而异(表19-5)。

表 19-5　新鲜厩肥的平均养分含量　　%

厩肥种类	水分	有机质	氮(N)	磷(P_2O_5)	钾(K_2O)	钙(CaO)	镁(MgO)	硫(SO_3)
猪厩肥	74.2	25.0	0.45	0.19	0.60	0.68	0.08	0.08
牛厩肥	77.5	20.1	0.34	0.16	0.40	0.31	0.11	0.06
马厩肥	71.3	25.4	0.58	0.28	0.53	0.21	0.14	0.01
羊厩肥	64.6	31.8	0.83	0.23	0.67	0.33	0.28	0.15

厩肥属微碱性肥料，一般 pH 为 8.0～8.4。新鲜厩肥须堆制腐熟后才能施用，并在腐熟过程中要注意保氮。

2.厩肥的积制

根据我国农村的经验，主要有圈内堆沤腐解和圈外堆沤腐解两种方法。

(1)圈内堆沤腐解法　此法一般适用于养猪积肥。猪圈分为台和坑两部分，台是猪休息的地方，坑是供猪运动和排泄的场所，也是积制厩肥的地方。坑的大小依养猪的数量而定，垫料主要为干细土，也可放入部分秸秆、青草、垃圾等。圈坑内常年保持湿润，垫料加入坑内，通过猪的踩踏，使粪尿与垫料充分混合、压紧，造成厌氧分解条件，进行沤制。

(2)圈外堆沤腐解法　此法一般多适用于大牲畜积肥。垫料主要为作物秸秆、杂草等。勤垫勤清扫，将清扫出的家畜粪尿与垫料的混合物选择蔽荫场所堆沤腐解。按堆积的松紧程度不同，可分为紧密堆积法、疏松堆积法和疏松紧密交替堆积法 3 种。

①紧密堆积法。将家畜粪尿与垫料的混合物层层堆积，压紧堆至 1.5～2 m 高后，用泥土把粪堆封好，以免雨水淋洗。此法积制的厩肥有机质和氮损失少，且腐殖质积累较多。2～4 个月，厩肥可达半腐熟状态，6 个月以上才能完全腐熟。

②疏松堆积法。此堆积方法与上述情况相似，但在堆积过程中始终不压紧，肥堆内一直保持好气状态，使厩肥在高温条件下进行分解。此法在短期内制出腐熟的厩肥，可将肥堆内的病菌、寄生虫卵和杂草种子全部杀死，但有机质和氮素损失较大。

③疏松紧密交替堆积法。将家畜粪尿与垫料混合疏松堆积，不压紧，让其在好气条件下分解，一般 2～3 天后，堆内温度可达 50～70℃，待温度降至 50℃以下时，即踏实压紧，上面再继续堆积新出的厩肥。如此疏松、紧密交替层层堆积，一直堆到 1.5～2 m 高，堆外面用泥土封好或盖稻草，经 1.5～2 个月可达半腐熟状态，4～5 个月即可完全腐熟。

3.厩肥的施用

厩肥大多作基肥施用，腐熟好的厩肥也可作追肥或种肥。作基肥施用时，将厩肥均匀撒施于地表后，翻耕入土。腐熟好的厩肥可于播种前集中施于播种沟或穴内作基肥，还可与化肥混合制成颗粒状有机无机复合肥作基肥或追肥施用。

施用厩肥应根据作物的种类、土壤性状、气候条件以及肥料本身的性质确定。质地比较黏重的土壤,应选用腐熟程度高的厩肥,而且翻耕要浅点。质地较轻的沙土,应选用半腐熟的厩肥。对冷浸田、阴坡地,可选用热性马、羊厩肥。生育期长的作物可选用半腐熟的厩肥。生长期短的作物,可施用高腐熟的厩肥。淹水水稻需要施用腐熟的厩肥。干旱或少雨的地区或季节,宜采用腐熟的厩肥且翻耕较深。温暖而湿润的地区或季节,可施用半腐熟的厩肥,翻耕较浅。

二、秸秆还田、堆沤肥、沼气肥

(一)秸秆还田

作物秸秆是一类数量巨大的有机肥料,随着复种指数的提高,良种、科学施肥、高产栽培技术等措施的应用,农作物产量不断提高,秸秆数量也大大增加。据统计,2015 年全国主要农作物秸秆可收集资源量为 9.0 亿 t,利用量为 7.2 亿 t,秸秆综合利用率为 80.1%。目前我国作物秸秆直接还田比例为 50%左右,北方农业机械化程度高的地区高于南方丘陵山地。科学贯彻秸秆直接还田技术,既能节约运输力和劳力,又能有效提高土壤肥力。

1. 秸秆的成分与性质

秸秆含有作物生长所需的各种营养元素(表 19-6),是一种完全肥料。秸秆中的矿质元素,以氮、磷、钾、钙的含量最高。作物种类不同,秸秆中的矿质元素含量差异很大。一般豆科作物秸秆含氮较多,禾本科作物秸秆含钾较高,油料作物(如油菜、花生)的秸秆氮、钾含量均较为丰富。此外,秸秆中含有较丰富的微量元素,例如,油菜秆含硼多,稻草含硅约 8%。秸秆中的养分绝大部分为有机态,经矿化后方能被作物吸收利用,肥效稳长。秸秆中的有机成分主要是纤维素、半纤维素和木质素,占干有机物质的 63.8%～85.6%;其次是蛋白质、淀粉、脂肪等,占干有机物质的 2.63%～4.82%。

表 19-6 主要作物秸秆(藤)元素含量(以烘干物计)

种类	大量及中量元素含量/%						微量元素含量/(mg/kg)					
	N	P	K	Ca	Mg	S	Cu	Zn	Fe	Mn	B	Mo
稻草	0.91	0.13	1.89	0.61	0.22	0.14	15.6	55.6	1 134	800	6.1	0.88
小麦秸	0.65	0.08	1.05	0.52	0.17	0.10	15.1	18	355	62.5	3.4	0.42
玉米秸	0.92	0.15	1.18	0.54	0.22	0.09	11.8	32.2	493	73.8	6.4	0.51
高粱秸	1.25	0.15	1.42	0.46	0.19	3.19	46.6	254	127	7.2	0.19	—
红薯藤	2.37	0.28	3.05	2.11	0.46	0.30	12.6	26.5	1 023	119	31.2	0.67
大豆秸	1.81	0.20	1.17	1.71	0.48	0.21	11.9	27.8	536	70.1	24.4	1.09
油菜秸	0.87	0.14	1.94	1.52	0.25	0.44	8.5	38.1	442	42.1	18.5	1.03
花生秆	1.82	0.16	1.09	1.76	0.56	0.14	9.7	34.1	994	164	26.1	0.60
棉秆	1.24	0.15	1.02	0.85	0.28	0.17	14.2	39.1	1463	54.3	—	—

引自:全国农业推广中心,1999。

2. 秸秆在土壤中的分解转化

(1)秸秆分解的三个阶段　秸秆在土壤中的分解转化实质上就是在微生物作用下的矿质化和腐殖化过程,可分为 3 个阶段(图 19-2)。

①快速分解阶段。在白霉菌和无芽孢细菌为主的微生物作用下,水溶性有机物和淀粉等被分解。分解在 20～30℃和适量水分条件下进行,分解时间一般可维持 12～45 天。

②缓慢分解阶段。在芽孢细菌和纤维分解菌为主的微生物区系的作用下,主要分解蛋白质、果胶类物质和纤维素等较复杂的高分子化合物。在此阶段,细菌大量繁殖,需要大量糖类和氮素,出现微生物与作物争夺有效氮的情况。

③分解高分子物质阶段。在放线菌和某些真菌为主的微生物作用下,主要分解木质素、鞣质、蜡质等。一般在好气条件下,木质素 4 个月仅分解 25%～45%。

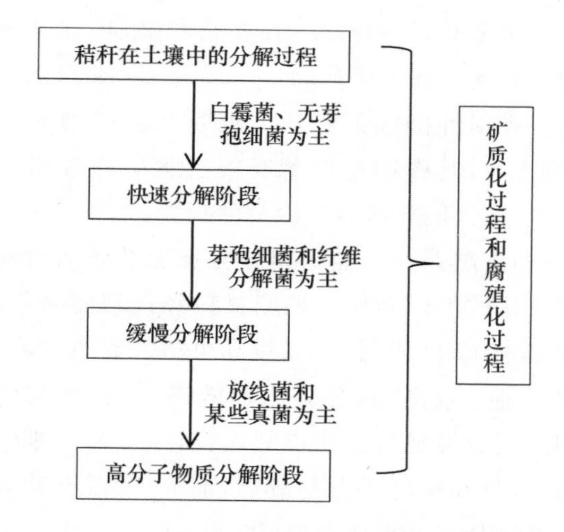

图 19-2　秸秆在土壤中分解过程的示意图

(2)影响还田秸秆分解的因素　秸秆在土壤中的分解转化主要取决于作物秸秆自身组成和性质、气候条件和土壤环境等外界因素。

①秸秆化学组成。凡是碳氮比小，木质素含量低的秸秆就易于分解，分解速度就快，反之则比较慢。一般情况下，秸秆 C/N 以 25～28 最为合适。还田时适量补施氮肥，调节碳氮平衡，可促进分解。

②秸秆的细碎程度、还田量及时期。秸秆被切割得越细越短，易于吸收水分，与土壤接触面积大，与微生物接触得越充分，分解速度也就越快。秸秆量适中，有利于分解。秸秆还田要避开毒害物质分解高峰期以减少对作物的危害。

③土壤水热条件。土壤水分和热量状况直接影响土壤微生物区系组成和活性，影响土壤酶活性，进而影响秸秆分解速度。土温在 7～37℃，淀粉和纤维素分解迅速，木质素也开始被氧化。通常，土温在 25～30℃，以及土壤水分含量占田间持水量的 50%～80%时，秸秆分解速度最快。当土温低于 5℃，土壤含水量低于田间持水量的 20%时，分解几乎停止。

④土壤质地。在相同的水热条件下，黏土上秸秆分解速度低于沙土。

此外，pH、土壤利用方式等对秸秆分解都有一定的影响。但是，秸秆的化学组成、土壤的水热条件是主要因子。

3. 秸秆直接还田技术

秸秆直接还田有直接粉碎翻压还田、覆盖还田、留高茬还田等方式。平原粮食主产区，可结合机械收割，将秸秆粉碎直接翻压还田。旱区可结合水土保持、少耕免耕技术，采用秸秆覆盖还田。南方再生稻区、部分冬水田区常采用留高茬还田，残留 40～60 cm 稻秆，再翻压入土。下面主要以秸秆直接粉碎翻压还田进行介绍。

(1)还田数量　大量研究表明，秸秆还田的数量每公顷 2 250～3 000 kg 为宜。在南方茬口较短的地区，秸秆还田的数量要根据当地情况而定。在气候温暖多雨的季节，可适当增加秸秆还田量，否则，数量要减少。

(2)耕埋方法　一般还田秸秆切碎至 5～10 cm 长，有利于吸水分解，保证均匀分布与翻埋质量。耕埋深度以 10～20 cm 为佳，土壤湿度为田间持水量的 60%～80%。土壤含水量较少，还田秸秆数量多，以及土壤质地较粗者可深些，反之可浅些。

(3)还田时期　秸秆直接还田时期与种植制度、土壤墒情、茬口等关系密切。力争做到边收、边碎、边耕翻，尤其是玉米秸秆，以利于保持土壤水分，加速分解。一般情况，旱地要在播种前 15～45 天，水田要在插秧 7～10 天将秸秆施入土壤，并配合一定量的化学氮肥施用。

(4)补施适量速效化肥　在秸秆还田的同时，应配合施用适量的化学氮肥或腐熟的人畜粪尿调节 C/N，以避免出现微生物与作物竞争氮素。配施的化学氮肥不宜施用硝态氮肥，以免在还原条件下发生反硝化作用脱氮。对于缺磷土壤还应配施速效磷肥，以促进微生物活动，有利于秸秆腐解。一般认为，以使干物质含氮量提高至 1.5%～2.0%，将 C/N 降低到 25～30 为宜，可以促进秸秆腐烂和土壤微生物的活动。

(5)配合使用秸秆腐熟剂　在机械耕翻前，每公顷用 30～45 kg 秸秆腐熟剂拌和 150 kg 细土均匀撒施在秸秆残体上，可加快秸秆腐熟速度，提高秸秆还田效果。

此外，病虫害严重田块的秸秆不能直接还田，以防止病菌和虫卵的传播，造成病虫害蔓延，这类秸秆只适于制作高温堆肥。

(二)堆肥

堆肥是以作物秸秆、落叶、杂草、垃圾等为主要原料，再配合一定量的含氮丰富的有机物，经过发酵腐熟、微生物分解而制成的一类有机肥料。堆肥与厩肥相似，其肥效也与厩肥相当，故有人工厩肥之称。堆肥包括农村简易的普通堆肥和规模化高温堆肥两种类型。

1. 堆肥原料与养分

(1)堆肥原料　堆肥原料大致有以下3类。

①不易分解的物料。包括稻草、落叶、秸秆、杂草等。含大量纤维素、木质素、果胶等不易分解的有机物，C/N高，是堆肥原料的主体。

②促进分解的物质。促进分解的物质有人畜粪尿、化学氮肥及能中和酸度的物质(石灰、草木灰等)，可调节C/N和酸度，补充营养物质，促进微生物的生长繁殖和分解活动。

③吸附性能强的物质。吸附性强的物质有泥炭、泥土等，其作用是保蓄腐解过程中释放出的水溶性氮、磷、钾养分，减少养分的损失。

(2)堆肥养分　堆肥养分含量随堆肥的材料和堆制方法的不同而异。堆肥材料经过堆制腐熟后，体积缩小，C/N降低，含氮量和可溶性有机物增加。堆肥含钾量较高，养分多为速效态，易被作物吸收利用。高温堆肥与普通堆肥比较，一般高温堆肥的氮、磷含量和有机质含量较高，而C/N低于普通堆肥。堆肥的养分平均含量(表19-7)。

表19-7　高温堆肥与普通堆肥的养分含量　g/kg

种类	水分	N	P_2O_5	K_2O	有机质	C/N
普通堆肥	60～75	4.0～5.0	1.8～2.5	4.5～7.0	150～250	16～20
高温堆肥	—	10.5～20.0	3.2～8.2	4.7～25.3	240～420	9.7～10.7

2. 堆肥过程及条件

(1)堆肥腐熟过程　堆肥分为以下几个阶段(图19-3)：

①发热阶段。堆肥初期以中温好气性微生物为主(如无芽孢的细菌、球菌、芽孢杆菌、放线菌、真菌和产酸细菌等)，将易分解的单糖类、淀粉、蛋白质、氨基酸等有机物质分解，释放出NH_3、CO_2和热量，不断提高堆肥的温度(几天内即可达50℃以上)，故称为发热阶段。

②高温阶段。高温阶段以好热性微生物为主(如白地霉、烟曲霉、嗜热毛壳霉、嗜热子囊菌、嗜热脂肪芽孢杆菌、高温单孢菌属、高温放线菌等)，分解纤维素、半纤维素、果胶类物质等复杂有机物质，释放出大量热量，使堆肥温度上升至60～70℃。

③降温阶段。高温阶段维持一段时间之后，由于纤维素、半纤维素和木质素等残存量减少，或因水分散失和氧气供应不足等因素，微生物活动减弱，产热量减少，堆肥温度逐渐降到50℃以下，称为降温阶段。此时，中温性的纤维分解菌如芽孢杆菌、真菌、放线菌等数量显著增加，其作用主要是合成腐殖质，腐殖质化作用占绝对优势。堆肥质量的优劣也与这一阶段密切相关。

④腐熟保肥阶段。本阶段堆肥物质C/N逐渐减小，腐殖质累积量明显增加，颜色呈黑褐色。厌氧纤维分解菌、厌氧固氮菌和反硝化细菌逐步增多，导致新形成的腐殖质分解，逸出NH_3。本阶段应调控水热条件，抑制放线菌、反硝化细菌的活动，达到腐熟、保肥的目的。

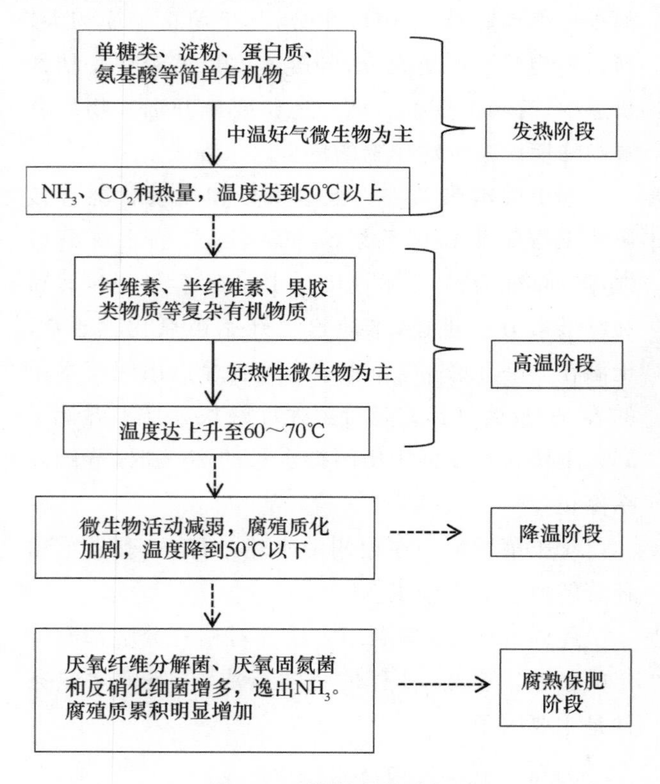

图19-3　堆肥腐熟过程

(2)堆肥条件　堆肥原料的C/N、水分、通气、温度、酸碱度等条件直接或间接影响微生物活性，是堆肥腐熟的主要影响因子。

①原料碳氮比(C/N)。一般微生物分解有机质的适宜碳氮比是25∶1，而作物秸秆的碳氮比较大[多为(60～100)∶1]。在堆制时，应适当加入人畜粪尿或少量氮素化肥，调节碳氮比，加速分解，缩短堆肥时间。

②水分。堆肥水分以60%～70%为最好，即用手捏紧刚能溢出水为宜。堆制过程中水分逐渐消耗，要适时添加水分。

③通气。堆肥在发热阶段和高温阶段都是好气性微生物在分解中占主导地位，通气是高温腐熟、实现无害化的重要保证。通过调节原料的粗细比例，使堆积松紧适宜，亦可用通气沟或通气塔调节堆肥的通气状况。

④温度。温度直接决定堆肥中各种微生物群落活动强弱，保持堆肥温度55～65℃持续1周，促使高温性微生物强烈分解有机物后，再维持中温40～50℃，以利于纤维素分解和养分释放。在冬季或气温较低的北方，堆肥材料中可掺入骡、马粪，有助于达到较高的堆温。若温度过高，须进行翻堆或用加水等办法降温。

⑤酸碱度。大部分微生物活动适宜的pH为6～8。堆肥内有机质大量分解时会产生有机酸的累积，导致pH下降，应加入少量的石灰、草木灰等。

3. 堆肥施用

腐熟的堆肥可作基肥、种肥或追肥。作基肥适宜各种土壤和作物，可结合翻地施用，一般用量为15 000～30 000 kg/hm^2。在沙性土壤或在生长期较长的作物上施用，宜用半腐熟堆肥。在黏质土壤或在干旱低温、作物生长期短的作物上宜用腐熟较好的堆肥。作种肥时应该配合施用一定量的速效磷肥，如过磷酸钙。作追肥时应适当提前施入土壤，以利于发挥肥效。

沤肥是肥料发酵的另一种方式，其原料与堆肥差异不大，但C/N比堆肥低，多为易分解的动、植物废弃物。沤肥属于常温嫌气发酵，肥质较堆肥好，施用方法参考堆肥。

(三)沼气肥

沼气肥又称为沼气发酵肥料，是指将作物秸秆与人畜粪尿在密闭的厌氧条件下发酵制取沼气后的沼渣和沼液等残留物。据统计，全国每年有沼气肥资源1.4×10^9 t，发展沼气和沼气肥，对于解决燃料、肥料、饲料矛盾，改善和保护生态环境，促进农业绿色发展和农民增产增收，都具有重要的战略意义。

1. 沼气肥资源分类

(1)农户沼气肥　农户沼气肥是我国沼气肥的主要种类，多为小型水泥池、砖池或土池，每池容积一般是6～10 m^3，年投入发酵原料1～2 t(按风干物计)，年产沼气肥7～10 t，沼气肥料几乎全部用于种养殖业。

(2)畜禽养殖场沼气肥　对大中型畜禽养殖场粪便进行沼气发酵，可解决畜禽业集约化生产带来的粪便环境污染问题。发酵工艺先进，设施配套齐全，投资多，每日产出大量沼气肥，沼气肥大部分进行综合利用。

(3)工业废弃物沼气肥　酿酒、制糖、制革等工厂采用沼气工程系列设计，可使高浓度的工业有机废水资源化和综合利用。充足的原料供应、高效的厌氧发酵装置和严格的科学管理，使供气、制肥和治污均很理想，沼气肥在种植业和养殖业中广泛应用。

(4)城市公厕沼气肥　城镇将沼气厌氧消化和灭害公厕结合起来，吸收了水压式沼气池和标准化粪池的优点，设计了新型的城镇化粪池，以环境卫生为主，能源利用为辅，沼气肥利用不多，仅用于部分城郊菜地。

2. 沼气肥生产的原理及方法

(1)基本原理　沼气及沼气肥是在特殊的厌氧条件下，有机物质由多种厌氧性异养型微生物参加的发酵分解过程所产生的。这些微生物可分为非甲烷细菌和产甲烷细菌两大菌群。通常由液化阶段、产酸阶段和产甲烷阶段3个阶段组成。

①液化阶段。微生物通过胞外酶的作用，把固体物质转化成可溶于水的物质。非甲烷细菌将蛋

白质、脂肪等复杂的大分子有机物分解为单糖、多肽、脂肪酸、甘油等中间产物。

②产酸阶段。在微生物胞内酶的作用下,将液化阶段产生的可溶性中间产物继续分解转化为以乙酸为主(占70%以上)的低分子化合物。

③产甲烷阶段。在严格的厌氧环境中,甲烷细菌从CO_2、甲醇、甲酸、乙酸等物质获得碳源,以NH_4^+-N为氮源,通过多种途径产生沼气。

液化阶段和产酸阶段是一个连续过程,又常称为不产甲烷阶段,是复杂有机物转化成沼气的先决条件。这3个阶段相互联系、相互制约,并处于一个相对的动态平衡中。如平衡受到破坏,沼气发酵就会受阻,甚至停止。

(2)生产方法

①修建沼气池。甲烷细菌是典型的严格厌氧细菌,修建严密的沼气池是沼气产生的前提条件。实践中通过水层和严密的沼气池来隔绝空气,为甲烷细菌创造生存条件。

②配料。配料C/N以(25～30)∶1为最佳。沼气发酵原料中秸秆、青草和人畜粪尿相互配合有利于持久产气,三者的用量以1∶1∶1为宜。根据需要可加入适量的石灰或草木灰,以调节pH,甲烷细菌以pH 6.7～7.6最佳。

③水分及水温调节。甲烷细菌正常产气需要适宜的水分,一般干物质以5%～8%为宜。高温型沼气发酵菌(适宜温度为47～55℃)的产气量比中温型(30～38℃)和低温型(10～30℃)多。

④接种产甲烷细菌。新建池的原料堆沤后,第一次投料时可加入适量的老发酵池的发酵液或残渣;老发酵池换料时,应至少保留1/3的底污泥作为母种。

3.沼气肥养分组成

沼气肥一般含有机质28%～50%、腐植酸10%～20%、半纤维素25%～34%、纤维素13%～17%、木质素11%～15%、全氮0.8%～2.0%、全磷0.4%～1.2%、全钾0.6%～2.0%及少量的微量元素。

沼渣中含有发酵原料分解成的上百种蛋白质、氨基酸及维生素、生长素、糖类等物质,还含有微生物群团及未完全分解的纤维素、半纤维素、木质素等,其中含有机质36.0%～49.9%、腐植酸10.1%～24.6%、全氮0.78%～1.61%、全磷0.39%～0.71%、全钾0.6%～1.3%,还含有少量的微量元素养分。沼液各养分含量为全碳2.03 mg/mL、全氮0.39 mg/mL、全磷0.39 mg/mL、全钾2.06 mg/mL、铵态氮295.5 mg/L、速效磷73.32 mL、速效钾1 758 mL。

4.沼气肥施用

(1)肥用　沼气肥速效养分含量较多,宜深施,作基肥一般用量为15～37.5 t/hm^2。沼气肥中有85%左右为沼液,作追肥十分方便。用沼液浸种能提高种子发芽率。在主要粮食、水果、蔬菜类及其他作物上施用沼气肥,可使作物增产4.8%～26.1%,有效改善农产品品质和提高作物抗逆性。

(2)饲用　因沼气肥中含有畜禽生长发育所需的营养成分及氨基酸、生长素、赤霉素、维生素等物质,可作畜禽的饲料添加剂和鱼的食饵。

(3)培育蘑菇　用沼渣育菇,成本低,效益高,比传统培养料增产10%左右,且有利于提高蘑菇的品质(粗蛋白、可溶性糖、维生素C等),降低铅、镉、铜、汞等重金属含量。

三、绿肥

绿肥泛指用作肥料的绿色植物体。专门栽培用作绿肥的作物称为绿肥作物。我国是世界上最早利用绿肥的国家,全国大部分地区均可种植绿肥。20世纪60年代,我国绿肥经历快速发展期,种植面积从170万hm^2增加至1 200万hm^2。20世纪70年代,绿肥种植达到高峰期,全国面积达1 333万hm^2;20世纪80年代至21世纪初,绿肥发展进入衰退期,全国面积稳定在133.3～266.7万hm^2(吴惠昌等,2017),进入21世纪后绿肥种植面积逐渐恢复。

(一)绿肥在农业生产中的作用

1.扩大有机肥源

绿肥可广泛种植。可以充分利用荒山荒地,利用自然水面或水田放养,利用空茬地进行间、套、混、插种植，从而开辟和扩大有机肥源。在我国南方水网地区稻田、池塘、河边、坑洼发展水生绿肥的潜力巨大。

2. 提高土壤肥力

(1)增加和更新土壤有机质　绿肥富含有机质，施用绿肥不仅可增加土壤有机质的积累，而且还能促进土壤有机质的更新，使土壤有机质活性增强，从而提高土壤的供肥性和保肥性。

(2)增加土壤氮素　绿肥作物含氮量较高，在0.3%～0.7%之间。很多豆科绿肥能固定空气中的氮。一般认为，豆科绿肥作物总氮量有1/3来自土壤，2/3来自根瘤菌的生物固氮。若以每公顷产鲜草量15 000 kg来计算，每公顷可增加45～105 kg氮素，这相当于每公顷增施90～225 kg尿素。

(3)富集与转化土壤养分　某些绿肥作物(如苜蓿、苕子)根系入土较深，能吸收一般作物难于吸收的下层养分，并将其转移到地上部分。绿肥含有各种营养成分，一般氮、钾含量较高，磷较低，且含有一定量的微量营养元素。待绿肥翻耕腐解后，其养分富集于土壤耕层，有利于后茬作物的吸收利用。

(4)改善土壤理化性质，改造低产田　绿肥在土壤中形成的腐殖质能增加土壤的有机无机复合体，使土壤形成较多的水稳性团聚体，土壤容重下降，通透性增强，耕性、保水保肥性得以改善。绿肥翻压还能促进微生物的繁殖和提高土壤酶活性，土壤微生物及绿肥根系能分泌有机酸，溶解土壤中难溶性矿物质，提高土壤有效养分含量。种植绿肥对改善红黄壤和盐碱土有明显效果。种植绿肥后，红壤土有机质和盐基交换量增加、容重降低、酸度和活性铝含量也降低；盐碱土种植耐盐性的田菁后，由于茎叶覆盖，抑制盐分上升，以及由于根系穿透较深和土壤结构的改善，促进土壤脱盐，结果盐分降低，碱性减弱。

3. 增加覆盖，防止水土流失

绿肥作物一般枝叶茂盛，株丛密集，能较快地覆盖裸露的地面，减少径流，有利于水分下渗，具有明显的蓄水保土护坡的效果。种植绿肥作物在一定程度上也能起到类似植树造林的效果，可以减少土壤氮磷的流失，有利于控制面源污染。

4. 回收流失养分，净化水质

种植水生绿肥，特别是“三水一萍”——水花生、水葫芦、水浮莲和绿萍的放养，可吸收水中的可溶性养分，把农田流失的肥料和城市污水中的养分收集，回归农田，提高养分利用率。水生绿肥还能吸收污水中的重金属和酚类化合物，减轻水体污染。

5. 实现农牧结合，发展多种经营

绿肥尤其是豆科绿肥，富含粗脂肪、粗蛋白、粗纤维、各种氨基酸及铁、铜、锌、锰等各种微量营养元素，是优质青饲料。一般而言，豆科绿肥的干物质中粗蛋白高达15%～20%，是饲料玉米粗蛋白的2～3倍。将绿肥制成干草粉出口，可增加外汇收入。紫云英、草木樨、紫花苜蓿、苕子、三叶草等绿肥作物开花期长，蜜质优良，扩大绿肥种植面积，可促进农村养蜂业发展，增加农民收入。田菁种子可提取半乳甘露聚糖胶，广泛用于煤炭、石油、食品、造纸等工业。金花菜、食用豌豆、蚕豆等可菜肥兼用。因此，种植绿肥，发展多种经营可获得可观的经济效益。

(二)绿肥的分类

我国地域辽阔，植物资源非常丰富，多数植物无论是栽培的或是野生的都能用作肥料，有价值的绿肥品种资源670余种。据统计，目前我国已栽培利用和可供栽培利用的绿肥植物有300多种。通过长期生产实践和科学试验，选择和培育出了一批适应我国不同自然条件和耕作制度的绿肥种类和品种，共有98种，其中豆科72种，非豆科26种，分别占73%和27%。栽培面积较大的有7科22属37种，其中豆科30种，非豆科7种，分别占80%和20%(表19-8)。

绿肥种类有不同的分类方法。按绿肥来源可分为栽培绿肥和野生绿肥。按植物学科可分为豆科绿肥和非豆科绿肥。按绿肥的生长季节可分为多年生绿肥和一年生绿肥，一年生绿肥按主要生长季节又可区分为冬季绿肥、夏季绿肥、春季绿肥和秋季绿肥。按生长环境条件可分为旱生绿肥和水生绿肥。

表 19-8　大面积种植的绿肥植物种和属

科名	属名	种名	栽培类别
豆科	黄芪	紫云英	冬绿肥
		沙打旺	多年生绿肥
	巢菜	毛叶苕子	冬、秋绿肥
		光叶苕子	冬绿肥
		蓝花苕子	冬绿肥
	豌豆	蚕豆	冬绿肥
		箭筈豌豆	冬、春、秋绿肥
		豌豆	冬、春、秋绿肥
	草木樨	白花草木樨	春、夏、秋绿肥
		黄花草木樨	冬、夏、秋绿肥
		印度草木樨	冬、春绿肥
	苜蓿	金苜蓿	冬、春绿肥
		紫花苜蓿	多年生、冬绿肥
	山黧豆	普通山黧豆	春绿肥
	田菁	田菁	夏、秋绿肥
		多刺田菁	夏、秋绿肥
	三叶草	绛三叶	冬绿肥
		红三叶	多年生绿肥
		白三叶	多年生绿肥
豆科	猪屎豆	柽麻	春、夏、秋绿肥
	豇豆	乌豇豆	夏、秋绿肥
		印度豇豆	夏绿肥
	菜豆	绿豆	夏、秋绿肥
		饭豆	夏绿肥
	大豆	六月豆	夏、秋绿肥
		秣食豆	夏、秋绿肥
	紫穗槐	紫穗槐	多年生绿肥
	葛藤	野葛藤	多年生绿肥
	灰叶属	山毛豆	多年生绿肥
	胡卢巴	香豆子	秋绿肥
十字花科	萝卜	肥田萝卜	冬绿肥
槐叶萍科	满江红	细满江红	春、秋绿肥
		满江红	春、秋绿肥
苋科	莲子草	水花生	夏、秋绿肥
雨久花科	凤眼莲	水葫芦	夏、秋绿肥
天南星科	大薸	水浮莲	夏、秋绿肥
禾本科	黑麦草	多花黑麦	多年生冬绿肥

(三)绿肥作物的栽培方式

1. 单作

作物生长季节里只种一种绿肥作物为绿肥单作。绿肥单作适宜在地多人少的地区，在瘠薄、盐碱、多风沙等的低产田上种植绿肥用于改土、防风固沙、防止水土流失等。

2. 轮作

轮作是同一田块内将农作物和绿肥作物周期性地逐年依序循环种植。绿肥轮作多在人多地少、土壤瘠薄地区应用，实现用地养地相结合。例如，北方的紫花苜蓿、草木樨与玉米、高粱轮作，南方的苕子与棉花轮作。

3. 间作

绿肥作物与粮、棉、油、果、茶、桑、林等作物按一定面积比例相间种植为间作绿肥。例如，稻田放养满江红和细绿萍，在果树行间种植苕子、箭筈豌豆，茶树行间种植金花菜等。

4. 套种

将绿肥作物套种在主栽作物的株行之间，可作当季作物追肥和下季作物的基肥，如油菜地套种草木樨作下茬玉米基肥等。

5. 插种

利用农作物换茬的短暂间隙，种植一次短期速生绿肥作下茬作物基肥。例如，小麦收获后立即播种绿豆，作秋玉米或下茬小麦基肥。

6. 混种

将多种绿肥作物(如豆科绿肥和非豆科绿肥)按一定的比例同时混播在同一田块，混播后可以发挥绿肥的各自优势，充分利用光热等资源，提高绿肥群体抗逆性及总产量。例如，采用紫云英、油菜、肥田萝卜、麦类等混播，一般比单播能大幅度增产。

(四)主要绿肥作物生长习性和栽培要点

1. 紫云英

紫云英(*Astragalus sinicus* L.)为豆科黄芪属植物，又叫红花草，属一年生或越年生豆科植物，是我国稻田主要的绿肥作物。

紫云英主根粗大，根系呈圆锥形，侧根发达，根瘤较多，固氮能力较强，盛花期平均每公顷可固氮

75～120 kg。全生育期为210～230天，一般鲜草产量为22 t/hm^{2}左右。

紫云英喜温暖和湿润气候，种子发芽的最适生长温度为15～20℃，适宜在田间持水量60%～75%，pH为5.5～7.5的土壤中生长。喜肥性强，耐旱、耐瘠、耐涝力和耐盐力较差。

2. 苕子

苕子(*Vicia* L.)系巢菜属多种苕子的总称，又名巢菜，为一年生或越年生豆科草本植物，栽培面积仅次于紫云英和草木樨。蓝花苕子和紫花苕子在我国栽培最多，蓝花苕子(如油苕、嘉鱼苕子、九江苕子等)在西南、华中、华南各地广泛种植；紫花苕子中的光叶紫花苕子在江苏、浙江、安徽等地种植较多，毛叶紫花苕子在东北、华北和西北地区种植较多。

毛叶苕子具有较强的抗旱和抗寒能力，5℃时种子开始萌发，15～20℃生长最快，对土壤要求不严格，耐涝性差。光叶紫花苕子主根大，入土深达1～2 m，侧根发达；株高为2～2.5 m；种子圆形暗黑色，千粒重为15～30 g。秋播生育期为230～260天。除耐湿性比紫云英差外，耐寒、耐瘠、耐盐、耐酸和耐旱的能力均比紫云英、黄花苜蓿强。适合种在荒坡荒地上，对改良低产土壤作用大。

3. 草木樨

草木樨(*Melilotus Adans.*)为豆科草木樨属植物，又名野苜蓿、马苜蓿，属一年生或两年生草本植物。栽培面积较大的有两年生白花草木樨和黄花草木樨。草木樨喜温暖、湿润气候，抗逆性强，适于南方和北方种植，是一种高产优质，具有多种用途的豆科绿肥作物。

草木樨主根肥大，侧根茂密，入土可达2 m以上，在干旱时仍可利用下层水分而正常生长。株高1.5 m以上，分枝多，再生力强。种子略扁平，黄褐色，千粒重为2～2.5 g。草木樨根茬多，养分含量高。

草木樨适应性广，耐旱、耐寒、耐瘠性均很强，在年降水量为300～350 mm的地区就能生长，但不耐涝；一年生健壮植株在－30℃严寒下能安全越冬，在各种质地土壤上均能生长。草木樨耐盐碱力很强，常常用来改良盐碱土。适宜的土壤pH为7.0～9.0。草木樨具有一定的耐阴性，可与其他作物间作、套作，但共生期不宜超过60～70天，否则影响主作物的产量。

4. 箭筈豌豆

箭筈豌豆(*Vicia sativa* L.)为豆科巢菜属植物，又名大巢菜、野豌豆，为一年生或越年生叶卷须半攀援性草本植物，在我国西南、西北、华东、华北、东北各地均有种植。按原产地分为北方型和南方型两类。

箭筈豌豆主根明显，侧根发达，有红色根瘤。箭筈豌豆春性较强，适合春播，早发、速生、早熟、产种量高而稳定。箭筈豌豆适应性较广，但不耐湿、不耐盐碱，而耐旱性较强，适于气候干燥、温凉、排水良好的沙质壤土上生长，适宜土壤pH为6.5～8.5。不同的品种生育期长短差异较大，一般秋播为210～270天，春播为80～120天。

5. 田菁

田菁(*Sesbania cannabina* Pers.)为豆科田菁属植物，又名碱青、涝豆，属一年生草本植物。我国在台湾、福建、广东等地最早栽种，以后逐渐北移，现早熟品种可在华北和东北地区种植。田菁种子有丰富的半乳甘露聚糖胶，是重要工业原料。

田菁有早熟、中熟和晚熟品种，全生育期为100～150天，晚熟种产草量较高，主要作为夏绿肥。种子在12℃开始发芽，最适生长温度为20～30℃；田菁有很强的耐盐、耐涝能力，在土壤耕层全盐含量不超过0.5%时都可以正常发芽生长，成龄植株受水淹后仍能正常生长，受淹茎部形成海绵组织和水生根，并能结瘤和固氮，是一种改良涝洼盐碱地的重要夏季绿肥作物。此外，田菁喜温暖气候，抗旱、抗病虫能力较强。

6. 肥田萝卜

肥田萝卜(*Raphanus sativus* L.)为十字花科萝卜属植物，又名满园花、茹菜，属一年生或越年生直立草本植物，全国各地均可栽培，以江西、湖南、广西、云南、贵州等地尤为普遍，多用于稻田冬闲田利用或在红壤旱地种植，也是果园优良的绿肥。

肥田萝卜喜凉爽气候，气温在4℃时可以发芽生长，最适生长温度为15～20℃。肥田萝卜有较强的耐旱、耐瘠、耐酸能力，对土壤中难溶性养分磷、钾、镁的吸收利用能力强，是我国红黄壤地区农田、荒山、荒坡广泛种植的肥饲两用冬绿肥，常与豆科绿肥作物(如紫云英、苕子等)混播，以提高产量和质量。

7. 紫花苜蓿

紫花苜蓿(*Medicago sativa*)为豆科苜蓿属植物，又称为紫苜蓿，属多年生宿根性草本，有牧草之王之称，对草食家畜可作为主要饲料，苜蓿干草是很有价值的粗饲料。紫花苜蓿以西北各省栽培最多，华北次之，淮河流域也有栽培，长江以南分布很少。

苜蓿株型直立丛生，根系发达，入土较深；根茎较粗，由根茎处丛生茎芽；种子肾状，千粒重为 2 g 左右。苜蓿适宜温暖、干燥、多晴少雨的气候，忌土壤渍水，降水量以 300～900 mm 为宜。适宜生长温度为 15～20℃，以排水良好、土层深厚，富有钙质的壤土最为适宜。土壤的酸碱度以 pH 5.6～8.5 为宜，酸性土壤栽培要施石灰；有一定的耐盐性，土壤可溶盐在 0.3%以下即可生长。

8. 绿萍

绿萍(*Azolla imbricata*)为满江红科满江红属植物，又称为红萍或满江红萍，是热带、亚热带淡水水域中漂浮性水生植物。绿萍能在河、湖、沟、塘等自然水面或水田中放养。叶片分上下两片，上片叶在条件适宜时呈绿色，在不良条件下(如高温，低温或缺肥或虫害时)侧围呈紫红色或黄色，故有红萍之说。绿萍在条件适宜时平均 2 天左右可增殖 1 倍。绿萍与固氮蓝藻共生，能固定空气中的游离氮素供给萍体需要，每克鲜萍体日均固氮量为 0.142～0.69 mg。绿萍是繁殖快、固氮能力强的重要水生绿肥。

绿萍体细小，扁平，呈三角形，浮生于水面。根细长，密生根毛，悬垂于水中。生出新根时老根脱落。绿萍适宜生长的温度为 20～25℃，水面空气湿度以 85%～95%为宜，要求水质清洁，pH 5.5～9.0，含盐量在 0.2%以下。

(五)绿肥的合理利用

1. 绿肥利用方式

(1)直接翻压　绿肥就地直接翻压作基肥，间作和套种的绿肥就地掩埋可作追肥。翻耕前最好将绿肥切短，稍加晾晒，这样既利于翻耕，又能促进分解。稻田翻耕最好干耕，以提高土温和改善通气状况，促进微生物的分解活动。旱地翻耕要注意保墒、深埋和掩埋，使绿肥尽可能与土混匀，并能被土覆盖。翻耕时可适量加入农药减少地老虎等害虫。

(2)沤制　为加速绿肥的分解和提高肥效，或因储存需要或为防止影响后茬作物生长，可把绿肥做沤肥。经沤制的绿肥肥效平稳，这样便减弱或消除直接翻耕时对土壤产生的激发效应。

(3)饲用　多数绿肥作物是优质饲料，含有较高的营养价值，如粗蛋白、粗纤维、粗脂肪等。因此，绿肥可饲用。绿肥牧草可用作青饲料、青储料或调制成干草、干草粉，其品质与刈割时期和刈割高度有关，适宜收割期为开花期。绿肥刈割后可被家畜、家禽和鱼食用，通过“过腹还田”来提高绿肥作物肥效和经济效益。某些绿肥种子如草木樨、蚕豆可作为牲畜的良好精饲料。

(4)修复荒坡废地　在荒坡废地种植绿肥作物培肥改土，恢复和美化生态环境具有重要意义。绿肥修复荒坡废地应结合地面覆盖与观赏、培肥改土与饲用，以具有培肥改土、观赏、饲用等多功能。适宜的绿肥作物应具备以下几个条件：①抗逆性强，耐旱，耐瘠，耐寒；②根系发达，枝叶茂盛，覆盖度大；③枝叶营养价值高，可作饲料；④耐刈割，用途广。比如紫花苜蓿、沙打旺、草木樨，紫穗槐、白三叶草等。考虑到优化配置养分空间资源，一般以多年生草本和灌木为主。例如，底层以匍匐多年生草本绿肥为主，搭配紫穗槐类的小灌木，使根系分布于不同土层，地面覆盖严密，既保持水土，又美化空间。

2. 绿肥直接翻压技术

(1)翻压时期　翻压应在绿肥鲜草产量和总氮量最高的时期进行。豆科绿肥初花期后快速生长，以盛花期前后最快，氮素积累最高，宜在初花期至盛花结荚前期进行翻压。而禾本科绿肥则宜在抽穗初期翻压，此时产草量较高，且植株柔嫩多汁，施用后分解较快，肥效好。一般绿肥翻压与后作种植之间要有一段时间间隔。如稻田翻压绿肥，一般要求在栽秧前 7～15 天进行。

(2)翻压量　绿肥翻压量取决于绿肥产量和实

际需肥量(如土壤肥沃度、作物需肥量、其他肥料配合情况等),又要有利于绿肥迅速分解,不产生有毒害的还原性物质。绿肥翻压量一般以 15 000～22 500 kg/hm² 为宜。

(3)翻压深度　翻压深度主要是有利于微生物大量繁殖,一般以 12～20 cm 为宜。气候干燥、土壤墒情差、土质疏松、绿肥易分解时宜深埋,多雨水季节、土壤黏重、气温低或植株较老熟时宜浅埋。

(4)配施速效化肥　翻压时应配施适量的速效氮、磷肥或腐熟的粪尿肥,能加速绿肥分解,防止土壤微生物与主作物争夺养分,特别是对碳氮比大的绿肥效果更为明显。

(5)翻压方法　翻压作业的基本要求是埋实、压实、土肥间紧密结合,尽量减少水分损失。先将绿肥作物割倒、切碎、稍加暴晒以失水萎蔫,便于翻压。耕翻、耙地和镇压 3 项操作一次完成可节省能源,减少土壤跑墒,防止残茬再生。具体视情况适量灌溉。配施适量的氮肥和磷肥,促进土壤微生物活动,酸性土壤施适量石灰,冷浸田施适量石膏。水田翻压绿肥,要防止秧苗中毒死亡。

四、其他有机肥

(一)饼肥、菇渣或糠醛渣

1. 饼肥

(1)饼肥成分与性质　我国饼肥主要品种有大豆饼、花生饼、棉籽饼、向日葵籽饼、菜籽饼、芝麻饼等。饼中含有机质 75%～85%、氮(N)1.1%～7.0%、磷(P_2O_5)0.4%～3.0%、钾(K_2O)0.9%～2.1%,还含有蛋白质、氨基酸、维生素类物质等。以豆科作物的油饼含氮量最高,可达 6%～7%;芝麻饼、菜籽饼、蓖麻籽饼含磷较高,可达 2%～3%。主要饼肥的氮、磷、钾养分含量见表 19-9。饼肥中的氮以蛋白质形态存在;磷以植酸及其衍生物和卵磷脂等形态存在,作物不易吸收,属迟效性肥料;钾则多为水溶性的,用热水可从中提取 90%以上。

表 19-9　主要饼肥的养分含量　%

种类	N	P_2O_5	K_2O	种类	N	P_2O_5	K_2O
大豆饼	7.00	1.32	2.13	苍耳籽饼	4.47	2.50	1.47
芝麻饼	5.80	3.00	1.30	椰子饼	3.74	1.30	1.96
花生饼	6.32	1.17	1.34	葵花籽饼	5.40	2.70	—
棉籽饼	3.41	1.63	0.97	大米糠饼	2.33	3.01	1.70
蓖麻籽饼	5.00	2.00	1.90	菜籽饼	4.60	2.48	1.40
苏子饼	5.84	2.04	1.17	茶籽饼	1.11	0.37	1.23

油饼含氮较多,C/N 较低,易于矿质化。饼肥在发酵分解过程中能产生高温,属热性肥料,如施用不当会引起烧根或影响种子发芽。在分解过程中,饼肥除了释放出各种养分外,还可产生多种激素,既能促进根系的活动,又能促进植物体内代谢,是一种很好的肥料。有些饼肥中含有毒素,例如,茶籽饼中的皂素、菜籽饼中的皂素和硫苷、棉籽饼中的棉酚、蓖麻籽饼中的蓖麻素等,不能直接作饲料,应通过化学处理或选育籽实中不含毒素的品种。

(2)饼肥的施用　饼肥适用于各类土壤和多种作物,尤其在瓜、果、烟草、棉花等经济作物上施用,能显著提高产量,改善品质。饼肥可作基肥和追肥,基肥一般在播前 2～3 周施入,翻入土中,以便充分腐熟。用作追肥的必须经过腐熟后施用,可条施或穴施,用量为 75～120 kg/hm²。

2. 菇渣

菇渣是指收获食用菌后的残留培养基,主要由栽培基质和残留的菌丝体组成。菇渣养分丰富,pH 为 5.0～5.5,最大持水量为 372%,全氮为 1.62%,全磷为 0.45%,速效氮为 212 mg/kg,速效磷为 188 mg/kg,有机质为 60%～70%,并含有丰富的微量元素。菇渣除了可作为肥料外,还可作为饲料、吸附剂和园林花卉及蔬菜的栽培基质。

3. 糠醛渣

糠醛渣是以用稀硫酸处理粉碎后的玉米穗轴经加热蒸馏制取糠醛后剩下的废渣。糠醛渣颜色呈深褐色,细度为 3～4 mm,容重为 0.45 kg/m³,较疏松。糠醛渣含有机质 76.4%～78.1%、全氮 0.45%～0.52%、全磷 0.072%～0.074%、速效氮 328～533 mg/kg、速效磷 109～393 mg/kg、速效钾 700～750 mg/kg、pH 1.86～3.15，残余硫酸 3.50%～4.21%。

糠醛渣为酸性迟效性肥料，可作底肥施用，条施、穴施均可，用量为 1 500～2 250 kg/hm^2 为宜。施用于土壤，可以提高土壤有机质含量和阳离子交换量，改善土壤理化性状，使作物增产。施用前需中和，或用于盐碱地、石灰性土的改良及缺乏有机质的瘠薄地，效果显著。糠醛渣在水田的施用效果好于旱田，水浇地优于旱坡地。

(二)泥炭

泥炭又称为草炭、草煤、泥煤、草筏子等，是古代低湿地带生长的植物，在积水条件下由未完全分解的植物残体形成的有机物层，植物残体在分解过程中可形成腐殖质和矿物质。我国泥炭资源丰富，分布面积在 300 万 hm^2 以上。

1. 泥炭的成分与性质

自然状态下的泥炭一般含水量在 50%以上，含有机质 40%～70%、腐植酸 20%～40%，吸收性能强，酸度大(表 19-10)。由于泥炭是在积水条件下形成的，水溶性养分大部分流失，磷、钾不多，速效性氮很少。含碳化合物多为结构复杂的木质素、纤维素、半纤维素、树脂、蜡质、脂肪酸等。泥炭容重低，孔隙度高，持水量大，适用于农、林、牧、渔各行业，可作为牲畜栏的垫料、细菌肥料的载体、营养钵、混合肥料和腐植酸类肥料的原料。

表 19-10 我国几个地区泥炭主要性质

种类	有机质含量/%	全氮含量/%	腐植酸含量/%	pH	CaO 含量/%	有机碳含量/%	发热量/(MJ/kg)
东北兴安岭	71.49	1.25	38.09	4.94	1.08	54.03	15.10
东北长白山	63.21	1.81	33.91	5.79	1.45	54.58	13.74
东北三江平原	59.33	1.68	32.24	5.55	1.22	56.00	13.34
东北松辽平原	53.57	1.62	25.74	6.34	2.60	55.80	10.51
华北平原	44.81	1.24	20.14	6.74	2.23	56.29	9.40
长江中下游平原	50.09	1.25	28.51	6.03	1.30	56.31	10.02
东南沿海	55.05	1.00	42.80	4.93	0.55	59.16	12.37
云贵高原	56.68	1.50	28.73	5.61	2.30	57.10	12.57
青藏高原	59.69	1.60	35.45	6.00	1.29	—	12.31
西北高原	51.82	1.27	23.29	6.61	3.98	—	—

2. 泥炭类型

根据泥炭的形成条件、植物组成和理化性质，可将其分成低位泥炭、高位泥炭和中位泥炭 3 类。

(1)低位泥炭　一般分布在地势低洼积水处。植物群落以沼泽植物为主，分解程度和养分含量较高，呈微酸性到中性，持水量小，多为褐色或近黑色，适宜直接利用。我国的泥炭多属此类型。

(2)高位泥炭　一般分布在高寒地区。植被以水藓类为主，分解程度差，氮和灰分元素含量低，C/N 较大，养分含量少，呈酸性，多为棕色或浅褐色，不宜直接作肥料。但其吸收能力强，宜作垫圈材料。

(3)中位泥炭　中位泥炭又称为过渡型泥炭，属于低位泥炭和高位泥炭之间的过渡类型，分布的地形部位与性质介于二者之间。

3. 泥炭在农业上的利用

(1)泥炭垫圈　分解度低的泥炭一般用作垫圈材料，可充分吸收粪尿和氨，并能改善牲畜的卫生条件。垫圈用的泥炭先风干(含水量保持在 30%左右)，再适当打碎后垫圈。

(2)泥炭堆肥　畜粪尿与泥炭混堆制粪肥能提高有效氮，为微生物创造有机碳、氮的有利条件，并能降低泥炭的酸度。高、中、低位泥炭都可以与粪肥混合制成堆肥。秋冬时，粪肥和泥炭宜按 1∶1配比；夏季堆制，粪肥和泥炭宜按 1∶3配比堆制。堆肥时，泥炭要配合秸秆、人畜粪尿、青草等共同堆制，酸性高位泥炭应加入碱性物质以调节 pH。

(3)制造腐植酸混合肥料　由于泥炭含有大量的腐植酸,但其速效养分较少。将泥炭与碳酸氢铵、尿素、磷肥、微量元素等制成粒状或粉状混合肥料,可减少氮的损失,并提高有效养分含量。

(4)配置泥炭营养钵　可根据作物营养需求,以泥炭为主料并选择一些改善物理性状的沙土、黏土、珍珠岩、蛭石、沸石、锯末、树皮粉等物料,掺入适量的腐熟人畜粪尿和化肥、草木灰或少量石灰,充分搅匀后,再加适量的水,压制成不同规格的泥炭营养钵或作保护地无土栽培的基质。

(5)作为菌肥的载菌体　将泥炭风干、粉碎,调整其酸碱度,灭菌后即可接种制成各种菌剂。如豆科根瘤菌剂、固氮菌剂、磷细菌等菌肥。

(三)海肥类

海肥指海产品加工的废弃物和一些不能食用的海生动、植物、矿物性物质等经处理后的一类肥料,是肥效较高的有机肥。我国海岸线长达约 32 000 km,海肥资源丰富。按其成分和性质可分为植物性海肥、动物性海肥和矿物性海肥等 3 类,其中以动物性海肥的种类最多,数量最大。

1. 动物性海肥

动物性海肥主要由鱼类、虾蟹类、贝类等海洋动物产品加工的废弃物或非食用性海洋动物遗体组成。鱼类和虾蟹类含氮、磷较多,贝壳类除含氮、磷、钾外还富含碳酸钙,海星类中氮、磷、钾较多。动物性海肥中含有氨基酸、脂肪、蛋白质等大量有机物质和丰富的微量元素。其中氮大多以蛋白态存在,大部分磷为有机态,贝壳类中的磷以磷酸三钙为主。动物性海肥含油脂较多,须经压碎脱脂或沤制 10～15 天,待其腐烂或掺混在堆肥、厩肥、沤肥中腐解后再配合磷、钾肥施用,可作基肥和追肥,浇施或干施均可。贝壳类肥料也是优质的石灰质肥料,可用于酸性土壤改良。

2. 植物性海肥

植物性海肥以海藻为主要组成,又称藻类肥料。用作肥料的藻类主要是那些易于采集并且有相当数量的海带、巨型褐藻、绿藻和红藻。藻类肥料含有作物所需要的多种养分,含全氮 1.7%～4.0%、磷(P_2O_5) 0.3%～3.0%,钾含量较高,还含有大量有机物质、多种氨基酸、维生素、类脂、色素、酶、核酸、抗生素等,能促进作物的根系发育,提高作物从土壤中吸取营养的能力。藻类肥料施入农田腐解后,有少量氨基酸可被作物直接吸收,大部分被分解为氮素营养。海藻中碘的含量很高,有助于植物叶绿素形成,增强光合作用,可提高棉花产量,增加甜菜含糖量和油料作物含油量,促进马铃薯中淀粉积累和产量增加。藻类肥料可作为家畜栏圈的铺垫物,也可将其切碎后与泥土掺混堆沤 2～3 个月,经腐熟后施用。藻肥分解快,是速效肥料,适用于旱田和水田,一般作基肥,也可以作种肥。

3. 矿物性海肥

矿物性海肥包括海泥、苦卤等。海泥是由海中生物遗体和随江河水入海所带来的大量泥土及有机物等淤积而成的。海泥的性质与泥肥相似,盐分较多,质地细软。海泥养分含量与沉积条件有关,港湾沉积的海泥养分较高,沙底江河入海处的海泥养分较少,一般海泥含有机质 1.5%～2.8%、氮 0.15%～0.61%、磷酸 0.12%～0.28%、氧化钾 0.72%～2.25%、盐分 2.38%左右。施用时需经暴晒以除去还原性物质,腐熟后方可施用。

苦卤是生产盐的残余卤液,主要成分为 NaCl、KCl、$MgCl_2$、$MgSO_4$ 等,可作为提取钾盐的原料。苦卤一般与其他有机肥料掺混或堆沤后施用,不宜用于排水不良的低洼地或盐碱地。

(四)市政有机废弃物

1. 生活垃圾

可作肥料的垃圾主要是指城乡含有机物的生活垃圾,其有益的物质主要包括瓜果菜叶、纸张木屑、枯枝落叶、有机废渣、尘土煤灰等。其来源广泛,成分复杂,组成性质与经济发展、生活水平、消费方式、地理环境、季节等关系密切。

垃圾的化学成分复杂。调查表明,垃圾中含碳 12%～38%、氮 0.6%～2.0%、磷 0.14%～0.2%、钾 0.6%～2.0%、铁 2.57%、硅 19.9 mg/kg、锰 350 mg/kg,除植物营养物质外,还含有汞、砷、铬、铅等有毒元素,以及多氯联苯、多元酚类等有机污染物,有些垃圾还含有病菌、病毒、寄生虫卵等病原体。因此，垃圾必须经过无害化处理后方可用作肥料。

世界各国处理垃圾主要有填埋、焚烧、堆肥、沼气发酵、熏烧等方法。堆肥和沼气发酵是垃圾资源回收和农业利用相结合的有效方法。用作肥料的垃圾必须要有充足的有机物质，其比例要不少于30%，垃圾中的C/N比不宜低于20，垃圾中的各种塑料、玻璃、金属等杂物含量不能超过3%，各种有害的重金属不能超过规定的标准。

2. 污水污泥

污水指城镇居民日常生活的各种污水及部分工矿企业生产过程中所产生的废水；污泥则是污水处理厂在净化污水过程中产生的沉淀物，它不同于江河湖海及沟渠的底泥。

生活污水的性质和稀释的人粪尿相似，含N 39.8～45.1 mg/kg、P_2O_5 8.5～18.2 mg/kg、K_2O 13.1～20.6 mg/kg，含有较多的有机质、寄生虫卵、病菌、悬浮物及氯化物和还原性有害物质等。工业废水的成分由于采用的原料和工艺流程的不同变化很大，除含有作物需要的某些养料外，还含有不少有害物质。污水利用前，必须进行化学分析，确定其成分，采取相应的处理办法，经处理后的污水符合水质标准后，方可结合农田灌溉施用。

我国绝大多数城市污泥中有机质含量为20%～60%；全氮含量为2%～7%；全磷含量为0.7%～1.4%；钾含量较低，多数为0.2%～0.5%。污泥中重金属种类较多，且含量较高，是污泥农用最大的障碍因素。污泥中还存在各种病原物、微量的难降解有机污染物，污泥农用必须谨慎。为防止污泥农用造成土壤重金属污染，许多国家都制定了相应的控制标准。为避免污泥中重金属对食物链的污染，最好将污泥应用于不进入食物链的园林绿化地。将污泥制成有机无机复混肥，可大幅度提高污泥复合肥中的养分含量，使单位面积土壤实际污泥用量减少，可有效避免由于污泥集中大量施用所带来的污染风险。

第三节　商品有机肥

商品有机肥是指采用先进的生物技术和化学技术及其配套的加工机械设备，集中处理有机物料，生产出的商品化并达到国家标准的有机肥料。有机肥料商品化生产是有机肥料发展的一个新领域，是有机肥料生产的重要组成部分，其不仅能培肥地力、减少农业面源污染，更能实现资源的高效利用，增强农产品市场竞争力。

一、商品有机肥的特点

商品有机肥是以工厂化生产为基础，以畜禽粪便和有机废弃物为原料，以固态好气发酵为核心工艺的集约化产品。因此，与普通有机肥料和农家肥相比，商品有机肥具有以下特点：①已完全腐熟，不会发生烧根、烂苗等现象。②经高温腐熟，杀死了大部分病原菌和虫卵，减少了病虫害发生。③养分含量高。④经过除臭，异味小。⑤容易运输。

二、商品有机肥的种类

依据不同的分类标准，商品有机肥种类不同。

1. 按照组成成分划分

(1)精制有机肥料类　不含特定功能的微生物，以提供有机质和少量养分为主。

(2)有机-无机复混肥料类　由有机和无机物肥料混合而成，既含有一定比例的有机质，又含有较高的养分。

(3)生物有机肥料类　除含有较高的有机质和少量养分外，还含有特定功能如固氮、解磷、解钾、抗土传病害等的有益菌。

2. 按照原料来源划分

(1)畜禽粪便有机肥　原料主要由畜禽粪便构成，经高温烘干、氧化裂解、抛翻发酵等工艺处理后挤压而成。该类肥料肥效长而稳定，培肥效果好，可用于保护地蔬菜、花卉和果树的栽培。

(2)农作物发酵有机肥　原料构成以植物籽粕、秸秆等为基质，经微生物发酵后挤压而成。主要用于改良土壤、培肥地力。

(3)腐植酸有机肥　其原料以风化煤、草炭为主，经氨化制作成腐植酸铵，再制成产品。可用于活化和改良土壤。

(4)废渣有机肥　利用微生物来进行高温堆肥发酵处理糖醛、下脚料等食品和发酵工业废渣，经过高温降解复合菌群、除臭增香菌群和固氮菌、解磷菌、解钾菌等微生物发酵后，成为优质环保的有机肥。

(5)海藻有机肥　以适宜的海藻品种，通过破碎细胞壁，将其内容物浓缩形成海藻浓缩液。海藻肥中的有机活性因子对刺激植物生长起重要作用。

(6)污泥有机肥　将含水率为80%的湿污泥，经干燥、粉碎等加工后，形成含水率为13%的干污泥，在引入有益微生物处理后，圆盘造粒、低温干燥后制成成品。

三、商品有机肥质量标准

作为商品有机肥，所有生产技术与操作规程、产品质量检验等必须符合国家相关标准要求。商品有机肥生产原料来源广泛，而且成分复杂，生产中要执行《农用污泥污染物控制标准》(GB 4284—2018)、《生活垃圾综合处理与资源利用技术要求》(GB/T 25180—2010)、《一般工业固体废物储存、处置场污染控制标准》(GB/T 18599—2013)，以保障有机肥的质量和农用安全性。商品有机肥产品要符合国家有机肥产品质量标准《有机肥料》(NY 525—2012)。外观上为褐色或灰褐色，粒状或粉状，无机械杂质，无恶臭。商品有机肥的技术指标，主要包括有机质含量、总养分(全氮、全磷、全钾)含量、水分含量和酸碱度等。有害成分包括重金属含量和病原微生物等。技术指标和有害成分均应符合表19-11所示的要求。

表19-11　有机肥料的技术要求

项目	指标	项目	指标
有机质含量/(%，以干基计)	≥45	总镉(以Cd计)含量/(mg/kg)	≤3
总养分($N+P_2O_5+K_2O$)含量/%	≥5.0	总汞(以Hg计)含量/(mg/kg)	≤2
水分含量/%	≤30.0	总铅(以Pb计)含量/(mg/kg)	≤50
蛔虫卵死亡率/%	>95	总铬(以Cr计)含量/(mg/kg)	≤150
粪大肠菌群数/(个/g)	<100	总砷(以As计)含量/(mg/kg)	≤15
酸碱度(pH)	5.5～8.5		

四、商品有机肥生产工艺

商品有机肥的一般生产过程包括粉碎、搅拌、发酵、除臭、脱水、粉碎、造粒、干燥，完整生产用时需要1～3个月。商品有机肥的生产工艺，主要包括有机物料的发酵腐熟和腐熟物料的造粒两部分。有机物料堆沤发酵和腐熟过程可杀灭病原微生物和寄生虫卵，实现无害化处理。腐熟物料的造粒生产过程使有机肥具有良好的商品性状，便于运输、储存、销售和施用。

1.有机物料的发酵腐熟

堆肥技术按堆制过程中是否需氧分为好氧堆肥和厌氧堆肥。好氧堆肥是在通风条件下，有游离氧存在时进行的分解发酵过程，周期短、无害化程度高、易于机械化操作。好氧堆肥按原料发酵所处状态可分为两种，一种是无发酵仓式堆肥系统。有机物料通常堆制成条垛式，基建投资少、工艺简单、操作简便易行，但肥堆不易升温和保温、堆肥时间长。另外一种是发酵仓式堆肥系统。堆肥在发酵装置内进行，受气候影响小，发酵时间快，占地面积少，但基建投资大，运行成本较高。

商品有机肥工厂化生产大多采用以固态好气发酵为核心的规模化高温好氧堆肥技术，腐熟时间短、处理容量大、机械化或自动化程度高，应用广泛。其工艺流程包括固液分离—物料预处理—堆沤发酵—翻堆—腐熟等过程。发酵过程与高温堆肥基本一致，调控供气量、温度、湿度、C/N等主要发酵参数，为好气微生物创造适宜的环境条件，可提高商品有机肥的数量和质量。

2.腐熟物料的造粒

常用造粒工艺有挤压造粒、圆盘造粒、转鼓造粒、喷浆造粒等。腐熟物料一般质地较粗，黏结性差，成粒困难，成为有机肥生产的瓶颈。有机肥造粒在经历了传统的挤压和圆盘工艺后有所突破，新的造粒设备采用转鼓或喷浆工艺。

挤压造粒工艺要求物料质地细腻，黏结性好，需调节至适宜的含水量，腐熟物料配以适量无机肥料，经模具挤压或碾压成粒后直接装袋。挤压造粒具有工序简单、成粒好、粒径均匀、省去烘干环节等优点，但产品含水量较高，储运过程中易溃散，生产能力偏低，相对动力大，设备易磨损。

圆盘造粒几乎适用于所有的有机物料，物料干燥粉碎后配以适量化肥，送入圆盘中，混合物料经增湿器喷雾黏结，随圆盘转动包裹成粒，再次干燥后筛分装袋。该工艺对物料选择性不高，须先干燥粉碎，生产能力适中，所需动力较小，但工序繁琐，成粒率低，外观欠佳。

转鼓造粒是通过在转鼓内设计独特的造粒器，利用物料微粒相互碰撞而镶嵌的原理，实现对高湿有机物料的直接造粒。该工艺适用范围广，对物料无特殊要求，工序简单，省去干燥和粉碎两个前处理过程，成粒率高，商品外观较好。

喷浆造粒是以发酵行业产生的有机废水浓缩液为主要原料，有机废液经蒸发浓缩，再配以适量矿质肥料调制成浆料，送入喷浆造粒机，经高温热风干燥成粒。该工艺集喷浆、干燥、造粒于一体，操作方便，产品粒状，物理性状良好，商品档次高，但生产有机肥范围较窄，物料选择仅限于浆料，设备投入大，能耗高。

五、商品有机肥的发展方向

1. 原料复合化

由于不同有机物料有不同的理化功能(如养分含量、培肥地力性能、改良土壤性能、供肥性能)，故不同有机物料复配制成的商品有机肥，可解决单一原料造成的有机肥肥效单一、功能单一的缺点，更好地满足作物对土壤肥力的需要。

2. 微生物菌种多样化

为发挥商品有机肥的肥效稳长，改良土壤和培肥地力等性能，商品有机肥的菌群里除了含有纤维分解菌外，还要结合固氮菌、解磷菌、解钾菌等有益微生物菌群，开发能够分解不同有机物料的多功能微生物复合菌群。

3. 专用化

不同作物在不同生育时期和不同土壤及环境下，有不同的养分需求。因此，各种速效有机肥、专用有机肥的研究和开发有重要意义。

4. 生产工艺的现代化

由于目前商品有机肥成本高，规模小，效果不稳定。因此，商品有机肥的生产工艺有待进一步现代化。比如，有机物料的预处理、翻堆等发酵过程等由目前的半机械化向机械化和智能化发展；由目前常规的开敞条垛式发酵工艺向更加高效环保的密闭式发酵仓工艺发展等。工艺的现代化可以最大限度扩大生产规模，降低生产成本，并保证产品产量和质量的稳定性，是今后整个肥料行业研究与开发中的热点与重点。

六、商品有机肥的施用

与传统有机肥相比，商品有机肥无害、有机质含量高而且性质稳定。商品有机肥施用因种类不同施用量不同。生物有机肥多用作基肥，以沟施或穴施为主，一般大田作物每亩用量为 200 kg，施后及时覆土遮光保湿。有机无机复混肥可作为基肥和追肥，用量要根据不同作物和土壤而定，一般亩用量 50 kg。施用方法以沟施为主，也可条施或穴施、撒施。商品有机肥目前主要用在经济作物上，比如 1 株柑橘施用 20～40 kg。

第十九章扩展阅读

复习思考题

1. 有机肥料有哪些特点？在农业生产中有哪些作用？
2. 常见有机肥资源有哪些种类及重要性质？
3. 秸秆直接还田有什么作用？应注意哪些事项？
4. 种植绿肥的意义何在？绿肥的利用方式有哪些？
5. 什么是沼气肥？沼气发酵的原理是什么？需要什么样的发酵条件？
6. 什么是商品有机肥？简述商品有机肥的类型及其特点。

参考文献

曹卫东，黄鸿翔．2009．关于我国恢复和发展绿肥若干问题的思考．中国土壤与肥料．4，1-3.

陈展．2005．秸秆堆肥中纤维素降解菌的筛选及组合．中国农业大学硕士论文．

符纯华，单国芳．2017．我国有机肥产业发展与市场展望．化肥工业．44(1)：9-12.

胡蔼堂．2003．植物营养学(下册)．2 版．北京：中国农业大学出版社．

黄建国．2004．植物营养学．北京：中国林业出版社．

黄云．2014．植物营养学．北京：中国农业出版社．

李书田，金继运．2011．中国不同区域农田养分输入、输出与平衡．中国农业科学．44(20)，4207-4229.

李玉华．2010．有机肥料生产与应用．天津：天津科技翻译出版有限公司．

李子双，廉晓娟，王薇，等．2013．我国绿肥的研究进展．草业科学．30(7)，1135-1140.

梁晓琳，钟茜，高旭，等．2016．复合微生物肥料圆盘造粒工艺研究．土壤通报．47(3)，695-700.

刘更令．1991．中国有机肥料．北京：农业出版社．

刘慧颖，柳云波，徐冰．2004．几种商品有机肥生产技术和发展趋势．杂粮作物．24(3)，171-173.

刘晓燕，金继运，任天志，等．2010．中国有机肥料养分资源潜力和环境风险分析．应用生态学报．21(8)，2092-2098.

刘秀梅，罗奇祥，冯兆滨，等．2007．我国商品有机肥的现状与发展趋势调研报告．江西农业学报．19(4)，49-52.

鲁剑巍，曹卫东．2010．肥料使用技术手册．北京：金盾出版社．

陆欣，谢英荷．2011．土壤肥料学．2 版．北京：中国农业大学出版社．

牛新胜，巨晓棠．2017．我国有机肥料资源及利用．植物营养与肥料学报．23(6)，1462-1479.

全国农业技术推广中心．1999．中国有机肥料资源．北京：中国农业出版社．

沈德龙，曹凤明，李力．2007．我国生物有机肥的发展现状及展望．中国土壤与肥料．6，1-5.

沈其荣．2001．土壤肥料学通论．北京：高等教育出版社．

吴惠昌，游兆延，高学梅，等．2017．我国绿肥生产机械发展探讨及对策建议．中国农机化学报．38(11)：24-29.

吴建平，贾小红，张彩月．2012．商品有机肥加工技术及其发展趋势．中国农技推广．1，38-41.

谢德体，蒋先军，王昌全．2015．土壤肥料学．2 版．北京：中国林业出版社．

许宏伟，马常宝．2007．我国商品有机肥料发展现状与建议．中国农技推广．3，43-45.

杨帆，李荣，崔勇，等．2010．我国有机肥料资源利用现状与发展建议．中国土壤与肥料．4，77-82.

张陇利．2014．产业废弃物堆肥处理效果及碳素物质变化规律研究．中国农业大学博士论文．

中国农业大百科全书农业化学卷编辑委员会．1996．中国农业大百科全书·农业化学卷．北京：中国农业出版社．

中国农业科学院土壤肥料研究所．1994．中国肥料．上海：上海科学技术出版社．

朱兆良，金继运．2013．保障我国粮食安全的肥料问题．植物营养与肥料学报．19(2)，259-273.

扩展阅读文献

符纯华，单国芳．2017．我国有机肥产业发展与市场展望．化肥工业．44(1)，9-12.

胡蔼堂．2003．植物营养学(下册)．2 版．北京：中国农业大学出版社．

黄云．2014．植物营养学．北京：中国农业出版社．

第二十章 新型肥料

教学要求：

1. 掌握新型肥料的概念与种类。
2. 了解国内外新型肥料的发展现状与方向。
3. 掌握缓/控释肥料、稳定性肥料、水溶性肥料和功能性肥料的特点与原理。

扩展阅读：

硫包衣尿素；聚合物包膜肥料；包裹肥料；国内外新型肥料的发展现状与方向

新型肥料是针对传统肥料而言的，其定义、内涵及作用在人们不断地研究与使用过程中已逐渐完善，并不断外延和深化。新型肥料的兴起和发展是与农业发展的趋势和要求密切相关的，依靠材料创新、技术进步等途径加强新型肥料的研发及推广，是提升土壤生产力、保障粮食安全、减少环境污染、提高肥料利用率、提升农产品品质、推进轻简化种植等目标的有效途径。

第一节 新型肥料概述

一、新型肥料的概念与含义

新型肥料是化肥行业推陈出新的产物，主要是针对传统肥料利用率低、易污染环境、施用不便等缺点，而对其进行物理、化学或生物化学的改性后生产出的一类新产品。我国农业农村部肥料登记管理中认为，除氮、磷、钾等大量元素肥料，以及已有国家目录和国家标准的复混肥料外，其他肥料都是新型肥料。肥料行业内普遍将采用新方法、新工艺，选用新材料，具有新功能的肥料称为新型肥料，以区别于传统化肥工业生产的化学单质肥料和复混肥料，以及未经深加工的有机肥料。因此，新型肥料应定义为有别于传统的、常规的肥料，主要指加入新材料，采用新技术、新工艺、新设备，改变原有肥料品种或剂型而创制的可提高肥料利用率、适合于多种土壤类型和作物的化肥产品。这个定义包含 3 个方面，首先是肥料，是能提供植物矿质养分的产品；其次，除营养功能以外，新型肥料还具备新功能，包括：缓释/控释、生物促进、有机高效、生长调节、养分增效等；最后，是采用最新科技手段制备新产品或对传统肥料生产技术进行革新。具体而言，新型肥料的突出特点主要表现在原材料、技术和功能 3 个方面：

1. 新原材料

新型材料的应用，包括新型肥料原料、添加剂、助剂等，使肥料品种呈现多样化、效能稳定化、易用化和高效化。例如，近年来通过采用常规肥料生产中难以利用的中低品位磷矿、菱镁矿、钾长石等原料制造磷、镁、钾肥的技术获得突破；通过添加硝化抑制剂/脲酶抑制剂等生产稳定性氮肥的技术日益成熟；另外，通过添加谷氨酸、海藻酸、腐植酸等物质而提高肥效的技术也正得到广泛关注和研究。

2. 新技术

采用一些新的技术手段也是新型肥料的重要特征。如利用一些新技术手段生产不同剂型的肥料，不同的工艺生产路线生产的产品，让肥料施用方式多样化，也更利于配合各类农业设施的运用。一些新技术手段可以大幅度降低硫酸用量和加工温度，甚至可在免酸、免煅烧条件下生产出促释磷、镁、钾肥，从而达到节能低碳的目的。采用包衣技术、添加抑制剂等方式生产的肥料，养分利用率明显提高，施肥效益增加。

3. 新功能

传统肥料的功能是为作物提供营养或改善营养环境。新型肥料在营养功能的基础上进一步拓宽，具有肥料养分释放速度的调控功能（控释、缓释、促释）、保水功能（保水肥）、防病功能（防病生物肥）、抗旱抗寒功能等。一些新型肥料具有突出的调节农艺性状的功能，如促根肥、抗倒伏肥、促花保果肥等。

新型肥料就是对具有上述新功能、新原材料和新技术特征肥料的统称，这些不同的新型肥料都有一个共同的特征——高效，即肥料利用率高，而且节能节资，符合可持续发展的需要，因而具有较强的市场竞争力。国外也称其为“增值肥料”“增效肥料”等，以强调其技术经济的优点；或称为“环境友好肥料”以强调其环保优点。国际上与我国新型肥料相近的名称包括：

（1）增值肥料（value added fertilizer，VAF） 通常指那些能提高肥料利用率的肥料。英国 International Fertilizer 期刊认为增值肥料是指缓释肥料、叶面肥和稳定性肥料。因此，增值肥料主要分为三类：能提高肥料利用率、具有附加功能的增值肥料、能合理利用资源的增值肥料。目前国内的增值肥料主要为添加腐植酸、多肽（聚天冬氨酸）、海藻素等增效剂而生产的复合肥或尿素。

（2）增效肥料（enhanced efficiency fertilizer，EEF） 美国作物食物控制协会（AAPFCO）于 2000 年在官方出版物中提出以提高肥效（enhanced efficiency，EE）来描述增加作物吸收、降低养分损失的肥料，其对增效肥料的定义包括：coated fertilizer，相当于我国的包膜、包裹、涂层型缓释肥料；occluded fertilizer，相当于我国的吸藏、基质、内置型缓释肥料；stabilized fertilizer，稳定肥料，通过加入添加剂降低肥料转化速度，延长肥料在土壤中的有效时间，对应于我国的添加脲酶抑制剂、硝化抑制剂、控释肥、金属蛋白酶等添加剂型的肥料。

(3)美国的专用肥料(speciality fertilizer) 通常是指用于高尔夫球场、景观草坪、花卉等非农用的缓释肥料。《美国西部肥料手册》(1998 年)中的专用肥料列出了脲甲醛肥料、硫包膜肥料、聚合物包膜肥料、聚合物-硫黄包膜肥料,以及从中国进口的钙镁磷肥包裹尿素等肥料。

二、新型肥料的分类

目前,根据功能和特性可将新型肥料划分为:缓/控释肥料、稳定性肥料、水溶性肥料和功能性肥料等几大类。

第二节 缓/控释肥料

一、缓/控释肥料概述

1. 缓/控释肥料的概念

缓/控释肥料是具有延缓养分释放性能的一类肥料的总称。概念上可进一步分为缓释肥料(slow release fertilizer, SRF)和控释肥料(controlled release fertilizer,CRF)。

缓释肥料是通过化学复合或物理作用,使有效态养分随着时间而缓慢释放的化学肥料。这类肥料通过技术措施限制肥料养分释放过程,其养分释放速率远小于常规肥料在土壤中正常溶解的释放速率,但是受肥料自身特性和环境条件的影响,其养分释放速率的快慢程度并不可控。这类肥料主要指化学合成的脲甲醛和无机包裹肥料产品类型。根据中华人民共和国国家标准《缓释肥料》(GB/T 23348—2009),缓释肥料要满足下述 3 个指标:①在 25℃静水中浸提 24 h 的初期养分释放率≤15%;②28 天累积养分释放率≤80%;③养分释放期的累积养分释放率≥80%。

控释肥料是指通过各种调控机制预先设定肥料在作物生长季节的释放模式(释放时间和速率),使其养分释放与作物需肥规律相一致的肥料。其内涵是指通过化学或物理加工控制,使得化学态养分的释放速率能够达到设定的释放模式,这种养分释放模式可以与某些植物养分吸收的规律相对应,主要指聚合物包膜肥料。

目前,主要采用肥料包膜(裹)、尿素与有机物反应两种技术方案开发缓/控释肥料,包括聚合物包衣肥料、硫包衣肥料、磷矿粉包裹型肥料、脲甲醛和异丁叉二脲等品种。在实际应用中,常将控释性能好的聚合物包膜肥料叫控释肥料,将其他控释性能稍差的肥料品种称为缓释肥料。

2. 缓/控释肥料技术研究发展趋势与现状

20 世纪 30—40 年代,各种含氮有机化合物缓释肥料(化合成缓释氮素产品,如:CDU、IBDU、UF)在欧洲和美国开始发展,随后添加硝化抑制剂和脲酶抑制剂的稳定性肥料也开展了大量肥效试验。到 20 世纪 60～70 年代,对颗粒肥料进行包裹,制备包膜肥料的技术开始广泛兴起,这些技术奠定了缓/控释肥料生产技术的基本格局。具有代表性的缓/控释肥料生产企业和产品如表 20-1 所示,包括近 20 家企业生产的 9 种产品。

开发溶解性较低,尤其是溶解性能随时间和温度变化而变化的含氮化合物,可以减少尿素和硝酸盐的淋溶损失。目前开发的产品都是基于尿素与甲醛、丙醛和异丁醛反应得到的产品。1924 年,德

表 20-1 新型肥料产业公司和产品状况表

名称	品种	公司	产品	产量
氮反应产品	UF、IBDU、CDU	Agrium、BASF、Hanfeng、Sun Agro	Nitroform®、Plantosan®、Azolon®、Floranid®、Nutritop®	50 万 t
包膜肥料	SCU、PCU	Scotts、Agrium、Aglukon、Haifa、Kingenta、Hanfeng、Chissoasahi	Osmocote®、ESN®、Polyon®、TriKote®、Plantacote®、luxecoteBasacote®、Multicote®、Syncote®、Nutricote®、	80 万 t
稳定性肥料	DCD、ATS、NBPT、HQ	Agrotain、Conklin、Chissoasahi、Hanfeng、BASF	Guardian®、Agrotain Plus、Nitrophos®	20 万 t

国的巴斯夫股份公司(BASF SE)获得了脲甲醛缩合肥料的第一个专利。美国于1947年获得使用脲甲醛作为肥料专利,1955年开始商业化生产,目前美国有5种脲甲醛类肥料,以固体或液体(水溶性或悬浮液)形式进行生产。

对肥料颗粒进行包覆处理,如包裹一层硫黄、钙镁磷肥粉末或聚合物,可以制备释放速率快慢不同的包膜肥料。1961年,美国的纳西河流域管理局(Tennessee Valley Authority,TVA)成功研制了硫包衣尿素;同年,美国ADM公司采用多元醇与二元脂肪酸或环氧树脂能够发生聚合反应形成高分子聚合物的机理,以肥料颗粒表面作为反应界面,成功合成了聚合物包膜控释肥料;美国的Hansen在1961年和1965年申请了类似专利,描述利用多羟基化合物与异氰酸盐发生聚合反应制备控释肥料的技术。1974年,日本窒素公司(Chisso-asahi Fertilizer)在美国申请的专利中介绍了生产聚烯烃包衣肥料的方法,此后反应成膜、聚合物包膜这两条工艺技术路线得到进一步的发展。1992年日本旭化成工业株式会社在其专利中,介绍了使用苯乙烯(St)、丁二烯(BD)、丙烯酸丁酯(BA)、*N*-羟甲基丙烯酰胺、丙烯酸等功能单体共聚合成乳液,作为包膜材料制得包膜肥料。国内研究者通过选用丙烯酸系聚合物乳液、苯丙乳液或纯丙乳液等材料作为包膜剂研发制备了控释肥料。

除上述包膜材料外,使用无机的钙镁磷肥为包裹材料,以肥料包裹肥料的缓/控释复合肥料技术也值得关注。该技术将中低品位磷矿和氮素复混在一起,同时具有一定的缓释性能。与聚合物包膜肥料相比,具有低成本的特点。按所用包裹层原料的不同,包裹型缓/控释肥料分两种类型,一是以钙镁磷肥为包裹层,二是以二价磷酸铵钾盐为包裹层。包裹型缓/控释肥料将肥料的缓释和复合(混)化过程一步实现,简化了生产工艺流程。

3. 缓/控释肥料产业发展状况

据统计,1995年全世界缓/控释肥料的消费量仅54万t,2005年增长至138万t,而2015年已接近430万t,20年间增加超过7倍,增长速度明显高于常规化肥。其中,包膜肥料所占比例最高,约占缓/控释肥料总量的70%。

北美、西欧和日本的缓/控释肥料研发和使用较早,但消费量增长较为缓慢,主要用于花卉和草坪作物。我国的包膜控释肥料的生产起步相对较晚,但发展迅速。2005年我国的缓/控释肥料消费量为60万t,占全球的43.5%,而2015年增长到300万t,占全球的70%,成为全球缓控释肥料生产和消费增长最快的国家。与国外不同的是,国内控释肥的发展目标主要是施用于大田作物。

二、硫包衣尿素

硫包衣尿素(sulfur coated urea,SCU)是通过在颗粒尿素表面包裹硫黄而实现氮素缓慢释放的缓/控释肥料(GB/T 29401—2012),一般含氮30%~40%,含硫10%~30%。硫在熔融状态下,具有良好的包覆性能。硫包衣尿素中氮素的释放时间与硫包衣的厚度、封蜡等技术有关,氮素释放途径是硫包衣产品表面产生的裂缝、小孔或不完整处,一旦水分透过包裹层,氮素即释放到周围土壤中(图20-1)。优质的硫包衣尿素不存在释放初期的"爆裂式释放"(养分失控过度释放),也不会出现"拖尾作用"(生长末期养分缺失),然而,一般来说,其可控性较聚合物包膜肥料等相对较差。

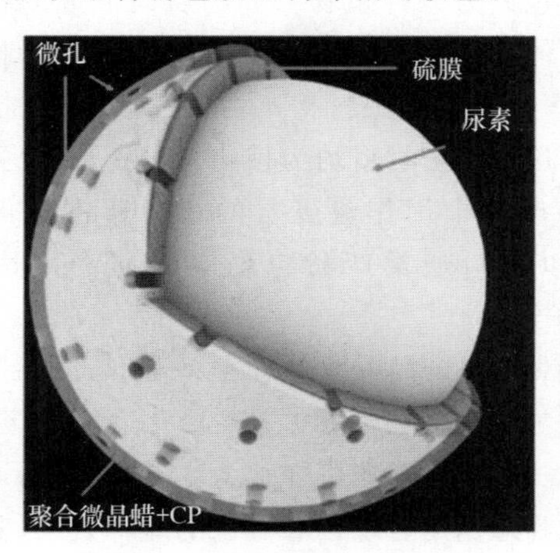

图20-1 硫包衣尿素的结构示意图

硫是植物所需的第四大营养,施硫可以提高氮素的吸收效率;而且硫在土壤中转化的中间产物(过硫代硫酸根)可以抑制氮的损失。另外,硫的成本相对低廉,有利于规模发展。因此,硫包衣尿素在缺硫地区土壤上施用具有一定优势。

三、聚合物包膜肥料

聚合物包膜肥料(polymer coated fertilizer, PCF)是指通过在肥料颗粒表面包覆高分子膜层而制成的肥料。聚合物包膜肥料主要包括两种工艺:一是喷雾相转化工艺(物理法),即将高分子材料制备成包膜剂后,用喷嘴涂布到肥料颗粒表面形成包裹层的工艺方法。代表产品为聚烯烃包膜肥料和苯丙乳液包膜肥料。二是反应成膜工艺(化学法),即将反应单体直接涂布到肥料颗粒表面,直接反应形成高分子聚合物膜层的工艺方法。代表产品为聚安酯包膜肥料。

聚合物包膜肥料施入土壤后,土壤中水分使膜内肥料颗粒吸水膨胀并缓慢溶解,从而在一定的时间里持续不断地释放养分(图 20-2)。养分释放速度的快慢与土壤中水分的多少以及土壤温度的高低有关系。当温度升高时,一方面植物生长加快,对养分的吸收较多;另一方面,肥料包膜膨胀,小孔增大,膜内养分释放的速度也随之加快。而当温度降低时,植物生长速率减慢,肥料包膜内养分的释放速度也变慢或停止释放。

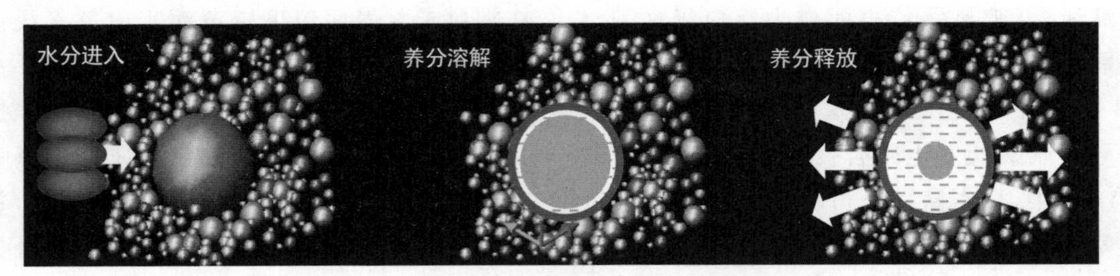

图 20-2　聚合物包膜肥料养分释放过程示意图

四、包裹肥料

包裹肥料,也称肥包肥,是一种或多种植物营养物质包裹另一种植物营养物质而形成的植物营养复合体。包裹肥料是我国独创的一种缓/控释肥料,与聚合物包膜肥料相比,其主要区别在于包裹肥料所用的包裹材料均为植物营养物质。另外,包裹肥料产品中用作包裹层的物料所占比例较高(20%以上),通常产品包裹层的比例可达 50%以上。

包裹肥料产品分为两种类型,一是以钙镁磷肥或磷酸氢钙为主要包裹层,产品有适度的缓效性;二是以二价金属磷酸铵钾盐为主要包裹层,通过包裹层的物理作用实现核心氮肥的缓释效果,其中的部分磷、钾以微溶性无机化合物的形态存在而具有缓释功能。包裹肥料的产品结构如图 20-3 所示。其中,1 层为尿素核心,2 层为含 MgO、CaO、SiO_2、NH_3、P_2O_5、K_2O 的复合物,3 层为含 N、P、K、Mg、Fe、Zn 的微溶性养分(水中溶解度小于 300 mg/L),4 层为含 MgO、CaO、SiO_2 的痕量溶解性养分(水中溶解度小于 10 mg/L)。

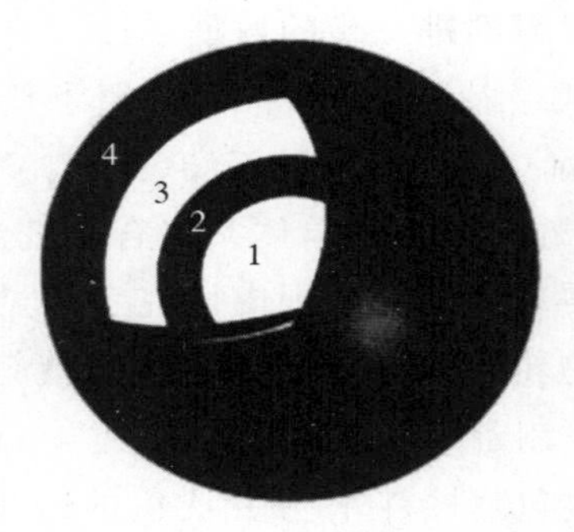

图 20-3　包裹肥料结构示意图

包裹肥料作为新型的缓/控释肥料产品,其技术上和产品特性上的特点主要包括以下几个方面:

(1)全部成分为营养物质　采用以肥料包裹肥料的工艺,产品中的全部成分均为植物营养物质,通过改变不同特性肥料的空间结构,以及利用原料之间的化学反应,可实现核心氮肥的缓释和控释功能,同时使产品中的部分磷、钾元素也具备缓释性。

(2)具有均一的释放特性　包裹肥料采用的包裹层为枸溶性无机肥料,通常为极性分子,与同为极性分子的水具有亲和性,这一特点决定了包裹肥料产品的前期养分释放率较高。正是因为这一特性,包裹肥料不需与其他任何肥料掺混,即可满足作物前期的需肥要求,更适合大田作物施用。而且,包裹肥料每粒产品中均含有不同形态的大、中、微量元素养分，每粒肥料均具有相同的释放性能和养分组成。

(3)可同步实现产品的缓释化和复合化　包裹肥料在实现核心氮肥缓释功能的同时，实现了产品的复合化。即缓释肥的生产过程和复合肥的生产过程合二为一，简化生产过程，节约生产成本。

(4)可实现无干燥生产工艺　包裹肥料生产过程中，充分利用原料间的化学反应，实现了生产过程的无干燥，节约能源，属生态型生产工艺。

(5)便于肥料功能的扩展　包裹肥料的包裹层中，根据需要可加入植物生长调节剂、除草剂、杀虫剂、杀菌剂等，实现药肥一体化，降低农业生产过程中的劳动力成本。

五、脲甲醛肥料

微溶性含氮化合物是缓/控释肥料的重要类型之一，主要包括脲甲醛肥料(Urea－Formaldehyde，UF)、异丁叉二脲(IBDU)、丁烯叉二脲(CDU)、草酰铵(乙二酸二酰胺)、磷酸铵镁等，其中最具代表性的产品是脲甲醛肥料和异丁叉二脲。由于异丁叉二脲的价格远高于脲甲醛，所以，脲甲醛肥料在这类缓释肥料中占主导地位，也是国际上最早实际应用的缓/控释肥料品种。

脲甲醛肥料是尿素和甲醛在一定条件下的反应产物，其总氮含量一般在38%左右，产品并不是单一的化合物，而是由包含少量未反应的尿素和具有不同缩合度的中间产物(包括羟甲基脲、亚甲基二脲、二亚甲基三脲、三亚甲基四脲、四亚甲基五脲、五亚甲基六脲等)所组成的混合物。脲甲醛肥料施入土壤后，靠土壤微生物分解而释放氮素，其肥效长短取决于分子链的长短，分子链越长的缩合物其氮素的肥效期越长(图20-4)。同时，脲甲醛肥料的缓释期也受气候条件尤其是温度条件的影响，温度越高其释放期越短。产品中的组分及链长可通过生产工艺条件进行适当控制，以调节产品的肥效期。由于其反应的自身特点，脲甲醛肥料的工艺控制只能在一定范围内实现，无法精确控制组分比例及链长，因此产品指标均为范围性指标。

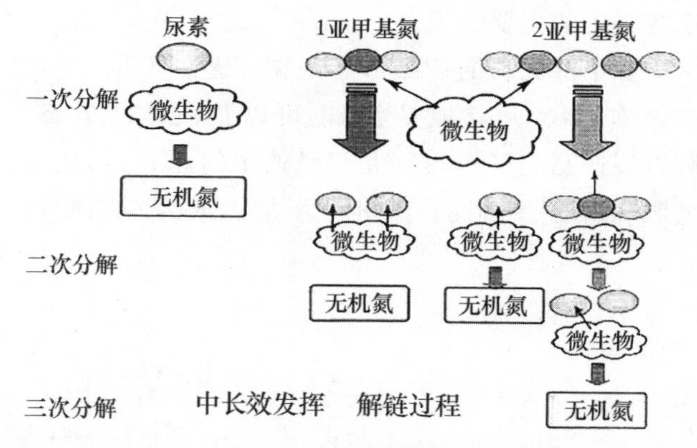

图 20-4　脲甲醛肥料养分释放过程的示意图

根据不同的产品要求，控制尿素与甲醛的摩尔比为(1∶1)～(2∶1)[如果这一比例在(0.5∶1)～(1∶1)则为脲甲醛树脂的生产条件]，反应过程分为两个阶段：第一阶段，在碱性条件下尿素与甲醛进行加成反应，生成一羟甲基脲及二羟甲基脲：

$$(NH_2)_2CO + CH_2O \longrightarrow NH_2CONHCH_2OH$$

一羟甲基脲

$$NH_2CONHCH_2OH + CH_2O \longrightarrow (HOCH_2NH)_2CO$$

二羟甲基脲

第二阶段，酸性条件下上述加成反应产物与系统中的尿素过量发生一系列缩合反应：

$$NH_2CONHCH_2OH + NH_2CONH_2 \longrightarrow NH_2CONHCH_2NHCONH_2 + H_2O$$

亚甲基二脲

$$NH_2CONHCH_2NHCONH_2 + NH_2CONHCH_2OH \longrightarrow NH_2(CONHCH_2NH)_2CONH_2 + H_2O$$

二亚甲基三脲

$$NH_2(CONHCH_2NH)_2CONH_2 + NH_2CONHCH_2OH \longrightarrow NH_2(CONHCH_2NH)_3CONH_2 + H_2O$$

三亚甲基四脲

……

以至生成四亚甲基五脲、五亚甲基六脲等，甚至更长链的产物。

第二阶段的反应在 pH 合适情况下非常迅速，并伴有热量放出，缩合反应所得到的产物是上述不同链长缩合物的混合物，即脲甲醛肥料。

原料的配比（尿素和甲醛的摩尔比）、反应的 pH、温度、反应时间等工艺条件是决定生成不同链长聚合物分布的重要因素。较高的尿素和甲醛比例生成较短链的聚合物分布，反之，较低的尿素和甲醛比例生成较长链的聚合物分布。这些工艺条件也将影响产物的相对分子质量、溶解度、肥效期等缓释肥的主要性质。

脲甲醛肥料的产品形态根据工艺的不同，可以是固体粉状、片状或粒状，也可以是液体的形态。脲甲醛产品也可作为复混肥料的中间原料，与速效氮肥和磷肥、钾肥配合，进一步加工成为不同配比的含脲甲醛肥料的缓释复混肥料，为作物提供均衡的养分供应。

第三节　稳定性肥料

稳定性肥料是指经过一定工艺加入脲酶抑制剂和（或）硝化抑制剂，施入土壤后能通过脲酶抑制剂抑制尿素的水解，和（或）通过硝化抑制剂抑制铵态氮的硝化过程，使肥效期得到延长的一类含氮肥料（包括含氮的二元或三元肥料和单质氮肥），是在传统肥料中加入氮肥增效剂来延长肥效期的一类肥料产品的统称。

稳定性肥料的氮素缓释原理是通过抑制土壤微生物的活性，减少尿素的水解过程，延迟铵态氮向硝态氮的转化，从而达到尿素缓解释放的作用，其核心就是添加的抑制剂（图 20-5）。

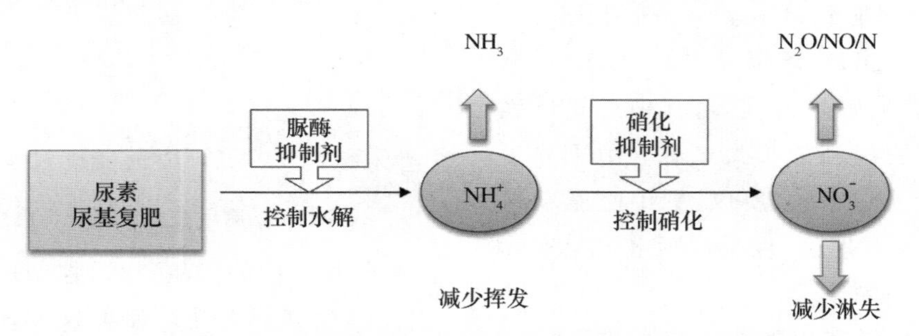

图 20-5　稳定性肥料添加剂抑制氮素转化过程的示意图

1. 脲酶抑制剂

脲酶抑制剂是指在一段时间内通过抑制土壤脲酶的活性，从而减缓尿素水解的一类物质。例如氢醌、N-丁基硫代磷酰三胺、邻苯基磷酰二胺、硫代磷酰三胺等（表 20-2）。

2. 硝化抑制剂

硝化抑制剂是指在一段时间内通过抑制亚硝化单胞菌属活性，从而减缓铵态氮向硝态氮转化的一类物质。例如，吡啶、嘧啶、硫脲、噻唑等物质的衍生物，以及六氯乙烷、双氰胺等（表 20-3）。由于铵态氮本身也可以快速被植物吸收利用，其不能延缓肥料的养分释放，更不能控制肥料的养分释放。因此，有人认为这类肥料不能称为缓控释肥料，而称之为稳定性肥料。

表 20-2　脲酶抑制剂的主要品种

抑制剂品种	化学名
NBPT 或 NBTPT	N-丁基硫代磷酰三胺
NBPTO 或 NBPO	N-丁基硫代磷酰胺
NBPO	硫代磷酸三酰胺
PPD/PPDA	苯基磷酰二胺
TPT	硫代磷酰三胺
HQ	氢醌
PT	硫酰三胺
ATS	硫代硫酸铵
P-benzoquinone	P-苯醌
CHTPT	环乙基硫代硫酸三酰胺
CNTP	环乙基磷酸三酰胺
HACTP	六酰胺基环三磷腈
N-halo-2-oxaxolidinone	N-卤-2-唑艾杜希
N，N-dihdo-2-imidazolidinone	N，N-二卤-2-咪唑艾杜希

表 20-3 硝化抑制剂的主要品种

抑制剂品种	化学名	抑制剂品种	化学名
Nitrapyrin	西吡	DMPP	3,4-二甲基磷酸盐
DCD	双氰胺	Ammonium thiosulfate	硫代硫酸盐
CMP	1-甲基吡唑-1-羧酰胺	Potassium azide	叠氮钾
MP	3-甲基吡唑	Sodium azide	叠氮钠
Ethylene Urea	亚乙基脲	Coated caleium carbide	包被碳化钙
Terrazole	氯唑灵	2,5-dichloroaniline	2,5-氯苯胺
AM/AT/ATC	4-氨基三唑	3-chloroacetanilide	3-乙酰苯胺
Thiourea	硫脲	Toluene	甲苯
C_2H_2	乙炔	Carbon disulphide	二硫化碳
2-ethynnylpyridine	2-乙炔基本吡啶	Phenylacetylene	苯乙炔
Sulfathiazole	硫胺噻唑	2-propyn-l-ol	2-丙炔-1-醇
Cuanylthiourea	脒基硫脲	AOL	氨氧化木质素
1-amidino-2-thiourea	1-脒基-2-硫脲	Phenylphosphoro diamidate	苯乙偶磷基二酰胺

稳定性肥料主要用于大田作物和一些生长期较长的蔬菜与果树,如美国的 N-serve 产品及相应肥料专门用在玉米(占 90%)、大豆、高粱、小麦、棉花上,脲酶抑制剂产品 AGROTAIN 主要用于玉米,尤其是免耕和少耕农业系统,而含有硝化抑制剂的氮、磷、钾复合肥则主要用在果园。国际上主要的稳定性肥料生产企业主要在美国、德国、以色列等国家。

第四节 水溶性肥料

水溶性肥料(water soluble fertilizer,WSF),是一种可以完全溶于水的多元复合肥料,容易被作物吸收,含有作物生长所需要的氮、磷、钾、钙、镁、硫以及微量元素(主要有硼、铁、锌、铜、钼,其中以添加螯合态微量元素最优)等的全部营养元素,也可以加入溶于水的有机物质(腐植酸、氨基酸、植物生长调节剂、农药等)。适用于叶面喷洒、喷灌、滴灌和无土栽培等设施农业,实现水肥一体化,达到省水省肥省工的效能。

水溶性肥料按照剂型可分为水剂和固体,按照肥料组分可分为养分类、植物生长调节剂类、天然物质类、混合类等。由于可根据作物生长规律和营养需求进行科学配方,因而水溶性肥料的肥料利用率一般是常规化学肥料的 2~3 倍。与常规化学肥料相比,水溶性肥料具有以下优点:①养分呈离子态,作物吸收快,肥效好,效率高;②满足作物特殊性需肥,针对性强,可以及时有效地矫正作物缺素症;③养分全面、配方灵活,施肥方便,不受作物生育期影响。

由于以上优点,水溶性肥料在全世界得到了广泛应用。在国外,水溶性肥料主要被用于温室中的蔬菜和花卉、各种果树以及大田作物的灌溉施肥,园林景观绿化植物的养护,高尔夫球场,甚至于家庭绿化植物的养护。近年来,由于我国花卉业、观赏园艺和经济作物(大棚蔬菜、果树)的飞速发展,水溶性肥料也已经被广大专业种植者所接受。同时在一些大型的种植业农场,安装喷灌、滴灌设施等现代化灌溉设备后,要达到水肥一体化,也需要施用水溶性肥料。

作为水溶性肥料,至少应具备 3 个条件:①肥料中的所有成分应充分溶于水或在环境因素的作用下可短期内完全溶解,保证其可以进行叶面喷施和喷/滴灌;②对作物、环境有害的物质含量在可控范围内,稀释液化学性质温和,正常使用条件下不引起叶面伤害和堵塞灌溉设备;③其主要成分是营养元素,相配合的植物活性物质只起辅助作用。因此,水溶性肥料主要强调完全水溶解性及目标作物对养分的高效吸收性。为提高肥料的完全水溶解性和作物对养分的吸收效率,所使用原材料的形态、溶解度、速溶性配比以及有效成分含量等均是水溶性肥料生产中需考虑的重要环节。

目前，国际上水溶性肥料产业已较为成熟，但都集中在一些工业比较发达的国家。我国水溶性肥料的研究和生产起步较晚，但发展较快。2005年我国水溶性肥料产业开始逐步形成，2009年农业部出台了全水溶性肥料登记标准，目前国内登记的水溶性肥料产品已超过3 500个。随着经济作物发展和水肥一体化技术的推广，我国水溶性肥料产业将得到进一步发展。

第五节　功能性肥料

功能性肥料的含义比较宽泛，这里主要是指通过添加有益成分或增加一些功能物质使自身养分效率得到增强的肥料，包括各种增效肥料、药肥、保水肥、根际肥料等具有一般肥料营养功能以外新功能的肥料品种，也包括对特定农艺性状有突出调控作用的功能肥料，如促根、抗倒伏肥料等。

一、增效肥料

增效肥料是指添加腐植酸、氨基酸、其他有机酸或无机酸、海藻素、多肽等生化制剂的化肥。就腐植酸而言，其增效机理为：腐植酸所具有的离子键、氢键或自由基与氮素相应形态结合，使氮素保持较长时间的有效性，此外还具有调节植物生长、代谢、酶活性、活化磷素等间接作用。

目前，增效肥料的研究集中在腐植酸、多肽、海藻素等增效剂与复合肥或尿素的添加工艺、增效机理和效果等几个方面。日本对腐植酸尿素的研究较早，方法较多。例如：①将尿素腐植酸在130℃条件下加热溶化，制成腐植酸尿素，再与30%的甲醛水溶液处理后，制成非吸湿性的腐植酸尿素肥料；②将晶体尿素和经硝酸处理褐煤后获得的腐植酸，在常温下溶解于装有液氨的加压容器内混合，经真空蒸发而获得粉状腐植酸尿素；③室温条件下，将腐植酸丙酮溶液与尿素溶液在容器内混合，经真空蒸发也可获得粉状腐植酸尿素。多肽类肥料的研究重点是聚天冬氨酸增效复合肥料的技术开发，海藻增效肥料的研究重点是海藻素的提取及其有效成分的鉴定，海藻肥料多为液体肥和有机肥，目前对海藻增效尿素的生产和研究很少，已有研究均显示海藻提取物对尿素有良好的增效作用。

利用^{15}N同位素技术，研究了普通尿素、海藻酸增值尿素、腐植酸增值尿素和谷氨酸增值尿素在小麦上的施用效果。结果显示，与普通尿素相比，三种增值尿素均可显著提高小麦籽粒产量，增加幅度在3.7%～13.6%，施用增值尿素处理的小麦地上部吸收的肥料氮量均显著高于普通尿素处理，增量在3.1%～7.4%，氮肥表观利用率较普通尿素处理显著提高3.1%～15.6%，肥料氮素的损失降低了2.2%～9.5%。

二、保水肥料

保水肥料是将保水剂与肥料通过物理混合、包膜或化学合成等方式结合为一体化的一类肥料，集保水性能与供肥能力于一体，可更加方便地实现水肥一体化调控。保水肥料依养分元素不同，可分为保水氮肥、钾肥和磷肥或保水复合肥；依其剂型不同可分为粒状、粉状或液状。

保水肥研制的首要条件是保水剂，其在农业上的应用始于20世纪70年代美国农业部北部研究中心(NRRC)将保水剂在美国西部干旱地区推广，获得明显的保水和增产效果。保水剂按其来源分为三大系列：天然保水剂、合成保水剂和半合成保水剂。天然保水剂是生物产物，如蛋白质、淀粉、纤维素、果胶类、藻酸类等，能够吸收超过自身质量十倍到数十倍的水，吸水量较低，但易于降解，成本也较低。合成保水剂是通过聚合反应合成的高吸水性树脂，可吸收超过自身质量数百倍至千倍的水量，如聚丙烯酰胺、交联聚丙烯酰胺、聚丙烯酸钠及交联聚丙烯酸钠等。半合成保水剂是用化工有机单体接枝天然高分子物质或与无机矿物共聚或混聚得到的聚合产物，如聚丙烯腈接枝淀粉共聚物、羧甲基纤维素接枝丙烯腈水解产物、聚丙烯酰胺单体与无机矿物合成的有机-无机保水剂等。保水剂与天然生物材料或无机矿物如磷矿粉、钾长石、硅藻土等共聚或共混研制复合(混)保水剂，可降低成本20%～40%，还可提高耐盐性能，易于与肥料混合使用。研究发现，保水剂与无机矿物共聚或共混还可活化矿物中的 P、K、Mg 等养分，提高矿物中养分的有效性。保水剂主要农用方式是在土壤中直接施用，如撒施、沟施、穴施、喷施等。蘸根以及拌种或种子包衣应用较少，植物幼根往往容易受到丙烯酸与钠离子的隐性伤害，需要注意采取预防措施。

按照工艺分类可分为四种类型：物理吸附型保水肥、包膜型保水肥、混合造粒型保水肥和构型保水肥。

（1）物理吸附型保水肥　将保水剂加入肥料溶液中，让其吸收溶液形成水溶胶或水凝胶，或将其混合液烘干成干凝胶。该类肥料利用成品保水剂作为养分吸附载体，制备工艺简单，可在田间现配现用。

（2）包膜型保水肥　保水剂具有“以水控肥”的功能，故可作为控释材料用于包膜控释肥生产。以高吸水性树脂为包膜材料，以大颗粒尿素和改性矿物包膜尿素为原料肥料，可生产高吸水性树脂包膜尿素系列产品，水中 24 h 氮素溶出率在 18.2%～83.9%。

（3）混合造粒型保水肥　通过挤压、圆盘及转鼓等各式造粒机将一定比例保水剂和肥料混合制成颗粒，即可制成各种保水长效复合肥。

（4）构型保水肥　构型保水肥多为片状、碗状、盘状产品，因其构型而具有托水力，与保水材料原有的吸水力共同作用，使其保水力更大，保水保肥效果更明显。

保水肥养分控释性能的测定可参照一般控释肥的测定方法和标准。粒状保水肥的保水量小，主要目的是以水控肥，可通过控释性能测定反映出来。研究表明，钠和聚丙烯酸对幼根有害，因此应注意农用保水剂中钠和聚丙烯酸的用量。

三、根际肥料

在土壤-作物体系中，根际的定义是接近根表层 1～4 mm 的土壤微区，可直接施于该区域的肥料即为传统意义上的根际肥料。因此，可用于浸泡根系的营养液、能与种子混合并直接与发芽的种子接触的肥料也属于根际肥料。此外，能够集中施于根部、直接施于植物根层，且能促进根系生长、调控根系空间分布、扩大根系范围的肥料，也可认为是根际肥料。这些根际肥料是一种新型肥料，具有很高的肥料利用率。

传统施肥时，肥料颗粒与植物根系相隔着土壤颗粒，肥料养分扩散至根际前，会通过土壤发生养分淋溶损失及硝化、反硝化作用等造成脱氮损失，磷酸盐被土壤所固定、钾盐被土壤胶粒吸附等养分损失，因而传统肥料施肥的养分利用率低。采用某些养分释放速率慢的缓/控释肥料进行直接接触施肥，养分释放可直接被根系所吸收，从而提高养分利用率（图 20-6）。

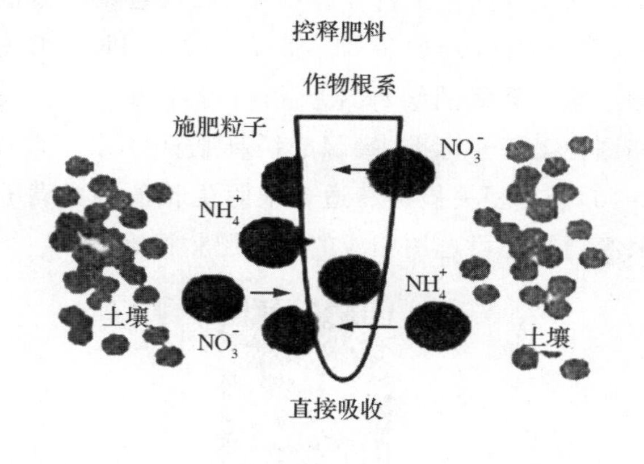

图 20-6　接触施肥与普通施肥的养分释放比较

根际肥料的研究来源于根际生态学，自 1904 年由德国科学家提出根际概念以来，有关根际的研究经历了 100 多年。20 世纪 80 年代德国 K. Sommer 教授创立了可控长效吸收铵养分根际施肥法（controlled uptake long term ammonium nutrition, CULTAN），是以高浓度铵态氮为氮源集中施于根区。一次性施肥后，随着所施的氮源逐渐向外扩散而形成越来越低的氮浓度区，作物根系则被诱导趋向施肥区的外围不断地吸收养分。图 20-7 为在两棵玉米中间的集中施肥，两侧的玉米根系均集中在肥料的四周，吸取集中施肥处的养分，使养分可获得充分利用。

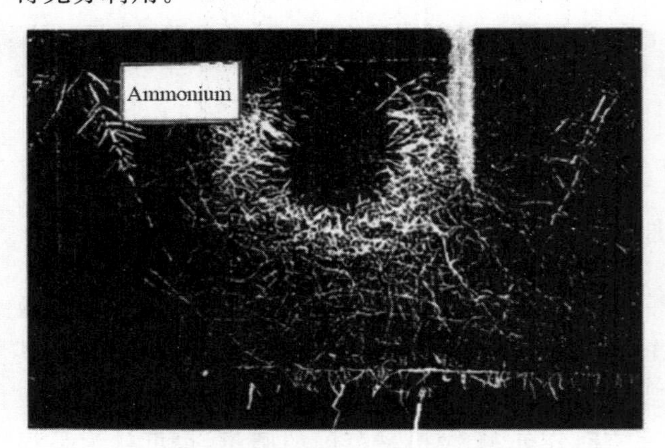

图 20-7　集中施肥的 CULTAN 施肥根系分布

根际肥料是比普通缓/控释肥料利用率更高的新型肥料。根际肥料能促进根系生长，调控根系分布，扩大根际范围，从而提高植物从土壤中获取养分的能力。根际肥料可施于苗期植物根际，使根系具有趋肥性，也可用作灌溉施肥的底肥，诱导根系向下生长，以克服灌溉施肥根系浅的缺点。目前，已研发生产的根际肥料产品包括包裹型缓释根际肥、含有促生增效成分的缓释肥料等。

根际肥料作为特殊的缓释肥料，适用于已有的缓释肥料标准。例如，包裹型缓释根际肥可选用中华人民共和国化工行业标准中《无机包裹型复混肥料(复合肥料)》(HG/T 4217—2011)进行相关检测。含有脲醛的缓释片状肥料可选用中华人民共和国化工行业标准中《脲醛缓释肥》(HG/T 4137—2010)进行相关检测。适合根际生长的各类营养液及灌溉施肥可选用相应的液体肥料标准。

第二十章扩展阅读

复习思考题

1. 什么是新型肥料？哪些肥料属于新型肥料的范畴？
2. 缓/控释肥料主要包括哪些品种？其作用机理存在什么差异？
3. 稳定性肥料是如何实现氮素的缓慢转化与释放的？
4. 水溶性肥料相比传统的固体肥料具有哪些优点？其产品标准需要满足哪些要求？
5. 什么是功能性肥料？其主要包括哪些类型？

参考文献

樊小林，刘芳，廖照源，等. 2009. 我国控释肥料研究的现状和展望. 植物营养与肥料学报. 15(2)，463-473.

何佩华，马征平，马绮亚. 2011. 脲甲醛缓释肥料的氮养分释放特征及其肥效研究. 化肥工业. 38(4)，18-22.

林新坚，章明清. 2009. 新型肥料施用技术. 福州：福建科学技术出版社.

倪露，白由路，杨俐苹，等. 2016. 不同组分脲甲醛缓释肥的夏玉米肥料效应研究. 中国农业科学. 49(17)，3370-3379.

王寅，冯国忠，张天山，等. 2016. 控释氮肥与尿素混施对连作春玉米产量、氮素吸收和氮素平衡的影响. 中国农业科学. 49(3)，518-528.

王正银. 2011. 肥料研制与加工. 北京：中国农业大学出版社.

徐静安. 2001. 复混肥和功能性肥料生产新工艺及应用技术丛书——施用技术与农化服务. 北京：化学工业版社.

许秀成，李菂萍，王好斌. 2002. 包裹型缓释/控制释放肥料专题报告. 磷肥与复肥. 17(1)，10-12.

许秀成，汤建伟，李菂萍，等. 2008. 全球环境压力下的增值肥料发展策略. 磷肥与复肥. 23(6)，5-8.

张福锁，张卫峰，马文奇，等. 2007. 中国化肥产业技术与展望. 北京：化学工业出版社.

赵秉强，张福锁，廖宗文，等. 2004. 我国新型肥料发展战略研究. 植物营养与肥料学报. 10(5)，536-545.

赵秉强，等. 2013. 新型肥料. 北京：科学出版社.

Azeem B., KuShaari K., Man Z. B., et al. 2014. Review on materials and methods to produce controlled release coated urea fertilizer. J. Controlled Release. 181, 11-21.

Garcia P. L., González-Villalba H. A., Sermarini R. A., et al. 2018. Nitrogen use efficiency and nutrient partitioning in maize as affected by blends of controlled-release and conventional urea. Arch. Agron. Soil Sci. 64, 1944-1962.

Grant C. A., Wu R., Selles F., et al. 2012. Crop yield and nitrogen concentration with controlled release urea and split applications of nitrogen as compared to non-coated urea applied at seeding. Field Crops Res. 127,

170-180.

Sarandon S. J., Gianibelli M. C. 1990. Effect of foliar urea spraying and nitrogen application at sowing upon dry matter and nitrogen in wheat (*Triticum aestivum* L.). Agron. J. 10: 183-189.

Shaviv A. 2001. Advances in controlled-release fertilizers. Adv. Agron. 71, 1-49.

Trenkel M. E. 1997. Contrlled-release and stabilized fertilizers in agriculture. Paris: International Fertilizer Industry Association.

扩展阅读文献

樊小林,刘芳,廖照源,等. 2009. 我国控释肥料研究的现状和展望. 植物营养与肥料学报. 15(2),463-473.

林新坚,章明清. 2009. 新型肥料施用技术. 福州:福建科学技术出版社.

王正银. 2011. 肥料研制与加工. 北京:中国农业大学出版社.

徐静安. 2001. 复混肥和功能性肥料生产新工艺及应用技术丛书—施用技术与农化服务. 北京:化学工业版社.

张宝林. 2003. 功能性复混肥料生产工艺技术. 郑州:河南科学技术出版社.

张福锁,张卫峰,马文奇,等. 2007. 中国化肥产业技术与展望. 北京:化学工业出版社.

赵秉强,等. 2013. 新型肥料. 北京:科学出版社.

第二十一章 微生物肥料

教学要求：

1. 掌握微生物肥料的概念和特点。
2. 掌握微生物肥料产品分类。
3. 了解微生物肥料作用机理。
4. 了解微生物肥料产品使用。

扩展阅读：

国外微生物肥料发展趋势；我国微生物肥料行业现状及发展前景；我国微生物肥料标准体系建设概述

随着现代农业技术的发展与应用，过量施用化肥已显著影响我国农业绿色发展。一是化肥用量逐年增加造成了化肥利用率和化肥增产效益下降；二是农药使用量呈现逐年上升趋势，引起环境污染并对农产品安全构成威胁；三是我国磷肥、钾肥资源严重不足，这对农业的绿色发展构成了严重的挑战。微生物肥料产业是可持续农业、生态农业发展的要求，也是我国目前无公害食品和绿色食品生产的现实需要，更是减少化肥和农药用量、降低环境污染的必然选择。

第一节　微生物肥料的概念和分类

一、微生物肥料的概念和特点

微生物肥料(microbial fertilizer),也称微生物菌剂(microbial inoculant),又称生物肥料(biofertilizer)、菌肥、接种剂,是一类以微生物生命活动及其产物导致农作物得到特定肥料效应的微生物活体制品,在这种效应的产生中,制品中的微生物起关键作用。这个定义是陈华癸教授于1994年针对我国当时关于微生物肥料的含义、作用的模糊认识和争论提出来的,他还进一步提出:在此类产品中,一类为产品中所含微生物的生命活动增加了植物营养元素的供应量(包括土壤和生产环境中植物营养的供应量和植物营养元素的有效供应量),另一类为其中所含活微生物生命活动的作用,还包括更广泛或至今尚不十分明确其作用的产品,不限于提高植物的营养元素供应。

从微生物肥料行业管理角度来看,在农业行业标准《微生物肥料术语》(NY/T 1113—2006)中,将微生物肥料定义为含有特定微生物活体的制品,应用于农业生产,通过其中所含微生物的生命活动,增加植物养分的供应量或促进植物生长,提高产量,改善农产品品质及农业生态环境。这是一个外延更为广泛的概念,已在微生物肥料行业中得到普遍应用。

从植物营养角度来说,微生物本身确实不包含足够量的营养元素,不能直接为植物提供营养元素,但微生物是养分的制造者(如生物固氮)和养分有效形态的转化分解者(如溶磷、解钾等),是养分循环中的原动力。从实际应用来说,微生物肥料已得到了普遍承认。国际上许多国家均采用"biofertilizer"一词,而对纯菌剂产品使用"inoculant",我国称之为微生物肥料(microbial fertilizer)或简称为生物肥料。从历史上看,我国将微生物作为肥料是从根瘤菌剂到细菌肥料(菌肥),再演变为微生物肥料。特别是从1996年我国将微生物肥料纳入肥料登记管理以来,目前已形成了具有中国特色的微生物肥料产业。微生物肥料一词已被社会各界和使用者接受和认可。

二、微生物肥料产品分类

目前,我国微生物肥料按照产品的内涵分为两大类:一类为菌剂类产品,一类为菌肥类产品。菌剂类产品是指一种或一种以上的目标微生物经工业化生产扩繁后直接使用或与利于该培养物存活的载体吸附所形成的活体制品。它在单位面积上的用量少,一般每亩用量为2～5 kg。按产品中特定的微生物种类或作用机理又可分为根瘤菌制剂、固氮菌制剂、溶磷细菌制剂、溶磷真菌制剂、硅酸盐细菌制剂、促生细(真)菌制剂、光合细菌制剂、放线菌制剂、有机物料腐熟剂、土壤修复菌剂等。菌肥类产品是指目标微生物经工业化扩繁后与营养物质等复合而成的活体制品。它在单位面积上的用量较大,一般每亩用量在50～100 kg,目前可分为复合微生物肥料和生物有机肥。

1.根瘤菌制剂

根瘤菌制剂的出现已有100多年的历史,它的普遍应用也有80多年的历史,是世界上公认效果最稳定、最好的微生物肥料。制剂的生产原理是通过人工分离、筛选将固氮性能良好、抗逆性能优越和结瘤竞争能力强的根瘤菌菌株作为生产菌种,借助于工业发酵的设备和技术扩大培养而成的。其中的固体制剂多用草炭土、蛭石或其他代用品作载体吸附发酵液制成,液体制剂为发酵液直接罐装或加入其他助剂后罐装而成。根瘤菌制剂的应用原理是制剂通过拌种、土壤接种后在相应的豆科种子周围存活、繁殖,当豆科植物萌发长出幼根后,制剂中的相应根瘤菌通过根部,通过一系列生理过程和生物化学过程后侵入,在较短的时间即可在豆科植物根部形成根瘤,侵入的根瘤菌即在其内生存,依靠豆科植物提供的营养,可实现生物固氮。

一个根瘤的寿命大约是60天,在这60天中根瘤将源源不断地给豆科植物提供优质的氮素营养,豆科植物在生长过程中不断生成新的根瘤,老的根瘤衰老后破溃。一般来说,豆科植物的根瘤向其提供的氮素营养占其全生育期氮素总需求的1/2～2/3。不仅如此,老根瘤破溃后,它所含有的氮素回到土壤中,可以提供给下茬作物。因此,早在几千年前的农书《齐民要术》中，就记载了种豆可以肥田的事实，种植豆科植物时使用了相应的根瘤菌制剂，使其多结瘤、多固氮，不仅能够节约氮素化肥，而且能提高当季豆科植物的产量，同时又给下茬留了一定的氮素营养。

豆科植物与根瘤菌之间能形成特殊的固氮器官——根瘤，根瘤使得共生固氮效率大大提高。揭示结瘤信号传递与根瘤形成过程的分子机制一直都是科学家研究的热点。

我国学者首次揭示了豆科植物与根瘤菌在共生结瘤过程中是如何通过结瘤受体激酶和E3泛素连接酶来调控结瘤平衡、控制结瘤数目的分子机制（图21-1）。该研究首次利用数学方法建立了受体激酶和泛素连接酶之间"捕食者—被捕食者"负反馈调节的工作模型，揭示了豆科植物结瘤调控的新机制。

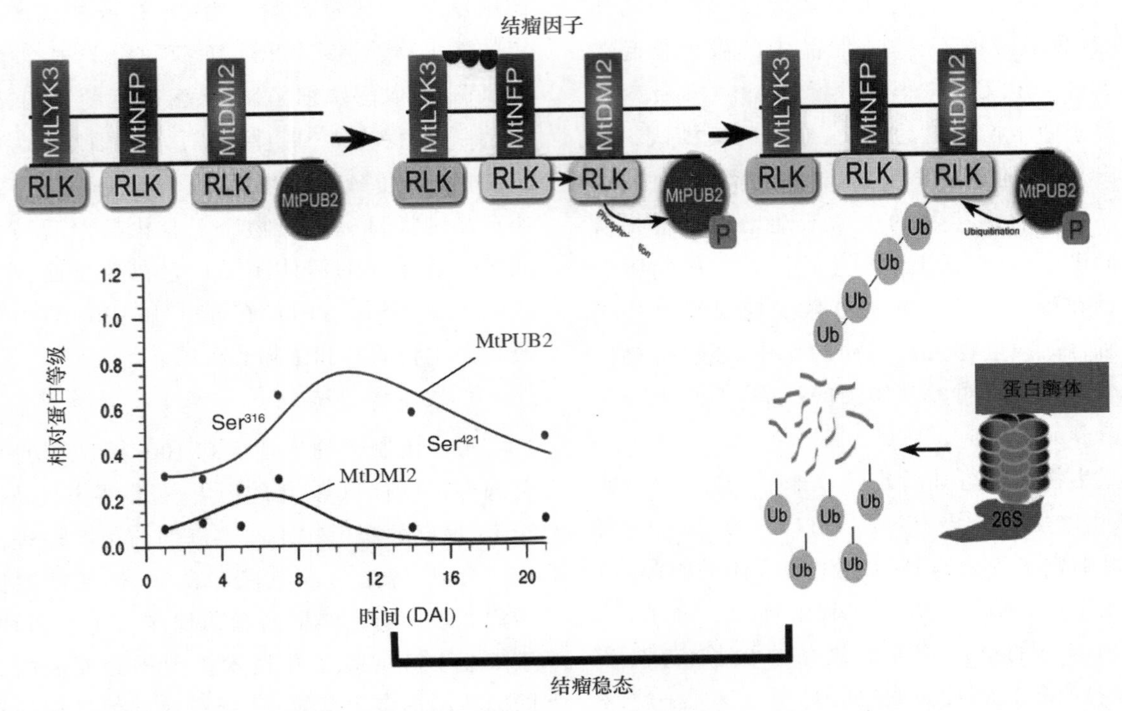

图21-1 "捕食者—被捕食者"负反馈调节的工作模型（引自：Liu et al.，2018）

Ser：丝氨酸

研究者建立了截形苜蓿酵母双杂交文库，并从中发现了一个能够调控结瘤受体激酶（MtDMI2）的E3泛素连接酶，命名为MtPUB2。MtDMI2能够磷酸化修饰MtPUB2；MtPUB2的第421位丝氨酸的磷酸化，可以介导MtDMI2通过多聚泛素化的方式发生降解。MtDMI2和MtPUB2的负反馈工作机制在调控截形苜蓿的根瘤数目中扮演重要的角色。经典数学模型"捕食者—被捕食者"可以很好地模拟MtDMI2和MtPUB2的蛋白质含量随时间的变化关系。

2. 固氮菌制剂

地球上能进行固氮活动的原核生物中，除了与豆科植物共生时可以固氮的根瘤菌类群以外，还有一大类在自由生活状态时可以固氮的微生物，其中一类为完全自生固氮微生物，即通常所说的自生固氮微生物；另一类为联合固氮微生物，它们与植物根部松散联合，在植物根系分泌物的影响和刺激下，大量聚集和繁殖，但不与植物形成任何共生组织。多年来，对此类微生物有不少研究，也有应用，形成了微生物肥料产品中的一类，即自生和联合固氮菌制剂。

固氮微生物的固氮过程，是在细胞内固氮酶的催化作用下进行的。不同固氮微生物的固氮酶，催化作用的情况基本相同。在固氮酶将 N_2 还原成 NH_3 的过程中，需要 e^- 和 H^+，还需要ATP提供能量。生物固氮的过程十分复杂。简单地说，在ATP

提供能量的情况下，e^- 和 H^+ 通过固氮酶传递给 N_2 和 C_2H_2（乙炔），使它们分别还原成 NH_3 和 C_2H_4（乙烯）（图 21-2）。

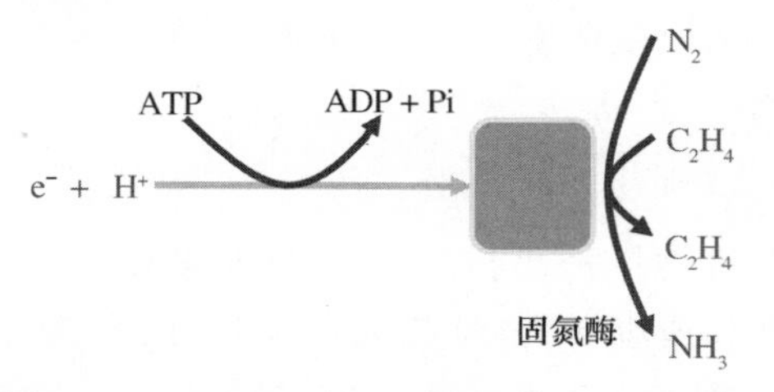

$$N_2 + 16Mg\text{-}ATP + 8e^- + 8H^+ \rightarrow 2NH_3 + H_2 + 16Mg\text{-}ADP + 16Pi$$

图 21-2　生物固氮示意图

自生固氮菌制剂可以使用的菌种十分广泛。可以自生固氮的微生物至少包括十几个科，200 多种以上。常用的有圆褐固氮菌（*Azotobacter chroococum*）、瓦恩兰德固氮菌（*Azotobacter vinelandii*）、拜叶林克氏菌属（*Beijerinkia*）中的几个种。可以使用的联合固氮菌种类也很多，如固氮螺菌属（*Azospirillum*）中的一些种，克雷伯杆菌属（*Klebsiella*）中的一些种等。自生和联合固氮微生物虽然都可以固氮，但它们固氮的效率与共生的根瘤菌相比要低许多。根瘤菌在与豆科植物共生时，它可以源源不断地得到豆科植物宿主提供的能量，同时它们在根瘤内固定的氮素又不断被植物运走，根瘤内始终处于一个氮含量相对很低的状态，不至于造成对固氮活动的阻遏。而自生或联合固氮微生物固定的氮素一旦能够满足自身的需求后，固氮活动就立即停止；而且它们在固氮时也易于受土壤环境中氮素含量的影响，如果土壤中氮素含量较高，则不进行自主固氮。研究发现，自生或联合固氮微生物固定氮素的量仅为根瘤菌固氮量的几十分之一，甚至更少。虽然如此，这类微生物在生长繁殖过程中可以产生较大量和多种次生代谢产物，如植物激素、维生素、有机酸等，一些自生固氮菌可以产生大量的胞外多糖，对土壤团粒结构的形成十分有利。因此，作为微生物肥料的一类产品，自生和联合固氮菌制剂更多的是综合作用，而不是它们的固氮功能。

3. 溶磷细菌制剂

1903 年由 Staltrom 首次发现并报道了溶磷微生物及其作用以来，虽然对溶磷微生物的种类认识、筛选、鉴定、机理，以及分子生物学等方面进行了不少的研究，但总体来说，对土壤和植物的磷素代谢和循环的认识仍然不足，实际应用的瓶颈还未突破，仍需加强基础和应用基础研究。

自然界的溶磷细菌种类非常多。已报道的溶磷细菌有：土壤杆菌属（*Agrobacterium* sp.）中的一些种、节杆菌属（*Arthrobacter* sp.）中的一些种、芽孢杆菌属和假单胞菌属中的许多种。不同种类的溶磷细菌的生长条件、作用方式、溶磷能力不同。溶磷细菌分解难溶磷化合物的机理，一方面微生物在生长过程中所产生的多种酸，尤其是各种有机酸（如乙酸、丁酸、柠檬酸等），它们可以溶解一些难溶磷化合物，使之转化为植物根部能吸收利用的磷形态；另一方面，微生物所产生的磷酸酶（如植酸酶），可以使难溶磷溶解（图 21-3）。

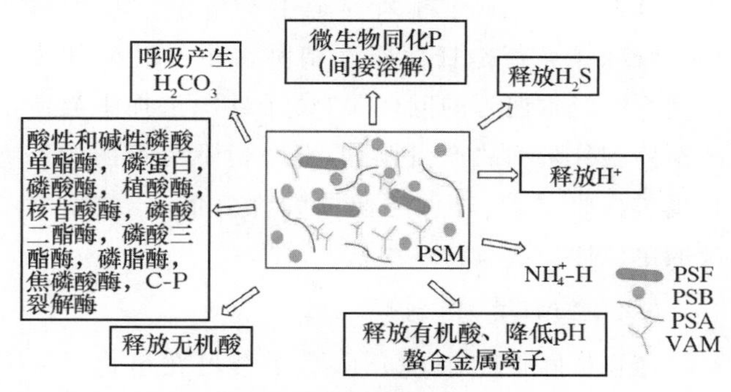

图 21-3　微生物的溶磷机理（引自：Zhu et al.，2018）

值得注意的是，溶磷细菌的种类多，在筛选和应用时，安全性是首要的考虑因素。有的细菌有溶磷功能，但其自身却是人类或动植物的病原菌，如铜绿假单胞菌曾被作为一种溶磷细菌生产“磷细菌肥”，由于该菌是可以引起人类伤口化脓并且是毒力较强的病原菌，因此在生产中早已被禁用。

4. 溶磷真菌制剂

土壤中的溶磷真菌种类也有很多，报道的溶磷真菌主要有酵母、曲霉和青霉等。许多研究表明，真菌溶磷的能力远远大于细菌。近年来的研究指出，仅青霉中即报道了十几种以上，其中以拜赖青霉（*Penicillium bilaii*）居多。溶磷真菌的生产与溶磷细菌的生产有较大的差异，溶磷细菌通过工业扩大培养的方式容易获得大量的菌体，但工业扩大培养（液体发酵）对溶磷真菌而言易得到大量的菌丝体，如果要使其完成生长过程还需要进一步经过由液体—固体的步骤，在此步骤中完成产孢，或者直接用固体发酵技术。目前有一些复合制剂中含有溶磷真菌，除了生产时注意满足真菌的生长条件，也要注意它的碳源、氮源的种类，最佳作用底物的确定，以及菌剂施入土壤后的生态条件对溶磷的影响。

5. 硅酸盐细菌制剂

硅酸盐细菌（silicate bacteria）是指能分解硅酸盐矿物的一类细菌，最早是于1911年分离获得的，1939年苏联学者将其命名为硅酸盐细菌。20世纪60年代我国学者引进该菌，在研究中发现该菌对改善作物的钾元素代谢和营养有作用，有人将其称为“钾细菌”。有研究指出，硅酸盐细菌有150多个种，但并非都有解钾作用，胶冻样类芽孢杆菌、土壤类芽孢杆菌、环状芽孢杆菌等是生产中最常见的菌种。胶冻样类芽孢杆菌作为菌种在生产硅酸盐细菌制剂时经常遇到的问题是，由于碳源选择不当造成菌体胞外多糖的产量剧增，显微镜下可见菌体外包裹了一厚层，有时可达菌体的许多倍，导致发酵液的单位体积活菌含量很低。

6. 促生细（真）菌制剂

植物根际促生细（真）菌是土壤里在植物根际中存活的有促生作用的细菌和真菌类群。早在20世纪30年代就发现了这些微生物，20世纪70年代以来的研究逐步增多，对资源的鉴定研究把具有促生作用的微生物由细菌扩展到真菌。细（真）菌促生机制可分为直接作用、间接作用两类，直接作用包括提高植物营养元素的生物可得性，合成激素促进植物生长等；间接作用包括抑制病原微生物生长，诱导植物产生系统抗性等方面。

7. 光合细菌制剂

光合细菌是一类能将光能转化成生物代谢活动能量的原核微生物，是地球上出现最早的光合生物，广泛分布于海洋、江河、湖泊、沼泽、池塘、活性污泥及水稻、小麦、水生植物根系和根际土壤中。人类对光合细菌的研究迄今已有180年的历史。光合细菌至少分为两大类群4个科19个属以上，农业上应用的多为红螺科中的一些属、种。光合细菌的作用是多方面的，如光合细菌中的蓝细菌是重要的固氮微生物之一，后来发现其他的光合细菌（如球形红假单胞菌、沼泽红假单胞菌、荚膜红假单胞菌等）均可固氮，它们所固定的氮素可以通过特定反应合成氨基酸，并由此转变为菌体蛋白。光合细菌制剂应用于农作物不仅可以改善植物营养，而且能明显刺激土壤微生物的增殖，从而进一步改善土壤的生物肥力。

8. 有机物料腐熟剂

有机物料是泛指农业生产过程和生活过程中的副产物或废弃物，例如农作物秸秆、畜禽粪便、生活污泥等。这些物料一方面是含有许多有用物质的资源，另一方面又是废弃物，其中含有有害物质，如不加以无害化处理就会变成污染物，对环境等造成很大的危害。从循环经济的角度和可持续发展的战略出发，通过生物转化技术将其减量化、无害化和资源利用，是最重要的一个方面，而利用有机物料腐熟剂就是一个很好的技术和手段。

有机物料腐熟剂是根据不同的物料，选择和组配具有分解、腐熟、转化功能的微生物加工而成的。其作用机理是在适宜的营养（尤其是适宜的C/N）、温度、湿度、通气量和pH等条件下，通过微生物的生长、繁殖提高温度并使有机物料分解，将碳、氮、磷、钾、硫等分解矿化或将有机物料由大分子变为小分子，或变成腐殖质的过程。在腐熟过程中，既使物质转化，又使物料升温和保湿，将物料中的有害生物（病原微生物、寄生虫卵等）杀死，由此实现了资源利用和无害化。有机物料腐熟是多种微生物共同参与的过程，虽然有许多研究对参与物料腐熟的微生物进行分离、鉴定，但是限于技术手段，还有许多目前还难以分离、培养、鉴定的微生物种群。

9. 土壤修复菌剂

土壤修复菌剂是面对不断增加的土壤污染问题而研制的产品。土壤的主要污染物是化学肥料和化学农药（包括除草剂、杀菌剂）、工业化学品污染、石油化工污染、生活污水等。可以进行生物修复的微生物主要是细菌和真菌，还有一些放线菌。生物修复的主要机理是矿化作用，即进入土壤的污染物是一些可降解的，为微生物生长、繁殖提供所需要的碳源、氮源，微生物分泌的许多酶可将其由大分子分解为小分子而加以利用，这就是常说的共代谢作用。另外则是氧化偶合反应，是指芳香族化合物通过酶类使其发生氧化反应，然后偶联在一起，这些酶包括氧化物酶、漆酶、络氨酸酶等。

10. 放线菌制剂

我国放线菌制剂的应用已有60多年的历史，细黄链霉菌是使用最多、最广泛的一个种。最早分离的目的是为了筛选抗棉花黄萎病、枯萎病的菌种，后来经鉴定其对棉花黄萎病、枯萎病的效力有限，但次生代谢产物丰富，不仅具有良好的促生作用，而且对许多病原菌有明显的抑制或减轻作用（表21-1），因此被用来生产"抗生菌肥"。此类产品在生产过程中经常遇到的问题是菌种的退化，由于盲目传代造成次生代谢产量下降、种类变少。另一个问题是适合的工艺路线和恰当的培养条件，缺一不可。

表 21-1　几种不同放线菌处理后猪粪中主要病原菌数量的变化　CFU/g

编号	处理	*Salmonella*	*Campylobacter*	*Listeria*	*E. coli* O157
1	对照	5.8×10^2	3.1×10^1	4.7×10^2	2.1×10^3
2	细黄链霉菌	0.03×10^2	ND*	0.14×10^2	1.7×10^3
3	抗生链霉菌	1.5×10^2	0.4×10^1	0.7×10^2	0.1×10^3
4	灰色链霉菌	4.7×10^2	1.8×10^1	3.6×10^2	1.4×10^3
5	抗生＋细黄	1.0×10^2	0.6×10^1	0.23×10^2	7.4×10^3
6	灰色＋细黄	2.8×10^2	1.1×10^1	2.5×10^2	0.3×10^3
7	抗生＋灰色＋细黄	5.0×10^2	2.3×10^1	4.0×10^2	0.9×10^3

* ND，no detected，未检测到菌落数

引自：黄灿等，2007。

从表21-1可以看出，放线菌处理后可以减少猪粪中的沙门氏菌、大肠埃希氏菌、空肠弯曲杆菌、李斯特氏菌的数量。在这些放线菌及其组合当中，单独添加细黄链霉菌在降低所测的4种病原菌数量方面都显示了最优的效能。

11. 厌氧菌制剂

厌氧菌制剂是筛选专性厌氧或兼性厌氧的微生物种群，通过厌氧的扩大培养，获得大量培养物。在应用中可用于组成有机物料腐熟剂，也可用于秸秆直接还田和生活污泥、畜禽粪便等的腐熟过程。由于生产过程的限制，此类产品的种类和产量发展并不快。值得注意的是，许多地方采用秸秆直接还田，如果腐熟不足，常可使一些作物的病害生物得以生存。有的国家生产的厌氧菌制剂在秸秆还田时与有机物料腐熟剂混合使用，加速秸秆入土后的腐熟，达到消灭病害、腐熟秸秆的双重功效，值得关注和研究。

12. 微生物种子包衣剂

种子包衣剂是推广使用多年的一项技术，包裹在种子外面的物质多为肥料、保水剂、农药等。使用后不仅促进种子萌发，获得全苗、壮苗，而且有针对病（虫）害的农药，能有效减轻一些植物病害，得到了农民的认可。微生物种子包衣剂，即筛选对作物病（虫）害有抑制、减轻作用，抗逆性能又好的微生物类群，工业扩大培养、浓缩后用黏胶物配成的保水剂、肥料包裹在种子周围，使得种子萌发后，即在幼根周围定殖大量的微生物，达到刺激作物生长和占位性抑制病原微生物的作用，减少化学农药的使用量。有的还选用对重茬作物病害有明显抑制的微生物种群，达到重茬时病害减轻、产量不受影响的作用。

13. 复合微生物制剂

复合微生物制剂是指有效微生物含有2种（甚至包括1个种的2个以上菌株）或2种以上，通常认为群体微生物的作用要比单一微生物作用大，就豆科植物的根瘤菌制剂而言，许多产品常由2个以上的菌株制成，这样可以适应豆科植物的不同基因型品种。一些企业推出的"第二代"根瘤菌接种剂则是根瘤菌菌株与促生菌株的复合，以达到促进结瘤和宿主植物生长的作用，这些促生菌株被称为"促结瘤菌株"，是通过大量研究筛选出来的，并非随意组合。

复合微生物制剂产品中可组合的微生物种类很多。一些组合是合理的、可行的，例如组合中的微生物至少是互不抑制的，有的还有协同作用，使

用后则有增效作用；而有的组合则是不合理的，微生物之间相互拮抗，甚至相互抑制，这种组合是不可取的。复合微生物制剂的生产要选好的生产菌种，确定恰当的生产工艺。多菌株的产品主要是分菌株生产，然后混合，也有企业采用混合接种、混合发酵的方式。需要注意的是这些混合菌种的微生物对于碳源、氮源、通气、pH 等发酵条件是否一致或互补，要进行认真的研究。

14. 复合微生物肥料

复合微生物肥料是指特定微生物与营养物质复合而成，能提供、保持或改善植物营养，提高农作物产量或改善农产品品质的活体微生物制品。复合微生物肥料是在 20 世纪 90 年代出现的肥料新品种，它是在"两高一优"农业发展的新形势下的产物，它的研制是为了弥补单一的微生物肥料施用初期不能为作物提供速效养分，以及大量施用化肥带来的弊端，把微生物肥料和无机、有机肥料的优点结合起来，以达到减少污染，保护环境，降低生产成本，保持土壤持续、稳定的供肥能力，达到良性生态循环的目的。其在绿色食品生产，尤其是降低蔬菜硝酸盐含量方面发挥重要作用。一些产品在生产应用中取得了较好的效果，受到了农民的欢迎，显示了良好的应用前景。

15. 生物有机肥

生物有机肥是指特定功能微生物与主要以动植物残体（畜禽粪便、农作物秸秆等）为来源并经无害化处理、腐熟的有机物料复合而成的一类兼具微生物肥料和有机肥效应的肥料。是将生物肥和有机肥的优点集于一身，区别于仅利用自然发酵（腐熟）所制成的有机肥。生物有机肥在增产、提高产品品质、减少化肥使用量和降低生产成本等方面发挥了重要作用，符合我国农业可持续发展和绿色食品、有机食品生产的方向，表现出广阔的应用前景。

第二节　微生物肥料作用与生物肥力

一、作用机理

由于微生物的种类繁多、功能多样，由这些微生物生产而来的产品，即微生物肥料表现出多样化的功能。目前将微生物肥料作用机理归纳为 6 个方面，分别为提供植物氮素营养、活化或溶解养分功能、促进有机物料腐熟功能、提高作物品质功能、提高作物抗逆性功能、改良和修复土壤功能。

1. 提供植物氮素营养

从传统肥料概念角度来说，为作物提供养分是肥料的主要功能。依据微生物肥料的特点，以生物固氮为作物直接提供氮素营养是这类微生物的典型代表。按照微生物的生活习性和固氮条件的特殊性，可分为共生固氮、自生固氮和联合固氮。固氮微生物广泛地分布在原核生物和古核生物中，既有异养型，又有自养型；既有需氧型，也有厌氧型，还有兼性型，能够进行生物固氮的微生物及其对应的固氮体系归纳见表 21-2。

（1）根瘤菌的共生固氮　要发挥共生固氮作用，其关键是选育优良的根瘤菌生产菌株。一般而言，优良的根瘤菌菌株应具备如下特性：与相应的宿主植物有强的亲和力，能尽快形成根瘤，且有较强的固氮活性；在田间具备较强的竞争结瘤能力；遗传稳定性好，不易发生变异；在液体培养基内具有较快的增殖能力，有较好的生产能力；在载体基质和土壤中具有较强的存活能力，有较强的环境适应性和增产能力。

温室盆栽试验考察的是根瘤菌与作物品种的匹配性（或称之为亲和性）及根瘤菌的固氮能力。共生匹配表现在根瘤菌诱导与其相匹配的豆科植株结瘤的能力，并形成大量有效瘤，包括根瘤的现瘤时间、占根瘤数、根瘤鲜（干）重和占瘤率等。占瘤率表征的是根瘤菌的竞争结瘤能力，接种菌株的占瘤率高，表明其竞争能力强，应用效果就好。

（2）自生和联合的固氮作用　自生和联合固氮微生物单就固氮而言，比起共生固氮的根瘤菌，其固氮量要少得多，而且施用时受到的限制条件更多，比如更易受到环境条件中氮含量的影响。但在实践中发现，它们对作物的作用除了固氮外，更重要的是它们能够产生多种植物激素类物质。选育一些抗氨、泌氨能力强和产生植物生长调节物质数量大以及耐受不良环境强的菌株是此类制剂的研究方向。

表 21-2 固氮微生物的三大类群

生物固氮体系 Biological nitrogen fixation system		固氮微生物类型 Types of nitrogen-fixing microorganisms	
自生固氮微生物 Free living nitrogen fixation microorganisms	光合自养型 Phototrophs	鱼腥藻 *Anabaena*，绿硫细菌 Green sulphur bacteria	
	化能自养型 Chemolithotrophs	氧化严铁钩端螺旋藻（氧化亚铁硫杆菌） *Leptospirillum ferrooxidans*	
	异养型 Heterotrophs	需氧型 Aerobic 兼性厌氧型 Facultatively anaerobic 厌氧型 Anaerobic	固氮菌 *Azotobacter* 克雷伯氏菌 *Klebsiella* 某些芽孢杆菌 *Bacillus* spp. 梭菌 *Clostridium*，产甲烷菌 *Methanogens*
共生固氮微生物 Symbiotic nitrogen fixation microorganisms		根瘤菌—豆科植物 Rhizobium-legume symbiosis 根瘤菌—糙叶山黄麻 Rhizobium-Parasponia symbiosis 弗兰克氏放线菌—非豆科植物 Frankia-dicotyledon (non-legume) symbiosis 固氮蓝藻 Diazetrophic cyanobacteria-plant symbiosis	
联合固氮微生物 Associative nitrogen fixation microorganisms		固氮螺菌 *Azospirillum* 雀稗固氮菌 Azolobacter 某些假单胞菌 *Pseudomonas* spp.	

生产中使用的自生和联合固氮菌应该选生长速度快、抗逆性强，产生次生代谢产物种类多、量大的菌株作为生产菌种，而不应该有太多的随意性，更不能以产品中包含了固氮菌就认为似乎为作物解决了氮素营养。产品中不仅要有含量较高的有效活菌，而且至少要保证在有效期内有效活菌含量不低于标准。使用时要充分注意到菌株的适应性、适应地域、相应的施用技术和合适的用量。

生物固氮在农业生产中具有十分重要的作用。氮素是农作物从土壤中吸收的一种大量元素，土壤每年因此要失去大量的氮素。如果土壤每年得不到足够的氮素以弥补损失，土壤的含氮量就会下降。土壤可以通过两条途径获得氮素：一条是含氮肥料（包括氮素化肥和各种农家肥料）的施用；另一条是生物固氮。图 21-4 是自然界中的氮素循环示意图。从图中可以看出，自然界的生物固氮占了约 90%，工业固氮（氮素化肥）约占 10%。

大气中的氮，必须通过以生物固氮为主的固氮作用，才能被植物吸收利用。动物直接或间接地以植物为食物。动物体内的一部分蛋白质在分解过程中产生的尿素等含氮物质，以及动植物遗体中的含氮物质，被土壤中的微生物分解后形成氨，氨经过土壤中的硝化细菌的作用，最终转化成硝酸盐，硝酸盐可以被植物吸收利用。在氧气不足的情况下，土壤中的另一些细菌可以将硝酸盐转化成亚硝酸盐并最终转化成氮气，氮气则返回到大气中。除了生物固氮以外，生产氮素化肥的工厂以及闪电等也可以固氮，但是，同生物固氮相比，它们所固定的氮素数量很少。可见，生物固氮在自然界氮循环中具有十分重要的作用。

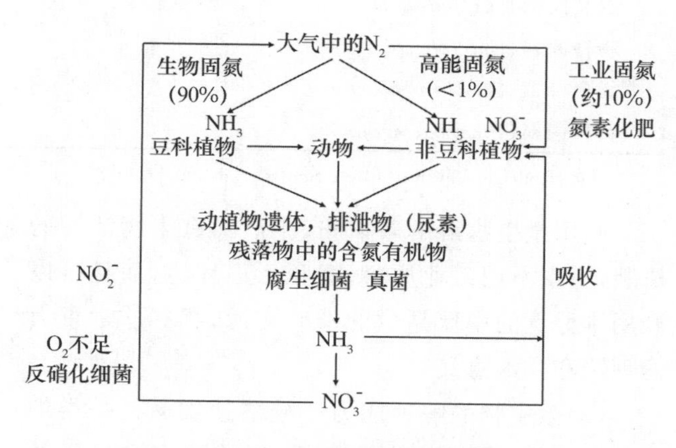

图 21-4 自然界氮素循环图

2. 活化或溶解养分

许多微生物通过对营养物质形态的活化，增加养分的有效性，使作物能吸收更多的养分，提高肥料的利用率，典型的如微生物的溶磷作用、解钾能力、钙镁硫元素等中量元素的溶解能力。

(1)微生物的溶磷功能　早在300多年前人类就认识到微生物能够分解岩石中的矿物,并利用这些微生物从岩石中回收铜、金、镍、锌等金属。磷矿石也能够被微生物分解,这些微生物常被称为溶磷菌,包括细菌、真菌和放线菌,广泛分布在作物种子表面、土壤和根际等环境中。目前认为,具有溶磷功能的微生物在生长繁殖和代谢过程中,能够产生一些有机酸如乳酸、柠檬酸,或是一些酶类如植酸酶类物质,使土壤中的难溶性磷素如磷酸铁、磷酸铝以及有机磷酸盐矿化,形成作物能够吸收利用的可溶性磷,供作物吸收利用。土壤中95%以上的磷是无效磷,主要以无机磷化合物和有机磷化合物两种形态存在,大约各占50%。依据微生物分解利用不同磷素来源,将分解利用卵磷脂类的微生物称为有机磷溶解菌;分解磷酸三钙的微生物称为无机磷溶解菌。实践中两者往往有交叉。巨大芽孢杆菌(*Bacillus megaterium*)是较早被人们认为具有溶磷作用的微生物,并一度在生产上得到广泛应用。随后证明许多的微生物也具有溶磷功能,如假单胞菌属、芽孢杆菌属和类芽孢杆菌属的一些种,氧化硫硫杆菌(*Thiobacillus thiooxidans*)。近几年发现青霉菌、黑曲霉等真菌具有相当强的溶磷作用,已引起人们的关注,常见的溶磷微生物见表21-3。

表21-3　常见溶磷微生物一览表

解磷细菌(PSB)	解磷真菌(PSF)	解磷放线菌(PSA)
芽孢杆菌属(*Bacillus*)	曲霉菌(*Aspergillus*)	链霉菌(*Streptomyces*)
假单胞菌属(*Pseudomonas*)	青霉菌(*Penicillium*)	诺卡氏菌(*Nocardia*)
根瘤菌属(*Rhizobium*)	镰刀菌(*Fusarium*)	
伯克氏菌属(*Burkholderia*)	小菌核菌(*Sclerotium*)	
土壤杆菌属(*Agrobacterium*)	根霉(*Rizopus*)	
微球菌属(*Micrococcus*)	AM真菌	
产碱杆菌属(*Alcaligenes*)		
欧文氏菌属(*Erwinia*)		
沙雷氏菌属(*Serratia*)		
拉恩氏菌属(*Rahnella*)		
欧文氏菌属(*Erwinia*)		
肠杆菌属(*Enterobacter*)		
无色杆菌属(*Achromobacter*)		
黄杆菌属(*Flavobacterium*)		

引自:Rodríguez et al.,1999; Smith et al.,2011。

利用微生物溶解磷矿粉,生产具有生物活性的磷肥,不仅不用工业原料,避免污染环境,而且可以利用难分选的中低品位的磷矿资源,具有非常重大的理论和实践意义。

(2)微生物的解钾能力　硅酸盐细菌是一类细菌的统称,并非细菌分类单元,当前研究和使用的种主要是胶冻样类芽孢杆菌和土壤类芽孢杆菌。这类微生物通过分解硅铝酸盐类矿物,释放出钾离子,即将钾从固定态转化为可溶性钾和替换性钾为作物所利用。多数的硅酸盐细菌从钾矿石中释放的速效钾的相对量在20%以上。尽管此类微生物释放钾的量占总钾量较少,却由于增加了速效钾的相对数量,为作物提供一定量的速效钾。对硅酸盐细菌的研究和应用表明,它能够产生某些活性物质(如有机酸、游离氨基酸、糖类物质等)和激素类物质以促进作物生长,并在根际形成优势种群抑制一些病原菌的生长,是取得其应用效果的重要原因。

我国学者模拟自然界客观存在的干燥、湿润和淹水条件,研究硅酸盐细菌NBT菌株和NFT-2菌株对含钾矿物的分解作用影响(表21-4)。

表 21-4 不同条件对硅酸盐细菌释钾作用的影响

培养时间/d	接菌比对照增加的钾含量/%							
	NBT+F		NBT+S		NFT-2+F		NFT-2+S	
	湿润	淹水	湿润	淹水	湿润	淹水	湿润	淹水
0	0	0	0	0	0	0	0	0
10	80	82	93	95	83	81	90	91
20	171	154	170	183	144	108	163	161
30	196	199	202	205	166	152	185	189
40	212	221	225	232	195	187	208	214

F 为钾长石；S 为页岩。

引自：盛下放，冯阳，2005。

结果表明，在干燥条件下，硅酸盐细菌不能分解供试矿物释放出其中的 K，而在湿润或淹水条件下，硅酸盐细菌能显著加快供试矿物的分解而释放出 K，其中硅酸盐细菌 NBT 菌株分解矿物释放 K 的效果好于 NFT-2 菌株。硅酸盐细菌在环境条件适宜的情况下，对土壤中含钾岩石矿物的溶解起着重要的作用。

(3)微生物溶解中量和微量元素的能力　中量元素是植株生长所需重要元素，许多微生物菌株对难溶性的中量元素(钙、镁、硫)和微量元素(铁、锌、锰等)具有溶解能力，即将不溶态和难溶态的中微量元素转化为可溶态。这是以后微生物肥料新菌种和新品种研发应用的一个重要的方向。

3.促进有机物料的腐熟

将秸秆、畜禽粪便等有机物料的矿质化和腐殖质化是微生物的重要功能之一。有机物料经过微生物的腐解，转化形成大量优质的有机肥料，增加土壤有机质和土壤肥力。纤维素酶、木聚糖酶和蛋白酶在微生物腐解秸秆和畜禽粪便过程中发挥着重要作用。由于秸秆中含有大量难以降解的纤维素，而纤维素酶可以分解纤维素，因此生产菌株产纤维素酶的能力与秸秆腐解速度和腐熟质量密切相关。木聚糖酶对降解自然界大量存在的半纤维素起着重要作用，它们不但可以降解木聚糖生成木糖，而且能以农作物残渣中的半纤维素为原料生产经济价值较高的产品。蛋白酶在畜禽粪便腐熟的中高温阶段，将含氮化合物(主要是蛋白质)分解，可以减少高温条件下氮素的损失，对畜禽粪便腐熟和肥效起着重要作用。因此将产纤维素酶、木聚糖酶和蛋白酶能力作为菌株腐解能力的评价指标。

促进秸秆腐解的秸秆腐熟菌剂，近年来得到国家的重视。自 2006 年国家开始推动实施土壤有机质提升试点补贴项目，其重点内容是通过秸秆腐熟菌剂的应用，实现农作物秸秆就地还田，以提升土壤的有机质含量、肥沃耕地和提高土壤生产力。由于国家土壤有机质提升项目中广泛实施的秸秆就地还田模式与传统的堆置方式间存在很大的差别，微生物分解秸秆的温度、湿度、通气量和 pH 等各种条件均发生了变化，秸秆平铺还田模式中也没有一个明显的高温过程，因此，对用于秸秆就地还田模式的腐熟菌剂，就需要制订专门的效果评价参数及其指标。

4.提高作物品质

提高作物品质是微生物肥料的重要功效之一。品质效果评价比较复杂，并因作物种类而异。作物品质的评价参数与指标包括外观指标和内在品质指标。常用的外观指标有外形、色泽、口感、香气、单果重、千粒重、大小、耐储运性能等。在评价作物的内在品质指标中，粮食作物进行淀粉及蛋白质含量的测定，叶菜类作物测定硝酸盐含量和维生素含量，根(茎)类作物测定淀粉、蛋白质、氨基酸和维生素等含量，瓜果类作物主要以糖分、维生素、氨基酸等为主。

5.提高作物抗逆性

具有提高作物抗逆性功能的微生物主要表现在抑制病虫害发生(病情指数降低)、抗倒伏、抗旱、抗寒及克服连作障碍等方面。评价产品中使用的菌株的抗逆能力，需将接种菌株与基质处理相比，观察某一抗逆性指标是否比对照高，且检验达到显著水平。

6.改良和修复土壤

应用微生物肥料进行土壤改良和修复，在实践中证明是一个有效的技术手段，应用前景十分广阔。土壤修复菌剂是通过微生物的代谢活动，直接或间接地将土壤环境中有毒有害物质的浓度减少，或毒性降低，或完全无害化。评价微生物肥料产品是否具有改良土壤功能，是在同一地块经过两季以上的施用，将接种菌株与基质处理相比，是否能够改善土壤容重、团粒结构、养分供给，以及土壤中的微生物种群结构与数量等，且检验达到显著水平。

二、微生物肥料与生物肥力

关于微生物肥料的理论基础问题，一直在研究和探索之中。这主要是因为土壤环境中各种养分的转化与物质循环是在微生物主导作用下的复杂过程的结果。2003 年澳大利亚学者 L. K. Abbott 等提出“土壤生物肥力(soil biological fertility)”概念和相关的评价体系，丰富了微生物肥料的理论内涵。近几年中国学者提出“养分生物有效性”和“根际(层)养分调控技术”也肯定了微生物在其中的不可或缺的作用。尽管国内外学者提出的名称不同，但在内涵上却大体相同。

土壤生物肥力是指生活在土壤中的微生物、动物、植物根系等有机体为植物生长发育所需的营养和理化条件提供的贡献。同时，生物过程对土壤的物理、化学特性起到良好的促进和维持作用。它与土壤物理肥力、土壤化学肥力共同构成土壤肥力 3 个不可或缺的组分。有关土壤生物肥力、土壤化学肥力和土壤物理肥力定义比较列于表 21-5。

表 21-5 土壤肥力及其 3 个组分的定义

土壤肥力及其组分	定 义
土壤肥力	土壤为植物生长发育提供所需的物理、化学、生物需求的能力。同时也包括土壤持续、安全方面的能力
土壤生物肥力	生活在土壤中的微生物、动物、植物根系等有机体对植物生长发育所需营养的贡献。同时，生物过程对土壤的物理、化学特性起到良好的促进和维持作用
土壤化学肥力	土壤为植物生长发育提供所需的化学养分、条件的能力。同时它应对土壤物理和生物过程，以及养分循环具有促进作用
土壤物理肥力	土壤为植物生长发育提供所需的物理条件的能力。同时它具有维持土壤结构不被破坏、不被侵蚀和流失的能力，并对土壤生物和化学过程起到促进作用

注：表中所给定义为总体的、概念性的，因为它们不能用精确数量或特定单位来表达。对于一个特定地域来说，其土壤肥力及其组分的量化指标取决于土壤的内在特性。

虽然目前对于土壤生物肥力尚无一个简明、定量的描述，但土壤生物肥力已在农业生产中得到了广泛应用。与物理肥力、化学肥力相比，土壤生物肥力显著特征是：①生物种群的多样性，表现在土壤生物肥力形成和作用过程是由多种生物参与的综合结果；②动态性，即其测定值随着时间而变化，目前测定生物过程对植物生长的作用经常是间接的，因此准确测定它对作物产量的贡献还存在技术上的困难。

微生物是生物肥力的核心，是共同构成土壤肥力不可或缺的核心组分。土壤生物过程在分析评价各种土壤类型和环境中非常重要，不可缺少，而且过程是多种生物参与的综合结果。人工接种微生物，即施用微生物肥料，是维持和提高土壤肥力的有效手段，在我国现有栽培与管理，尤其是在不合理或过多施用化肥、复种指数高、不合理使用农药等条件下必不可少。

根际微生物被看作植物的第二基因组，对植物的生长和健康发挥着重要的作用，根际促生菌(plant growth promoting rhizobacteria, PGPR)由于具有根系促生、土传病原菌拮抗和根际定殖能力强等特性，是微生物肥料的主要生产菌种，微生物肥料可通过影响根系竞争作用发挥作用。例如，PGPR 菌株通过基因水平转移获得独特基因岛合成新型结构抗菌物质用以对抗同种微生物(种内竞争),并同时获得对该活性物质的自我免疫基因,保护自身免受伤误伤,深入揭示了PGPR菌株在根际维持超级竞争优势的新机制。

第三节 微生物肥料产品使用

微生物肥料的使用与其他肥料制品一样,应用效果的获得同样受几个环节的制约,除了生产前的菌种选育、鉴定、最佳生产工艺路线的确定以外,生产出合格的产品、储运以及最后到农民手中的合理正确使用是3个重要的环节。

1. 储存与运输

微生物肥料的储存和运输也是不可忽视的环节,因为微生物肥料是一类含特定微生物的活菌制品,对储运有一些特殊要求,生产者和使用者应该明确。虽然好多种类的微生物肥料产品使用了芽孢杆菌,对不良环境有很好的抗逆性,但依然要注意储运条件的要求,如不能反复冻融,避免高温或阳光直晒,一定要在产品保质期内使用等。

2. 使用方法

微生物肥料的使用方法依产品种类和剂型而定,一般来说菌剂类可以与种子拌施,可以用在苗床上,也可以沟施;液体剂型的产品可以拌种,土壤喷雾于种子周围,喷施作物叶面。过去认为微生物肥料既然是活菌制品,喷在叶面上岂不是被阳光中的紫外线杀死?后来的研究证明,活菌制品在喷施过程中可以诱导作物产生抗性,使其对抗某些病害或提高作物的抗逆性,常常起到良好的作用。什么样的活菌制品能够诱导植物抗性也是要研究的,并非所有的活菌制品均能适于喷施。液体剂型产品也可采用冲施法。菌肥类产品多用作基肥,复合微生物肥料也可作为追肥使用。微生物肥料的用法和用量要参照相应的产品说明。

微生物肥料也有适用地区和适用作物的问题,这是保证微生物肥料有效作用的重要方面。许多研究指出,微生物肥料施用在土壤有机质比较丰富的地方效果很好。另外,我国土壤类型多,种植模式和土壤的肥力状况差异大,很难做到某一产品在全国各地均进行过试验与示范。产品中的生产菌种毕竟是从某一生态环境分离得到或是按某种针对性筛选出来的,虽然有不少产品的菌种是适应性广泛的广谱性菌种,但许多的菌种则不具备此特性。因此,一方面选择好的微生物肥料适用地区、适用作物;另一方面应在示范、推广之前先进行必要的小区试验更为妥当。

3. 存在问题

由于多种原因,微生物肥料使用中存在许多问题,既有认识上的问题,也有使用技术、科普宣传、售后服务等方面的问题。对微生物肥料的特性,在农业可持续发展中的地位和作用要统一到实事求是与科学的基础上来。既反对无限夸大,将其作用吹到天上,也反对一棍子打死,全盘否定。此外,微生物肥料与化肥、有机肥料相比有许多不同的特点,在使用上也有各自的要求,要因地、因作物制宜,要根据当地的施肥习惯总结出一套科学合理的施肥措施。微生物肥料在使用时还要特别注意配伍禁忌问题。有的产品不宜与化肥混施,杀菌剂尤其不宜与各种微生物肥料混用,以免杀死其中的有效菌,使得应用效果大幅度降低。

第二十一章扩展阅读

复习思考题

1. 微生物肥料的概念、内涵及外延是什么?
2. 微生物肥料的作用分为哪几个方面?
3. 简述土壤肥力的定义和分类。

参考文献

葛诚. 2000. 微生物肥料生产应用基础. 北京:中国农业科技出版社.

葛诚. 2007. 微生物肥料生产及其产业化. 北京:化学工业出版社.

李俊,沈德龙,林先贵. 2011. 农业微生物研究与产业化进展. 北京:科学出版社.

盛下放,冯阳. 2005. 不同条件下硅酸盐细菌对含钾矿物分解作用的研究. 土壤. 37(5):572-574.

Liu J. X., Deng J., Zhu F. G., et al. 2018. The MtD-

MI2-MtPUB2 negative feedback loop plays a role in nodulation homeostasis. Plant Physiol. 176, 3003-3026.

Rodríguez H., Fraga R. 1999. Phosphate solubilizing bacteria and their role in plant growth promotion. Biotechnol. Adv. 17, 319-339.

Smith S. E., Smith F. A. 2011. Roles of arbuscular mycorrhizas in plant nutrition and growth: new paradigms from cellular to ecosystem scales. Ann. Rev. Plant Biol. 62, 227-250.

Smith S. E., Jakobsen I., Gronlund M. et al. 2011. Roles of arbuscular mycorrhizas in plant phosphorus nutrition: Interactions between pathways of phosphorus uptake in arbuscular mycorrhizal roots have important implications for understanding and manipulating plant phosphorus acquisition. Plant Physiol. 156, 1050-1057.

Zhu J., Li M., Whelan M. 2018. Phosphorus activators contribute to legacy phosphorus availability in agricultural soils: A review. Sci. Total Environ. 612, 522-537.

Wang D., Xu Z., Zhang G., et al. 2019. A genomic island in a plant beneficial rhizobacterium encodes novel antimicrobial fatty acids and a self-protection shield to enhance its competition. Environ. Microbiol. 21, 3455-3471.

扩展阅读文献

白蕴芳,陈安存. 2010. 中国农业可持续发展的现实路径. 中国人口资源与环境. 20(4), 117-122.

陈焕英,崔和瑞. 2005. 发展循环经济促进农业可持续发展. 中国农学通报. 21(7), 409-411.

葛诚. 2000. 微生物肥料生产应用基础. 北京: 中国农业科技出版社.

葛诚. 2007. 微生物肥料生产及其产业化. 北京: 化学工业出版社.

宁国赞,刘惠琴,马晓彤. 1995. 中国豆科牧草根瘤菌大面积应用13年回顾. 中国草地. 4, 56-59.

HAPTER 22

第二十二章 复合肥料配方设计

教学要求：

1. 掌握肥料配方的概念。
2. 了解农艺配方设计原则。
3. 掌握区域配肥原理与方法。
4. 了解复合肥料配料计算方法。

扩展阅读：

不同种类肥料的生产标准；生产配方肥料的主要设备；复合肥料配料的基准化计算法

肥料配方(fertilizer formula)是指化学肥料中氮、磷、钾含量的比例以及中、微量营养元素的加入量。在当前世界肥料市场供大于求和我国农田单位面积施肥量高于全球2倍的背景下，制定合理的肥料配方并指导农户施肥，是提高肥料利用效率，实现提质增效的重要途径。

一个完整的肥料配方，至少应该包括以下内容：①提供适合目标作物的养分形态、比例、含量和特殊养分要求，如配入中、微量元素，是否允许含有氯离子等；②充分考虑使用地区的有机肥施用水平、土壤养分丰缺状况与平衡施肥的要求；③提供和选用的基础肥料应具有工艺加工和成形的合理性，产品具有较好的物理性，并尽可能地控制混配过程中产生的不利物理-化学反应；④选用的配方与同时推荐的施肥技术(施肥量、施肥期和施肥深度)相匹配。本章主要介绍复合肥料配方的设计，其原理也适用于如水溶性肥料、缓控释型肥料的设计。

第一节 复合肥料农艺配方设计

一、农艺配方设计原则

(一)依据作物营养特性

在作物生长发育期间,必须及时供应各种营养元素,但不同作物因遗传特性不同,对养分吸收的差别很大。作物类型很多,大体可以分为粮食作物、经济作物、绿肥及饲料作物、蔬菜类、果树等作物类型。作物生物学特性不同,对养分的需要数量不同(表 22-1)。与大田粮食作物相比,蔬菜类作物具有根系较弱,生长快,生长期短,产量较高的特点,所以需要较多的养分,应施用速效与缓效兼备的肥料。果树一般为多年生木本植物,具有生长周期长、个体大、根系发达、吸肥力强,以及储藏营养等特点,往往会使土壤中某些营养元素过度消耗,应重施基肥,肥料最好为专用配方肥或含有微量元素的有机-无机复混肥。

表 22-1 作物单位产量吸收氮、磷、钾的平均数量

作物		收获物	100 kg 收获物吸收养分量/kg		
			氮(N)	磷(P_2O_5)	钾(K_2O)
大田作物	水稻	稻谷	2.40	1.25	3.13
	冬小麦	籽粒	3.00	1.25	2.50
	春小麦	籽粒	3.00	1.00	2.50
	玉米	籽粒	2.51	0.86	2.14
	高粱	籽粒	2.60	1.30	3.00
	马铃薯	块茎	0.50	0.20	1.06
	大豆	籽粒	7.20	1.80	4.00
	花生	荚果	6.80	1.30	3.80
	棉花	籽棉	5.00	1.80	4.00
	油菜	菜籽	5.80	2.50	4.30
	烟草	鲜叶	4.10	0.70	1.10
	甜菜	块根	0.40	0.15	0.50
	甘蔗	茎	0.19	0.07	0.30
	黄麻	干纤维	3.25	1.50	8.00
	橡胶	干纤维	2.40	1.20	2.60
	油棕	新鲜果穗	0.76	0.24	1.20

续表 22-1

作物		收获物	100 kg 收获物吸收养分量/kg		
			氮(N)	磷(P_2O_5)	钾(K_2O)
蔬菜	黄瓜	果实	0.40	0.35	0.55
	茄子	果实	0.30	0.10	0.40
	萝卜	块根	0.60	0.31	0.50
	芹菜	全株	0.16	0.08	0.42
	菠菜	全株	0.36	0.18	0.52
	胡萝卜	块根	0.31	0.10	0.50
	大白菜	全株	0.19	0.09	0.34
	豇豆	果实	0.41	0.25	0.88
	菜豆	果实	0.34	0.22	0.59
	韭菜	全株	0.37	0.09	0.31
	大蒜	果实	0.51	0.13	0.18
	大葱	全株	0.18	0.06	0.11
	莲藕	根茎	0.60	0.22	0.46
	西葫芦	果实	0.55	0.22	0.41
	番茄	果实	0.28	0.13	0.38
	甘蓝	全株	0.53	0.12	0.69
果树	柑橘	果实	0.60	0.11	0.40
	梨	果实	0.47	0.23	0.48
	葡萄(玫瑰露)	果实	0.60	0.70	0.72
	苹果(国光)	果实	0.30	0.08	0.32
	桃	果实	0.48	0.20	0.26
	香蕉	果实	0.63	0.15	2.50
	菠萝	果实	0.37	0.11	0.70
饮料作物	可可	干豆	4.0	1.5	9.0
	咖啡	净豆	8.0	2.0	8.67
	茶	加工茶	6.40	2.0	3.60

引自:张宝林,2003。

除作物营养的共性外,有些作物还有特殊的营养需求。如甘薯、马铃薯、甘蔗,麻类、西瓜、香蕉、烟草等需要充足的钾供应;油菜、棉花、甜菜需硼较多;大蒜、大葱、洋葱、白菜需硫较多;花生、西葫芦、番茄、青椒等蔬菜及苹果需要钙较多;水稻、小麦等需硅较多;豆科作物能利用自身根瘤中的根瘤菌从空气中吸收氮,满足自身所需总氮量的 1/3 左右,可少施或不施氮肥,但对磷、钾的需求量则比其他的作物多，同时需钼较多。

同种作物因品种或品系不同，营养吸收存在差异。施用相同种类的肥料增产效果也不尽相同。例如，杂交稻对土壤钾的吸收量比常规水稻约高一倍。同一作物由于生产目的不同，施肥方法也有所不同。作为粮食用的小麦，为了提高蛋白质含量，一般在籽粒灌浆前后酌情追施氮肥。酿造啤酒的大麦不宜在灌浆前后追施氮肥，因为大麦蛋白质含量过高不利于酿酒。

蔬菜作物一般喜硝态氮。例如，菠菜在完全硝态氮供应时产量最高，随铵态氮比率的提高，产量下降。蔬菜栽培中，铵态氮量不宜超过 20%～25%。也有研究表明，以硝态氮为主要氮源会引起作物根际 pH 偏高，硝酸盐含量增加会降低蔬菜品质。鲜茎类蔬菜如大蒜、大葱、洋葱、生姜等对硫的需要量大，可选用含硫较多的肥料作为原料，如过磷酸钙、硫酸铵等；大白菜、番茄等易出现干烧心、脐腐病等缺钙症状，花生也需要较多的钙，宜选用含有效钙较高的过磷酸钙、硝酸钙和适量的钙镁磷肥等作为原料。

一般被公认的氯敏感作物，如烟草、葡萄、茶叶、马铃薯等以及西瓜、甜瓜等，不宜选用含氯化肥作为原料，如氯化钾、氯化铵等；而水稻、椰子、香蕉、油棕、猕猴桃等施用含氯肥料往往比施用含硫肥料增产效果更好。

（二）依据土壤因素

作物吸收的养分来自土壤储备的养分和施肥投入的养分。我国土壤养分的总体特征是氮素较为缺乏，磷素含量较低，但是最近几十年施用磷肥，各地区土壤有效磷含量均有不同程度增加。南方土壤速效钾含量较低，而北方土壤速效钾含量较高（表 22-2）。因此，肥料配方设计中要充分考虑土壤养分的丰缺程度以及土壤的物理化学性质。如果土壤中已有充足的有效磷供应，配方中就可以适量减少磷肥数量，甚至完全去除。如果土壤有效磷含量在 20 mg/kg 以上，一般作物施磷无明显效果，可以不配磷肥；如果土壤交换性钾含量超过 150 mg/kg，除对高产地区和喜钾的经济作物外，一般作物肥料配方中也可考虑不含或少含钾。养分含量低、黏粒缺乏的沙质壤土中，选用在土壤中移动性小的养分作为配方肥的原料；而黏粒含量高、有机无机胶体丰富，养分吸附能力强的黏质土壤，则宜选用移动性强的原料。

表 22-2　我国不同地区土壤氮、磷、钾有效养分含量

mg/kg

地区	有效 N	有效 P	有效 K
东北地区	192	10.4	245
西北地区	63	9.3	225
黄淮海地区	66	5.6	99
长江流域	128	11.1	86
华南地区	132	11.4	77
平均	119	9.7	139
中等含量水平	100～200	8～12	80～130

引自：张宝林，2003。

南方地区的红壤、砖红壤、黄壤、棕壤等呈酸性或微酸性。由于高温多雨，钙、镁元素淋失严重，配料时磷肥宜选用钙镁磷肥、磷矿粉等，既供给磷素，又可以补入钙、镁元素，同时能调节土壤酸度。北方的潮土、褐土、黑钙土、栗钙土等多呈碱性，且冬季又呈现寒冷、干燥的特点，磷肥宜选用偏酸性的过磷酸钙，同时达到供磷补硫、钙，调节土壤碱度的效果。以水溶性磷和硝态氮为肥源的配料，主要用于北方偏碱或干旱地区，尽量少用于南方酸性水田或多雨坡地。我国南方高温多雨，土壤中的硫很容易分解淋失，所以南方缺硫的面积较大，且缺钙和缺镁的土壤也大都分布在南方，因此在配方中可添加选用含硫、钙等元素（表 22-3）。

表 22-3 土壤养分分级指标及土壤当季供给作物养分量

分级	全氮/%	全 P_2O_5/%	全 K_2O/%	有机质/%	水解 N/(mg/kg)	速效 P_2O_5/(mg/kg)	速效 K_2O/(mg/kg)	当季供养分/(kg/hm^2)		
								N	P_2O_5	K_2O
极缺乏	<0.03	<0.04	<0.5	<0.5	<30	<5	<50	22.5	7.5	26.3
缺乏	0.03～0.08	0.04～0.08	0.6～1.0	0.5～1.5	30～60	5～15	50～80	45.0	15.0	52.5
中等	0.08～0.16	0.08～0.12	1.0～1.5	1.5～3.0	60～90	15～30	80～150	67.5	22.5	78.8
丰富	0.16～0.30	0.12～0.18	1.5～2.5	3.0～5.0	90～120	30～80	150～200	90.0	30.0	105.0
极丰富	>0.30	>0.18	>2.5	>5.0	>120	>80	>200	>112.5	>37.5	131.3

引自：张宝林，2003。

土壤微量元素营养含量与成土母质和土壤酸碱度关系密切，土壤微量元素有效性见表 22-4。我国缺硼土壤分为两个区，一是东部和南部包括红壤、黄壤和黄潮土区；二是黄土高原的土壤和黄河冲积物发育的土壤地区；黑龙江一些排水不良的白浆土和草甸土也往往缺硼，在肥料配方中可以添加微量元素硼。同样，有效锌含量低的土壤主要是碳酸钙含量高的石灰性土壤，南北方均有分布，在肥料配方中可以添加微量元素锌。

表 22-4 土壤中微量元素有效含量分级

mg/kg

元素		很低	低	中等	高	很高	临界值
B		<0.25	0.25～0.5	0.51～1.00	1.01～2.00	>2.00	0.5
Mo		<0.10	0.10～0.15	0.16～0.20	0.21～0.30	>0.30	0.15
Mn	代换态	<1.0	1.0～2.0	2.1～3.0	3.1～5.0	>5.0	3.0
	易还原态	<50	50～100	101～200	201～300	>300	100
Zn	酸性土壤	<1.0	1.0～1.5	1.6～3.0	3.1～5.0	>5.0	0.5
	石灰性、中性土壤	<0.5	0.5～1.0	1.1～2.0	2.1～5.0	>5.0	
Cu	酸性土壤	<1.0	1.0～2.0	2.1～4.0	4.1～6.0	>6.0	0.2
	石灰性、中性土壤	<0.1	0.1～0.2	0.3～1.0	1.1～1.8	>1.8	

引自：张宝林，2003。

不同肥力的土壤为作物提供的养分数量存在很大差别，从提高养分利用的角度，在配方肥中要反映土壤的养分供应能力，因此土壤因素是影响肥料配方制定的重要因素。

（三）依据气候条件

气候条件对作物的生长发育、产量及经济效益都有着深刻甚至决定性的影响。在制定肥料配方时，应充分了解当地气候条件的变化情况对栽培作物的制约程度和影响，以及与土壤肥力、施肥效应之间的关系。

降水情况决定了季节的干湿情况，影响不同作物种类布局和不同肥料中养分的吸收、挥发、淋失，并改变养分在不同土层中的分布状况，从而影响作物产量和产品品质，并对自然环境产生负面影响。在降水量大而集中的地区和季节制定施用的肥料配方，选择原料时就应避免施用硝基氮肥，以防随地表径流流失或淋洗进入地下水，造成养分损失和水质污染。在肥料的分配上也不应将硝态氮肥分配到低洼易涝区，一旦降水过多，土壤中的还原条件会促使硝态氮经反硝化作用形成 N_2O 而大量损失。也可将肥料配方设计成缓释、控释及包膜类型。

二、复合肥农艺配方制订

作物生长过程中，同时需要氮、磷、钾等多种营养元素，各种元素肥料的合理配合才可有效提高养分利用率、作物产量和品质。配方肥料配入多种营养元素的比例称为配料比例（ingredient proportion），记作 $N:P_2O_5:K_2O:ot$，其中 ot 指中微量营养元素。通常的配比为 $N:P_2O_5:K_2O$，微量营养元素可根据土壤中含量分级情况和作物喜好特点有针对性地加入，使其达到土壤中等含量水平。

根据农艺配方制定的原则，决定配比的主要因素是作物营养特征和土壤养分供应状况。同一种植条件下作物吸收某一营养元素的比例越大，配料中该元素所占的比例也应越大；相反，就要越小。例如，在中国典型地区作物养分消耗量比例（$N:P_2O_5:K_2O$）为：水稻 1∶0.48∶1.17；小麦 1∶0.42∶0.83；玉米 1∶0.34∶0.83；棉花 1∶0.36∶0.80；花生 1∶0.19∶0.56。对于同一作物，土壤相对供应某一养分元素的能力越大，该养分元素肥料在配料中所占比例应越小。例如，在不缺钾的土壤中种植玉米，由于钾已充足，在典型地区玉米配肥比例可调整为 1∶0.34∶0。有些小麦种植区，有开春后小麦追施氮肥的习惯，追肥量占总需氮肥量的一半，在制定小麦专用肥配方时就应将氮用量减去一半后确定配比。

复合肥料的配方应根据作物和土壤的不同情况而设计。复合肥料的专用性与其覆盖区域大小有关。耕地覆盖面越大，其专用性越差，通用性越强。覆盖面越小，专用性越强。但批量过小，类型过多，从工厂生产和农民施用来讲都繁琐且成本大幅度上升。目前，复合肥料配方的基本原则是将作物分为几个大类，如蔬菜、果树、水稻、小麦、豆科作物、谷类作物等。蔬菜类可细分为叶类蔬菜、根类蔬菜、茄果类蔬菜等。根据上述分类制定复合肥料的配方，以兼顾专用性与商业化生产的需要。肥料的养分配方要因地、因作物、因气候、因肥源性状等因素来确定。表 22-5 给出我国主要作物的常用肥料配比，供配料时参考。

表 22-5　我国主要作物肥料配比

作物	每亩产量/t	$m(N):m(P_2O_5):m(K_2O)$	每亩用量/kg	备注
水稻	0.5	1∶(0.3～0.5)∶(0.7～1)	14～16	适宜南方
小麦	0.5	1∶(0.5～1)∶(0.3～0.4)	14～16	适宜北方
春玉米	0.5	1∶(0.46～0.60)∶(0.45～0.60)	14～16	适宜北方
夏玉米	0.5	1∶(0.27～0.40)∶(0.27～0.40)	14～16	前茬施足肥料
大白菜	3.5～4.5	1∶(0.3～0.4)∶(0.70～0.80)	7.5～12	可全用功能肥
番茄	3.0～4.0	1∶(0.4～0.6)∶(1～1.2)	7.0～12	可全用功能肥
黄瓜	3.0～5.0	1∶(0.5～0.7)∶(0.9～1.1)	10～16	可全用功能肥
棉花	0.07～0.08(皮)	1∶(0.7～0.9)∶(0.7～0.9)	8～10	可全用功能肥
大豆	0.14～0.16	1∶(1.4～1.8)∶(0.8～1.2)	6～9	可全用功能肥
烟草	0.12～0.15(干)	1∶(0.8～1.2)∶(1～1.5)	4～6	可全用功能肥
甘蔗	成龄树(株)	1∶(0.33～0.44)∶(0.76～1)	16～20	可全用功能肥
桃树	4.0～5.0	1∶(0.6～0.8)∶(0.8～1.2)	0.3～0.5	可全用功能肥
西瓜	2.0～4.0	1∶(0.4～0.6)∶(0.7～0.9)	10～14	可全用功能肥
香蕉	2.0～4.0	1∶(0.33～0.43)∶(1.2～1.8)	32～45	可全用功能肥
茶叶	0.11～0.13(干)	1∶(0.3～0.5)∶(0.5～0.7)	16～22	可全用功能肥

引自：张宝林，2003。

除了参考现有的配比外，也可以根据作物营养需求量、土壤养分供应量、肥料利用率等参数计算作物专用肥的肥料配方。

例：在碱解氮（N）为 50 mg/kg、速效磷（P_2O_5）为 20 mg/kg、速效钾（K_2O）为 80 mg/kg 的土壤条件下，计算亩目标产量为 500 kg 的水稻专用肥配方。

（1）计算生产 500 kg 水稻所需要吸收的氮、磷、钾的量　查表 22-1 可知，每生产 100 kg 稻谷所需要的 N、P_2O_5、K_2O 的分别为 2.4、1.25、3.13 kg。生产 500 kg 水稻需要的养分量分别为：

$$m(N)_{吸}=500\times2.4/100=12\ (kg)$$

$m(P_2O_5)_{吸}=500×1.25/100=6.25$ (kg)

$m(K_2O)_{吸}=500×3.13/100=15.65$ (kg)

(2)每亩土壤可供给养分的数量　已知土壤碱解氮(N)为 50 mg/kg、速效磷(P_2O_5)为 20 mg/kg、速效钾(K_2O)为 80 mg/kg,则能提供的养分量分别为:

先计算每亩土壤耕层 0~20 cm 土壤的重量,耕层土壤体积质量为 $1.125×10^3$ kg/m^3:

0~20 cm 土壤重量$=0.2$ m$×667$ m$^2×1.125×10^3$ kg/m$^3≈150\,000$ kg

$m(N)_{土}=150\,000$ kg/亩$×50$ mg/kg$×10^{-6}=7.5$ kg/亩

$m(P_2O_5)_{土}=150\,000$ kg/亩$×20$ mg/kg$×10^{-6}=3.0$ kg/亩

$m(K_2O)_{土}=150\,000$ kg/亩$×80$ mg/kg$×10^{-6}=12.0$ kg/亩

(3)肥料的供肥量　生产 500 kg 水稻,对养分的需求量减去土壤可供给的养分量即是需要肥料提供的养分量。需要通过施肥提供三要素的养分量分别为:

$m(N)_{肥}=12-7.5=4.5$ (kg)

$m(P_2O_5)_{肥}=6.25-3.0=3.25$ (kg)

$m(K_2O)_{肥}=15.65-12.0=3.65$ (kg)

如果土壤供肥量大于作物吸收量时,表明土壤该养分的供应能力足以支持作物生长,可不配该养分或大幅度减少该养分的量。

(4)根据欲选用肥料的利用率,计算肥料用量　按水田氮肥的平均利用率为 45%,磷肥(累计)利用率为 50%,氯化钾的利用率为 70%计算,则配方中各养分的量为:

$m(N)_{配}=4.5$ kg$/45\%=10.0$ kg

$m(P_2O_5)_{配}=3.25$ kg$/50\%=6.5$ kg

$m(K_2O)_{配}=3.65$ kg$/70\%=5.2$ kg

在该土壤条件下,目标产量 500 kg 的水稻专用肥的配方为 10-6.5-5.2,其 $N:P_2O_5:K_2O$ 的比例为 1:0.65:0.52。

注:磷肥当季利用率一般为 10%~15%,但其在土壤中的后效很长,累积利用率为 50%以上。例如,选用 50%的利用率参与计算,可避免由于磷肥当季利用率很低导致计算出的磷肥施用量过高,使计算结果失去实用性。

三、区域配肥技术

我国幅员辽阔,气候和生态条件差异很大,且以小农户分散经营为主。这种农业生产格局决定了我国农村土地、作物和土壤养分的高度复杂性,任何复(混)合肥料配方都不可能保证其养分配方适合较大区域范围内的所有田块,因此对于一个较大的区域(如一个县),区域配肥应采用若干个“大配方”满足作物的基本需求,又结合具体田块和作物特点进行适度调节,既实现区域作物施肥的初步优化,又兼顾小区域甚至田块水平的局部优化,即所谓的“大配方、小调整”。

“大配方”不针对单一的某种作物、某种养分和某一地区,而针对作物养分吸收一般规律、土壤(环境)养分平均供应能力的基础上,通过养分资源综合管理相关技术的综合运用研发区域作物专用肥,以复混(合)肥料为载体,协调一定区域养分投入和产出的平衡,既保证作物高产,又减少养分向环境的迁移,减少养分浪费。

“小调整”是针对较小的区域甚至特定的田块,根据作物营养特性和土壤测试的结果对大配方无法满足的细节进行再优化,以掺混肥的形式提供给农户,或者以“施肥卡”的形式提供给农户,由农户自行调配肥料,同时配套相关的施肥技术。小配方具有配方灵活、针对性强、操作简单的特点。

当前我国区域配肥应以大配方复合肥为主,以小配方掺混肥为辅。大配方复合肥形成的区域养分配方稳定、使用面积大,但对小区域范围无针对性,适合大中型企业进行复合肥大批量生产。如我国华北平原的冬小麦-夏玉米、华南地区的水稻、新疆的棉花等生产体系。小调整适合我国县域或更小尺度,由农业技术人员与中小型企业合作,进行掺混肥或掺混复混肥料的配方设计和生产。

第二节　复合肥料农艺配方的工业实现

复合肥料配方确定后,工业生产中不仅要选择合适的工艺流程,而且要选择适宜的生产原材料,考虑原料选择的科学性和适宜性。

一、原料的选择

（一）氮源形态选择

氮素形态对作物生长发育的影响较为复杂，肥料配方设计的原料选择要根据作物的营养特性和土壤特点进行配伍。如硝态氮除了提供作物氮素养分，还具有生物信号的作用，铵、硝形态对作物根际的 pH 影响显著。生产复合肥料常用的氮源：提供硝态氮的基础肥料有硝酸铵、硝酸钾；提供铵态氮的基础肥料有硫酸铵、氯化铵、液氨、磷酸二铵、磷酸一铵；提供酰胺态氮的基础肥料有尿素。

肥料配方中氮源选择要考虑当地土壤特征、气候条件、作物营养等。如南方农田高温多雨，氮素淋溶严重，不宜选用硝态氮；北方盐碱性土壤不宜选用铵态氮；氯敏感作物则不宜选用氯化铵作原料。同时，还要考虑氮源形态及不同形态氮源配比对作物生长状况、产量、品质等的影响。不同氮素形态包括硝态氮、铵态氮、酰胺态氮等的合理配比，与单一氮素形态的复合肥料产品相比，可以更好地促进作物对养分吸收，提高作物地上部生物量、产量，增加经济效益。

肥料配方中氮源选择不仅要依据农作物、土壤特性等确定合适的氮素形态或不同氮素形态配比，还需考虑不同形态氮的相容性、混合性，原料之间是否存在不良反应，如尿素与碳酸氢铵、硝酸铵，硫酸铵与碳酸氢铵不能相容。在满足农业要求的同时，尽量选择最低价的原料品种，以降低生产成本。如作物专用复合肥料需要硝态氮，则可选用相对低廉的硝酸铵。由于氮源原料价格随时变化，因此氮源的选择也要进行实时调整。最后，要考虑原料的化学性质，如造粒性、吸湿性等，如硝酸铵吸湿性强、对湿度敏感等。

（二）磷源形态选择

一般而言，水溶性磷是所有作物的最佳磷源。由于水溶性磷容易快速与土壤中的金属离子发生沉淀反应，其在土壤中维持水溶态的时间取决于土壤的特性。对于强酸性土壤，其酸性有助于枸溶性（弱酸溶性）磷的释放，而强酸性土壤中同时含有大量的游离铁、铝离子，却对水溶性磷有强烈的固定作用。相反，对于碱性土壤，其含有的大量钙离子也会与水溶性磷形成二钙、三钙而失去水溶性。因此，在强酸性土壤上，复合肥料中含有一定比例的枸溶性磷通常与水溶性磷的肥效是类似的，而肥效较长，成本较低。弱酸性-强碱性土壤上肥料中的磷形态宜以水溶态为主。

生产复合肥料磷原料包括磷酸一铵、磷酸二铵、磷酸、过磷酸钙、重过磷酸钙、钙镁磷肥等。磷源的选择与磷源的物理化学性质、选择的生产工艺等有关。钙镁磷肥属于枸溶性磷肥，物理性能稳定、不结块、不吸湿，但不能与硫酸铵混合施用。过磷酸钙有效养分含量低，宜在中、低浓度复合肥料中选用，高浓度复合肥料中选择较少。磷酸二铵和重过磷酸钙由于其成粒性差，不宜在料浆工艺中应用，但可在团粒法工艺如尿素-普钙-磷铵-钾盐、尿素-重钙-钾盐等复合肥料体系中选用。

（三）钾源形态选择

生产复合肥料钾源原料主要有氯化钾、硫酸钾和硝酸钾等。因钾源基础原料少，钾源配伍较为简单。氯化钾可用于氢钾工艺以生产非氯复合肥料；硫酸钾可生产硫基复合肥料；硝酸钾价格贵，成本高，宜在特殊肥料品种和作物类型上施用；由于氯化钾价格低，其他类型复合肥料的生产宜选用氯化钾为钾源。对于氯敏感作物不能选择氯化钾为钾源，以硝酸钾为钾源要控制其安全含量。

（四）中、微量元素的添加与效应

长时间仅施用氮、磷、钾肥而忽视中、微量元素的施用，易出现中、微量元素缺乏症状。中、微量元素需要量小，以复合肥料作为中、微量元素的载体，经前期适当处理，然后与复合肥料混合施用，可简化施肥程序，提高肥效。目前专用复合肥料添加中、微量元素的原料有硫酸镁、硼砂、硼酸、硫酸锌、氯化锌、硫酸锰、钼酸铵、钼酸钠、硫酸铜、硫化铜、硫酸亚铁、氧化铁以及一些工业炉渣、矿渣等。

二、肥料品级的确定

根据我国标准《复混肥料（复合肥料）》（GB 15063—2009），复合肥料的养分品级可分为 3 种类型。

高品位：$w(N+P_2O_5+K_2O)\geqslant 40\%$

中品位：$w(N+P_2O_5+K_2O)\geqslant 30\%$

低品位：$w(N+P_2O_5+K_2O)\geqslant 25\%$

不同品位的复混肥料均有各自的优势。例如，高品位肥料养分含量高，单位养分运输费用低，单位面积土壤中施较少质量的肥料即可满足作物对N、P、K的需求。低品位肥料养分含量较低，相应单位N、P、K养分的运输、施用费用较高。在生产低品位功能肥料时，可选择含多种营养元素的低品位肥料，而不是随意加填充剂。例如钙镁磷肥，既含有12%～20%的有效P_2O_5，又含有25%～32%的CaO，8%～20%的MgO和20%～30%的SiO_2；过磷酸钙不仅含有12%～20%的有效P_2O_5，又含10%～16%的S和17%～20%的CaO及部分微量营养元素，如将这些元素均计入，可称为高营养元素肥料，但这些不计价的中、微量营养元素的肥效是肯定的。在我国高品位磷矿非常紧张的情况下，在运输半径不超过60 km的范围内，合理发展低品位肥料，在战略上和经济上均是合理的。在配料时，依据肥料品位要求，生产高品位肥料时，选尿素、磷铵、氯化钾等做主要原料；生产中低品位肥料时，可在选用上述原料的基础上，适当增加钙镁磷肥或过磷酸钙等的加入量。由于钙镁磷肥和过磷酸钙单位养分的成本低于高品位磷酸铵，所以其在配方肥料价格上也占有一定优势。在满足配料比例对养分要求条件下，可根据市场所能提供的肥料品种和价格，因地制宜地选择既符合作物需要，价格又低廉的原料。

三、复合肥料配料计算

确定了复合肥料的农艺配方后，即$N:P_2O_5:K_2O$后(若需要追施氮肥，扣除一定比例的N作追肥外，再计算$N:P_2O_5:K_2O$比例)再定该比例的复混肥料养分总含量，以《复混肥料(复合肥料)》GB 15063—2009)的标准确定肥料配方的品级(高品位、中品位或低品位)。确定肥料品级后，需要计算生产单位产品(一般以1 000 kg计)配方需要配入各种原料的质量(kg)。这需要根据选定的原料品种来决定。同一个配方，用不同的原料化肥来配料，用量不同，需通过配料计算来确定。配料计算的方法可以分为解析式法和基准化计算法两种。

(一)解析式法

1. 设立求解公式

复混肥料中养分比例为$N:P_2O_5:K_2O=A:B:C$。

N、P_2O_5、K_2O养分在目标复混肥料中的百分含量为a,b,c。

如选用3种原料化肥配置，其N，P_2O_5，K_2O养分的百分含量分别为

① a_1、b_1、c_1

② a_2、b_2、c_2

③ a_3、b_3、c_3

设组成复混肥料中各个原料肥料的加入量(百分比含量)分别为X,Y,Z

求解a,b,c,X,Y,Z的未知数，列出以下6个方程式：

$a=a_1X/100+a_2Y/100+a_3Z/100$

$b=b_1X/100+b_2Y/100+b_3Z/100$

$c=c_1X/100+c_2Y/100+c_3Z/100$

$a/b=A/B$

$a/c=A/C$

$X+Y+Z=100$

2. 举例

复混肥料养分配比为$N:P_2O_5:K_2O=1:1:1$。

选用原料肥料为尿素(46% N)、磷酸一铵(12% N、52% P_2O_5)、氯化钾(60% K_2O)。

根据解析公式，得知：

$A=1,B=1,C=1$

尿素：$a_1=46,b_1=0,c_1=0$

磷酸一铵：$a_2=12,b_2=52,c_2=0$

氯化钾：$a_3=0,b_3=0,c_3=60$

将以上数字代入解析法的6个公式，得到复混肥料中氮、磷、钾的含量为N：$a=19$，P_2O_5：$b=19$，K_2O：$c=19$。

制取1:1:1复混肥料1 000份所需原料肥料，尿素$X=317.8$份，磷酸一铵$Y=365.5$份，氯化钾$Z=316.7$份，合计1 t，无填充料添加空间。

(二)基准化计算法

复混肥料产品中的水分必须符合GB 15063—2009中规定的各种浓度复混肥料中的水分含量指

标。由于各种原料肥料中都含有允许的含水量，因而为保证混配后的复混肥料产品符合规定含水量，养分含量在目标产品中符合目标配方，且为复混肥料的干燥程序提供正确的负荷依据，需要采用基准化计算法，也称为“按产品标准含水量配料计算法”。

基准化计算法的原理是将原料肥中的养分含量与目标产品的含水量进行转化，使养分投入更加精确。再根据基准化计算得出的配料量转化为实际的原料肥的用量。这在原料肥料的含水量与产品的含水量差别明显时特别重要。

基准化配料计算是工业上计算的标准方法，具体计算方法可阅读本章扩展阅读部分。

四、肥料填充物

配料计算完毕后，如果总和不足 1 个单位（如 1 t），则需要添加一些填充物，以使产品符合设计的养分规格。一般填充物的选择应该采用以下原则：①廉价，易于获得；②物性与原料匹配，无不良反应发生；③有利于原料混合和造粒；④有利于形成美观的产品。常见的填充物有以下几种。

1. 腐植酸

又名草炭，存在于泥炭、页岩和煤中。能与水中的金属离子离合，有利于营养元素被作物吸收，并能改良土壤结构，有利于农作物的生长。有机质含量在 45%～60%，颜色为黑色，产品细度要求在 200 目左右。

腐植酸及其制品有多种用途。在农业方面，与氮、磷、钾等元素结合制成的腐植酸类肥料，具有肥料增效、改良土壤、刺激作物生长、改善农产品质量等功能。

2. 膨润土

膨润土又名斑脱岩、皂土或膨土岩。一般为白色、淡黄色，吸水后高度膨胀。有机质含量在 45%～60%，产品细度要求在 200 目左右。

膨润土是以蒙脱石为主的含水黏土矿。蒙脱石的化学成分为：$(Al_2, Mg_3)Si_4O_{10}OH_2 \cdot nH_2O$。由于它具有特殊的性质。如膨润性、黏结性、吸附性、催化性、触变性、悬浮性以及阳离子交换性，所以广泛用于各个工业领域。膨润土具有很强的吸湿性，能吸附相当于自身体积 8～20 倍的水而膨胀至 30 倍；在水介质中能分散呈胶体悬浮液，并具有一定的黏滞性、触变性和润滑性，它和泥沙等的掺和物具有可塑性和黏结性，有较强的阳离子交换能力和吸附能力。

3. 白云石

白云石的化学式为 $CaMg(CO_3)_2$，是提取镁和氧化镁等的矿物原料。氧化镁含量为 20%，氧化钙含量为 30%，产品细度要求在 200 目左右。

白云石晶体属三方晶系的碳酸盐矿物，晶体呈菱面体，聚片双晶常见。集合体通常呈粒状。常见颜色为无色、白、带黄色或褐色色调，纯者为白色；含铁时呈灰色；风化后呈褐色，玻璃光泽，遇冷稀盐酸时缓慢起泡。

第三节　复合肥料的生产工艺

一、肥料原料的相容性

配方肥料主要是采用基础肥料通过特定的制造工艺，形成更符合土壤肥力特点和作物营养需求的肥料。从制造工艺的角度，在肥料生产过程中要避免发生损失养分、物理或者化学性质变劣的现象，要有利于连续生产。因此，在原料组合中要考虑原料的相容性。

不同物料间的相容性（compatibility）指不同形态的养分在混合、堆放过程中是否会发生化学或物理反应，导致养分损失、混合产品的吸湿性增强而造成无法生产、不能储藏等问题。物料混合也会发生改善物料物理化学性质的过程。如钙镁磷肥与过磷酸钙以适当的比例混合，钙镁磷肥的微碱性可中和过磷酸钙的游离酸，吸收不同物料混合后产生的多余水分，形成的产品物理性状良好。因此，生产复合肥料要了解肥料原料的相容性，优先选择有利的原料组合，避免不利的组合。

（一）原料混合后造成养分损失

造成养分损失的两种主要情况。一是铵态氮肥中氨挥发。凡是铵盐与碱性物质混合，都会造成氨挥发，所以铵态氮肥不能与碱性的肥料或碱性物质混合；二是磷肥中水溶磷的退化。例如，过磷酸钙或重过磷酸钙与碳酸钙混合，可导致其中的水溶性磷逐步退化成难溶性磷，降低原来磷肥的肥效（图 22-1）。

（二）吸湿性增强

如尿素与过磷酸钙混合，会生成磷酸二氢钙·尿素加合物和尿素磷酸，并释放出结晶水：

$$Ca(H_2PO_4)_2 \cdot H_2O + 4CO(NH_2)_2 \longrightarrow Ca(H_2PO_4)_2 \cdot 4CO(NH_2)_2 + H_2O$$

$$CO(NH_2)_2 + H_3PO_4 \longrightarrow CO(NH_2)_2 \cdot H_3PO_4$$

由于反应使混合物中液相增多，形成饱和溶液，原料呈糨糊状，无法造粒，有时造成停产。如果勉强成粒后由于肥料缓慢反应释放结晶水，也导致肥料潮湿结块，影响使用。

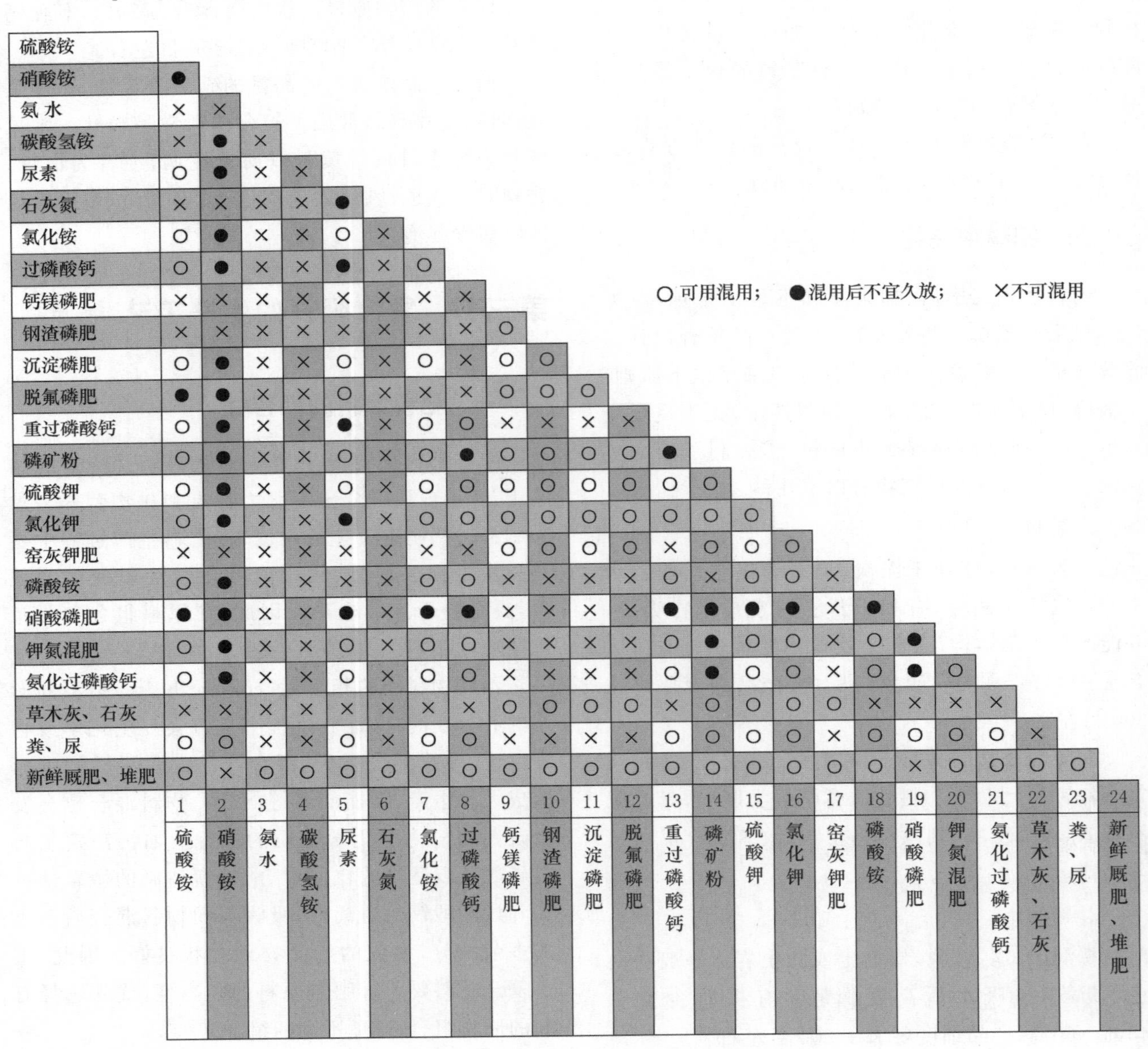

	1 硫酸铵	2 硝酸铵	3 氨水	4 碳酸氢铵	5 尿素	6 石灰氮	7 氯化铵	8 过磷酸钙	9 钙镁磷肥	10 钢渣磷肥	11 沉淀磷肥	12 脱氟磷肥	13 重过磷酸钙	14 磷矿粉	15 硫酸钾	16 氯化钾	17 窑灰钾肥	18 磷酸铵	19 硝酸磷肥	20 钾氮混肥	21 氨化过磷酸钙	22 草木灰、石灰	23 粪、尿	24 新鲜厩肥、堆肥
硫酸铵																								
硝酸铵	●																							
氨水	×	×																						
碳酸氢铵	×	●	×																					
尿素	○	●	×	×																				
石灰氮	×	×	×	×	●																			
氯化铵	○	●	×	×	○	×																		
过磷酸钙	○	●	×	×	●	×	○																	
钙镁磷肥	×	×	×	×	×	×	×	×																
钢渣磷肥	×	×	×	×	×	×	×	×	○															
沉淀磷肥	○	●	×	×	○	×	○	×	○	○														
脱氟磷肥	●	●	×	×	○	×	×	×	○	○	○													
重过磷酸钙	○	●	×	×	●	×	○	○	×	×	×	×												
磷矿粉	○	●	×	×	○	×	○	●	○	○	○	○	●											
硫酸钾	○	●	×	×	○	×	○	○	○	○	○	○	○	○										
氯化钾	○	●	×	×	●	×	○	○	○	○	○	○	○	○	○									
窑灰钾肥	×	×	×	×	×	×	×	×	○	○	○	○	×	○	○	○								
磷酸铵	○	●	×	×	×	×	○	○	×	×	×	×	○	×	○	○	×							
硝酸磷肥	●	●	×	×	●	×	●	●	×	×	×	×	●	●	●	●	×	●						
钾氮混肥	○	●	×	×	○	×	○	○	×	×	×	×	○	●	○	○	×	○	●					
氨化过磷酸钙	○	●	×	×	○	×	○	○	×	×	×	×	○	●	○	○	×	○	●	○				
草木灰、石灰	×	×	×	×	×	×	×	×	○	○	○	○	×	○	○	○	○	×	×	×	×			
粪、尿	○	○	×	×	○	×	○	○	×	×	×	×	○	○	○	○	×	○	○	○	○	×		
新鲜厩肥、堆肥	○	×	○	○	○	○	○	○	○	○	○	○	○	○	○	○	○	○	×	○	○	○	○	

○ 可用混用；●混用后不宜久放；×不可混用

图 22-1　常见肥料的混配适宜性

临界湿度（critical humidity）指肥料在大气中刚发生吸水的大气湿度，低于该湿度时，肥料不会发生吸水现象。一些原料之间虽然不发生化学反应，但其混合物的临界湿度却发生变化。如果导致混合后临界相对湿度显著降低，则增加肥料从空气中吸湿的风险，降低肥料的储存性能，严重时甚至导致加工机械出现故障。一般肥料混合后其临界湿度都要比其中任一组分的临界湿度低，如尿素（72.5%）与硝酸铵（59.4%）混合后其临界吸湿性极显著降低至 18.1%，即在空气相对湿度大于

18.1%下就会从空气中吸湿，因此两者不宜混配。确定混配需要对原料进行预处理，降低二者混合后的吸湿性。尿素和过磷酸钙（或重过磷酸钙）也不能混合，混合后过磷酸钙中的结晶水会释放出来，增加肥料中的液相比例（图 22-2）。同时，形成的复盐使过磷酸钙和尿素混合物的整体溶解度升高，极易从原料和外部空气中吸收水分，导致掺混后的肥料物理性质恶化。在我国南方比较潮湿的地区尤其需要注意。

	硝酸钙	硝酸铵	硝酸钠	尿素	氯化铵	硫酸铵	磷酸氢二铵	氯化钾	硝酸钾	磷酸二氢铵	磷酸一钙	硫酸钾	尿素~磷酸铵 20-29-0	硝酸磷肥 20-20-0	多磷酸铵 15-60-0
硝酸钙	46.7														
硝酸铵	23.5	59.1													
硝酸钠	37.7	46.3	72.4												
尿素	—	18.1	45.6	75.2											
氯化铵	—	51.4	51.9	57.9	77.2										
硫酸铵	—	62.3	—	56.4	71.3	79.2									
磷酸氢二铵	—	59.0	—	62.0	—	72.0	82.8								
氯化钾	22.0	67.9	66.9	60.3	73.5	71.3	70.0	84.0							
硝酸钾	31.4	59.9	64.5	65.2	67.9	69.2	—	78.6	90.5						
磷酸二氢铵	52.8	58.0	63.8	65.2	—	75.8	78.0	72.8	59.8	91.8					
磷酸一钙	46.2	52.8	68.1	65.1	73.9	87.7	78.0	—	87.8	88.8	93.7				
硫酸钾	76.1	69.2	73.3	71.5	71.3	81.4	77.0	—	87.8	79	—	96.3			
尿素~磷酸铵 20-29-0	—	—	—	—	—	—	—	45.0	—	—	—	—	57.0		
硝酸磷肥 20-20-0	—	—	—	—	—	—	—	50.0	—	—	—	—	—	57.0	
多磷酸铵 15-60-0	—	—	—	—	—	—	—	—	—	—	—	—	—	—	63.0

图 22-2　不同原料混合后临界吸湿性的变化

吸湿性变化导致成品肥料商品性下降是肥料混合主要的问题。根据国际肥料工业协会（IFA）提出的以吸湿性为主的肥料相容原则，常用原料可匹配的肥料有磷酸二铵与硫酸铵、硝化硫酸铵、尿素等；过磷酸钙与硫酸铵、硝化硫酸铵等；磷矿粉与硫酸铵、硝酸铵、尿素等；氯化钾与硫酸铵、过磷酸钙等；碳酸钙与磷矿粉、硫酸钾、硫酸钾镁等。不可混合的肥料包括硝酸铵与硫酸铵；尿素与硝酸钙、硝化硫酸钙和硝酸铵等；过磷酸钙与硝酸钙、尿素等；碳酸钙与硫酸铵、硝化硫酸铵、硝酸铵、过磷酸钙、磷酸二铵等。

二、配方肥料的生产工艺

（一）团粒法工艺

团粒法工艺指用粉状的原料肥料先经过原料制备工序，将原料肥料进行筛分和破碎（有时还需进行氨化或干燥处理），然后分别储存在各自的料斗中，根据肥料配方的要求，分别对各种原（填）料肥料进行称重计量，混合后送入造粒系统，经造粒、筛分、干燥及冷却制得产品的方法（图 22-3）。

其中，造粒机的型式有圆盘造粒机、双轴造粒机、挤压造粒机、转鼓造粒机（我国多采用）等，中小型复合肥料厂常采用前三种，最后一种为大型复合肥料厂采用。其团粒机理是通过物料塑性或黏结作用，使形成颗粒并逐渐增大。一般在造粒时，通过喷水和蒸汽使物料处于最佳成粒条件。

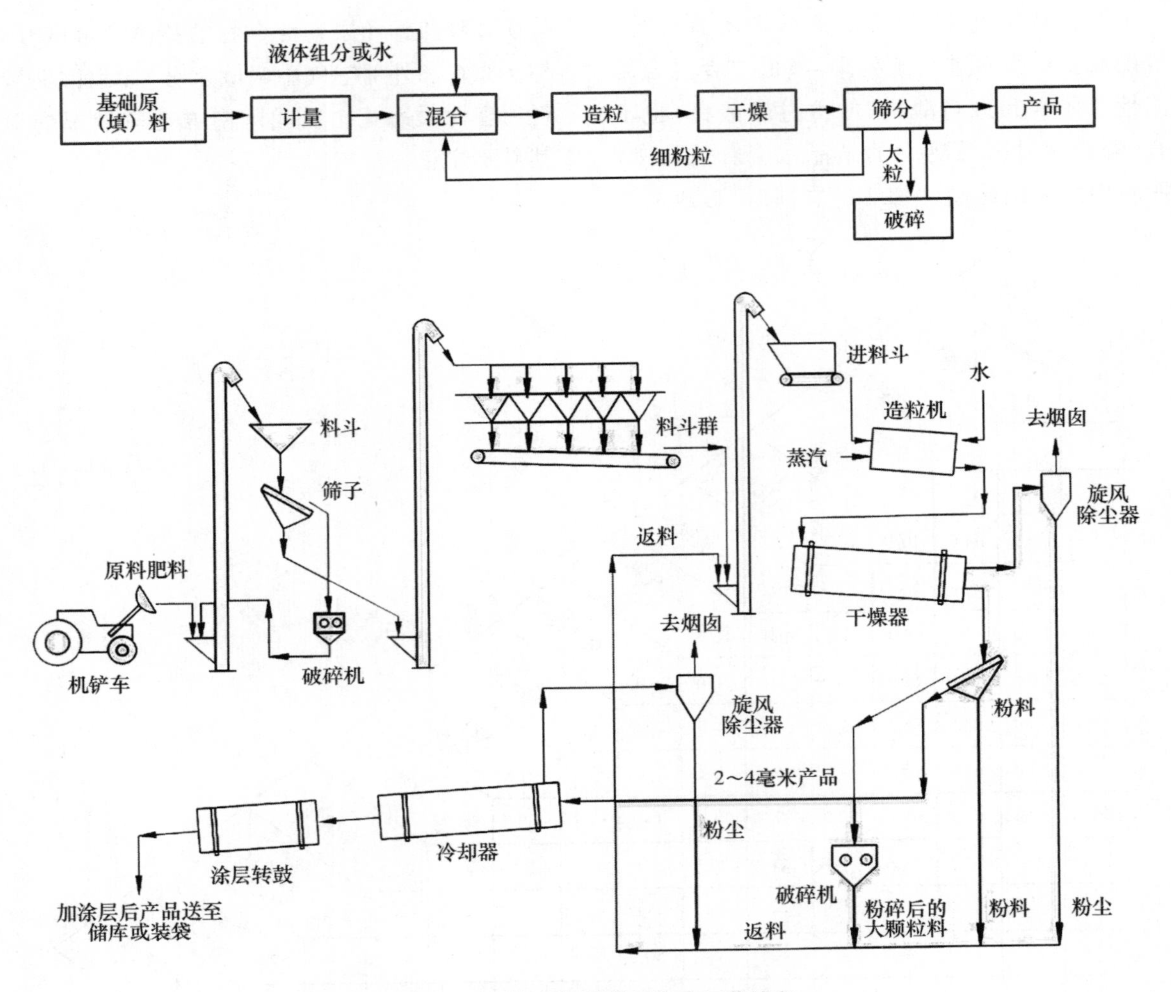

图 22-3　团粒法复混肥料生产工艺流程

(二)料浆法工艺

在配方肥料生产中，全部或大部分物料呈料浆(热液)形式进入造粒系统，称为料浆造粒法。

通常是用磷酸、硫酸、硝酸或者这些酸的混酸与氨反应(有时是酸与磷矿粉反应)生成的料浆送去造粒。在生产氮、磷、钾复合肥时，可将钾盐先混入料浆中或直接加到造粒机中与料浆混合造粒。料浆法的工艺流程与团粒法基本类似(图 22-4)。造粒机的类型可以是双轴造粒机，但广泛采用的是转鼓造粒或转鼓氨化粒化机、喷浆造粒机等。料浆法造粒的机理主要是依靠料浆的涂布作用和黏结作用而使颗粒增大，并得到强度坚硬的颗粒肥料。该法的优点是可充分利用料浆本身的黏结性，一般无须另外添加黏结剂；物料易于造粒，成粒率高，颗粒强度高，耗能低。

(三)掺混复混肥料

掺混复混肥料(简称 BB 肥)是指含两种或两种以上营养物质的机械混合肥料，产品外形有粉状掺混肥料和颗粒散装掺混肥料。由于粉状掺混肥料相对来说比颗粒掺混肥料易结块，目前已经被颗粒散装掺混肥料所取代。

生产掺混复混肥料需要的原料是颗粒状肥料，并且要求颗粒大小基本相同，这些颗粒可以是单一肥料，也可以是复混肥料。常用的原料肥料是尿素、硫酸铵、硝酸铵、磷酸一铵、磷酸二铵、重过磷酸钙、氯化钾、硫酸钾等。

1. 掺混肥料的生产工艺

掺混肥料的生产主要设备有计量、混合、包装、干燥、筛分设备。工艺流程图如图 22-5 所示：

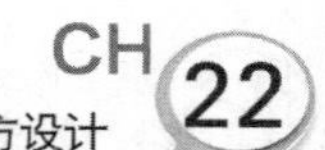

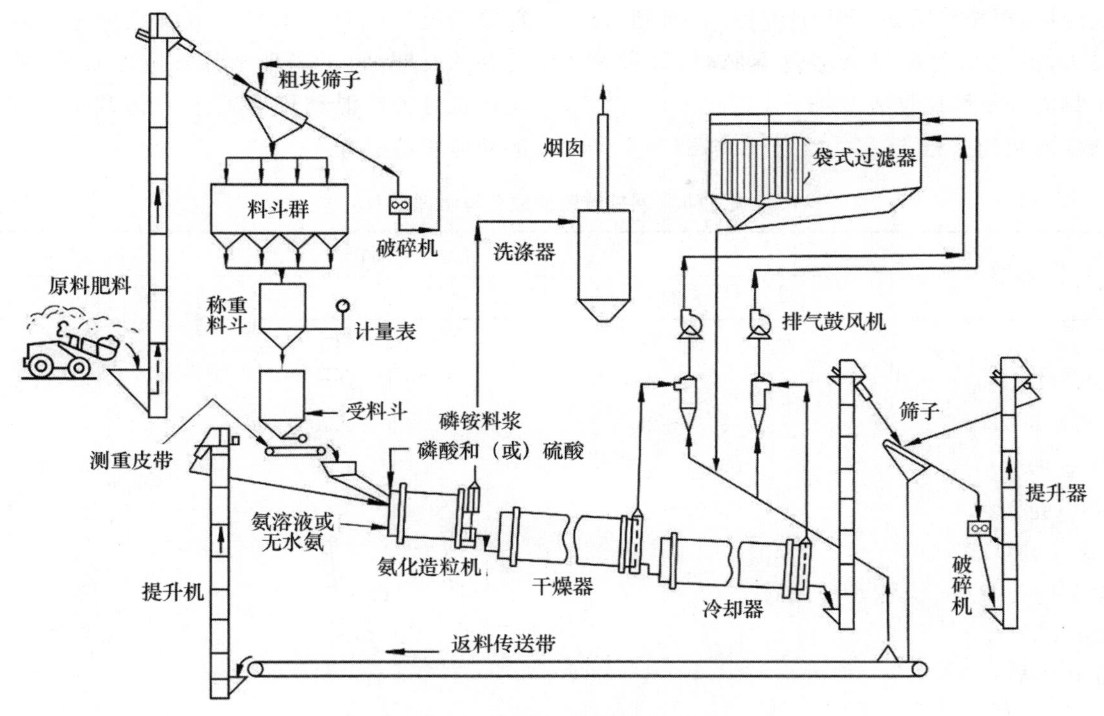

图 22-4　料浆法造粒工艺流程

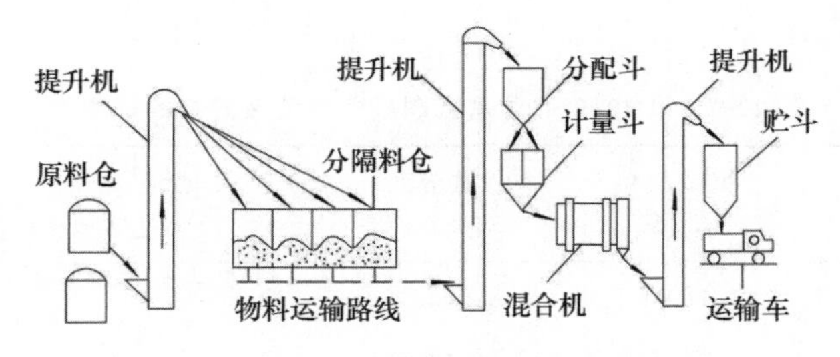

图 22-5　掺混复混肥料生产工艺流程

2. 生产掺混肥料的注意事项

(1)必须遵守化学相容性的原则。

(2)必须严格采用粒级匹配的基础肥料，减少二次分离。为了保证掺混肥料养分均匀，必须防止离析，就要提高颗粒间的匹配度。

(3)由于作物对微量元素的需要量极少，因此微量元素的加入量极少，可以在基础肥料造粒时或扑粉时加入微量元素，往往同时要加稀释剂以达到便于分散和均匀分布的要求。只有在供货合同有明确要求的情况下才能加入除草剂、杀虫剂，有些杀虫剂有毒，需要准确计量和安全防范措施，沾毒设备在完成生产后应及时清洗。

3. 掺混肥料的优点

(1)生产工艺简单，投资省，能耗少，成本低。

(2)养分配比灵活，针对性强，符合农业平衡施肥的需要。

(3)养分全面，浓度适宜。

(4)减少施肥对环境的污染。

(四)液体复合肥料

液体复合肥料也称流体肥料，简称液肥。由于液体肥料生产的配方更为灵活，在喷灌、滴灌系统以及设施园艺中要求肥料溶解性高，因此发展迅速。

1. 清澈液体肥料

清澈液体肥料的所有养分都分布在溶液中，都溶解于水，呈清澈溶液。所用原料大部分为尿素、硝酸铵、氯化钾、磷酸铵或者液铵和磷酸等。通常是先生产 8-24-0，10-34-0 及 11-37-0 三种基础液肥，其中以 10-34-0 使用最广泛。需要施肥时，将基础液肥运到现场，再按配方的要求混配钾肥、氮肥、微肥及适量水，混合均匀后呈清液复混肥料，几种清液复混肥料成分及性质见表 22-6。

在基础液肥的基础上，添加部分原料即可生产需要的配方肥料。肥料在溶解过程中会发生许多复杂的反应，为了实现全部溶解的目标，液体肥料生产也分为冷混和热混工艺。表 22-7 是几种重要的液体肥料配方。

表 22-6　基础液肥的成分与物理性质

项目	品位		
	8-24-0	10-34-0	11-37-0
原料酸	亚磷酸	过磷酸	过磷酸
含 N 质量分数/%	8.0～8.5	10.0～10.5	11.0～11.5
含 P_2O_5 质量分数/%	24.0～25.0	34.0～35.0	37.0～38.0
N 含量/(kg/L)	0.101～0.107	0.137～0.144	0.155～0.161
P_2O_5 含量/(kg/L)	0.302～0.315	0.464～0.478	0.519～0.533
相对密度(15.55℃)	1.26	1.37	1.4
聚磷酸盐占 P_2O_5 比率	无	最少	最少
黏度(23.89℃)/(Pa·s)	—	0.073	0.080
最低存储温度/℃	−11.11	−17.77	−17.77
pH	6.4～6.6	5.8～6.1	5.8～6.2

引自：王正银，2011.

表 22-7　以 10-34-0 为基础制成各种清液肥料的配方　　kg/t

营养元素比例 ($N:P_2O_5:K_2O$)	肥料品位	聚磷酸铵 (10-34-0)	氮溶液 (32% N)	氯化钾 (62% K_2O)	水	合计
1:1:0	16-16-0	470.5	352.5		177	1 000
1:2:0	13-26-0	765	167		68	1 000
1:3:0	10-30-0	882.5	36.5		81	1 000
1:1:1	8-8-8	235.5	176.5	129	459	1 000
1:2:1	8-16-8	470.5	102.5	129	298	1 000
1:3:1	7-21-7	617.5	25.5	113	244	1 000
1:3:2	5-15-10	441	19	161.5	378.5	1 000
1:2:3	4-18-12	235.5	51.5	193.5	519.5	1 000
2:3:1	10-15-5	441	175	80.5	303.5	1 000
2:4:1	10-20-5	588	129.5	80.5	202	1 000
3:4:1	12-16-4	470.5	228	64.5	237	1 000
4:1:0	24-6-0	176.5	695		128.5	1 000

引自：王正银，2011.

2. 悬浮液体肥料

在液体中加入一些胶状物质(如黏土),使固体养分悬浮在液体中,称为悬浮液体肥料。黏土可增加液体的黏性,减慢悬浮体的沉淀速度。

除上面介绍的4种工艺以外,复合肥料生产工艺还有熔融法、浓液造粒法、挤压法等方法。熔融法是氮素肥料尿素或硝酸铵和磷铵钾盐一起熔融后用塔式方法进行生产氮磷或氮、磷、钾颗粒状复合肥。浓液造粒法是团粒法和料浆法的改进,尿素、硝铵以90%以上的浓溶液进入造粒系统,改善了造粒性能和产品的质量。浓液造粒法可以直接利用尿素,硝铵系统的浓缩液实行联产氮、磷、钾复混肥。挤压法是利用机械外力的作用使粉末状基础化肥直接成粒的一种方法。热稳定性差的基础化肥,如碳酸氢铵和基础肥制氮、磷、钾时,适合采取挤压法。

第二十二章扩展阅读

复习思考题

1. 作物专用肥料的配方设计要考虑哪些因素?
2. 复混肥料原料的相容性是指什么?复混肥料配料设计(原料选择)时为什么要重视肥料之间的相容性?
3. 配方肥料的主要生产工艺有哪些?各有什么特点?
4. 某县水稻生产的推荐复合肥大配方为28-12-15,该配方最佳施用条件为土壤碱解氮含量80～120 mg/kg,有效磷含量12～30 mg/kg,交换性钾含量65～85 mg/kg。现有2个水稻种植户,品种相同,土壤养分含量分别为:碱解氮90、95 mg/kg;有效磷22、23 mg/kg;交换性钾55、95 mg/kg。根据“大配方、小调整”的原理,对他们的水稻施肥方案进行优化,并阐明理由(不需要定量)。

参考文献

白由路. 2010. 测土配方施肥原理与实践. 北京:中国农业出版社.

蔡云彤,沙安勤,孙建华,等. 2006. 包裹型棉花专用肥应用效果磷肥与复肥. 2, 66-67.

车升国. 2015. 区域作物专用复合(混)肥料配方制定方法与应用. 中国农业大学博士论文.

陈慧,邸伟,姚玉波,等. 2013. 不同大豆品种根瘤固氮酶活性与固氮量差异研究核农学报. 3, 379-383

陈清. 2016. 水溶性肥料生产与使用. 北京:中国农业出版社.

崔振岭,张福锁,陈新平. 2006. 我国区域配肥之路:大配方复合肥和小配方掺混肥并举. 中国农资. 8, 44-45.

何萍,金继运. 2007. 不同专用肥对玉米养分吸收和产量的影响. 玉米科学. 5, 117-120.

黄照愿. 2008. 配方施肥与叶面施肥. 北京:金盾出版社.

雷恩春. 2014. 作物营养与施肥. 北京:化学工业出版社.

李春花. 2001. 专用复混肥配方设计与生产. 北京:化学工业出版社.

林新坚. 2011. 新型肥料与施肥新技术. 福州:福建科学技术出版社.

鲁剑巍. 2008. 测土配方与作物配方施肥技术. 北京:金盾出版社.

谭金芳. 2011. 作物施肥原理与技术. 北京:中国农业大学出版社.

王正银. 2011. 肥料研制与加工. 北京:中国农业大学出版社.

徐静安. 2000. 复混肥和功能性肥料生产新工艺及应用技术丛书-生产工艺技术. 北京:化学工业出版社.

徐卫红. 2016. 新型肥料使用技术手册. 北京:化学工业出版社.

杨扎根. 2012. 主要农作物施肥技术. 北京:中国农业出版社.

张宝林. 2003. 功能性复混肥料生产工艺技术. 郑州:河南科学技术出版社.

张洪昌. 2010. 作物专用肥配方与施肥技术. 北京:中国农业出版社.

周连仁. 2007. 肥料加工技术. 北京:化学工业出版社.

扩展阅读文献

王正银. 2011. 肥料研制与加工. 北京:中国农业大学出版社.

张宝林. 2003. 功能性复混肥料生产工艺技术. 郑州:河南科学技术出版社.

中华人民共和国国家标准,《掺混肥料(BB肥)GB 21633—2008》

中华人民共和国国家标准,《复混肥料(复合肥料)GB 15063—2009》

中华人民共和国国家标准,《缓释肥料 GB/T 23348—2009》
中华人民共和国国家标准,《有机-无机复混肥料 GB/T 18877—2009》
中华人民共和国农业行业标准,《大量元素水溶肥料 NY 1107—2010》
中华人民共和国农业行业标准,《复合微生物肥料 NY/T 798—2015》
中华人民共和国农业行业标准,《配方肥料 NY/T 1112—2006》
周连仁. 2007. 肥料加工技术. 北京：化学工业出版社.